철도신호

기사·산업기사

철도자격시험연구회 지음

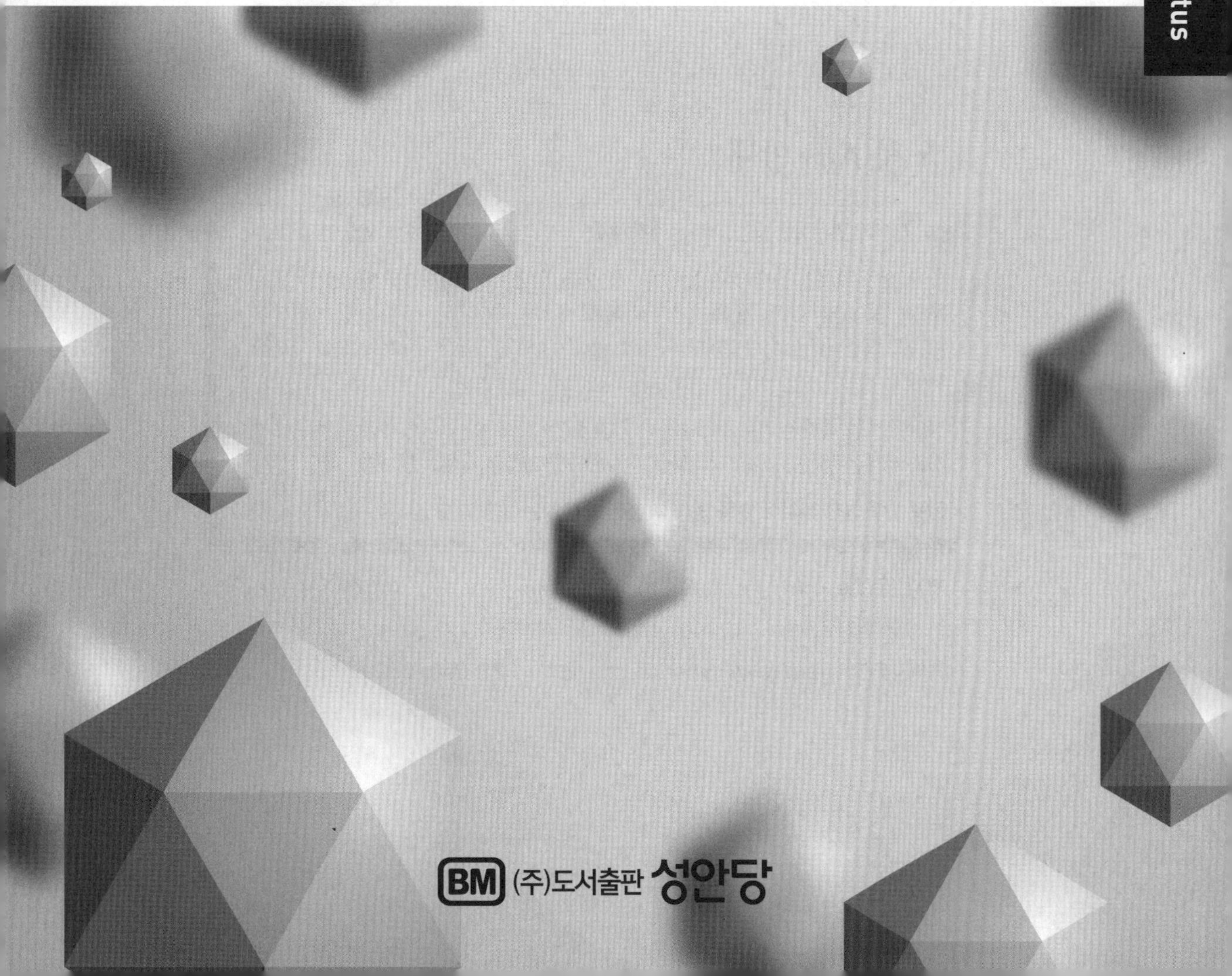

Engineer • Industrial Engineer Railroad Signal Apparatus

BM (주)도서출판 성안당

■ 도서 A/S 안내

성안당에서 발행하는 모든 도서는 저자와 출판사, 그리고 독자가 함께 만들어 나갑니다.

좋은 책을 펴내기 위해 많은 노력을 기울이고 있습니다. 혹시라도 내용상의 오류나 오탈자 등이 발견되면 **"좋은 책은 나라의 보배"**로서 우리 모두가 함께 만들어 간다는 마음으로 연락주시기 바랍니다. 수정 보완하여 더 나은 책이 되도록 최선을 다하겠습니다.

성안당은 늘 독자 여러분들의 소중한 의견을 기다리고 있습니다. 좋은 의견을 보내주시는 분께는 성안당 쇼핑몰의 포인트(3,000포인트)를 적립해 드립니다.

잘못 만들어진 책이나 부록 등이 파손된 경우에는 교환해 드립니다.

저자 문의 e-mail : jeon6363@hanmail.net

본서 기획자 e-mail : coh@cyber.co.kr(최옥현)

홈페이지 : http://www.cyber.co.kr　전화 : 031) 950-6300

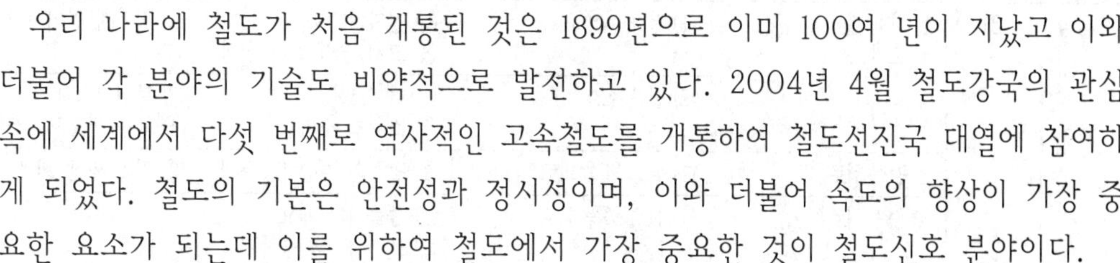

머. 리. 말

우리 나라에 철도가 처음 개통된 것은 1899년으로 이미 100여 년이 지났고 이와 더불어 각 분야의 기술도 비약적으로 발전하고 있다. 2004년 4월 철도강국의 관심 속에 세계에서 다섯 번째로 역사적인 고속철도를 개통하여 철도선진국 대열에 참여하게 되었다. 철도의 기본은 안전성과 정시성이며, 이와 더불어 속도의 향상이 가장 중요한 요소가 되는데 이를 위하여 철도에서 가장 중요한 것이 철도신호 분야이다.

현재 철도신호 분야에 종사하고 있는 기술 인력은 약 5,000여 명에 달하며, 이 중 국가기술자격인 철도신호기사를 소유하고 있는 기술자는 30%에 미치지 못하고 있는 실정이다.

이에 본 교재는 수십 년간 강의 경험을 토대로 어려운 수식을 가능한 배제하고 최소한의 수식을 도입하여 각 장의 개념을 파악할 수 있도록 노력하였고, 본문 내용의 이해를 돕기 위해 중요 문제를 단원핵심문제로 선정, 각 문제마다 간결하게 key point를 제시하여 혼자서 충분히 이해할 수 있도록 하였다.

✤ 이 책의 특징

① 알기 쉬운 설명

② 간결한 표현

③ 단원핵심문제를 통한 key point 정리

앞으로 본 교재가 철도신호 분야 국가기술자격시험 및 직무능력향상교육 등에 지침서로 많은 도움이 되기를 바란다.

끝으로 이 한 권의 책이 만들어지기까지 애써 주신 성안당 출판사 회장님과 직원 여러분께 진심으로 감사드리며, 많은 수험생들이 본 교재를 통하여 합격의 영광을 누리게 되기를 기원한다.

저자 씀

출제 기준

✤ 적용 종목 : 철도신호기사

필기 과목명	출제 문제 수	주요 항목	세부 항목	세세 항목
전자 공학	20	1. 전자 현상 및 전자 소자	(1) 전자 현상	① 전자의 방출 ② 전자계 안에서의 전자 ③ 고체 중의 전자 현상
			(2) 전자 소자	① 다이오드 ② 트랜지스터 ③ 스위칭 소자 ④ 특수 반도체 소자
		2. 펄스 회로	(1) 펄스 발생 회로	① 펄스의 개념 및 특성 ② 펄스 발생 회로
		3. 증폭 회로	(1) 신호 증폭 회로	① 증폭기의 개요 ② 트랜지스터 증폭기 ③ 바이어스 회로 ④ 일그러짐 및 잡음 특성 ⑤ 증폭 회로의 주파수 응답
			(2) 궤환 증폭 회로	① 궤환 증폭기의 개요 ② 궤환 증폭기의 종류 및 특성
		4. 연산 증폭기 회로	(1) 연산 증폭기의 개요	① 연산 증폭기의 개념 ② 연산 증폭기의 특징
			(2) 연산 증폭기 및 응용	① 연산 증폭기의 종류 ② 연산 증폭기의 응용
		5. 발진 및 공진 회로	(1) 발진의 개요	① 발진의 원리 ② 발진 조건
			(2) 발진 회로의 종류 및 특성	① 정현파 발생 회로 ② 비정현파 발생 회로 ③ 발진 회로의 특성
			(3) 공진 회로	① 공진 회로의 주파수 특성 ② 공진 회로의 특성 임피던스 ③ 공진 회로의 선택도
		6. 변복조 회로	(1) 아날로그 변복조 회로	① 아날로그 변복조의 개념 ② 진폭 변조 회로와 복조 회로 ③ 주파수 변조 회로와 복조 회로 ④ 펄스 변조 회로 및 복조 회로
			(2) 디지털 변복조 회로	① 디지털 변복조의 개념 ② 디지털 변복조 회로
		7. 직류 전원 회로	(1) 정류 회로	① 정류 회로 ② 평활 회로 ③ 제어 정류 회로
			(2) 정전압 및 안정화 전원 회로	① 정전압 전원 회로 ② 안정화 전원 회로
		8. 논리 회로 및 집적 회로	(1) 논리 회로	① 수의 표시 및 2진수의 연산 ② 불대수 및 논리식의 간략화 ③ 조합 논리 회로 ④ 순차 논리 회로
			(2) 집적 회로	① 집적 회로의 개요 및 특성 ② 집적 회로 기억 소자
회로 이론 및 제어 공학	20	1. 회로 이론	(1) 전기 회로의 기초	① 전기 회로의 기본 개념 ② 전압과 전류의 기준 방향 ③ 전원 등
			(2) 직류 회로	① 전류 및 옴의 법칙 ② 도체의 고유 저항 및 온도에 의한 저항 ③ 저항의 접속 ④ 키르히호프의 법칙 ⑤ 전지의 접속 및 줄열과 전력 ⑥ 브리지 평형 등

필기 과목명	출제 문제 수	주요 항목	세부 항목	세세 항목
회로 이론 및 제어 공학	20	1. 회로 이론	(3) 정현파 교류	① 정현파형 ② 주기와 주파수 ③ 평균값과 실효값 ④ 파고율과 파형률 ⑤ 위상차 ⑥ 회전 벡터와 정지 벡터 등
			(4) 왜형파 교류	① 비정현파의 푸리에 급수에 의한 전개 ② 푸리에 급수의 계수 ③ 비정현파의 대칭 ④ 비정현파의 실효값 ⑤ 비정현파의 임피던스 등
			(5) 다상 교류	① 대칭 n상 교류 및 평형 3상 회로 ② 선간 전압과 상전압 ③ 평형 부하의 경우 성형 전류와 환상 전류와의 관계 ④ $2\pi/n$씩 위상차를 가진 대칭 n상 기전력의 기호 표시법 ⑤ 3상 Y결선 부하인 경우 ⑥ 3상 △결선의 각부 전압, 전류 ⑦ 다상 교류의 전력 ⑧ 3상 교류의 복소수에 의한 표시 ⑨ △-Y의 결선 변환 ⑩ 평형 3상 회로의 전력 등
			(6) 대칭 좌표법	① 대칭 좌표법 ② 불평형률 ③ 3상 교류 기기의 기본식 ④ 대칭분에 의한 전력 표시 등
			(7) 4단자 및 2단자	① 4단자 파라미터 ② 4단자 회로망의 각종 접속 ③ 대표적인 4단자망의 정수 ④ 반복 파라미터 및 영상 파라미터 ⑤ 역회로 및 정저항 회로 ⑥ 리액턴스 2단자망 등
			(8) 분포 정수 회로	① 기본식과 특성 임피던스 ② 무한장 선로 ③ 무손실 선로와 무왜형 선로 ④ 일반의 유한장 선로 ⑤ 반사 계수 ⑥ 무손실 유한장 회로와 공진 등
			(9) 라플라스 변환	① 라플라스 변환의 정의 ② 간단한 함수의 변환 ③ 기본 정리 ④ 라플라스 변환표
			(10) 회로의 전달 함수	① 전달 함수의 정의 ② 기본적 요소의 전달 함수 등
			(11) 과도 현상	① $R-L$ 직렬의 직류 회로 ② $R-C$ 직렬의 직류 회로 ③ $R-L$ 병렬의 직류 회로 ④ $R-L-C$ 직렬의 직류 회로 ⑤ $R-L-C$ 직렬의 교류 회로 ⑥ 시정수와 상승 시간 ⑦ 미분 적분 회로 등

필기 과목명	출제 문제 수	주요 항목	세부 항목	세세 항목
회로 이론 및 제어 공학	20	2. 제어 공학	(1) 자동 제어계의 요소 및 구성	① 제어계의 종류 ② 제어계의 구성과 자동 제어의 용어 ③ 자동 제어계의 분류
			(2) 블록 선도와 신호 흐름 선도	① 블록 선도의 개요 ② 궤환 제어계의 표준형 ③ 블록 선도의 변환 ④ 아날로그 계산기 등
			(3) 상태 공간 해석	① 상태 변수의 의의 ② 상태 변수와 상태 방정식 ③ 선형 시스템의 과도 응답
			(4) 정상 오차와 주파수 응답	① 자동 제어계의 정상 오차 ② 과도 응답과 주파수 응답 ③ 주파수 응답의 궤적 표현 ④ 2차계에서 MP와 WP
			(5) 안정도 판별법	① Routh-Hurwitz 안정도 판별법 ② Nyquist 안정도 판별법 ③ Nyquist 선도로부터의 이득과 위상 여유 ④ 특성 방정식의 근 등
			(6) 근궤적과 자동 제어의 보상	① 근궤적 ② 근궤적의 성질 ③ 종속 보상법 ④ 지상 보상의 영향 ⑤ 조절기의 제어 동작
			(7) 샘플값 제어	① Sampling 방법 ② Z변환법 ③ 펄스 전달 함수 ④ Sample값 제어계의 Z변환법에 의한 해석 ⑤ Sample값 제어계의 안정도 등
			(8) 시퀀스 제어	① 시퀀스 제어의 특징 ② 제어 요소의 동작과 표현 ③ 불대수의 기본 정리 ④ 논리 회로 ⑤ 무접점 회로 ⑥ 유접점 회로 등
신호 기기	20	1. 직류기	(1) 직류 전동기의 종류	① 직류 전동기의 종류
			(2) 직류 전동기의 특성	① 속도 특성 ② 토크 특성 ③ 용도
			(3) 직류 전동기의 운전	① 속도 제어법 ② 속도 변동률 ③ 기동 ④ 제동
			(4) 직류 전동기의 기동, 제동 및 속도 제어	① 기동 ② 속도 제어 ③ 제동
		2. 변압기	(1) 변압기의 구조 및 원리	① 변압기의 자기 회로 ② 변압기의 동작 원리 ③ 변압기의 구조
			(2) 변압기의 등가 회로	① 변압기 등가 회로에 관련된 사항 ② 2차를 1차로 환산 ③ 1차를 2차로 환산 ④ 변압기 벡터도
			(3) 전압 강하 및 전압 변동률	① 전압 변동률의 계산

필기 과목명	출제 문제 수	주요 항목	세부 항목	세세 항목
신호 기기	20	2. 변압기	(4) 변압기 결선	① 변압기 극성 ② 단상 변압기의 3상 결선 ③ 단상 변압기의 병렬 운전
			(5) 변압기의 병렬 운전	① 병렬 운전 가능한 결선 ② 변압기의 병렬 운전 조건
			(6) 변압기의 종류 및 그 특성	① 변압기 종류 ② 변압기 정격
			(7) 변압기의 손실, 효율, 온도 상승 및 정격	① 손실 ② 효율 ③ 온도 상승 ④ 정격
			(8) 변압기의 시험 및 보수	① 시험의 종류 ② 시험 항목 ③ 보수
			(9) 계기용 변성기	① PT ② CT ③ MOF
			(10) 특수 변압기	① 3상 변압기 ② 단·복권 변압기 ③ 누설 변압기 ④ 절연 변압기
		3. 유도기	(1) 유도 전동기의 구조 및 원리	① 유도 전동기 회전 원리 ② 회전 자기장 발생 ③ 3상 유도 전동기의 구조
			(2) 유도 전동기의 등가 회로 및 특성	① 유도 전동기의 특성 ② 벡터도 ③ 등가 회로
			(3) 유도 전동기의 기동 및 제어	① 전전압 기동법 ② 스타 델타 기동법 ③ 기동 보상기법 ④ 리액터 기동법 ⑤ 소프트 스타터 기동법 ⑥ 기계적 제동 ⑦ 전기적 제동
			(4) 유도 전동기 속도 제어 (속도, 토크 및 출력)	① 주파수에 의한 제어 ② 극수에 의한 제어 ③ 권선형 전동기의 제어
			(5) 특수 유도기	① 특수 농형 3상 유도 전동기 ② 유도 발전기 ③ 특성과 용도
			(6) 단상 유도 전동기	① 원리 ② 기동 방식 ③ 규격
			(7) 유도 전동기의 시험	① 무부하 시험 ② 구속 시험
			(8) 원선도	① 1차 전류의 궤적 ② 1차 입력 ③ 토크의 출력 ④ 슬립 및 효율
		4. 정류기	(1) 정류용 반도체 소자	① 다이오드 ② 사이리스터 ③ 파워 트랜지스터 ④ GTO ⑤ 트라이액 ⑥ 역통전 사이리스터 ⑦ 광사이리스터
			(2) 각 정류 회로 및 특성	① 반파 정류 회로 ② 전파 정류 회로 ③ 브리지 정류 회로 ④ 배전압 정류 회로
			(3) 제어 정류기(컨버터)	① 교류-직류 변환기 ② 직류-직류 변환기
		5. 전동 차단기	(1) 전동 차단기의 종류	① 종류 ② 구조 ③ 원리
			(2) 전동 차단기의 특성	① 각종 차단기의 특성
		6. 신호 계전기	(1) 신호 계전기의 종류	① 종류 ② 구조 ③ 원리

필기 과목명	출제 문제 수	주요 항목	세부 항목	세세 항목
신호 기기	20	6. 신호 계전기	(2) 신호 계전기의 특성	① 특성
		7. 선로 전환기	(1) 선로 전환기의 종류	① 종류 ② 구조 ③ 원리
			(2) 선로 전환기의 특성	① 특성
		8. 건널목 제어 기기	(1) 건널목 제어 기기의 종류	① 종류 ② 구조 ③ 원리
			(2) 건널목 제어 기기의 특성	① 특성
		9. 전기 기기의 보호 방식	(1) 보호 기기의 종류	① 종류 ② 구조 ③ 원리
			(2) 보호 기기의 특성 및 시험	① 특성 ② 시험
신호 공학	20	1. 철도 신호의 개요	(1) 신호의 현시 방법	① 신호 현시 방식(신호, 전호, 표지) ② 신호기별 신호 현시 ③ 자동 폐색 신호기의 신호 현시 계통
			(2) 신호기의 종류, 용도, 특성	① 상치 신호기 ② 임시 신호기 ③ 특수 신호 ④ 신호기의 안전율
			(3) 신호 장치의 구조 및 원리	① 주신호기 ② 종속 신호기 ③ 신호 부속기 ④ 완목식 신호기 ⑤ 색등식 신호기 ⑥ 등렬식 신호기
		2. 궤도 회로	(1) 궤도 회로의 구조 및 원리	① 궤도 회로의 구조 및 원리
			(2) 궤도 회로의 종류 및 특성	① 직류 및 교류 궤도 회로 ② 고전압 임펄스 궤도 회로 ③ AF 궤도 회로 ④ 개전로식 및 폐전로식 ⑤ 유절연식 및 무절연식 궤도 회로 ⑥ 단궤조식 및 복궤조식
			(3) 레일 본드 및 임피던스 본드	① 레일 본드 및 임피던스 본드의 원리, 구조, 특성 등
			(4) 송착선 및 점퍼선	① 송착선 및 점퍼선 ② 직렬법 ③ 병렬법 ④ 직·병렬법
			(5) 레일 절연	① 레일 절연의 설치 위치 등
			(6) 단락 감도	① 궤도 회로별 측정 위치 ② 단락 감도를 높이기 위한 방법
			(7) 궤도 회로 구성	① 전원 장치 ② 한류 장치 ③ 궤조 절연 및 궤도 계전기
		3. 연동 장치	(1) 연동 장치의 구조 및 원리	① 기계 연동 장치 ② 전기 연동 장치 ③ 전자 연동 장치
			(2) 신호기와 선로 전환기의 연쇄	① 신호기와 선로 전환기의 연쇄
			(3) 전기 쇄정	① 조사 쇄정 ② 철사 쇄정 ③ 표시 쇄정 ④ 진로 쇄정 ⑤ 진로 구분 쇄정 ⑥ 폐로 쇄정 ⑦ 접근 및 보류 쇄정 ⑧ 시간 쇄정

필기 과목명	출제 문제 수	주요 항목	세부 항목	세세 항목
신호 공학	20	3. 연동 장치	(4) 연동 도표 및 연동 회로	① 연동 도표의 개요 및 연동 도표 작성 ② 진로 선별 회로 ③ 전철 제어 회로 ④ 진로 조사 회로 ⑤ 신호 제어 회로
			(5) 회로별 S/W 구성 및 연동 시험	① 연동 장치부 ② 유지 보수부 ③ 표시 제어부 등
			(6) 신호 제어	① 지상 신호 ② 차상 신호 ③ 속도 중심 및 거리 중심 제어
		4. 폐색 장치	(1) 폐색 장치의 구조 및 원리	① 폐색 장치의 개요 ② 자동 폐색 장치 ③ 연동 폐색 장치 ④ 폐색 분할 이론
		5. 선로 전환 장치	(1) 분기기	① 분기기의 구성 요소 및 구분
			(2) 크로싱의 종류	① 일반 크로싱 ② 노스 가동 크로싱
			(3) 전철기의 정반위 및 철차	① 정·반위 결정법 등
			(4) 안전 측선	① 안전 측선의 설치 목적 등
			(5) 동력 전철기 및 전철 정자	① 전기 선로 전환기 및 전철 정자
			(6) 밀착 검지기 및 철관 장치	① 밀착 검지 방법 ② 철관 장치 구성
		6. 열차 운행 관리 시스템	(1) 열차 운행 관리 시스템의 개요	① 열차 추적, 자동 진로 제어, 열차 다이어그램 관리 등 운전 정리의 기본 기능
			(2) 열차 집중 제어 장치 (CTC)	① CTC 구성 요소와 주요 기능 ② 신호 원격 제어 장치 ③ 정보 전송 장치
			(3) 자동 진로 제어 장치(PRC)	① PRC 구성 요소와 주요 기능
			(4) 열차 종합 제어 장치(TTC)	① TTC 구성 요소와 주요 기능 ② 통합 순서의 판단 기준 등
		7. 열차 제어 시스템	(1) 열차 자동 정지 장치 (ATS)	① ATS의 구비 조건 ② 지상자 ③ 전차선 절연 구간 예고 지상 장치 ④ 공진 주파수 및 선택도 ⑤ 제어 계전기 등
			(2) 열차 자동 제어 장치 (ATC)	① ATC 구성 요소와 주요 기능 ② ATC 지상 장치 및 루프 코일 ③ ATC 유지 관리 컴퓨터
			(3) 열차 자동 운전 장치 (ATO)	① ATO 구성 요소와 주요 기능 ② ATO의 속도 제어
			(4) 열차 자동 방호 장치(ATP)	① ATP 구성 요소와 주요 기능
			(5) 무선 통신 기반 열차 제어 장치(CBTC)	① CBTC 구성 요소와 주요 기능
		8. 고속 철도 열차 제어	(1) 고속 철도 일반	① 고속 철도의 정의
			(2) 열차 제어 설비(TCS) 개요 및 구성	① TCS의 개요 및 구성 ② 전자 연동 장치
			(3) 고속 철도 열차 제어 시스템	① 고속 철도 지상 장치 ② 고속 철도 차상 장치
			(4) 고속 철도용 궤도 회로 장치	① 고속 철도용 궤도 회로의 구성 및 원리 ② 궤도 계전기의 특징 등

필기 과목명	출제 문제 수	주요 항목	세부 항목	세세 항목
신호 공학	20	8. 고속 철도 열차 제어	(5) 고속 철도용 선로 전환기	① 고속 철도용 선로 전환기의 특성 ② 고속 철도용 선로 전환기의 유지 관리
		9. 집중 감시 장치 및 전원 장치	(1) 집중 감시 장치의 구조 및 원리	① 집중 감시 장치의 구조 및 원리
			(2) 감시 장치 및 안전 설비	① 사령 설비의 고장 검지 검출 기능 ② 차축 온도 검지 장치의 기능 ③ 레일 온도 검지 장치의 기능 ④ 지장물 검출 장치의 기능 ⑤ 기상 검지 장치 및 끌림 검지 장치의 기능 ⑥ 터널 경보 장치의 기능
			(3) 전원 설비의 종류 및 회로	① 전기 방식의 종류 ② 직류 및 교류 급전 방식 ③ 정류기, 축전지, 자동 전압 조정기, 무정전 전원 장치의 기능 등 ④ 귀선로와 유도 장애 ⑤ 절연 협조 ⑥ 신호용 배전반의 특성 및 변압기 용량 계산
			(4) 전선로의 특성 및 구성	① 전선로의 구비 요건 ② 장치별 사용 개소의 전선 종별 ③ 트러프의 방호 조치 등 ④ 전선로 및 회선명 등의 표시 ⑤ 접속 개소 표시
		10. 기타 신호 장치	(1) 건널목 보안 장치의 원리 및 특성	① 건널목 보안 장치의 구성 기기의 개요 ② 종별 건널목 설치 기준 ③ 건널목 경보기의 설치와 보수 ④ 경보 시간과 경보 제어 거리 ⑤ 전동 차단기의 구조 및 기능 ⑥ 고장 감시 장치의 구성, 용도 ⑦ 건널목 정시간 제어기의 기능 ⑧ 출구측 차단 검지기의 원리 ⑨ 건널목 원격 감시 장치의 기능
			(2) 장애물 검지 장치	① 낙석 검지 장치의 구조 및 기능 ② 경사 검지 장치의 구조 및 기능 ③ 토사 붕괴 검지 장치의 구조 및 기능 ④ 한계 지장 검지 장치의 구조 및 기능 ⑤ 건널목 장애물 검지 장치의 구조 및 기능 ⑥ 노면 변형 검지 장치의 구조 및 기능 등

❖ **적용 종목** : 철도신호산업기사

필기 과목명	출제 문제 수	주요 항목	세부 항목	세세 항목
전자 공학	20	1. 전자 현상 및 전자 소자	(1) 전자 현상	① 전자의 방출 ② 전자계 안에서의 전자 ③ 고체 중의 전자 현상
			(2) 전자 소자	① 다이오드 ② 트랜지스터 ③ 스위칭 소자 ④ 특수 반도체 소자
		2. 펄스 회로	(1) 펄스 발생 회로	① 펄스의 개념 및 특성 ② 펄스 발생 회로
		3. 증폭 회로	(1) 신호 증폭 회로	① 증폭기의 개요 ② 트랜지스터 증폭기 ③ 바이어스 회로 ④ 일그러짐 및 잡음 특성 ⑤ 증폭 회로의 주파수 응답
			(2) 궤환 증폭 회로	① 궤환 증폭기의 개요 ② 궤환 증폭기의 종류 및 특성
		4. 연산 증폭기 회로	(1) 연산 증폭기의 개요	① 연산 증폭기의 개념 ② 연산 증폭기의 특징
			(2) 연산 증폭기 및 응용	① 연산 증폭기의 종류 ② 연산 증폭기의 응용
		5. 발진 및 공진 회로	(1) 발진의 개요	① 발진의 원리 ② 발진 조건
			(2) 발진 회로의 종류 및 특성	① 정현파 발생 회로 ② 비정현파 발생 회로 ③ 발진 회로의 특성
			(3) 공진 회로	① 공진 회로의 주파수 특성 ② 공진 회로의 특성 임피던스 ③ 공진 회로의 선택도
		6. 변복조 회로	(1) 아날로그 변복조 회로	① 아날로그 변복조의 개념 ② 진폭 변조 회로와 복조 회로 ③ 주파수 변조 회로와 복조 회로 ④ 펄스 변조 회로 및 복조 회로
			(2) 디지털 변복조 회로	① 디지털 변복조의 개념 ② 디지털 변복조 회로
		7. 직류 전원 회로	(1) 정류 회로	① 정류 회로 ② 평활 회로 ③ 제어 정류 회로
			(2) 정전압 및 안정화 전원 회로	① 정전압 전원 회로 ② 안정화 전원 회로
		8. 논리 회로 및 집적 회로	(1) 논리 회로	① 수의 표시 및 2진수의 연산 ② 불대수 및 논리식의 간략화 ③ 조합 논리 회로 ④ 순차 논리 회로
			(2) 집적 회로	① 집적 회로의 개요 및 특성 ② 집적 회로 기억 소자
신호 기기	20	1. 직류기	(1) 직류 전동기의 종류	① 직류 전동기의 종류
			(2) 직류 전동기의 특성	① 속도 특성 ② 토크 특성 ③ 용도
			(3) 직류 전동기의 운전	① 속도 제어법 ② 속도 변동률 ③ 기동 ④ 제동

필기 과목명	출제 문제 수	주요 항목	세부 항목	세세 항목
신호 기기	20	2. 변압기	(1) 변압기의 구조 및 원리	① 변압기의 자기 회로 ② 변압기의 동작 원리 ③ 변압기의 구조
			(2) 변압기의 등가 회로	① 변압기 등가 회로에 관련된 사항 ② 2차를 1차로 환산 ③ 1차를 2차로 환산 ④ 변압기 벡터도
			(3) 전압 강하 및 전압 변동률	① 전압 변동률의 계산
			(4) 변압기 결선	① 변압기 극성 ② 단상 변압기의 3상 결선 ③ 단상 변압기의 병렬 운전
			(5) 변압기의 병렬 운전	① 병렬 운전 가능한 결선 ② 변압기의 병렬 운전 조건
			(6) 변압기의 종류 및 그 특성	① 변압기 종류 ② 변압기 정격
			(7) 변압기의 손실, 효율, 온도 상승 및 정격	① 손실 ② 효율 ③ 온도 상승 ④ 정격
			(8) 변압기의 시험 및 보수	① 시험의 종류 ② 시험 항목 ③ 보수
			(9) 계기용 변성기	① PT ② CT ③ MOF
			(10) 특수 변압기	① 3상 변압기 ② 단·복권 변압기 ③ 누설 변압기 ④ 절연 변압기
		3. 유도기	(1) 유도 전동기의 구조 및 원리	① 유도 전동기 회전 원리 ② 회전 자기장 발생 ③ 3상 유도 전동기의 구조
			(2) 유도 전동기의 등가 회로 및 특성	① 유도 전동기의 특성 ② 벡터도 ③ 등가 회로
			(3) 유도 전동기의 기동 및 제어	① 전전압 기동법 ② 스타 델타 기동법 ③ 기동 보상기법 ④ 리액터 기동법 ⑤ 소프트 스타터 기동법 ⑥ 기계적 제동 ⑦ 전기적 제동
			(4) 유도 전동기 속도 제어 (속도, 토크 및 출력)	① 주파수에 의한 제어 ② 극수에 의한 제어 ③ 권선형 전동기의 제어
			(5) 특수 유도기	① 특수 농형 3상 유도 전동기 ② 유도 발전기 ③ 특성과 용도
			(6) 단상 유도 전동기	① 원리 ② 기동 방식 ③ 규격
			(7) 유도 전동기의 시험	① 무부하 시험 ② 구속 시험
			(8) 원선도	① 1차 전류의 궤적 ② 1차 입력 ③ 토크의 출력 ④ 슬립 및 효율
		4. 정류기	(1) 정류용 반도체 소자	① 다이오드 ② 사이리스터 ③ 파워 트랜지스터 ④ GTO ⑤ 트라이액 ⑥ 역통전 사이리스터 ⑦ 광사이리스터

필기 과목명	출제 문제 수	주요 항목	세부 항목	세세 항목
신호 기기	20	4. 정류기	(2) 각 정류 회로 및 특성	① 반파 정류 회로 ② 전파 정류 회로 ③ 브리지 정류 회로 ④ 배전압 정류 회로 ⑤ 3상 정류 회로
			(3) 제어 정류기(컨버터)	① 교류-직류 변환기 ② 직류-직류 변환기
		5. 전동 차단기	(1) 전동 차단기의 종류	① 종류 ② 구조 ③ 원리
			(2) 전동 차단기의 특성	① 각종 차단기의 특성
		6. 신호 계전기	(1) 신호 계전기의 종류	① 종류 ② 구조 ③ 원리
			(2) 신호 계전기의 특성	① 특성
		7. 선로 전환기	(1) 선로 전환기의 종류	① 종류 ② 구조 ③ 원리
			(2) 선로 전환기의 특성	① 특성
		8. 건널목 제어 기기	(1) 건널목 제어 기기의 종류	① 종류 ② 구조 ③ 원리
			(2) 건널목 제어 기기의 특성	① 특성
		9. 전기 기기의 보호 방식	(1) 보호 기기의 종류	① 종류 ② 구조 ③ 원리
			(2) 보호 기기의 특성 및 시험	① 특성 ② 시험
신호 공학	20	1. 철도 신호의 개요	(1) 신호의 현시 방법	① 신호 현시 방식(신호, 전호, 표지) ② 신호기별 신호 현시 ③ 자동 폐색 신호기의 신호 현시 계통
			(2) 신호기의 종류, 용도, 특성	① 상치 신호기 ② 임시 신호기 ③ 특수 신호 ④ 신호기의 안전율
			(3) 신호 장치의 구조 및 원리	① 주신호기 ② 종속 신호기 ③ 신호 부속기 ④ 완목식 신호기 ⑤ 색등식 신호기 ⑥ 등렬식 신호기
		2. 궤도 회로	(1) 궤도 회로의 구조 및 원리	① 궤도 회로의 구조 및 원리
			(2) 궤도 회로의 종류 및 특성	① 직류 및 교류 궤도 회로 ② 고전압 임펄스 궤도 회로 ③ AF 궤도 회로 ④ 개전로식 및 폐전로식 ⑤ 유절연식 및 무절연식 궤도 회로 ⑥ 단궤조식 및 복궤조식
			(3) 레일 본드 및 임피던스 본드	① 레일 본드 및 임피던스 본드의 원리, 구조, 특성 등
			(4) 송착선 및 점퍼선	① 송착선 및 점퍼선 ② 직렬법 ③ 병렬법 ④ 직·병렬법
			(5) 레일 절연	① 레일 절연의 설치 위치 등
			(6) 단락 감도	① 궤도 회로별 측정 위치 ② 단락 감도를 높이기 위한 방법

필기 과목명	출제 문제 수	주요 항목	세부 항목	세세 항목
신호 공학	20	2. 궤도 회로	(7) 궤도 회로 구성	① 전원 장치 ② 한류 장치 ③ 궤조 절연 및 궤도 계전기
		3. 연동 장치	(1) 연동 장치의 구조 및 원리	① 기계 연동 장치 ② 전기 연동 장치 ③ 전자 연동 장치
			(2) 신호기와 선로 전환기의 연쇄	① 신호기와 선로 전환기의 연쇄
			(3) 전기 쇄정	① 조사 쇄정 ② 철사 쇄정 ③ 표시 쇄정 ④ 진로 쇄정 ⑤ 진로 구분 쇄정 ⑥ 폐로 쇄정 ⑦ 접근 및 보류 쇄정 ⑧ 시간 쇄정
			(4) 연동 도표 및 연동 회로	① 연동 도표의 개요 및 연동 도표 작성 ② 진로 선별 회로 ③ 전철 제어 회로 ④ 진로 조사 회로 ⑤ 신호 제어 회로
			(5) 회로별 S/W 구성 및 연동 시험	① 연동 장치부 ② 유지 보수부 ③ 표시 제어부 등
			(6) 신호 제어	① 지상 신호 ② 차상 신호 ③ 속도 중심 및 거리 중심 제어
		4. 폐색 장치	(1) 폐색 장치의 구조 및 원리	① 폐색 장치의 개요 ② 자동 폐색 장치 ③ 연동 폐색 장치 ④ 폐색 분할 이론
		5. 선로 전환 장치	(1) 분기기	① 분기기의 구성 요소 및 구분
			(2) 크로싱의 종류	① 일반 크로싱 ② 노스 가동 크로싱
			(3) 전철기의 정반위 및 절차	① 정・반위 결정법 등
			(4) 안전 측선	① 안전 측선의 설치 목적 등
			(5) 동력 전철기 및 전철 정자	① 전기 선로 전환기 및 전철 정자
			(6) 밀착 검지기 및 철관 장치	① 밀착 검지 방법 ② 철관 장치 구성
		6. 열차 운행 관리 시스템	(1) 열차 운행 관리 시스템의 개요	① 열차 추적, 자동 진로 제어, 열차 다이어그램 관리 등 운전 정리의 기본 기능
			(2) 열차 집중 제어 장치(CTC)	① CTC 구성 요소와 주요 기능 ② 신호 원격 제어 장치 ③ 정보 전송 장치
			(3) 자동 진로 제어 장치(PRC)	① PRC 구성 요소와 주요 기능
			(4) 열차 종합 제어 장치(TTC)	① TTC 구성 요소와 주요 기능 ② 통합 순서의 판단 기준 등
		7. 열차 제어 시스템	(1) 열차 자동 정지 장치(ATS)	① ATS의 구비 조건 ② 지상자 ③ 전차선 절연 구간 예고 지상 장치 ④ 공진 주파수 및 선택도 ⑤ 제어 계전기 등

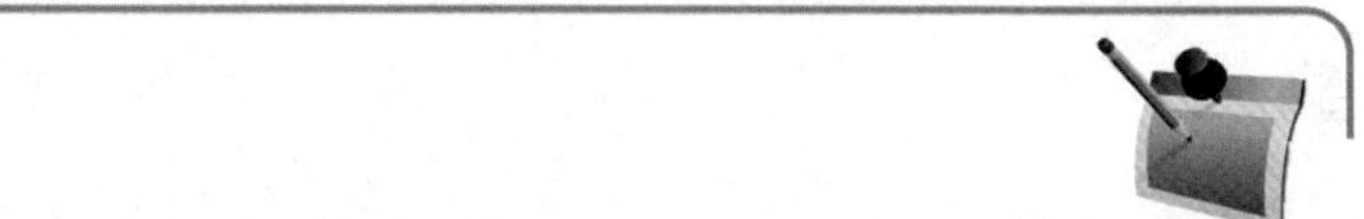

필기 과목명	출제 문제 수	주요 항목	세부 항목	세세 항목
신호 공학	20	7. 열차 제어 시스템	(2) 열차 자동 제어 장치(ATC)	① ATC 구성 요소와 주요 기능 ② ATC 지상 장치 및 루프 코일 ③ ATC 유지 관리 컴퓨터
			(3) 열차 자동 운전 장치(ATO)	① ATO 구성 요소와 주요 기능 ② ATO의 속도 제어
			(4) 열차 자동 방호 장치(ATP)	① ATP 구성 요소와 주요 기능
			(5) 무선 통신 기반 열차 제어 장치(CBTC)	① CBTC 구성 요소와 주요 기능
		8. 고속 철도 열차 제어	(1) 고속 철도 일반	① 고속 철도의 정의
			(2) 열차 제어 설비(TCS) 개요 및 구성	① TCS의 개요 및 구성 ② 전자 연동 장치
			(3) 고속 철도 열차 제어 시스템	① 고속 철도 지상 장치 ② 고속 철도 차상 장치
			(4) 고속 철도용 궤도 회로 장치	① 고속 철도용 궤도 회로의 구성 및 원리 ② 궤도 계전기의 특징 등
			(5) 고속 철도용 선로 전환기	① 고속 철도용 선로 전환기의 특성 ② 고속 철도용 선로 전환기의 유지 관리
		9. 집중 감시 장치 및 전원 장치	(1) 집중 감시 장치의 구조 및 원리	① 집중 감시 장치의 구조 및 원리
			(2) 감시 장치 및 안전 설비	① 사령 설비의 고장 검지 검출 기능 ② 차축 온도 검지 장치의 기능 ③ 레일 온도 검지 장치의 기능 ④ 지장물 검출 장치의 기능 ⑤ 기상 검지 장치 및 끌림 검지 장치의 기능 ⑥ 터널 경보 장치의 기능
			(3) 전원 설비의 종류 및 회로	① 전기 방식의 종류 ② 직류 및 교류 급전 방식 ③ 정류기, 축전지, 자동 전압 조정기, 무정전 전원 장치의 기능 등 ④ 귀선로와 유도 장애 ⑤ 절연 협조 ⑥ 신호용 배전반의 특성 및 변압기 용량 계산
			(4) 전선로의 특성 및 구성	① 전선로의 구비 요건 ② 장치별 사용 개소의 전선 종별 ③ 트러프의 방호 조치 등 ④ 전선로 및 회선명 등의 표시 ⑤ 접속 개소 표시
		10. 기타 신호 장치	(1) 건널목 보안 장치의 원리 및 특성	① 건널목 보안 장치의 구성 기기의 개요 ② 종별 건널목 설치 기준 ③ 건널목 경보기의 설치와 보수 ④ 경보 시간과 경보 제어 거리 ⑤ 전동 차단기의 구조 및 기능 ⑥ 고장 감시 장치의 구성, 용도 ⑦ 건널목 정시간 제어기의 기능 ⑧ 출구측 차단 검지기의 원리 ⑨ 건널목 원격 감시 장치의 기능

필기 과목명	출제 문제 수	주요 항목	세부 항목	세세 항목
신호 공학	20	10. 기타 신호 장치	(2) 장애물 검지 장치	① 낙석 검지 장치의 구조 및 기능 ② 경사 검지 장치의 구조 및 기능 ③ 토사 붕괴 검지 장치의 구조 및 기능 ④ 한계 지장 검지 장치의 구조 및 기능 ⑤ 건널목 장애물 검지 장치의 구조 및 기능 ⑥ 노면 변형 검지 장치의 구조 및 기능 등
회로 이론	20	1. 전기 회로의 기초	(1) 전기 회로의 기본 개념	① 간단한 전기 회로 ② 전류의 방향
			(2) 전압과 전류의 기준 방향	① 수동 소자의 기준 방향 ② 능동 소자의 기준 방향
			(3) 전원	① 독립 전압원 ② 독립 전류원
		2. 직류 회로	(1) 전류 및 옴의 법칙	① 전류 ② 전압 ③ 저항
			(2) 도체의 고유 저항 및 온도에 의한 저항	① 전선의 저항 ② 단면적과 길이에 따른 저항 변화
			(3) 저항의 접속	① 직렬 ② 병렬 ③ 직·병렬
			(4) 키르히호프의 법칙	① KCL ② KVL
			(5) 전지의 접속 및 줄열과 전력	① 직렬 ② 병렬 ③ 직·병렬 ④ 내부 저항 ⑤ 최대 전력
			(6) △-Y 접속의 변환	① △-Y ② Y-△
			(7) 브리지 평형	① 브리지 종류 ② 브리지 용도
		3. 정현파 교류	(1) 정현파형	① 전류파형 ② 전압파형
			(2) 주기와 주파수	① 각주파수 ② 파장
			(3) 평균치와 실효치	① 순시치, 최대치, 실효치, 평균치의 관계
			(4) 파고율과 파형률	① 정현파, 구형파, 삼각파의 파고율 파형
			(5) 위상차	① 진상, 지상, 초기 위상, 동상
		4. 왜형파 교류	(1) 비정현파의 푸리에 급수에 의한 전개	① 푸리에 급수 표시 ② 기본파와 고조파의 합
			(2) 푸리에 급수의 계수	① a_0, a_n, b_n의 결정
			(3) 비정현파의 대칭	① 우함수, 기함수, 반파 대칭
			(4) 비정현파의 실효값	① 전압의 실효값 ② 전류의 실효값 ③ 전고조파 왜률
			(5) 비정현파의 임피던스	① $R-L-C$ 회로 ② 고조파 공진 조건
		5. 다상 교류	(1) 대칭 n상 교류 및 평형 3상 회로	① n상 전력 ② 3상 전력 ③ 위상
			(2) 성형 전압과 환상 전압의 관계	① n상 상전압 ② n상 선간 전압
			(3) 평형 부하의 경우 성형 전류와 환상 전류와의 관계	① △결선, Y결선에 따른 상전류, 선간 전류

필기 과목명	출제 문제 수	주요 항목	세부 항목	세세 항목
회로 이론	20	5. 다상 교류	(4) $2\pi/n$씩 위상차를 가진 대칭 n상 기전력의 기호 표시법	① n상 전압, n상 전류 표시
			(5) 3상 Y결선 부하인 경우	① 전압, 전류, 전력, 임피던스
			(6) 3상 △결선의 각부 전압, 전류	① 전압, 전류, 전력, 임피던스
			(7) 다상 교류의 전력	① 유효 전력 ② 무효 전력
			(8) 3상 교류의 복소수에 의한 표시	① 전력 ② 임피던스 ③ 전류 표시
			(9) △−Y의 결선 변환	① 등가 변환
			(10) 평형 3상 회로의 전력	① 단상 전력계 ② 2전력계법 ③ 3전류계법 ④ 3전압계
		6. 대칭 좌표법	(1) 대칭 좌표법	① 영상 ② 정상 ③ 역상분
			(2) 불평형률	① 전압, 전류, 불평형률
			(3) 3상 교류 기기의 기본식	① 1선 지락 ② 2선 지락 ③ 2선 단락
			(4) 대칭분에 의한 전력 표시	① 대칭분에 의한 전력 표시
		7. 4단자 및 2단자	(1) 4단자 파라미터	① 임피던스 ② 어드미턴스 ③ $ABCD$ 파라미터
			(2) 4단자 회로망의 각종 접속	① 직렬 ② 병렬 ③ 직·병렬 접속
			(3) 대표적인 4단자망의 정수	① $ABCD$ 정수 단위와 의미
			(4) 반복 파라미터 및 영상 파라미터	① 반복 임피던스, 반복 전달 정수
			(5) 역회로 및 정저항 회로	① 영상 임피던스, 영상 전달 정수
			(6) 리액턴스 2단자망	① 극점 ② 영점 ③ 구동점 임피던스
		8. 라플라스 변환	(1) 라플라스 변환의 정리	① 라플라스 변환 ② 역라플라스 변환 ③ 복수 주파수
			(2) 간단한 함수의 변환	① 단위 충격 함수 ② 단위 계단 함수
			(3) 기본 정리	① 최종값 ② 최기값
			(4) 라플라스 변환표	① 선형 성실 미분 정리 ② 실적분 정리
		9. 과도 현상	(1) 전달 함수의 정의	① 전달 함수의 정의
			(2) 기본적 요소의 전달 함수	① 비례 요소 ② 적분 요소 ③ 미분 요소
			(3) $R-L$ 직렬의 직류 회로	① $R-L$ 직렬 회로의 과도 현상과 전압 전류 특성
			(4) $R-C$ 직렬의 직류 회로	① 충전 특성 ② 방전 특성

필기 과목명	출제 문제 수	주요 항목	세부 항목	세세 항목
회로 이론	20	9. 과도 현상	(5) $R-L$ 병렬의 직류 회로	① $R-L$ 병렬 회로의 과도 현상
			(6) $R-L-C$ 직렬의 직류 회로	① 단일 에너지 회로 ② 복합 에너지 회로 ③ $R-L-C$ 직렬 회로의 과도 현상
			(7) $R-L-C$ 직렬의 교류 회로	① $R-L$ 직렬 회로의 특성 ② $R-C$ 직렬 회로의 특성
			(8) 시정수와 상승 시간	① 시정수 ② 상승 시간
			(9) 미분 적분 회로	① $R-C$ 회로 ② $R-L$ 회로

Contents

Part 1 신호 기기

Part 2 전자 공학

Part 3 회로 이론

차례

Contents

차례

Part 4 제어 공학

Contents

Part 5 신호 공학

부록 과년도 출제문제

제 1 편 신호 기기

- *제1장* 직류기
- *제2장* 변압기
- *제3장* 유도기
- *제4장* 정류기
- *제5장* 전동 차단기
- *제6장* 신호 계전기
- *제7장* 전기 선로 전환기
- *제8장* 건널목 제어 기기
- *제9장* 기타 장치

제 1 장 직류기

1. 직류 발전기

1 원리와 구조

(1) 원리 : 플레밍(Fleming)의 오른손 법칙

① 도체가 운동하여 자계를 절단하면 기전력이 발생하는 현상이다.

유기 기전력 : $e = vBl\sin\theta$[V]

여기서, v : 도체의 운동 속도[m/sec], B : 자속 밀도[Wb/m^2]

l : 도체의 길이[m], θ : v와 B가 이루는 각[°]

② 오른손의 엄지는 도체의 운동 속도 v[m/sec]의 방향을, 인지는 자속 밀도 B[Wb/m^2]를, 중지는 기전력 e[V]를 나타낸다.

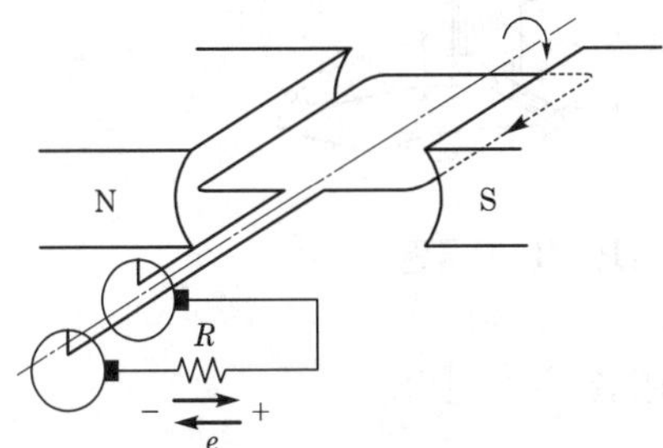

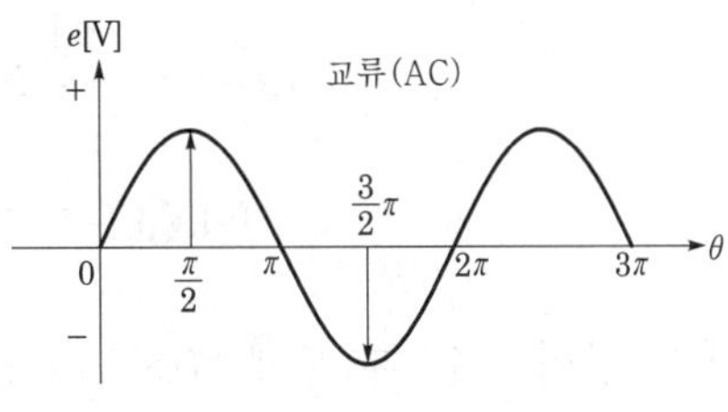

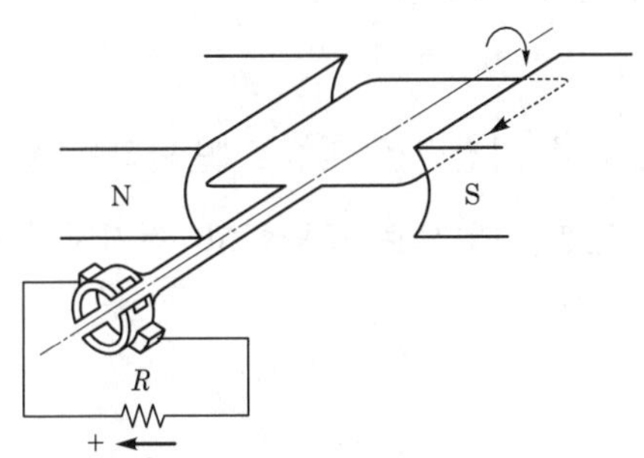

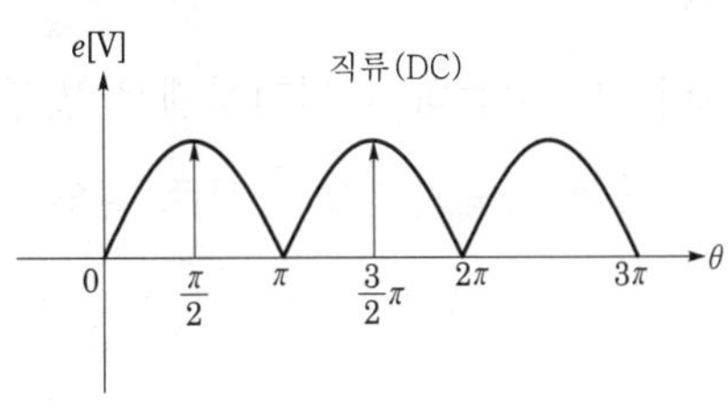

그림 ⓿ 1-1

(2) 구조

① **전기자** : 원동기에 의해 회전하여 기전력을 유도하는 부분이다.

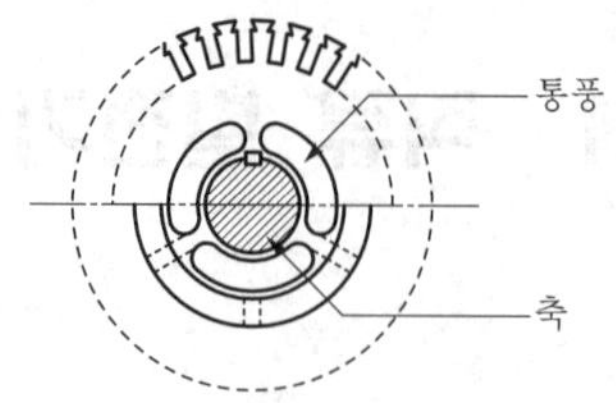

그림 1-2 **전기자 철심**

㉮ **철심** : 얇은 규소 강판을 성층 철심한다.

㉠ 규소 함유량 : 1~1.4[%]

㉡ 강판 두께 : 0.35~0.5[mm]

㉯ **권선** : 연동선을 절연하여 전기자 철심의 홈(slot)에 배열한다.

② **계자** : 전기자가 쇄교하는 자속(ϕ)을 만드는 부분이다.

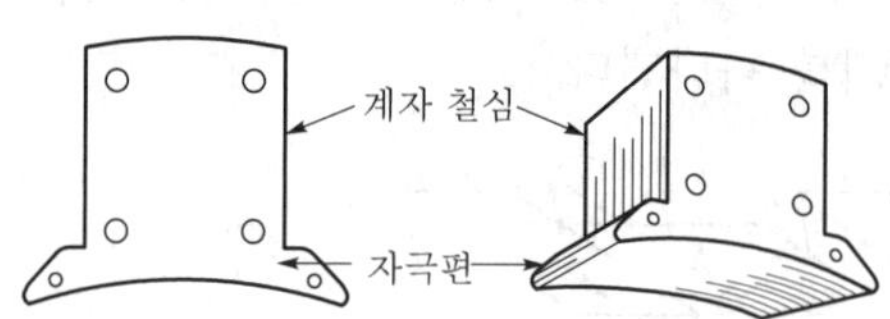

그림 1-3 **계자 철심 및 자극편**

㉮ **계자 철심** : 연강판(두께 : 0.8~1.6[mm])을 성층한다.

㉯ **계자 권선** : 연동선을 절연하여 계자 철심에 감는다.

③ **정류자**

㉮ 브러시와 접촉하여 전기자에서 발생된 교류 기전력을 직류로 변환하는 부분이다.

㉯ 경인동의 정류자편을 운모로 절연하여 원통 모양으로 조립하고, 전기자에 부착한다.

④ **브러시** : 회전부(정류자)로부터 전원을 인출하는 부분이다.

㉮ 탄소질 브러시

㉯ 흑연질 브러시(전기 흑연질 브러시)

㉰ 금속 흑연질 브러시

⑤ **계철(yoke)** : 자극 및 기계 전체를 보호 및 지지하며 자속의 통로 역할을 하는 부분이다.

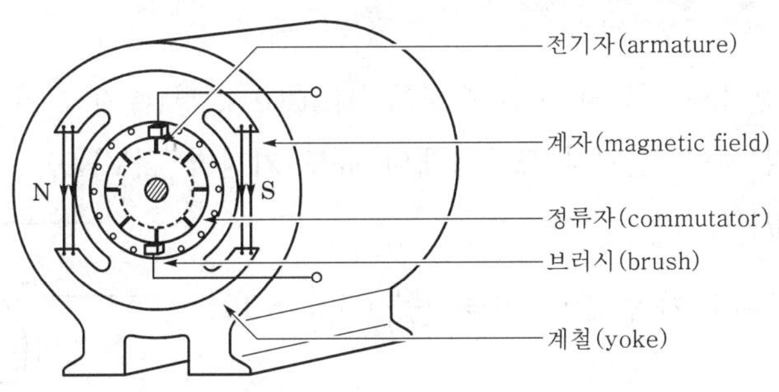

그림 1-4 **직류 발전기 단면도**

2 전기자 권선법

전기자 권선법은 전기자 철심에 권선을 배열하는 방법으로 고상권, 폐로권, 2층권을 사용하며 중권과 파권으로 분류한다.

(1) 환상권(×)	(2) 개로권(×)	(3) 1층권(×)
고상권(○)	폐로권(○)	2층권(○)

(4) 중권과 파권

① **중권(lap winding, 병렬권)** : 병렬 회로수와 브러시 수가 자극의 수와 같으며 저전압, 대전류에 유효하고, 병렬 회로 사이에 전압의 불균일시 순환 전류가 흐를 수 있으므로 균압환이 필요하다.

② **파권(wave winding, 직렬권)** : 파권은 병렬 회로수가 극수와 관계없이 항상 2개로 되어 있으므로, 고전압 소전류에 유효하고, 균압환은 불필요하며, 브러시 수는 2 또는 극수와 같게 할 수 있다.

〔중권과 파권의 특성 비교〕

	전압, 전류	병렬 회로수	브러시 수	균압환
중권	저전압, 대전류	$a=p$	$b=p$	필요
파권	고전압, 소전류	$a=2$	$b=2$ or p	불필요

3 유기 기전력 : E[V]

직류 발전기에서 전기자 권선의 주변 속도를 v[m/sec], 평균 자속 밀도를 B[Wb/m^2], 도체의 길이를 l[m]라 하면, 전기자 도체 1개의 유도 기전력 e[V]는

$$e=vBl\,[\text{V}]$$

속도 $v=\pi Dn$[m/sec], 자속 밀도 $B=\dfrac{p\phi}{\pi Dl}$[Wb/m^2]

이므로

$$e=\pi Dn\cdot\frac{p\phi}{\pi Dl}\cdot l=p\phi n\,[\text{V}]$$

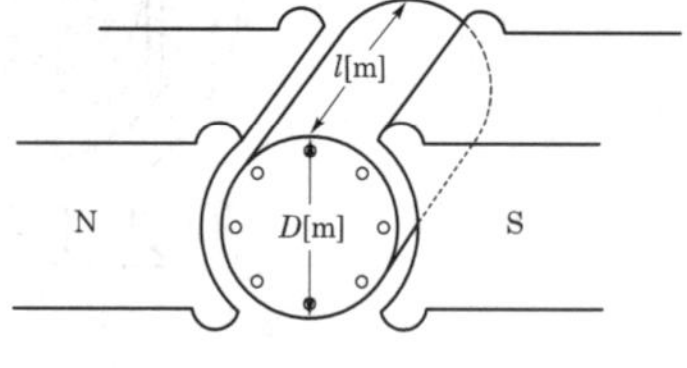

그림 1-5

전기자 도체의 총 수를 Z, 병렬 회로의 수를 a라 하면, 브러시 사이의 전체 유기 기전력 E[V]는 다음과 같다.

$$E=\frac{Z}{a}\cdot e=\frac{Z}{a}p\phi n=\frac{Z}{a}p\phi\frac{N}{60}\,[\text{V}]$$

여기서, Z : 전기자 도체의 총 수[개]

a : 병렬 회로수(중권 : $a=p$, 파권 : $a=2$)

p : 자극의 수[극]

ϕ : 매극당 자속[Wb]

N : 분당 회전수[rpm]

4 전기자 반작용

전기자 전류에 의한 자속이 주(계자) 자속의 분포에 영향을 미치는 현상

(1) 반작용의 영향

① 전기적 중성축이 이동한다.

② 계자 자속이 감소한다.

③ 정류자 편간 전압이 국부적으로 높아져 불꽃이 발생하여 정류 불량을 가져온다.

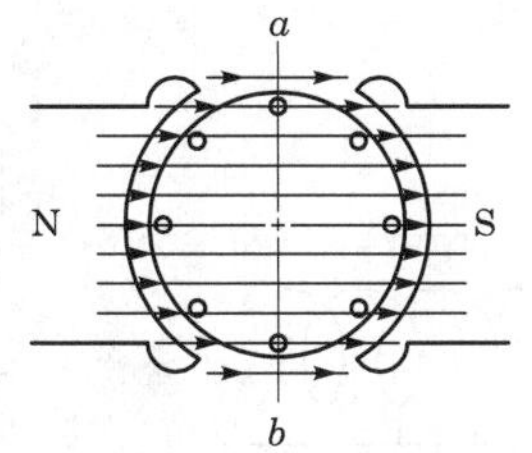

그림 1-6 **주자속**

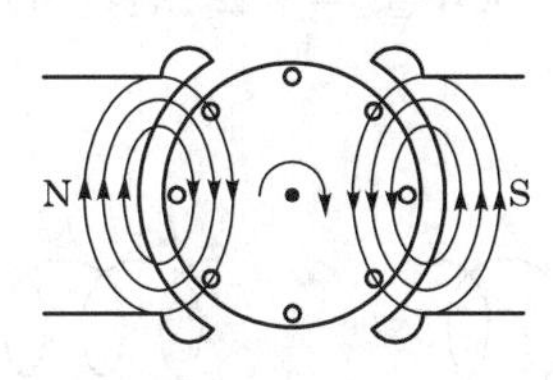

그림 1-7 **전기자 전류에 의한 자속**

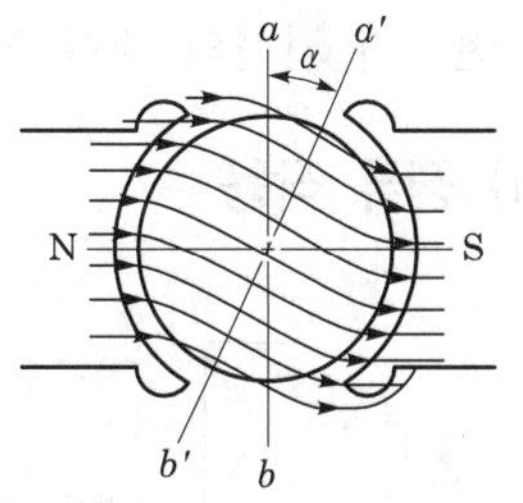

그림 1-8 **합성 자속**

(2) 반작용의 분류

① **감자 작용** : 계자 자속을 감소하는 작용

㉮ **발전기** : 기전력 감소

$E \propto \phi$

㉯ **전동기** : 회전 속도 상승

$N \propto \dfrac{1}{\phi}$

※ 극당 감자 기자력 : $AT_d = \dfrac{2\alpha}{180°} \cdot \dfrac{Z \cdot I_a}{2pa}$ [AT/p]

② **교차(편자) 작용** : 계자 자속을 편협하는 작용

㉮ 중성축 이동

㉯ **정류자 편간 전압 국부적으로 상승** : 정류 불량

※ 중성축을 환원하여 정류 개선을 위해 보극을 설치한다.

- 보극 : 정류를 개선하기 위하여 주자극의 중간에 설치하는 작은 자극이다.

※ 극당 교차 기자력 : $AT_c = \dfrac{180° - 2\alpha}{180°} \dfrac{Z \cdot I_a}{2pa}$ [AT/p]

(3) 전기자 반작용의 방지책

보상 권선을 자극편에 설치하여 전기자 전류와 크기는 같고, 반대 방향의 전류를 흘려주면 전기자 전류에 의한 기자력을 상쇄시켜 전기자 반작용을 방지한다.

5 정 류

전기자 권선의 전류를 반전하여 교류를 직류로 변환시키는 것이다.

(1) 정류 작용

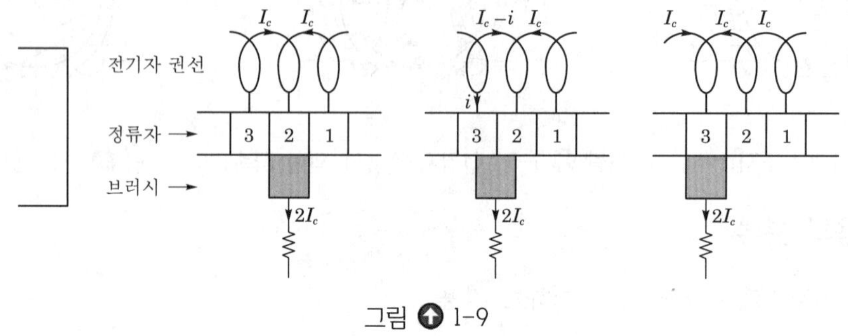

그림 1-9

(2) 정류 곡선

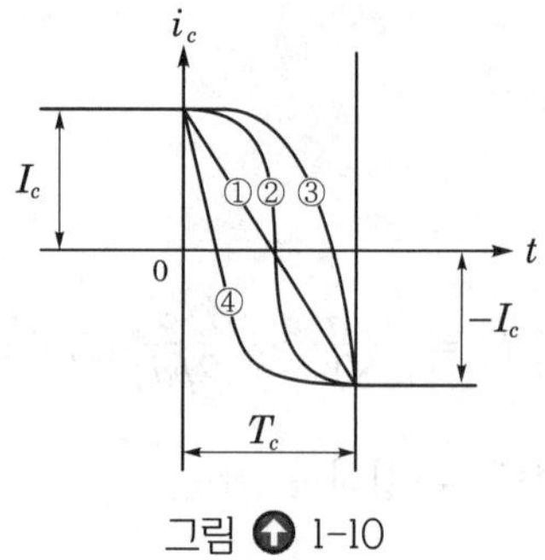

그림 1-10

① **직선 정류**
② **정현파 정류**
} 양호한 정류 곡선

③ **부족 정류** : 정류 말기 불꽃 발생

④ **과정류** : 정류 초기 불꽃 발생

※ 평균 리액턴스 전압 : $e = -L\dfrac{di}{dt} = L\dfrac{2I_c}{T_c}$ [V]

(3) 정류 개선책

① **평균 리액턴스 전압을 작게 한다.**

㉮ 인덕턴스(L) 작을 것

㉯ 정류 주기(T_c) 클 것

㉰ 주변 속도(v_c) 느릴 것

② **보극을 설치한다** : 평균 리액턴스 전압 상쇄 → **전압 정류**

③ **브러시의 접촉 저항을 크게 한다 → 저항 정류**

고전압 소전류의 경우 탄소질 브러시(접촉 저항 크게) 사용

④ **보상 권선을 설치한다.**

6 직류 발전기의 종류와 특성

(1) 타여자 발전기

독립된 직류 전원에 의해 여자하는 발전기

① **유기 기전력** : E[V]

$$E = \frac{Z}{a} p\phi \frac{N}{60} \text{[V]}$$

② **단자 전압** : V[V]

$$V = E - I_a R_a \text{[V]}$$

③ **전기자 전류** : I_a[A]

$$I_a = I \text{(부하 전류)}$$

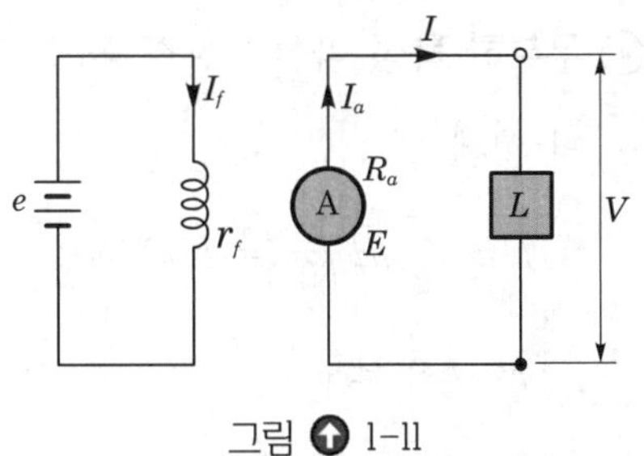

그림 1-11

④ **출력** : P[W]

$$P = VI \text{[W]}$$

(2) 자여자 발전기

자신이 만든 직류 기전력에 의해 여자하는 발전기

※ 여자(excite) : 계자 권선에 전류를 흘려주어 자화하는 것

① **분권 발전기** : 계자 권선과 전기자 병렬 접속

$$E=\frac{Z}{a}p\phi\frac{N}{60}$$

$$I_a=I+I_f\fallingdotseq I$$

$$V=E-I_aR_a=I_fr_f$$

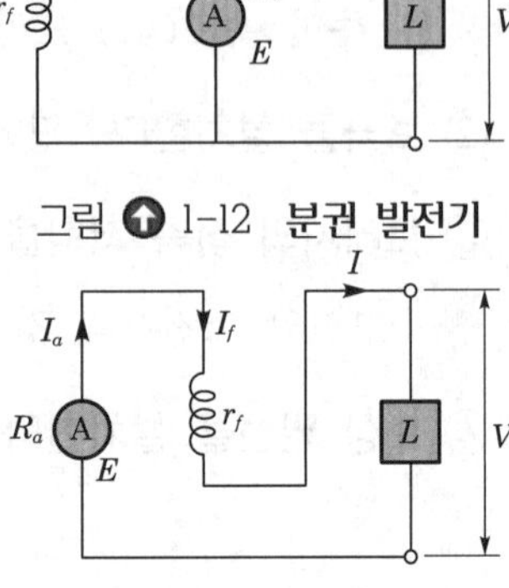

그림 ⬆ 1-12 **분권 발전기**

그림 ⬆ 1-13 **직권 발전기**

② **직권 발전기** : 계자 권선과 전기자 직렬 접속

$$I_a=I=I_f$$

$$V=E-I_a(R_a+r_f)$$

③ **복권 발전기** : 2개의 계자 권선과 전기자 직 · 병렬 접속

$$E=\frac{Z}{a}p\cdot(\phi_{분}\pm\phi_{직})\frac{N}{60}$$

- ·내분권 복권
- ·외분권 복권

{ · 가동 복권 { ⓐ 과복권 발전기, ⓑ 평복권 발전기, ⓒ 부족 복권 발전기 }; · 차동 복권 }

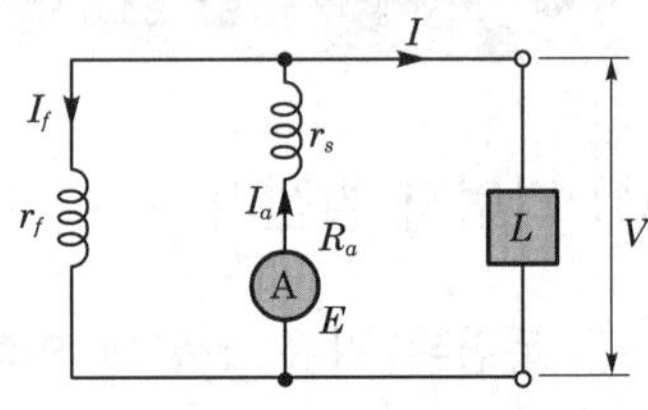

그림 ⬆ 1-14 **외분권 복권 발전기**

(3) 직류 발전기의 특성 곡선과 전압의 확립

① **무부하 특성 곡선** : 정격 속도, 무부하($I=0$) 상태에서 계자 전류(I_f)와 유기 기전력(E)의 관계 곡선

$$E=\frac{Z}{a}p\phi\frac{N}{60}=K\phi N\propto\phi$$

$\phi\propto I_f$이므로

$$E\propto I_f$$

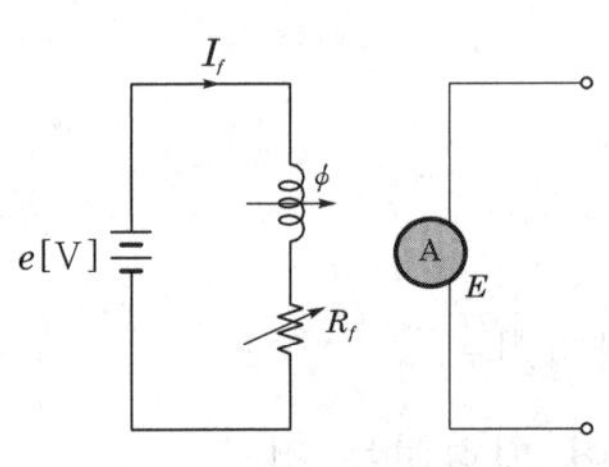

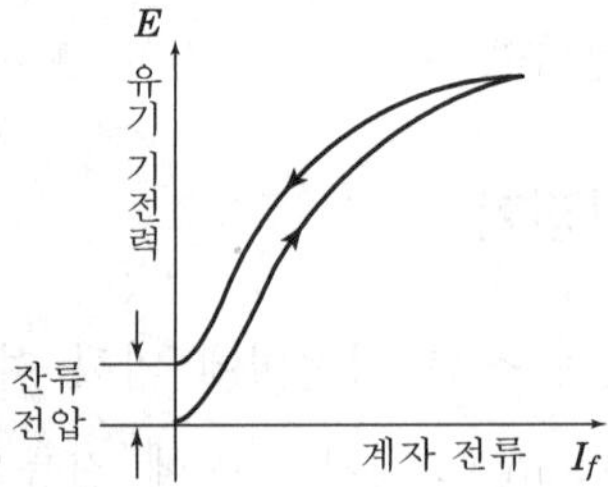

그림 ⬆ 1-15 **무부하 특성 곡선**

② **외부 특성 곡선** : 회전 속도, 계자 저항 일정 상태에서 부하 전류(I)와 단자 전압(V)의 관계 곡선

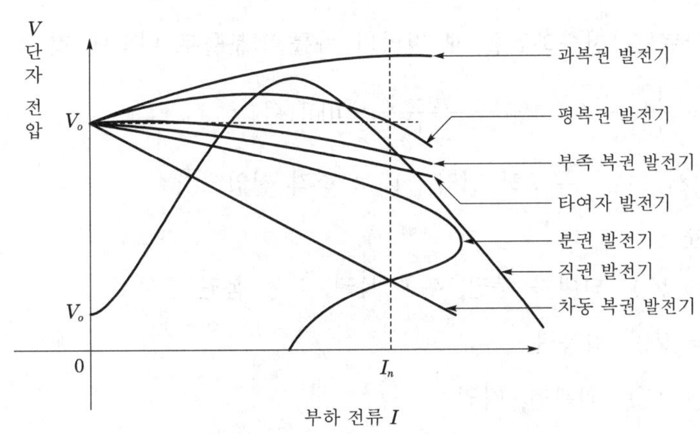

그림 1-16 **외부 특성 곡선**

③ **자여자에 의한 전압의 확립 과정**

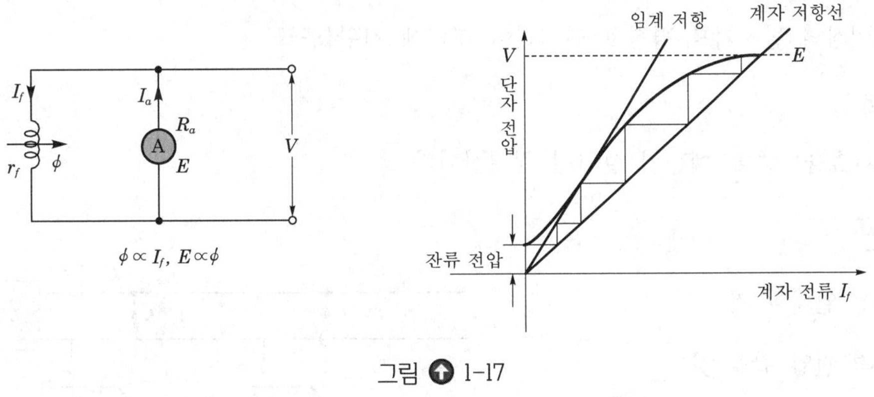

그림 1-17

④ **자여자에 의한 전압 확립의 조건**

㉮ 잔류 자기 있을 것

㉯ 계자 저항이 임계 저항보다 작을 것

㉰ 회전 방향이 일정할 것

※ 자여자 발전기를 역회전하면 잔류 자기가 소멸되어 발전되지 않는다.

7 전압 변동률 : ε[%]

전부하에서 무부하로 전환하였을 때 전압의 차를 백분율로 나타낸 것

$$\varepsilon = \frac{V_o - V_n}{V_n} \times 100 = \frac{E - V}{V} \times 100[\%]$$

여기서, V_o : 무부하 전압, V_n : 정격 전압

※ 전압 변동률

$\varepsilon \rightarrow +(V_o > V_n)$: 타여자 분권, 부족 복권, 차동 복권

$\varepsilon \rightarrow 0(V_o = V_n)$: 평복권

$\varepsilon \rightarrow -(V_o < V_n)$: 과복권, 직권

8 직류 발전기의 병렬 운전

2대 이상의 발전기를 병렬로 연결하여 부하에 전원 공급

(1) 목적

능률(효율) 증대, 예비기 설치시 경제적이다.

(2) 조건

① 극성 일치할 것

② 정격 전압 같을 것

③ 외부 특성 곡선 일치하고, 약간 수하 특성일 것

$$I = I_a + I_b$$

$$V = E_a - I_a R_a$$

$$= E_b - I_b R_b$$

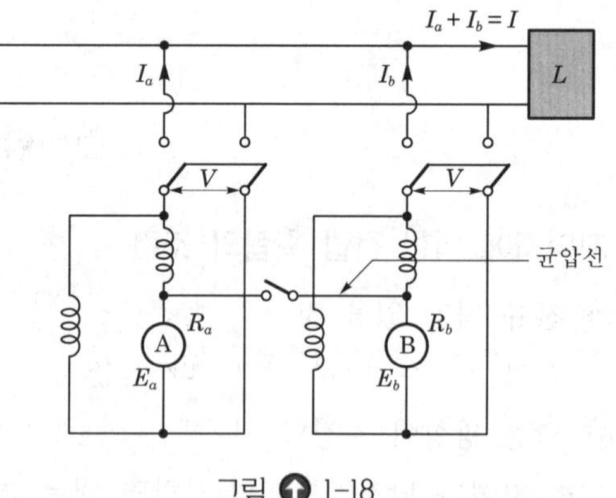

그림 ⬆ 1-18

※ **균압선** : 직권 계자 권선이 있는 발전기의 안정된 병렬 운전을 하기 위하여 설치한다.

2. 직류 전동기

1 원리와 구조

(1) 원리 : 플레밍의 왼손 법칙

자계 내에서 도체에 전류를 흘려주면 힘이 작용하는 현상

$F = IBl\sin\theta[\text{N}]$

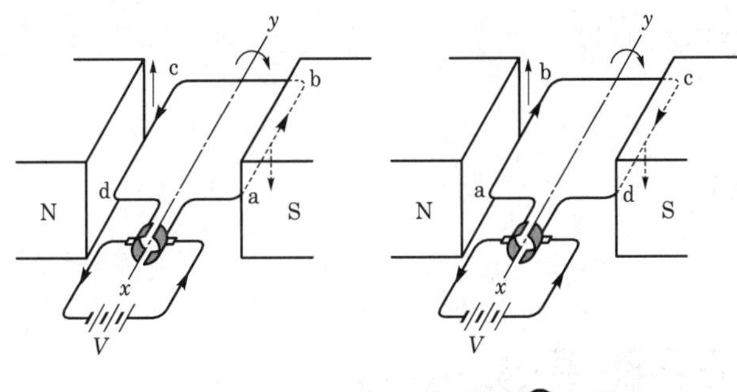

여기서, I : 도체의 전류[A]
B : 자속 밀도[Wb/m^2]
l : 도체 길이[m]
θ : I와 B의 각[°]

그림 1-19

(2) 구조

① 전기자
② 계자
③ 정류자

} 직류 발전기와 동일하다.

2 회전 속도와 토크

(1) 회전 속도 : N[rpm]

① 역기전력 : $E = \dfrac{Z}{a} p\phi \dfrac{N}{60} = K'\phi N$

$= V - I_a R_a[\text{V}]$

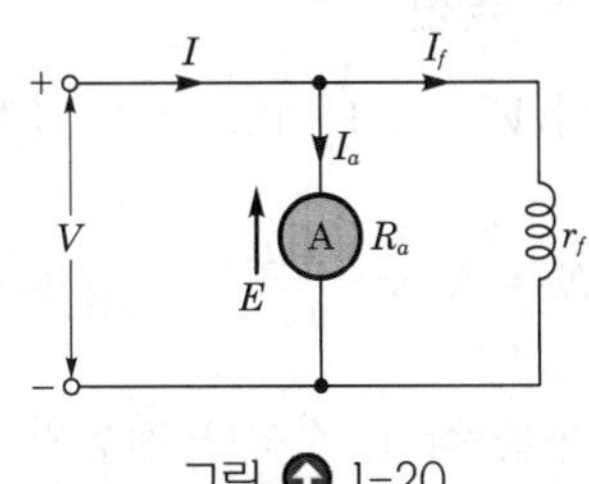

그림 1-20

② 회전 속도 : $N = \frac{E}{K'\phi}$

$$N = K\frac{V - I_a R_a}{\phi}[\text{rpm}] \quad \left(K = \frac{60a}{Zp}\right)$$

(2) 토크(Torque : 회전력)

$$T = F \cdot r[\text{N} \cdot \text{m}]$$

$$T = \frac{P(\text{출력})}{\omega(\text{각속도})} = \frac{P}{2\pi\frac{N}{60}}[\text{N} \cdot \text{m}]$$

$$\tau = \frac{T}{9.8} = 0.975\frac{P}{N}[\text{kg} \cdot \text{m}]$$

(1[kg]=9.8[N])

$$P(\text{출력}) = E \cdot I_a[\text{W}]$$

3 직류 전동기의 종류와 특성

(1) 분권 전동기

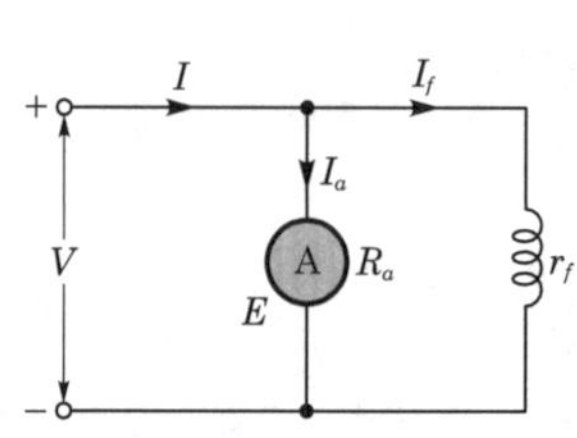

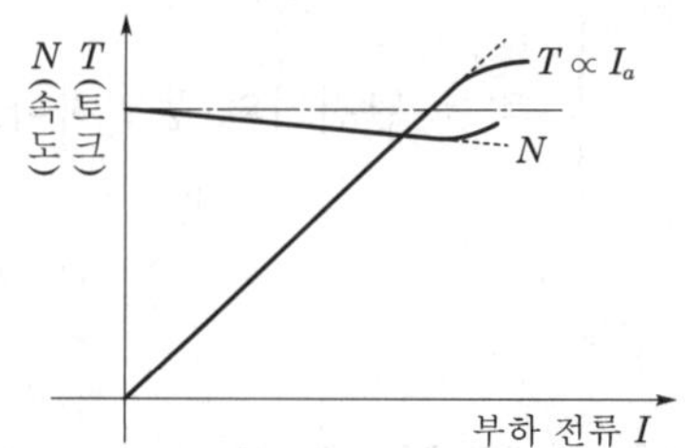

그림 ❶ 1-21 **분권 전동기**

① 속도 특성 곡선

공급 전압(V), 계자 저항(r_f), 일정 상태에서 부하 전류(I)와 회전 속도(N)의 관계 곡선

$$N = K\frac{V - I_a R_a}{\phi}$$

② 속도 변동률 작다, 정속도 전동기

③ 토크는 전기자 전류에 비례한다(기동 토크가 작다).

$$T \propto I_a$$

④ 경부하 운전 중 계자 권선 단선시 위험 속도에 도달한다.

(2) 직권 전동기

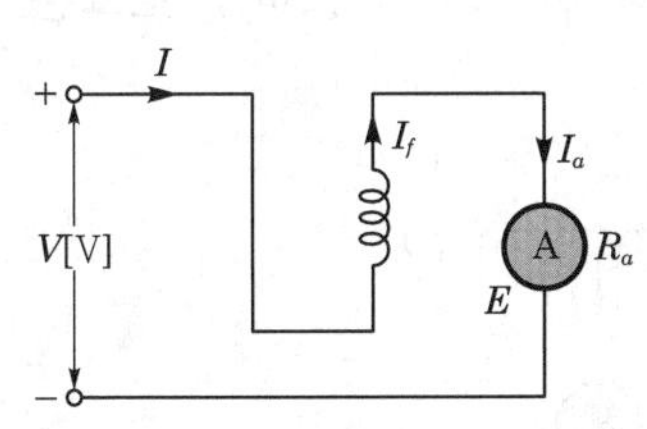

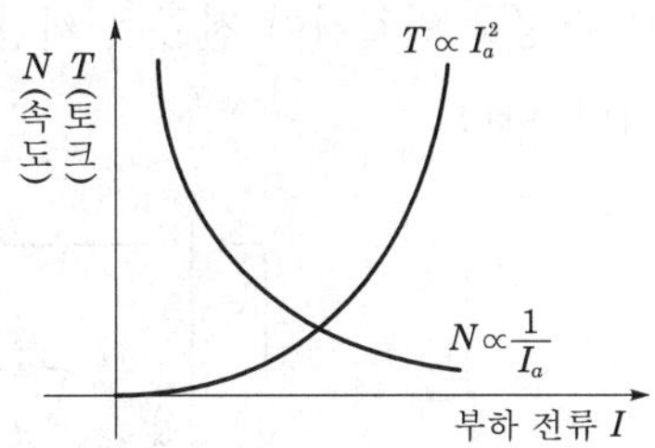

그림 1-22 **직권 전동기**

① 속도 변동이 매우 크다.

$$N \propto \frac{1}{I_a}$$

② 기동 토크가 매우 크다.

$$T \propto {I_a}^2$$

③ 운전중 무부하 상태로 되면 무구속(위험 속도) 속도에 도달한다.

(3) 복권 전동기(가동 복권)

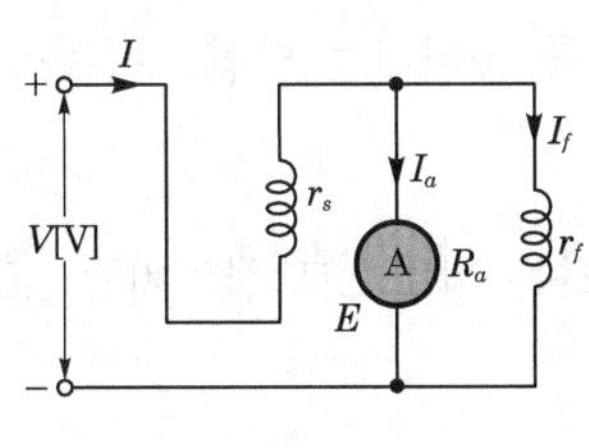

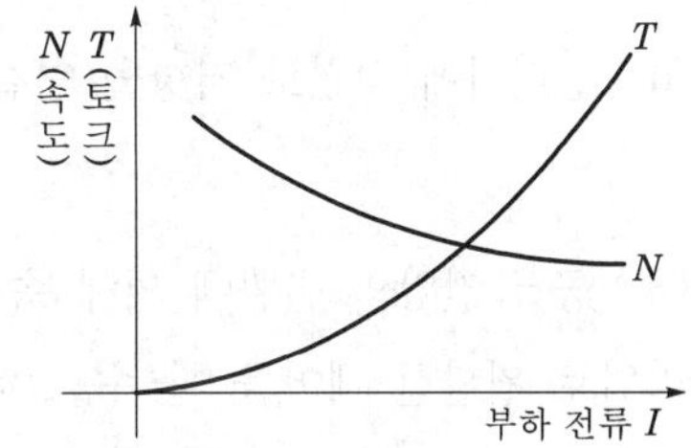

그림 1-23 **복권 전동기**

① 속도 변동률이 작다(직권 보다).

② 기동 토크가 크다(분권 보다).

③ 운전중 계자 권선 단선, 무부하 상태로 되어도 위험 속도에 도달하지 않는다.

4 직류 전동기의 운전법

(1) 시동(기동)법

$I = \dfrac{V-E}{R_a}$[A] 기동하는 순간에는 $E=0$이므로 매우 큰 전류가 흐른다. 그러므로 전기자에 직렬로 저항을 연결하여 전류는 제한하고(정격 전류의 약 1.5배), 토크는 증대하는 방법을 기동법이라 한다.

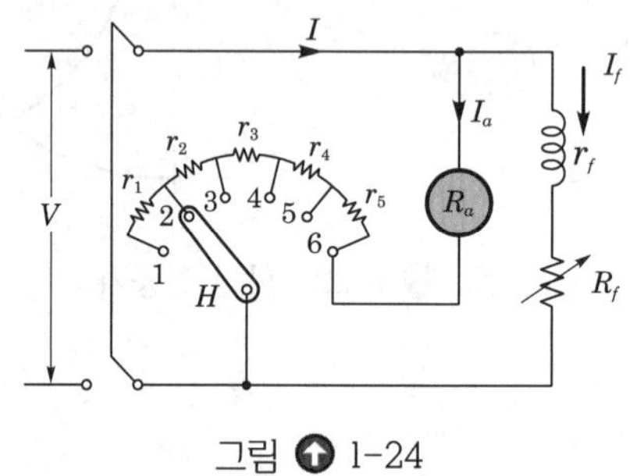

그림 ⓵ 1-24

(2) 속도 제어

회전 속도 : $N = K\dfrac{V - I_aR_a}{\phi}$[rpm]

① **계자 제어** : 계자 권선에 저항(R_f)을 연결하여 자속(ϕ)의 변화에 의해 속도를 제어하는 방법이다.

※ 계자 제어에 의한 속도 제어시 출력이 일정하므로 정출력 제어라 한다.

② **저항 제어** : 전기자에 직렬로 저항을 연결하여 속도를 제어하는 방법으로 손실이 크고, 효율이 낮다.

③ **전압 제어** : 공급 전압의 변환에 의해 속도를 제어하는 방법으로 설치비는 고가이나 효율이 좋고, 광범위로 원활한 제어를 할 수 있다.

㉮ **워드 레오나드(Ward leonard) 방식**

㉯ **일그너(Illgner) 방식** : 부하 변동이 큰 경우 유효하다(fly wheel 설치).

④ **직 · 병렬 제어(전기 철도)** : 2대 이상의 전동기 직 · 병렬 접속에 의한 속도 제어(전압 제어의 일종)

(3) 제동법

※ 전기적 제동 : 전기자 권선의 전류 방향을 바꾸어 제동하는 방법으로 다음과 같이 분류한다.

① **발전 제동** : 전기적 에너지를 저항에서 열로 소비하여 제동하는 방법

② **회생(回生) 제동** : 전동기의 역기전력을 공급 전압보다 높게 하여 전기적 에너지를 전원측에 환원하여 제동하는 방법

③ **역상 제동(Plugging)** : 전기자의 결선을 바꾸어 역회전력에 의해 급제동하는 방법(릴레이(relay)를 연결하여 정지시 전원으로부터 분리하여야 한다.)

5 손실 및 효율

1. 손실(loss) : P_l [W]

(1) 무부하손(고정손)

① **철손** : $P_i = P_h + P_e$[W]

㉮ **히스테리시스손** : $P_h = \sigma_h f B_m^{1.6}$[W/m^3] → 히스테리시스손을 감소시키기 위해 철에 규소를 함유한다.

㉯ **와류손** : $P_e = \sigma_e (t k_f f B_m)^2$[W/m^3] → 와류손을 감소시키기 위해 강판을 성층하여 사용한다.

여기서, σ_h, σ_e : 상수, f : 주파수(회전수), B_m : 최대 자속 밀도, t : 강판 두께, k_f : 파형률

② **기계손**

㉮ **마찰손** : 베어링, 브러시의 마찰손

㉯ 풍손

(2) 부하손(가변손)

① **동손** : $P_c = I^2 R$[W]

② **표류 부하손** : 전기자 반작용, 유전체, 누설 자속 등에 의한 손실

2. 효율(efficiency) : η[%]

(1) 실측 효율

$$\eta = \frac{\text{출력}}{\text{입력}} \times 100[\%]$$

(2) 규약 효율

$$\eta = \frac{\text{출력}}{\text{출력} + \text{손실}} \times 100 = \frac{\text{입력} - \text{손실}}{\text{입력}} \times 100[\%]$$

※ 최대 효율의 조건

$$\eta = \frac{V \cdot I}{VI + P_i + I^2R} = \frac{V}{V + \dfrac{P_i}{I} + I \cdot R}$$

$$\frac{d\eta}{dI} = \frac{-\dfrac{P_i}{I^2} + R}{\left(V + \dfrac{P_i}{I} + IR\right)^2} = 0 \rightarrow \frac{P_i}{I^2} = R$$

$\therefore \ P_i = I^2R$ (무부하손=부하손)

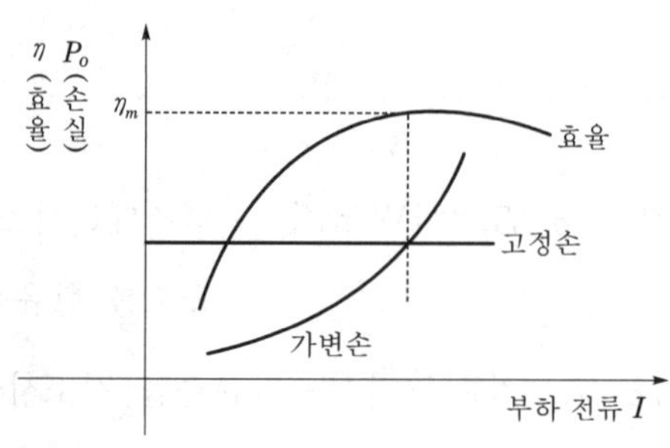

그림 ⬆ 1-25

6 시 험

(1) 절연 저항 측정 : R_i[MΩ]

$$R_i = \frac{\text{정격 전압}[V]}{\text{정격 출력}[kW] + 1{,}000}[M\Omega] \text{ 이상}$$

(2) 온도 측정

도체(권선)의 온도에 따른 저항의 변화에 의한 측정

$$R_T = R_t[1+\alpha_t(T-t)][\Omega]$$

$$T-t = \frac{1}{\alpha_t}\left(\frac{R_T}{R_t}-1\right)[°C]$$

(3) 부하법

온도 시험을 위한 부하법

① **실부하법** : 실제 부하를 접속하고, 시험하는 방법(소형)

② **반환 부하법** : 동일 정격의 기계 2대를 한쪽은 발전기, 다른 쪽은 전동기로 하여 서로 전력과 동력을 주고 받도록 연결하여 시험하는 방법

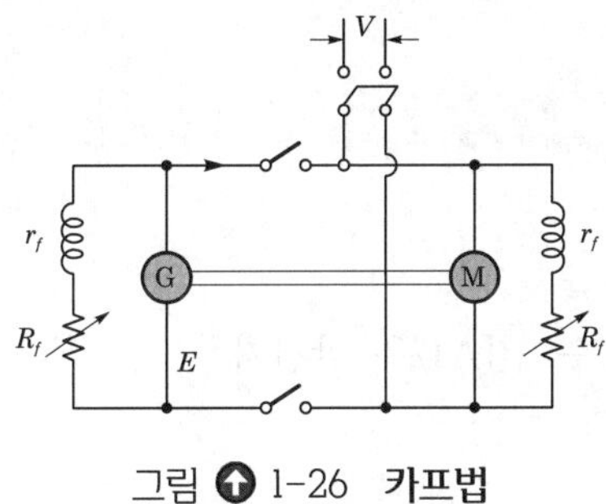

그림 1-26 **카프법**

㉮ 카프법(Kapp's method)

㉯ 홉킨손법(Hopkinson's method)

㉰ 블론델법(Blondel's method)

(4) 토크 및 출력 측정법

① **프로우니(plony) 브레이크법(소형)**

② **전기 동력계법(대형)**

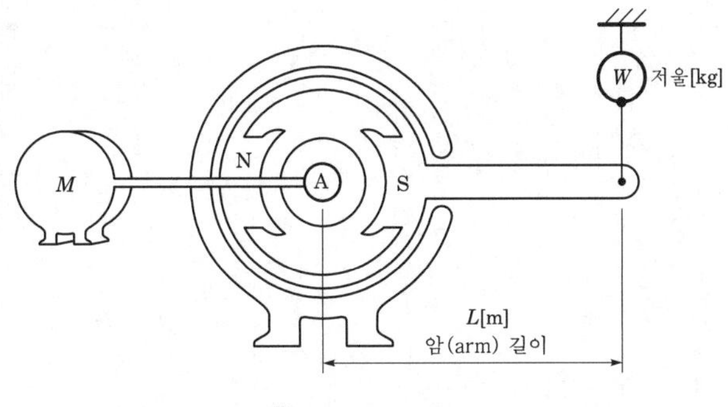

그림 1-27 **전기 동력계**

※ 토크 : $\tau = 0.975\dfrac{P}{N}$

$= W \cdot L$[kg·m]

여기서, W : 저울추의 지시값[kg]

L : 암(arm)의 길이[m]

(5) 중성축 시험

키크(Kick)법

7 특수 직류기

(1) 단극 직류기

저전압(3~15[V]) 대전류(수 천[A])용 발전기

(2) 정전압 발전기

① 로젠버그 발전기

② 베르그만 발전기

③ 제3 브러시 발전기

(3) 증폭기

① 앰플리다인(amplidyne)

② HT 다이너모

③ Rototro

단원핵심문제

1 보통 전기 기계에서는 규소 강판을 성층하여 사용하는 경우가 많다. 성층하는 이유는 다음 중 어느 것을 줄이기 위한 것인가?

㉮ 히스테리시스손 ㉯ 와전류손
㉰ 동손 ㉱ 기계손

KEY POINT

➲ 철손(P_i)은 히스테리시스손(P_h)과 와류손(P_e)의 합이며, 다음과 같다.

$P_h = \sigma_h \cdot f B_m^{1.6}$ [W/m³]

$P_e = \sigma_e (t\, k_f f B_m)^2$ [W/m³]

여기서, σ_h, σ_e : 히스테리시스, 와류 상수
f : 주파수(직류기는 회전 속도에 비례한다) [Hz]
B_m : 최대 자속 밀도[Wb/m²]
t : 강판의 두께[mm]
k_f : 파형률

해설: 히스테리시스손을 감소하기 위하여 철에 규소를 함유(1~1.4[%])시키고, 와류손을 감소하기 위하여 얇은 강판(t=0.35~0.5[mm])을 성층하여 사용한다.

2 직류기의 권선을 단중 파권으로 감으면 어떻게 되는가?

㉮ 내부 병렬 회로수가 극수만큼 생긴다.
㉯ 내부 병렬 회로수는 극수에 관계없이 언제나 2이다.
㉰ 저압 대전류용 권선이다.
㉱ 균압환을 연결해야 한다.

KEY POINT

➲ 파권 (Wave winding) : 직렬권으로 병렬 회로의 수가 2개이므로 고전압 소전류에 유효하고, 균압환이 불필요하다.

해설: 전기자 권선법의 중권과 파권을 비교하면 다음과 같다.

	전압·전류	병렬 회로수	브러시 수	균압환
중권	저전압, 대전류	$a=p$	$b=p$	필요
파권	고전압, 소전류	$a=2$	$b=2$ or p	불필요

정답 : 1.㉯ 2.㉯

3 4극 전기자 권선이 단중 중권인 직류 발전기의 전기자 전류가 20[A]이면 각 전기자 권선의 병렬 회로에 흐르는 전류[A]는?

㉮ 10　　㉯ 8
㉰ 5　　㉱ 2

KEY POINT

➲ 단중 중권의 경우 병렬 회로의 수 $a=p$(자극의 수)이므로 도체의 전류 $I=\frac{I_a}{p}$[A]이다.

해설 각 도체를 건전지로 하여 회로도를 그리면

$I_a = a \cdot I$[A]

$\therefore I=\frac{I_a}{a}=\frac{20}{4}=5$[A]

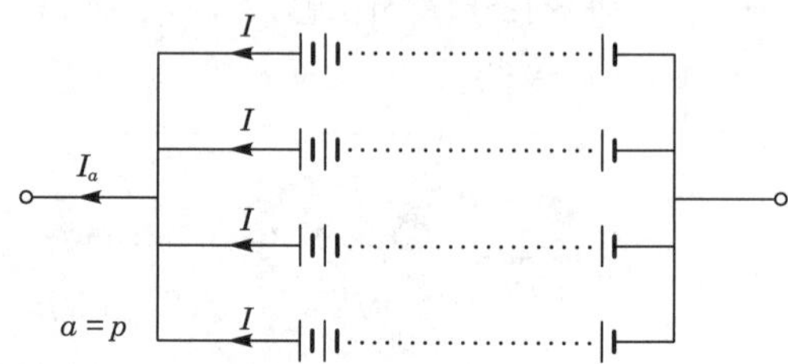

4 직류기의 전기자 반작용 영향이 아닌 것은?

㉮ 전기적 중성축이 이동한다.
㉯ 주자속이 증가한다.
㉰ 정류자편 사이의 전압이 불균일하게 된다.
㉱ 정류 작용에 악영향을 준다.

KEY POINT

➲ 전기자 반작용이란 전기자 권선에 전류가 흐르면 기자력이 발생하여 계자 자속에 영향을 미치는 현상을 말한다.

해설 전기자 반작용의 영향

① 전기적 중성축이 이동한다.
② 주자속(계자 자속)이 감소한다.
③ 정류자 편간 전압이 국부적으로 높아져 불꽃이 발생한다. → 정류 불량을 초래한다.

5 직류기에서 양호한 정류를 얻는 조건이 아닌 것은?

㉮ 정류 주기를 크게 한다.
㉯ 전기자 코일의 인덕턴스를 작게 한다.
㉰ 평균 리액턴스 전압을 브러시 접촉면 전압 강하보다 크게 한다.
㉱ 브러시의 접촉 저항을 크게 한다.

정답 : 3.㉰ 4.㉯ 5.㉰

KEY POINT

➲ 평균 리액턴스 전압 $e=L\frac{2I_c}{T_c}$[V]가 정류 불량의 가장 큰 원인이므로 양호한 정류를 얻으려면 리액턴스 전압을 작게 하여야 한다.

① 전기자 코일의 인덕턴스(L)를 작게 한다.
② 정류 주기 (T_c) 클 것
③ 주변 속도 (v_c) 느릴 것
④ 보극을 설치 한다. → 평균 리액턴스 전압 상쇄
⑤ 브러시의 접촉 저항 크게 한다.

6 다음은 직류 발전기의 정류 곡선이다. 이 중에서 정류 말기에 정류의 상태가 좋지 않은 것은?

㉮ 1
㉯ 2
㉰ 3
㉱ 4

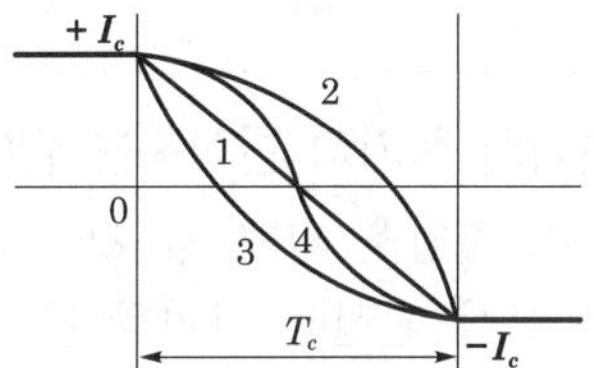

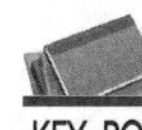

KEY POINT

➲ 정류 주기 동안 불꽃을 발생시키지 않는 이상적인 정류 곡선은 직선 정류이다.

① 직선 정류 : 양호한 정류 곡선
② 부족 정류 : 정류 말기 불꽃 발생
③ 과정류 : 정류 초기 불꽃 발생
④ 정현파 정류 : 양호한 정류 곡선

7 직류기 정류 작용에서 전압 정류의 역할을 하는 것은?

㉮ 탄소 브러시　　㉯ 보상 권선
㉰ 전기자 반작용　　㉱ 보극

KEY POINT

➲ 보극을 설치하면 평균 리액턴스 전압을 상쇄할 수 있는 전압을 만들어 정류를 개선하므로 전압 정류라 한다.

저항 정류는 브러시의 접촉 저항을 크게 하여 정류를 개선하는 것이며, 전압 정류는 보극을 설치하여 정류 코일 내에 유기되는 리액턴스 전압과 반대 방향으로 정류 전압을 유지시킨다. 보상 권선은 전기자 반작용을 방지시킨다.

정답 : 6.㉯ 7.㉱

8 직류 발전기의 전기자 반작용을 설명함에 있어서 그 영향을 없애는 데 가장 유효한 것은?

㉮ 균압환　　　　㉯ 탄소 브러시
㉰ 보상 권선　　　㉱ 보극

KEY POINT

➔ 보상 권선을 설치하여 전기자 전류와 크기는 같고, 반대 방향의 전류를 흘려주면 전기자 반작용을 원천적으로 상쇄하여 준다.

해설 보극은 중성축 부근의 전기자 반작용을 없애주어 정류를 개선하는 데는 유효하지만, 보상 권선에는 비교가 되지 않는다. 균압환은 국부 전류가 브러시를 통하여 흐르지 못하게 하는 작용을 하며 탄소 브러시는 저항 정류시에 사용되는 것이다.

9 직류 발전기의 전기자 반작용을 줄이고 정류를 잘 되게 하기 위해서는?

㉮ 리액턴스 전압을 크게 할 것
㉯ 보극과 보상 권선을 설치할 것
㉰ 브러시를 이동시키고 주기를 크게 할 것
㉱ 보상 권선을 설치하여 리액턴스 전압을 크게 할 것

KEY POINT

➔ 전기자 반작용의 방지책은 보상 권선 설치, 정류 개선책으로는 보극을 설치하는 것이 유효하다.

해설

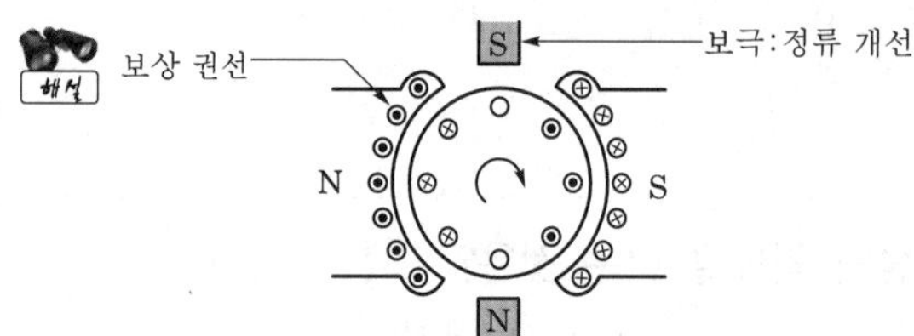

10 직류 발전기의 부하 포화 곡선은 다음 중 어느 것의 관계인가?

㉮ 단자 전압과 부하 전류　　㉯ 출력과 부하 전력
㉰ 단자 전압과 계자 전류　　㉱ 부하 전류와 계자 전류

KEY POINT

➔ 부하 포화 곡선은 정격 속도, 정격 부하 상태에서 계자 전류(I_f)와 단자 전압(V)의 관계 곡선이다.

정답 : 8.㉰ 9.㉯ 10.㉰

① 무부하 특성 곡선
② 부하 특성 곡선

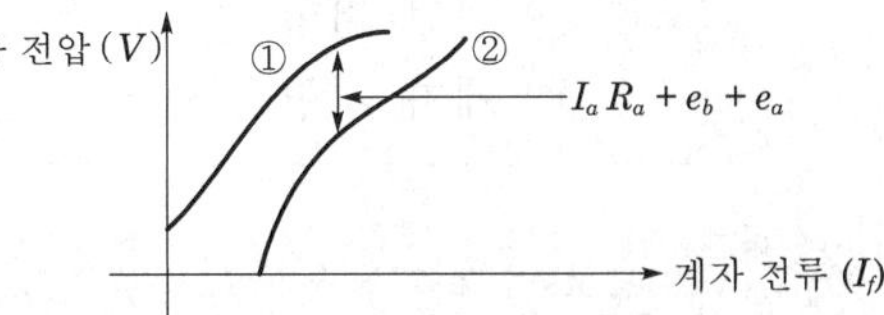

11 타여자 발전기가 있다. 부하 전류 10[A]일 때 단자 전압 100[V]이었다. 전기자 저항 0.2[Ω], 전기자 반작용에 의한 전압 강하가 2[V], 브러시의 접촉에 의한 전압 강하가 1[V]였다고 하면 이 발전기의 유기 기전력[V]은?

㉮ 102　　㉯ 103
㉰ 104　　㉱ 105

KEY POINT

➲ 유기 기전력은 단자 전압에 전기자 저항, 브러시, 전기자 반작용에 의한 전압 강하를 합하여 준 값과 같다.

$R_a I_a$: 전기자 저항 R_a에 의한 전압 강하, e_b : 브러시 접촉에 의한 전압 강하, e_a : 전기자 반작용에 의한 전압 강하라 하면, 타여자 발전기에 부하 전류($I = I_a$)가 흐르면 단자 전압 V는

$V = E - R_a I_a - e_b - e_a$[V]

$\therefore\ E = V + R_a I_a + e_b + e_a = 100 + 0.2 \times 10 + 1 + 2 = 105$[V]

12 직류 분권 발전기의 무부하 특성 시험을 할 때, 계자 저항기의 저항을 증감하여 무부하 전압을 증감시키면 어느 값에 도달하면 전압을 안정하게 유지할 수 없다. 그 이유는?

㉮ 전압계 및 전류계의 고장　　㉯ 잔류 자기의 부족
㉰ 임계 저항값으로 되었기 때문에　　㉱ 계자 저항기의 고장

KEY POINT

➲ **자여자에 의한 전압의 확립 조건**
① 잔류 자기가 있을 것
② 계자 저항이 임계 저항보다 작을 것
③ 회전 방향이 잔류 자기를 증가하는 방향일 것

계자 회로의 저항이 어느 한도 이상 증가하면 계자 저항선은 무부하 특성 곡선의 일부와 겹치게 되어 임계 저항이 되므로, 이 부근에서는 단자 전압이 매우 불안정해서 계자 저항이 약간만 변화해도 단자 전압은 심하게 변동된다. 이때의 계자 저항값을 임계 저항이라 한다.

정답 : 11.㉱　12.㉰

13 직류 발전기의 단자 전압을 조정하려면 다음 어느 것을 조정하는가?

㉮ 전기자 저항 ㉯ 기동 저항
㉰ 방전 저항 ㉱ 계자 저항

KEY POINT

 단자 전압은 $V=E-I_aR_a$[V]이므로 유기 기전력 $(E \propto \phi \propto I_f)$을 변화하여 전압을 조정한다.

 해설 $E=k\phi n$, $\phi \propto I_f$이므로 계자 저항 R_f로 계자 전류 I_f, 자속 ϕ를 조정하여 단자 전압을 조정한다.

14 직류 분권 발전기의 계자 회로의 개폐기를 운전 중 갑자기 열면 어떻게 되는가?

㉮ 속도가 감소한다.
㉯ 과속도가 된다.
㉰ 계자 권선에 고압을 유발한다.
㉱ 정류자에 불꽃을 유발한다.

KEY POINT

 코일(coil)에서 전류가 변화하면 전자 유도(Lenz's law)에 의해 기전력(e)이 유도된다.

$$e=-L\frac{di}{dt} \text{ [V]}$$

여기서, L : 인덕턴스[H]
i : 변화한 전류[A]
t : 시간[sec]

 해설 분권 계자 권선은 권수가 많고 자기 인덕턴스가 크므로 계자 회로를 열 때에 고전압을 유도하여 계자 회로의 절연을 파괴할 염려가 많으므로 이것을 방지하기 위하여 그림과 같이 계자 개폐기를 사용해서 계자 회로를 여는 동시에 분권 계자 권선에 병렬로 방전 저항이 접속되도록 한다. 이 장치가 없을 때에는 계자 회로를 급히 열어서는 안 된다.

그러므로 운전 중에 만약 고장이 발생하면 주개폐기를 개방하여 부하를 제거한 후 계자 회로를 열어서 발전기를 무전압으로 한다.

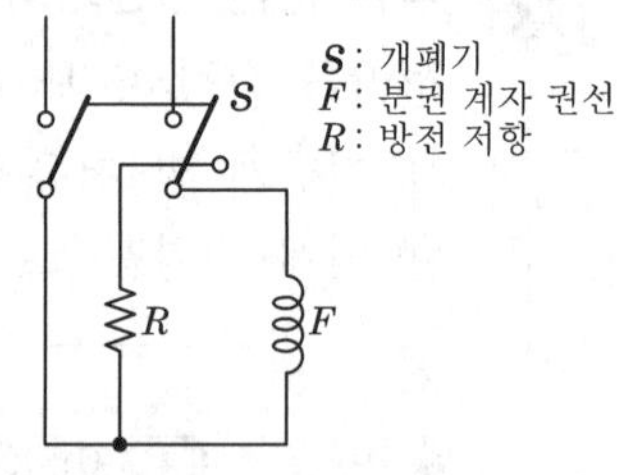

15 분권 발전기의 회전 방향을 반대로 하면?

㉮ 전압이 유기된다. ㉯ 발전기가 소손된다.
㉰ 잔류 자기가 소멸된다. ㉱ 높은 전압이 발생한다.

 **정답 : 13.㉱ 14.㉰ 15.㉰**

KEY POINT

➲ 자여자 발전기의 전압 확립 조건에서 회전 방향이 잔류 자기를 증가하는 방향이어야 한다.

직류 분권 발전기의 회전 방향이 반대로 되면 전기자의 유기 기전력의 극성이 반대로 되고, 분권 회로의 여자 전류가 반대로 흘러서 잔류 자기가 소멸되어 발전되지 않는다.

16 전기자 저항 0.4[Ω], 단자 전압이 200[V], 부하 전류 46[A], 계자 전류가 4[A]인 직류 분권 발전기의 유기 기전력[V]은?

㉮ 180　　㉯ 220

㉰ 225　　㉱ 240

KEY POINT

➲ 유기 기전력 : $E=V+I_aR_a$ [V]

전기자 전류 : $I=I+I_f$ [A]

$R_a=0.4$[Ω], $V=200$[V], $I=46$[A], $I_f=4$[A]이므로

$I_a=I+I_f=46+4=50$[A]

$E=V+I_aR_a=200+50\times 0.4=220$[V]

17 직류 분권 발전기의 무부하 포화 곡선이 $V=\dfrac{940i_f}{33+i_f}$이고, i_f는 계자 전류[A], V는 무부하 전압[V]으로 주어질 때, 계자 회로의 저항이 20[Ω]이면 몇 [V]의 전압이 유기되는가?

㉮ 140　　㉯ 160

㉰ 280　　㉱ 300

KEY POINT

➲ 분권 발전기에서 부하의 단자 전압(V)과 계자 권선 양단의 전압 ($I_f \cdot r_f$)이 같으므로

$V=\dfrac{940I_f}{33+I_f}=I_f\cdot r_f$[V]이다.

계자 저항 $r_f=20$[Ω]이므로

$\dfrac{940I_f}{33+I_f}=I_f r_f$ 에서 양변 계자 전류를 소거하면

$\dfrac{940}{33+I_f}=r_f=20$, $940=660+20I_f$

$\therefore\ V=r_fI_f=20I_f=940-660=280$[V]

정답 : 16.㉯ 17.㉰

18 직류 발전기의 병렬 운전에서 균압 모선을 설치하는 목적은 무엇인가?

㉮ 고주파 발생 방지 ㉯ 전압의 이상 상승 방지
㉰ 손실 경감 ㉱ 안정 운전

KEY POINT

➲ 균압 모선(균압선)은 직권 및 복권(직권 계자 권선이 있는) 발전기의 병렬 운전을 안정하게 하기 위하여 설치한다.

해설 균압선을 설치하지 않고 병렬 운전을 하게 되면 부하 분배가 한쪽 발전기에 편중되어 소손의 위험이 있다.

19 2대의 직류 발전기를 병렬 운전하여 부하에 100[A]에 공급하고 있다. 각 발전기의 유기 기전력과 내부 저항이 각각 110[V], 0.04[Ω] 및 112[V], 0.06[Ω]이다. 각 발전기에 흐르는 전류[A]는?

㉮ 10, 90 ㉯ 20, 80
㉰ 30, 70 ㉱ 40, 60

KEY POINT

➲ $I = I_a + I_b = 100[A]$ ······················ ①

$V = E_a - I_aR_a = E_b - I_bR_b$ ············ ②

$= 110 - 0.04I_a = 112 - 0.06I_b$

①, ②식을 연립 방정식으로 풀이한다.

해설 $I = I_a + I_b = 100$에서 $I_a = 100 - I_b$

$V = E_a - I_aR_a = E_b - I_bR_b$

$= 110 - 0.04I_a = 112 - 0.06I_b$

$110 - 0.04(100 - I_b) = 112 - 0.06I_b$

$I_b = 60[A]$

$\therefore I_a = 100 - I_b = 40[A]$

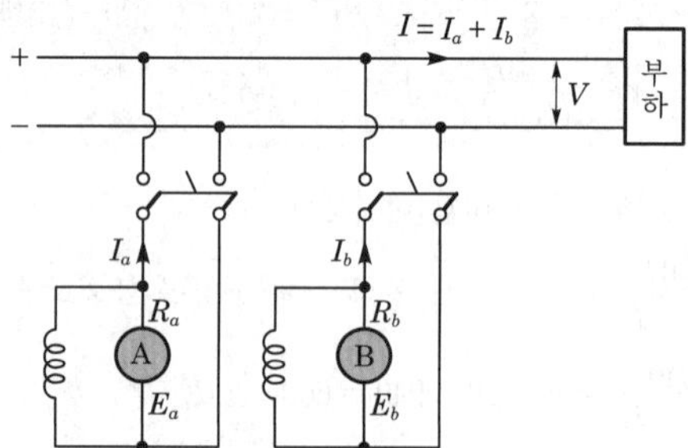

 정답 : 18.㉱ 19.㉱

직류 전동기에서 전기자 전 도체수 Z, 극수 p, 전기자 병렬 회로수 a, 1극당의 자속 Φ [Wb], 전기자 전류가 I_a[A]일 경우 토크[N·m]를 나타내는 것은?

㉮ $\frac{aZ\Phi I_a}{2\pi p}$ ㉯ $\frac{pZ\Phi I_a}{2\pi a}$

㉰ $\frac{apZI_a}{2\pi\Phi}$ ㉱ $\frac{apZ\Phi}{2\pi I_a}$

KEY POINT ➔ $T=\frac{P}{\omega}-\frac{EI_a}{2\pi\frac{N}{60}}=\frac{Zp}{2\pi a}\Phi I_a$[N·m]

해설

$$T=\frac{P}{\omega}=\frac{E\cdot Ia}{2\pi\frac{N}{60}}=\frac{\frac{Z}{a}p\Phi\frac{N}{60}\cdot I_a}{2\pi\frac{N}{60}}$$

$$=\frac{Zp}{2\pi a}\Phi I_a[\text{N}\cdot\text{m}]$$

전 도체수 200, 단중 파권이므로 자극수 4, 자속수 3.14[Wb]의 부하를 가하여 전기자에 3[A]가 흐르고 있는 이 직류 분권 전동기의 토크[N·m]는?

㉮ 600 ㉯ 500

㉰ 400 ㉱ 300

KEY POINT ➔ $T=\frac{p}{2\pi\frac{N}{60}}=\frac{Zp}{2\pi a}\phi I_a$[N·m]

해설 $T=\frac{Zp}{2\pi a}\phi I_a=\frac{200\times4}{2\pi\times2}\times3.14\times3=600$[N·m]

P[kW], n[rpm]인 전동기의 토크는?

㉮ $0.01625\frac{P}{n}$ ㉯ $716\frac{P}{n}$

㉰ $956\frac{P}{n}$ ㉱ $975\frac{P}{n}$

정답 : 20.㉯ 21.㉮ 22.㉱

KEY POINT

➲ $T=\frac{P}{2\pi\frac{N}{60}}$ $\tau=\frac{T}{9.8}=\frac{60}{9.8\times 2\pi}\cdot\frac{P}{n}=0.975\frac{P}{n}$[kg·m]

출력 P[kW]이므로

$$\tau=\frac{P\times 10^3}{\omega}[\text{N}\cdot\text{m}]=\frac{P\times 10^3}{9.8\omega}[\text{kg}\cdot\text{m}]$$

$$=\frac{1}{9.8}\times\frac{P\times 10^3}{2\pi\times\frac{n}{60}}\fallingdotseq 975\frac{P}{n}[\text{kg}\cdot\text{m}]$$

23 120[V], 전기자 전류 100[A], 전기자 저항 0.2[Ω]인 분권 전동기의 발생 동력[kW]은?

㉮ 10 ㉯ 9

㉰ 8 ㉱ 7

KEY POINT

➲ 전동기의 동력은 전기적 출력과 같다.

$\therefore\ P=E\cdot I_a=(V-I_aR_a)\cdot I_a$[W]

$V=120$[V], $I_a=100$[A], $R_a=0.2$[Ω]이므로

$E=V-I_aR_a=120-100\times 0.2=100$[V]

$\therefore\ P_m=EI_a=100\times 100=10\times 10^3$[W] $=10$[kW]

24 직류 분권 전동기의 기동시에는 계자 저항기의 저항값은 어떻게 해 두는가?

㉮ 영(0)으로 해 둔다.

㉯ 최대로 해 둔다.

㉰ 중위(中位)로 해 둔다.

㉱ 끊어 놔둔다.

KEY POINT

➲ 기동시 전류는 제한(정격 전류의 1.5[배])하고, 토크는 증대하여야 하므로 기동 저항(R_s)은 최대, 계자 저항(R_f)은 0으로 놓는다.

$\tau=k\Phi I_a$[N·m]

$I_f=\frac{V}{R_f+R_{FR}}$[A]이므로

기동 토크를 크게 하려면 자속을 크게 해 두는 것이 좋으므로 계자 전류 I_f가 클수록 좋다. 그러므로 계자 권선 r_f와 직렬로 되어 있는 계자 저항기의 저항 R_f을 0으로 해 둔다.

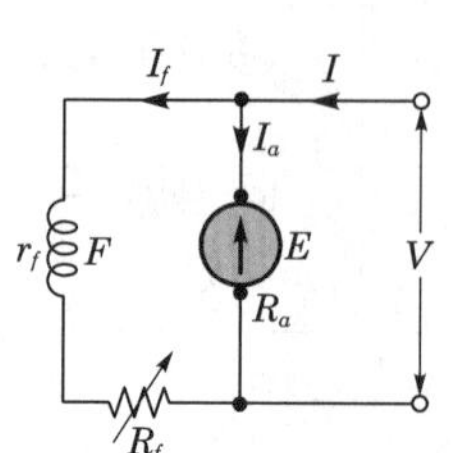

정답 : 23.㉮ 24.㉮

25 직류 분권 전동기에서 운전 중 계자 권선의 저항을 증가하면 회전 속도의 값은?

㉮ 감소한다. ㉯ 증가한다.
㉰ 일정하다. ㉱ 관계없다.

KEY POINT

➲ 회전 속도 : $n=k\frac{V-I_aR_a}{\phi}\propto\frac{1}{\phi}$

자속 : $\phi\propto I_f$

계자 전류 : $I_f\propto\frac{1}{R_f}$

$\therefore\ n\propto R_f$

해설

계자 저항 R_f를 증가시킨다는 것은 계자 권선과 직렬로 접속되어 있는 계자 조정기의 저항 R_f을 증가시킨다는 의미이다.

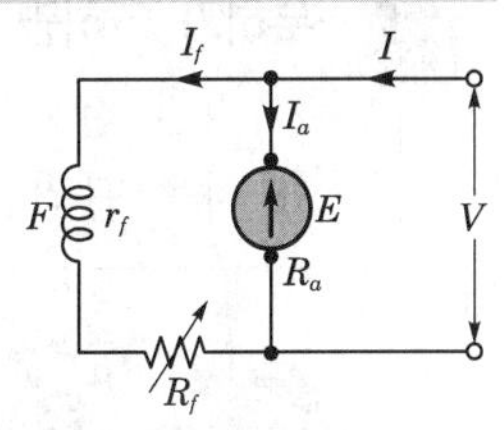

$$I_f=\frac{V}{r_f+R_f}\text{[A]}$$

$$n=k\frac{V-I_aR_a}{\phi}\text{[rps]}$$

계자 조정기의 저항 R_f을 점차로 증가시키면 계자 전류 I_f가 감소하고 자속 Φ도 감소하므로 속도는 거의 계자 저항(R_f)에 비례하여 증가한다.

26 직류 직권 전동기에서 위험한 상태로 놓인 것은?

㉮ 정격 전압, 무여자 ㉯ 저전압, 과여자
㉰ 전기자에 고저항이 접속 ㉱ 계자에 저저항 접속

KEY POINT

➲ 직권 전동기의 회전 속도 : $N=K\frac{V-I_a(R_a+r_f)}{\phi}\propto\frac{1}{\phi}\propto\frac{1}{I_f}$ 이고

정격 전압, 무부하(무여자) 상태에서 $I=I_f\fallingdotseq 0$이므로

$N\propto\frac{1}{0}=\infty$로 되어 위험 속도에 도달한다.

해설

직류 직권 전동기는 부하가 변화하면 속도가 현저하게 변하는 특성(직권 특성)을 가지므로 무부하에 가까워지면 속도가 급격하게 상승하여 원심력으로 파괴될 우려가 있다.

27 직류 직권 전동기에서 토크 τ와 회전수 N과의 관계는?

㉮ $\tau\propto N$ ㉯ $\tau\propto N^2$
㉰ $\tau\propto\frac{1}{N}$ ㉱ $\tau\propto\frac{1}{N^2}$

정답 : 25.㉯ 26.㉮ 27.㉱

KEY POINT

➲ $T=\frac{1}{N^2}$: 직권 전동기는 속도가 빠를 때는 토크가 작고, 느릴 때는 토크가 매우 크다. 그러므로 전기 철도용 전동기에 유효하다.

$$T=\frac{p}{2\pi\frac{N}{60}}=\frac{Zp}{2\pi a}\phi I_a=k_1\phi I_a=K_2{I_a}^2 \text{ (직권 전동기는 } \phi\propto I_a)$$

$$N=k\frac{V-I_a(R_a+r_f)}{\phi}\propto\frac{1}{\phi}\propto\frac{1}{I_a} \text{ 에서 } I_a\propto\frac{1}{N}$$

$$\therefore\ T=k_3\left(\frac{1}{N}\right)^2\propto\frac{1}{N^2}$$

28 부하가 변하면 속도가 심하게 변하는 직류 전동기는?

㉮ 직권 전동기　　㉯ 분권 전동기

㉰ 차동 복권 전동기　　㉱ 가동 복권 전동기

KEY POINT

➲ 직권 전동기는 $N\propto\frac{1}{\phi}\propto\frac{1}{I_f=I_a=I}$ 이므로 부하가 변화하면 속도 변동이 직류 전동기 중 가장 크다.

직권 전동기는 전기자 권선과 계자 권선이 직렬로 되어 $I=I_a=I_f$[A]가 된다. 그러므로 부하 전류 I의 증감에 따라서 자속 ϕ도 증감한다. 이와 같이 부하가 변화하면 속도가 현저하게 변화하는 특성이 있다.

29 정격 속도 1,732[rpm]인 직류 직권 전동기의 부하 토크가 3/4으로 되었을 때의 속도[rpm]는 대략 얼마나 되는가? (단, 자기 포화는 무시한다.)

㉮ 1,155　　㉯ 1,550

㉰ 1,750　　㉱ 2,000

KEY POINT

➲ **직권 전동기의 토크** : $T=k\phi I_a\propto{I_a}^2\ (\phi\propto I_f=I_a)$

직권 전동기의 회전 속도 : $N\propto\frac{1}{\phi}\propto\frac{1}{I_a}\propto\frac{1}{\sqrt{T}}$

직권 전동기의 회전 속도 $N\propto\frac{1}{\sqrt{T}}$ 이므로

토크가 $\frac{3}{4}$ 으로 되었을 때 속도 N'는

$$N'=N\times\frac{1}{\sqrt{T}}=1,732\times\frac{1}{\sqrt{3/4}}\fallingdotseq 2,000\text{[rpm]}$$

정답 : 28.㉮ 29.㉱

30 직류 분권 전동기에서 전기자 회로의 전저항을 $r[\Omega]$, 전압 V[V]에서 I_a[A]의 부하 전류가 흐르고 있을 때 회전수는 n[rpm]이었다. 무부하일 때의 속도는 몇 [rpm]인가? (단, 포화 현상은 무시한다.)

㉮ $\dfrac{nV}{V-rI_a}$　　㉯ $\dfrac{n(V-rI_a)}{V}$

㉰ $n(V-rI_a)$　　㉱ $\dfrac{n}{V-rI_a}$

KEY POINT

➲ 정격 속도 : $n=k\dfrac{V-rI_a}{\phi}$

무부하 속도 : $n_o=k\dfrac{V}{\phi}(I\fallingdotseq I_a=0)$

해설 $n=k\dfrac{V-rI_a}{\phi}$ 에서 $\dfrac{k}{\phi}=\dfrac{n}{V-rI_a}$

$n_o=k\dfrac{V}{\phi}$ 이므로

$n_o=\dfrac{n}{V-rI_a}\cdot V$

**31** 직류 직권 전동기가 있다. 공급 전압이 525[V], 전기자 전류가 50[A]일 때 회전 속도는 1,500[rpm]이라고 한다. 공급 전압을 400[V]로 낮추었을 때, 같은 전기자 전류에 대한 회전 속도[rpm]를 구하면? (단, 전기자 권선 및 계자 권선의 전저항은 0.5[Ω]이라 한다.)

㉮ 1,000　　㉯ 1,125

㉰ 1,250　　㉱ 1,375

KEY POINT

➲ 역기전력 $E=\dfrac{Z}{a}p\phi\dfrac{N}{60}=K\phi N\left(K=\dfrac{pZ}{60a}\right)$

회전 속도 $N=\dfrac{E}{k\phi}=\dfrac{V-I_a(R_a+r_f)}{k\phi}$[rpm]

해설 공급 전압 525[V]일 때의 회전 속도 N_1은

$N_1=1,500=\dfrac{V_1-I_a(R_a+r_f)}{k\phi}=\dfrac{525-50\times0.5}{k\phi}=\dfrac{500}{k\phi}$

$\therefore\ k\phi=\dfrac{500}{1,500}=\dfrac{1}{3}$

공급 전압 400[V]일 때의 회전 속도 N_2는 같은 전기자 전류 I_a이므로

$\therefore\ N_2=\dfrac{V_2-I_a(R_a+r_f)}{k\phi}=\dfrac{400-50\times0.5}{\frac{1}{3}}=1,125$[rpm]

정답 : 30.㉮ 31.㉯

32 워드 레오나드 속도 제어는?

㉮ 전압 제어　　㉯ 직 · 병렬 제어
㉰ 저항 제어　　㉱ 계자 제어

KEY POINT

➲ 회전 속도 : $N = k\dfrac{V - I_a R_a}{\phi}$ [rpm]

① 계자 제어 : 계자 권선에 저항(R_f)을 연결하여 자속(ϕ) 변환에 의한 제어 → 정출력 제어
② 저항 제어 : 전기자 권선에 저항(R_c)을 직렬로 연결하여 제어
③ 전압 제어 : 타여자 전동기의 공급 전압을 변환하여 제어
　㉮ 워드 레오나드(Ward Leonard) 방식
　㉯ 일그너(Illgner) 방식 : 부하 변동이 큰 경우 플라이 휠(fly wheel)을 설치한다.
④ 직 · 병렬 제어 : 2대 이상의 직권 전동기를 직·병렬로 접속을 변환하여 제어하는 방법(전압 제어의 일종)

해설 워드 레오나드 속도 제어는 그림과 같이 타여자 전동기 M에 전속된 타여자 발전기 G와 이 발전기를 구동시키는 전동기 DM을 두고, G의 계자 조정으로 M의 전기자 전압 V를 조정하는 타여자 전동기 속도 제어법의 하나이다. 주자속 Φ도 일정하게 유지하면서 속도를 변화시키므로 정류도 양호하고 속도 변동률도 적으며, 큰 저항 손실이 생기지도 않는다.

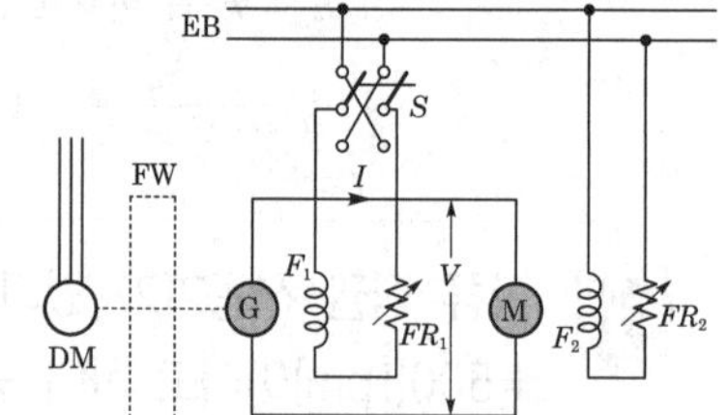

33 직류 전동기의 속도 제어법에서 정출력 제어에 속하는 것은?

㉮ 전압 제어법
㉯ 계자 제어법
㉰ 워드 레오나드 제어법
㉱ 전기자 저항 제어법

KEY POINT

➲ 속도 : $N = k\dfrac{V - I_a R_a}{\phi} = k_1\dfrac{1}{\phi}$

출력 : $p = E \cdot I_a = \dfrac{Z}{a}p\phi\dfrac{N}{60} = k_2\phi N = k_2 \cdot \phi \cdot k_1\dfrac{1}{\phi} = k_3$이므로 자속을 변환하여 속도를 제어하는 경우 출력은 일정하다.

해설 전동기의 출력와 토크 τ, 회전수 N과의 사이에는 $P \propto \tau N$의 관계가 있고, Φ가 변화할 경우 토크 τ는 Φ에 비례하지만 회전수 N은 Φ에 반비례하므로 계자 제어법은 정출력 제어로 된다. 또한 전압 제어법에서는 계자 자속은 거의 일정하고 전기자 공급 전압만을 변화시키므로 정토크 제어법이 된다.

정답 : 32.㉮　33.㉯

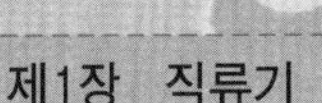

정격 출력 3[kW], 정격 전압 100[V]인 직류 분권 전동기를 전기 동력계로 측정하였더니 3.5[kg]을 나타내었다. 이때의 전동기 출력[kW] 및 토크[kg·m]는 약 얼마나 되는가? (단, 전기 동력계의 암 길이는 0.5[m], 전동기의 회전수는 1,500[rpm]으로 한다.)

㉮ $P=2.7,\ \tau=1.75$

㉯ $P=1.75,\ \tau=2.7$

㉰ $P=5.4,\ \tau=3.5$

㉱ $P=3.5,\ \tau=5.4$

KEY POINT

전기 동력계

저울추 지시 : $W=3.5$[kg]

암(arm)의 길이 : $L=0.5$[m]

전동기의 토크 : $\tau=0.975\dfrac{P}{N}=W\cdot L$[kg · m]

출력 : $P=\dfrac{W\cdot L\cdot N}{0.975}$[W]

전동기의 토크 $\tau=WL$[kg·m]에 의해서

$\therefore\ \tau=3.5\times0.5=1.75$[kg·m]

전동기의 출력 P는

$P=9.8\omega\tau=9.8\times2\pi\times\dfrac{N}{60}\times\tau\fallingdotseq1{,}026N\tau$[W] $=\dfrac{1}{975}NWL$[kW]에 의해서

$\therefore\ P=\dfrac{1}{975}\times1{,}500\times3.5\times0.5\fallingdotseq2.7$[kW]

직류기의 온도 시험에는 실부하법과 반환 부하법이 있다. 이 중에서 반환 부하법에 해당되지 않는 것은?

㉮ 홉킨스법 ㉯ 프로니 브레이크법

㉰ 블론델법 ㉱ 카프법

KEY POINT

반환 부하법은 동일 정격의 기계 2대를 한쪽은 발전기, 다른 쪽은 전동기로 하여, 서로 전력과 동력을 주고 받도록 연결하고 온도를 시험하는 방법이다.

반환 부하법에 의한 온도 시험에는 카프법, 홉킨스법, 블론델법이 있으며 외부에서 공급하는 전력이 손실분만으로 되기 때문에 실부하법에 의하여 소비 전력이 훨씬 적어도 되며 취급이 간단하다. 프로니 브레이크법은 토크의 측정법이다.

정답 : 34.㉮ 35.㉯

36 일정 전압으로 운전하고 있는 직류 발전기의 손실이 $\alpha+\beta I^2$으로 표시될 때, 효율이 최대가 되는 전류는? (단, α, β는 상수이다.)

㉮ $\dfrac{\alpha}{\beta}$　　㉯ $\dfrac{\beta}{\alpha}$

㉰ $\sqrt{\dfrac{\alpha}{\beta}}$　　㉱ $\sqrt{\dfrac{\beta}{\alpha}}$

KEY POINT

효율 : $\eta=\dfrac{\text{출력}}{\text{입력}}\times 100$

$=\dfrac{\text{출력}}{\text{출력}+\text{손실}}\times 100$

$=\dfrac{VI}{VI+P_i+I^2\cdot r}\times 100$

손실 : $P_l=P_i+I^2r$ [W]

P_i : 무부하손(고정손) ┌ 철손 └ 기계손

I^2r : 부하손(가변손) ┌ 동손 └ 표유 부하손

최대 효율의 조건 : 무부하손 = 부하손 ($P_i=I^2r$)

손실 $\alpha+\beta I^2$ 중에서 α는 부하 전류와 관계없는 고정손이고, βI^2은 전류의 제곱에 비례하는 가변손이다. 최대 효율 조건은 고정손=가변손이므로, 즉 $\alpha=\beta I^2$이 되는 부하 전류 I는 $I=\sqrt{\dfrac{\alpha}{\beta}}$ [A]에서 최대 효율이 된다.

정답 : 36.㉰

제 2 장 변압기

1 원리와 구조

(1) 원리 : 전자유도(Faraday's law)

① 유기 기전력 : e[V]

$$e = -N\frac{d\phi}{dt}\,[\text{V}]$$

여기서, N : 코일 권수

ϕ : 쇄교 자속[Wb], t : 시간[sec]

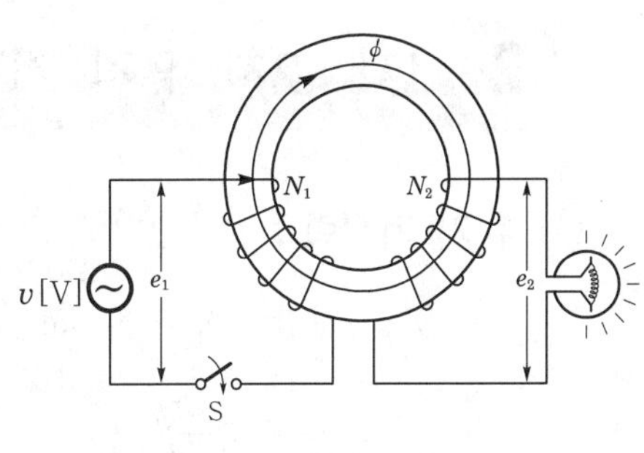

그림 1-28

(2) 구조

① **환상 철심(자기 회로)** : 자속(ϕ)의 통로

② **1차, 2차 권선(전기 회로)**

㉮ **1차 권선**(P 권선) : 전원을 공급받는 측의 권선

㉯ **2차 권선**(S 권선) : 부하에 전원 공급하는 측의 권선

㉠ 체승 변압기(승압용)

$V_1 < V_2$

㉡ 체강 변압기

$V_1 > V_2$

㉰ 1차 유기 기전력 : $e_1 = -N_1\frac{d\phi}{dt}\,[\text{V}]$

㉱ 2차 유기 기전력 : $e_2 = -N_2\frac{d\phi}{dt}\,[\text{V}]$

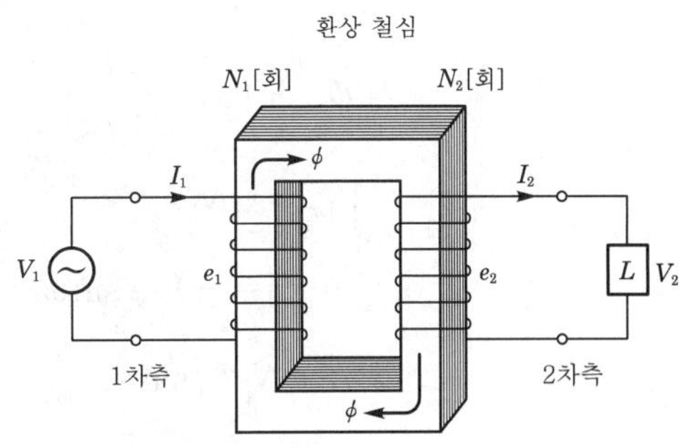

그림 1-29 **단상 변압기**

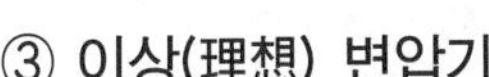
③ **이상(理想) 변압기**

㉮ 철손(P_i) 없고,

㉯ 권선의 저항(r_1, r_2)과 동손(P_c) 없고,

㉰ 누설 자속(ϕ_l)이 없는 변압기로 권수비는 다음과 같다.

$$e_1 = v_1,\ e_2 = v_2,\ P_1 = P_2(v_1 i_1 = v_2 i_2)$$

※ 권수비(전압비) : a

$$a = \frac{e_1}{e_2} = \frac{N_1}{N_2} = \frac{v_1}{v_2} = \frac{i_2}{i_1}$$

2 1차, 2차 유기 기전력과 여자 전류

(1) 유기 기전력 : E_1, E_2

1차 공급 전압 : $v_1 = v_{1m}\sin\omega t[\mathrm{V}]$

$$e_1 = -N_1\frac{d\phi}{dt}$$

$$= -V_{1m}\sin\omega t \ \ (e_1 = -v_1)$$

$$\phi = \int \frac{V_{1m}}{N_1}\sin\omega t dt$$

$$= -\frac{V_1 m}{\omega N_1}\cos\omega t$$

$$= \Phi_m \sin\left(\omega t - \frac{\pi}{2}\right)$$

$$\therefore\ V_{1m} = \omega N_1 \Phi_m$$

$$e_1 = -v_1 = -V_{1m}\sin\omega t$$

$$= -\omega N_1 \Phi_m \sin\omega t$$

$$= E_{1m}\sin(\omega t - \pi)[\mathrm{V}]$$

· $E_1 = \frac{E_{1m}}{\sqrt{2}} = 4.44 f N_1 \Phi_m[\mathrm{V}]$

· $E_2 = \frac{E_{2m}}{\sqrt{2}} = 4.44 f N_2 \Phi_m[\mathrm{V}]$

(2) 여자 전류와 여자 어드미턴스

철심 내의 전기적 현상

㉮ 철손을 발생시키는 저항 : $r_o[\Omega]$

㉯ 철심 내 인덕턴스(L)에 의한 리액턴스 : $x_o[\Omega]$

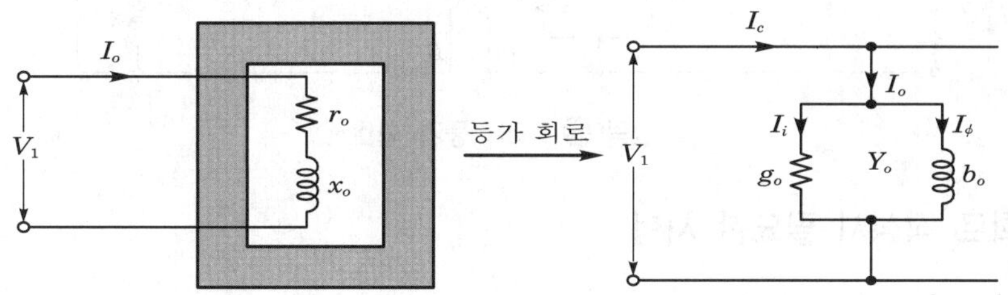

그림 ❶ 1-30 **철심 내 전기적 등가 회로**

여기서, I_i : 철손 전류

I_ϕ : 자화 전류

① **여자 어드미턴스** : $Y_o[\mho]$

$$Y_o = \dot{g_o} - j\dot{b_o} = \sqrt{g_o^2 + b_o^2}\,[\mho]$$

㉮ **여자 컨덕턴스** : $g_o[\mho]$ (저항의 역수)

$$g_o = \frac{1}{r_o}[\mho]$$

㉯ **여자 서셉턴스** : $b_o[\mho]$ (리액턴스의 역수)

$$b_o = \frac{1}{x_o}[\mho]$$

② **여자 전류** : $I_o[\mathrm{A}]$ (무부하 전류)

$$I_o = Y_o V_1 = \dot{I_i} + \dot{I_\phi}$$

$$= \sqrt{I_i{}^2 + I_\phi{}^2}\ [\mathrm{A}]$$

③ **철손** : $P_i[\mathrm{W}]$

$$P_i = V_1 I_i = g_o V_1{}^2 [\mathrm{W}]$$

3 변압기의 등가 회로

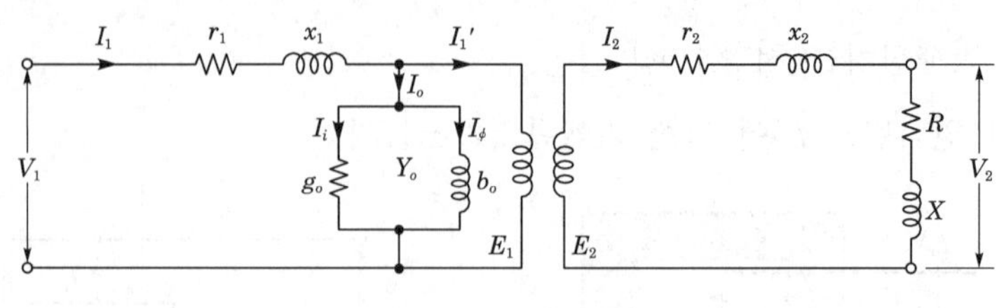

그림 1-31 **등가 회로**

(1) 등가 회로 작성시 필요한 시험

① **무부하 시험** : I_o, Y_o, P_i

② **단락 시험** : I_s, V_s, $P_c(W_s)$

③ **권선 저항 측정** : r_1, $r_2[\Omega]$

여기서, I_1' : 정자속 보존의 원리에 의한 1차 보상 전류

$$I_1' = -\frac{N_2}{N_1} \cdot I_2[\text{A}]$$

$$I_1 = I_1' + I_o \fallingdotseq I_1'[\text{A}]$$

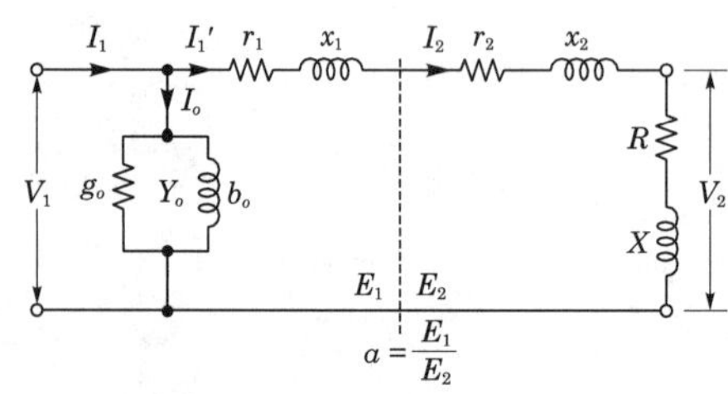

그림 1-32 **간이 등가 회로**

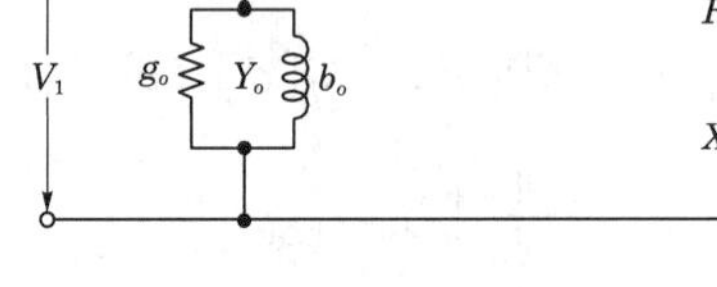

그림 1-33 **2차 → 1차로 환산 간이 등가 회로**

(2) 2차측 1차로 환산

$V_2' = aV_2$ (2차 전압 1차로 환산)

$I_2' = \dfrac{I_2}{a}$ (2차 전류 1차로 환산)

$r_2' = a^2r_2$, $x_2' = a^2x_2$, $R' = a^2R$, $X' = a^2X[\Omega]$(2차 임피던스 1차로 환산)

4 변압기의 특성

(1) 전압 변동률 : $\varepsilon[\%]$

$$\varepsilon = \frac{V_{2o} - V_{2n}}{V_{2n}} \times 100 = \frac{V_1 - V_2'}{V_2'} \times 100[\%]$$

여기서, V_{2o} : 2차 무부하 전압, V_1 : 1차 정격 전압

V_{2n} : 2차 전부하 전압, V_2' : 2차의 1차 환산 전압

① 백분율 강하의 전압 변동률

$$\varepsilon = p\cos\theta \pm q\sin\theta[\%]$$

(+ : 지역률, − : 진역률)

㉮ 퍼센트 저항 강하 : $p = \frac{I \cdot r}{V} \times 100[\%]$

㉯ 퍼센트 리액턴스 강하 : $q = \frac{I \cdot x}{V} \times 100[\%]$

㉰ 퍼센트 임피던스 강하 : $\%Z = \frac{I \cdot Z}{V} \times 100$

$$= \frac{I_n}{I_s} \times 100 = \frac{V_s}{V_n} \times 100 = \sqrt{p^2 + q^2}[\%]$$

② 최대 전압 변동률과 조건

$$\varepsilon = p\cos\theta + q\sin\theta$$

$$= \sqrt{p^2 + q^2}\cos(\alpha - \theta)$$

∴ $\alpha = \theta$ 일 때 전압 변동률 최대로 된다.

$$\varepsilon_{\max} = \sqrt{p^2 + q^2}\ [\%]$$

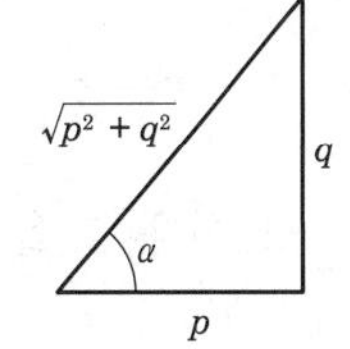

그림 ➊ 1-34

③ 임피던스 전압과 임피던스 와트

㉮ 임피던스 전압 $V_s[V]$: 2차측을 단락하였을 때 전류가 정격 전류와 같은 값을 가질 때 1차 인가 전압

→ 정격 전류에 의한 변압기 내 전압 강하

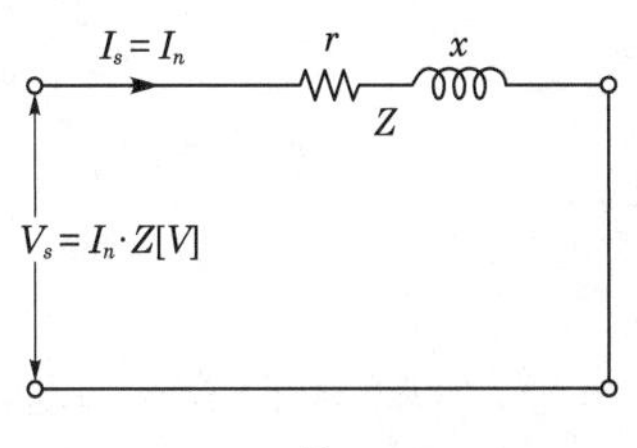

그림 ➊ 1-35

$V_s = I_n \cdot Z$[V]

㉯ **임피던스 와트** W_s[W] : 임피던스 전압 인가시 입력

$W_s = I_n^{\ 2} \cdot r = P_c$ (임피던트 와트=동손)

(2) 손실과 효율

① **손실(loss)** : P_l[W]

㉮ **무부하손(고정손) : 철손**

$P_i = P_h + P_e$

㉠ 히스테리시스손

$P_h = \sigma_h \cdot f \cdot B_m^{1.6}$[W/m^3]

㉡ 와류손

$P_e = \sigma_e(t \cdot K_f \cdot f \cdot B_m)^2$[W/m^3]

㉯ **부하손(가변손) : 동손**

$P_c = I^2 \cdot r$[W]

• 표유 부하손(stray load loss)

② **효율(efficiency)** : η[%]

$$\eta = \frac{\text{출력}}{\text{입력}} \times 100 = \frac{\text{출력}}{\text{출력} + \text{손실}} \times 100\,[\%]$$

㉮ **전부하 효율** : η

$$\eta = \frac{VI \cdot \cos\theta}{VI\cos\theta + P_i + P_c(I^2 r)} \times 100[\%]$$

※ 최대 효율 조건 : $P_i = P_c(I^2 r)$

㉯ $\frac{1}{m}$ **부하시 효율** : $\eta_{\frac{1}{m}}$

$$\eta_{\frac{1}{m}} = \frac{\frac{1}{m} \cdot VI \cdot \cos\theta}{\frac{1}{m} \cdot VI \cdot \cos\theta + P_i + \left(\frac{1}{m}\right)^2 \cdot P_c} \times 100[\%]$$

※ 최대 효율 조건 : $P_i = \left(\frac{1}{m}\right)^2 \cdot P_c$

㉰ **전일 효율** : η_d(1일 동안 효율)

$$\eta_d = \frac{\Sigma h \cdot VI \cdot \cos\theta}{\Sigma h \cdot VI \cdot \cos\theta + 24 \cdot P_i + \Sigma h \cdot I^2 \cdot r} \times 100[\%]$$

※ 최대 효율 조건 : $24P_i = \Sigma hI^2 \cdot r$

여기서, Σh : 1일 동안 총 부하 시간

5 변압기의 구조

(1) 철심(Core)

변압기의 철심은 투자율과 저항률이 크고, 히스테리시스손이 작은 규소 강판을 성층하여 사용한다.

① **규소 함유량** : 4~4.5[%]

② **강판의 두께** : 0.35[mm]

※ 철심과 권선의 조합 방식에 따라 다음과 같이 분류하고, 철심의 점적률은 91~92[%] 정도이다.

㉮ 내철형 변압기

㉯ 외철형 변압기

㉰ 권철심형 변압기

(2) 권선

연동선을 절연(면사, 종이 테이프, 유리 섬유 등)하여 사용한다.

① **직권** : 철심을 절연하고, 그 위에 권선을 직접 감는다.

② **형권** : 철심 모양의 형틀에 권선을 감고, 절연하여 조립한다.

※ 누설 자속을 최소화 하기 위해 권선을 분할 조립한다.

(3) 외함과 부싱(Bushing : 투관)

① **외함** : 주철제 또는 강판을 용접하여 사용한다.

② **부싱(bushing)** : 변압기 권선의 단자를 외함 밖으로 인출하기 위한 절연재

㉮ 단일 부싱

㉯ 혼합물 부싱

㉰ 유입 부싱

㉱ 콘덴서 부싱

(4) 변압기유(oil)

냉각 효과와 절연 내력 증대

① **구비 조건**

㉮ 절연 내력이 클 것

㉯ 점도가 낮을 것

㉰ 인화점이 높고, 응고점은 낮을 것

㉱ 화학 작용과 침전물이 없을 것

② **열화 방지책** : 콘서베이터(conservator)를 설치한다.

(5) 냉각 방식

① 건식 자냉식(공냉식)

② 건식 풍냉식

③ 유입 자냉식

④ 유입 풍냉식

⑤ 유입 수냉식

⑥ 유입 송유식

6 변압기의 결선법

① 변압기의 결선법은 단상 변압기로 3상 변압하기 위한 연결 방법이다.

② 변압기의 극성(polarity) : 임의의 순간 1차, 2차 권선에 나타나는 유도 기전력의 상대적 방향으로 감극성과 가극성이 있다(표준 극성은 감극성이다).

(1) △-△ 결선(delta-delta connection)

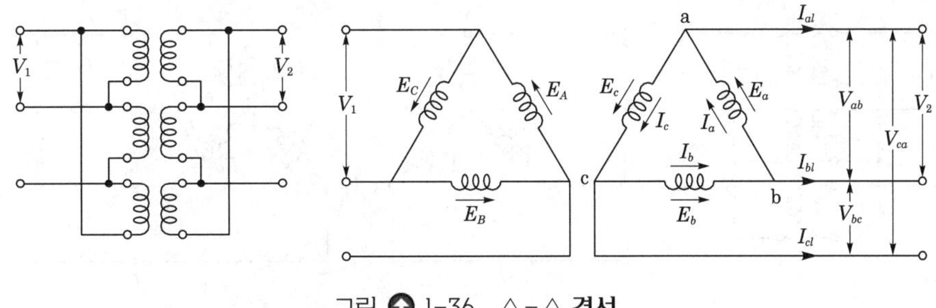

그림 1-36 △-△ 결선

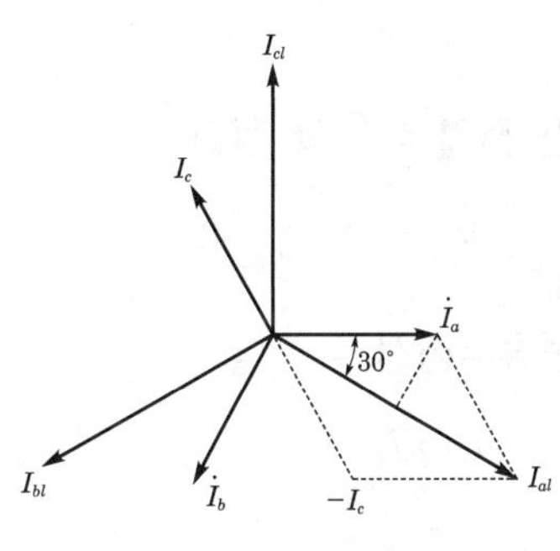

그림 1-37

① 선간 전압=상전압

$$V_l = E_p$$

② 선전류$=\sqrt{3}$ 상전류

$$I_l = \sqrt{3} I_p \angle -30°$$

③ 3상 출력 : P_3[W]

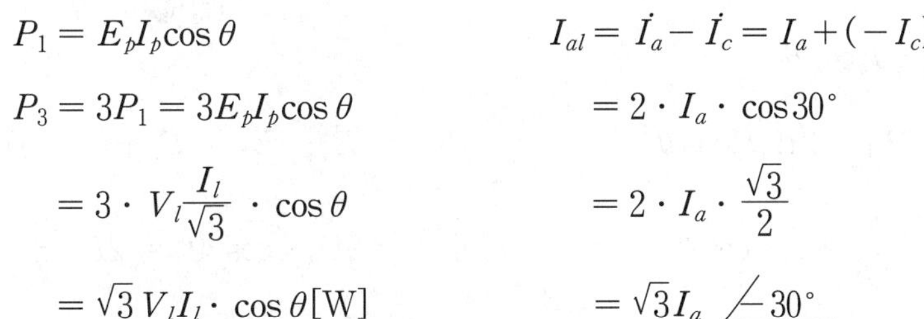

$$P_1 = E_p I_p \cos\theta$$

$$P_3 = 3P_1 = 3E_p I_p \cos\theta$$

$$= 3 \cdot V_l \frac{I_l}{\sqrt{3}} \cdot \cos\theta$$

$$= \sqrt{3} V_l I_l \cdot \cos\theta [\mathrm{W}]$$

$$I_{al} = \dot{I}_a - \dot{I}_c = I_a + (-I_c)$$

$$= 2 \cdot I_a \cdot \cos 30°$$

$$= 2 \cdot I_a \cdot \frac{\sqrt{3}}{2}$$

$$= \sqrt{3} I_a \angle -30°$$

④ △-△ 결선의 특성

㉮ 운전 중 1대 고장시 V-V 결선으로 송전을 계속할 수 있다.

㉯ 상에는 제3 고조파 전류를 순환하여 정현파 기전력을 유도하고, 외부에는 나타나지 않아 통신 장해가 없다.

㉰ 중성점을 접지할 수 없고, 30[kV] 이하의 배전 선로에 유효하다.

(2) Y-Y 결선(Star-Star connection)

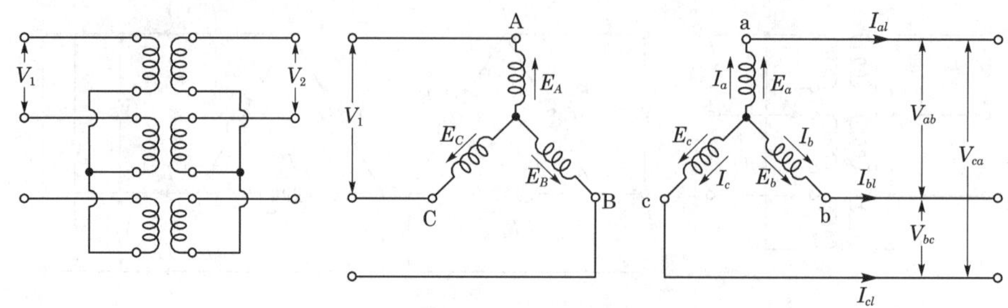

그림 ⬆ 1-38 Y-Y 결선

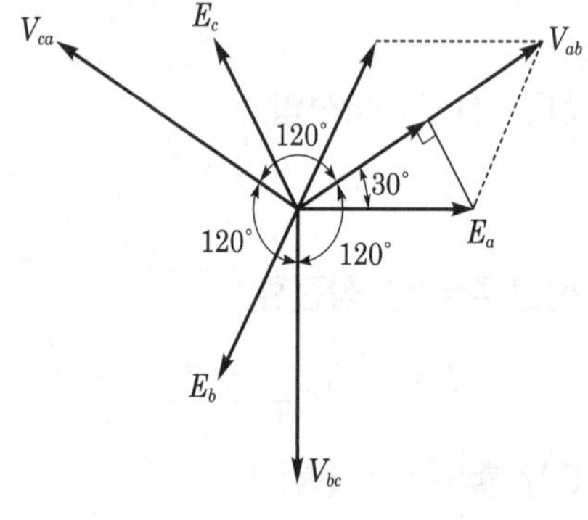

그림 ⬆ 1-39

① 선간 전압$=\sqrt{3}$상 전압

$$V_l=\sqrt{3}E_p\angle 30^\circ$$

② 선전류=상전류

$$I_l=I_p$$

③ 출력

$$P_1=E_pI_p\cos\theta$$

$$P_Y=3P_1=3E_p\dot{I}_p\cos\theta$$

$$=3\frac{V_l}{\sqrt{3}}\cdot I_l\cdot\cos\theta$$

$$=\sqrt{3}\cdot V_lI_l\cdot\cos\theta[\text{W}]$$

$$V_{ab}=\dot{E}_a-\dot{E}_b=\dot{E}_a+(-\dot{E}_b)$$

$$=2E_a\cdot\cos 30^\circ=2E_a\frac{\sqrt{3}}{2}$$

$$=\sqrt{3}E_a\angle 30^\circ$$

④ Y-Y 결선의 특성

㉮ 고전압 계통의 송전 선로에 유효하다.

㉯ 중성점을 접지할 수 있어 계전기 동작이 확실하고, 이상 전압 발생이 없다.

㉰ 상전류에 고조파(제3 고조파)가 순환할 수 없어 기전력이 왜형파로 된다.

㉱ 대지를 귀로로 고조파 순환 전류가 흘러 통신 유도 장해를 발생시키므로 3권선 변압기를 Y-Y-△ 결선하여 사용한다.

(3) △-Y, Y-△ 결선

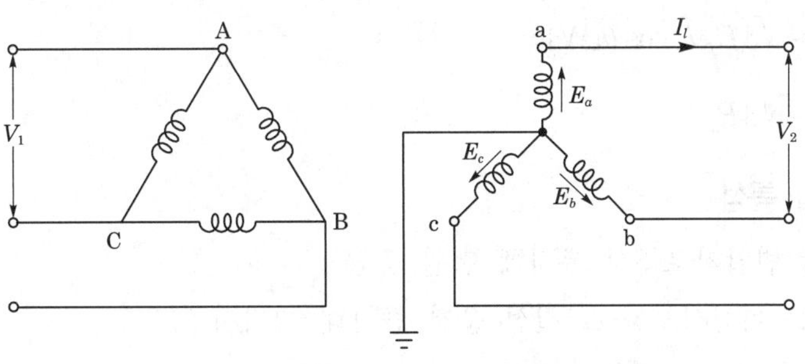

그림 1-40 △-Y 결선

△-Y, Y-△의 특성은 다음과 같다.

① 1차, 2차 전압, 전류에 30°의 위상차가 발생된다.

② △-Y 결선은 2차 중성점을 접지할 수 있고, 선간 전압이 상전압보다 $\sqrt{3}$배 증가하므로 승압용 변압기 결선에 유효하다.

③ Y-△ 결선은 2차측 상전류에 고조파를 순환할 수 있어 기전력 정현파로 되며, 강압용 변압기 결선에 유효하다.

(4) V-V 결선

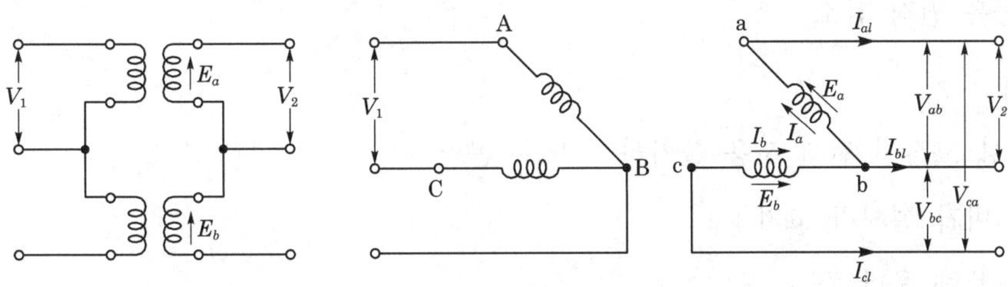

그림 1-41 V-V 결선

① **선간 전압=상전압** : $V_l = E_p$

② **선전류=상전류** : $I_l = I_p$

③ **출력**

$P_1 = E_p I_p \cos\theta$에서

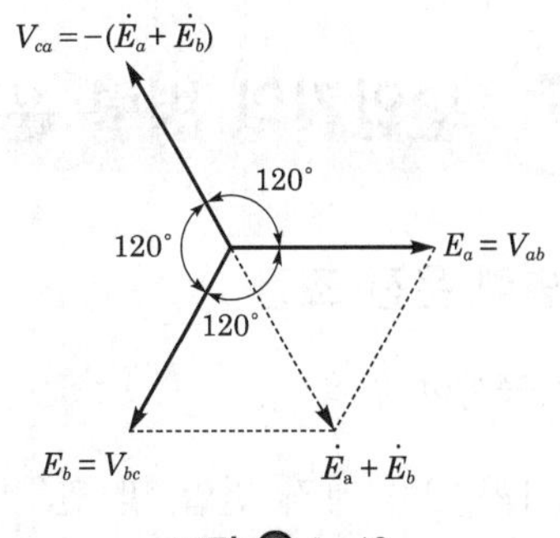

그림 1-42

$$P_V = \sqrt{3}\, V_l I_l \cos\theta [\mathrm{W}]$$

$$= \sqrt{3} E_p I_p \cos\theta [\mathrm{W}]$$

$$= \sqrt{3} P_1$$

④ V-V 결선의 특성

㉮ 2대 단상 변압기로 3상 부하에 전원 공급

㉯ 부하 증설 예정시, △-△ 결선 운전 중 1대 고장시

㉰ 이용률 : $\dfrac{\sqrt{3}P_1}{2P_1} = \dfrac{\sqrt{3}}{2} = 0.866 = 86.6[\%]$

㉱ 출력비 : $\dfrac{P_V}{P_\triangle} = \dfrac{\sqrt{3}P_1}{3P_1} = \dfrac{1}{\sqrt{3}} = 0.577 = 57.7[\%]$

(5) 3상 변압기

1뱅크(Bank) 변압기로 3상 변압하는 변압기

① 장점

㉮ 철심 및 모든 재료 감소

㉯ 효율 좋음

㉰ 공유 면적 감소

② 단점

㉮ 1상 고장시 전체 사용 불가하며 보수 곤란

㉯ 예비기 설치비 고가

㉰ 대용량 운반 곤란

7 변압기의 병렬 운전

(1) 병렬 운전 조건

① 극성이 같을 것

② 1차, 2차 정격 전압 및 권수비 같을 것

③ 퍼센트 저항 강하와 리액턴스 강하 같을 것

④ 상회전 방향 및 각 변위 같을 것

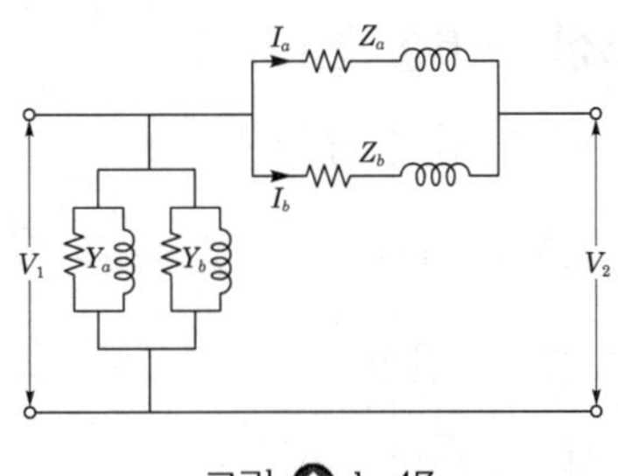

그림 1-43

(2) 부하 분담비

$$V = I_a Z_a = I_b Z_b$$

$$\frac{I_a}{I_b} = \frac{Z_b}{Z_a} = \frac{\dfrac{I_B Z_b}{V} \times 100 \times V \cdot I_A}{\dfrac{I_A Z_a}{V} \times 100 \times V \cdot I_B}$$

$$= \frac{\%Z_b}{\%Z_a} \cdot \frac{P_A}{P_B}$$

∴ 부하 분담비는 누설 임피던스에 역비례하고, 용량에 비례한다.

8 상(Phase)수 변환

(1) 3상 → 2상 변환

대용량 단상 부하 전원 공급시

① 스코트(Scott) 결선(T 결선)

② 메이야(Meger) 결선

③ 우드 브리지(Wood bridge) 결선

※ T좌 변압기 권수비 : a_T

$$a_T = \frac{\sqrt{3}}{2} a_{주}(\text{주좌 변압기 권수비})$$

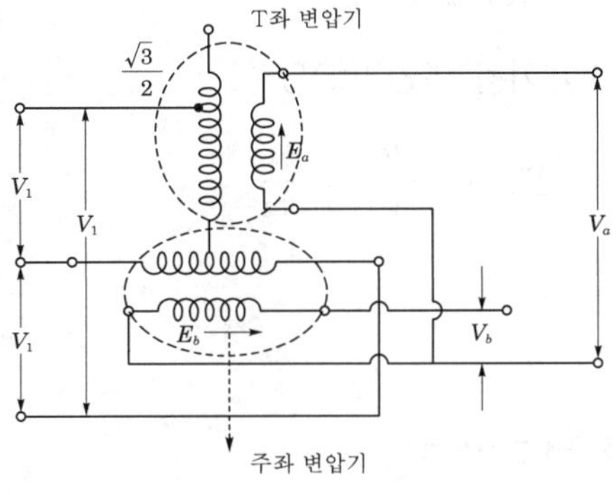

그림 1-44 T 결선

(2) 3상 → 6상 변환

정류기 전원 공급시

① 2중 Y 결선

② 2중 △ 결선

③ 환상 결선

④ 대각 결선

⑤ 포크(Fork) 결선

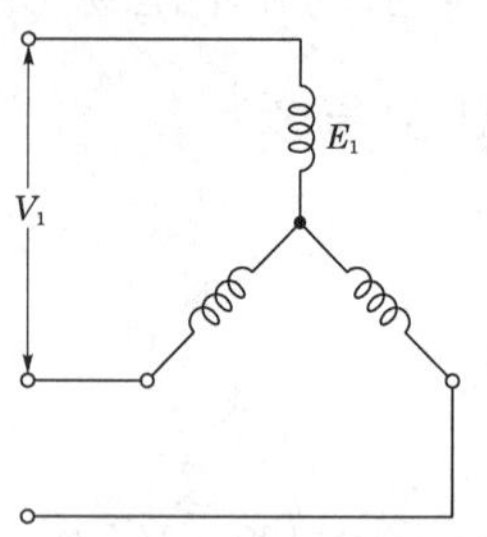

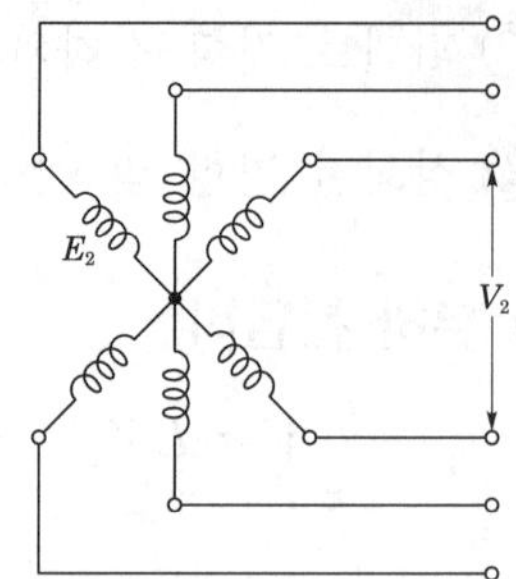

그림 1-45 **2중 Y 결선**

9 특수 변압기

(1) 단권 변압기

① **권수비** : a

$$a = \frac{E_1}{E_2} = \frac{V_1}{V_2} = \frac{I_2}{I_1} = \frac{N_1}{N_2}$$

$$\frac{P(\text{자기 용량})}{W(\text{부하 용량})} = \frac{V_h - V_l}{V_h}$$

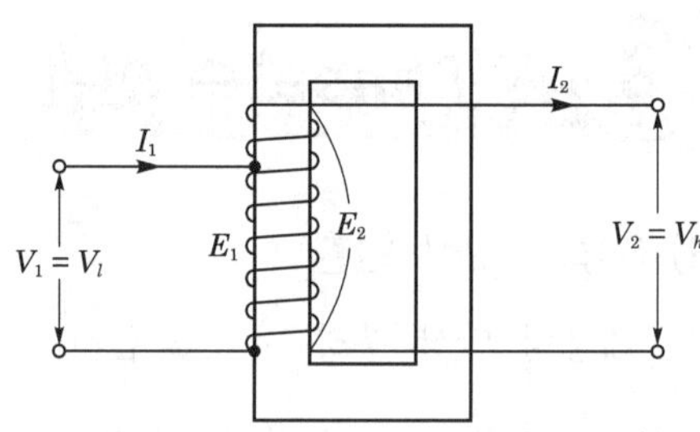

그림 1-46 **승압용 단권 변압기**

(2) 계기용 변성기

① **계기용 변압기(PT)**

$$\text{PT비} : \frac{V_1}{V_2} = \frac{n_1}{n_2}$$

② **변류기(CT)**

$$\text{CT비} : \frac{I_1}{I_2} = \frac{n_2}{n_1}$$

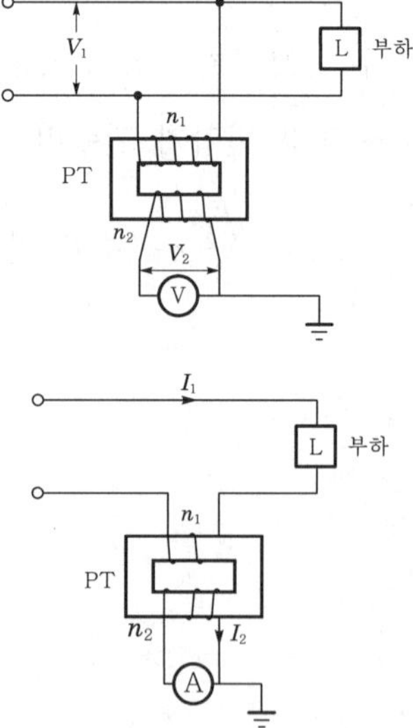

단원핵심문제

1 변압기의 자속에 대해서 옳은 것은?

㉮ 주파수와 권수에 비례한다.
㉯ 전압에 반비례한다.
㉰ 권수에만 비례한다.
㉱ 전압에 비례, 주파수와 권수에 반비례한다.

KEY POINT

$\Phi_m = \dfrac{V_1}{4.44fN_1}$ [Wb]

공급 전압에 비례하고, 주파수와 권수에 반비례한다.

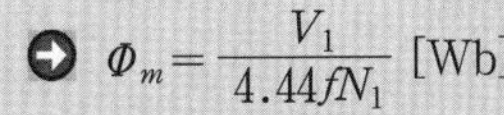

$V_1 \fallingdotseq E_1 = 4.44fN_1 \Phi_m$

$\Phi_m \fallingdotseq \dfrac{V_1}{4.44fN_1}$ [Wb]

여기서, V_1 : 공급 전압

E_1 : 변압기 1차 유기 기전력

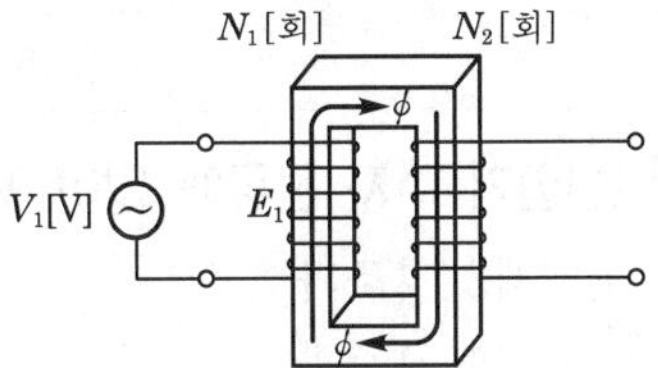

2 변압기 철심의 자기 포화와 자기 히스테리시스 현상을 무시한 경우 리액터에 흐르는 전류에 대해 옳은 것은?

㉮ 자기 회로의 자기 저항값에 비례한다.
㉯ 권선수에 반비례한다.
㉰ 전원 주파수에 비례한다.
㉱ 전원 전압 크기 제곱에 비례한다.

KEY POINT

전류 : $I = \dfrac{V_l}{x_L} = \dfrac{V_1}{2\pi f \cdot \dfrac{\mu N^2 S}{l'}} = \dfrac{V_1}{2\pi f N^2} \cdot \dfrac{l}{\mu S} = \dfrac{V_1}{2\pi f N^2} \cdot R_m$[A]

자기 저항 : $R_m = \dfrac{l}{\mu_s}$ [AT/Wb]

인덕턴스 : $L = \dfrac{\mu N^2 S}{l}$ [H]

리액턴스 : $x_L = wL = 2\pi f \dfrac{\mu N^2 S}{l}$ [Ω]

전류 : $I = \dfrac{V_1}{x_L} = \dfrac{V_1}{2\pi f \dfrac{\pi N^2 S}{l}} = \dfrac{V_1}{2\pi f N^2} \cdot R_m$

정답 : 1.㉱ 2.㉮

3 일반 변압기의 여자에 필요한 피상 전력은?

㉮ $\frac{\pi}{\mu} f B_m^{\ 2} \times$ 철심 체적　　㉯ $\frac{\pi}{f} \mu B_m^{\ 2} \times$ 철심 체적

㉰ $\frac{f}{\pi} \mu B_m^{\ 2} \times$ 철심 체적　　㉱ $\frac{\pi}{f \cdot \pi} B_m^{\ 2} \times$ 철심 체적

KEY POINT

➲ $P_{oa} = V_1 I_0$, $V_1 = \frac{2\pi}{\sqrt{2}} fN\Phi_m$, $I_0 = \frac{\Phi_m l}{\sqrt{2}\mu NS}$

해설

$V_1 \fallingdotseq 4.44fN\Phi_m = \frac{2\pi}{\sqrt{2}} fN\Phi_m$, $L = \frac{\mu N^2 S}{l}$, $N\phi = LI_o$

$I_o = \frac{N\phi}{L} = \frac{N\Phi_m}{\sqrt{2}} \cdot \frac{l}{\mu N^2 S} = \frac{\Phi_m \cdot l}{\sqrt{2}\mu NS}$

$P_{oa} = V_1 I_o = \frac{2\pi}{\sqrt{2}} fN\Phi_m \times \frac{\Phi_m l}{\sqrt{2}\mu NS} = \frac{\pi}{\mu} f\Phi_m^{\ 2} \frac{l}{S}$

$= \frac{\pi}{\mu} f(B_m S)^2 \cdot \frac{l}{S} = \frac{\pi}{\mu} fB_m^{\ 2} \cdot S \cdot l$[VA]

($V = Sl$: 체적)

4 변압기 여자 전류에 많이 포함된 고조파는?

㉮ 제2 고조파　　㉯ 제3 고조파

㉰ 제4 고조파　　㉱ 제5 고조파

KEY POINT

➲ 변압기의 철심에는 히스테리시스 현상이 있으므로 정현파 자속을 발생하기 위해서는 여자 전류의 파형은 고조파를 포함한 왜형파가 된다. 고조파 중에서 제일 큰 것이 제3 고조파이고, 그 크기는 실제의 변압기에서 사용되는 자속 밀도의 범위에서는 등가 정현파 전류의 40[%]에 도달한다.

해설

히스테리시스 현상은 철심에 코일(coil)을 감고 전류를 증가시키면 처음에는 전류에 비례하여 자속이 증가하고, 어느 한도를 넘으면 자속의 증가가 둔화되어 포화하는 현상을 말한다.

5 2[kVA], 3,000/100[V]인 단상 변압기의 철손이 200[W]이면 1차에 환산한 여자 컨덕턴스[℧]는?

㉮ 66.6×10^{-3}　　㉯ 22.2×10^{-6}

㉰ 2×10^{-2}　　㉱ 2×10^{-6}

정답 : 3.㉮ 4.㉯ 5.㉯

KEY POINT

➲ 철손 : $P_i = g_o V_1^{\,2}$[W]

여자 컨덕턴스 : $g_o = \dfrac{P_i}{V_1^{\,2}}$[℧]

해설

여자 어드미턴스 $Y_o = g_o - jb_o$[℧]

철손 $P_i = VI_i = V_1 \dfrac{V_1}{r_o} = \dfrac{V_1^{\,2}}{r_o} = g_o V_1^{\,2}$

여자 컨덕턴스 $g_o = \dfrac{P_i}{V_1^{\,2}} = \dfrac{200}{3{,}000^2} = 22.2 \times 10^{-6}$[℧]

6 그림과 같은 변압기에서 1차 전류[A]는 얼마인가?

㉮ 0.8

㉯ 8

㉰ 10

㉱ 20

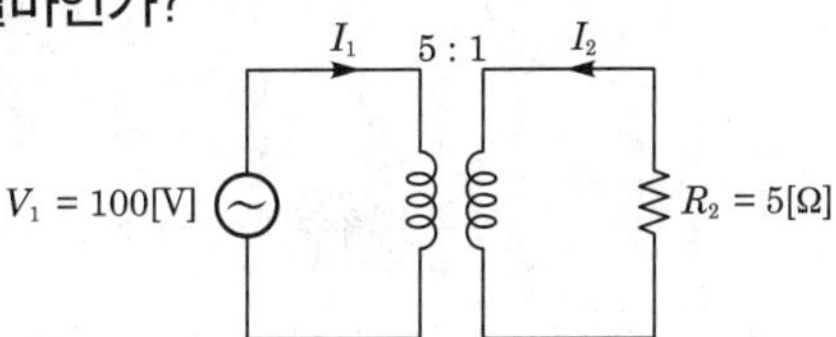

KEY POINT

➲ 2차 측의 임피던스를 1차 측으로 환산하면

$Z_2{}' = a^2 \cdot Z_2$[Ω]

해설

1차 전류 $I_1 = \dfrac{V_1}{Z_2{}'} = \dfrac{V_1}{a^2 R_2} = \dfrac{100}{5^2 \times 5} = 0.8$[A]

7 변압기에서 2차를 1차로 환산한 등가 회로의 부하 소비 전력 $P_2{}'$[W]는 실제의 부하 소비 전력 P_2[W]에 대하여 어떠한가? (단, a는 변압비이다.)

㉮ a배

㉯ a^2배

㉰ $1/a$배

㉱ 변함없다.

KEY POINT

➲ 2차 전압을 1차로 환산하면 $V_2{}' = aV_2$[V]

2차 전류를 1차로 환산하면 $I_2{}' = \dfrac{I_2}{a}$

1차로 환산한 소비 전력 $P' = V_2{}' \cdot I_2{}' = aV_2 \cdot \dfrac{I_2}{a} = V_2 I_2 = P_2$이므로 실제의 부하 소비 전력과 같다.

해설

$P_2 = I_2^2 R_2$[W], $R_1{}' = a^2 R_2$[Ω], $I_1{}' = I_2/a$[A]

$P_2{}' = (I_1{}')^2 R_2 = (I_2/a)^2 a^2 R_2 = I_2^{\,2} R_2$[W]

$\therefore P_2{}' = P_2$

정답 : 6.㉮ 7.㉱

8 단상 변압기의 2차측(105[V] 단자)에 1[Ω]의 저항을 접속하고 1차측에 1[A]의 전류가 흘렀을 때, 1차 단자 전압이 900[V]이었다. 1차측 탭 전압[V]과 2차 전류[A]는 얼마인가? (단, 변압기는 이상 변압기, V_T는 1차 탭 전압, I_2는 2차 전류이다.)

㉮ $V_T = 3,150,\ \ I_2 = 30$　　㉯ $V_T = 900,\ \ I_2 = 30$

㉰ $V_T = 900,\ \ I_2 = 1$　　㉱ $V_T = 3,150,\ \ I_2 = 1$

KEY POINT

➲ 1차 전류 : $I_1 = \dfrac{V}{R'} = \dfrac{V}{a^2 R}$

권수비 : $a = \sqrt{\dfrac{V}{I_1 \cdot R}} = \sqrt{\dfrac{900}{1 \times 1}} = 30$

$a \fallingdotseq \dfrac{V_1}{V_2} \fallingdotseq \dfrac{I_2}{I_1}$

$V_1 = V_T = aV_2,\quad I_2 = aI_1$

해설

이상 변압기이므로 변압기의 임피던스 및 손실은 없다고 본다.

$V_2 = 105[\text{V}],\ \ R_2 = 1[\Omega],\ \ I_1 = 1[\text{A}],\ \ V_1 = 900[\text{V}]$이므로

$$V_1 I_1 = V_2 I_2 = \frac{V_2^2}{R_2}$$

$$900 \times 1 = \frac{V_2^2}{1}$$

$$\therefore\ V_2 = \sqrt{900} = 30[\text{V}]$$

따라서, 권수비 a는

$$a = \frac{V_1}{V_2} = \frac{900}{30} = 30$$

1차측의 탭 전압 V_T는

$$\therefore\ V_T = a\ V_2 = 30 \times 105 = 3,150[\text{V}]$$

2차측 전류 I_2는

$$\therefore\ I_2 = a\, I_1 = 30 \times 1 = 30[\text{A}]$$

9 변압기유로 쓰이는 절연유에 요구되는 특성이 아닌 것은?

㉮ 응고점이 낮을 것　　㉯ 절연 내력이 클 것

㉰ 인화점이 높을 것　　㉱ 점도가 클 것

KEY POINT

➲ 변압기유(oil)의 사용 목적은 절연 내력과 냉각 효과를 증대하기 위함이다. 그러므로 구비 조건은 절연 내력이 크고, 인화점이 높으며, 점도 및 응고점은 낮은 것이 좋다.

정답 : 8.㉮ 9.㉱

변압기유의 구비 조건은 다음과 같다.

① 절연 내력이 클 것
② 절연 재료 및 금속에 화학 작용을 일으키지 않을 것
③ 인화점이 높고 응고점이 낮을 것
④ 점도가 낮고(유동성이 풍부) 비열이 커서 냉각 효과가 클 것
⑤ 고온에 있어 석출물이 생기거나 산화하지 않을 것
⑥ 증발량이 적을 것

10 변압기에서 등가 회로를 이용하여 단락 전류를 구하는 식은?

㉮ $I_{1s}=\dfrac{V_1}{Z_1+a^2 Z_2}$　　㉯ $I_{1s}=\dfrac{V_1}{Z_1\times a^2 Z_2}$

㉰ $I_{1s}=\dfrac{V_1}{Z_1^2+a^2 Z_2}$　　㉱ $I_{1s}=\dfrac{V_1}{Z^2+a^2 Z_2}$

KEY POINT

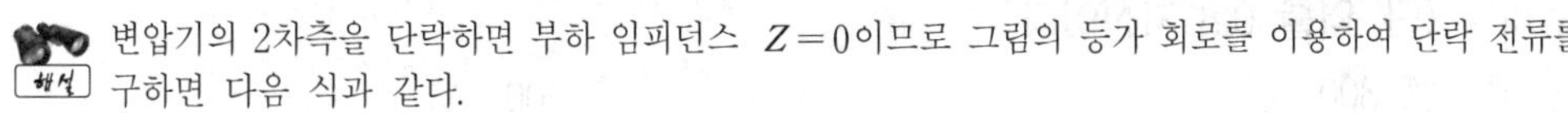
2차를 1차로 환산한 임피던스 $Z_2'=a^2Z_2[\Omega]$

합성 임피던스 $Z_{12}=Z_1+Z_2'=Z_1+a^2Z_2[\Omega]$

1차 단락 전류 $I_{1s}=\dfrac{V_1}{Z_{12}}=\dfrac{V_1}{Z_1+a^2Z_2}[\text{A}]$

변압기의 2차측을 단락하면 부하 임피던스 $Z=0$이므로 그림의 등가 회로를 이용하여 단락 전류를 구하면 다음 식과 같다.

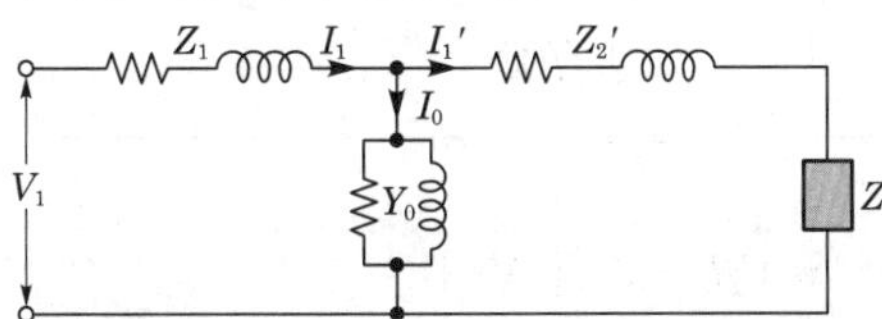

여기서 1차 단락 전류를 I_{1s}, 2차 단락 전류를 I_{2s}, 1차 임피던스를 $Z_1=r_1+jx_1$, 1차 환산 2차 임피던스를 $Z_2'=a^2Z_2=a^2(r_2+jx_2)=r_2'+jx_2'$라 하면

$$I_{1s}=\frac{V_1}{Z_1+\dfrac{1}{Y_0+\dfrac{1}{Z_1'}}}=V_1\cdot\frac{1+Y_0Z_2'}{Z_1(1+Y_0Z_2')+Z_2'}[\text{A}]$$

$$I_{2s}=I_{1s}\cdot\frac{\dfrac{1}{Y_0}}{\dfrac{1}{Y_0}+Z_2'}=I_{1s}\cdot\frac{a}{1+Y_0Z_2'}[\text{A}]$$

보통 변압기에서는 $Y_0Z_2'\ll 1$이므로 무시하면

$$\therefore\ I_{1s}=\frac{V_1}{Z_1+Z_2'}=\frac{V_1}{Z_1+a^2Z_2}[\text{A}]$$

$$\therefore\ I_{2s}=a\,I_{1s}[\text{A}]$$

정답 : 10.㉮

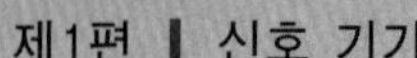

11 변압기의 백분율 리액턴스 강하가 저항 강하의 3배라고 하면 정격 전류에 있어서 전압 변동률이 0이 될 앞선 역률의 크기는?

㉮ 약 0.80　　㉯ 약 0.85
㉰ 약 0.90　　㉱ 약 0.95

KEY POINT

$\varepsilon = p\cos\theta - q\sin\theta = 0$(앞선 역률)

$\frac{p}{q} = \frac{\sin\theta}{\cos\theta} = \tan\theta = \frac{1}{3}$

$\theta = \tan^{-1} \times \frac{1}{3}$

역률 $\cos\theta = \cos \cdot \tan^{-1}\frac{1}{3} = 0.95$

해설 $\tan\theta = \frac{1}{3}$

역률 : $\cos\theta = \frac{3}{\sqrt{10}} = 0.95$

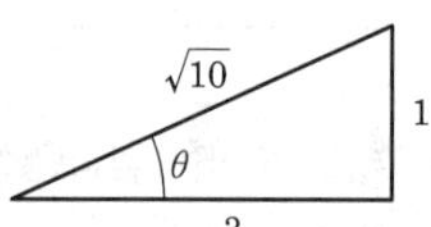

12 단상 100[kVA], 13,200/200[V] 변압기의 저압측 선전류 중에 포함되는 유효분[A]은? (단, 역률 0.8 지상이다.)

㉮ 300　　㉯ 400
㉰ 500　　㉱ 700

KEY POINT

정격 용량 $P = V_1 I_1 \times 10^{-3} = V_2 I_2 \times 10^{-3}$[kVA]

2차 전류 $I_2 = \frac{P}{V_2} \times 10^3$[A]

유효 성분 전류(전압과 동상 성분 전류) $I = I_2\cos\theta = \frac{P}{V_2} \times 10^3 \times \cos\theta$

해설 유효 전류 $I = \frac{P}{V_2} \times 10^3 \times \cos\theta$

$= \frac{100}{200} \times 10^3 \times 0.8 = 400$[A]

13 변압기를 △ − Y로 결선했을 때, 1차, 2차의 전압 위상차는?

㉮ 0°　　㉯ 30°
㉰ 60°　　㉱ 90°

정답 : 11.㉱ 12.㉯ 13.㉯

KEY POINT

Y 결선에서 선간 전압은 상전압보다 $\sqrt{3}$배 크고, 위상은 30° 앞선다.

$V_l = \sqrt{3}\, V_p \angle 30°$ [V]

2차 전압이 1차 전압보다 위상이 30° 앞선다.

14 권수비 60인 단상 변압기의 전부하 2차 전압 200[V], 전압 변동률 3[%]일 때 1차 단자 전압[V]은?

㉮ 12,180 ㉯ 12,360 ㉰ 12,720 ㉱ 12,930

KEY POINT

권수비 $a = \dfrac{E_1}{E_2} = \dfrac{N_1}{N_2} = \dfrac{V_1}{V_{20}}$

2차 무부하 단자 전압 $V_{20} = V_{2n}(1+\varepsilon')$

1차 단자 전압 $V_1 = a \cdot V_{20} = a \cdot V_{2n}(1+\varepsilon')$

전압 변동률 $\varepsilon = \dfrac{V_{20} - V_{2n}}{V_{2n}} \times 100$, $\varepsilon' = \dfrac{\varepsilon}{100} = 0.03$

$V_{20} = V_{2n}(1+\varepsilon')$

1차 단자 전압 $V_1 = a \cdot V_{20} = a \cdot V_{2n}(1+\varepsilon') = 60 \times 200 \times (1+0.03) = 12,360$[V]

15 어느 변압기의 백분율 저항 강하가 2[%], 백분율 리액턴스 강하가 3[%]일 때 역률(지역률) 80[%]인 경우의 전압 변동률[%]은?

㉮ −0.2 ㉯ 3.4 ㉰ 0.2 ㉱ −3.4

KEY POINT

변압기의 백분율 강하에 의한 전압 변동률

$\varepsilon = p\cos\theta \pm q\sin\theta$[%], + : 지역률, − : 진역률

$\varepsilon = p\cos\theta + q\sin\theta = 2 \times 0.8 + 3 \times 0.6 = 3.4$[%]

($\because$ $\sin\theta = \sqrt{1-\cos^2\theta} = \sqrt{1-0.8^2} = 0.6$)

16 3,300/210[V], 10[kVA]의 단상 변압기가 있다. % 저항 강하=3[%], % 리액턴스 강하=4[%]이다. 이 변압기가 무부하인 경우의 2차 단자 전압[V]은? (단, 변압기가 지역률 80[%]일 때 정격 출력을 낸다.)

㉮ 168 ㉯ 216 ㉰ 220 ㉱ 228

정답 : 14.㉯ 15.㉯ 16.㉰

KEY POINT

➲ 전압 변동률 : $\varepsilon=\dfrac{V_{20}-V_{2n}}{V_{2n}}\times 100=p\cos\theta+q\sin\theta\,[\%]$

$$V_{20}=V_{2n}\left(1+\frac{\varepsilon}{100}\right)$$

해설

$\varepsilon=p\cos\theta+q\sin\theta=3\times0.8+4\times0.6=4.8[\%]$

$\therefore\ V_{20}=V_{2n}\left(1+\dfrac{\varepsilon}{100}\right)=210\times\left(1+\dfrac{4.8}{100}\right)\fallingdotseq 220[\mathrm{V}]$

17 변압기의 임피던스 전압이란?

㉮ 정격 전류시 2차측 단자 전압
㉯ 변압기의 1차를 단락, 1차에 1차 정격 전류와 같은 전류를 흐르게 하는 데 필요한 1차 전압
㉰ 변압기 누설 임피던스와 정격 전류와의 곱인 내부 전압 강하
㉱ 변압기의 2차를 단락, 2차에 2차 정격 전류와 같은 전류를 흐르게 하는 데 필요한 2차 전압

KEY POINT

➲ 변압기 2차측을 단락하고, 정격 전류가 흐를 때 1차측에 인가한 전압을 임피던스 전압(V_s)이라 한다.

해설

$V_s=I_n\cdot Z[\mathrm{V}]$

따라서 임피던스 전압이란 정격 전류에 의한 변압기 내의 전압 강하이다.

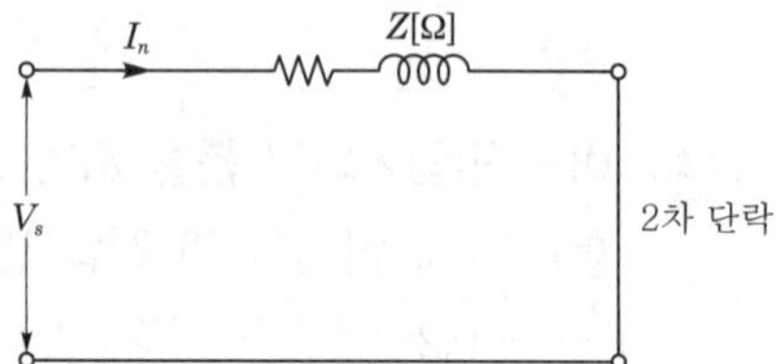

18 5[kVA], 3,000/200[V]인 변압기의 단락 시험에서 임피던스 전압 120[V], 동손 150[W]라 하면 % 저항 강하는 몇 [%]인가?

㉮ 2　　㉯ 3　　㉰ 4　　㉱ 5

KEY POINT

➲ 정격 용량 $P=VI\times10^{-3}[\mathrm{kVA}]$

동손 $P_c=I^2r[\mathrm{W}]$

퍼센트 저항 강하 $P=\dfrac{I\cdot r}{V}\times100=\dfrac{I^2\cdot r}{VI}\times100=\dfrac{P_c}{P}\times100$

해설

$P=\dfrac{I_{1n}r}{V_{1n}}\times100=\dfrac{{I_{1n}}^2r}{V_{1n}I_{1n}}\times100=\dfrac{150}{5,000}\times100=3[\%]$

정답 : 17.㉰ 18.㉯

10[kVA], 2,000/100[V] 변압기에서 1차에 환산한 등가 임피던스는 $6.2 + j7[\Omega]$이다. 이 변압기의 % 리액턴스 강하[%]는?

㉮ 3.5 ㉯ 1.75

㉰ 0.35 ㉱ 0.175

KEY POINT

➲ 1차 전류 $I_1 = \frac{P}{V_1}[A]$

퍼센트 리액턴스 강하 $q = \frac{I_1 x}{V_1} \times 100$

$$I_1 = \frac{P}{V_1} = \frac{10 \times 10^3}{2,000} = 5[A]$$

$$\therefore q = \frac{I_1 \cdot x}{V_1} \times 100 = \frac{5 \times 7}{2,000} \times 100 = 1.75[\%]$$

단상 변압기의 3상 Y－Y 결선에서 잘못된 것은?

㉮ 3조파 전류가 흐르며 유도 장해를 일으킨다.

㉯ V 결선이 가능하다.

㉰ 권선 전압이 선간 전압의 $1/\sqrt{3}$배이므로 절연이 용이하다.

㉱ 중성점 접지가 된다.

KEY POINT

➲ △－△ 결선하여 운전 중 1대 고장시, V 결선으로 계속하여 운전할 수 있으나, Y－Y 결선에서는 불가하다.

Y－Y 결선의 특성

① 중성점 접지할 수 있고, 이상 전압 발생이 없다.

② 상전압이 선간 전압의 $\frac{1}{\sqrt{3}}$ 배이므로 절연이 용이하다.

③ 상전류에 제3 고조파 순환할 수 없어 기전력 왜형파로 되며 통신 장해를 일으킨다. 그러므로 3권선 변압기로 하여 Y－Y－△ 결선으로 송전 선로에 사용된다.

2[kVA]의 단상 변압기 3대를 써서 △ 결선하여 급전하고 있는 경우 1대가 소손되어 나머지 2대로 급전하게 되었다. 이 2대의 변압기는 과부하를 20[%]까지 견딜 수 있다고 하면 2대가 부담할 수 있는 최대 부하[kVA]는?

㉮ 약 3.46 ㉯ 약 4.15

㉰ 약 5.16 ㉱ 약 6.92

정답 : 19.㉯ 20.㉯ 21.㉯

KEY POINT

➔ 단상 변압기 2대를 V 결선으로 운전할 때 출력 P_V는

$P_V=\sqrt{3}P_1$[kVA]

단, P_1[kVA]은 변압기 1대의 용량

20[%] 과부하시 최대 부하 용량은

$P_V=\sqrt{3}P_1$[kVA]

해설

$P_V=\sqrt{3}P_1(1+0.2)$

$=\sqrt{3}\times2\times(1+0.2)\fallingdotseq4.15$[kVA]

22 3,000/200[V]인 변압기 A, B의 용량이 각각 200[kVA]와 150[kVA]이고, % 임피던스 강하는 각각 2.7[%]와 3[%]일 때, 그 병렬 합성 용량[kVA]은 얼마인가?

㉮ 310　　㉯ 315

㉰ 325　　㉱ 335

KEY POINT

➔ 부하의 분담비는

$$\frac{P_a}{P_b}=\frac{\%Z_b}{\%Z_a}\cdot\frac{P_A}{P_B}$$

해설

$P_A=200$[kVA], $P_B=150$[kVA], $\%Z_a=2.7$[%], $\%Z_b=3$[%]이므로

용량비 : $m=\frac{P_A}{P_B}=\frac{200}{150}=\frac{4}{3}$

$$\frac{P_a}{P_b}=\frac{\%Z_b}{\%Z_a}\cdot m=\frac{3}{2.7}\times\frac{4}{3}=\frac{4}{2.7}$$

A변압기가 정격 용량을 분담하는 경우 B변압기의 분담 용량

$$P_b=\frac{2.7}{4}\cdot P_a=\frac{2.7}{4}\times200=135\text{[kVA]}$$

∴ 합성 분담 용량은

$P_a+P_b=200+135=335$[kVA]

23 변압기를 병렬 운전하는 경우에 불가능한 조합은?

㉮ △－△와 Y－Y　　㉯ △－Y와 Y－△

㉰ △－Y와 △－Y　　㉱ △－Y와 △－△

KEY POINT

➔ 3상 변압기의 병렬 운전을 할 경우에는 각 변위가 같아야 한다. 홀수(△, Y)는 각 변위가 다르므로 병렬 운전이 불가능하다.

정답 : 22.㉱ 23.㉱

 3상 변압기 병렬 운전의 결선 조합은 다음과 같다.

병렬 운전 가능	병렬 운전 불가능
△−△와 △−△ Y−Y와 Y−Y Y−△와 Y−△ △−Y와 △−Y △−△와 Y−Y △−Y와 Y−△	△−△와 △−Y △−Y와 Y−Y

24 변압기의 철손이 P_i[kW], 전부하 동손이 P_c[kW]인 때 정격 출력의 $\frac{1}{m}$인 부하를 걸었을 때, 전손실[kW]은 얼마인가?

㉮ $(P_i+P_c)\left(\frac{1}{m}\right)^2$ ㉯ $P_i\left(\frac{1}{m}\right)^2+P_c$

㉰ $P_i+P_c\left(\frac{1}{m}\right)^2$ ㉱ $P_i+P_c\left(\frac{1}{m}\right)$

KEY POINT

철손 (P_i)은 고정손이므로 일정하고, 동손 (P_c)은 전류의 제곱에 비례하므로

손실 : $P_l=P_i+\left(\frac{1}{m}\right)^2 P_c$[kW]

해설 철손 P_i는 부하에 관계 없이 일정하고 동손 P_c는 $I_2^2 r$로 부하 전류 I_2의 제곱에 비례하므로 $\frac{1}{m}$로 부하가 감소하면 동손 P_c는 $\left(\frac{1}{m}\right)^2$으로 감소한다.

$\frac{1}{m}$ 부하 효율 $\eta_{\frac{1}{m}}$은

$$\eta_{\frac{1}{m}}=\frac{\frac{1}{m}V_2I_2\cos\theta_2}{\frac{1}{m}V_2I_2\cos\theta_2+P_i+\left(\frac{1}{m}\right)^2P_c}\times 100$$

따라서, 전 손실은

$\therefore\ P_i+P_c\left(\frac{1}{m}\right)^2$[kW]

25 전부하에 있어 철손과 동손의 비율이 1 : 2인 변압기의 효율이 최대인 부하는 전부하의 대략 몇 [%]인가?

㉮ 50 ㉯ 60

㉰ 70 ㉱ 80

 정답 : 24.㉰ 25.㉰

KEY POINT

➲ $\frac{1}{m}$ 부하시 철손(무부하손)은 P_i[W]

동손(부하손)은 $P_c \frac{1}{m} = \left(\frac{1}{m}\right)^2 P_c$[W]이고, 최대 효율의 조건은 무부하손=부하손이므로

$P_i = \left(\frac{1}{m}\right)^2 P_c$에서 $\frac{1}{m} = \sqrt{\frac{P_i}{P_c}}$이다.

해설

$P_i : P_c = 1 : 2$

$\frac{1}{m} = \sqrt{\frac{P_i}{P_c}} = \sqrt{\frac{1}{2}} = 0.707$

약 70[%] 부하에서 효율이 최대가 된다.

26 변압기의 무부하손으로 대부분을 차지하는 것은?

㉮ 유전체손 ㉯ 동손
㉰ 철손 ㉱ 표유 부하손

KEY POINT

➲ 일반 기기의 무부하손(고정손)은 철손과 기계손(풍손+마찰손)의 합을 말하며 변압기는 정지기이므로 기계손이 없다.

해설

- 손실
  - 무부하손
    - (a) 철손
      - 히스테리시스손
      - 와전류손
    - (b) 여자 전류에 의한 권선의 저항손
  - 부하손
    - (a) 부하 전류에 의한 저항손
    - (b) 표유 부하손

철손은 히스테리시스손과 와전류손의 합으로 무부하손(고정손)의 대부분을 차지하고 있으므로 보통 무부하손이라고 하면 철손이라고 생각해도 된다.

27 변압기의 부하 전류 및 전압이 일정하고 주파수만 낮아지면?

㉮ 철손이 증가 ㉯ 철손이 감소
㉰ 동손이 증가 ㉱ 동손이 감소

KEY POINT

➲ 공급 전압 (V_1)이 일정한 경우

철손 : $P_i \propto \frac{1}{f}$(주파수에 반비례한다)

동손 : $P_c = I^2 r \neq f$(주파수에 무관하다)

정답 : 26.㉰ 27.㉮

히스테리시스손 $P_h = \sigma_h f B_m^{\ 2}$[W]

와류손 $P_e = \sigma_e(tk_f f B_m)^2 = kf^2 B_m^{\ 2}$[W]

$V_1 \fallingdotseq E_1 = 4.44 fN\Phi_m$[V]

공급 전압이 일정한 경우 주파수와 자속(자속 밀도)은 반비례하므로 와류손은 일정하고, 히스테리시스손은 약 주파수에 반비례한다. 철손의 약 80[%]가 히스테리시스손이므로 철손은 주파수에 반비례한다.

28 권수비 a : 1인 3개의 단상 변압기를 $\triangle - Y$로 하고 1차 단자 전압 V_1, 1차 전류 I_1이라 하면 2차의 단자 전압 V_2 및 2차 전류 I_2 값은? (단, 저항, 리액턴스 및 여자 전류는 무시한다.)

㉮ $V_2 = \sqrt{3}\dfrac{V_1}{a}$, $I_1 = I_2$

㉯ $V_2 = V_1$, $I_2 = I_1\dfrac{a}{\sqrt{3}}$

㉰ $V_2 = \sqrt{3}\dfrac{V_1}{a}$, $I_2 = I_1\dfrac{a}{\sqrt{3}}$

㉱ $V_2 = \sqrt{3}\dfrac{V_1}{a}$, $I_2 = \sqrt{3}\,aI_2$

KEY POINT

➡ 권수비 : $a = \dfrac{V_1}{V_{2p}} = \dfrac{I_2}{I_{1p}}$ 에서

$V_{2p} = \dfrac{V_1}{a}$, $I_2 = aI_{1p}$

Y 결선의 $V_l = \sqrt{3}V_p$

△ 결선의 $I_l = \sqrt{3}I_p$

2차 단자 전압(선간 전압) : $V_2 = \sqrt{3}\,V_{2p} = \sqrt{3}\dfrac{V_1}{a}$

2차 전류 : $I_2 = aI_{1p} = a\dfrac{I_1}{\sqrt{3}}$

29 두 대 이상의 변압기를 이상적으로 병렬 운전하려고 할 때 필요없는 것은?

㉮ 각 변압기의 손실비가 같을 것
㉯ 무부하에서 순환 전류가 흐르지 않을 것
㉰ 각 변압기의 부하 전류가 같은 위상이 될 것
㉱ 부하 전류가 용량에 비례해서 각 변압기에 흐를 것

KEY POINT

➡ 변압기의 병렬 운전 조건은 다음과 같다.

① 각 변압기의 극성이 같을 것
② 각 변압기의 권수비가 같을 것
③ 각 변압기의 1차, 2차 정격 전압이 같을 것
④ 각 변압기의 백분율 임피던스 강하가 같을 것
⑤ 상회전 방향과 각 변위가 같을 것(3상 변압기의 경우)

해설 변압기를 이상적으로 병렬 운전하려면 다음과 같은 조건을 갖추어야 한다.

① 무부하에서 순환 전류가 흐르지 않을 것
② 부하 전류가 용량에 비례해서 각 변압기에 흐를 것
③ 각 변압기의 부하 전류가 같은 위상이 될 것

30 용량 1[kVA], 3,000/200[V]의 단상 변압기를 단권 변압기로 결선해서 3,000/3,200[V]의 승압기로 사용할 때 그 부하 용량[kVA]은?

㉮ 16　　㉯ 15

㉰ 1　　㉱ $\frac{1}{16}$

KEY POINT

➡ 단상 변압기를 승압용 단권 변압기로 사용할 경우

$$\frac{\text{단권 변압기 용량}(P)}{\text{부하 용량}(W)} = \frac{V_h - V_l}{V_h}$$

해설

$V_l = E_1(V_1) = 3,000[\text{V}]$

$V_h = E_1 + E_2 = 3,000 + 200 = 3,200[\text{V}]$

$$\text{부하 용량}(W) = \text{단권 변압기 용량}(P) \times \frac{V_h}{V_h - V_l}$$

$$= 1 \times \frac{3,200}{3,200 - 3,000} = 16[\text{kVA}]$$

31 평형 3상 회로의 전류를 측정하기 위해서 변류비 200 : 5의 변류기를 그림과 같이 접속하였더니 전류계의 지시가 1.5[A]이다. 1차 전류[A]는?

㉮ 60

㉯ $60\sqrt{3}$

㉰ 30

㉱ $30\sqrt{3}$

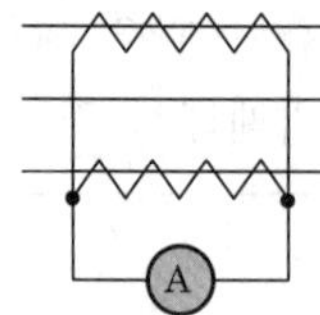

정답 : 30.㉮ 31.㉮

KEY POINT

➡ 변류비(CT 비) $= \frac{I_1}{I_2}$

1차 전류 $I_1 =$ 변류비 $\times I_2$

그림 (a)와 같이 각 선전류를 I_U, I_V, I_W, 변류기의 2차 전류를 I_u, I_w라 하면 평형 3상 회로이므로 그림 (b)와 같은 벡터도로 되고 회로도 및 벡터도에서 알 수 있는 바와 같이 전류계 Ⓐ에 흐르는 전류는

$$I_u + I_w = I_U \times \frac{5}{200} + I_W \times \frac{5}{200}$$

$$= \frac{I_U + I_W}{40} = -\frac{I_V}{40}$$

가 되고, 그 크기는 1.5[A]이므로

$$\frac{I_V}{40} = 1.5[\text{A}]$$

$$\therefore I_V = 1.5 \times 40 = 60[\text{A}]$$

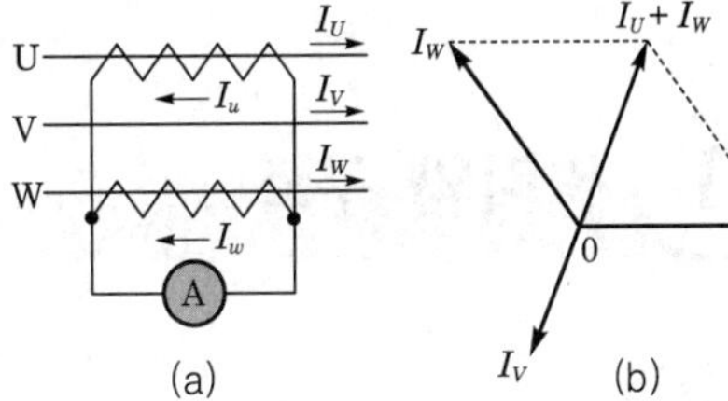

(a) (b)

제 3 장 유도기

1. 유도 전동기

1 원리와 구조

(1) 원리

전자유도와 플레밍의 왼손 법칙

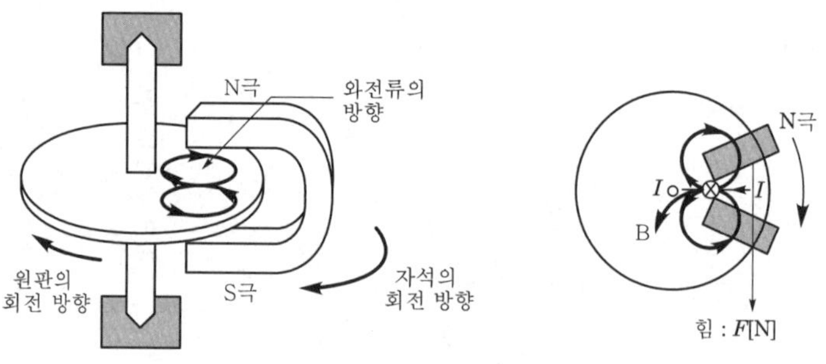

그림 1-47 **아라고(Arago) 원판의 회전 원리**

① **전자유도** : 자석을 회전하면 외각에서 중심으로 향하여 전류가 흐른다.

② **플레밍의 왼손 법칙** : 자석이 회전하는 방향으로 힘이 발생하여 원판이 따라서 회전한다.

㉮ **회전 자계의 발생 과정**

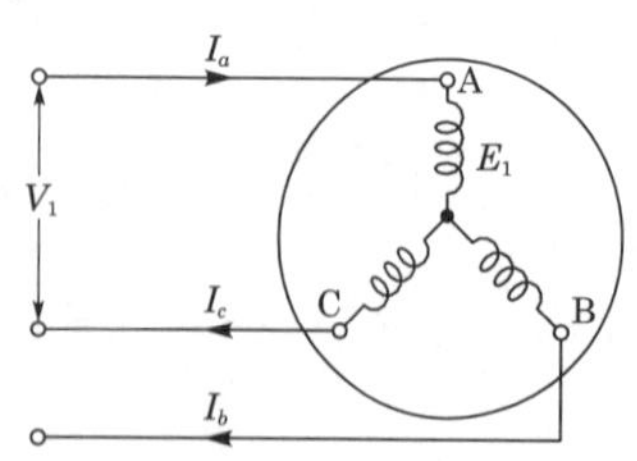

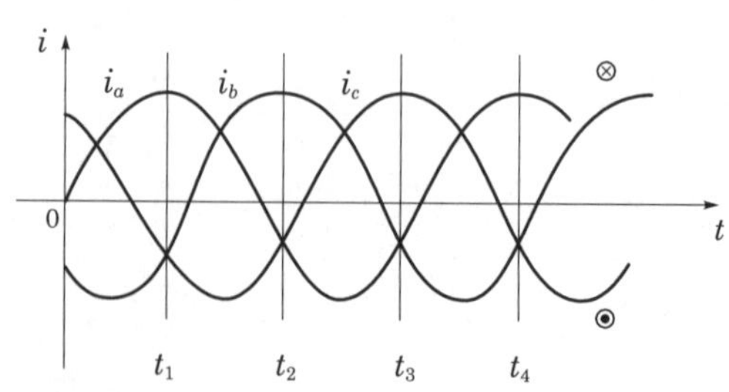

그림 1-48

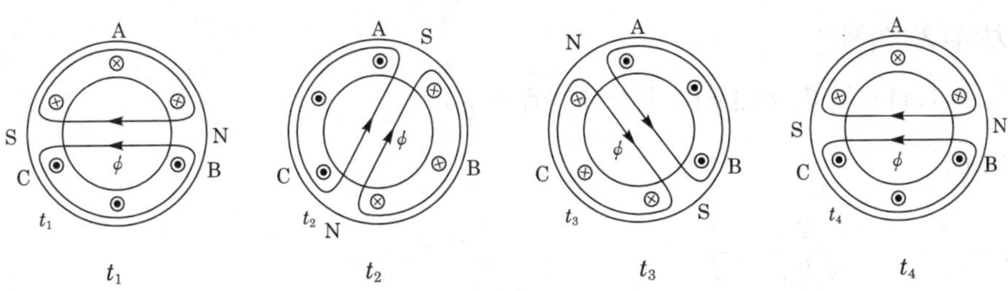

그림 1-49

㉯ **회전 자계의 회전 속도**

$$\left.\begin{aligned} n_s &= \frac{2}{p} f[\text{rps}] \\ N_s &= \frac{120 \cdot f}{p}[\text{rpm}] \end{aligned}\right\} \text{동기 속도로 회전한다.}$$

(2) 구조

① **고정자(1차)** : 회전 자계를 발생하는 부분

㉮ **철심** : 규소 강판 성층

㉯ **권선**

㉠ 연동선 절연하여 홈(slot)에 배열

㉡ 권선의 수에 따라 단상, 3상 유도 전동기로 분류

② **회전자(2차)** : 회전하는 부분(부하에 동력 공급)

㉮ **철심** : 연강판 성층

㉯ **권선**

㉠ 권선형 : 권선 배열 → 기동 특성 양호

㉡ 농형 : 동봉, 단락환 배열 → 구조 간결, 조작 용이

2 유도 전동기의 특성

(1) 1차 · 2차 유기 기전력 및 권수비

① 1차 유기 기전력

$E_1 = 4.44 f_1 N_1 \Phi_m k_{w_1} [\text{V}]$

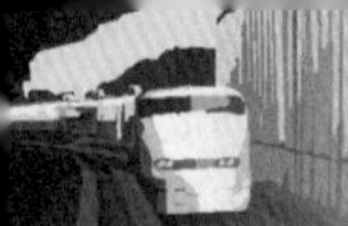

② 2차 유기 기전력

$E_2 = 4.44 f_2 N_2 \Phi_m k_{w_2}$[V] (정지시 : $f_1 = f_2$)

③ 권수비

$$a = \frac{E_1}{E_2} = \frac{N_1 k_{w_1}}{N_2 k_{w_2}} \fallingdotseq \frac{I_2}{I_1}$$

(2) 동기 속도와 슬립

① 동기 속도 N_s[rpm] : 회전 자계의 회전 속도

$$N_s = \frac{120 \cdot f}{p} \text{ [rpm]}$$

② 슬립(slip) s : 동기 속도와 상대 속도의 비

$$s = \frac{N_s - N}{N_s}$$

$$= \frac{N_s - N}{N_s} \times 100 \qquad (s = 3 \sim 5[\%])$$

(3) 2차 전류와 등가 회로

① 회전시 2차 주파수, 기전력 및 리액턴스

$$f_2' = \frac{P}{120}(N_s - N) = \frac{P}{120} s \cdot N_s = s f_1 [\text{Hz}]$$

$$\left(N_s = \frac{120 \cdot f_1}{P} \rightarrow f_1 = \frac{P}{120} N_s \right)$$

$$E_2' = 4.44 f_2' N_2 \Phi_m K_{w_2} = s E_2 [\text{V}]$$

$$x_2' = w' L_2 = 2\pi f_2' L_2 = s \cdot x_2 [\Omega]$$

② 2차 전류 I_2[A]

$$I_2 = \frac{E_2'}{r_2 + j x_2'} = \frac{s E_2}{r_2 + j s x_2} = \frac{E_2}{\frac{r_2}{s} + j x_2}$$

$$= \frac{E_2}{r_2 + j x_2 + \frac{r_2}{s} - r_2} [\text{A}]$$

③ 등가 회로

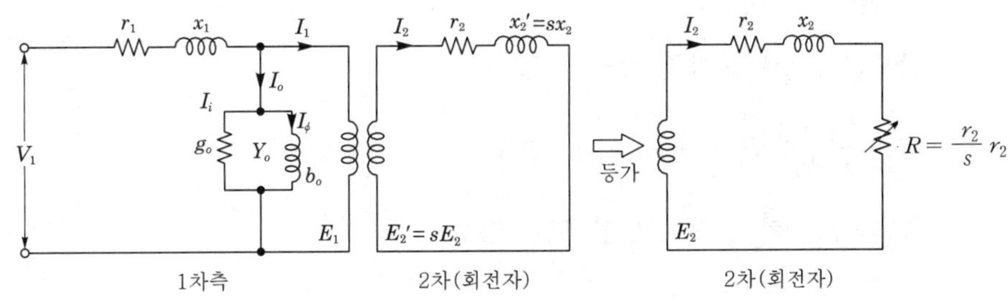

그림 1-50

※ 출력 정수 : $R[\Omega]$ (등가 저항)

$$R=\frac{r_2}{s}-r_2=\left(\frac{1}{s}-1\right)r_2=\frac{1-s}{s}r_2$$

④ 2차 입력, 출력, 동손의 관계

㉮ 2차 입력 : $P_2=I_2{}^2(R+r_2)=I_2{}^2\frac{r_2}{s}$ [W] (1상당)

㉯ 기계적 출력 : $P_o=I_2{}^2\cdot R=I_2{}^2\cdot\frac{1-s}{s}\cdot r_2$[W]

㉰ 2차 동손 : $P_{2c}=I_2{}^2\cdot r_2$[W]

※ $P_2 : P_o : P_{2c}=1:1-s:s$

(4) 회전 속도와 토크

① 회전 속도 : N[rpm] (유도 전동기의 회전 속도)

$$N=N_s(1-s)=\frac{120f}{P}(1-s)[\text{rpm}]$$

$$\left(s=\frac{N_s-N}{N_s}\right)$$

② 토크(Torque : 회전력)

$$T=F\cdot r\,[\text{N}\cdot\text{m}]$$

$$T=\frac{P}{\omega}=\frac{P_o}{2\pi\frac{N}{60}}=\frac{P_2}{2\pi\frac{N_s}{60}}[\text{N}\cdot\text{m}]$$

$$\{P_o=P_2(1-s),\ \ N=N_s(1-s)\}$$

$$\tau = \frac{T}{9.8} = \frac{60}{9.8 \times 2\pi} \cdot \frac{P_2}{N_s} = 0.975 \frac{P_2}{N_s} \text{[kg·m]}$$

※ 동기 와트로 표시한 토크 : T_s

$$T = \frac{0.975}{N_s} P_2 = KP_2 \ (N_s : \text{일정})$$

$$T_s = P_2 (\text{2차 입력으로 표시한 토크})$$

3 토크 특성 곡선과 비례 추이

(1) 슬립 대 토크 특성 곡선

공급 전압(V_1) 일정 상태에서 슬립과 토크의 관계 곡선

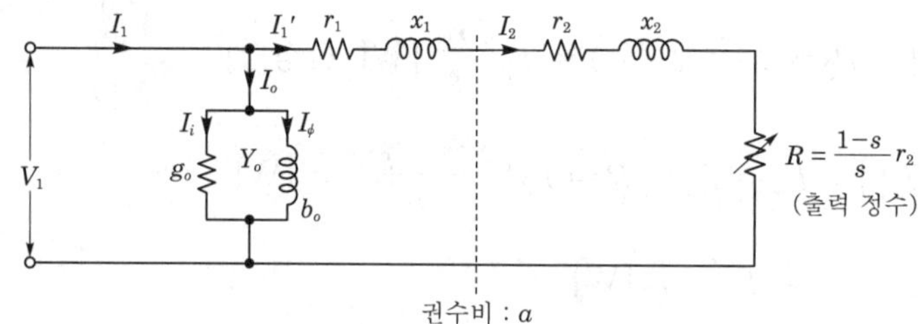

그림 ➊ 1-51 **유도 전동기의 간이 등가 회로**

$$I_1' = \frac{V_1}{\sqrt{\left(r_1 + \frac{r_2'}{s}\right)^2 + (x_1 + x_2')^2}} \quad (a=1\text{일 때}, \ r_2' = a^2 \cdot r_2 = r_2, \ x_2' = x_2)$$

※ 동기 와트로 표시한 토크

$$T_s = P_2 = I_2{}^2 \frac{r_2}{s} = I_1'^2 \frac{r_2'}{s} \text{ 에서}$$

$$T_s = \frac{V_1{}^2 \frac{r_2}{s}}{\left(r_1 + \frac{r_2}{s}\right)^2 + (x_1 + x_2)^2} \propto V_1{}^2$$

① **기동(시동) 토크** : T_{ss} ($s = 1$)

$$T_{ss} = \frac{V_1{}^2 r_2}{(r_1 + r_2)^2 + (x_1 + x_2)^2} \propto r_2$$

② **최대(정동) 토크** : T_{sm} ($s = s_t$)

최대 토크 발생 슬립 : s_t

$\frac{dT_s}{ds} = 0$에서 s_t를 구하면

$$s_t = \frac{r_2}{\sqrt{{r_1}^2 + (x_1 + x_2)^2}} \propto r_2$$

$$T_{sm} = \frac{{V_1}^2}{2\{r_1 + \sqrt{{r_1}^2 + (x_1 + x_2)^2}\}} \neq r_2$$ (최대 토크는 2차 저항과 무관하다.)

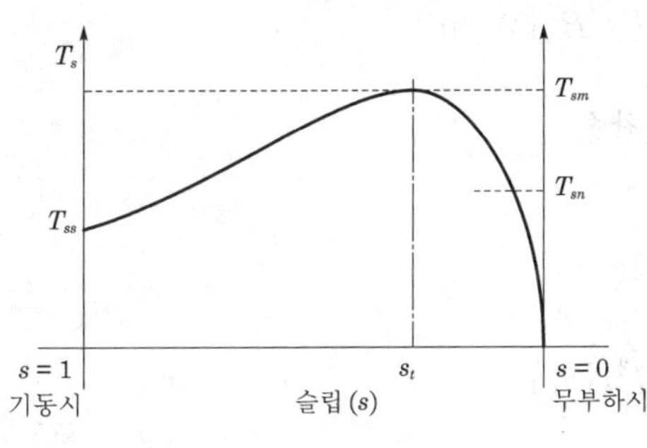

그림 1-52

(2) 비례 추이(比例推移) : 3상 권선형 유도 전동기

회전자(2차)에 슬립링을 통하여 저항을 연결하고, 2차 합성 저항을 변화하면 같은(동일) 토크에서 슬립이 비례하여 변화하고, 따라서 토크 특성 곡선이 비례하여 이동하는 것을 토크의 비례 추이라 한다. 2차측에 저항을 삽입하는 목적은 기동 토크 증대, 기동 전류 제한 및 속도 제어를 위해서이다.

$T_s \propto \frac{r_2}{s}$의 함수이므로

$\frac{r_2}{s} = \frac{r_2 + R}{s'}$이면 T_s는 동일하다.

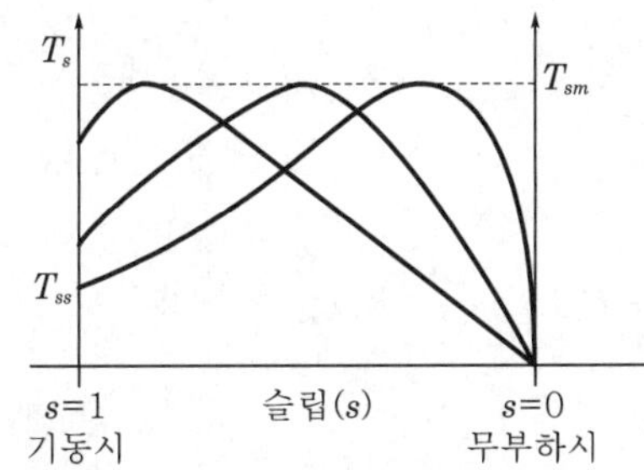

그림 1-53 **토크의 비례 추이 곡선**

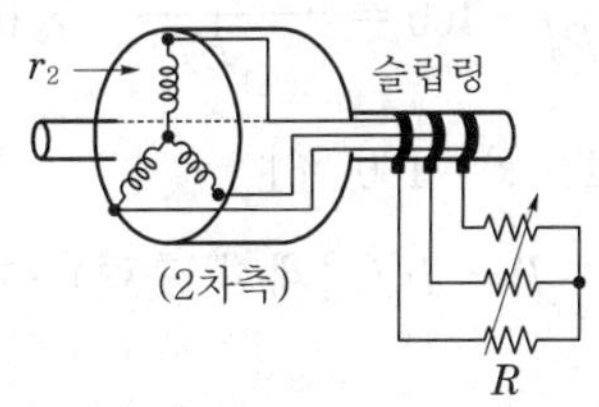

그림 1-54 **2차측 저항 연결**

4 손실과 효율

(1) 손실(損失) : P_l [W]

① 무부하손(고정손)

㉮ 철손(P_i)

$$\begin{cases} \text{히스테리시스손} : P_h = \sigma_h f B_m^{1.6} [\text{W/m}^3] \\ \text{와류손} : P_e = K f^2 B_m^2 [\text{W/m}^3] \end{cases}$$

㉯ **기계손** : 풍손+마찰손

② 부하손(가변손)

㉮ 동손 : P_c [W]

$P_c = P_{1c} + P_{2c} = I^2 r$[W]

여기서, P_{1c} : 1차 동손

P_{2c} : 2차 동손

㉯ **표류 부하손** : 표피 효과, 누설 자속, 유전체손 등

(2) 효율(efficiency) : η [%]

① 1차 효율

$$\eta_1 = \frac{P}{P_1} \times 100 = \frac{P}{\sqrt{3} \cdot V \cdot I \cdot \cos\theta} \times 100[\%]$$

② 2차 효율

$$\eta_2 = \frac{P_0}{P_2} \times 100 = \frac{P_2(1-s)}{P_2} \times 100$$

$$= (1-s) \times 100[\%]$$

(출력 : $P = P_o$(기계적 출력)−기계손 ≒ P_o)

5 하일랜드(Heyland) 원선도

(1) 원선도 작성시 필요한 시험

① 무부하 시험 : $\dot{I}_0 = \dot{I}_i + \dot{I}_\phi$

② 구속 시험(단락 시험) : I_s'

③ 권선 저항 측정 : r_1, r_2

(2) 원선도 반원의 직경 : D

$$D \propto \frac{E_1}{X}$$

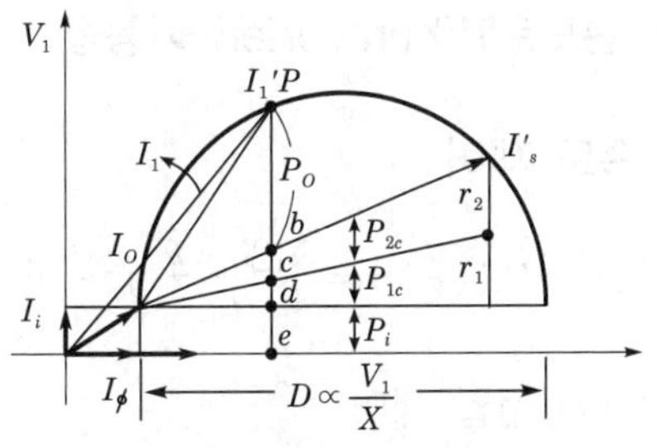

그림 1-55 **하일랜드 원선도**

6 유도 전동기의 운전법

(1) 기동법(시동법)

기동 전류를 제한(기동시 정격 전류의 5~7배 정도 증가)하여 기동하는 방법

[권선형 유도 전동기]

① **2차 저항 기동법** : 기동 전류 감소하고, 기동 토크 증가한다.

[농형 유도 전동기]

① **직입 기동법(전전압 기동)**

출력 : P=5[HP] 이하(소형)

② **Y-△ 기동법**

출력 : P=5~15[kW](중형)

㉠ 기동 전류 $\frac{1}{3}$로 감소

㉡ 기동 토크 $\frac{1}{3}$로 감소

③ **리액터 기동법** : 리액터에 의해 전압 강하를 일으켜 기동 전류 제한하여 기동하는 방법

④ **기동 보상기법**

출력 : $P=20$[kW] 이상(대형)

강압용 단권 변압기에 의해 인가 전압을 감소시켜 공급하므로 기동 전류를 제한하여 기동하는 방법

⑤ **콘도르퍼(Korndorfer) 기동법** : 기동 보상기법과 리액터 기동을 병행(대형)

(2) 속도 제어

$$N = N_s(1-s) = \frac{120 \cdot f}{P}(1-s)[\text{rpm}]$$

① **1차 전압 제어**

$T \propto {V_1}^2$

② **2차 저항 제어**

$T \propto \frac{r_2}{S}$ (비례 추이 원리)

권선형의 2차에 저항을 연결하여 슬립 변환에 의한 속도 제어

③ **주파수 제어** : 인견 공장의 포트 모터(Pot Motor), 선박 추진용 모터(공급 전압 $V_1 \propto f$)

④ **극수 변환** : 고정자 권선의 결선 변환 → (엘리베이터, 환풍기 등의 속도 제어)

⑤ **종속법** : 2대의 권선형 전동기를 종속으로 접속하여 극수 변환에 의한 속도 제어

무부하 속도 : $N_o = \frac{120 \cdot f}{P_o}$[rpm]

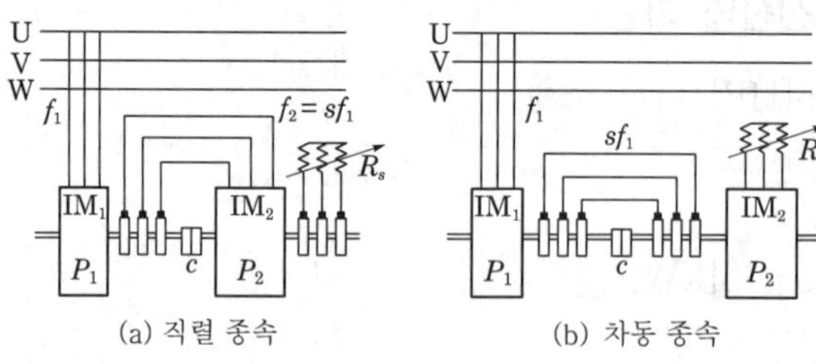

그림 ⬆ 1-56 **종속법**

㉮ 직렬 종속 : $P_o = P_1 + P_2$

㉯ 차동 종속 : $P_o = P_1 - P_2$

㉰ **병렬 종속 :** $P_o = \dfrac{P_1 + P_2}{2}$

⑥ **2차 여자 제어법** : 권선형의 회전자(2차)에 슬립 주파수 전압(E_c)을 인가하여 슬립의 변환에 의한 속도 제어

$$I_2(\text{2차 전류 일정}) \fallingdotseq \frac{sE_2 \pm E_c}{r_2}$$

$+E_c$: 속도 상승
$-E_c$: 속도 하강

㉮ **세르비어스**(Scherbious) **방식** : 전기적, 정토크 제어
㉯ **크레머**(Kramer) **방식** : 기계적, 정출력 제어

(3) 제동법(전기적 제동)

① **단상 제동** : 단상 전원 공급하고, 2차 저항 증가 → 부(負) 토크에 의한 제동

② **직류 제동** : 직류 전원 공급 → 발전 제동

③ **회생 제동** : 전기 에너지 전원측에 환원하여 제동(과속 억제)

④ **역상 제동** : 3선 중 2선의 결선을 바꾸어 역회전력에 의해 급제동(plugging)

$s>1$		$1 \geq s \geq 0$		$0>s$
제동기	$s=1$	전동기	$s=0$	← 발전기

7 특수 농형 유도 전동기

(1) 특수 농형 유도 전동기

① **2중 농형 유도 전동기** : 회전자 외측 도체 R(大), X(小)

→ 기동 토크는 증가하고, 기동 전류는 감소한다.

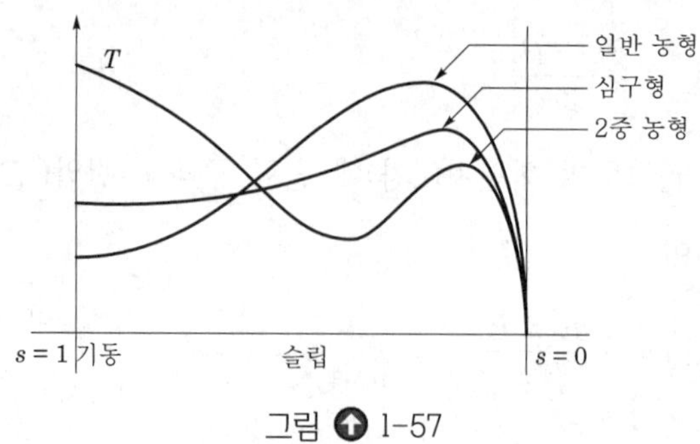

그림 1-57

② **심구형 농형 유도 전동기**

(2) 이상 현상

① **크라우링(Crawling) 현상**

㉮ 기동시 회전자의 홈수 및 권선법이 적당하지 않은 경우 정격보다 매우 낮은 (약 25%) 속도에서 안정 운전이 되어버리는 현상

㉯ **방지책** : 경사 슬롯(skewed slot) 채용

② **게르게스(Görges) 현상** : 운전 중 1상 단선시 정격의 50[%] 정도에서 안정 운전이 되는 현상

8 단상 유도 전동기 : 2전동기 설(說)

(1) 특성

① 기동 토크가 없다(교번 자계 발생).

② 2차 저항 증가시 최대 토크가 감소하며, 권선형도 비례 추이가 불가하다.

③ 슬립(s)이 “0”이 되기 전에 토크가 “0”이 되고, 슬립이 0일 때 부(負) 토크가 발생된다.

(2) 기동 방법에 따른 분류(기동 토크가 큰 순서로 나열)

① 반발 기동형(반발 유도형)

② 콘덴서 기동형(콘덴서형)

③ 분상 기동형

④ 셰이딩(Shading) 코일형

9 특수 유도기

[유도 전압 조정기]

① **원리** : 단권 변압기와 유사 : 승압+강압

② **구조** : 유도 전동기와 유사(180° 회전)

(1) 단상 유도 전압 조정기

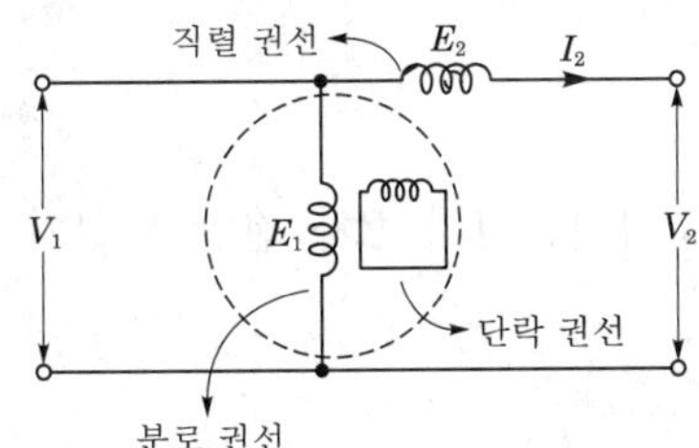

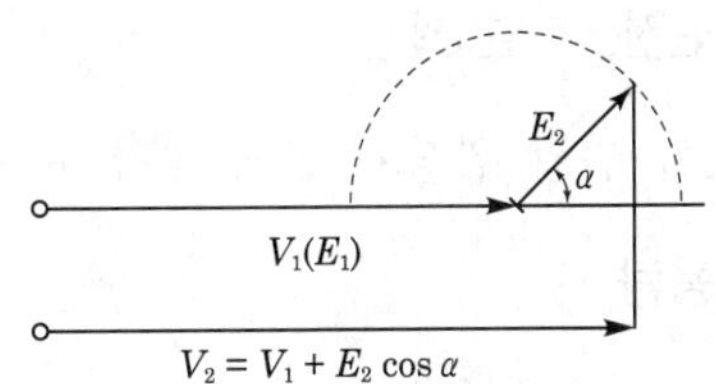

그림 ➊ 1-58

특성은 다음과 같다.

① 교번 자계 이용

② 직렬 권선, 분로 권선, 단락 권선

※ 단락 권선 : 누설 리액턴스에 의한 전압 강하 방지

③ 1차, 2차 전압 위상차 없음

④ **정격 용량**

$$P_1 = E_2 I_2 [\text{VA}]$$

⑤ **최대 용량(부하 용량)**

$$W_1 = V_2 I_2 [\text{VA}]$$

(2) 3상 유도 전압 조정기

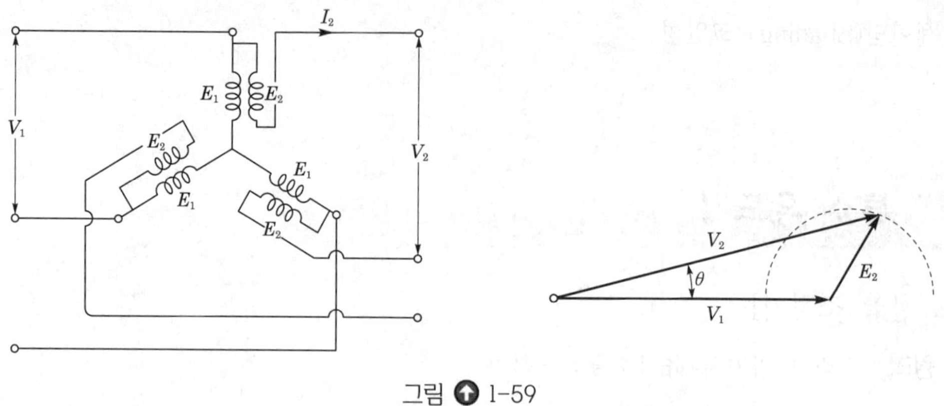

그림 ⬆ 1-59

특성은 다음과 같다.

① 회전 자계 이용

② 분로 권선, 직렬 권선

③ 1차, 2차 전압 위상차 발생(대각 유도 전압 조정기는 1차, 2차 전압 위상차 없음)

④ 정격 용량

$$P_3 = \sqrt{3} E_2 I_2 [\mathrm{VA}]$$

⑤ 선로 용량(최대 용량)

$$W_3 = \sqrt{3}\, V_2 I_2 [\mathrm{VA}]$$

단원핵심문제

1 유도 전동기의 동기 속도를 N_s, 회전 속도를 N이라 하면 슬립(slip)은 어떻게 되는가?

㉮ $\dfrac{N_s-N}{N_s}$　　㉯ $\dfrac{N-N_s}{N_s}$

㉰ $\dfrac{N_s-N}{N}$　　㉱ $\dfrac{N-N_s}{N}$

KEY POINT

➡ 동기 속도와 상대 속도의 비를 슬립(slip)이라 한다.

해설 동기 속도 $N_s=\dfrac{120f}{p}$[rpm] (회전 자계의 회전 속도)

상대 속도 N_s-N (회전 자계와 전동기 회전 속도의 차)

슬립 $s=\dfrac{N_s-N}{N_s}$

2 1차 권수 N_1, 2차 권수 N_2, 2차 권선 계수 k_{w1}, 2차 권수 계수 k_{w2}인 유도 전동기가 슬립 s로 운전하는 경우 전압비는?

㉮ $\dfrac{k_{w1}N_1}{k_{w2}N_2}$　　㉯ $\dfrac{k_{w2}N_2}{k_{w1}N_1}$

㉰ $\dfrac{k_{w1}N_1}{sk_{w2}N_2}$　　㉱ $\dfrac{sk_{w1}N_2}{k_{w1}N_1}$

KEY POINT

➡ **회전시 전압비** : $a'=\dfrac{E_1}{E_2{}'}=\dfrac{E_1}{sE_2}=\dfrac{N_1k_{w1}}{s\cdot N_2k_{w2}}$

해설 $E_1=4.44f_1N_1k_{w1}$,　$E_2=4.44f_2N_2k_{w2}$　(정지시 $f_1=f_2$)

정지시 전압비 $a=\dfrac{E_1}{E_2}=\dfrac{N_1k_{w1}}{N_2k_{w2}}$

슬립 s로 운전하는 경우 2차 주파수 $f_2{}'=sf_2=sf_1$[Hz]이다.

운전시 전압비 $a'=\dfrac{E_1}{E_2{}'}=\dfrac{E_1}{sE_2}=\dfrac{1}{s}\cdot\dfrac{N_1k_{w1}}{N_2k_{w2}}$

정답 : 1.㉮ 2.㉰

200[V], 60[Hz], 6극, 10[kW]인 3상 유도 전동기가 있다. 전부하시의 회전수가 1,152[rpm]이면 회전자 기전력의 주파수는 몇 [Hz]인가?

㉮ 2.2 ㉯ 2.4
㉰ 2.6 ㉱ 2.8

KEY POINT

➲ 슬립 주파수(회전시 2차 주파수) : $f_2{}'$[Hz]

$f_2{}' = sf_2 = sf_1$[Hz]

$p=6$, $f_1=60$[Hz], $N=1,152$[rpm]이므로

$$N_s = \frac{120f}{p} = \frac{120 \times 60}{6} = 1,200\text{[rpm]}$$

$$s = \frac{N_s - N}{N_s} = \frac{1,200 - 1,152}{1,200} = 0.04$$

$$\therefore f_2{}' = s f_1 = 0.04 \times 60 = 2.4\text{[Hz]}$$

60[Hz], 8극인 3상 유도 전동기의 전부하에서 회전수가 855[rpm]이다. 이때 슬립[%]은?

㉮ 4 ㉯ 5
㉰ 6 ㉱ 7

KEY POINT

➲ 슬립 : $s = \frac{N_s - N}{N_s}$

$f=60$[Hz], $p=8$[극], $N=855$[rpm]이므로

동기 속도 $N_s = \frac{120f}{p} = \frac{120 \times 60}{8} = 900$[rpm]

$$\therefore s = \frac{N_s - N}{N_s} \times 100 = \frac{900 - 855}{900} \times 100 = 5[\%]$$

50[Hz], 4극인 유도 전동기의 슬립이 4[%]일 때의 회전수[rpm]는?

㉮ 1,410 ㉯ 1,440
㉰ 1,470 ㉱ 1,500

KEY POINT

➲ 회전 속도 : $N = N_s(1-s)$ [rpm]

정답 : 3.㉯ 4.㉯ 5.㉯

해설 슬립 $s=\frac{N_s-N}{N_s}$ 에서

회전 속도 $N=N_s(1-s)=\frac{120f}{p}(1-s)$

$=\frac{120\times 50}{4}\times(1-0.04)=1,440[\text{rpm}]$

6 20극의 권선형 유도 전동기를 60[Hz]의 전원에 접속하고 전부하로 운전할 때, 2차 회로의 주파수가 3[Hz]이었다. 또, 이때의 2차 동손이 500[W]이었다면 기계적 출력[kW]은?

㉮ 8.5　　㉯ 9.0
㉰ 9.5　　㉱ 10

KEY POINT

➲ $P_o : P_{2c}=1-s : s$ 에서 $P_o \cdot s=P_{2c}(1-s)$

$P_o=\frac{1-s}{s}\cdot P_{2c}[\text{W}]$

해설 회전자 주파수 $f_2'=sf_2=sf_1$

슬립 $s=\frac{f_2'}{f_1}=\frac{3}{60}=0.05$

$P_2 : P_o : P_{2c}=1 : 1-s : s$ 에서

$P_o=\frac{1-s}{s}P_{2c}[\text{W}]$

$=\frac{1-0.05}{0.05}\times 500\times 10^{-3}=9.5[\text{kW}]$

7 권선형 유도 전동기의 슬립 s에 있어서의 2차 전류[A]는? (단, E_2, X_2는 전동기 정지 시의 2차 유기 전압과 2차 리액턴스로 하고, R_2는 2차 저항으로 한다.)

㉮ $\frac{E_2}{\sqrt{\left(\frac{R_2}{s}\right)^2+{X_2}^2}}$　　㉯ $\frac{sE^2}{\sqrt{{R_2}^2\frac{{X_2}^2}{s}}}$

㉰ $\frac{E_2}{\left(\frac{R_2}{1-s}\right)^2+X_2}$　　㉱ $\frac{E_2}{\sqrt{(sR_2)^2+{X_2}^2}}$

KEY POINT

➲ 2차 전류 $I_2=\frac{E_2'}{Z_2}=\frac{E_2}{\sqrt{\left(\frac{R_2}{s}\right)^2+{X_2}^2}}$ [A]

정답 : 6.㉰ 7.㉮

해설 2차 유기 기전력 $E_2' = sE_2$[V]

2차 임피던스 $Z_2 = r_2 + jsx_2$[Ω]

2차 전류 $I_2 = \dfrac{E_2'}{Z_2} = \dfrac{sE_2}{r_2 + jsx_2} = \dfrac{E_2}{\dfrac{r_2}{s} + jx_2}$

$= \dfrac{E_2}{\sqrt{\left(\dfrac{r_2}{s}\right)^2 + {x_2}^2}}$[A]

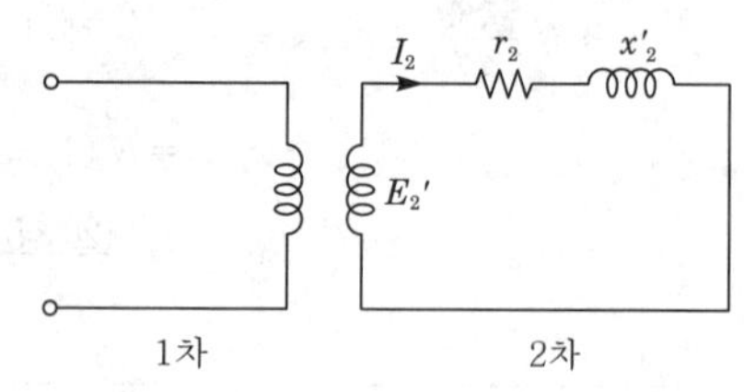

〔유도 전동기의 등가 회로〕

8 다상 유도 전동기의 등가 회로에서 기계적 출력을 나타내는 상수는?

㉮ $\dfrac{r_2'}{s}$　　㉯ $(1-s)r_2'$

㉰ $\dfrac{s-1}{s}r_2'$　　㉱ $\left(\dfrac{1}{s}-1\right)r_2'$

KEY POINT

➲ 기계적 출력 정수(등가 저항) : R

$R = \dfrac{r_2'}{s} - r_2' = \left(\dfrac{1}{s}-1\right)r_2'$

해설 $I_2 = \dfrac{sE_2}{r_2 + jsx_2} = \dfrac{E_2}{\dfrac{r_2}{s} + jx_2}$

$\dfrac{E_2}{r_2 + jx_2 + \dfrac{r_2}{s} - r_2}$ (분모에 r_2를 더하고 빼주었다)

$R = \dfrac{r_2}{s} - r_2 = \left(\dfrac{1}{s}-1\right)r_2 = \dfrac{1-s}{s} \cdot r_2$

여기서, R : 기계적 출력 정수(등가 저항)

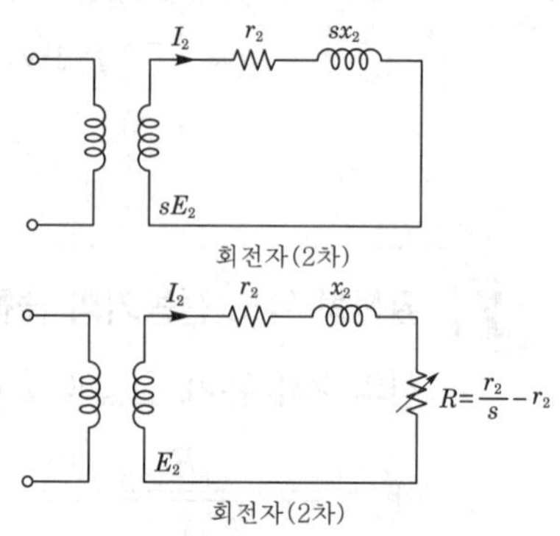

<등식에 동일한 등가 회로로 변환>

9 슬립 5[%]인 유도 전동기의 등가 부하 저항은 2차 저항의 몇 배인가?

㉮ 19　　㉯ 20

㉰ 29　　㉱ 40

KEY POINT

➲ 등가 저항 $R = \dfrac{1-s}{s} \cdot r_2$

정답 : 8.㉱ 9.㉮

해설 등가 저항(기계적 출력 정수) R

$$R=\frac{r_2}{s}-r_2=\left(\frac{1}{s}-1\right)r_2=\frac{1-s}{s}r_2$$
$$=\frac{1-0.05}{0.05}\cdot r_2=19r_2$$

10 유도 전동기에 있어서 2차 입력 P_2, 출력 P_0, 슬립(slip) s 및 2차 동손 P_{c2}와의 관계를 선정하면?

㉮ $P_2 : P_0 : P_{c2}=1 : s : 1-s$ ㉯ $P_2 : P_0 : P_{c2}=1-s : 1 : s$

㉰ $P_2 : P_0 : P_{c2}=1 : \frac{1}{s} : 1-s$ ㉱ $P_2 : P_0 : P_{c2}=1 : 1-s : s$

KEY POINT ➔ $P_2 : P_o : P_{c2}=1 : 1-s : s$

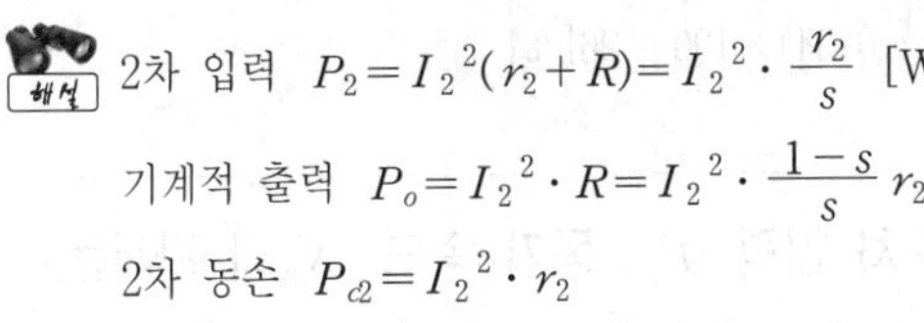

해설 2차 입력 $P_2=I_2{}^2(r_2+R)=I_2{}^2\cdot\frac{r_2}{s}$ [W] (1상당)

기계적 출력 $P_o=I_2{}^2\cdot R=I_2{}^2\cdot\frac{1-s}{s}r_2$

2차 동손 $P_{c2}=I_2{}^2\cdot r_2$

$P_2 : P_o : P_{c2}=1 : 1-s : s$

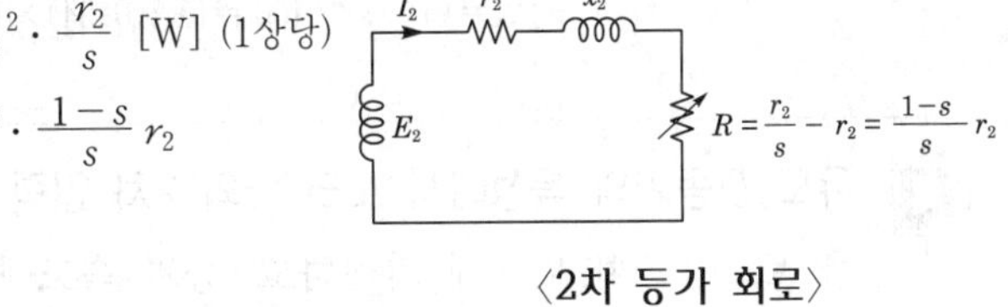

〈2차 등가 회로〉

11 3상 유도 전동기의 출력 15[kW], 60[Hz], 4극, 전부하 운전시 슬립(slip)이 4[%]라면 이 때의 2차(회전자)측 동손[kW] 및 2차 입력[kW]은?

㉮ 0.4, 136 ㉯ 0.625, 15.6

㉰ 0.06, 156 ㉱ 0.8, 13.6

KEY POINT ➔ 2차 입력 $P_2=\frac{P}{1-s}$ [kW]

2차 동손 $P_{2c}=sP_2$[kW]

해설 $P_2 : P_o : P_{2c}=1 : 1-s : s$에서

$P_o=(1-s)P_2$

$$\therefore P_2=\frac{P_o}{1-s}=\frac{15}{1-0.04}=15.625[\text{kW}]$$

(기계적 출력 $P_o=P$(정격 출력)+기계손 ≒ P)

$\therefore P_{2c}=s\cdot P_2=0.04\times15.625=0.625[\text{kW}]$

정답 : 10.㉱ 11.㉯

12 200[V], 60[Hz], 4극, 20[kW]인 3상 유도 전동기가 있다. 전부하일 때의 회전수가 1,728[rpm]이라 하면 2차 효율[%]은?

㉮ 45　　　　㉯ 56

㉰ 96　　　　㉱ 100

KEY POINT

➜ $\eta_2 = \dfrac{P}{P_2} \times 100 = (1-s) \times 100$

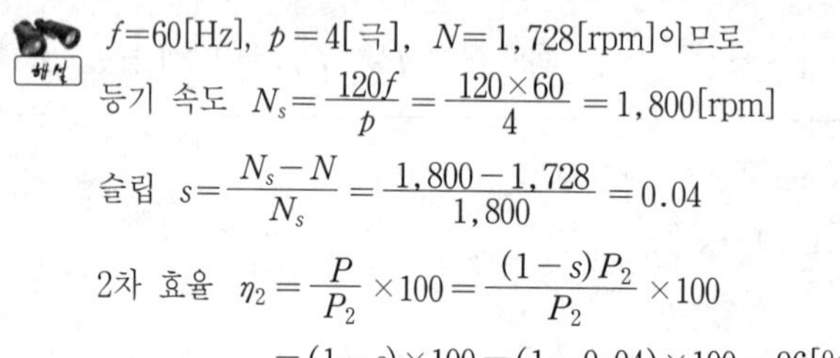

해설 $f=60$[Hz], $p=4$[극], $N=1,728$[rpm]이므로

등기 속도 $N_s = \dfrac{120f}{p} = \dfrac{120 \times 60}{4} = 1,800$[rpm]

슬립 $s = \dfrac{N_s - N}{N_s} = \dfrac{1,800 - 1,728}{1,800} = 0.04$

2차 효율 $\eta_2 = \dfrac{P}{P_2} \times 100 = \dfrac{(1-s)P_2}{P_2} \times 100$

$= (1-s) \times 100 = (1-0.04) \times 100 = 96$[%]

13 유도 전동기의 특성에서 토크 τ와 2차 입력 P_2, 동기 속도 N_s의 관계는?

㉮ 토크는 2차 입력에 비례하고, 동기 속도에 반비례한다.

㉯ 토크는 2차 입력과 동기 속도의 곱에 비례한다.

㉰ 토크는 2차 입력에 반비례하고, 동기 속도에 비례한다.

㉱ 토크는 2차 입력의 자승에 비례하고, 동기 속도 자승에 반비례한다.

KEY POINT

➜ 토크 : $T = \dfrac{P}{\omega} = \dfrac{P_2}{2\pi \dfrac{N_s}{60}}$ [N·m]

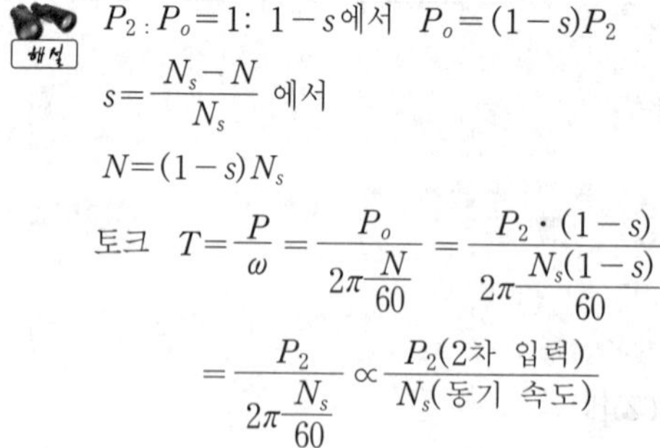

해설 $P_2 : P_o = 1 : 1-s$에서 $P_o = (1-s)P_2$

$s = \dfrac{N_s - N}{N_s}$ 에서

$N = (1-s)N_s$

토크 $T = \dfrac{P}{\omega} = \dfrac{P_o}{2\pi \dfrac{N}{60}} = \dfrac{P_2 \cdot (1-s)}{2\pi \dfrac{N_s(1-s)}{60}}$

$= \dfrac{P_2}{2\pi \dfrac{N_s}{60}} \propto \dfrac{P_2(\text{2차 입력})}{N_s(\text{동기 속도})}$

정답 : 12.㉰ 13.㉮

14 전부하 슬립 2[%], 1상의 저항이 0.1[Ω]인 3상 권선형 유도 전동기의 슬립링을 거쳐서 2차의 외부에 저항을 삽입하여 그 기동 토크를 전부하 토크와 같게 하고자 한다. 이 저항 값[Ω]은?

㉮ 5.0 ㉯ 4.9 ㉰ 4.8 ㉱ 4.7

KEY POINT

➲ 비례 추이 원리에서

$$\frac{r_2}{s} = \frac{r_2 + R}{s'} = r_2 + R \text{ (기동시 슬립 } s' = 1)$$

$$\therefore R = \frac{r_2}{s} - r_2$$

해설 전부하 토크와 기동 토크를 같게 하려면

$$\frac{r_2}{s} = \frac{r_2 + R}{s'} \text{(전부하 슬립 } s = 0.02, \text{ 기동시 슬립 } s' = 1)$$

외부에 연결하여야 할 저항 R

$$\therefore R = \frac{r_2}{s} - r_2 = \frac{1-s}{s} r_2 = \frac{1-0.02}{0.02} \times 0.1 = 4.9[\Omega]$$

15 1차(고정자측) 1상당 저항이 r_1[Ω], 리액턴스 x_1[Ω]이고 1차에 환산한 2차측(회전자측) 1상당 저항은 r_2'[Ω], 리액턴스 x_2'[Ω]이 되는 권선형 유도 전동기가 있다. 2차 회로는 Y로 접속되어 있으며, 비례 추이를 이용하여 최대 토크로 기동시키려고 하면 2차에 1상당 얼마의 외부 저항(1차로 환산한 값)[Ω]을 연결하면 되는가?

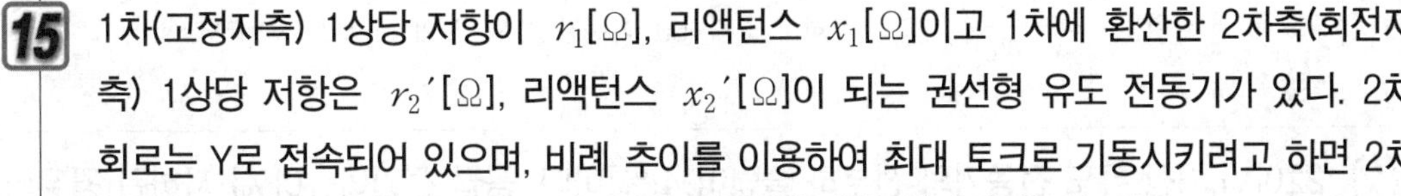

㉮ $\dfrac{r_2'}{\sqrt{r_1^2 + (x_1 + x_2')^2}}$ ㉯ $\sqrt{r_1^2 + (x_1 + x_2')^2} - r_2'$

㉰ $\sqrt{(r_1 + r_2')^2 + (x_1 + x_2')^2} - r_2'$ ㉱ $\sqrt{r_1^2 + (x_1 + x_2')^2} + r_2'$

KEY POINT

➲ $\dfrac{r_2'}{s_t} = r_2' + R'$에서

$$R' = \frac{r_2'}{s_t} - r_2' = \sqrt{r_1^2 + (x_1 + x_2')^2} - r_2' \ [\Omega]$$

해설 최대 토크 발생 슬립 $s_t = \dfrac{r_2'}{\sqrt{r_1^2 + (x_1 + x_2')^2}}$

최대 토크로 기동하려면 $\dfrac{r_2'}{s_t} = r_2' + R'$

외부 저항 $R' = \dfrac{r_2'}{s_t} - r_2' = \dfrac{r_2'}{\dfrac{r_2'}{\sqrt{r_1^2 + (x_1 + x_2')^2}}} - r_2' = \sqrt{r_1^2 + (x_1 + x_2')^2} - r_2'[\Omega]$

정답 : 14.㉯ 15.㉯

16 3상 유도 전동기의 설명 중 틀린 것은?

㉮ 전부하 전류에 대한 무부하 전류의 비는 용량이 적을수록, 극수가 많을수록 크다.
㉯ 회전자의 속도가 증가할수록 회전자측에 유기되는 기전력을 감소한다.
㉰ 회전자 속도가 증가할수록 회전자 권선의 임피던스는 증가한다.
㉱ 전동기의 부하가 증가하면 슬립은 증가한다.

KEY POINT

➲ 회전자 임피던스 : $Z_2 = r_2 + jsx_2 \propto s$

슬립 : $s = \dfrac{N_s - N}{N_s} \propto \dfrac{1}{N}$

$\therefore\ Z_2 \propto \dfrac{1}{N}$

해설

㉮항 : 전부하 전류 I_1에 대한 여자 전류(무부하 전류) I_0의 비는 용량이 적을수록 크고 같은 용량의 전동기에서는 극수가 많을수록 크다.

㉯항 : $E_{2s} = sE_2 = \dfrac{N_s - N}{N_s} E_2$ 이므로 회전자 속도 N이 증가할수록 슬립 s가 작아지므로 유기 기전력은 감소한다.

㉰항 : $Z_{2s} = r_2 + jsx_2$ 이므로 회전자 속도가 증가할수록 슬립 s가 작아지므로 회전자 권선의 임피던스 Z_{2s}는 감소한다.

㉱항 : $s = \dfrac{N_s - N}{N_s}$ 이므로 부하가 증가하면 회전자 속도 N이 감소하므로 슬립 s가 증가한다.

17 220[V], 3상 유도 전동기의 전부하 슬립이 4[%]이다. 공급 전압이 10[%] 저하된 경우의 전부하 슬립[%]은?

㉮ 4　　㉯ 5
㉰ 6　　㉱ 7

KEY POINT

➲ 동기 와트로 표시한 토크 T_s

$$T_s = \frac{V_1^{\,2}\dfrac{r_2'}{s}}{\left(r_1 + \dfrac{r_2'}{s}\right)^2 + (x_1 + x_2')^2} \text{ 에서}$$

슬립 $s \propto \dfrac{1}{V_1^{\,2}}$

해설

220[V]일 때의 전압, 슬립을 V_1, s라 하고 공급 전압이 10[%] 저하된 경우의 전압, 슬립을 V_1', s'라 하면

$$\frac{s'}{s} = \left(\frac{V_1}{V_1'}\right)^2$$

$$\therefore\ s' = s\left(\frac{V_1}{V_1'}\right)^2 = 0.04 \times \left(\frac{V_1}{V_1 \times 0.9}\right)^2 = 0.04 \times \left(\frac{220}{220 \times 0.9}\right)^2 \fallingdotseq 0.05 = 5[\%]$$

정답 : 16.㉰ 17.㉯

18 극수 p인 3상 유도 전동기가 주파수 f[Hz], 슬립 s, 토크 τ[N·m]로 회전하고 있을 때, 기계적 출력[W]은?

㉮ $\tau \cdot \dfrac{4\pi f}{p}(1-s)$ ㉯ $\tau \cdot \dfrac{4pf}{\pi}(1-s)$

㉰ $\tau \cdot \dfrac{4\pi f}{p} \cdot s$ ㉱ $\tau \cdot \dfrac{\pi f}{p}(1-s)$

KEY POINT

➲ 기계적 출력 : $P_o = \omega \cdot \tau = 2\pi \dfrac{N_s}{60}(1-s) \cdot \tau$

$= \dfrac{4\pi f}{p}(1-s) \cdot \tau$

토크 $\tau = \dfrac{P(P_o)}{\omega} = \dfrac{P_o}{2\pi \frac{N}{60}}$ [N·m]

회전 속도 $N = N_s(1-s) = \dfrac{120f}{p}(1-s)$[rpm]

기계적 출력 $P_o = \tau \cdot 2\pi \dfrac{N}{60} = \tau \cdot 2\pi \dfrac{N_s}{60}(1-s)$

$= \tau \cdot \dfrac{2\pi}{60} \cdot \dfrac{120 \cdot f}{p}(1-s) = \tau \cdot \dfrac{4\pi f}{p}(1-s)$[W]

19 3상 권선형 유도 전동기의 2차 회로에 저항을 삽입하는 목적이 아닌 것은?

㉮ 속도는 줄어들지만 최대 토크를 크게 하기 위하여
㉯ 속도 제어를 하기 위하여
㉰ 기동 토크를 크게 하기 위하여
㉱ 기동 전류를 줄이기 위하여

KEY POINT

➲ 최대 토크 (정동 토크) T_{sm}

$$T_{sm} = \frac{V_1^2}{2\{r_1 + \sqrt{r_1^2 + (x_1 + x_2')^2}\}} \neq r_2 \text{ (무관하다)}$$

2차 회로(회전자)에 저항을 삽입하는 목적
비례 추이 원리에 의하여
① 기동 토크 증대
② 기동 전류 감소
③ 속도를 제어할 수 있다.
* 최대 토크는 일정하다.

20 8극, 60[Hz], 3상 권선형 유도 전동기의 전부하시 2차 주파수가 3[Hz], 2차 동손이 500[W]라면 발생 토크는 약 몇 [kg·m]인가?

㉮ 10.4　　㉯ 10.8
㉰ 11.1　　㉱ 12.5

KEY POINT

- 슬립 $s=\dfrac{f_2'}{f_1}$

  동기 속도 $N_s=\dfrac{120f}{p}$ [rpm]

  2차 입력 $P_2=\dfrac{P_{2c}}{s}$ [W]

  토크 $\tau=0.975\dfrac{P_2}{N_s}$ [kg·m]

해설 $p=8$[극], $f_1=60$[Hz], $f_2'=3$[Hz], $P_{2c}=500$[W]이므로

$$s=\frac{f_2'}{f_1}=\frac{3}{60}=0.05$$

$$N_s=\frac{120f}{p}=\frac{120\times60}{8}=900[\text{rpm}]$$

$$P_2=\frac{P_{2c}}{s}=\frac{500}{0.05}=10,000[\text{W}]=10[\text{kW}]$$

$$\therefore\ \tau=0.975\frac{P_2}{N_s}=0.975\times\frac{10\times10^3}{900}=10.83[\text{kg}\cdot\text{m}]$$

21 유도 전동기의 기동 방식 중 권선형에만 사용할 수 있는 방식은?

㉮ 리액터 기동　　㉯ Y－△기동
㉰ 2차 회로의 저항 삽입　　㉱ 기동 보상기

KEY POINT

- 2차 저항 기동법은 권선형에서만 사용할 수 있는 기동 방법이다.

해설 3상 권선형 유도 전동기의 회전자에 저항을 연결하고 2차 합성 저항을 조정하므로 기동 토크를 증대하고, 기동 전류를 제한하여 기동하는 방법을 2차 저항 기동법이라 한다.

22 10[kW] 정도의 농형 유도 전동기 기동에 가장 적당한 방법은?

㉮ 기동 보상기에 의한 기동　　㉯ Y－△ 기동
㉰ 저항 기동　　㉱ 직접 기동

정답 : 20.㉯ 21.㉰ 22.㉯

KEY POINT

➡ **출력** $P=5\sim15[kW]$의 농형 유도 전동기는 Y－△ 기동법이 가장 적당하다.

해설

농형 유도 전동기의 기동법

① 전전압(직입) 기동 : 출력 $P=5[HP]$ 이하의 소형

② Y－△ 기동 : 출력 $P=5\sim15[kW]$의 중형

고정의 권선을 운전시에는 △로 연결하고, 기동시에만 Y로 연결하면 기동 전류가 $\frac{1}{3}$로 감소하며 기동 토크도 $\frac{1}{3}$로 감소하는 기동법이다.

③ 기동 보상기법 : 출력 $P=20[kW]$ 이상 대형

기동 보상기(강압용 단권 변압기)에 의해 공급 전압을 낮추어 기동하는 방법

23 유도 전동기의 속도 제어 방식을 잘못 나타낸 것은?

㉮ 1차 주파수 제어 방식　　㉯ 정지 세르비우스 방식

㉰ 정지 레오너드 방식　　㉱ 2차 저항 제어 방식

KEY POINT

➡ 정지 레오너드 방식은 직류 전동기의 전압 제어에 의해 속도를 제어하는 방식이다.

해설

유도 전동기의 회전 속도 $N=\frac{120f}{p}(1-s)$에서

속도 제어 방식은

① 주파수 제어

② 2차 저항 제어(슬립 변환)

③ 극수 변환

④ 종속법

⑤ 2차 여자 제어

㉮ 크레머 방식

㉯ 세르비우스 방식

24 3상 농형 유도 전동기를 전전압 기동할 때의 토크는 전부하시의 $1/\sqrt{2}$배이다. 기동 보상기로 전전압의 $1/\sqrt{3}$배로 기동하면 전부하 토크의 몇 배로 기동하게 되는가?

㉮ $\frac{\sqrt{3}}{2}$배　　㉯ $\frac{1}{\sqrt{3}}$배

㉰ $\frac{2}{\sqrt{3}}$배　　㉱ $\frac{1}{3\sqrt{2}}$배

정답 : 23.㉰ 24.㉱

KEY POINT

➲ 유도 전동기의 토크(T)는 공급 전압(V_1)의 제곱에 비례한다.

$T \propto V_1^{\ 2}$

토크는 전압의 제곱에 비례하므로($\tau \propto V^2$) 기동 토크 τ_s는

$$\frac{\tau_s'}{\tau_s} = \left(\frac{V'}{V}\right)^2$$

$$\therefore \ \tau_s' = \tau_s\left(\frac{V'}{V}\right)^2 = \frac{1}{\sqrt{2}} \times \left(\frac{1}{\sqrt{3}}\right)^2 = \frac{1}{3\sqrt{2}} \text{[배]}$$

25 유도 전동기의 제동 방법 중 슬립의 범위를 1~2 사이로 하여 3선 중 2선의 접속을 바꾸어 제동하는 방법은?

㉮ 역상 제동 ㉯ 직류 제동
㉰ 단상 제동 ㉱ 회생 제동

KEY POINT

➲ 유도 전동기의 고정자 권선을 3선 중 2선의 접속을 바꾸어 제동하는 방법을 역상 제동이라 한다.

유도 전동기가 슬립 $s \fallingdotseq 0$에서 운전되고 있을 때 3선 중 2선을 바꾸어 접속하면 회전 자계의 방향은 역전하여 $s \fallingdotseq 2$로 되어 유도 제동기로서 큰 제동 토크가 발생한다. 이것을 역상 제동이라 한다.

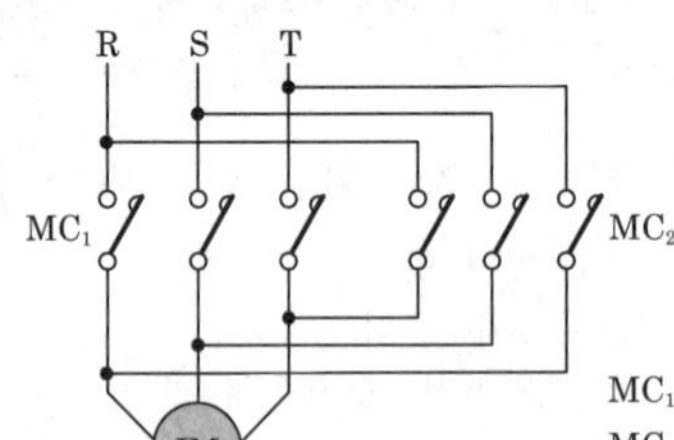

MC_1 : 운전용 전자 접촉기
MC_2 : 제동용 전자 접촉기

26 유도 전동기의 슬립이 커지면 커지는 것은?

㉮ 회전수 ㉯ 권수비
㉰ 2차 효율 ㉱ 2차 주파수

KEY POINT

➲ 회전자(2차) 주파수는 슬립(s)에 비례한다.

회전수 $N = (1-s)N_s$[rpm]

권수비 $\frac{E_1}{E_2} = \frac{1}{s} \cdot \frac{k_{w1} n_1}{k_{w2} n_2} = \frac{1}{s} a$

2차 효율 $\eta_2 = (1-s)$

2차 주파수 $f_{2s} = sf_1$ [Hz] $\propto s$

정답 : 25.㉮ 26.㉱

27 2중 농형 유도 전동기에서 외측(회전자 표면에 가까운 쪽) 슬롯에 사용되는 전선으로 적당한 것은?

㉮ 누설 리액턴스가 작고 저항이 커야 한다.
㉯ 누설 리액턴스가 크고 저항이 작아야 한다.
㉰ 누설 리액턴스가 작고 저항이 작아야 한다.
㉱ 누설 리액턴스가 크고 저항이 커야 한다.

KEY POINT

➲ 회전자 외측의 도체를 저항은 크고, 리액턴스는 작게 하여 기동 특성을 좋게(기동 토크 증대, 전류 감소) 한다.

해설 2중 농형으로 되어 있는 농형 권선 중 바깥쪽(회전자 표면에 가까운쪽 : 기동용 권선) 도체에는 황동, 또는 구리, 니켈 합금과 같은 특수 합금, 즉 저항이 높은 도체가 사용되고, 안쪽의 도체(운전용 권선)에는 저항이 낮은 전기동이 사용된다.

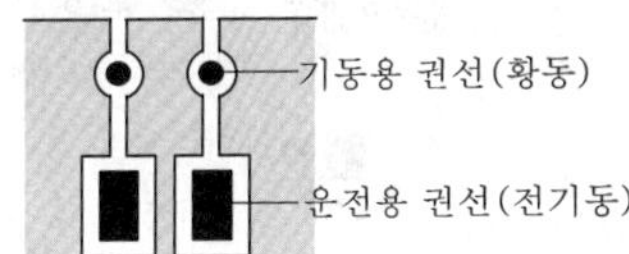

28 소형 유도 전동기의 슬롯을 사구(skew slot)로 하는 이유는?

㉮ 토크 증가
㉯ 게르게스 현상의 방지
㉰ 크롤링 현상의 방지
㉱ 제동 토크의 증가

KEY POINT

➲ 기동시 정격보다 매우 낮은 속도에서 안정 운전이 되어버리는 크롤링(crawling) 현상을 방지하기 위하여 경사 슬롯(skew slot)을 사용한다.

해설 농형 회전자에서는 고정자와 회전자 슬롯 수가 적당하지 않을 경우 기동에 지장이 생기거나(크롤링 현상) 심한 소음을 내는 수가 있다. 크롤링 현상을 경감시키기 위해서 회전자의 슬롯을 고정자 또는 회전자의 1슬롯 피치 정도 축방향에 대해서 경사시켜서 해결하는 일이 많다. 이와 같은 슬롯을 사구(斜溝)라고 한다.

29 유도 전동기의 원선도 작성시 필요하지 않은 시험은?

㉮ 무부하 시험
㉯ 슬립 측정
㉰ 구속 시험
㉱ 저항 측정

KEY POINT

➲ 원선도 작성을 위하여 필요한 시험은 무부하 시험, 구속 시험, 저항 측정이다.

정답 : 27.㉮ 28.㉰ 29.㉯

하일랜드(Heyland) 원선도는 유도 전동기의 특성을 구할 수 있는 것으로 다음과 같은 시험을 하여 작성한다.

① 무부하 시험
② 단락 시험(회전자 구속 시험)
③ 저항 측정

30 단상 유도 전압 조정기의 권선이 아닌 것은?

㉮ 분로 권선　　㉯ 직렬 권선
㉰ 단락 권선　　㉱ 유도 권선

KEY POINT

➲ 단상 유도 전압 조정기는 분로 권선, 직렬 권선과 단락 권선으로 구성된다.

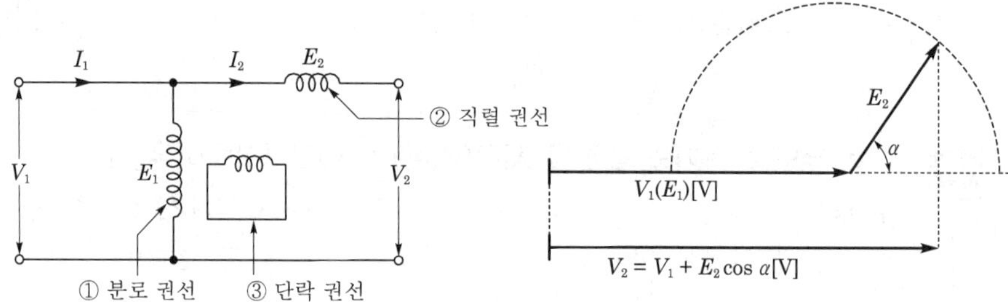

직렬 권선(고정자)에 대한 분로 권선(회전자)의 각도(α)를 0~180°까지 변환하여 2차 전압을 연속적으로 조정하는 기기를 단상 유도 전압 조정기라 한다.

31 단상 유도 전동기를 2전동기설 (회전 자계설)로 고찰한 등가 회로에서 1차 환산된 2차 저항을 R_2라 하면 역상 전동기의 발생 동력을 표시한 저항의 값[Ω]은? (단, 정상 전동기의 슬립을 s라 한다.)

㉮ $\dfrac{s-1}{2-s} \cdot R_2$　　㉯ $\dfrac{1-s}{2-s} \cdot R_2$

㉰ $\dfrac{s-1}{s-2} \cdot R_2$　　㉱ $\dfrac{2-s}{s-2} \cdot R_2$

KEY POINT

➲ 역상시 슬립 $s' = 2-s$

저항 $R' = \dfrac{1-s'}{s'} R_2$

정답 : 30.㉱ 31.㉮

해설 슬립 $s=\frac{N_s-N}{N_s}$

역상시 슬립 $s'=\frac{N_s-(-N)}{N_s}=\frac{N_s+N}{N_s}=2-s$

등가 저항 $R=\frac{1-s}{s}R_2$

역상시 등가 저항 $R'=\frac{1-s'}{s'}R_2=\frac{1-(2-s)}{2-s}R_2=\frac{s-1}{2-s}R_2$

32 단상 유도 전동기의 특징이 아닌 것은?

㉮ 기동 토크가 없으며 기동 장치가 필요하다.
㉯ 기계손이 없어도 무부하 속도는 동기 속도보다 작다.
㉰ 슬립이 2보다 작고, “0”이 되기 전에 토크가 “0”이 된다.
㉱ 권선형은 비례 추이를 하며 최대 토크는 변화한다.

KEY POINT

비례 추이는 3상 권선형 유도 전동기의 특성이다.

해설 단상 권선형 유도 전동기의 회전자(2차)에 슬립링을 통하여 저항을 연결하여 2차 합성 저항을 증가하면 최대 토크가 감소하며 비례 추이를 할 수 없다.

33 단상 유도 전동기의 기동 방법 중 가장 기동 토크가 작은 것은?

㉮ 반발 기동형 ㉯ 반발 유도형
㉰ 콘덴서 기동형 ㉱ 분상 기동형

KEY POINT

단상 유도 전동기의 기동 토크가 큰 순서로 배열하면
① 반발 기동형(반발 유도형)
② 콘덴서 기동형(콘덴서형)
③ 분상 기동형
④ 셰이딩 코일형

정답 : 32.㉱ 33.㉱

제 4 장 정류기

교류(AC)를 직류(DC)로 변환하는 장치이다.

1 회전 변류기

(1) 전압비

$$\frac{E_a}{E_d} = \frac{1}{\sqrt{2}} \sin\frac{\pi}{m}$$

(2) 전류비

$$\frac{I_a}{I_d} = \frac{2\sqrt{2}}{m \cdot \cos\theta \cdot \eta}$$

(3) 출력

$P = E_d \cdot I_d\,[\mathrm{W}]$

여기서, E_a : 교류 전압(실효값), E_d : 직류 전압(평균값)

I_a : 교류 전류, I_d : 직류 전류

m : 상(phase)수, $\cos\theta =$ 역률

η : 효율

2 수은(水銀) 정류기

(1) 전압비

$$\frac{E_d}{E_a} = \frac{\sqrt{2} \cdot \sin\frac{\pi}{m}}{\frac{\pi}{m}}$$

(2) 전류비

$$\frac{I_d}{I_a} = \sqrt{m}$$

(3) 점호(点狐)

아크를 발생하여 정류를 개시하는 것

(4) 이상 현상

① **역호**

㉮ 밸브 작용을 상실하여 전자가 역류하는 현상

㉯ **역호 원인**

㉠ 과부하에 의한 과전류

㉡ 과열

㉢ 과냉

㉣ 화성의 불충분

② **실호** : 점호 실패

③ **통호** : 아크 유출

④ **이상 전압 발생**

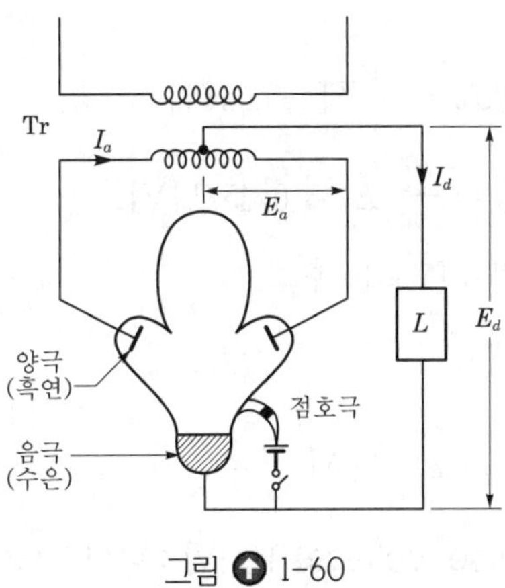

그림 ➊ 1-60

3 반도체(半導体) 정류기

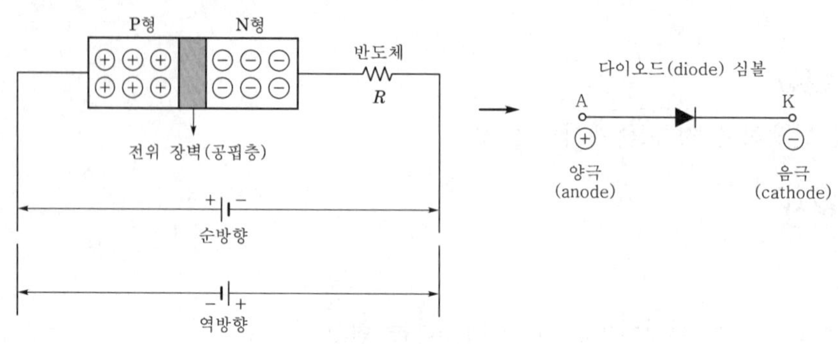

그림 1-61

(1) 단상 반파 정류

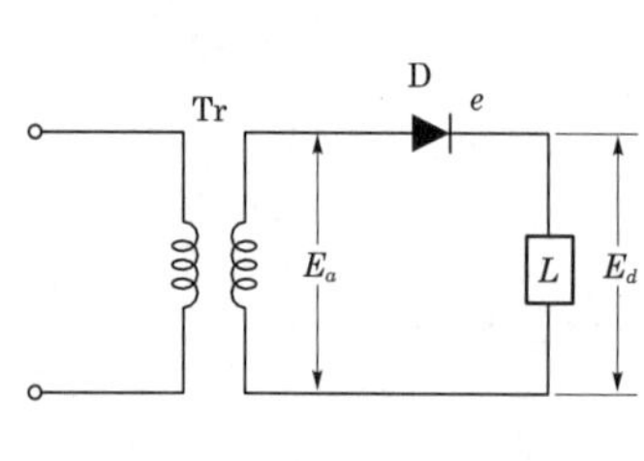

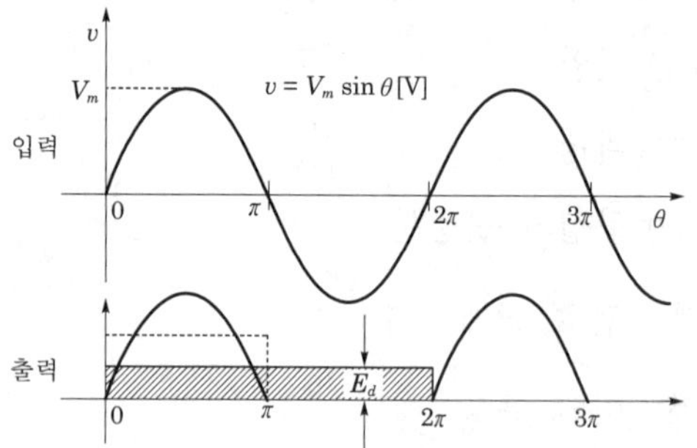

그림 1-62

① **직류 전압(평균값)** : E_d

$$E_d = \frac{1}{2\pi}\int_0^{\pi} V_m \sin\theta d\theta = \frac{V_m}{2\pi}[-\cos\theta]_0^{\pi}$$

$$= \frac{V_m}{2\pi}\{1-(-1)\} = \frac{\sqrt{2}}{\pi}E_a = 0.45E_a[\text{V}]$$

※ 정류기의 전압 강하 e[V]일 때

$$E_d = \frac{\sqrt{2}}{\pi}E_a - e[\text{V}]$$

$$I_d = \frac{E_d}{R} = \left(\frac{\sqrt{2}}{\pi}E_a - e\right)\bigg/ R[\text{A}]$$

② **첨두 역전압(Peak Inverse Voltage) V_{in}[V]** : 다이오드에 역방향으로 인가되는 전압의 최대치

$$V_{in} = \sqrt{2}E_a = V_m[\text{V}]$$

(2) 단상 전파 정류

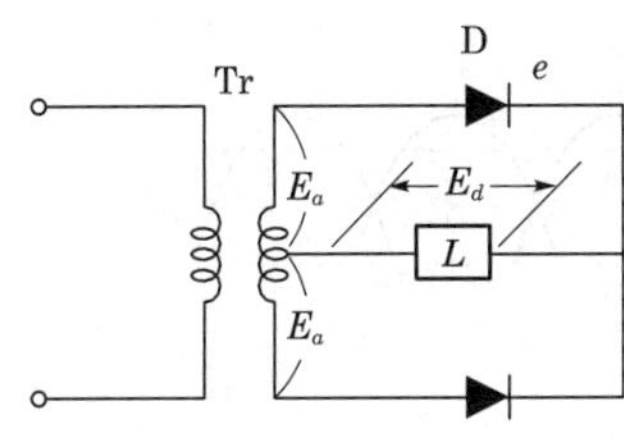

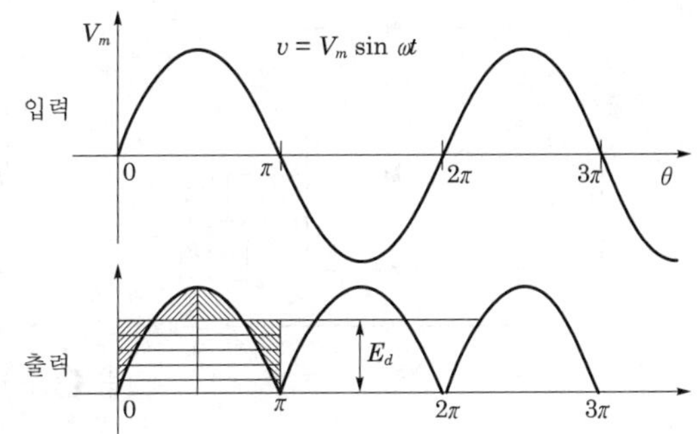

그림 1-63

① 직류 전압 E_d[V]

$$E_d = \frac{1}{\pi}\int_0^{\pi} V_m \sin\theta d\theta = \frac{V_m}{\pi}[-\cos\theta]_0^{\pi}$$

$$= \frac{V_m}{\pi} \times 2 = \frac{2\sqrt{2}}{\pi}E_a = 0.9E_a[\text{V}]$$

$$E_d = \frac{2\sqrt{2}}{\pi}E_a - e$$

여기서, e : 정류기 전압 강하

② 첨두 역전압 V_{in}[V]

$$V_{in} = 2\times\sqrt{2}E_a = 2 \cdot V_m[\text{V}]$$

(3) 단상 브리지 정류

$$E_d = \frac{2\sqrt{2}}{\pi}E_a - e$$

$$V_{in} = \sqrt{2} \cdot E_a$$

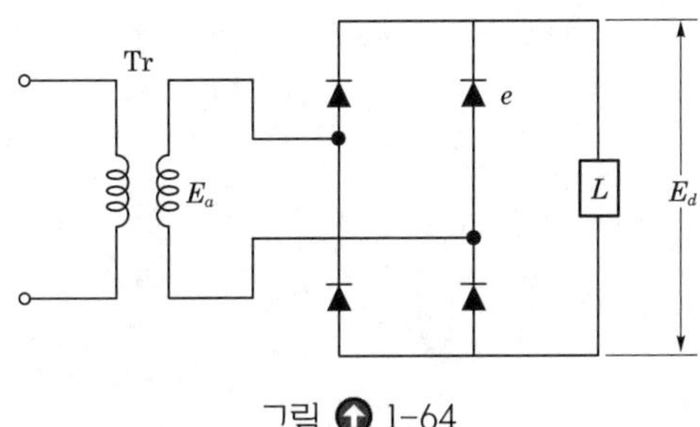

그림 1-64

(4) 3상 반파 정류

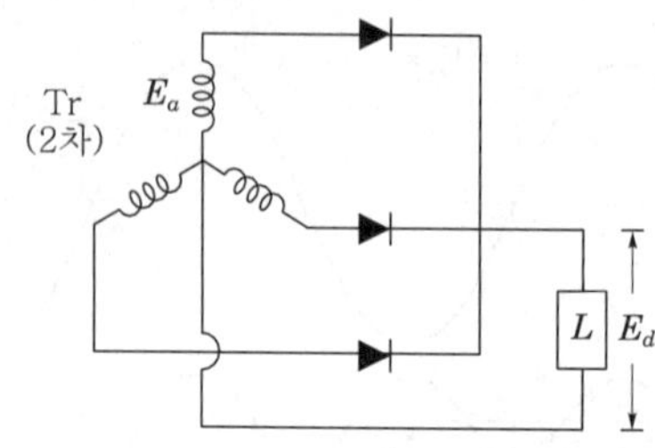

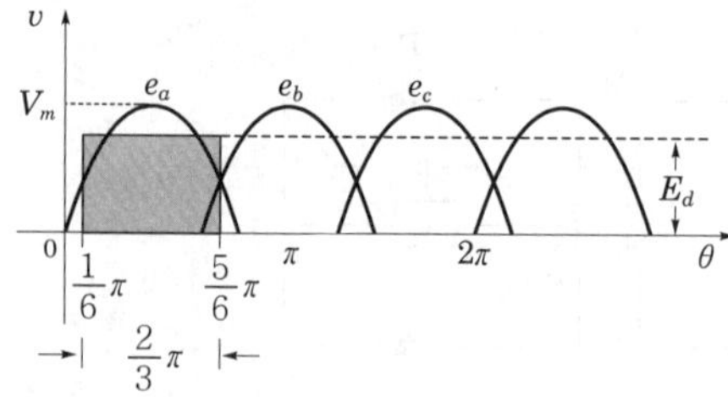

그림 ⬆ 1-65

$$E_d = \frac{1}{\frac{2\pi}{3}} \int_{\frac{\pi}{6}}^{\frac{5\pi}{6}} V_m \sin\theta d\theta = \frac{3V_m}{2\pi}[\cos\theta]_{\frac{\pi}{6}}^{\frac{5\pi}{6}}$$

$$= \frac{3 \cdot \sqrt{2}E_a}{2 \cdot \pi}\sqrt{3} = 1.169E_a \fallingdotseq 1.17E_a[\mathrm{V}]$$

(5) 3상 전파 정류

$$E_d = \frac{3 \cdot \sqrt{2} \cdot E_a}{\pi}\sqrt{3} = 2.34E_a$$

$$= 2.34\frac{V}{\sqrt{3}} = 1.35V[\mathrm{V}]$$

여기서, E_a : 상전압, V : 선간 전압, Y 결선

(6) SCR(Silicon Controlled Rectifier)

$$E_{d\alpha} = E_d \cdot \frac{1+\cos\alpha}{2}[\mathrm{V}]$$

여기서, α : 제어각

단 원 핵 심 문 제

1 6상 회전 변류기의 직류측 선전류가 600[A]일 때, 교류측 선전류의 크기[A]는? (단, 역률 및 효율은 100[%]이다.)

㉮ $300\sqrt{2}$　　㉯ $200\sqrt{2}$
㉰ $150\sqrt{2}$　　㉱ $100\sqrt{2}$

KEY POINT

➲ 전압비 : $\dfrac{E_a}{E_d}=\dfrac{1}{\sqrt{2}}\sin\dfrac{\pi}{m}$

전류비 : $\dfrac{I_a}{I_d}=\dfrac{2\sqrt{2}}{m\cos\theta}$

해설

$I_d=600$[A], $m=6$, $\cos\theta=1$이므로

$\dfrac{I_a}{I_d}=\dfrac{2\sqrt{2}}{m\cos\theta}$

$\therefore I_a=\dfrac{2\sqrt{2}}{m\cos\theta}I_d=\dfrac{2\sqrt{2}}{6\times 1}\times 600=200\sqrt{2}$[A]

2 3상 수은 정류기의 직류측 전압 E_d와 교류측 전압 E의 비 $\dfrac{E_d}{E}$는?

㉮ 0.855　　㉯ 1.02
㉰ 1.17　　㉱ 1.86

KEY POINT

➲ 전압비 : $\dfrac{E_d}{E_a}=\dfrac{\sqrt{2}\sin\dfrac{\pi}{m}}{\dfrac{\pi}{m}}$

전류비 : $\dfrac{I_d}{I_a}=\sqrt{m}$

해설

상(phase) 수 $m=3$상

$\dfrac{E_d}{E}=\dfrac{\sqrt{2}\sin\dfrac{\pi}{m}}{\dfrac{\pi}{m}}=\dfrac{\sqrt{2}\sin\dfrac{\pi}{3}}{\dfrac{\pi}{3}}$

$=\sqrt{2}\times\dfrac{\sqrt{3}}{2}\times\dfrac{3}{\pi}=\dfrac{3\sqrt{3}}{\sqrt{2}\cdot\pi}\fallingdotseq 1.17$

정답 : 1.㉯ 2.㉰

3 수은 정류기의 역호 발생의 큰 원인은?

㉮ 내부 저항의 저하
㉯ 전원 주파수의 저하
㉰ 전원 전압의 상승
㉱ 과부하 전류

KEY POINT

➲ 역호의 원인
① 과부하에 의한 과전류
② 과열
③ 과냉
④ 화성의 불충분
⑤ 양극의 수은 방울 부착

역호의 방지 방법은 다음과 같다.
① 정류기를 과부하로 되지 않도록 할 것
② 냉각 장치에 주의하여 과열, 과냉을 피할 것
③ 진공도를 충분히 높게 할 것
④ 양극 재료의 선택에 주의할 것
⑤ 양극에 직접 수은 증기가 부착되지 않도록 할 것
⑥ 양극의 바로 앞에 그리드를 설치하고, 이것을 부전위로 하여 역호를 저지시킬 것

다음 그림의 단상 반파 정류에서 얻을 수 있는 직류 전압 e_d의 평균값[V]은? (단, $v=\sqrt{2}\,V\sin\omega t$이며 정류기 내의 전압 강하는 무시한다.)

㉮ V
㉯ $0.65V$
㉰ $0.5V$
㉱ $0.45V$

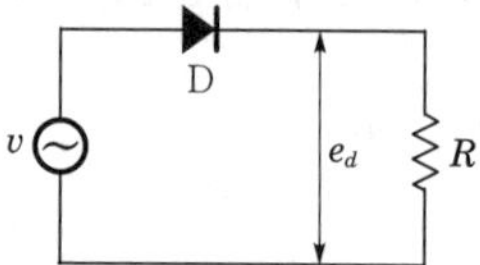

KEY POINT

➲ 직류 전압 : $E_d=\frac{\sqrt{2}}{\pi}V=0.45V$ [V]

$$E_d=\frac{1}{2\pi}\int_0^{\pi}\sqrt{2}\,V\sin\theta d\theta$$
$$=\frac{\sqrt{2}}{2\pi}V[\cos\theta]_{\pi}^{0}=\frac{\sqrt{2}}{2\pi}V\{1-(-1)\}$$
$$=\frac{\sqrt{2}}{\pi}V=0.45V[\text{V}]$$

정답 : 3.㉱ 4.㉱

5 단상 반파 정류 회로에서 변압기 2차 전압의 실효값을 E[V]라 할 때, 직류 전류 평균값 [A]은 얼마인가? (단, 정류기의 전압 강하는 e[V]이다.)

㉮ $\left(\frac{\sqrt{2}}{\pi}E-e\right)\Big/R$ ㉯ $\frac{1}{2}\cdot\frac{E-e}{R}$

㉰ $\frac{2\sqrt{2}}{\pi}\cdot\frac{E}{R}$ ㉱ $\frac{\sqrt{2}}{\pi}\cdot\frac{E-e}{R}$

KEY POINT

➲ 직류 전류(평균값) : $I_d=\frac{E_d}{R}$[A]

직류 전압 : $E_d=\frac{\sqrt{2}}{\pi}E-e$[V]

정류기의 전압 강하가 e[V]일 때

직류 전압 $E_d=\frac{1}{2\pi}\int_0^{\pi}\sqrt{2}E\sin\theta\cdot d\theta-e=\frac{\sqrt{2}}{\pi}E-e$[V]

직류 전류 $I_d=\frac{E_d}{R}=\left(\frac{\sqrt{2}}{\pi}E-e\right)\Big/R$[A]

6 그림과 같은 정류 회로에 정현파 교류 전원을 가할 때, 가동 코일형 전류계의 지시(평균값)[A]는? (단, 전원 전류의 최대값은 I_m이다.)

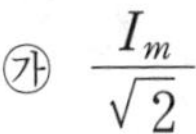

㉮ $\frac{I_m}{\sqrt{2}}$

㉯ $\frac{2}{\pi}I_m$

㉰ $\frac{I_m}{\pi}$

㉱ $\frac{I_m}{2\sqrt{2}}$

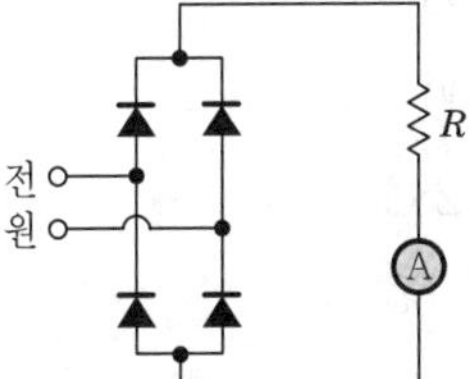

KEY POINT

➲ 직류 전압 : $E_d=\frac{2\sqrt{2}}{\pi}E=\frac{2E_m}{\pi}$ [V]

직류 전류 : $I_d=\frac{E_d}{R}=\frac{2}{\pi}I_m$[A] (평균값)

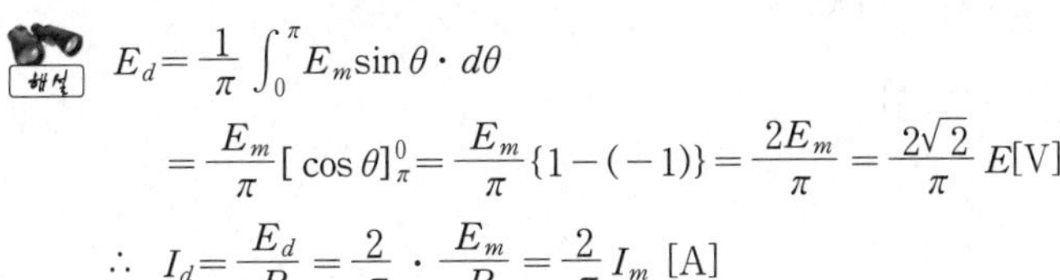

$E_d=\frac{1}{\pi}\int_0^{\pi}E_m\sin\theta\cdot d\theta$

$=\frac{E_m}{\pi}[\cos\theta]_{\pi}^{0}=\frac{E_m}{\pi}\{1-(-1)\}=\frac{2E_m}{\pi}=\frac{2\sqrt{2}}{\pi}E$[V]

$\therefore\ I_d=\frac{E_d}{R}=\frac{2}{\pi}\cdot\frac{E_m}{R}=\frac{2}{\pi}I_m$ [A]

정답 : 5.㉮ 6.㉯

사이리스터 2개를 사용한 단상 전파 정류 회로에서 직류 전압 100[V]를 얻으려면 1차에 몇 [V]의 교류 전압이 필요하며, PIV가 몇 [V]인 다이오드를 사용하면 되는가?

㉮ 111, 222 ㉯ 111, 314

㉰ 166, 222 ㉱ 166, 314

KEY POINT

➲ PIV $=2E_m=2\sqrt{2}E$

직류 전압 : $E_d=\dfrac{2\sqrt{2}}{\pi}E$

교류 실효값 $E=\dfrac{\pi}{2\sqrt{2}}E_d=\dfrac{\pi}{2\sqrt{2}}\times 100=111[\text{V}]$

첨두 역전압(Peak Inverse Voltage, PIV)

$\text{PIV}=2E_m=2\sqrt{2}E=2\sqrt{2}\cdot\dfrac{\pi}{2\sqrt{2}}E_d$

$=\pi\times 100=314[\text{V}]$

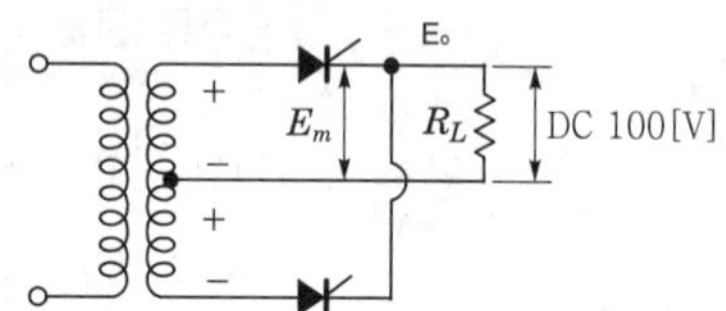

그림의 단상 전파 정류 회로에서 교류측 공급 전압 $628\sin 314t$[V], 직류측 부하 저항 20[Ω]일 때, 직류측 부하 전류의 평균값 I_d[A] 및 직류측 부하 전압의 평균값 E_d[V]는?

㉮ $I_d=20,\ E_d=400$

㉯ $I_d=10,\ E_d=200$

㉰ $I_d=11.1,\ E_d=282$

㉱ $I_d=28.2,\ E_d=565$

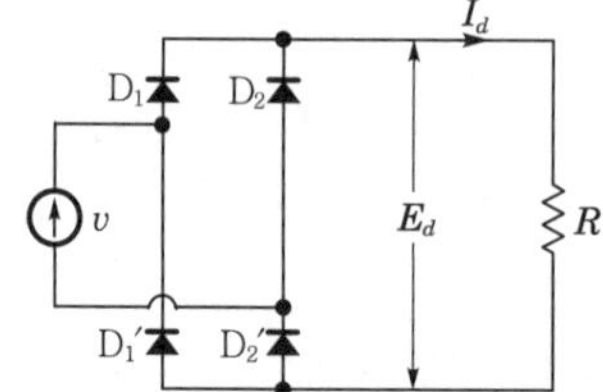

KEY POINT

➲ 직류 전압 $E_d=\dfrac{2\sqrt{2}}{\pi}E=\dfrac{2}{\pi}E_m$

직류 전류 $I_d=\dfrac{E_d}{R}$

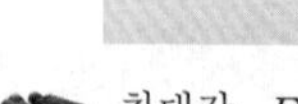

최대값 $E_m=628$, 저항 $R=20[\Omega]$이므로

$E_d=\dfrac{2}{\pi}E_m=\dfrac{2}{\pi}\times 628=400[\text{V}]$

$I_d=\dfrac{E_d}{R}=\dfrac{400}{20}=20[\text{A}]$

정답 : 7.㉯ 8.㉮

9 중간 탭 변압기의 두 개의 정류기를 그림과 같이 사용하여 전파 정류를 한다. 변압기 출력 파형은 실효값 100[V]의 정현파이며, 부하는 저항 부하이다. 정류기에 가해지는 역전압 첨두치[V]는 얼마인가? (단, 정류기의 내부 전압 강하는 10[V]이다.)

㉮ 141.4
㉯ 272.8
㉰ 282.8
㉱ 335.6

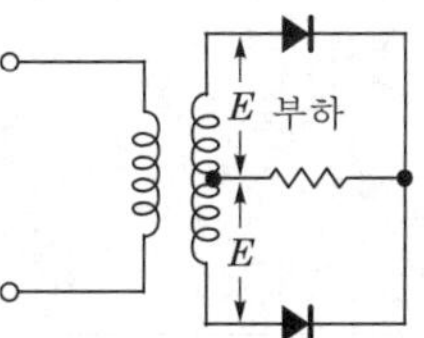

KEY POINT

➲ 첨두 역전압(PIV) : V_{in}

$$V_{in} = 2E_m - e = 2\sqrt{2}E - e\,[\text{V}]$$

해설

첨두 역전압(Peak Inverse Voltage) : V_{in}
(정류기에 가해지는 역전압의 최대값)

$$V_{in} = 2E_m - e = 2\sqrt{2}E - e$$
$$= 2\sqrt{2} \times 100 - 10 \fallingdotseq 272.8[\text{V}]$$

10 다음 그림에서 밀리암페어계의 지시[mA]를 구하면? (단, 밀리암페어계는 가동 코일형이라 하고 정류기의 저항은 무시한다.)

㉮ 2.5
㉯ 1.8
㉰ 1.2
㉱ 0.8

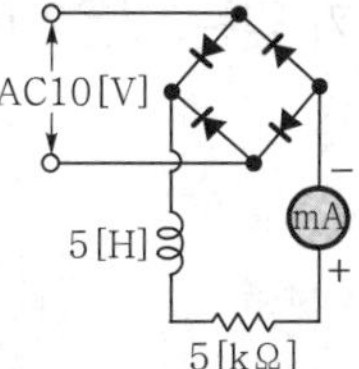

KEY POINT

➲ 단상 브리지 정류의 직류 전압 : $E_d = \dfrac{2\sqrt{2}}{\pi}E_a = 0.9E_a[\text{V}]$

직류 전류(평균값) : $I_d = \dfrac{E_d}{R}$

(리액턴스 $x = wL = 2\pi fL = 0[\Omega]$, $f = 0$)

해설

전류계는 가동 코일형이므로 직류 평균값을 가리킨다. 이와 같은 단상 전파 정류 회로의 직류 평균값 I_d는 다음 식과 리액턴스와는 무관하다.

$$E_d = \frac{2\sqrt{2}}{\pi}E = \frac{2\sqrt{2}}{\pi} \times 10 \fallingdotseq 9[\text{V}]$$

$$\therefore\ I_d = \frac{E_d}{R} = \frac{9}{5 \times 10^3} = 1.8 \times 10^{-3}[\text{A}] = 1.8[\text{mA}]$$

정답 : 9.㉯ 10.㉯

11 그림과 같은 6상 반파 정류 회로에서 300[V]의 직류 전압을 얻는 데 필요한 변압기 직류 권선의 전압[V]을 구하면?

㉮ 약 220
㉯ 약 222
㉰ 약 225
㉱ 약 230

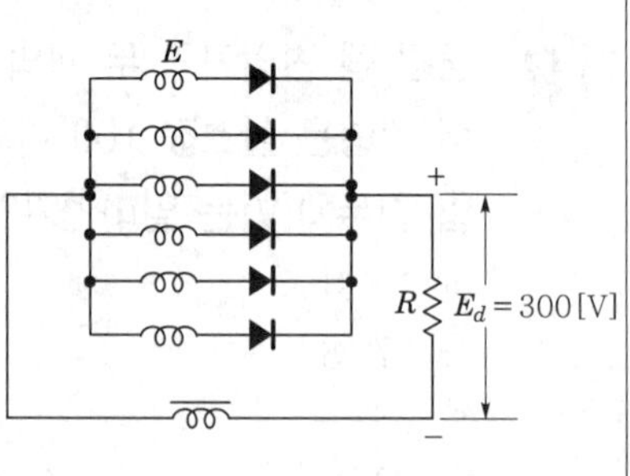

KEY POINT

➲ 전압비 $\dfrac{E_d}{E_a} = \dfrac{\sqrt{2} \cdot \sin\dfrac{\pi}{m}}{\dfrac{\pi}{m}}$

교류 전압 실효치 $E = E_d \cdot \dfrac{\dfrac{\pi}{6}}{\sqrt{2}\sin\dfrac{\pi}{6}}$

$m = 6$, $E_d = 300$[V]이므로

$$E = \frac{\frac{\pi}{m}}{\sqrt{2}\sin\frac{\pi}{m}} E_d = \frac{\frac{\pi}{6}}{\sqrt{2}\sin\frac{\pi}{6}} \times 300 = \frac{\pi}{3\sqrt{2}} \times 300 \fallingdotseq 222[\text{V}]$$

12 다음 중 SCR의 기호가 맞는 것은? (단, A는 anode의 약자, K는 cathode의 약자이며 G는 gate의 약자이다.)

㉮ 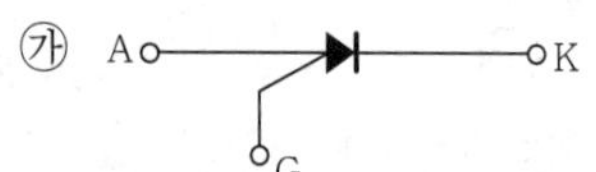

㉯ 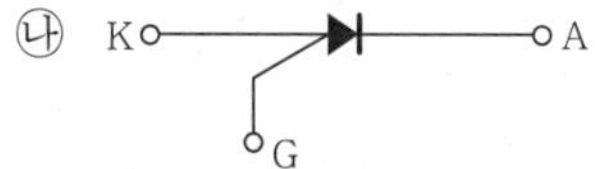

㉰ K ─▶├─ A, G

㉱ 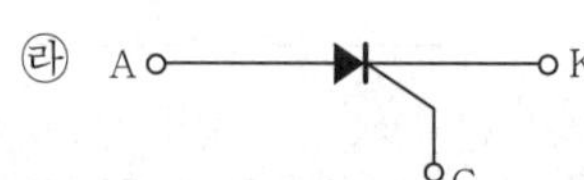

KEY POINT

➲

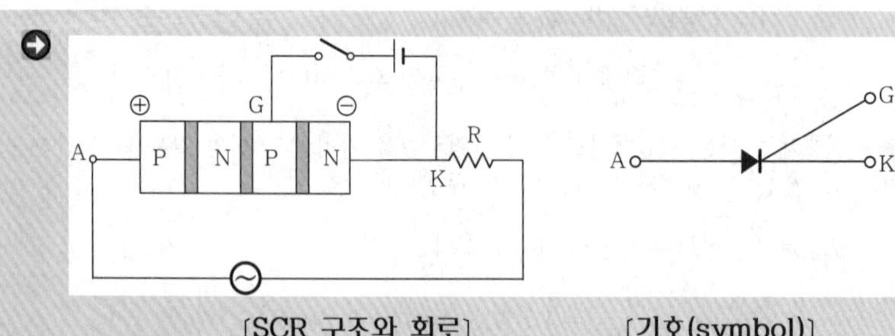

〔SCR 구조와 회로〕 〔기호(symbol)〕

정답 : 11.㉯ 12.㉱

해설 SCR은 P게이트 SCR과 N게이트 SCR이 있으나 현재는 P게이트 SCR이 주로 사용된다. ㉮항은 N게이트 SCR, ㉱항은 P게이트 SCR이다.

13 사이리스터(thyristor)에서의 래칭 전류(latching current)에 관한 설명으로 옳은 것은?

㉮ 게이트를 개방한 상태에서 사이리스터 도통 상태를 유지하기 위한 최소의 순전류
㉯ 게이트 전압을 인가한 후에 급히 제거한 상태에서 도통 상태가 유지되는 최소의 순전류
㉰ 사이리스터의 게이트를 개방한 상태에서 전압을 상승하면 급히 증가하게 되는 순전류
㉱ 사이리스터가 턴온하기 시작하는 순전류

KEY POINT

사이리스터(SCR)가 off 상태에서 턴온(Turn on)을 위한 최소의 전류

해설 게이트 개방 상태에서 SCR이 도통되고 있을 때, 그 상태를 유지하기 위한 최소의 순전류를 유지 전류(holding current)라 하고 턴온되려고 할 때는 이 이상의 순전류가 필요하며, 확실히 턴온시키기 위해서 필요한 최소의 순전류를 래칭 전류라 한다.

14 다음 그림과 같이 4개의 소자를 전부 사이리스터를 사용한 대칭 브리지 회로에서 사이리스터의 점호각을 α라 하고 부하의 인덕턴스 $L=\infty$일 때의 전압 평균값[V]을 나타낸 식은?

㉮ $E_{d0}\cos\alpha$

㉯ $E_{d0}\sin\alpha$

㉰ $E_{d0}\dfrac{1+\cos\alpha}{2}$

㉱ $E_{d0}\dfrac{1-\cos\alpha}{2}$

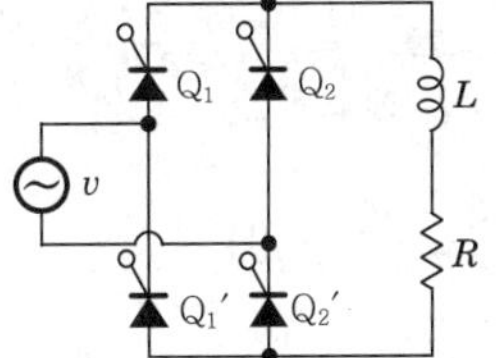

KEY POINT

$E_{d\alpha}=\dfrac{2\sqrt{2}}{\pi}E\left(\dfrac{1+\cos\alpha}{2}\right)=E_{do}\cdot\dfrac{1+\cos\alpha}{2}$

해설 직류 전압 $E_{d\alpha}=\dfrac{1}{\pi}\displaystyle\int_{\alpha}^{\pi}\sqrt{2}E\sin\theta\cdot d\theta=\dfrac{\sqrt{2}E}{\pi}\int_{\alpha}^{\pi}\sin\theta\cdot d\theta$

$$=\frac{\sqrt{2}E}{\pi}[-\cos\theta]_{\alpha}^{\pi}=\frac{\sqrt{2}E}{\pi}\{\cos\alpha+1\}$$

$$=\frac{2\sqrt{2}}{\pi}E\left\{\frac{1+\cos\alpha}{2}\right\}=E_{do}\frac{1+\cos\alpha}{2}$$

정답 : 13.㉱ 14.㉰

15 그림과 같은 단상 전파 회로에서 부하의 역률각 ϕ가 60°의 유도 부하일 때, 제어각 α를 0°에서 180°까지 제어하는 경우에 전압 제어가 불가능한 범위는?

㉮ $0 \leq \alpha \leq 30°$

㉯ $0 \leq \alpha \leq 60°$

㉰ $0 \leq \alpha \leq 90°$

㉱ $0 \leq \alpha \leq 120°$

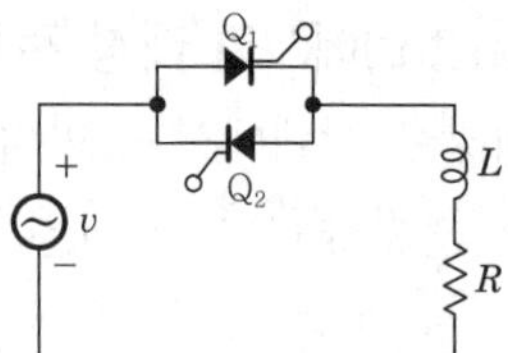

KEY POINT

➲ 제어 가능한 범위는 부하 역률각(ϕ)보다 크고, π(180°)보다 작은 영역에서 가능하다.

해설 부하 역률각 $\phi = 60°$이므로
제어가 불가능한 범위는 0~60° 이하이다.
$0 \leq \alpha \leq 60°$

16 사이리스터(thyristor) 단상 전파 정류 파형에서의 저항 부하시 맥동률[%]은?

㉮ 17 ㉯ 48

㉰ 52 ㉱ 83

KEY POINT

➲ **맥동률** $\nu = \dfrac{\text{출력 전압의 교류 성분의 실효값}}{\text{출력 전압의 직류 성분}} \times 100$

해설

$$\nu = \frac{\sqrt{E^2 - E_d^2}}{E_d} \times 100$$

$$= \sqrt{\left(\frac{E}{E_d}\right)^2 - 1} \times 100$$

$$= \sqrt{\left(\frac{\frac{E_m}{\sqrt{2}}}{\frac{2E_m}{\pi}}\right)^2 - 1} \times 100$$

$$= \sqrt{\left(\frac{\pi}{2\sqrt{2}}\right)^2 - 1} \times 100$$

$$= \sqrt{\frac{\pi^2}{8} - 1} \times 100$$

$$\fallingdotseq 0.48 \times 100 = 48[\%]$$

정답 : 15.㉯ 16.㉯

제 5 장
전동 차단기

1 전동 차단기의 종류

(1) 일반형 차단기

4.5[m], 6[m]

(2) 장대형 차단기

8[m], 12[m], 14[m]

2 전동 차단기의 특성

(1) 일반 전동 차단기의 기능

① **제어 전압** : 정격값의 0.9~1.2배

② 정지할 때에는 차단봉에 충격을 주지 않게 회로 제어기를 조정한다.

③ **차단봉의 상승 및 하강 시간**

㉮ **하강 시간** : 8초±3초

㉯ **상승 시간** : 12초 이하

④ **전동기의 슬립 전류** : 5[A] 이하

⑤ 차단봉은 전원이 없을 때에는 자체 무게에 의하여 10초 이내에 하강하여 건널목을 차단(장대형 전동 차단기 차단봉이 작동되어진 상태 유지)한다.

(2) 특징

① 전동기

㉮ 직류 직권 4극 전동기

㉯ 특성

정격 전압 [DC]	전동기			유지 전자석[A]	최대 차단 길이[m]
	기동 전류[A]	운전 전류[A]	슬립 전류[A]		
24	4.5 이하	3.6 이하	5 이하	0.4	7

㉠ 기동 전류 : 전동기가 하강 또는 상승으로 구성되는 순간 최대 전류
㉡ 운전 전류 : 기동 전류를 제외한 동작 중에 있어서의 최고 전류
㉢ 슬립 전류 : 클러치를 공회전시켜 1분 이상 경과 후의 전류

② 기어

㉮ **감속 기어부** : 각 부분 사이의 마찰이나 온도 상승 방지

㉯ **마찰 연축기** : 과부하나 중간 부하가 있을 경우 전동기 보호

③ 회로 제어기

㉮ **정격** : DC 24[V], 1[A]

㉯ **접점 접촉 압력** : 60[g] 이상

㉰ **접점 떨어지는 힘** : 100[g] 이상

(3) 장대형 전동 차단기

① **차단봉의 길이** : 14[m] 이하

② **정격 전압** : DC 24[V]

③ **기동 전류** : 70[A] 이하

④ **운전 전류** : 30[A] 이하

⑤ **전동기** : 직류 직권 전동기

⑥ **전원 공급 장치**

㉮ 교류 입력

㉠ 정격 전압 : AC 110/220[V], 단상
㉡ 전압 변동 범위 : +10, −30

㉯ 직류 출력

㉠ 정격 전압 : DC 24[V]

㉡ 정격 전류 : 100[A]

㉢ 절연 저항 : 3[mΩ] 이상

3 전동 차단기의 설치

(1) 설치 위치

도로 우측에 설치하고 궤도 중심으로부터 차단봉까지 2.8[m]이다.

(2) 전동 차단기의 도로 차단

도로 전체를 차단하고 차단봉이 하강된 상태에서 차량이 건널목 내로 진입할 수 없도록 한다.(중앙 차선이 없고 건널목 상에서 교행 가능 건널목의 차단봉 길이를 2[m]까지 축소 조정할 수 있다.)

(3) 건널목을 차단하였을 때 차단봉의 높이

도로면에서 차단봉 중심까지 일반형은 800±100[mm], 장대형은 1,000±100[mm]이다.

(4) 차단봉은 선로와 평행이 되도록 설치

다만, 도로와 선로가 빗각으로 교차할 경우 도로와 직각이 되도록 설치한다.

(5) 차단봉의 표시

백색 및 적색으로 번갈아 도색된 반사재로 표시한다.

4 전동 차단기의 작동 원리

(1) 전동 차단기 회로

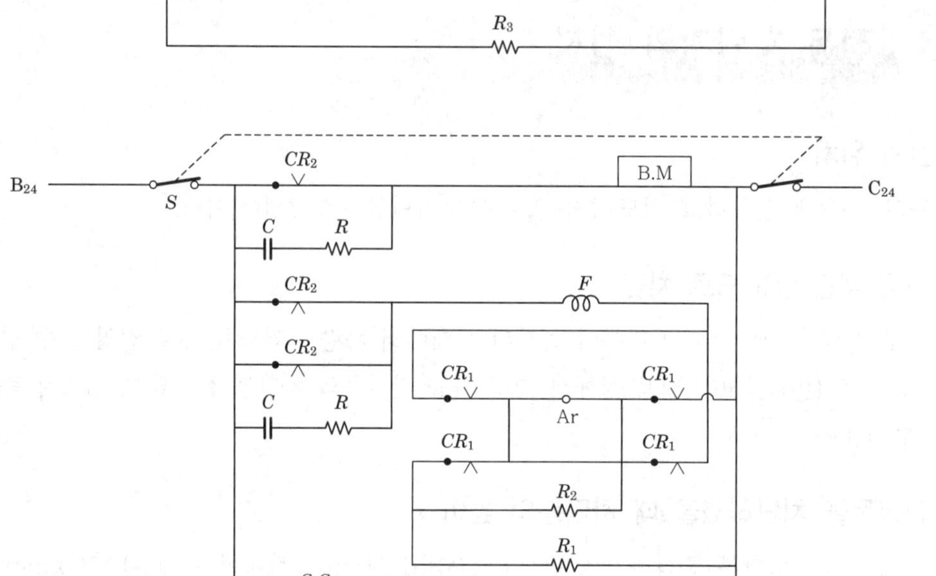

그림 1-66 **전동 차단기의 작동 회로도**

(2) 차단봉 하강시 작동(열차가 경보 제어 구간을 점유시)

① R_2↓⇒ CR_1↓⇒ CR_2↓⇒ 브레이크(BM)의 제동은 풀어지고 모터 제어 회로의 구성 ⇒ 하강 시각

② R_1 : 전류 제한, 모터에 직렬로 연결

R_2 : 평형 · 발진 제동, 모터에 병렬로 연결

③ 차단봉이 약 5° 정도에 도달하였을 때 ⇒ 회로 제어기의 “R” 접점(0~5°)은 구성 ⇒ CR_2↑

⇒ 브레이크(BM) 제동 ⇒ 차단봉은 하강 위치를 유지

(3) 차단봉 상승시 작동(열차가 경보 제어 구간을 벗어났을 때)

① R_2↑⇒ CR_1↑ ⇒ CR_2↓[회로 제어기 "N" 접점(90°)] ⇒ 브레이크(BM) 제동이 풀어지며 모터 동작 ⇒ 상승 시작

② 차단봉이 약 85° 정도에 도달하였을 때 ⇒ CR_2↑(회로 제어기의 "N" 접점은 구성) ⇒ 브레이크(BM) 동작 ⇒ 상승 위치로 유지

③ **정전시 작동** : 제어 회로 및 전동기 회로가 작동하지 않을 경우 차단봉 무게로 인하여 차단봉은 자동적으로 하강

④ 복선 구간 상행 열차가 건널목을 통과하고 차단기가 상승중에 있을 때 하행 열차가 제어 구간에 진입시 ⇒ 차단기가 50° 이하일 경우에는 바로 하강, 50° 이상일 경우에는 일단 상승 후 동작

단원핵심문제

1 전동 차단기에 대한 설명 중 옳지 않은 것은?

㉮ 활 전류는 6[A] 이하
㉯ 기동 전류는 4.5[A] 이하
㉰ 운전 전류는 3.6[A] 이하
㉱ 평균 운전 전류는 2.5[A] 이하

KEY POINT

〈전동 차단기의 특성〉

정격 전압 (DC)	전동기			유지 전자석[A]	최대 차단 길이[m]
	기동 전류[A]	운전 전류[A]	슬립 전류[A]		
24	4.5 이하	3.6 이하	5 이하	0.4	7

해설 활(슬립) 전류는 : 5[A] 이하

2 전동기의 클러치 조정은 차단봉 교체시 시행하여야 하며 전동기의 슬립 전류는 몇 [A] 이하로 하여야 하는가?

㉮ 10　㉯ 8
㉰ 7　㉱ 5

KEY POINT

➲ 문제 1번 참조

해설 슬립 전류는 5[A] 이하이다.

3 전동 차단기의 제어기 최고 접점 수는?

㉮ 3개　㉯ 4개
㉰ 5개　㉱ 6개

정답 : 1.㉮ 2.㉱ 3.㉱

KEY POINT

➲ 전동 차단기의 회로 제어기 접점수
① 수평 조정 : 1개
② 수직 조정 : 1개
③ 속도 제어 : 2개
④ 각도 검지 : 2개

해설 회로 제어기의 접점은 총 6개이다.

4 신형 건널목 전동 차단기에서 사용되는 전동기는?

㉮ 가동 복권 전동기 ㉯ 차동 복권 전동기
㉰ 분권 전동기 ㉱ 직권 전동기

KEY POINT

➲ **직류 직권 전동기** : 회전수와 토크가 반비례한다.

해설 기동 토크가 큰 직류 직권 전동기를 사용한다.

5 전동 차단기에 사용하는 직류 무극 선조 계전기의 정격 전압[V], 정격 전류[mA], 접점수는?

㉮ 직류 24, 120, N_2R_2 ㉯ 직류 24, 63, N_2R_2
㉰ 직류 24, 93, N_3R_3 ㉱ 직류 24, 125, N_3R_3

KEY POINT

➲ 전동 차단기 내부에 있는 제어 계전기(CR_1, CR_2)로 전동기나 차단간의 동작을 제어하는 계전기이다.

해설 정격 : DC 24[V], 93m[A], N_3R_3

6 철도 건널목 차단봉이 내려오기 시작하여 동작이 완료되어 정지할 때까지 시간은 정격 전압에서 몇 초 이하로 조정하는가?

㉮ 8초±3초 이하 ㉯ 7초±2초 이하
㉰ 6초±2초 이하 ㉱ 5초±2초 이하

KEY POINT

➲ 차단봉의 상승 및 하강 시간
① 상승 시간 : 12초 이하
② 하강 시간 : 8초±3초 이하

정답 : 4.㉱ 5.㉰ 6.㉮

 하강 시간 : 8초±3초 이하

 **건널목에 전동 차단기를 설치할 때 궤도 중심에서 차단봉까지의 거리는 몇 [m]인가?**

㉮ 2.6　　　㉯ 2.8

㉰ 3.0　　　㉱ 3.2

KEY POINT

➲ **설치 위치** : 도로 우측에 설치하고 궤도 중심으로부터 차단봉까지 2.8[m]이다.

 궤도 중심에서 차단봉까지의 거리는 2.8[m]이다.

 **전동 차단기로 건널목을 차단할 때 도로면에서 차단봉 중심까지의 높이가 일반형[mm]일 때 맞지 않는 것은?**

㉮ 700　　　㉯ 750

㉰ 850　　　㉱ 950

KEY POINT

➲ **도로면에서 차단봉 중심까지**

① 일반형 : 800±100[mm]

② 장대형 : 1,000±100[mm]

 도로면에서 차단봉 중심까지 일반형은 800±100[mm]이다.

정답 : 7.㉯ 8.㉱

제 6 장

신호 계전기

1 신호 계전기의 종류

(1) 무극선조 계전기

① 정격

품 명	사용 전압	접점 수	코 일	
			전 류[A]	선륜 저항[Ω]
무극선조 계전기	DC 24[V]	NR_4/N_4R_4	0.12	200

② **사용 개소** : 압구 반응 회로, 진로 조사 회로, 진로 선별 회로, 전철 제어 회로, 진로 쇄정 회로 등 전기 연동 장치에서 가장 많이 사용되는 계전기이다.

(2) 유극선조 계전기(KR)

① 정격

품 명	사용 전압	접점 수	코 일	
			전 류[A]	선륜 저항[Ω]
유극선조 계전기	DC 24[V]	NR_4/N_4R_4	0.12	200

② 전기 선로 전환기의 정위, 반위, 전환중(3위식)을 나타내는 전철 표시 계전기로 사용한다.

(3) 자기유지 계전기(WR)

① 정격

품 명	사용 전압	접점 수	코 일	
			전 류[A]	선륜 저항[Ω]
자기유지 계전기	DC 24[V]	NR_4/N_2R_2	0.08	300

② **사용 개소** : 전기 선로 전환기의 전환을 지시하는 전철 제어 계전기로 사용한다.

(4) 시소 계전기(UR)

① **정격**

품 명	사용 전압	접점 수	코 일		
			전 류[A]		선륜 저항[Ω]
시소 계전기	DC 24[V]	NR_1/N_1	36.9[mA]	+15% −20%	650

② **사용 개소** : 연동 장치에서 진로를 구성한 후 착선 변경 등으로 그 진로를 취소하고자 할 때 일정한 시간동안 진로 취소를 억제할 목적으로 접근 쇄정 회로에 사용된다.

(5) ATS 제어 계전기(CR)

① **정격**

품 명	사용 전압	접점 수	코 일	
			전 류[A]	선륜 저항[Ω]
제어 계전기	DC 10[V]	N_2	0.12	83
	DC 24[V]	N_2	0.05	480

② ATS 장치 중 속도 조사식과 점 제어자식에 사용하고 있으며 지상 장치와 차상 장치에 각각 사용한다.

(6) 바이어스 궤도 계전기

① **정격**

품 명	사용 전압	접점 수	권선 저항[Ω]	최소 동작 전류[mA]
바이어스 궤도 계전기	1.42[V]	2F1B	17.9	65.9 이하

② **사용 개소** : 직류 및 바이어스 궤도 회로

③ **특성**

㉮ 반드시 극성에 맞게 연결하여야 한다.

㉯ 역방향으로 동작 전압의 8배 이상을 인가하면 동작한다.

㉰ 궤도 회로의 전압 조정은 정격의 1.1~1.3배로 한다.

㉱ AC 50[V] 이상을 가하면 동작한다.

(7) 소등 검지(전류) 계전기

품 명	정격 전압	접점 수	사용 전압, 전류
전류 계전기	AC 50[V]	NR_4, R_4	24[V], 0.5[A]

① 신호등의 주, 부심 단선 유무를 검지하는 계전기이다.

② 전구형과 LED형이 있다.

(8) 무극 소형 계전기

품 명	정 격	접점 수	코 일	
			전 류[mA]	선륜 저항[Ω]
무극소형 계전기	DC 24[V]－1.5[A]	NR_4/N_2R_2	40	600

① **사용 개소** : 삽입형 건널목 제어 계전기, 폐색 제어 계전기에 사용한다.

(9) 그 외 **완방 계전기, 완동 계전기, K50형 계전기** 등이 있다.

2 신호 계전기의 명칭

기 호	명 칭	계전기 종류
1ARPR	신호기 1AR 압구 반응 계전기	무극선조 계전기
APR	도착점 AP 압구 반응 계전기	무극선조 계전기
TR	궤도 계전기	궤도 바이어스(유극)
TPR	궤도 반응 계전기	무극선조 계전기
ASR	접근 쇄정 계전기	무극선조 계전기
TRSR	우행 진로 구분 쇄정 계전기	무극선조 계전기
TLSR	좌행 진로 구분 쇄정 계전기	무극선조 계전기
WR	전철 제어 계전기	유극 자기유지 계전기
WRP(AS)	제어 계전기	자기유지(유극 2위) 계전기
WLR	전철 쇄정 계전기	무극선조 계전기

기 호	명 칭	계전기 종류
KR	전철 표시 계전기	유극선조 계전기
NKR	정위 전철 표시 계전기	무극선조 계전기
RKR	반위 전철 표시 계전기	무극선조 계전기
NR	정위 전철 선별 계전기	무극선조 계전기
RR	반위 전철 선별 계전기	무극선조 계전기
CR	진로 선별 계전기	무극선조 계전기
ZR	진로 조사 계전기	무극선조 계전기
UR	시소 계전기	완동 시소 계전기
LMR	전류 계전기(신호기 소등 검지 계전기)	전류 계전기
HR	신호 제어 계전기	무극선조 계전기
CSSBR	주신호 취소 공통 압구 반응 계전기	무극선조 계전기
CSSBSHR	입환 신호 취소 공통 압구 반응 계전기	무극선조 계전기
CPBR	선로 전환기 전환 공통 압구 반응 계전기	무극선조 계전기
SFR	신호기 장애 경보 계전기	무극선조 계전기
PFR	선로 전환기 장애 경보 계전기	무극선조 계전기

3 도식 기호

① : 무극선조 계전기

② : 무극선조 계전기(중부하 접점부)

③ : 시소 계전기(완동 계전기)

④ : 자기유지 계전기

⑤ : 유극 계전기(선조)

⑥ : 완방 계전기

⑦ : 선조 Bias 계전기

4 계전기의 접점

① —•— V — (C N) : 여자 접점

② —•— ∧ — (C R) : 낙하 접점

③ : 자기유지 계전기 N(90도) 접점

④ : 자기유지 계전기 R(45도) 접점

⑤ : 압구 접점(누를 때 접점 구성, 누르지 않을 때 접점 개방)

⑥ —•— V — (4) : 계전기 여자시 4번 접점 구성(전류 흐름)
계전기 낙하시 4번 접점 개방(전류 흐르지 않음)

⑦ —•— ∧ — (9) : 계전기 낙하시 9번 접점 구성(전류 흐름)
계전기 여자시 9번 접점 개방(전류 흐르지 않음)

⑧ : A 접점 = —•— V —

⑨ : B 접점 = —•— ∧ —

⑩ : 수동 조작 잔류 접점

⑪ : 프레싱 전원

단원핵심문제

1 다음 중 진로 선별 회로에서 동작하지 않는 계전기는?

㉮ CR ㉯ RR
㉰ NR ㉱ HR

KEY POINT

➲ 진로 선별 회로에서는 진로 선별 계전기와 전철 선별 계전기가 동작한다.
① CR : 진로 선별 계전기
② RR : 반위 전철 선별 계전기
③ NR : 정위 전철 선별 계전기

해설 HR은 신호 제어 계전기로 신호 제어 회로에서 동작한다.

2 삽입형 자기유지 계전기의 접점 수, 정격 전압, 전류에 대한 사항 중 옳은 것은?

㉮ NR_4/N_4R_4, 120[mA], 24[V] ㉯ NR_4/N_4R_4, 80[mA], 22[V]
㉰ NR_4/N_2R_2, 120[mA], 22[V] ㉱ NR_4/N_2R_2, 80[mA], 24[V]

KEY POINT

➲ **자기유지 계전기** : 유극 2위식 자기유지형 계전기로서 전원의 방향에 따라 정위(90°), 반위(45°)측으로 동작하며 한번 동작하면 전원이 차단되어도 영구자석이 되어 전원의 극성이 반대로 공급될 때까지 동작 방향을 계속 유지하고, 열차 통과시 충격(10[g] 정도)에 대하여 전환하지 않는다.
정격 동작 전압은 DC 24[V], 전류는 80[mA], 접점 수는 NR_4/N_2R_2이다. 접점 용량은 AC 110[V], 60[Hz], 18[A], 역률 0.2의 유도 부하를 연속 1시간 동안 개폐할 수 있다.

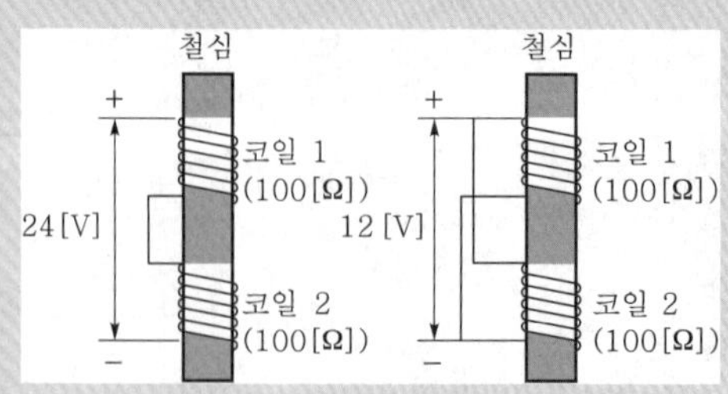

해설 자기유지 계전기 : NR_4/N_2R_2, 80[mA], 24[V]

정답 : 1.㉱ 2.㉱

3 궤도 계전기가 갖추어야 할 조건이 아닌 것은?

㉮ 소비 전력이 적어야 한다.
㉯ 동작이 확실해야 한다.
㉰ 동작 전류가 커야 한다.
㉱ 제어 구간이 길어야 한다.

KEY POINT

(1) 궤도 계전기의 조건

① 소비 전력이 적어야 한다.
② 동작이 확실해야 한다.
③ 동작 전류가 작아야 한다.
④ 제어 구간이 길어야 한다.
⑤ 다른 전기 회로에 영향을 미치지 않아야 한다.

(2) 종류

① 무극 궤도 계전기
② 유극 궤도 계전기
③ 궤도 연동 계전기
④ 교류 궤도 계전기 : 1원형, 2원형

해설 동작 전류가 작아야 한다.

4 진로 선별 계전기의 설치 위치는?

㉮ 반위 배향 ㉯ 정위 배향
㉰ 정위 대향 ㉱ 반위 대향

KEY POINT

진로 선별 계전기(CR)의 설치 위치

① 선로 전환기 정위 배향에 설치하여 신호 취급시 전원에 의하여 직접 여자
② 여자한 진로 선별 계전기의 여자 접점을 통하여 전방 회로에 전원을 공급
③ 무여자 접점을 반위쪽에 삽입하여 전류가 반대 방향으로 흐르지 못하도록 진로를 구분

해설 진로 선별 계전기(CR)는 정위 배향에 설치한다.

5 신호 제어 계전기는?

㉮ HR ㉯ KR
㉰ TR ㉱ SR

정답 : 3.㉰ 4.㉯ 5.㉮

KEY POINT

➲ ① KR : 전철 표시 계전기
② TR : 궤도 계전기
③ SR : 건널목 완방 계전기

HR : 신호 제어 계전기

6 여자 전류가 흐르고서부터 N접점이 닫힐(접속함) 때까지 다소간 시소를 갖는 계전기는?

㉮ 완방 계전기
㉯ 완동 계전기
㉰ 시소 계전기
㉱ 궤도 계전기

KEY POINT

➲ **신호용 계전기의 종류**

① 직류 계전기 : 여자 전류의 유, 무로써 단순히 동작하는 무극 계전기와 여자 전류의 극성과 무전류의 3위식으로 동작하는 유극 계전기가 있다.
② 교류 계전기 : 여자 전류의 유, 무에 의해 단순히 동작하는 1원형과 2조 코일의 양 코일의 여자 전류의 위상차로 3가지 위치에서 동작하는 2원형이 있다.
③ 선조 계전기 : 가장 널리 사용되는 일반적인 직류 계전기로서 보통 복수의 정위(N) 접점과 반위(R) 접점을 갖는다.
④ 완방 계전기 : 여자 전류가 끊어진 후 얼마간 시간(시소)이 경과된 후부터 N접점이 낙하하는 계전기이다.
⑤ 완동 계전기 : 전류가 투입된 후 얼마간 시간(시소)이 경과된 후부터 N접점이 여자하는 계전기이다.
⑥ 자기유지 계전기 : 정위로 되어 있을 때 여자 전류를 끊더라도 그때까지의 상태를 유지하고 반위로 여자 전류를 인가하면 R접점이 on되고 그 후 여자 전류를 끊더라도 그 상태를 유지하는 계전기이다.
⑦ 시소 계전기 : 무여자일 때는 상시 R접점 on, N접점 off이며 여자 전류를 흘리면 흐른 순간부터 접점이 반전할 때까지 미리 설정한 시소를 갖는 계전기이며, 반대로 여자 전류를 끊으면 곧바로 접점은 무여자의 상태로 되돌아온다.
⑧ 궤도 계전기 : 궤도 회로의 수전단에 접속하여 열차 검지용으로 쓰여지는 계전기로서 궤도 회로의 전원 종별에 따라 교류용, 직류용이 있다.
⑨ 저전압 계전기 : 전원 전압의 부족을 검출하는 목적으로 사용되고 있다.

여자 전류가 흐르고서부터 N접점이 닫힐(접속함) 때까지 다소간 시소를 갖는 계전기는 완동 계전기이다.

7 전기 연동 장치에서 신호 취급시 선로 전환기는 전환되고 접근 쇄정 계전기가 무여자되지 않을 때 접점을 제일 먼저 여자하여야 할 계전기는?

㉮ WLR
㉯ ASR
㉰ ZR
㉱ WR

정답 : 6.㉯ 7.㉰

KEY POINT

전기 연동 장치의 계전기 동작 순서

신호 압구 취급(PR) ⇒ 진로 선별 계전기 동작(CR) ⇒ 전철 선별 계전기 동작(NR, RR) ⇒ 전철 쇄정 계전기 동작(WLR) ⇒ 전철 제어 계전기 동작(WR) ⇒ 선로 전환기 전환 ⇒ 전철 표시 계전기 동작(KR) ⇒ 진로 조사 계전기 동작(ZR) ⇒ 접근 쇄정 계전기 낙하(ASR) ⇒ 진로 쇄정 계전기 낙하(TRSR, TLSR) ⇒ 전철 쇄정 계전기 낙하(WLR) ⇒ 선로 전환기 쇄정 ⇒ 신호 제어 계전기 동작(HR)

해설 선로 전환기 전환이 완료되면 진로 조사 계전기가(ZR)가 여자하여 접근 쇄정(ASR)을 걸리게 한다.
① WLR : 전철 쇄정 계전기
② WR : 전철 제어 계전기

8 시소 계전기의 시소 허용 한도는 별도로 정해진 것을 제외하고는 몇 [%] 이내로 하여야 하는가?

㉮ ±50 ㉯ ±40 ㉰ ±30 ㉱ ±10

KEY POINT

시소 계전기의 허용 한도

① 장내 신호기 : 90초±10%
② 출발 신호기 : 30초±10%

해설 각 신호기의 10%이다.

9 신호용 계전기 접점에 대한 설명 중 틀린 것은?

㉮ N은 정위 또는 여자 접점
㉯ C는 공통 접점
㉰ N은 가동 접점, C는 고정 접점
㉱ R은 반위 또는 무여자 접점

KEY POINT

① N : 정위 접점, 여자 접점, 고정 접점
② R : 반위 접점, 무여자 접점, 고정 접점
③ C : 공통 접점, 가동 접점
④ 무극선조 계전기

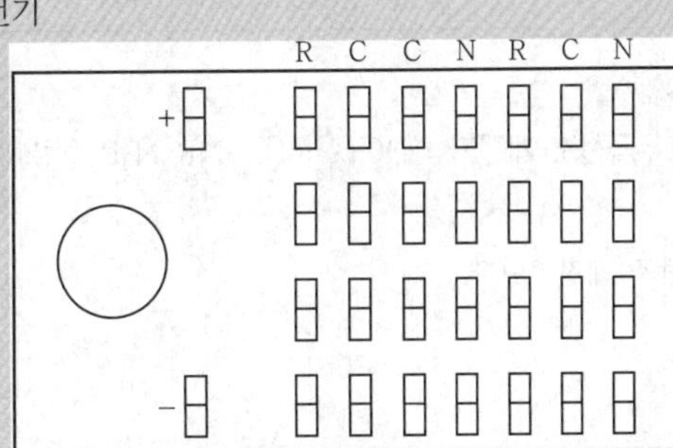

정답 : 8.㉱ 9.㉰

N, R은 고정 접점, C는 가동 접점이다.

10 전류의 흐르는 방향에 따라 동작하는 계전기는?

㉮ 무극 계전기 ㉯ 유극 계전기
㉰ 연동 계전기 ㉱ 선조 계전기

KEY POINT

➲ 전류의 흐르는 방향에 따른 동작하는 계전기는 유극 2위식 자기유지 계전기(WR)와 유극 3위식 유극 계전기(KR)가 있다.

WR과 KR은 유극 계전기이다.

11 직류 계전기로서 여자 전류의 극성에 따라서 +, −, 무전류의 3위식으로 동작하는 계전기는?

㉮ 무극 계전기 ㉯ 유극 계전기
㉰ 1원형 계전기 ㉱ 2원형 계전기

KEY POINT

➲ 문제 10번 참조

직류 유극 계전기(KR)는 3위식 계전기로 정위(90°, +), 반위(45°, −), 무전류(0°)가 있다.

12 다음 계전기 중에서 가장 널리 사용되는 일반적인 직류 계전기로서 보통 복수의 (N)접점과 반위(R) 접점을 갖는 계전기는?

㉮ 선조 계전기 ㉯ 완동 계전기
㉰ 완방 계전기 ㉱ 시소 계전기

KEY POINT

➲ **무극선조 계전기** : DC 24[V], $NR_4N_4R_4$, 120[mA], 200[Ω]

무극선조 계전기이다.

정답 : 10.㉯ 11.㉯ 12.㉮

13 계전기의 동작부를 구조상 분류한 것으로 맞는 것은?

㉮ 코일, 전자석, 계철　　㉯ 전자석, 계철, 접극자

㉰ 접극자, 코일, 전자석　　㉱ 코일, 접점, 전자석

KEY POINT

➲ 계전기의 구조

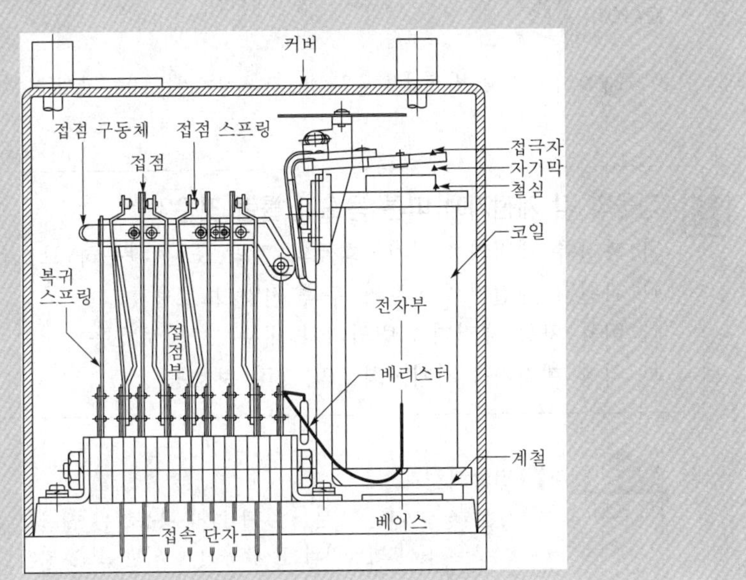

해설

계전기의 동작부는 코일, 전자석, 접점으로 구성되어 있다.

14 계전기의 규격에 정격 전류가 170[mA]이고 접점 수가 NR_6인 계전기는?

㉮ 삽입형 직류 완방 계전기　　㉯ 삽입형 직류 유극 3위 계전기

㉰ 직류 단속 계전기　　㉱ 직류 유극 궤도 계전기

KEY POINT

➲ ① **접근 쇄정 연동 계전기(MSLR)** : NR_6, 170[mA]

② **삽입형 직류 유극 3위 계전기** : NR_4/N_4R_4, 0.12[A], 200[Ω]

③ **직류 단속 계전기** : 연동 장치 조작반 표시 회로에 사용하는 것으로 램프의 점멸을 시켜주고 있으며 사이리스터, 저항, 콘덴서의 조합으로 플립-플롭(flip-flop) 회로를 구성

해설

삽입형 직류 완방 계전기 : 선조 계전기와 같은 작동 기구이지만 복구 시간을 얻기 위하여 철심에 동 슬리브(sleeve)를 씌운 것으로 선조 계전기(DC) 작동시의 절체 시간(R → N)에서 낙하되지 않도록 100[ms] 이상의 복구 시간을 갖고 있다. 용도로서는 접근 쇄정 계전기 회로에서 보류 쇄정, 해정용 보조 계전기(MSLR)로 사용한다.

정답 : 13.㉱　14.㉮

15 시소 계전기가 사용되는 회로는?

㉮ 선별 계전기 회로
㉯ 조사 계전기 회로
㉰ 신호 제어 회로
㉱ 보류 및 접근 회로

KEY POINT

➲ 시소 계전기는 완동 계전기이다.

해설 접근 및 보류 쇄정에 사용하며, 장내 신호기는 90초, 출발 신호기는 30초의 시간이 흐른 뒤 동작한다.

16 다음의 각 계전기에 따른 용도가 틀린 것은?

㉮ 과전류 계전기 : 기기·회로의 단락 또는 과부하 보호용
㉯ 과전압 계전기 : 회로의 부족 전압 보호용
㉰ 비율 차동 계전기 : 변압기의 내부 고장 보호용
㉱ 역상 계전기 : 기기·회로의 지락 보호용

KEY POINT

➲ 역상 계전기

① 역상분 전압 또는 전류에 따라 응동하는 계전기
② 3상 결선 변압기의 단상 운전에 의한 소손 방지

해설 과전압 계전기 : 계전기에 인가되는 전압이 그 예정값 이상일 때 동작

정답 : 15.㉱ 16.㉯

제 7 장
전기 선로 전환기

1 전기 선로 전환기의 종류

(1) 구조별 분류

① **보통 선로 전환기(point switch)** : 텅레일이 2개 있고, 좌·우 2개의 분기기에 사용

② **탈선 선로 전환기(derailing point)** : 크로싱이 없고 차량을 탈선시키는 데 사용

③ **가동 크로싱부 선로 전환기(movable frog point)** : 크로싱부의 레일이 좌·우로 움직여 차량 통과 시 소음과 진동을 적게 하고 차륜을 안전하게 주행하도록 하는 크로싱과 함께 설치된 선로 전환기

④ **삼지 선로 전환기(three throw turnout or single slip switch)** : 텅레일이 4개, 궤도를 3방향 포인트로 나누는 선로 전환기

(2) 사용력에 의한 분류

① **수동 선로 전환기** : 사람의 힘에 의해 전환되는 선로 전환기(추병 선로 전환기, 핸들부 선로 전환기 표지, 전철 리버 등)

② **스프링(spring) 선로 전환기** : 스프링의 힘에 의해 전환되는 선로 전환기(탈선 선로 전환기)

③ **동력 선로 전환기** : 전기의 힘에 의해 전환하는 선로 전환기(전기 선로 전환기)

〈전기 선로 전환기의 특성〉

명 칭	NS형	NS-AM형	MJ81	침목형
개발 년도	1964	1990	1981	1990
사용 전원	AC 105/220 단상	AC 105/220 단상	AC 220/380 3상	AC 220 단상 AC 220/380 3상
동작 전류	8.5[A]	8.5[A]	220[V] : 4[A] 380[V] : 1.5[A]	2.5[A]
전환력	300[kg]	400[kg]	200~400[kg]	200~1,000[kg]

명 칭	NS형	NS-AM형	MJ81	침목형
전환 시간	6초	7초	5초	4.4~5.5초
구동 방식	콘덴서 기동형 4극	콘덴서 기동형 4극	모터 직접 제어	비동기형
클러치	마찰	전자	마찰	전자
동정[mm]	동작간 : 185 쇄정간 : 130~185	동작간 : 185 쇄정간 : 130~185	110~260	60~160
밀착 및 쇄정 검지 기능	무	무	유	유
분기기	F8~F15	F8~F15	F18.5~F65	-

2 전기 선로 전환기(NS형)

(1) 구성 및 동작 과정

① **구성** : 제어부, 전동기부, 전환부, 쇄정부, 표시 장치, 외함 등

② **동작 과정** : 해정 ⇒ 전환 ⇒ 쇄정 ⇒ 표시

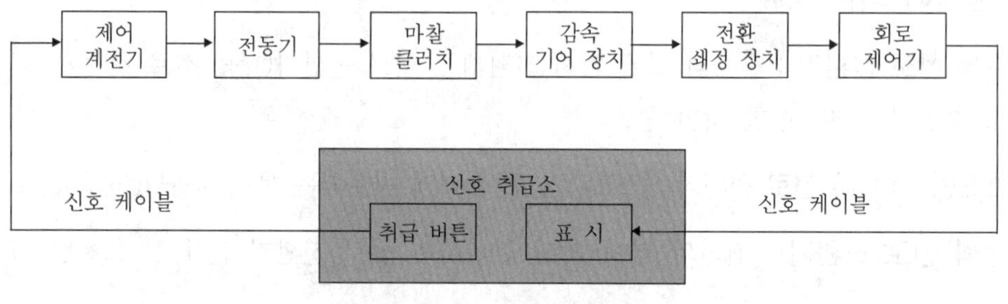

그림 ⬆ 1-67 **동작 과정**

㉮ **취급 버튼(PR)** : 단독 제어 버튼, 일괄(총괄) 제어 버튼

㉯ **제어 계전기(WR)**

㉠ 삽입형 유극 자기유지 계전기

㉡ 접점 수 : NR_4

㉢ 정격 : DC 24[V], 120[mA], 코일 저항은 200[Ω]

㉣ 90°(정위), 45°(반위) 접점을 구성

㉰ **전동기(Motor)**

㉠ 전동기 종류 : 2상 4극 콘덴서 기동형 단상 유도 전동기

㉡ 전동기의 기동시

ⓐ 콘덴서 단선

- 동작하고 일단 정지한 후 기동할 수 없다.
- 전동기는 계속 회전하여 7~9[A]의 전류가 흐른다.
- 약 11[A]의 전류가 흐른다.

ⓑ 콘덴서 단락

- 정지, 일단 정지 후 기동할 수 없다.
- 35[A]의 전류가 흘러 전동기의 손상을 방지하기 위하여 퓨즈를 용단한다.

㉱ **마찰 클러치(마찰 연축기)**

㉠ 관성 흡수 및 과부하 시 전동기 보호

㉡ 마찰판 : 총 12장(회전 마찰판 3장, 고정 마찰판 3장, Aspaste lainning제 마찰판 6장)

㉢ 연 2회 조정(환절기 때)

ⓐ 봄 → 여름(3, 4월) : 조임

ⓑ 가을 → 겨울(11월) : 풀어줌

㉲ **감속 기어 장치**

㉠ 1단 : 베벨 기어

㉡ 2, 3단 : 평 기어

㉢ 3단 : 전환 기어

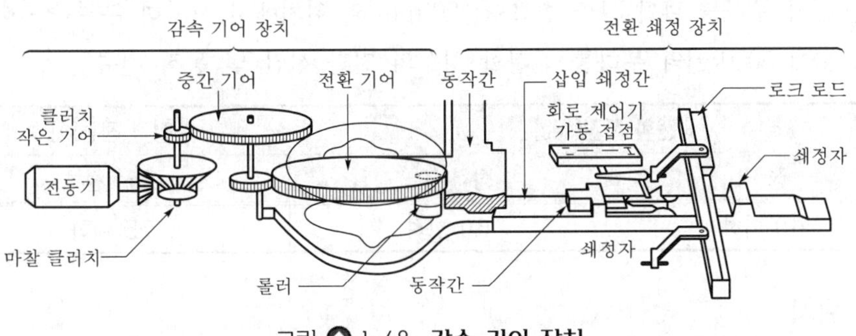

그림 ⬆ 1-68 **감속 기어 장치**

㉳ **전환, 쇄정 장치** : 선로 전환기의 해정, 전환, 쇄정의 세 가지 동작을 하는 동작부

㉳ **회로 제어기(KR)**

㉠ 전동기 정지

㉡ 전동기 전원 차단

㉢ 표시 회로 구성

㉴ **표시 회로** : 선로 전환기가 동작을 완료한 다음 회로 제어기의 구성 접점에 따라 계전기실 표시 계전기를 동작시켜 선로 전환기의 정위, 반위 또른 전환중의 상태를 표시한다.

(2) 전기 선로 전환기의 정격

종 류	동 정[mm]		정격 전압		정격 전류	전환 시간	전환 능력	총 중량
	동작간	쇄정간	전 환	제 어				
교류 NS형	185	130~185	AC110 (220[V]) 단상 60[Hz]	DC 24[V] (유닛 방식 DC 12[V])	8.5[A] 이하	6[sec] 이하	300[kg]	330[kg]

※ **전환 시간** : 표시 계전기(WR)의 접점이 개방되고 선로 전환기가 전환하고 표시 계전기의 접점이 구성되기까지의 시간(6초 이하)

3 전기 선로 전환기의 성능 및 설치

(1) 성능

① **슬립 전류** : 8.5[A] 이하

② 100[kg]의 부하를 걸어 전환 종료 전 20[mm]의 위치에서 서서히 부하를 증가하여 전환 종료 시에 500[kg]의 부하를 전환할 경우의 전환 시간 및 동작 전류

전환 시간[sec]		정격 전류[A]
정 격	정격×0.8	운전 전류
6.0 이하	6.0 이하	7.5 이하

(2) 설치 위치

① **설치 위치** : 레일 두부 내측에서 1,200[mm]를 표준

② 침수 방지용 깔판이 설치된 선로 전환기(철차 번호+길이)

#8번 : 345[mm], #10번 : 270[mm], #12번 : 224[mm], #15번 : 198[mm]

4 MJ81 전기 선로 전환기(고속 철도에 이용)

(1) 전원 : 3상 220[V](△ 결선) 또는 380[V](Y 결선)

(2) 전동기 속도 : 2,850[rpm]

(3) 전동기 소비 전력 : 700[W]

5 차상 전기 선로 전환기

(1) 개요

조차장 구내 또는 입환 전용선이 있는 일반역에서 차량의 차륜에 의해 자동 전환하거나 진행중인 열차 위에서 열차 승무원이 별도로 분기기의 방향을 전환 조작함으로써 운용을 합리화하고 조작의 결과를 육안으로 확인이 가능하도록 하여 보안도를 높인 장치

(2) 특징

① 주행중인 열차를 정차할 필요없이 분기기를 전환 조작할 수 있다.

② 전기 선로 전환기는 대향측은 완전히 쇄정하며, 배향측은 할출하더라도 전기 선로 전환기를 손상하는 일이 없도록 할출이 가능한 구조로 되어 있다.

③ 전기 선로 전환기를 수동 핸들로서 수동 조작할 수 있다.

④ 콘덴서 단상 유도 전동기를 사용한다.

(3) 정격

전동기		운전 전류	제어 전압	전환 시간	전환 능력
AC 110/220[V] (60[Hz])	콘덴서 단상 유도 전동기 (출력 750[W])	13[A]/6.5[A] 이하	24[V]	2[sec] 이내	350[kg]

(4) 개통 방향 표시기

① **선로 전환기가 대향측으로 개통시** : 청색등 점등

② **선로 전환기가 배향측으로 개통시** : 등황색 점등

③ **전환 중** : 적색등 점멸

(5) 설비의 구성

① **조작 레버, 레일 스위치, 수동 레버** : 전환 방향을 결정해 주는 입력 장치

② **기구함** : 각종 제어 계전기 수용함

③ **표시등** : 개통 방향을 지시하는 표시등

④ **선로 전환기** : 열차의 진로를 결정해 주는 장치

단원핵심문제

1 교류 전기 선로 전환기의 전동기로 유입하는 대전류를 제어하기 위하여 설치된 것은?

㉮ 전기 정자
㉯ 전철 제어 계전기
㉰ 전동기
㉱ 회로 제어기

KEY POINT

➜ 전철 제어 계전기(WR)는 전동기로 유입하는 대전류를 제어하고 선로 전환기의 전환을 지시하는 계전기로 자기 유지 계전기(2극)이다.

해설 전동기로 유입하는 대전류를 차단한기 위한 계전기는 전철 제어 계전기이다.

2 전기 선로 전환기의 전환을 직접 제어하는 계전기는?

㉮ WLR ㉯ TR
㉰ NR ㉱ WR

KEY POINT

➜ 문제 1번 참조

해설 선로 전환기 전환을 직접 지시하는 계전기는 전철 제어 계전기(WR)이다.

3 교류 NS형 선로 전환기의 동작 시분은?

㉮ 4초 ㉯ 6초
㉰ 8초 ㉱ 10초

KEY POINT

➜ ① NS-AM : 7초
② MJ81 : 5초
③ 차상 장치 : 2초

해설 NS형 : 6초

정답 : 1.㉯ 2.㉱ 3.㉯

전기 선로 전환기의 슬립(Slip) 전류가 약할 때 발생되는 장애 종류로서 맞는 것은?

㉮ 전동기 소손 ㉯ 선로 전환기 불일치
㉰ 기어 절손 ㉱ 퓨즈 단선

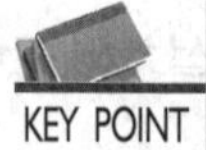
KEY POINT

➲ 슬립 전류란 마찰 클러치가 미끄러지기 시작하여 1분 경과 후 측정한 전류

해설 슬립 전류가 약하면 전동기의 회전력이 약해져 전철기 회전이 불량하여 불일치가 일어난다.

전기 선로 전환기의 특성은 전동기의 슬립 전류를 8.5[A]로 조정 후 동작간에 100[kg]의 부하를 걸고 전환 종료 후 20[mm]의 위치에서 기어 부하를 증가하여 전환 종료시에는 500[kg]의 부하로 전환시 전환 시간 및 동작 전류는?

㉮ 6초 이하, 7.5[A] 이하 ㉯ 6초 이하, 9[A] 이하
㉰ 5초 이하, 10[A] 이하 ㉱ 5초 이하, 9[A] 이하

KEY POINT

〈전기 선로 전환기의 정격〉

전환 시간[sec]		정격 전류[A]
정 격	정격×0.8	운전 전류
6.0 이하	6.0 이하	7.5 이하

해설 전기 선로 전환기의 전환 시간은 6초 이하이고, 정격시 동작 전류는 7.5[A] 이하이다.

전기 선로 전환기를 반위로 수동 취급한 다음 스위치를 넣으면 선로 전환기가 원상 위치로 전환되는 이유 중 가장 옳은 것은?

㉮ WLR이 자기유지하고 있으므로
㉯ TR이 여자되어 있으므로
㉰ 전동기 회로에 콘덴서가 있으므로
㉱ 수동 취급한 선로 전환기 위치와 전철 정자 위치가 다르므로

KEY POINT

➲ WR은 자기유지 계전기이다.

해설 WR은 선로 전환기의 전환을 지시하는 계전기로 수동 취급하여 방향을 반대로 전환해도 WR은 자기 상태를 유지하고 있으므로 스위치를 넣으면 원상으로 복귀한다.

  정답 : 4.㉯ 5.㉮ 6.㉱

7 전기 선로 전환기에서 감속 기어 장치에 해당되지 않는 것은?

㉮ 마찰 연축기 ㉯ 중간 기어
㉰ 쇄정자 ㉱ 전환 기어

KEY POINT

➲ **쇄정 장치** : 동작간, 쇄정간, 쇄정자

감속 기어 장치 : 마찰 연축기, 중간 기어, 전환 기어

8 NS형 전기 선로 전환기 설치 및 관리에 관한 사항이다. 잘못된 것은?

㉮ 전동기의 슬립 전류는 마찰 연축기가 미끄러지기 시작하여 1분 이상 경과한 뒤 측정하였을 때 8.5[A] 이하로 한다.
㉯ 쇄정자와 쇄정간 홈과의 간격은 좌우 균등하게 하고 합한 치수가 4[mm] 이하로 한다.
㉰ 클러치는 봄, 가을 년 2회 조정한다.
㉱ 동작 시분은 8초 이하이어야 한다.

KEY POINT

➲ **전기 선로 전환기의 설치 및 관리**

① 전동기의 슬립 전류는 마찰 연축기가 미끄러지기 시작하여 1분 이상 경과한 뒤 측정하였을 때 8.5[A] 이하로 한다. 다만, 동작 전류의 1.2배 이하로 되지 않도록 한다.
② 동작 시분은 6초 이하로 한다.
③ 쇄정자와 쇄정간 홈과의 간격은 좌우 균등하게 하고 합한 치수가 4[mm] 이하로 하고 쇄정자와 쇄정간 홈의 모서리는 둥글게 마모되기 전에 보수하여야 한다.
④ 클러치는 봄, 가을 년 2회 조정한다.

동작 시분은 6초 이하

9 전기 선로 전환기(NS형)에 사용되는 전동기의 기동 방식은?

㉮ 단상 반발 기동 ㉯ 저항식 분상 기동
㉰ 기동 보상기 기동 ㉱ 콘덴서 기동

KEY POINT

➲ 선로 전환기의 전동기는 단상을 사용한다.

기동 시에 큰 토크를 얻을 수 있는 단상 4극 콘덴서 기동 유도 전동기를 사용한다.

정답 : 7.㉰ 8.㉱ 9.㉱

10 교류 NS형 전기 선로 전환기에 사용되는 전동기는?

㉮ 직류 직권 전동기
㉯ 교류 3상 유도 전동기
㉰ 콘덴서 기동형 단상 유도 전동기
㉱ 교류 복권 전동기

KEY POINT

➲ 단상 100/200[V]의 전압으로 사용되는 단상 유도 전동기이고 출력은 750[W] 이하이며 회전자의 농형은 3상 전동기와 거의 같은 구조이다.

해설 문제 9번 참조

11 전기 선로 전환기와 같이 단시간으로 빈번하게 사용하는 직류 전동기로 적당한 전동기는?

㉮ 타여자 전동기
㉯ 분권 전동기
㉰ 복권 전동기
㉱ 직권 전동기

KEY POINT

➲ 직류 전동기

(1) 타여자 전동기
① 부하의 증감에 관계없이 일정한 속도로 회전하고, 속도를 광범위하게 조정할 수 있다.
② 압연기, 엘리베이터 등에 사용

(2) 분권 전동기
① 속도 전동기로서 계자 저항기로 쉽게 회전 속도를 조정할 수 있다.
② 공작 기계, 압연기 등에 사용

(3) 직권 전동기
① 가변 속도 전동기로 무부하가 되면 대단히 높은 속도가 되어서 위험하나 기동시 토크가 큰 것이 장점이다.
② 전동차, 크레인 등에 사용

(4) 복권 전동기(가동 복권 전동기)
① 분권 전동기 보다는 토크가 크고, 무부하가 되어도 직권 전동기와 같이 위험 속도가 되지 않는다.
② 크레인, 엘리베이터, 공작 기계, 공기 압축기 등에 사용

해설 기동 토크가 큰 직류 직권 전동기를 사용한다.

정답 : 10.㉰ 11.㉱

12 교류 NS형 전기 선로 전환기의 동작 과정은?

㉮ 마찰 연축기 ⇒ 전환 기어 ⇒ 중간 기어 ⇒ 전동기 ⇒ 동작간
㉯ 전동기 ⇒ 마찰 연축기 ⇒ 중간 기어 ⇒ 전환 기어 ⇒ 동작간
㉰ 중간 기어 ⇒ 전환 기어 ⇒ 마찰 연축기 ⇒ 전동기 ⇒ 동작간
㉱ 전환 기어 ⇒ 마찰 연축기 ⇒ 중간 기어 ⇒ 전동기 ⇒ 동작간

KEY POINT

선로 전환기 동작 순서
압구 취급(PR) ⇒ 전철 제어 계전기(WR) 동작 ⇒ 전동기(M) ⇒ 마찰 연축기 ⇒ 중간 기어 ⇒ 전환 기어 ⇒ 동작간 ⇒ 쇄정자 ⇒ 쇄정간 ⇒ 회로 제어기(KR) ⇒ 표시

해설 전동기 ⇒ 마찰 연축기 ⇒ 중간 기어 ⇒ 전환 기어 ⇒ 동작간

13 전기 선로 전환기의 동작 순서가 옳은 것은?

㉮ 전환 ⇒ 해정 ⇒ 쇄정 ⇒ 표시　　㉯ 해정 ⇒ 전환 ⇒ 쇄정 ⇒ 표시
㉰ 표시 ⇒ 해정 ⇒ 쇄정 ⇒ 전환　　㉱ 표시 ⇒ 쇄정 ⇒ 해정 ⇒ 전환

KEY POINT

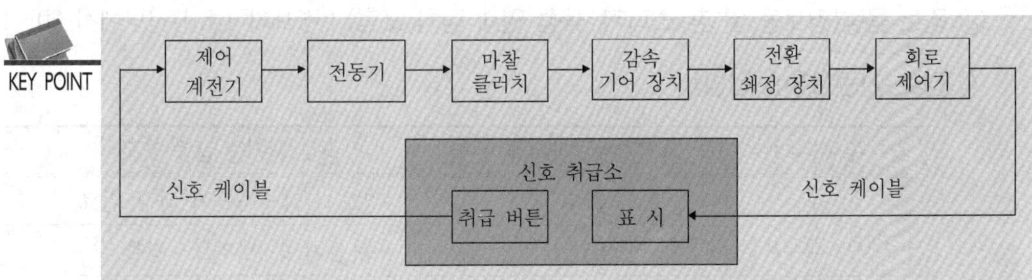

해설 전동기가 동작하기 위해서는 먼저 쇄정이 걸려있는 것을 풀어(해정)야 하며, 해정이 되고 난후 전동기는 전환하고 그 후 다시 쇄정되고 어떤 방향으로 전환되었는지 표시를 해 주어야 한다.

14 교류 NS형 전기 선로 전환기가 전환 도중 해당 궤도 계전기가 무여자로 되었다. 다음 중 옳은 것은?

㉮ 선로 전환기 전환이 중단된다.　　㉯ 즉시 불일치 상태로 된다.
㉰ 전환 전 상태로 복귀한다.　　㉱ 계속 전환 동작한다.

KEY POINT

철사 쇄정 : 궤도가 단락되면 그 궤도에 포함된 선로 전환기를 전환하지 못하도록 하는 쇄정

해설 선로 전환기가 전환 도중에 궤도 계전기가 무여자되어도 WR 계전기가 전환하려는 방향으로 동작되어 있기 때문에 계속 동작한다.

정답 : 12.㉯ 13.㉯ 14.㉱

제 8 장

건널목 제어 기기

1 건널목 보안 설비의 종류

(1) 경보등

건널목 경보 시분은 구간 최고 속도를 감안하여 30초를 기준으로 하고 최소 20초 이상을 확보하도록 설비하고 차단기가 설치되어 있는 개소에서는 차단봉이 하강된 후 열차의 앞부분이 건널목에 도달할 때까지 15초 이상을 확보하여야 한다.

① **경보종의 타종수** : 매분 70~100회(기당)

② **경보종 코일의 전류** : 정격값의 ±10% 이내

③ **경보 음량(경보등 및 혼 스피커, 음성 안내 장치 포함)** : 경보기 1[m] 전방에서 60~130[dB]

④ **경보 기준(1[m] 전방)**

구 분	기 준(Leq, dB[A])	경보 시간중 음량 조정
주 간 (06:00~22:00)	70	경보 시작~차단기 하강 완료
	65	차단기 하강 완료~경보 끝
야 간 (22:00~06:00)	65	경보 시작~차단기 하강 완료
	60	차단기 하강 완료~경보 끝

※ Leq : Level of equivalent, dB[A] : 1시간 동안의 등가 소음

(2) 경보종

① **경보등의 확인 거리** : 45[m] 이상(특수한 경우를 제외하고)

② **경보등의 단자 전압** : 정격값의 0.8~0.9, LED형 경보등 : 정격 전압±20%

③ **경보등 점멸 횟수**

㉮ **일반형 및 현수형 경보기의 인도용** : 매분 50±10[회/min] 점멸(등당)

㉯ **현수형 경보기 차도용은 계속 점등**

2 건널목 보안 장치의 제어 방식

선 별	명 칭	방 식
단선	STB, STI	궤도 회로
	SC	제어자
복선	DTB, DTI	궤도 회로
	DC	제어자
	DDTB, DDTI	궤도 회로 양방향
	DDC	제어자 양방향

3 건널목 제어자의 구성

(1) 점퍼 선단에서 0.06[Ω]의 단락선으로 단락 시

① 2420형(201형)의 계전기 : 무여자

② 2440형(401형)의 계전기 : 여자

(2) 발진 주파수

① 2420(201)형 : 20[kHz]±2[kHz] 이내

② 2440(401)형 : 40[kHz]±2[kHz] 이내

(3) 건널목 제어자의 제어 거리

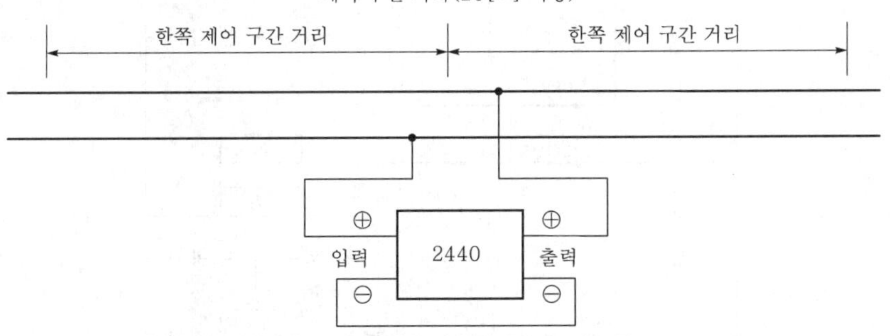

(a) 개전로식(2440형 : 401)

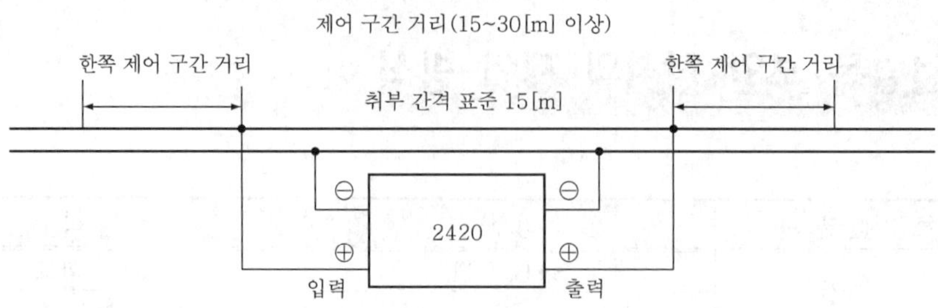

(b) 폐전로식(2420형 : 201)

그림 ⓿ 1-69 **건널목 제어자의 레일 접속**

4 제어 원리

(1) 단선 구간의 제어자 방식(SC)

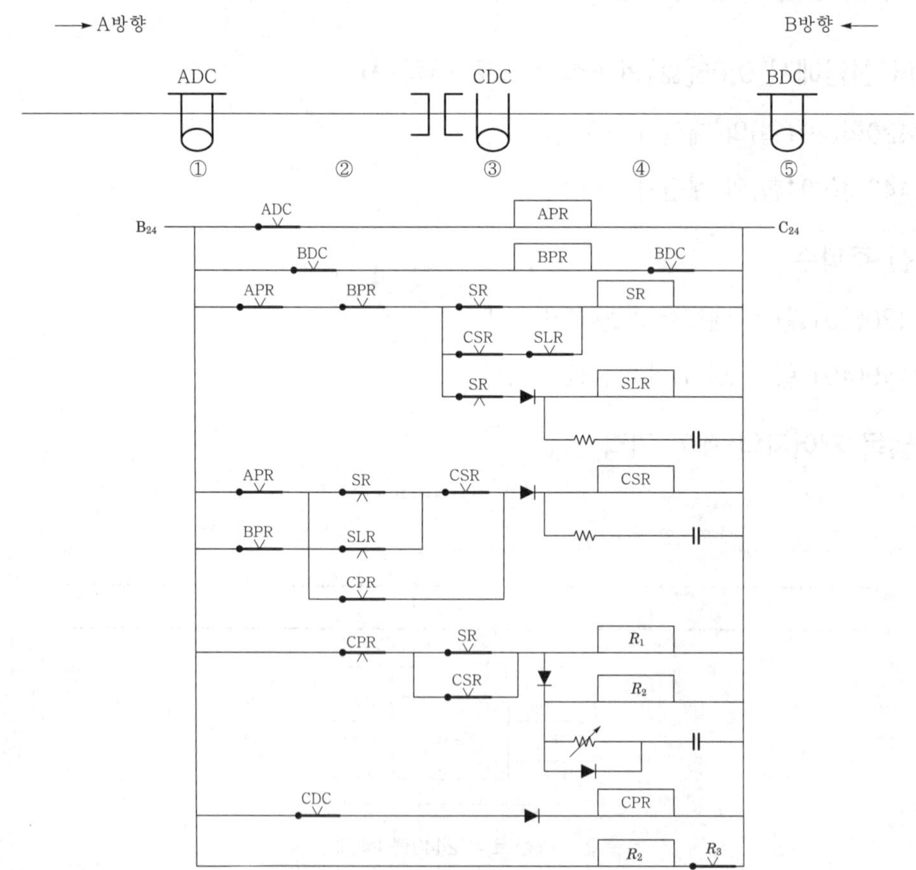

그림 ⓿ 1-70 **단선용 제어기 방식(SC)**

① 열차가 건널목 경보 구간에 없을 때(평상시)

APR↑, BPR↑, CPR↓, SR↑, CSR↓, SLR↓, R_1↑, R_2↑

② ①지점 통과 시(2420)

㉮ APR↓, BPR↑, CPR↓, SR↓, CSR↓, SLR↓, R_1↓, R_2↓

㉯ 열차가 ADC의 제어 지점에 진입 ⇒ ADC↓⇒ APR↓⇒ SR↓⇒ R_1↓⇒ 경보 시작

㉰ R_1↓⇒ 약 10[sec] 후 ⇒ R_2↓ ⇒ 차단기 하강

③ ②지점에 있을 때

㉮ APR↑, BPR↑, CPR↓, SR↓, CSR↓, SLR↑, R_1↓, R_2↓

㉯ 열차가 ADC 제어 지점을 완전히 통과한 후 CDC 제어 지점에 도달하지 않은 중간에 있을 때 ⇒ ADC↑⇒ SR↓⇒ SLR↑

④ ③지점 통과 시

㉮ APR↑,BPR↑, CPR↑, SR↑, CSR↑, SLR↑, R_1↓, R_2↓

㉯ CDC↑⇒ CPR↑⇒ CSR↑⇒ CSR의 자기 접점 및 SR↓ 조건 ⇒ 자기 유지

㉰ CSR↑, SLR↑⇒ SR↑⇒ 자기 유지 ⇒ SR↑ 조건으로 SLR↓

⑤ ④지점에 있을 때

㉮ APR↑, BPR↑, CPR↓, SR↑, CSR↑, SLR↓, R_1↑, R_2↑

㉯ CDC↓⇒ CPR↓⇒ CPR↓, SR↑, CSR↑ 조건 ⇒ R_1↑⇒ 경보 종료, 차단기 상승

⑥ ⑤지점 통과 시(2420)

㉮ APR↑, BPR↓, CPR↓, SR↓, CSR↑, SLR↓, R_1↑, R_2↑

㉯ BDC↓⇒ BPR↓⇒ SR↓

⑦ ⑤지점 통과 후

㉮ APR↑, BPR↑, CPR↓, SR↑, CSR↓, SLR↑↓, R_1↑, R_2↑

㉯ BDC↑⇒BPR↑⇒SR↓ 조건으로, SLR 순간 여자, SR↑ 복귀 ⇒CSR↓, SLR↓⇒평상시 상태 유지

⑧ B방향에서의 열차가 진입할 때도 같은 원리로 작동

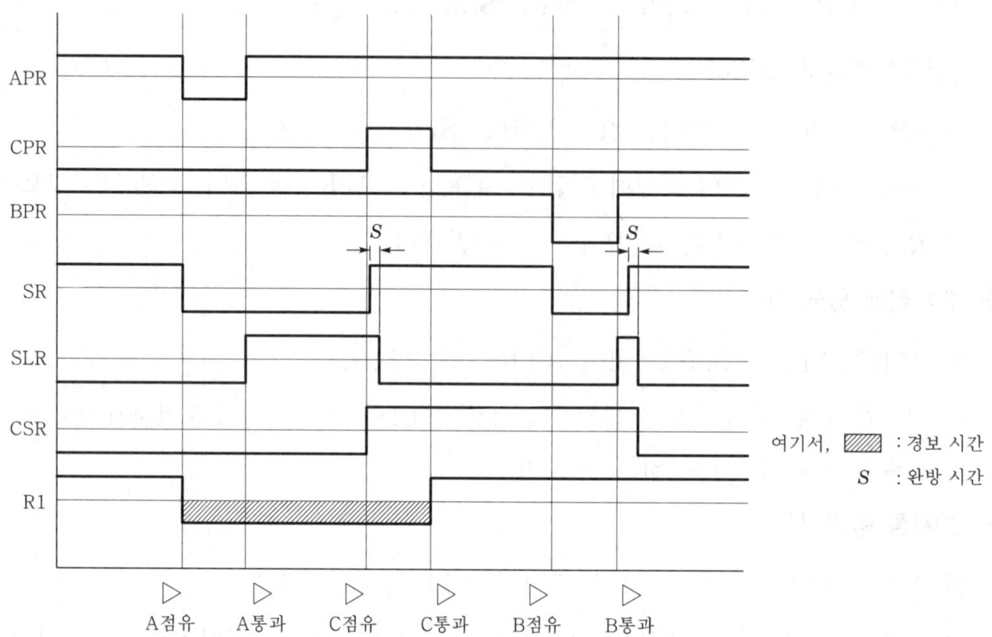

그림 ⬆ 1-71 **타임 차트(완방 계전기를 이용한 단선 제어자식)**

(2) 복선 구간의 제어 원리(DC)

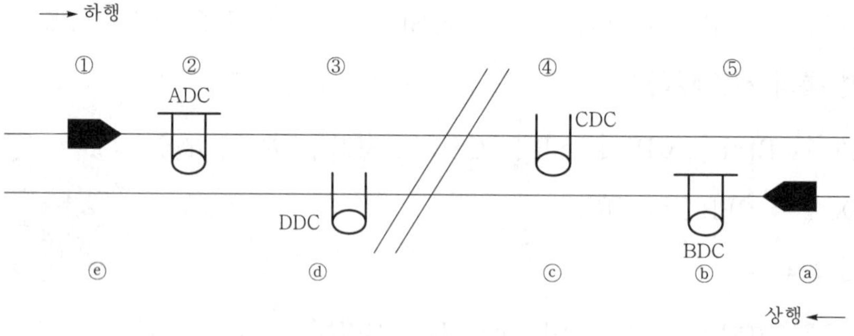

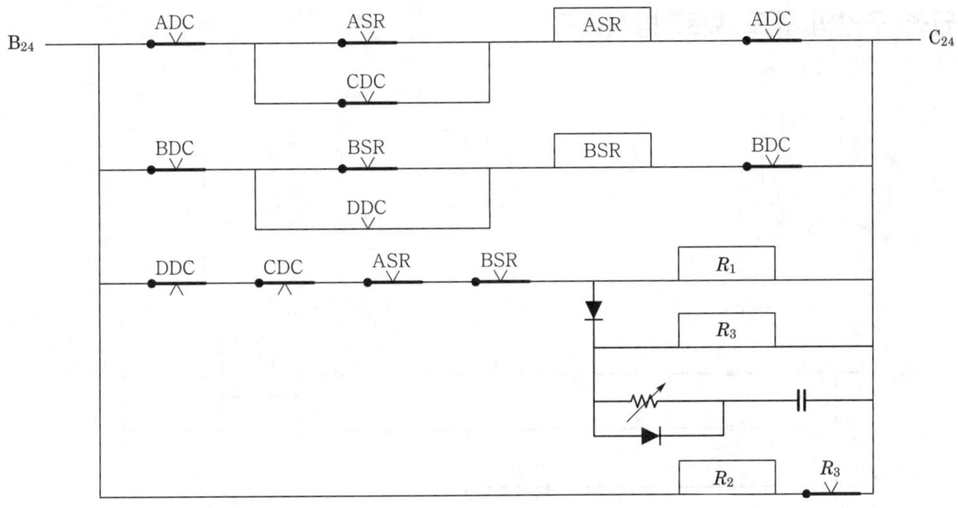

그림 1-72 복선 제어자 방식 경보 제어 회로(DC)

① 평상시(건널목 경보 구간에 열차가 없을 때)

ADC↑, BDC↑, CDC↓, DDC↓

② 열차가 하행 방면으로부터 ADC 제어 지점에 진입하였을 때

㉮ ADC↓⇒ ASR↓ ⇒ R_1↓ ⇒ 경보 시작 ⇒ 약 10[sec] 후 ⇒ R_2↓ ⇒ 차단기 하강

㉯ ASR 계속 낙하되어 있으므로 경보 작동은 지속

③ 열차가 ADC 제어 지점을 완전히 벗어날 때

ASR은 계속 낙하되어 있으므로 경보 작동은 지속

④ 열차가 CDC 제어 지점에 진입할 때

CDC↑⇒ ASR↑

⑤ 열차가 CDC 제어 지점을 완전히 벗어날 때

CDC↓⇒ R_1↑, R_2↑ ⇒ 경보 및 차단기는 평상 상태로 복귀

⑥ B방향에서 열차가 진입할 때에도 같은 원리로 작동

(3) 단선 구간의 궤도 회로 방식(ST)

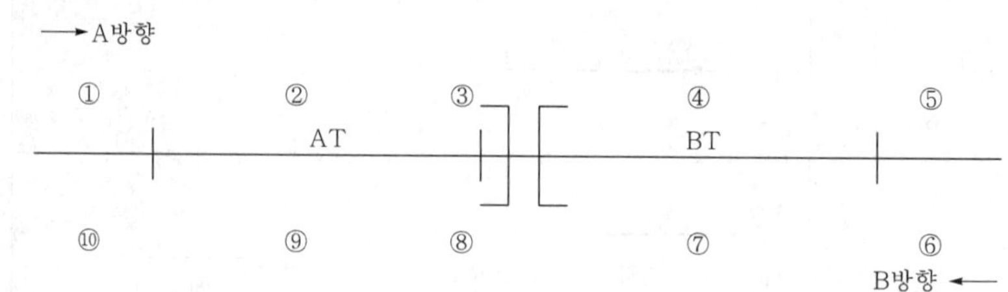

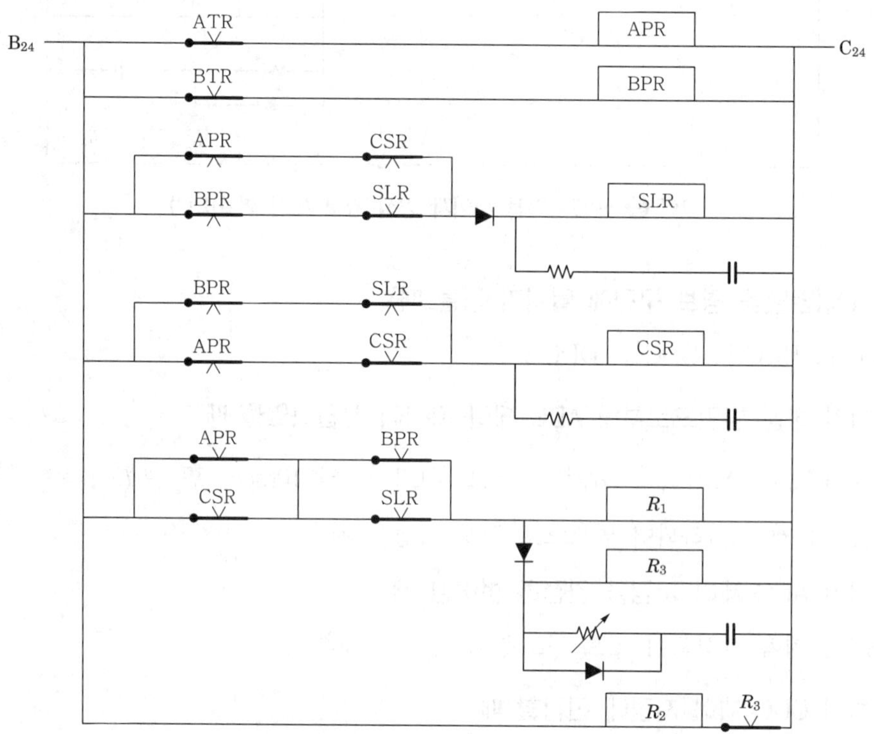

그림 ⬆ 1-73 단선 궤도 회로 경보 제어 회로(ST)

① 평상시(열차가 건널목 경보 구간에 없을 때)

APR↑, BPR↑, R_1↑, R_2↑, SLR↓, CSR↓

② 열차가 A방향에서 AT에 진입할 때

㉮ ATR↓⇒ APR↓⇒ CSR↓⇒ R_1↓⇒ 경보 시작 ⇒ R_2↓ ⇒ 차단기 하강

㉯ APR↓, CSR↓⇒ SLR↑

③ 열차가 AT 및 BT를 동시에 점유하고 있을 때

BTR↓⇒ BPR↓

④ 열차가 AT를 완전히 지난 후 BT를 점유할 때

ATR↑⇒ APR↑⇒ BPR↓, SLR↑⇒ R_1↑⇒ 경보 중단 ⇒ R_2↑⇒ 차단기 상승

⑤ 열차가 BT를 완전히 벗어날 때

BTR↑⇒ BTR↑⇒ SLR↓⇒ 평상시 상태를 계속 유지

⑥ 열차가 B방향에서 진입할 때도 같은 원리로 작동

(4) 복선 구간의 제어 원리(DT)

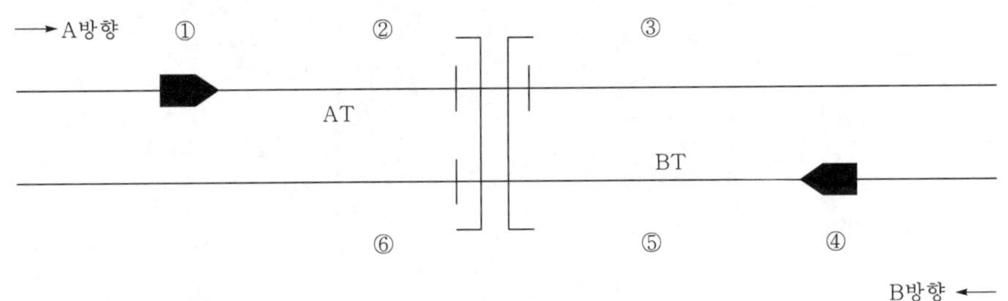

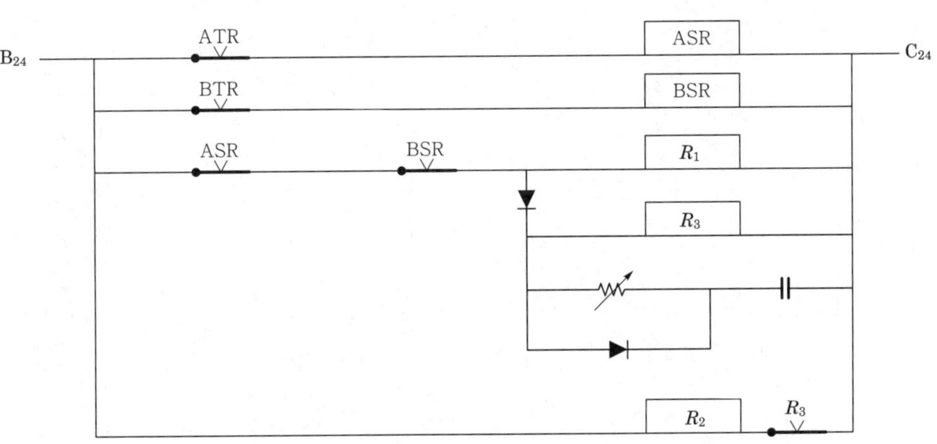

그림 1-74 복선 궤도 회로 경보 제어 회로(DT)

① 평상시(열차가 건널목 경보 구간에 없을 때)

ASR↑, BSR↑, R_1↑, R_2↑

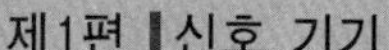

② 열차가 A방향에서 AT에 진입할 때

㉮ ATR↓⇒ ASR↓되고 ASR↓으로 R_1↓⇒ 경보 시작

㉯ R_1↓⇒ 약 10[sec] 후 ⇒ R_2↓⇒ 차단기 하강

③ 열차가 AT 구간을 벗어날 때

ATR↑⇒ ASR↑⇒ R_1↑, R_2↑⇒ 경보 정지, 차단기 상승 ⇒ 평상시 상태로 복귀

④ B방향에서 열차가 진입할 때도 같은 원리로 동작

단원핵심문제

1 건널목 제어자 201형의 특성에 대한 설명이다. 옳지 않은 것은?

㉮ 제어 구간 길이는 10~15[m]이다.
㉯ 폐전로식이다.
㉰ 발진 주파수는 20[kHz]이다.
㉱ 경보 시점에 설치한다.

KEY POINT

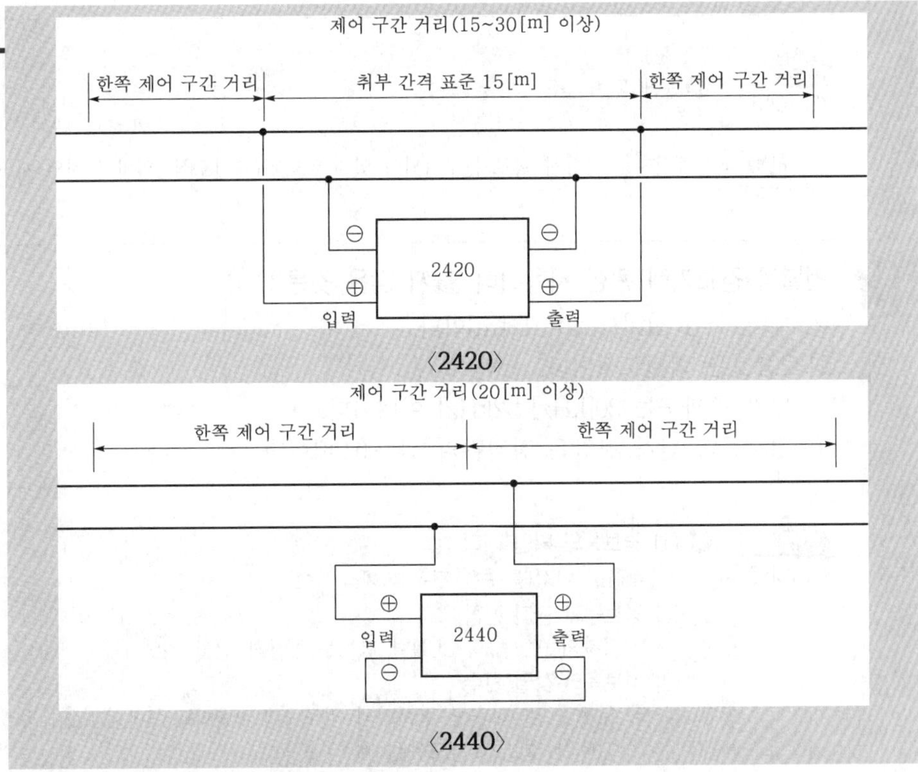

〈2420〉

〈2440〉

해설
① 시점쪽 2420(201) : 15~30[m]
② 종점쪽 2440(401) : 20[m]

2 건널목 경보기에서 점퍼 선단이 0.06[Ω]의 단락선으로 단락시켰을 때 어떤 계전기가 낙하되어야 하는가?

㉮ 201형(2420형)
㉯ 401형(2440형)
㉰ 경보종
㉱ 경보등

정답 : 1.㉮ 2.㉮

KEY POINT

➲ 2420(201) : 폐전로식, 2440(401) : 개전로식

점퍼선으로 단락하였을 때 낙하한다는 것은 폐전로식을 의미한다.

3 다음 중 401형 건널목 제어자의 회로 구성 방식은?

㉮ 궤도 회로식　　㉯ 개전로식

㉰ 폐전로식　　㉱ 절충식

KEY POINT

➲ 문제 2번 참조

401 제어자는 평상시 회로가 구성되어 있지 않다가(개전로식) 열차가 진입 시 회로가 구성된다.

4 건널목 경보기에 관한 사항이다. 옳지 않은 것은?

㉮ 제어 구간 길이는 10~15[m]이다.

㉯ 201형은 폐전로식이다.

㉰ 발진 주파수는 20[kHz]±2kHz] 이내이다.

㉱ 경보등의 단자 전압은 정격값의 0.8~0.9배이다.

KEY POINT

➲ (1) 경보등의 확인 거리
45[m] 이상(특수한 경우를 제외하고)

(2) 경보등의 단자 전압
정격값의 0.8~0.9, LED형 경보등 : 정격 전압±20%

(3) 경보등의 점멸 횟수
① 일반형 및 현수형 경보기의 인도용 : 매분 50±10[회/min] 점멸(등당)
② 현수형 경보기 차도용은 계속 점등

(4) 발진 주파수
① 2420(201)형 : 20[kHz]±2[kHz] 이내
② 2440(401)형 : 40[kHz]±2[kHz] 이내

(5) 제어 구간의 길이
① 시점쪽 2420(201) : 15~30[m]
② 종점쪽 2440(401) : 20[m]

제어 구간의 길이는 15~30[m]이다.

정답 : 3.㉯ 4.㉮

철도 건널목 제어 유닛 중 단선, 복선에 공히 사용할 수 있는 것은?

㉮ DC형 제어 유닛 ㉯ ST형 제어 유닛
㉰ DT형 제어 유닛 ㉱ C형 제어 유닛

KEY POINT

➲ 건널목 제어 방식

선 별	명 칭	방 식
단 선	STB, STI	궤도 회로
	SC	제어자
복 선	DTB, DTI	궤도 회로
	DC	제어자
	DDTB, DDTI	궤도 회로 양방향
	DDC	제어자 양방향

※ S : Single, D : Double, T : Track, B : Bias, I : Impuls, C : Control

해설 C형 유닛이 단선, 복선 공히 사용할 수 있는 제어자이다.

건널목 제어자를 처음 설치할 때 특히 주의해야 할 사항 중 옳은 것은?

㉮ 극성 ㉯ 전압
㉰ 전류 ㉱ 주파수

KEY POINT

➲ **(1) 건널목 제어자의 설치 개소**

궤도 회로 구간에서 폐색 궤도 회로의 길이가 건널목 제어 구간의 길이와 일치하지 않거나 건널목이 2, 3개소씩 중첩된 구간과 역간에 궤도 회로가 구성되어 있지 않는 비궤도 회로 구간에 사용

(2) 설치 위치

① 시점 : 폐전로식(2420형)
② 종점 : 개전로식(2440형)

(3) 동작 방법

제어자를 레일에 접속하고 고주파를 레일에 통하게 하여 건널목을 제어하는 방식

(4) 제어자의 구성

20[kHz] 또는 40[kHz]의 고주파를 이용하여 발진부, 여파부, 입·출력 변성기, 계전기 및 단자반, 가변 인덕턴스(10단계 조절) 등

(5) 제어자의 작동 원리

전원(직류 전원) ⇒ 트랜지스터를 사용한 LC 발진 회로 ⇒ 20[kHz] 또는 40[kHz]를 발진 ⇒ T_3 변성기 ⇒ 일부를 귀환시켜 출력 단자에 출력

① 폐전로식(2420형) : 입력 단자에서 들어오는 귀환 전압은 대역·여파기(BPF)를 통하여 규정 주파수만을 동일 트랜지스터로 증폭하여 T_3 변성기를 통하여 다이오드로 전파 정류하여 계전기를 여자시키므로 출력 또는 입력 단자 사이를 열차의 차축으로 단락하면 계전기는 무여자한다.
② 개전로식(2440형) : 입·출력 단자의 단자 사이를 연결하고 출력 단자와 입력 단자를 각각 레일에 연결(점퍼선)하여 구성

정답 : 5.㉱ 6.㉮

 극성이 맞지 않으면 오동작의 우려가 있다.

 **다음 중 건널목 경보 장치에 건널목 제어기를 사용하는 이유가 아닌 것은?**

㉮ 건널목 제어장이 서로 다를 때
㉯ 건널목이 중첩된 곳
㉰ 전철 구간 등 별도 궤도 회로 구성이 곤란한 곳
㉱ 신호 케이블의 소요가 적으므로

 ➲ 문제 6번 참조

 궤도 회로 방식은 착전 궤도를 건널목 유닛 방향에 두면 케이블 길이가 적어지나(10[m] 이하) 제어기를 사용하는 개소는 시점까지(건널목 유닛에서 보통 800[m] 이상) 케이블을 포설해야 함으로 케이블 소요가 많다.

 **다음 중 연속 제어법으로 사용하는 것은?**

㉮ 궤도 회로 ㉯ WR
㉰ SR ㉱ 궤도 접촉기

 ➲ 건널목의 점 제어자 방식은 불연속 제어법이다.

 궤도 회로를 사용하는 방식이 연속 제어법이다.

 **건널목 경보 장치의 경보 제어 방법 중 자동 신호 구간에서는 어떤 방식을 사용하는 것을 원칙으로 하는가?**

㉮ 신호 현시 방식 ㉯ 궤도 회로식
㉰ 점 제어식 ㉱ 속도 조사식

 ➲ 자동 신호 구간의 건널목 경보 제어 방식은 궤도 회로(연속 제어) 방식을 사용하는 것이 원칙이나 부득이한 경우 점 제어자(불연속 제어) 방식으로 한다.

 연속 제어 방식인 궤도 회로식을 사용한다.

  정답 : 7.㉱ 8.㉮ 9.㉯

10 건널목 경보기에서 경보등의 점멸 횟수는 등당 몇 [회/min]인가?

㉮ 20±5　　㉯ 30±5

㉰ 40±10　　㉱ 50±10

KEY POINT

(1) 경보종의 타종 수

매분 70~100회(기당)

(2) 경보종 코일의 전류

정격값의 ±10% 이내

(3) 경보 음량(경보등 및 혼 스피커, 음성 안내 장치 포함)

경보기 1[m] 전방에서 60~130[dB]

(4) 경보 기준(1[m] 전방)

구 분	기준(Leq, dB[A])	경보 시간 중 음량 조정
주 간 (06:00~22:00)	70	경보 시작~차단기 하강 완료
	65	차단기 하강 완료~경보 끝
야 간 (22:00~06:00)	65	경보 시작~차단기 하강 완료
	60	차단기 하강 완료~경보 끝

※ Leq : Level of equivalent, dB[A] : 1시간 동안의 등가 소음

(5) 경보종

① 경보등의 확인 거리 : 45[m] 이상(특수한 경우를 제외하고)

② 경보등의 단자 전압 : 정격값의 0.8~0.9

LED형 경보등 : 정격 전압±20%

(6) 경보등 점멸 횟수

① 일반형 및 현수형 경보기의 인도용 : 매분 50±10[회/min] 점멸(등당)

② 현수형 경보기 차도용은 계속 점등

해설 일반형 및 현수형 경보기의 인도용은 매분 50±10[회/min] 점멸(등당)하도록 조정한다.

정답 : 10.㉱

제 9 장 기타 장치

1 폐색 장치

(1) 폐색 방식의 종류

① **상용 폐색 방식**

㉮ **복선 구간** : 자동 폐색식, 연동 폐색식, 차내 신호 폐색식

㉯ **단선 구간** : 자동 폐색식, 연동 폐색식, 통표 폐색식

② **대용 폐색 방식**

㉮ **복선 운전을 할 때** : 통신식

㉯ **단선 운전을 할 때** : 지도 통신식, 지도식

(2) 폐색 장치 특성

① **자동 폐색 장치** : 궤도 회로와 열차 자체에 의하여 자동으로 제어

② **연동 폐색 장치** : 열차를 출발시키는 정거장과 상대 정거장과의 폐색 수속을 한 후에만 출발 신호기를 현시

㉮ 쌍방이 동시에 정당한 폐색 수속을 하기 전에는 동작하지 말 것

㉯ 자기유지 회로가 구성되면 폐색 표시 회로가 신속하게 구성될 것

㉰ 관계 궤도 회로가 점유되었을 때에는 폐색 수속이 되지 않을 것

㉱ 폐색 수속 후 관계 궤도 회로가 단락되면 진행중 현시를 할 것

③ **연동 폐색 회선 유류** : 2[mA] 이하

④ **통표 주는 걸이, 받는 걸이**

㉮ 받는 걸이는 기둥의 중심이 궤도 중심으로부터 2.20[m](구형 2.65[m])

㉯ 주는 걸이는 기둥의 중심이 궤도 중심으로부터 2.46[m]

㉰ 받는 걸이와 주는 걸이간의 간격은 33[m]를 표준으로 한다.

㉱ 레일면으로부터 주고받는 걸이의 최상부까지의 높이

㉠ 받는 걸이 : 2.10[m]

㉡ 주는 걸이 : 2.08[m]

2 궤도 회로 장치

(1) 궤도 회로의 극성

① 인접 궤도 회로와 이극으로 구성 : 3위식에서 2위식으로 갈 때 동극으로 할 수 있다.

② 레일 절연이 파손된 경우 또는 인접 궤도 회로와의 사이에 궤조 절연을 단락했을 때 궤도 계전기가 낙하되어 안전측으로 동작

③ 임펄스 궤도 회로의 송신기 및 송전 임피던스 본드의 연결은 극성을 정확하게 맞출 것

④ AF 궤도 회로는 인접하는 궤도 회로 또는 병행하는 궤도 회로 상호간에는 사용하는 주파수를 다르게 할 것

(2) 궤도 단락 감도

① **임피던스 본드 및 AF(TI21형 제외) 사용 구간** : 맑은 날 0.06[Ω] 이상

② **기타 구간** : 맑은 날 0.1[Ω] 이상

③ **단락 감도의 측정 위치**

㉮ **직류 궤도 회로** : 송전단의 레일 위

㉯ **교류 궤도 회로** : 착전단의 레일 위

㉰ **병렬 궤도 회로** : 병렬 부분의 끝 레일 위

(3) 본드류

① 레일 취부 부분은 레일에 완전하게 접착될 것

② 이극 레일에 접촉하지 않을 것

③ 접속 저항은 궤도 전압이 일정하도록 최소치로 할 것

(4) 계전기의 단자 전압

① **궤도 계전기 단자 전압** : 정격값의 1.1~1.3배

② **TI21형 궤도 계전기** : 정격값의 0.9~1.1배

(5) 고속선 AF(UM71C) 궤도 회로

① **기능** : 무절연 AF 궤도 회로(역 구내 유절연 AF 궤도 회로)

㉮ 열차 위치 검지

㉯ 레일 절손 검지

㉰ 전차선 전류 고주파 성분 제거

㉱ 전차선 귀선 전류의 배제

㉲ 운행 정보 전달

② **구성**

㉮ **실내 설비**

㉠ 궤도 회로 송신기

ⓐ 반송 주파수

- 궤도(하선) : F_1=2,040[Hz], F_3=2,760[Hz]
- 궤도(상선) : F_2=2,400[Hz], F_4=3,120[Hz]

ⓑ 신호, 반송 주차수 변조 기능 및 변조 신호 증폭 기능

ⓒ TVM430의 WCE(Wayside Computerized Equipment) 설비에 내장

㉡ 궤도 회로 수신기

ⓐ DC 24[V]를 사용하여 수신되는 코드 신호의 품질과 진폭을 최종 분석

ⓑ 신호 가, 부에 따라 궤도 계전기를 여자, 무여자 동작

ⓒ 수신기는 2개의 모듈 박스(module box)에 조합

㉢ 궤도 계전기

ⓐ 15[℃]에서 선륜 저항을 가진다.

ⓑ 전원 : DC 24[V]

ⓒ 최대 여자 전류 : 64[mA]

ⓓ 최소 리셋 전류 : 20[mA]

㉣ 거리 조정기 : 한 궤도 회로의 송신기, 수신기의 케이블 길이가 동일하게 구성되

도록 전류를 감쇄시키기 위해 사용하며 운행 정보 전송을 위한 반전을 용이하게 한다.

㉯ **실외 설비**

㉠ 동조 유닛(TU : Turning Unit)

ⓐ TU의 임피던스는 주파수와 관계되어 캐패시터에 의해 결정

ⓑ ACI와 동조 회로를 구성하며 최대 임피던스값을 이용

㉡ 공심 유도자(ACI : Air Core Inductor)

ⓐ LC 공진 회로의 Q값 개선

ⓑ 전차선 귀선 전류 재조정에 사용

㉢ MU(Matchinf Unit) : 궤도와 궤도 송신기, 수신기 사이의 임피던스 정합에 사용

㉣ 보상 콘덴서 : 선로의 캐패시터를 증가시켜 길이의 인덕턴스를 보상하고, 전송을 개선시킨다.(100[m] 간격으로 일정하게 설치)

(6) 레일 절연 삽입 개소에 대한 작업 시 유의해야 될 사항

① 레일의 마모 및 끝달림 제거 여부

② 레일 이음매의 간격과 이음매 처짐 여부

③ 자갈의 다지기(1, 2종 기계 작업 포함) 시 시설물 접촉 여부

④ 침목과 스파이크 및 스크루 볼트의 위치 조정 시 시설물 접촉 여부

⑤ 절연물 탈락 또는 단락 우려 시

3 전차선 절연 구간 예고 지상 장치

(1) 송신기와 지상자의 간격은 20[m] 이내로 한다.

(2) 고장 표시반은 송신기 1, 2계 상태를 상시 감시할 수 있도록 하여야 한다.

(3) 취부 위치는 속도 조사식에 준하여 설치한다.

(4) 특성의 조정 범위는 다음과 같다.

① **송신 주파수** : 68[kHz]±68[Hz]

② **전원 전압**

㉮ **입력측** : AC 110, 220[V]±10[V](60[Hz]) 이하 또는 AC 600[V]±10[V](60[Hz]) 이하

㉯ **출력측** : DC 15/24[V]±0.2%

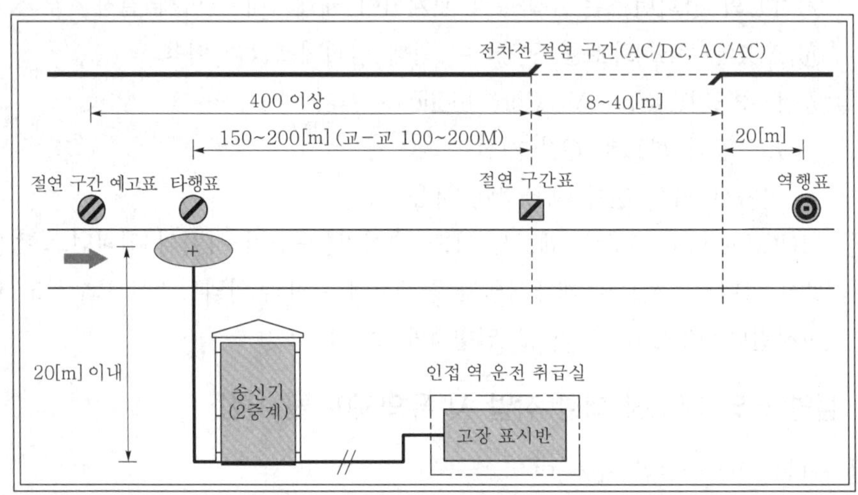

그림 1-75 **설치도**

4 열차 자동 제어 장치(A.T.C)

(1) 개 요

열차 자동 제어 장치라 함은 열차의 운행 조건에 따라 차상 장치로 정보를 송신하여 열차 또는 차량을 자동으로 제어하는 설비이다.

(2) ATC 지상 장치

① **전원 전압**

㉮ **입력** : AC 110/220[V]±10% 60[Hz]

㉯ **출력** : DC 24[V]±0.2%

② **송신 출력 전압** : V_o 단자에서 측정 초기 설정치 ±2[dB] 이내일 것

③ **송신 출력 전류** : 각 단자에서 측정 초기 설정치 ±2[dB] 이내일 것

④ **AF 궤도 회로 수신 입력** : 대역 필터(BPF) 출력 단자에서 측정 +6~−2[dB] 이내일 것

⑤ **AF 궤도 회로 수신 계전기(정격 : 7.5[V])의 단자 전압** : 정격값의 0.9~1.2배 이내

⑥ **열차 검지 주파수** : V_o 단자에서 측정하여 TD±10[Hz] 이내
TD = 1590, 2670, 3870, 5190[Hz]

⑦ **속도 제어 주파수** : V_o 단자에서 측정하여 C±2% 이내
C = 3.2(Yard Mode, 25[km/h]), 5.0(25[km/h]), 6.6(40[km/h]), 8.6(60[km/h]), 10.8(70[km/h]), 13.6(80[km/h]), 16.8(Yard Cancel)

⑧ **신호 파형의 M/S비(M : S=1 : 1±0.15 이내)**

⑨ AF 궤도 회로의 수전단 레일을 단락하고 단락점에서 송신측으로 1[m] 지점의 레일 전류가 60~500[mA]를 유지

(3) 신호 속도 코드

차량 및 선로의 조건에 따라 25~80[km/h]로 하며, 차량 입환 시에는 야드 모드(25[km/h] 이하)

(4) 임시 속도 코드

"STOP" 또는 25[km/h] 이하의 속도 코드가 송신

(5) ATC Loop 코일

전류는 250[mA] 이상

(6) 임피던스 본드

① 임피던스 본드와 일차 선륜의 편측을 레일에서 차단하였을 때 궤도 계전기는 낙하할 것

② 임피던스 본드와 정합 트랜스와의 리드선 길이 : 12[m] 이내

5 열차 집중 제어 장치(C.T.C)와 신호 원격 제어 장치(R.C)

(1) 열차 집중 제어 장치

한 지점에서 광범위한 구간의 다수의 신호 설비를 집중 제어하는 설비이다.

① 주컴퓨터는 2중계로 구성하고 계 절체 시 정보 지연 및 현장 정보의 손실이 발생되지 않도록 한다.

② 네트워크는 2중계로 구성하고 고장 시에도 주컴퓨터 및 주변 기기는 계 절체 없이 정상 기능을 유지하여야 한다.

③ 운영 데이터는 최소 24시간 이상 보관하여 필요시 프로그램에 의한 재현 또는 프린터로 출력할 수 있어야 한다.

④ 신호기는 진로 취급 후 4초 이내, 선로 전환기는 진로 취급 후 10초 이내에 현장 제어 표시가 이루어지도록 한다.

(2) 신호 원격 제어 장치

한 역에서 다른 역의 신호 설비를 제어하는 장치이다.

① 제어역과 피제어역 양역간 궤도 회로는 조작판에 동일하게 표시한다.

② 궤도 회로 경계 표지 번호는 도착역에서 출발역 쪽으로 향하여 장내 신호기의 다음 표지를 1로 하고 이하 순차적으로 표시한다.

③ 궤도 회로 경계 표지는 현장 궤도 회로를 1개 이상 묶어 사용할 수 있으며, 궤도 회로 경계 표지 사이의 거리는 1,000~1,500[m] 이내로 한다.

④ 주 기기의 고장 발생시 대기 중인 예비 기기로 즉시 전환되어 사용에 지장이 없도록 유지한다.

⑤ 신호 원격 제어 장치와 CTC 장치 전원 전압 : 정격 전압의 ±5% 이내

6 전원 장치

(1) 정류기

① 부동 또는 균등 충전 시 소정의 출력 전압 범위를 유지한다.

② 정전 회복 후 축전지의 충전 시 과대 전류가 흐르지 않도록 한다.

③ 출력 전압 변동률 : 정격 전압의 ±3% 이내

(2) 전원 절체기

① 수동으로 절체할 때에는 신속하고 확실하게 하여야 한다.

② 배전반 또는 전원실의 자동 절체기는 지정된 범위를 벗어날 경우 자동 절체되어야 한다.

(3) 자동 전압 조정기

① 입력 전압의 20% 이내의 변동에 대하여 출력 전압은 거의 일정해야 한다.

② 주파수 조정이 가능한 것은 주파수의 10% 이내의 변동에 대해서도 거의 일정하여야 한다.

(4) 무정전 전원 장치

출력 전원의 전압 안정도는 ±5% 이내

단원핵심문제

1 경부 고속 철도의 궤도 회로 장치 중 현장 설비가 아닌 것은?

㉮ TU ㉯ ACI

㉰ TAD430 ㉱ ACINSI-LF430

KEY POINT

현장 설비

① TU(Tunning Unit) : UM71형 궤도 회로에 사용하는 동조 유닛
- BU 타입 : 무절연 궤도 회로
- BA 타입 : 유절연 궤도 회로

② ACI(Air Core Inductor : 공심 유도자)
- 동조 회로의 특성 계수 개선(LC 공진 회로의 Q값 개선)
- 전차선 전류를 제한시켜 평형 유지(전차선 귀선 전류 재조정에 사용)

③ TAD430(Matching unit for continuous transmission)
- 매칭 트랜스(연속 정보 전송용)

해설 ACINSI-LF430은 가상 코일로서 기계실 설비이다.

2 경부 고속 철도 궤도 회로 설비 중 레일에 설치되는 보상 콘덴서의 용량은?

㉮ 11[μF] ㉯ 25[μF]

㉰ 33[μF] ㉱ 44[μF]

KEY POINT

보상용 콘덴서 : 선로의 캐패시터를 증가시켜 궤도 길이의 인덕턴스를 보상하고, 전송을 개선시킨다.(100[m] 간격으로 일정하게 설치)

해설 보상 콘덴서의 용량은 25[μF]이다.

3 다음 중 UM71C-TVM430 궤도 회로에 대한 설명으로 틀린 것은?

㉮ 송신기, 수신기, 궤도 계전기, 매칭 유닛, 동조 유닛으로 구성된다.

㉯ 열차 운행에 필요한 속도 정보 등을 차상으로 전송한다.

㉰ 차상으로 전송하는 27[bit] 중 실제 사용 비트는 21[bit]다.

㉱ 궤도 회로에 흐르는 연속 정보 전송은 디지털 형태이다.

정답 : 1.㉱ 2.㉯ 3.㉱

KEY POINT

➲ (1) 설비의 구성
① 실내 설비 : 송신기, 수신기, 궤도 계전기, 거리 조정기 등
② 실외 설비 : 동조 유닛, 공심 유도자, MU, 보상 콘덴서 등

(2) 정보의 구성
27비트로 구성된 저주파로 27[bit] 메시지는 N/P 모드의 5개 워드(words)로 구성

3[bits]	8[bits]	6[bits]	4[bits]	6[bits]
시스템 주소	속도율	목표 거리	경사도	에러 감시용

해설 궤도 회로에 흐르는 연속 정보 전송은 아날로그 형태이다.

4 역간 폐색 수속이 이루어져야만이 출발 신호가 현시될 수 있는 폐색 방식은?

㉮ 연동 폐색
㉯ 통표 폐색
㉰ 쌍신 폐색
㉱ 표권식

KEY POINT

➲ (1) 연동 폐색 장치
열차를 출발시키는 정거장과 상대 정거장과의 폐색 수속을 한 후에만 출발 신호기를 현시
① 쌍방이 동시에 정당한 폐색 수속을 하기 전에는 동작하지 말 것
② 자기유지 회로가 구성되면 폐색 표시 회로가 신속하게 구성될 것
③ 관계 궤도 회로가 점유되었을 때에는 폐색 수속이 되지 않을 것
④ 폐색 수속 후 관계 궤도 회로가 단락되면 진행중 현시를 할 것

(2) 연동 폐색 회선 유류
2[mA] 이하

해설 연동 폐색 방식은 열차를 출발시키는 정거장과 상대 정거장과의 폐색 수속을 한 후에만 출발 신호기를 현시하는 방식이다.

5 폐색 회선의 유류는 연동 폐색 회선은 몇 [mA]인가?

㉮ 2
㉯ 3
㉰ 4
㉱ 5

KEY POINT

➲ 문제 4번 참조

해설
① 연동 폐색 회선 유류 : 2[mA]
② 통표 폐색 회선 유류 : 5[mA]

정답 : 4.㉮ 5.㉮

6 원방 신호기가 진행을 현시하고 있을 때 장내 신호기가 정위로 될 수 없도록 하는 쇄정은 어느 것인가?

㉮ 반위 쇄정　　㉯ 정위 쇄정
㉰ 철사 쇄정　　㉱ 표시 쇄정

KEY POINT

➲ ① **철사 쇄정** : 선로 전환기가 있는 궤도 회로를 열차가 점유하고 있을 때 그 선로 전환기를 전환할 수 없도록 하는 쇄정
② **표시 쇄정** : 정지 정위인 신호기가 정지로 복귀되어 그 표시가 확인될 때까지 관계 진로를 쇄정하는 것
③ **정위 쇄정** : 갑의 버튼을 반위로 했을 때 을의 버튼을 정위로 쇄정하고, 을의 버튼이 반위로 있을 때는 갑의 버튼을 반위로 할 수 없는 쇄정(신호기와 신호기간의 쇄정)

해설

반위 쇄정 : 갑과 을의 상호간에서 을의 버튼을 반위로 하고 갑의 버튼을 반위로 하였을 때 을의 버튼은 반위로 쇄정되고, 을의 버튼이 정위일 때는 갑의 버튼은 정위로 각각 쇄정하는 것
① 원방 신호기와 주체의 신호기
② 안전 측선이 있는 출발 신호기와 선로 전환기

7 정거장에 진입할 열차에 대하여 정거장 안쪽으로 진입 가부를 지시하는 신호기는?

㉮ 장내 신호기　　㉯ 출발 신호기
㉰ 폐색 신호기　　㉱ 유도 신호기

KEY POINT

➲ 신호기의 종류
① 장내 신호기 : 정거장으로 들어오는 열차에 대해 설비한 신호기
② 출발 신호기 : 정거장에서 나가는 열차에 대해 설비한 신호기
③ 폐색 신호기 : 폐색 구간으로 들어오는 열차에 대해 설비한 신호기
④ 유도 신호기 : 장내 신호기에 진행을 지시하는 신호를 현시해서는 안 되는 경우 정거장으로 들어오는 열차에 대해 설비한 신호기
⑤ 입환 신호기(입환 표지 포함) : 구내 운전을 하는 차량에 대해 설비한 신호기
⑥ 엄호 신호기 : 특별히 방호를 요하는 지점을 통과할 열차에 대해 설비한 신호기

해설

정거장에 진입할 열차에 대하여 정거장 안쪽으로 진입 가부를 지시하는 신호기는 장내 신호기이다.

8 신호 도선의 신축 조절은 무엇으로 하는가?

㉮ 와이어 턴버클　　㉯ 행크 캐리어
㉰ 모바퀴　　㉱ 소릿트조

정답 : 6.㉮　7.㉮　8.㉮

KEY POINT

① 신호 도선
② **모비퀴** : 신호 도선의 방향을 바꾸는 경우에 사용

해설 신호 도선의 장력을 조절하거나 거리를 조정할 때에는 와이어 턴버클이 사용된다.

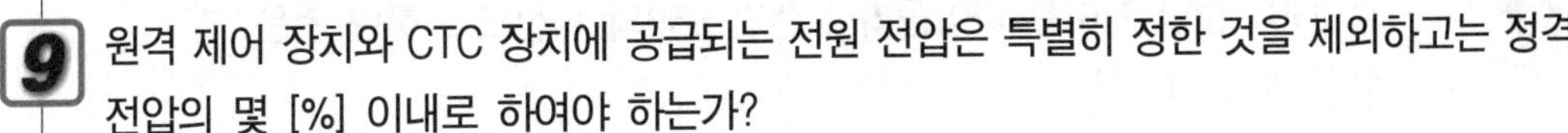

9 원격 제어 장치와 CTC 장치에 공급되는 전원 전압은 특별히 정한 것을 제외하고는 정격 전압의 몇 [%] 이내로 하여야 하는가?

㉮ ±5 ㉯ ±7
㉰ ±9 ㉱ ±10

KEY POINT

① **원격 제어 장치** : 한 역에서 다른 역의 신호 설비를 제어하는 장치
② **CTC 장치** : 한 지점에서 광범위한 구간의 다수의 신호 설비를 집중 제어하는 장치

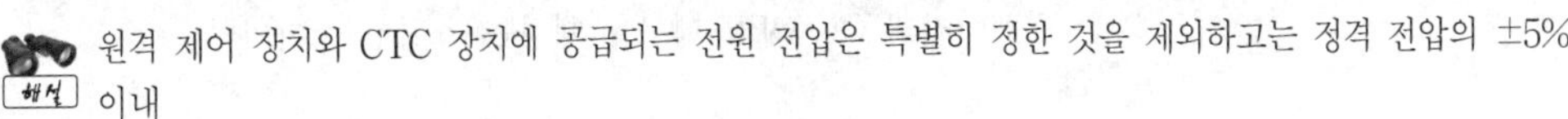

해설 원격 제어 장치와 CTC 장치에 공급되는 전원 전압은 특별히 정한 것을 제외하고는 정격 전압의 ±5% 이내

10 수도권 C.T.C 구간에서 궤도 송전측 및 착전측에 초크를 설치하는 목적은?

㉮ 과전압 유도 시 양 레일을 연결시킴으로써 기기 및 인명 피해를 방지
㉯ 직류 바이어스 궤도 계전기의 안전 동작 전압 유지
㉰ 각 기기가 주파수의 영향을 받지 않도록 유도 리액턴스 역할
㉱ 열차 점유 시 유도되는 유기 전압 또는 전차 전류에 의한 유도 전압 방지

KEY POINT

교류 전류를 저지하는데 초크 코일을 사용 : RFC, 라인 필터

해설 궤도 초크 코일의 설치 목적 : 유기 전압 및 유도 전압 방지

11 속도 조사부 ATS의 속도 발전기 발생 주파수 산출식이 옳은 것은? (단, f=발생 주파수, V=열차 속도[km/H], Z=발전기의 극수, D=차륜의 직경[mm]이다.)

㉮ $f=\dfrac{1,000}{3.6\pi}\times\dfrac{V\times Z}{D}$ ㉯ $f=\dfrac{1,000}{3.6\pi}\times\dfrac{V}{D\times Z}$

㉰ $f=\dfrac{1,000}{3.6\pi}\times\dfrac{V\times D}{Z}$ ㉱ $f=\dfrac{1,000}{3.6\pi}\times\dfrac{Z}{V\times D}$

정답 : 9.㉮ 10.㉱ 11.㉮

KEY POINT

➲ $f = \frac{1,000}{3.6\pi} \times \frac{V \times Z}{D}$

f(발생 주파수)는 V(열차 속도)와 Z(발전기의 극수)에 비례하고 D(차륜의 직경)에 반비례한다.

12 다음 중 IGBT(절연 게이트 바이폴라 트랜지스터)의 특성으로 틀린 것은?

㉮ 전압 구동 소자이다.
㉯ 전류 구동 소자이다.
㉰ 고속 스위칭 성능을 가지고 있다.
㉱ Turn－off 시 낮은 안전 동작 영역을 가지고 있다.

KEY POINT

➲ (1) IGBT는 전력용 반도체 중의 하나로서 주로 300[V] 이상의 고효율, 고속의 전력 시스템에 특히 많이 사용하며 Gate 단자에 인가한 전압을 정(+), 또는 부(−)로 이미터~컬렉터간의 ON/OFF 제어를 행하는 스위칭 소자이다.

(2) 특징

① 세라믹 Package의 사용으로 기밀성, 신뢰성을 갖는다.
② 전 전극 압접 구조로 되어 있다.
③ 열 저항이 적다.
④ 양면에서 압접하고 있기 때문에 방폭 내량이 크다.
⑤ 저 Inductance 구조로 되어 있다.
⑥ 스위칭 주파수는 0~2[kHz]이다.

IGBT(절연 게이트 바이폴라 트랜지스터)는 구동부는 FET로 만들고 출력부는 TR로 구성된 전압 구동 소자이다.

13 ATC 지상 장치에서 AF 궤도 회로 송신 출력 전압은 송신 카드 전면판 출력 전압 단자에서 측정하여 각 궤도 회로의 초기 설정치는 몇 [dB] 이내인가?

㉮ ±1　　㉯ ±2　　㉰ ±3　　㉱ ±4

KEY POINT

➲ ① **송신 출력 전압**: V_o 단자에서 측정 초기 설정치 ±2[dB] 이내일 것
② **송신 출력 전류**: 각 단자에서 측정 초기 설정치 ±2[dB] 이내일 것
③ **AF 궤도 회로 수신 입력**: 대역 필터(BPF) 출력 단자에서 측정 +6~−2[dB] 이내일 것
④ **AF 궤도 회로 수신 계전기(정격: 7.5[V])의 단자 전압**: 정격값의 0.9~1.2배 이내

AF 궤도 회로 송신 출력 전압은 송신 카드 전면판 출력 전압 단자에서 측정하여 초기 설정치 ±2[dB] 이내로 한다.

정답 : 12.㉯ 13.㉯

직류 단궤조식 궤도 회로에 대한 설명 중 적당하지 않은 것은?

㉮ 전차 전류 방해 전압에 대한 방호가 간단하다.
㉯ 교류 궤도 회로에 비해 경제적이다.
㉰ 임피던스는 복궤조식의 4배로 한다.
㉱ 타방식에 비해 보수가 간단하다.

KEY POINT

단궤조식 궤도 회로 : 궤도의 한쪽만을 절연하는 방식으로 전철 구간에서 한쪽 궤도에 귀선 전류를 흘리기 위해 많이 사용하는 방식

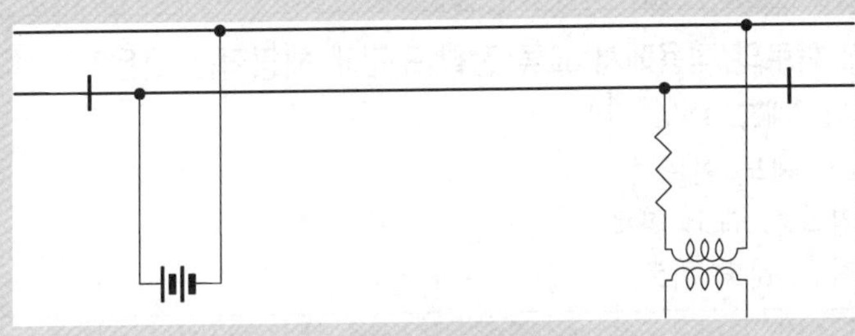

〈**단궤조식 궤도 회로**〉

① 장점 : 복궤조식보다 절연수가 적어 설치비가 적게 든다.
② 단점 : 계전기 오동작에 의한 사고의 위험이 있다.

임피던스는 동일하다.

진로 선별식 계전 연동 장치의 진로 조사 계전기 회로는 다음 중 어느 회로로 구성되나?

㉮ 망상 회로
㉯ 직렬 회로
㉰ 병렬 회로
㉱ 직, 병렬 회로

KEY POINT

진로 조사 회로의 특징

① 회로를 간소화하고 접점 수를 줄이기 위해 설치
② 망상 회로로 구성
③ 하나의 회로를 공용

진로 선별 회로 및 진로 조사 계전기 회로는 망상 회로로 구성되어 있다.

궤도 회로에서 궤도 저항자, 궤도 리액터 등의 한류기를 사용하는 목적이 아닌 것은?

㉮ 궤도 릴레이의 전압 조정
㉯ 궤도 회로의 단락 감도 향상
㉰ 유도 장애 경감
㉱ 중계 거리의 연장

정답 : 14.㉰ 15.㉮ 16.㉱

KEY POINT

➲ 한류 장치는 궤도 회로가 단락되었을 때 과전류를 제한하여 기기를 보호하고 전압 및 위상을 조정하기 위한 것으로 다음과 같다.

① **직류 궤도 회로** : 저항기
단락 전류를 제한하여 기기를 보호하고 수전 전압을 조정

② **교류 궤도 회로** : 저항 또는 리액턴스(Reactans)
궤도 계전기의 국부 위상을 조정

 한류 장치는 전압을 조정하거나 유도를 경감시켜 단락 감도를 향상시키는 데 그 목적이 있다.

17 궤도 회로의 적용에서 교류 전철 구간에 해당되는 것은?

㉮ AF 궤도 회로
㉯ PF 궤도 회로
㉰ 임펄스 궤도 회로
㉱ 직류 궤도 회로

KEY POINT

➲ 궤도 회로의 사용

① 직류 전철 구간 : AF 궤도 회로, PF 궤도 회로, 임펄스 궤도 회로
② 비전철 구간 : 직류 바이어스 궤도 회로, 직류 궤도 회로, AF 궤도 회로

교류 전철 구간에는 고전압 임펄스 궤도 회로, 직류 바이어스 궤도 회로, 분주·배주 궤도 회로, AF 궤도 회로를 사용한다.

18 접근 쇄정 계전기 회로에서 조사 계전기 조건은?

㉮ ZR의 여자 접점
㉯ ZR의 무여자 접점
㉰ ZR의 90° 접점
㉱ ZR의 45° 접점

KEY POINT

➲ 접근 쇄정 계전기 회로

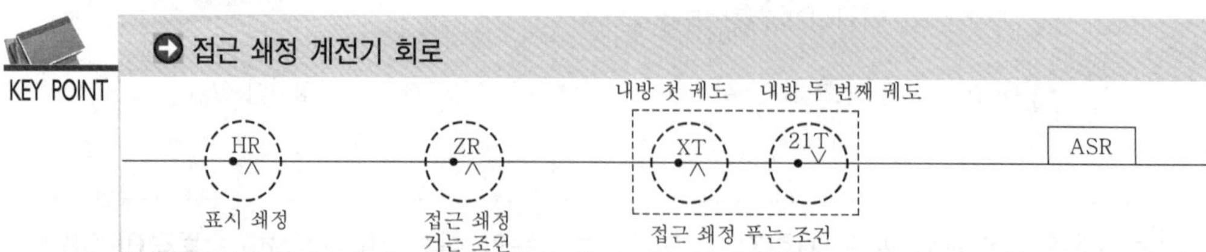

 진로 조사 계전기 ZR은 무여자 접점으로 결선하여 접근 쇄정을 거는 조건을 사용한다.

정답 : 17.㉮,㉰ 18.㉯

19 정격 전류 12[mA]인 어느 궤도 계전기가 여자되었다가 전압을 점차 내렸더니 0.15[V]에 낙하되었다면 이 궤도 계전기의 선륜 저항[Ω]은? (단, 낙하 전압은 정격 전압이 0.3배이다.)

㉮ 12　　㉯ 24　　㉰ 41　　㉱ 52

KEY POINT

① 정격 전압=정격 전류×선륜 저항, 선륜 저항=정격 전압/선륜 저항
② 낙하 전압=0.3×정격 전압, 정격 전압=낙하 전압/0.3

해설
① 정격 전압=0.15/0.3=0.5[V]
② 선륜 저항=정격 전압/정격 전류=0.5/0.012=41.66[Ω]≒41[Ω]

20 전차선 절연 구간 예고 지상 장치에서 송신기와 지상자의 간격은 최고 몇 [m] 이내인가?

㉮ 10　　㉯ 20
㉰ 30　　㉱ 40

KEY POINT

① 송신기와 지상자의 간격은 20[m] 이내
② 고장 표시반은 송신기 1, 2계 상태를 상시 감시할 수 있도록 설비
③ 취부 위치는 속도 조사식에 준하여 설치
④ 특성의 조정 범위는 다음과 같다.
　㉮ 송신 주파수 : 68[kHz]±68[Hz]
　㉯ 전원 전압 : 입력측 AC 110±10[V](60[Hz]) 이하
　　　　　　　출력측 DC 15/24[V]±0.2%

해설
송신기와 지상자의 간격은 20[m] 이내로 한다.

21 계전기실, 열차 집중 제어 장치 기계실, 신호 원격 제어 장치 및 건널목의 AC 전원에 대한 접지 저항은 몇 [Ω] 이하로 하는가?

㉮ 10　　㉯ 20　　㉰ 30　　㉱ 100

KEY POINT

① 계전기실, 열차 집중 제어 장치 기계실, 신호 원격 제어 장치 및 건널목의 AC 전원 : 10[Ω] 이하
② 전철 구간의 실외 설비로서 전원 기기를 포함한 주요 신호 기기 : 50[Ω] 이하
③ 이 외의 중요 신호 기기 : 100[Ω] 이하

해설
계전기실, 열차 집중 제어 장치 기계실, 신호 원격 제어 장치 및 건널목의 AC 전원에 대한 접지 저항은 제1종 접지인 10[Ω] 이하로 한다.

정답 : 19.㉰ 20.㉯ 21.㉮

제 2 편 전자 공학

- *제1장* 전자 현상
- *제2장* 전자 소자
- *제3장* 펄스 회로
- *제4장* 전원 회로
- *제5장* 연산 증폭기
- *제6장* 증폭 회로
- *제7장* 발진
- *제8장* 변복조
- *제9장* 논리 회로

제 1 장
전자 현상

1 물질과 전자

(1) 원자의 구성

① **원자핵(Atomic Nucleus)** : 양(+) 전하를 가진 원자의 중심부를 원자핵이라 하며, 원자핵은 몇 개의 중성자와 (+)로 대전한 양자로 구성된다. (양자수는 주위의 전자수와 같다.)

㉮ 원자 번호 = 양자의 수 = 전자의 수

㉯ 원자핵 = 질량수 = 양자의 수 + 중성자의 수

② **전자(electron)** : 전자는 음(−) 전하를 띤 입자로서, 원자핵 둘레를 고속으로 회전 운동한다. 일반적으로 에너지가 적은 전자일수록 원자핵에 가깝고, 에너지가 클수록 멀리 떨어져서 회전한다.

㉮ **전자의 전하** : 전자가 가지고 있는 음(−) 전하의 절대값

$$e = 1.602 \times 10^{-19}\,[\mathrm{C}]$$

※ 원자 $\begin{cases} \text{원자핵} \begin{cases} \text{양자} \\ \text{중성자} \end{cases} \\ \text{전자} \end{cases}$

㉯ **전자의 질량**

㉠ 정지 질량

$$m_o = 9.107 \times 10^{-31}\,[\mathrm{kg}]$$

㉡ 운동시 질량

$$m = \frac{m_o}{\sqrt{1-\left(\frac{v}{c}\right)^2}} \fallingdotseq m_o + \frac{\frac{1}{2}mv^2}{c^2} = m_o + \frac{E}{c^2},\ E = \frac{1}{2}mv^2$$

㉰ **비전하**

$$\frac{e}{m_o} = 1.759 \times 10^{11} \text{ [C/kg]}$$

㉱ **전자의 에너지** : 한 개의 전자가 1[V]의 전위차로 얻는 운동 에너지

$$1[\text{eV}] = 1.6 \times 10^{-19}[\text{J}]$$

㉲ **가전자**

㉠ 원자핵 궤도의 가장 바깥쪽 궤도를 돌고 있는 전자

㉡ 가전자 수는 원소의 주기표에 족의 수와 같다.

(2) 원자의 전자적 구성

① **주양자수와 전자 수용 능력** : 원자의 전자는 허용된 궤도, 즉 에너지 준위에만 존재할 수 있으며 각 궤도가 수용할 수 있는 전자의 수도 제한되어 있는데 n번째 수용되는 전자의 수는 파울리(Pauli)의 배타 원리에 따라 $2n^2$개씩 순서대로 채워진다.

궤도수(n)	전자각	전자수($2n^2$)
1	K	2
2	L	8
3	M	18
4	N	32

㉮ **파울리(Pauli)의 배타 원리**

㉠ 정의 : 한 전자계 내의 어느 두 전자도 동일한 양자 상태에 속할 수 없다.

㉡ 총 전자수 $= 2n^2$(여기서, n : 궤도수)

② **에너지 부준위(energy subshell)** : 한 궤도에 수용된 전자라 할지라도 모두 같은 에너지를 갖는 것이 아니라, 몇 개의 에너지 준위로 나누어져 존재하는데 이것을 에너지 부준위라 한다.

원소에 전기장이나 자기장을 작용시키면 최초에는 하나이던 스펙트럼이 여러 개로 갈라지는데 그 선스펙트럼의 형태에 따라 에너지가 가장 낮은 것으로부터 s(sharp), p(principal), d(diffuse), f(fundamental)라고 부르는데 각각의 에너지 부준위가 수용하는 전자는 2, 6, 10, 14개이다.

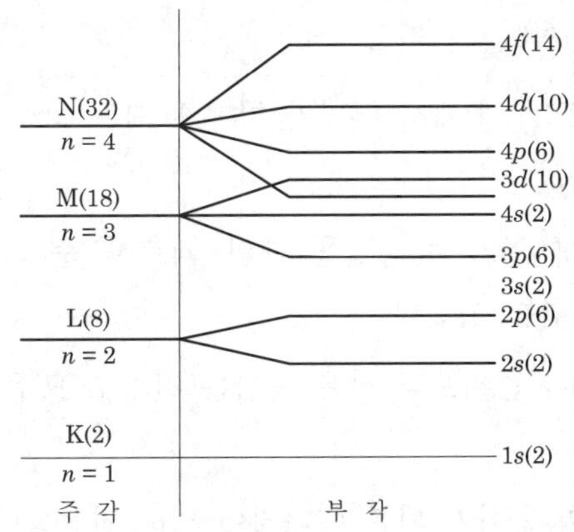

그림 2-1 **에너지 부준위 도형**(괄호 안의 숫자는 수용 가능한 전자의 수)

〈**전자각과 전자 부각**〉

각 ………	K	L		M			N			
n ………	1	2		3			4			
l ………	0	0	1	0	1	2	0	1	2	3
부각 ……	s	s	p	s	p	d	s	p	d	f
전자의 수	2	2	6	2	6	10	2	6	10	14
	2	8		18			32			

2 고체의 에너지 공간

(1) 에너지 준위

금속 중에서 원자핵을 중심으로 각각의 전자가 가지게 되는 에너지대를 에너지 준위(energy level)라 한다.

① 기저 준위

㉮ 0[K](−273[℃])에서 상태를 기저 상태라 하며, 이 기저 상태에서 전자가 가지게 되는 에너지 준위를 기저 준위라 한다.

㉯ 기저 준위는 원자핵과 가장 가까운 궤도의 전자가 가지게 되는 최소한의 에너지가 된다.

② **페르미 준위(Fermi level)**

㉮ 기저 상태 0[K](−273[℃])에서 전자가 가지게 되는 최대의 에너지 준위를 페르미 준위(W_f[eV])라 한다.

㉯ 절대 온도(T[K]>0[K])가 올라갔을 때의 페르미 준위는 전자의 점유 확률이 1/2 (50%)인 에너지 준위를 가진다.

㉰ 기저 상태에서 페르미 준위보다 낮은 준위는 전자로 모두 채워지고 높은 준위는 모두 비어 있다.

㉱ 반도체에서는 페르미 준위가 외부 에너지에 의해 변동하나 금속이나 절연체의 경우는 페르미 준위가 변동하지 않는다.

㉲ **페르미-디락 분포 함수**

㉠ 여러 가지 고체의 성질은 그 고체 중에 어떠한 에너지 준위가 있으며, 그 각각의 에너지 준위에 어떻게 전자가 분포하고 있는가에 따라서 결정된다.

㉡ 어떤 에너지 준위에 전자가 존재하는 확률 $f(E)$는 그 준위에 에너지의 높이와 온도에 의해서 정해진다. 이를 Fermi−Dirac 분포 법칙이라 한다. 즉,

$$f(E)=\frac{1}{1+\exp(E-E_f)/KT}$$

여기서, E_f : 페르미 준위

ⓐ $T=0$[K]일 때

$E < E_f$이면 $f(E)=1$

$E > E_f$이면 $f(E)=0$

ⓑ $T=T$[K]일 때

$E=E_f$이면 온도 T[K]에 관계없이 $f(E)=1/2$이다.

(2) 불순물 반도체

진성 반도체의 단결정에 미소량의 불순물, 즉 가전자 3개를 가지고 있는 3가 원소나 가전자 5개를 가지고 있는 5가 원소를 첨가한 것을 불순물 반도체(Extrinsic Semiconductor)라 한다. 첨가되는 불순물의 종류에 따라 N형과 P형으로 구분된다.

※ **도핑(Doping)** : 순수 반도체 불순물(N형과 P형)을 첨가하여 Si과 Ge의 저항을 변화시키는 과정

① N형 반도체(N-type Semiconductor)

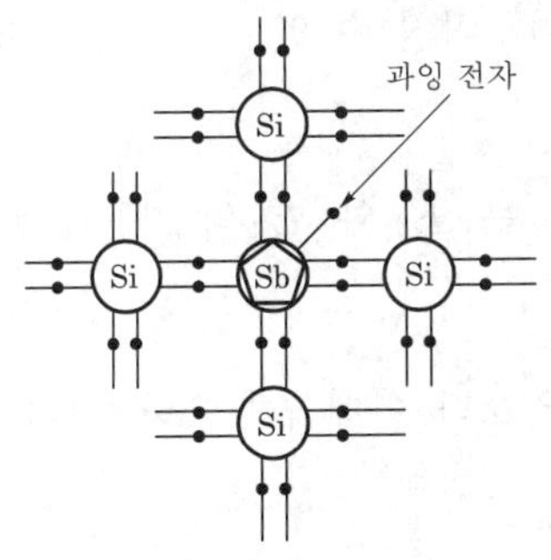

(a) N형 반도체의 결정 구조

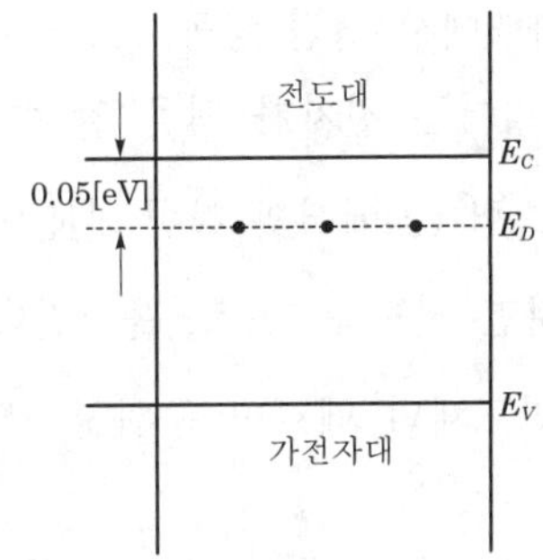

(b) 0[K]인 경우

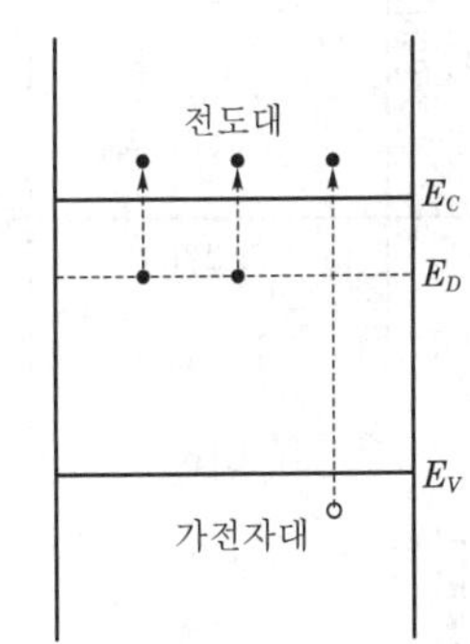

(c) 실내 온도인 경우

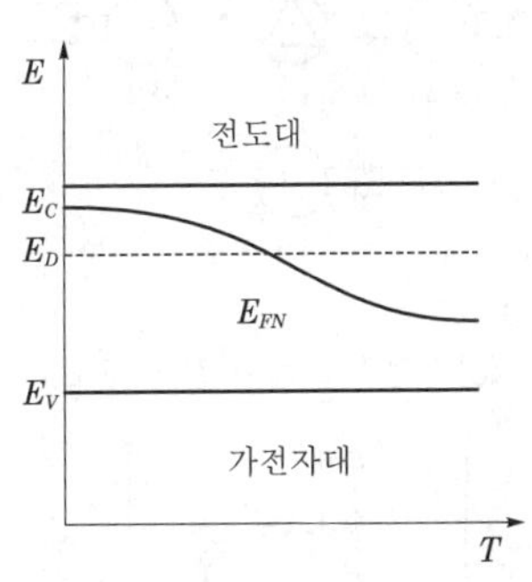

(d) 페르미 준위

그림 ⬆ 2-2 **N형 반도체(Si의 경우)**

㉮ 과잉 전자(Excess Electron)에 의해서 전기 전도가 이루어지는 불순물 반도체

㉯ **도너(Donor)** : N형 반도체를 만들기 위하여 과잉 전자를 생기게 하는 불순물로서 5가 원소인 Sb, As, P, Pb 등이 있다.

㉰ 전도대로 옮겨가는 전자에 의해서 전기 전도가 이루어질 수 있으며 다수 캐리어는 전자, 소수 캐리어는 정공이 됨을 알 수 있다.

㉱ 앞의 그림 (d)에서와 같이 0[K]인 경우 E_{FN}은 E_C와 E_D의 가운데에 있지만 온도가 증가하면 가전자대쪽으로 내려간다.

㉲ N형 반도체의 페르미 준위는 금지대의 중앙보다 위쪽에 있게 된다.

② P형 반도체(P-type Semiconductor)

㉮ 정공에 의해서 전기 전도가 이루어지는 불순물 반도체

㉯ **억셉터(Accepter)** : P형 반도체를 만들기 위하여 정공을 생기게 하는 불순물로서

3가 원소인 Ga, In, B, Al 등이 사용된다.

㉰ 가전자대에서 생긴 정공으로 전기 전도가 이루어질 수 있으며 다수 캐리어는 정공, 소수 캐리어는 전자가 됨을 알 수 있다.

㉱ 앞의 그림 (d)에서와 같이 0[K]인 경우 E_{FP}는 E_A와 E_V의 가운데에 있지만 온도가 증가하면 전도대쪽으로 올라간다.

㉲ P형 반도체의 페르미 준위는 금지대의 중앙보다 아래쪽에 있게 된다.

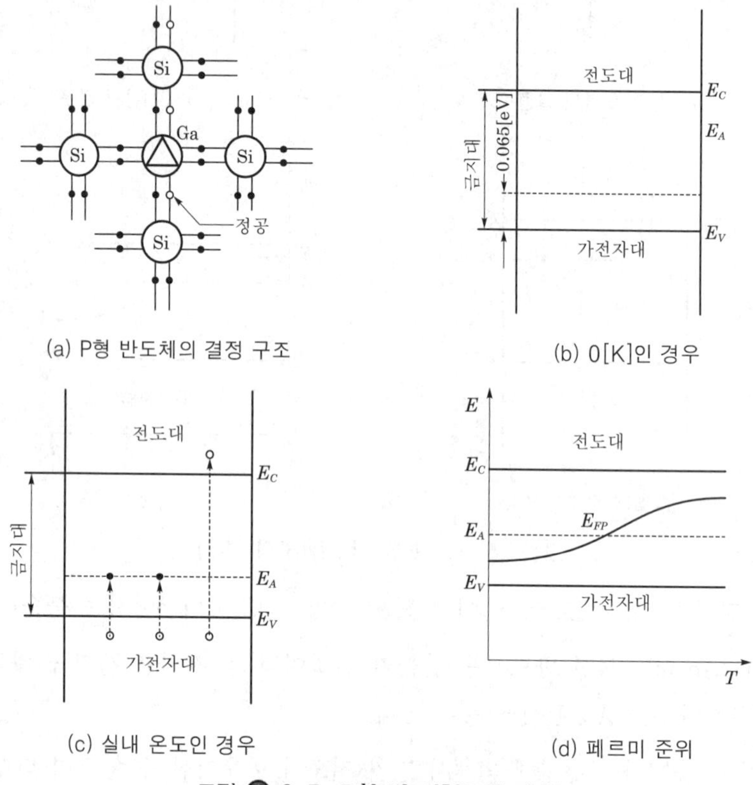

그림 2-3 **P형 반도체(Si의 경우)**

※ 반도체의 도전성에 대한 정리

1. 진성 반도체의 캐리어는 같은 수의 전자와 정공으로 된다.
2. N형 반도체의 캐리어는 대부분 전자이고, 정공은 소수이다.
3. P형 반도체의 캐리어는 대부분 정공이고, 전자는 소수이다.
4. 전자와 정공 중에서 많은 편의 캐리어를 다수 캐리어(Majority Carrier), 작은 편의 캐리어를 소수 캐리어(Minority Carrier)라고 한다.

③ **화합물 반도체** : GaAs(갈륨비소), SiC(실리콘카바이드), Cu_2O(아산화동), $ZnFe_2O_4$(아연페라이트), CdS(유화카드뮴), InSb(인듐안티몬)

㉮ **터널 효과(Tunnel effect)** : 전위 장벽이 외부 전계에 밀려서 낮아지고 그 두께도 얇아지는 현상으로 전계를 10^6 [V/m] 이상으로 크게 하면 전자의 파동적인 성질에 의해 전위 장벽을 뚫고 밖으로 튀어나오는 효과

④ **2차 전자 방출(Secondary electron emission)**

㉮ 고속도의 전자를 금속의 표면에 충돌시켰을 때 전자의 운동 에너지가 충분히 클 경우에 충돌된 금속 원자의 자유 전자가 그 에너지를 받아서 2차적으로 방출되는 현상

㉯ 이 때 충돌한 전자를 1차 전자, 충돌에 의해 방출되는 전자를 2차 전자라 한다.

㉰ 2차 전자 방출비를 σ라 하면

$$\sigma = \frac{n_s}{n_p}$$

여기서, n_p : 1차 전자수, n_s : 2차 전자수

3 반도체

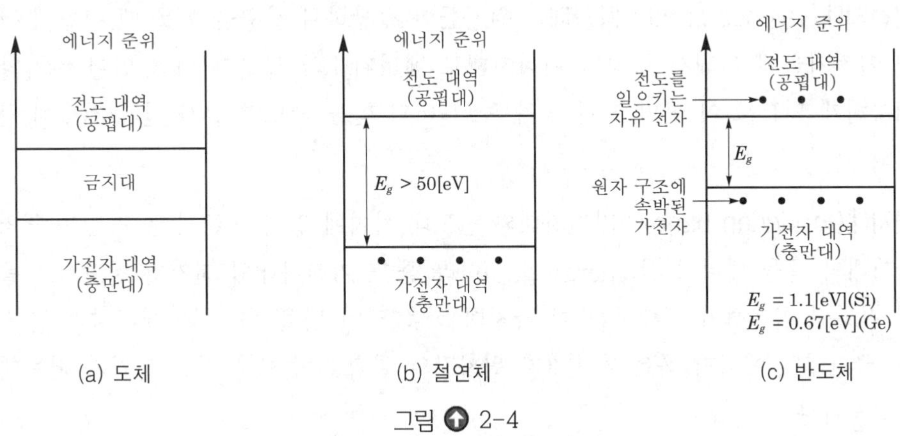

(a) 도체 (b) 절연체 (c) 반도체

그림 2-4

반도체 물질에 대한 정의는 금지대의 폭으로 정한다. 일반적으로 금지대가 비교적 큰 (~5[eV]) 물질을 절연체, 작은 (~1[eV]) 물질을 반도체, 거의 없거나 (~0[eV]) 충만대와 전도대가 겹쳐진 물질을 도체라 한다.

(1) 반도체의 구조

Ge이나 Si의 결정은 다이아몬드 구조이다. 각각 인접한 원자의 가전자와 서로 2개씩의 공유 결합을 하고 이들 4상의 공유 결합에 의하여 결합되어 있다.

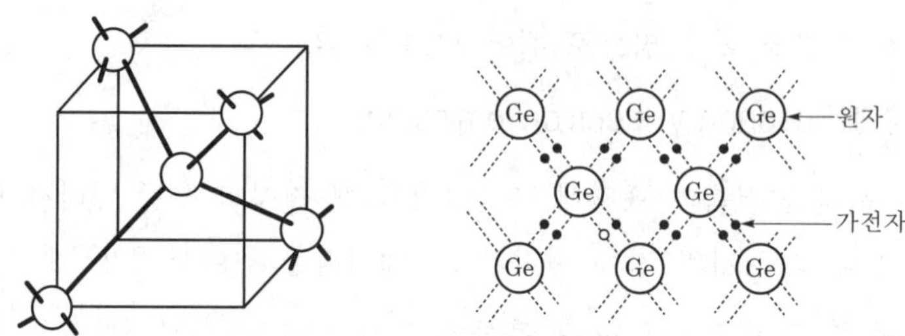

그림 ⬆ 2-5 **게르마늄의 결정**

(2) 반도체의 에너지대

원자가 극히 근접하여 배열하면 전자는 1개의 원자에만 속하는 것이 아니라 결정 안의 다른 많은 원자 집합체에 속하는 상태가 되어 에너지 준위에 변화가 생겨 다른 많은 준위로 나누어져 전체로는 어떤 폭을 가진 에너지 밴드를 만든다.

① **충만대(filled band)** : 허용 궤도가 전자로 완전히 채워진 에너지대로 이 곳의 전자는 안정된 상태에 있어서 전기의 전도에 참여할 수 없게 된다.

② **가전자대(valence band : 평형대)** : 원자들이 결합하여 결정을 이룰 때 결합에 직접 참여한 가전자들에 의해서 형성된 에너지대로 에너지대의 일부가 비어 있어 전자의 이동이 가능하게 되므로 이 곳의 전자는 외부로부터의 힘을 받으면 쉽게 전기 전도에 참여할 수 있다.

③ **금지대(forbidden band)** : 가전자대와 전도대 사이에 전자가 존재할 수 없는 영역으로 이 금지대의 폭을 에너지 갭(energy gap)이라 한다. 가전자대의 전자가 전도대로 올라가 전기 전도에 참여하기 위해서는 이 금지대 폭을 뛰어 넘을 수 있는 에너지를 얻어야 한다. 즉, 금지대의 에너지 폭은 가전자가 원자간의 결합을 벗어나 자유 전자가 되는데 필요한 에너지이다.

④ **전도대(conduction band)** : 가전자대에 있던 전자가 외부의 힘(열 에너지나 전장)을 받아 핵의 구속력으로부터 벗어나 결정 내를 자유로이 이동할 수 있는 자유 전자의 상태로 존재하는 에너지대로 이 곳의 전자들의 이동에 의해서 전류가 흐르게 된다.

(3) 진성 반도체

① 게르마늄(Ge)이나 실리콘(Si) 같이 불순물을 전혀 함유하지 않고 4개의 최외각 전자를 갖는 4족의 원소인 반도체이다.

② 페르미 준위는 전자로 채워질 확률과 채워지지 않을 확률이 $\frac{1}{2}$인 에너지 준위를 말하는데 진성 반도체의 경우에는 전도대의 전자는 모두 가전자대로부터 천이된 것이므로 전자와 정공의 수가 같다. 따라서 페르미 준위는 전자가 위치하는 전도대와 정공이 위치하는 가전자대의 중간에 위치한다.

$$E_f = \frac{E_c + E_v}{2}$$

여기서, E_c : Conduction band(전도대)

E_v : Valence band(가전자대)

③ **일함수** : 금속 내부의 전자를 외부로 방출시키는데 필요한 최소한의 일 W(금속의 종류에 따라 정해지는 일종의 결합 에너지). 즉, 한계 진동수(문턱 진동수)를 f_o라고 하면,

$$W = hf_o = \frac{hc}{\lambda_o}$$

여기서, λ_o : 한계 파장

따라서, 비추어지는 빛의 진동수를 f라고 하면 광양자가 가진 에너지 hf 중에서 일 W는 금속밖으로 전자를 방출시키는데 사용하고 나머지는 광전자의 운동 에너지가 된다.

$$\frac{1}{2}mv^2 = hf - W = h(f - f_o)$$

㉮ 전자가 방출되기 위해서는 $\frac{1}{2}mv^2 > 0$, 즉 $f > f_o$이 되어야 한다.

㉯ f가 크면 클수록 방출되는 광전자의 운동 에너지는 크다.

㉰ 빛의 세기가 크면 비추는 광양자의 수가 많으므로 방출되는 광전자의 수도 많아진다.

④ **열전자 방출(Thermionic emission)**

㉮ 금속을 가열할 때 금속 내의 자유 전자(전도 전자)가 탈출 준위(이탈 준위)를 넘어 금속 외부로 방출되는 현상

㉯ 임의의 금속을 절대 온도 T[K]로 가열했을 때 사용된 에너지를 W라 하면

$$W = kT\,[\mathrm{J}]$$

여기서, $k = 1.38062 \times 10^{-23}$: 볼츠만 상수

T = 섭씨 온도 + 273[℃]

㉰ 이 때 사용된 열 에너지 W가 임의의 금속의 일함수보다 클 때 열전자 방출이 일어난다.

⑤ **냉음극 방출(Cold cathode emission)**

㉮ 금속 전극면에 10^8[V/m] 이상의 강전계를 가하면 금속 표면에서 전자가 튀어 나오는 현상

㉯ 전자의 방출량은 전장의 강도에 따라 변하고 온도와는 무관하다.

㉰ **쇼트키 효과**(Schottky effect) : 외부 전계에 의해서 일함수가 저하하여 열전자 방출이 용이하게 되는 현상으로 양극과 음극간에 전압을 가하면 음극 표면에 전계 E[V/m]가 나타나며, 이로 인해서 양극 전류가 포화되지 않고 계속 증가하는 현상

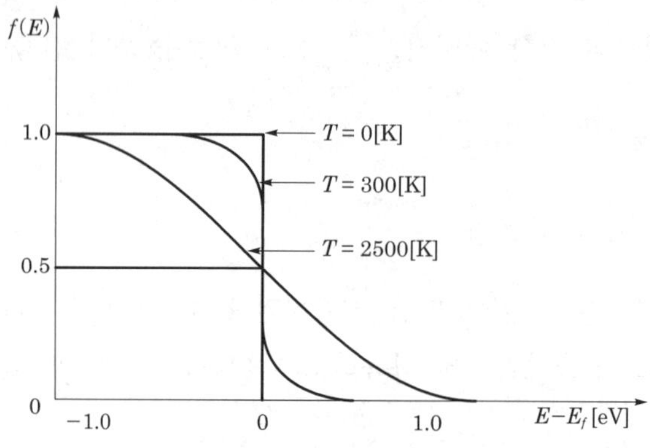

그림 ⬆ 2-6 **Fermi-Dirac의 분포 함수**

⑥ **탈출 준위** : 0준위를 말하는 것으로 금속 안의 전자가 외부로 탈출하기에 필요한 최저의 에너지 준위(W_0)를 뜻한다.

(4) 전자의 방출

① **광전자 방출(Photoelectric emission)**

㉮ **광전 효과** : hf라는 에너지를 가진 광양자가 금속의 자유 전자와 충돌할 때 그 에너지를 전자에 주어서 튀어 나오게 하는 현상

㉯ 물질에서 방출되는 전자의 양은 광자의 양, 즉 빛의 세기에 비례한다.

㉰ **아인슈타인의 광자 방정식** : 빛은 연속적인 파동의 흐름이 아니라 광양자른 불연속적인 에너지 입자의 흐름으로 광양자 에너지는 플랑크 상수와 그 빛의 진동수 곱으로 표시된다.

㉠ 광양자 에너지

$$E = hf = \frac{hc}{\lambda} = pc$$

㉡ 광양자 운동량

$$p = \frac{h}{\lambda} = \frac{hf}{c}$$

여기서, c : 진공 속에서 광속, E와 p : 광양자의 에너지와 운동량

f와 λ : 진동수와 파장, h : 플랑크 상수

(5) 반도체의 성질

① 부(−)의 온도 계수를 갖는다.

② 불순물 포함시 저항률이 감소한다.

③ 홀 효과, 광전 효과 등이 뚜렷하다.

④ 정류 작용이 있다.

(6) 반도체의 전기 전도

반도체의 전기 전도는 전기장에 의한 드리프트 전류(Drift Current)와 캐리어의 밀도 차이에 따른 확산 전류(Diffusion Current)가 있다.

① **전계에 의한 전도(드리프트 전류)** : 다음 그림과 같이 진성 반도체 양단에 직류 전압 V[V]를 가하면 전자와 정공의 이동으로 전기 전도가 이루어진다.

㉮ **정공의 전류 밀도(J_p)**

$$J_p = n_p e v_p [\text{A/m}^2]$$

여기서, v_p : 정공의 속도, n_p : 정공의 밀도, e : 정공의 전기량

㉯ **전자의 전류 밀도(J_n)**

$$J_n = n_n(-e)\cdot(-v_n) = n_n e v_n [\text{A/m}^2]$$

여기서, n_n : 전자의 밀도, v_n : 전자의 속도, e : 전자의 전기량

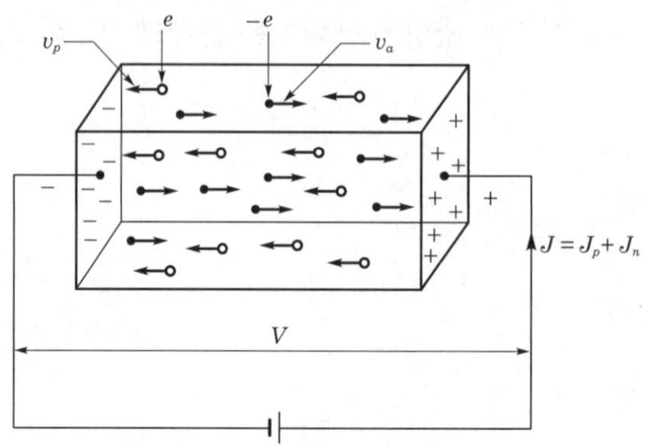

그림 2-7 **진성 반도체의 드리프트**

㉰ **정공과 전자에 의한 전류 밀도(J)**

$$J = J_p + J_n = e(n_p v_p + n_n v_n) = e(n_p \mu_p + n_n \mu_n)E$$

$$= \sigma E[\mathrm{A/m^2}]$$

여기서, μ_p : 정공의 이동도, μ_n : 전자의 이동도

n_p : 정공의 밀도, n_n : 전자의 밀도

v_p : 정공의 속도, v_n : 전자의 속도

㉱ **이동도(Mobility)**

㉠ 정공의 이동도

$$\mu_p = \frac{v_p}{E}[\mathrm{m^2/V \cdot s}]$$

㉡ 전자의 이동도

$$\mu_n = \frac{v_n}{E}[\mathrm{m^2/V \cdot s}]$$

㉲ **반도체의 도전율(σ)**

$$\sigma = e(n_p \mu_p + n_n \mu_n)[\Omega^{-1}/\mathrm{m}]$$

② **확산에 의한 전도(확산 전류)** : 반도체 중에 전기장이 없어도 다음 그림과 같이 캐리어의 밀도가 장소에 따라 다를 때 캐리어가 확산 이동되는데 이 전류를 확산 전류라 한다.

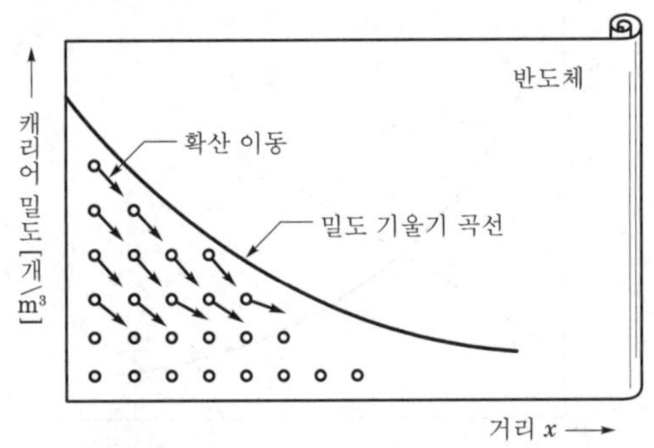

그림 ⬆ 2-8 **진성 반도체의 확산 전류**

㉮ **캐리어의 속도(v)**

$$v=-D\cdot\frac{1}{N}\left(\frac{\Delta N}{\Delta x}\right)[\text{m/s}]$$

여기서, N : 캐리어 밀도[개/m^3]

D : 캐리어 확산 정수[m^2/s]

㉯ **확산 전류 밀도(J_D)**

$$J_D=Nev=-D\cdot e\left(\frac{\Delta N}{\Delta x}\right)[\text{A/m}^2]$$

〈반도체의 이동도와 확산 상수〉

원 소	N형 반도체		P형 반도체	
	μ_n[m^2/V · s]	D_n[m^2/V · s]	μ_p[m^2/V · s]	D_p [m^2/V · s]
규소	약 0.12	약 3×10^{-3}	약 5×10^{-2}	약 13×10^{-4}
게르마늄	약 0.39	약 10^{-2}	약 0.19	약 49×10^{-4}

㉰ **이동도와 확산 정수와의 관계(Einstein 관계식)**

$$\frac{D_p}{\mu_p}=\frac{D_n}{\mu_n}=\frac{kT}{e}$$

$$D=\mu\frac{kT}{e}[\text{cm}^2/\text{s}]$$

여기서, D : 확산 정수

㉱ **저항률의 온도 특성** : 금속은 온도가 상승하면 저항의 온도 계수는 양(+)이 되고, 반도체는 온도가 상승하면 저항값이 감소되어 저항의 온도 계수는 음(−)이 된다.

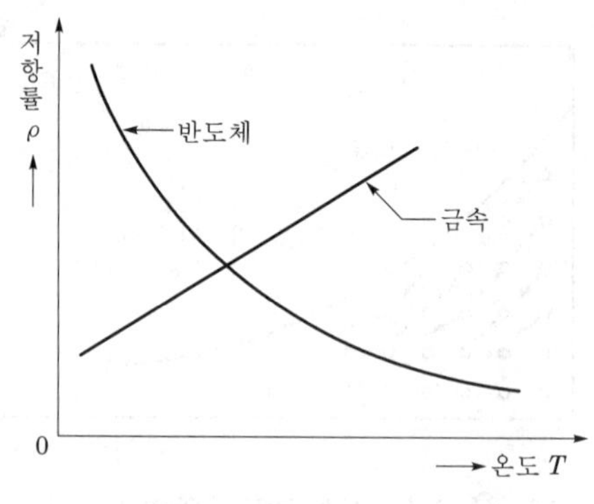

그림 2-9 저항률의 온도 특성

(7) 반도체의 광전 효과

① 광도전 효과(Photoconductivity Effect)

㉮ 반도체에 빛을 쪼이면 전자나 정공이 충만대에서 전도대로 쉽게 이동함으로써 도전성이 높아지는 효과를 말한다.

㉯ 황화카드뮴(CdS) 광도전 소자가 이용되며 빛의 변화를 전류 변화로 바꾸는데 쓰인다.

② 광기전 효과(Photogalvanic Effect)

㉮ PN 접합부에 빛을 쪼이면 P형에 양(+), N형에 음(−)의 기전력이 생기는 효과를 말한다.

㉯ 광다이오드(Photo Diode), 광트랜지스터(Photo Transistor), 태양 전지에 응용된다.

③ 루미네슨스(Lumineiscence)

㉮ 고체 내의 여기(Excitation)에 의한 발광 현상으로 열을 병행하지 않는 발광 현상을 말한다.

㉯ 빛 대신 전기장으로 발광시킬 때는 일렉트로 루미네슨스라고 한다.

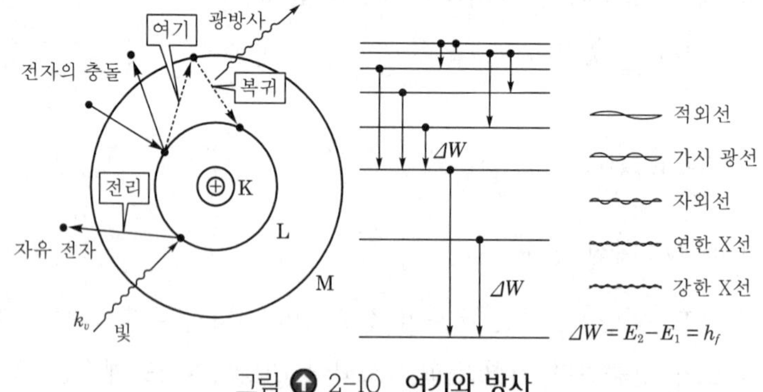

그림 2-10 여기와 방사

④ 광전 소자

종 류	광전 소자
수광 소자	광도전체, 포토 다이오드, 포토 트랜지스터, 태양 전지
발광 소자	LED, LD
광결합 소자	photo-isolator, photo-interrupter
촬상 소자	이미지 센서(image sensor) 또는 CCD(Charge-Coupled Device)

(8) 홀 효과(Hall effect)

플레밍의 왼손 법칙의 원리를 이용한 것으로 다음 그림과 같이 금속이나 반도체의 y축 방향에 전류를 흘리고 그와 직각인 z축 방향에 자속 밀도 B[Wb/m^2]의 자장을 가하면 x축 방향으로 기전력이 발생되는 현상을 홀 효과(Hall effect)라 한다.

홀 효과에 의해 발생된 기전력으로 홀 전압 V는 다음과 같이 나타낼 수 있다.

$$V = k_H \frac{IB}{t}\,[\mathrm{V}],\quad K_H = \frac{1}{ne}$$

여기서, k_H : Hall constant(홀 상수), I : 전류[A]

B : 자속 밀도[Wb/m^2], t : 반도체의 두께

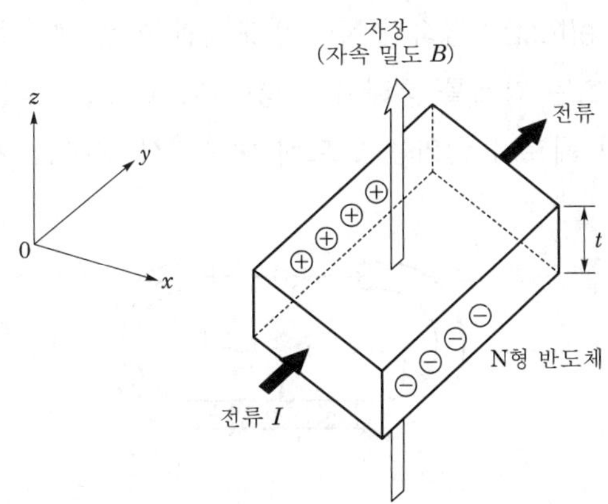

그림 2-11 홀 효과

(9) 열전 효과

① 제어벡 효과(Seebeck effect)

㉮ 일부분에 N형 반도체를 사용한 금속 환상 회로의 에너지대 구조를 조사하여 보면, 고

온부에서 많은 전자가 여기되어 충만대에서 전도대로 이동되고 저온부쪽으로 확산된다. 그 결과, 상대적으로 고온부에서 저온부쪽으로 향하는 전기장이 생기므로 반도체 내부의 에너지 준위가 경사를 이룬다.

㉯ 양측 금속의 페르미 준위 사이에는 차가 생겨 고온부가 양전위가 되는 열기전력이 생기고, 또 P형 반도체일 때에는 이 작용이 반대가 되어 저온부가 양전위의 열전기력이 생긴다.

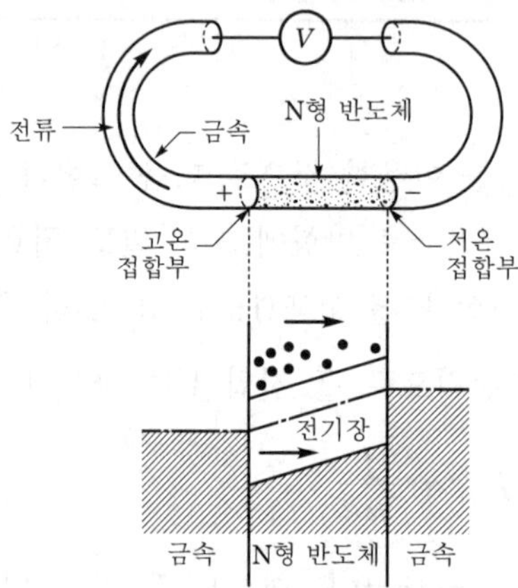

그림 ⬆ 2-12 **제어벡 효과**

② **펠티에 효과(Peltier effect)** : 금속과 N형 반도체를 이은 폐회로에서, 전류를 흘리지 않을 경우의 에너지대 구조는 전체를 통해서 수평이 되어 있으나, 전압을 가해서 전류를 흘리면 다음 그림과 같이 페르미 준위는 반도체 내부에서 경사를 이루고 양측 금속 사이에는 전위차가 생긴다.

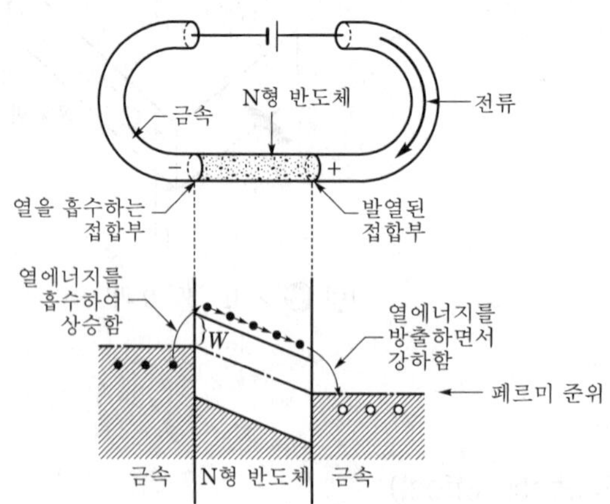

그림 ⬆ 2-13 **펠티에 효과**

단원핵심문제

1 원자 번호가 Z, 원소의 질량수가 A일 때 중성자수 N과의 관계는?

㉮ $N=A+Z$　　㉯ $N=A-Z$

㉰ $N=Z-A$　　㉱ $N=Z$

KEY POINT

모든 물질은 원자로 구성되고, 원자는 양자와 중성자의 덩어리로 구성된 원자핵과 원자핵 주위를 회전하고 있는 전자로 구성되며, 원자 번호, 전자의 수, 양자의 수는 다음과 같은 관계가 있다.

① 원자 번호=양자의 수=전자의 수

② 질량수=양자의 수+중성자의 수

③ 원자핵=양자+중성자

질량수 A는

A=양자수+중성자수

이므로, 중성자의 수 N은

$N=A-$양자수(양자의 수=원자 번호=전자의 수=Z)$=A-Z$

이다.

2 원자의 구성 요소 중 (−)전기를 띠는 것은?

㉮ 양자　　㉯ 전자

㉰ 중성자　　㉱ 원자핵

KEY POINT

모든 물질은 원자로 구성되고, 원자는 (+)극성을 가진 양자와 무극성의 중성자의 덩어리로 구성된 원자핵과 원자핵 주위를 회전하고 있는 (−)극성을 가진 전자로 구성되며, 원자핵과 전자 사이에는 쿨롬력이 작용한다.

원자핵은 양자+중성자이므로 양자와 원자핵은 (+), 중성자는 무극성, 전자는 (−)극성의 전기를 띤다.

3 M각에 들어갈 수 있는 전자의 수는 몇 개인가?

㉮ 2　　㉯ 8

㉰ 18　　㉱ 32

정답 : 1.㉯ 2.㉯ 3.㉰

KEY POINT

➲ 파울리의 배타율에 의해 각각의 궤도에 들어갈 수 있는 전자의 수는 다음과 같다.

〈전자각〉

〈전자 배열〉

궤도수(n)	전자각	배열 전자수($2n^2$)
1	K각	$2\times1^2=2$개
2	L각	$2\times1^2=8$개
3	M각	$2\times3^2=18$개
4	N각	$2\times4^2=32$개

 해설 M각은 제3궤도에 해당하므로 $2\times3^2=18$이다.

4 전자가 가지는 전하량은 얼마인가?

㉮ -1.602×10^{-19}[C]　㉯ -1.759×10^{-19}[C]

㉰ -9.109×10^{-19}[C]　㉱ -1.672×10^{-19}[C]

KEY POINT

➲ **양자와 전자의 질량과 전하량**

(1) 양자의 질량과 전하량

① 질량 : 1.67×10^{-27}[kg]　② 전하량 : $+1.602\times10^{-19}$[C]

(2) 전자의 질량과 전하량

① 질량 : 9.109×10^{-27}[kg]　② 전하량 : -1.602×10^{-19}[C]

 해설 전자가 가지는 전하량은 -1.602×10^{-19}[C]이다.

5 초당 도체의 단면을 통과하는 전자수를 N이라 했을 때, 도체에 흐르는 전류는?

㉮ $i=\frac{N}{e}$[A]　㉯ $i=\frac{e}{N}$[A]

㉰ $i=AN$[A]　㉱ $i=eN$[A]

KEY POINT

➲ $i=\frac{Q}{t}=\frac{ne}{t}$[A]

 해설 전류는 초당 단면을 통과한 전하량이므로 $i=\frac{Q}{t}=\frac{ne}{t}=\frac{ne}{1초}=ne$

 정답 : 4.㉮ 5.㉱

 다음의 관계에서 맞는 것은?

㉮ 구속 전자의 에너지 < 자유 전자의 에너지 < 방출 전자의 에너지
㉯ 방출 전자의 에너지 < 자유 전자의 에너지 < 구속 전자의 에너지
㉰ 구속 전자의 에너지 < 방출 전자의 에너지 < 자유 전자의 에너지
㉱ 구속 전자의 에너지 = 자유 전자의 에너지 = 방출 전자의 에너지

KEY POINT

➲ 구속 전자가 외부로부터 에너지를 얻어 자유 전자가 되고, 외부로부터 에너지가 더욱 더 증가하면 자유 전자는 방출 전자가 된다.

 해설 에너지의 크기는 구속 전자의 에너지 < 자유 전자의 에너지 < 방출 전자의 에너지 순이다.

 전자의 운동시 질량을 나타내는 관계식은?

㉮ $m=\dfrac{m_o}{\sqrt{1-\dfrac{v^2}{c}}}$ [kg]

㉯ $m=\dfrac{m_o}{\sqrt{1-\left(\dfrac{c}{v}\right)^2}}$ [kg]

㉰ $m=\dfrac{m_o}{\sqrt{\left(\dfrac{c}{v}\right)^2-1}}$ [kg]

㉱ $m=\dfrac{m_o}{\sqrt{1-\left(\dfrac{v}{c}\right)^2}}$ [kg]

KEY POINT

➲ 아인슈타인의 상대성 원리에 의해 전자의 정지 질량과 운동 질량은 다음과 같이 다르다.

① **전자의 정지 질량** : $m_o=9.109\times10^{-31}$[kg]

② **전자의 운동 질량** : $m=\dfrac{m_o}{\sqrt{1-\left(\dfrac{v}{c}\right)^2}}$ [kg]

 해설 전자의 운동 질량은 $m=\dfrac{m_o}{\sqrt{1-\left(\dfrac{v}{c}\right)^2}}$ [kg]이다.

 그림과 같은 평등 전계에서 전압 V는 100[V], 평판 전극 사이의 거리가 2[m]이면 전계의 세기 E는?

㉮ 25[V/m]
㉯ 50[V/m]
㉰ 75[V/m]
㉱ 100[V/m]

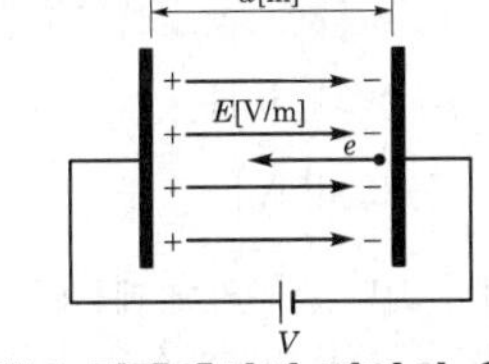

〈평등 전계에서의 전자의 운동〉

KEY POINT

➲ $V=\int^{d} E dr = Ed$ [V]

해설 $E=\frac{V}{d}=\frac{100}{2}=50$[V/m]

9 다음 중 전자빔의 작용이 아닌 것은?

㉮ 형광 작용 ㉯ 사진 작용

㉰ X선 작용 ㉱ 전리 작용

KEY POINT

➲ 전자빔의 작용

① 형광 작용

② 사진 작용

③ X선 작용

④ 열 작용

10 K각의 전자가 가지는 전체 에너지는 얼마인가?

㉮ −27.16[eV] ㉯ −13.58[eV]

㉰ −3.4[eV] ㉱ −1.5[eV]

KEY POINT

➲ 각 궤도별 에너지 준위 및 스펙트럼은 그림과 같이 제1궤도(K각)의 에너지 준위는 −13.6[eV], 제2궤도(L각)의 에너지 준위는 −3.4[eV], 제3궤도(M각)의 에너지 준위는 −1.5[eV], 제4궤도(N각)의 에너지 준위는 −0.85[eV]이다.

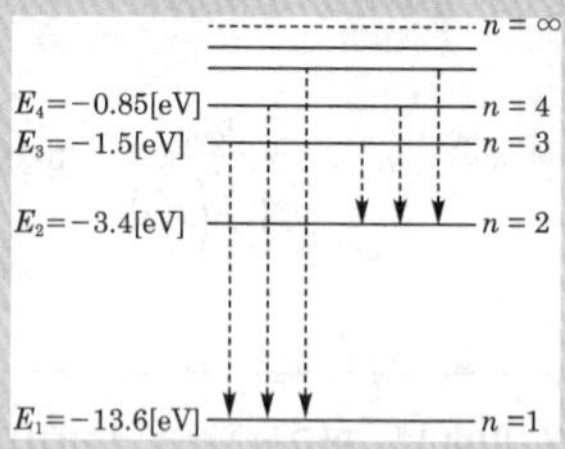

〈수소 원자의 에너지 준위와 스펙트럼〉

해설 전자 1개가 가지는 에너지는

$-3.58\frac{1}{n^2} \doteqdot -13.6$[eV]

이다. 파울리의 배타율에 의해 제1궤도(K각)에 들어갈 수 있는 전자의 수는 $2n^2=2\times1^2=2$이므로 전체 에너지는 −13.6 times 2=−27.2[eV]이다.

정답 : 9.㉱ 10.㉮

11 L각의 전자에 에너지를 주어 방출 전자를 만들려고 한다. 최소 얼마의 에너지를 주어야 하는가?

㉮ 13.58[eV] ㉯ 3.4[eV]
㉰ 1.5[eV] ㉱ −3.4[eV]

제2궤도(L각)의 전자가 가지는 에너지값은

$$W_n = -13.58\frac{1}{n^2} = -13.58 \times \frac{1}{2^2} = -3.4[\text{eV}]$$

12 다음은 일함수에 대한 설명이다. 맞는 것은?

㉮ 0[°C]에서 최외각 전자를 방출시키는 데 필요한 최소의 에너지
㉯ 0[K]에서 자유 전자를 방출시키는 데 필요한 최소의 에너지
㉰ 0[°C]에서 자유 전자를 방출시키는 데 필요한 최소의 에너지
㉱ 0[K]에서 최외각 전자를 방출시키는 데 필요한 최소의 에너지

KEY POINT

전자가 고체의 표면 밖으로 방출하기 위해서는 원자핵과 전자 사이의 영상력보다 큰 에너지를 가지던가 고체 표면 밖으로 방출하기 위하여 일을 하여야 한다. 소위 전자의 일함수(work function)가 필요하다.

일함수란 페르미 준위의 전자가 금속 밖으로 방출되기 위해서 필요한 최소의 에너지로 0[K]에서 페르미 준위의 전자, 즉 최외각 전자를 금속 밖으로 방출시키는 데 필요한 에너지이다.

13 다음 에너지 준위의 관계로 바른 것은?

㉮ 기저 준위<탈출 준위<페르미 준위
㉯ 탈출 준위<기저 준위<페르미 준위
㉰ 기저 준위<페르미 준위<탈출 준위
㉱ 페르미 준위<기저 준위<탈출 준위

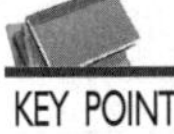
KEY POINT

제1궤도의 에너지 준위를 기저 준위, 0[K]에서 최외각 궤도의 에너지 준위를 페르미 준위, 페르미 준위에 있는 전자가 금속 밖으로 탈출하기 위한 에너지가 일함수이다.

에너지 준위의 크기 순서는 기저 준위<페르미 준위<탈출 준위 이다.

정답 : 11.㉯ 12.㉱ 13.㉰

14 다음 일함수를 나타내는 공식 중 바른 것은? (단, W_o: 탈출 준위[J], W_f : 페르미 준위[J])

㉮ $\phi = \dfrac{W_o - W_f}{e}$ [eV]　　㉯ $\phi = W_f - W_o$[eV]

㉰ $\phi = W_o - W_f$ [eV]　　㉱ $\phi = \dfrac{W_f - W_o}{e}$ [eV]

KEY POINT

➲ 일함수 W_w는

$W_w = e\phi = W_o - W_f$ [eV]

해설 $\phi = \dfrac{W_o - W_f}{e}$ [eV]

15 다음 열전자 방출 재료의 구비 조건 중 바르지 못한 것은?

㉮ 가공 공작이 쉬울 것　　㉯ 융점이 높을 것

㉰ 진공 중에서 증발이 잘 될 것　　㉱ 일함수가 적을 것

KEY POINT

➲ 열전자 방출 재료의 조건

① 일함수가 적을 것
② 융점이 높을 것
③ 방출 효율이 좋을 것
④ 가공 공작이 쉬울 것
⑤ 진공 속에서 증발이 안될 것

해설 열전자 방출 재료는 진공 중에서 쓰이므로 증발이 잘 되어서는 안 된다.

16 다음 중 열전자 방출 재료로 적합하지 않은 것은?

㉮ 텅스텐　　㉯ 토륨 텅스텐

㉰ 산화물 피복음극　　㉱ 세슘

KEY POINT

➲ 열전자 방출 재료로는 텅스텐, 토륨 텅스텐, 산화물 피복음극이 있다.

해설 세슘은 광전자 방출 재료로 사용된다.

 정답 : 14.㉮ 15.㉰ 16.㉱

17 다음 중 전계 방출과 관계가 있는 효과는?

㉮ 제어벡(Seebeak) 효과　　㉯ 홀(Hall) 효과
㉰ 피에조(Piezo) 효과　　㉱ 터널(tunnel) 효과

KEY POINT

➲ 금속면에 강한 전계를 인가하면 쇼트키 효과에 의해 전위 장벽의 높이와 두께가 얇아져 전자가 전위 장벽을 넘지 않고 전위 장벽을 뚫고 나오는 터널 효과가 발생한다.

해설 금속면에 강한 전계를 인가하면 전위 장벽의 두께가 얇아져 전 위장벽을 뚫고 나오는 터널 효과가 발생한다.

18 열전자 방출을 하고 있는 전자에 전기장을 가하면 전자 방출 효과가 높아지는 현상은?

㉮ 쇼트키(Schottky) 효과　　㉯ 펠티에(Pelter) 효과
㉰ 터널(tunnel) 효과　　㉱ 홀(Hall) 효과

KEY POINT

➲ 금속 표면에 강한 전계가 전자를 금속에서 끌어내는 방향으로 인가된 경우에는 아래의 그림과 같이 전계가 없을 경우의 전위 장벽이 외부 전계가 증가할수록 전위 장벽(일함수 : E_w)이 낮아져 금속 표면에 전계를 인가하지 않았을 때보다 열전자 방출량이 증가하는 효과를 쇼트키 효과이다.

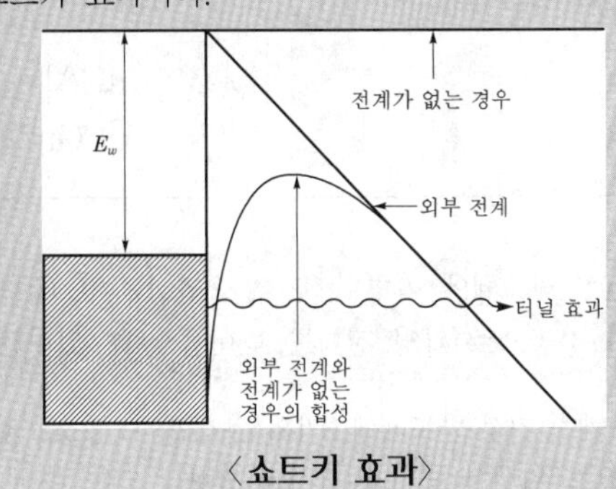

〈쇼트키 효과〉

해설 전계를 인가하지 않았을 때보다 열전자 방출량이 증가하는 효과를 쇼트키 효과라 한다.

19 반도체는 결정 구조상 어떤 화학적 결합으로 이루어져 있는가?

㉮ 이온 결합　　㉯ 금속 결합
㉰ 원자 결합　　㉱ 공유 결합

정답 : 17.㉱ 18.㉮ 19.㉱

KEY POINT

➲ 반도체는 최외각의 4개의 전자가 서로 공유 결합을 하고 있다.

해설

반도체는 공유 결합을 하는 물체로 0[K] 이하에서는 절연체의 성질을 가지고 있다.

20 다음 반도체의 종류 중 불순물이 섞이지 않은 반도체는?

㉮ 외인성 반도체　　㉯ P형 반도체

㉰ 진성 반도체　　㉱ N형 반도체

KEY POINT

➲ 불순물이 섞이지 않은 반도체를 진성 반도체라 한다.

해설

불순물이 섞이지 않은 반도체를 진성 반도체라 하고, 진성 반도체에 미량의 불순물을 첨가한 반도체를 외인성 반도체 혹은 불순물 반도체라 하며, 진성 반도체에 미량의 3가의 원소를 첨가한 반도체를 P형 반도체, 5가의 원소를 첨가한 반도체를 n형 반도체라 한다.

21 P형 반도체란 진성 반도체에 억셉터(acceptor)를 첨가한 것이다. 다음 중 억셉터에 들어 있지 않은 것은?

㉮ B　　㉯ Al

㉰ N　　㉱ Ga

KEY POINT

➲ 진성 반도체에 미량의 3가의 원소(B, Al, Ga, In)를 첨가한 P형 반도체는 다수 캐리어가 정공으로 과잉 전자를 받아들일 수 있다는 의미로 억셉터라 한다.

해설

P형 반도체는 진성 반도체에 3가의 원소인 B(붕소), Al(알루미늄), Ga(갈륨), In(인듐) 등을 미량 첨가한 것으로 억셉터 준위를 가지고 있다.

22 다음 중 P형과 N형이 다수 캐리어로 바르게 짝지어 놓은 것은?

㉮ 정공－자유 전자

㉯ 정공－정공

㉰ 자유 전자－정공

㉱ 자유 전자－자유 전자

정답 : 20.㉰ 21.㉰ 22.㉮

KEY POINT

P형 반도체는 진성 반도체에 3가의 원소인 B(붕소), Al(알루미늄), Ga(갈륨), In(인듐) 등을 미량 첨가한 것으로 다수 캐리어가 정공이다. N형 반도체는 진성 반도체에 5가의 원소인 P, As, Sb, Bi 등을 미량 첨가한 것으로 다수 캐리어가 과잉 전자이다.

P형 반도체의 다수 캐리어는 정공, N형 반도체의 다수 캐리어는 자유 전자이다.

23 다음 중 N형 반도체에 첨가되는 5가 원소를 무엇이라 하며, 또 맞는 예는?

㉮ 억셉터－N　　㉯ 도너－P

㉰ 도너－Ga　　㉱ 억셉터－B

KEY POINT

P형 반도체는 진성 반도체에 3가의 원소인 B(붕소), Al(알루미늄), Ga(갈륨), In(인듐) 등을 미량 첨가한 것으로 다수 캐리어가 정공이다. N형 반도체는 진성 반도체에 5가의 원소인 P, As, Sb, Bi 등을 미량 첨가한 것으로 다수 캐리어가 과잉 전자이다.

N형 반도체에 첨가되는 5가 원소는 도너(donor)라 하고, 여기에는 N(질소), P(인), As(비소), Sb(안티몬) 등이 있다.

24 다음 중 N형 반도체의 간단화한 전류 밀도식으로 바른 것은?

㉮ $J=(n_p v_p + n_n v_n)e\,[\mathrm{A/m^2}]$

㉯ $J=n_p e v_p\,[\mathrm{A/m^2}]$

㉰ $J=n_n e v_n\,[\mathrm{A/m^2}]$

㉱ $J=n_n e v_p\,[\mathrm{A/m^2}]$

KEY POINT

진성 반도체에서는 자유 전자와 정공, P형 반도체는 다수 캐리어인 정공, N형 반도체는 다수 캐리어인 과잉 전자에 대해 전류 밀도를 고려해야 하므로

① N형 반도체인 경우의 전류 밀도

$J=n_n e v_n[\mathrm{A/m^2}]$

② P형 반도체인 경우의 전류 밀도

$J=n_p e v_p[\mathrm{A/m^2}]$

③ 진성 반도체인 경우의 전류 밀도

$J=(n_p v_p + n_n v_n)e\,[\mathrm{A/m^2}]$

정답 : 23.㉯ 24.㉰

25 다음 중 반도체의 온도와 전기 저항과의 관계를 바르게 나타낸 그래프는?

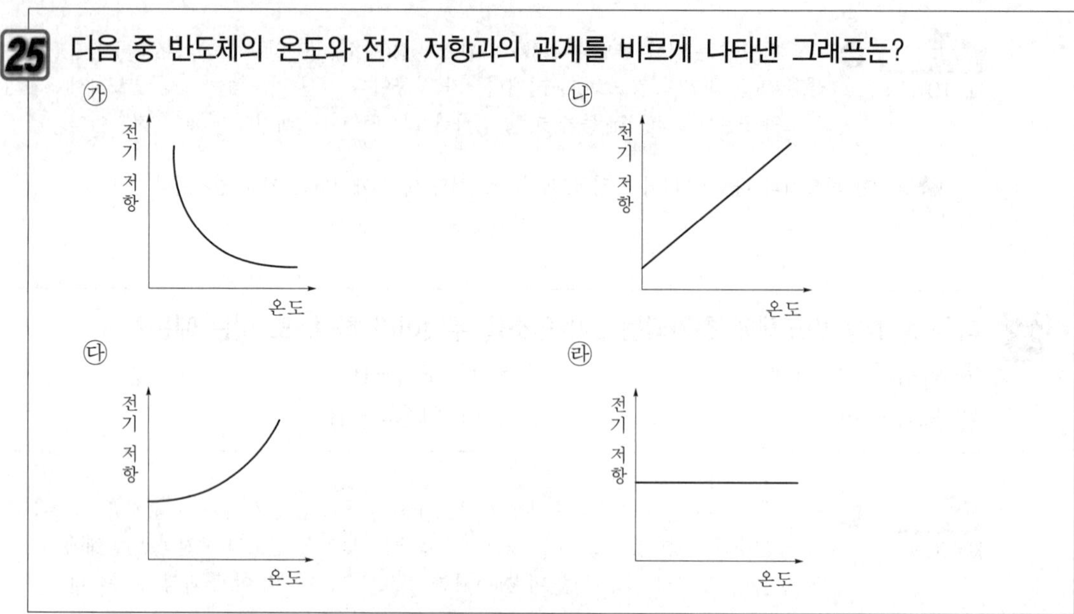

KEY POINT

➲ 공유 결합을 하고 있으므로 0[K]에서는 절연체의 특성이 있으나 온도가 상승하면 저항이 감소하는 부의 온도 특성이 있다.

해설 반도체에서는 금속과는 달리 온도가 상승함에 따라 저항값이 감소한다.

26 다음 중 반도체의 광전 효과로 볼 수 없는 것은?

㉮ 광도전 효과　　㉯ 루미네슨스
㉰ 광전자 효과　　㉱ 2차 전자 방출

KEY POINT

➲ 반도체의 광전 효과
① 광도전 효과
② 광기전 효과
③ 루미네슨스

해설 금속면에 가속된 전자를 충돌시키면 전자가 방출되는 현상을 2차 전자 방출이라 하며, 광전 효과와는 관계가 없는 현상이다.

 정답 : 25.㉮ 26.㉱

27 다음 중 태양 전지는 어느 효과를 이용한 것인가?

㉮ 광기전 효과　　㉯ 광전자 방출
㉰ 광도전 효과　　㉱ 루미네슨스

KEY POINT

➲ P형 반도체와 N형 반도체의 접합 부분에 빛을 쪼이면 기전력이 발생하는 현상을 광기전 효과라 한다.

광다이오드, 광트랜지스터, 태양 전지 등은 광기전 효과를 이용한 것이다.

28 열과 전기 사이의 관계를 나타내는 효과의 총칭을 열전 효과라 하는데, 다음은 그 예를 나타낸 것이다. 열전 효과에 들지 않는 것은?

㉮ 제어벡(Seebeck) 효과　　㉯ 톰슨(Thomson) 효과
㉰ 홀(Hall) 효과　　㉱ 펠티에(Peltier) 효과

KEY POINT

➲ 열전 효과(thermoelectric effect)
① 제어벡 효과
② 펠티에 효과
③ 톰슨 효과

홀 효과는 전자가 평등 자계 중에 입사하였을 경우 플레밍의 왼손 법칙에 의해 캐리어가 전자가 한 쪽 방향으로 쏠리는 현상이다.

정답 : 27.㉮　28.㉰

제 2 장 전자 소자

1. 다이오드

1 반도체 다이오드

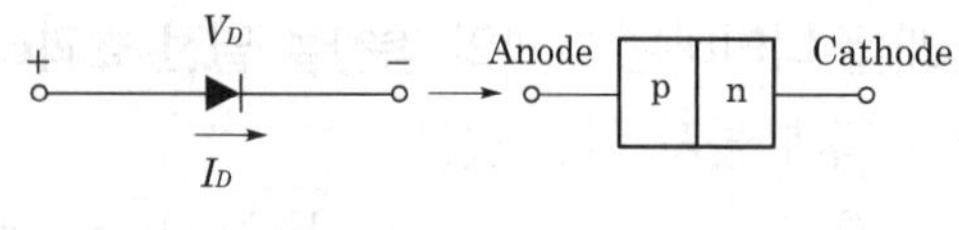

그림 2-14 **반도체 다이오드**

이상적인 다이오드의 특성은 한쪽 방향으로만 전류를 전도하는 스위치와 같다.

(1) 열평형 상태에서의 PN 접합

① P−N 접합을 하면 접합면을 통하여 P형측의 다수 캐리어인 정공은 N형쪽으로, N형측의 다수 캐리어인 전자는 P형쪽으로 각각 확산을 하게 되며 확산은 접합면의 가까운 쪽에서부터 하게 된다.

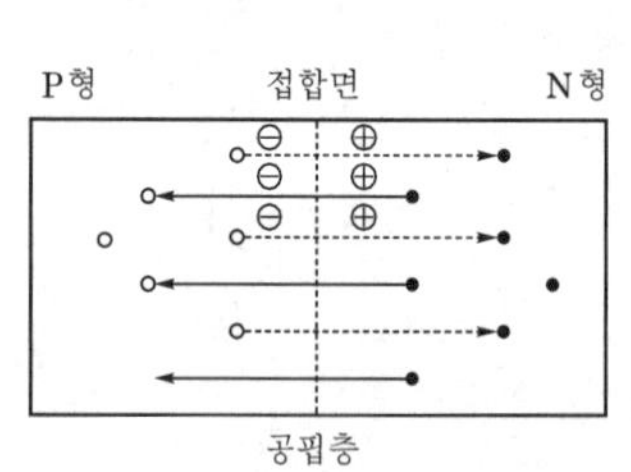

(a) 전자와 정공의 확산

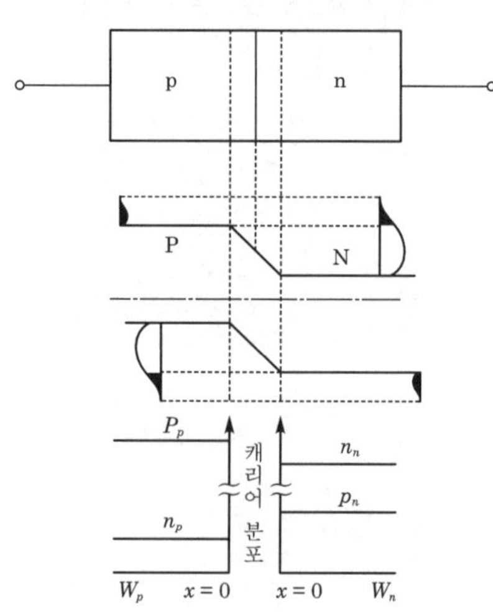

(b) 열평형 상태($V=0$)

그림 2-15 **P-N 접합**

② 따라서, P형측의 정공이 N형쪽으로 옮겨간 자리는 (−)로 대전되고, N형측의 전자가 P형쪽으로 옮겨간 자리는 (+)로 대전되어 접합면 부근에서는 N형쪽으로 또는 P형쪽으로 향하는 전계가 생긴다.

③ 이 전계는 확산을 방해하므로 전계가 매우 크게 되면 전자나 정공의 확산이 이루어지지 않게 되는데 (반대로 소수 캐리어에 의한 드리프트 운동을 일으키는 원인이 되기도 한다.) 이를 전위 장벽(potential barrier)이라고 하며, 전계가 생긴 접합면의 영역을 공핍층(depletion barrier)이라고 한다.

(2) 바이어스(Bias)

① 바이어스를 걸지 않았을 경우

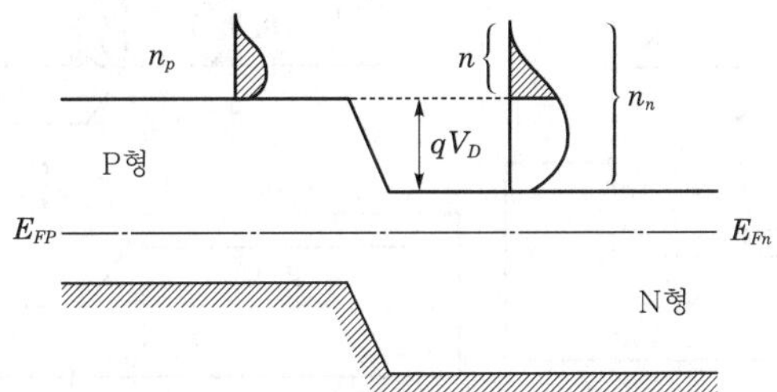

그림 ⬆ 2-16 **PN 접합의 에너지대(전압=0)**

드리프트 전류와 확산 전류(P형과 N형쪽으로 확산되는 정공과 전자의 이동을 확산 전류라고 한다.)가 상쇄되어 P−N 접합은 평형 상태가 되며, 전류가 흐르지 않게 된다.

② 역방향 바이어스 조건

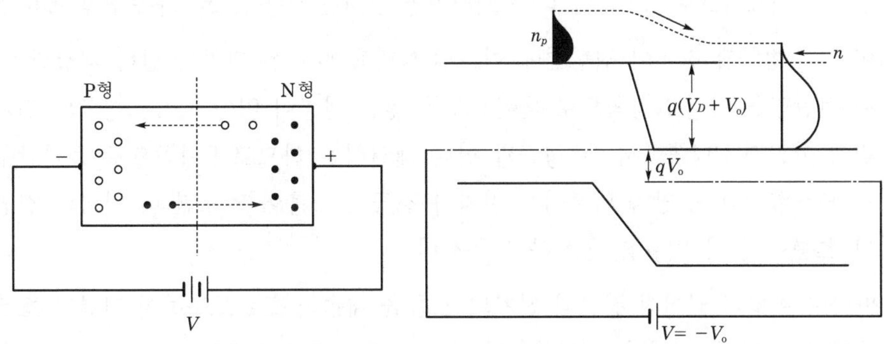

그림 ⬆ 2-17 **역방향 바이어스와 에너지대**

㉮ P−N 접합에 역방향으로 바이어스 전압 V를 가하면 P형쪽의 다수 캐리어인 정공들

은 (−)전극으로 모이게 되고, N형쪽의 다수 캐리어인 전자는 (+)전극으로 모이게 되어 공핍층이 더 넓어져 전위 장벽 V_D가 V_o만큼 더 높아지고($V_D + V_o$가 되며) 다수 캐리어들은 전위 장벽을 넘을 수 없어서(접합면을 지나가지 못하여) 정공과 전자의 흐름이 없게 된다. 따라서 전류가 흐르지 않게 된다.

㈏ P형측의 소수 캐리어인 전자는 접합면을 지나 N형쪽으로, N형측의 소수 캐리어인 정공도 접합면을 지나 P형쪽으로 옮겨가므로 아주 적으나마 전류가 흐르게 된다. 이와 같은 전류를 역방향 포화 전류 또는 역포화 전류(reverse bias saturation current), 차단 전류(cut off currebt) 또는 누설 전류(leakage current)라고 한다.

③ 순방향 바이어스 조건

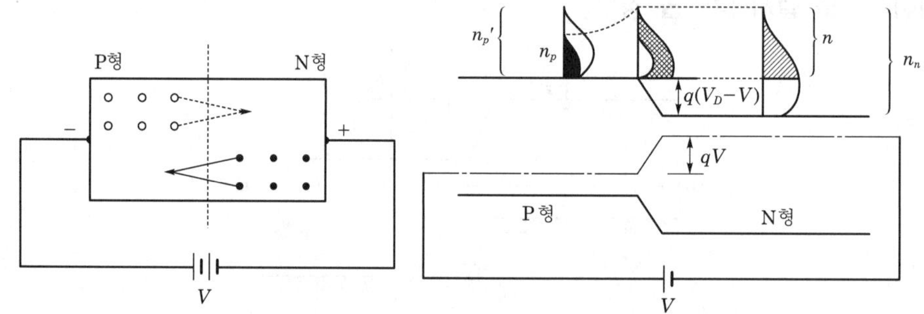

그림 ⬆ 2-18 **순방향 바이어스와 에너지대**

㈎ P−N 접합에 순방향 바이어스 전압 V를 가하면 전위 장벽 V_D가 V 만큼 낮아 P형과 N형의 다수 캐리어가 옮겨가기 쉬워지고($V_D - V$가 되어), P형측 전극에는 (+)전압이 가해지므로 N형측의 다수 캐리어인 전자는 P형쪽으로 가속을 받으며 옮겨간다.

㈏ 이 때 P형쪽의 정공이 접합면에 이르면 N형측에서 온 전자와 만나 재결합을 하게 되어 접합면을 지나 N형쪽으로 들어갈수록 많은 정공이 없어지고, N형쪽의 전자도 접합면에 이르면 P형쪽에서 온 정공과 만나 재결합을 하므로 P형쪽으로 들어갈수록 많은 전자가 없어진다. 만약 외부에서 전자와 정공의 보충이 없으면 더 이상의 정공과 전자의 흐름이 없어 전류를 형성하지 못한다.

㈐ 따라서 이렇게 없어진 정공과 전자의 흐름을 계속적으로 보충하여 전류가 흐르도록 한 전압이 순방향 바이어스 전압이며, 이 때에 흐르는 전류를 순방향 바이어스 전류(forward biased curret)라고 한다.

(3) PN 다이오드의 특성

① 이상적인 다이오드의 정특성

$$I = I_o(e^{eV/kT} - 1)$$

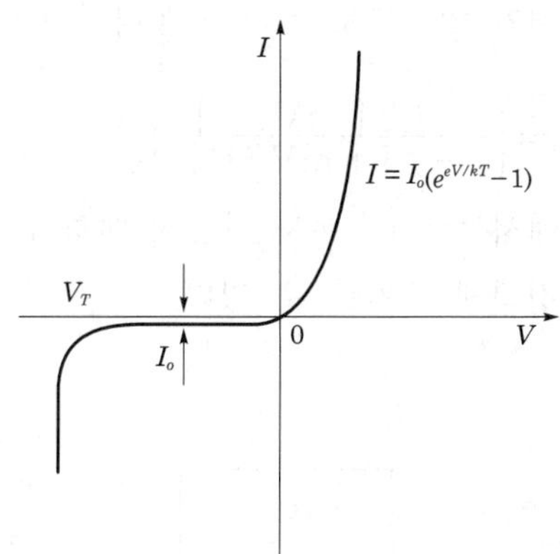

그림 2-19 **이상적인 다이오드 정특성**

㉮ **순바이어스 전류**

$V > 0$일 때, I는 V의 증가에 따라 급속히 증대한다.

$$I \cong I_o e^{eV/kT}$$

㉯ **역바이어스 전류**

$V < 0$이며, $|V| \gg \dfrac{kT}{e}$인 경우

$$I \cong -I_o$$

㉰ **Cut-in 전압 V_T**

$$V_T = 0.7(\text{Si})$$

$$V_T = 0.3(\text{Ge})$$

컷 인(Cut-in) 전압 이상의 순방향 전압일 때 다이오드를 도통 상태로, 이 전압 이하의 순방향 전압에서는 역방향일 때와 같이 다이오드를 차단 상태로 간주한다.

② 다이오드의 온도 특성

㉮ **역포화 전류 I_o의 온도 효과**

온도 t_1에서의 역포화 전류 I_0를 I_{01}이라 하면 t_2에서의 역포화 전류 I_{02}는

$$I_{02} = I_{01} \times 2^{(t_2 - t_1)/10}$$

즉, 역포화 전류는 온도 변화 10[℃]마다 크기가 거의 두배로 된다.

㉯ **순바이어스 전류의 온도 효과**

$V_T = \dfrac{T}{11,000}$ 의 관계가 있으므로 온도가 올라가면 순바이어스 전류도 증가한다.

실내 온도에서 $\left.\dfrac{dV}{dT}\right| = \begin{cases} -2.2\,[\text{mV/℃}] : \text{Ge} \\ -2.5\,[\text{mV/℃}] : \text{Si} \end{cases}$

즉, 실내 온도 근처에서는 1[℃] 온도 상승에 대하여 순바이어스 전압을 2.5[mV] 만큼 낮추면 전류를 일정하게 유지할 수 있다.

(4) 다이오드의 등가 회로

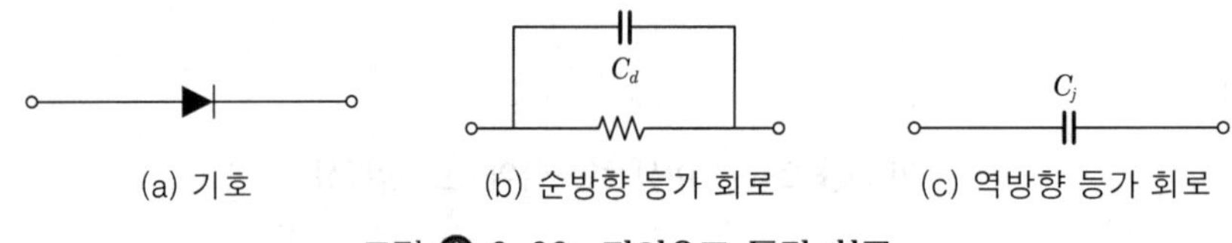

그림 ⬆ 2-20 **다이오드 등가 회로**

① **다이오드의 전용량 C_T(공간 전하 용량)**

$C_T = C_j + C_d$ (단, $C_d \gg C_j$)

여기서, C_j : 접합 용량, C_d : 확산 용량

※ 역방향 바이어스 영역에서는 전이(Transition) 또는 접합 캐패시턴스(C_j)가 있고, 순방향 바이어스 영역에서는 확산(Diffusion) 또는 축적(Storage) 커패시턴스(C_d)가 있다.

② 계단형 접합의 $C_T \approx \dfrac{K}{\sqrt{|V_D|}}$ 로서 역바이어스 전압의 제곱근에 반비례한다.

③ 직선 경사 접합의 $C_T \approx \dfrac{K}{\sqrt[3]{V_D}}$

④ 공간 전하 용량을 변화시켜 설계된 것을 버랙터 다이오드(Varactor Diode) 또는 VVC 다이오드라고 한다.

(5) 다이오드의 스위칭 동작

$V_i = -V_R$일 때 $i \approx 0$ $(V_0 \approx -V_R)$

$V_i = +V_F$일 때 $i = \dfrac{V_F}{R}$ $(V_0 \approx 0)$

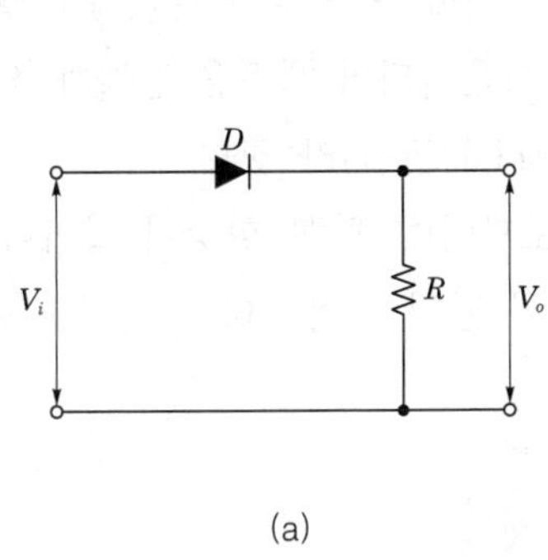

(a)

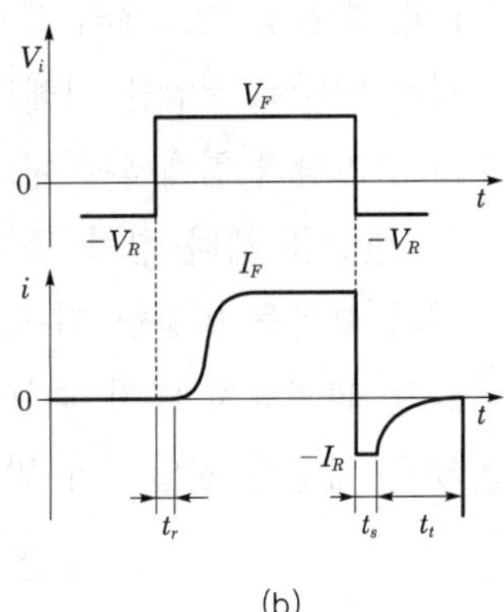

(b)

그림 ⬆ 2-21 **다이오드의 스위칭 동작**

① **역방향 회복 시간(reverse recovery time)** : 다이오드는 역바이어스 되어도 순간적으로 Off되지 않고 어떤 시간동안 역방향 전류가 흐르고 그 다음 시간의 경과에 따라 역전류가 감소해간다. 이 역전류가 순방향 전류의 10%의 값이 되기까지의 시간을 역방향 회복 시간(t_{rr}, reverse recovery time)이라고 한다.

t_{rr} =축적 시간(t_s)+전이 시간(t_t)

② **축적 시간(t_s : storage time)** : 매우 큰 일정한 역전류 ($I_R = -V_R/R$)가 흐르는 기간(소수 캐리어 축적 효과이다.)

③ **전이 시간(t_t : transtition time)** : 역전류가 점차 감소해 가는 기간($I_R = -V_F/R$)에서 정상 상태로 이르기까지의 기간이다.)

(6) 다이오드의 항복(Break-Down 현상)

① **전자 사태 효과(Electron Avalanche Effect)**

㉮ **애벌란시 항복(Avalanche Break-Down : 전자 사태 현상)**

㉠ 역Bias 전압 증대시 공핍층 증대 및 전장 세기 증대

㉡ 공핍증 내 생성된 소수 캐리어가 이 큰 전장에 의해 가속 운동

㉢ 공핍층 내 결정 격자와 충돌(이온화 충돌)로 인해 다량의 캐리어쌍 생성으로 역방향 전류의 급증

㉣ 보통 수십[V]의 역방향 전압에서 발생(6[V] 이상)

㉯ **제너 효과(Zener Effect)**

㉠ P형 및 N형 반도체의 불순물 농도가 높으면 공간 전하의 폭도 대단히 좁아지므로 작은 역방향 전압을 가해도 공간 전하 영역 안에서 매우 강한 전기장이 발생한다.

㉡ 이 전기장의 힘에 의하여 결정 격자가 직접 이온화되어 새로운 전자와 정공이 생기는 현상을 제너 항복 또는 터널 효과(Tunnel Effect)라 한다.

㉢ 제너 항복을 이용한 다이오드가 제너 다이오드이며, 항복 현상이 일어나도 다이오드는 파괴되지 않기 때문에 정전압 소자로서 널리 이용된다.

㉣ 낮은 역방향 전압에서 발생

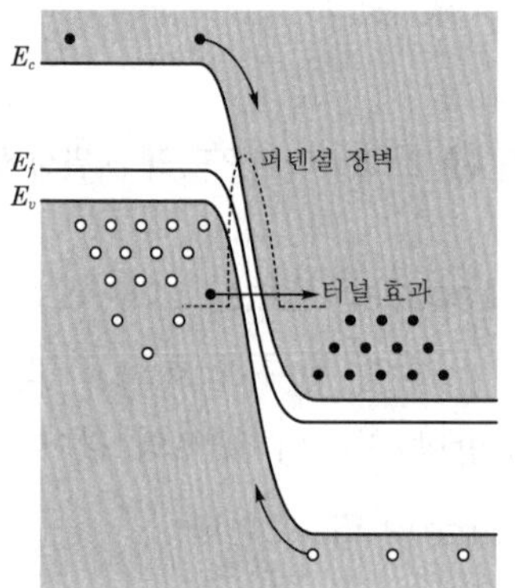

그림 ⬆ 2-22 **제너 효과**

2 다이오드의 종류

〈다이오드의 종류〉

다이오드 종류	주요 응용 분야	회로 심벌
정류 다이오드	교류를 직류로 변환할 때 응용	
정전압(제너) 다이오드	정전압 특성을 전압 안정화에 응용	
가변 용량(버랙터) 다이오드	가변 용량 특성을 FM 변조, AFC 동조에 응용	
터널(에사키) 다이오드	음저항 특성을 마이크로파 발진에 응용	
MES(쇼트키) 다이오드	금속과 반도체의 접촉 특성을 응용	
발광(LED) 다이오드	발광 특성을 응용하여 표시용 램프로 사용	
수광(포토) 다이오드	광 검출 특성을 응용하여 광 센서로 사용	

(1) 제너 다이오드(Zener Diode)

제너 다이오드(Zener Diode)는 전압 포화 특성을 이용하여 전압을 일정하게 유지하기 위한 전압 제어 소자로 널리 이용되고 있다.

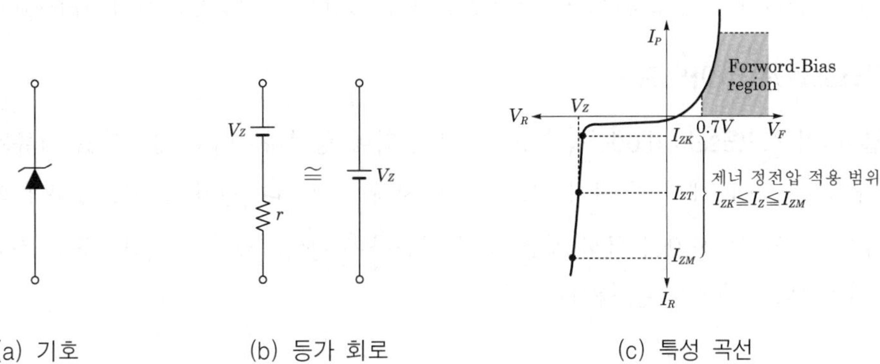

(a) 기호 (b) 등가 회로 (c) 특성 곡선

그림 2-23 **제너 다이오드의 특성**

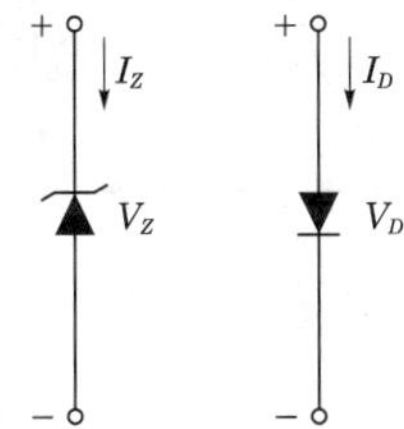

그림 2-24 **일반 다이오드와 제너 다이오드**

(2) 가변 용량 다이오드(Variable Capacitance Diode)

① 반도체 다이오드의 접합부 용량(공간 전하 용량 : C)이 양단에 가한 역바이어스 전압에 의하여 변하는 것을 이용한 것으로 버랙터(Varactor), 버리캡(Varicap), 바리오드(Variode)라고도 한다.

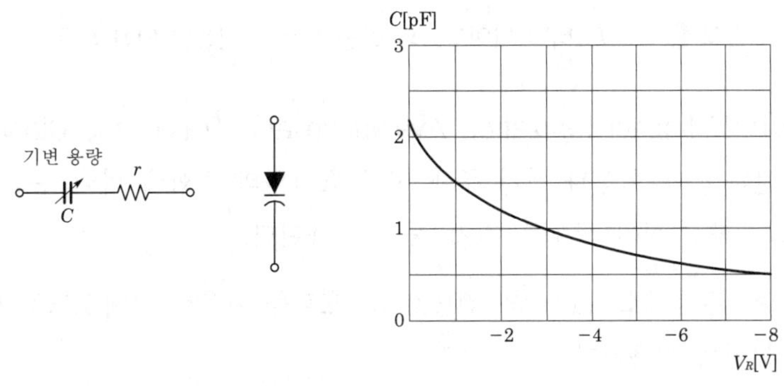

그림 2-25 **버랙터 다이오드**

② $C=\frac{K}{\sqrt{V_R}}$ (여기서, V_R : 역바이어스 전압)

③ 버랙터 다이오드는 주파수 체배기, FM이나 TV 수신기의 AFC에 이용되고 있으며, FM 송신기의 변조 회로나 소인 발전기의 소인용으로도 중요하게 이용된다.

(3) 마이크로파용 다이오드

① **터널 다이오드(Esaki diode)** : 순방향으로 전압이 증가하는데도 불구하고 전류가 감소하는 구간 $V_p - V_v$에서 이 다이오드는 부성 저항을 가진다. 전자가 터널 효과에 의하여 금지대를 통과하는 시간이 극히 짧은 것을 이용하여 마이크로파의 발진, 증폭, 스위칭 작용에 이용한다. (부성 저항 특성)

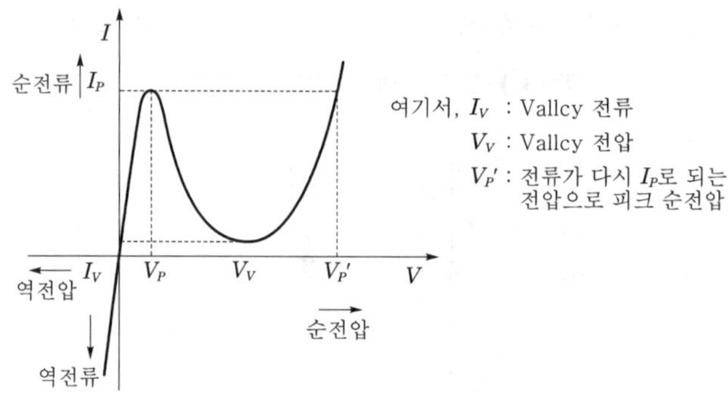

그림 2-26 **터널 다이오드의 특성**

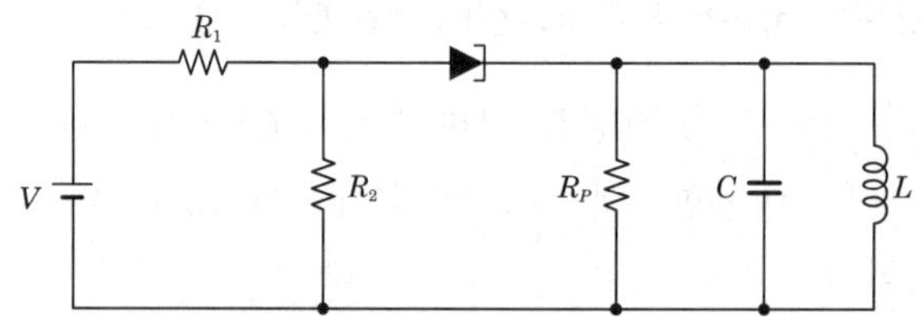

그림 2-27 **터널 다이오드와 공진 회로를 이용한 발진 회로**

② **임팩트 다이오드(Impact Ionization Avalanche and Trasit time Diode ; IMPATT)** : 반도체 내의 전자 사태 현상과 전자 주행 시간 효과와의 조합에 의해 부성 저항을 얻는 소자로 마이크로파 송신기 국부 발진기 등에 이용된다.

③ **Gunn Diode** : 갈륨비소(GaAs)의 건(Gunn) 효과를 이용한 다이오드로 마이크로파 수신기 국부 발진기에 이용된다.

(4) 특수 반도체

① 서미스터(Thermister)

㉮ 온도에 따라 저항값이 변화하는 반도체이다.

㉯ 코발트, 니켈, 망간, 철, 구리, 티탄 등을 구워 만든다.

㉰ 온도 검출이나 계측, 트랜지스터 회로의 온도 보상용 바이어스 회로에 많이 쓰인다.

② 바리스터(Varistor ; Variable Resistor)

㉮ 가해진 전압의 크기에 따라 저항값이 변화하는 반도체 소자이다.

㉯ 전화기, 통신 기기의 불꽃 잡음에 대한 보호 등에 사용된다.

㉰ 바리스터에 순방향 전압 V[V]를 가하면 흐르는 전류 I는 다음과 같다.

$$I = kV^n \text{[A]}$$

k와 n은 상수이고, n은 2~4.5의 값을 갖는다.

3 사이리스터

사이리스터는 일반적으로 pnpn으로 구성되어 있으며 전력을 제어하는 기능을 가진 반도체 소자를 총칭한다.

(1) 제어 정류 소자(SCR ; Silicon Controlled Rectifier)

Si를 재료로 한 PNPN 다이오드의 P_2 영역에 게이트(Gate)를 붙여 게이트 전류 I_G로서 항복 전압을 제어할 수 있도록 한 것을 실리콘 제어 정류 소자(SCR ; Silicon Controlled Rectifier)라고 한다.

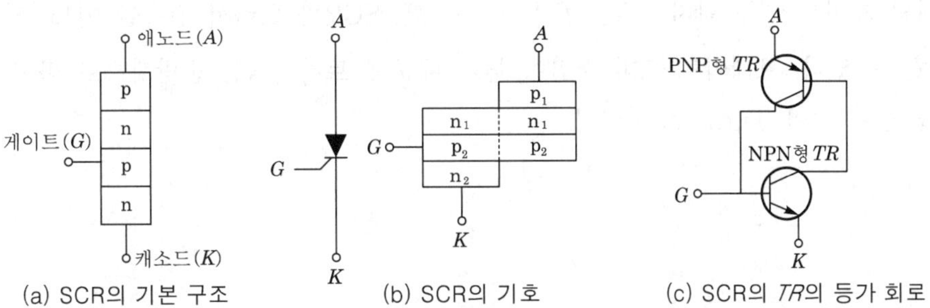

(a) SCR의 기본 구조 (b) SCR의 기호 (c) SCR의 TR의 등가 회로

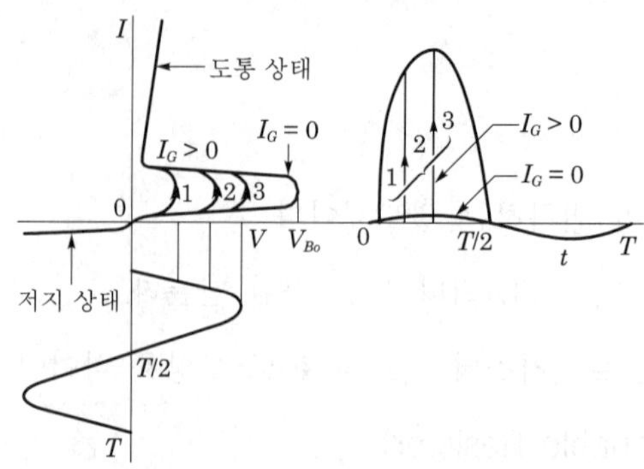

(d) SCR의 특성 곡선

그림 ⊙ 2-28 **SCR의 모식적인 구조와 등가 회로**

(2) 실리콘 제어 스위치(SCS)

SCS는 PNPN 접합이므로 동작은 본질적으로 PNPN 접합의 동작과 같다. 다만, Gate가 두 개이므로 이 단자를 이용하여 임의로 조절시켜 Turn－on, Turn－off시킬 수 있다.

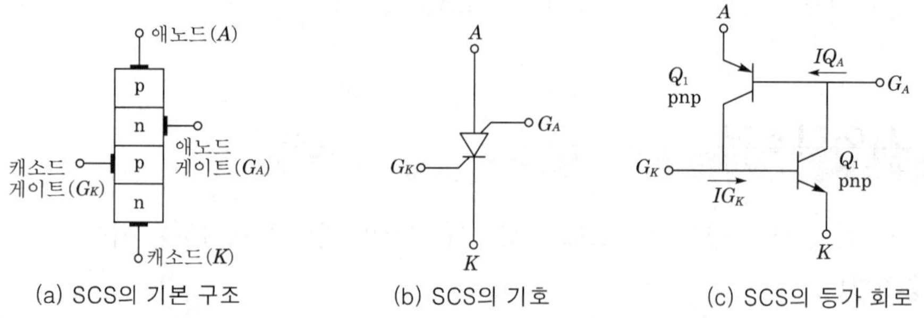

(a) SCS의 기본 구조 (b) SCS의 기호 (c) SCS의 등가 회로

그림 ⊙ 2-29 **SCS의 모식적인 구조와 등가 회로**

(3) 트라이액(Triac)

트라이액은 다음 그림과 같이 NPNPN의 5층 구조를 갖지고 있으며, 2개의 SCR를 반대로 병렬 연결시킨 것으로 볼 수 있다. 그러므로 주로 교류 전력 제어에 응용된다.

하나의 게이트와 두 단자 T_1, T_2를 가지는데, SCR과 달라서 전류를 어느 쪽 방향으로도 흘릴 수 있다. 브레이크 오버 전압이 높기 때문에 트라이액은 순방향으로 바이어스된 트리거를 걸어 주어 Turn－on시킨다.

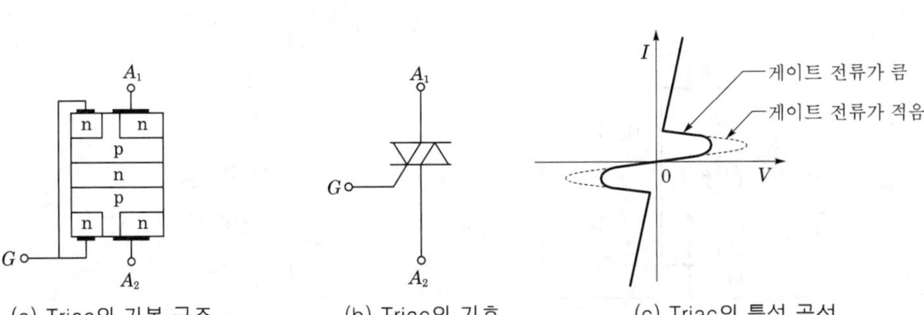

(a) Triac의 기본 구조　(b) Triac의 기호　(c) Triac의 특성 곡선

그림 2-30 **트라이액**

(4) GTO(Gate Turn-Off switch)

게이트 턴-오프 스위치(GTO ; Gate Turn-Off switch)는 다음 그림과 같이 3단자 소자이다.

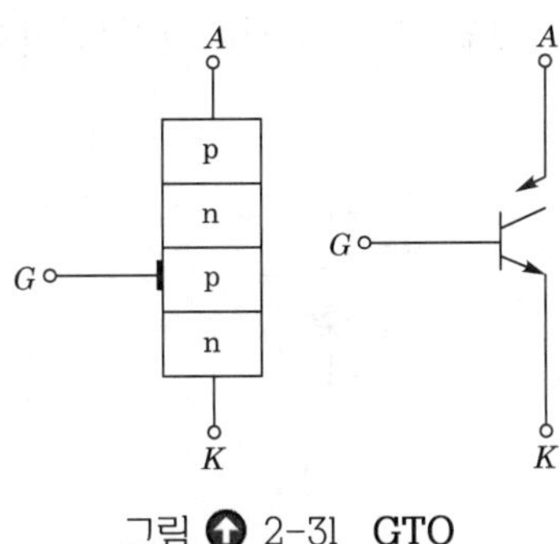

그림 2-31 **GTO**

기호는 SCR이나 SCS와는 다르지만 트랜지스터의 등가 회로와 같은 특성을 가지고 있다. 앞에서 설명한 SCR이나 SCS에 비해서 캐소드 게이트(Cathode Gate)에 적당한 펄스를 인가하여 Turn-on 또는 Turn-off 속도가 매우 빠른 장점을 가지고 있다.

(5) UJT(Uni-Junction Transistor)

트리거 발진용 전문 트랜지스터로 개발된 소자이며, 트리거 펄스의 발생을 UJT와 CR 회로망의 충방전 현상을 응용한다. I_p에서 I_v 구간은 저항값이 감소하는 부성 저항을 가진다. (−)저항의 물리적 의미는 에너지를 방출하는 것이므로 부성 저항을 갖는 소자는 주로 발진 회로에 응용된다. 비정현파 발진기, 톱니파 발생 회로, 타이밍 회로에 응용된다.

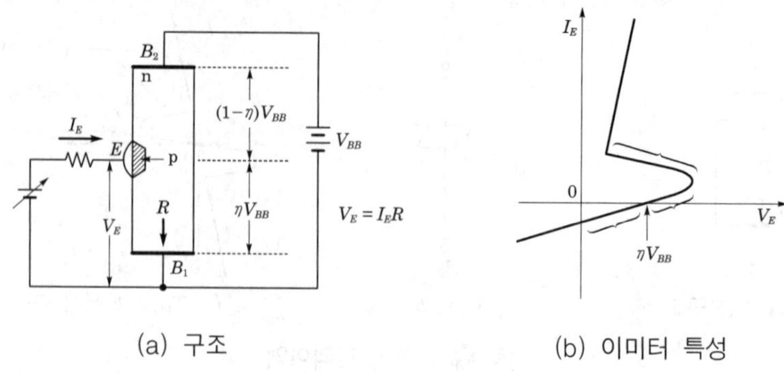

(a) 구조 (b) 이미터 특성

그림 ⬆ 2-32 UJT

(6) PUT(Programmable Unijunction Transistor)

PUT는 Turn－on에 필요한 전압 V_p가 Gate 단자에 가해진 외부 전압에 의해 임의로 조정(Programmable)할 수 있다.

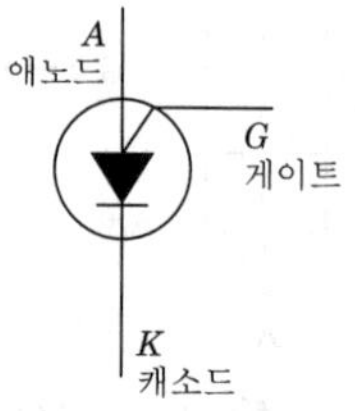

그림 ⬆ 2-33 PUT

(7) IGBT(Insulated Gate Bipolar Transistor) : 절연 게이트형 양극성 트랜지스터

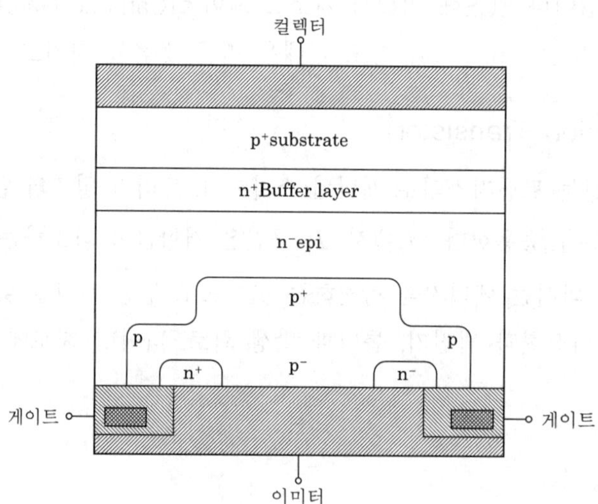

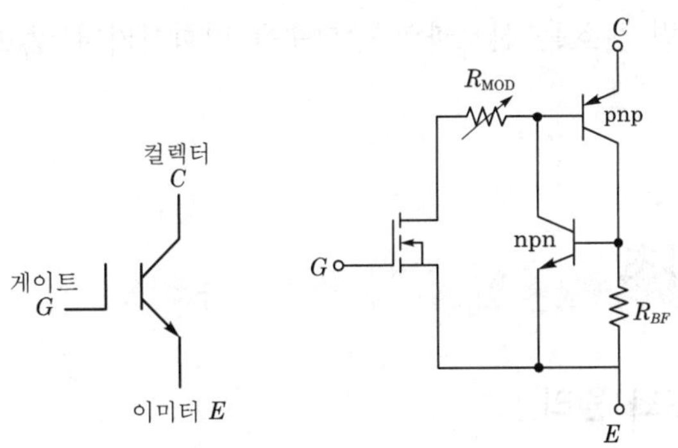

그림 ⬆ 2-34 **IGBT의 회로 구성**

IGBT는 BJT와 MOS FET를 복합한 형태이다. MOS FET와 같이 높은 입력 임피던스를 가지며, BJT와 같이 낮은 도통 손실과 대전류의 출력 특성을 갖추고 있다. 스위칭 속도는 BJT보다는 빠르다.

범용 인버터, 스위칭 모드 전원 장치(SMPS), 무정전 전원 장치(UPS) 등에서 사용되고 있다.

4 IC(Interation Circuit)

(1) IC의 정의

한 조각의 반도체 결정(보통 Si)이나 세라믹 기판 위에 많은 트랜지스터, 다이오드, 저항 따위를 만들어 넣고 상호 배선을 하여 하나의 회로로서 기능을 갖게 한 것으로 에피택셜 성장, 산화, 확산, 사진 식각, 증착 등의 기술을 이용한다.

2. 트랜지스터

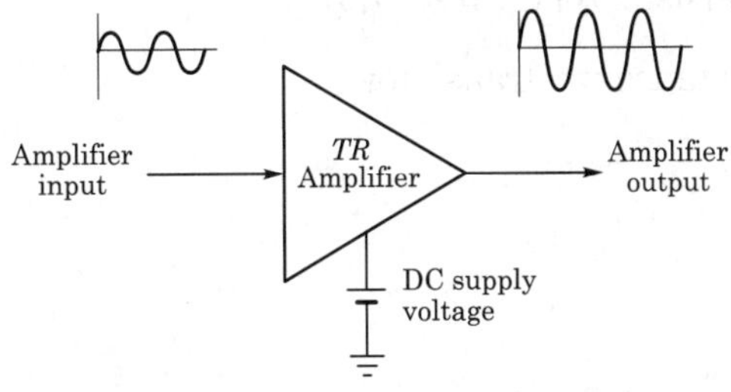

그림 ⬆ 2-35 **트랜지스터 증폭 회로**

증폭이란 미약한 입력 신호를 신호파의 주파수를 변화시키지 않고 그 진폭만을 확대하는 것을 말한다.

1 *TR*의 기초

(1) 트랜지스터의 구조와 원리

① **트랜지스터의 구조** : 트랜지스터는 2개의 접합을 갖는 3극 소자이다.

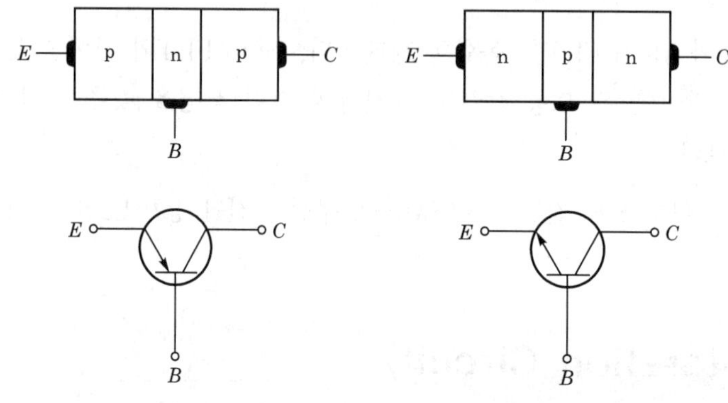

(a) PNP 트랜지스터 (b) NPN 트랜지스터

그림 ⬆ 2-36 **트랜지스터의 구조 및 기호**

㉮ **이미터**(Emitter, E) : 전류의 캐리어를 주입하는 전극

㉯ **컬렉터**(Collector, C) : 전류의 캐리어를 모으는 부분의 전극

㉰ **베이스**(Base, B) : 트랜지스터의 중앙 영역으로 주입된 캐리어를 제어하는 전류 공급

② **트랜지스터의 증폭 원리** : 기본적인 증폭 특성은 전류 I를 저항이 낮은 회로에서 높은 회로로 전달시킴으로써 일어난다. 보낸다(transfer)는 말과 저항(resistance)이라는 말을 합하여 트랜지스터(transistor)라는 말이 되었다.

즉, transfer + resistance = transistor

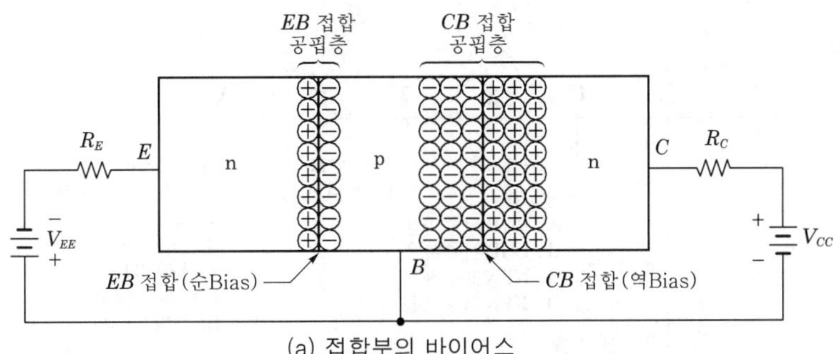

(a) 접합부의 바이어스

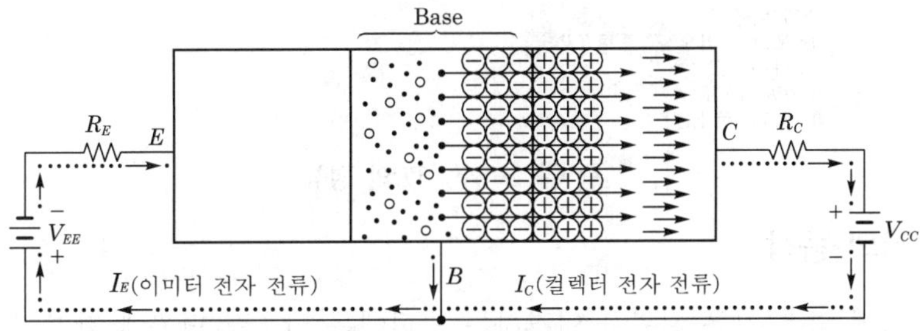

(b) 역바이어스 *CB* 접합의 전자 흐름

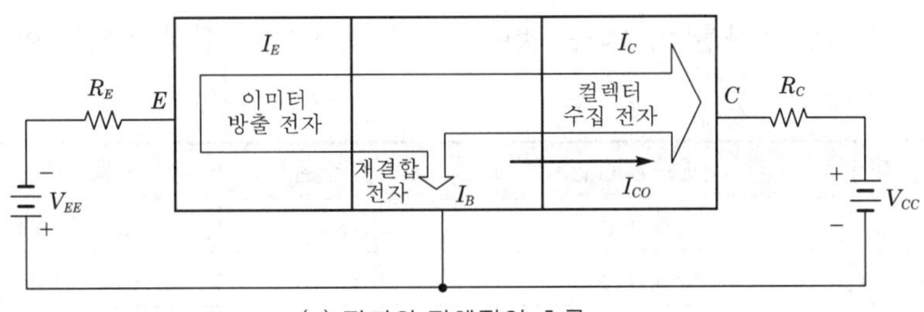

(c) 전자의 전체적인 흐름

그림 ⬆ 2-37

※ *TR*의 전류 전도의 메카니즘

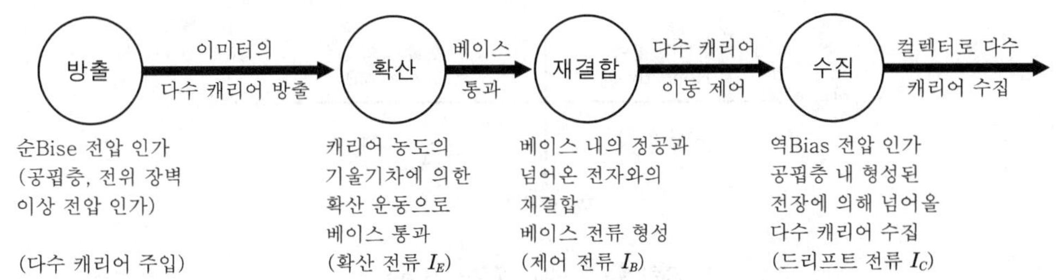

그림 ⬆ 2-38 **NPN 트랜지스터의 동작 원리도**

③ *TR* 명칭

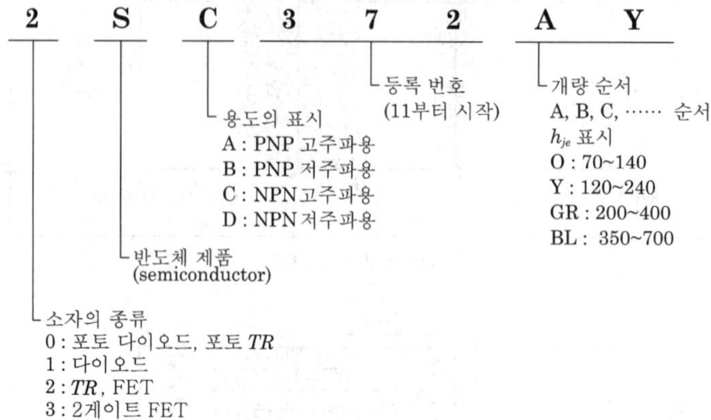

그림 2-39 **TR의 명칭**

(2) 트랜지스터의 동작

① 트랜지스터에 외부 전류 전원을 연결하는 방법에는 입출력 단자에 각기 순방향이나 역방향 전압을 인가할 수 있으므로 4가지가 있다.

② 포화 상태와 차단 상태를 이용하는 것이 스위칭 동작이며, 활성 상태를 이용하는 것이 증폭 동작이다.

동작 영역	*E*−*B* bias	*C*−*B* bias	용 도
포화 영역	순bias	순bias	펄스, 스위칭
활성 영역	순bias	역bias	증폭 작용
차단 영역	역bias	역bias	펄스, 스위칭
역활성 영역	역bias	순bias	사용치 않음

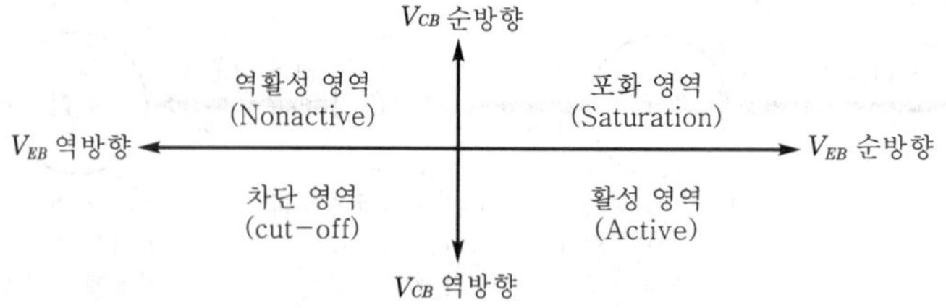

그림 2-40 **TR의 Bias**

(3) 트랜지스터 접지 방식

구 분	베이스 접지	이미터 접지	컬렉터 접지(이미터 폴로어)
회 로			

① 베이스 접지 증폭(Common Base ; *CB*)

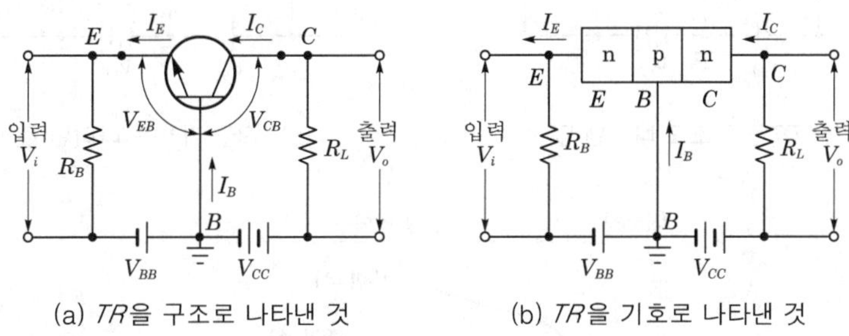

(a) *TR*을 구조로 나타낸 것 (b) *TR*을 기호로 나타낸 것

그림 2-41 **베이스 접지 증폭**

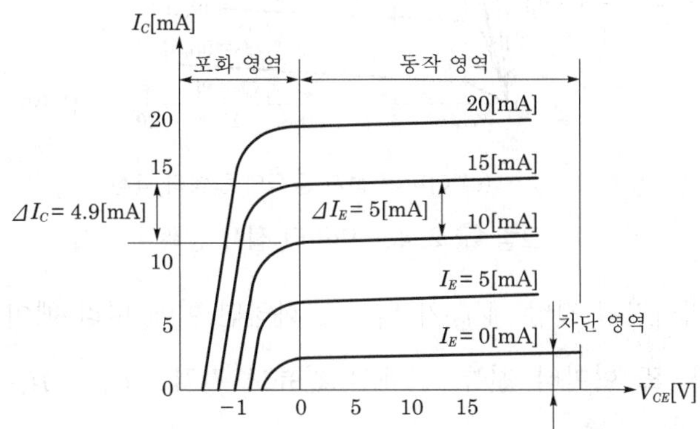

그림 2-42 **베이스 접지 증폭의 컬렉터 특성**

㉮ 베이스 접지 회로에 있어서 이미터·베이스간의 전압 V_{BE}를 약간 변화시켜 이미터 전류 I_E를 ΔI_E만큼 변화시키면 그 영향으로 컬렉터 전류 I_C도 ΔI_C만큼 변화한다. 이 경우, ΔI_E와 ΔI_C의 비를 취해서

$$\alpha = \frac{\Delta I_C}{\Delta I_E}$$

로 놓고, 이 α를 베이스 접지의 전류 증폭률 또는 소신호 전류 증폭률이라고 한다.

㉯ 일반적으로 접합형 트랜지스터의 α는 0.95~0.995로 항상 1보다 작은 값을 취한다.

② 이미터 접지 증폭

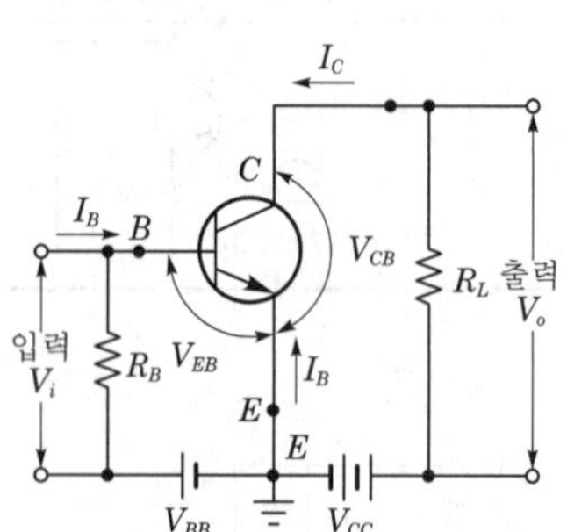

(a) TR을 구조로 나타낸 것

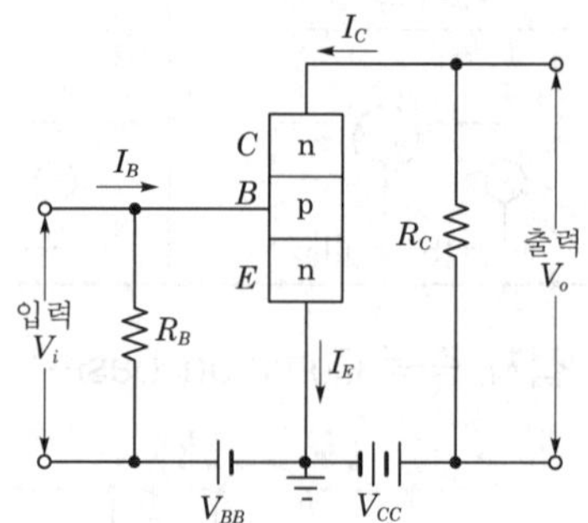

(b) TR을 기호로 나타낸 것

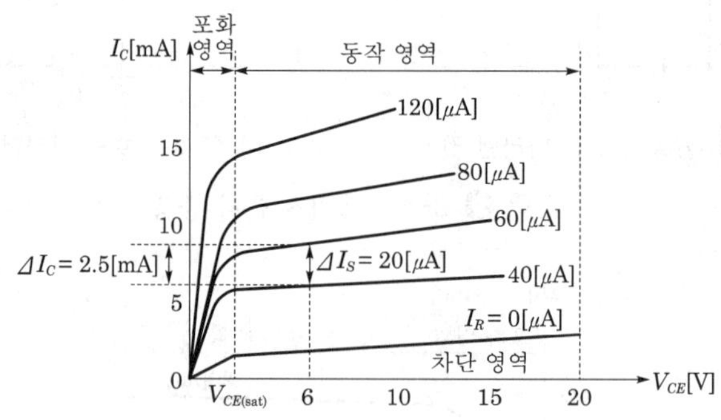

(c) 이미터 접지 증폭의 컬렉터 특성

그림 ⬆ 2-43 **이미터 접지 증폭**

㉮ 베이스·이미터간의 전압 V_{BE}가 약간 변화하면 이에 따라 베이스 전류 I_B가 ΔI_B만큼 변화한다. 또 이미터 전류, 컬렉터 전류도 각각 ΔI_E, ΔI_C만큼 변화한다. 이 때 ΔI_B와 ΔI_C와의 비를 β로 나타내고 이것을 이미터 접지의 전류 증폭률, 소신호 전류 증폭률이라고 한다.

㉯ β를 α로 나타내면 다음과 같이 된다.

$$\beta = \frac{\Delta I_C}{\Delta I_B} = \frac{\Delta I_C}{\Delta I_E - \Delta I_C} = \frac{\dfrac{\Delta I_C}{\Delta I_E}}{1 - \dfrac{\Delta I_C}{\Delta I_E}} = \frac{\alpha}{1-\alpha}$$

㉰ 가령 α=0.995로 하면 β=199로 된다. 이것은 베이스 전류(입력측)에 어떤 변화가 일어나면 그 199배의 변화가 컬렉터 전류(출력측)에 나타남을 의미하며, 약간의 베이스

전류의 변화가 큰 컬렉터 전류를 제어할 수 있어 이것을 트랜지스터의 전류 증폭 작용이라고 한다.

㉣ $I_C = \alpha I_E + I_{CO}\ (\because\ I_E = I_B + I_C) = \dfrac{\alpha}{1-\alpha} I_B + \dfrac{1}{1-\alpha} I_{CO} = \beta I_B + (1+\beta) I_{CO}$

③ **컬렉터 접지 증폭(Common Collector ; *CC*) : Emitter follower**

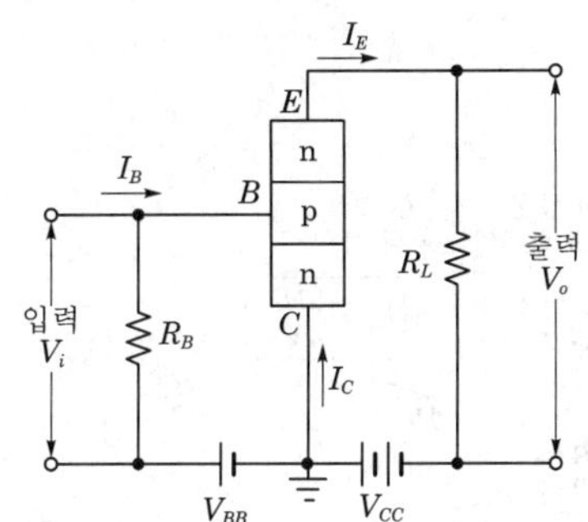

(a) *TR*을 구조로 나타낸 것

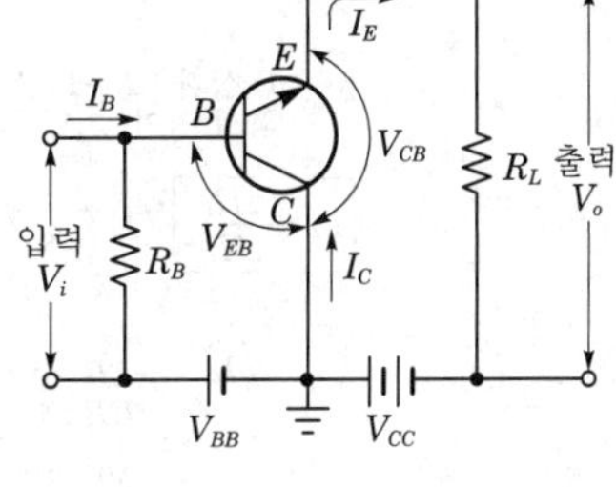

(b) *TR*을 기호로 나타낸 것

그림 2-44 **컬렉터 접지 증폭**

(4) 역포화 전류(I_{CO})

① **역포화 전류** : 트랜지스터의 3단자(이미터, 베이스, 컬렉터)에 전압을 가하면 전류가 흐르는데 그림과 같이 1개의 단자를 개방하면 다른 두 단자 사이에는 전류가 흐르지 않아야 되는데 실제로는 미약한 전류가 흐르고 있다. 이러한 전류를 누설 전류(leakage current) 또는 역포화 전류(reverse saturation current)라고 한다.

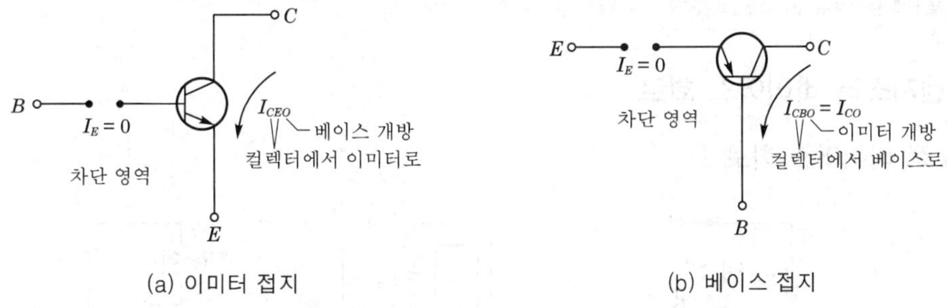

(a) 이미터 접지

(b) 베이스 접지

그림 2-45 **누설 전류(역포화 전류)**

② I_{CED} **전류와** I_{CBO} **전류의 관계**

㉮ 베이스 접지의 컬렉터 전류

$$I_C = \alpha \cdot I_E + I_{CO} = \alpha \cdot I_E + I_{CBO}$$

㉯ 이미터 접지의 컬렉터 전류

$I_C = \beta \cdot I_B + I_{CEO}$

㉮식과 ㉯식을 같게 놓으면

$\alpha \cdot I_E + I_{CBO} = \beta \cdot I_B + I_{CEO}$

$\therefore\ I_{CEO} = \dfrac{I_{CBO}}{1-\alpha}$ $\left(\text{여기서, } \beta = \dfrac{\alpha}{1-\alpha}\right)$

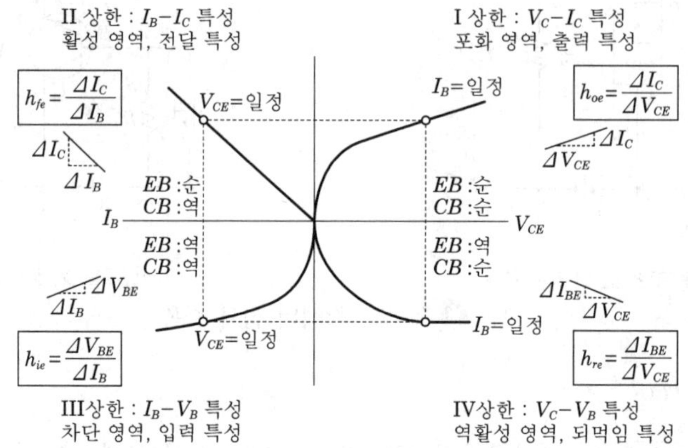

그림 ⬆ 2-46 **h상수 그래프**

2 바이어스 회로

(1) 트랜지스터 바이어스 회로

① 고정 바이어스 회로

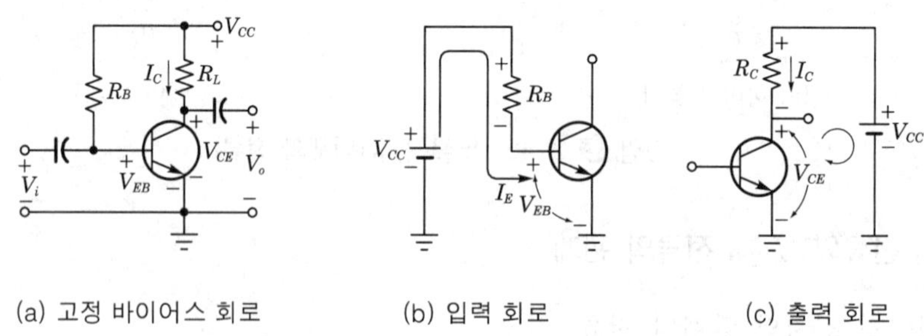

(a) 고정 바이어스 회로 (b) 입력 회로 (c) 출력 회로

그림 ⬆ 2-47 **고정 바이어스 회로**

㉮ 입력 회로 방정식(KVL 이용)

$$V_{CC} = I_B R_B + V_{BE}$$

$$\therefore\ I_B = \frac{V_{CC} - V_{BE}}{R_B} \approx \frac{V_{CC}}{R_B}$$

㉯ 출력 회로 방정식(KVL 이용)

$$V_{CC} = I_C R_L + V_{CE}$$

$$\therefore\ V_{CE} = V_{CC} - I_C R_L = V_{CC} - h_{fe} R_L I_B$$

$$I_C = \beta I_B + (\beta + 1) I_{CO}$$

위 식에서 정의된 I_C가 I_{CO}의 증가에 따라 증가해야 한다면, 이런 원치 않는 전류 증가를 상쇄하기 위한 부분이 I_B에 대한 식에는 나타나 있지 않다. (V_{BE}가 상수라면), 다시 말해서 I_C는 I_B가 상수인 채로 온도 증가에 따라 계속 증가할 것이며(열폭주), TR을 파괴시킬 수 있다. (온도에 대한 안정도 불량)

㉰ **고정 바이어스 회로의 안정도**

트랜지스터에서의 기본식

$$I_C = \beta I_B + (\beta + 1) I_{CO}$$

β를 일정하다고 보고 I_C에 대하여 미분하면

$$1 = \beta \frac{dI_B}{dI_C} + (\beta + 1) \frac{dI_{CO}}{dI_C} = \beta \frac{dI_B}{dI_C} + (\beta + 1) \frac{1}{S}$$

이고, 위의 식을 정리하면,

$$S(I_{CO}) = \frac{\beta + 1}{1 - \beta \dfrac{dI_B}{dI_C}} \fallingdotseq \beta + 1 (I_B,\ I_C\text{에 관계없이 일정})$$

이다.

② 전압 궤환 바이어스 회로

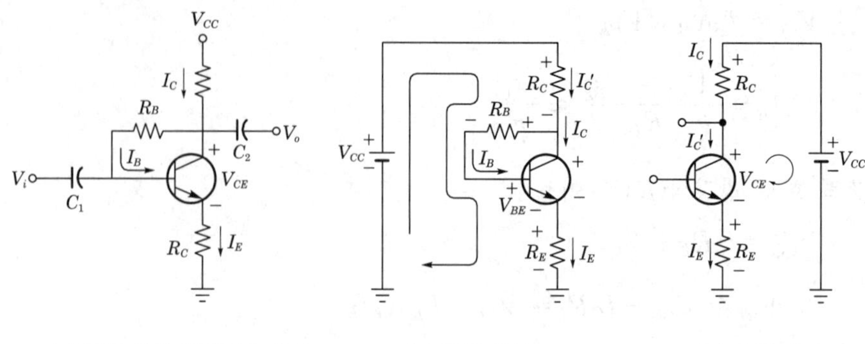

(a) 전압 궤환 바이어스 회로　　(b) 입력 회로　　(c) 출력 회로

그림 2-48 **전압 궤환 바이어스 회로**

㉮ **입력 회로 방정식(KVL 적용)**

$$V_{CC}-I_CR_C-I_BR_B-V_{BE}-I_ER_E=0\ (\because\ I_C \fallingdotseq I'_C)$$

$$V_{CC}-\beta I_BR_C-I_BR_B-V_{BE}-\beta I_BR_E=0(\because\ I_E \fallingdotseq I_C=\beta I_B)$$

$$V_{CC}-V_{BE}-\beta I_B(R_C+R_E)-I_BR_B=0$$

$$I_B=\frac{V_{CC}-V_{BE}}{R_B+\beta(R_C+R_E)}$$

㉯ **출력 회로 방정식**

$I_C' \fallingdotseq I_C$ 이고, $I_E \fallingdotseq I_C$이므로

$$I_C(R_C+R_E)+V_{CE}-V_{CC}=0$$

$$\therefore\ V_{CE}=V_{CC}-I_C(R_C+R_E)$$

회로에서 R_B는 궤환 저항이며 만일 온도가 상승하면 I_C가 증가하고 R_C의 전압강하 I_CR_C가 커짐으로서 자동적으로 I_B가 감소해서 I_C의 증가를 억제하는 작용을 한다. 이와 같은 출력측(I_C)의 변화를 입력측(V_{BE})에 궤환시켜 출력측의 전압 변화를 억제하도록 하는 작용을 하므로 이 회로는 전압 궤환 바이어스 회로라고도 하며, 고정 바이어스 회로에 비해 온도에 대한 안정도는 좋아진다.

㉰ **전압 궤환 바이어스 회로의 안정도**

$$S=\frac{1+\beta}{1+\beta\frac{R_C}{R_B+R_C}}$$

③ **전류 궤환 바이어스 회로(Emitter-Bias, Self-Bias)**

㉮ 고정 바이어스 회로에 R_E에 의한 전류 부궤환 회로를 조합시켜 온도 변화에 의한 I_C의 변화가 억제된다.

㉯ 아래 그림 (a)에 테브난의 정리를 적용한 등가 회로 그림 (b)와 같다. 여기서,

$$V_b=\frac{R_2}{R_1+R_2}V_{CC}\ (\text{단, } R_b=R_1 /\!/ R_2)$$

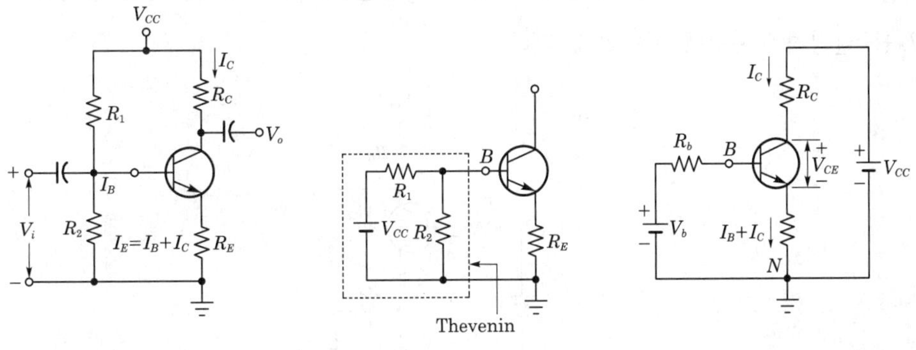

(a) 전류 궤환 바이어스 회로 (b) 테브난 등가 회로 (c) 테브난 등가 회로 적용

그림 ⬆ 2-49 **전류 궤환 바이어스 회로**

㉰ **입력 회로 방정식(KVL 적용)**

$$V_b-I_BR_b-V_{BE}-(I_B+I_C)R_E=0$$

$$V_b=I_BR_b+V_{BE}+(I_B+I_C)R_E$$

$I_E=(\beta+1)I_B$를 대입하고, I_B에 관해 풀면 다음과 같다.

$$\therefore\ I_B=\frac{V_b-V_{BE}}{R_b+(\beta+1)R_E}$$

㉱ **출력 회로 방정식**

$$V_{CC}=I_CR_C+V_{CE}+(I_B+I_C)R_E$$

$$\approx I_CR_C+V_{CE}+I_CR_E$$

$$\therefore\ V_{CE} = V_{CC} - (R_E + R_C)I_C$$

㉮ 전류 궤환 bias 회로의 안정도

$$S = \frac{1+\beta}{1+\beta R_E/(R_b+R_E)} \approx 1 + \frac{R_b}{R_E}$$

(2) 바이어스의 온도 보상

① **다이오드를 사용한 V_{BE}의 온도 보상** : V_{BE}의 온도 변화는 Si 트랜지스터의 경우 심각하므로, 다음 그림과 같이 V_{DD}와 R_d로 순바이어스된 다이오드를 이미터에 접속하여 온도 보상시킨다. (∵ Ge TR의 경우 V_{BE}=0.2[V], Si TR의 경우 V_{BE}=0.7[V])

TR과 D를 같은 재료로 하면 온도 변화에 대한 V_{BE}와 V_o의 변화가 상쇄되어 결국 I_C를 일정하게 유지할 수 있게 된다.

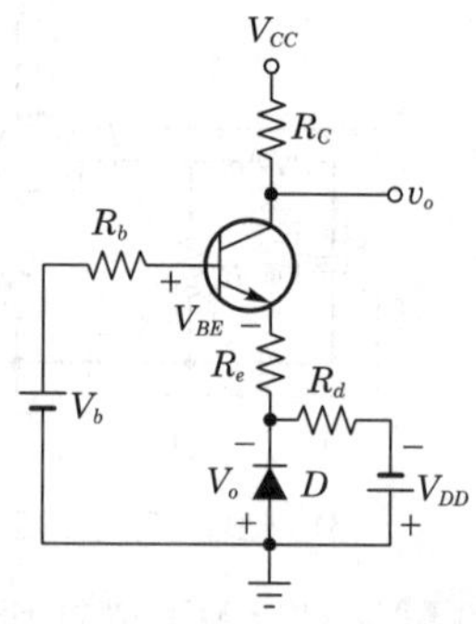

그림 2-50 **다이오드를 사용한 V_{BE} 온도 보상 회로**

② **다이오드를 사용한 I_{CO}의 온도 보상**

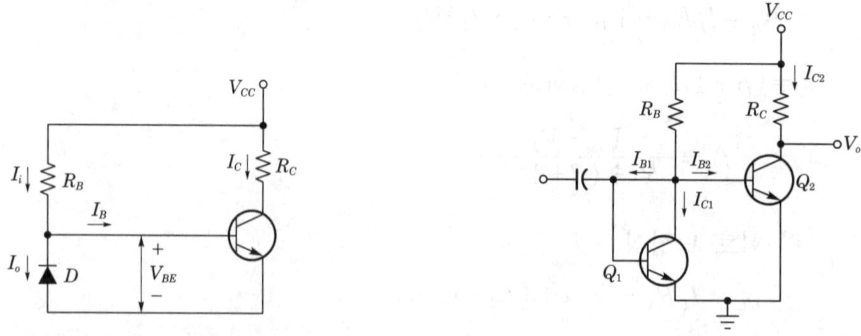

그림 2-51 **다이오드를 사용한 I_{CO} 온도 보상 회로** 그림 2-52 **TR을 사용한 I_{CO} 온도 보상 회로**

I_{CO}의 온도 변화는 Ge 트랜지스터의 경우 심각하므로, I_{CO}의 온도 변화에 대한 보상 회로는 그림과 같은 회로가 유용하다.

위의 그림 회로에서, $I_i = \dfrac{V_{CC} - V_{BE}}{R_B} \approx \dfrac{V_{CC}}{R_B}$: 일정

한편, $I_B = I_i - I_o$이므로

$$I_C = \beta I_B + (1+\beta)I_{CO} = \beta I_i - \beta I_o + (1+\beta)I_{CO} \approx \beta I_i - \beta I_o + \beta I_{CO}$$

다이오드와 트랜지스터를 같은 재료로 하면, $I_o = I_{CO}$가 되므로 $I_C = \beta I_i$로 되어 I_C가 일정해 진다.

③ **TR을 사용한 I_C의 온도 보상**

위의 그림에서 Q_1은 온도 보상용, Q_2는 증폭용 TR이다.

$$I_{C1} = \frac{V_{CC} - V_{BE}}{R_B} - I_{B1} I_{B2} \approx \frac{V_{CC}}{R_B} \text{ : 일정}$$

Q_1과 Q_2를 동일한 재질로 하면, $V_{BE1} = V_{BE2}$이므로

$I_{C1} = I_{C2} = \dfrac{V_{CC}}{R_B}$로 I_{C2}를 온도 변화에 관계없이 일정하게 보상한다.

※ 이 회로는 거의 완벽한 온도 보상이 되므로 R_E가 필요치 않을 뿐더러 이와 병렬로 대용량의 C_E도 필요치 않으며 V_{CC}가 낮아도 되기 때문에 IC화에 대단히 유용하다.

(3) 트랜지스터의 최대 정격(Maximum rating)

트랜지스터는 열이나 전압의 변화에 대해서 그 특성의 변화가 매우 심하다. 이 때문에 주위 온도를 25[℃] 정도에서 사용하는 것이 가장 적당하다. 트랜지스터의 열화나 파괴의 방지를 위해 정한 최대의 허용치를 최대 정격이라 한다.

① **최대 컬렉터 손실(P_{cm})** : 전력 손실의 최대 허용값으로 컬렉터 전력 $P_{cm} = V_{CE} I_C$로 나타내는데 최대 접합부 온도 T_{jm}은 일정하므로 주위 온도 T_a가 높을수록 컬렉터 손실은 작게 해야 한다. P_{cm}은 주위 온도 $T_a = 25$[℃]일 때를 표준으로 하지만 주위 온도가 변할 때의 최대 컬렉터 손실 P_{cm}은 다음과 같다.

$$P_{cm} = \frac{T_{jm} - T_a}{\theta} \text{[W]}$$

여기서, T_{jm} : 트랜지스터의 최대 접합부 온도, T_a : 주위 온도, θ : 열저항

② **최대 접합부 온도(T_{jm})** : 트랜지스터를 정상적으로 동작시키기 위한 접합부 온도의 최대 한계치로서

㉮ **게르마늄 트랜지스터** : 75~85[℃]

㉯ **실리콘 트랜지스터** : 150~175[℃]

③ **최대 컬렉터 전압(V_{cm})** : 컬렉터에 역방향으로 걸리는 최대 전압의 한계치로서 게르마늄 트랜지스터의 경우, 15~30[V] 정도가 된다.

④ **최대 컬렉터 전류(I_{cm})** : 트랜지스터 활성 영역에서 컬렉터 전류의 최대 한계치

⑤ **열폭주 현상** : 트랜지스터 컬렉터 손실로 인해 컬렉터 접합부 온도가 상승하면서 생긴 I_{CO}의 증가가 I_C의 증가를 초래하여 줄열에 의해 트랜지스터가 파괴되는 현상을 열폭주 (Thermal runaway)라 한다.

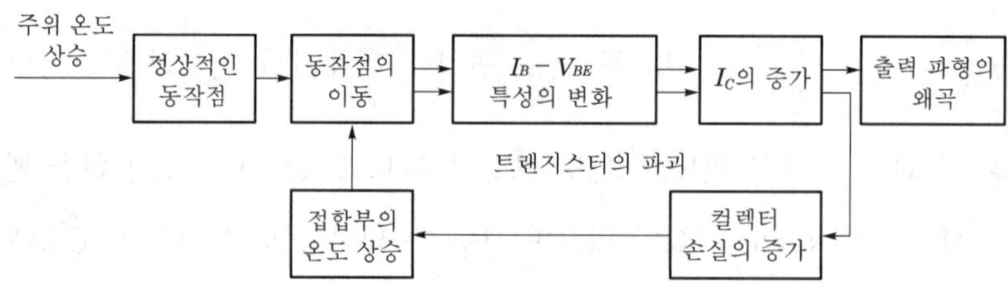

그림 ⬆ 2-53 **트랜지스터의 열폭주**

3 트랜지스터의 등가 회로

등가 회로(Equivalent circuit)라는 것은 어떤 부품이나 회로를 전기적 성분인 저항 성분(Resistance : R), 용량 성분(Capacitance : C), 유도 성분(Reactance : L)으로 나타내는 것을 말한다. 예를 들면, 휴대용 라디오 수신기는 여러 가지의 부품으로 만들어졌지만 결국은 $R-L-C$ 회로로 이루어진 것과 다름없다. 이렇게 $R-L-C$ 회로로 나타내는 것을 등가 회로라고 하며, 회로를 해석하는데 매우 편리하다.

(1) 하이브리드(h) 등가 회로

① **4단자망 해석에 의한 h 등가 회로** : 입력측의 단자 2개를 1과 1′, 출력측의 단자 2개를 2와 2′로 정하고, 그림으로 나타내면 다음과 같다.

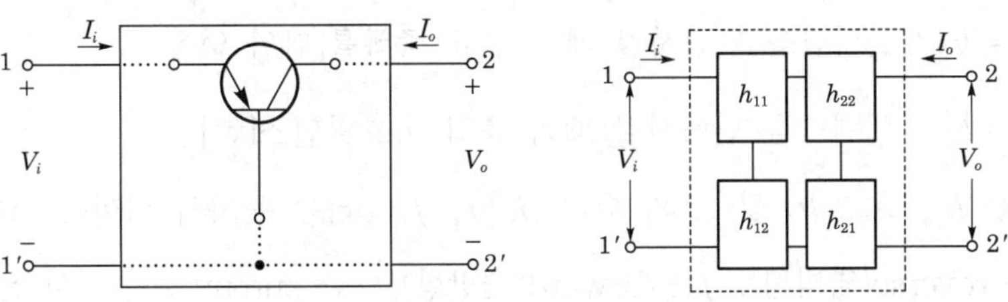

그림 2-54 **4단자망에 의한 h 등가 회로**

$$V_i = h_{11}I_i + h_{12}V_o \qquad I_o = h_{21}I_i + h_{22}V_o$$

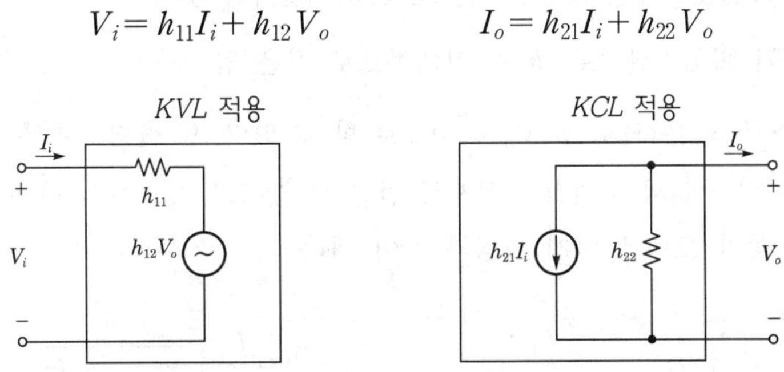

그림 2-55 **하이브리드 입출력 등가 회로**

※ 교류 등가 회로를 얻는 방법

1. 모든 직류 전원을 0으로 하고 단락 등가 회로를 대치시킨다.
2. 모든 캐패시터를 단락 등가 회로로 대치시킨다.
3. 단계 1과 2에서 소개된 등가 회로에 의하여 바이패스된 소자를 모두 제거한다.
4. 회로망을 보다 편리하고 논리적인 형태로 재도시한다.

② **완전한 h 등가 회로** : 네 개의 변수에 관련된 파라미터는 하이브리드란 말의 첫자를 따서 h−정수(h parameter)라 불리며, h−정수의 뜻은 다음과 같이 해석할 수 있다.

$$h_{11} = \frac{V_i}{I_i}\bigg|_{V_o=0} \; [\Omega] \qquad h_{22} = \frac{I_o}{V_o}\bigg|_{I_i=0} \; [\mho]$$

$$h_{12} = \frac{V_i}{V_o}\bigg|_{I_i=0} \; \text{단위 없음} \qquad h_{21} = \frac{I_o}{I_i}\bigg|_{V_o=0} \; \text{단위 없음}$$

위의 식에서 h 밑에 사용한 숫자대신 영문자로 나타내고 간단히 설명하면 다음과 같다.

㉮ $h_{11}=h_i$: 출력단을 단락시킬 때의 입력 임피던스[Ω]

㉯ $h_{12}=h_r$: 입력단을 개방시킬 때의 전압 궤환율[단위 없음]

㉰ $h_{21}=h_f$: 출력단을 단락시킬 때의 전류 증폭률[단위 없음]

㉱ $h_{22}=h_o$: 입력단을 단락시킬 때의 출력 어드미턴스[℧]

※ 이들 h_i, h_r, h_f 및 h_o의 첨자 i, r, f, o라는 문자의 의미는, i는 input(입력), r은 reverse(역방향), f는 forward(순방향), o는 output(출력)에서 온 것이다. 또 접지의 구별을 나타낼 때 h_{ie}, h_{ib}, h_{ic} 등과 같이 제2의 첨자를 써서 나타낸다. e의 글자는 emitter, b는 bass, c는 collector 접지의 뜻이다.

③ **근사 h 등가 회로** : 실제로 h_r이 상대적으로 적은 양

$(h_i/I_i \gg h_rV_o)$이므로 $h_rV_o \approx 0$으로 할 수 있다. 또 출력측에서 $1/h_o$에 의해 결정된 저항은 병렬 부하와 비교하면 무시할 만큼 큰 값이다. 그러므로 다음 그림에 대한 근사 하이브리드 등가 모델은 아래 그림과 같이 된다.

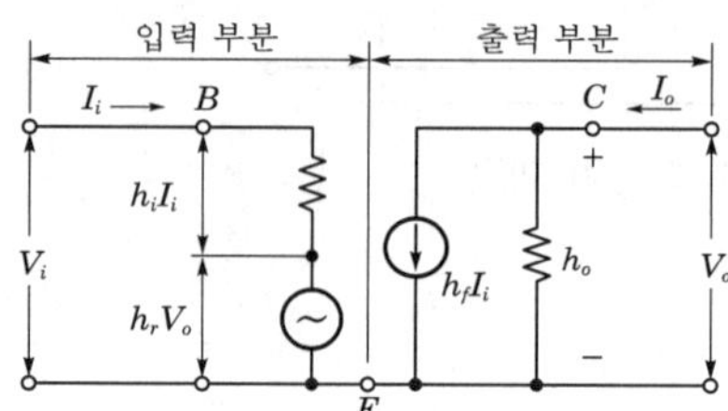

그림 2-56 **완전한 h 등가 회로**

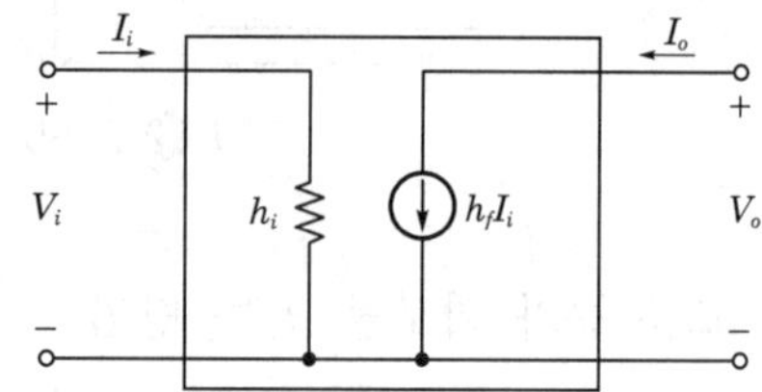

그림 2-57 **근사 하이브리드 등가 모델**

④ **h 정수를 사용한 트랜지스터 해석**

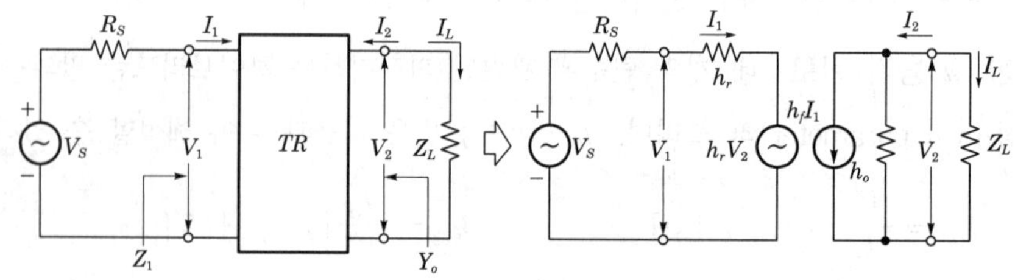

그림 2-58 **트랜지스터 등가 회로**

㉮ 전류 이득

$$A_I = \frac{I_L}{I_1} = -\frac{I_2}{I_1} = -\frac{h_f}{1 + h_o Z_L}$$

㉯ 입력 임피던스

$$Z_i = \frac{V_1}{I_1} = h_i + h_r A_I Z_L$$

㉰ 전압 이득

$$A_V = \frac{V_2}{V_1} = A_I \frac{Z_L}{Z_i}$$

㉱ 종합 전압 이득

$$A_{VS} = \frac{V_2}{V_1}\frac{V_1}{V_S} = A_V \frac{V_1}{V_S} = \frac{A_I Z_L}{Z_i + R_S}$$

㉲ 출력 어드미턴스

$$Y_o = \frac{1}{Z_o} = h_o - \frac{h_f h_r}{h_i + R_S}$$

4 소신호 증폭기 해석

(1) 트랜지스터 증폭기 분류

① 접지 방식에 의한 분류

구 분	베이스 접지	이미터 접지	컬렉터 접지(이미터 폴로어)
회 로	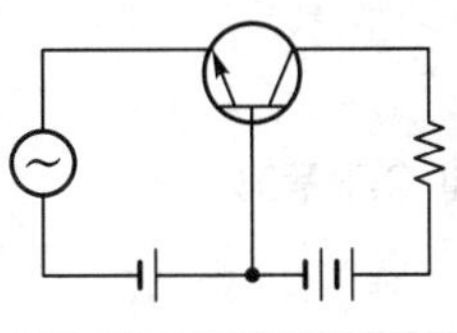	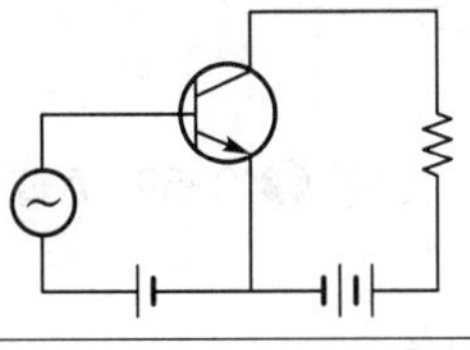	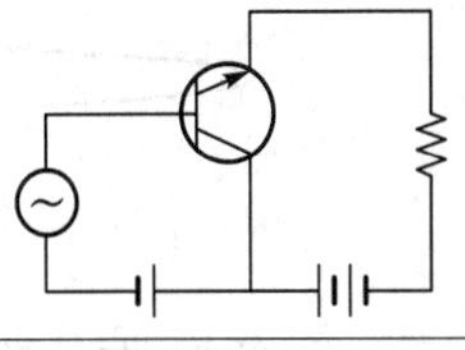
h 파라미터에 의한 등가 회로	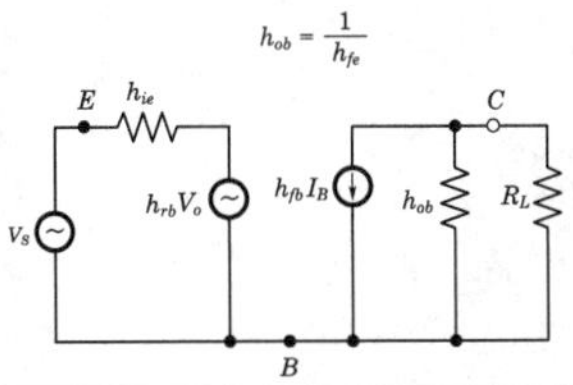 $h_{ob} = \frac{1}{h_{fe}}$	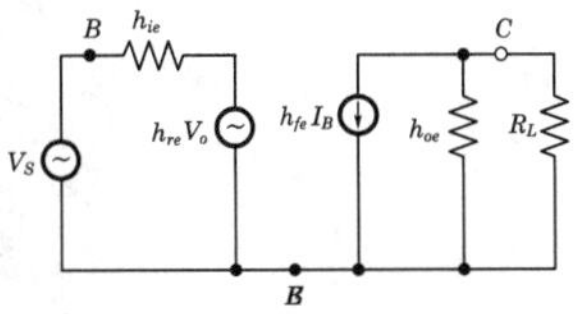	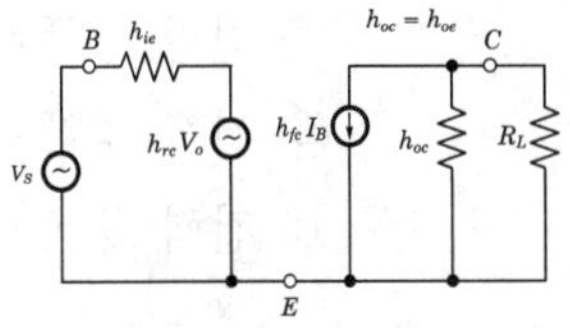 $h_{oc} = h_{oe}$

㉮ **CE 증폭 회로** : CE 증폭 회로만이 전압 이득과 전류 이득의 절대값이 모두 1보다 큰 값이다. 그러므로 3가지 회로 중 가장 많이 사용되는 회로이다. 입력 저항과 출력 저항은 CB 및 CC 회로의 중간 정도의 크기를 갖는다. 전압 이득은 크고 위상이 180°이므로 출력 전압은 반전된다.

㉯ **CB 증폭 회로** : CB 증폭 회로는 A_I가 1보다 작고, A_V의 절대치는 CE의 A_V와 같고 입출력이 같은 위상이 된다. 입력 저항은 3가지 회로 중 가장 작고 출력 저항은 가장 크다. 이 회로는 낮은 임피던스 신호원과 높은 임피던스 부하에 임피던스 정합을 시키는데 또는 비반전 전압 증폭이 필요한 곳에 사용될 정도로 그다지 많이 이용되지는 않는다.

㉰ **CC 증폭 회로** : CC 증폭 회로는 A_I는 크지만 A_V는 1보다 작다.(1에 거의 가깝다.) 입력 저항은 3가지 회로 중 가장 크고, 출력 저항은 3가지 회로 중 가장 작다. 이 회로는 고임피던스 신호원과 저임피던스 부하 사이에 완충 증폭기로 대단히 유용하게 사용된다.

② 동작점에 의한 분류

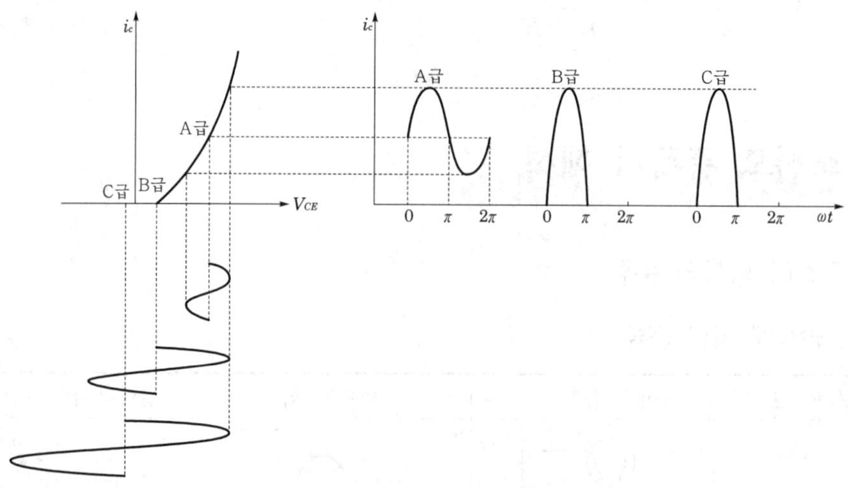

그림 ⬆ 2-59 **A급, B급 및 C급 동작**

㉮ **사용 목적에 의한 분류**

㉠ 전압 증폭기

㉡ 전류 증폭기

㉢ 전력 증폭기

㉯ **부하 특성에 의한 분류**

㉠ 동조 증폭기(Tunned Amplifier)－LC 공진 회로 사용

㉡ 비동조 증폭기

㉰ **부하 결합 방식에 의한 분류**

㉠ RC 결합 증폭기－콘덴서로 결합된 것

㉡ 변압기 결합 증폭기-변압기로 결합된 것

㉢ 직접 결합 증폭기－직접 두 증폭단 결합

㉱ **주파수에 의한 분류 예**

㉠ 직류 증폭 회로－0~20[kHz]

㉡ 저주파 증폭 회로－20[Hz]~100[kHz]

㉢ 고주파 증폭 회로－100~300[kHz]

㉣ 초고주파 증폭 회로－300[MHz] 이상

㉤ 영상 증폭 회로－0~4[MHz]

(2) *CE* 증폭 회로의 해석

전압 증폭률과 전력 증폭률이 가장 크므로 저주파 증폭기에 사용되나 주파수 특성이 조금 불량하다.

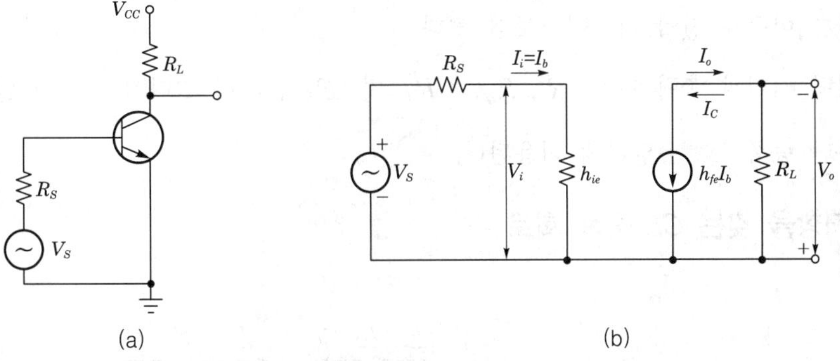

그림 2-60 *CE*의 등가 회로

① **입력 저항** : TR의 이미터와 베이스에서 바라다 본 저항

$$R_i = \frac{V_i}{I_i} = \frac{I_b h_{ie}}{I_b} = h_{ie}$$

② **전류 이득** : 입력 전류에 대한 출력 전류의 비

$$A_i = \frac{I_o}{i_1} = \frac{-h_{fe} I_b}{I_b} = -h_{fe}$$

③ **전압 이득** : 입력 전압에 대한 출력 전압의 비

$$A_v = \frac{V_o}{V_i} = \frac{-h_{fe}I_b \cdot R_L}{I_b h_{ie}} = -\frac{h_{fe}R_L}{h_{ie}}$$

※ 전압 이득 A_v는 다음과 같이 방식에 상관없이 적용된다.

V_o : output의 o

I_i : Input의 i

$$A_v = \frac{A_I R_L}{R_i}$$

④ **출력 저항** : 신호 전압 $V_s=0$으로 할 때 출력 전류에 대한 출력 전압의 비

$$R_o = \left.\frac{V_o}{I_o}\right|_{V_i=o} = R_L(R_o = \infty \text{이므로})$$

(R_L을 포함하지 않고 본 출력 저항, $R_o=\infty$)

⑤ **특징**

㉮ 전력 증폭기로 사용된다.

㉯ 전류 이득과 전압 이득이 1보다 크다.

㉰ 입력 저항과 출력 저항 R_i, R_o는 R_L 및 R_S에 따라 그다지 변하지 않는다.

㉱ 다단 증폭기로 유일하게 이용된다.

(3) R_E 저항을 갖는 *CE* 증폭 회로

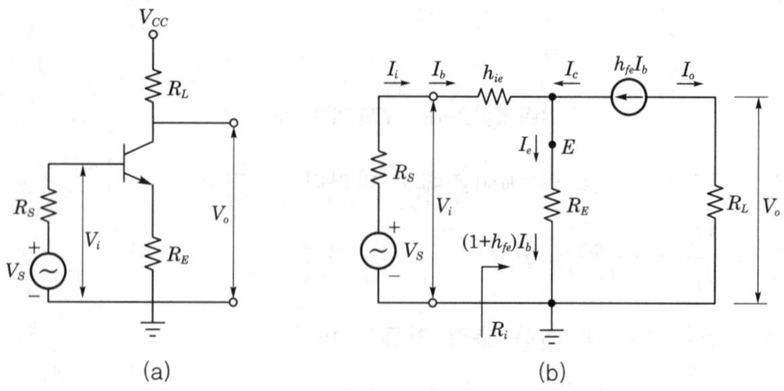

그림 ⬆ 2-61 R_E **저항을 갖고 있는 *CE* 회로 등가 회로**

① 입력 저항

$$R_i = \frac{V_i}{I_i} = \frac{h_{ie}I_b + R_E(1+h_{fe})I_b}{I_b} = h_{ie} + (1+h_{fe})R_E$$

CE 회로에 비해 입력 저항이 $(1+h_{fe})R_e$ 만큼 커진다.

② 전류 이득

$$A_i = \frac{I_o}{I_i} = \frac{-h_{fe}I_b}{I_b} = -h_{fe}$$

전류 이득은 R_E에 의하여 거의 변화가 없다.

③ 전압 이득

$$A_v = \frac{V_o}{V_i} = \frac{-h_{fe}I_b \cdot R_L}{h_{ie}I_b + (1+h_{fe})R_E I_b} = \frac{-h_{fe}R_L}{h_{ie} + (1+h_{fe})R_E} \fallingdotseq \frac{R_L}{R_E}(h_{fe} \gg h_{ie})$$

CE 회로에 비해 전압 증폭률은 감소한다.

④ 출력 저항

$$R_o = \frac{V_o}{I_o} = \frac{V_o}{-I_c} = \frac{-I_c R_L}{-I_c} = R_L$$

R_L을 포함하지 않는 출력 저항, $R_o = \infty$

⑤ 특징

㉮ A_v에서 알 수 있듯이 R_E 저항과 R_L 저항값의 비례값이 전압 이득을 결정하므로 CE 회로보다 안정성이 우수하다.

㉯ Emitter 저항에 나타난 전압에 의해 일어나는 부궤환으로 온도 변화에 따른 안정을 기하는 역할을 한다. 그래서 R_E는 Emitter 안정용 저항이라고 부른다.

㉰ $C-E$ 회로에 비해 전압 증폭률은 감소한다.

⑥ $C-E$ 기본 증폭기와의 비교

㉮ 전류 이득은 거의 불변

㉯ 입력 임피던스는 크게 증가

㉰ 전압 이득은 감소

㉱ 안정도 향상

(4) By-pass 콘덴서 C_E를 갖는 CE 증폭기

① C_E는 By-pass 콘덴서 또는 측로 콘덴서이며 C_C는 Coupling 콘덴서로서 신호 성분을 다음 단 bass에 보내며 직류분을 저지하고 동작점(Q)이 변하는 것을 막아주는 콘덴서이다.

② Emitter측의 By-pass Condensor 사용 목적은 Emitter 저항에 나타난 전압에 의해 일어나는 부궤환으로 이득 저하가 생기는 것을 방지하는데 있으므로 이 콘덴서를 제거하면 부궤환이 걸려 이득 저하를 가져오지만 일그러짐이 적어 충실도가 양호해지고, 잡음이 감소하게 된다.

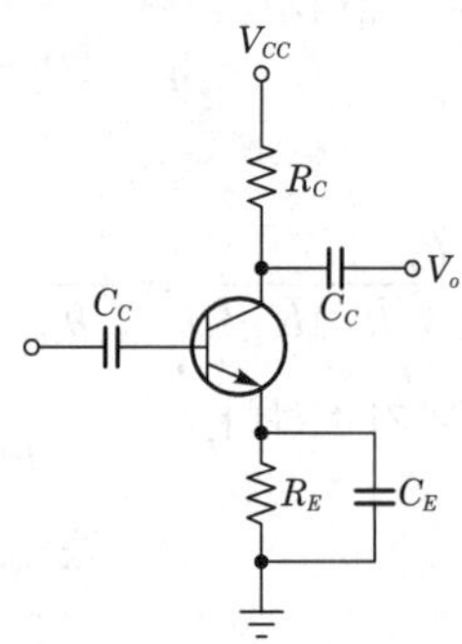

그림 ⬆ 2-62 By-pass 콘덴서 CE 증폭기

③ Tr의 입력 임피던스는 작으므로 이 작은 입력 임피던스에 대하여 Cc의 Reactance를 충분히 작게 하여야 하므로 Cc의 용량이 커야 한다. 이 결합 콘덴서의 Reactance가 중역 주파수에서는 무시하였으나 저역에서는 무시할 수 없다.

(5) 스왐핑(Swamping) CE 증폭기

h_{ie}는 트랜지스터의 접합면 형태나 특히 온도의 변화 등에 따라 변할 수 있으므로 전압 이득의 변동을 초래할 수 있다. 이를 막기 위하여 CE 증폭기의 이미터 저항 R_E 전체를 측로 캐패시터에 의해 교류적으로 단락시키는 대신 그림과 같이 이미터 저항의 대부분을 차지하는 R_E'만 단락시키고 일부분인 r_E는 남겨 둠으로써 h_{ie}의 영향을 억제하도록 한 증폭기이다.

$$A_u = -h_{fe}\left(\frac{r_c}{(1+h_{fe})r_E + h_{ie}}\right) \cong -\frac{h_{fe}r_c}{(1+h_{fe})r_E} \cong -\frac{r_c}{r_E}$$

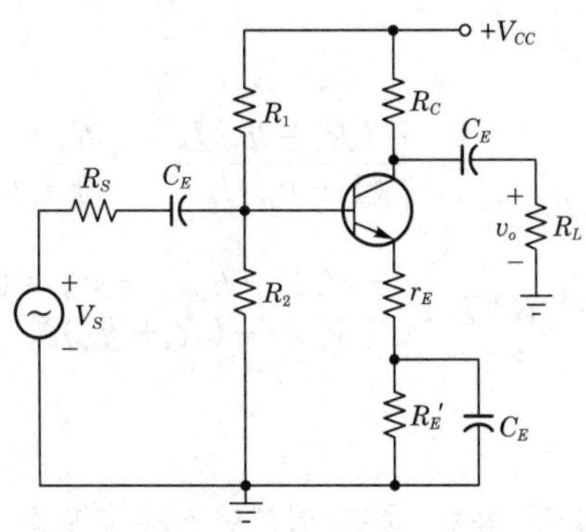

그림 ⬆ 2-63 **스왐핑 *CE* 증폭기**

(6) *CC* 증폭 회로(=Emitter Follower)

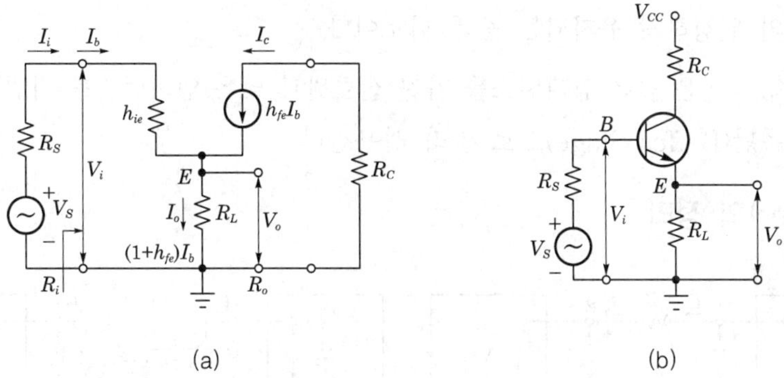

그림 ⬆ 2-64 ***CC* 증폭 회로**

① 입력 저항

$$R_i = \frac{V_i}{I_i} = \frac{V_i}{I_b} = \frac{h_{ie}I_b + (1+h_{fe})I_bR_L}{I_b} = h_{ie} + (1+h_{fe})R_L$$

② 전류 이득

$$A_i = \frac{I_o}{I_i} = \frac{I_e}{I_b} = \frac{(1+h_{fe})I_b}{I_b} = (1+h_{fe}) \fallingdotseq h_{fe}$$

전류 이득은 *CE* 접속과 거의 같다.

③ 전압 이득

$$A_v = \frac{V_o}{V_i} = \frac{R_L(1+h_{fe})I_b}{h_{ie}I_b + (1+h_{fe})I_bR_L} = \frac{(1+h_{fe})R_L}{h_{ie} + (1+h_{fe})R_L} \fallingdotseq 1$$

이미터 폴로어의 전압 이득은 거의 1에 가깝다.

④ 출력 저항

$$R_o = \frac{V_o}{i_o}\bigg|_{V_i=0,\, R_L=\infty} = \frac{-(R_s + h_{ie})I_b}{(1+h_{fe})I_b} = \frac{R_s + h_{ie}}{1+h_{fe}}$$

$$\left(V_s = 0 \text{일 때 입력 } KVL : \begin{array}{c} -R_s I_b - h_{ie} I_b - V_o = 0 \\ V_o = -(R_s + h_{ie}) I_b \end{array} \right)$$

⑤ 특징

㉮ 입력 임피던스는 대단히 높고, 출력 임피던스가 대단히 낮아 임피던스 변성용으로 많이 사용한다.

㉯ 전압 이득($A_v \fallingdotseq 1$)이므로 전압, 전류 그리고 전류 이득이 부하 저항의 변화에 상관없이 거의 일정하게 유지되는 증폭 회로이다.

㉰ 이 접속 방식은 높은 임피던스를 가진 신호원과 낮은 임피던스를 가진 부하 사이의 완충 증폭단(Buffer Stage)으로 널리 사용한다.

(7) 밀러(Miller)의 정리

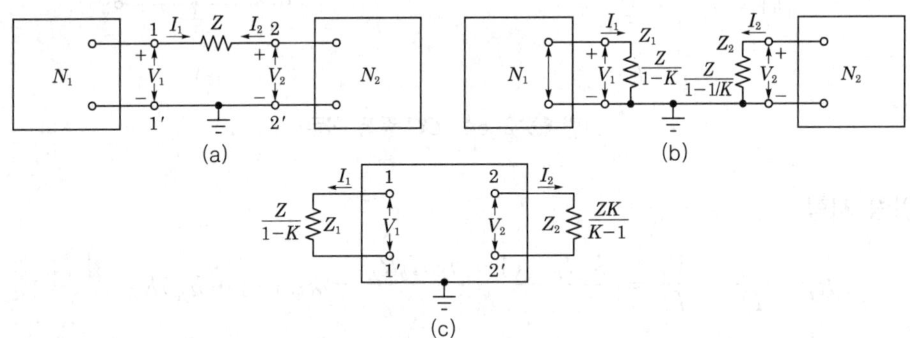

그림 ⬆ 2-65 **밀러의 정리**

① 임의의 두 회로 N_1 및 N_2가 Impedance N_2로 접속된 회로에 있어서 V_2/V_1의 값은 이미 아는 양이라고 가정한다.

이 값을 증폭도 K로 표시하면

$$K = V_2/V_1$$

② 단자 1－1′에서 흘러나오는 전류 I_1을

$$I_1 = \frac{V_1 - V_2}{Z} = \frac{V_1(1 - V_2/V_1)}{Z} = \frac{V_1(1-K)}{Z} = \frac{V_1}{Z/(1-K)} = \frac{V_1}{Z_1}$$

$$\therefore Z_1 = \frac{Z}{1-K}$$

③ 단자 2－2′에서 흘러 나오는 전류 I_2를

$$I_2 = \frac{V_2 - V_1}{Z} = \frac{V_2(1 - V_1/V_2)}{Z} = \frac{V_2(1-1/K)}{Z} = \frac{V_2}{Z/(1-1/K)} = \frac{V_2}{Z_2}$$

$$\therefore Z_2 = \frac{Z}{1-\frac{1}{K}}$$

(8) 고입력 저항 회로

① Darlington 접속

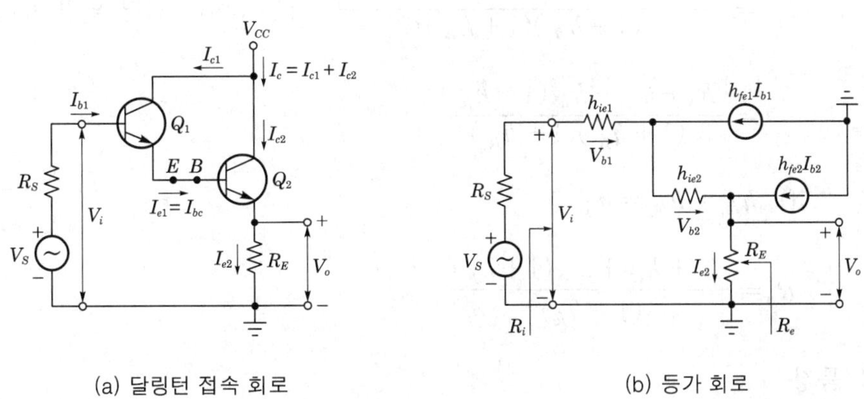

(a) 달링턴 접속 회로　　　(b) 등가 회로

그림 ⬆ 2-66 **달링턴 접속**

㉮ **입력 저항**

$$R_i = \frac{V_i}{I_{b_1}} = \frac{h_{ie_1}I_{b_1} + h_{ie_2}(1+h_{fe_1})I_{b_1} + R_E(1+h_{fe_2})(1+h_{fe_1})I_{b_1}}{I_{b_1}}$$

$$= h_{ie_1} + h_{ie_2}(1+h_{fe_1}) + R_E(1+h_{fe_1})(1+j_{fe2})$$

㉯ 전압 이득

$$A_v = \frac{V_o}{V_i} = \frac{R_E(1+h_{fe_1})(1+h_{fe_2})I_{b1}}{h_{ie_1}I_{b_1} + h_{ie_2}(1+h_{fe_1})I_{b_1} + R_E(1+h_{fe_1})(1+h_{fe_2})I_{b_1}}$$

$$= \frac{R_E(1+h_{fe_1})(1+h_{fe_2})}{h_{ie_1} + h_{ie_2}(1+h_{fe_1}) + R_E(1+h_{fe_1})(1+h_{fe_2})}$$

㉰ 전류 이득

$$A_i = \frac{I_{e_2}}{I_{b_1}} = \frac{(1+h_{fe_2})I_{b_2}}{I_{b_1}} = \frac{(1+h_{fe_2})(1+h_{fe_1})I_{b_1}}{I_{b_1}}$$

$$= (1+h_{fe_1})(1+h_{fe_2}) \fallingdotseq h_{fe_1} \cdot h_{fe_2}$$

㉱ 출력 저항

$$R_o = \left.\frac{V_o}{I_{e_2}}\right|_{V_S=0,\, R_L=\infty}$$

$$= \frac{(R_sI_{b1} + h_{ie_1}I_{b_1} + h_{ie_2}(1+h_{fe_1})I_{b_1})}{(1+h_{fe_2})(1+h_{fe_1})I_{b_1}} \quad (V_s=0\text{이라 하면 입력 } KVL)$$

$$= \frac{R_s + h_{ie_1} + h_{ie_2}(1+h_{fe_1})}{(1+h_{fe_1})(1+h_{fe_2})}$$

if) $h_{fe_1} = h_{fe_2} = h_{fe}$

$$R_o = \frac{R_s + h_{ie_1} + h_{ie_2}(1+h_{fe})}{(1+h_{fe})^2}$$

㉲ 특징

㉠ 전류 이득이 대단히 높아진다.

㉡ 입력 저항이 높아진다.

㉢ 전압 이득은 이미터 폴로어보다 작다.

㉣ 출력 저항은 낮아진다.

㉳ Darlington Emitter Follower와 Emitter Follower의 비교

㉠ 전류 이득이 매우 크다.

$$h_{fe} = h_{fe_1} \cdot h_{fe_2}$$

㉡ 입력 저항은 매우 크다.(CC의 R_i는 $R_i = h_{ie} + (1+h_{fe})R_E$에 비해)

㉢ 출력 저항이 낮아진다.

㉣ 전압 이득은 더 적어진다.

② Bootstrap 회로(Miller 적분 회로)

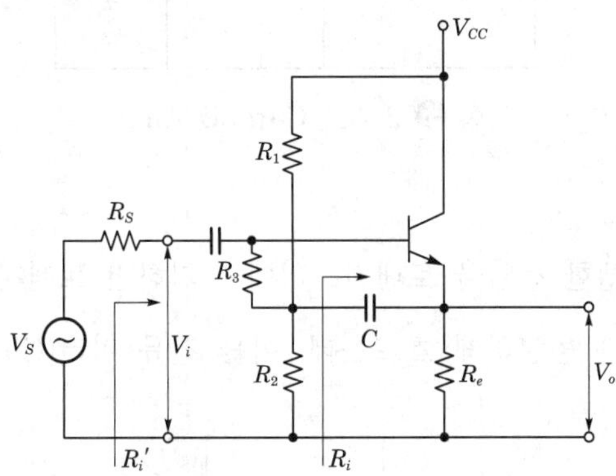

그림 ⬆ 2-67 Bootstrap 회로

위의 그림에서 Bias 저항 R_1과 R_2에 의해 R_i'가 R_i에 비해 훨씬 낮아진다. 이를 방지하기 위한 회로가 부트스트랩 회로이다.

실효 교류 저항 R_{eff}은

$$R_{\text{eff}} = \frac{V_i}{I_3} = \frac{V_i}{\frac{V_i - V_o}{R_3}} = \frac{V_{i3}}{V_i - V_o} = \frac{R_3}{1 - \frac{V_o}{V_i}} = \frac{R_3}{1 - A_v}$$

" R_3의 실효 저항이 $A_v \to 1$에 따라 높아지는 효과를 Bootstrapping이라고 한다." 여기서, C는 R_3를 입・출력 사이에 교류적으로 결합시키기 위한 용량이 대단히 큰 콘덴서이다.

※ 입력 저항의 크기 순서

$C \cdot B$ < $C \cdot E$ < $C \cdot C$ (이미터 폴로어) < Darlington 이미터 폴로어

< Bootstrapped Darlington 이미지 폴로어

(9) 캐소드(Cathod) 회로

$C \cdot E$ 증폭단과 $C \cdot B$ 증폭단을 직렬로 접속한 회로로 입출력에서 궤환이 적기 때문에 발진 가능성이 적어 VHF 이상에서도 안정한 증폭이 가능하다. 즉, 캐소드 증폭 기능 CE 증

폭기의 동작 주파수 범위를 훨씬 높게 한 효과를 갖게 한 증폭기이다.

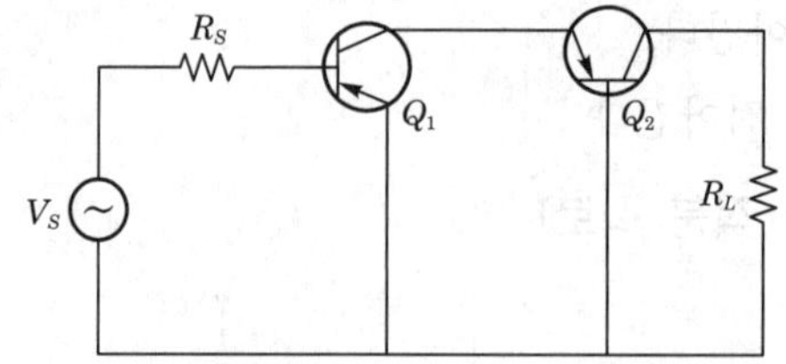

그림 ⬆ 2-68 **Cathod Amp**

(10) 전류 미러

① 다이오드에 의해 발생한 전압을 트랜지스터에 인가하면 트랜지스터 전류 I_C는 다이오드에 흐르는 전류 I_R과 동일하게 흐르는데, 이를 전류 미러(Current mirror)라 한다.

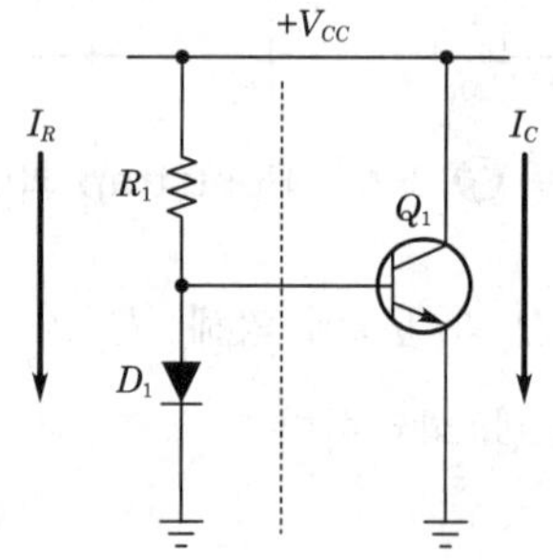

그림 ⬆ 2-69 **전류 미러 회로**

② 원리

㉮ 다이오드를 통해 전류가 흐른다.

㉯ 이 전류에 해당하는 다이오드 오프셋 전압 V_D가 발생한다.

㉰ 이 전압은 트랜지스터의 베이스와 이미터에 인가된다.

㉱ 트랜지스터의 베이스와 이미터 사이를 통과하는 전류는 인가된 다이오드 오프셋에 해당되는 전류만이 흐른다.

㉲ 만약, 트랜지스터의 전류가 증가하면 트랜지스터 자체의 오프셋이 증가하고, 따라서 외부 입력 전압이 트랜지스터 오프셋보다 낮은 결과이므로 트랜지스터 전류는 다시 감소한다.

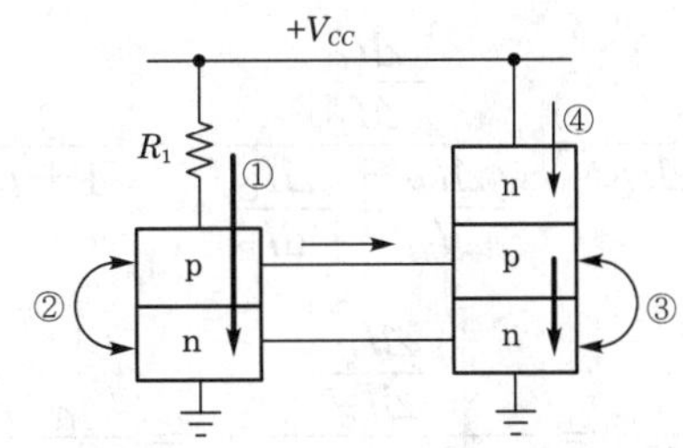

그림 2-70 **전류 미러의 원리**

(11) 전류 증폭률

① $\Delta I_E = \Delta I_B + \Delta I_C$

② 베이스 접지시의 전류 증폭률 α는

$$\alpha = \left| \frac{\Delta I_C}{\Delta I_E} \right|_{(V_{CB} \text{ 일정})}$$

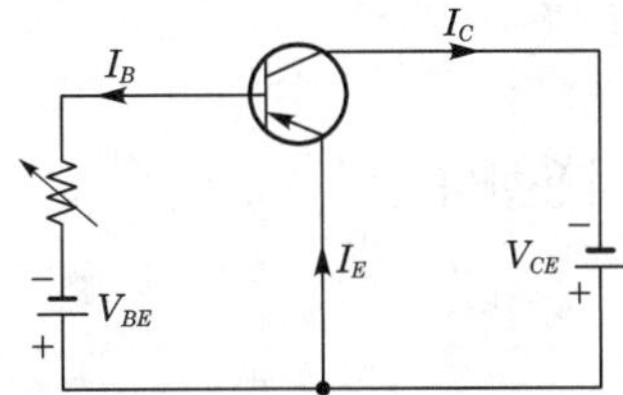

그림 2-71 **베이스 접지시의 전류 증폭**

③ 이미터 접지시의 전류 증폭률 β는

$$\beta = \left| \frac{\Delta I_C}{\Delta I_B} \right|_{(V_{CE} \text{ 일정})}$$

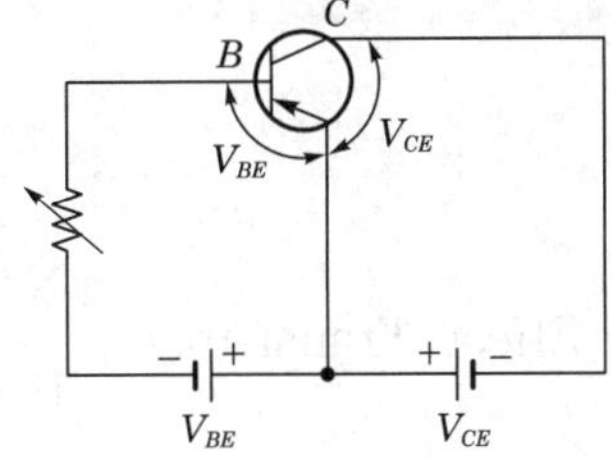

그림 2-72 **이미터 접지시의 전류 증폭**

④ $\alpha = \dfrac{\Delta I_C}{\Delta I_E} = \dfrac{\Delta I_C}{\Delta I_B + \Delta I_C} = \dfrac{\dfrac{\Delta I_C}{\Delta I_B}}{\dfrac{\Delta I_B}{\Delta I_B} + \dfrac{\Delta I_C}{\Delta I_B}} = \dfrac{\beta}{1+\beta}$

$\beta = \dfrac{\Delta I_C}{\Delta I_B} = \dfrac{\Delta I_C}{\Delta I_E - \Delta I_C} = \dfrac{\dfrac{\Delta I_C}{\Delta I_E}}{\dfrac{\Delta I_E}{\Delta I_E} - \dfrac{\Delta I_C}{\Delta I_E}} = \dfrac{\alpha}{1-\alpha}$

(12) 트랜지스터의 종류

① 합금 접합형 트랜지스터

㉮ 두께 0.2[mm] 정도의 게르마늄 양면에 인듐을 녹여 붙여 r 경계면에 P형 게르마늄층을 만드는 것

㉯ 대전력 트랜지스터로 사용한다.

② 성장 접합형 트랜지스터

㉮ 고주파용 트랜지스터로 사용한다.

㉯ 대량 생산이 곤란하다.

③ 확산 접합형 트랜지스터

㉮ 베이스 층이 얇아 캐리어의 통과가 빠르므로 고주파용으로 적합하다.

㉯ 메사형, 플레이너형, 에피텍셜형이 주류를 이룬다.

5 전계 효과 트랜지스터

(1) FET의 종류

- FET
  - J FET(Junction Field Effect Transistor)
    - N채널형
    - P채널형
  - MOS－FET(Metal Oxide Semiconductor Field Effect Transistor)
    - 공핍형
      - N채널형
      - P채널형
    - 증가형
      - N채널형
      - P채널형

그림 ➊ 2-73 **FET의 종류**

(2) FET의 원리와 특성

트랜지스터의 동작은 자유 전자와 정공에 의하여 전류의 흐름이 결정되므로 극성이 2개 존재하는 쌍극성 접합 트랜지스터(BJT ; Bipolar Junction Transistor)라고 하지만 전계 효과 트랜지스터(FET ; Field Effect Transistor)의 동작은 다수 캐리어인 자유 전자나 정공 중 어느 하나에 의해서 전류의 흐름이 결정되므로 극성이 한 개만 존재하는 단극성 접합 트랜지스터(Unipolar Junction Transistor)라고 한다.

(3) FET와 BJT의 특성 비교

특 성 \ 구 분	FET(Field Effect Transistor)	BJT(Bipolar Junction Transistor)
동작 원리	다수 캐리어에 의해 동작	다수 및 소수 캐리어에 의해 동작
소자 특성	단극성(unipolar) 소자	쌍극성(bipolar) 소자
제어 방식	전압 제어 방식	전류 제어 방식
입력 저항	$10^8 \sim 10^{10}$[Ω] 정도로 매우 크다.	보통이다.
잡음	적다.	많다.
이득 대역폭	작다.	크다.
동작 속도	느리다.	빠르다.
집적도	아주 높다.	낮다.
디지털 시스템	MOS 소자만으로 구성 가능	별도의 소자를 부가해야 함
용 도	• 컴퓨터 기억 소자 및 계산기 • 마이크로 프로세서, 인공위성 • 초퍼 증폭기, 완충 증폭기	• 기본 회로 소자 • 논리 게이트, TTL 소자

(4) FET의 장 · 단점

① FET의 장점

㉮ 쌍극형 트랜지스터는 전류 제어형이고, 전계 효과 트랜지스터는 전압 제어형이다.

㉯ 쌍극성 트랜지스터는 정공과 전자의 두 전하에 의해 동작하는 쌍극성 소자이지만, FET는 정공이나 전자 중에 한 가지의 전하에 의해서만 동작하는 단극성 소자이다.

㉰ FET는 쌍극성 트랜지스터에 비하여 입력 및 출력 임피던스가 높아서 전압 증폭 소자로 적합하다.

㉱ 쌍극성 트랜지스터보다 잡음 특성이 양호하고, 열적 특성이 안정되므로 소신호를 취급하기가 용이하다.

② FET의 단점

㉮ FET는 쌍극성 트랜지스터보다 동작 속도가 느리다.

㉯ 쌍극성 트랜지스터보다 이득-대역폭이 작아서 고주파 특성이 나쁘다.

(5) 접합형 전계 효과 트랜지스터(J FET)

① **J FET의 구조** : J FET에는 N채널 J FET와 P채널 J FET가 있으며 그 구조와 기호는 다음 그림과 같다.

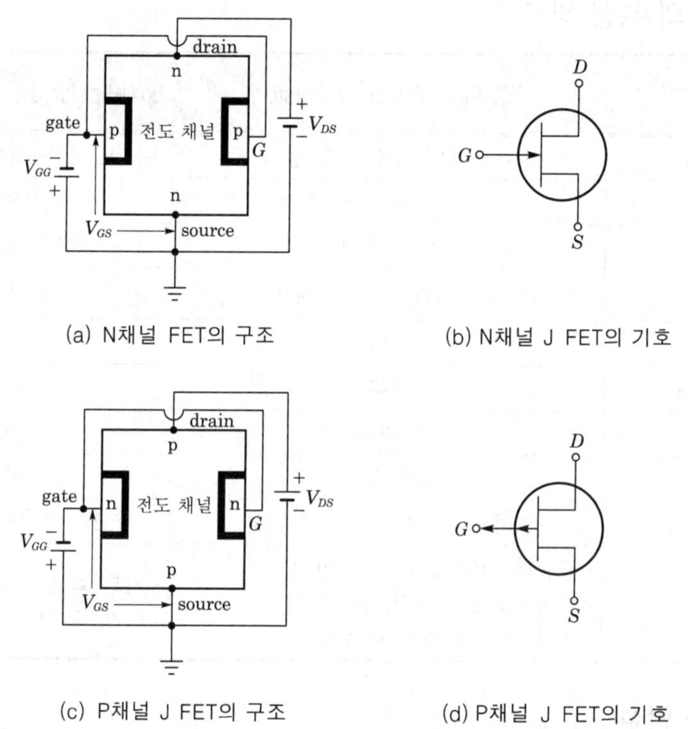

그림 ⬆ 2-74 **J FET의 구조와 기호**

② J FET의 동작 원리

㉮ 그림 (a)와 같이 게이트와 소스 사이에는 P-N 접합 다이오드와 같고, V_{GS}는 바이어스 전압으로 P형인 게이트에 (-)전압, N형인 소스에 (+)전압을 인가하는 역방향 바이어스를 인가하면 공핍층의 폭이 넓어져서 채널 폭이 좁아진다.

㉯ 이 전도 채널을 통하여 드레인과 소스 전압 V_{DS}에 의해 N형 반도체로 사용한 전도상의 방전된 다수 캐리어인 자유 전자들이 소스에서 출력인 드레인쪽으로 이동하여 흘 결국 드레인 전류가 흐른다.

㉰ J FET의 동작 원리는 게이트와 소스 사이의 역방향 바이어스 전압 V_{GS}에 의해 N형 반도체로 사용한 전도 채널의 폭을 조절하여 출력 전류 I_D를 제어한다.

③ **J FET의 출력 및 전달 특성** : 다음 그림은 N채널 FET의 출력 특성을 나타내는 것으로 게이트 역방향 바이어스 전압 V_{GS}의 관계를 나타낸 것이다.

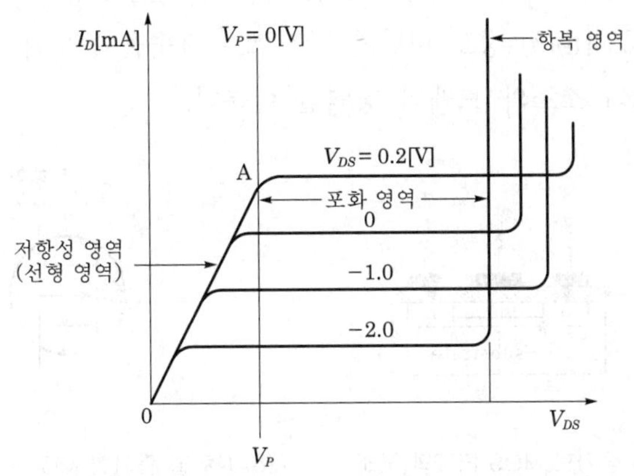

그림 2-75 **J FET(N채널)의 출력 특성**

④ **J FET의 특성**

㉮ 다수 캐리어와 소수 캐리어가 확산 현상에 의해 이동하는 BJT에 비해서 다수 캐리어가 전계에 의해 직접 가속되므로 이동 시간이 짧아 주파수 특성이 양호하여 고주파 대역에서 사용이 적합하다.

㉯ 게이트가 접합되어 있어 순방향으로 바이어스할 수 없고 게이트 역전압으로 다수 캐리어인 전자를 직접 제어하는 전압 제어 방식으로 전달 특성은 제곱 특성을 가진다.

㉰ 고주파 대역에서 잡음 특성이 우수하며, 저잡음 특성을 이용한 저잡음 증폭기 및 초퍼 증폭기, 완충 증폭기, 가변 저항에 사용된다.

㉱ MOS FET에 비하여 입력 임피던스가 낮다.

⑤ **핀치 오프 상태** : 게이트 역방향 바이어스 전압 V_{GS}를 증가시키면 P−N 접합을 이루는 게이트와 소스 사이의 공핍층의 폭이 넓어지며, 상대적으로 전도 채널의 폭이 점점 좁아져서 결국 채널이 완전히 막히게 되는 현상을 핀치 오프 상태라 한다.

6 금속산화물 반도체 FET(MOS FET)

(1) N채널 증가형(Enhancement) MOS FET의 구조와 동작 원리

① **구조와 기호** : 다음의 그림과 같이 불순물 농도가 낮은 P형 반도체를 기판으로 하여 이 기판 위에 약 0.0254[mm] 정도 미만의 간격으로 불순물 농도가 높은 N형 불순물을 확산시켜서 각각 N형의 소스와 드레인 영역을 이룬다.

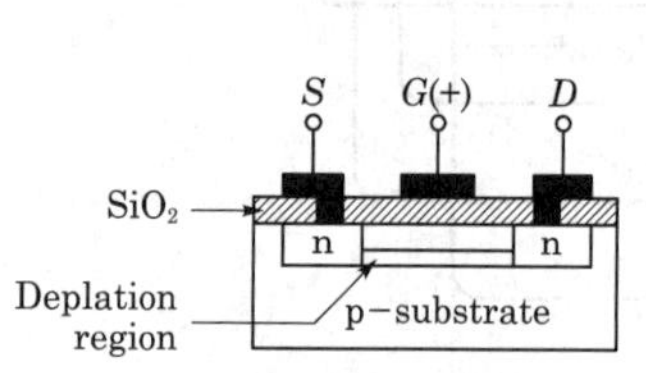

(a) N채널 증가형 MOS FET의 구조

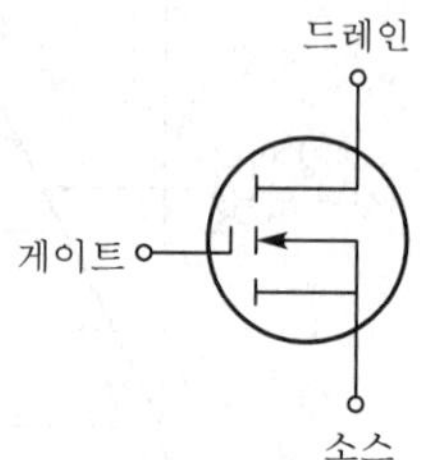

(b) N채널 증가형 MOS FET의 기호

그림 ⬆ 2-76 **N채널 증가형 MOS FET의 구조와 기호**

② **동작 원리** : 증가형 MOS FET는 캐리어가 이동할 수 있는 전도 채널이 소자를 만들 때 형성되어 있지 않고 (위의 그림 (b)의 기호에서 파선은 물리적인 채널이 형성되어 있지 않음을 의미) 금속인 게이트 단자에 (+)전압을 인가함으로써 N채널을 형성시킨다.

③ **출력 및 전달 특성** : 아래 그림 (a)는 게이트 전압 V_{GS}의 인가에 따른 I_D 전류와 드레인과 소스 사이의 V_{DS}의 출력 특성의 관계를 나타낸 것이며, 아래 그림 (b)는 I_D 전류와 V_{DS} 전압의 전달 특성을 나타낸다.

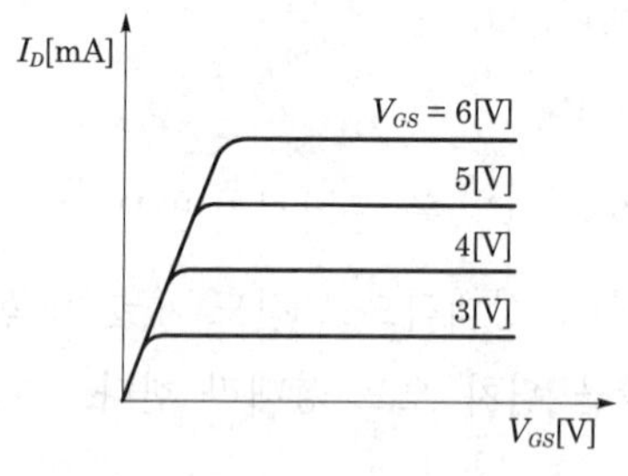

(a) N채널 증가형 MOS FET의 출력 특성

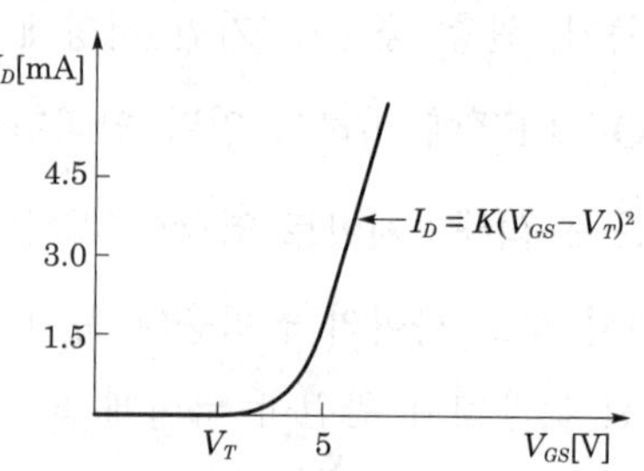

(b) N채널 증가형 MOS FET의 전달 특성

그림 ⬆ 2-77 **N채널 증가형 MOS FET의 특성 곡선**

(2) P채널 증가형 MOS FET의 구조와 동작 원리

① **구조와 기호** : 다음 그림과 같이 불순물 농도가 낮은 N형 반도체를 기판으로 하여 이 기판 위에 약 0.0254[mm] 정도 미만의 간격으로 불순물 농도가 높은 P형 불순물을 확산시켜서 각각 P형의 소스와 드레인 영역을 이룬다.

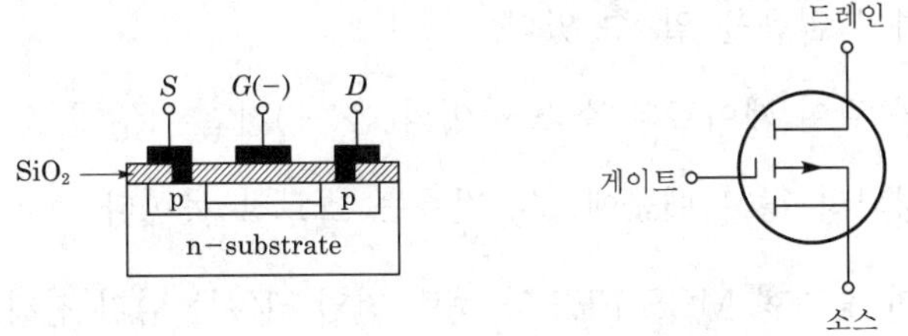

(a) P채널 증가형 MOS FET의 구조 (b) P채널 증가형 MOS FET의 기호

그림 2-78 **P채널 증가형 MOS FET의 구조와 기호**

② **동작 원리**

㉮ 게이트 단자에 전압을 인가하지 않으면 소스와 드레인 사이에는 캐리어가 이동할 수 있는 전도 채널이 전혀 형성되지 않으나 P채널이므로 게이트와 소스 사이의 (−)전압을 인가하면 SiO_2층은 콘덴서의 양극판 사이에서 유전체로 작용하여 SiO_2층과 인접한 N형 기판 부분에 양(+)의 전하층을 형성하여 채널이 형성된다.

㉯ 게이트와 소스 사이의 (−)전압을 더욱 더 증가할수록 SiO_2층과 인접한 n형 기판 부분에 더욱 강한 양(+)의 전하층을 형성하여 이 전도 채널로 더욱 더 많은 다수 캐리어인 정공들을 끌어당겨 이 채널의 전도도는 증가한다.

㉰ 이 채널을 통하여 양(+)의 정공들이 드레인과 소스 사이의 전압 V_{DS}의 전압 방향에 의해서 이동하므로 결국 전류가 흐른다.

③ **출력 및 전달 특성**

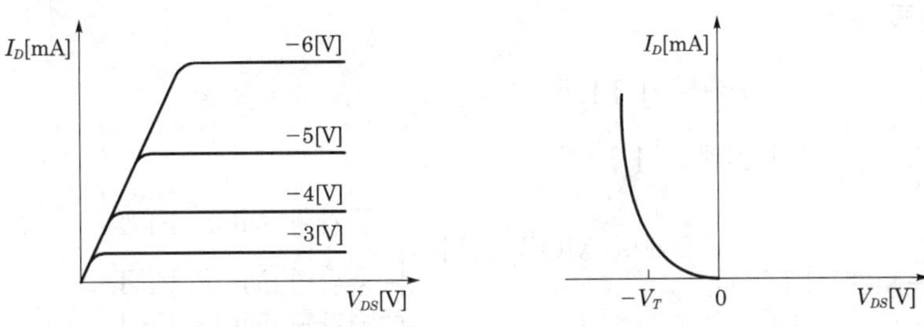

(a) P채널 증가형 MOS FET의 출력 특성 (b) P채널 증가형 MOS FET의 전달 특성

그림 2-79 **P채널 증가형 MOS FET의 특성 곡선**

㉮ 위의 그림 (a)와 같이 $V_{GS} > V_{DS}$일 경우에는 SiO_2층과 N형 기판 부분에 더욱 강한 양(+)의 전도 채널을 형성하므로 이 채널로 더욱 더 많은 정공들이 이동하므로 I_D 전류는 증가한다.

㉯ $V_{GS} < V_{DS}$일 경우에는 전도 채널상에 정공들이 포화 상태에 이르러 결국 I_D 전류는 더 이상 증가하지 않음을 알 수 있다.

㉰ 위의 그림 (b)와 같이 게이트와 소스 사이의 음(−)전압 V_{GS}를 인가하기 전까지는 전도 채널이 형성되지 않기 때문에 I_D 전류는 흐르지 못한다.

㉱ (−)전압 V_{GS}가 증가형 MOS FET의 문턱 전압 V_T를 넘기 전까지는 완전한 채널이 형성되지 않기 때문에 전류가 흐르지 않다가 V_T 전압을 넘자마자 I_D 전류는 급격히 증가한다.

즉, 전달 특성식은

$$I_D = K(V_{GS} - V_T)^2 \text{ (단, } |V_{GS}| > |V_T|)$$

이다. K는 증가형 MOS FET의 채널 폭과 길이에 따라 주어지는 상수로서 보통 K= 0.3[mA/V^2]의 값을 갖는다.

3. 전계 효과 트랜지스터(FET)

1 FET의 개요

(1) FET의 종류와 특성

① FET의 종류

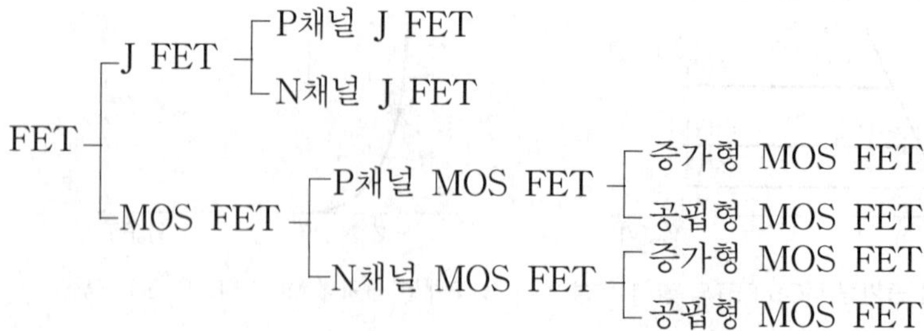

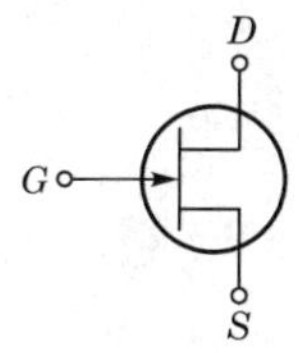

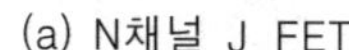
(a) N채널 J FET

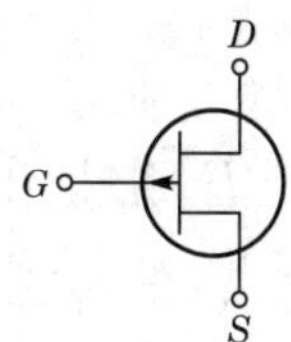

(b) P채널 J FET

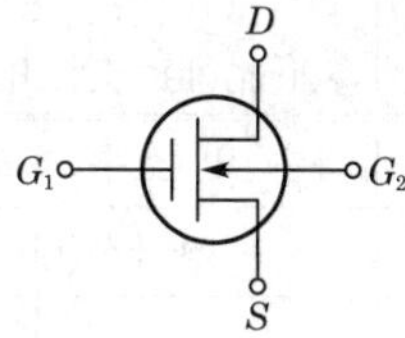

(c) N채널 MOS FET

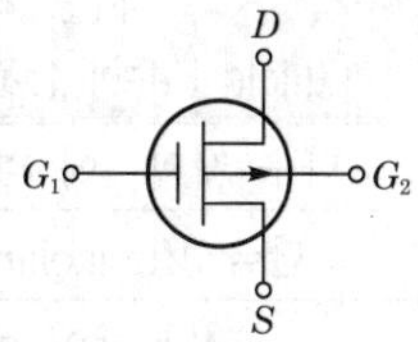

(d) P채널 MOS FET

그림 ⬆ 2-80 **FET의 기호**

② FET의 장점

㉮ BJT는 전류 제어형 디바이스인 반면에 접합형 전계 효과 트랜지스터(J FET ; Junction Field Effect Transistor)는 전압 제어형 디바이스이다.

㉯ FET는 단지 전자(N채널) 또는 정공(p채널)의 단일 캐리어 전도에 의존하는 유니폴라(Unipolar) 디바이스이다.

㉰ FET의 가장 중요한 특성 중의 하나는 높은 입력 임피던스이다.

㉱ FET는 다수 캐리어만으로 동작하기 때문에 바이폴라 트랜지스터에 볼 수 있는 소수 캐리어의 축적 효과가 없다. 따라서 소자로서 사용한 경우 축적 효과에 기인하는 스위칭의 지연 시간이 없다.(C－MOS)

㉲ 바이폴라 트랜지스터의 경우, 전달 특성은 지수 함수적이고 3차 이상의 변형이 커지지만 FET의 경우, 전달 특성이 대단히 좋은 제곱 특성을 가지므로 혼변조 변형 특성이 우수하다.

㉳ 접합형 FET의 경우, 잡음 특성이 우수하다.

㉴ 드레인 전류가 0일 때 오프셋 전압(Offset voltage)이 없으므로, 우수한 신호 절단기(Signal Chopper)로서 사용할 수 있다.

㉵ 제조 과정이 간단하고 IC화할 때 차지하는 공간이 작다. 집적도를 아주 높게 할 수 있다.(칩당 수만개의 MOS FET를 만들 수 있다.)

③ FET의 단점

㉮ 트랜지스터 보다 $G \cdot B$ 적이 적다.

㉯ FET는 BJT에 비해 동작 속도가 느리다.

④ FET와 BJT의 특성 비교

구 분 / 특 성	FET (Field Effect Transistor)	BJT (Bipolar Junction Transistor)
동작 원리	다수 캐리어에 의한 동작	다수 및 소수 캐리어에 의해 동작
소자 특성	단극성(unipolar) 소자	쌍극성(bipolar) 소자
제어 방식	전압 제어 방식	전류 제어 방식
입력 저항	$10^8 \sim 10^{10}$[Ω] 정도로 매우 높다.	보통이다.
잡음	적다.	많다.
이득 대역폭적	작다.	크다.
동작 속도	느리다.	빠르다.
집적도	아주 높다.	낮다.

2 J FET(접합형 FET)

(1) J FET(접합형 FET)의 구조와 동작

① 구조

㉮ **소스**(Source) : 다수 캐리어가 반도체로 흘러들어가는 쪽의 전극이다.

㉯ **드레인**(Drain) : 다수 캐리어가 반도체에서 흘러나가는 쪽의 전극이다.

㉰ **게이트**(Gate) : N형 반도체의 양 옆면은 억셉터(Acceptor)로 진하게 도핑되어 있으며, N형 반도체와 PN 접합을 이루고 있는데, 이 P^+형 영역을 게이트라 한다.

㉱ **공간 전하층**(Depletion region) : 게이트는 진하게 도핑되어 있으므로, 공간 전하층은 대부분 N형 반도체 안에 생긴다. 공간 전하층 안에는 캐리어가 고갈되어 있으므로, 반도체의 전도에는 기여할 수 없다.

㉲ **채널**(Channel) : 공간 전하층으로 덮이지 않은 부분이다.

② 동작(N채널)

㉮ $D-S$간에 순방향 전압 V_{DD}를 공급하면 드레인 전류 I_D가 흐른다.

㉯ $G-S$간에 역방향 전압 V_{GG}를 공급하면 채널의 내부로 공간 전하층이 확대된다.

㉰ V_{GG} 의 크기에 따라 채널의 폭이 변하여 $D-S$간의 도전율이 변하게 되어 I_D가 제어 된다.

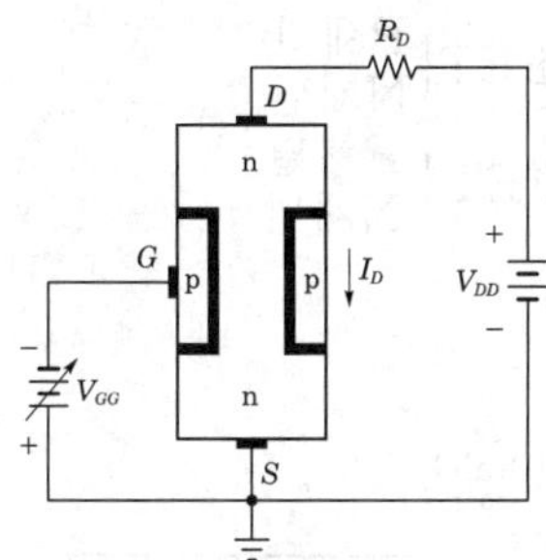

그림 ⬆ 2-81 **N채널의 동작**

③ 전달 특성(Transfer characteristics)

㉮ 포화 영역에서의 드레인 전류 I_D와 게이트 전압 V_{GS} 사이의 관계로 주어지는 전달 특성은 다음과 같다.

$$I_D = I_{DSS}\left(1 - \frac{V_{GS}}{V_P}\right)^2$$

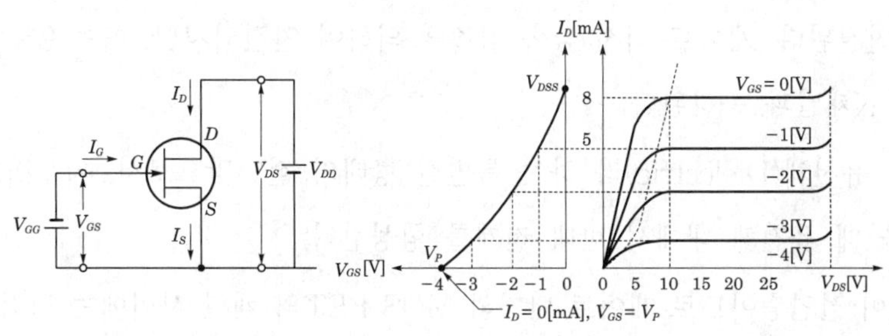

(a) FET의 기본 특성 (b) 전달 특성

그림 ⬆ 2-82 **N채널 J FET의 특성**

㉯ **핀치 오프 전압(Pinch-off voltage)** : 게이트 역바이어스 전압을 증대시켜 가면 공간 전하층의 폭이 넓어져서 채널이 완전히 막혀 버리는 상태에 이르게 될 때의 게이트 전압, 즉 드레인 전류가 0일 때 게이트-소스 간의 전압 V_{GS}를 핀치 오프 전압이라고 한다.

반도체 막대의 폭을 $2a$라고 하면 핀치 오프 전압 V_p는 다음과 같다.

$$\therefore V_p = \frac{eN_d}{2\varepsilon} a^2 \left(\text{단, } a : \text{채널 폭의 } \frac{1}{2} \right)$$

3 MOS FET(Metal Oxide Semiconductor Field Effect Transistor)

MOS FET { 공핍형 MOS FET { P채널 / N채널 ; 증가형 MOS FET { P채널 / N채널

(1) N채널 공핍형 MOS FET

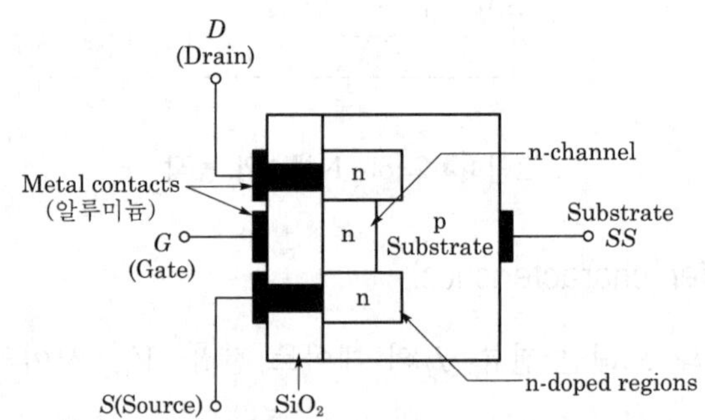

그림 2-83 **N채널 공핍형 MOS FET**

① 소스, 드레인 단자는 그림과 같이 N채널로 연결된 N형으로 도핑된 영역에 금속 접촉을 통하여 연결된다. 게이트 역시 금속 접촉에 의하여 연결되지만, 매우 얇은 산화막(SiO_2) 에 의해 N채널과 분리된다.

② SiO_2는 유전체(Dielectric)라 하는 특별한 형태의 절연막으로서, 외부적으로 전계가 인가되었을 때 유전체 내에서 반대 전계를 형성한다.

③ SiO_2층이 절연층이므로 게이트 단자와 MOS FET의 채널 사이에는 직접적인 전기적 연결은 없으며, MOS FET의 구조는 바람직하게도 매우 높은 입력 임피던스를 갖는다. 매우 높은 입력 저항 때문에 직류 바이어스 회로에서 게이트 전류 I_G는 거의 0[A]이다.

㉮ **동작** : 게이트 단자에 $(-)V_{GS}$ 전압을 더욱 크게 인가하면, 채널은 핀치 오프 상태가 되어 드레인 전류 $I_D = 0$(공핍 모드)가 되며, $(+)V_{GS}$ 전압을 가하면, 전도도를 크게 증가시켜 V_{DS} 전압에 의해 전류가 흐른다.

㉯ 전달 특성

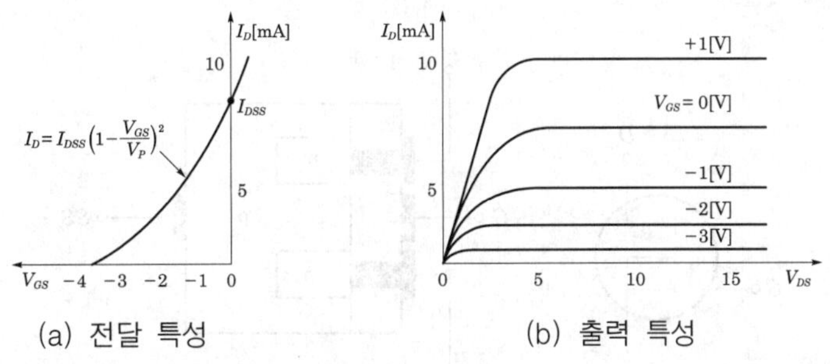

(a) 전달 특성 (b) 출력 특성

그림 2-84 N채널 공핍형 MOS FET의 특성

(2) P채널 공핍형 MOS FET

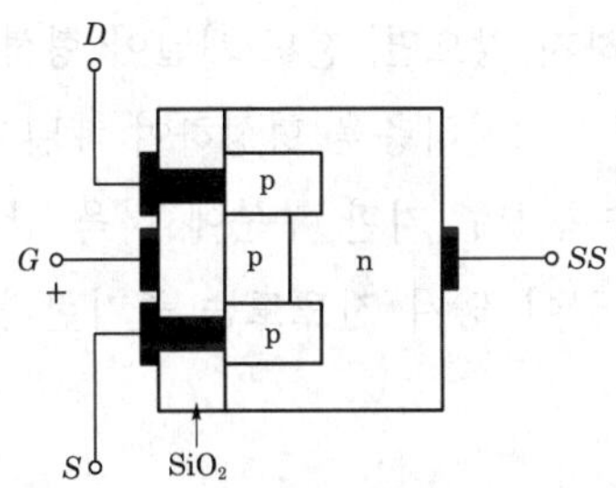

그림 2-85 P채널 공핍형 MOS FET

① **동작** : 게이트에 (+)V_{GS}의 큰 전압을 가하면, P채널 내의 다수 캐리어인 정공이 반발력으로 쫓겨나고 채널은 핀치 오프 상태가 되고, 드레인 전류 $I_D=0$가 되며, 음(−)V_{GS} 전압을 가하면 P채널 내의 정공들로 전도도를 증가시킬 수 있으며 이 채널을 통하여 전도전자들이 V_{DS}의 전압 방향에 의해서 전류가 흐른다.

② **전달 특성**

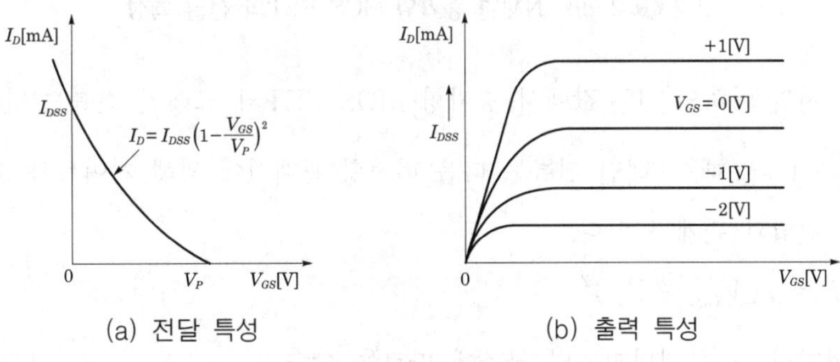

(a) 전달 특성 (b) 출력 특성

그림 2-86 P채널 공핍형 MOS FET의 특성

(3) N채널 증가형 MOS FET

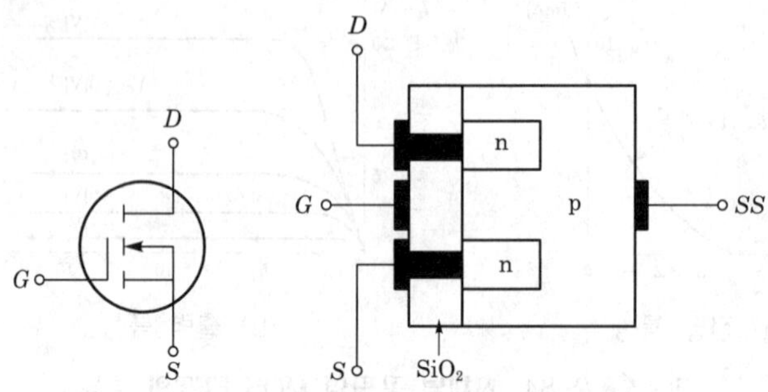

그림 ⬆ 2-87 **N채널 증가형 MOS FET**

① **동작** : 게이트에 전압을 가하지 않으면, 전도 채널이 형성되지 않으나 N채널이므로 (+)전압을 인가하면, P형 기판에 (−)전하층을 형성하여 채널이 형성된다. 이 때, 게이트에 (+)전압을 더욱 크게 인가할수록 P형 기판 부분에 더욱 강한 (−)전하층을 형성하여, 이 채널로 많은 자유 전자들을 끌어 당겨 전도도는 증가한다.

② **전달 특성**

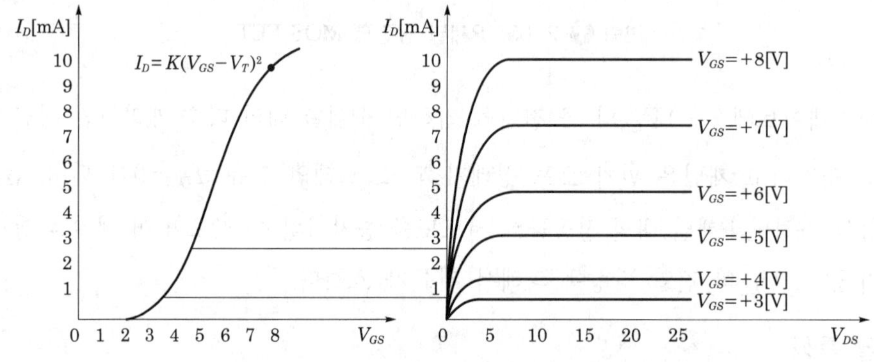

그림 ⬆ 2-88 **N채널 증가형 MOS FET의 전달 특성**

㉮ 문턱 전압 이하의 V_{GS}값에서 증가형 MOS FET의 드레인 전류는 0[mA]이다.

㉯ $V_{GS} > V_T$일 때, 드레인 전류는 다음 비선형 관계식에 의해 게이트와 소스 사이에 인가된 전압과 관계가 있다.

$$I_D = k(V_{GS} - V_T)^2$$

여기서, k는 디바이스의 구조에 따르는 상수

(4) P채널 증가형 MOS FET

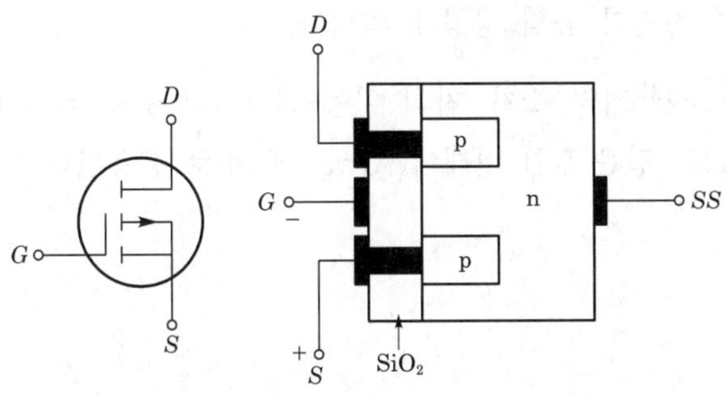

그림 2-89 **P채널 증가형 MOS FET**

① **동작** : P채널이므로 게이트에 (−)전압을 가함으로써 채널을 형성시키며, 게이트와 소스 사이의 (−)전압을 더욱 크게 인가할수록 N형 기판 부분에 (+)전하층을 형성하여 채널의 전도도는 증가하며, 이 채널을 통하여 정공들이 V_{GS}의 전압에 의해서 이동하므로 전류가 흐른다.

② **전달 특성**

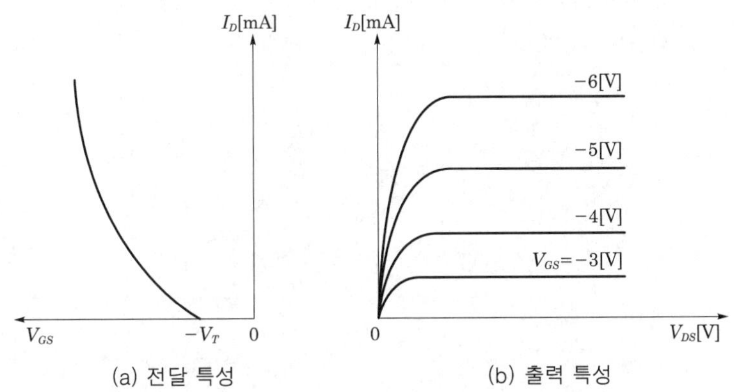

(a) 전달 특성 (b) 출력 특성

그림 2-90 **P채널 증가형 MOS FET의 특성 곡선**

(5) MOS FET의 특징

① J FET보다 높은 입력 임피던스를 가지므로 집적 회로(IC) 등에 사용된다.

② 드레인 전류가 부(−)의 온도 계수를 가지므로 열 폭주의 우려가 없다.

③ 절연층 사이에 게이트가 있기 때문에 입력 임피던스가 대단히 크다.

④ J FET에 비해 혼변조 특성, Spurious 특성이 우수하다.

⑤ P채널 증가형 MOS FET가 가장 유용한 FET 소자이다.

⑥ J FET에 비하여 정전기 등의 영향에 약하다.

⑦ MOS FET는 반도체 기억 소자, 자리 이동 레지스터(Shift register) 마이크로프로세서(Microprocessor)와 같은 LSI 어레이(Array)에 주로 응용된다.

단원핵심문제

1 다음 중 반도체 소자가 아닌 것은?

㉮ 다이오드　　㉯ 트랜지스터

㉰ FET　　㉱ 진공관

KEY POINT

➲ 전자관의 종류

① 진공관

② 방전관

③ 광전관

④ 브라운관

해설 진공관은 전자관의 일종으로 열전자에 동작되는 전자 소자로 반도체의 정공과 자유 전자에 의해 동작하는 반도체 소자는 아니다.

2 다음 중 다이오드의 작용으로 맞는 것은?

㉮ 정류 작용　　㉯ 증폭 작용

㉰ 발진 작용　　㉱ 변조 작용

KEY POINT

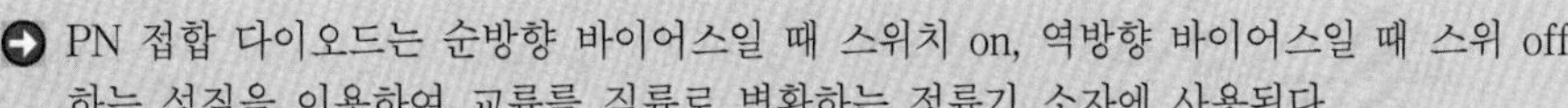

➲ PN 접합 다이오드는 순방향 바이어스일 때 스위치 on, 역방향 바이어스일 때 스위 off 하는 성질을 이용하여 교류를 직류로 변환하는 정류기 소자에 사용된다.

해설 증폭 작용, 발진 작용, 변조 작용은 TR에 의한 작용이고, 정류 작용은 다이오드에 의한 작용이다.

3 다음은 다이오드의 특성 곡선을 나타내는 공식이다. 맞는 것은? (단, I_s : 역포화 전류, V : 인가 전압)

㉮ $I = I_s(1 - e^{\frac{kV}{T}})$[A]　　㉯ $I = I_s(e^{\frac{kV}{T}} - 1)$[A]

㉰ $I = I_s(1 - e^{\frac{kT}{V}})$[A]　　㉱ $I = I_s(e^{\frac{kT}{V}} - 1)$[A]

정답 : 1.㉱　2.㉮　3.㉯

KEY POINT

➲ PN 접합 다이오드에서 아래의 그림과 같이 순방향 전압 V_F가 문턱 전압 V_T보다 클 경우($V_F > V_T$) 순방향 전류 I_F가 비선형적으로 급격하게 흐르며 역방향의 경우에는 매우 작은 누설 전류가 흐르다가 항복 전압 V_B에서 반도체의 절연 파괴에 의해 역방향 전류 I_R이 급격하게 흐르는 것을 알 수 있다. 이 때의 전류 I는

$$I = I_s(e^{\frac{kV}{T}} - 1)$$

이다.

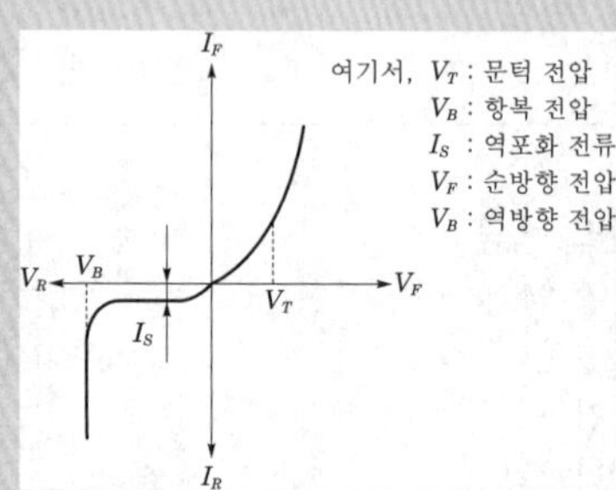

해설 다이오드의 전압-전류는 비선형 특성을 나타낸다.

4 다음 중 다이오드의 역방향 특성을 이용해 정전압 특성을 얻는 데 사용되는 다이오드는?

㉮ 터널 다이오드 ㉯ 제너 다이오드
㉰ 합금형 다이오드 ㉱ 확산형 다이오드

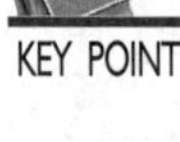
KEY POINT

➲ 제너 다이오드는 항복 영역에서 동작하도록 만들어진 실리콘 다이오드로 전압 포화 특성을 이용하여 전압을 일정하게 유지하기 위한 정전압 제어 소자로 널리 이용되고 있다.

해설 다이오드의 역방향 특성은 정전압을 얻는 데 매우 편리한 특성이고, 이 특성을 이용해 정전압을 얻는 다이오드를 정전압 다이오드 또는 제너 다이오드(zener diode)라 한다.

5 다음 다이오드 중 부성 저항 특성이 나타나는 다이오드는?

㉮ 합금형 다이오드 ㉯ 확산형 다이오드
㉰ 터널 다이오드 ㉱ 정전압 다이오드

KEY POINT

➲ PN 접합에서 도핑 레벨을 더욱 증가시키면 항복 전압이 0[V]에서 일어나고 도핑 레벨을 더욱 더 증가시키면 부성 저항을 나타낸다. 이와 같은 다이오드를 터널 다이오드 또는 Esaki 다이오드라고도 한다.

 정답 : 4.㉯ 5.㉰

 터널 효과에 의해 부성 저항 특성이 나타나는 다이오드는 터널 다이오드이다.

 **6** *TR*은 $E-B$, $C-B$ 사이의 바이어스 전압에 따라 4가지 동작 상태를 갖는다. 다음 중 실제로 쓰이지 않는 동작 영역은?

㉮ 포화 영역(saturation region)
㉯ 활성 영역(active region)
㉰ 차단 영역(cutoff region)
㉱ 역활성 영역(reverse active region)

KEY POINT

➲ 트랜지스터의 동작 상태는 이미터와 베이스(E−B), 컬렉터와 베이스(C−B) 사이의 바이어스에 따라 다음과 같이 4개의 동작 상태로 나누어 진다.
① 포화 영역, 차단 영역 : 펄스 회로에 이용된다.
② 활성 영역 : 트랜지스터에서 가장 많이 이용하는 영역으로 증폭 회로에 이용한다. 특별한 경우를 제외하고는 트랜지스터의 거의 모든 동작이 이 영역에서 이루어진다.
③ 역활성 영역 : 실제로 사용하는 일은 없다.

 역활성 영역은 실제로 사용하는 일이 없는 영역이다.

 **7** 다음 *TR*의 접속 방식 중 임피던스 변환에 사용되는 접속 방식은?

㉮ 베이스 접지 회로
㉯ 이미터 접지 회로
㉰ 컬렉터 접지 회로
㉱ 게이트 접지 회로

KEY POINT

➲ *TR*의 접속 방식 특징
① 베이스 접지 회로 : 주파수 특성이 좋다.
② 이미터 접지 회로 : 증폭도가 좋다.
③ 컬렉터 접지 회로 : 임피던스 변환에 사용된다.

*TR*의 접속 방식 중 임피던스 변환에 사용되는 접속 방식에서 컬렉터 접지 회로는 임피던스 변환에 사용된다.

 **8** 베이스 접지 회로의 전류 증폭률 α는 어떻게 정의되는가?

㉮ $\dfrac{\Delta I_E}{\Delta I_C}$ (V_{CB}=일정)
㉯ $\dfrac{\Delta I_C}{\Delta I_B}$ (V_{CE}=일정)
㉰ $\dfrac{\Delta I_E}{\Delta I_B}$ (V_{CE}=일정)
㉱ $\dfrac{\Delta I_C}{\Delta I_E}$ (V_{CB}=일정)

정답 : 6.㉱ 7.㉰ 8.㉱

KEY POINT ➡ $\alpha = \dfrac{\Delta I_C}{\Delta I_E}$ (V_{CB}=일정)

해설 베이스 접지의 전류 증폭률 α는 컬렉터 전류의 변화분 ΔI_C를 입력 전류의 변화분 ΔI_E로 나눈 것이다.

9 이미터 접지 회로의 전류 증폭률 β는 어떻게 정의되는가?

㉮ $\dfrac{\Delta I_C}{\Delta I_E}$ (V_{CB}=일정)
㉯ $\dfrac{\Delta I_E}{\Delta I_B}$ (V_{CE}=일정)
㉰ $\dfrac{\Delta I_C}{\Delta I_B}$ (V_{CE}=일정)
㉱ $\dfrac{\Delta I_E}{\Delta I_C}$ (V_{CB}=일정)

KEY POINT ➡ $\beta = \dfrac{\Delta I_C}{\Delta I_B}$ (V_{CE}=일정)

해설 이미터 접지 회로에서 전류 증폭률 β는 출력 전류의 변화분 ΔI_C를 입력 전류의 변화분 ΔI_B로 나눈 값과 같다.

10 α, β와의 관계로 맞는 것은?

㉮ $\beta = \dfrac{\alpha}{1+\alpha}$
㉯ $\beta = \dfrac{\alpha}{1-\alpha}$
㉰ $\alpha\beta = 1$
㉱ $\beta = \dfrac{\alpha}{1-\alpha^2}$

KEY POINT ➡ $\beta = \dfrac{\alpha}{1-\alpha}$

해설 트랜지스터에서 $\Delta I_E = \Delta I_B + \Delta I_C$ 이므로

$$\beta = \frac{\Delta I_C}{\Delta I_B} = \frac{\Delta I_C}{\Delta I_E\left(1-\dfrac{\Delta I_C}{\Delta I_E}\right)} = \frac{\dfrac{\Delta I_C}{\Delta I_E}}{1-\dfrac{\Delta I_C}{\Delta I_E}}$$

$$= \frac{\alpha}{1-\alpha}$$

정답 : 9.㉰ 10.㉯

11 베이스 접지 컬렉터 차단 전류 I_{CBO}와 이미터 접지 컬렉터 차단 전류 I_{CEO}와의 관계로 바른 것은?

㉮ $I_{CEO} = (1+\beta)I_{CBO}$ ㉯ $I_{CEO} = \beta I_{CBO}$

㉰ $I_{CEO} = (1+\alpha)I_{CBO}$ ㉱ $I_{CEO} = \alpha I_{CBO}$

KEY POINT

$I_{CEO} = (1+\beta)I_{CBO}$

베이스 접지 회로에서 I_{CBO}에 의한 I_C는

$I_C = \alpha I_E + I_{CBO}$이고, $I_E = I_B + I_C$이므로

$$I_E = \frac{\alpha}{1-\alpha} I_B + \frac{I_{CBO}}{1-\alpha}$$

α, β의 관계식으로부터

$I_C = \beta I_B + (1+\beta)I_{CBO}$ ············ ①

으로, 이미터 접지 회로에서 I_{CEO}에 의한 I_C는

$I_C = \beta I_B + I_{CBO}$ ············ ②

위의 ①과 ②식에서

$I_{CEO} = (1+\beta)I_{CBO}$

가 된다.

12 이미터 접지 회로에서 컬렉터 차단 전류 I_{CEO}를 고려했을 경우의 컬렉터 전류 I_C는?

㉮ $I_C = \alpha I_B + I_{CEO}$ ㉯ $I_C = \beta I_B - I_{CEO}$

㉰ $I_C = \beta I_B + I_{CEO}$ ㉱ $I_C = \alpha I_B - I_{CEO}$

KEY POINT

$I_C = \beta I_B + I_{CEO}$

I_B에 대한 I_C와 I_{CEO}의 방향이 같으므로

$I_C = \beta I_B + I_{CEO}$

가 된다.

정답 : 11.㉮ 12.㉰

13 다음은 최대 컬렉터 손실 P_{CL}을 나타낸 식이다. 올바른 것은? (단, T_{JM} : 최고 접합부 온도[°C], T_a: 주위 온도[°C], θ : 열 저항[°C/W])

㉮ $P_{CL} = (T_{JM} - T_a)\theta[W]$

㉯ $P_{CL} = \frac{\sqrt{T_{JM} - T_a}}{\theta}[W]$

㉰ $P_{CL} = (T_{JM} - T_a)\theta^2[W]$

㉱ $P_{CL} = \frac{(T_{JM} - T_a)}{\theta}[W]$

14 트랜지스터의 형명 표시법으로 나타낼 수 없는 것은?

㉮ 소자의 종류
㉯ 소자의 제조 일자
㉰ 소자의 등록 순서
㉱ 소자의 개량 여부

KEY POINT

➲ 트랜지스터의 형명 표시법

① 숫자	S	② 문자	③ 숫자	④ 문자

①의 숫자 : 단자수－1
②의 문자 : 소자의 종류와 용도를 표시
③의 숫자 : 등록 순서를 표시(11부터 시작)
④의 문자 : 개량 부품임을 표시하나 보통은 생략

해설 소자의 제조 일자는 표시하지 않는다.

15 다음 중 FET의 전극에 들지 않는 것은?

㉮ 이미터(emitter)
㉯ 소스(source)
㉰ 게이트(gate)
㉱ 드레인(drain)

KEY POINT

➲ EMOS FET의 구조와 기호

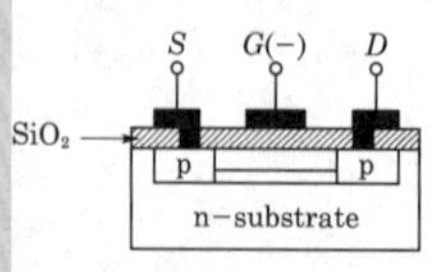

(a) P채널 증가형 MOS FET의 구조

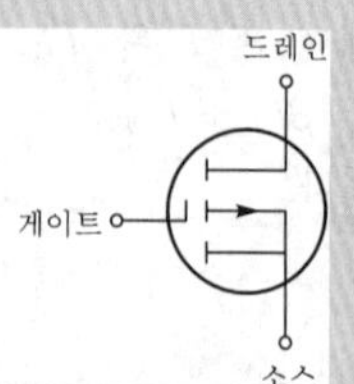

(b) P채널 증가형 MOS FET의 기호

정답 : 13.㉱ 14.㉯ 15.㉮

FET의 전극은 소스, 드레인, 게이트이고, BJT의 전극은 이미터, 베이스, 컬렉터이다.

16 다음 중 J FET와 공핍형 MOS FET에서 i_D와 V_{GS}의 관계를 바르게 나타낸 식은? (단, V_P : 핀치 오프 전압, i_{DSS} : 포화 전류)

㉮ $i_D = I_{DSS}\left(\frac{V_{GS}}{V_P} - 1\right)$[V]
㉯ $i_D = I_{DSS}\left(1 - \frac{V_{GS}^2}{V_P}\right)$[V]
㉰ $i_D = I_{DSS}\left(1 - \frac{V_{GS}}{V_P}\right)$[V]
㉱ $i_D = I_{DSS}\left(1 - \frac{V_{GS}}{V_P}\right)^2$[V]

KEY POINT

➲ J FET와 공핍형 MOS FET에서 i_D와 V_{GS}의 관계

① J FET N채널에서 i_D와 V_{GS}의 관계

$$i_D = I_{DSS}\left(1 - \frac{V_{GS}}{V_P}\right)^2 \ (V_P \le V_{GS} \le 0)$$

② J FET P채널 FET에서 i_D와 V_{GS}의 관계

$$i_D = I_{DSS}\left(1 - \frac{V_{GS}}{V_P}\right)^2 \ (0 \le V_{GS} \le V_P)$$

③ 공핍형 MOS FET N채널에서 i_D와 V_{GS}의 관계

$$i_D = I_{DSS}\left(1 - \frac{V_{GS}}{V_P}\right)^2 \ (-V_P \le V_{GS})$$

④ 공핍형 MOS FET P채널 MOS FET에서 i_D와 V_{GS}의 관계

$$i_D = I_{DSS}\left(1 - \frac{V_{GS}}{V_P}\right)^2 \ (V_{GS} \le +V_P)$$

J FET와 공핍형 MOS FET에서 i_D와 V_{GS}의 관계는

$$i_D = I_{DSS}\left(1 - \frac{V_{GS}}{V_P}\right)^2 [\text{V}]$$

17 다음은 J FET의 동작 원리를 설명한 것이다. 맞는 것은?

㉮ N채널 J FET의 경우 게이트의 음의 전압을 가해 준다.
㉯ P채널 J FET의 경우 게이트 전압이 높을수록 많은 포화 전류가 흐른다.
㉰ N채널 J FET의 경우 핀치 오프 전압 V_P는 음이다.
㉱ P채널 J FET의 경우 $i_D = I_{DSS}\left(1 - \frac{V_{GS}}{V_P}\right)$[A]인 관계가 만족된다.

정답 : 16.㉱ 17.㉮

KEY POINT

J FET의 동작 원리

① N채널 J FET의 경우 게이트는 P형이므로 공핍층으로 드레인 전류를 제어하기 위해서는 역방향 전압, 즉 부의 전압을 가해 준다.
② P채널 J FET의 경우 게이트가 N형이므로 게이트 전압이 높을수록 공핍층의 포화 전류가 작아진다.
③ P채널 J FET의 핀치 오프 현상은 V_{GS}가 정의 극성인 상태에서 일어나므로 V_P는 정의 극성을 갖는다.

N채널 J FET의 경우 게이트에는 역방향 바이어스를 인가한다.

18 터널 다이오드의 특징이 아닌 것은?

㉮ 역방향 바이어스에 의해 동작한다.
㉯ 순방향 바이어스 상태에서는 저항이 매우 크다.
㉰ 부성 저항 특성을 갖는다.
㉱ 펄스 회로 및 계수 회로에 사용된다.

KEY POINT

터널 다이오드의 특성

① 역방향 바이어스에 의해 동작한다.
② 순방향 바이어스 상태에서는 저항이 매우 크다.
③ 부성 저항 특성을 갖는다.
④ 발진, 증폭, 스위칭 회로에 사용된다.
도핑 농도가 큰 터널 다이오드는 발진 회로에 주로 사용된다.

증폭 회로에는 주로 TR을 사용한다.

19 PN 접합 다이오드에서 전위 장벽에 대한 설명으로 옳은 것은?

㉮ PN 접합 다이오드에 역방향 바이어스를 인가하면 전위 장벽은 낮아진다.
㉯ PN 접합 다이오드의 공핍층이 넓어지면 전위 장벽은 낮아진다.
㉰ PN 접합 다이오드의 공핍층이 좁아지면 전위 장벽은 높아진다.
㉱ 전위 장벽은 PN 접합 사이의 전위차이다.

정답 : 18.㉯ 19.㉱

KEY POINT

➲ PN 접합 다이오드에서 전위 장벽의 특성

① PN 접합 다이오드에 역방향 바이어스를 인가하면 공핍층은 넓어지고 전위 장벽은 높아진다.

② PN 접합 다이오드에 순방향 바이어스를 인가하면 공핍층은 좁아지고 전위 장벽은 낮아진다.

③ 전위 장벽은 PN 접합 사이의 전위차이다.

20 그림에서 이미터 전류를 1.5[mA]로 흘려주면 컬렉터 전류는 몇 [mA]인가?

㉮ 1.5[mA]× β
㉯ 1.5[mA]보다 약간 적은 값
㉰ 1.5[mA]보다 약간 큰 값
㉱ 5[mA] 이상

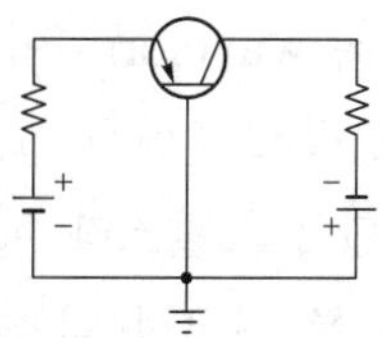

KEY POINT

➲ $\alpha = \dfrac{\Delta I_C}{\Delta I_E}$ (α는 보통 0.95~0.995 정도)

$I_C = \alpha I_E = 0.99 \times 1.5 = 1.485$

정답 : 20.㉯

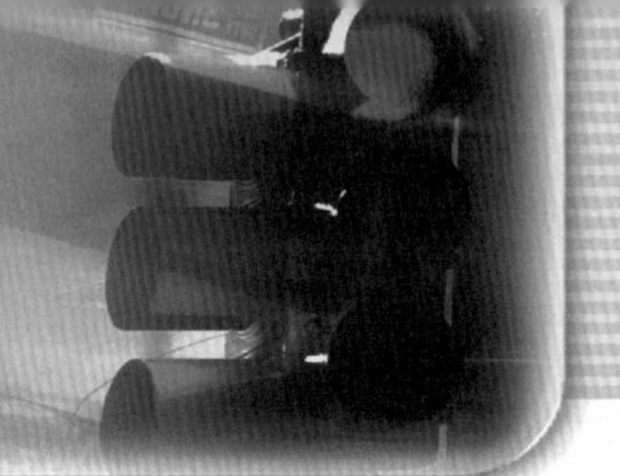

제 3 장 펄스 회로

1 펄스 파형의 성질

(1) 펄스의 정의

펄스 파형(Pulse waveform)이란 매우 짧은 시간에 전압 또는 전류가 존재하는 파형으로 펄스라고도 한다. 펄스 중에서 그림 (a)와 같이 진폭의 변화가 (+) 혹은 (−)의 한쪽 방향으로만 된 펄스를 단극성 펄스라 한다. 이것에 대하여 그림 (b)와 같이 (+), (−)의 두 방향으로 변화하는 펄스를 쌍극성 펄스라 한다.

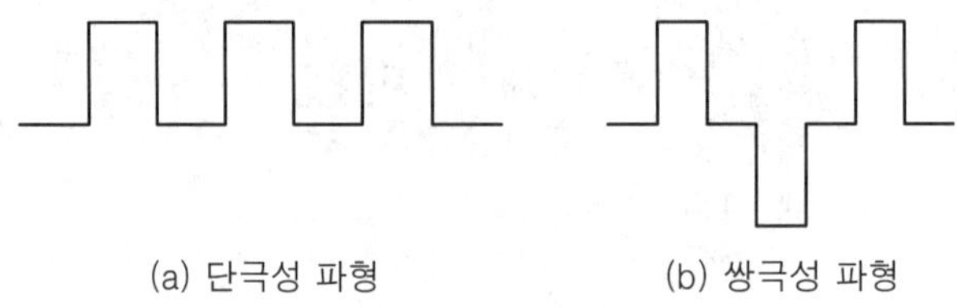

(a) 단극성 파형 (b) 쌍극성 파형

그림 2-91 **단극성 파형과 쌍극성 파형**

다음 그림은 이상적인 구형 펄스(Square Pulse)로 T_w : 펄스 폭(pulse width), $f_c = \frac{1}{T_w}$: 특성 주파수(characteristics frequency), T : 펄스 반복 주기(pulse repetition period), $f = \frac{1}{T}$: 펄스 반복 주파수(pulse repetition frequency), A : 진폭(amplitude), $D = \frac{T_w}{T}$: 충격 계수(duty factor)를 나타낸다.

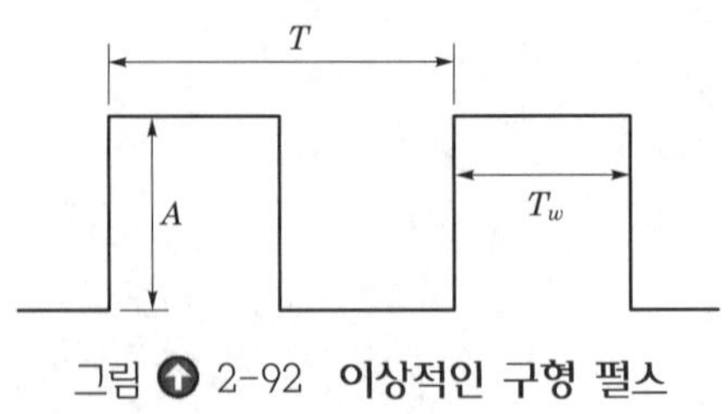

그림 2-92 **이상적인 구형 펄스**

(2) 펄스 파형

그림 (a)에서 SW를 반복해서 on, off하면 R에 그림 (b)와 같은 구형파 펄스의 전류가 흐른다. 그림 (b)에서 P_W : 펄스 폭, T_R : 펄스 반복 주기, $\frac{1}{T_R}$: 펄스 반복 주파수라 하며, $D = \frac{P_W}{T_R}$: 충격 계수(duty factor)를 나타낸다.

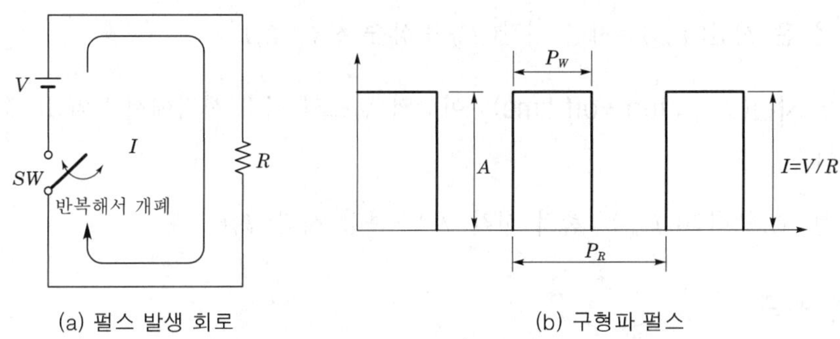

(a) 펄스 발생 회로 (b) 구형파 펄스

그림 ⬆ 2-93 **펄스 발생 회로(1)**

(3) 실제의 펄스 파형

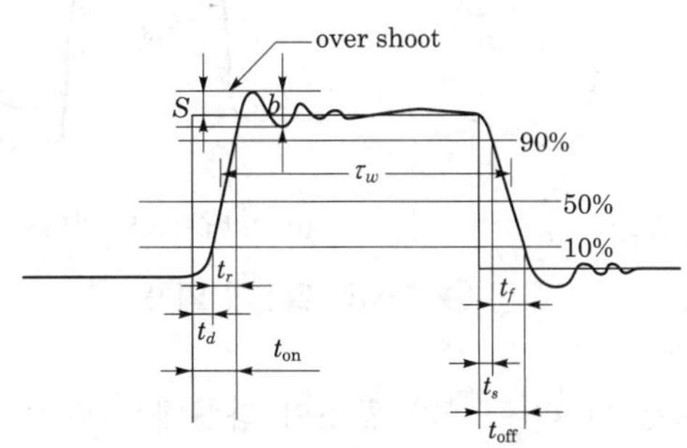

그림 ⬆ 2-94 **펄스 발생 회로(2)**

① **상승 시간(t_r : rise time)** : 실제의 펄스가 이상적인 펄스의 진폭 10%에서 90%까지 상승하는 데 걸리는 시간

② **지연 시간(t_d : delay time)** : 이상적 펄스의 상승 시각으로부터 진폭의 10%까지 이르는 실제의 펄스 시간

③ **하강 시간(t_f : fall time)** : 실제의 펄스가 이상적 펄스의 진폭 90%에서 10%까지 내려가는 데 걸리는 시간

④ **축적 시간(t_s : storage time)** : 이상적 펄스의 하강 시각에서 실제의 펄스가 90% 되기까지의 시간

⑤ **펄스(τ_w : pulse width)** : 펄스의 파형이 상승 및 하강의 진폭의 50%가 되는 구간의 시간

⑥ **턴 온 시간(t_{on} : turn-on time)** : 이상적 펄스의 상승 시각에서 파형의 90%까지 상승하는 시간

턴 온 시간(t_{on})=지연 시간(t_d)+상승 시간(t_r)

⑦ **턴 오프 시간(t_{off} : turn-off time)** : 이상적 펄스의 하강 시각에서 V의 10%까지 하강하는 시간

턴 오프 시간(t_{off})=축적 시간(t_s)+하강 시간(t_f)

(4) 펄스의 왜곡

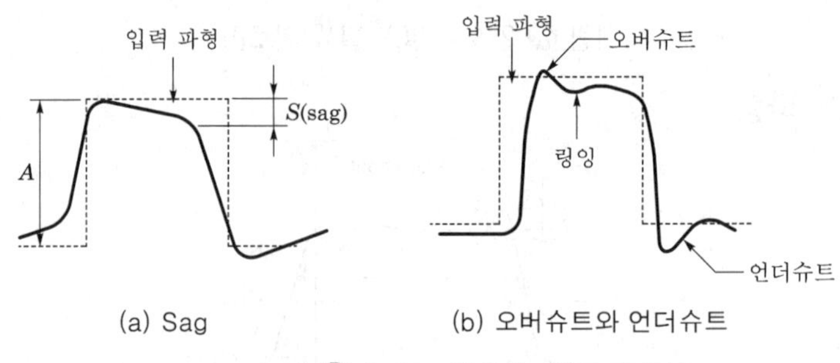

그림 ⬆ 2-95 **펄스의 왜곡**

① **새그(s, sag)** : 하강 속도의 비(구형파 펄스의 파형에서 뒤쪽 부분의 진폭이 감소하는 이유로 증폭기의 저역 특성이 나쁘면 발생) 즉, 낮은 주파수 성분이나 직류분이 잘 통하지 않기 때문에 발생한다.

그림 (a)와 같이 펄스 파형의 뒷부분이 낮아졌을 때 새그가 발생하였다고 하면, 그 크기는

$$f=\frac{S}{A}\times 100\%$$

여기서, f : 새그의 크기, A : 표준 파형, S : 새그

② **링잉(b, ringing)** : 펄스의 상승 부분에서 진동의 정도를 말하며, 높은 주파수 성분에 공진하기 때문에 생기는 것

③ **오버슈트(overshoot)** : 상승 파형에서 이상적 펄스파의 진폭 보다 높은 부분의 높이를 말한다.

④ **언더슈트(undershoot)** : 하강 파형에서 이상적 펄스파의 기준 레벨보다 아랫부분의 높이를 말한다.

2 미분파와 적분파의 펄스 회로

(1) *RC* 충·방전 회로

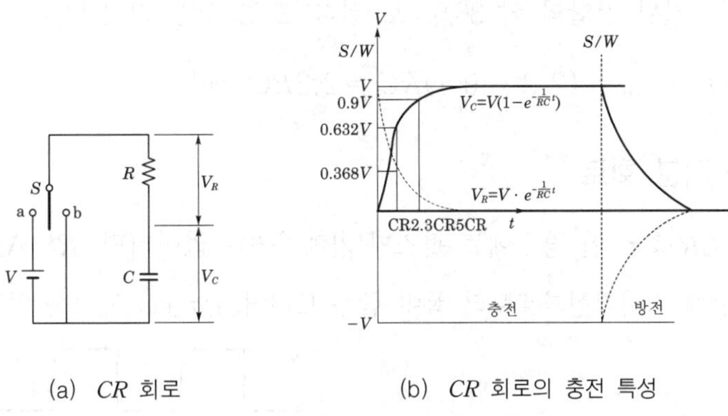

(a) *CR* 회로 (b) *CR* 회로의 충전 특성

그림 2-96 ***RC* 충·방전 회로**

① **충전의 경우** : 그림 (a)에서 스위치 S를 a쪽에 놓고 CR 회로에 전압 V[V]를 가하면 C는 저항 R을 통하여 충전된다.

㉮ C의 전압

$$v_C = V - v_R = V(1 - \varepsilon^{-\frac{t}{CR}})$$

㉯ R의 전압

$$v_R = R \cdot i_C = V \cdot \varepsilon^{-\frac{t}{CR}}$$

② **방전의 경우** : 그림 (a)에서 스위치 S를 b쪽에 놓으면 C에 충전된 전하가 R을 통하여 방전된다.

㉮ C의 전압

$$v_C = V \cdot \varepsilon^{-\frac{t}{CR}}$$

㉯ R의 전압

$$v_R = -v \cdot \varepsilon^{-\frac{t}{CR}}$$

③ **시정수** : $t=\tau=RC$에서 C의 전압 v_C는

$$v_C = V\left(1-\frac{1}{\varepsilon}\right) \fallingdotseq V(1-0.368) \fallingdotseq 0.632[\text{V}]$$

즉, 전원 전압의 약 63.2%에 도달하는 데 걸리는 시간 $\tau = RC$[sec]를 시정수라 한다. 방전의 경우는 전원 전압의 약 36.5%로 된다. 또한 상승 시간 t_r은

$$t_r = t_r - t_d = (2.3-0.1)RC = 2.2RC[\text{sec}]$$

(2) 미분 회로와 적분 회로

① **미분 회로** : $CR \ll \tau_w$인 경우에는 펄스가 가해지거나 없어지면 R의 단자 전압은 급속히 감쇄하기 때문에 직사각형파로부터 폭이 좁은 트리거(trigger) 펄스를 얻는 데 자주 쓰인다.

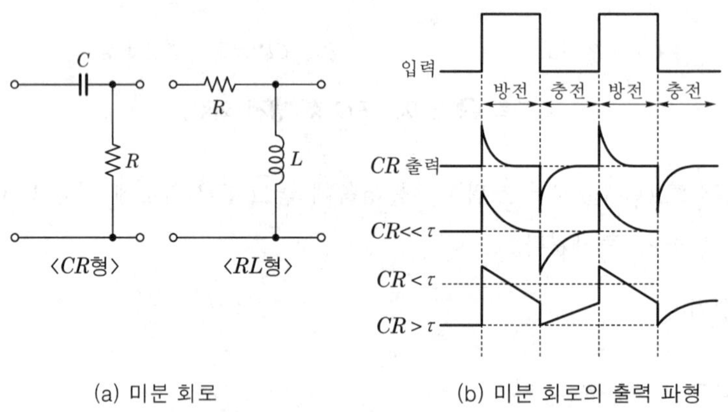

(a) 미분 회로　　　(b) 미분 회로의 출력 파형

그림 ➊ 2-97 **미분 회로**

② **적분 회로** : 그림 (a)는 RC형과 RL형 적분 회로이며, 그림 (b)는 적분 회로의 출력 파형이다. 그림 (b)에서 $CR \ll \tau_w$인 경우에는 출력 (1)과 같은 구형파, $CR < \tau_w$인 경우에는 출력 (2)와 같은 톱니파, $CR > \tau_w$인 경우에는 출력 (3)과 같은 삼각파의 출력이 얻어진다.

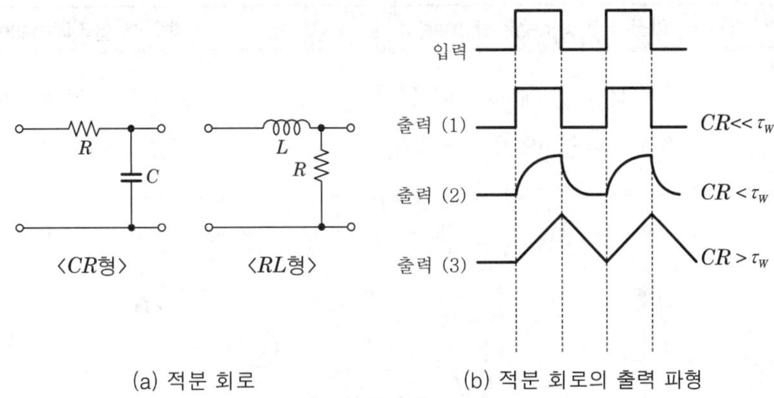

(a) 적분 회로 (b) 적분 회로의 출력 파형

그림 ➊ 2-98 **적분 회로**

3 파형의 정형과 변환 회로

(1) 펄스의 시간적 관계의 기본 조작

변환 대상 / 기본 조작	진 폭	시 간
선 택 (seldction)	입력파 중에 어느 특정 부분만을 빼내는 조작을 말한다. 여기에는 클리핑 회로, 슬라이서 회로 등이 있다.	입력파 중에 어느 특정의 시간 부분만을 빼내는 조작을 말한다. 여기에는 게이트 회로가 있다.
비 교 (comparison)	입력파의 진폭을 기준 레벨과 비교하여 같은 레벨이 되는 시각에 펄스를 발생하는 조작을 말한다.	소정의 시각에 있어서 입력파의 진폭을 지시하는 조작을 말한다. 여기에는 시간 선택을 그대로 또는 다소 변형하여 사용한다.
변 이 (shifting)	입력파의 파형을 그대로 두고 진폭축 상의 기준 레벨을 바꾸는 조작을 말한다. 여기에는 클리핑 회로가 있다.	입력파를 시작적으로 지연시키는 조작을 말한다. 여기에는 지연 회로, 단안정 멀티바이브레이터, 분주 회로 등이 있다.

(2) 클리핑 회로(clipping circuit)

입력 파형 중에서 어떤 일정 진폭 이상 또는 이하를 잘라낸 출력 파형을 얻는 회로를 클리퍼(clipper)라 하고, 이 작용을 클리핑이라 한다.

구 분	피크 클리퍼(peak clipper)	베이스 클리퍼(base clipper)
입출력 조건	$V_i < V_B$ 일 때 $V_o = V_i$ $V_i > V_B$ 일 때 $V_o = V_B$	$V_i < V_B$ 일 때 $V_o = V_B$ $V_i > V_B$ 일 때 $V_o = V_i$
병렬형 클리핑 회로	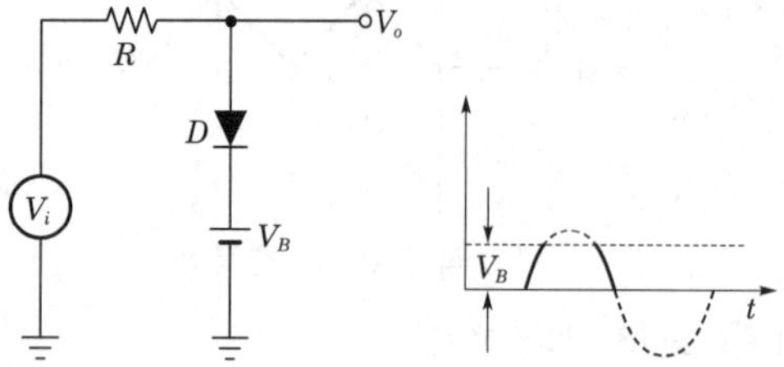	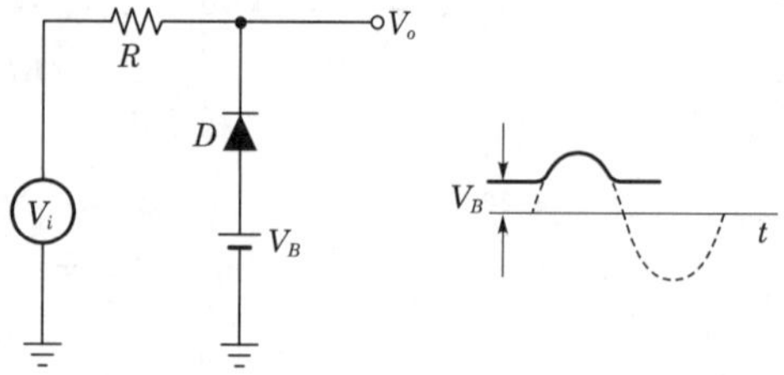
직렬형 클리핑 회로	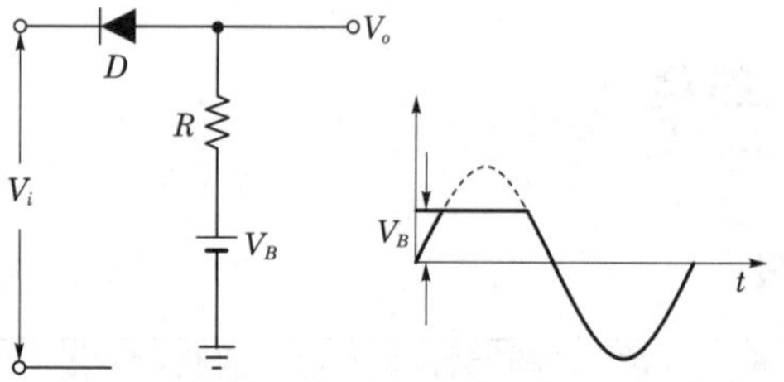	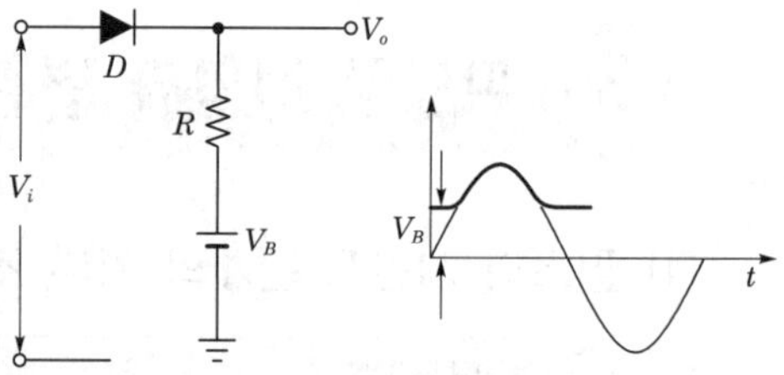
	입력 파형의 윗부분을 잘라내는 회로	입력 파형의 아랫부분을 잘라내는 회로

① **피크 클리퍼(peak clipper)** : 정(+) 방향으로 어떤 레벨이 되지 않도록 하기 위하여 입력 파형의 윗부분을 잘라내어 버리는 회로

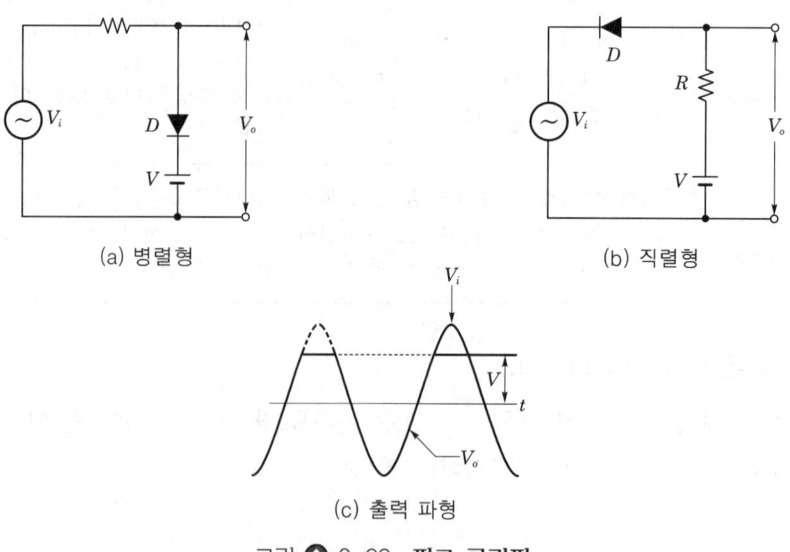

(a) 병렬형

(b) 직렬형

(c) 출력 파형

그림 ⬆ 2-99 **피크 클리퍼**

② **베이스 클리퍼(base clipper)** : 부(−) 방향으로 어떤 레벨 이하가 되지 않도록 하기 위하여 입력 파형의 아랫부분을 잘라내어 버리는 회로

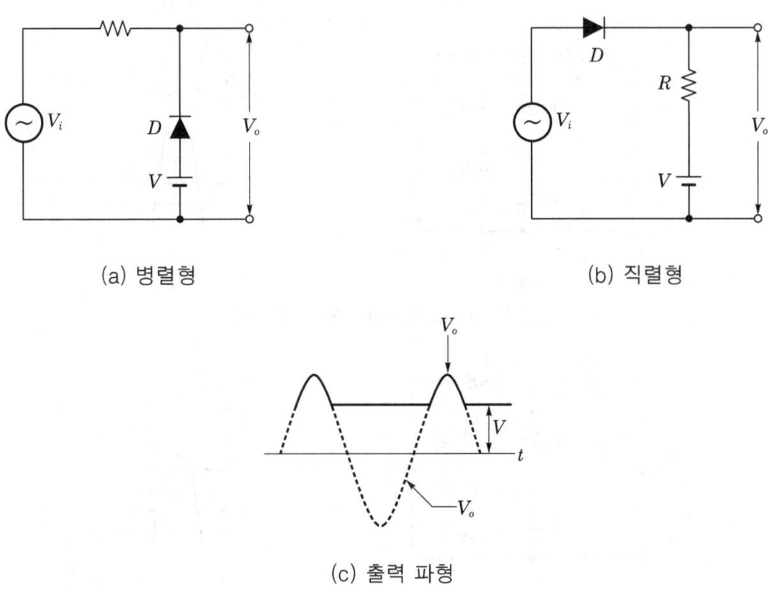

그림 2-100 **베이스 클리퍼**

③ **리미터(limitter) 회로** : 진폭을 제한하는 진폭 제한 회로로서 피크 클리퍼와 베이스 클리퍼를 결합하여 입력 파형의 위아래를 잘라버린 회로

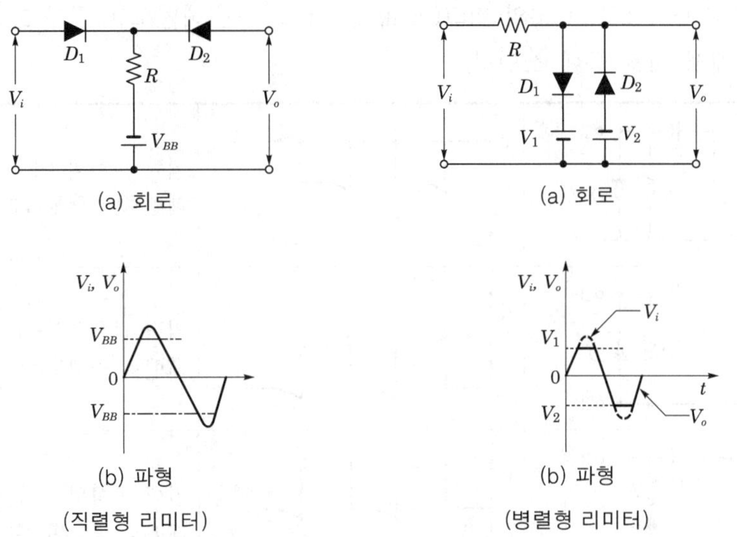

그림 2-101 **리미터(limitter) 회로**

④ **슬라이서(slicer)** : 클리핑 레벨의 위 레벨과 아래 레벨 사이의 간격을 좁게 하여 입력 파형의 어느 부분을 잘라내는 회로

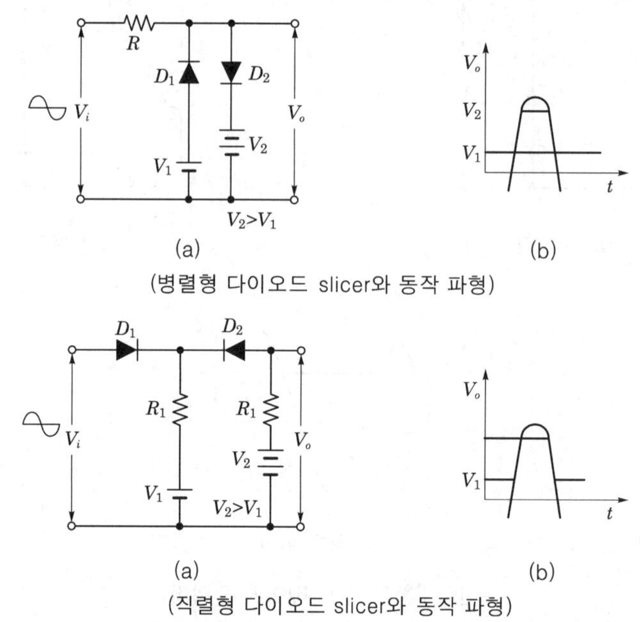

(병렬형 다이오드 slicer와 동작 파형)

(직렬형 다이오드 slicer와 동작 파형)

그림 ➊ 2-102 **병렬형과 직렬형 다이오드 slicer와 동작 파형**

(3) 클램핑 회로(clamping circuit)

입력 신호의 (+) 또는 (−)의 피크(peak)를 어느 기준 레벨로 바꾸어 고정시키는 회로로서, 직류분 재생 회로 등에 쓰인다.

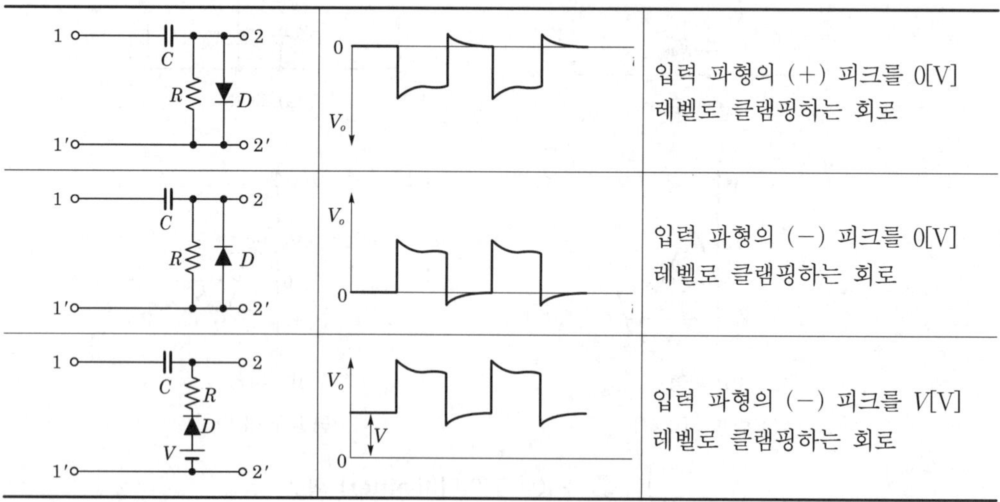

4 펄스 발생 회로

(1) 멀티바이브레이터

① **기본 구성** : 그림 (a)와 같이 2단 비동조 증폭 회로를 100% 정궤환을 걸어준 직사각형 발진기이다.

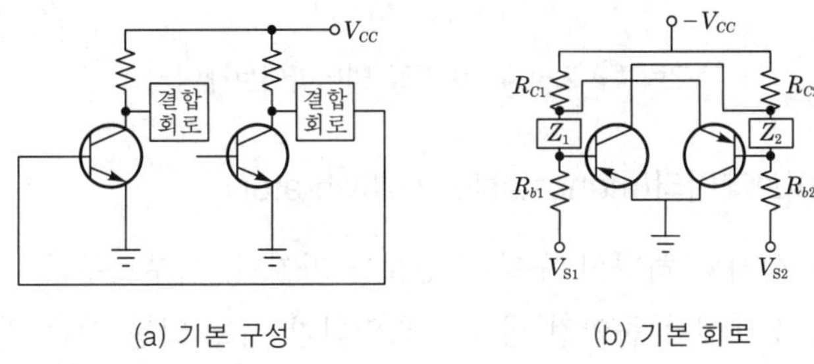

(a) 기본 구성 (b) 기본 회로

그림 2-103 **피크 클리퍼**

㉮ **Z_1, Z_2가 다함께 콘덴서인 경우** : 비안정 멀티바이브레이터(교류 결합 2단 결합 RC 증폭기이다.)

㉯ **Z_1, Z_2의 어느 한쪽을 저항으로, 나머지 하나를 콘덴서로 하는 경우** : 단안정 멀티바이브레이터(직류 결합과 교류 결합의 2단 증폭기이다.)

㉰ **Z_1, Z_2가 다함께 저항인 경우** : 쌍안정 멀티바이브레이터(직류 결합의 2단 증폭기이다. 플립플롭 회로라고도 한다.)

② **비안정 멀티바이브레이터(astable multivibrator)**

㉮ TR_1이 on일 때 TR_2는 off이고, TR_1이 off일 때 TR_2는 on이 되는 2개의 준안정 상태(일시적 안정 상태)가 있어, 이것이 일정한 주기로 되풀이 된다.

㉯ 2개의 AC 결합 상태로 되어 있다.

㉰ **반복 주기와 반복 주파수**

㉠ 반복 주기

$$T_r \fallingdotseq 0.7(C_1R_{b2} + C_2R_{b1})[\text{sec}]$$

㉡ 반복 주파수

$$f = \frac{1}{T_r} = \frac{1}{0.7(C_1R_{b2} + C_2R_{b1})}[\text{Hz}]$$

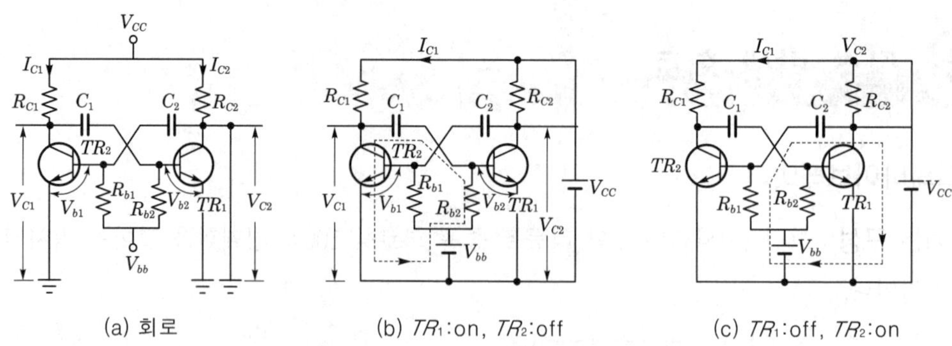

그림 ⬆ 2-104 **비안정 멀티바이브레이터**

③ 단안정 멀티바이브레이터(monostable multivibrator)

㉮ 하나의 안정 상태와 하나의 준안정 상태를 가지며, 외부로부터 (−)의 트리거 펄스를 가하면 안정 상태에서 준안정 상태로 되었다가 어느 일정 시간 경과 후 다시 안정 상태로 돌아오는 동작을 말한다.

㉯ **반복 주기**

$$T_r \fallingdotseq 0.7R_2C_1[\sec]$$

㉰ **콘덴서 역할**: C_2는 가속(speed-up) 콘덴서로 스위칭 속도를 빠르게 하며 동작을 정확하게 한다.

㉱ AC 결합과 DC 결합 상태로 되어 있다.

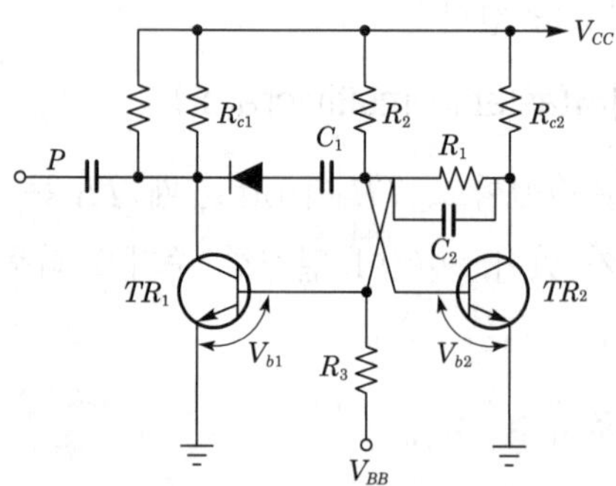

그림 ⬆ 2-105 **단안정 멀티바이브레이터**

④ 쌍안정 멀티바이브레이터(monostable multivibrator)

㉮ 처음의 어느 한 쪽의 트랜지스터가 on이면 다른 쪽의 트랜지스터가 off의 안정 상태로 되었다가 트리거 펄스가 인가되면 다른 안정 상태로 반전되는 동작을 한다.

㉯ 입력 트리거 펄스 2개마다 1개의 출력 펄스를 얻어 낼 수 있으므로 분주기나 계산기, 계수 기억 회로, 2진 계수 회로 등에 사용된다.

㉰ 가속(speed−up) 콘덴서 2개로 구성된다.

㉱ 2개의 DC 결합 회로로 구성된다.

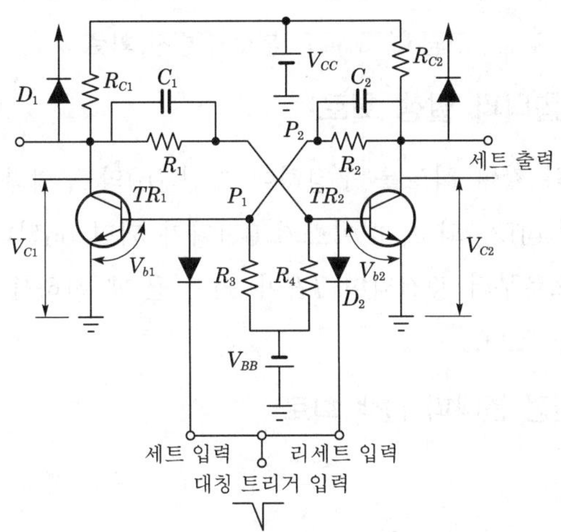

그림 2-106 **쌍안정 멀티바이브레이터**

(2) 블로킹(bloking) 발진 회로

1개의 트랜지스터와 변압기에 의하여 정궤환 회로를 구성하여 펄스를 발생시킨다. 발진 회로의 펄스 폭은 변압기 1차측 코일의 인덕턴스 L_1에 의해 주로 결정되며, 반복 주기는 시상수에 의해 결정되며, 그 특징은 다음과 같다.

① 블로킹(bloking) 발진 회로의 특징

㉮ 펄스의 상승, 하강이 예민하다.

㉯ 폭이 좁은 펄스를 얻을 수 있다.

㉰ 큰 전류를 쉽게 얻을 수 있다.

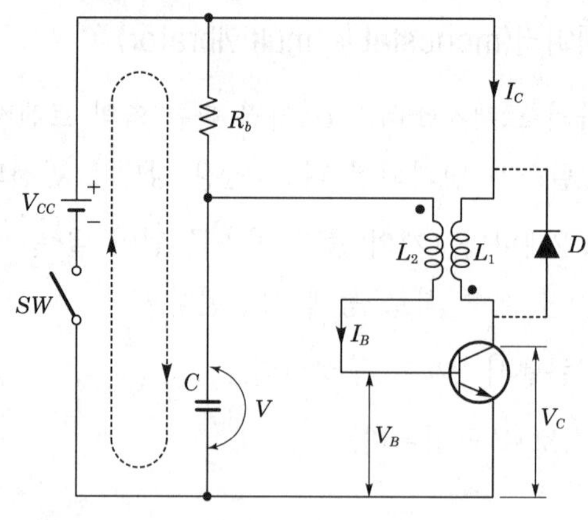

그림 2-107 **블로킹 발진 회로**

(3) Boot-strap 회로(톱니파 발생 회로)

① 톱니파 그림의 (a)와 같이 회로를 구성하여 그림 (b)의 구형파 입력 신호를 인가하면 베이스가 (+)로 되어 off가 되고, 베이스가 0전위가 되면 on된다. 이 때 C는 TR이 off될 때 R을 통해 전원으로부터 충전되며 TR이 on이 될 때 전하를 방전하여 그림 (b)와 같은 톱니파형을 얻을 수 있다.

② UJT를 사용한 비안정 톱니파 발생 회로

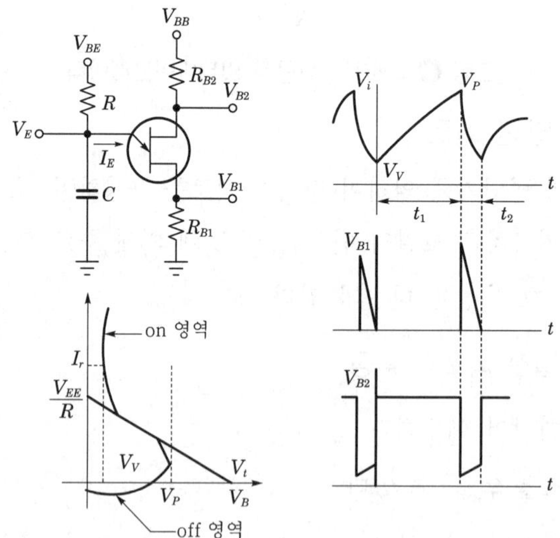

그림 2-108 **UJT를 사용한 비안정 톱니파 발생 회로**

(4) 슈미트(Schmitt) 트리거 회로

입력이 어느 레벨이 되면 비약하여 방형 파형을 발생하는 회로로서 이미터 결합형의 쌍안정 멀티바이브레이터의 일종이다.

Q_1과 Q_2 사이의 결합은 공통 이미터 저항 R_e로 이루어졌으며, 이것이 재생 스위치 동작을 일으키는 원인이 된다.

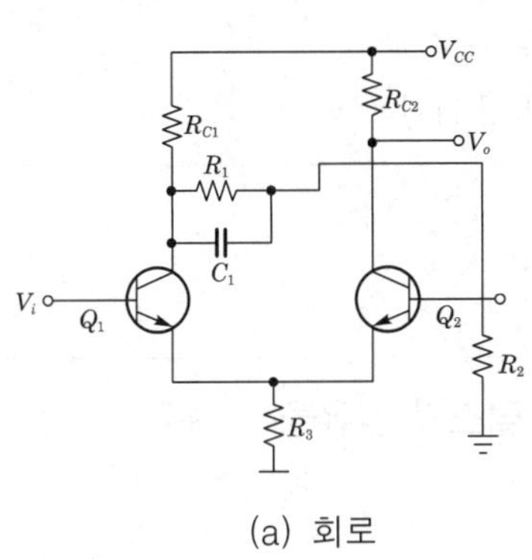

(a) 회로

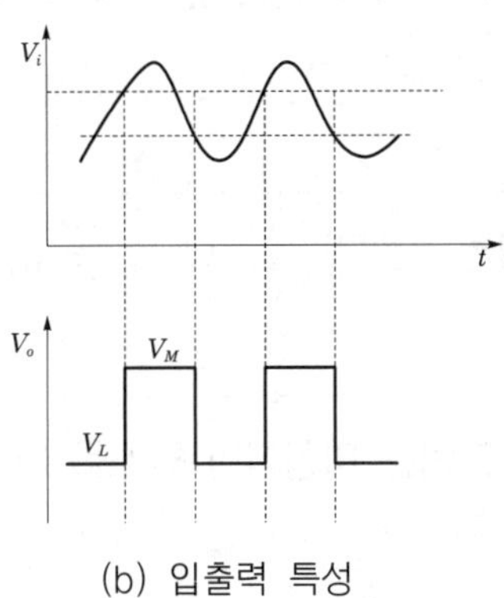

(b) 입출력 특성

그림 ⬆ 2-109 **슈미트 회로와 특성**

① 동작 원리

㉮ $Q_1 \to$ off, $Q_2 \to$ on 상태로 되면 일반적으로 V_O가 작게 되어 V_O는 V_{CC}에서 R_{C2}의 전압 강하만큼 감소되어 $V_O = V_L$인 안정 상태가 된다.

㉯ 한편 V_i를 증가시키면 Q_1은 활성 영역 내에 들어가면서 재생 스위치 작동이 일어나 다시 $Q_1 \to$ on, $Q_2 \to$ off인 출력이 되어 두 번째 안정된 상태가 된다.

㉰ Schmitt Trigger 회로는 쌍안정 멀티바이브레이터처럼 Q_1과 Q_2가 On, Off를 번갈아 교번하는 작용이 일어난다. 즉, 2개의 증폭기의 접지 단자를 공통으로 접속하고, 정궤환(Positive Feedback)을 걸어 입력 신호의 진폭에 따라서 2가지 안정된 상태를 이루게 한 펄스 발생 회로이다.

② 슈미트 트리거 용도

㉮ 펄스 구형파를 얻기 위하여 사용한다.

㉯ 전압 비교 회로(Voltage Comparator)이다.

㉰ 쌍안정 멀티바이브레이터 회로이다.

㉱ A/D 변환 회로이다.

단원핵심문제

1 펄스 폭 τ_w가 1[sec], 반복 주기 T_r가 4[sec]이면 반복 주파수는?

㉮ 0.25[Hz]　　㉯ 1[Hz]
㉰ 2[Hz]　　㉱ 3[Hz]

 $f = \frac{1}{T_r} = \frac{1}{4} = 0.25\text{[Hz]}$

2 다음 그림은 이상적인 펄스를 나타낸 것이다. 펄스의 점유율 D는?

㉮ $D = \frac{t_o}{T}$

㉯ $D = \frac{T}{t_o}$

㉰ $D = \frac{E}{T}$

㉱ $D = \frac{E}{t_o}$

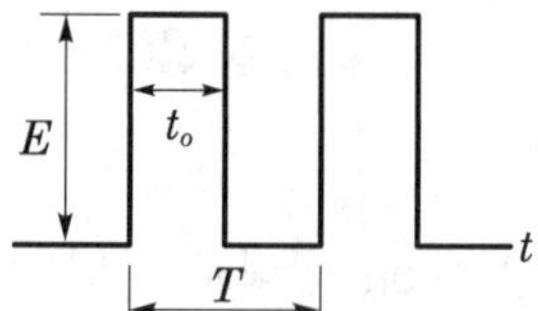

 점유율(충격 계수)= $\frac{\text{펄스 폭}(t_o)}{\text{반복 주기}(T)}$

3 듀티 사이클(duty cycle)이 0.1이고 주기가 40[μs]인 펄스의 폭은?

㉮ 10[μs]　　㉯ 0.2[μs]
㉰ 2[μs]　　㉱ 4[μs]

 충격 계수(D)= $\frac{\text{펄스 폭}(t_o)}{\text{반복 주기}(T)}$, $0.1 = \frac{t_o}{40 \times 10^{-6}}$

$t_o = 0.1 \times 40 \times 10^{-6} = 4[\mu s]$

정답 : 1.㉮ 2.㉮ 3.㉱

저역 통과 *RC* 회로에서 시정수가 의미하는 것은?

㉮ 응답의 상승 속도를 표시한다.

㉯ 응답의 위치를 결정해 준다.

㉰ 입력의 진폭 크기를 표시한다.

㉱ 입력의 주기를 결정해 준다.

해설 시정수란 입력 신호가 변화했을 때 출력 신호가 정상 상태에 도달하기까지(최종값의 63.2%)의 입력 신호에 대한 응답의 상승 속도를 표시한다.

RC 결합 증폭 회로에서 새그(sag)와 관계가 먼 것은?

㉮ 저역 특성 ㉯ 시상수

㉰ 진폭 ㉱ 고역 특성

해설 낮은 주파수 성분이나 직류분이 잘 통하지 않기 때문에 발생

RC 충방전 회로에서 상승 시간(rise time)이라 함은?

㉮ 출력 전압이 최종값의 90%로부터 10%에 이르기까지 소요되는 시간을 말한다.

㉯ 스위치를 넣은 후 출력 전압이 최종값의 10%에서 90%까지 소요되는 시간을 말한다.

㉰ 스위치를 넣은 후 출력 전압이 최종값의 10%에 달하는데 소요되는 시간을 말한다.

㉱ 스위치를 넣은 후 출력 전압이 최종값의 90%에서 100%에 달하는 데 소요되는 시간을 말한다.

해설 실제의 펄스가 이상적 펄스의 진폭 V의 10%에서 90%까지 상승하는 데 걸리는 시간을 상승 시간(rise time)이라 한다.

RL 또는 *RC*의 회로에서 시정수와 관계가 없는 것은? (단, *R*은 저항, *C*는 커패시턴스, *L*은 인덕턴스이다.)

㉮ 최종 정상값의 63.2%에 도달하는 시간

㉯ 정상값의 10%에서 90%까지 도달하는 시간

㉰ 초기 정상값에서 36.8%까지 하강하는 시간

㉱ RL 직렬 회로에서 시상수는 L/R이고 RC 직렬 회로에서 시상수는 RC이다.

정답 : 4.㉮ 5.㉱ 6.㉯ 7.㉯

8 펄스 진폭의 머리부분 경사를 무엇이라 하는가?

㉮ 오버슈트(overshoot) ㉯ 언더슈트(undershoot)
㉰ 새그(sag) ㉱ 피크(peak)

9 펄스의 중요한 변이에 있어서 후속 방향으로 흔들리는 일그러짐을 무엇이라고 하는가?

㉮ 새그(sag) ㉯ 오버슈트(overshoot)
㉰ 언더슈트(undershoot) ㉱ 피크(peak)

해설 회로의 파도 특성에 의해 펄스의 출력 파형의 상부가 돌출하는 것으로, 파형의 평탄 부분의 높이를 V라 하고 돌출부의 크기를 a라 하면 다음과 같다.

오버슈트$=\frac{a}{V}\times 100\%$

10 펄스의 상승 부분에서 진동의 정도를 말하는 링잉(ringing)이란?

㉮ RC 회로의 시상수가 짧기 때문에 생긴다.
㉯ 낮은 주파수의 성분에서 공진하기 때문에 생기는 것이다.
㉰ 높은 주파수의 성분에서 공진하기 때문에 생기는 것이다.
㉱ RC 회로에서 그 시상수가 매우 짧기 때문에 생기는 것이다.

해설 링잉(ringing)이란 펄스의 상승 부분에서 진동의 정도를 말하여, 높은 주파수의 성분에서 공진하기 때문에 생기는 것이다.

11 $R=1[\text{M}\Omega]$, $C=1[\mu\text{F}]$인 RC 직렬 회로의 양단에 10[V]의 전압을 가한 뒤 C 양단 전압이 6.32[V]로 되는 시간은?

㉮ 1[s] ㉯ 10[s]
㉰ 1[ms] ㉱ 10[ms]

해설 $\tau=RC=10^{6}\times 10^{-6}=1[\text{sec}]$
1 시상수 동안에 가한 전압의 63.2%의 전압이 충전된다.

12 펄스의 파형 변환에서 입력파 중에 어느 특정 부분만을 빼내는 조작을 무엇이라 하는가?

㉮ 선택 ㉯ 비교
㉰ 변이 ㉱ 증폭

정답 : 8.㉰ 9.㉯ 10.㉰ 11.㉮ 12.㉮

〈펄스 파형의 진폭과 파형의 시간적 관계의 기본 조작〉

변환 대상 / 기본 조작	진 폭	시 간
선 택	입력파 중에 어느 특정 부분만을 빼내는 조작을 말한다. 여기에는 클리핑 회로, 슬라이서 회로 등이 있다.	입력파 중에 어느 특정의 시간 부분만을 빼내는 조작을 말한다. 여기에는 게이트 회로가 있다.
비 교	입력파의 진폭을 기준 레벨과 비교하여 같은 레벨이 되는 시각에 펄스를 발생하는 조작을 말한다.	소정의 시각에 있어서 입력파의 진폭을 지시하는 조작을 말한다. 여기에는 시간 선택 회로를 그대로 또는 다소 변형하여 사용한다.
변 이	입력파의 파형을 그대로 두고 진폭축 상의 기준 레벨을 바꾸는 조작을 말한다. 여기에는 클램핑 회로가 있다.	입력파를 시간적으로 지연시키는 조작을 말한다. 여기에는 지연 회로, 단안정 멀티바이브레터, 분주 회로 등이 있다.

13 펄스의 변환에서 입력파의 진폭을 기준 레벨과 비교하여 같은 레벨이 되는 시각에 펄스를 발생하는 조작은?

㉮ 선택 ㉯ 비교
㉰ 변이 ㉱ 증폭

14 입력파의 파형을 그대로 두고 진폭축 상의 기준 레벨을 바꾸는 조작을 무엇이라 하는가?

㉮ 선택 ㉯ 비교
㉰ 변이 ㉱ 증폭

15 클리퍼는 다음 중 어느 것인가?

㉮ 파형의 상부 또는 하부를 일정한 레벨로 잘라내는 회로이다.
㉯ 임펄스를 증폭하는 회로이다.
㉰ 톱날파를 증폭하는 회로이다.
㉱ 구형파를 증폭하는 회로이다.

해설 파형의 어느 부분을 끊어내는 작업을 클리핑이라 하며, 이러한 회로를 클리핑 회로(clipping circuit) 또는 간단히 클리퍼(clipper)라 한다.

정답 : 13.㉯ 14.㉰ 15.㉮

16 펄스 증폭 회로의 설명 중 틀린 것은?

㉮ 결합 콘덴서 C_c를 크게 하면 새그(sag)가 감소한다.
㉯ 저역 특성이 양호하면 새그가 감소한다.
㉰ 고역 특성이 양호하면 입상(상승)의 기울기가 개선된다.
㉱ 고역 보상이 지나치면 언더슈트(undershoot)가 생긴다.

해설 고역 보상이 지나치면 오버슈트가 생긴다.

17 입력 전압이 기준 레벨 이상에 달하면 출력 전압이 일정값으로 유지되는 회로는 어느 것인가?

㉮ 클리퍼 ㉯ 리미터
㉰ 슬라이서 ㉱ 클램퍼

해설 클리퍼 회로는 입력 전압이 어느 기준 레벨 이하일 때 일정한 출력을 유지시키는 회로이고, 리미터는 입력이 어떤 레벨 이상이 될 때 깎아내어 일정 레벨이 되게 하는 회로이다. 또 슬라이서는 두 기준 레벨 사이의 파형 부분만 꺼내는 회로이다. 클램퍼는 입력 파형에 (+) 또는 (−)의 전압을 가하여 일정 레벨로 파형을 고정시키는 회로이다.

18 어떤 파형의 상부와 하부의 두 레벨을 동시에 잘라내어 입력 파형의 극히 좁은 레벨을 꺼내는 회로는?

㉮ 클리퍼 ㉯ 리미터
㉰ 슬라이서 ㉱ 클램퍼

해설 슬라이서(slicer)는 정현파나 입력파를 상부와 하부의 두 레벨을 동시에 전기적으로 잘라내어 상하 두 레벨 사이의 진폭을 꺼내는 회로로서 정현파를 구형파로 만들고자 할 때 등에 쓰인다.

19 쌍안정 멀티바이브레이터의 결합 저항에 병렬로 접속한 콘덴서의 목적은?

㉮ 증폭도를 높이기 위한 것이다.
㉯ 트랜지스터의 베이스 전위를 일정하게 한다.
㉰ 스위칭 속도를 높이는 동작을 한다.
㉱ 트랜지스터의 이미터 전위를 일정하게 한다.

정답 : 16.㉱ 17.㉯ 18.㉰ 19.㉰

구형파를 발생하는 발진기는?

㉮ 다이네트론 발진기 ㉯ 수정 발진기
㉰ 플레이트 동조 발진기 ㉱ 멀티바이브레이터

해설 멀티바이브레이터는 2단 비동조 증폭 회로를 100% 양되먹임(정궤환)을 걸어준 회로 구성으로 고차의 고조파를 포함하는 구형파를 발생한다.

쌍안정 M/V(멀티바이브레이터)에 대한 설명은?

㉮ 어떤 폭과 주기의 반복 펄스가 발생한다.
㉯ 2개의 펄스가 들어올 때 1개의 펄스를 얻는다.
㉰ 입력 단자에 펄스가 걸릴 때마다 특정한 폭의 펄스를 만든다.
㉱ 입력 트리거 펄스 1개마다 1개의 출력을 얻는다.

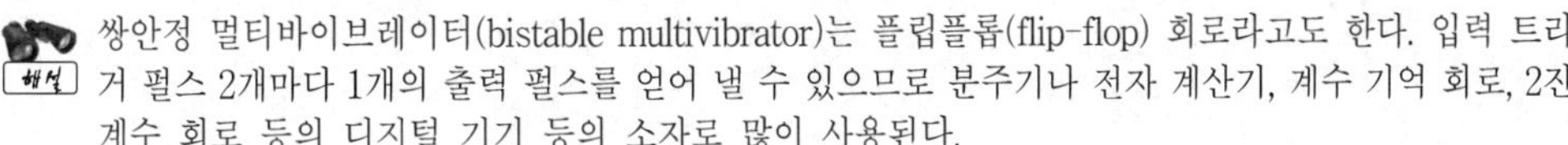
해설 쌍안정 멀티바이브레이터(bistable multivibrator)는 플립플롭(flip-flop) 회로라고도 한다. 입력 트리거 펄스 2개마다 1개의 출력 펄스를 얻어 낼 수 있으므로 분주기나 전자 계산기, 계수 기억 회로, 2진 계수 회로 등의 디지털 기기 등의 소자로 많이 사용된다.

Schmitt 트리거 회로의 출력 파형으로 옳은 것은?

㉮ 삼각파 ㉯ 정현파
㉰ 방형파 ㉱ 램피(ramp)파형

슈미트 트리거 회로에 대한 다음 설명 중 틀린 것은?

㉮ 안정 상태를 갖지 않는 회로이다.
㉯ 펄스파 발생 회로로 사용된다.
㉰ 궤환 효과는 공통 이미터 저항을 통하여도 이루어진다.
㉱ 입력 전압의 크기가 on, off 상태를 결정해 준다.

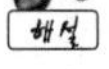
해설 2개의 안정 상태를 갖는다.

트랜지스터의 스위칭 시간에서 turn-off 시간은?

㉮ 하강 시간 ㉯ 상승 시간+지연 시간
㉰ 축적 시간+하강 시간 ㉱ 축적 시간

정답 : 20.㉱ 21.㉯ 22.㉰ 23.㉮ 24.㉰

 펄스(pulse) 반복 주파수가 1.2[kHz], 펄스 폭(pulse width)이 4[μs]인 펄스의 충격 계수 D는?

㉮ 3×10^6 ㉯ 3333.333

㉰ 0.0048 ㉱ 0.0024

 D = 펄스 폭 / 주기(주기=1/주파수)

$= 4 \times 10^{-6} / 0.83 \times 10^{-3}$

$= 0.0048$

 정답 : 25.㉰

제 4 장
전원 회로

전원 회로는 교류를 직류로 바꾸어 주는 장치로 거의 모든 전자 회로에 들어간다. 전원 회로의 구성은 정류 회로, 평활 회로, 레귤레이터 회로 등으로 이루어진다.

1 정류 회로

(1) 정류 소자의 특성

① **맥동률(ripple 함율율)** : 정류된 출력에 포함되어 있는 교류 잔재 성분의 비율

$$\gamma = \frac{\text{출력 파형에 포함된 교류분의 실효값}}{\text{출력 파형의 평균값(직류 성분)}} \times 100\%$$

$$= \frac{\varDelta V}{V_{\mathrm{DC}}} \times 100\%$$

$$= \sqrt{\left(\frac{V_{rms}}{V_{dc}}\right)^2 - 1}$$

② **정류 효율** : 입력 교류 전력이 어느 정도 출력의 직류 전력으로 바꿀 수 있는 비율

$$\eta = \frac{\text{출력 직류 전력}}{\text{입력 교류 전력}} \times 100\%$$

$$= \frac{P_{\mathrm{DC}}}{P_{\mathrm{AC}}} \times 100\%$$

③ **전압 변동률** : 부하 전류의 변화에 따른 직류 출력 전압의 변화 정도

$$\text{전압 변동률} = \frac{\text{무부하시 전압} - \text{전부하시 전압}}{\text{전부하시 전압}} \times 100\%$$

④ **최대 역전압(PIV ; Peak Inverse Voltage)** : 다이오드에 역방향 전압이 걸렸을 때 다이오드가 견딜 수 있는 최대 역내 전압

(2) 정류 회로의 종류

① 단상 반파 정류 회로

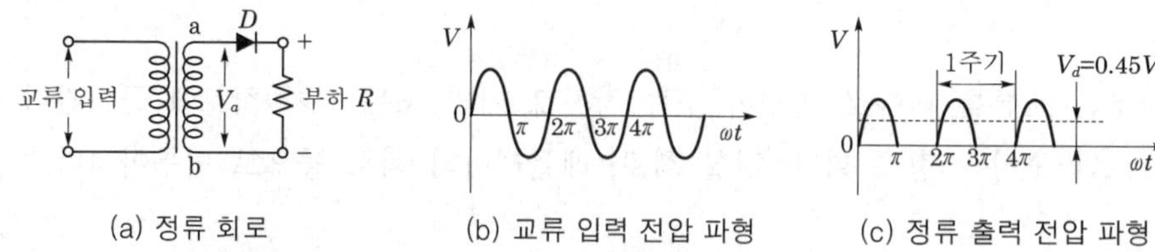

(a) 정류 회로　(b) 교류 입력 전압 파형　(c) 정류 출력 전압 파형

그림 ⬆ 2-110 **단상 반파 정류 회로**

㉮ **동작** : 입력 전압의 (+)반주기 동안 다이오드는 순바이어스가 되어 입력과 동일 주파수의 맥류가 얻어진다. 이 맥류는 평활 회로에 의해 직류로 얻어진다.

㉯ **전류 파형의 직류 평균값**

$$I_{DC}=\frac{I_m}{\pi}[A]$$

㉰ **전류 파형의 전체 실효값**

$$I_{rms}=\sqrt{\frac{1}{2\pi}\int_0^{2\pi} i^2 d(\omega t)}=\sqrt{\frac{1}{2\pi}\int_0^{\pi} i^2 d(\omega t)+\frac{1}{2\pi}\int_0^{2\pi} i^2 d(\omega t)}$$

$$=\sqrt{\frac{1}{2\pi}\int_0^{2\pi} I_m^2 \sin^2 \omega t d(\omega t)}=\frac{I_m}{2}$$

㉱ **전류 실효값에 대한 평균값의 비**

$$F=\frac{I_{rms}}{I_{DC}}=\frac{\frac{I_m}{2}}{\frac{I_m}{\pi}}=\frac{\pi}{2}=1.57$$

㉲ **반파 정류 회로의 맥동률**

$$\gamma=\sqrt{\left(\frac{I_{rms}}{I_{dc}}\right)^2-1}=\sqrt{\left(\frac{I_m/2}{I_m/\pi}\right)^2-1}=\sqrt{\left(\frac{\pi}{2}\right)^2-1}\times 100\%=121\%$$

㉳ **직류 출력 전력**

$$P_{DC}=V_{DC}\cdot I_{DC}=\left(\frac{I_m}{\pi}\right)^2\cdot R_L[W]$$

㉦ **정류 효율**

$$\eta = \frac{4}{\pi^2\left(1+\frac{R_f}{R_L}\right)} = \frac{0.406}{1+\frac{R_f}{R_L}} \times 100\%$$

㉧ **최대 역전압(PIV)**

PIV=전원 전압의 최대값(V_m)

㉨ **특징**

㉠ 직류분에 비하여 맥동률이 크다.

㉡ 전원 전압의 이용률이 나쁘다. (η =40.6%)

㉢ 전원 트랜스 2차측에 한쪽 방향으로만 전류가 흐르므로 철심이 직류 자체에 의해 포화된다.

㉣ 맥동 주파수는 전원 주파수와 같다.

㉤ 라디오, 수신기 등의 소전력용에 이용된다.

② 단상 전파 정류 회로

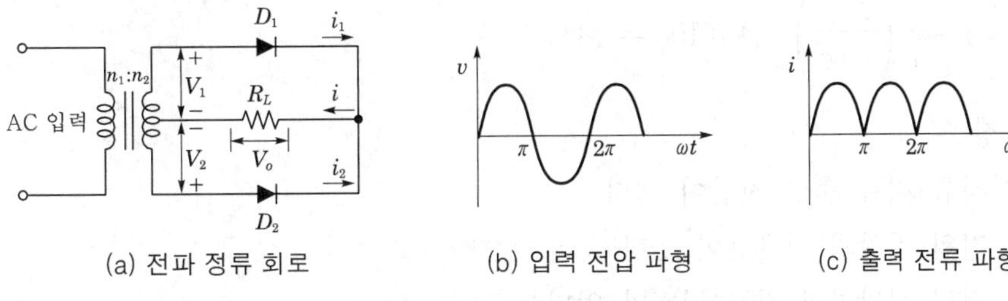

(a) 전파 정류 회로　(b) 입력 전압 파형　(c) 출력 전류 파형

그림 2-111 **단상 전파 정류 회로**

㉮ **동작** : 입력 전압이 (+)반주기에는 D_1이 on되어 i_1 전류가 흐르고 (−)반주기에는 D_2가 on되어 i_2 전류가 흐르므로 부하 R_L의 전체 전류는 $i=i_1+i_2$이다.

㉯ **출력 전류의 직류분(평균값)**

$$I_{DC} = \frac{2I_m}{\pi}$$

㉰ **전류의 실효값**

$$I_{rms} = \frac{1}{\sqrt{2}} I_m$$

㉣ **직류 출력 전력**

$$P_{DC}=I_{DC}^{\ 2}\cdot R_L=\left(\frac{2I_m}{\pi}\right)^2 R_L$$

㉤ **교류 입력 전력**

$$P_{AC}=I_{rms}^{\ 2}\cdot(R_f+R_L)=\left(\frac{I_m}{\sqrt{2}}\right)^2\cdot(R_f+R_L)$$

㉥ **정류 효율**

$$\eta=\frac{P_{DC}}{P_{AC}}=\frac{0.812}{1+\dfrac{R_f}{R_L}}\times 100\%$$

㉦ **최대 역전압(PIV)**

$$\text{PIV}=2V_m$$

㉧ **맥동률**

$$\gamma=\sqrt{\left(\frac{I_{rms}}{I_{DC}}\right)^2-1}\times 100 \fallingdotseq 48\%$$

㉨ **특징**

㉠ 정류 직류 출력 전압이 크다.

㉡ 전원 전압의 이용률이 높다.(η =81.2%)

㉢ 전원 변압기의 직류 자화가 없다.

㉣ 출력에 포함된 맥동 주파수는 전원 주파수의 2배가 된다.

㉤ 출력 전압의 약 2배인 전압의 변압기가 필요하며, 2차측에 중간 탭이 필요하다.

㉥ 비교적 많은 전류를 요하는 전원에 적용된다.

③ 전파 브리지 정류 회로

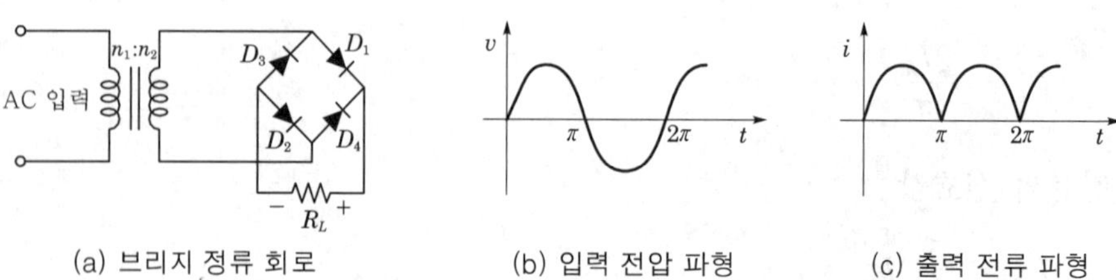

(a) 브리지 정류 회로 (b) 입력 전압 파형 (c) 출력 전류 파형

그림 ⬆ 2-112 **단상 전파 브리지 정류 회로**

㉮ **동작** : AC 입력이 (+)반주기에는 D_1과 D_2가 on되어 정류 작용을 하고 (−)반주기에는 D_3, D_4가 on되어 정류되므로 전체 전류는 $i=i_1+i_2$이다.

㉯ **출력 전류의 직류분(평균값)**

$$I_{DC}=\frac{2}{\pi}I_m$$

㉰ **전류의 실효값**

$$I_{rms}=\frac{1}{\sqrt{2}}I_m$$

㉱ **맥동률**

$$r=\sqrt{\left(\frac{I_{rms}}{I_{DC}}\right)^2-1}\times 100 \fallingdotseq 48\%$$

㉲ **정류 효율**

$$\eta=\frac{P_{DC}}{P_{AC}}=\frac{0.812}{1+\dfrac{R_f}{R_L}}\times 100\%$$

이론적 최대 효율은 81.2%이다.

㉳ **최대 역전압(PIV)**

PIV=전원 전압의 최대값(V_m)

㉴ **특징**

㉠ 중간 탭을 필요로 하지 않으므로 작은 변압기를 사용할 수 있다.

㉡ 각 정류 소자의 첨두 역전압이 2차 전압의 최대값밖에 안되므로 고압 정류 회로에 적합하다.

㉢ 정류 효율이 낮다.(다이오드가 직렬로 연결되어 있어 내부 저항이 크다.)

④ **3상 반파 정류 회로**

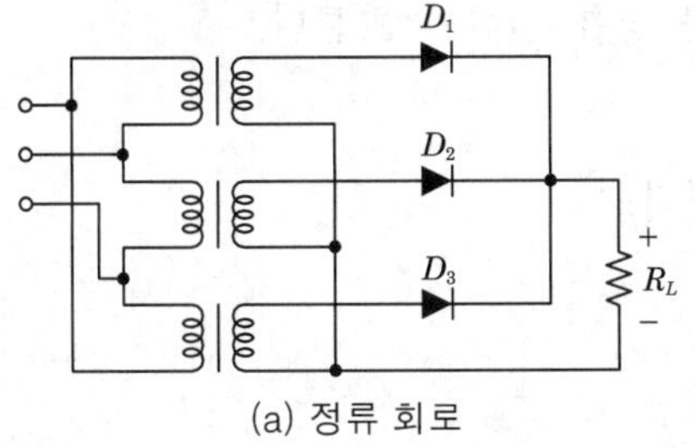

(a) 정류 회로

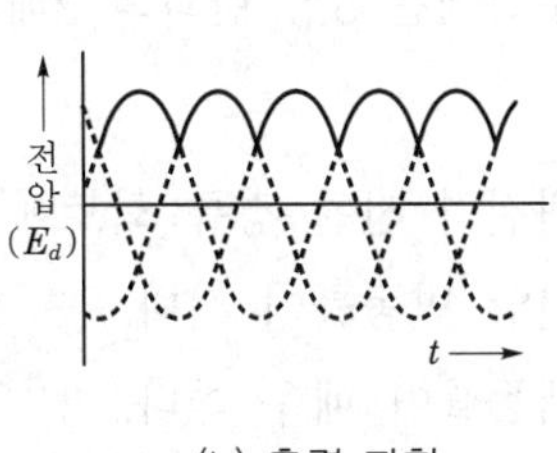

(b) 출력 파형

그림 2-113 **3상 반파 정류 회로**

㉮ **동작 원리**

㉠ 앞의 그림의 (a)와 같이 3개의 다이오드를 병렬로 접속한 것과 같다.

㉡ 각 정류기에 각가 120° 위상이 다른 전압이 가해져 부하에서 각 상의 전압이 합성된다.

㉢ 각 순간에 최대의 순방향 전압이 120° 위상차를 두고 있는 정류기만 동작한다.

㉣ 그 전압이 차례로 넘어가 부하에는 실선과 같은 출력 파형이 그림 (b)와 같이 나타난다.

㉯ **특징**

㉠ 대용량 전원에 사용된다.

㉡ 맥동률이 우수하고 전압 변동률도 단상보다 우수하다.

㉢ 정류 전류는 1개의 전류의 3배가 된다.

㉣ 트랜스의 이용률이 좋다.

⑤ 3상 전파 정류 회로

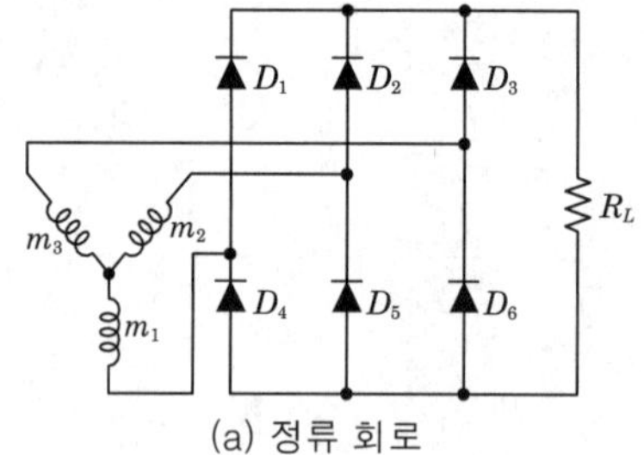

(a) 정류 회로

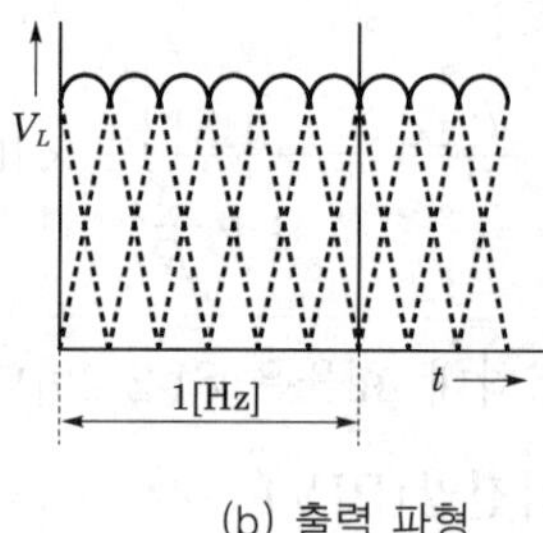

(b) 출력 파형

그림 2-114 **3상 전파 정류 회로**

㉮ **동작 원리**

㉠ 정류 소자 6개를 단상의 브리지 접속 모양으로 한다.

㉡ 어느 순간 m_1에 (+)의 최대 전압이 가해질 경우 D_1을 통하여 R_L에 흐른 후 D_5와 D_6에 분류하여 m_2와 m_3를 거쳐 m_1상으로 돌아온다.

㉢ 이와 같이 정류 소자 2개가 동작하여 부하와 직렬로 동작한다.

㉣ 부하에는 3상 반파의 2배의 출력 정류 전류가 흐른다.

㉯ **특징**

㉠ 대전력 전원 정류 회로에 사용된다.

㉡ 전압 변동률이 적다.

㉢ 맥동률이 매우 좋다.

평활 회로(Smooth Circuit)

평활 회로란 정류기의 출력측에 설치하여 출력 전압이 맥동 교류분을 제거하고 직류분만을 얻기 위한 일종의 저역 여파기(low pass filter) 회로이다.

(1) LC 여파기

① 동작 원리

㉮ 초크는 교류 입력에 대해 높은 임피던스를 나타낸다.

㉯ 부하에 병렬로 들어간 콘덴서 C는 교류 성분을 통하므로 정류 파형의 모든 고주파 성분은 제거된다.

㉰ 따라서 출력 전압의 맥동은 매우 작아진다.

㉱ 맥동률(γ)은 다음과 같다.

$$\therefore \ \gamma = 0.482\alpha$$

$$\left(\alpha = \left|\frac{X_C}{X_L - X_C}\right| = \left|\frac{1}{\omega^2 LC - 1}\right|\right)$$

※ 맥동률(γ)은 부하와는 무관하다.

그림 ⬆ 2-115 LC 여파기

(2) 초크 입력형 평활 회로(다단 LC 여파기)

① 동작 원리

㉮ 정류 전압이 L_1에 걸리면 코일의 역기전력에 의해 전압이 상승할 때 전류는 감소하며 전압이 저하하면 전류는 증가한다.

㉯ 따라서 정류기에는 충격 전류가 흐르지 않으며 전류 용량이 크고 전압 변동에 대하여 거의 일정한 전류가 흐른다.

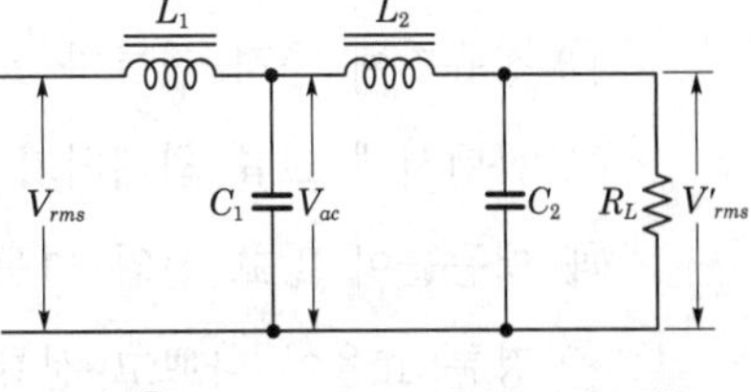

그림 ⬆ 2-116 초크 입력형 평활 회로

② 특징

㉮ 초크 입력형은 대전력용에 적합하고 전압 변동률이 작으나 직류 출력은 콘덴서 입력형에 비해 적다.

㉯ 맥동률(γ)은 다음과 같다.

$$\therefore \gamma = \alpha_1 \alpha_2 \cdot 0.482$$

$$\alpha_1 = \frac{1}{\omega^2 L_1 C_1 - 1}, \quad \alpha_2 = \frac{1}{\omega^2 L_2 C_2 - 1}$$

(3) 콘덴서 입력형 평활 회로(π형 여파기)

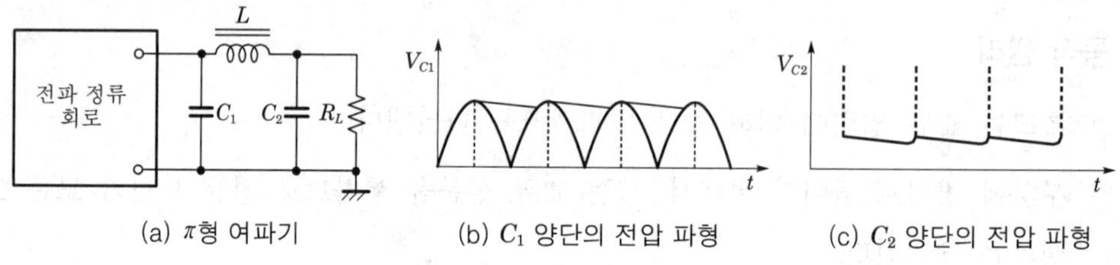

(a) π형 여파기 (b) C_1 양단의 전압 파형 (c) C_2 양단의 전압 파형

그림 ⬆ 2-117 **콘덴서 평활 회로**

① 동작 원리

㉮ 초크 코일 L의 임피던스는 충분히 높게 한다.

㉯ 전원측에서 부하를 보았을 때 L이 부하와 직렬로 된다.

㉰ 정류 전류(맥류) 중 직류분은 초크 코일 L을 통해서 부하 R_L에 흐른다.

㉱ 이 때 교류분은 코일의 고임피던스로 저지되어 콘덴서에 흐르고 부하에는 직류분만 나타난다.

② 특징

㉮ 소전력용에 사용된다.

㉯ 정류기에 충격 전류가 흐른다.

㉰ 콘덴서에 교류 최대치가 충전되므로 큰 직류 출력을 얻는다.

㉱ 맥동률이 많고 전압 변동이 크다.

㉲ 정류 효율이 나쁘고 정류기 수명도 짧아지기 쉽다.

㉳ 첨두 전류가 커서 변압기의 전류 용량을 크게 할 필요가 있다.

3 배전압 정류 회로

배전압 정류 회로는 정류된 직류 전압을 더해서 입력 교류 전압의 2배 또는 3배 이상되는 직류 전압을 얻는 회로를 말한다.

(1) 반파 배전압 정류 회로

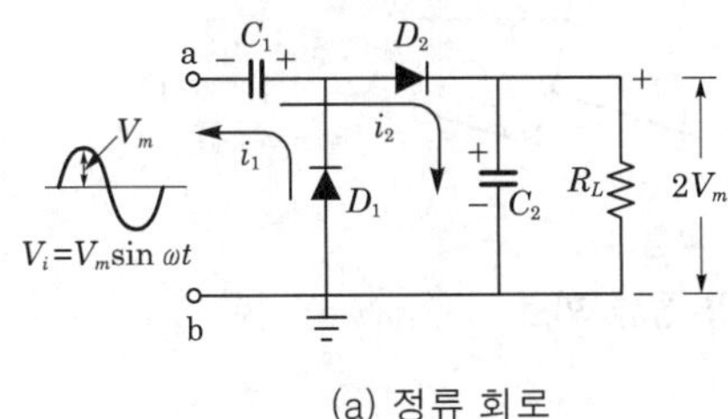

(a) 정류 회로

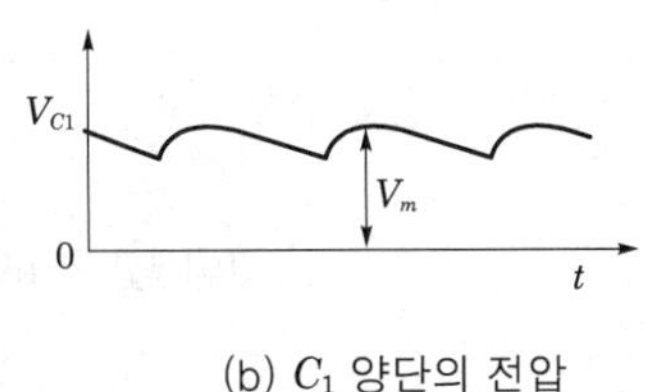

(b) C_1 양단의 전압

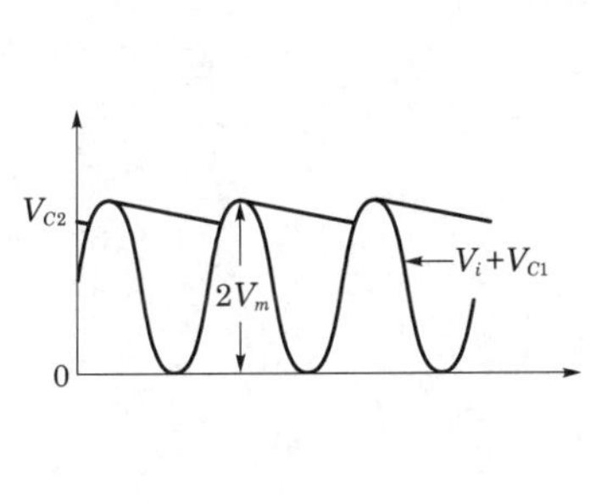

(c) C_2 양단의 전압

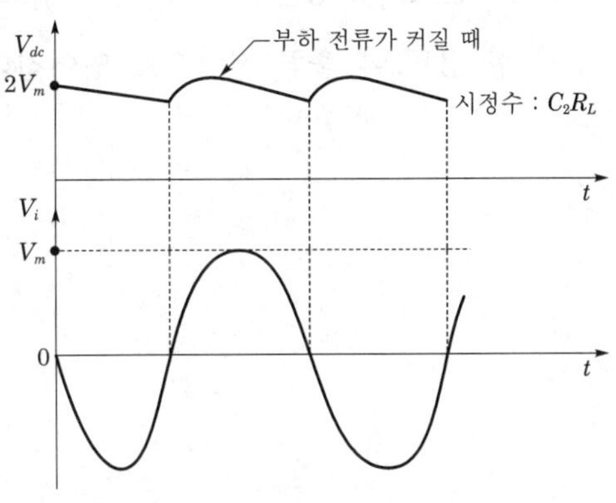

(d) 출력 전압 파형

그림 ⬆ 2-118 **반파 배전압 정류 회로**

※ **동작** : 처음 반주기 동안 D_1이 통전하여 C_1을 최대값 V_m까지 충전하고 다음의 반주기에 C_1의 충전 전하와 입력 신호의 최대값 V_m이 D_2를 통해 C_2를 $2V_m$으로 충전시켜 출력 전압을 얻는다.

(2) 전파 배전압 정류 회로

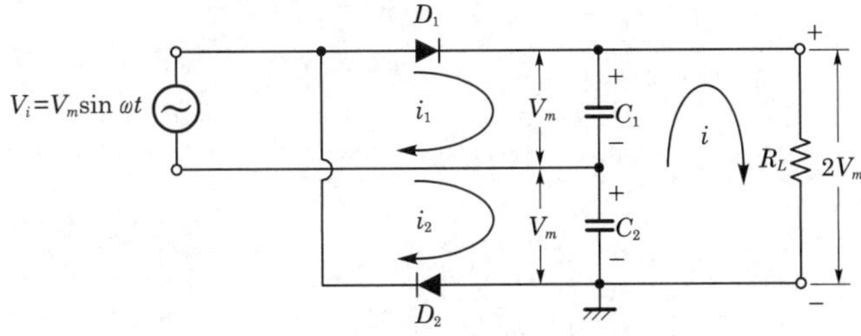

(a) 브리지형 전파 배전압 정류 회로

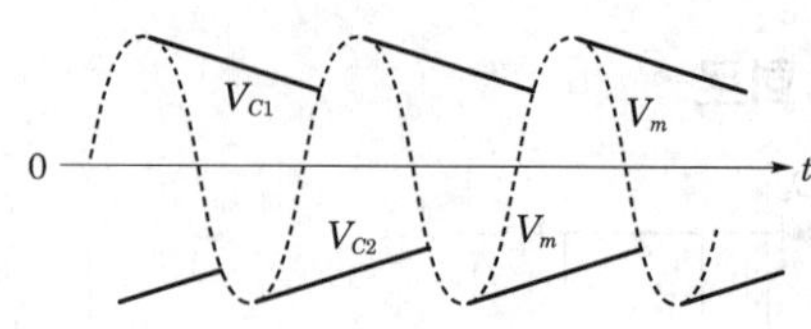

(b) 출력 파형

그림 ⬆ 2-119 **전파 배전압 정류 회로**

※ **동작** : 교류 입력 전압이 (+)이면 D_1이 통전하여 C_1은 최대값 V_m까지 충전되고 (−)이면 D_2가 통전하여 C_2를 V_m로 충전하여 R_L 양단에는 C_1과 C_2의 충전 전압의 합 $2V_m$이 출력 전압으로 얻어진다.

단원핵심문제

1 전원 주파수가 60[Hz]를 사용하는 정류 회로에서 120[Hz]의 맥동 주파수를 나타내는 회로 방식은?

㉮ 단상 반파 정류 ㉯ 단상 전파 정류
㉰ 3상 전파 정류 ㉱ 3상 반파 정류

KEY POINT

➲ 전원 주파수가 60[Hz]일 때 정류 회로 방식에 따라 출력측의 맥동 주파수는 다음과 같다.
① 단상 반파 정류 : 60[Hz]
② 3상 반파 정류 : 180[Hz]
③ 단상 전파 정류 : 120[Hz]
④ 3상 전파 정류 : 360[Hz]

해설 단상 전파 정류 회로의 맥동 주파수가 120[Hz]이다.

2 리플(ripple) 전압이란 무엇을 의미하는가?

㉮ 정류된 전압의 교류분 ㉯ 부하시의 출력 전압
㉰ 무부하시의 출력 전압 ㉱ 정류된 직류 전압

KEY POINT

➲ 정류된 출력 전압 속에 포함된 교류 성분을 리플 혹은 맥동분이라 한다.

해설 리플 전압은 정류된 전압의 교류 성분을 말한다.

3 정류 회로에서의 맥동률(ripple factor) γ를 표시하는 식은? (단, I_{dc}는 직류 출력 전류, I_{rms}는 출력 전류의 실효값이다.)

㉮ $\gamma=\sqrt{\left(\frac{I_{rms}}{I_{dc}}\right)^2-1}$ ㉯ $\gamma=\left(\frac{I_{rms}}{I_{dc}}\right)^2-1$

㉰ $\gamma=\sqrt{\left(\frac{I_{dc}}{I_{rms}}\right)^2-1}$ ㉱ $\gamma=\left(\frac{I_{dc}}{I_{rms}}\right)^2-1$

정답 : 1.㉯ 2.㉮ 3.㉮

KEY POINT

➲ 맥동률 $(\gamma) = \dfrac{\text{출력파의 교류분 실효값}}{\text{출력파의 평균값(직류분)}} \times 100\%$

맥동률$(\gamma) = \dfrac{\Delta I}{I_{DC}} \times 100\%$

$= \sqrt{\left(\dfrac{I_{rms}}{I_{dc}}\right)^2 - 1}$

정류 회로의 정류 효율을 올바르게 정의한 것은?

㉮ 직류 입력 전력과 직류 부하 전력의 비를 나타낸다.
㉯ 직류 입력 전력과 교류 부하 전력의 비를 나타낸다.
㉰ 교류 입력 전력과 직류 부하 전력의 비를 나타낸다.
㉱ 교류 입력 전력과 교류 부하 전력의 비를 나타낸다.

KEY POINT

➲ 정류 효율 $= \dfrac{\text{직류 출력 전력(평균값)}}{\text{교류 입력 전력(실효값)}} \times 100\%$

입력 교류 전력과 출력 직류 전력의 비를 정류 효율이라 한다.

정류 전원에 규정된 교류 전압을 가하고 부하에 규정된 직류 전류를 흘렸을 때, 정류 전원 출력 단자의 직류 전압이 V_o[V]로 되고, 부하단이 개방되었을 때는 출력 단자가 V[V]로 되었다. 이때 전압 변동률은?

㉮ $\dfrac{V_o - V}{V} \times 100\%$ ㉯ $\dfrac{V - V_o}{V} \times 100\%$

㉰ $\dfrac{V_o - V}{V_o} \times 100\%$ ㉱ $\dfrac{V - V_o}{V_o} \times 100\%$

KEY POINT

➲ 전압 변동률 $= \dfrac{\text{무부하시의 출력 전압} - \text{전부하시의 출력 전압}}{\text{전부하시의 출력 전압}} \times 100\%$

전압 변동률 $= \dfrac{V - V_o}{V_o} \times 100\%$

정답 : 4.㉰ 5.㉱

직류 출력 전압이 무부하일 때 250[V], 전부하일 때 225[V]이면 이 정류기의 전압 변동률은?

㉮ 10.0%　　㉯ 11.1%

㉰ 15.1%　　㉱ 22.2%

KEY POINT

➡ $전압\ 변동률 = \frac{무부하시의\ 출력\ 전압 - 전부하시의\ 출력\ 전압}{전부하시\ 출력\ 전압} \times 100\%$

$전압\ 변동률 = \frac{250-225}{225} \times 100 \fallingdotseq 11.1\%$

단상 반파 정류 회로의 정류 효율은 최대 얼마인가?

㉮ 81.2%　　㉯ 40.6%

㉰ 78.5%　　㉱ 33.6%

KEY POINT

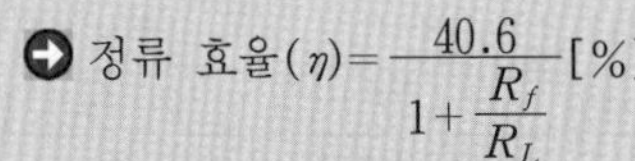

➡ $정류\ 효율(\eta) = \frac{40.6}{1+\frac{R_f}{R_L}} [\%]$

정류 다이오드의 순방향 저항을 R_f, 부하 저항을 R_L이라 하면 정류 효율 η는

$정류\ 효율(\eta) = \frac{40.6}{1+\frac{R_f}{R_L}} \%$

이므로 최대 정류 효율은 40.6%이다.

다음 정류 회로의 정류 효율은? (단, $R_f = R_L$이다.)

㉮ 40.6%

㉯ 20.3%

㉰ 81.2%

㉱ 78.5%

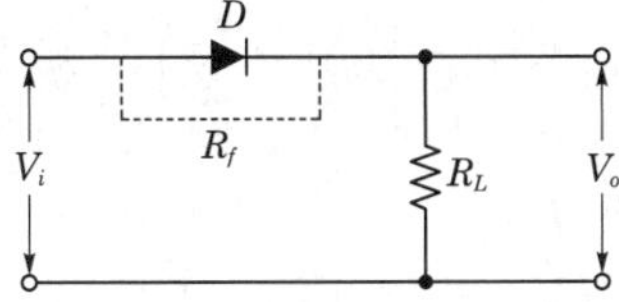

KEY POINT

➡ $정류\ 효율(\eta) = \frac{40.6}{1+\frac{R_f}{R_L}} [\%]$

$정류\ 효율(\eta) = \frac{40.6}{1+\frac{R_f}{R_L}} = \frac{40.6}{2} = 20.3\%$

정답 : 6.㉯　7.㉯　8.㉯

9 단상 반파 정류 회로에 있어서 직류 전압 평균치 V_{dc}와 직류 전류 평균치 I_{dc}는 얼마인가? (단, 전압은 $e=\sqrt{2}\cdot 100\sin 50\times 20\pi t$[V]이고, 저항은 $R=10[\Omega]$이다. 그리고 정류 소자의 전압 강하는 무시한다.)

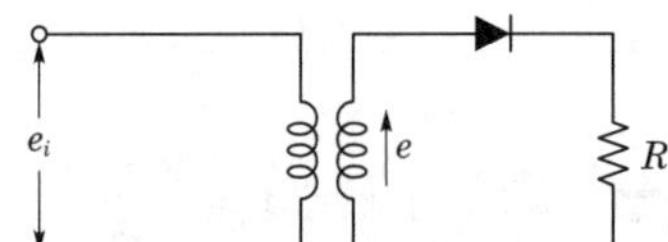

㉮ $V_{dc}=25[V]$, $I_{dc}=1.5[A]$
㉯ $V_{dc}=35[V]$, $I_{dc}=3.5[A]$
㉰ $V_{dc}=45[V]$, $I_{dc}=4.5[A]$
㉱ $V_{dc}=55[V]$, $I_{dc}=5.5[A]$

KEY POINT

➲ $V_{dc}=\dfrac{V_m}{\pi}[V]$, $I_{dc}=\dfrac{V_{dc}}{R}[A]$

해설

$$V_{dc}=\frac{V_m}{\pi}=\frac{100\sqrt{2}}{\pi}=45[V]$$

$$I_{dc}=\frac{V_m}{R}=\frac{45}{10}=4.5[A]$$

10 단상 반파 정류 회로에서 출력 전력은?

㉮ 부하 임피던스에 반비례
㉯ 입력 전압의 제곱에 반비례
㉰ 부하 임피던스에 비례
㉱ 입력 전압의 제곱에 비례

KEY POINT

➲ 출력 전력

$$P_{DC}=V_{DC},\ I_{DC}=\left(\frac{I_m}{\pi}\right)^2\cdot R_L[W]$$

해설

출력 전력 P_{DC}는

$$P_{DC}=I_{DC}^2 R_L=\left(\frac{V_m}{(R_f+R_L)\pi}\right)^2 R_L$$

이다. 따라서 입력 전압의 제곱에 비례하고, $R_f=0[\Omega]$인 경우에 부하 임피던스에 반비례한다.

정답 : 9.㉰ 10.㉮

11 다음 반파 정류 회로에서 콘덴서 C의 최대 전압은 얼마인가?

㉮ 250[V]

㉯ $\frac{250}{\sqrt{2}}$[V]

㉰ $250\sqrt{2}$[V]

㉱ 250π[V]

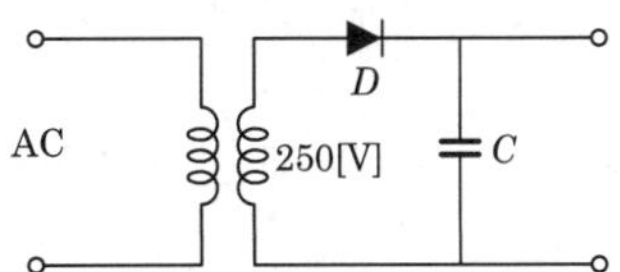

KEY POINT

➲ 콘덴서 C에는 입력 전압의 최대값으로 충전된다.

250[V]가 rms값이므로 콘덴서 C의 최대 전압은 $250\sqrt{2}$ [V]이다.

12 다음 그림과 같은 정류 회로는?

㉮ 단상 반파 정류 회로

㉯ 단상 전파 정류 회로

㉰ 3상 반파 정류 회로

㉱ 3상 전파 정류 회로

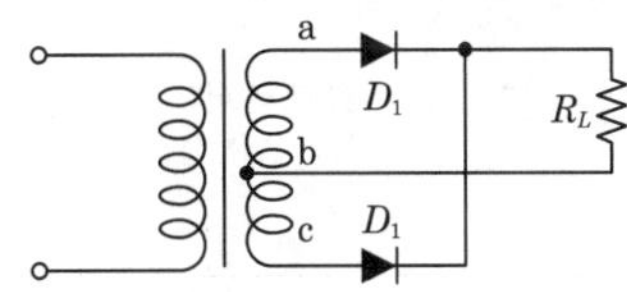

KEY POINT

➲ 중간 Tap형 정류 회로이다.

정류 소자를 2개 사용한 단상 전파 정류 회로이다.

13 그림과 같은 정류 회로에서 $V=35$[V]일 때 부하 양단에 걸리는 전압의 평균치는? (단, 정류 소자의 전압 강하는 무시하며, V는 실효치이다.)

㉮ 30[V]

㉯ 31.5[V]

㉰ 33[V]

㉱ 35[V]

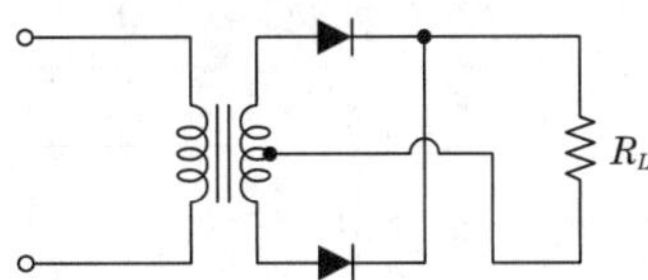

정답 : 11.㉰ 12.㉯ 13.㉯

KEY POINT

➲ 출력 전압의 직류분(평균값)

$V_{dc}=\frac{2V_m}{\pi}$ [V]

해설 $V_{dc}=\frac{2V_m}{\pi}=2\times35\frac{\sqrt{2}}{\pi}=31.5$[V]

14 다음 정류 회로에서 각 다이오드에 걸리는 최대 역전압(PIV)은?

㉮ V_m

㉯ V_{dc}

㉰ $2V_m$

㉱ $2V_{dc}$

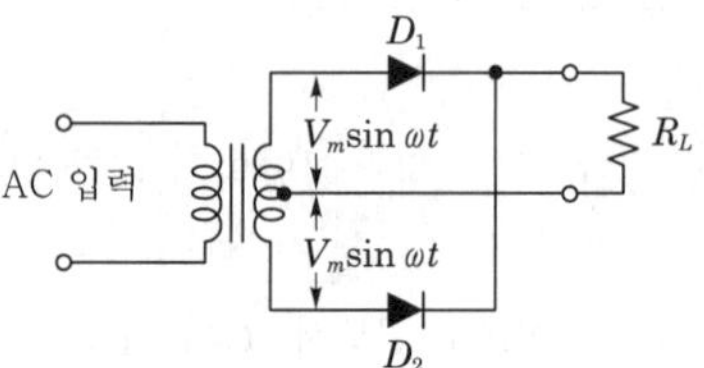

KEY POINT

➲ 단상 전파 정류 회로의 최대 역전압(PIV)

$PIV=2V_m$

해설 단상 전파 정류 회로로서 $2V_m$이 걸린다.

15 단상 전파 정류기가 단상 반파 정류기보다 좋은 점으로 옳지 못한 것은?

㉮ 맥동률이 작다. ㉯ 직류 출력 전압이 크다.

㉰ 입력 교류의 전주기 동안 동작한다. ㉱ 다이오드의 역내 전압이 작다.

KEY POINT

➲ 단상 반파 회로와 단상 전파 회로의 차이점은 다음과 같다.

(여기서, R_f : 다이오드 순방향 저항, V_m : 입력 전압의 최대치)

정류 회로 차이점	단상 반파 정류 회로	단상 전파 정류 회로
동작	교류 입력의 반주기만 동작한다.	교류 입력의 전주기 동안 동작한다.
출력 전류의 평균값	I_m/π	$2I_m/\pi$
출력 전류의 실효값	$I_m/2$	$I_m/\sqrt{2}$
맥동률	1.21	0.482
전압 변동률	$\frac{R_f}{R_L}\times100\%$	$\frac{R_f}{R_L}\times100\%$
정류 효율	$40.6\Big/\left(1+\frac{R_f}{R_L}\right)\%$	$81.2\Big/\left(1+\frac{R_f}{R_L}\right)\%$
PIV	V_m	$2V_m$

정답 : 14.㉰ 15.㉱

 단상 반파 정류 회로의 PIV는 V_m이고 단상 전파 정류 회로의 PIV는 $2V_m$이다.

16 다음 회로에서 평균 직류 출력 전압이 10[Ω]의 부하에 10[V] 나타났다고 한다. 각 정류 소자에 걸리는 Peak 역전압은?

㉮ 10π[V]
㉯ 5π[V]
㉰ 3π[V]
㉱ π[V]

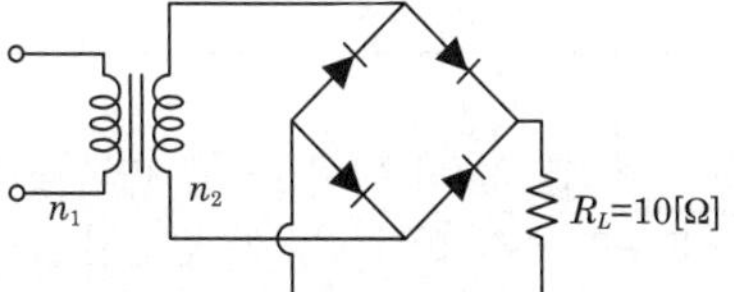

KEY POINT

➲ 최대 역전압(PIV) : 전원 전압의 최대값(V_m)

 브리지 정류 회로는 전파 정류 방식이므로 $V_{dc}=\dfrac{2V_m}{\pi}$ 이다.

$\therefore\ V_m=\dfrac{\pi}{2}\cdot V_{dc}=\dfrac{\pi}{2}\times 10[\text{V}]=5\pi[\text{V}]$

17 그림과 같은 브리지형 정류 회로에서 직류 출력 전압이 10[V], 부하가 5[Ω]이라고 하면 각 정류 소자에 흐르는 첨두 전류값은 얼마인가?

㉮ 6.28[A]
㉯ 3.14[A]
㉰ 2/3.14[A]
㉱ 3.14/2[A]

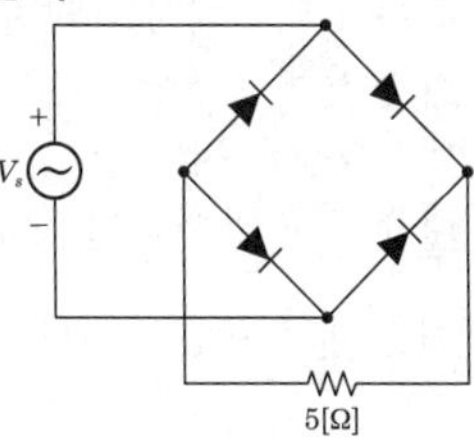

KEY POINT

➲ 첨두 전류값

$I_m=\dfrac{V_m}{R_L}$[A]

 $V_{dc}=\dfrac{2}{\pi}V_m$ 이므로

$V_m\dfrac{\pi}{2}V_{dc}=\dfrac{\pi}{2}\times 10=5\pi[\text{V}]$

$\therefore\ I_m=\dfrac{V_m}{R_L}=\dfrac{5\pi}{5}=\pi=3.14[\text{A}]$

 정답 : 16.㉯ 17.㉯

18 다음 그림은 어느 회로인가?

㉮ 3상 반파 정류 회로
㉯ 단상 3배압 정류 회로
㉰ 브리지 정류 회로
㉱ 단상 전파 전류 회로

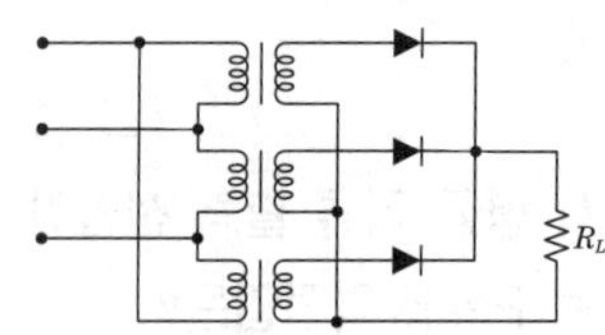

KEY POINT

➲ 3개의 다이오드를 병렬로 접속하여 각각 120°의 위상에 다른 전압이 가해져 부하에서 각 상의 전압이 합성된다. 각 순간에 최대의 순방향 전압이 120°의 위상차를 두고 있는 정류기만이 동작하므로 출력 파형은 3상 반파 정류가 된다.

19 평활 회로에서 초크 입력형의 특징은?

㉮ 부하의 전류 변화에 대해 전압 변동이 적다.
㉯ 정류기에 가해지는 역전압이 크다.
㉰ 평활 효과가 적다.
㉱ 부하 전류의 평균값이 적다.

KEY POINT

➲ **초크 입력형의 특징**
① 정류기에 가해지는 역전압이 작다.
② 직류 출력 전압이 낮다.
③ 대전력용에 적합하다.
④ 리플 함유량은 크나 전압 변동이 적다.

해설 초크 입력형은 전압 변동이 적다.

20 콘덴서 입력형이 초크 입력형 전원, 평활 회로에 비하여 갖는 특징이 아닌 것은 어느 것인가?

㉮ 비교적 소용량의 정류기에 쓴다.
㉯ 일반적으로 출력 전압이 높다.
㉰ 전압 변동률이 크다.
㉱ 가동시 전류가 흐르지 아니한다.

정답 : 18.㉮ 19.㉮ 20.㉱

KEY POINT

콘덴서 입력형의 특징

① 리플 함유량이 크고 전압 변동률이 크다.
② 소전력용에 적합하다.
③ 역전압이 크다.
④ 출력 전압이 높다.

제 5 장
연산 증폭기

연산 증폭기는 개별 소자들을 IC화시킨 선형 직접 회로 증폭기이므로 폭넓은 여러 가지 선형 동작뿐만 아니라 입력과 출력 사이에 일정한 함수 관계를 갖는 연산을 수행하는데 이용되며 차동 증폭기 구조를 갖고 있는 전압 부궤환이 걸린 고이득 직류 증폭기로 매우 광범위하게 사용되고 있다.

1 차동 증폭기

(1) 차동 증폭기의 구조

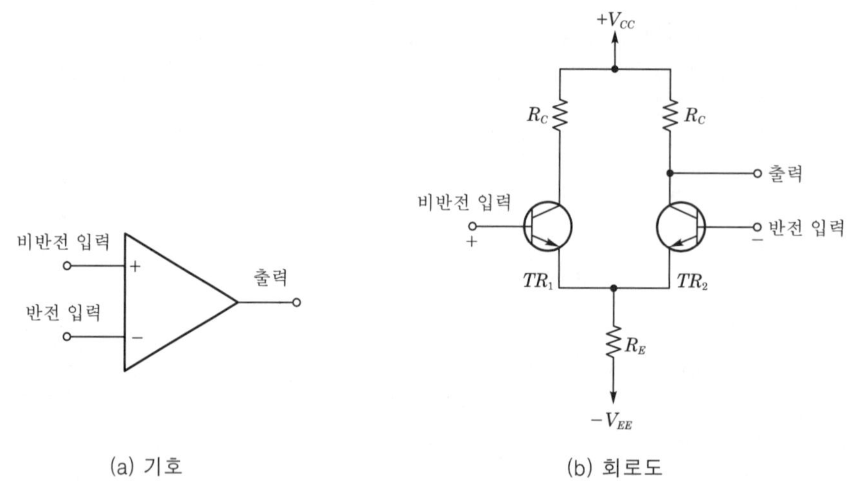

(a) 기호 (b) 회로도

그림 ⬆ 2-120 **차동 증폭기의 기호와 회로도**

반전 및 비반전 입력 단자로 들어간 입력 신호의 차(Difference)가 출력으로 나오는 동작을 하는 증폭기로 입력 신호가 비반전(+) 단자로 들어가면 동상 증폭, 반전(−) 단자로 들어가면 역상 증폭이 된다.

(2) 차동 증폭기의 동작

① 1단자 접속 동작

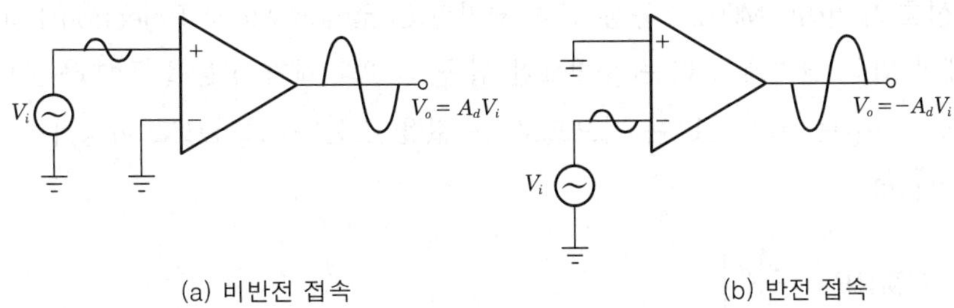

그림 2-121 **1단자 접속 동작**

입력 신호는 입력 단자에 그림 (a)와 같이 비반전으로 접속할 수 있고, 그림 (b)와 같이 반전으로 접속할 수도 있는데 이와 같은 동작을 1단자 접속 동작이라 한다.

② 차동 동작

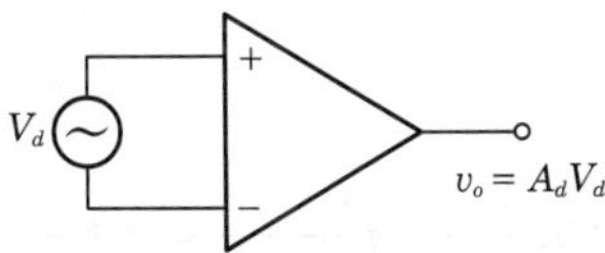

그림 2-122 **차동 동작**

반전 및 비반전 입력 단자에 입력 신호가 접속되어 출력에 $A_d V_d$ 크기의 증폭 신호가 나오는 동작을 차동 동작이라고 한다. 여기서, V_d는 차전압으로 비반전 입력 신호에서 반전 입력 신호를 뺀 값이다.

③ 동상 동작

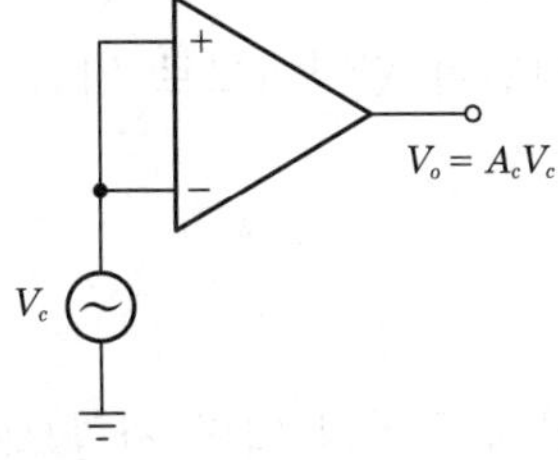

그림 2-123 **동상 동작**

하나의 입력 신호가 두 입력 단자에 공통으로 접속되었을 때 출력은 다음과 같다.

$$V_o = A_c V_c$$

이상적으로 동상 이득은 0이지만, 실질적으로 매우 작은 값이 존재한다.

④ **동상 신호 제거비(CMRR)** : 동상 신호 제거비(Common Mode Rejection Ratio ; CMRR)는 2개의 입력 단자에 걸리는 불필요한 잡음 신호의 제거 성능을 규명하는 데 쓰이는 동작량으로 A_d는 크고 A_c는 작으므로 큰 값을 갖는다. 그러므로 이상적인 경우에 ∞의 값을 갖는다.

$$\text{CMRR} = \left| \frac{A_d}{A_c} \right|$$

또는 데시벨로 다음과 같이 된다.

$$\text{CMRR} = 20\log \frac{A_d}{A_c}\ [\text{dB}]$$

(3) 차동 증폭기의 해석

① 입력 저항

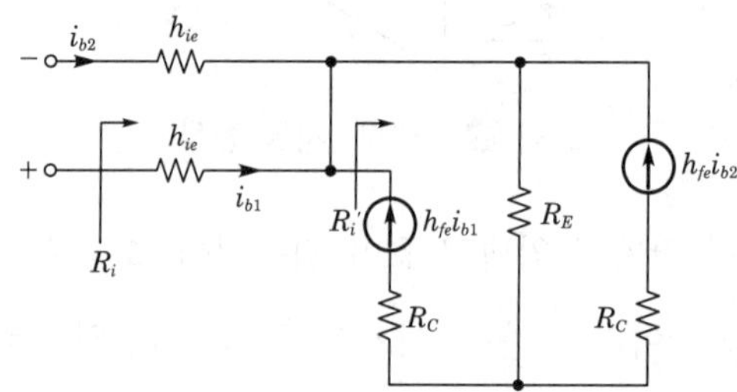

그림 2-124 **입력 저항 R_i를 구하기 위한 회로**

차동 증폭기의 두 입력 단자에서 증폭기 쪽으로 본 저항을 입력 저항이라고 하며, 이때 R_i'는 임의의 값을 가지나 양단이 단락이므로 입력 저항 R_i는

$$R_i = 2h_{ie}\,[\Omega]$$

이다.

그러나 이 정도의 값은 연산 증폭기의 입력 저항으로 작으므로 구동 회로의 부하 효과를 막기 위해서 입력 저항을 키우는 방법을 사용하고 있다.

이 값은 일반적으로 수 [kΩ]을 가진다.

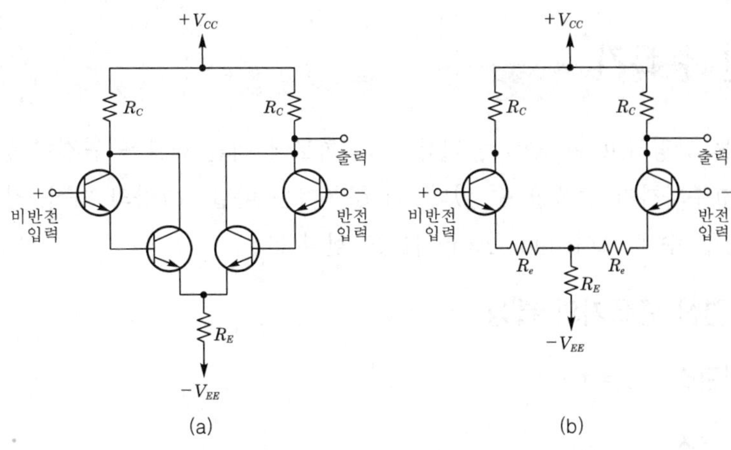

그림 2-125 **고입력 저항 회로**

위 회로에서 (a)의 경우 입력 저항

$$R_i = 4h_{fe}h_{ie}[\Omega]$$

(b)의 경우 입력 저항

$$R_i = 2(h_{ie} + h_{fe}R_e)[\Omega]$$

② **출력 저항** : 이상적인 차동 증폭기에서 출력 저항은 0으로 되는 것이 바람직하다. 회로에서 이 출력 저항을 상당히 낮추려면 이미터 폴로어 회로를 채택해야 한다.

이 회로에서 출력 저항 R_o는 다음과 같이 된다.

$$R_o = \frac{R_C}{\beta}$$

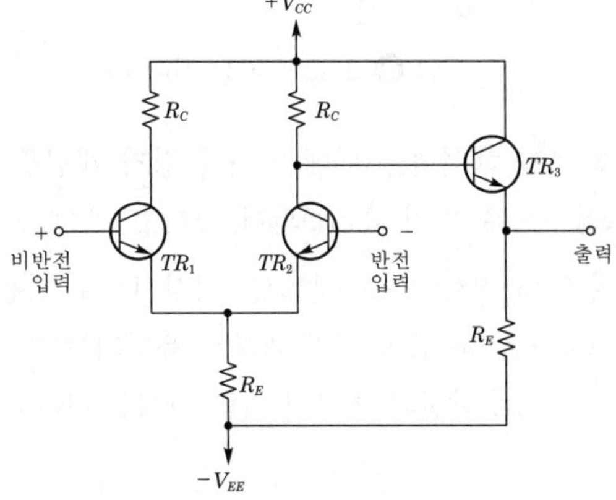

그림 2-126 **낮은 출력 저항을 가지는 차동 증폭기**

2 연산 증폭기

연산 증폭기는 안정하고 이득이 큰 직류 증폭 회로에 궤환 회로를 연결한 증폭 회로로, 직류에서부터 초고주파까지 증폭할 수 있다. 이 증폭기는 아날로그양의 가산, 감산, 미분, 적분 등의 연산을 행할 수 있으며, Op-Amp라고도 한다.

(1) 이상적인 연산 증폭기의 특성

① 입력 임피던스 : $Z_i = \infty$

② 출력 임피던스 : $Z_o = 0$

③ 전압 이득 : $A_v = \infty$

④ 주파수 대역폭 : $BW = \infty$

⑤ 두 입력의 크기가 같을 때($V_1 = V_2$) : 출력 전압 $V_o = 0$

⑥ CMRR(동상 신호 제거비) : CMRR $= \infty$

(2) 가상 접지(Virtual ground)

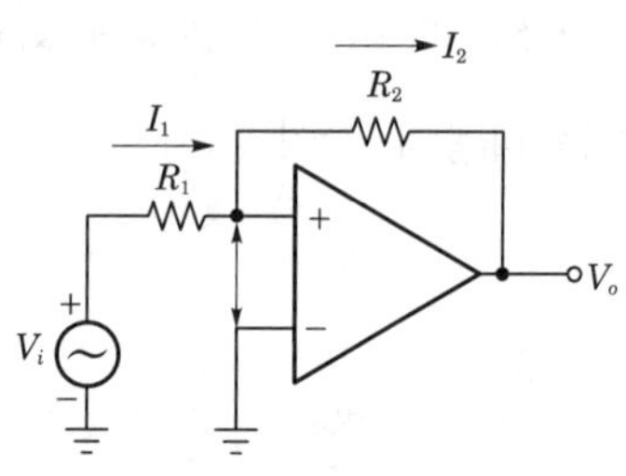

그림 ⬆ 2-127 **가상 접지**

연산 증폭기의 응용 회로를 해석하는 데에는 가상 접지 개념을 쓴다. Op-Amp의 반전과 비반전 입력 단자는 가상적으로 단락(short)되어 있다고 보는 것이다.

왜냐하면 Op-Amp의 입력 저항이 수십 [MΩ] 이상이므로 다른 저항에 비해 거의 무한대로 간주할 수 있으므로, Op-Amp 입력 단자 내부로 유입되는 전류는 0이며, 반면에 두 입력 단자 사이의 전압도 0이 되므로 반전과 비반전 입력 단자는 short로 볼 수 있다. 이러한 개념이 가상 접지이다.

3 연산 증폭기의 종류

(1) 반전 연산 증폭기

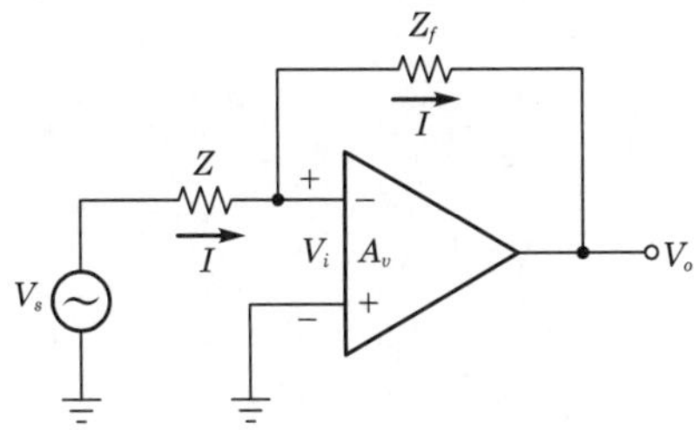

그림 2-128 **반전 연산 증폭 회로**

Op−Amp의 입력 임피던스가 ∞(무한대)이기 때문에 Z를 통해 흐르는 전류 I는 Z_f를 통해 흐르게 되고, 입력 전압 V_i는 물리적(실제적)으로 접지되어 있지 않지만 항상 "0" 전위로 동작하기 때문에 가상 접지(virtual ground)라고 불리며, 입·출력 관계식(전압 증폭도)을 구할 때 사용된다.

$$I=\frac{V_s-V_i}{Z}=\frac{V_i-V_o}{Z_f}, \quad V_i=0$$

정리하면,

$$\therefore\ V_o=-\frac{Z_f}{Z}\cdot V_s$$

(2) 비반전 연산 증폭기

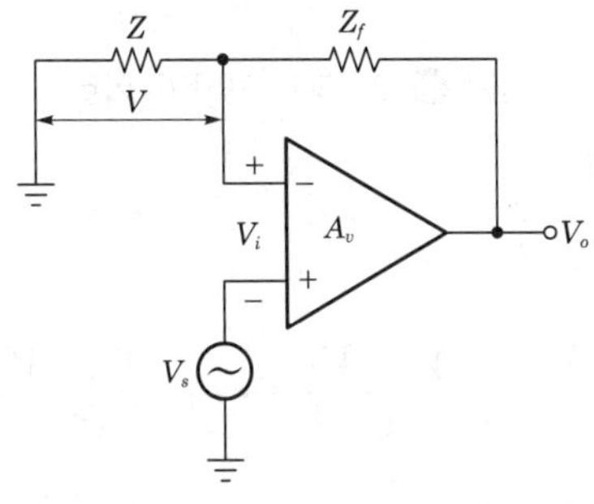

그림 2-129 **비반전 연산 증폭 회로**

Z 양단의 전압을 V라 두면,

$$V_i = V - V_s = 0 \ (\because \ V_i = 0(\text{가상 접지}))$$

$$V = V_s$$

V에 전압 분배 법칙을 적용하여 풀면,

$$V = \frac{Z}{Z + Z_f} \cdot V_o$$

따라서,

$$\frac{Z}{Z + Z_f} \cdot V_o = V_s$$

정리하면,

$$\therefore \ V_o = \left(1 + \frac{Z_f}{Z}\right) V_s$$

4 연산 증폭기의 응용 회로

(1) 가산기

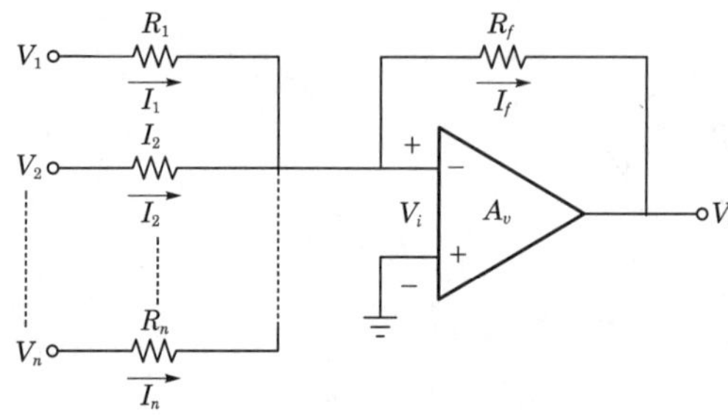

그림 ⬆ 2-130 **가산기 회로**

가산기의 출력 전압 V_o는

$$I_f = I_1 + I_2 + \cdots + I_n$$

$$\frac{V_i - V_o}{R_f} = \frac{V_1 - V_i}{R_i} + \frac{V_2 - V_i}{R_2} + \cdots + \frac{V_n - V_i}{R_n}$$

($V_i = 0$(가상 접지)일 때)

정리하면,

$$V_o = -\left(\frac{R_f}{R_1} \cdot V_1 + \frac{R_f}{R_2} \cdot V_2 + \cdots + \frac{R_f}{R_n} \cdot V_n\right)$$

여기서, $R_1 = R_2 = \cdots = R_n = R$이면

$$V_o = -\frac{R_f}{R}(V_1 + V_2 + \cdots + V_n)$$

(2) 감산기

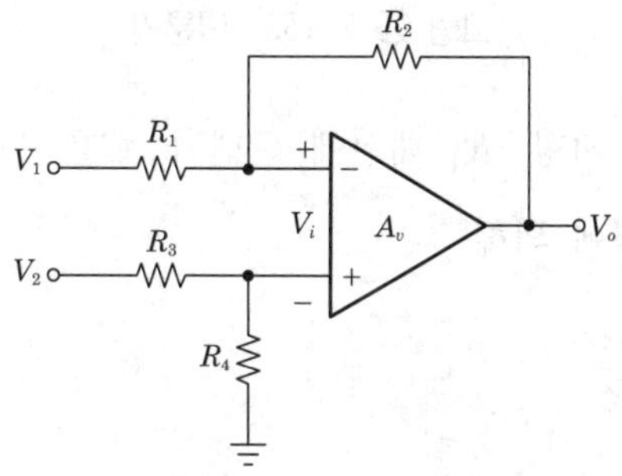

그림 2-131 **감산기 회로**

감산기 회로는 중첩(superposition)의 원리와 선형성(linearity)을 적용하면 간단하게 해결된다. 따라서, 입력 V_1에 대한 출력을 V_{o1}이라 하고, 입력 V_2에 대한 출력을 V_{o2}라 하면,

$$V_o = V_{o1} + V_{o2}$$

$$V_{o1} = -\frac{R_2}{R_1} \cdot V_1 (\text{반전 증폭기})$$

$$V_{o2} = \left(1 + \frac{R_4}{R_3}\right) \cdot \frac{R_r}{R_3 + R_4} \cdot V_1$$

R_3로 나누어 주면,

$$V_{o2} = \left(1 + \frac{R_4}{R_3}\right) \cdot \frac{R_4/R_3}{1 + R_4/R_3} \cdot V_1$$

정리하면,

$$V_{o2} = \frac{R_4}{R_3} \cdot V_1 = \frac{R_2}{R_1} \cdot V_1 (\text{비반전 증폭기})$$

$$\therefore\ V_o = V_{o1} + V_{o2} = \frac{R_2}{R_1}(V_2 - V_1)$$

(3) 미분기

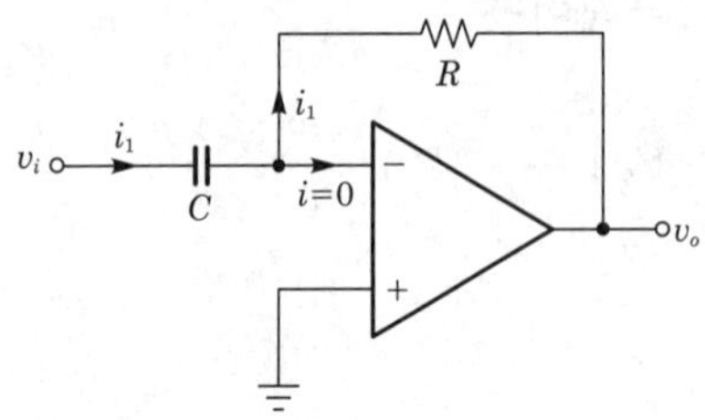

그림 2-132 **미분기**

반전 증폭기와 비슷하나 저항 R_1 대신에 콘덴서 C를 쓴 점이 다르다. 이 회로의 출력 전압 v_o는 가상 접지 개념에 의해

$$i_1 = C\frac{dv_i}{dt} = \frac{0 - v_o}{R}$$

이므로

$$v_o = -RC\frac{d}{dt}v_i[\mathrm{V}]$$

이다. 따라서 결과에서 보듯이 출력 전압 v_o는 입력 전압 v_i의 미분된 형태임을 알 수 있다.

(4) 적분기

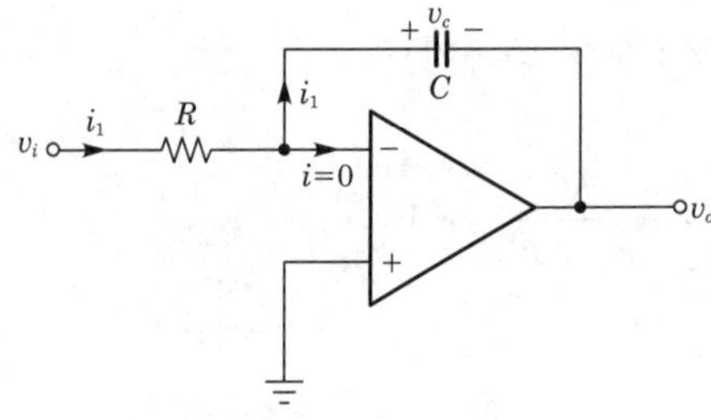

그림 2-133 **적분기**

R과 C의 위치가 미분기와 바뀌어져 있는 것으로 역시 가상 접지에 의해

$$i_1 = \frac{v_i}{R}$$

이고, 콘덴서 C에 걸리는 전압은 콘덴서 C의 초기 전압이 0이라면

$$v_c = -v_o = \frac{1}{C}\int_o^t i_1\,dt$$

$$\therefore\ v_o = -\frac{1}{RC}\int_0^t v_i\,dt$$

이다. 결과적으로 출력 신호 v_o는 입력 신호 v_i의 적분 형태이다.

(5) 전류 전압 변환기

증폭기의 입력 단자는 실질적으로 접지되어 있으므로 R_s에 흐르는 전류는 0이다. 따라서, 출력 전압 V_o는

$$V_o = -R \cdot I_s$$

이다.

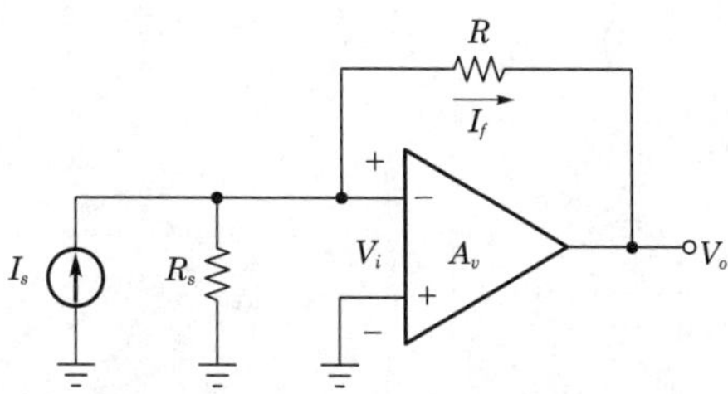

그림 2-134 **전류-전압 변환기 회로**

(6) 전압 폴로어(버퍼 완충 증폭기)

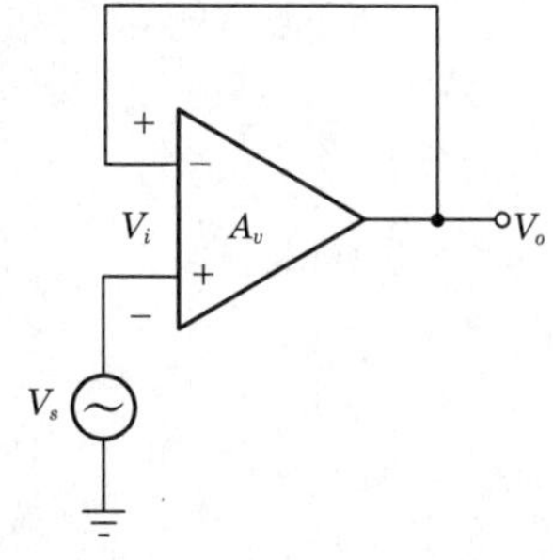

그림 2-135 **전압 폴로어 회로**

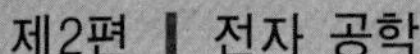

전압 폴로어는 비반전 증폭기를 응용한 회로로서, $V_o = V_s$이고 출력 신호가 입력 신호를 그대로 따라 가기 때문에 전압 폴로어라고 불리며, 버퍼(buffer)로 동작한다. 비반전 증폭기의 입·출력 관계식은

$$V_o = \left(1 + \frac{R_f}{R}\right) \cdot V_s$$

인데, 여기서, $R_f = 0$, $R = \infty$이므로,

$$\therefore\ V_o = V_s$$

가 된다.

단원핵심문제

1 차동 증폭기 회로에 대한 설명 중 틀린 것은?

㉮ $V_1 - V_2$의 전압차에 비례하는 제3의 신호를 얻을 수 있는 회로이다.

㉯ 위상 반전 회로의 양극에 나타나는 대칭적인 신호를 변환하거나 비대칭적인 신호를 다시 환원할 때 사용된다.

㉰ 두 개의 입력 단자 V_1과 V_2를 갖고 있다.

㉱ $V_1 - V_2$ 차의 전압에 반비례한다.

KEY POINT

➲ 차동 증폭기의 출력은 $V_1 - V_2$의 전압차에 비례하는 제3의 신호를 얻을 수 있는 회로

$V_1 - V_2$ 차의 전압에 비례하는 출력을 얻는다.

2 차동 증폭기에서 동상 제거비(common mode rejection ration)를 나타내는 식으로 옳은 것은? (단, A_c는 동상 이득(common mode gain), A_d는 역상 이득(differential mode gain)이다.)

㉮ $\text{CMRR} = \dfrac{A_d}{A_c}$

㉯ $\text{CMRR} = \dfrac{A_c}{A_d}$

㉰ $\text{CMRR} = A_c A_d$

㉱ $\text{CMRR} = A_d - A_c$

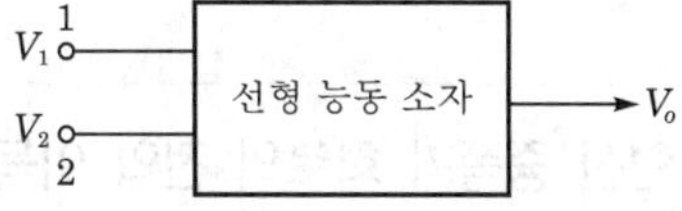

KEY POINT

➲ 동상 신호 제거비(CMRR) : 2개의 입력 단자에 걸리는 불필요한 잡음 신호의 제거 성능을 규명하는데 쓰이는 동작량

$$\text{CMRR} = \frac{A_d}{A_c} \quad \text{또는} \quad \text{CMRR} = 20\log\frac{A_d}{A_c}\ [\text{dB}]$$

정답 : 1.㉱ 2.㉮

차동 증폭기(differential amplifier)가 갖추어야 할 조건 중 틀린 것은?

㉮ 드리프트를 줄여야 한다. ㉯ 차동 이득을 작게 해야 한다.
㉰ 동위상 이득을 작게 해야 한다. ㉱ CMRR을 크게 해야 한다.

KEY POINT

➜ 차동 이득은 크게 한다.

해설 드리프트는 과도 현상에 의한 불평형을 의미하므로 줄여야 하며, 동위상 이득은 작게, 이론적으로는 "0"이 좋으나 실제적으로는 매우 작은 값이며 CMRR은 ∞이다.

연산 증폭기의 성질에 관한 설명 중에서 틀린 것은?

㉮ 전압 이득이 매우 작다. ㉯ 입력 임피던스가 매우 작다.
㉰ 출력 임피던스가 매우 작다. ㉱ 입력 임피던스가 매우 크다.

KEY POINT

➜ 이상적인 연산 증폭기의 특징

① 입력 임피던스 $R_i=\infty$
② 개방 회로의 전압 이득 $A_v=\infty$
③ 온도에 의한 드리프트 현상이 없다.
④ 출력 임피던스 $R_o=0$
⑤ 두 입력의 크기가 같으면 출력이 0이다.
⑥ 동상 신호 제거비(CMRR) : CMRR=∞

해설 입력 임피던스가 매우 크다.

다음의 연산 증폭기 회로의 전압 이득 V_o/V_i는?

㉮ R_2/R_1
㉯ $-R_2/R_1$
㉰ R_1/R_2
㉱ $-R_1/R_2$

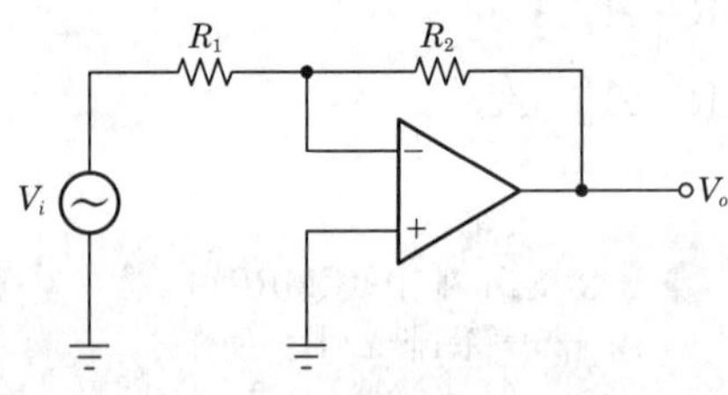

KEY POINT

➜ 반전 연산 증폭기이다.

정답 : 3.㉯ 4.㉯ 5.㉯

해설 출력 $V_o = -R_2 \cdot \dfrac{V_i}{R_1} = -\dfrac{R_2}{R_1} V_i$

$\therefore \dfrac{V_o}{V_i} = -\dfrac{R_2}{R_1}$

6 다음 연산 증폭기의 전압 이득 V_o/V_i는?

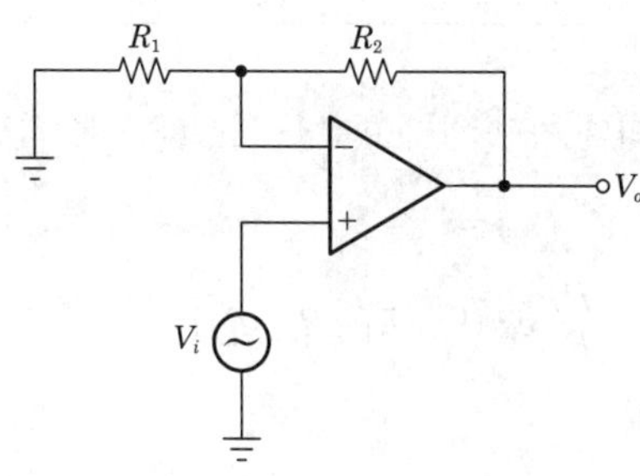

㉮ $1+(R_1/R_2)$　　㉯ $-(R_1/R_2)$
㉰ $1+(R_2/R_1)$　　㉱ $-(R_2/R_1)$

KEY POINT

비반전 연산 증폭기이다.

해설 전압 분배 법칙을 적용하면

$\dfrac{R_1}{R_1+R_2} \cdot V_o = V_i$

$\therefore V_o = \dfrac{R_1+R_2}{R_1} V_i = \left(1+\dfrac{R_2}{R_1}\right) V_i$

$\because \dfrac{V_o}{V_i} = 1+\dfrac{R_2}{R_1}$

7 다음 회로의 명칭은?

㉮ 가산 회로
㉯ 적분 회로
㉰ 미분 회로
㉱ 감산 회로

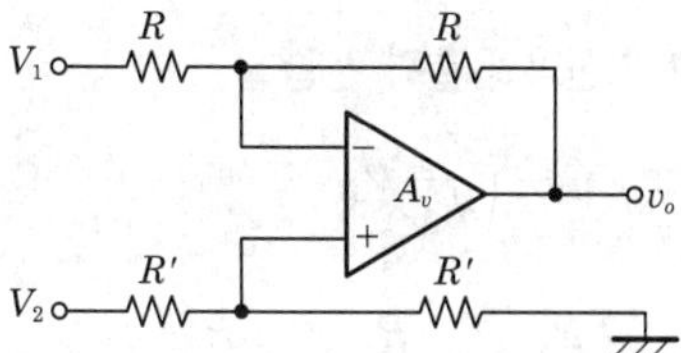

KEY POINT

감산 회로(차동 증폭기)이다.

정답 : 6.㉰ 7.㉱

8 다음 연산 회로의 출력 e_o는?

㉮ 5[V]
㉯ 10[V]
㉰ −15[V]
㉱ −20[V]

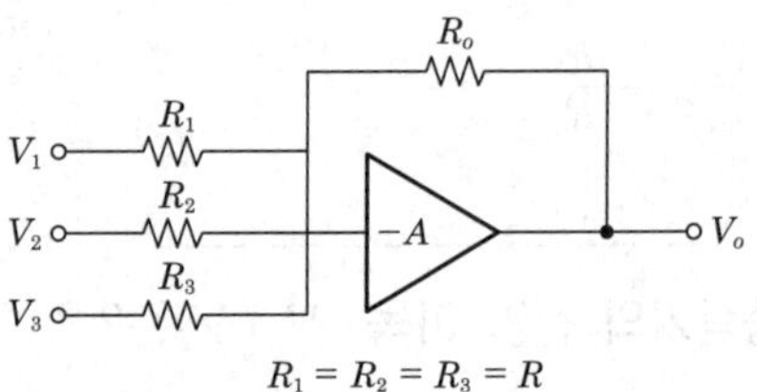

KEY POINT

➲ 중첩 원리와 가상 접지 이론을 적용하면 본 회로는 두 개의 반전 증폭기의 합임을 알 수 있다.

해설 $e_o = -\frac{R_f}{R_1}e_1 - \frac{R_f}{R_2}e_2$ (단, $R_1 = R_2 = R_f$)

$= -(e_1 + e_2)$

$= -(5+10)$

$= -15[V]$

9 그림과 같은 연산 증폭기에서 출력 전압 V_o를 나타낸 것은? (단, V_1, V_2, V_3는 입력 신호이고, A는 연산 증폭기의 이득이다.)

㉮ $V_o = \frac{R_o}{3R}(V_1 + V_2 + V_3)$

㉯ $V_o = \frac{R}{R_o}(V_1 + V_2 + V_3)$

㉰ $V_o = \frac{R_o}{R}(V_1 + V_2 + V_3)$

㉱ $V_o = -\frac{R_o}{R}(V_1 + V_2 + V_3)$

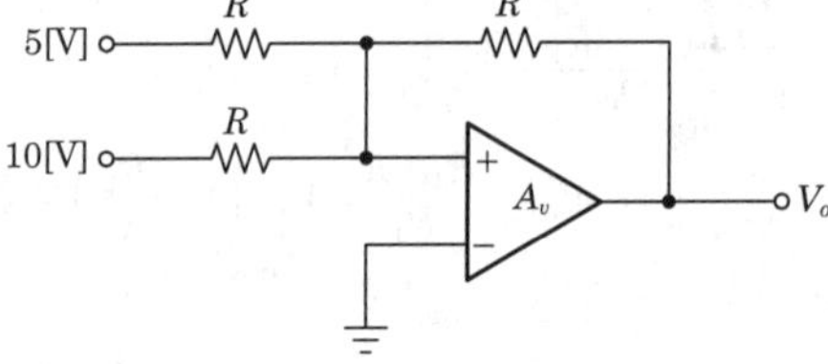

KEY POINT

➲ 가산기의 출력 전압

$V_o = -\left(\frac{R_o}{R_1}V_1 + \frac{R_o}{R_2}V_2 + \frac{R_o}{R_3}V_3\right)$

해설 $V_o = -\left(\frac{R_o}{R_1}V_1 + \frac{R_o}{R_2}V_2 + \frac{R_o}{R_3}V_3\right)$ ($R_1 = R_2 = R_3 = R$이므로)

$= -\frac{R_o}{R}(V_1 + V_2 + V_3)$

정답 : 8.㉰ 9.㉱

10 다음과 같은 연산 증폭 회로에서 출력 전압 V_o는?

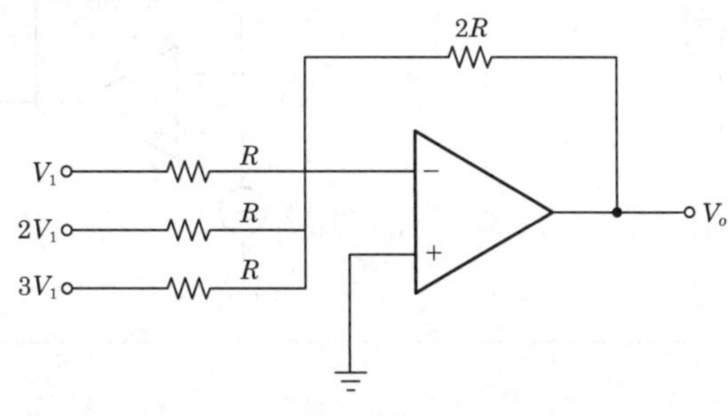

㉮ $+6V_1$　　㉯ $-6V_1$

㉰ $+12V_1$　　㉱ $-12V_1$

KEY POINT

➡ 가산기의 출력 전압은 가상 접지 이론을 적용하여 구한다.

해설 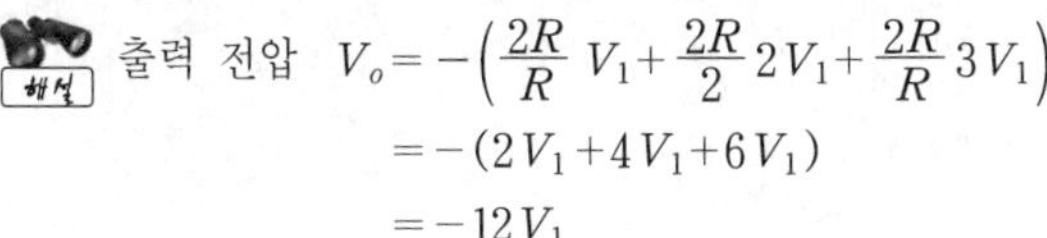

출력 전압 $V_o = -\left(\frac{2R}{R}V_1 + \frac{2R}{2}2V_1 + \frac{2R}{R}3V_1\right)$

$= -(2V_1 + 4V_1 + 6V_1)$

$= -12V_1$

11 다음 회로의 명칭은?

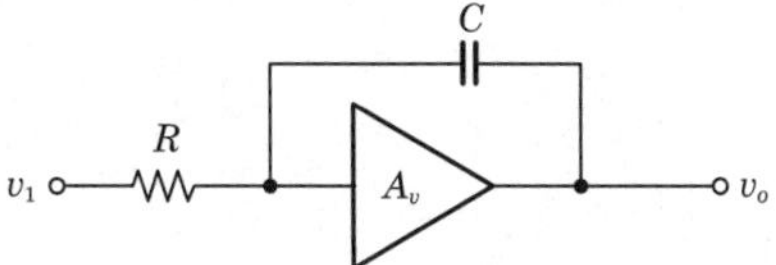

㉮ 가산 회로　　㉯ 미분 회로

㉰ 적분 회로　　㉱ 부호 방전 회로

KEY POINT

➡ 가상 접지에 의해

$V_o = -\frac{1}{R_c}\int V_i dt$

즉, 출력 신호 V_o는 입력 신호 V_i의 적분 형태이다.

해설 V_o와 V_i가 적분 형태이므로 적분기라 한다.

12 **다음 회로의 명칭은?**

㉮ 비반전 증폭기
㉯ 반전 증폭기
㉰ 전압 폴로어
㉱ 적분기

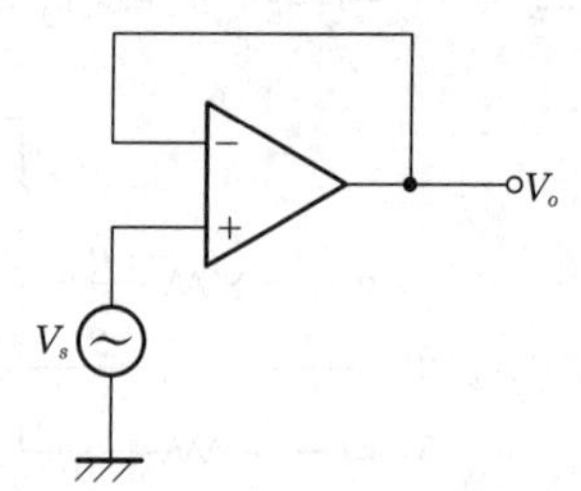

KEY POINT

$V_o = V_s$

즉, 출력 신호가 입력 신호를 그대로 따라가기 때문에 전압 폴로어라 한다.

전압 폴로어(voltage follower)이다.

 정답 : 12.㉰

제 6 장
증폭 회로

1 트랜지스터의 특성

(1) 전류 증폭률

증폭이란 입력 신호에 대한 출력 신호의 비를 말한다.

① $C-B$시 정류 증폭률

$$\alpha=\frac{I_C}{I_E}=\frac{\beta}{1+\beta}\ (\alpha=0.95\sim0.99\approx1)$$

② $C-E$시 전류 증폭률

$$\beta=\frac{I_C}{I_B}=\frac{\alpha}{1-\alpha}\ (\beta\approx20\sim200)$$

③ $I_E=I_R+I_C$

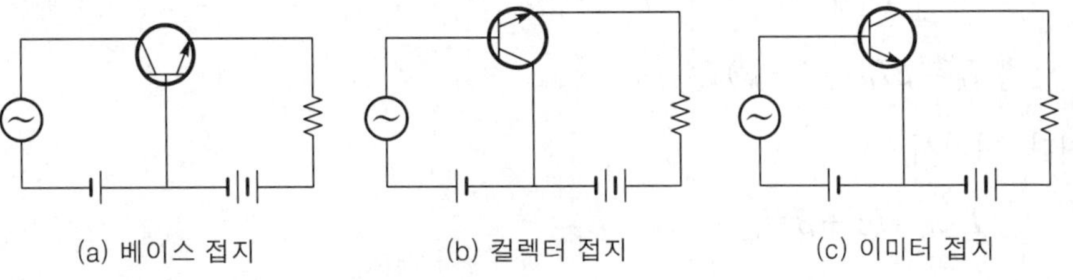

그림 ⬆ 2-136 **각각의 접지 회로**

(2) 출력 전류

① **컬렉터 누설 전류**(I_{CO}) : $C-B$시 이미터를 개방하고 컬렉터와 베이스 사이에 역전압을 인가하였을 때 컬렉터에 흐르는 전류를 컬렉터 누설 전류 또는 차단 전류 I_{CBO} 또는 I_{CO}라 한다.

㉮ Si Tr : 0.1~0.01[μA]

㉯ Ge Tr : 10[μA] 이하

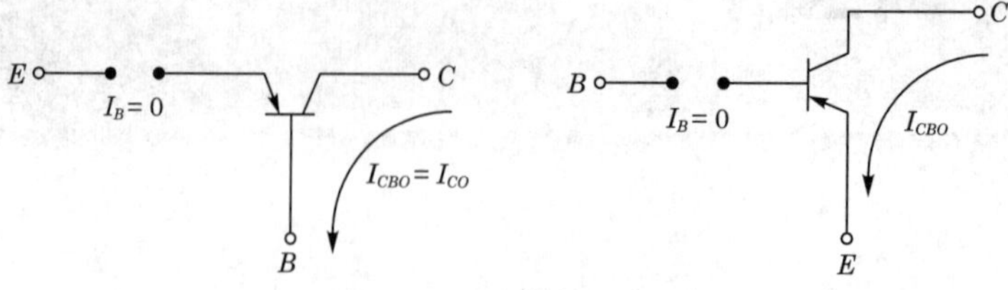

그림 ⬆ 2-137 **컬렉터 누설 전류**

② **출력 전류(I_C)** : 출력 전류 I_C의 해석은 다음과 같다.

$$I_C = I_{C\,다수\ 캐리어} + I_{C\,소수\ 캐리어}$$

따라서,

$C-B$시 $I_C = \alpha I_E + I_{CBO}$

$C-E$시 $I_C = \beta I_B + I_{CEO}$

이다. $C-B$시 I_C를 $C-E$시 I_C로 변환하면

$$I_C = \alpha I_E + I_{CBO} = \alpha(I_B + I_C) + I_{CBO}$$

$$(1-\alpha)I_C = \alpha I_B + I_{CBO}$$

$$I_C = \frac{\alpha}{1-\alpha} \cdot I_B + \frac{1}{1-\alpha} \cdot I_{CBO}$$

$$I_C = \beta I_B + (1+\beta)I_{CO}$$

이다. 여기서,

$$I_{CEO} = (1+\beta)I_{CBO}$$

이다.

(3) 차단 주파수

주파수를 서서히 증가시키면 트랜지스터 내를 운동하는 전자나 정공의 속도가 진공관 내에서 운동하는 캐리어에 비해 느리기 때문에 전류 증폭률은 감소하게 된다. 즉, 신호 주파수가 커지면 전류 증폭률은 저하하게 되는데, 이때 최대 증폭률의 70.7%가 될 때의 주파수를 차단 주파수라 한다. 이 차단 주파수는 트랜지스터가 증폭할 수 있는 최고 한계의 주파수를 나타낸다. $C-E$의 차단 주파수 f_α와 $C-B$의 차단 주파수 f_β와의 관계는 다음과 같다.

$$\alpha \cdot f_\alpha = \beta \cdot f_\beta$$

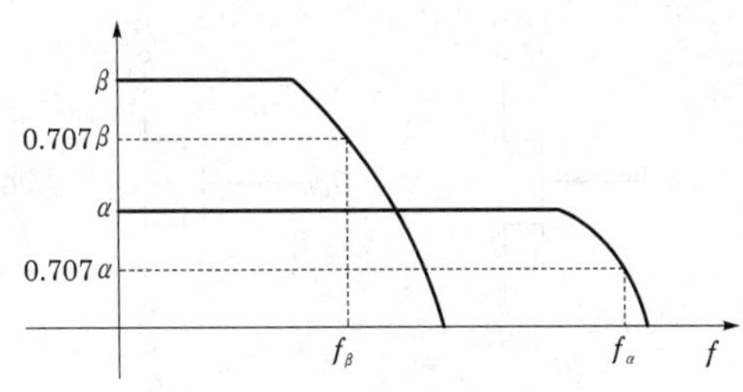

그림 ⬆ 2-138 **차단 주파수의 특성 곡선**

(4) 고주파 특성

트랜지스터의 어느 주파수대까지 증폭이 가능한가 하는 것을 고주파 특성이라 하며, 차단 주파수로 결정한다. 따라서, $C-B$시 차단 주파수 f_α는 다음과 같다.

$$f_\alpha = \frac{D}{\pi \cdot {W_b}^2}$$

여기서, D : 전자 또는 정공의 확산 계수

W_b : 베이스 폭

(5) FET(전계 효과 트랜지스터)

① FET의 특징

㉮ 입력 임피던스가 높다.

㉯ 다수 캐리어에 의해 전류가 흐르므로 단극성(unipolar) 소자이다.

㉰ 전압 제어 방식이다.

㉱ 특성이 열적으로 안정하고 잡음이 적다.

㉲ 이득, 대역폭 적(積)이 작다.

② FET의 종류와 구조

㉮ **채널에 따라**

㉠ P－채널

㉡ N－채널

㉯ **제법에 따라**

㉠ 접합형 FET(J FET)

㉡ MOS형 FET

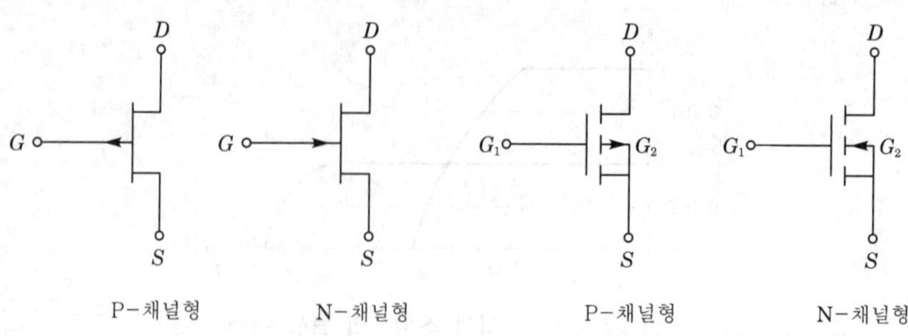

그림 ⬆ 2-139 **FET의 구조**

③ FET 소신호 모델

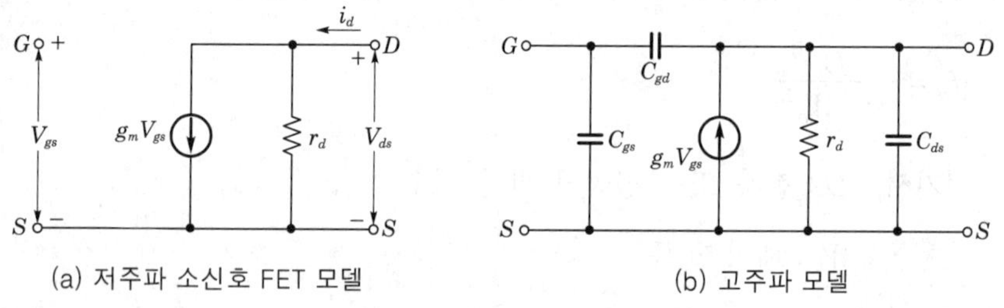

그림 ⬆ 2-140 **FET 소신호 모델**

㉮ 드레인 전류

$$i_D = f(v_{GS},\ v_{DS})$$

$$\Delta i_D = \frac{\partial i_D}{\partial v_{GS}}\bigg|_{V_{DS}} \Delta v_{GS} + \frac{\partial i_D}{\partial v_{DS}}\bigg|_{V_{GS}} \Delta v_{DS}$$

$$i_d = g_m v_{RS} + \frac{v_{ds}}{r_d},\quad \mu = g_m r_d$$

㉯ FET 정수

㉠ 상호 컨덕턴스 : $g_m = \frac{\partial I_D}{\partial V_{GS}}\bigg|_{V_{DS}=\text{일정}}$

㉡ 드레인 저항 : $r_d = \frac{\partial V_{DS}}{\partial I_D}\bigg|_{V_{GS}=\text{일정}}$

㉢ 증폭 정수 : $\mu_d = \frac{\partial V_{DS}}{\partial V_{GS}}\bigg|_{I_D=\text{일정}}$

2 바이어스 회로

(1) 바이어스(Bias)의 특성

① **바이어스** : 진공관, 트랜지스터 등을 동작시킬 때 목적한 동작 상태로 하기 위하여 걸어주는 전압 또는 전류

② **안정 계수** : 바이어스 회로의 안정화 정도

$$S=\frac{\Delta I_C}{\Delta I_{CO}}$$ (S가 작을수록 좋다.)

(2) 고정 바이어스(Fixed Bias) 회로

바이어스 저항 R_B를 고정 전원 V_{CC}에 접속하는 방법으로 베이스 전류 바이어스라고 한다. 이러한 회로는 매우 간단하여 회로의 손실은 적으나 불안정하여 잘 사용되지 않는다.

※ V_{BE}의 크기 $\begin{cases} \text{Ge : 0.3[V] 정도} \\ \text{Si : 0.7[V] 정도} \end{cases}$

① 동작점에서 베이스 전류(I_B)

$$I_B \doteqdot \frac{V_{CC}}{R_B} \quad (V_{CC} \gg V_{BE}\text{일 때})$$

② 안정 계수(지수)

$$S=\frac{\Delta I_C}{\Delta I_{CO}}=1+\beta$$ (안정 계수는 작을수록 좋다.)

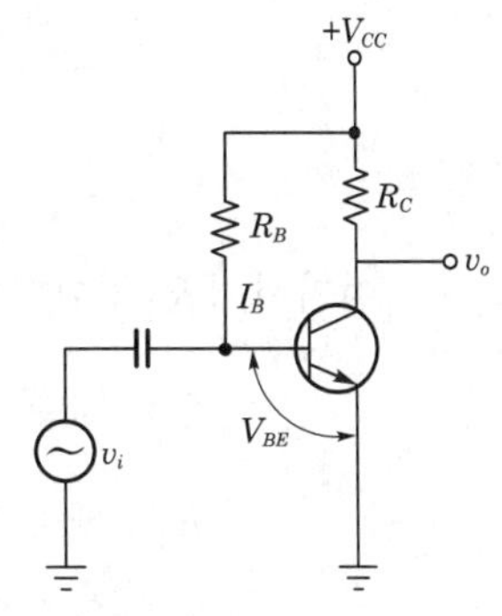

그림 2-141 고정 바이어스

(3) 전압 되먹임(궤환) 바이어스(컬렉터－베이스 바이어스)

출력측의 전압을 저항 R_B로 되먹임시켜 바이어스에 안정을 꾀한 회로로 온도 상승으로 인한 컬렉터 전류 증가를 상쇄시키기 위하여 전압이 되먹임되도록 한다.

① 베이스 전류(I_B)

$$I_B=\frac{V_{CC}-I_C R_C}{R_B}\text{[A]}$$

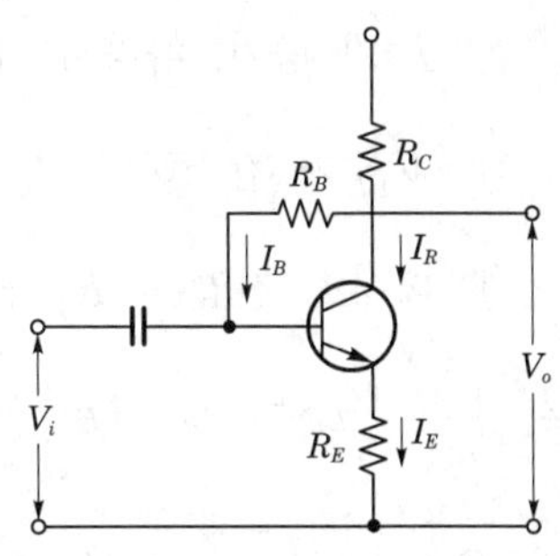

그림 2-142 전압 되먹임 바이어스

② 안정 계수

$$S=\frac{1+\beta}{1+\beta\left(\frac{R_C}{R_B+R_C}\right)}$$

(4) 전류 되먹임(궤환) 바이어스(이미터 바이어스)

셀프 바이어스(Self-bias)라고도 하며, 고정 바이어스 회로에 R_E에 의한 전류 부궤환 회로를 조합시켜 온도 변화에 의한 I_C의 변화가 억제된다.

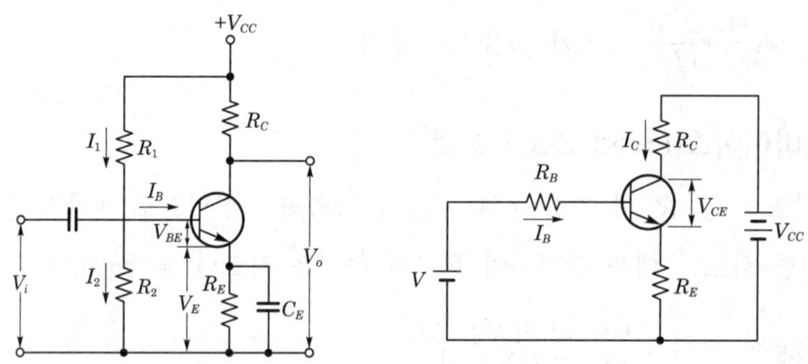

그림 ⬆ 2-143 **전류 되먹임 바이어스**

여기서, R_E : 이미터 안정 저항

C_E : 교류 By pass condenser : R_E 접속에 의한 신호 전류의 손실을 방지

R_1 : 베이스 바이어스 저항

R_2 : 베이스 안정 저항 또는 블리더 저항

① 온도 상승으로 차단 전류 I_{CO} 또는 I_C가 증가하면

㉮ I_E가 증가, 따라서 V_E가 증가하여 V_{BE}가 감소한다.

㉯ V_{BE}가 감소하면 I_C가 감소한다.

㉰ 베이스 전압은 R_1과 R_2에 의해 정해지므로 거의 변함없다.

② $V_i=V_{BE}+V_E,\ \ V_E=V_i-V_{BE},\ \ V_{BE}=V-V_E$

③ $R_1=\frac{V_{CC}-V_i}{I_B+I_2}[\Omega],\ \ R_2=\frac{V_i}{I_2}[\Omega],\ \ R_E=\frac{V_E}{I_C}[\Omega]$

④ $R_B = \frac{R_1 \cdot R_2}{R_1 + R_2}[\Omega]$

⑤ 안정 계수

$$S = (1+\beta)\frac{1-\alpha}{1+\beta+\alpha},\quad \alpha = \frac{R_1 \cdot R_2}{R_E(R_1+R_2)}$$

∴ $\frac{R_1 \cdot R_2}{R_1+R_2}$가 적을수록, R_E가 클수록 동작점은 좋아진다.

(5) 트랜지스터의 h 상수

① h정수에 의한 등가 회로

㉮ 출력 단자를 단락했을 때의 입력 임피던스[Ω]

$$h_i = \frac{v_i}{i_i}(v_o = 0)$$

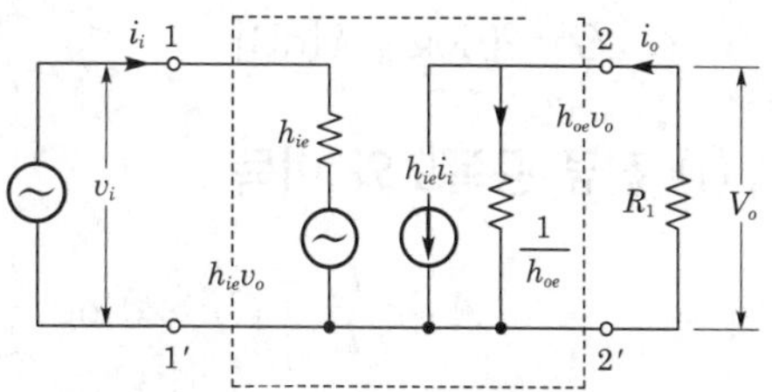

그림 ⬆ 2-144 **h파라미터의 등가 회로**

㉯ 입력 단자를 개방했을 때의 전압 되먹임률

$$h_r = \frac{v_i}{v_o}(i_i = 0)$$

㉰ 출력 단자를 단락했을 때의 전류 증폭률

$$h_f = \frac{i_o}{i_i}(v_o = 0)$$

㉱ 입력 단자를 개방했을 때의 출력 어드미턴스[℧]

$$h_o = \frac{i_o}{v_o}(i_i = 0)$$

② h정수에 의한 회로 해석

㉮ 전류 이득(A_i) : 부하 전류와 입력 전류와의 비(I_o/I_i)로 정의된다.

$$A_i = \frac{I_o}{I_i} = \frac{-I_2}{I_1} = -\frac{h_f}{1+h_oR_L}$$

㉯ 입력 저항(R_i) : 입력 단자에서 증폭기쪽을 본 임피던스로 정의된다.

$$R_i = \frac{V_i}{I_i} = h_i + h_rA_iR_L$$

㉰ **전압 이득(A_v)** : 증폭기의 출력 전압과 입력 전압과의 비(V_2/V_1)로 정의된다.

$$A_v = \frac{V_2}{V_1} = \frac{R_L}{R_i} A_i$$

㉱ **출력 저항(R_o)** : v_s를 단락($v_s=0$)했을 때 출력 어드미턴스 Y_o는 I_2/V_2로 정의된다. 이 때 $R_o = 1/Y_o$이다.

3 증폭도

증폭도는 증폭 회로의 입력 신호에 대한 출력 신호의 비로 나타내며, 이 비를 대수로 표시할 때를 이득[dB]이라 한다.

※ $G = 20\log_{10} A$ [dB]

(1) 전류 증폭도와 이득

$$A_I = \frac{I_o}{I_i}, \quad G_I = 20\log\frac{I_o}{I_i} \text{ [dB]}$$

(2) 전압 증폭도와 이득

$$A_v = \frac{V_o}{V_i}, \quad G_V = 20\log\frac{V_o}{V_i} \text{ [dB]}$$

(3) 전력 증폭도와 이득

$$A_P = \frac{P_o}{P_i}, \quad G_P = 10\log\frac{P_o}{P_i} \text{ [dB]}$$

(4) 다단 증폭기의 종합 증폭도와 종합 이득

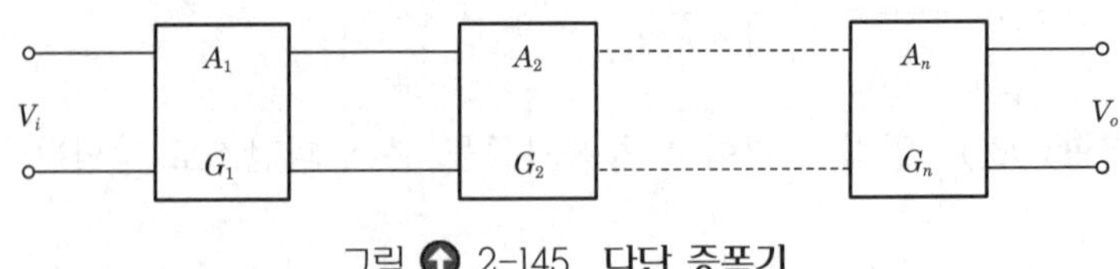

그림 ➊ 2-145 **다단 증폭기**

① 종합 증폭도

$$A = A_1 \cdot A_2 \cdots A_n$$

② 종합 이득

$$G = G_1 + G_2 + \cdots + G_n$$

4 일그러짐 및 잡음 특성

(1) 일그러짐 특성

① **일그러짐** : 출력 파형이 입력 신호 파형과 같지 않을 때를 말한다.

② **진폭 일그러짐(비직선 일그러짐)** : 입력 전압의 과대 또는 동작점의 부적당으로 동작 범위가 특성 곡선의 비직선 부분을 포함하기 때문에 발생한다.

일그러짐률 $K = \dfrac{\sqrt{V_2^2 + V_3^2 + \cdots}}{V_1} \times 100\%$

여기서, V_1 : 기본파의 실효값, V_2, V_3 : 제2, 제3 고주파의 실효값

③ **주파수 일그러짐** : 주파수에 따라 증폭도가 달라짐으로써 발생하는 일그러짐. 증폭 회로 내의 L, C 소자의 리액턴스가 주파수에 따라 변하기 때문에 발생한다.

④ **위상 일그러짐(지연 일그러짐)** : 입력 전압에 포함된 다른 주파수 성분 사이의 위상 관계가 출력쪽에서 다르게 나타나기 때문에 생긴다.

(2) 잡음 특성

① 트랜지스터 잡음

㉮ **산탄 잡음**(shot noise) : 음극에서 양극으로 이동하는 전자의 흐름이 불규칙적이어서 생기는 잡음. 이 잡음은 1[kHz]~[MHz] 정도의 광역에 걸쳐 일정하게 일어나며 이용하는 주파수대가 넓을수록 크다.

㉯ **플리커 잡음**(flicker noise) : 음극 표면의 상태가 고르지 못하여 전자의 방사가 시간적으로 일정하지 않아 발생하는 잡음. 가청 주파수에서만 일어난다.

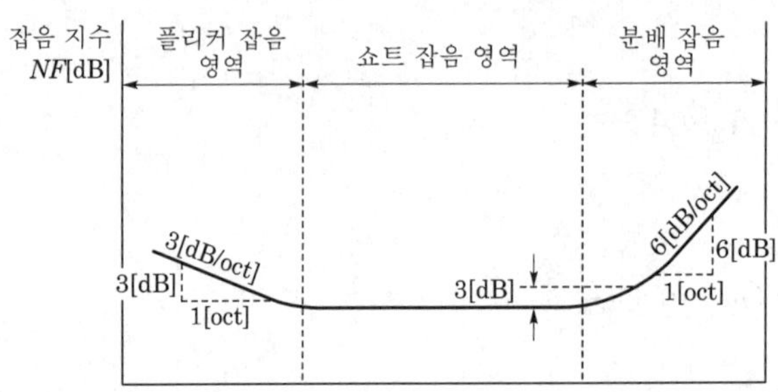

그림 ⬆ 2-146 **트랜지스터 잡음의 주파수 특성**

㉰ **분배 잡음** : 높은 주파수 영역(10[MHz] 이상)에 해당되며 주파수의 자승에 비례로 증가해서 1[oct]당 NF가 6[dB] 증가한다.

② **열 잡음** : 증폭 회로를 구성하는 저항이나 도체 중에서 자유 전자가 온도 상승과 더불어 열 운동을 하기 때문에 발생하는 잡음. 증폭 회로의 특성을 저하시킨다.

실효 잡음 전압 $e=\sqrt{4KTBR}$[V]

여기서, K : 볼츠만 상수, T : 절대 온도, B : 대역폭, R : 저항

③ **잡음 지수(noise figure)** : 증폭기 내부에서 발생하는 잡음이 미치는 영향의 정도

$$\text{잡음 지수 } F=\frac{\frac{S_i}{N_i}}{\frac{S_o}{N_o}}=\frac{\text{입력 신호 전압과 잡음 전압의 비}}{\text{출력 신호 전압과 잡음 전압의 비}}$$

※ 이상적인 잡음 지수 $F=1$(무잡음 상태)

5 증폭 회로의 접지 방식

(1) 이미터 접지 방식

세 가지의 접지 방식 중 비교적 많이 쓰이고 있는 접지 방식이다.

① 전류 이득 및 전압 이득이 모두 1보다 크다.

② 입·출력 저항은 부하 저항과 신호 저항에 따라 그다지 변동하지 않는다.

③ 입·출력 저항은 중간 정도이다.(베이스 접지와 컬렉터 접지 방식에 비해)

④ 전력 이득은 최대이다.

⑤ 입·출력 위상차는 180°이다.

⑥ 차단 주파수 $f_\beta = \frac{f_d}{\beta}$ 이다.

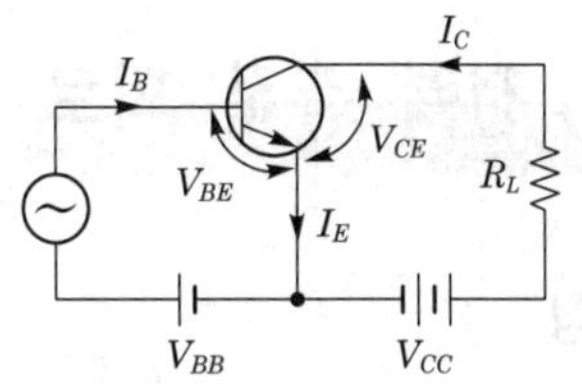

그림 2-147 *CE* 증폭 회로

(2) 베이스 접지 방식

① 전류 이득≒1이다.

② 전압 이득은 크다.

③ 입력 저항은 가장 낮다.

④ 출력 저항은 가장 높다.

⑤ 임피던스 정합용으로 사용한다.

⑥ 입·출력 위상차는 동위상이다.

⑦ 차단 주파수 $f_\alpha = f_\beta \times \beta$로 가장 높다.

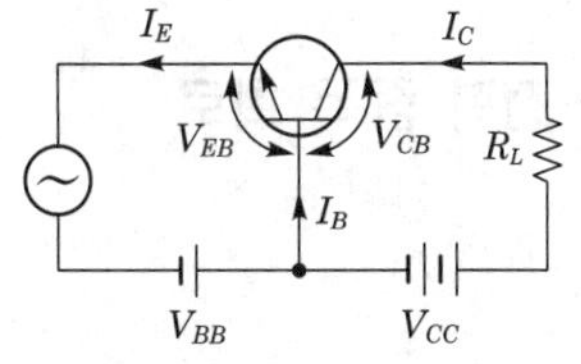

그림 2-148 *CB* 증폭 회로

(3) 이미터 폴로어(컬렉터 접지)

컬렉터 접지 방식으로 전압 증폭이 필요없고 큰 전류 이득이 필요한 회로에 사용한다.

① 입력 임피던스는 매우 높고, 출력 임피던스는 매우 낮다.

② 임피던스 변환을 위한 버퍼단으로 사용된다.

③ 100% 부궤환 회로이다.

④ 전압 이득은 1 이하이다.

⑤ 전류 이득은 최대이다.

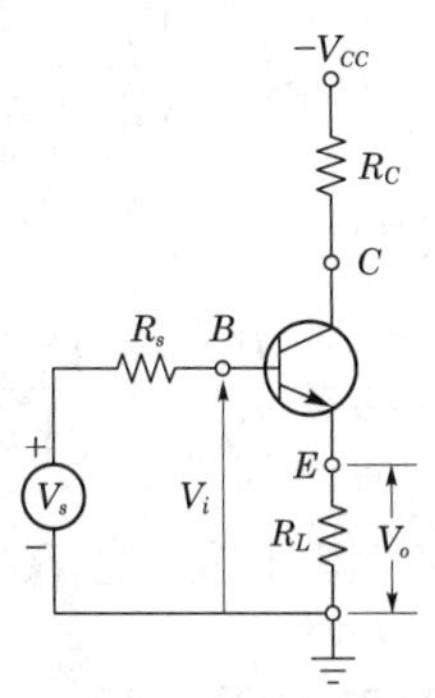

그림 2-149 *CC* 증폭 회로

6 전력 증폭 회로

(1) 특징

① 동조형(고주파 전력 증폭)과 비동조형(저주파 전력 증폭)이 있다.

② 열손실이 매우 크기 때문에 전력 증폭용 TR은 최대 허용 컬렉터 손실이 정해져 있다.

③ 주위의 온도가 상승하면 허용 손실은 매우 작아진다.

(2) A급 전력 증폭 회로

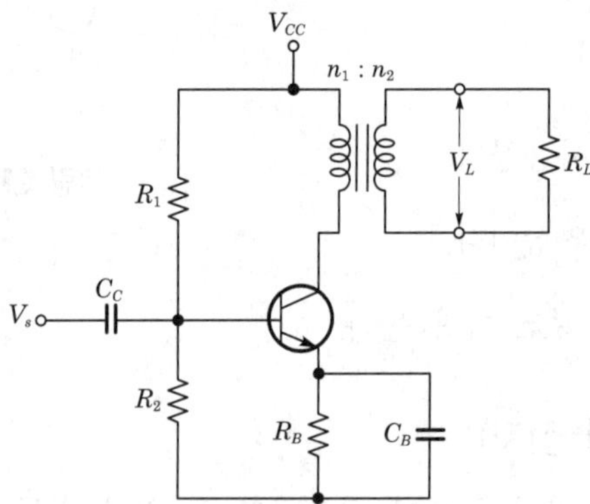

그림 ⬆ 2-150 **변압기 결합 A급 증폭 회로**

① **출력 전력($P_{\max}$)**

$$P_{\max} = \frac{V_m}{\sqrt{2}} \cdot \frac{I_m}{\sqrt{2}} = \frac{{V_{CC}}^2}{2Z_1}$$

② **효율(η)**

$$\eta = \frac{P_{ac}}{P_{dc}} = \frac{V_{CC} \cdot I_{CC}/2}{V_{CC} \cdot I_{CC}} \times 100\% = 50\%$$

③ 이론상 최대 효율은 50%이지만 실제 효율은 30~40% 정도이다.

(3) B급 전력 증폭 회로

① **특징**

㉮ 동작점은 차단 영역이다.

㉯ A급 증폭기에 비해 효율은 좋으나 Self-Bias를 사용하지 못한다.

㉰ Bias 전압이 일정하지 못하여 교차 일그러짐(cross-over)이 생기며, 정현파 입력에 대하여 반주기 동작에만 동작한다.

㉱ 대표적인 증폭 회로로는 Push-Pull 회로가 있다.

㉲ 효율은 78.5%이다.

② Push-Pull 증폭 회로

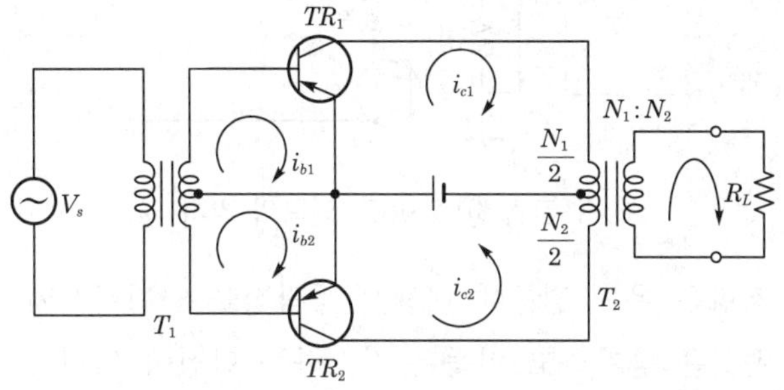

그림 2-151 **Push-Pull 증폭 회로**

㉮ **입력 신호의 (+)반주기** : TR_1은 on 상태, TR_2는 off 상태가 되어 출력에는 Vcc에 의한 i_{C1}만이 흐른다.

㉯ **입력 신호의 (−)반주기** : TR_1은 off 상태, TR_2는 on 상태가 되므로 출력에는 Vcc에 의한 i_{C2}만이 흐른다.

㉰ 2개의 TR은 역위상으로 동작하도록 대칭적으로 연결한다.

㉱ TR 1개에 대한 저항($R_L{}'$)

$$\frac{N_1/2}{N_2} = \sqrt{\frac{R_L{}'}{R_L}}$$

$$\therefore \left(\frac{N_1/2}{N_2}\right)^2 = \frac{R_L{}'}{R_L} \rightarrow R_L{}' = \frac{1}{4}\left(\frac{N_1}{N_2}\right)^2 \cdot R_L[\Omega]$$

㉲ 2개의 TR로 컬렉터 손실을 분산시키므로 출력이 매우 커진다.

㉳ 우수 고주파 성분이 서로 상쇄되어 비직선 일그러짐이 적어진다.

㉴ Cross-Over Distortion(왜곡)

㉠ "0" Bias된 Push-Pull 회로에 정현파 입력을 가할 때 일그러진 파형이 출력에 나온다.

㉡ Cross−Over 일그러짐을 방지하기 위하여 R_1과 R_2 저항을 연결한다.

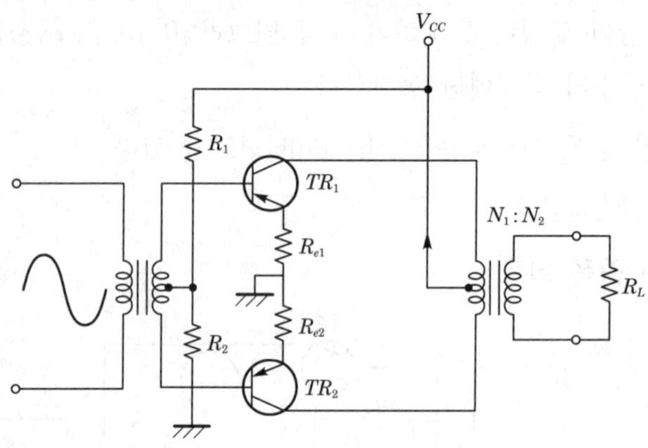

그림 ⬆ 2-152 **왜곡의 방지**

R_{e1}, R_{e2} 저항은 온도 변동에 대해서 동작점을 안정화시키는데 중요한 작용을 하나, 전력 손실은 증가하고 이득은 감소하는 단점이 있다.

③ Push−Pull 회로의 종류

㉮ DEPP(Double Ended Push-Pull) : 위상 반전 회로로서 2개의 TR은 전원에 대해 병렬로 연결하고 부하 저항은 직렬로 연결되어 있다.

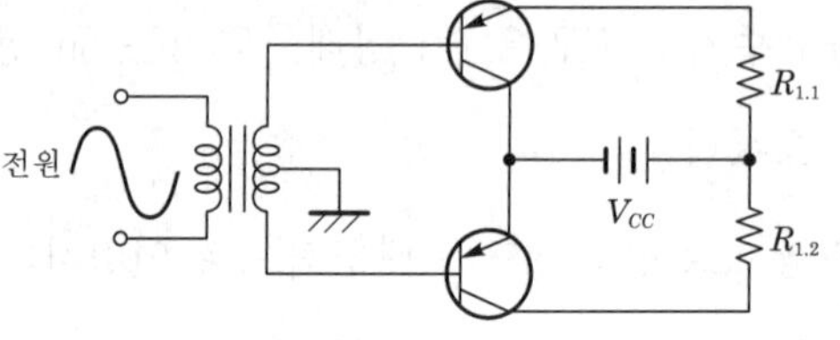

그림 ⬆ 2-153 **DEPP**

㉯ SEPP(Single Ended Push-Pull) : 위상 반전 회로로서 2개의 TR은 전원에 대하여 직렬 연결하고 부하 저항은 병렬로 연결되어 있다.

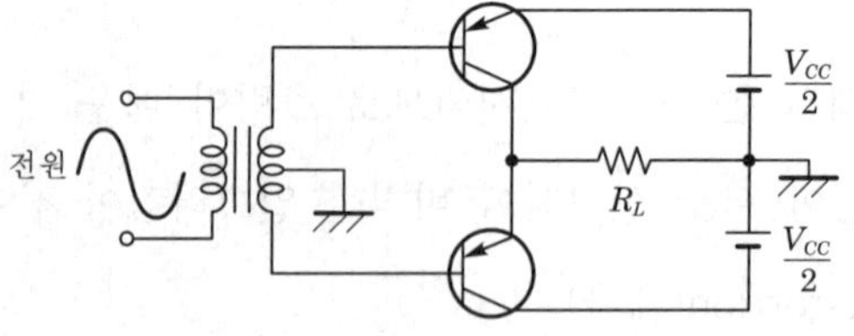

그림 ⬆ 2-154 **SEPP**

㉰ **상보 대칭 SEPP(complementary Symmetry - SEPP) 회로**

㉠ 전력 이득이 매우 크고, 위상 반전 회로가 불필요하다.

㉡ 2개의 TR은 NPN형과 PNP형이며 과부하시 보호 회로가 필요하다.

㉱ OTL(Output Trans Less) **회로**

㉠ 출력측에 트랜스를 사용하지 않고 부하를 연결한 회로이다.

㉡ 출력 트랜스가 없어서 경제적 손실이 없고, 주파수 특성 저하가 없다.

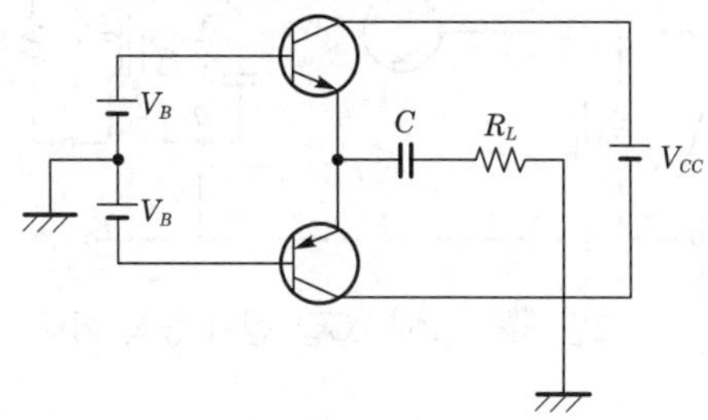

그림 ⬆ 2-155 **OTL 회로**

㉲ OCL(Output Condenser Less)

㉠ OTL을 반전시킨 방식이다.

㉡ 전원으로써 $+\dfrac{Vcc}{2}$, $-\dfrac{Vcc}{2}$의 2전원을 사용해서 출력 콘덴서가 불필요하다.

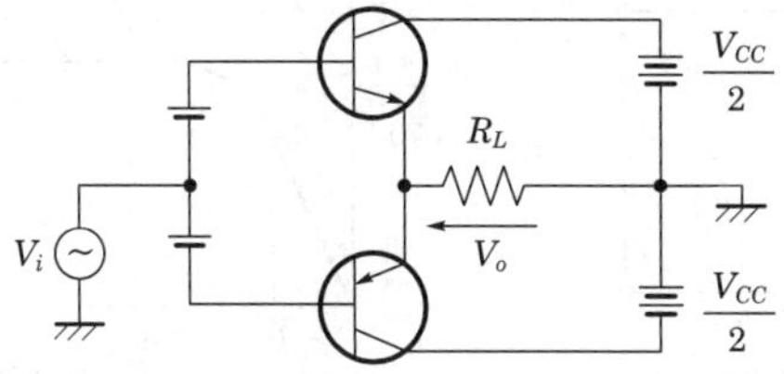

그림 ⬆ 2-156 **OCL 회로**

(4) C급 전력 증폭 회로

① 반주기 동안에만 동작하며, 동작점은 역활성 영역이다.

② 바이어스 전압 또는 전류는 차단점 이하(C급)로 정하므로 출력 전류는 짧은 기간 동안만 흐르게 된다.

③ 출력 전류 파형과 입력 신호 파형이 상당히 다르기 때문에 LC 동조 회로를 기본 주파수에 공진시켜 정현파 출력을 얻는다.

④ B급보다 유통각이 작으며, 효율이 높아 고주파 전력 증폭에 널리 사용한다.

⑤ $\sqrt{\dfrac{R_L}{R_L{}'}} = \dfrac{N_2}{N_1/2}$ 에서 $R_L{}' = \dfrac{1}{4}\left(\dfrac{N_1}{N_2}\right)^2 \cdot R_L[\Omega]$이다.

⑥ 일그러짐이 매우 크다.

⑦ 효율은 78.5% 이상이다.

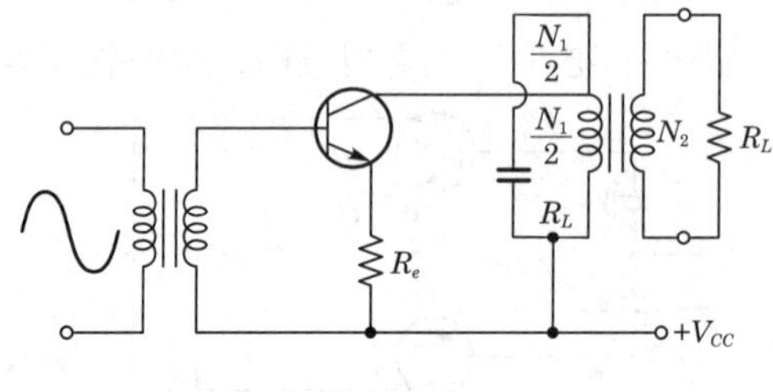

그림 ⬆ 2-157 **C급 전력 증폭 회로**

7 증폭 회로의 주파수 응답

(1) 저주파 응답

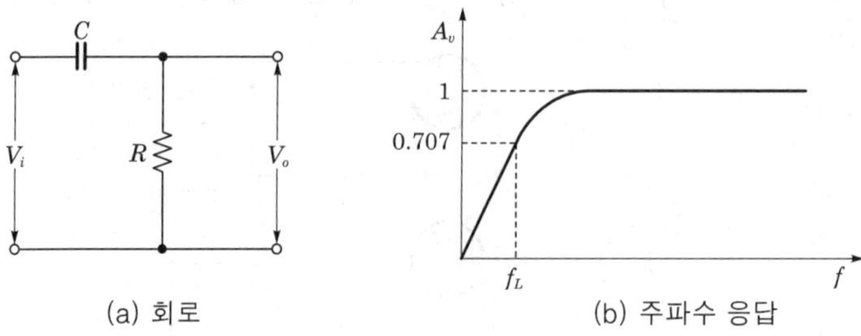

(a) 회로 (b) 주파수 응답

그림 ⬆ 2-158 **고역 통과 RC 회로**

위의 그림은 미분 회로로서 전압 증폭도 A_v는 다음과 같다.

$$A_v = \frac{v_o}{v_i} = \frac{R}{R + \dfrac{1}{SC}} = \frac{1}{1 + \dfrac{1}{SRC}}$$

$$= \frac{1}{1 + \dfrac{1}{j\omega RC}} = \frac{1}{1 - j\dfrac{1}{2\pi fRC}} = \frac{1}{1 - j\dfrac{f_L}{f}}$$

여기서, $f_L = \dfrac{1}{2\pi RC}$ (저역 차단 주파수)이므로, A_v의 크기 $|A_v|$와 위상각 θ는

$$|A_v| = \frac{1}{\sqrt{1+\left(\dfrac{f_L}{f}\right)^2}}$$

$$\theta = \tan^{-1}\frac{f_L}{f}$$

이다.

따라서, $f = f_L$이면 $|A_v| = \dfrac{1}{\sqrt{2}} = 0.707 \rightarrow -3[\text{dB}]$이므로 저역 차단 주파수 f_L은 중역 주파수 대역 이득의 0.707배만큼 이득이 감소하는 주파수이다.

(2) 고주파 응답

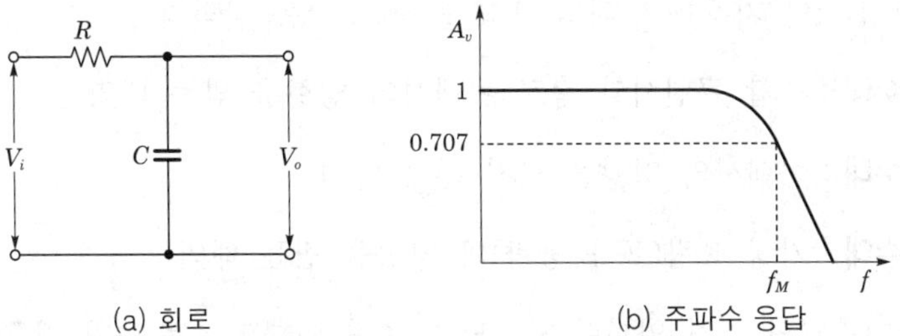

그림 2-159 **저역 통과 RC 회로**

위의 그림은 적분 회로로서 전압 증폭도 A_v는 다음과 같다.

$$A_v = \frac{v_o}{v_i} = \frac{\dfrac{1}{SC}}{R + \dfrac{1}{SC}}$$

$$= \frac{1}{1+SRC} = \frac{1}{1+j\omega RC} = \frac{1}{1+j\dfrac{f}{f_H}}$$

여기서, $f_H = \dfrac{1}{2\pi RC}$ (고역 차단 주파수)이므로, A_v의 크기 $|A_v|$와 위상각 θ는

$$|A_v| = \frac{1}{\sqrt{1+\left(\dfrac{f}{f_H}\right)^2}}$$

$$\theta = \tan^{-1}\frac{f}{f_H}$$

이다.

여기서, $f = f_H$이면 $|A_v| = 0.707$이므로 고역 차단 주파수 f_H는 중역 대역 이득의 0.707 배만큼 감소하는 주파수를 말한다.

(3) 대역폭

f_H에서 f_L까지의 주파수 영역을 대역폭 BW(Band Width)라 한다. 즉,

$$BW = f_H - f_L$$

이다.

(4) 저주파 증폭 회로

20[Hz]~20[kHz]의 저주파 범위의 대역을 갖는 것을 말한다.

① **저역 주파수대** : 결합 콘덴서와 측로 콘덴서의 영향을 받는 대역

② **중역 주파수대** : 콘덴서의 영향을 받지 않는 영역

③ **고역 주파수대** : 기생 용량(표유 용량)의 영향을 받는 대역

④ **특징** : 트랜지스터의 입력 임피던스는 낮고 출력 임피던스는 높기 때문에 임피던스 부정합에 의해 손실이 생기므로, 이득이 저하되고 부하 저항에 의한 직류 손실도 커져서 효율은 나쁘나 주파수 특성이 좋다.

(5) 고주파 증폭 회로

무선 통신에 사용되는 전파로 약 20[kHz]~수만[MHz] 정도의 고주파수를 이용하여 증폭하는 회로로 어느 일정한 주파수 근처만을 선택하여 증폭함으로 부하로는 주파수 선택권을 갖는 공진 회로(동조 회로)를 이용한다.

① **주파수 응답**

㉮ **선택도(Q)**

$$A_v = \frac{\omega L}{R} = \frac{1}{\omega CR} = \frac{1}{R}\sqrt{\frac{L}{C}} = \frac{f_r}{BW} \ (BW : \text{대역폭})$$

㉯ 공진 주파수

$$f_r = \frac{1}{2\pi\sqrt{LC}}\left(\because\ \omega L = \frac{1}{\omega C}\right)$$

② **동조 회로** : 단동조 증폭 회로, 복동조 증폭 회로, 스태커 동조 증폭 회로

③ **중화 회로** : 정궤환으로 동작이 불안정하고 자기 발진을 일으키는 현상을 방지하기 위하여 설치하는 콘덴서이다.

(6) 보상 회로

CE 증폭 회로에 적당한 *R*, *L*, *C*를 추가하면 증폭기의 대역폭을 넓힐 수 있는 광대역 증폭기로 사용할 수 있는데 이러한 증폭기를 보상 증폭기라 한다.

① **저주파 보상 회로**

② **고주파 보상 회로** : 병렬 피킹(Peaking)법, 직렬 피킹법

단원핵심문제

1 동조 회로에서 L이 180[μH], 코일의 저항이 10[Ω]인 때의 주파수는 1,000[kHz]이다. 이 회로의 Q는?

㉮ 113　　㉯ 123
㉰ 136　　㉱ 146

KEY POINT

➲ 선택도

$$Q=\frac{\omega L}{R}$$

해설 $Q=\frac{\omega L}{R}=\frac{2\times 3.14\times 10^{6}\times 180\times 10^{-6}}{10}\fallingdotseq 113$

2 다음 중 FET와 관계가 없는 것은?

㉮ 입력 임피던스가 높다.　　㉯ 전류 제어 방식이다.
㉰ 단극성 소자이다.　　㉱ 접합 트랜지스터보다 잡음이 적다.

KEY POINT

➲ ① FET의 특징
㉮ 입력 임피던스가 높다.
㉯ 단극성(unipolar) 소자이다.
㉰ 전압 제어 방식이다.
㉱ 특성이 열적으로 안정하고 잡음이 적다.
㉲ 이득, 대역폭 적이 작다.

② BJT의 특징
㉮ 입력 임피던스가 낮다.
㉯ 쌍극성(bipolar) 소자이다.
㉰ 전류 제어 방식이다.
㉱ 열에 약하다.
㉲ 이득, 대역폭 적이 크다.

해설 FET는 전압 제어 방식이다.

 정답 : 1.㉮ 2.㉯

주파수 일그러짐과 관계가 가장 깊은 것은?

㉮ 힘　　㉯ 저항

㉰ 리드선　　㉱ 리액턴스

KEY POINT

일그러짐의 종류

① 진폭 일그러짐 : 입력 전압의 과대 또는 동작점의 부적당으로 동작 범위가 특성 곡선의 비직선 부분을 포함하기 위해 발생한다.

② 주파수 일그러짐 : 주파수에 따라 증폭도가 달라짐으로써 발생하는 일그러짐으로 증폭 회로 내의 L, C 소자의 리액턴스가 주파수에 따라 변하기 때문에 발생한다.

③ 위상 일그러짐(지연 일그러짐) : 입력 전압에 포함된 다른 주파수 성분 사이의 위상 관계가 출력쪽에서 다르게 나타나기 때문에 발생한다.

주파수 일그러짐은 증폭 회로 내의 L, C 소자의 리액턴스가 주파수에 따라 변하기 때문에 발생한다.

그림과 같은 회로의 입력 임피던스는 몇 [kΩ]인가? (단, $h_{ie}=3$[kΩ], $\beta = h_{fe} = 50$이다.)

㉮ 3.45

㉯ 4.76

㉰ 5.32

㉱ 6.90

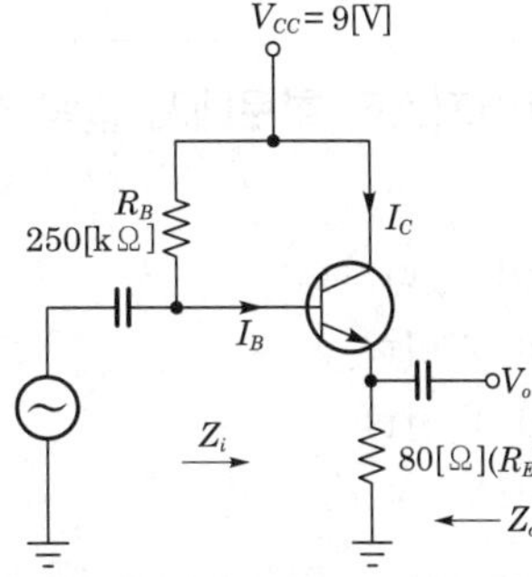

KEY POINT

$$I_B = \frac{V_{CC} - V_{BE}}{R_B + \beta R_E}, \quad I_E \simeq I_C = \beta I_B$$

$$r_e = \frac{26\,[\text{mV}]}{I_E}, \quad Z_i \simeq \beta(r_e + R_E)[\Omega]\text{이다.}$$

단, r_e는 이미터의 등가 내부 저항이다.

$$I_B = \frac{V_{CC} - V_{BE}}{R_E + \beta R_E} = \frac{9 - 0.7}{250 \times 10^3 + 50 \times 80} \fallingdotseq 0.03268\,[\text{mA}]$$

$$I_E \cong I_C = \beta I_B = 50(0.03268 \times 10^{-3}) = 1.634\,[\text{mA}]$$

$$r_E = \frac{26\,[\text{mV}]}{I_E} = \frac{26}{1.634} \fallingdotseq 15.9[\Omega]$$

$$\therefore\ Z_j \cong \beta(r_e + R_E) = 50(15.9 + 80) = 4,795[\Omega]$$

∴ 4.795[Ω]이므로 약 4.76[Ω]

정답 : 3.㉱ 4.㉯

 **진폭 찌그러짐이 생기는 이유는?**

㉮ 트랜지스터 또는 FET의 내용 용량에 의해 발생된다.
㉯ 회로의 리액턴스분에 의해 발생된다.
㉰ 회로가 리액턴스 때문에 발생한다.
㉱ 능동 소자의 동특성 곡선의 비직선성에 의해 발생한다.

KEY POINT

일그러짐의 종류

① 진폭 일그러짐 : 입력 전압의 과대 또는 동작점의 부적당으로 동작 범위가 특성 곡선의 비직선 부분을 포함하기 위해 발생한다.
② 주파수 일그러짐 : 주파수에 따라 증폭도가 달라짐으로써 발생하는 일그러짐으로 증폭 회로 내의 L, C 소자의 리액턴스가 주파수에 따라 변하기 때문에 발생한다.
③ 위상 일그러짐(지연 일그러짐) : 입력 전압에 포함된 다른 주파수 성분 사이의 위상 관계가 출력쪽에서 다르게 나타나기 때문에 발생한다.

 진폭 찌그러짐은 입력 전압의 과대 또는 동작점의 부적당으로 동작 범위가 특성 곡선의 비직선 부분을 포함하기 위해 발생한다.

 **베이스 공통 트랜지스터 회로에서 입력 신호 전압과 출력 신호 전압 사이의 위상은 어떻게 되는가?**

㉮ 90° 위상차가 있다.
㉯ 180° 위상차가 있다.
㉰ 270° 위상차가 있다.
㉱ 위상차가 없다.

KEY POINT

베이스 접지 방식

① 전류 이득은 약 1이고, 전압 이득은 크다.
② 입력 저항은 가장 낮고, 출력 저항은 가장 높다.
③ 임피던스 정합용으로 사용한다.

 베이스 접지 방식의 입·출력 위상차는 동위상이다.

  **정답 : 5.㉱ 6.㉱**

2,000[kHz]에 공진하는 공진 회로 코일의 Q가 100이라 하면 회로를 통과하는 −3[dB]의 주파수 대역폭은 몇 [kHz]인가?

㉮ 1,900~2,100
㉯ 2,010~2,015
㉰ 1,980~2,000
㉱ 1,990~2,010

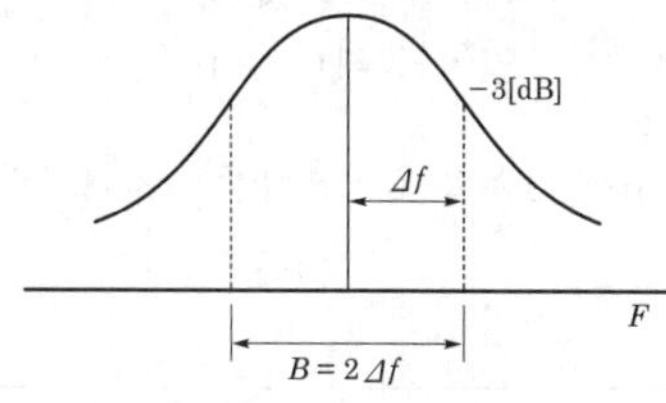

KEY POINT

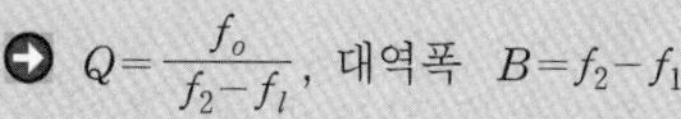

$Q=\frac{f_o}{f_2-f_1}$, 대역폭 $B=f_2-f_1$

$f_o=2,000$[kHz], $B=2\Delta f=f_2-f_1=\frac{f_o}{Q}=\frac{2,000}{100}=20$[kHz]

$\therefore \Delta f=10$[kHz]

증폭기의 저주파 응답을 결정하는 부분은?

㉮ 전압 이득
㉯ 트랜지스터 형태
㉰ 공급 전압
㉱ 결합 커패시터

KEY POINT

저주파 증폭 회로

① 저역 주파수대 : 결합 콘덴서와 측로 콘덴서의 영향을 받는 영역
② 중역 주파수대 : 콘덴서의 영향을 받지 않는 영역
③ 고역 주파수대 : 표유 용량의 영향을 받는 영역

저주파 응답은 결합 커패시터로 결정한다.

그림과 같은 증폭기의 입력 전압과 출력 전압의 위상은?

㉮ 동위상이다.
㉯ 90° 위상차가 있다.
㉰ 150° 위상차가 있다.
㉱ 180° 위상차가 있다.

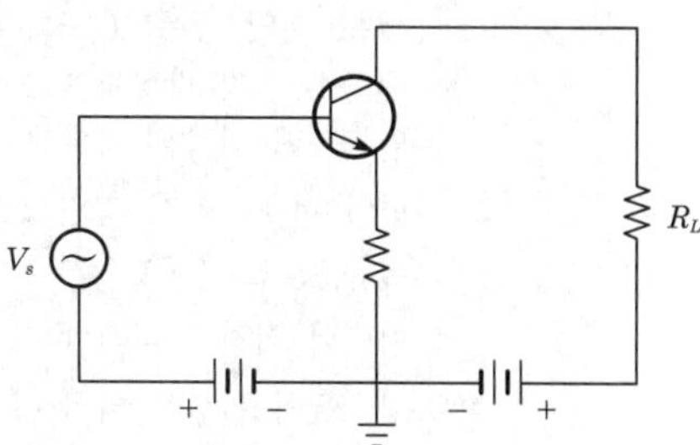

정답 : 7.㉱ 8.㉱ 9.㉱

KEY POINT

➲ 이미터 접지 방식
① 전류 이득 및 전압 이득이 1보다 크다.
② 입·출력 저항은 중간 정도이다.(베이스 접지와 컬렉터 접지에 비하여)
③ 전력 이득이 최대이다.

이미터 접지 방식의 입·출력 위상차는 180°이다.

10 A급 싱글 전력 증폭 회로의 특징으로 틀리는 것은?
㉮ 전원 효율이 최대라도 50%밖에 되지 않는다.
㉯ 이상적인 출력과 같은 크기의 컬렉터 손실을 가지는 트랜지스터를 사용하면 된다.
㉰ 이 회로는 비교적 작은 전력의 증폭 회로에만 사용된다.
㉱ 출력 변성기의 주파수 특성을 좋게 하려면 외형의 크기가 커지게 된다.

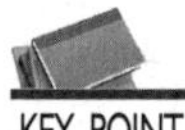
KEY POINT

➲ A급 증폭기
① 파형 일그러짐이 가장 적은 안정된 증폭기이다.
② 이론상의 최대 효율은 50%이지만 실제의 효율은 30~40%이다.
③ 동작점은 활성 영역이며, 완충 증폭기로도 사용된다.

컬렉터 전류가 입력 신호의 1주기 동안 언제나 흐르고 있는 동작 상태를 갖는 증폭 방식이다.

11 다음 접지 회로 방식 중 전류 이득과 전압 이득을 동시에 얻을 수 있는 접지 방식은?

㉮ 이미터 접지 ㉯ 베이스 접지
㉰ 컬렉터 접지 ㉱ 캐소드 폴로어

KEY POINT

➲ 각 접지 방식의 특징
① 이미터 접지(CE ; Common Emitter) 증폭 회로
㉮ 전류, 전압 증폭도(률)가 1보다 크다.
㉯ 베이스 접지 방식과 비교시, 입력 임피던스가 높고 출력 임피던스가 낮다.
㉰ 입·출력 위상은 역위상이다.
② 이미터 저항 R_e를 가진 CE 증폭 회로
㉮ 전류, 전압 증폭도(률)가 1보다 크다.
㉯ 이미터 접지 방식과 비교시, 입력 임피던스가 높아 전압 증폭도가 낮다.
㉰ 입·출력 위상은 역위상이다.

 정답 : 10.㉯ 11.㉮

③ 컬렉터 접지(CC; Common Collector) 증폭 회로=이미터 폴로어(emitter follower) 회로

㉮ 전류 증폭도(률)가 가장 큰 접지 방식이다. → 전력 증폭기로 구동

㉯ 전압 증폭도(률)가 1에 가깝다. → 완충 증폭기(buffer)로 구동

㉰ 입력 임피던스가 높고 출력 임피던스가 낮다.

㉱ 입·출력 위상은 동위상이다.

④ 베이스 접지(CB; Common Base) 증폭 회로

㉮ 전류 증폭도(률)가 1보다 작다

㉯ 전압 증폭도(률)가 1보다 크다.

㉰ 입·출력 위상은 동위상이다.

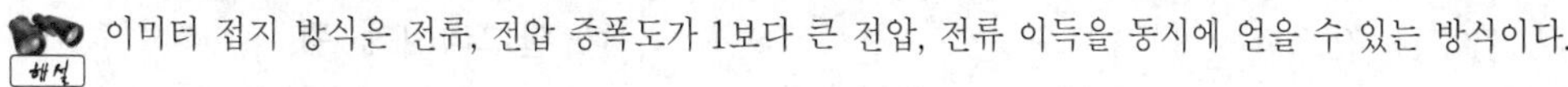

해설 이미터 접지 방식은 전류, 전압 증폭도가 1보다 큰 전압, 전류 이득을 동시에 얻을 수 있는 방식이다.

12 상보 대칭형 SEPP 회로에 대한 설명으로 옳지 않은 것은?

㉮ 전력 이득이 크다.

㉯ 부궤환에 걸려 주파수 특성이 좋다.

㉰ 위상 반전 회로가 필요하다.

㉱ 특성이 같은 NPN과 PNP를 대칭으로 사용한다.

KEY POINT

상보 대칭 SEPP 회로

① Push-Pull 회로의 일종이다.

② 전력 이득이 매우 크다.

③ 입력측 위상 반전 회로가 불필요하다.

④ NPN형과 PNP형 2개의 TR을 사용한다.

⑤ 과부하시 보호 회로가 필요하다.

해설 SEPP 회로는 위상 반전 회로가 필요하나 상보 대칭 SEPP 회로는 위상 반전 회로가 불필요하다.

13 증폭기의 입력 전력이 1[mW]이며, 출력 전력이 10[W]일 때 전력 이득은 몇 [dB]인가?

㉮ 10　　㉯ 20

㉰ 40　　㉱ 80

정답 : 12.㉰ 13.㉰

KEY POINT

① 전력 증폭도 : $A_p = \frac{P_o}{P_i}$

② 전력 이득 : $G_p = 10\log\frac{P_o}{P_i}$ [dB]

해설 전력 이득 $G_p = 10\log\frac{10}{10^{-3}} = 10\log 10^4 = 40$[dB]

FET 증폭기의 전압 이득이 증가할 때 대역폭은 어떻게 되는가?

㉮ 영향을 받지 않음 ㉯ 증가함

㉰ 감소함 ㉱ 일그러지게 됨

KEY POINT

FET의 특징

① 입력 임피던스가 높다.
② 다수 캐리어에 의해 전류가 흐르므로 단극성 소자이다.
③ 전압 제어 방식이다.
④ 열에 강하고 잡음이 적다.
⑤ 이득, 대역폭이 적다.

해설 전압 이득이 증가하면 대역폭은 감소한다.

15 **그림과 같이 증폭기를 3단 접속하여 첫 단의 증폭기 A_1에 입력 전압으로 2[μV]인 전압을 가했을 때 종단 증폭기 A_3의 출력 전압은 몇 [V]로 되는가? (단, A_1, A_2, A_3의 전압 이득 G_1, G_2, G_3는 각각 60[dB], 20[dB], 40[dB]이다.)**

㉮ 2
㉯ 20
㉰ 0.2
㉱ 0.02

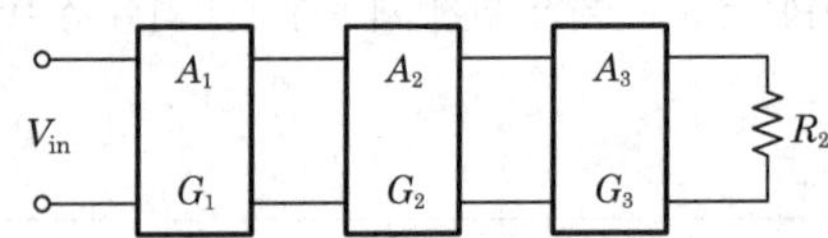

KEY POINT

① 종합 증폭도(A) = $A_1 \times A_2 \times \cdots$ [배]

② 종합 이득(G) = $G_1 + G_2 + G_3 + \cdots$ [dB]

해설 $120 = 20\log\frac{V_o}{2}$ [μV] ∴ $V_o = 2$[V]

 정답 : 14.㉰ 15.㉮

16 증폭 회로에서 출력 전압 일부 또는 전부를 입력측으로 되먹임(feedback)시키는 회로는?

㉮ 전력 되먹임 ㉯ 전압 되먹임
㉰ 음(negative) 되먹임 ㉱ 양(positive) 되먹임

KEY POINT

전압 되먹임(궤환) 회로($C-B$ 바이어스) : 출력측의 전압을 저항 R_B로 되먹임시켜 바이어스에 안정을 기한 회로로서 온도 상승으로 인한 컬렉터 전류 증가를 상쇄시키기 위하여 전압이 되먹임되도록 한 회로이다.

해설 전압을 되먹임시켜 회로를 안정시킨 회로가 전압 궤환 회로이다.

17 CC 증폭 회로에 대한 설명으로 옳은 것은?

㉮ 전압 이득이 1보다 작고, 전류 이득이 대단히 크다.
㉯ 전압 이득이 대단히 크고, 전류 이득이 1보다 작다.
㉰ 전압 이득과 전류 이득이 모두 1보다 크다.
㉱ 내부 저항이 작은 신호원 정합이나, 아주 높은 임피던스 부하를 구동할 때 사용한다.

KEY POINT

$C-C$ 증폭 회로

① 입력 임피던스는 매우 높고, 출력 임피던스는 매우 낮다.
② 임피던스 변환을 위한 버퍼단으로 사용한다.
③ 100% 부궤환 회로이다.
④ 전압 이득은 1 이하이다.
⑤ 전류 이득은 최대이다.

해설 $C-C$ 증폭 회로는 전압 이득은 1 이하이고 전류 이득은 최대이다.

18 FET의 설명 중 옳은 것은?

㉮ 양극성 소자이다.
㉯ 입력 임피던스가 낮다.
㉰ 열 안전성이 나쁘다.
㉱ BJT보다 이득－대역폭이 작다.

정답 : 16.㉯ 17.㉮ 18.㉱

KEY POINT

① FET의 특징
㉮ 입력 임피던스가 높다.
㉯ 단극성(unipolar) 소자이다.
㉰ 전압 제어 방식이다.
㉱ 특성이 열적으로 안정하고 잡음이 적다.
㉲ 이득, 대역폭 적이 작다.

② BJT의 특징
㉮ 입력 임피던스가 낮다.
㉯ 쌍극성(bipolar) 소자이다.
㉰ 전류 제어 방식이다.
㉱ 열에 약하다.
㉲ 이득, 대역폭 적이 크다.

해설 BJT보다 이득 대역폭이 작다.

19 다음 중 입력 파형을 가장 충실하게 재생할 수 있는 증폭 방식은?

㉮ A급　　㉯ B급
㉰ C급　　㉱ AB급

KEY POINT

① A급 증폭기
㉮ 파형 일그러짐이 가정 적은 안정된 증폭기이다.
㉯ 이론상의 최대 효율은 50%이지만 실제의 효율은 30~40%이다.
㉰ 동작점은 활성 영역이며, 완충 증폭기로도 사용된다.

② B급 증폭기
㉮ 동작점은 차단 영역이다.
㉯ A급 증폭기에 비해 효율은 좋으나 Self-Bias를 사용하지 못한다.
㉰ 바이어스 전압이 일정하지 못하여 교차 일그러짐이 생기며 정현파 입력에 대하여 반주기 동작에만 동작한다.
㉱ 대표적인 증폭 회로는 Push-Pull 회로가 있다.
㉲ 효율은 78.5%이다.

③ C급 증폭기
㉮ 반주기 동안에만 동작하며, 동작점은 역활성 영역이다.
㉯ 일그러짐이 매우 크다.
㉰ 효율은 78.5% 이상이다.

해설 파형 일그러짐이 가장 적은 A급 증폭기이다.

정답 : 19.㉮

20 1[MHz]로 동작하는 100[μH], 10[Ω]이 연결된 회로에서 양호도 Q는 얼마인가?

㉮ 50 ㉯ 62.8
㉰ 72.2 ㉱ 80

KEY POINT

➲ 선택도

$$Q=\frac{\omega L}{R}=\frac{2\pi fL}{R}$$

$$Q=\frac{2\times3.14\times1\times10^{6}\times100\times10^{-6}}{10}=62.8$$

21 JFET는 무슨 소자인가?

㉮ 유니 폴라 소자, 전압 제어 소자 ㉯ 전류 제어 소자, 저항 제어 소자
㉰ 전압 제어 소자, 저항 제어 소자 ㉱ 유니 폴라 소자, 전류 제어 소자

KEY POINT

➲ FET(Field Effect Transistor) : 전계 효과 트랜지스터

BJT(Bipolar Junction Transistor)가 전자와 정공 두 가지 전하에 의존하지만 FET는 두 개 중에 한 가지 형의 전하에 의해서 동작한다. 따라서 유니폴라 트랜지스터(Unipolar Transistor)라고도 한다. FET에는 J FET(Junction FET)과 MOS FET(Metal Oxide Semiconductor FET) 두 종류가 있다.

① J FET(접합형 트랜지스터)의 특징
㉮ 높은 입력 임피던스를 가진다.
㉯ MOS FET가 한층 더 높은 입력 임피던스를 가지므로 J FET는 거의 사용되지 않고 MOS FET를 많이 사용한다.

② MOS FET(금속산화물 반도체 트랜지스터)
㉮ 소형으로 만들 수 있고 제조 공정이 간단하다.
㉯ MOS FET만을 사용하여 디지털 논리 기능과 메모리 기능을 실현할 수도 있다.
㉰ 대부분의 최대 규모 집적 회로(VLSI)는 MOS FET로 만들어진다.

유니폴라 소자이며, 전압 제어 소자이다.

22 트랜지스터 증폭기에서 Q 동작점의 변동 원인의 영향이 가장 적은 것은?

㉮ 트랜지스터의 품질 불균일
㉯ 동작 주파수
㉰ 컬렉터 차단 전류의 온도 변화
㉱ 베이스와 이미터 간의 바이어스 전압의 온도 변화

정답 : 20.㉯ 21.㉮ 22.㉯

KEY POINT

➲ **동작점** : 트랜지스터의 특성 곡선에서 부하선과 바이어스 곡선이 만나는 Q점을 동작점 또는 접점이라 한다. 이 동작점은 회로가 양호한 동작이 되도록 선형 동작 영역을 벗어나지 않도록 정해 주어야 하므로 일반적으로 중앙점에 잡아준다.

동작점의 변동 요인
① 트랜지스터 품질의 불균일(β의 변화)
② 전압에 의한 온도 변화(V_{BE})
③ 전류에 의한 온도 변화(I_{CO})

23 그림과 같은 회로에서 $I_C=1$[A]일 때 저항 R_B는 얼마인가? (단, $\beta=100$, $V_{CC}=20$[V], $V_{BE}=0.5$[V]이다.)

㉮ 500
㉯ 1,950
㉰ 2,000
㉱ 2,050

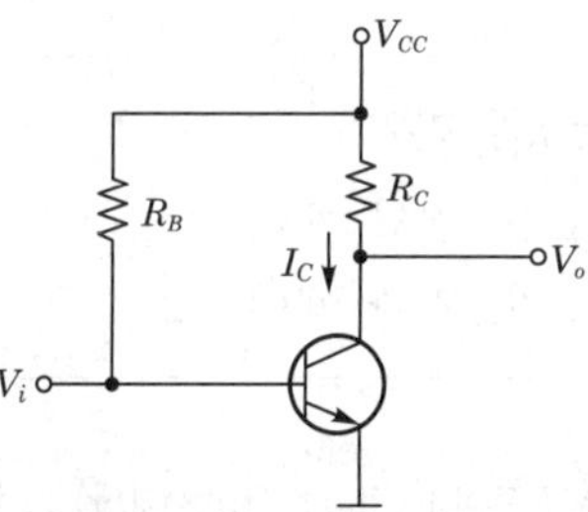

KEY POINT

➲ $R_B=\dfrac{V_{CC}-V_{BE}}{I_B}$, $I_B=\dfrac{I_C}{\beta}$

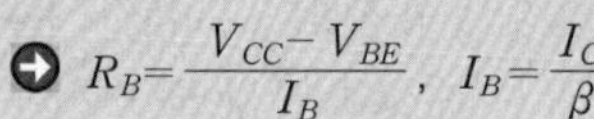

$I_B=\dfrac{I_C}{\beta}=\dfrac{1}{100}=10^{-2}$, $R_B=\dfrac{20-0.5}{10^{-2}}=\dfrac{19.5}{10^{-2}}=1,950[\Omega]$

24 다음 그림과 같은 트랜지스터의 등가 회로에서 부하가 5[kΩ]일 때 이 회로의 전류 증폭도를 구하면? (단, $h_{fe}=50$[kΩ], $h_{ie}=2$[kΩ]이다.)

㉮ 25
㉯ 50
㉰ 100
㉱ 250

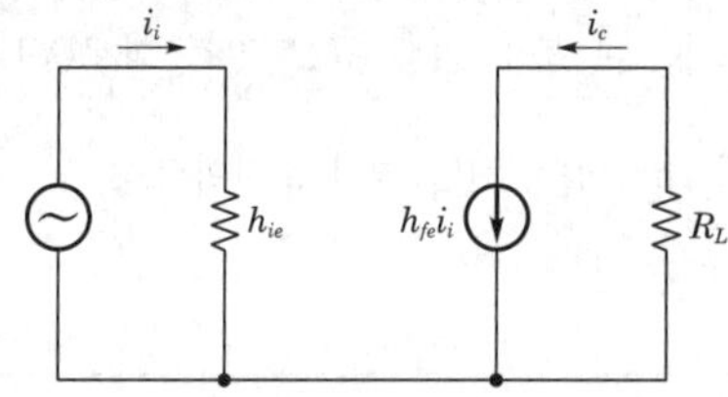

KEY POINT

➲ 전류 증폭도는 입력 전류에 대한 출력 전류의 비로 정의된다.

$$A_i=\frac{i_e}{i_i}=-\frac{i_c}{i_i}=-\frac{h_{fe}i_i}{i_i}=-h_{fe}(\beta)>1$$

$A_i=-h_{fe}(\beta)=50$

정답 : 23.㉯ 24.㉯

증폭기의 동작점은 보통 직류 부하선의 중심점에 잡는다. 다음 그림의 회로에서 동작점은? (단, $V_{CC}=10[V]$, $R_L=2[k\Omega]$이다.)

㉮ 5[V], 2.5[mA]
㉯ 5[V], 5[mA]
㉰ 5[V], 7.5[mA]
㉱ 10[V], 7.5[mA]

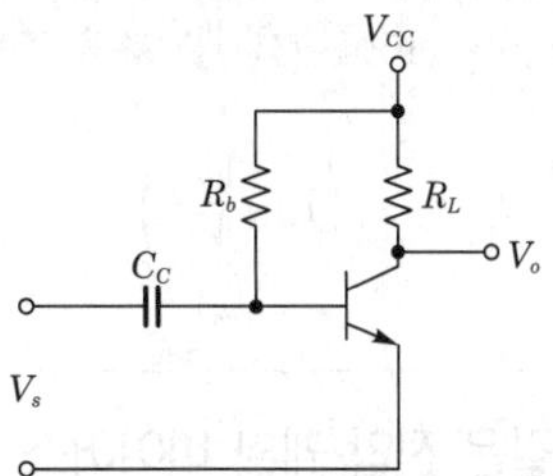

KEY POINT

➲ 부하선 $I_C=-\frac{1}{R_L}\cdot V_{CE}+\frac{V_{CC}}{R_L}$

여기서, $V_{CE}=\frac{Vcc}{2}$ 이다.

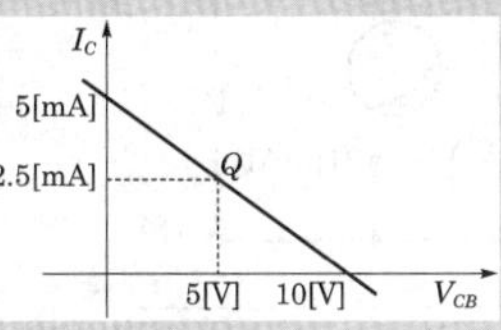

해설

$\therefore I_C=-\frac{1}{2[k\Omega]}\times 5[V]+\frac{10}{2[k\Omega]}=2.5[mA]$

트랜지스터의 바이어스를 안정화하는데 사용되지 않는 것은?

㉮ 서미스터(thermister)
㉯ 바리스터(varister)
㉰ 다이오드(diode)
㉱ 트랜지스터(transistor)

KEY POINT

➲ 트랜지스터의 베이스와 이미터 사이에 다이오드, 트랜지스터, 서미스터, 센시스터 등을 연결하여 온도 보상 회로로 사용한다.

해설

바리스터는 사용되지 않는다.

FET에서 핀치 오프(pinch off) 전압이란?

㉮ FET 애벌란시(avalanche) 전압
㉯ 드레인(D)과 소스(S) 사이의 최대 전압
㉰ 채널 폭이 최대로 되는 게이트의 역방향 전압
㉱ 채털 폭이 막힌 때의 게이트의 역방향 전압

정답 : 25.㉮ 26.㉯ 27.㉱

KEY POINT

➲ **핀치-오프 전압** : $V_{GS}=V_P$, $I_{DS}=0$일 때의 전압

FET에서 채널층을 공핍화하는데 필요한 게이트-소스간의 전압. 차단 전압이라고도 한다.

해설 $I_{DS}=I_{ASS}\left(1-\dfrac{V_{GS}}{V_P}\right)^2$

28 그림과 같은 전압 궤환 바이어스 회로에서 안정 계수 S 중 맞는 것은? (단, $V_{CC}=10$[V], $R_c=250$[Ω], $R_b=10$[kΩ], $\beta=50$)

㉮ 13

㉯ 23

㉰ 46

㉱ 52

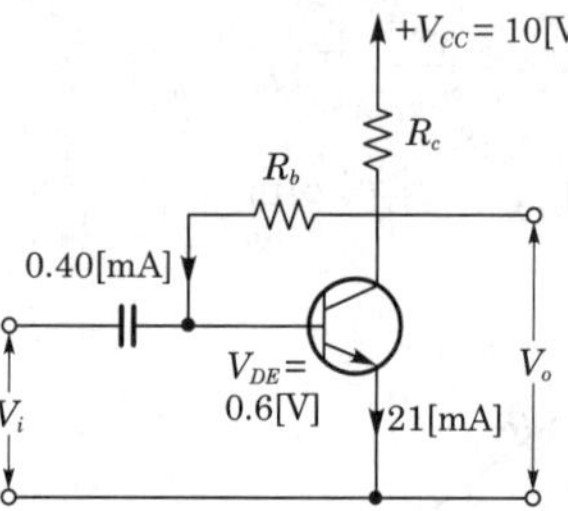

KEY POINT

➲ 전압 되먹임 바이어스 회로이다.

안정 계수 $S=\dfrac{1+\beta}{1+\beta\dfrac{R_c}{R_b+R_c}}$

해설 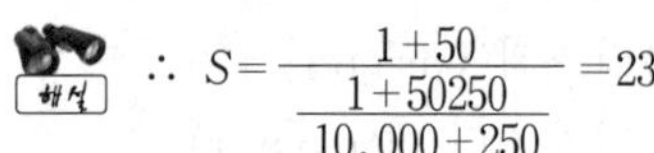

$\therefore\ S=\dfrac{1+50}{1+50\dfrac{250}{10,000+250}}=23$

29 증폭기의 입력 전력이 4[mW], 출력 전력이 40[W]일 때 전력 이득은?

㉮ 10　　㉯ 20

㉰ 30　　㉱ 40

KEY POINT

➲ **전력 이득**

$G_p=10\log\dfrac{P_o}{P_i}$

해설 $G_p=10\log\dfrac{40}{4\times10^{-3}}=10\log10^4=40$[dB]

정답 : 28.㉯ 29.㉱

30 어느 증폭기의 입력 전압의 *S/N* 비가 100, 출력 전압의 것은 50이라면 이 증폭기의 잡음 지수는 얼마인가?

㉮ 6　　㉯ 4
㉰ 2　　㉱ 0.5

KEY POINT

➲ *D* 증폭기의 잡음 지수(*F*)

$$F = \frac{\text{입력 } S/N\text{비}}{\text{출력 } S/N\text{비}}$$

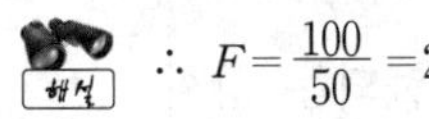

해설 $\therefore F = \frac{100}{50} = 2$

31 다음 궤환 증폭 회로에서 $A=1,000$이라 하고, 궤환이 걸렸을 때의 전체 이득을 20으로 하려면 β의 값은 얼마인가?

㉮ 5
㉯ 0.5
㉰ 50
㉱ 0.05

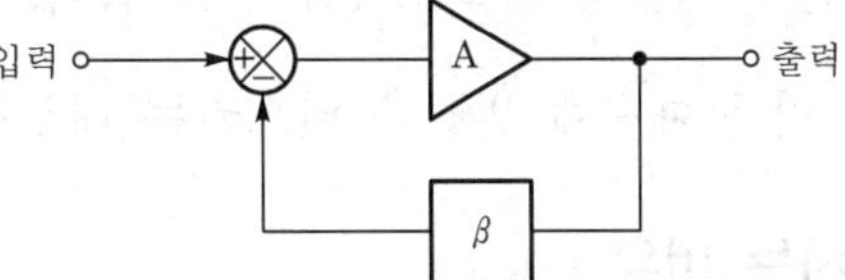

KEY POINT

➲ 전체 이득

$A_f = A/(1+\beta A)$

해설 $20 = \frac{1,000}{1+1,000\beta}$

$1+1,000\beta = 50$

$1,000\beta = 50-1$

$\therefore \beta = \frac{49}{1,000} = 0.049 \fallingdotseq 0.05$

제 7 장 발 진

1 발진의 개요

(1) 발진의 정의

① 능동 회로 시스템에서 입력 신호가 없는데 출력 신호가 검출되는 상황

② DC 신호가 AC 신호로 변환되는 것

③ 원하지 않는 주파수 대역에서 정체불명의 공진 신호가 뜨는 경우

④ DC 전원이 존재하는 능동 회로(*TR* 등 이득이 있는 회로)에서만 발생하는 현상

⑤ 능동 소자의 이득 때문에 발진을 일으키는 대부분 증폭기(amplifier)임.

(2) 발진이 발생하는 이유

발진은 feedback과 loop란 개념에서 시작한다. 고의적인 발진을 일으켜서 신호원으로 사용하기 위한 feedback 발진기의 원리를 다음 그림에서 보여주고 있다.

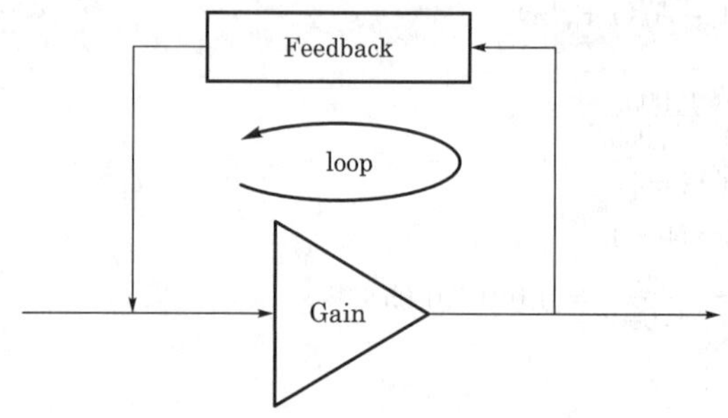

그림 2-160 **Feedback 발진기**

feedback이란 출력 성분이 입력쪽으로 돌아가는 되먹임 현상으로 출력 신호가 입력으로 돌아가는 loop가 생성되면 출력의 신호는 다시 입력으로 돌아가 이득을 가지고 더 커지게 되고 그 신호가 다시 입력으로 돌면 또다시 이득을 가지게 되고, 그렇게 되면 그 신호는 점점 커지게 된다.

만약, 입력 신호가 아직 들어오지 않는 상태에서, 회로 단에서 불안정 상태 내지는 모종의 공진으로 인해 특정 주파수의 미세한 진동이 발생하면 그 진동 주파수 성분이 아무리 작다 해도 저런 feedback loop에 걸려 버리면 무시하지 못할 큰 신호로 검출된다.

아래에 예시한, 발진이 일어나는 과정을 순서 대로 유심히 관찰해 보자.

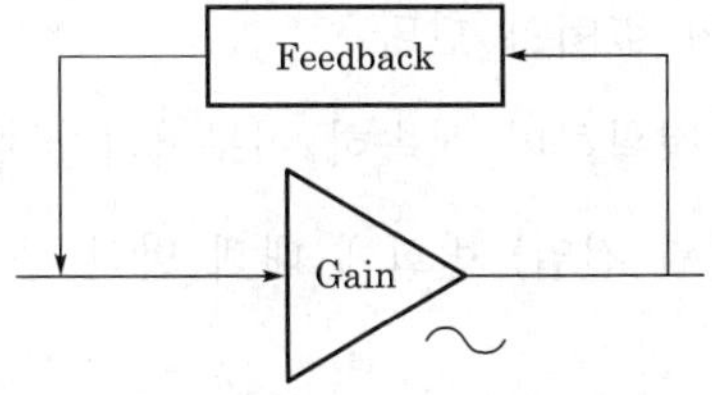

Phase 1. 구조 불안정성 때문에 미세한 진동 신호가 발생

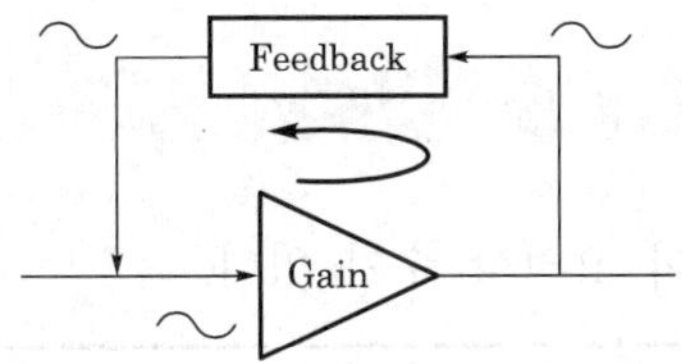

Phase 2. 진동 신호가 Feedback되어 다시 입력으로 궤환됨

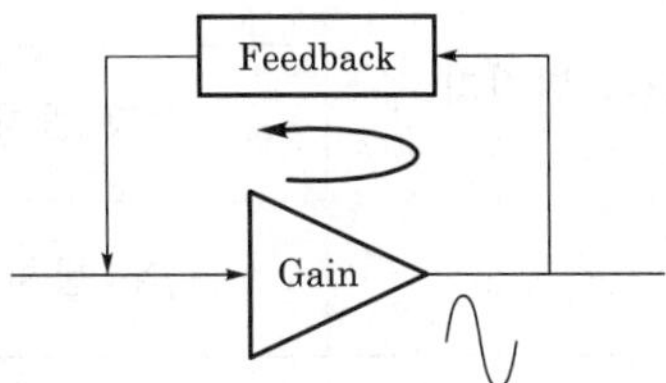

Phase 3. 입력에 들어가버린 진동 신호는 Gain단을 거치면서 더 증가됨

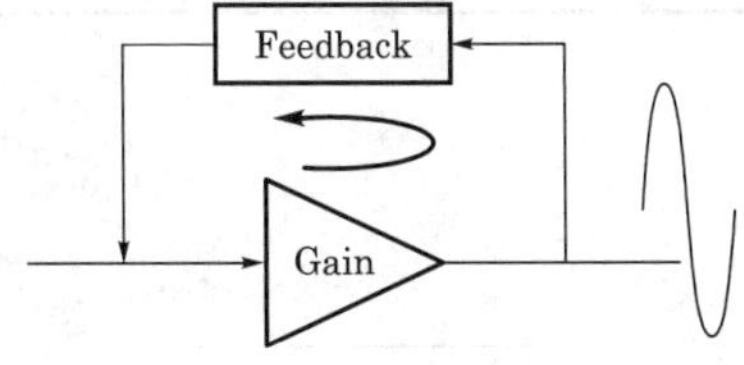

Phase 4. 계속 돌다보면 작았던 진동 신호는 상당히 증가된 값으로 출력에 나와버림

그림 ❶ 2-161 **발진 과정**

여기서, 명확히 발견할 수 있는 중요한 키워드는 바로 이득(gain)이다. 출력 신호가 입력 신호보다 커지는 이득이 없다면, 저런 미세한 불안정 상태가 feedback loop를 돈다 해도 그냥 미세한 잡음으로 끝나고 말 것이다. 그렇기 때문에 발진은 항상 이득을 가지는 능동 회로에서 발생하는 것이다.

(3) 발진기의 요구 특성

① 고주파 발진에 있어서 높은 안정도를 가져야 한다.

② 송신기 증폭부를 여진하는데 필요한 안정된 출력을 가져야 한다.

③ 발진 주파수의 일그러짐이 없어야 한다.

④ 주파수 변환이 간단하고 정확하며 신속히 이루어져야 한다.

⑤ 환경(온도, 습도, 진동, 전원 전압) 변화에 대해 발진 주파수가 허용 편차를 넘어서는 안 된다.

2 발진기의 종류

발진기의 종류는 다음과 같이 요약할 수가 있다.

발진기의 종류	정현파 발진기	LC 발진기	동조형 발진기
			하틀리 발진기
			콜피츠 발진기
		수정 발진기	피어스 BE형 발진기
			피어스 CB형 발진기
		RC 발진기	이상형 발진기
			비인 브리지
	비정현파 발진기	멀티바이브레이터	
		블로킹 발진기	
		톱니파 발진기	

(1) LC 발진기

① 동조형 발진기

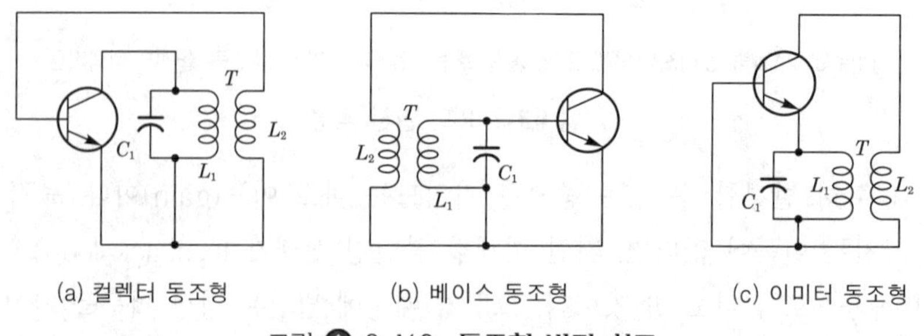

(a) 컬렉터 동조형　(b) 베이스 동조형　(c) 이미터 동조형

그림 ⬆ 2-162 **동조형 발진 회로**

Collector 동조 발진 회로에서 전류 증폭률 h_{fe}는 $h_{fe} \geq \frac{M}{L_1}$ 이고, 발진 주파수 f는 다음과 같다.

$$f \approx \frac{1}{2\pi\sqrt{L_1 C}} \text{ [Hz]}$$

② 콜피츠 발진기와 하틀리(Hartley) 발진기

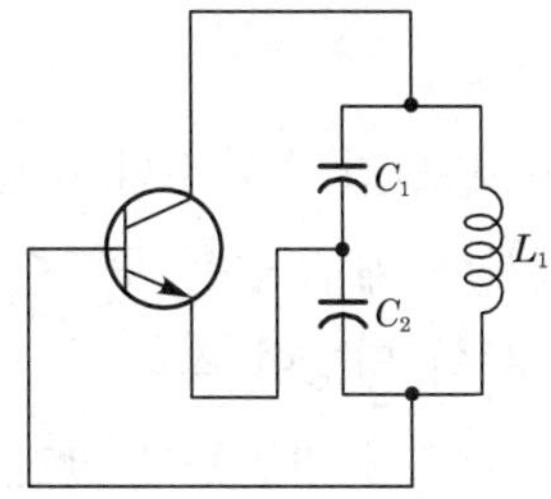

(a) 교류 회로-콜피츠형

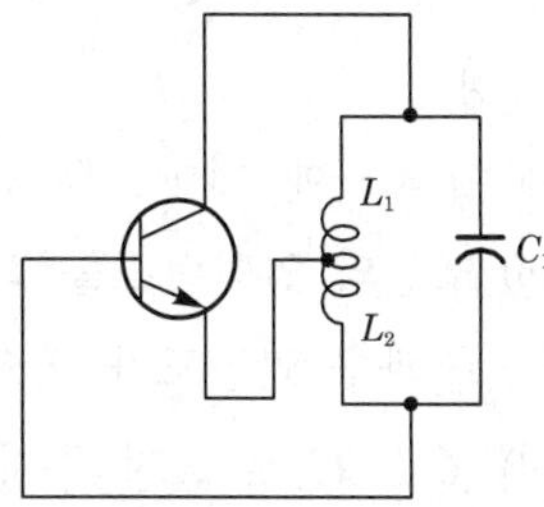

(b) 교류 회로-하틀리형

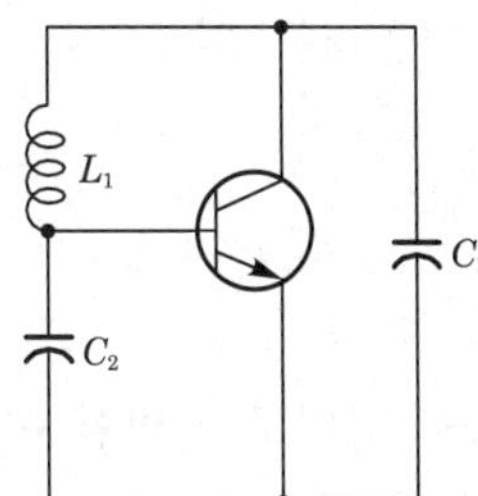

(c) 고쳐 그린 교류 회로-콜피츠형

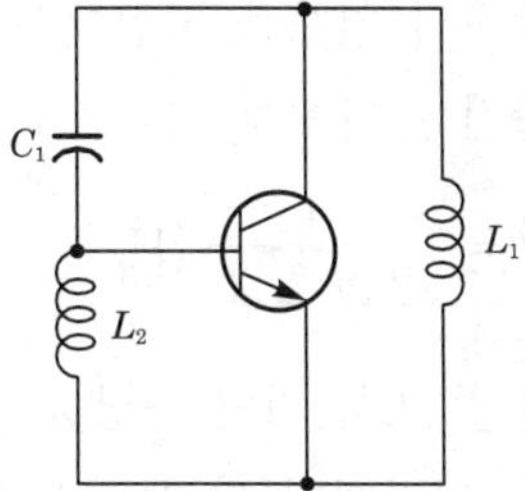

(d) 고쳐 그린 교류 회로-하틀리형

그림 2-163 **콜피츠 발진 회로와 하틀리 발진 회로**

㉮ 콜피츠(Colpitts) 발진 회로

㉠ 출력의 일부를 콘덴서에서 뽑아내어 입력으로 되돌리는 발진 회로

㉡ 발진 주파수

$$f = \frac{1}{2\pi\sqrt{LC_o}} = \frac{1}{2\pi}\sqrt{\frac{1}{L}\left(\frac{1}{C_1} + \frac{1}{C_2}\right)} \text{[Hz]}$$

여기서, $C_o = C_1 C_2 / (C_1 + C_2)$

㉢ 지속 발진을 위한 전류 증폭률 : $h_{fe} = \omega^2 LC_2$

㉣ 특징 : 높은 주파수의 발진이 용이, 단파대 이상에서 사용

㉤ 동작 원리

ⓐ 콘덴서 C_1, C_2의 양단에 TR의 입력과 반대 위상의 출력 전압이 걸린다.

ⓑ C_1의 양단 전압은 접지를 기준으로 하여 입력 전압과 같은 위상으로 양되먹임 된다.

ⓒ 이때 되먹임 전압이 입력 전압보다 같거나 커지면 발진이 계속된다.

㉥ 발진 조건 : $\dfrac{C_1}{C_2} \leqq \dfrac{r_m}{r_b + r_e}$

㉦ 특징

ⓐ 고조파에 대한 임피던스가 매우 낮으므로 발진 주파수의 파형이 좋다.

ⓑ 코일의 인덕턴스를 작게 할 수 있기 때문에 매우 높은 주파수를 얻을 수 있다.

ⓒ 주파수 안정도가 좋으며, 전극간 용량 등의 영향이 적다.

ⓓ C_1, C_2로 발진 주파수를 변화시킬 수 있으나 가변주파 발진기로는 불편하다.

㉧ 적용 : 초단파 발진 회로(FM 수신기, TV)

㈏ 하틀리(Hartley) 발진 회로

㉠ 출력의 일부를 코일에서 뽑아내어 입력으로 되돌리는 회로

㉡ 발진 주파수

$$f = \frac{1}{2\pi\sqrt{L_o C}} \text{[Hz]}$$

㉢ 특징 : C를 가변 용량을 사용하여 발진 주파수를 임의로 가변할 수 있으며, 주로 중파, 단파대에 많이 사용

㉣ 동작 원리

ⓐ 최초 미소 진동에 의하여 L_2 양단에는 TR의 입력 전압과 반대 위상의 출력 전압이 걸린다.

ⓑ 코일 L_1에는 L_2와 같은 위상이 권선 방향으로 감겨져 있으나 TR의 이미터 접지를 기준으로 할 때 L_1의 양단에는 입력 전압과 같은 위상의 전압이 걸리게 되므로 발진을 계속할 수 있다.

㉤ 발진 조건 : $\dfrac{L_2 + M}{L_1 + M} \leq \dfrac{r_m}{r_b + r_e}$

$$h_{fe} : h_{fe} = \frac{1}{\omega^2 (L_2 + M)C} - 1$$

여기서, L_1, L_2 : 동조 회로의 인덕턴스[H]

r_m : 상호 저항

r_e : 이미터 저항

r_b : 베이스 저항

ⓑ 특징

ⓐ 코일의 탭을 조정하여 발진강도가 용이하게 변화된다.

ⓑ 상호 인덕턴스 M을 조정하여 파형을 좋게 할 수 있다.

ⓒ 콜피츠 회로보다 발진 출력이 크다.

ⓓ 발진 주파수 변화가 용이하여 저주파수대에서 발진 출력이 안정하다.

ⓔ 컬렉터 동조형이나 이미터 동조형보다 낮은 주파수에서 높은 주파수까지의 발진이 가능하다.

(2) 클랩(Clapp) 발진기

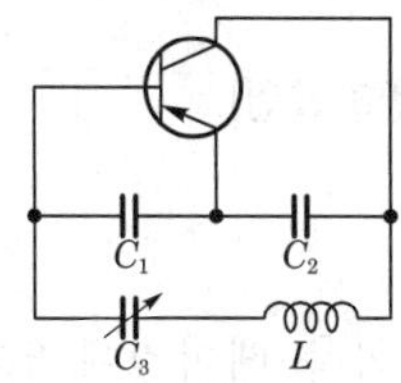

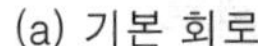

(a) 기본 회로

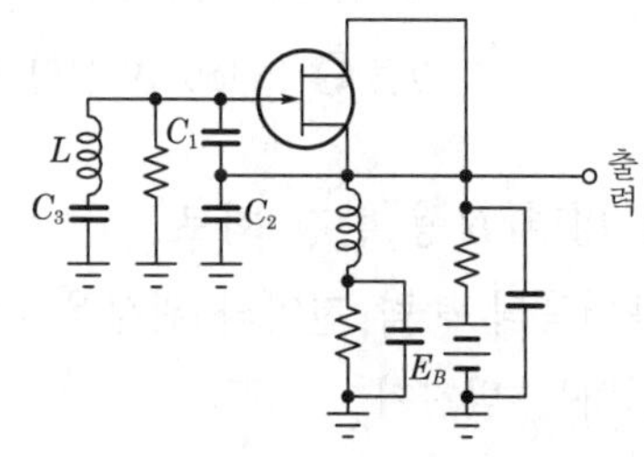

(b) N형 FET를 사용한 회로

그림 ⬆ 2-164 **Clapp 발진 회로**

클랩(Clapp) 발진기는 콜피츠(Colpitts) 발진 회로를 변형한 회로이다.

① **발진 주파수** : $C_1 C_2$는 C_3의 10~20배로 큰 대용량을 사용하기 때문에 발진 주파수는 대략 L과 C_3에 의해서 결정된다.

$$f \fallingdotseq \frac{1}{2\pi\sqrt{LC_3}}\text{[Hz]}$$

② **클랩 발진기의 특징** : 수정 발진기에 못지않은 안정도를 가지고 있으나 한 개의 코일에서 발진하는 주파수 범위와 발진 출력이 작은 단점이 있으며, 일반적으로 $C_1 = C_2$로 주파수 변동률은 100[MHz] 이하에서는 $\Delta f/f \fallingdotseq 10^{-5} \sim 10^{-6}$ 정도가 된다.

(3) *RC* 발진기

① 이상형(移相形) 발진기

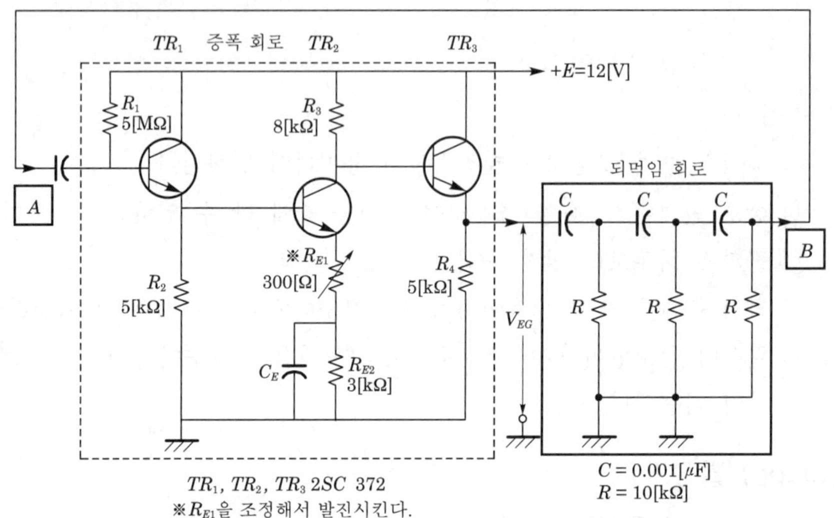

그림 ⬆ 2-165 **이상형 *RC* 발진 회로(병렬 *R*형)**

㉮ **이상형 병렬 *R*형 발진 회로**

㉠ 컬렉터측의 출력 전압의 위상을 180° 바꾸어 입력측 베이스에 양(+) 되먹임되어 발진하는 발진기

㉡ 입력 임피던스는 크고, 출력 임피던스가 작은 증폭 회로

㉢ 발진 주파수

$$f = \frac{1}{2\pi\sqrt{6}RC}\,[\text{Hz}]$$

㉣ 특징

ⓐ 코일을 사용하지 않으므로 구조가 간단하고, 소형으로 할 수 있다.

ⓑ 파형이 깨끗하고, 주파수가 매우 안정하다.

ⓒ 가청주파수 이하의 발진기로 사용하기 적합하다.

㉯ **이상형 병렬 C형 발진 회로**

㉠ 발진 주파수

$$f = \frac{\sqrt{6}}{2\pi CR}\,[\text{Hz}]$$

㉡ 특징

ⓐ 이미터 폴로어를 사용한다면 [MHz]에서 FM 발진기로 사용할 수 있다.

ⓑ 가변 주파수 발진기로 사용하기에 불편하지만 분포 정수 회로를 이용하고 대지 용량 등을 이용하면 수[MHz]의 가변주파 발진기를 제작할 수 있다.

ⓒ 소자의 형태의 크기상 1,000[Hz] 이상에서 사용한다.

② 비인 브리지(Wien bridge) 발진기

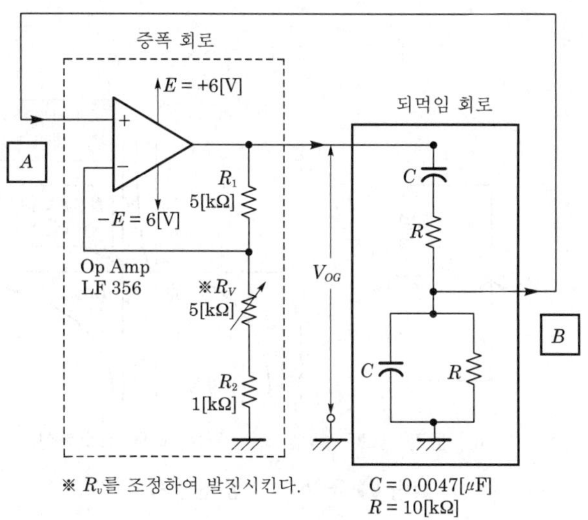

그림 2-166 **브리지형 *RC* 회로**

㉮ 비인 브리지 발진기에서의 발진 주파수는 다음과 같다.

$$f = \frac{1}{2\pi\sqrt{C_1 C_2 R_1 R_2}}$$

㉯ 비인 브리지 발진기에서의 발진 조건은 다음과 같다.

$$A \geq 1 + \frac{R_1}{R_2} + \frac{C_1}{C_2}$$

만일, $R_1 = R_2 = R$이고 $C_1 = C_2 = C$이면 $A \geq 3$이다. 이 회로는 터만(Terman)형 발진 회로라고도 한다. 회로에서 저항 R_3와 R_4는 부궤환용 저항으로 입력 임피스던스를 높여 주는 역할을 한다.

㈐ 특징

ⓐ 발진 주파수가 안정하고, A급으로 동작하므로 파형이 좋다.

ⓑ 발진 주파수 가변이 용이하다.

ⓒ LC 발진기는 발진 주파수가 평방근에 반비례하나 RC 발진기는 주파수 용량에 반비례하여 눈금이 직선 비례에 가깝게 된다.

ⓓ 저주파 발진기 등에 쓰인다.

(4) 수정 발진기

① 수정 진동자

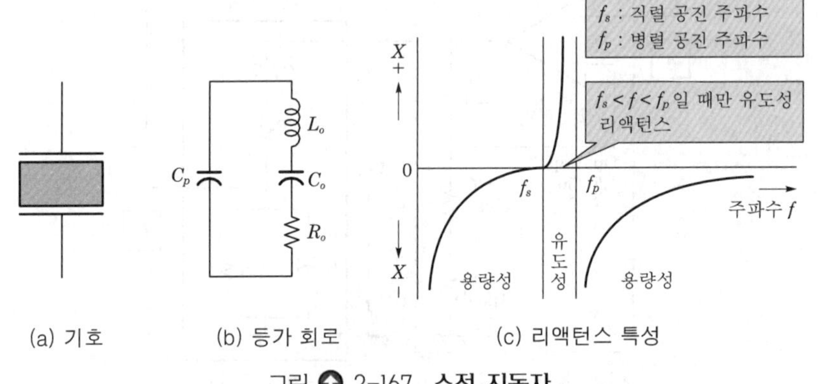

그림 ⬆ 2-167 **수정 진동자**

㉮ **발진 원리** : 압전 효과(수정, 로셀염, 전기석, 티탄산바륨 등의 결정에 압력을 가하면 표면에 전하가 나타나 기전력이 발생)

㉯ **수정 진동자** : 얇은 수정편을 만들고 그 양면에 금속 전극을 부착한 것

㉰ **직렬 공진 주파수**

$$f_s = \frac{1}{2\pi\sqrt{L_o C_o}}\,[\text{Hz}]$$

여기서, $L_o = \frac{1}{\omega}\left(\frac{1}{C_o} + \frac{1}{C_1}\right)$

㉱ **병렬 공진 주파수**

$$f_p = \frac{1}{2\pi\sqrt{L_o C_p}}\,[\text{Hz}]$$

여기서, $C_p = \frac{1}{C_o} + \frac{1}{C_1}$

$$\therefore\ f_p = \frac{1}{2\pi\sqrt{L_o\left(\frac{1}{C_o}+\frac{1}{C_1}\right)}} \fallingdotseq \frac{1}{2\pi\sqrt{L_oC_o}}\left(1+\frac{C_o}{2C_1}\right)$$

$$\left(\because\ \frac{C_o}{C_1} \ll 1\right)$$

㉮ **수정 진동자가 발진 소자로 사용되는 이유** : 수정 진동자가 발진 소자로 사용되는 이유는 리액턴스가 유동성이 되는 범위, 즉 $f_s \le f \le f_p$인 주파수 범위가 좁아 수정 발진기의 발진 주파수가 매우 안정하기 때문이다.

㉯ **수정 발진기의 특징**

㉠ 주파수 안정도가 좋다.(10^6 정도)

㉡ 수정 진동자의 Q가 매우 높다.($10^4 \sim 10^6$)

㉢ 수정 진동자 중 그 고유 주파수에 대한 온도 계수가 충분히 작은 것을 사용하면 발진 주파수는 보다 안정해진다.

㉣ 발진 조건을 만족하는 유동성 주파수 범위가 대단히 좁다.

ⓐ 유도성 범위 : $f_p - f_s = \frac{C_o}{2C_1} f_s$

ⓑ 발진 주파수 범위 : $f_s \le f \le f_p$

② 피어스(Pierce) 발진 회로

㉮ **피어스 $B-E$ 회로 발진 회로** : Hartley 발진 회로의 원리를 이용한 것으로 수정 진동자의 주파수와 L_1C_2 동조 회로의 공진 주파수가 거의 같으면 수정 진동자에서의 미약한 진동 전압을 증폭한다. 이때 동조 회로 양단에서 높은 전압이 걸리는데 이 전압은 컬렉터와 베이스 사이의 전극간 용량을 통해 수정편 쪽으로 궤환될 때 발진이 된다. 수정 진동자는 유도성이므로 공진 회로를 수정 진동자의 고유(공진) 주파수보다 약간 높게 동조시킨다.

㉠ 하틀리 발진 회로의 코일 대신 수정 진동자를 이용한다.

㉡ 수정 진동자가 이미터와 베이스 사이에 있다.

㉢ 피어스 $B-E$형 발진 회로는 다음과 같다.

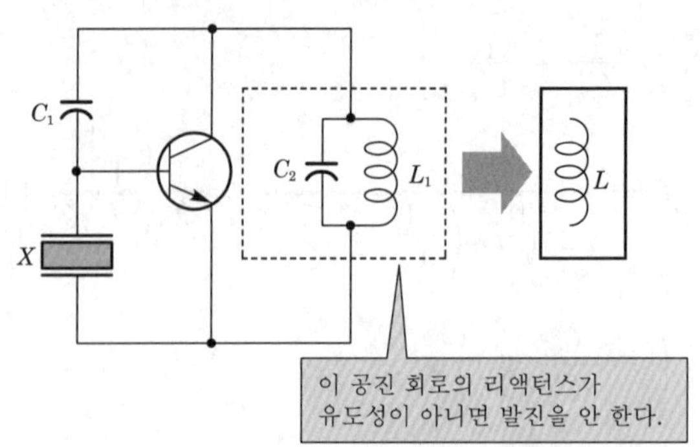

그림 ⬆ 2-168 **피어스 *BE*형 발진 회로(하틀리 발진 회로의 이용)**

㉯ **피어스 $B-C$ 발진 회로** : 이 회로는 컬렉터와 베이스간에 수정 진동자를 연결하고 컬렉터 측에 공진 회로를 접속한 것으로 컬렉터와 베이스 사이에 있는 수정 진동자에 의해 유도성이 되고, 이미터와 베이스 사이에 존재하는 전극간 용량에 의해 용량성이 함께 발진한다. 그러므로 동조 회로 LC의 공진 주파수를 발진 주파수보다 조금 낮게 하면 용량성이 되어 발진한다. Colpitts 발진 회로의 원리를 이용한 것으로 부하 임피던스가 용량성으로 조정되어야 한다. 또한, 컬렉터의 부하를 큰 임피던스로 하여 큰 출력을 얻으며 병렬 회로에 의한 왜율을 개선한다.

㉠ 콜피츠 발진 회로에 수정 진동자를 이용한다.

㉡ 수정 진동자가 컬렉터와 베이스 사이에 있다.

㉢ 피어스 $B-C$형 발진 회로는 다음과 같다.

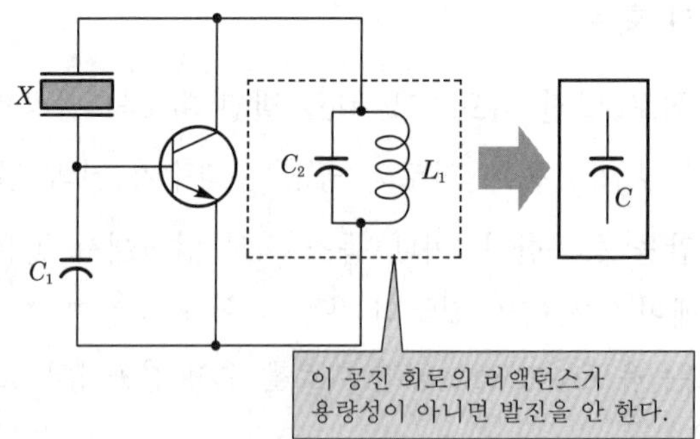

그림 ⬆ 2-169 **피어스 *BC*형 발진 회로(콜피츠 발진 회로의 이용)**

③ **무조정 발진기** : 이 회로는 부하측에 병렬 공진 회로, 즉 조정 회로가 없으므로 무조정 회로라고 한다. $C-E$간에 수정 진동자가 접속되므로 $B-E$간의 임피던스는 용량성이어야 한다. 부하측에 병렬 공진 회로가 없어 발진 출력은 감소하지만 수정편을 여러 개 교체해가면서 사용할 때 편리하다. 적당한 동작점을 비교적 용이하게 찾아낼 수 있다.

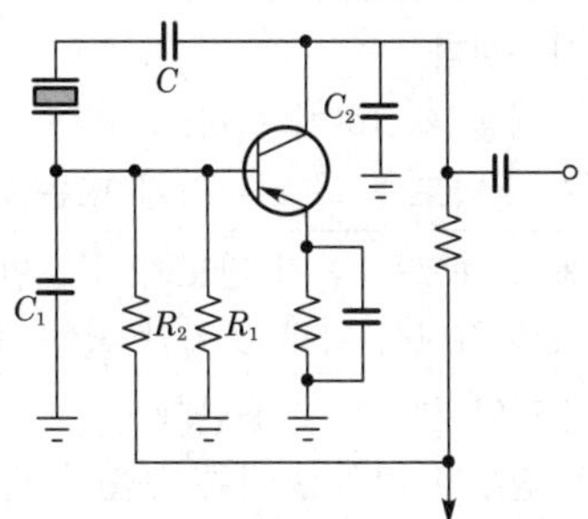

그림 2-170 **무조정 회로**

④ **오버 톤(Over tone) 발진기** : 이 회로는 배조파(倍稠坡) 수정 진동자를 사용한다. 배조파 수정 진동자가 보통 수정과 다른 점은 수정편의 기계적 탄성 진동이 최초로부터 배조파 진동을 하는 것이다. 진동자의 고조파를 출력으로 하는 고조파 발진기는 기본파가 출력파 중에 포함되어 있어서 송신기의 스퓨리어스 특성을 저하시키지만 이 발진기는 그러한 염려가 없다.

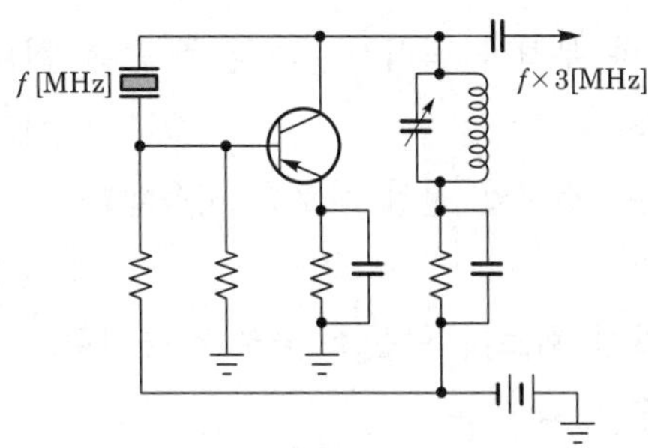

그림 2-171 **오버 톤 회로**

㉮ 배조파의 수정 진동자를 사용한다.

㉯ 수정편으로 VHF 대역을 직접 발진하는 것은 어려우나 오버 톤 발진 회로는 수정편의 진동 주파수의 수배가 되는 주파수를 발진시킬 수 있다.

㉰ 오버 톤 발진 회로의 최고 발진 주파수는 75[MHz] 정도이다.

⑤ **수정 발진기의 주파수 변동의 원인과 대책**

원 인	대 책
주위 온도의 변동	• 수정 진동자를 항온조에 넣는다. • 온도 계수가 작은 진동자를 사용한다.
부하의 변동	• 완충 증폭기(Buffer Amp)를 사용한다. • 발진 강도 및 주파수의 변동을 방지하려면 무조정 수정 발진 회로를 사용한다. • 차폐를 확실하게 한다. • 반 결합도를 되도록 작게 또는 다음 단과 소결합한다.
동조점의 불안정	• 동조 회로를 발진 강도가 최강인 점보다 약간 약한 점으로 잡는다. (동조점에서 약간 벗어난 곳에 조정, 사용한다.)
전원 전압의 변동	• 정전압 회로를 사용한다. • 발진부의 전원은 다른 부분과 별개로 한다.
부품의 불량	• Q가 높은 수정 공진자를 사용한다. • 온도나 습도의 영향이 적은 양질의 부품을 택한다. • 기계적 진동으로 인한 것은 방진 장치(보안 장치)를 한다.

⑥ **발진 회로의 주파수 변화**

㉮ **발진기가 갖추어야 할 조건** : 주파수의 안정도가 높아야 한다.

㉯ **발진기의 주파수가 변화하는 주된 요인**

㉠ 부하의 변화

→ 방지책 : 발진부와 부하를 격리시키는 완충 증폭 회로를 사이에 넣는다.

㉡ 전원 전압의 변화

→ 방지책 : 전원에는 정전압 전원 회로를 사용한다.

㉢ 주위 온도의 변화

→ 방지책 : 온도 보상 회로나 항온조 등을 사용한다.

㉣ 능동 소자의 상수 변화

→ 방지책 : 대개 전원, 온도에 의한 변동이므로 b, c의 조치로 해결한다.

단원핵심문제

발진 조건의 설명으로 옳은 것은?

㉮ 정궤환(positive feedback)을 해야 한다.
㉯ 캐소드 폴로어(cathode follower)로 해야 한다.
㉰ 부궤환(negative feedback)을 해야 한다.
㉱ 그리드 저항을 줄여야 한다.

➲ 정궤환

발진을 하기 위해서는 정궤환(양되먹임)을 해야 한다.

정현파 발진기로 부적합 한 것은?

㉮ *RC* 발진기　　㉯ *LC* 발진기
㉰ 수정 발진기　　㉱ 멀티바이브레이터

➲ **정현파 발진기** : *RC* 발진기, *LC* 발진기, 수정 발진기

멀티바이브레이터, 블로킹 발진기는 비정현파 발진기이다.

LC 발진기는 무슨 급으로 동작하는가?

㉮ A급　　㉯ B급
㉰ C급　　㉱ D급

➲ ***LC* 발진기** : C급 동작

LC 발진기는 일정 주파수로 지속 진동을 시키는 것이 좋으므로 출력 회로를 공진 회로를 구비하고 능률이 좋은 C급으로 동작시킨다.

정답 : 1.㉮ 2.㉱ 3.㉰

4 그림의 발진 회로에서 Z_3에 유도성 리액턴스를 연결하였을 때의 발진 조건은?

㉮ Z_1, Z_2 : 유도성

㉯ Z_1, Z_2 : 용량성

㉰ Z_1 : 유도성, Z_2 : 용량성

㉱ Z_1 : 용량성, Z_2 : 유도성

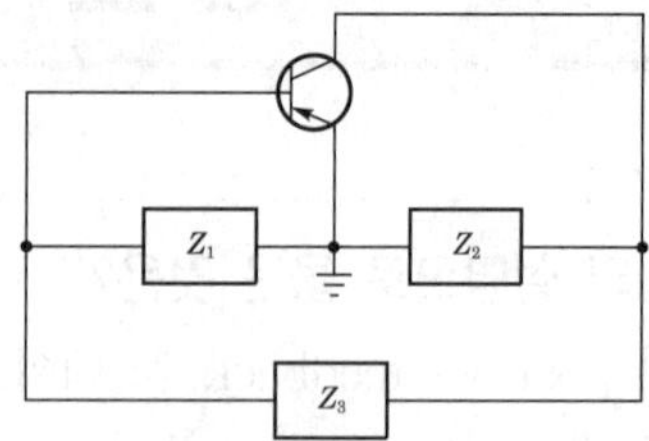

➔ 콜피츠 발진기

해설 일반적인 3소자 발진기에서 소자 Z_1과 Z_2가 인덕터이며, 나머지 Z_3가 커패시터인 발진기를 말한다.

5 그림과 같은 회로의 발진 조건은?

㉮ Z_1=용량성, Z_2=용량성, Z_3=용량성

㉯ Z_1=용량성, Z_2=용량성, Z_3=유도성

㉰ Z_1=유도성, Z_2=용량성, Z_3=용량성

㉱ Z_1=유도성, Z_2=유도성, Z_3=유도성

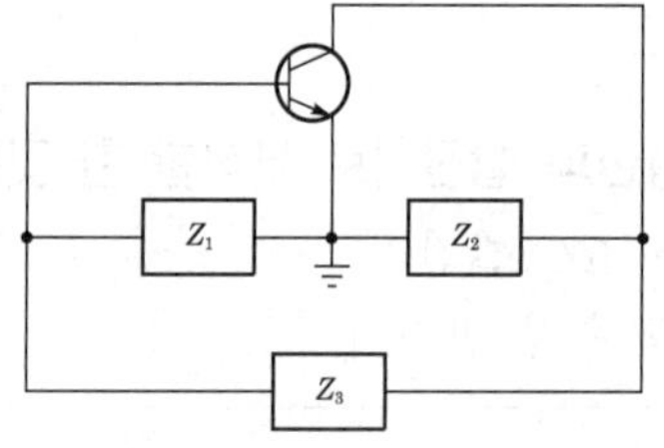

➔ ① 하틀리 발진기 : Z_3=용량성, Z_1, Z_2=유도성
② 콜피츠 발진기 : Z_3=유도성, Z_1, Z_2=용량성

해설 발진 조건은 Z_1, Z_2는 동종의 리액턴스이고 Z_3는 이종의 리액턴스이어야 한다.

6 하틀리 발진 회로에서 컬렉터와 이미터 사이의 리액턴스는?

㉮ 저항성 ㉯ 유도성

㉰ 용량성 ㉱ 유도성 또는 용량성

➔ $B-E$ 사이 : 유도성, $C-E$ 사이 : 유도성, $B-C$ 사이 : 용량성

 정답 : 4.㉯ 5.㉯ 6.㉯

베이스와 이미터 사이 및 컬렉터와 이미터 사이는 유도성, 베이스와 컬렉터 사이는 용량성으로 회로가 구성되어야 한다.

7 하틀리 발진 회로나 컬렉터 동조 발진 회로는 바이어스 전압에서 볼 때 어느 급의 동작을 하는가?

㉮ A급　　㉯ AB급

㉰ B급　　㉱ C급

KEY POINT

C급

효율이 좋은 C급을 사용한다.

8 다음 발진기에 관한 설명 중 틀린 것은?

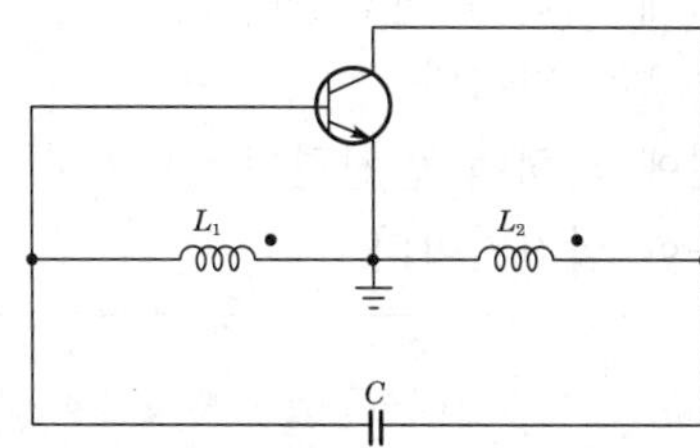

㉮ 이 발진기는 하틀리 발진기이다.

㉯ 발진 주파수는 $f_o = \dfrac{1}{2\pi\sqrt{L_1 + L_2 + 2M)C}}$ 이다.

㉰ C에 흐르는 전류가 궤환되어 발진이 일어나는 것이다.

㉱ 발진 조건은 $h_{fe} \geq \dfrac{L_1 + M}{L_2 + M}$ 이다.

KEY POINT

하틀리 발진기

① 일반적인 3소자 발진기에서 소자 Z_1과 Z_2가 인덕터이며, 나머지 Z_3가 커패시터인 발진기를 말한다.
② 코일 L_2에 흐르는 전류가 궤환되어 지속 진동이 일어난다.

정답 : 7.㉱ 8.㉰

9 다음 FET 이상형 발진기에서 발진 주파수 f는?
(단, C=0.01 [μF], R=10[kΩ])

㉮ 476[Hz]
㉯ 650[Hz]
㉰ 720[Hz]
㉱ 850[Hz]

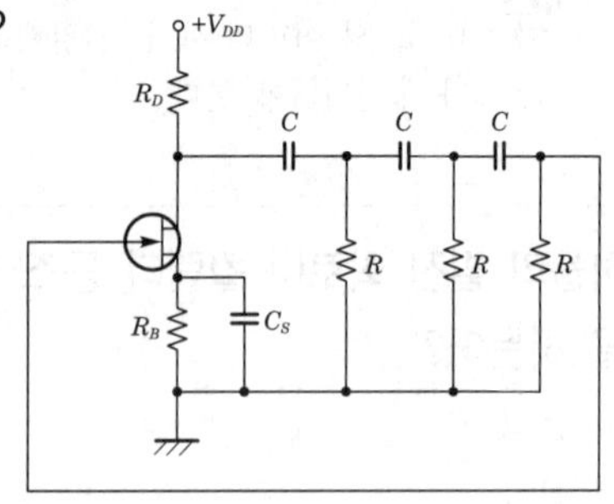

KEY POINT

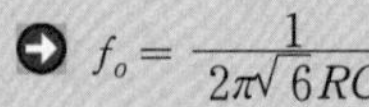

$$f_o = \frac{1}{2\pi\sqrt{6}RC}$$

발진 진폭은 발진 주파수의 변화에 관계없이 일정하게 유지된다.

10 RC 발진기의 설명으로 옳은 것은?

㉮ C 및 R로서 정궤환에 의하여 발진한다.
㉯ 부성 저항을 이용한 발진기이다.
㉰ C 및 R로서 부궤환에 의하여 발진한다.
㉱ 압전기 효과를 이용한 발진기이다.

KEY POINT

➲ 이상형 발진기, 비인 브리지 발진기

저주파에서의 발진기이며, 콘덴서와 저항만으로 궤환 회로를 구성한다. 저항과 콘덴서의 조합으로 위상을 이동시켜 양되먹임 회로를 구성하는 발진 회로를 RC 발진 회로라 한다.

11 다음은 RC 발진기를 설명한 것이다. 틀린 것은?

㉮ 낮은 주파수 범위에서 사용한다.
㉯ 이상형과 브리지형이 있다.
㉰ LC 발진기에 비해 주파수 범위가 좁으며 대체로 1[MHz] 이하이다.
㉱ 대개 C급으로 동작시켜 효율을 높인다.

KEY POINT

➲ RC 발진기

정답 : 9.㉯ 10.㉮ 11.㉱

 RC 발진기는 A급으로 동작시킨다.

12 일반적인 궤환 회로의 이득은 $A_f = \dfrac{A}{1-\beta A}$ 이다. 여기서, A는 궤환이 일어나지 않을 때의 이득이다. 이때 이 증폭기가 발진하기 위한 조건은?

㉮ $\beta A>1$　　㉯ $\beta A>1$
㉰ $\beta A=1$　　㉱ 아무 관계가 없다.

KEY POINT

➲ $|\beta A| = 1$, 즉 $A_f = \infty$

 $\beta A=1$의 조건에서 발진 회로의 구체적인 발진 조건을 구할 수 있다.

13 발진 주파수가 제일 낮은 것은?

㉮ 자의 발진기　　㉯ 수정 발진기
㉰ RC 발진기　　㉱ 음차 발진기

KEY POINT

➲ 음차 발진기

 음차 발진기는 $10^2 \sim 10^4$[Hz] 정도의 가청 주파수까지 발진할 수 있으며, 저주파 발진기의 부 표준급으로 사용되며 주파수 가변을 할 수 없는 것이 단점이다.

14 AM 송신기에서 반송파 발진으로 가장 많이 사용되는 발진기는?

㉮ 수정 및 LC 발진기　　㉯ RC 발진기
㉰ 부성 저항 발진기　　㉱ Sweep 발진기

KEY POINT

➲ 수정 발진기

 주파수 안정도가 우수한 수정 발진기가 널리 사용된다.

정답 : 12.㉰ 13.㉱ 14.㉮

다음 반결합 발진기 중 발진 주파수 범위가 가장 넓은 발진기는?

㉮ LC 발진기 ㉯ 음차 발진기
㉰ 수정 발진기 ㉱ RC 발진기

KEY POINT

발진기명	발진 주파수 범위[Hz]	발진 파형
LC 발진기	$10^0 \sim 10^9$	정현파
수정 발진기	$10^3 \sim 10^8$	정현파
음차 발진기(음파겸)	$10^2 \sim 10^4$	정현파
자의 발진기(초음파겸)	$10^2 \sim 10^5$	정현파
비트 발진기	$10^{-1} \sim 10^7$	정현파
RC 발진기	$10^{-1} \sim 10^6$	정현파, 펄스
이상 발진기	$10^{-1} \sim 10^6$	펄스, 톱니파

해설 반결합 발진기는 출력의 일부를 입력측으로 정궤환시켜 발진한다.

다음 중 반결합기는?

㉮ Dynatron 발진기 ㉯ $B-K$ 진공관
㉰ Colpitts 발진기 ㉱ 불꽃 발진기

KEY POINT

정전 용량 분할형

해설 Z_1, Z_2가 용량성이며, Z_3는 유도성이다.

발진 회로와 가장 관계가 없는 것은?

㉮ 부저항 특성 ㉯ 정궤환
㉰ 부궤환 ㉱ 재생

KEY POINT

발진 조건 : 정궤환

정답 : 15.㉮ 16.㉰ 17.㉰

18 무선 송신기에 사용되는 발진기는 다음 중 어느 증폭 방식이 많이 사용되는가?

㉮ A급 ㉯ AB급
㉰ B급 ㉱ C급

KEY POINT ➲ C급

해설 증폭 이득 G[dB]이 손실 L[dB]보다 크고 위상 조건이 정궤환이 되면 발진을 하며, 증폭 방식은 가장 효율이 좋은 C급을 사용한다.

19 그림과 같은 발진 회로에서 어떤 조건일 때 발진하는가?

㉮ Z_1 : 유도성, Z_2 : 유도성, Z_3 : 용량성
㉯ Z_1 : 용량성, Z_2 : 용량성, Z_3 : 유도성
㉰ Z_1 : 용량성, Z_2 : 유도성, Z_3 : 유도성
㉱ Z_1 : 유도성, Z_2 : 용량성, Z_3 : 유도성

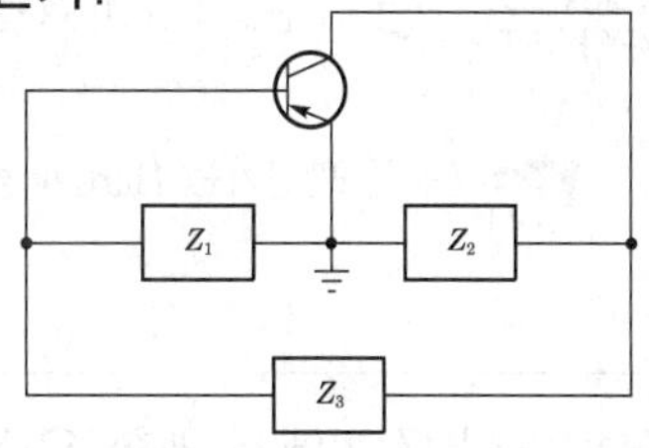

KEY POINT ➲ Z_3가 유도성일 때 Z_1, Z_2는 용량성, Z_3가 용량성일 때 Z_1, Z_2는 유도성

해설 발진 회로에서 발진 조건은 다음과 같을 때에 발진을 한다.
① Z_3가 유도성일 때, Z_1, Z_2는 용량성일 경우에만 발진한다. – 콜피츠 발진기
② Z_3가 용량성일 때, Z_1, Z_2는 유도성일 경우에만 발진한다. – 하틀리 발진기

20 Hartley 발진 회로의 $B-E$간의 reactance는 어떻게 되어야 안정한 발진을 하는가?

㉮ 유도성 ㉯ 용량성
㉰ 저항성 ㉱ 유도성 및 용량성

KEY POINT ➲ Hartley 발진 회로

해설 Hartley형 발진기는 L 분할 발진기로서 $C-E$간의 리액턴스는 유도성이어야 하며 $B-C$간의 리액턴스는 용량성을 나타내어야 한다.

정답 : 18.㉱ 19.㉯ 20.㉮

21 그림에서 표시된 발진기 명칭은?

㉮ 출력 동조형
㉯ 하틀리(Hartley)형
㉰ 입력 동조형
㉱ 콜피츠(Colpitts)형

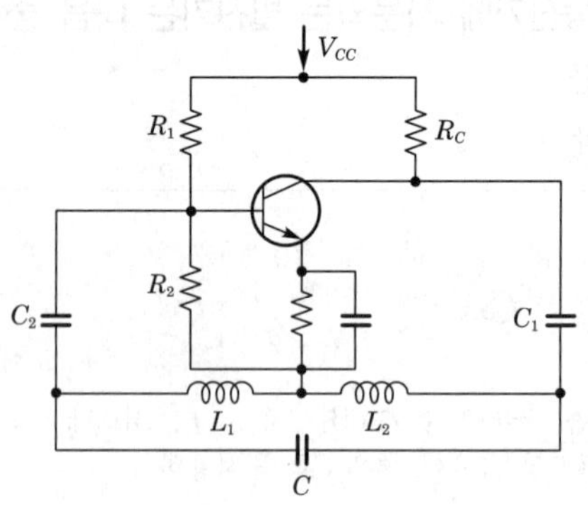

KEY POINT

➲ Hartley 발진 회로

L분할 발진기는 Hartley형 발진기이고, C분할 발진기는 콜피츠형 발진기이다.

22 Hartley 발진기에서 궤환 요소는?

㉮ 용량　㉯ 저항
㉰ 진공관　㉱ 코일

KEY POINT

➲ 코일 L_2

코일 L_2에 흐르는 전류가 궤환되어 지속 진동이 일어난다.(동조 회로의 용량 분할형)

23 Colpitts형 발진기에서 $B-C$간의 reactance는 어떻게 되어야 안정된 발진을 하는가?

㉮ 유도성　㉯ 용량성
㉰ 저항성　㉱ 유도성 및 용량성

KEY POINT

➲ L로 구성

Colpitts형 발진기는 C분할 발진기로서 $B-C$간은 유도성, $B-E$간은 용량성이어야 한다.

정답 : 21.㉯ 22.㉱ 23.㉮

24 다음 발진 회로에서 발진용 궤환이 일어나는 곳은 어느 곳인가?

㉮ L

㉯ C_1

㉰ C_2

㉱ C_E

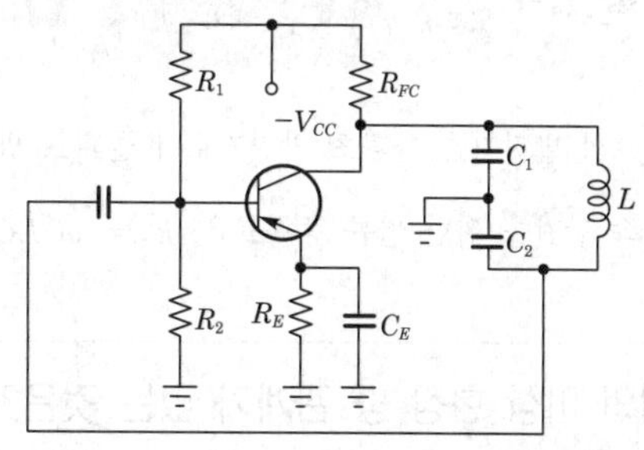

KEY POINT

➲ 콜피츠 발진기

해설 C분할 발진기인 콜피츠 발진기로서 궤환 소자는 C_1이 되며, 이 양단의 전압이 트랜지스터의 바이어스 전압으로서 작용한다.

25 Hartley 발진기에 비해 Colpitts 발진기의 이점으로 옳은 것은?

㉮ 발진 강도가 세다.

㉯ 발진 주파수 가변이 쉽다.

㉰ 낮은 주파수의 발진이 용이하다.

㉱ 고조파 성분이 적다.

KEY POINT

➲ 하틀리 발진기보다 높은 주파수를 얻을 수 있다.

해설 콜피츠 발진기는 용량성 정궤환을 취하므로 발진 주파수 결정 요소인 동조 회로의 인덕터 중간 단자를 낸 하틀리 발진기보다 인덕터 분포량이 적어 고조파 성분이 비교적 적다.

26 그림과 같은 교류적 등가 회로로 표시되는 발진 회로의 발진 주파수[Hz]는?

㉮ $\dfrac{1}{2\pi}\sqrt{\dfrac{1}{L}\left(\dfrac{1}{C_1}+\dfrac{1}{C_2}\right)}$

㉯ $\dfrac{1}{2\pi\sqrt{\dfrac{1}{L}(C_1+C_2)}}$

㉰ $\dfrac{1}{2\pi\sqrt{L(C_1+C_2)}}$

㉱ $\dfrac{1}{2\pi\sqrt{\dfrac{1}{L}(\dfrac{1}{C_1}+\dfrac{1}{C_2})}}$

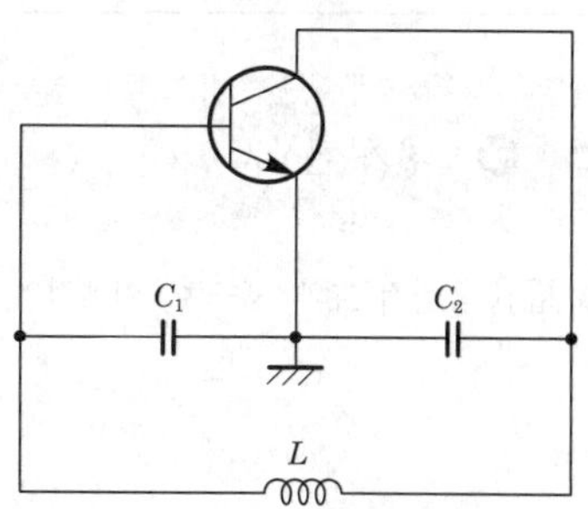

정답 : 24.㉰ 25.㉱ 26.㉮

KEY POINT

➲ $f_o=\frac{1}{2\pi}\sqrt{\frac{1}{L}\left(\frac{1}{C_1}+\frac{1}{C_2}\right)}$

회로의 발진기는 콜피츠 발진기로서 콜피츠 발진 회로의 발진 조건은 $\frac{C_2}{C_1}\le\frac{r_m}{r_b+r_e}$ 이다.

지속 발진을 위한 전류 증폭률은 $h_{fe}=\omega^2 LC_1$이다.

27 LC 발진기의 이상 현상 중 관계가 없는 것은?

㉮ blocking 발진

㉯ 인입 현상(Zein 현상)

㉰ 기생 진동

㉱ Piezo-electric effect

KEY POINT

➲ 블로킹 발진, 인입 현상, 기생 진동

LC 발진기에서 일어나기 쉬운 이상 현상은 다음과 같다.

① 블로킹(Blocking) 발진 : 베이스 회로의 시정수로 결정되는 주기($T\fallingdotseq C_g\cdot R_g$)로서 발진이 반복되는 현상

② 인입 현상(Pull in phenmenon) : LC 발진기에 다른 주파수 전원으로부터의 출력이 결합하고 있으면 LC 발진기의 주파수가 그 영향을 받아서 외부의 주파수에 끌려가는 현상

③ 기생 진동 : 정규적인 공진 회로 이외의 부분에서 발진 조건이 만족되어 예상하지 않은 주파수의 발진이 일어나는 현상

28 수정 진동자는 다음 어느 현상을 이용한 것인가?

㉮ 직렬 공진 현상　　㉯ 인입 현상

㉰ 압전기 현상　　㉱ 홀 효과

KEY POINT

➲ 압전기 현상

압전기 직접 효과 : 수정에 기계적인 압력을 가하면 표면에 전하가 나타나 전압이 발생하는 현상이다.

정답 : 27.㉱ 28.㉰

29 수정 발진기의 진동 주파수를 결정하는 요소로서 잘못된 것은?

㉮ 수정편의 두께에 반비례한다.
㉯ 인가 전압의 크기에 비례한다.
㉰ 영률의 평방근에 비례한다.
㉱ 밀도의 평방근에 반비례한다.

KEY POINT

➡ $f=\frac{1}{2t}\sqrt{\frac{E}{\rho}}$

수정편의 진동 주파수 : 수정편의 두께(t)에 반비례하므로 얇아질수록 발진 주파수는 높아진다.

$$f=\frac{1}{2t}\sqrt{\frac{E}{\rho}}$$

여기서, E는 영(young)률이고, ρ는 밀도이다.

30 50[°C]에서 4[MHz]였던 수정 발진 주파수가 53[°C]에서 180[Hz] 증가하였다면 이 수정은?

㉮ +20[ppm/°C]
㉯ +60[ppm/°C]
㉰ 정온도 계수
㉱ 부온도 계수

KEY POINT

➡ 수정편 축소

3[°C] 상승함에 따라 180[Hz]가 증가했으므로 수정편은 축소된 상태이므로 부온도 계수이다.

31 수정 발진기의 발진 주파수가 안정한 이유는?

㉮ 수정 진동자가 전기 회로에 직접 접속되어 있지 않기 때문이다.
㉯ 수정 진동자는 Q가 매우 높기 때문이다.
㉰ 수정 발진기의 출력이 작기 때문이다.
㉱ 수정 진동자의 진동수는 전원 전압에 무관계하기 때문이다.

KEY POINT

➡ 압전 효과 이용

수정편의 특징

① 수정편의 유도성 폭이 매우 좁다. $\left(f_p-f_s=f_s\frac{C}{2C_o}\right)$

② 수정편의 Q는 $10^4\sim10^6$으로서 매우 크다. 따라서 수정 진동자는 유도성의 경우에만 발진하므로 매우 안정하다.

정답 : 29.㉯ 30.㉱ 31.㉯

32 수정 발진기의 발진 주파수가 안정한 이유로 적합하지 않은 것은?

㉮ 수정은 피에조(Piezo) 전기 현상을 갖고 있다.
㉯ 발진 조건은 만족하는 유도성 주파수 범위가 좁다.
㉰ 수정 진동자는 기계적으로나 물리적으로 안정하다.
㉱ 수정편의 Q가 매우 크다.($10^4 \sim 10^6$)

➲ 압전 효과, 고안정도, 높은 선택도(Q)

수정 발진 회로는 수정 진동자의 압전 효과를 이용한 것으로 발진 주파수의 안정도가 매우 높다.

33 무선 송신기에 수정 제어식이 사용되는 이유는?

㉮ 찌그러짐이 적은 파형을 얻을 수 있다.
㉯ 발진 주파수를 쉽게 변동할 수 있다.
㉰ 발진 주파수가 안정하다.
㉱ 고조파를 쉽게 얻을 수 있다.

➲ 고안정도($10^4 \sim 10^7$)

수정 발진기는 수동 진동자를 이용함으로써 그 주파수 안정도를 10^6 정도로 유지할 수 있다.

34 수정 발진기가 자려 발진기(Self Oscillator)에 비해 좋은 점은?

㉮ 발진이 용이하다.
㉯ 주파수 안정도가 좋다.
㉰ 잡음량이 적다.
㉱ 출력이 크다.

➲ 높은 안정도

정답 : 32.㉮ 33.㉰ 34.㉯

35 무선 전화용 송신기의 주발진기에 가장 많이 사용되는 발진기는?

㉮ 음차 발진기 ㉯ RC 발진기
㉰ 수정 발진기 ㉱ 콜피츠 발진기

KEY POINT
➔ 안정도가 높은 발진기 : 수정 발진기

무선 송신기의 발진기로는 자려 발진 방식과 수정 발진식이 있으나, 주파수 안정도가 매우 높은 수정 발진식을 사용한다.

36 수정 발진자의 발진 주파수 범위는 직렬 공진 주파수를 f_s라 하고 병렬 공진 주파수를 f_p라 할 때 맞는 것은?

㉮ $f_s < f < f_p$이며 좁을수록 안정도가 좋다.
㉯ $f_s < f < f_p$이며 넓을수록 안정도가 좋다.
㉰ $f_p < f < f_s$이며 좁을수록 안정도가 좋다.
㉱ $f_p < f < f_s$이며 넓을수록 안정도가 좋다.

KEY POINT
➔ $f_s < f < f_p$

수정 진동자가 발진 소자로 사용되는 이유는 리액턴스가 유도성이 되는 범위, 즉 $f_s < f < f_p$인 주파수 범위가 좁아 수정 발진기의 발진 주파수가 매우 안정하기 때문이다.

37 수정 발진기에서 수정이 유도성으로 되는 주파수 범위는? (단, C : 수정편 자체의 등가 용량, C_o : 수정편 홀더(Holder)의 용량, f_s : 수정편의 직렬 공진 주파수, f_p : 수정편의 병렬 공진 주파수)

㉮ $\frac{C}{C_o}$ ㉯ $\frac{C}{2C_o}$
㉰ $f_p\frac{C}{2C_o}$ ㉱ $f_s\frac{C}{2C_o}$

KEY POINT
➔ $f_p - f_s = f_s\frac{C}{2C_o}$

정답 : 35.㉰ 36.㉮ 37.㉱

유도성 범위

수정편 자체의 직렬 공진 주파수 $f_s = \frac{1}{2\pi\sqrt{LC}}$ [Hz]

홀더(holder)까지 포함된 병렬 공진 주파수 f_p는

$$f_p = \frac{1}{2\pi}\sqrt{\frac{1}{L}\left(\frac{1}{C}+\frac{1}{C_o}\right)} = \frac{1}{2\pi\sqrt{LC}}\sqrt{1+\frac{C}{C_o}} \fallingdotseq f_s\left(1+\frac{C}{2C_o}\right)$$

$$\therefore \ f_p - f_s = f_s\frac{C}{2C_o}$$

38 수정 발진기의 발진 주파수의 변동을 방지하기 위한 대책에 대한 설명 중 틀리는 것은?

㉮ 온도 계수가 큰 수정 진동자를 사용한다.
㉯ 부하와의 사이에 완충 증폭기를 설치한다.
㉰ Q가 높은 공진자를 사용한다.
㉱ 정전압 방전관을 사용하여 플레이트 전압을 안정하게 한다.

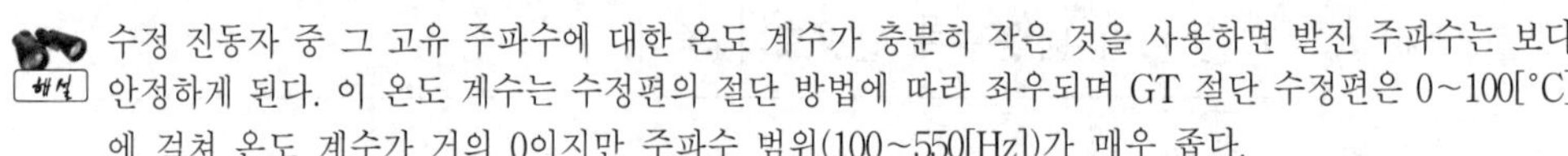
KEY POINT

➲ 온도 계수는 0에 가깝다.

수정 진동자 중 그 고유 주파수에 대한 온도 계수가 충분히 작은 것을 사용하면 발진 주파수는 보다 안정하게 된다. 이 온도 계수는 수정편의 절단 방법에 따라 좌우되며 GT 절단 수정편은 0~100[°C]에 걸쳐 온도 계수가 거의 0이지만 주파수 범위(100~550[Hz])가 매우 좁다.

39 무선 송신기에 있어서 수정 발진기의 주파수 변동의 원인에 가장 관계가 없는 것은?

㉮ 변조의 깊이　　㉯ 부하의 변동
㉰ 온도의 변화　　㉱ 전원 전압의 변동

KEY POINT

➲ **주파수 변동 요인** : 부하의 변화, 주위 온도 변화, 전원 전압의 변화, 트랜지스터 상수의 변화

40 이상형 발진기(병렬 R)에서 $C=0.04[\mu F]$, $R=\sqrt{6}\times10^3[\Omega]$일 때 발진 주파수로서 맞는 것은?

㉮ 66[Hz]　　㉯ 332[Hz]
㉰ 132[Hz]　　㉱ 663[Hz]

정답 : 38.㉮ 39.㉮ 40.㉱

KEY POINT

➲ $f = \frac{1}{2\pi\sqrt{6}RC}$ [Hz]

이상형 발진기 병렬 R형의 경우 발진 주파수는 $f = \frac{1}{2\pi\sqrt{6}RC}$ [Hz]이다.

제 8 장 변복조

(1) 변조(Modulation)

① 저주파 음성 신호를 고주파에 실어주는 과정

② 신호를 운반하는 고주파라는 의미에서 반송파(Carrier wave)라 하며, 저주파 음성 신호를 변조파(Modulating wave) 혹은 신호파(Signal wave)라 한다.

③ 피변조파(Modulated wave) : 신호파에 의해 변조된 파

㉮ **진폭 변조(AM)** : 반송파의 진폭이 신호파에 따라 변한다.

㉯ **주파수 변조(FM)** : 진폭이 일정한 반송파의 주파수가 신호파에 따라 변한다.

㉰ **위상 변조(PM : Phase Modulation)** : 반송파의 위상이 신호파에 따라 변한다.

㉱ **펄스 변조** : 일정 간격의 열(列)을 반송파로 사용하며 그 파라미터를 변조 신호로 바꿔서 정보를 전달한다.

㉠ 펄스 진폭 변조(PAM : Pulse Amplitude Modulation)
㉡ 펄스 주기 변조(PDM : Pulse Duration Modulation)
㉢ 펄스 위치 변조(PPM : Pulse Position Modulation)

(2) 복조(Demodulation)

수신측에 전송된 피변조파로부터 또는 검파(Detection) 변조파를 재생시키는 과정

1 진폭 변조(AM ; Amplitude Modulation)

(1) 진폭 변조의 원리

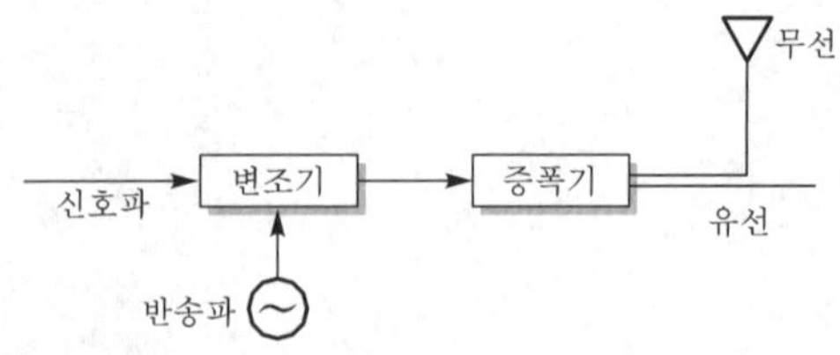

그림 2-172 **반송파의 진폭을 변조파(신호파)에 따라 변화시키는 방식**

진폭 변조란 송신하고자 하는 변조(정보) 신호를 가지고 반송파의 진폭을 변화시켜 전송하는 것을 의미한다.

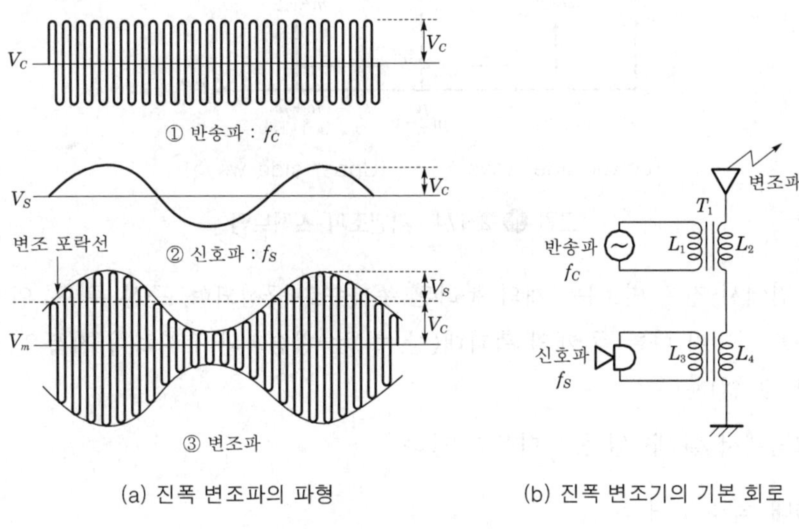

(a) 진폭 변조파의 파형 (b) 진폭 변조기의 기본 회로

그림 2-173 **진폭 변조**

반송파를 $e_C(t) = E_C \sin\omega_C t$라 하고 신호파를 $e_S(t) = E_S \sin\omega_S t$라 하면 피변조파는 다음과 같다.

진폭 변조된 신호(피변조파) e_{AM}는

$$e_{AM}(t) = (E_C + E_S \sin\omega_S t)\sin\omega_C t$$

$$= E_C\left(1 + \frac{E_S}{E_C}\sin\omega_S t\right)\sin\omega_C t = E_C(1 + m\sin\omega_S t)\sin\omega_C t$$

$m=1$일 때 100% 변조율 또는 완전 변조(Complete modulation)

$m > 1$일 때 과변조(Over modulation) m이 클 때 변조가 깊다고 한다.

위 식에서와 같이 진폭 변조된 피변조파는 반송파와 정보가 실린 상측파대와 하측파대의 3가지 성분으로 나타난다.

※ **측파대** : 반송파에 음성 등의 신호를 실은 경우 변조된 전파에는 반송파와 또다른 주파수 성분이 생기는데 이는 측파라 하고, 그 측파가 차지하는 대역을 측파대라 한다.

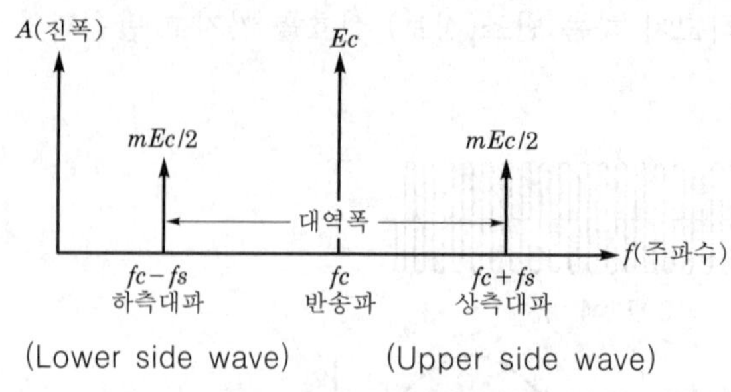

(Lower side wave) (Upper side wave)

그림 ➊ 2-174 **피변조파 스펙트럼**

위의 그림에서 진폭 변조는 3개의 분리된 주파수로 구성되며, 중심 주파수인 반송파는 최고의 진폭을 가지며 다른 두 개의 측파대(상, 하)는 반송파와 유사하나 진폭은 반송파의 1/2을 초과할 수 없다.

위의 그림에서 알 수 있듯이 다음과 같다.

① **상측파대 폭** : $f_C + f_S$

② **하측파대 폭** : $f_C - f_S$

③ **점유 주파수대 폭** : $2f_S$

즉, 주파수 대역폭은 신호파의 최고 주파수의 2배가 된다.

$$B = 2f_S$$

일정한 대역폭을 가질 때 만약 300~3,400[Hz]대의 음성 주파를 20[kHz]의 반송파로 변조한다면, 반송파의 양측 즉, 상측 대역에 20,300~23,400[Hz]와 하측 대역에 16,600~19,700[Hz]의 스펙트럼이 위의 그림과 같이 형성된다.

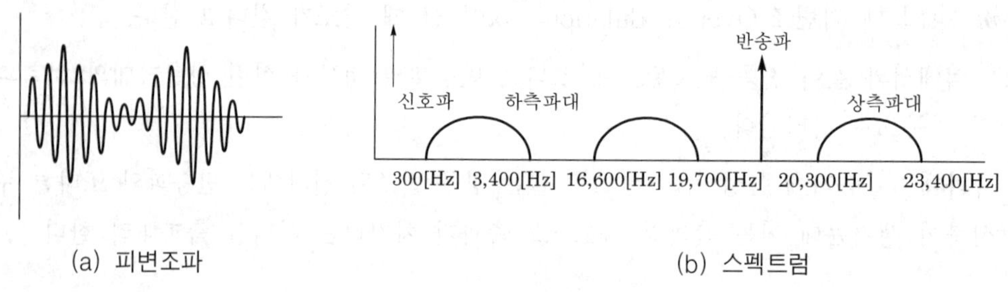

(a) 피변조파 (b) 스펙트럼

그림 ➊ 2-175 **피변조파 스펙트럼**

(2) 피변조파의 전력

① **각 주파수 성분별 전력** : 진폭 변조파가 복사 저항 R인 공중선에서 복사될 때 각 주파수 성분별 전력 분포는 다음과 같다.

㉮ **반송파 전력**

$$P_C = \frac{E_C^2}{R} = \frac{(E_C/\sqrt{2})^2}{R} = \frac{E_C^2}{2R}$$

㉯ **상측파 전력**

$$P_U = \left(\frac{m}{2}E_C\right)^2/R = \frac{m^2}{4}\cdot\frac{E_C^2}{R} = \frac{m^2}{4}\frac{(E_C/\sqrt{2})^2}{R} = \frac{m^2}{4}\cdot P_C = \frac{m^2E_C^2}{8R}$$

㉰ **하측파 전력**

$$P_L = \left(\frac{m}{2}E_C\right)^2/R = \frac{m^2}{4}\cdot P_C = \frac{m^2E_C^2}{8R}$$

㉱ **피변조파 평균 전력**

$$P_m = P_C + P_L + P_U = P_C + \frac{m^2}{4}P_C + \frac{m^2}{4}P_C = P_C\left(1+\frac{m^2}{2}\right)$$

피변조파 평균 전력은 변조도 $m=1$일 때 $P_m = P_C\frac{3}{2}$이므로 전 전력 중의 $\frac{2}{3}$가 반송파 전력, 나머지 $\frac{1}{3}$이 양측파 전력이 된다. 즉, 변조도 m이 낮을수록 반송파가 점유하는 전력이 커진다.

② **각 전력 성분비** : 반송파와 상·하측파의 각 전력 성분비는 다음과 같다.

$$P_C : P_L : P_U = P_C : \frac{m^2}{4}P_C : \frac{m^2}{4}P_C = 1 : \frac{m^2}{4} : \frac{m^2}{4}$$

따라서 $m=1$(100% 변조)일 때는 $1:\frac{1}{4}:\frac{1}{4}$이고, $m=0.5$일 때는 $1:\frac{1}{16}:\frac{1}{16}$이다.

예제 AM 송신기의 점유 주파수 대역폭

AM 송신기에서 반송 주파수가 1[MHz]이고 변조 신호가 200~7[Hz]일 때 이 송신기의 점유 주파수 대역폭을 구하라.

해설 $f_C = 200[Hz]$, $f_H = 7[kHz]$이다.

① 주파수 대역폭 : $\Delta f = 2f_H = 2 \times 7 = 14[kHz]$

② 상측파대 : $(f_C + f_L) \sim (f_C + f_H) = (1[M] + 200[Hz]) \sim (1[M] + 7[kHz])$

③ 하측파대 : $(f_C - f_H) \sim (f_C + f_L) = (1[M] - 7[kHz]) \sim (1[M] - 200[Hz])$

> **예제** **AM파의 전력 성분비**
>
> AM에서 피변조파 전압 v_{AM}이 $v_{AM} = (100 + 40\sin 2\pi 400t)\sin 2\pi \times 10^6 t$일 때 변조도와 각 전력 성분비를 구하라.

해설 **AM에서 피변조파 전압**

$$v_{AM} = (V_C + V_S \sin\omega_C t)\sin\omega_C t = V_C(1 + m\sin\omega_S t)\sin\omega_C t$$

따라서 반송파 진폭 $V_C = 100[V]$, 신호파 진폭 $V_S = 40[V]$, $\omega_S t = 2\pi f_S t = 2\pi 400t$

$f_S = 400[Hz]$, $\omega_C t = 2\pi f_C t = 2\pi \times 10^6 t$, 반송파 주파수 $f_C = 10^6[Hz] = 1[MHz]$이다.

㉮ **상하 측파대의 각각의 진폭**

$$\frac{40}{2} = 20$$

㉯ **변조도**

$$m = \frac{V_S}{V_C} = \frac{40}{100} = 0.4 = 40\%$$

㉰ **전력 성분비**

$$1 : \frac{m^2}{4} : \frac{m^2}{4} = 1 : 0.04 : 0.04$$

㉱ **주파수 대역폭**

$$\Delta f = 2f_S = 2 \times 400 = 800[Hz]$$

㉲ **주파수 대역 범위**

$$f_C \pm f_S = 10^6 \pm 400[Hz]$$

㉳ **피변조파 전류**

$P_m = P_C\left(1 + \frac{m^2}{2}\right)$에서 $P_m = \frac{1}{2} I_m^2 R$, $P_C = \frac{1}{2} I_C^2 R$을 대입하면

$$I_m = I_C\sqrt{1+\frac{m^2}{2}}$$

따라서 무변조시 전류(I_C)와 변조시의 전류(I_m)와의 비는 다음과 같다.

$$\frac{I_m}{I_C} = \sqrt{1+\frac{m^2}{2}}$$

㉮ **피변조파 전류의 변조도**

$I_m^2 = I_C^2\left(1+\frac{m^2}{2}\right)$의 식에서 변조도 m을 구하면

$$m = \sqrt{2\left\{\left(\frac{I_m}{I_C}\right)^2 - 1\right\}}$$

(3) 통신 방식

① **단측파대(Single Side Band : SSB)** : 반송파를 제거하고 상·하 측파대 중 어느 한쪽의 측파대만 송신하여 통신하는 방식

㉮ **이점**

ⓐ 한 측파대만 이용하므로 전력이 절약된다.

ⓑ 점유 주파수 대역폭의 반 이하가 되어 다중 통신에 적합하다.

ⓒ 어느 정도 비밀성이 있다. 즉, 반송파가 송신기에서 제거되므로 수신할 때 송신측 반송파의 동기를 취해야 한다.

㉯ **용도** : 유선 반송 전파, 단파 무선 통신

② **양측파대(Double Side Band : DSB)**

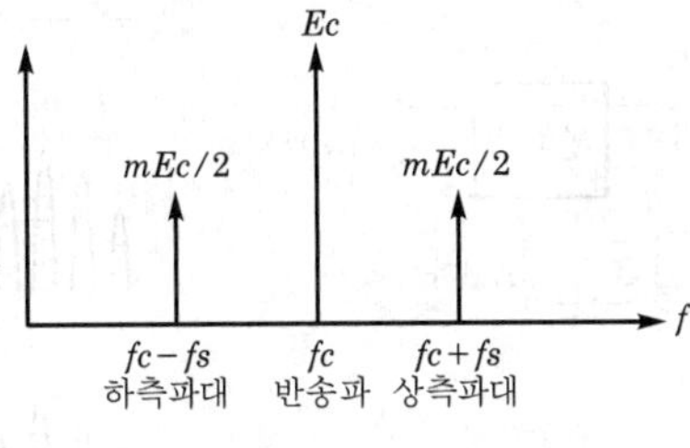

그림 2-176 **측파대**

위의 그림과 같이 반송파, 상하 측파대 등 3가지 신호를 동시에 전송하는 방식으로 점유 주파수가 넓어지고 전력 소비가 커지는 등 전송 효율은 좋지 않으나, 수신기를 간단히 구현할 수 있어 AM 상업 방송에 적용하고 있다. 보통 AM 신호를 변조할 때 반송파 억압

진폭 변조를 하거나 반송파를 갖는 진폭 변조를 하게 되는데 보통 AM 신호라 하면 반송파를 갖는 DSB 신호(DSB−LC)를 의미한다.

반송파의 유무는 수신시 복조 회로와 관련이 깊어 반송파를 억압한 신호(보통 SSB 신호)를 수신할 때는 반송파를 만들어 내기 위한 별도의 국부 발진 회로가 필요하므로 회로가 복잡해지고 수신기의 가격이 비싸진다. 반면에 반송파와 신호파를 동시에 수신시(보통 DSB 신호)는 별도의 발진 회로가 필요 없어 수신기를 간단히 구현할 수 있게 된다.

※ DSB와 SSB의 출력 비교

DSB : $P_V = P_C\left(1+\frac{m^2}{2}\right)$

SSB : $P_S = \frac{1}{4}m^2 P_C$

$$\therefore \frac{P_V}{P_S} = \frac{\left(\frac{1+m^2}{2}\right)P_C}{\frac{1}{4}m^2 P_C} = \frac{2(2+m^2)}{m^2}$$

즉, DSB 송신기에서 SSB 송신기 출력과 동등한 측파대 전력을 얻으려면 $\frac{2(1+m^2)}{m^2}$ 배만큼 큰 평균 전력을 얻을 수 있는 것이어야 한다.

2 AM 변조 회로의 종류

(1) 컬렉터 변조 회로

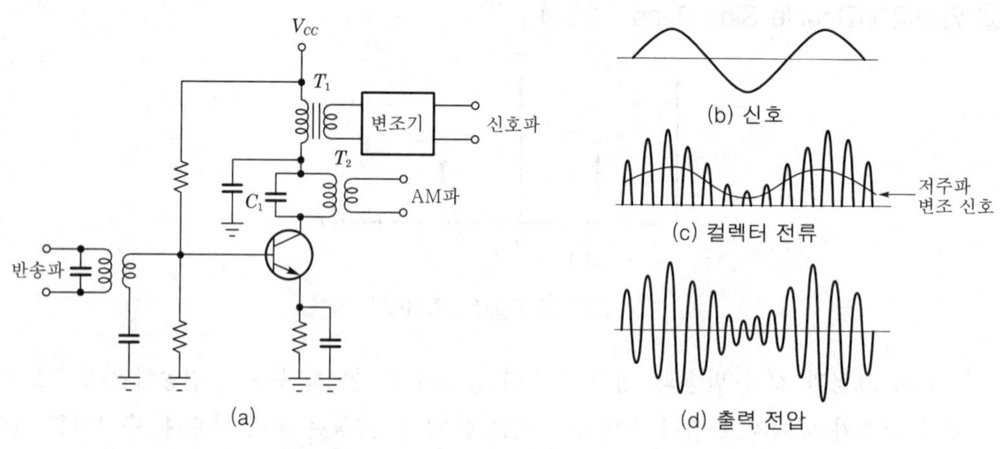

그림 ➊ 2-177 **컬렉터 변조 회로와 동작 파형**

컬렉터 변조 회로는 이미터-컬렉터 전류 특성이 비직선성인 것을 이용하는 방식으로 베이스에 반송파를, 컬렉터에 신호파를 인가한다.

컬렉터 전압을 변조 신호 전압에 따라 변화시켜 전류를 변조하는 방법으로, 컬렉터 변조 회로의 트랜지스터는 C급 동작으로 바이어스되어 있다. 반송파 입력(+의 피크에서)은 트랜지스터를 포화 상태로 드라이브할 정도로 충분히 크다.

앞의 그림에서 C_1은 반송파에 대한 측파(bypass) 콘덴서이며 반송파 주파수 f_C에 대해서는 단락 소자로 작용한다. 그러나 반송파에 비해 훨씬 낮은 신호 주파수 f_m에 대해서는 큰 임피던스를 나타내며 실질적으로 개방 소자가 되도록 적당히 택해져 있다.

f_m은 f_C보다 훨씬 낮은 주파수이다.

※ 컬렉터 변조 회로의 특징

1. 신호는 변조 증폭기(modulation) 및 변조 변합기 T_1을 거쳐서 컬렉터에 가해진다.
2. 직선성(linearity)이 매우 우수하다.
3. 100%까지 변조가 가능하다.
4. 큰 변조 전력이 요구되는 결점이 있다.
5. 컬렉터 효율이 높은 변조 방식이다.
6. 대전력 송신기에 이용한다.
7. 변조 트랜스나 초크의 주파수 특성으로 인해 일그러짐이 발생한다.

변조 전력을 적게 하려면 반송파의 레벨이 낮은 증폭단에서 변조한 다음에 피변조파를 증폭하는 방법이 고려될 수 있으나, C급 증폭은 피변조파를 증폭하는 데도 적합하지 않다. 왜냐하면 파형이 그대로 유지되지 않고 왜곡되기 때문이다. 따라서 컬렉터 변조는 송신기의 마지막 증폭단에서 실시하는 것이 보통이다.

(2) 베이스 변조 회로

TR을 C급으로 동작시키고 베이스 전류를 신호파로 변화시켜 컬렉터 전류는 그것에 따라 변화하고, 동조 회로에서 피변조파를 얻는다. 베이스 변조 방식에서는 반송파와 변조 신호가 모두 베이스에 가해진다. 즉, C급 증폭기의 베이스 바이어스 전압을 변조 신호에 따라 변화시킨 것이다. 다음 그림에서 C_1은 반송파에 대한 측파 컨덴서이다.

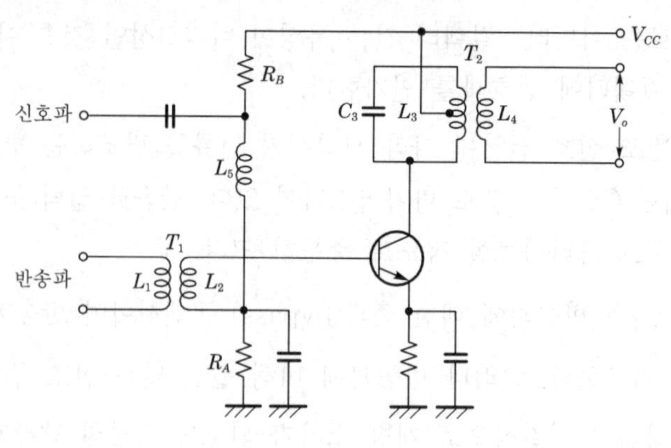

(a) 회로

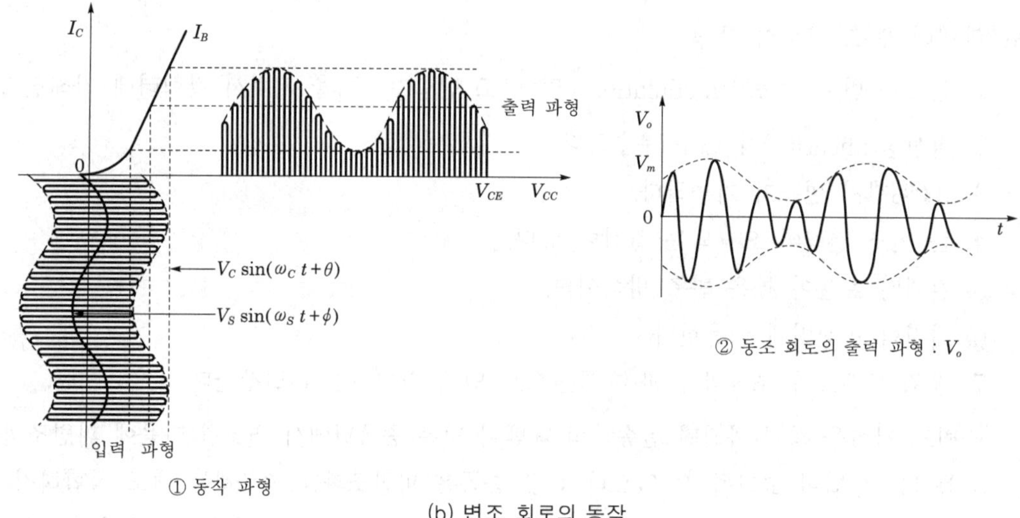

① 동작 파형

② 동조 회로의 출력 파형 : V_o

(b) 변조 회로의 동작

그림 ⬆ 2-178 **베이스 변조회로와 동작파형**

※ 베이스 변조 회로의 특징

1. 변조 신호는 변조 변압기를 거쳐서 베이스에 가해진다.
2. 요구되는 변조 신호 전력이 적다.
3. 변조도를 크게 할 수 없다.
4. 직선성이 좋지 않으므로 변조 일그러짐이 크게 나타난다.
5. 광대역 변조에 적합하다.
6. 적은 전압으로 깊은 변조를 행할 수 있다.
7. 변조에 소모되는 전력이 작아도 되며, 출력은 컬렉터 변조의 약 $\frac{1}{4}$ 이다.

이러한 전달 특성의 비직선성 때문에 발생하는 고조파는 증폭기를 푸시풀로 동작시킴으로써 감소시킬 수 있다. 그러나 베이스 변조는 특별한 경우 이외에는 사용하지 않는다.

(3) 이미터 변조 회로

신호파를 이미터에 인가하여 컬렉터 전류의 변화를 출력으로 진폭 변조를 일으키는 회로이다.

그림 (a)와 같이 반송파와 신호파가 베이스 바이어스를 변화시켜 컬렉터에서 변조 출력을 얻고 있으며, 그림 (b)와 같은 회로는 베이스와 이미터 사이의 비직선성을 이용한 것으로 이미터 전압의 변화가 베이스 바이어스 변화로서 베이스에 가해진다.

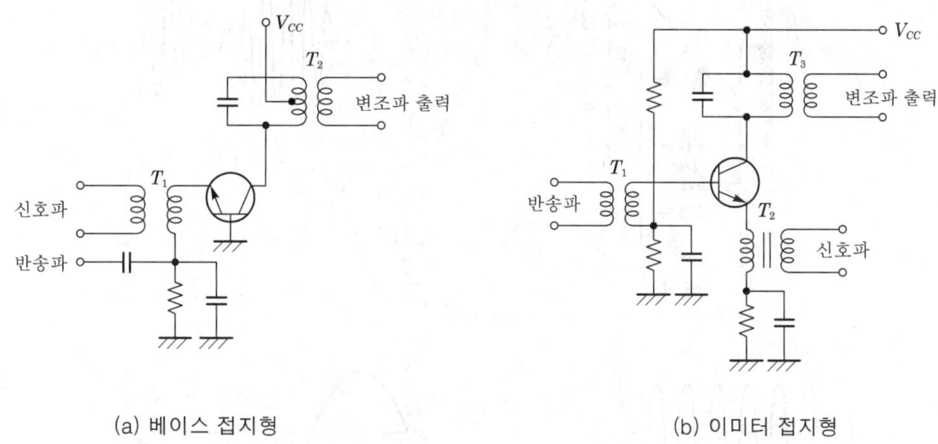

그림 ⬆ 2-179 **이미터 변조 회로**

(4) 평형 변조기

① **다이오드 평형 변조기** : 반송파를 먼저 가하면 정(+)의 반주기에서는 D_1, D_2가 도전상태가 되고 부(−)의 반주기에서는 개방된다. 이 상태에서 변조파가 인가되면 신호파가 반송파보다 훨씬 적다면 D_1, D_2의 단락, 개방 상태는 반송파의 극성이 좌우하며 이 반송파의 진폭은 변조파에 의해서 변조된다.

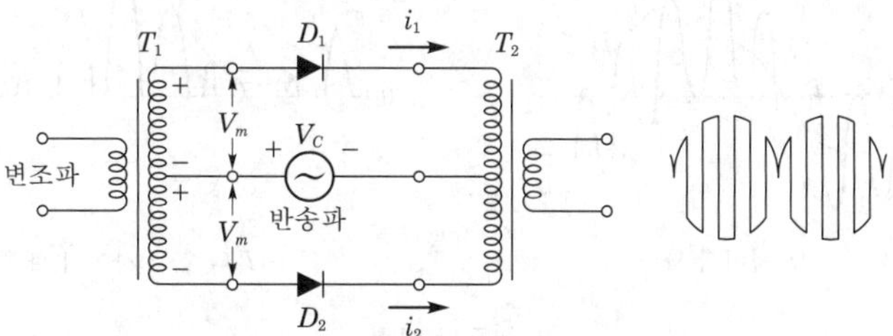

그림 ⬆ 2-180 **다이오드 평형 변조기**

② **링(ring) 평형 변조기** : 4개의 다이오드를 사용한 링 변조기이며, T_3에 반송파만 가해지면 T_2의 1차측에서는 실선과 같이 전류가 흘러 상쇄되므로 2차측에는 출력이 0이 된다. T_1에 신호파만 가해지면 다이오드 D_1-D_4와 D_2-D_3의 회로는 off되므로 T_2의 2차측에는 출력이 0이 된다. 반송파와 신호파가 동시에 가해지면 다이오드의 비직선점에 의해서 T_2의 2차측에는 반송파 성분이 제거된 양측파대분이 나타난다.

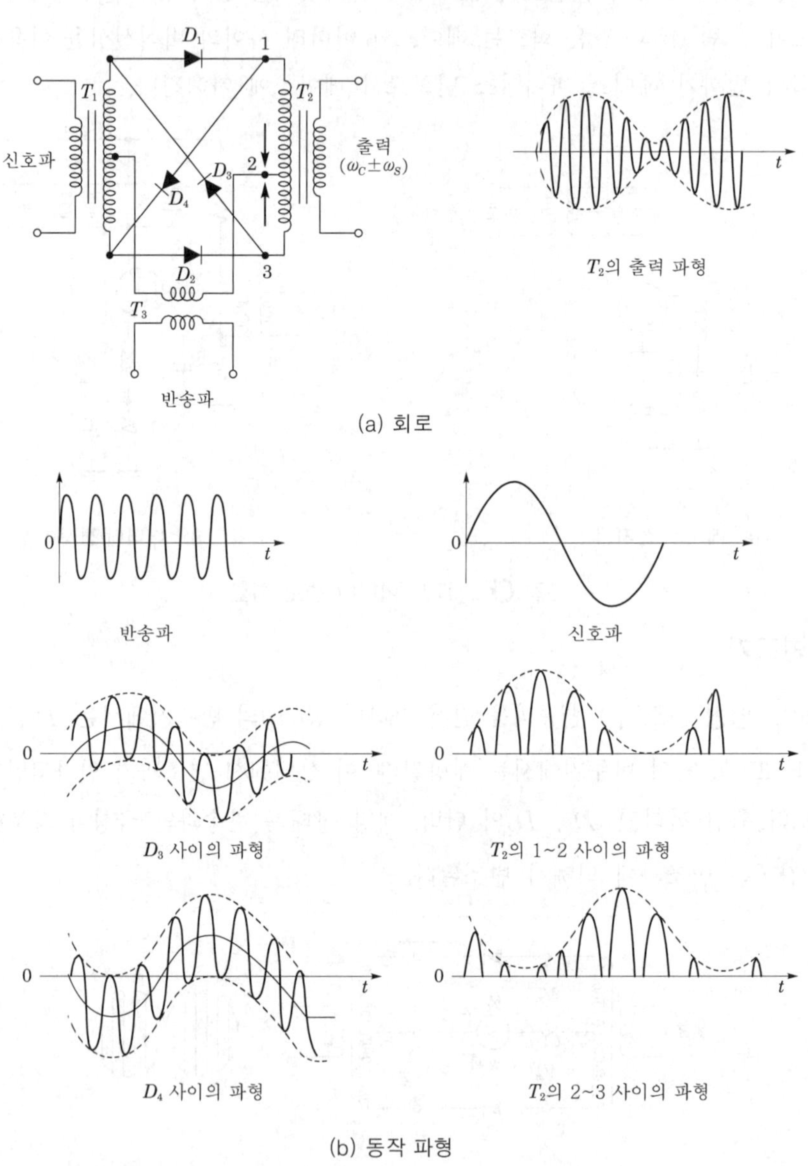

그림 ⬆ 2-181 **링 변조기**

※ 링 변조기의 특징

1. 출력측에는 변조 신호의 성분이 나타나지 않으므로 변조 신호와 반송파의 주파수가 접근하여 있을 때에 유리하다.
2. 증폭 소자를 포함하지 않으므로 입력 신호보다 출력 신호가 적게 된다.
3. 증폭 소자를 포함하지 않는 수동망이므로 그 이점으로는 역방향으로도 동작시키는 것이 가능하다. SSB 복조 회로로서도 사용할 수 있다.

㉣ 정류 소자로서 사용한다.

③ **이상법에 의한 변조기 회로** : 이상법에 의해서 희망하는 한쪽의 측파대만을 얻는 것으로서 2개의 평형 변조기에 위상이 90° 서로 다른 신호파와 반송파를 가하여 결합 회로에서 2개의 측파대를 더하거나 빼서(합 또는 차에 의해서) 한쪽 측파대만을 얻는다. 따라서, 필터를 사용하지 않아도 측파대를 얻을 수 있는 장점이 있다.

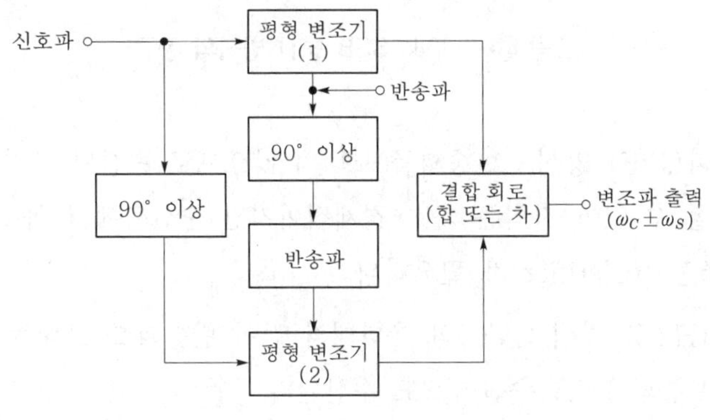

그림 2-182 **이상 변조기**

3 단측파대 통신

(1) SSB 통신의 기본 이론

① **SSB(Single Side Band : 단측파대) 통신 방식** : 진폭 변조에 의해서 생긴 상하 측파대 중 어느 한쪽만을 이용하는 방식이다.

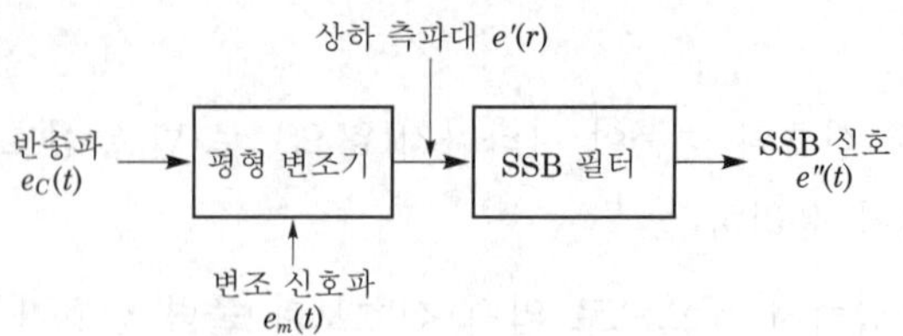

그림 ⬆ 2-183 **SSB 변조기의 구성**

② **SSB 통신 방식의 종류** : SSB는 한 측파대 이외에 동시에 반송파를 어느 정도 전송하는가에 따라서 다음과 같이 세 종류로 구분된다.

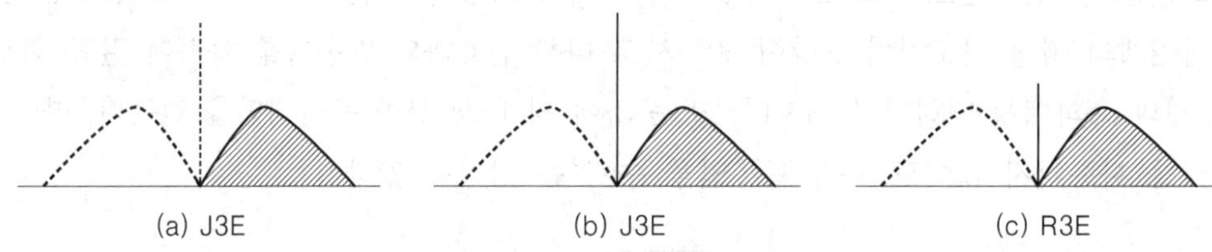

그림 ⬆ 2-184 **SSB 통신 방식의 종류**

㉮ **억압 반송파(J3E) 방식** : 반송파를 보내지 않으므로 송신되는 전력은 전부가 신호 성분이라고 할 수 있어 전력은 가장 경제적이지만 수신측에서 복조용의 반송파 발진기와 동기 조정기(Clarifier)가 필요하다.

㉯ **전 반송파(H3E) 방식** : 한쪽의 측파대와 같이 반송파를 보내는 전력은 가장 비경제적이지만 보통의 DSB 수신기로도 수신된다.

㉰ **저감 반송파(R3E) 방식** : 반송파를 어느 정도까지 저감시켜 한쪽의 측파대와 같이 보내는 것으로 J3E에 비해서 전력은 다소 비경제적이지만 수신측에서 그 반송파를 복조용 반송파의 동기 및 AGC 등에 이용할 수가 있다.

(2) SSB(J3E) 통신 방식과 DSB(A3E) 통신 방식의 비교

① **점유 주파수 대역폭** : SSB가 SDB의 절반이므로 SSB 방식이 유리하다. 특히 무선국의 수가 많은 경우에는 혼신을 적게 하고, 또 일정한 대역 내에 가급적 많은 국을 수용하려면, 점유 주파수 대역폭은 좁을수록 좋다.

② S/N**비** : 수신기에 들어오는 외부 잡음은 대역폭에 비례하므로 대역폭이 절반으로 되면 잡음도 절반으로 감소한다. 또 송신측에서 동일한 출력을 낸다고 하면, 측파대만을 보내는 SSB 방식으로 하는 것이 신호파 전력을 많게 할 수 있다. 따라서 SSB 방식이 유리하다.

③ **효율** : SSB 방식에서는 소요 전력의 대부분을 차지하는 반송파를 보내지 않아도 되므로 SDB와 동일한 레벨의 신호파를 전송하는 데에 25~30% 정도의 전력을 소비한다.

④ **수신 변형** : 전송에 관해서만 생각한다면 선택성 페이딩을 강하게 받는 SDB 방식이 변형을 많이 발생한다.

⑤ **경제성** : 경제성에는 송수신기의 구조가 크게 좌우한다. SSB 방식에서는 특히 수신측의 복조 회로가 문제로 된다. 수신기에 있어서는 SSB 방식이 경제적으로 불리하다.

⑥ **기타** : SSB 방식이 기밀성이 있다. 전체적으로 볼 때, 전송 형식에 있어서는 SSB쪽이 유리하며, 수신기의 구조 등으로 본다면 DSB쪽이 유리하다.

사 항	SSB	DSB
㉮ 점유 주파수대폭	단측파대로 하기 때문에 DSB의 약 1/2 이면 된다.	양측파대 및 반송파를 상하는 것이므로 SSB의 약 2배가 필요하다.
㉯ S/N비	동일 전력으로 비교했을 경우 약 9~12[dB] 개선된다.	점유 주파수 대역폭이 넓으므로 SSB에 비해서 S/N비가 나쁘다.
㉰ 송신기의 소비 전력	전력의 대부분을 점하는 반송파를 억압하고 또 단측파대만을 방사하기 때문에 소비 전력은 DSB의 약 30% 정도면 된다.	변조 입력이 없을 때에는 상시 큰 전력의 반송파가 방사되므로 SSB보다 전력 소비가 많다.
㉱ 수신왜 (찌그러짐)	단측파대이기 때문에 선택성 페이딩의 영향이 감소하여 수신왜는 적다.	선택성 페이딩의 영향에 의해서 SSB보다 많다.
㉲ 송신 설비	송신측에서는 반송파 제거용 변조기 및 단측파대 분리용 필터 따위가 필요하므로 장치가 복잡하다.	SSB와 같은 복잡한 장치는 불필요하며 장치는 간단하다.
㉳ 수신 설비	수신측에서는 반송파와 같은 국부 반송파 발진기를 필요로 하고 그와 파일럿 반송파와의 동기 때문에 AFC가 필요하므로 장치가 복잡하다.	SSB에 비해 간단하다.
㉴ 비화성	그대로 검파해도 내용을 재현할 수 없으므로 이 방식 자체에 비화성을 가지고 있다.	특별한 비화 방식을 하지 않으면 비화성이 보전되지 않는다.

예제 **SSB의 종합 S/N 개선도**

SSB 통신 방식과 DSB 통신 방식과를 비교했을 경우, 수신기 출력에 있어서의 종합적 S/N은 어느 정도까지 개선될 수 있는가를 설명하라. (단, 변조도를 100%로 한다.)

해설 SSB파는 DSB파에 대하여 대역폭이 절반이다. 따라서 수신기로 들어가는 잡음도 절반이므로 3[dB] 개선된다.

$$10\log_{10}\frac{1}{2} \fallingdotseq -3[\mathrm{dB}]$$

DSB파의 전 전력은 $m=1$로 하면

$$P_m = P_C\left(1+\frac{1}{2}\right) = 1.5P_C$$

SSB파의 평균 전력 P_S는

$$P_s = \frac{1}{4}P_C = 0.25P_C$$

그러므로 DSB와 SSB의 전력비는 6 : 1이다. 두 신호를 동일한 출력으로 했다고 하면, SSB파의 신호파 성분은 1.5 P_C로 되나, DSB파는 0.5 P_C이므로 SSB쪽이 3배의 출력이 얻어진다. 그러므로 출력에 의해서 $10\log_{10}3 \fallingdotseq 4.89$[dB] 개선된다. 따라서 SSB 방식으로 하면 약 8[dB](=3+4.8[dB])의 S/N 개선이 기대된다. 이 밖에 선택성 페이딩이 발생하고 있다고 하면, SSB 방식쪽이 3[dB] 정도 더 양호하므로 결국 종합 개선도는 DSB보다 약 11[dB] 개선된다.

4 진폭 복조(검파) 회로

(1) 직선 복조 회로(포락선 검파)

다이오드의 전압-전류 특성 곡선의 직선 부분을 이용해서 신호파를 끌어내도록 입력 전압을 충분히 크게 하여 복조하는 방식이다.

① **검파 출력** : 다음 그림 (a)의 직선 검파 회로에서, 피변조파 전압 e가

$$e = E_C(1+m_a\cdot\cos\omega_S t)\sin\omega_C t$$

일 때 검파 전류 i_d는

$$i_d = \frac{v_i}{r_d+R_L} = \frac{E_C(1+m_a\cdot\cos\omega_S t)\sin\omega_C t}{r_d+R_L}$$

이므로, 부하 저항 R_L 양단에 나타나는 검파 출력 전압 v_o(평균치)는

$$v_o = \frac{R_L}{2\pi}\int i_d d(\omega_C t) = \frac{R_L E_C(1+m_a \cdot \cos\omega_S t)}{2\pi(r_d+R_L)}\int_0^{\pi}\sin\omega_C t d(\omega_C t)$$

$$= \frac{R_L E_C(1+m_a \cdot \cos\omega_S t)}{2\pi(r_d+R_L)}[-\cos\omega_C t]_0^{\pi}$$

$$= \frac{R_L E_C(1+m_a \cdot \cos\omega_S t)}{\pi(r_d+R_L)} = \eta E_C + \eta E_C m_a \cos\omega_S t$$

$$= \eta E_C(1+m_a \cos\omega_S t)$$

$$\eta(\text{검파 효율}) = \frac{R_L}{\pi(r_d+R_L)}$$

이다. 여기서, 제1항은 직류분이고 제2항은 교류분(신호파)이다. 즉, 직류 성분 E_d와 변조 신호파의 실효치 E_S는

$$E_d = \eta \cdot E_C$$

$$E_S = \frac{\eta \cdot m \cdot E_C}{\sqrt{2}}$$

이다.

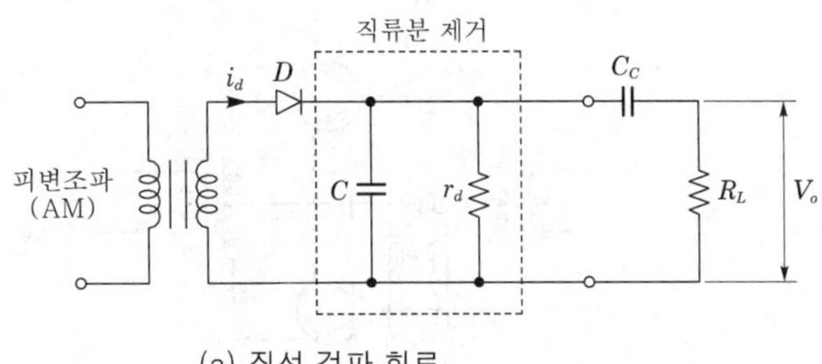

(a) 직선 검파 회로

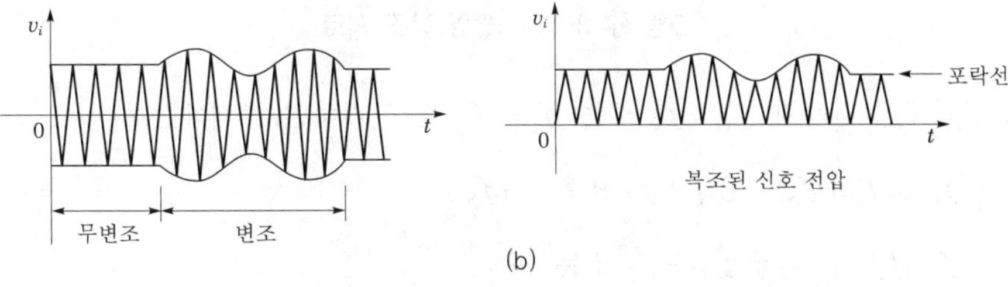

(b)

그림 2-185 **직선 복조 회로와 파형**

RC(시정수)가 크면 회로 내에서의 충방전 특성이 늦어지고, 시정수가 작으면 충방전 특성이 빨라진다.

㉮ **시정수가 반송파의 주기보다 짧은 경우** : 방전이 빨리 나타나게 되어 저항 R의 단자 전압 변동이 크게 나타난다.

㉯ **시정수가 신호파(포락선)의 주기보다 클 경우** : 포락선은 원형대로 만들 수 없어 찌그러짐이 발생한다.

② **특징**

㉮ 직선 검파에 가장 적합한 방식은 Diode 검파이다.

㉯ 진폭이 큰 피변조파를 검파할 때 검파 출력의 왜곡이 가장 적은 방식이다.

㉰ 다이오드의 전압－전류 특성의 직선 부분이 이용되므로 발전 회로를 이용하지 않는다.

(2) 평형 복조 회로

평형 변조에서 변조된 피변조파는 반송파가 제거된 상·하 측파만 남게 된다. 이때 피변조파는 f_C+f_S가 된다. 이와 같은 단측파의 복조 회로에서 링 변조 회로와 같은 것을 사용하는데 이것은 링 복조 회로라 한다.

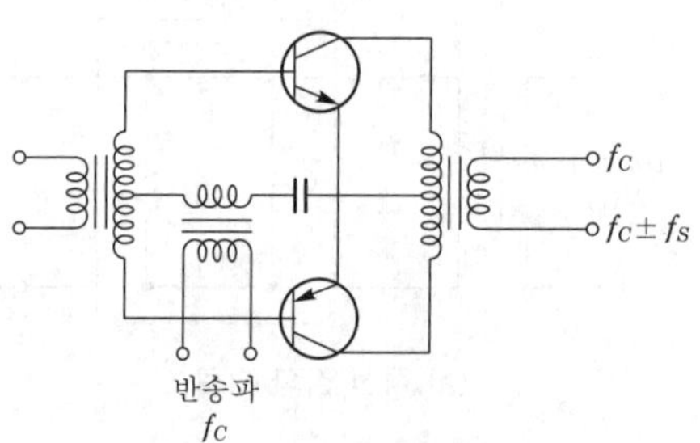

그림 ⬆ 2-186 **평형 복조 회로**

신호 입력대신 단측파 f_C+f_S 또는 f_C-f_S 를 인가하면 출력에는

$$f_C \pm (f_C+f_S)=2f_C+f_S \text{ 또는 } -f_S$$

$$f_S \pm (f_C+f_S)=2f_C-f_S \text{ 또는 } +f_S$$

가 나타난다.

즉, 출력에 $2f_C+f_S$ 또는 $2f_C-f_S$를 제거하는 회로를 접속하면 신호파 f_S만을 얻을 수 있다.

(3) 자승 검파 회로

비직선성 소자를 통해서 원래의 신호를 추출하는 과정에서 소자의 제곱 특성을 이용한 방식으로, 진폭이 작은 진폭 변조파의 복조에 사용된다.

자승 검파의 왜율 D는

$$D=\frac{m_a}{4}\times 100\%$$

① 검파 출력 전압이 입력 피변조파 전압의 제곱에 비례하는 방식이다.

② 검파 강도는 높지만 찌그러짐이 크다는 단점이 있다.

(4) 헤테로다인(heterodyne) 검파

입력 주파수와 가청 주파수만큼 다른 주파수를 갖는 고주파 발진 회로를 비직선 회로에 삽입하여 차(beat) 주파수를 얻는 방식이다.

① 주파수를 혼합해야 하므로 제곱 검파 특성으로 동작한다.

② 미흡한 입력 신호에도 높은 감도로 검파된다.

⇒ 비슷한 주파수를 갖는 2개의 주파수를 혼합하면 두 주파수의 차(beat)가 발생하는데, 이것을 차 주파수(beat frequency)라 하고, 이것을 이용하여 반송파의 유무를 검출하는 것을 Heterodyne이라 한다.

(5) 슈퍼 헤테로다인 검파

heterodyne 검파한 것을 다시 한 번 검파한 것으로 피변조파 입력인 고주파 f_1과 발진 주파수 f_2를 혼합하여 f_1-f_2 또는 f_2-f_1의 중간 주파수를 꺼내어 이것을 증폭한 후 저주파만을 끄집어 내는 방식이다.

5 주파수 변조(FM : Frequency Modulation)

(1) FM의 기본 원리

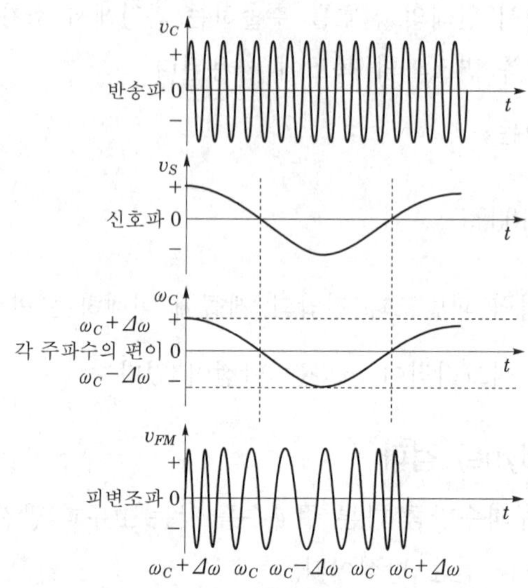

그림 2-187 **신호파와 v_{FM}파**

진폭이 일정한 반송파 주파수를 신호파의 진폭에 따라 변화시키는 변조 방식이다. 즉, 신호파의 진폭에 따라 반송파의 주파수가 변화하는 것으로서 반송파의 진폭은 변하지 않는다. 반송파 전압 e_C는

$$e_C = E_C \cdot \sin\omega_C t$$

이고, 신호파 e_S가

$$e_S = E_S \cdot \cos\omega_S t$$

일 때, 피변조파의 주파수 f_t는

$$f_t = f_C + \Delta f \cdot \cos\omega_S t$$

이다. 여기서, Δf는 신호가 최대 진폭일 때의 주파수 편이로서, 이것은 주파수의 회전수에 해당하므로 각주파수 ω는

$$\omega = 2\pi f_t = 2\pi f_C + 2\pi\Delta f \cdot \cos\omega_S t$$

이다. 따라서, 어떤 순간에서의 위상각 θ는

$$\theta = \int_0^t \omega dt = 2\pi f_t = 2\pi f_C t + \frac{2\pi \Delta f}{\omega_S} \cdot \sin \omega_S t$$

$$= 2\pi f_C t + \frac{\Delta f}{f_S} \cdot \sin \omega_S t$$

이므로, 피변조파의 전압 e는

$$e = E_C \sin \theta = E_C \sin(\omega_C t + m_f \sin \omega_S t)$$

이다. 여기서, 변조 지수 m_f는

$$m_f = \frac{\Delta f}{f_S}$$

인데, $m_f \ll 1$일 때를 협대역 FM(NBFM : Narrow Band FM)이라 한다. FM에서 피변조파는 반송파와 수없이 많은 측파대를 가지고 있으나 실제 통신에서는 전체 에너지의 95%를 차지하는 (m_f+1)번째까지의 상・하 측파만 사용하므로 주파수 대역폭 BW는

$$BW = 2f_S(m_f + 1) = 2(f_S + \Delta f)$$

$\approx 2f_S \cdot m_f = 2\Delta f$ ($m_f \gg 1$일 때 : 광대역 FM) (WBFM : Wide Band FM)

$\approx 2f_S$ ($m_f \ll 1$일 때 : 협대역 FM)

이다.

※ FM 변조의 특징

1. 잡음을 AM보다 감소시킬 수 있다.
2. 수신의 충실도를 향상시킬 수 있다.
3. 주파수 대역을 넓게 취할 수 있는 VHF 대역을 이용한다.
4. 점유 주파수 대역폭이 크게 필요하다.
5. HF에 적합하지 않으며 약전계 통신에 적합하다.
6. 기기의 구성이 복잡하다.

(2) 주파수 변조 회로

주파수 변조 회로에는 발진기의 주파수를 변조시켜서 행하는 직접 주파수 변조 방식과 위상 변조 방식을 사용해서 주파수 변조를 행하는 간접 주파수 변조 방식이 있다.

① **직접 주파수 변조 방식** : AFC 회로가 필요하다.

㉮ **가변 리액턴스 소자**

㉠ 리액턴스관 변조 회로

㉡ 가변 용량 다이오드 변조 회로

㉯ Reflex klystron

② **간접 주파수 변조 방식**

FM과 PM의 피변조파 전압은

$$\begin{cases} \text{FM파 : } e = E_C \cdot \sin(\omega_C t + \dfrac{\Delta f}{f_S} \cdot \sin\omega_S t) \\ \text{PM파 : } e = E_C \cdot \sin(\omega_C t + \Delta\theta \cdot \cos\omega_S t) \end{cases}$$

이므로, FM과 PM의 차이점은 신호파 위상이 90° 차이가 있고 위상 변조 지수가 신호파에 관계가 없다는 점이다. 따라서, 신호파 입 · 출력비가 신호 주파수에 반비례하고 위상이 90° 변하는 회로를 위상 변조 앞단에 연결하면 등가적인 FM파를 얻을 수 있는 방식이다.

㉮ **벡터 합성법(암스트롱 방식)**

㉠ AM-C

㉡ AM-AM 합성 방식

㉢ 암스트롱(Armstrong) 주파수 변조 회로 : 진폭 변조를 위상 변조로 바꾸고 이것을 다시 주파수 변조로 변환하는 방식이다.

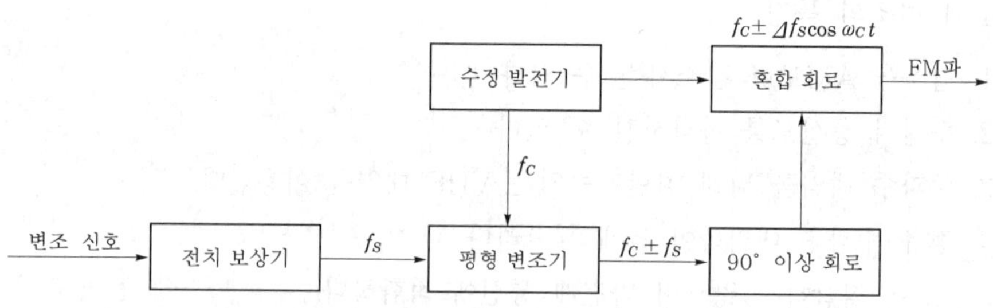

그림 ⬆ 2-188 **암스트롱 개요도**

㉯ 위상 변조 방식(펄스 위치 변조 방식)

㉠ 포화 변합기 방식

㉡ 세라소이드 방식(Serrasoid)

ⓐ Serrasoid : 수정 발진기로 제어된 펄스를 발생하면 펄스의 위치를 변조파로 변조해서 위상 변조파를 발생하는 회로이다.

ⓑ Serrasoid 개요

수정 발진기→정형 회로→미분 회로→톱니파 발생기→변조기→미분 회로→주파수 체배기→전력 증폭기
↑
신호파→프리엠파시스→리미터IDC→전치 보상 회로→저주파 증폭기

㉰ 이상기법

㉠ 가변 리액턴스 방식

㉡ 가변 저항 방식

(3) FM 변조 회로 방식의 비교

구 분	직접 FM 방식	간접 FM 방식
구성	LC OSC →(v_C)→ FM 변조기 → FM파 (↑ v_S)	X-TAL OSC →(v_C)→ PM 변조기 → 등가 FM파 (↑ 적분 회로 Pro-distortor ↑ v_S)
종류	① Reactance관 변조 ② 가변 Inductance 변조 ③ 가변 용량 다이오드 변조 ④ 콘덴서 Microphone 변조 ⑤ Reflex Klystron을 사용한 변조	① 벡터 합성법 ─ Armstrong 방식 / AM-C 합성 방식 / AM-AM 합성방식 ② 펄스 위치 변조법 ─ Serrasoid 방식 / 포화 변압기 방식 ③ 이상 기법-가변 저항, 가변 리액턴스 방식
특징	① 중심 주파수(반송파)의 안정도가 나쁘다. ② AFC 회로가 필요하다. ③ 발진 주파수를 어느 정도 높게 해서 체배단수를 어느 정도 절약할 수 있다. ④ FM 변조가 비교적 간단하다.	① X-tal을 사용하므로 주파수 안정도가 좋다. ② AFC 회로가 필요 없다. ③ 큰 주파수 편이가 얻기 어려우므로 큰 주파수 편이를 요하는 송신기는 많은 주파수 체배단수를 필요로 한다. ④ 장치가 복잡해진다. ⑤ PM에서 FM을 얻는 방법으로 전치 보상기(Pre-distortor) 회로가 필요하다. ⑥ Spurious 발사에 충분한 주의를 필요로 한다.

(4) FM 부속 회로

① **전치 보상(Pre-Distortor) 회로** : 주파수에 역비례하는 출력을 얻는 적분 회로로 PM 변조 회로를 이용하여 등가 FM파를 얻을 때 사용된다.

$$V_o = \frac{1/j\omega C}{R + \frac{1}{j\omega C}} V_i \cong \frac{1}{1 + j\omega CR} V_i = \frac{1}{j\omega CR V_i}$$

$$= \frac{1}{j2\pi fCR} V_i \text{ (단, } \omega CR \gg 1)$$

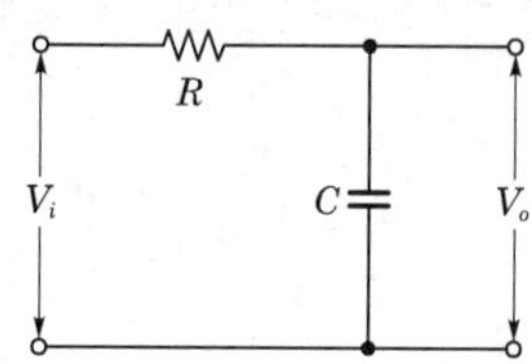

그림 ⬆ 2-189 **전치 보상 회로**

이다. 즉, 출력은 입력 신호 주파수에 반비례하고 분모의 j가 90°의 위상 변화가 되므로 PM 변조기 앞단에 넣으면 등가적인 FM을 얻을 수 있다.

② **프리엠파시스(pre-emphasis) 회로** : 일반적으로 가청 주파수의 에너지 분포는 200[Hz]~3[kHz]일 때 가장 크고, 높은 주파수쪽으로 갈수록 급격히 감소한다. 입력 신호 주파수가 증가할 때 출력 전압이 증가하는 회로를 프리 엠파시스 회로라 하는데, 이 회로는 FM 송신측 회로로서 변조 신호 주파수의 전반에 따라 변조를 균등하게 할 수 있다. 따라서, 고역 주파수에서 S/N비의 저하를 막기 위해 고역 주파수를 강조해서 변조 지수를 일정하게 유지한다. 즉, 고음(고주파)일수록 신호의 진폭은 작아지는데, 진폭이 작으면 주파수 변조 지수가 낮아지기 때문에 S/N비가 낮아진다. 그러므로, 이 결점을 보완하기 위해 고음일수록 고음을 강조하여 방송한다.

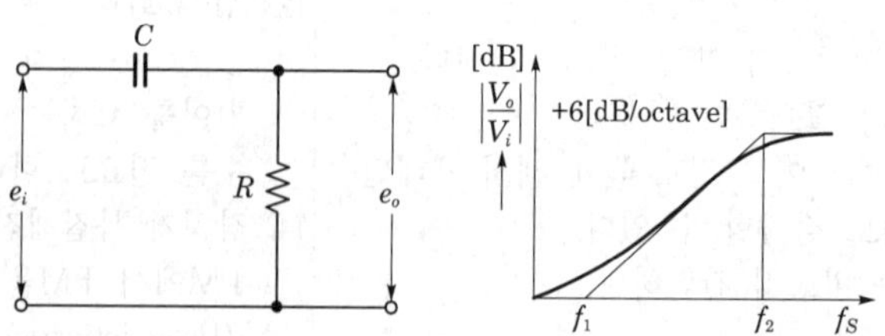

그림 ⬆ 2-190 **프리엠파시스 회로와 특성**

㉮ 고역의 S/N비 개선을 위하여 송신측에서 FM 변조 전 신호파의 고주파 성분의 레벨을 강조시키는 미분 회로이다.

㉯ 신호 주파수 f_S에 비례하여 이득이 증대하므로 고역에서의 S/N비 저하를 방지할 수 있다.

앞의 그림 회로에서 저항 R 양단 전압 e_o는

$$e_o = \frac{1}{R + \frac{1}{SC}} \cdot e_i = \frac{1}{1 + \frac{1}{SRC}} \cdot e_i$$

$$= \frac{1}{1 + \frac{1}{j\omega_S RC}} \cdot e_i = \frac{1}{1 - j\frac{\omega_o}{\omega_S}} \cdot e_i$$

여기서, $\omega_o = \frac{1}{RC}$이다. 따라서, $\frac{\omega_o}{\omega_S} \gg 1$일 때 전압 증폭도 A_v는

$$|A_v| = \frac{e_o}{e_i} = \frac{1}{\sqrt{1 + \left(\frac{\omega_o}{\omega_S}\right)^2}} \approx \frac{\omega_S}{\omega_o} = 2\pi f_S RC$$

이다.

③ **디엠파시스(de-emphasis) 회로** : 송신측에서 고음을 강조해서 보내온 전파를 그대로 수신하면 고음에서 어색하게 들리므로 송신측에서 강조한 만큼 수신측에서 고음을 억압시켜 원래의 에너지 분포로 환원시켜 주어야 한다. 이러한 회로를 디 엠파시스 회로라 한다.

원래의 신호를 충실하게 재생하기 위해서 송신측 프리 엠파시스 특성과 반대의 특성을 가진 적분 회로이며, 주파수 변별기 후단에 둔다.

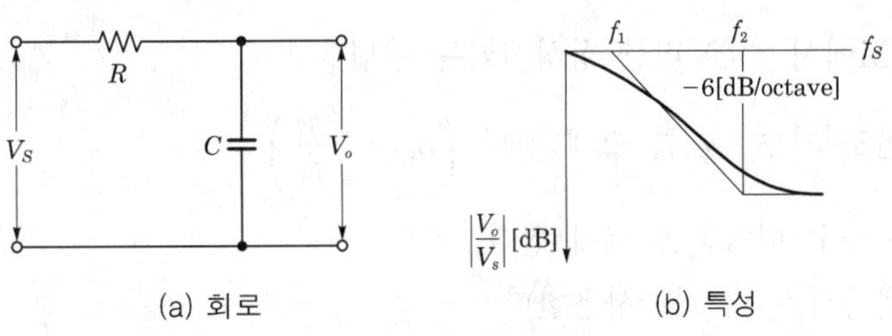

그림 2-191 **디엠파시스 회로와 특성**

④ **진폭 제한기** : 송신측에서 주파수 변조한 전파가 수신측에 도달하는 과정에서 잡음 또는

혼신 등에 의해서 진폭 변조를 통하게 되므로, 이 해로운 진폭 변조 성분을 제거하여 S/N비를 개선하는 회로를 진폭 제한 회로라 한다. 이 회로는 FM 검파기 앞단에 설치한다.

⑤ AFC(Automatic Frequency Control) : 희망 신호의 주파수에 수신기를 정확히 동조하기 위한 회로로, 발진 주파수를 자동적으로 조정하여 항상 일정 주파수로 유지시키는 역할을 한다.

⑥ AGC(Automatic Gain Control)

수신기의 직선성을 보호하고 출력 신호의 레벨을 거의 일정하게 유지시킨다.

㉮ **간단한 AGC 회로** : 입력의 강도에 따라서 이득을 감소시키는 간단한 AGC 회로를 말한다.

㉯ DAGC(Delay AGC) : 궤환 전압이 기준값 이상이 되면 처음으로 동작을 개시하는 지연형 AGC 회로로, AM 수신기 회로에서 작은 입력 신호 전압인 때는 동작하지 않고, 어느 정도 이상 큰 입력부터 동작하는 회로이다.

⑦ AM 잡음과 FM 잡음의 관계

$$\frac{\text{FM 잡음}}{\text{AM 잡음}} \propto \frac{1}{m_f}$$

예를 들면, AM에 비하여 FM의 경우 잡음 지수가 개선된다. 즉, 변조 지수가 클수록 잡음이 적어진다. FM은 신호파에 따라 진폭이 일정한 반송파의 주파수를 변화시키는 것으로 잡음 방해 신호를 억제하는 능력이 주파수 변조의 지수가 클수록 좋다. FM파가 AM보다 우수한 것은 잡음 방해가 적기 때문이다.

⑧ FM의 특징

㉮ AM에 비하여 S/N비가 개선된다.(변조 지수 m_f가 클수록 잡음이 적어지기 때문이다.)

<FM에서 S/N비를 향상시키는 방법>

㉠ 변조 지수 m_f를 크게 한다. $\left(m_f = \frac{\Delta f}{f_s}\right)$

㉡ 주파수 대역폭을 크게 한다.

㉢ 엠파시스 회로를 사용한다.

㉯ 점유 대역폭(주파수)이 넓어서 초단파대에 이용된다.

㉰ 수신측에서 리미터를 사용하기 때문에 항상 일정한 저주파 출력을 얻을 수 있다.

㉱ VHF 및 UHF 영역에서 많이 이용된다. (∴ 주파수 대역을 넓게 취할 수 있으므로)

㉮ 모두 C급 전력 증폭으로 동작하므로 송신기의 효율이 좋다.

㉯ Fading에 의한 잡음이 적고 혼선이 적다.

㉰ 주파수 체배기가 주파수를 체배하는 부분이 많으므로 Spurious 강도가 크고, 혼신을 일으킬 염려가 있다.

6 주파수 복조 회로

FM파를 복조하려면 주파수의 변화를 진폭의 변화로 바꾸어, 즉 FM파를 AM파로 변환하고 이를 AM의 복조 회로에서 복조를 한다. 이와 같이 FM−AM 변환 회로와 복조 회로를 주파수 변별 회로라 한다. 주파수 변별기 회로에는 경사 검파, 트라비스 검파, 포스터 실리형 검파, 비검파, 게이트 빔 검파 등이 있다. 변별기의 회로는 다음과 같다.

(1) 포스터 실리(Foster−Seeley)형 주파수 변별 회로

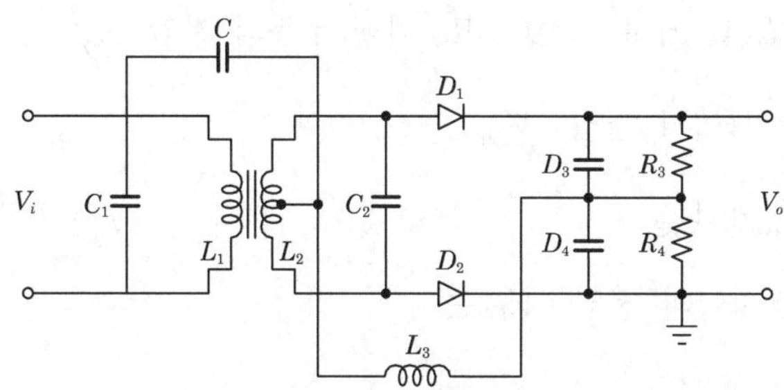

그림 ⬆ 2-192 **포스터 실리형 회로**

위의 그림에서 각 소자들의 특성은 다음과 같다.

① L_1, C_1 : 1차측 동조 회로로서, 공진 주파수는 FM의 중심 주파수와 같고 L_1과 L_2는 소결합

② L_2, C_2 : 2차측 동조 회로이며, L_2 중심에 접속

③ L_3 : 고주파 초크 코일로서, 1차와 전기적으로 결합

④ C, C_3, C_4 : 결합 콘덴서

⑤ D_1, D_2 : 포락선 복조형 다이오드

⑥ R_3, R_4 : 출력 부하 저항으로, $R_3 = R_4$

(2) 비검파기(ratio detector)

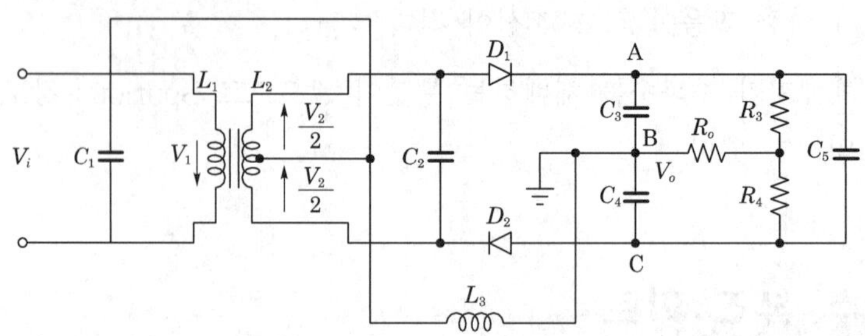

그림 ⬆ 2-193 **비검파 회로**

비검파 회로는 포스터 실리형 회로를 약간 변경해 입력 신호의 진폭 변동에 대하여 민감하게 반응하지 않도록 구성한 회로이다. 위의 그림 회로에서 L_1과 L_3는 밀결합시키고 2부분으로 나누어진 L_2에서 윗부분의 전압 $\frac{V_2}{2}$는 다이오드 D_1을 순바이어스 상태로 만들고 C_3를 충전시키며 L_3를 거쳐 흐른다. 또, 아랫 부분의 전압 $\frac{V_2}{2}$는 $L_3 \rightarrow C_4$ 충전 $\rightarrow D_2$로 흐른다. A점과 B점 사이의 전압 V_{D1}은

$$V_{D1} = V_{R3} + V_{o2}$$

이고, B점과 C점 사이의 전압 V_{D2}는

$$V_{D2} = V_{R4} + V_{o2}$$

이다. 여기서, $R_3 = R_4$, $C_3 = C_4$이면 $V_{R3} = V_{R4}$, $V_o = V_{o1} = -V_{o2}$이다. 이 두 식을 빼고, 출력 전압 V_o 를 구해보면, 즉

$$V_{D1} - V_{D2} = V_{o1} - V_{o2} = 2V_o$$

$$V_o = \frac{V_{D1} - V_{D2}}{2}$$

이 된다. 따라서, 출력 전압은 포스터 실리형에 비해 1/2이 된다. 대용량을 가진 콘덴서 C_5는 D_1 및 D_2를 지나 충전되므로 D_5의 충전 전압은 D_1과 D_2 사이에 가해진 신호의 진폭과 거의 같다. 이 충전 전압은 다이오드와 역방향 상태이므로 전계 강도나 진폭 잡음 등의 영향으로 신호파 e_S가 커지면 D에 흐르는 전류 i_D가 증가하려 하나 역충전 전압 때문에

i_D는 증가하지 못하므로 진폭의 변화가 억제되어 진폭 잡음이 나타나지 못한다. 이것을 진폭 제한(리미터) 작용이라 한다. 이 진폭 제한 작용 때문에 FM이나 TV 수신기 등에 사용된다.

비검파기와 포스터 실리형과의 차이점은 다음과 같다.

① 다이오드 D_1, D_2의 방향이 다르다. 즉, 포스터 실리형은 병렬이나 비검파기는 직렬로 되어 있다.

② 출력 전압을 얻는 방법이 다르다.

③ 비검파기에서는 진폭 제한 작용을 하는 대용량 콘덴서가 접속되어 있다.

④ 포스터 실리형과 비검파기의 검파 감도비는 2 : 1이다.

⑤ 포스터 실리형은 한쪽이 접지되어 있으나 비검파기는 중성점이 접지되어 있어 회로가 접지에 대하여 평형되어 있다.

이 외에도

- 경사 검파기
- 복동조형 검파기 { Stagger 동조형 / Travis 동조형 }
- C결합형(wais형) 검파기
- 쿼드래처(Quadrature) 검파기
- 게이트 빔(Gated beam) 검파기

가 있다.

단원핵심문제

1 신호파 $x(t)=A_m\cos\omega_m t$ 이고 반송파 $x_c(t)=A_c\cos\omega_c t$ 이다. $A_m=A_c$ 일 때 변조 지수는?

㉮ 0 ㉯ 0.5
㉰ 0.8 ㉱ 1

KEY POINT

➜ $A_m=A_c$ 일 때 완전 변조, 100% 변조라 하며 변조 지수는 1이다.

해설 AM파의 변조 지수 : 정현파 신호의 진폭이 반송파의 진폭에 대해 어느 정도인가를 나타내는 지수이다. AM인 경우, 이것이 변조의 정도에 관계하며, 그 의미로 m_{AM}을 변조 지수(modulation index)라 한다. 이것을 퍼센트율로 나타낸 변조율은 변조율 $=m_{AM}\times 100\%$로 주어지며, $A_m=A_c$인 경우, 100% 변조이다.

2 신호 $x(t)=4\cos\omega_m t$, 반송파 $x_c(t)=5\cos\omega_c t$ 일 때 AM파의 식은?

㉮ $4(1+0.8\cos\omega_m t)\cos\omega_c t$ ㉯ $5(1+0.8\cos\omega_m t)\sin\omega_c t$
㉰ $4(1+0.8\cos\omega_m t)\sin\omega_c t$ ㉱ $5(1+0.8\cos\omega_m t)\cos\omega_c t$

KEY POINT

➜ $x_{AM}=A_c(1+m\cos\omega_m t)\cos\omega_c t$ $\left(\text{여기서, } m=\frac{A_m}{A_c}\right)$

해설 $x_{AM}=A_c\left(1+\frac{A_m}{A_c}\cos\omega_m t\right)\cos\omega_c t$에서 $x_{AM}=5\left(1+\frac{4}{5}\cos\omega_m t\right)\cos\omega_c t$이다.

3 진폭 변조에서 반송파의 진폭을 E_c, 변조파의 진폭을 E_m 라 하면 변조도 m은 어떻게 표시하는가?

㉮ $m=\frac{E_m}{E_c}$ ㉯ $m=\frac{E_c}{E_m}$
㉰ $m=E_m\times E_c$ ㉱ $m=E_m-E_c$

정답 : 1.㉱ 2.㉱ 3.㉮

KEY POINT

➲ 변조도

$$m = \frac{E_m}{E_c}$$

변조파의 진폭 대비 반송파의 진폭비를 변조도 m이라 하고, %로 나타낸 경우를 변조 지수라 한다.

4 피변조파 전류 $i = I_c(1 + m\sin\omega_c t)\sin\omega_s t$가 복사 저항 R인 공중선에 흐를 때 상측파 전력 P_u는?

㉮ $\dfrac{m^2 {I_c}^2 R}{8}$　　㉯ $\dfrac{m^2 {I_c}^2 R}{4}$

㉰ $\dfrac{m I_c R}{4}$　　㉱ $\dfrac{m^2 {I_c}^2 R}{2}$

KEY POINT

➲ $\dfrac{m^2 {I_c}^2 R}{8}$

해설

구 분	반송파	상측파대	하측파대
주파수	f_c	$f_c + f_s$	$f_c - f_s$
전류	I_c	$\dfrac{I_c m_a}{2}$	$\dfrac{I_c m_a}{2}$
출력	$\dfrac{{I_c}^2 R}{2}$	$\dfrac{{I_c}^2 m_a^2 R}{8}$	$\dfrac{{I_c}^2 m_a^2 R}{8}$
m=1일 때 전력비	1	$\dfrac{1}{4}$	$\dfrac{1}{4}$

5 710[kHz]의 반송파를 5[kHz]로 100% 변조하였을 때 점유 주파수대는?

㉮ 705~715[kHz]　　㉯ 705~710[kHz]

㉰ 710~715[kHz]　　㉱ 707.5~712.5[kHz]

KEY POINT

➲ 점유 주파수 대역 $= f_c \pm f_s$

반송파 주파수 $f_c = 710$[kHz]이고 신호파 $f_s = 10$[kHz]이므로
점유 주파수대는 $f_c \pm f_s = 710 \pm 5$[kHz]=705~715[kHz]이다.

정답 : 4.㉮ 5.㉮

6 AM 송신기에서 반송 주파수가 1[MHz]이고 변조 신호가 200[Hz]~7[kHz]일 때 이 송신기의 점유 주파수 대역폭은?

㉮ 13.6[kHz] ㉯ 400[kHz]
㉰ 14[kHz] ㉱ 14.4[kHz]

KEY POINT

➲ 변조 후 점유 주파수 대역은 변조 신호 주파수의 2배가 된다.

해설 AM 변조 후 점유 대역폭은 신호 대역폭의 2배가 된다. 따라서, 7[kHz]×2=14[kHz]이다.

7 반송 주파수를 1[MHz], 100~10[kHz]의 주파수대는 음성 전류로서 진폭 변조할 경우에 나타나는 상측파대는?

㉮ 990~1,010[kHz] ㉯ 10000.1~1,010[kHz]
㉰ 999.9~1,010[kHz] ㉱ 999.9~990[kHz]

KEY POINT

➲ 상측파대

$(f_c + f_L) \sim (f_c + f_H)$

해설 주파수 범위가 넓은 가청 주파수로 변조했을 경우에는 가청 주파수의 고역 부분을 f_H, 저역 부분을 f_L이라 하면 상측파대 : $(f_c + f_L) \sim (f_c + f_H)$, 하측파대 : $(f_c - f_L) \sim (f_c - f_H)$가 된다.

8 1,000[kHz]의 반송파를 3[kHz]의 신호로 변조할 경우 출력측에 나타나는 주파수가 아닌 것은?

㉮ 1,000[kHz] ㉯ 1,003[kHz]
㉰ 3[kHz] ㉱ 997[kHz]

KEY POINT

➲ 3[kHz]는 변조 신호

해설 진폭 변조에서 피변조파 출력측에 나타나는 주파수는 반송파 $f_c = 1,000$[kHz], 상측파대 주파수 $f_c + f_s = 1,000 + 3 = 1,003$[kHz], 하측파대의 주파수 $f_c - f_s = 1,000 - 3 = 997$[kHz]가 나타난다.

정답 : 6.㉰ 7.㉯ 8.㉰

진폭 변조 송신기의 출력이 100% 변조시에 평균 150[W]이다. 30% 변조시의 출력은 몇 [W]인가?

㉮ 83.5[W]　㉯ 94.5[W]
㉰ 114.5[W]　㉱ 104.5[W]

KEY POINT

① 무변조시 반송파 전력 : $P_c = \dfrac{P_m}{\left(1+\dfrac{m^2}{2}\right)}$

② 변조시 피변조파 출력 : $P_m = P_c\left(1+\dfrac{m^2}{2}\right)$

해설 $P_m = P_c\left(1+\dfrac{m^2}{2}\right)$에서 무변조시의 반송파 전력 P_c는

$$P_c = \frac{P_m}{\left(1+\frac{m^2}{2}\right)} = \frac{150}{1.5} = 100[\text{W}]$$

또, 30% 변조시 피변조파 출력을 구해 보면

$$P_m = 100\left(1+\frac{0.3^2}{2}\right) = 104.5[\text{W}]$$

피변조파 $v(t)$가 다음과 같은 식으로 표시될 때 변조도 m을 구하면?

$$v(t) = (25+200\cos 5000t)\sin\times 10^6 t$$

㉮ 1.25　㉯ 0.5
㉰ 0.8　㉱ 0.7

KEY POINT

$m = Vs/Vc$

해설 $Vs=20$, $Vc=25$이므로 변조도 $m=20/25=0.8$, 변조 지수로 나타내면 $0.8\times100\%=80\%$이다.

진폭 변조 회로에서 반송파 전력이 100[W]일 때 변조율을 60%라고 하면 하측파대의 전력은?

㉮ 3[W]　㉯ 6[W]
㉰ 9[W]　㉱ 12[W]

정답 : 9.㉱　10.㉰　11.㉰

KEY POINT ➡ $P_u = \frac{m^2}{4} P_c$

해설 하측파 전력(P_u) $= \frac{m^2}{4} P_c = \frac{0.6^2}{4} \times 100 = 9[\text{W}]$

12 AM에서 피변조파 전력과 반송파 전력의 비는?

㉮ $\sqrt{1+\frac{{m_a}^2}{2}}$　　㉯ $1+\frac{{m_a}^2}{2}$

㉰ ${m_a}^2/2$　　㉱ $\sqrt{\frac{{m_a}^2}{2}}$

KEY POINT ➡ $1+\frac{{m_a}^2}{2}$

해설 피변조파 전력 $P_m = P_c\left(1+\frac{{m_a}^2}{2}\right)$

13 무변조시 공중선 전류가 3[A]이었는데 진폭 변조시 피변조파를 인가하였더니 3.5[A]로 증가하였다. 이 때 변조도는 얼마인가? (단, 전류는 실효치다.)

㉮ 0.32　　㉯ 0.45

㉰ 0.52　　㉱ 0.82

KEY POINT ➡ $m=\sqrt{2\left\{\left(\frac{I_m}{I_c}\right)^2-1\right\}}$

해설 $m=\sqrt{2\left\{\left(\frac{I_m}{I_c}\right)^2-1\right\}}=\sqrt{2\left\{\left(\frac{3.5}{3}\right)^2-1\right\}}=\sqrt{0.68} \fallingdotseq 0.825$

14 100% 진폭 변조했을 때 공중선 전류가 10[A](실효치)이었다면 반송파만 공급될 때는 몇 [A]의 전류가 흐르겠는가?

㉮ 6.15[A]　　㉯ 8.16[A]

㉰ 10.19[A]　　㉱ 12.26[A]

정답 : 12.㉯ 13.㉱ 14.㉯

KEY POINT

$I_m = I_c\sqrt{1+\frac{m_a^2}{2}}$

피변조파 전류와 반송파 전류와의 관계

$$I_m = I_c\sqrt{1+\frac{m_a^2}{2}}$$

$$\therefore\ I_c = \frac{I_m}{\sqrt{1+\frac{m_a^2}{2}}} = \frac{10}{\sqrt{1+\frac{1}{2}}} = \frac{10}{\sqrt{1.5}} \fallingdotseq \frac{10}{1.225} \fallingdotseq 8.16[A]$$

15 AM 송신기에서 변조도 60% 종단 전력 증폭관의 컬렉터 손실이 3,000[W]이며, 컬렉터 효율이 90%이다. 이때 피변조파 평균 전력은? (단, 변조파 주파수는 단일이며, 출력 회로 등의 손실은 무시한다.)

㉮ 300[W]　　㉯ 1,200[W]
㉰ 1,800[W]　　㉱ 2,700[W]

KEY POINT

피변조파 전력

$$P_m = \frac{\eta P_L}{1-\eta}$$

컬렉터 효율과 피변조파 전력

① 컬렉터 효율 $\eta = \frac{P_m}{P_m + P_L}$

② 피변조파 전력 $P_m = \frac{\eta P_L}{1-\eta} = \frac{0.9\times 300}{1-0.9} = 2,700[W]$

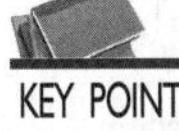
16 반송파 출력 100[W]의 AM 전화 송신기의 변조율을 60%로 했을 때 종단 전력 증폭관의 컬렉터 효율이 80%이면 컬렉터 손실은 얼마나 되는가? (단, 신호파(변조파)는 단일 정현파로 하여 고주파 출력 회로의 손실은 무시한다.)

㉮ 26.5[W]　　㉯ 27.5[W]
㉰ 28.5[W]　　㉱ 29.5[W]

KEY POINT

$P_L = \frac{1-\eta}{\eta} P_c\left(1+\frac{m_a^2}{2}\right)$

컬렉터 손실과 컬렉터 효율

정답 : 15.㉱ 16.㉱

$$\eta = \frac{P_m}{P_m + P_L}$$

$$\therefore \; P_L = \frac{P_m(1-\eta)}{\eta}$$

$$\therefore P_L = \frac{1-\eta}{\eta} P_c\left(1+\frac{{m_a}^2}{2}\right) = \frac{1-0.8}{0.8} \times 100 \times \left(1+\frac{0.6^2}{2}\right) = 29.5[\mathrm{W}]$$

17 AM 변조 무선 송신기가 과변조했을 때 일어나는 현상은?

㉮ 왜율이 개선된다.
㉯ 명도료가 좋아지고 통화를 원활히 할 수 있다.
㉰ 점유 주파수대가 넓어진다.
㉱ 고조파가 적어지고 발사 주파수가 안정하다.

KEY POINT

➲ 과변조(m〉1) : A_m〉A_c

해설 과변조(m〉1) : A_m〉A_c , m_{AM}〉1인 경우, 과변조(over modulation)라 하고, 변조 신호 $x(t)$가 가장 작은 값이 될 때, $(1+m_{\text{AM}}\cos\omega_c t)$가 음수로 되어 반송파의 위상 반전(phase reversal)이 생기게 되고 포락선 검파시 찌그러지는 포락선 곡선을 일으킨다.

18 무선 전화 송신기가 과변조되었을 때 일어나지 않는 현상은?

㉮ 인접 통신로에 방해를 준다.
㉯ 통신 효율이 좋아진다.
㉰ 불필요한 측파대가 존재한다.
㉱ 왜율이 발생한다.

KEY POINT

➲ ① 왜곡파를 발생
② 신호파에 고조파를 함유
③ 주파수 대폭이 증가
④ 혼신 방해

해설 송신기가 과변조시에는 신호 파형에 다수의 고조파를 함유함과 동시에 왜곡파를 발생하므로 명료도를 잃어 통화의 원활을 잃고 또 기생 진동을 일으키던가 변조에 의해서 반송파의 상하에 발생하는 측파대 즉, 점유 주파수 대폭이 증가하므로 다른 통신계에 혼신 방해를 주게 된다.

정답 : 17.㉰ 18.㉯

19 메시지 신호 $f(t) = m_a A\cos\omega_m t$인 경우에 변조 효율($\eta$)은? (단, AM 변조이다. m_a는 변조도이고, A는 반송파의 진폭이다.)

㉮ $\dfrac{m_a^2}{2}$ ㉯ $\dfrac{m_a^2}{1+m_a^2}$

㉰ $\dfrac{m_a^2}{2+m_a^2}$ ㉱ $\dfrac{2m_a^2}{1+m_a^2}$

KEY POINT

➜ $\eta = \dfrac{m_a^2}{2+m_a^2} \times 100\%$

해설 AM 방식에서의 변조 효율(η)은 $\eta = \dfrac{p_s}{p_c + p_s} \times 100\%$, $p_c = \dfrac{1}{2}A^2$이고 $p_s = \dfrac{1}{2}\overline{f^2(t)}$이므로

$\therefore\ \eta = \dfrac{\overline{f^2(t)}}{A^2 + \overline{f^2(t)}} \times 100\%$

문제에서 $\overline{f^2(t)} = (m_a A)^2/2$이 되므로 η는

$\eta = \dfrac{m_a^2}{2+m_a^2} \times 100\%$

20 AM 방식에서 얻을 수 있는 최대 변조 효율은 얼마인가?

㉮ 33.3% ㉯ 50%

㉰ 66.6% ㉱ 100%

KEY POINT

➜ 변조도가 1일 경우 $\eta_{\max} = \dfrac{1}{3} \times 100\%$이다.

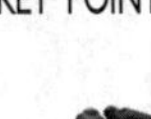

해설 AM 방식에서의 변조 효율(η)은 $\eta = \dfrac{p_s}{p_t} \times 100\% = \dfrac{m_a^2}{2+m_a^2} \times 100\%$

이 식에 $m_a = 1$을 대입하면 $\eta_{\max} = \dfrac{1}{3} \times 100\% = 33.3\%$

그러므로 AM 방식에서 얻을 수 있는 최대 변조 효율은 33.3%이다. DSB-SC 방식처럼 반송파가 없으면, 변조 효율이 100%이다.

21 단측파대(SSB) 통신 방식의 특징이 아닌 것은?

㉮ 점유 주파수 대폭이 1/2로 축소된다. ㉯ 선택성 페이딩(Fading)의 영향이 많다.

㉰ S/N비가 개선된다. ㉱ 적은 송신 전력으로 통신이 가능하다.

정답 : 19.㉰ 20.㉮ 21.㉯

KEY POINT

➊ ① 비화성을 유지한다.
② 송신기가 소형 경량이다.
③ 송신기의 소비 전력이 작다.

SSB 통신 방식의 장점
① 점유 주파수 대폭이 1/2로 축소된다.
② 작은 송신 전력으로 양질의 통신이 가능하다.
③ 선택성 Fading의 영향이 적다.
④ 수신측에서 SN 비가 개선된다.

22 **DSB와 SSB 통신 방식을 비교할 때 SSB 방식의 장점이 아닌 것은?**

㉮ S/N 비가 개선된다.
㉯ 소전력으로 양질의 통신이 가능하다.
㉰ 대역폭이 대략 반으로 된다.
㉱ 자동 이득 제어(AGC) 작용이 매우 용이하다.

KEY POINT

➊ 반송파, AGC

AGC는 반송파의 직류분으로 동작되므로 SSB(J3E) 방식은 반송파가 없어 AGC 작용이 곤란하다.

23 **SSB(J3E) 통신은 DSB(A3E) 통신과 비교해서 S/N 비가 얼마나 개선되는가? (단, 양자의 변조도는 100%이고 피크 전력은 같으며 선택성 페이딩이 있는 경우이다.)**

㉮ 6[dB] ㉯ 7.8[dB]
㉰ 10.8[dB] ㉱ 12[dB]

비교 전력 / 항 목	평균 전력 대비	첨두 전력 대비(공칭 전력)
점유 대역폭	3[dB]	3[dB]
전력	4.8[dB]	6[dB]
선택성 페이딩	3[dB]	9[dB]
S/N	10.8[dB]	12[dB]

※ 선택성 Fading이 없는 경우에는 −3[dB]을 해 준다.

정답 : 22.㉱ 23.㉱

DSB 송신기에서 1[kHz]로 변조한 출력에서 1개의 측대파가 갖는 출력이 전체 출력의 0.09배이었다면 이때의 변조도는?

㉮ 약 66%　　㉯ 약 70%
㉰ 약 79%　　㉱ 약 82%

KEY POINT ➔ $\frac{P_s}{P_D} = \frac{m^2}{2(2+m^2)}$

$\frac{P_s}{P_D} = \frac{m^2}{2(2+m^2)} = 0.09$

$m^2 = 0.36 + 0.18m^2 = 0.36$

$\therefore\ m = 0.6$, 약 66%

단측파대 통신에 이용되는 변조 회로는?

㉮ 제곱 변조 회로　　㉯ 주파수 변조 회로
㉰ 펄스 변조 회로　　㉱ 링 변조 회로

KEY POINT ➔ 평행 변조기

단측파대를 얻기 위해서는 평행 변조기가 필요하다.

다음은 Ring 변조기의 동작 원리를 설명한 것이다. 잘못 표현된 것은?

㉮ 변조기 출력에는 반송파가 제거되고 상・하 측파대만 나온다.
㉯ 반송파는 인가되지 않고도 변조 신호가 나타난다.
㉰ Ring 변조기를 복조기로도 사용할 수 있다.
㉱ 반송파만 인가되면 출력에는 아무것도 나타나지 않는다.

KEY POINT ➔ Ring 변조기

반송파가 diode switching 작용을 해야만 변조 신호가 출력에 전달된다.

정답 : 24.㉮ 25.㉱ 26.㉯

다음은 VSB 전송 방식에 대한 설명이다. 틀린 것은?

㉮ SSB와 DSB의 모든 장점을 취한 통신 방식이다.
㉯ TV 방송에서 영상 신호를 전송하는데 사용된다.
㉰ 포락선 검파기로는 검파가 불가능하다.
㉱ SSB보다는 점유 주파수 대역폭이 크며, 신호를 발생시키기가 용이하다.

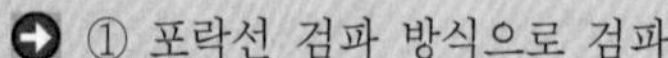

KEY POINT

① 포락선 검파 방식으로 검파
② DSB와 SSB 장점 포함
③ 잔류 측파대

잔류 측파대 방식 : SSB와 DSB의 장점을 띠고 단점은 하나도 띠지 않은 방식이다. 실제에 있어서 잔류 측파대는 SSB의 주파수폭(DSB의 반)과 동일한 주파수폭이 필요하므로 완만한 차단 특성을 가진 간단한 필터를 사용하여 DSB 신호로부터 얻을 수 있다. 이 잔류 측파대는 선택성 Fading의 영향을 비교적 덜 받는다.

$t=0$에서 신호 $x(t) = 10\cos(100t + \sin 5t)$의 순시 각주파수는?

㉮ $\omega(t) = 5\,[\text{rad/sec}]$　　㉯ $\omega(t) = 100\,[\text{rad/sec}]$
㉰ $\omega(t) = 105\,[\text{rad/sec}]$　　㉱ $\omega(t) = 500\,[\text{rad/sec}]$

KEY POINT

순시 주파수(주어진 시간에서의 주파수)

$\theta(t) = 100t + \sin 5t$
$\omega(t) = d\theta(t)/dt\,|_{t=0} = 100 + 5\cos 5t\,|_{t=0} = 105[\text{rad/sec}]$

신호 $x(t) = A\cos(20\pi + \pi t^2)$에서 순시 각주파수는?

㉮ $\omega(t) = \pi(10+t)$　　㉯ $\omega(t) = \pi(20+t)$
㉰ $\omega(t) = 2\pi(10+t)$　　㉱ $\omega(t) = 20\pi t + \pi t^2$

$\theta(t) = 20\pi t + \pi t^2$
$\omega(t) = d\theta(t)/dt = 20\pi + 2\pi t = 2\pi(10+t)$

정답 : 27.㉰ 28.㉰ 29.㉰

주파수 변조에 있어서 변조 주파수 f_m, 반송파 주파수 f_c 및 반송 주파수로부터의 주파수 편이를 Δf라고 하면 다음 중 변조 지수는?

㉮ $\frac{f_c - \Delta f}{f_c}$ ㉯ $\Delta f / f_m$

㉰ $f_m / \Delta f$ ㉱ $f_c - f_m$

KEY POINT ➲ FM 변조 지수=최대 주파수 편이대 신호 주파수와의 비

변조 지수 $= \frac{\text{최대 주파수 편이}}{\text{신호 주파수}}$

80[MHz]의 반송파를 최대 주파수 편이 60[kHz]로 하고 10[kHz]의 신호파를 주파수 변조했을 경우 변조 지수는?

㉮ 6 ㉯ 8

㉰ 5 ㉱ 4

KEY POINT ➲ 주파수 변조 지수 $= \Delta f / f_m$

주파수 변조 지수 $= \Delta f / f_m$, 따라서 변조 지수 $= 60/10 = 6$

FM 송신기에서 최대 주파수 편이 $\Delta f = 75$[kHz]이고, 변조 신호 주파수가 5[kHz]인 경우 대역폭은 얼마인가?

㉮ 75[kHz] ㉯ 100[kHz]

㉰ 150[kHz] ㉱ 160[kHz]

KEY POINT ➲ 칼슨의 법칙

$B = 2(\Delta f + f_m)$

FM에서 대역폭은 칼슨의 법칙에 따라 대역폭 $B = 2(\Delta f + f_m)$로 주어진다.

$B = 2(75 + 5) = 160$[kHz]

정답 : 30.㉯ 31.㉮ 32.㉱

33 FM 방식에서 변조를 깊이 했을 때 최대 주파수 편이가 Δf_m이라면 필요한 주파수 대역폭 B는 얼마만큼 필요한가?

㉮ $B=\Delta f_m$　　㉯ $B=2\Delta f_m$
㉰ $B=3\Delta f_m$　　㉱ $B=4\Delta f_m$

KEY POINT

➲ $B=2(m_f+1)f_m=2(\Delta f+f_m)\fallingdotseq 2\Delta f$

변조 지수 m_f(또는 β)가 대단히 클 때 대역폭 $B=2(m_f+1)f_m=2(\Delta f+f_m)\fallingdotseq 2\Delta f$가 된다. 변조를 깊이 한다는 것은 주파수 편이 Δf가 크게 된다는 것을 의미하며 변조 지수 $\left(m_f=\dfrac{\Delta f}{f_m}\right)$를 크게 한다는 것이 되기 때문이다.

34 88~108[MHz] 대역에서 운용되는 표준 FM 방송의 주파수 편이는 75[kHz]이다. 15[kHz]의 음성 신호를 표준 FM 방송 시스템으로 변조할 때 측파대 쌍의 수는 얼마인가?

㉮ 5　　㉯ 6
㉰ 7　　㉱ 8

KEY POINT

➲ 측파대 쌍의 수 $=\beta+1$

$\beta=\Delta f/f_m=75\times 10^3/15\times 10^3=5$: 광대역 FM 변조
$\therefore$ 측파대 쌍의 수 $=\beta+1=6$

35 80[MHz]의 반송파를 최대 주파수 편이 60[kHz]로 하고 10[kHz]의 신호파로 FM 변조했을 경우의 변조 지수와 주파수 대역폭은 각각 얼마인가?

㉮ $m_f=6$, $B=140$[kHz]　　㉯ $m_f=8$, $B=70$[kHz]
㉰ $m_f=8$, $B=600$[kHz]　　㉱ $m_f=6$, $B=240$[kHz]

KEY POINT

➲ $m_f=\dfrac{\Delta f}{f_m}$, $B=2(\Delta f+f_m)$

① $m_f=\dfrac{\Delta f}{f_m}=\dfrac{60[\text{kHz}]}{10\times 10^3}=6$
② $B=2(\Delta f+f_m)=2(60+10)=140$[kHz]

정답 : 33.㉯ 34.㉯ 35.㉮

제 9 장
논리 회로

1 수의 표현과 연산

(1) 진법과 수의 구성

① **10진법** : 0에서 9까지로 표현되는 수의 체계

② **2진법** : 정보를 표현하기 위해 "0"과 "1"만을 사용하는 수의 체계

③ **8진법** : 0에서 7까지로 표현되는 수의 체계

④ **16진법** : 0에서 9까지의 10개의 숫자와 영문자 A, B, C, D, E, F로 표현되는 수의 체계로서 A는 10진수 10에 해당되고 순서대로 F는 10진수 15에 해당된다.

〈10진수와 각 진수의 변환〉

10진법	0	1	2	3	4	5	6	7	8	9	10	11	12	13	14	15	16
2진법	0	1	10	11	100	101	110	111	1000	1001	1010	1011	1100	1101	1110	1111	10000
8진법	0	1	2	3	4	5	6	7	10	11	12	13	14	15	16	17	20
16진법	0	1	2	3	4	5	6	7	8	9	A	B	C	D	E	F	10

(2) 수의 변환

① **10진수를 2진수로 변환**

예 10진수 27을 2진수로 변환하면

```
2)27        나머지
2)13  … 1     ↑
2) 6  … 1     │
2) 3  … 0     │
   1  … 1  ───┘
```

$\therefore (27)_{10} = (11011)_2$

② **2진수를 10진수로 변환**

예 2진수 1010.001을 10진수로 변환하면

$$(1010.001)_2 = 1\times 2^3 + 0\times 2^2 + 1\times 2^1 + 0\times 2^0 + 0\times 2^{-1} + 0\times 2^{-2} + 1\times 2^{-3}$$

$$= 8 + 2 + \frac{1}{8} = (10.125)_{10}$$

③ 2진수를 8진수로 변환

예 2진수 10110111을 8진수로 변환하면

010 110 111 ← 3자씩 끊어서 변환한다.
2 6 7

$\therefore\ (10110111)_2 = (267)_8$

예 2진수 011010.111을 8진수로 변환하면

011 010. 111 $\therefore (011010.111)_2 (32.7)_8$
3 2 . 7

〈8진수와 2진수와의 관계〉

8진수	2진수
0	000
1	001
2	010
3	011
4	100
5	101
6	110
7	111

④ 8진수를 2진수로 변환

예 8진수 3124를 2진수로 변환하면

3 1 2 4 $\therefore (3124)_8 = (0110010\,10100)_2$
011 001 101 100

⑤ 10진수를 16진수로 변환

㉮ 10진수 45를 16진수로 변환하면

16) 45
2 …D(13) $\therefore\ (45)_{10} = (2D)_{16}$

㉯ 10진수 511을 16진수로 변환하면

165) 511
16) 31 … F
1 … F $\therefore\ (511)_{10} = (1FF)_{16}$

⑥ 2진수를 16진수로 변환

예 2진수 1100011010.11110100을 16진수로 변환하면

0011 0001 1010 . 1111 0100 ← 4자리씩 끊어서 변환한다.
3 1 A . F 4

$\therefore\ (1100011010.11110100)_2 = (31A.\ F4)_{16}$

⑦ **16진수를 2진수로 변환**

예 16진수 306.D를 2진수로 변환하면

```
  3    0    6 .  D
0011 0000 0110 . 1101
```

∴ $(306.D)_{16} = (001100000110.1101)_2$

(3) 2진 코드

① **BCD 코드(8421코드) · 2진화 10진 코드** : 2진수의 10진법 표현 방식으로 0~9까지의 10진 숫자에 4bit 2진수를 대응시킨 것으로 각 자리는 왼쪽부터 8, 4, 2, 1의 무게를 가지므로 8421 코드라고 한다.

〈BCD 코드〉

10진수	BCD 부호			
	d_3	d_2	d_1	d_0
0	0	0	0	0
1	0	0	0	1
2	0	0	1	0
3	0	0	1	1
4	0	1	0	0
5	0	1	0	1
6	0	1	1	0
7	0	1	1	1
8	1	0	0	0
9	1	0	0	1

㉮ 4개의 Bit로 한 개의 10진수를 표시한다.

㉯ BCD code는 0~9까지 표시한다.

㉰ 단점 : 보수를 취하지 않으므로 연산이 불가능하다.

예 10진수 395를 BCD로 변환하면

```
  3    9    5
0011 1001 0101
```

∴ $(395)_{10} = (001110010101)_{BCD}$

② **그레이 코드** : 서로 인접하는 두 수 사이에 단 하나의 비트만 서로 다른 코드, 각 자리에 무게를 붙이지 않는 부호이므로 산술 연산에는 적합하지 않고 A/D 변환기 등에 편리하게 쓰인다.

㉮ 1비트 변화되는 코드이다.

㉯ 연산 동작이 부적당하다.

㉰ 입력 정보를 나타내는 코드로서 오류가 적다.

㉱ 용도 : A/D 변환기, 입·출력 장치, 기타 주변 장치용으로 이용된다.

예 2진수 1100을 그레이 코드로 변환하면

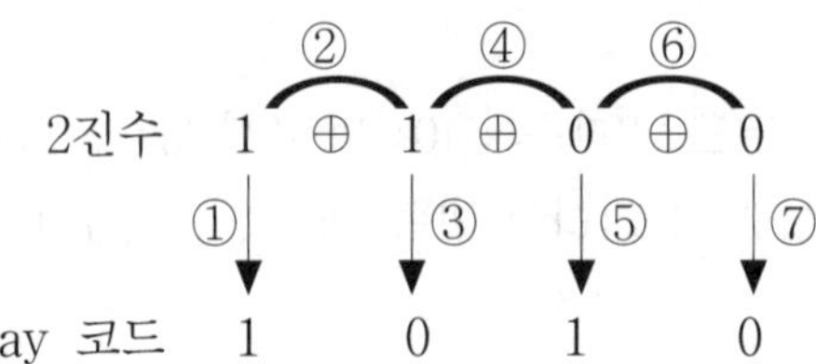

③ **3초과 코드(excess-3code)** : BCD 코드에 $3_{10}=0011_2$를 더해 만든 것, 3초과 코드는 0과 1을 바꾸었을 때 쉽게 9의 보수를 얻을 수 있기 때문에 자기 보수성(self-complementary) 코드라고 한다.

〈3초과 코드〉

10진수	3초과
0	0011
1	0100
2	0101
3	0110
4	0111
5	1000
6	1001
7	1010
8	1011
9	1100

2 불 대수

(1) 불 대수의 기본 정리

① **교환 법칙**

$$A+B=B+A$$

$$A\cdot B=B\cdot A$$

② 결합 법칙

$$A+(B+C)=(A+B)+C$$
$$A\cdot(B\cdot C)=(A\cdot B)\cdot C$$

③ 분배 법칙

$$A\cdot(B+C)=A\cdot B+A\cdot C$$
$$A+B\cdot C=(A+B)\cdot(A+C)$$

④ 항등 법칙

$$0+A=A$$
$$1\cdot A=A$$
$$1+A=1$$
$$0\cdot A=0$$

⑤ 동일 법칙

$$A+A=A$$
$$A\cdot A=A$$

⑥ 보원 법칙

$$A+\overline{A}=1$$
$$A\cdot\overline{A}=0$$

⑦ 흡수 법칙

$$A+AB=A$$
$$A+AB=A(1+B)=A\cdot 1=A$$
$$A(A+B)=A$$
$$A(A+B)=A\cdot A+A\cdot B=A+A\cdot B=A(1+B)=A$$

⑧ 복원 법칙

$$\overline{\overline{A}}=A$$

⑨ 드 모르간(De Morgan)의 정리

$$\overline{A+B}=\overline{A}\cdot\overline{B}$$
$$\overline{A\cdot B}=\overline{A}+\overline{B}$$

(2) 논리식의 간략화

① **불 대수의 간략화** : 논리 함수를 논리 회로로 설계할 때 함수를 간략화시켜 컴퓨터의 논리 회로를 보다 간단 명료하게 설계하여야 한다. 이를 불 대수 또는 논리 함수의 간략화라 한다.

예 $Z = AC + ABC + \overline{A}C + A\overline{B}C$

$= (A + \overline{A})C + AC(B + \overline{B})$

$= C + AC$

$= C(1 + A)$

$= C$

② **카르노 도를 이용한 논리식의 간소화**

㉮ "1"(혹은 "0")로 표시되는 이웃하는 항들끼리 짝수로 크게 묶는다.(16개, 8개, 4개, 2개 순으로)

㉯ 중복하여도 좋다(사용했던 항들을 재사용 가능).

㉰ 모서리로 이웃되는 경우도 묶을 수 있다.

㉱ 각 묶음에 대하여 변수로 나타내서 각 묶음을 OR 값으로 표시한다.

㉲ 묶음 내부에 보수 관계의 변수(즉, A와 $\overline{A}$)가 있으면 그 변수는 버린다.

㉠ 2변수 카르노 도

m_0	m_1
m_2	m_3

X \ Y	0	y 1
0	$\overline{x}\,\overline{y}$	$\overline{x}\,y$
x { 1	$x\,\overline{y}$	$x\,y$

예 $Z = AB + \overline{A}B$를 간소화하면

- 논리 함수 Z를 카르노 도로 표현한다.
- "1"로 된 것을 가능한 한 크게 묶은 다음(2개, 4개, 8개, 16개 단위) 원으로 묶여진 부분에서 변화하지 않은 변수를 찾으면

$Z = B$

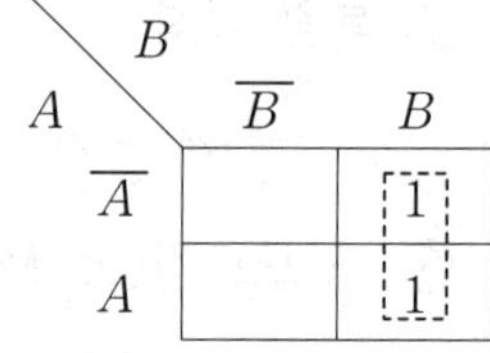

㉡ 3변수 카르노 도

m_0	m_1	m_3	m_2
m_4	m_5	m_7	m_6

$x \backslash yz$	00	01	11 (y)	10 (y)
0	$\bar{x}\,\bar{y}\,\bar{z}$	$\bar{x}\,\bar{y}\,z$	$\bar{x}\,y\,z$	$\bar{x}\,y\,\bar{z}$
1	$x\,\bar{y}\,\bar{z}$	$x\,\bar{y}\,z$ (Z)	$x\,y\,z$ (Z)	$x\,y\,\bar{z}$

예 $Z=\overline{A}\,\overline{B}C+\overline{A}BC+\overline{A}B\overline{C}+A\overline{B}C$를 간소화하면

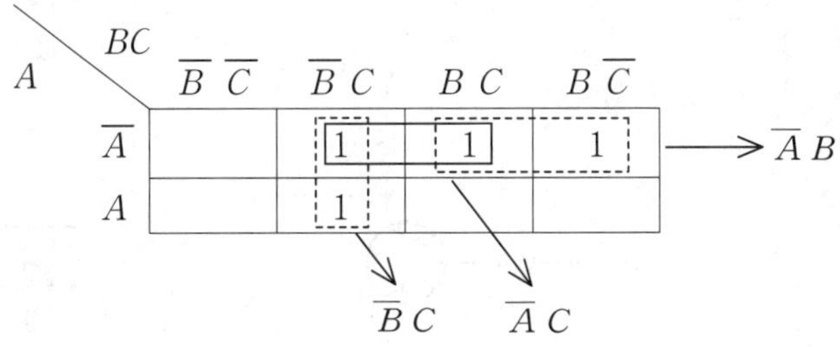

$\therefore Z=\overline{A}C+\overline{A}B+\overline{B}C$

(3) 기본 논리 회로

① AND 회로

논리곱 회로 : 두 입력이 모두 “1”일 때만 출력이 “1”인 회로

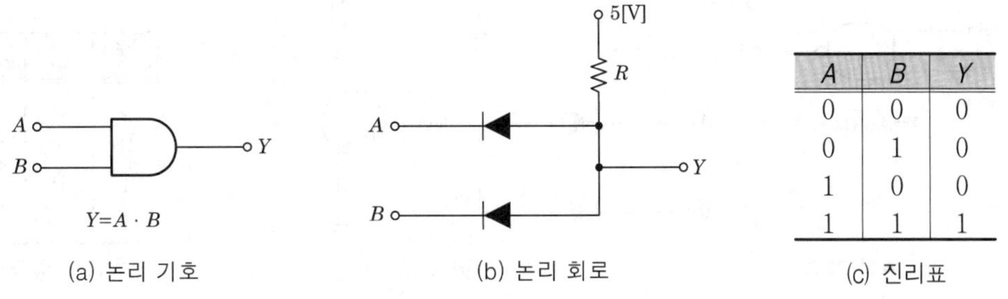

A	B	Y
0	0	0
0	1	0
1	0	0
1	1	1

(a) 논리 기호　(b) 논리 회로　(c) 진리표

그림 2-194 **AND 회로와 진리표**

② OR 회로

논리합 회로 : 두 입력이 모두 “0”일 때만 출력이 “0”인 회로

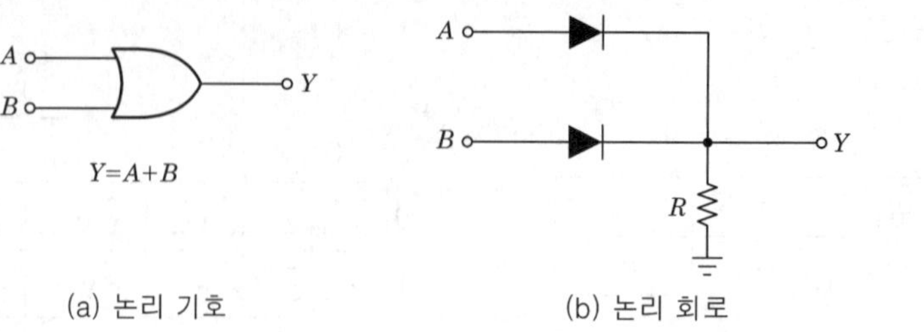

(a) 논리 기호 (b) 논리 회로

A	B	Y
0	0	0
0	1	1
1	0	1
1	1	1

(c) 진리표

그림 ⬆ 2-195 **OR 회로와 진리표**

③ NOT 회로

부정 회로 : 1 → 0, 0 → 1

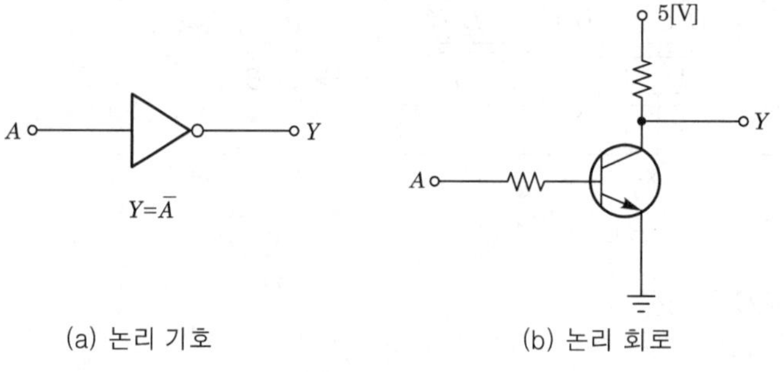

(a) 논리 기호 (b) 논리 회로

A	Y
0	1
1	0

(c) 진리표

그림 ⬆ 2-196 **NOT 회로와 진리표**

④ NAND 회로

두 입력이 모두 “1”일 때만 출력이 “0”인 회로

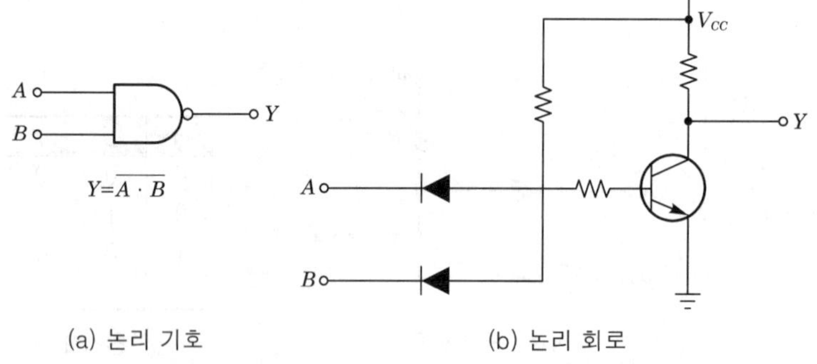

(a) 논리 기호 (b) 논리 회로

A	B	Y
0	0	1
0	1	1
1	0	1
1	1	0

(c) 진리표

그림 ⬆ 2-197 **NAND 회로와 진리표**

⑤ Exclusive-OR 회로(배타 OR 회로, 반일치 회로)

두 입력이 서로 다른 때만 출력이 “1”인 회로(반일치 회로)

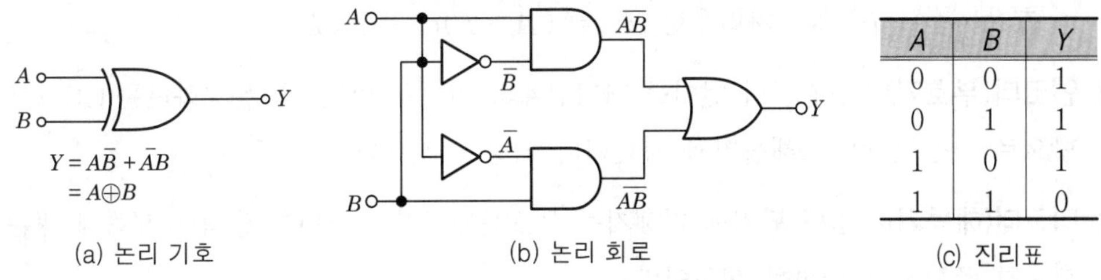

A	B	Y
0	0	1
0	1	1
1	0	1
1	1	0

(a) 논리 기호 (b) 논리 회로 (c) 진리표

그림 ⬆ 2-198 **Ex-OR 회로와 진리표**

⑥ 가산기

㉮ **반가산기(half adder)** : 반가산기는 한 비트의 2진수를 더하여 합 S(Sum)와 자리올림 C(Carry)를 얻는 회로이다.

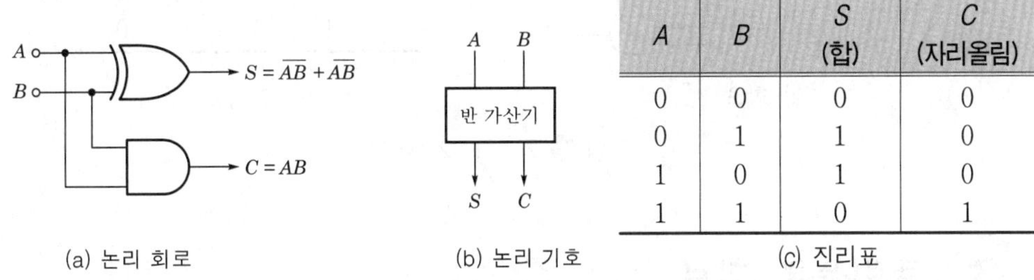

A	B	S (합)	C (자리올림)
0	0	0	0
0	1	1	0
1	0	1	0
1	1	0	1

(a) 논리 회로 (b) 논리 기호 (c) 진리표

그림 ⬆ 2-199 **반가산기 회로와 진리표**

㉯ **전가산기(full adder)** : 두 개의 반가산기와 한 개의 논리합 회로를 연결하여 동시에 3개의 2진 입력 덧셈 회로이다.

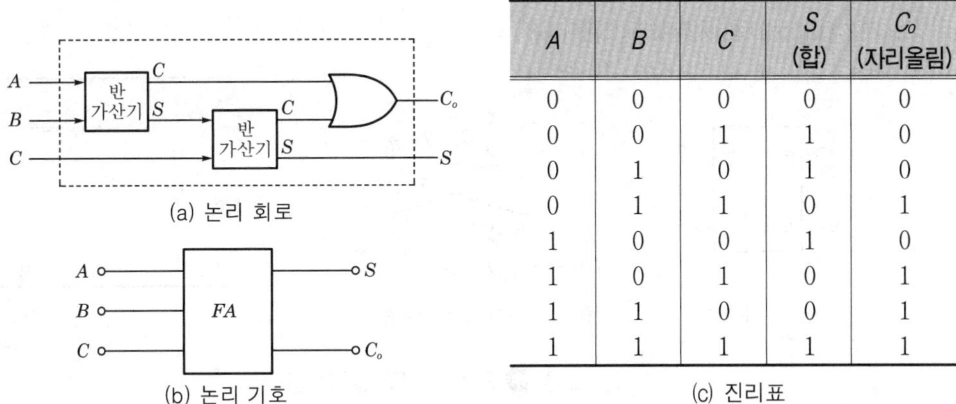

A	B	C	S (합)	C_o (자리올림)
0	0	0	0	0
0	0	1	1	0
0	1	0	1	0
0	1	1	0	1
1	0	0	1	0
1	0	1	0	1
1	1	0	0	1
1	1	1	1	1

(a) 논리 회로 (b) 논리 기호 (c) 진리표

그림 ⬆ 2-200 **전가산기 회로와 진리표**

합 $S=(A+B)+C$, 자리올림 $C_o=(A+B)C+A\cdot B$

⑦ **인코더(부호기)** : 인간계의 언어를 디지털계의 언어로 번역, 즉 부호화하는 OR 회로의 조합으로 구성된 회로, 해독기와 정반대의 기능을 갖는다.

⑧ **디코더(해독기)** : 입력 단자에 가해지는 부호화된 2진 데이터를 출력에 해독해 내는 AND 회로의 조합으로 구성된 회로이다.

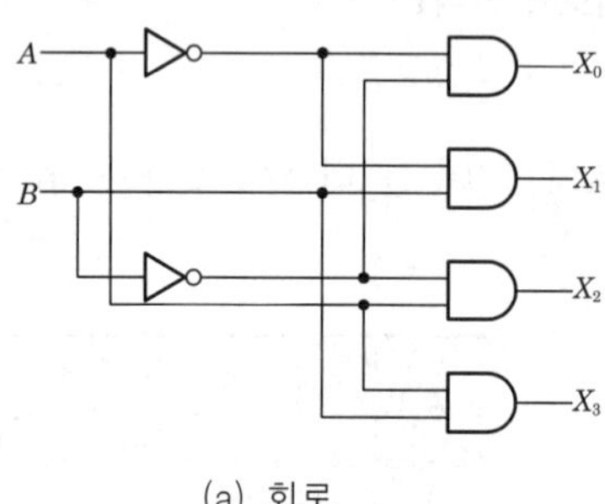

(a) 회로

A	B	X_0	X_1	X_2	X_3
0	0	1	0	0	0
0	1	0	1	0	0
1	0	0	0	1	0
1	1	0	0	0	1

(b) 진리표

그림 ⬆ 2-201 **2×4 디코더**

3 플립플롭 회로

(1) RS 플립플롭(flip-flop)

2개의 입력 단자 S(Set)와 R(Reset)을 가지고 있으며 이들 입력의 상태에 따라서 출력이 정해지며, 출력의 상태가 한번 결정되면 입력을 0으로 하여도 출력 상태는 그대로 유지되므로, 래치(latch) 회로라고도 한다.

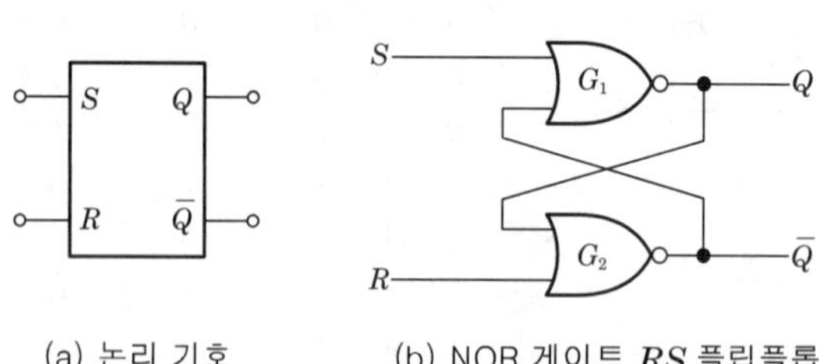

(a) 논리 기호 (b) NOR 게이트 RS 플립플롭

S	R	Q_{n+1}
0	0	Q_n
0	1	0
1	0	1
1	1	불확정

(c) 진리표

그림 ⬆ 2-202 RS **플립플롭**

(2) *JK* 플립플롭

RS 플립플롭에서는 $R=1$, $S=1$인 입력이 들어오면 동작이 불확정 상태로 된다. *JK* 플립플롭에서는 $R=1$, $S=1$일 때에도 확실한 출력 상태를 나타낼 수 있도록 *RS* 플립플롭의 출력을 AND 게이트를 통해 되먹임을 건 회로로 *JK* 플립플롭은 *RS*, *D*, *T* 플립플롭의 동작을 모두 실현시킬 수 있어서 실용 범위가 매우 넓다. 따라서 기억 장치나 카운터 등 디지털 회로의 기본적인 회로에 널리 사용되고 있다.

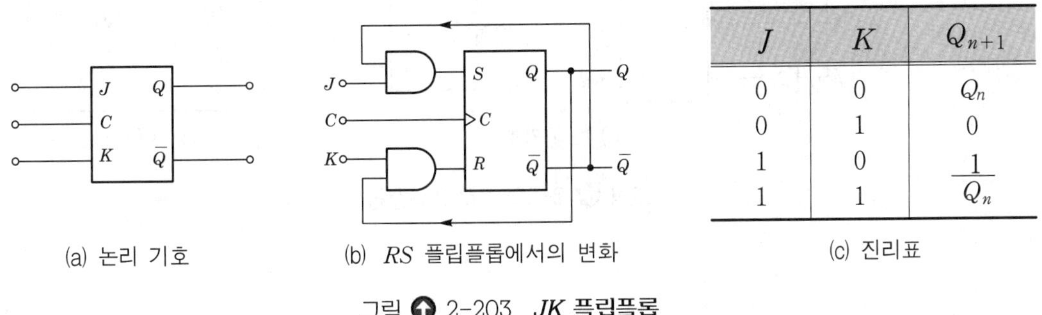

J	K	Q_{n+1}
0	0	Q_n
0	1	0
1	0	1
1	1	$\overline{Q_n}$

(a) 논리 기호 (b) *RS* 플립플롭에서의 변화 (c) 진리표

그림 ⬆ 2-203 ***JK* 플립플롭**

(3) *T* 플립플롭

JK 플립플롭의 입력 *J*와 *K*를 묶어서 하나의 데이터 입력 단자로 한 것으로 *T* 플립플롭은 클록 펄스가 가해질 때마다 출력 상태가 반전하는 토글(Toggle) 또는 스위칭 작용을 하므로 계수기에 사용된다.

T 플립플롭의 "*T*"는 토글(toggle) 또는 트리거(trigger)의 "*T*"를 사용한 것이다.

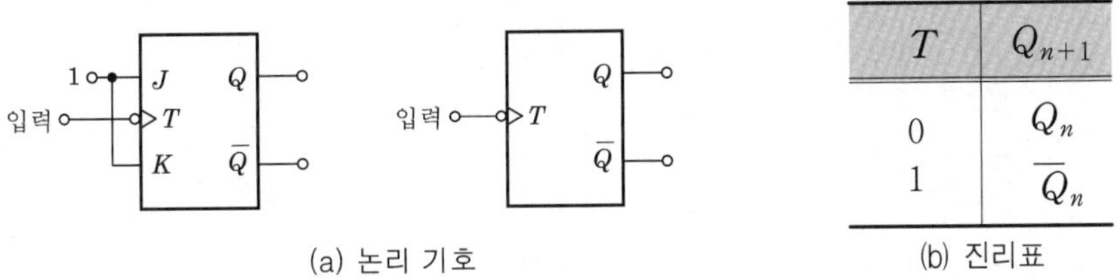

T	Q_{n+1}
0	Q_n
1	$\overline{Q_n}$

(a) 논리 기호 (b) 진리표

그림 ⬆ 2-204 ***T* 플립플롭**

(4) D 플립플롭

클록형 RS 플립플롭 또는 JK 플립플롭을 변형시킨 것으로, 데이터 입력 신호 D가 그대로 출력 Q에 전달되는 특성을 가지며 D 플립플롭은 데이터의 일시적인 보존이나 디지털 신호의 지연 등에 이용된다.

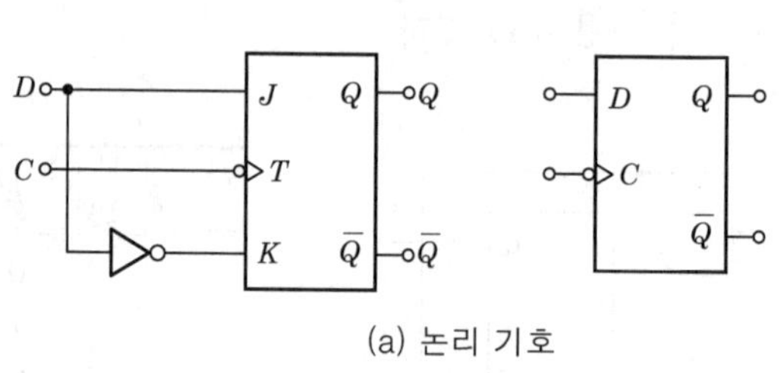

(a) 논리 기호

입 력		출 력
C	D	Q_{n+1}
0	×	Q_n
1	1	1
1	0	0

(b) 진리표

그림 ⊙ 2-205 D 플립플롭

단원핵심문제

1 2진수 1자리를 나타내는 정보의 최소 단위는?

㉮ 비트(bit) ㉯ 바이트(byte)
㉰ 니블(nibble) ㉱ 워드(word)

KEY POINT

① **비트(bit)**－2진수 1자리를 의미한다.
② **니블(nibble)**－2진수 4자리를 의미한다.
③ **바이트(byte)**－2진수 8자리를 의미한다.
④ **워드(word)**－2진수 16자리를 의미한다.

2 다음 2진수를 10진수로 환산한 값 중 옳은 것은?

$(10110.1101)_2$

㉮ $(23.6135)_{10}$ ㉯ $(22.6875)_{10}$
㉰ $(31.2350)_{10}$ ㉱ $(19.3125)_{10}$

KEY POINT

① **2진법** : 정보를 표현하기 위해 0과 1만을 사용하는 수의 체계
② **10진법** : 0에서 9까지로 표현되는 수의 체계

해설 $10110.1101 = 1\times 16 + 1\times 4 + 1\times 2 + 1\times \frac{1}{2} + 1\times \frac{1}{4} + 1\times \frac{1}{16} = 22.6875$

3 8진수 $(64)_8$를 10진수로 변환한 것은?

㉮ $(64)_{10}$ ㉯ $(48)_{10}$
㉰ $(52)_{10}$ ㉱ $(32)_{10}$

KEY POINT

① **2진법** : 정보를 표현하기 위해 0과 1만을 사용하는 수의 체계
② **10진법** : 0에서 9까지로 표현되는 수의 체계

해설 $(64)_8 = 6\times 8^1 + 4\times 8^0 = (52)_{10}$

정답 : 1.㉮ 2.㉯ 3.㉰

10진수 $(18)_{10}$을 2진수로 변환한 것은?

㉮ $(10101)_2$ ㉯ $(10010)_2$

㉰ $(11001)_2$ ㉱ $(10111)_2$

KEY POINT

➲ ① **2진법** : 정보를 표현하기 위해 0과 1만을 사용하는 수의 체계
② **10진법** : 0에서 9까지로 표현되는 수의 체계

해설

2) 18 … 0
2) 9 … 1
2) 4 … 0
2) 2 … 0
1

$(10010)_2$

BCD 코드(code)란?

㉮ 2~5진 코드 ㉯ 2진화 10진수

㉰ 비트(bit) ㉱ 바이트(byte)

KEY POINT

➲ BCD(Binary Coded Decimal) 코드는 2진수 4자리로 10진수를 나타내는 코드로서 2진화 10진 코드이다.

해설 2진화 10진 코드

다음 진리표에 해당되는 논리 회로는?

㉮ NAND 회로

㉯ NOR 회로

㉰ OR 회로

㉱ AND 회로

입 력		출 력
A	*B*	*Y*
0	0	1
0	1	1
1	0	1
1	1	0

KEY POINT

➲ 입력 *AB*가 모두 1인 경우 출력 *Y*가 1이 되는 회로를 AND 회로라 한다.

해설 AND 회로의 부정이므로 NAND 회로이다.

정답 : 4.㉯ 5.㉯ 6.㉮

7 다음 논리식의 성질 중 맞지 않는 것은?

㉮ $1+A=1$ ㉯ $A \cdot A=A$

㉰ $A+\overline{A}=1$ ㉱ $0 \cdot A=1$

KEY POINT

➡ 항등의 법칙

$0+A=A$, $0 \cdot A=0$

$1+A=1$, $1 \cdot A=A$

해설 $0 \cdot A=0$

8 $(A+B)(\overline{A}+B)$를 간단히 하면?

㉮ B ㉯ A

㉰ AB ㉱ $\overline{A}$

KEY POINT

➡ ① 보원 법칙 : $A \cdot \overline{A}=0$, $A+\overline{A}=1$

② 항등 법칙 : $A \cdot 1=A$

해설 $A\overline{A}+AB+\overline{A}B+B=AB+\overline{A}B+B=B(A+\overline{A})=B$

9 $\overline{\overline{A}B+A\overline{B}}$를 간략화하면?

㉮ $A+B$ ㉯ $AB+\overline{A}\overline{B}$

㉰ $AB+\overline{A}B$ ㉱ $\overline{A}B+A\overline{B}$

KEY POINT

➡ 드모르간의 법칙

- $\overline{A+B}=\overline{A} \cdot \overline{B}$
- $\overline{A \cdot B}=\overline{A}+\overline{B}$
- $\overline{\overline{A}}=A$

해설 $\overline{\overline{A}B+A\overline{B}}=(A+\overline{B})(\overline{A}+B)=A\overline{A}+AB+\overline{A}\overline{B}+B\overline{B}=AB+\overline{A}\overline{B}$

정답 : 7.㉱ 8.㉮ 9.㉯

10 논리식 $ABC+A\overline{B}C+AB\overline{C}$ 를 간단하게 하면?

㉮ $AC+AB\overline{C}$ ㉯ $A(C+B\overline{C})$
㉰ $A(B+C)$ ㉱ $AB+C$

KEY POINT

➲ 보원 법칙 : $A\cdot\overline{A}=0,\ A+\overline{A}=1$

$$ABC+A\overline{B}C+AB\overline{C}=A(BC+\overline{B}C+B\overline{C}=A(BC+\overline{B}C+B\overline{C}+BC)$$
$$=A(C(B+\overline{B})+B(C+\overline{C}))=A(B+C)$$

11 다음 3변수 카르노 도가 나타내는 함수는?

㉮ $\overline{A}\,\overline{B}\,\overline{C}$
㉯ $AB+A\overline{C}$
㉰ $AB+A\overline{C}+C$
㉱ $\overline{A}+A\overline{B}C$

AB \ C	0	1
00	0	0
01	0	0
11	1	1
10	1	0

KEY POINT

➲ MAP은 2^n개씩 반드시 크게 묶는다. 공통 변수를 OR해서 취하면 간이화된다.

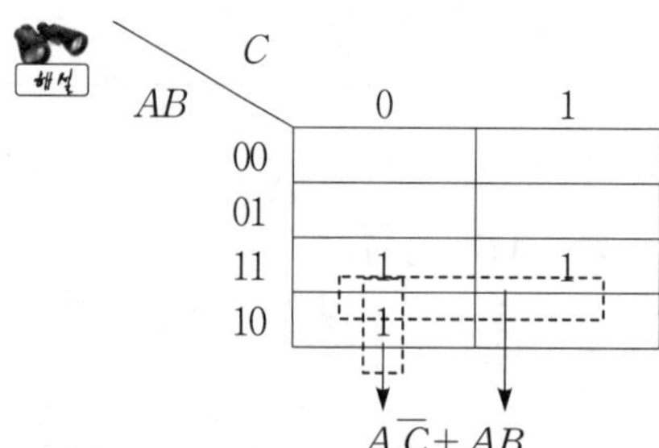

12 그림과 같은 논리 맵을 간단히 표시한 것은?

㉮ $CD+B$
㉯ BD
㉰ $A(D+B)$
㉱ AC

AB \ CD	00	01	11	10
00				
01		1	1	
11		1	1	
10				

정답 : 10.㉰ 11.㉯ 12.㉯

KEY POINT

➲ 항등의 법칙

$0+A=A,\ 0\cdot A=0$

$1+A=1,\ 1\cdot A=A$

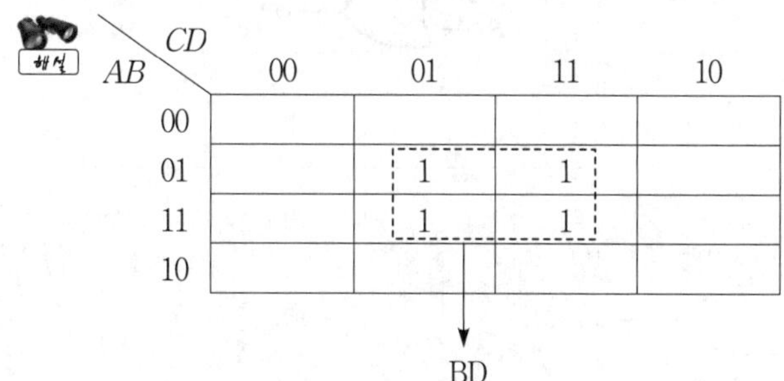

13 다음 표로 나타낸 Karnaugh 도표에 대한 간략화된 논리 함수는?

㉮ $\overline{A}B\overline{C}+A\overline{C}D+ABC+\overline{A}CD$

㉯ $BD+\overline{C}\,\overline{D}+C\overline{D}+A\overline{B}$

㉰ $BD+\overline{A}B+\overline{C}D+C\overline{D}$

㉱ $\overline{A}B\overline{C}+ACD+AB\overline{C}+A\overline{C}D$

AB \ CD	00	01	11	10
00	0	0	1	0
01	1	1	1	0
11	0	1	1	1
10	0	1	0	0

KEY POINT

➲ 항등의 법칙

$0+A=A,\ 0\cdot A=0$

$1+A=1,\ 1\cdot A=A$

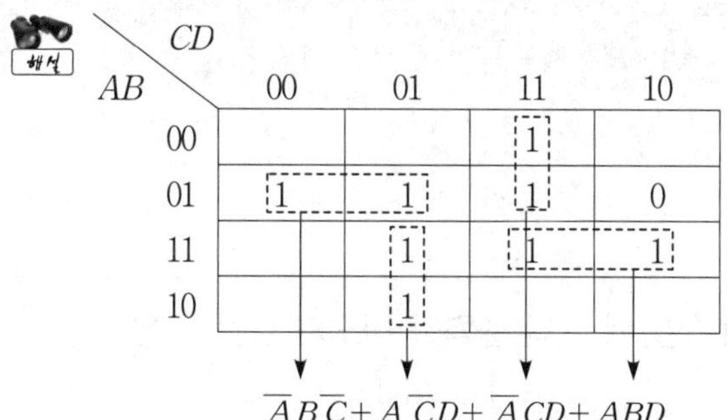

정답 : 13.㉮

14 그림과 같은 논리 기호의 출력은?

㉮ $Y = A + B$

㉯ $Y = \overline{A} + \overline{B}$

㉰ $Y = AB$

㉱ $Y = \overline{A + B}$

① OR 회로 : $Y = A + B$

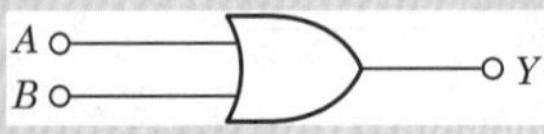

② 부정 회로 : $Y = \overline{A}$

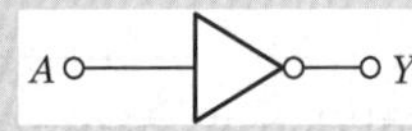

$Y = \overline{A} + \overline{B}$

15 그림과 같이 기본 게이트가 연결되어 있을 때 등가인 게이트는?

㉮ NAND 게이트

㉯ AND 게이트

㉰ OR 게이트

㉱ NOR 게이트

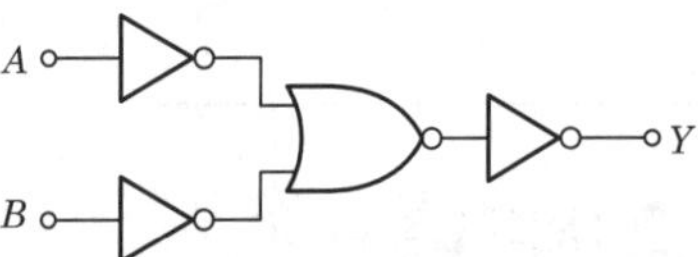

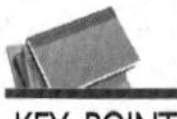

① 보원 법칙 : $A \cdot \overline{A} = 0$, $A + \overline{A} = 1$

② 드 모르간의 법칙 : $\overline{A \cdot B} = \overline{A} + \overline{B}$, $\overline{A + B} = \overline{A} \cdot \overline{B}$

$Y = \overline{\overline{\overline{A} + \overline{B}}} = \overline{A} + \overline{B} = \overline{A \cdot B}$

16 다음 게이트 중 두 입력이 1과 0일 때, 1의 출력이 나오지 않는 것은?

㉮ OR 게이트 ㉯ NAND 게이트

㉰ NOR 게이트 ㉱ exclusive OR 게이트

정답 : 14.㉯ 15.㉮ 16.㉰

KEY POINT

➲ 기본 회로도의 진리표

A B	OR	AND	NOR	NAND	E-OR
0 0	0	0	1	1	0
0 1	1	0	0	1	1
1 0	1	0	0	1	1
1 1	1	1	0	0	0

해설 입력이 1과 0일 때 출력이 1이 되는 회로는 OR 회로, NAND 회로 exclusive-OR 회로가 된다.

17 합 $S = A\overline{B} + \overline{A}B$와 자리 올림수 $C = AB$와 같은 진리값을 나타내는 회로의 명칭은?

㉮ 반가산기　　㉯ 전가산기
㉰ 반감산기　　㉱ 전감산기

KEY POINT

➲ ① Exclusive-OR 회로
두 입력이 서로 다른 때만 출력이 "1"이 되는 회로

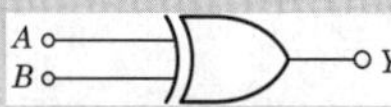

$Y = \overline{A}B + A\overline{B}$

➲ ② **반가산기 회로** : 한 비트의 2진수를 더하여 합 S와 자리올림 C를 얻는 회로

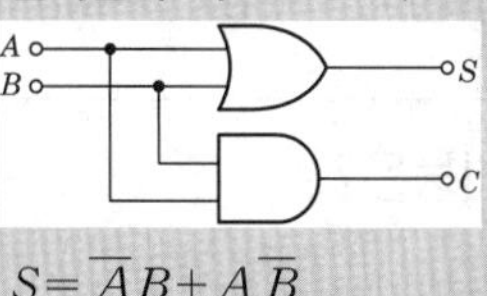

$S = \overline{A}B + A\overline{B}$
$C = AB$

18 그림과 같은 논리 회로는 어떤 논리 작용을 하는가?

㉮ AND
㉯ OR
㉰ NAND
㉱ Exclusive OR

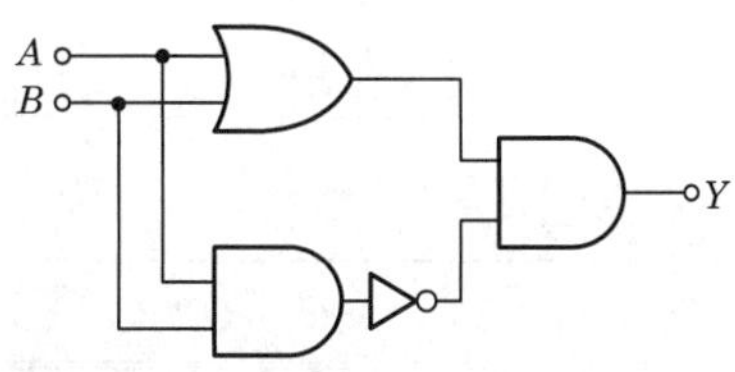

KEY POINT

➲ Exclusive-OR 회로(반일치 회로)
논리식 : $Y = \overline{A}B + A\overline{B} = A + B$

정답 : 17.㉮　18.㉱

해설 $Y=(A+B)(\overline{AB})=(A+B)(\overline{A}+\overline{B})$
$=A\overline{A}+\overline{A}B+A\overline{B}+B\overline{B}=\overline{A}B+A\overline{B}$

19 +5[V]를 1, 0[V]를 0이라고 하면, 다음 회로에서 A, B, C를 입력, X를 출력이라고 하면 어떤 논리 게이트인가?

㉮ NAND 게이트
㉯ OR 게이트
㉰ AND 게이트
㉱ NOR 게이트

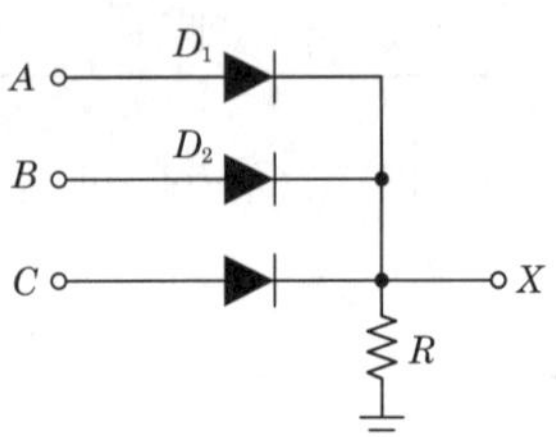

KEY POINT

➲ 진리표

A	B	D_1	D_2	X
0	0	off	off	0
0	1	off	on	1
1	0	on	off	1
1	1	on	on	1

해설 입력이 모두 0일 때만 출력이 0이 되는 회로이므로 OR 회로가 된다.

20 정논리 회로에서 다음 트랜지스터 회로의 기능은?

㉮ OR 회로
㉯ AND 회로
㉰ NAND 회로
㉱ EOR 회로

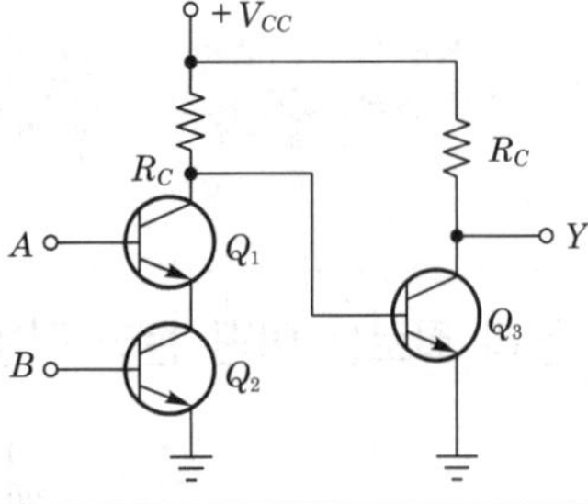

KEY POINT

➲ 진리표

A	B	Q_1	Q_2	Q_3	Y
0	0	off	off	on	0
0	1	off	on	on	0
1	0	on	off	on	0
1	1	on	on	off	1

 정답 : 19.㉯ 20.㉯

두 입력이 모두 "1"일 때만 출력이 "1"이 되는 회로이므로 AND 회로가 된다.

21 그림의 게이트는 어느 것인가?

㉮ AND 게이트
㉯ OR 게이트
㉰ NAND 게이트
㉱ NOR 게이트

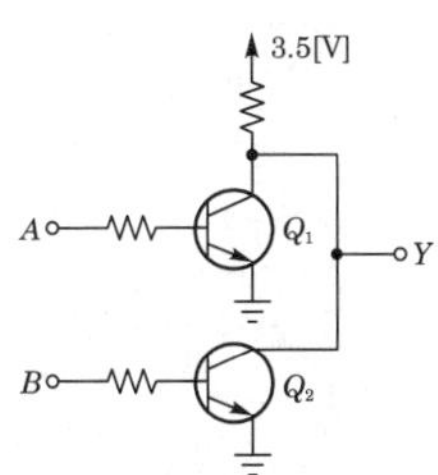

KEY POINT

진리표

A B	Q_1 Q_2	Y
0 0	off off	1
0 1	off on	0
1 0	on off	0
1 1	on on	0

두 입력이 모두 "0"일 때만 출력이 "1"이 되는 회로이므로 NOR 회로가 된다.

22 다음 그림은 RS 플립-플롭 회로인데 여기에 대한 설명 중 틀리는 것은?

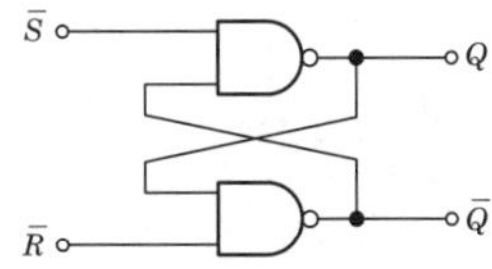

㉮ 입력 S가 1일 때 Q는 1이 되고, 입력 R이 1일 때 출력 Q는 0이 된다.
㉯ S, R이 모두 0일 때 출력의 상태는 달라지지 않는다.
㉰ S, R이 모두 1일 때 출력의 상태는 어떻게 되는지 정해지지 않는다.
㉱ 입력 S가 1일 때 출력 Q는 0이 되고 입력 R이 0일 때 출력 Q는 1이 된다.

KEY POINT

RS 플립-플롭 회로의 진리표

$\overline{S}$ $\overline{R}$	$Q(t+1)$
0 0	부정(?)
0 1	1
1 0	0
1 1	$Q(t)$

정답 : 21.㉱ 22.㉱

제 3 편 회로 이론

제 1 장

직류 회로

1 전류, 전압, 전력의 의미

(1) 전류

금속선을 통하여 전자가 이동하는 현상으로 단위 시간(sec) 동안 이동하는 전기량을 말한다.

즉, $\frac{Q}{t}$[C/sec=A]이며 순간의 전류의 세기를 i 라 하면

$$i=\frac{dQ}{dt}\ [\mathrm{C/s=A}]$$

(2) 전류에 의한 전기량

$$Q=\int_0^t i\,dt\ [\mathrm{A\cdot s=C}]$$

(3) 전압

단위 정전하가 두 점 사이를 이동할 때 하는 일의 양

$$V=\frac{W}{Q}\ [\mathrm{J/C=V}]$$

1[V] : 1[C]의 전하가 두 점 사이를 이동할 때 1[J]의 일을 하는 경우 두 점 사이의 전위차

(4) 전력

단위 시간 동안의 일의 양으로

$$P=\frac{W}{t}=\frac{VQ}{t}=V\cdot I\ [\mathrm{J/sec=W}]$$

즉, 1[sec]에 1[J]의 일을 하는 전기 에너지를 1[W]의 전력이라 한다.

기계적인 동력의 단위로는 마력을 사용하는 일이 많고 와트와의 사이에는 다음과 같은 관계가 있다.

1[마력] = 1[HP] = 746[W]

2 옴의 법칙

(1) 전기 저항(R)

전류의 흐름을 방해하는 작용을 전기 저항 또는 저항(resistance)이라 하고
단위는 옴(ohm, [Ω])을 쓴다.
반대로 전류가 흐르기 쉬운 정도를 나타내는 것으로서 컨덕턴스라 하고
단위는 모호(mho, [℧])를 쓴다.

R[Ω]의 저항을 가진 어떤 물체의 컨덕턴스 G[℧]는 $G=\frac{1}{R}$[℧]로 표시된다.

도체의 전기 저항을 계산하면

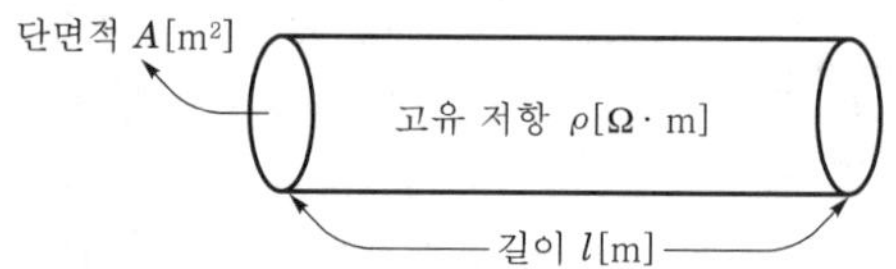

$$R=\rho\frac{l}{A}=\frac{l}{kA}\,[\Omega]$$

즉, 전기 저항은 고유 저항과 도체의 길이에 비례하고 단면적에 반비례한다.

(2) 옴의 법칙(ohm's law)

도체에 흐르는 전류는 도체의 양 끝 사이에 가한 전압(전위차)에 비례하고 도체의 저항에 반비례한다.

$$I=\frac{V}{R}\,[\mathrm{A}],\quad V=IR\,[\mathrm{V}],\quad R=\frac{V}{I}\,[\Omega]$$

3 저항의 접속

(1) 저항의 직렬 접속

$V_1=R_1I$[V], $V_2=R_2I$[V]

전전압 $V=V_1+V_2=R_1I+R_2I=(R_1+R_2)I$

① 합성 저항

$$R_o = R_1 + R_2\,[\Omega]$$

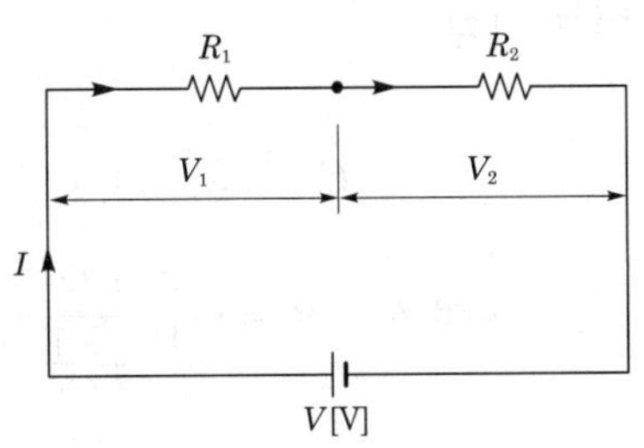

② 전류

$$I = \frac{V}{R_1 + R_2}\,[\mathrm{A}]$$

③ 분압 법칙(각 저항의 전압 강하)

$$V_1 = R_1 I = R_1 \frac{V}{R_1 + R_2} = \frac{R_1}{R_1 + R_2} V\,[\mathrm{V}]$$

$$V_2 = R_2 I = R_2 \frac{V}{R_1 + R_2} = \frac{R_2}{R_1 + R_2} V\,[\mathrm{V}]$$

④ 배율기

전압의 측정 범위를 확대하기 위해서 전압계와 직렬로 접속한 저항을 말한다.

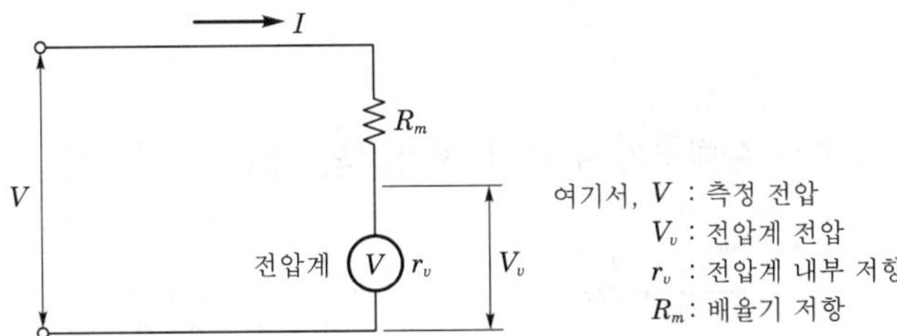

전압계 전압 $V_v = \frac{r_v}{R_m + r_v} V$ 에서 $\frac{V}{V_v} = \frac{R_m + r_v}{r_v} = 1 + \frac{R_m}{r_v}$ 이 된다.

즉, 전압계의 최대 눈금의 $m = \left(1 + \frac{R_m}{r_v}\right)$배 까지의 전압을 측정할 수 있다.

배율기의 **배율** $\boldsymbol{m = \frac{V}{V_v} = \left(1 + \frac{R_m}{r_v}\right)}$

(2) 저항의 병렬 접속

$$I_1 = \frac{V}{R_1},\quad I_2 = \frac{V}{R_2}$$

전전류 $I = I_1 + I_2 = \frac{V}{R_1} + \frac{V}{R_2} = \left(\frac{1}{R_1} + \frac{1}{R_2}\right) V$

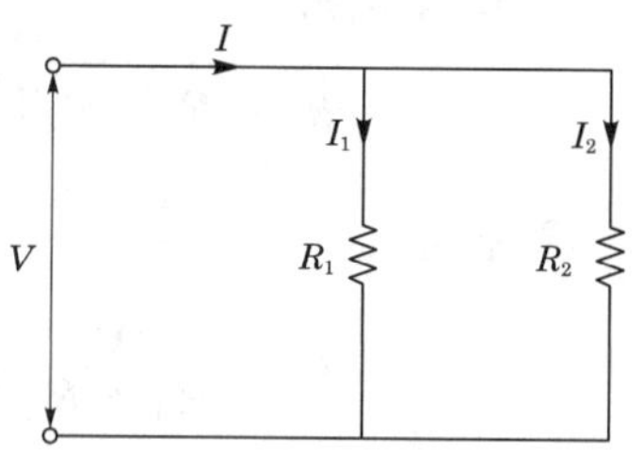

① 합성 저항

$$\frac{1}{R_o}=\frac{1}{R_1}+\frac{1}{R_2}$$

따라서 $R_o=\dfrac{1}{\dfrac{1}{R_1}+\dfrac{1}{R_2}}=\dfrac{R_1R_2}{R_1+R_2}$ [Ω]

② 전전압

$$V=R_oI=\frac{R_1R_2}{R_1+R_2}I\text{ [V]}$$

③ 분류 법칙(각 저항에 흐르는 전류)

$$I_1=\frac{V}{R_1}=\frac{1}{R_1}\frac{R_1\cdot R_2}{R_1+R_2}I=\frac{R_2}{R_1+R_2}I\text{[A]}$$

$$I_2=\frac{V}{R_2}=\frac{1}{R_2}\frac{R_1\cdot R_2}{R_1+R_2}I=\frac{R_1}{R_1+R_2}I\text{[A]}$$

④ 분류기

전류의 측정 범위를 확대하기 위해서 전류계와 병렬로 접속한 저항을 말한다.

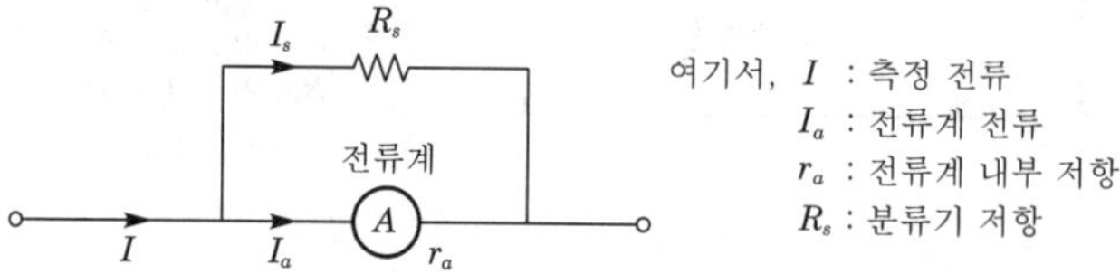

여기서, I : 측정 전류
I_a : 전류계 전류
r_a : 전류계 내부 저항
R_s : 분류기 저항

전류계에 흐르는 전류 $I_a=\dfrac{R_s}{R_s+r_a}\cdot I$ 이므로

분류기의 **배율** $m=\dfrac{I}{I_a}=\dfrac{R_s+r_a}{R_s}=1+\dfrac{r_a}{R_s}$

단원핵심문제

1 $i=2t^2+8t$ [A]로 표시되는 전류가 도선에 3[s] 동안 흘렀을 때 통과한 전 전기량은 몇 [C]인가?

㉮ 18　　㉯ 48
㉰ 54　　㉱ 61

KEY POINT

➲ 전기량

$$Q=\int_0^t idt[\mathrm{C}]=[\mathrm{A}\cdot\mathrm{s}]$$

해설 $Q=\int_0^3 (2t^2+8t)\,dt=\left[\frac{2}{3}t^3+4t^2\right]_0^3=54[\mathrm{C}]$

2 $i=3,000(2t+3t^2)$[A]의 전류가 어떤 도선을 2[s] 동안 흘렀다. 통과한 전 전기량은 몇 [Ah]인가?

㉮ 1.33　　㉯ 10
㉰ 13.3　　㉱ 36

KEY POINT

➲ 전기량

$$Q=\int_0^t idt[\mathrm{C}]=[\mathrm{A}\cdot\mathrm{s}]=\frac{1}{3,600}[\mathrm{A}\cdot\mathrm{h}]$$

해설 $Q=\int_0^2 3,000(2t+3t^2)dt=3,000[t^2+t^3]_0^2=36,000[\mathrm{A}\cdot\mathrm{s}]=10[\mathrm{A}\cdot\mathrm{h}]$

3 1[kg · m/s]는 몇 [W]인가? (여기서, [kg]은 질량이다.)

㉮ 1　　㉯ 0.98
㉰ 9.8　　㉱ 98

KEY POINT

➲ 전력

$$P=\frac{W}{t}[\mathrm{J/sec}]=[\mathrm{N}\cdot\mathrm{m/sec}]$$

정답 : 1.㉰ 2.㉯ 3.㉰

 $1[kg \cdot m/sec] = 9.8[N \cdot m/sec] = 9.8[J/sec] = 9.8[W]$

4 그림과 같은 회로에서 10[Ω]에 흐르는 전류 I 를 최소로 하기 위하여 r_1의 값은 몇 [Ω]으로 하면 되는가?

㉮ 10
㉯ 30
㉰ 60
㉱ 70

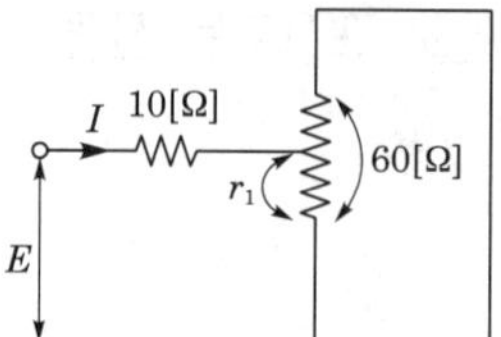

KEY POINT

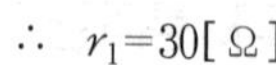 전전류가 최소가 되려면 합성 저항 R_o가 최대가 되어야 한다.

 합성 저항 $R_o = 10 + \frac{(60-r_1) \cdot r_1}{(60-r_1)+r_1} = 10 + \frac{60r_1 - r_1^2}{60}$ [Ω]

따라서, $\frac{d}{dr_1}\left(10 + \frac{60r_1 - r_1^2}{60}\right) = 0$, $60 - 2r_1 = 0$

∴ $r_1 = 30$[Ω]

5 어떤 전지의 외부 회로의 저항은 5[Ω]이고, 전류는 8[A]가 흐른다. 외부 회로에 5[Ω]대신에 15[Ω]의 저항을 접속하면 전류는 4[A]로 떨어진다. 이때 전지의 기전력은 몇 [V]인가?

㉮ 80
㉯ 50
㉰ 15
㉱ 20

KEY POINT

➲ 전지 회로도

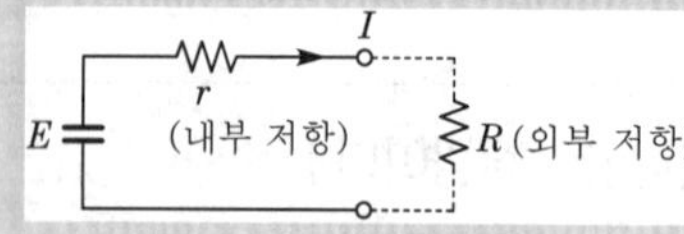

 전지 회로에서 기전력 E는

$E = (5+r) \cdot 8 = 40 + 8r$ ……①

$E = (15+r) \cdot 4 = 60 + 4r$ ……②

① = ②이므로 $40 + 8r = 60 + 4r$

따라서 내부 저항 $r = 5$[Ω]

∴ 전지의 기전력 $E = 80$ [V]

  정답 : 4.㉯ 5.㉮

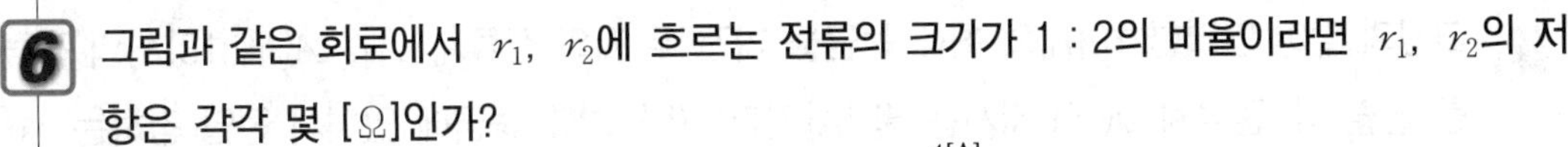

6 그림과 같은 회로에서 r_1, r_2에 흐르는 전류의 크기가 1 : 2의 비율이라면 r_1, r_2의 저항은 각각 몇 [Ω]인가?

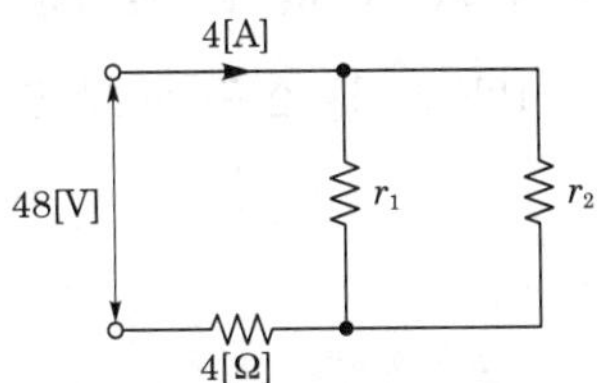

㉮ $r_1=16$, $r_2=8$

㉯ $r_1=24$, $r_2=12$

㉰ $r_1=6$, $r_2=3$

㉱ $r_1=8$, $r_2=4$

KEY POINT

➲ 전류 크기의 비가 1 : 2라면 r_1, r_2의 저항 크기의 비는 2 : 1이 된다.

해설 전체 회로의 합성 저항 $R_o=\dfrac{V}{I}=\dfrac{48}{4}=12[\Omega]$이므로

$12=4+\dfrac{r_1r_2}{r_1+r_2}$ ……①

$r_1 : r_2=2 : 1$이므로

$r_1=2r_2$ ………………②

②식을 ①에 대입하면

$\therefore\ r_1=24,\quad r_2=12$

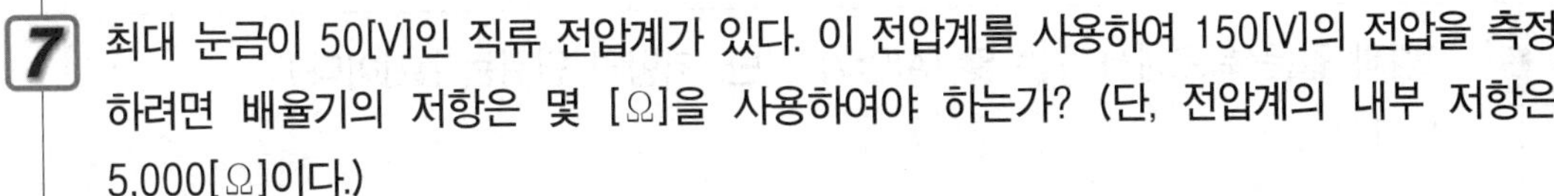

7 최대 눈금이 50[V]인 직류 전압계가 있다. 이 전압계를 사용하여 150[V]의 전압을 측정하려면 배율기의 저항은 몇 [Ω]을 사용하여야 하는가? (단, 전압계의 내부 저항은 5,000[Ω]이다.)

㉮ 1,000　　㉯ 2,500

㉰ 5,000　　㉱ 10,000

KEY POINT

➲ **배율기 배율**

$$m=1+\frac{R_m}{r}$$

해설 $m=1+\dfrac{R_m}{r}$에서

$\dfrac{150}{50}=1+\dfrac{R_m}{5,000}$

$\therefore\ R_m=10,000[\Omega]$

정답 : 6.㉯　7.㉱

8 그림과 같이 연결한 10[A]의 최대 눈금을 가진 두 개의 전류계 A_1, A_2에 13[A]의 전류를 흘릴 때, 전류계 A_2의 지시는 몇 [A]인가? (단, 최대 눈금에 있어서 전압 강하는 A_1 전류계에서는 70[mV], A_2 전류계에서는 60[mV]라 한다.)

㉮ 6
㉯ 7
㉰ 8
㉱ 9

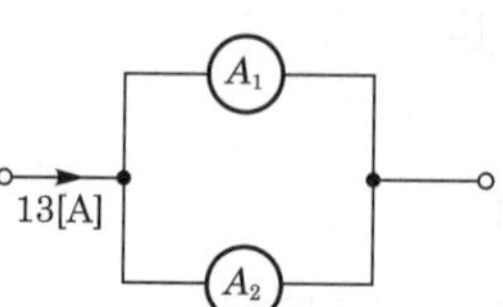

KEY POINT

➲ **옴 법칙** : $I=\frac{V}{R}$ 및 **분류 법칙**이 적용된다.

해설 두 전류계의 내부 저항을 각각 r_1, r_2라 하면

$$r_1=\frac{70\times10^{-3}}{10}=7\ [\text{m}\Omega]$$

$$r_2=\frac{60\times10^{-3}}{10}=6\ [\text{m}\Omega]$$

따라서 분류 법칙에 의해 A_2 전류계의 전류는

$$I_2=\frac{7}{7+6}\times13=7\ [\text{A}]$$

9 그림과 같은 회로에서 I는 몇 [A]인가? (단, 저항의 단위는 [Ω]이다.)

㉮ 1
㉯ $\frac{1}{2}$
㉰ $\frac{1}{4}$
㉱ $\frac{1}{8}$

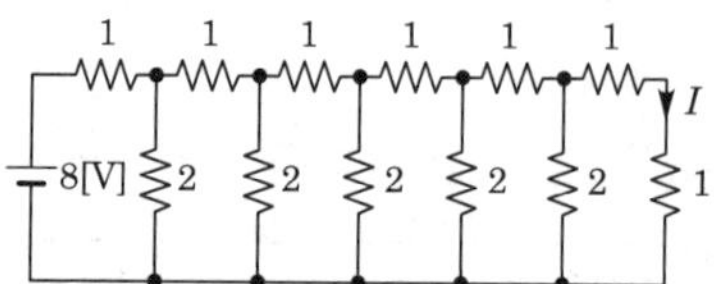

KEY POINT

➲ 전체 합성 저항을 구하여 분류 법칙을 이용한다.

해설 전체 합성 저항을 구하면 2[Ω]이므로 전전류는 4[A]가 된다.
분류 법칙에 의해 전류 I를 구하면 $\frac{1}{8}$[A]가 된다.

 정답 : 8.㉯ 9.㉱

분류기를 사용하여 전류를 측정하는 경우 전류계의 내부 저항이 0.12[Ω], 분류기의 저항이 0.04[Ω]이면 그 배율은?

㉮ 3 ㉯ 4

㉰ 5 ㉱ 6

KEY POINT

➲ 분류기 배율

$$m=1+\frac{r}{R_A}$$

$m=1+\frac{r}{R_A}=1+\frac{0.12}{0.04}=4$

그림과 같은 회로에서 a, b 단자에서 본 합성 저항은 몇 [Ω]인가?

㉮ 6

㉯ 6.3

㉰ 8.3

㉱ 8

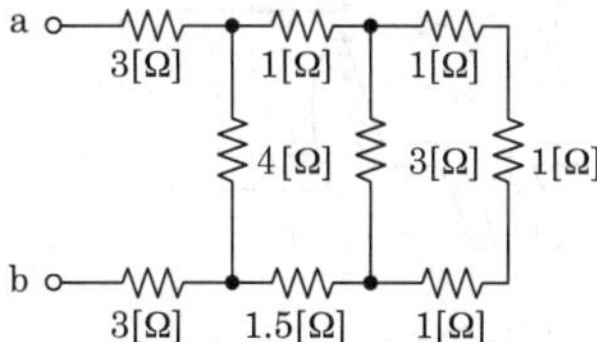

KEY POINT

➲ 폐회로의 합성 저항은 끝에서부터 구해간다.

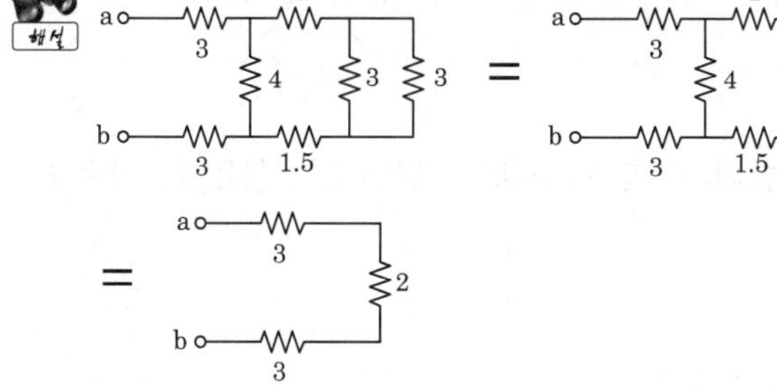

$\therefore\ R_{ab}=3+2+3=8[\Omega]$

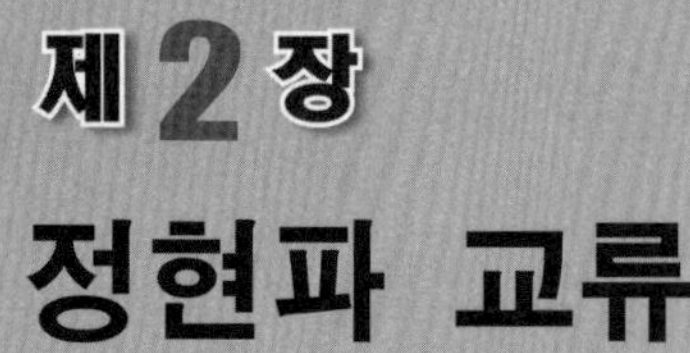

제 2 장 정현파 교류

1 정현파 교류의 순시치 표시

그림과 같이 자기장 중에 코일을 넣고 회전시키면 전압이 발생한다. 그 값은 $e = Blv\ \sin\theta[\mathrm{V}]$ 이며 이때 Blv는 최대값으로 V_m으로 표시하면 $e = V_m\ \sin\theta[\mathrm{V}]$로 표시할 수 있다.

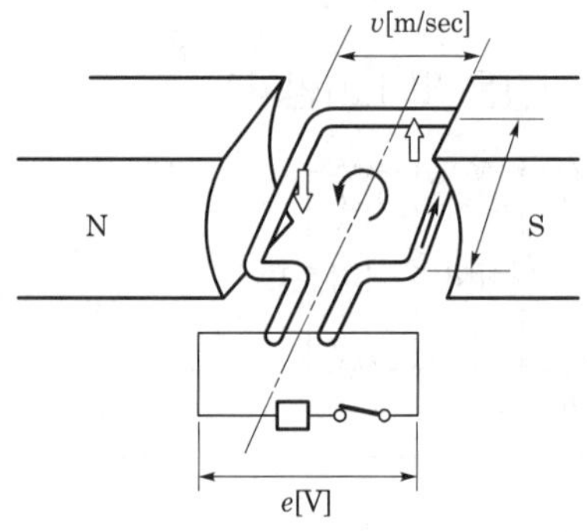

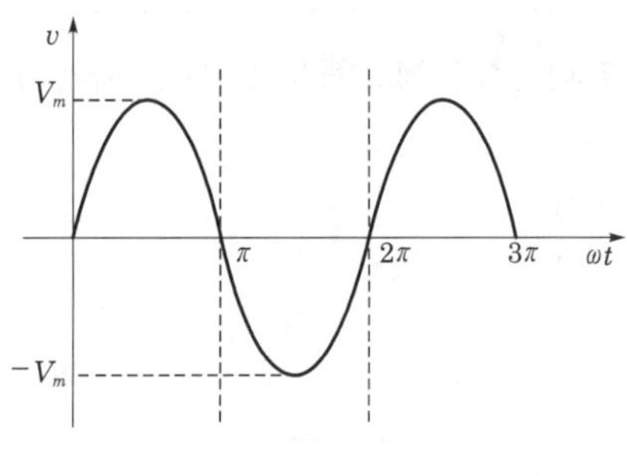

(1) 주기(T)

1사이클에 대한 시간을 주기라 하며, 문자로서 T[sec]라 한다.

(2) 주파수(f)

1[sec] 동안에 반복되는 사이클의 수를 나타내며, 단위로는 [Hz]를 사용한다.

(3) 주기와 주파수와의 관계

$$f = \frac{1}{T}[\mathrm{Hz}], \quad T = \frac{1}{f}[\mathrm{sec}]$$

(4) 각주파수(ω)

시간에 대한 각도의 변화율

$$\omega = \frac{\theta}{t} = \frac{2\pi}{T} = 2\pi f\,[\mathrm{rad/sec}]$$

(5) 위상과 위상차

주파수가 동일한 2개 이상의 교류 사이의 시간적인 차이를 나타내는 데는 위상이라는 것을 사용한다.

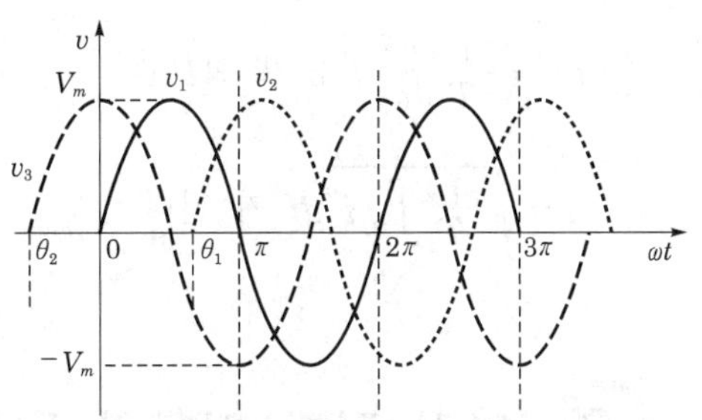

그림에서 전압에 대한 식은

$$v_1 = V_m \sin \omega t \, [\text{V}]$$

$$v_2 = V_m \sin (\omega t - \theta_1) \, [\text{V}]$$

$$v_3 = V_m \sin (\omega t + \theta_2) \, [\text{V}]$$

위의 식에서 v_2는 v_1 보다 위상이 θ_1 만큼 뒤지고 v_3는 v_1 보다 위상이 θ_2 만큼 앞선다고 한다.

2 정현파의 크기 표시

(1) 평균값(가동 코일형 계기로 측정)

교류 순시값의 1주기 동안의 평균을 취하여 교류의 크기를 나타내는 경우가 있는데, 이것을 교류의 평균값이라 한다.

이를 식으로 나타내면

$$V_{av} = \frac{1}{T}\int_0^T v\,dt \, [\text{V}], \quad I_{av} = \frac{1}{T}\int_0^T i\,dt \, [\text{A}]$$

(2) 실효값(열선형 계기로 측정)

교류를 직류화시켜 계산한 값으로 이를 대표값으로 한다.

이를 식으로 만들면

(직류 전류) — I, R

저항 R에 직류 전류 I[A]가 흐를 때

소비 전력 $P_{DC} = I^2 R$ [W]

(교류 전류) — i, R

동일한 저항 R에 교류 전류 i[A]가 흐를 때

소비 전력 $P_{AC} = \frac{1}{T}\int_0^T i^2 R\,dt$ [W]

실효값의 정의에 의해 $P_{DC} = P_{AC}$이므로

$I^2R = \frac{1}{T}\int_0^T i^2 R\,dt$ 에서

$I^2 = \frac{1}{T}\int_0^T i^2\,dt$가 되므로

$\boldsymbol{I = \sqrt{\frac{1}{T}\int_0^T i^2 dt}}$ 가 된다.

3 여러 가지 파형의 평균값과 실효값

(1) 정현파 또는 전파

① 평균값

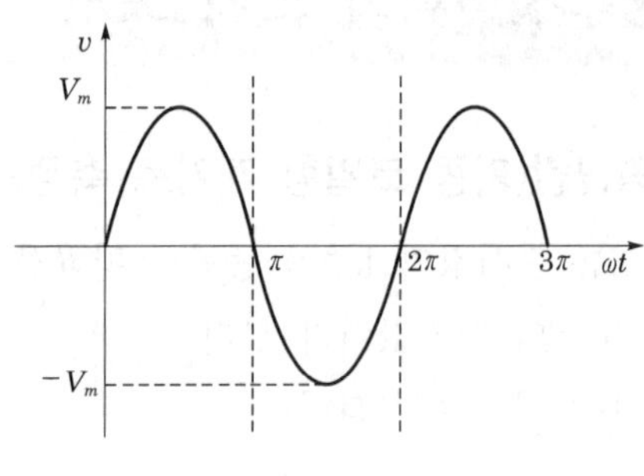

$$\begin{aligned}
V_{av} &= \frac{1}{\pi}\int_0^{\pi} V_m \sin\omega t\, d\omega t \\
&= \frac{V_m}{\pi}[-\cos\omega t\,]_0^{\pi} \\
&= \frac{V_m}{\pi}[1-(-1)] \\
&= \frac{2V_m}{\pi} \\
&= \mathbf{0.637}\,\boldsymbol{V_m}
\end{aligned}$$

② 실효값

$$\begin{aligned}
V &= \sqrt{\frac{1}{2\pi}\int_0^{2\pi}(V_m \sin\omega t)^2\, d\omega t} = \sqrt{\frac{V_m^2}{2\pi}\int_0^{2\pi}\sin^2\omega t\, d\omega t} \\
&= \sqrt{\frac{V_m^2}{2\pi}\int_0^{2\pi}\frac{1-\cos 2\omega t}{2}\, d\omega t} = \sqrt{\frac{V_m^2}{4\pi}\int_0^{2\pi}(1-\cos 2\omega t)\, d\omega t} \\
&= \sqrt{\frac{V_m^2}{4\pi}\left[\omega t - \frac{\sin 2\omega t}{2}\right]_0^{2\pi}} = \sqrt{\frac{V_m^2}{4\pi}\times 2\pi} \\
&= \frac{V_m}{\sqrt{2}} \\
&= \mathbf{0.707}\,\boldsymbol{V_m}
\end{aligned}$$

(2) 반파

반파의 실효값은 정현파의 $\frac{1}{\sqrt{2}}$ 이고 평균값은 $\frac{1}{2}$ 이다.

이를 식으로 표현하면

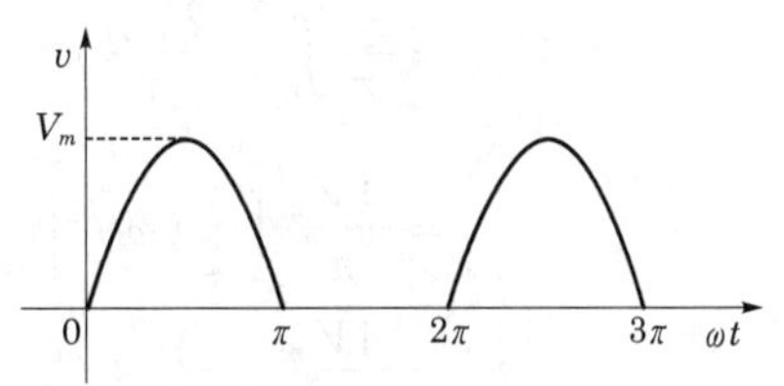

$$V = \frac{1}{\sqrt{2}} \times \frac{V_m}{\sqrt{2}} = \boldsymbol{\frac{V_m}{2}}$$

$$V_{av} = \frac{1}{2} \times \frac{2V_m}{\pi}$$

$$= \boldsymbol{\frac{V_m}{\pi}}$$

(3) 구형파

① 평균값

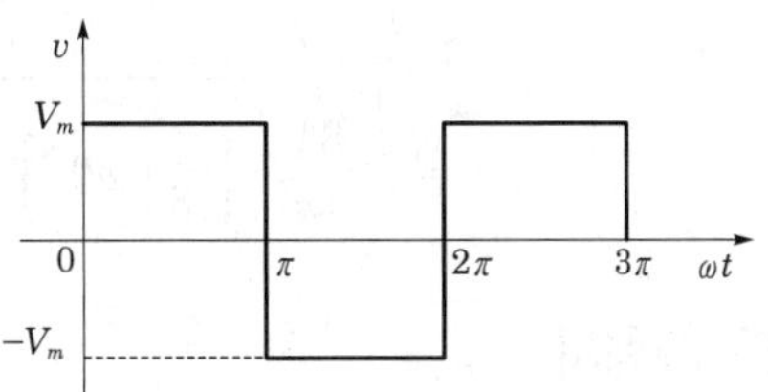

$$V_{av} = \frac{1}{\pi}\int_0^{\pi} V_m d\omega t$$

$$= \frac{V_m}{\pi}[\omega t]_0^{\pi}$$

$$= \frac{V_m}{\pi} \times \pi$$

$$= \boldsymbol{V_m}$$

② 실효값

$$V = \sqrt{\frac{1}{2\pi}\int_0^{2\pi} V_m^2 \, d\omega t} = \sqrt{\frac{V_m^2}{2\pi}[\omega t]_0^{2\pi}} = \sqrt{\frac{V_m^2}{2\pi} \times 2\pi} = \boldsymbol{V_m}$$

(4) 맥류파

구형 반파의 실효값은 구형파의 $\frac{1}{\sqrt{2}}$ 이고

평균값은 $\frac{1}{2}$ 이다. 이를 식으로 표현하면

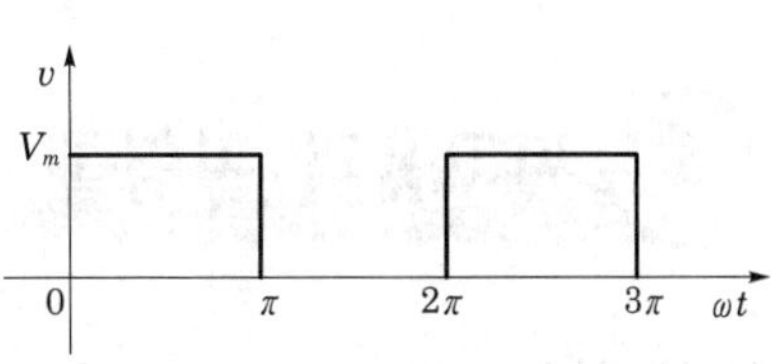

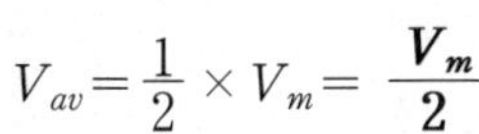

$$V_{av} = \frac{1}{2} \times V_m = \boldsymbol{\frac{V_m}{2}}$$

$$V = \frac{1}{\sqrt{2}} \times V_m = \boldsymbol{\frac{V_m}{\sqrt{2}}}$$

(5) 삼각파 또는 톱니파

① 평균값

$$V_{av} = \frac{2}{\pi}\int_0^{\frac{\pi}{2}} \frac{2V_m}{\pi}\omega t\, d\omega t$$
$$= \frac{4V_m}{\pi^2}\left[\frac{1}{2}(\omega t)^2\right]_0^{\frac{\pi}{2}}$$
$$= \frac{4V_m}{\pi^2}\times\frac{1}{2}\times\frac{\pi^2}{4}$$
$$= \boldsymbol{\frac{V_m}{2}}$$

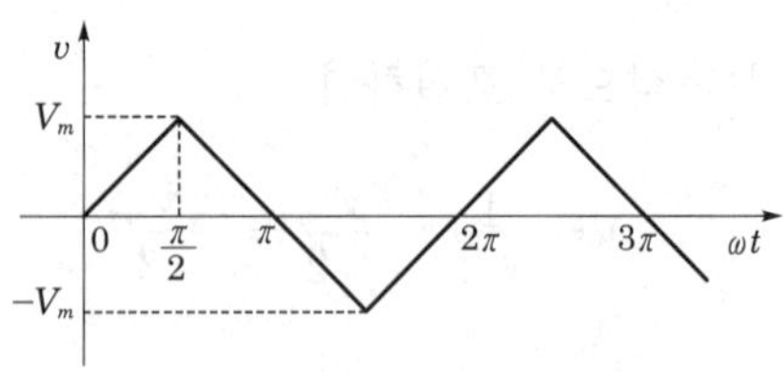

② 실효값

$$V = \sqrt{\frac{1}{\frac{\pi}{2}}\int_0^{\frac{\pi}{2}}\left(\frac{2V_m}{\pi}\omega t\right)^2 d\omega t} = \sqrt{\frac{2}{\pi}\times\frac{4V_m^2}{\pi^2}\int_0^{\frac{\pi}{2}}(\omega t)^2 d\omega t}$$
$$= \sqrt{\frac{8V_m^2}{\pi^3}\left[\frac{1}{3}(\omega t)^3\right]_0^{\frac{\pi}{2}}} = \sqrt{\frac{8V_m^2}{\pi^3}\times\frac{1}{3}\times\left(\frac{\pi}{2}\right)^3} = \boldsymbol{\frac{V_m}{\sqrt{3}}}$$

(6) 제형파

① 평균값

$$V_{av} = \boldsymbol{\frac{2}{3}V_m}$$

② 실효값

$$V = \boldsymbol{\frac{\sqrt{5}}{3}V_m}$$

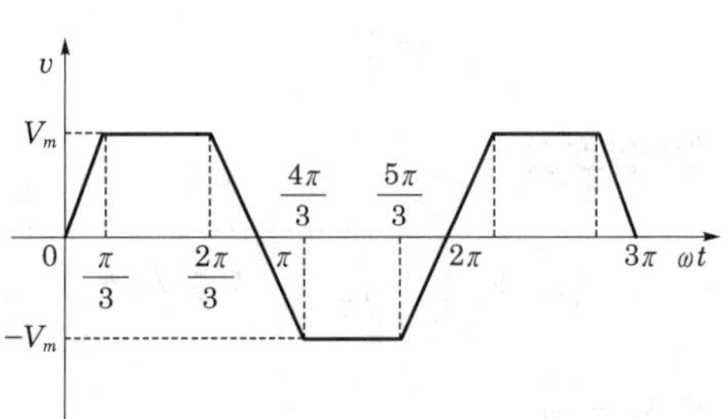

4 파고율과 파형률

(1) 파고율

실효값에 대한 최대값의 비율. 즉, **파고율** $= \dfrac{\textbf{최대값}}{\textbf{실효값}}$

(2) 파형률

평균값에 대한 실효값의 비율. 즉, **파형률** $= \dfrac{\text{실효값}}{\text{평균값}}$

① 정현파의 파고율과 파형률

$$\text{파고율} = \frac{\text{최대값}}{\text{실효값}} = \frac{V_m}{\dfrac{V_m}{\sqrt{2}}} = \sqrt{2} = 1.414$$

$$\text{파형률} = \frac{\text{실효값}}{\text{평균치}} = \frac{\dfrac{V_m}{\sqrt{2}}}{\dfrac{2V_m}{\pi}} = \frac{\pi}{2\sqrt{2}} = 1.111$$

② 구형파의 파고율과 파형률

구형파의 경우 최대 = 실효값 = 평균값이므로

파고율과 파형률 모두가 1이다.

③ 삼각파의 파고율과 파형률

$$\text{파고율} = \frac{\text{최대값}}{\text{실효값}} = \frac{V_m}{\dfrac{V_m}{\sqrt{3}}} = \sqrt{3}\ , \quad \text{파형률} = \frac{\text{실효값}}{\text{평균치}} = \frac{\dfrac{V_m}{\sqrt{3}}}{\dfrac{V_m}{2}} = \frac{2}{\sqrt{3}}$$

5 정현파 교류의 합과 차

$v_1 = \sqrt{2}V_1\sin(\omega t + \theta_1)$, $\quad v_2 = \sqrt{2}V_2\sin(\omega t + \theta_2)$일 때

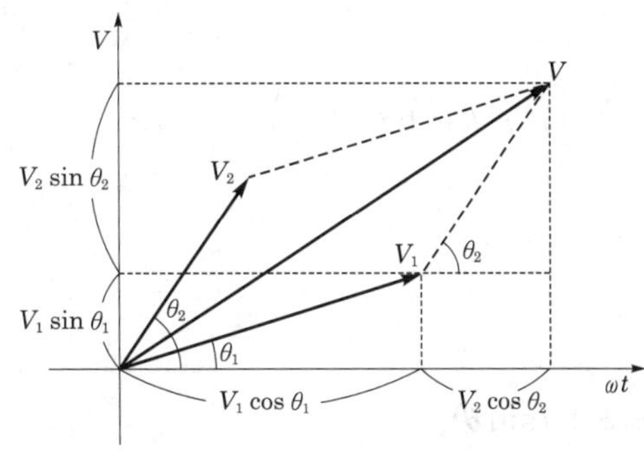

$$v = v_1 \pm v_2 = \sqrt{2}\,V\sin(\omega t + \theta)$$

(1) 크기

$$V = \sqrt{V_1^2 + V_2^2 \pm 2V_1V_2\cos(\theta_1 - \theta_2)}$$

$$= \sqrt{V_1^2 + V_2^2 \pm 2V_1V_2\cos\theta} \quad \textbf{(+:합,\ \ -:차)}$$

여기서, $\theta = \theta_1 - \theta_2$로 위상차가 된다.

(2) 편각(위상각)

$$\theta = \tan^{-1}\frac{V_1\sin\theta_1 \pm V_2\sin\theta_2}{V_1\cos\theta_1 \pm V_2\cos\theta_2}\,[\text{rad}] \ (+:합,\ \ -:차)$$

6 복소수

(1) 복소수 표현

① **복소수** : 실수부와 허수부의 합으로 이루어진 수

② **허수** : 제곱을 하여 -1이 되는 수로서 $\sqrt{-1}$ 이며 이를 j로 표현하며 이는 실수와는 **90°의 위상차**를 갖는다.

③ **표시법**

㉮ 직각 좌표형

$$\dot{Z} = a + j\,b$$

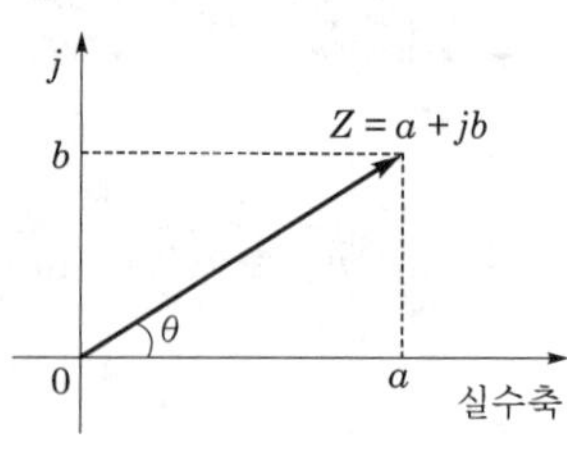

㉯ 극 좌표형

$$\dot{Z} = |Z|\angle\theta$$

$\left(단,\ |Z| = \sqrt{a^2 + b^2},\ \ \theta = \tan^{-1}\frac{b}{a}\right)$

㉰ 지수 함수형

$$\dot{Z} = |Z|\,e^{j\theta}$$

㉱ 삼각 함수형

$$\dot{Z} = |Z|(\cos\theta + j\sin\theta)$$

(2) 복소수 연산

① 복소수의 합과 차

직각 좌표형인 경우 **실수부는 실수부끼리, 허수부는 허수부끼리 더하고 뺀다.**

$Z_1 = a + jb$, $Z_2 = c + jd$ 로 주어지는 경우

덧셈과 뺄셈을 구하는 방법은 다음과 같다.

$$Z_1 \pm Z_2 = (a \pm c) + j(b \pm d)$$

② 복소수의 곱과 나눗셈

극좌표형으로 바꾸어 **곱셈의 경우는 크기는 곱하고 각도는 더하며,**

나눗셈의 경우는 크기는 나누는데 각도끼리는 뺀다.

$Z_1 = a + jb$, $Z_2 = c + jd$ 일 때 극형식으로 고치면 다음과 같다.

$$|Z_1| = \sqrt{a^2 + b^2}, \quad \theta_1 = \tan^{-1}\frac{b}{a}$$

$$|Z_2| = \sqrt{c^2 + d^2}, \quad \theta_2 = \tan^{-1}\frac{d}{c}$$

이를 이용하여 곱과 나눗셈을 구하면 다음과 같은 방법을 사용한다.

$$Z_1 \times Z_2 = |Z_1| \underline{/\theta_1} \times |Z_2| \underline{/\theta_2} = |Z_1|\,|Z_2| \underline{/\theta_1 + \theta_2}$$

$$\frac{Z_1}{Z_2} = \frac{|Z_1| \underline{/\theta_1}}{|Z_2| \underline{/\theta_2}} = \frac{|Z_1|}{|Z_2|} \underline{/\theta_1 - \theta_2}$$

③ 복소수에 의한 정현파 표현

정현파 교류를 극형식으로 표시하는 것. 즉, 페이저(phasor) 또는 **실효값 정지 벡터**

$$v = \sqrt{2}V\sin\omega t \quad \Rightarrow \quad V = V\underline{/0°}$$

$$v_1 = \sqrt{2}V\sin(\omega t + \theta_1) \quad \Rightarrow \quad V_1 = V\underline{/\theta_1}$$

$$v_2 = \sqrt{2}V\sin(\omega t + \theta_2) \quad \Rightarrow \quad V_2 = V\underline{/\theta_2}$$

단원핵심문제

1 $i=10\sin\left(\omega t-\frac{\pi}{3}\right)$[A]로 표시되는 전류 파형보다 위상이 30°만큼 앞서고 최대값이 100[V]인 전압 파형 v를 식으로 나타내면?

㉮ $100\sin\left(\omega t-\frac{\pi}{3}\right)$
㉯ $100\sqrt{2}\sin\left(\omega t-\frac{\pi}{6}\right)$
㉰ $100\sin\left(\omega t-\frac{\pi}{6}\right)$
㉱ $100\sqrt{2}\cos\left(\omega t-\frac{\pi}{6}\right)$

KEY POINT

➲ 교류의 순시치
$v=V_m\sin(\omega t\pm\theta)$ (+ : 앞선다, − : 뒤진다)

해설 $v=V_m\sin(\omega t\pm\theta)$에서 전류 위상이 $-60°$이므로 30° 앞서는 전압 위상 $\theta=-60°+30°=-30°$가 된다.

$\therefore\ v=100\sin(\omega t-30°)=100\sin\left(\omega t-\frac{\pi}{6}\right)$

2 $v=V_m\sin(\omega t+30°)$와 $i=I_m\cos(\omega t-100°)$와의 위상차는 몇 도인가?

㉮ 40°
㉯ 70°
㉰ 130°
㉱ 210°

KEY POINT

➲ $\cos\omega t$와 $\sin\omega t$와의 관계
$\cos\omega t=\sin(\omega t+90°)$

해설 전류 $i=I_m\cos(\omega t-100°)=I_m\sin(\omega t+90°-100°)=I_m\sin(\omega t-10°)$
$\therefore$ 위상차 $\theta=30°-(-10°)=40°$

3 어떤 정현파 전압의 평균값이 191[V]이면 최대값[V]은?

㉮ 약 150
㉯ 약 250
㉰ 약 300
㉱ 약 400

정답 : 1.㉰ 2.㉮ 3.㉰

KEY POINT

① 정현파 교류의 평균값 : $V_{av}=\frac{2}{\pi}V_m=0.637V_m$

② 정현파 교류의 실효값 : $V=\frac{1}{\sqrt{2}}V_m=0.707V_m$

$V_{av}=\frac{2}{\pi}V_m=0.637V_m$

$\therefore\ V_m=\frac{191}{0.637}\doteqdot 300\,[\mathrm{V}]$

4 그림과 같이 시간축에 대하여 대칭인 3각파 교류 전압의 평균값[V]은?

㉮ 5.77
㉯ 5
㉰ 10
㉱ 6

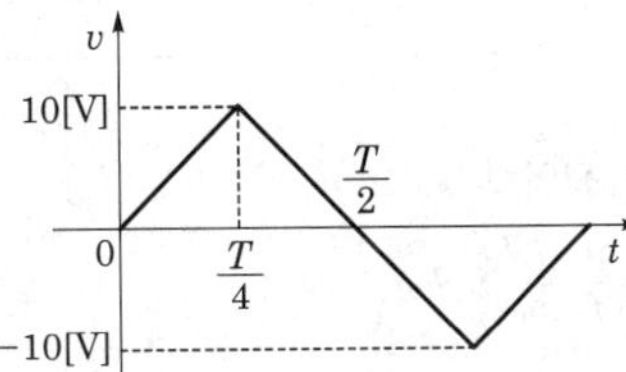

KEY POINT

① 삼각파의 평균값 : $V_{av}=\frac{1}{2}V_m$

② 삼각파의 실효값 : $V=\frac{1}{\sqrt{3}}V_m$

평균값 $V_{av}=\frac{1}{2}\times 10=5\,[\mathrm{V}]$

5 그림과 같은 제형파의 평균값은 얼마인가?

㉮ $\frac{2A}{3}$

㉯ $\frac{3A}{2}$

㉰ $\frac{A}{3}$

㉱ $\frac{A}{2}$

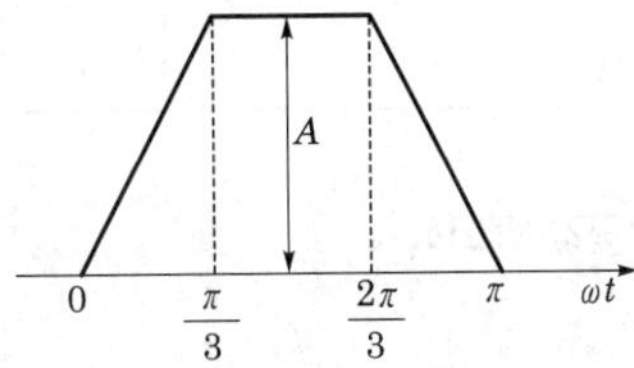

KEY POINT

① 제형파의 평균값 : $V_{av}=\frac{2}{3}V_m$

② 제형파의 실효값 : $V=\frac{\sqrt{5}}{3}V_m$

정답 : 4.㉯ 5.㉮

해설 최대값이 A로 표기되어 있으므로

$$V_{av}=\frac{2}{3}A\,[\mathrm{V}]$$

6 그림과 같은 반파 정류파의 평균값은? (단, $0\leq\omega t\leq\pi$일 때 $i(t)=\sin\omega t$이고, $\pi\leq\omega t\leq 2\pi$일 때 $i(t)=0$인 주기 함수이다.)

㉮ 약 0.23
㉯ 약 0.32
㉰ 약 0.42
㉱ 약 0.52

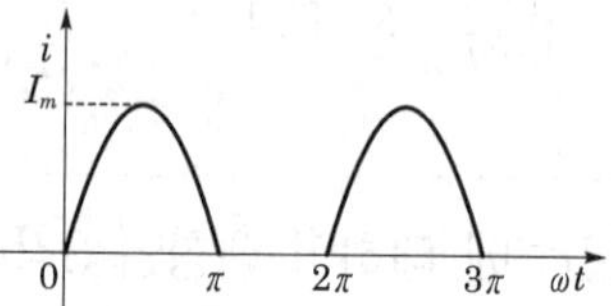

KEY POINT

➲ 평균값 정의식

$$I_{av}=\frac{1}{T}\int_0^T i\;d\omega t$$

해설

$$I_{av}=\frac{1}{2\pi}\int_0^{\pi}\sin\omega t\;d\omega t=\frac{1}{27}[-\omega s\omega t]_0^{\pi}$$

$$=\frac{1}{27}(-\cos\pi+\cos 0)=\frac{1}{\pi}$$

$$=0.32\,[\mathrm{A}]$$

7 그림과 같은 $v=100\sin\omega t$ 인 정현파 교류 전압의 반파 정류파에 있어서 사선 부분의 평균값[V]은?

㉮ 27.17
㉯ 37
㉰ 45
㉱ 51.7

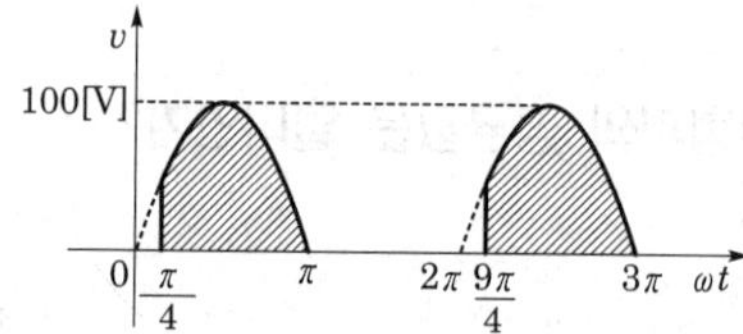

KEY POINT

➲ 평균값 정의식

$$V_{av}=\frac{1}{T}\int_0^T v\;d\omega t$$

$$V_{av}=\frac{1}{2\pi}\int_{\frac{\pi}{4}}^{\pi}100\sin\omega t\;d\omega t=\frac{100}{2\pi}[-\cos\omega t]_{\frac{\pi}{4}}^{\pi}$$

$$=\frac{100}{2\pi}\left[-\cos\pi+\cos\frac{\pi}{4}\right]$$

$$=27.17\,[\mathrm{V}]$$

정답 : 6.㉯ 7.㉮

그림과 같은 주기 전압파에서 $t=0$으로부터 0.02[s] 사이에는 $v=5\times10^4(t-0.02)^2$ 으로 표시되고 0.02[s]에서부터 0.04[s]까지는 $v=0$이다. 전압의 평균값은 약 얼마인가?

㉮ 2.2
㉯ 3.3
㉰ 4
㉱ 5.5

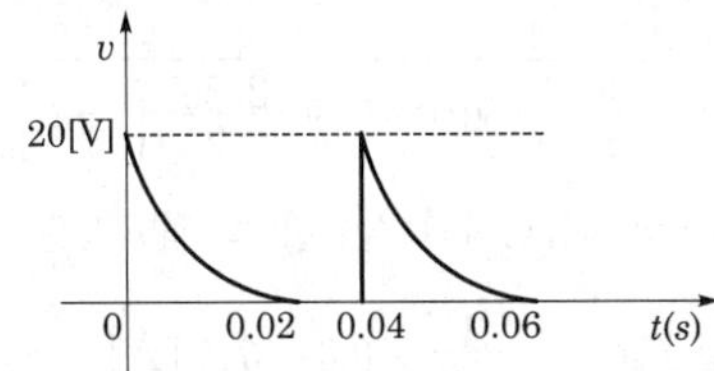

KEY POINT

➲ 평균값 정의식

$$V_{av}=\frac{1}{T}\int_0^T v\,dt$$

$$V_{av}=\frac{1}{0.04}\int_0^{0.02}5\times10^4(t-0.02)^2dt=\frac{5\times10^4}{0.04}\left[\frac{1}{3}(t-0.02)^3\right]_0^{0.02}$$
$$=3.33\,[\mathrm{V}]$$

정현파 교류의 실효값을 계산하는 식은?

㉮ $I=\frac{1}{T}\int_0^T i^2dt$　　㉯ $I^2=\frac{2}{T}\int_0^T idt$

㉰ $I^2=\frac{1}{T}\int_0^T i^2dt$　　㉱ $I=\sqrt{\frac{2}{T}\int_0^T i^2dt}$

KEY POINT

➲ 실효값은 교류 크기의 일을 직류 크기의 일로 환산한 값으로 교류의 실효값 계산은 순시치 제곱의 평균의 평방근으로 계산한다.

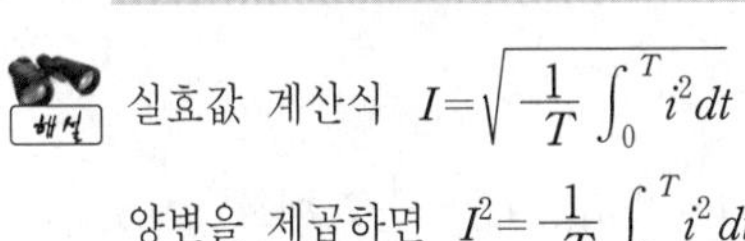

실효값 계산식 $I=\sqrt{\frac{1}{T}\int_0^T i^2dt}$

양변을 제곱하면 $I^2=\frac{1}{T}\int_0^T i^2dt$

그림과 같은 파형의 실효치는?

㉮ 47.7
㉯ 57.7
㉰ 67.7
㉱ 77.5

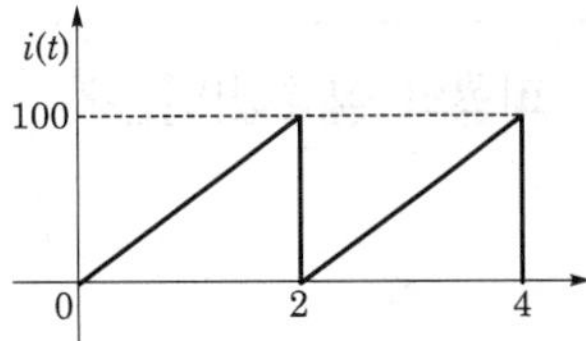

정답 : 8.㉯　9.㉰　10.㉯

KEY POINT

➲ 실효값 계산식

$$I=\sqrt{\frac{1}{T}\int_0^T i^2 dt}$$

해설 실효값 $I=\sqrt{\frac{1}{2}\int_0^2 (50t)^2 dt}=\sqrt{\frac{2,500}{2}\left[\frac{1}{3}t^3\right]_0^2}=57.7\,[\text{A}]$

<별해> 삼각파·톱니파의 실효값 및 평균값은 $I=\frac{1}{\sqrt{3}}I_m$, $I_{av}=\frac{1}{2}I_m$에서

실효값 $I=\frac{1}{\sqrt{3}}\times 100=57.7\,[\text{A}]$

11 그림과 같은 $i=I_m \sin \omega t$인 정현파 교류의 반파 정류 파형의 실효값은?

㉮ $\frac{I_m}{\sqrt{2}}$

㉯ $\frac{I_m}{\sqrt{3}}$

㉰ $\frac{I_m}{2\sqrt{2}}$

㉱ $\frac{I_m}{2}$

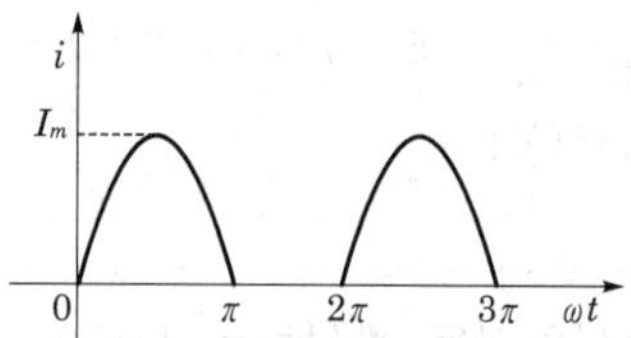

KEY POINT

➲ 실효값 계산식

$$I=\sqrt{\frac{1}{T}\int_0^T i^2 d\omega t}$$

해설 실효값 $I=\sqrt{\frac{1}{2\pi}\int_0^{\pi} I_m^{\ 2}\sin^2\omega t\ d\omega t}=\sqrt{\frac{I_m^{\ 2}}{2\pi}\int_0^{\pi}\frac{1-\cos 2\omega t}{2}d\omega t}$

$=\sqrt{\frac{I_m^{\ 2}}{4\pi}\left[\omega t-\frac{1}{2}\sin^2\omega t\right]_0^{\pi}}=\frac{I_m}{2}$

<별해> 반파 정류파의 실효값 및 평균값은 $I=\frac{1}{2}I_m$, $I_{av}=\frac{1}{\pi}I_m$에서

실효값 $I=\frac{1}{2}I_m$

12 그림과 같은 전압 파형의 실효값[V]은?

㉮ 5.67

㉯ 6.67

㉰ 7.57

㉱ 8.57

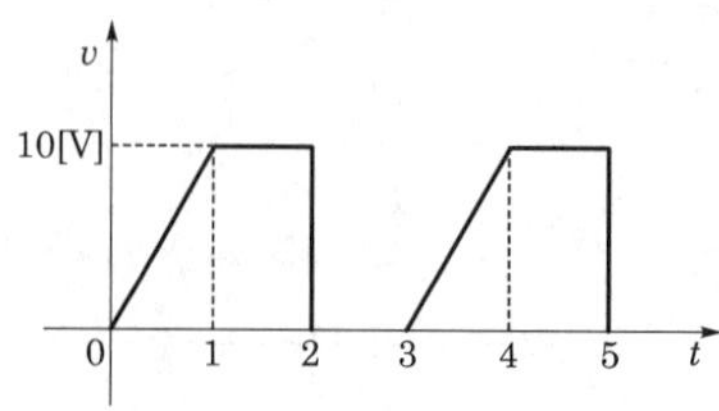

 정답 : 11.㉱ 12.㉯

KEY POINT

➲ 실효값 계산식

$$V=\sqrt{\frac{1}{T}\int_0^T \omega^2 dt}$$

$$V=\sqrt{\frac{1}{3}\left\{\int_0^1 (10t)^2\,dt+\int_1^2 10^2 dt\right\}}=\sqrt{\frac{1}{3}\left\{\left[\frac{100}{3}t^3\right]_0^1+[100t]_1^2\right\}}$$
$$=6.67\,[\mathrm{A}]$$

13 정현파 교류의 평균값에 어떠한 수를 곱하면 실효값을 얻을 수 있는가?

㉮ $\frac{2\sqrt{2}}{\pi}$ ㉯ $\frac{\sqrt{3}}{2}$

㉰ $\frac{2}{\sqrt{3}}$ ㉱ $\frac{\pi}{2\sqrt{2}}$

KEY POINT

➲ ① 정현파 교류의 평균값 : $V_{av}=\frac{2}{\pi}V_m$

② 정현파 교류의 실효값 : $V=\frac{1}{\sqrt{2}}V_m$

$V_{av}=\frac{2}{\pi}V_m$에서 $V_m=\frac{\pi}{2}V_{av}$

따라서 실효값 $V=\frac{1}{\sqrt{2}}V_m=\frac{1}{\sqrt{2}}\cdot\frac{\pi}{2}V_{av}=\frac{\pi}{2\sqrt{2}}V_{av}$

14 3각파의 최대값이 10이라면 실효값, 평균값은 각각 얼마인가?

㉮ $\frac{1}{\sqrt{2}}$, $\frac{1}{\sqrt{3}}$ ㉯ $\frac{1}{\sqrt{3}}$, $\frac{1}{2}$

㉰ $\frac{1}{\sqrt{2}}$, $\frac{1}{2}$ ㉱ $\frac{1}{\sqrt{2}}$, $\frac{1}{3}$

KEY POINT

➲ 톱니파 및 3각파의 실효값 및 평균값

$V=\frac{1}{\sqrt{3}}V_m$, $V_{av}=\frac{1}{2}V_m$

실효값 $V=\frac{1}{\sqrt{3}}\times 1=\frac{1}{\sqrt{3}}$

평균값 $V_{av}=\frac{1}{2}\times 1=\frac{1}{2}$

정답 : 13.㉱ 14.㉯

15 어떤 교류 전압의 실효값이 314[V]일 때 평균값[V]은?

㉮ 약 142　　㉯ 약 283
㉰ 약 365　　㉱ 약 382

KEY POINT

① 정현파 교류의 평균값 : $V_{av}=\frac{2}{\pi}V_m$

② 정현파 교류의 실효값 : $V=\frac{1}{\sqrt{2}}V_m$

해설 평균값 $V_{av}=\frac{2}{\pi}V_m=\frac{2}{\pi}\sqrt{2}V=\frac{2\sqrt{2}}{\pi}V=\frac{2\sqrt{2}}{\pi}\times 314=283\,[\text{V}]$

16 정현파 교류의 실효값을 구하는 식이 잘못된 것은?

㉮ $\sqrt{\frac{1}{T}\int_0^T i^2 dt}$　　㉯ 파고율 × 평균값

㉰ $\frac{\text{최대값}}{\sqrt{2}}$　　㉱ $\frac{\pi}{2\sqrt{2}}$ × 평균값

KEY POINT

실효값 계산식

$I=\sqrt{\frac{1}{T}\int_0^T i^2 dt}$, 파고율 $=\frac{\text{최대값}}{\text{실효값}}$, 파형률 $=\frac{\text{실효값}}{\text{평균값}}$

해설 파고율 × 평균값 $=\frac{\text{최대값}}{\text{실효값}}$ × 평균값이 되므로 실효값은 되지 않는다.

17 그림과 같은 파형의 파고율은?

㉮ $\sqrt{2}$
㉯ $\sqrt{3}$
㉰ 2
㉱ 3

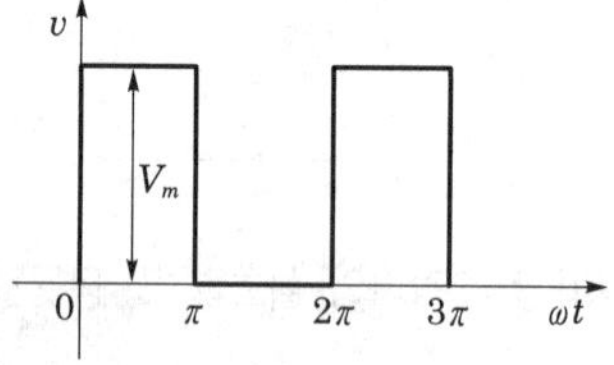

KEY POINT

파고율 $=\frac{\text{최대값}}{\text{실효값}}$

해설 파고율 $=\frac{\text{최대값}}{\text{실효값}}=\frac{V_m}{\frac{V_m}{\sqrt{2}}}=\sqrt{2}$

정답 : 15.㉯ 16.㉯ 17.㉮

18 파고율이 2가 되는 파형은?

㉮ 정현파　　㉯ 톱니파

㉰ 반파 정류파　　㉱ 전파 정류파

KEY POINT

① 정현파 및 정류파의 전파의 평균값 · 실효값 : $V_{av}=\frac{2}{\pi}V_m,\ V=\frac{1}{\sqrt{2}}V_m$

② 반파 정류파의 평균값 · 실효값 : $V_{av}=\frac{1}{\pi}V_m,\ V=\frac{1}{2}V_m$

③ 톱니파의 평균값 · 실효값 : $V_{av}=\frac{1}{2}V_m,\ V=\frac{1}{\sqrt{3}}V_m$

해설 반파 정류파의 파고율 $=\frac{\text{최대값}}{\text{실효값}}=\frac{V_m}{\frac{1}{2}V_m}=2$

19 구형파의 파형률과 파고율은?

㉮ 1, 0　　㉯ 2, 0

㉰ 1, 1　　㉱ 0, 1

KEY POINT

구형파는 평균값, 실효값, 최대값이 모두 같다.

해설 구형파는 평균값 · 실효값 · 최대값이 같으므로
파형률 $=\frac{\text{실효값}}{\text{평균값}}$, 파고율 $=\frac{\text{최대값}}{\text{실효값}}$ 이므로 구형파는 파형률, 파고율이 모두 1이 된다.

20 파형의 파형률 값이 잘못된 것은?

㉮ 정현파의 파형률은 1.414이다.　　㉯ 톱니파의 파형률은 1.155이다.

㉰ 전파 정류파의 파형률은 1.11이다.　　㉱ 반파 정류파의 파형률은 1.571이다.

KEY POINT

각종 파형의 평균값 및 실효값

① 정현파 · 전파 : $V_{av}=\frac{2}{\pi}V_m,\ V=\frac{1}{\sqrt{2}}V_m$

② 반파 : $V_{av}=\frac{1}{\pi}V_m,\ V=\frac{1}{2}V_m$

③ 톱니파 : $V_{av}=\frac{1}{2}V_m,\ V=\frac{1}{\sqrt{3}}V_m$

정답 : 18.㉰ 19.㉰ 20.㉮

해설 정현파의 파형률 $=\dfrac{\text{실효값}}{\text{평균값}}=\dfrac{\dfrac{1}{\sqrt{2}}V_m}{\dfrac{2}{\pi}V_m}=\dfrac{\pi}{2\sqrt{2}}=1.11$

21 두 전류의 실효값이 각각 $I_1=5$[A], $I_2=10$[A]이고 I_2가 I_1 보다 30° 앞서 있을 때 합성 전류[A]는?

㉮ 14.5　　㉯ 13.5
㉰ 12.5　　㉱ 11.5

KEY POINT

➲ **합성 전류**
$I=\sqrt{I_1^{\,2}+I_2^{\,2}+2I_1I_2\cos\theta}$ (θ= 위상차)

해설 합성 전류 $I=\sqrt{5^2+10^2+2\times5\times10\cos30^\circ}=14.54$

22 $i_1=I_{m1}\sin\omega t$ 와 $i_2=I_{m2}\sin(\omega t+\alpha)$의 두 전류를 합성할 때 다음 중 잘못된 것은?

㉮ 최대값은 $\sqrt{I_{m1}^2+I_{m2}^2}$ 이다.
㉯ 초기 위상은 $\tan^{-1}\dfrac{I_{m2}\sin\alpha}{I_{m1}+I_{m2}\cos\alpha}$ 이다.
㉰ 주파수는 $\dfrac{\omega}{2\pi}$ 이다.
㉱ 파형은 정현파이다.

KEY POINT

➲ ① **합성 전류의 최대값** : $I_m=\sqrt{I_{m1}^{\,2}+I_{m2}^{\,2}+2I_{m1}I_{m2}\cos\theta}$ (θ : 위상차)
② **합성 전류의 편각(위상각)** : $\theta=\tan^{-1}\dfrac{I_{m1}\sin_1+I_{m2}\sin\theta_2}{I_{m1}\cos\theta_1+I_{m2}\cos\theta_2}$

해설 합성 전류의 최대값은 위상차가 $\theta=\alpha°$ 이므로
$I_m=\sqrt{I_{m1}^{\,2}+I_{m2}^{\,2}+2I_{m1}I_{m2}\cos\alpha}$

23 $v=100\sqrt{2}\sin\left(\omega t+\dfrac{\pi}{3}\right)$를 복소수로 표시하면?

㉮ $50\sqrt{3}+j50\sqrt{3}$　　㉯ $50+j50\sqrt{3}$
㉰ $50+j50$　　㉱ $50\sqrt{3}+j50$

 정답 : 21.㉮ 22.㉮ 23.㉯

KEY POINT

복소수 표시 방법

① 직각 좌표형 : $\dot{A}=a+jb$

② 극 좌표형 : $\dot{A}=A\angle\theta$

③ 지수 함수형 : $\dot{A}=Ae^{j\theta}$

④ 삼각 함수형 : $\dot{A}=A(\cos\theta+j\sin\theta)$

$V=100\angle\frac{\pi}{3}=100(\cos 60°+j\sin 60°)=100\left(\frac{1}{2}+j\frac{\sqrt{3}}{2}\right)$

$=50+j50\sqrt{3}$

24 교류 전류 $i_1=20\sqrt{2}\sin\left(\omega t+\frac{\pi}{3}\right)$[A], $i_2=10\sqrt{2}\sin\left(\omega t-\frac{\pi}{6}\right)$[A]의 합성 전류[A]를 복소수로 표시하면 어느 것인가?

㉮ $18.66-j12.32$
㉯ $18.66+j12.32$
㉰ $12.32-j18.66$
㉱ $12.32+j18.66$

KEY POINT

복소수 계산 방법

① 합·차의 계산은 직각 좌표형으로 계산

② 곱·나눗셈 계산은 극 좌표형으로 계산

합성 전류

$I=I_1+I_2=20\angle\frac{\pi}{3}+10\angle-\frac{\pi}{6}=20\left(\cos\frac{\pi}{3}+j\sin\frac{\pi}{3}\right)+10\left(\cos\frac{\pi}{6}-j\sin\frac{\pi}{6}\right)$

$=10+j10\sqrt{3}+5\sqrt{3}-j5$

$=18.66+j12.32$

25 $I_1=5\left(\cos\frac{\pi}{6}+j\sin\frac{\pi}{6}\right)$와 $I_2=4\left(\cos\frac{\pi}{3}+j\sin\frac{\pi}{3}\right)$로 표시되는 두 벡터의 곱은?

㉮ $20+j20$
㉯ $10+j20$
㉰ $20+10$
㉱ $j20$

KEY POINT

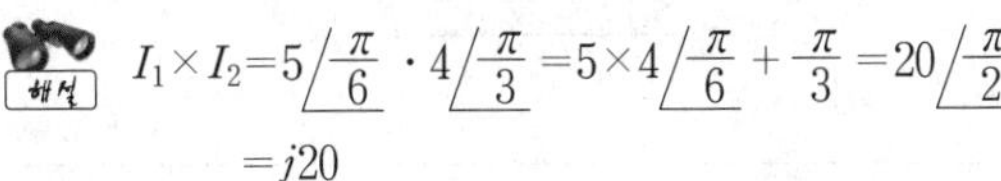

복소수 계산 방법 : 곱·나눗셈 계산은 극 좌표형으로 계산하면 크기는 곱하고 각은 더해 준다.

$I_1\times I_2=5\angle\frac{\pi}{6}\cdot 4\angle\frac{\pi}{3}=5\times 4\angle\frac{\pi}{6}+\frac{\pi}{3}=20\angle\frac{\pi}{2}$

$=j20$

정답 : 24.㉯ 25.㉱

26 $A_1=20\left(\cos\frac{\pi}{3}+j\sin\frac{\pi}{3}\right)$와 $A_2=5\left(\cos\frac{\pi}{6}+j\sin\frac{\pi}{6}\right)$로 표시되는 두 벡터가 있다. $A_3=A_1/A_2$의 값은 얼마인가?

㉮ $10\left(\cos\frac{\pi}{3}+j\sin\frac{\pi}{3}\right)$　　㉯ $10\left(\cos\frac{\pi}{6}+j\sin\frac{\pi}{6}\right)$

㉰ $4\left(\cos\frac{\pi}{3}+j\sin\frac{\pi}{3}\right)$　　㉱ $4\left(\cos\frac{\pi}{6}+j\sin\frac{\pi}{6}\right)$

KEY POINT

➲ **복소수 계산 방법** : 나눗셈 계산은 극 좌표형으로 계산하면 크기는 나누고 각은 빼주면 된다.

해설 $A_3=\frac{A_1}{A_2}=\frac{20\angle\frac{\pi}{3}}{5\angle\frac{\pi}{6}}=4\angle\frac{\pi}{6}=4\left(\cos\frac{\pi}{6}+j\sin\frac{\pi}{6}\right)$

27 어떤 회로의 전압 및 전류가 $V=10\angle 60°$ [V], $I=5\angle 30°$ [A]일 때 이 회로의 임피던스 Z[Ω]는?

㉮ $\sqrt{3}+j$　　㉯ $\sqrt{3}-j$

㉰ $1+j\sqrt{3}$　　㉱ $1-j\sqrt{3}$

KEY POINT

➲ **복소수 계산 방법** : 나눗셈 계산은 극 좌표형으로 계산하면 크기는 나누고 각은 빼준다.

해설 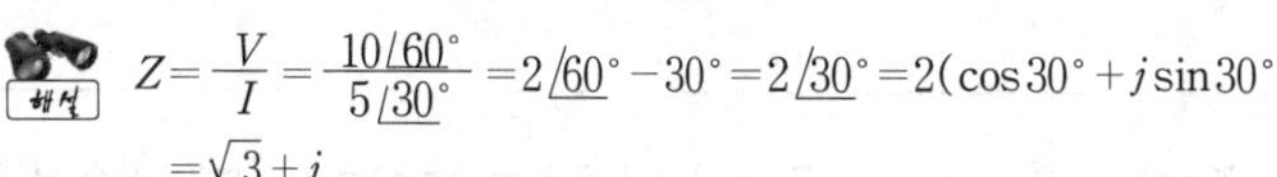
$Z=\frac{V}{I}=\frac{10\angle 60°}{5\angle 30°}=2\angle 60°-30°=2\angle 30°=2(\cos 30°+j\sin 30°)$
$=\sqrt{3}+j$

28 그림과 같은 회로에서 Z_1의 단자 전압 $V_1=\sqrt{3}+jy$, Z_2의 단자 전압 $V_2=|V|\angle 30°$일 때, y 및 $|V|$의 값은?

㉮ $y=1,\ |V|=2$

㉯ $y=\sqrt{3},\ |V|=2$

㉰ $y=2\sqrt{3},\ |V|=1$

㉱ $y=1,\ |V|=\sqrt{3}$

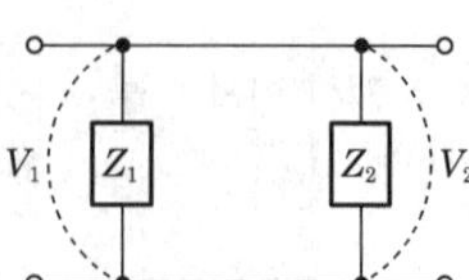

정답 : 26.㉱ 27.㉮ 28.㉮

KEY POINT

➲ 병렬 회로는 전압이 일정하므로 $V_1 = V_2$가 된다.

해설

$V_1 = V_2$이므로

$\sqrt{3} + jy = V\angle 30° = \frac{\sqrt{3}}{2}V + j\frac{1}{2}V$

복소수 상등 원리를 적용하면

$\sqrt{3} = \frac{\sqrt{3}}{2}V,\quad y = \frac{1}{2}V$

$\therefore\ V=2,\quad y=1$

제 3 장 기본 교류 회로

1 단독 회로

(1) 저항(R) 회로

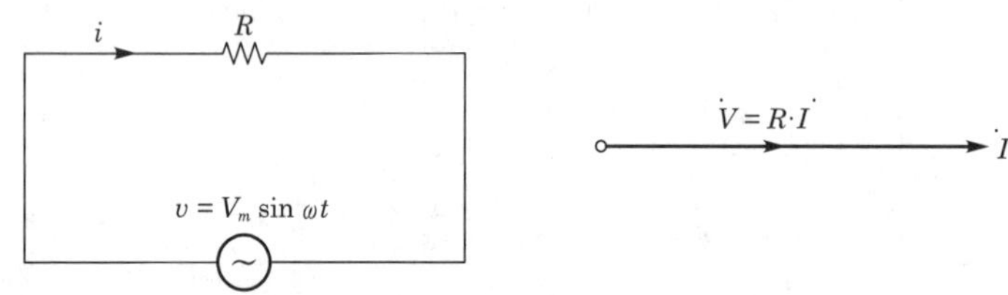

그림과 같이 저항 R만을 가지는 이상적 저항기를 통하여 흐르는 전류는 옴의 법칙에 의하여

$$i = \frac{v}{R} = \frac{V_m}{R}\sin\omega t = I_m\sin\omega t\,[\text{A}]$$

따라서,

① 전압, 전류의 최대치의 관계는 $I_m = \dfrac{V_m}{R}$ [A]이다.

② 전압, 전류의 위상차는 **동상**이다.

③ 기호법으로 표시하면 $\dot{V}=R\cdot\dot{I}$ 또는 $\dot{I}=\dfrac{\dot{V}}{R}$ 이다.

(2) 인덕턴스(L) 회로

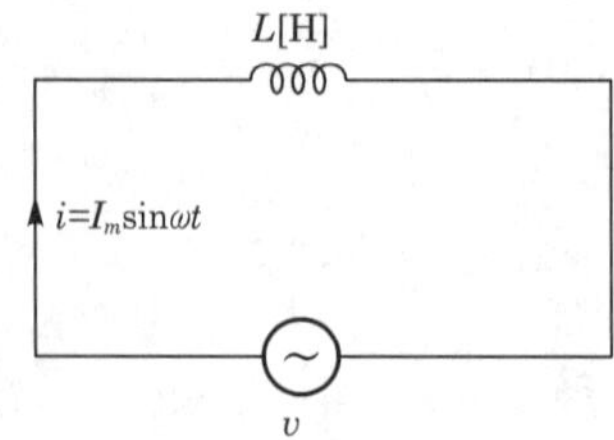

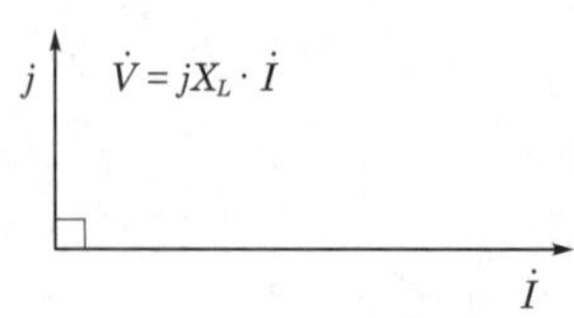

앞의 그림과 같이 인덕턴스 L을 갖는 이상적 유도기에 정현파 전류가 흐를 때 전류의 방향으로 생기는 전압 강하를 v라 하면

$$\begin{aligned} v &= L\frac{di}{dt} = L\frac{d}{dt}(I_m \sin \omega t) = \omega L I_m \cos \omega t = \omega L I_m \sin(\omega t + 90°) \\ &= V_m \sin(\omega t + 90°)\,[\mathrm{V}] \end{aligned}$$

따라서,

① 전압, 전류의 최대치의 관계는 $\boldsymbol{V_m = \omega L I_m}$**[V]**이다.

② 전압은 전류보다 위상이 **90° 앞선다**. 또는 전류는 전압보다 위상이 **90° 뒤진다.**

③ ωL은 인덕턴스 회로의 전류를 제한하는 일정의 저항이며 전압, 전류의 90° 위상차를 생기게 하는 효과가 있으며 이 ωL를 특히 유도성 리액턴스(Inductive reactance)라 하며 X_L로 표시하고 단위는 [Ω]을 쓴다.

즉, $\boldsymbol{X_L = \omega L = 2\pi f L\,[\Omega]}$

④ 직류 전압을 가하는 경우 직류 전압은 주파수가 0이므로 X_L=0이 되어 단락 상태가 된다.

⑤ 기호법으로 표시하면 $\boldsymbol{\dot{V} = jX_L \cdot \dot{I}\,[\mathrm{V}]}$, 또는 $\boldsymbol{\dot{I} = \frac{\dot{V}}{jX_L} = -j\frac{\dot{V}}{X_L}\,[\mathrm{A}]}$이다.

(3) 커패시턴스(C) 회로

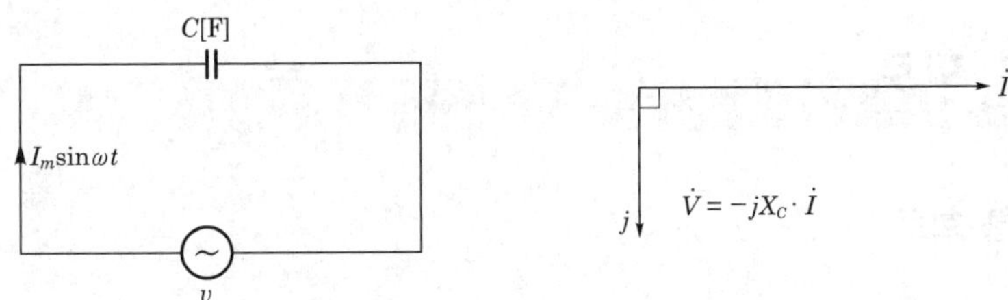

위의 그림과 같이 정전 용량 C만을 갖는 이상적 용량기에 정현파 전류가 흐를 때 전류 방향의 전압 강하를 v라 하면

$$\begin{aligned} v &= \frac{Q}{C} = \frac{1}{C}\int i\,dt = \frac{1}{C}\int I_m \sin \omega t\, dt \\ &= -\frac{1}{\omega C} I_m \cos \omega t = \frac{1}{\omega C} I_m \sin(\omega t - 90°)\,[\mathrm{V}] \end{aligned}$$

따라서,

① 전압과 전류의 최대치 관계는 $V_m = \frac{1}{\omega C} I_m$이다.

② 전압은 전류보다 위상이 **90° 뒤진다**. 또는 전류는 전압보다 위상이 **90° 앞선다**.

③ $\frac{1}{\omega C}$은 커패시턴스 회로의 전류를 제한하는 일종의 저항이며 전압과 전류의 90° 위상차를 생기게 하는 효과가 있다.

또한 $\frac{1}{\omega C}$를 용량성 리액턴스(Capacitive Reactance)라 하며 유도성 리액턴스와 구별하기 위해 X_C로 표시하며 단위는 [Ω]을 쓴다.

즉, $X_C = \frac{1}{\omega C} = \frac{1}{2\pi f C}$ [Ω]

④ 직류 전압을 가하는 경우 직류 전압은 주파수가 0이므로 $X_C = \infty$가 되어 개방 상태가 된다.

⑤ 기호법으로 표시하면 $\dot{V} = -jX_C \cdot \dot{I} = -j\frac{1}{\omega C} \cdot \dot{I}$ [V]

또는 $\dot{I} = \frac{\dot{V}}{-jX_C} = j\omega C\,\dot{V}$ [A]이다.

2 직렬 회로

(1) $R-L$ 직렬 회로

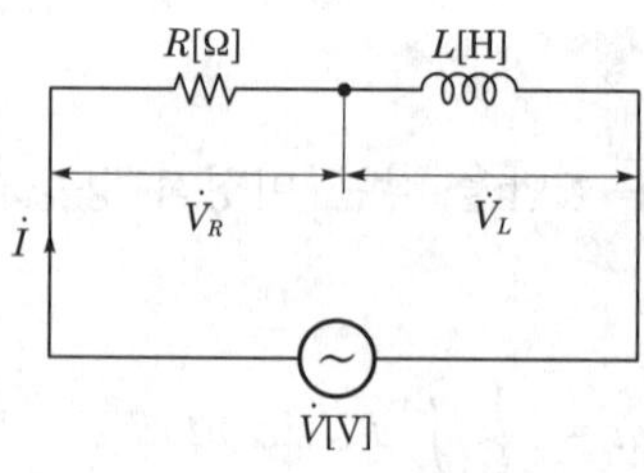

그림과 같이 $R-L$ 직렬 회로의 전압 및 전류 중 하나가 정현파이면 정상 상태에서 회로 내의 모든 전압, 전류가 동일 주파수가 되므로 키르히호프 전압 법칙에 의한 기호법으로 표현시 식은 다음과 같다.

$$\dot{V} = \dot{V}_R + \dot{V}_L = R\,\dot{I} + jX_L\,\dot{I}$$

$$= (R + jX_L)\,\dot{I}$$

$$= Z\,\dot{I}\,[\mathrm{V}]$$

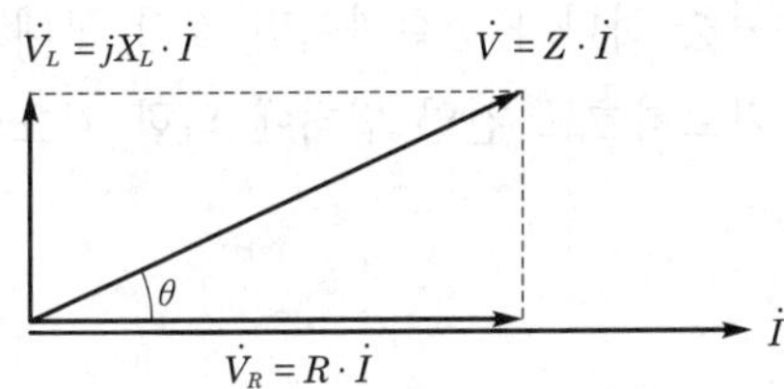

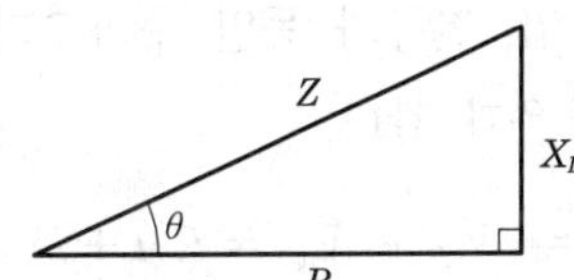

따라서,

① 단자 전압과 전류의 비 임피던스 $\boldsymbol{Z = R + jX_L = R + j\omega L}[\Omega]$이다.

임피던스의 크기 $Z = \dfrac{V_m}{I_m} = \dfrac{V}{I} = \sqrt{R^2 + X_L^2}\,[\Omega]$

② 페이저도에서 전류는 전압보다 위상이 **$\boldsymbol{\theta}$[rad]만큼 뒤진다.**

그 위상차는 0°와 90° 사이이다.

위상차 $\theta = \tan^{-1}\dfrac{V_L}{V_R} = \boldsymbol{\tan^{-1}\dfrac{X_L}{R}} = \cos^{-1}\dfrac{R}{Z} = \sin^{-1}\dfrac{X_L}{Z}$[rad]

③ 임피던스 3각형에서 역률과 무효율을 구하면 다음과 같다.

역률 $\boldsymbol{\cos\theta = \dfrac{R}{Z} = \dfrac{R}{\sqrt{R^2 + X_L^2}}} = \dfrac{R}{\sqrt{R^2 + (\omega L)^2}}$

무효율 $\sin\theta = \dfrac{X_L}{Z} = \dfrac{X_L}{\sqrt{R^2 + X_L^2}} = \dfrac{\omega L}{\sqrt{R^2 + (\omega L)^2}}$

(2) $R-C$ 직렬 회로

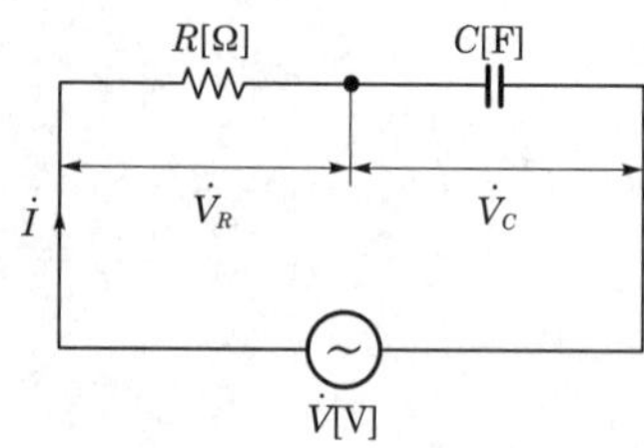

그림과 같이 $R-C$ 직렬 회로의 전압 및 전류 중 하나가 정현파이면 정상 상태에서 회로 내의 모든 전압, 전류가 동일 주파수가 되므로 키르히호프 전압 법칙에 의한 기호법으로 표현시 식은 다음과 같다.

$$\dot{V} = \dot{V}_R + \dot{V}_C = R\dot{I} + jX_C\dot{I}$$

$$V = (R+jX_C)\dot{I} = Z\dot{I}\ [\text{V}]$$

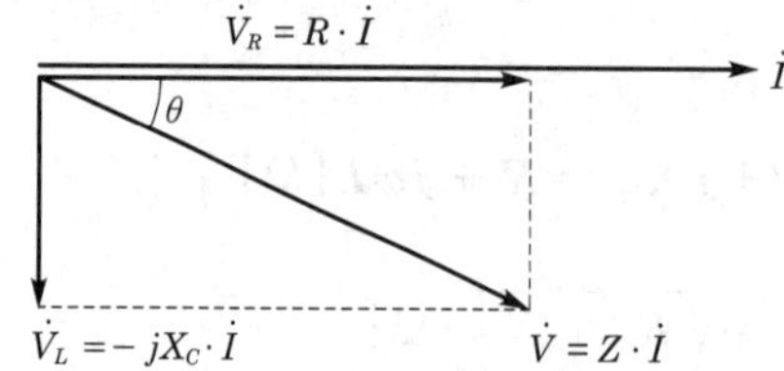

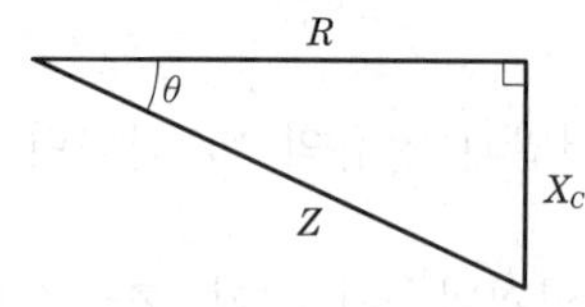

따라서,

① 단자 전압과 전류의 비 **임피던스** $\boldsymbol{Z = R - jX_C}$ [Ω]이다.

임피던스의 크기 $Z = \dfrac{V}{I} = \sqrt{R^2 + X_C{}^2} = \sqrt{R^2 + \left(\dfrac{1}{\omega C}\right)^2}$ [Ω]

② 페이저도에서 전류는 전압보다 위상이 **θ 만큼 앞선다.**

그 위상차는 0°와 90° 사이이다.

위상차 $\theta = \tan^{-1}\dfrac{V_C}{V_R} = \boldsymbol{\tan^{-1}\dfrac{X_C}{R}} = \cos^{-1}\dfrac{R}{Z} = \sin^{-1}\dfrac{X_C}{Z}$

③ 임피던스 3각형에서 역률과 무효율을 구하면 다음과 같다.

역률 $\boldsymbol{\cos\theta = \dfrac{R}{Z} = \dfrac{R}{\sqrt{R^2 + X_C^2}}} = \dfrac{R}{\sqrt{R^2 + \left(\dfrac{1}{\omega C}\right)^2}}$

$$\text{무효율}\quad \sin\theta = \frac{X_C}{Z} = \frac{X_C}{\sqrt{R^2 + X_C^2}} = \frac{\frac{1}{\omega C}}{\sqrt{R^2 + \left(\frac{1}{\omega C}\right)^2}}$$

(3) $R-L-C$ 직렬 회로

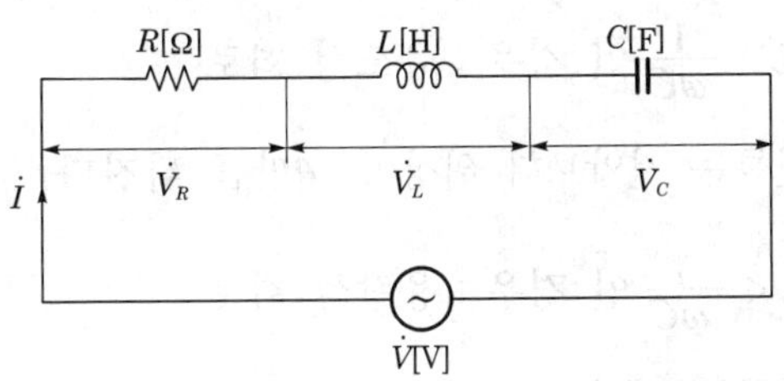

키르히호프 전압 법칙에 의한 기호법 표시식은 다음과 같다.

$$\dot{V} = \dot{V}_R + \dot{V}_L + \dot{V}_C = R\dot{I} + jX_L\dot{I} - jX_C\dot{I} = R + j(X_L - X_C)\dot{I} = Z\dot{I}$$

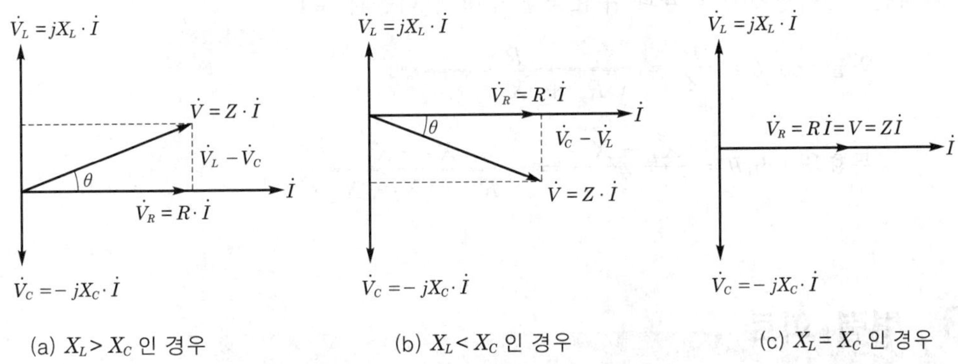

그림 3-1 $R-L-C$ 직렬 회로의 페이저도

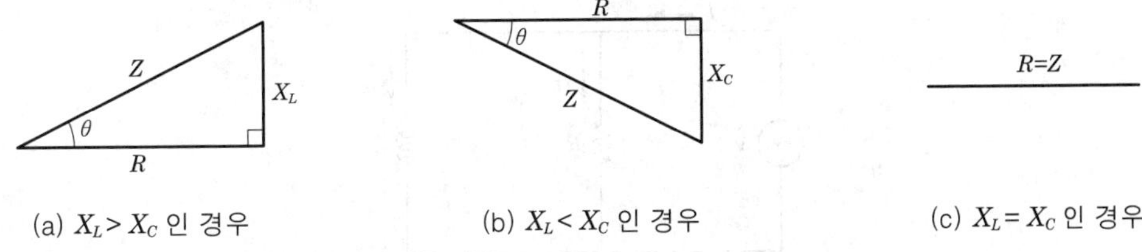

(a) $X_L > X_C$ 인 경우 (b) $X_L < X_C$ 인 경우 (c) $X_L = X_C$ 인 경우

그림 3-2 $R-L-C$ 직렬 회로의 임피던스 3각형

따라서,

① 단자 전압과 전류의 비 임피던스 $Z = R + j(X_L - X_c)$ [Ω]이다.

임피던스의 크기 $Z = \frac{V}{I} = \sqrt{R^2 + (X_L - X_C)^2} = \sqrt{R^2 + \left(\omega L - \frac{1}{\omega C}\right)^2}$ [Ω]

② 페이저도에서 전압과 전류간의 위상 관계는 다음 세 가지 경우가 있음을 알 수 있다.

㉮ $X_L > X_C$, $\omega L > \frac{1}{\omega C}$ **인 경우 : 유도성 회로**

유도성 회로로 전류는 전압보다 위상이 **θ만큼 뒤진다.**

㉯ $X_L < X_C$, $\omega L < \frac{1}{\omega C}$ **인 경우 : 용량성 회로**

용량성 회로로 전류는 전압보다 위상이 **θ만큼 앞선다.**

㉰ $X_L = X_C$, $\omega L = \frac{1}{\omega C}$ **인 경우 : 무유도성 회로**

무유도성 회로로 전류와 전압은 동상이다.

③ 임피던스 3각형에서 역률과 무효율을 구하면 다음과 같다.

역률 $\cos\theta = \frac{R}{Z} = \frac{R}{\sqrt{R^2 + (X_L - X_C)^2}}$

무효율 $\sin\theta = \frac{X_L - X_C}{Z} = \frac{X_L - X_C}{\sqrt{R^2 + (X_L - X_C)^2}}$

3 병렬 회로

(1) $R-L$ 병렬 회로

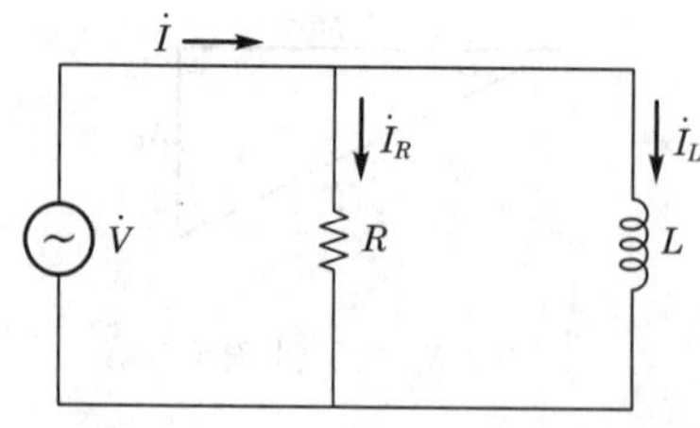

그림 ❶ 3-3 $R-L$ 병렬 회로

키르히호프 전류 법칙에 의한 기호법 표시식은 다음과 같다.

$$\dot{I} = \dot{I}_R + \dot{I}_L = \frac{\dot{V}}{R} - j\frac{\dot{V}}{X_L}$$

$$= \left(\frac{1}{R} - j\frac{1}{X_L}\right)\dot{V}$$

$$= \dot{Y} \cdot \dot{V}$$

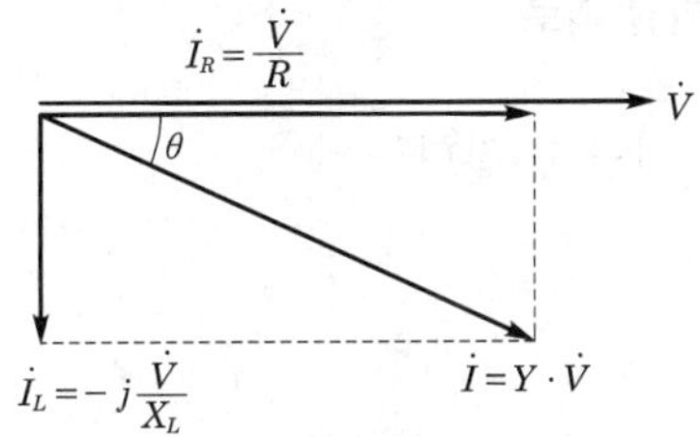

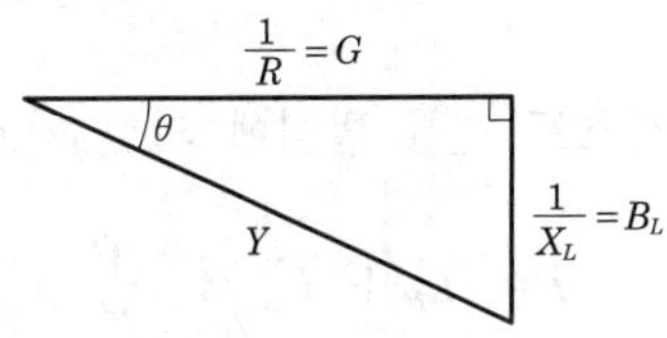

따라서,

① 전류와 인가 전압의 비 어드미턴스 $\dot{Y} = \frac{\dot{I}}{\dot{V}} = \frac{1}{R} - j\frac{1}{X_L}$ [℧]이다.

어드미턴스의 크기 $Y = \sqrt{\left(\frac{1}{R}\right)^2 + \left(\frac{1}{X_L}\right)^2} = \sqrt{G^2 + B^2}$ [℧]

② 페이저도에서 전류는 전압보다 위상이 **θ만큼 뒤진다.**
그 위상차는 0°와 90° 사이이다.

위상차 $\theta = \tan^{-1}\frac{I_L}{I_R} = \tan^{-1}\frac{B}{G} = \tan^{-1}\frac{R}{X_L}$

③ 역률과 무효율을 구하면 다음과 같다.

역률 $\cos\theta = \frac{I_R}{I} = \frac{G}{Y} = \frac{X_L}{\sqrt{R^2 + X_L^2}}$

무효율 $\sin\theta = \frac{I_L}{I} = \frac{B}{Y} = \frac{R}{\sqrt{R^2 + X_L^2}}$

(2) $R-C$ 병렬 회로

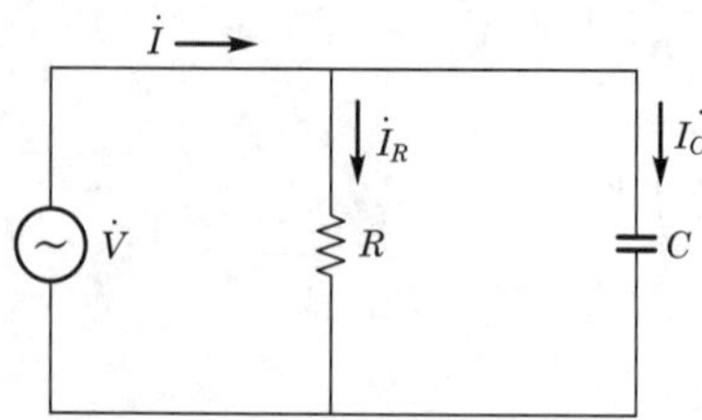

그림 ⬆ 3-4 **$R-C$ 병렬 회로**

키르히호프 전류 법칙에 의한 기호법 표시식은 다음과 같다.

$$\dot{I} = \dot{I}_R + \dot{I}_C = \frac{\dot{V}}{R} + j\frac{\dot{V}}{X_C}$$

$$= \left(\frac{1}{R} + j\frac{1}{X_C}\right)\dot{V} = \dot{Y}\cdot\dot{V}$$

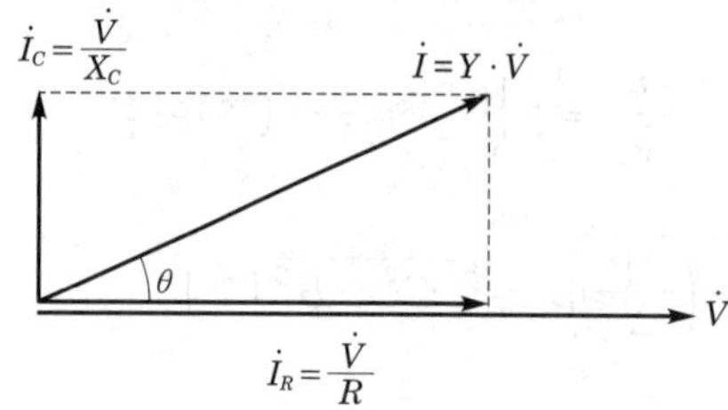

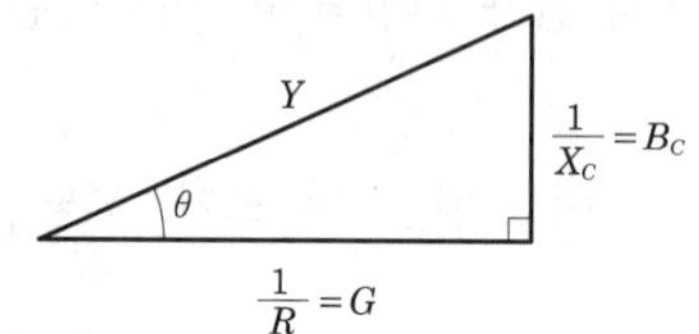

그림 ⬆ 3-5 **$R-C$ 병렬 회로의 페이저도** 그림 ⬆ 3-6 **$R-C$ 병렬 회로의 임피던스 3각형**

따라서,

① 전류와 인가 전압의 비 어드미턴스 $\dot{Y} = \frac{\dot{I}}{\dot{V}} = \frac{1}{R} + j\frac{1}{X_C}$ [℧]이다.

어드미턴스의 크기 $Y = \sqrt{\left(\frac{1}{R}\right)^2 + \left(\frac{1}{X_C}\right)^2} = \sqrt{G^2 + B^2}$ [℧]

② 페이저도에서 전류는 전압보다 위상이 **θ만큼 앞선다.**

그 위상차는 0°와 90° 사이이다.

위상차 $\theta = \tan^{-1}\frac{I_C}{I_R} = \tan^{-1}\frac{B}{G} = \boldsymbol{\tan^{-1}\frac{R}{X_C}}$

③ 역률과 무효율을 구하면 다음과 같다.

$$\text{역률} \quad \cos\theta = \frac{I_R}{I} = \frac{G}{Y} = \frac{\boldsymbol{X_C}}{\sqrt{\boldsymbol{R}^2 + \boldsymbol{X_C^2}}}$$

$$\text{무효율} \quad \sin\theta = \frac{I_C}{I} = \frac{B_C}{Y} = \frac{R}{\sqrt{R^2 + X_C^2}}$$

(3) $R-L-C$ 병렬 회로

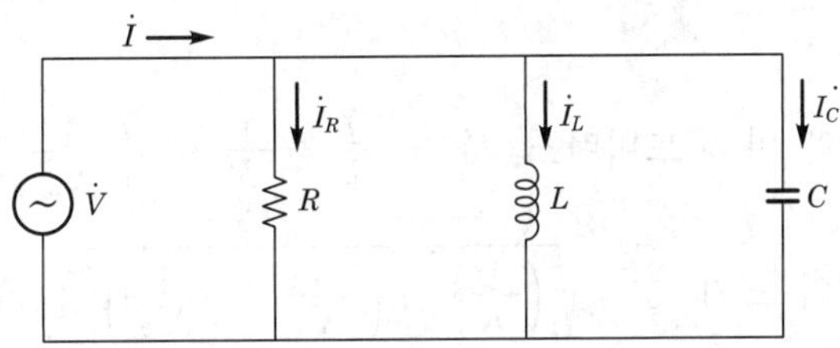

키르히호프 전류 법칙에 의한 기호법 표시식은 다음과 같다.

$$\dot{\boldsymbol{I}} = \dot{\boldsymbol{I}}_{\boldsymbol{R}} + \dot{\boldsymbol{I}}_{\boldsymbol{L}} + \dot{\boldsymbol{I}}_{\boldsymbol{C}} = \frac{\dot{V}}{R} - j\frac{\dot{V}}{X_L} + j\frac{\dot{V}}{X_C}$$

$$= \left\{ \frac{1}{R} + j\left(\frac{1}{X_C} - \frac{1}{X_L}\right) \right\} \dot{V}$$

$$= \dot{Y} \cdot \dot{V}$$

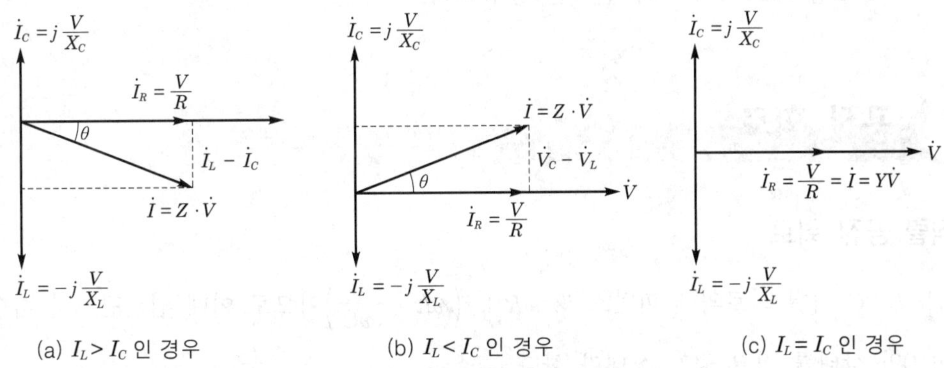

(a) $I_L > I_C$ 인 경우 (b) $I_L < I_C$ 인 경우 (c) $I_L = I_C$ 인 경우

그림 3-7 $\boldsymbol{R-L-C}$ **병렬 회로의 페이저도**

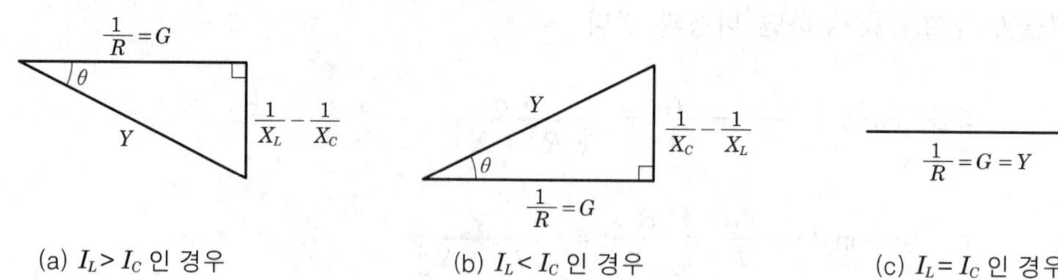

그림 ⬆ 3-8 ***R-L-C* 병렬 회로의 임피던스 3각형**

따라서,

① 전류와 인가 전압의 비 어드미턴스 $\dot{Y}=\frac{\dot{I}}{\dot{V}}=\frac{1}{R}+j\left(\frac{1}{X_C}-\frac{1}{X_L}\right)$ [℧]이다.

어드미턴스의 크기 $Y=\sqrt{\left(\frac{1}{R}\right)^2+\left(\frac{1}{X_C}-\frac{1}{X_L}\right)^2}$ [℧]

② 페이저도에서 전류와 전압간의 위상 관계로 다음 세 가지 경우가 있음을 알 수 있다.

㉮ **$I_L > I_C$, $X_L < X_C$인 경우 : 유도성 회로**

유도성 회로로 전류는 전압보다 위상이 θ만큼 뒤진다.

㉯ **$I_L < I_C$, $X_L > X_C$인 경우 : 용량성 회로**

용량성 회로로 전류는 전압보다 위상이 θ만큼 앞선다.

㉰ **$I_L = I_C$, $X_L = X_C$인 경우 : 무유도성 회로**

무유도성 회로로 전류와 전압은 **동상이다**.

4 공진 회로

(1) 직렬 공진 회로

$R-L-C$ 직렬 회로의 임피던스 $Z=R+j\left(\omega L-\frac{1}{\omega C}\right)$이므로 이때 임피던스의 허수부의 값이 0인 상태를 직렬 공진 상태라 한다.

직렬 공진 상태에서 임피던스의 허수부가 0이므로 임피던스가 최소 상태가 되고 전류는 최대 상태가 된다.

또한 전압, 전류는 동상인 상태가 된다.

① **공진 조건**

㉮ $\omega L - \dfrac{1}{\omega C} = 0$, $\boldsymbol{\omega L = \dfrac{1}{\omega C}}$, $\boldsymbol{\omega^2 LC = 1}$

㉯ 공진 각주파수

$$\boldsymbol{\omega_o = \frac{1}{\sqrt{LC}}\ [\text{rad/s}]}$$

㉰ 공진 주파수

$$\boldsymbol{f_o = \frac{1}{2\pi\sqrt{LC}}\ [\text{Hz}]}$$

② **전압 확대율(Q) = 첨예도(S) = 선택도(S)**

전압 확대율(Q)은 공진 회로에서 중요한 의미를 가지며 공진시의 리액턴스의 저항에 대한 비이며 첨예도(S)는 공진 곡선의 뾰족함이 클수록 선택성이 양호하며 공진 곡선이 뾰족하다는 것은 회로 설계에 중요한 요소이며 또한 공진 회로를 수신기 등의 동조 회로에 사용하는 경우에는 Q가 클수록 선택성이 좋아진다.

$$Q = S = \frac{\omega_o}{\omega_2 - \omega_1} = \frac{f_o}{f_2 - f_1} = \frac{f_o}{\Delta f}$$

$$= \boldsymbol{\frac{V_L}{V} = \frac{V_C}{V} = \frac{\omega_o L}{R} = \frac{1}{\omega_o CR}}$$

$$= \boldsymbol{\frac{1}{R}\sqrt{\frac{L}{C}}}$$

(2) 병렬 공진 회로

① **이상적인 병렬 공진 회로**

$R-L-C$ 병렬 회로의 어드미턴스는 $Y = \dfrac{1}{R} + j\left(\omega C - \dfrac{1}{\omega L}\right)$이므로 이때 어드미턴스의 허수부의 값이 0인 상태를 병렬 공진 상태라 한다.

병렬 공진 상태에서는 어드미턴스의 허수부가 0이므로 어드미턴스가 최소 상태가 되며 임피던스는 최대 상태가 되어 전류는 최소 상태가 된다.

㉮ **공진 조건**

㉠ $\omega C - \dfrac{1}{\omega L} = 0$, $\boldsymbol{\omega C = \dfrac{1}{\omega L}}$, $\boldsymbol{\omega^2 LC = 1}$

㉡ 공진 각주파수

$$\omega_o = \frac{1}{\sqrt{LC}} \text{ [rad/s]}$$

㉢ 공진 주파수

$$f_o = \frac{1}{2\pi\sqrt{LC}} \text{ [Hz]}$$

㉯ **전류 확대율(Q) = 첨예도(S) = 선택도(S)**

$$Q = S = \frac{f_o}{f_2 - f_1} = \frac{f_o}{\Delta f} = \frac{I_L}{I} = \frac{I_C}{I} = \frac{R}{\omega_o L} = \omega_o CR = R\sqrt{\frac{C}{L}}$$

② 일반적 병렬 공진 회로

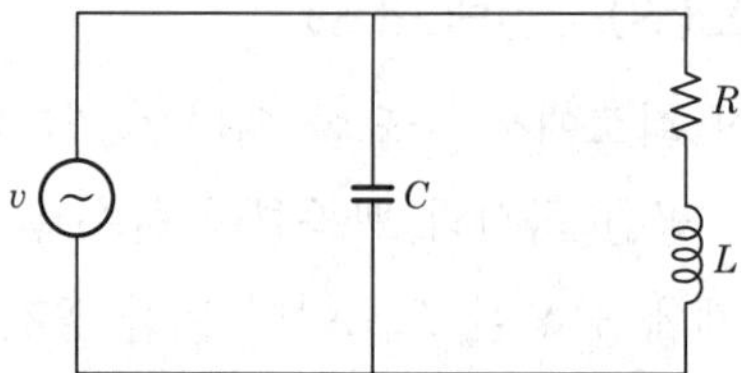

위의 그림의 실제적인 병렬 공진 회로의 합성 어드미턴스를 구하면 다음과 같다.

$$Y = \frac{1}{R + j\omega L} + j\omega C = \frac{R}{R^2 + \omega^2 L^2} + j\left(\omega C - \frac{\omega L}{R^2 + \omega^2 L^2}\right)$$

㉠ 공진 조건

$$\omega C - \frac{\omega L}{R^2 + \omega^2 L^2} = 0$$

$$\omega C = \frac{\omega L}{R^2 + \omega^2 L^2}$$

㉡ 공진시 공진 어드미턴스

$$Y_o = \frac{R}{R + j\omega L} = \frac{CR}{L} \text{ [℧]}$$

㉢ 공진 각주파수

$$\omega_o = \sqrt{\frac{1}{LC} - \frac{R^2}{L^2}} = \frac{1}{\sqrt{LC}}\sqrt{1 - \frac{R^2 C}{L}} \text{ [rad/s]}$$

㉣ 공진 주파수

$$f_o = \frac{1}{2\pi\sqrt{LC}}\sqrt{1 - \frac{R^2 C}{L}} \text{ [Hz]}$$

단원핵심문제

1 어떤 회로 소자에 $e=125\sin 377t$[V]를 가했을 때 전류 $i=25\sin 377t$[A]가 흐른다. 이 소자는 어떤 것인가?

㉮ 다이오드 ㉯ 순저항
㉰ 유도 리액턴스 ㉱ 용량 리액턴스

KEY POINT

➲ R만의 회로에서는 전압 전류 동상이 된다.

해설 전압은 $e=125\sin 377t$이고 전류 $i=25\sin 377t$이므로 전압 전류 위상차가 0°이므로 R만의 회로가 된다.

2 어떤 회로에 전압 $v(t)=V_m\cos\omega t$를 가했더니 회로에 흐르는 전류는 $i(t)=I_m\sin\omega t$였다. 이 회로가 한 개의 회로 소자로 구성되어 있다면 이 소자의 종류는? (단, $V_m>0$, $I_m>0$이다.)

㉮ 저항 ㉯ 인덕턴스 ㉰ 정전 용량 ㉱ 컨덕턴스

KEY POINT

➲ L만의 회로에서는 전류가 전압보다 90° 위상이 뒤진다.

해설 전압 $V(t)=V_m\cos\omega t=V_m\sin(\omega t+90°)$이고 전류 $i(t)=I_m\sin\omega t$이므로 전류는 전압보다 90° 위상이 뒤진다. 따라서 인덕턴스 회로가 된다.

3 그림과 같은 회로에서 전류 i를 나타낸 식은?

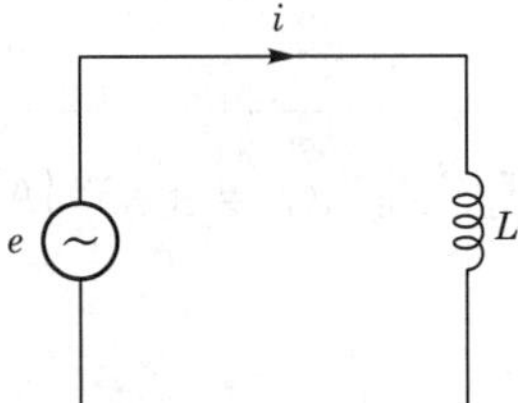

㉮ $L\int e\,dt$

㉯ $\frac{1}{L}\int e\,dt$

㉰ $L\frac{de}{dt}$

㉱ $\frac{1}{L}\frac{de}{dt}$

해설 $e=\frac{d\phi}{dt}=L\frac{di}{dt}$

따라서 양변을 적분하면 $i=\frac{1}{L}\int edt$ 가 된다.

4 자기 인덕턴스 0.1[H]인 코일에 실효값 100[V], 60[Hz], 위상각 0인 전압을 가했을 때 흐르는 전류의 순시값[A]은?

㉮ 약 $3.75\sin\left(377t-\frac{\pi}{2}\right)$
㉯ 약 $3.75\cos\left(377t-\frac{\pi}{2}\right)$
㉰ 약 $3.75\cos\left(377t+\frac{\pi}{2}\right)$
㉱ 약 $3.75\sin\left(377t+\frac{\pi}{2}\right)$

KEY POINT

➲ L만의 회로에서의 전류 $i=I_m\sin(\omega t-90°)$가 된다.

$i=I_m\sin(\omega t-90°)=\frac{V_m}{\omega L}\sin(\omega t-90°)=\frac{100\sqrt{2}}{377\times0.1}\sin(377t-90°)$

$=3.75\sin\left(377t-\frac{\pi}{2}\right)$

5 어떤 코일에 흐르는 전류가 0.01[s] 사이에 일정하게 50[A]에서 10[A]로 변할 때 20[V]의 기전력이 발생한다고 하면 자기 인덕턴스[mH]는?

㉮ 200
㉯ 33
㉰ 40
㉱ 5

KEY POINT

➲ L의 단자 전압은 $V_L=\frac{di}{dt}$ 이다.

$V_L=L\frac{di}{dt}$

따라서 $L=\frac{V_L}{\frac{di}{dt}}=\frac{20}{\frac{10-50}{0.01}}=5[\text{mH}]$

6 $L=2$[H]인 인덕턴스에 $i(t)=20e^{-2t}$[A]의 전류가 흐르 때 L의 단자 전압[V]은?

㉮ $40\,e^{-2t}$
㉯ $-40\,e^{-2t}$
㉰ $80\,e^{-2t}$
㉱ $-80\,e^{-2t}$

정답 : 4.㉮ 5.㉱ 6.㉱

KEY POINT

➡ L의 단자 전압 $V_L = L\frac{di}{dt}$이다.

해설

$V_L = L\frac{di}{dt} = 2\frac{d}{dt}20e^{-2t} = 2\times(-2)\times 20e^{-2t}$

$= -80e^{-2t}$[V]

7 인덕턴스에서 급격히 변할 수 없는 것은?

㉮ 전압　　㉯ 전류
㉰ 전압과 전류　　㉱ 정답이 없다.

KEY POINT

➡ L의 단자 전압 $V_L = L\frac{di}{dt}$이고, 전류 $i_L = \frac{1}{L}\int vdt$이다.

해설

$V_2 = L\frac{di}{dt}$이므로 L에서 전류가 급격히 변하면 전압이 ∞가 되어야 하므로 모순이 생긴다.
따라서 L에서는 전류가 급격히 변할 수 없다.

8 자체 인덕턴스 L[H]인 코일에 100[V], 60[Hz]의 교류 전압을 가해서 15[A]의 전류가 흘렀다. 코일의 자체 인덕턴스[mH]는?

㉮ 6.5　　㉯ 2.75
㉰ 2.5　　㉱ 17.7

KEY POINT

➡ 유도 리액턴스 $X_L = \omega L$[Ω], 전류 $I = \frac{V}{\omega L}$[A]이다.

해설

$X_L = \frac{V}{I} = \frac{100}{15} = 6.67$[Ω]

따라서 $L = \frac{6.67}{\omega} = \frac{6.67}{2\pi\times 60} = 17.7$[mH]

9 $i(t) = I_o e^{st}$[A]로 주어지는 전류가 L에 흐르는 경우 임피던스는?

㉮ $\frac{1}{sL}$　　㉯ sL
㉰ $\frac{s}{L}$　　㉱ $\frac{L}{s}$

정답 : 7.㉯ 8.㉱ 9.㉯

KEY POINT

➲ L에 전압 $V(t)=L\dfrac{di}{dt}$이고, 임피던스는 $\dfrac{V(t)}{i(t)}$이다.

$V(t)=L\dfrac{d}{dt}I_oe^{st}=sLI_oe^{st}$이므로

$$\therefore\ Z=\frac{v(t)}{i(t)}=\frac{sLI_oe^{st}}{I_oe^{st}}=sL[\Omega]$$

10 인덕턴스 $L=20$[mH]인 코일에 실효값 $V=50$[V], 주파수 $f=60$[Hz]인 정현파 전압을 인가했을 때 코일에 축적되는 평균 자기 에너지 W_L[J]은?

㉮ 6.3 ㉯ 0.63 ㉰ 4.4 ㉱ 0.44

KEY POINT

➲ L에 축적되는 자기 에너지

$$W=\frac{1}{2}LI^2[\text{J}]$$

$$W=\frac{1}{2}LI^2=\frac{1}{2}L\left(\frac{V}{\omega L}\right)^2=1\times2\times20\times10^{-3}\times\left(\frac{50}{377\times20\times10^{-3}}\right)^2=0.44[\text{J}]$$

11 콘덴서만의 회로에서 전압과 전류 사이의 위상 관계는?

㉮ 전압이 전류보다 180° 앞선다. ㉯ 전압이 전류보다 180° 뒤진다.
㉰ 전압이 전류보다 90° 앞선다. ㉱ 전압이 전류보다 90° 뒤진다.

KEY POINT

➲ C만의 회로에서는 전류는 전압보다 90° 앞선다.

C만의 회로에서의 전류 $I=j\dfrac{V}{X_c}$[A], 전압 $V=-jX_cI$[V]

따라서 전압은 전류보다 90° 뒤진다.

12 60[Hz]에서 3[Ω]의 리액턴스를 갖는 정전 용량[μF]의 값은?

㉮ 564.5 ㉯ 651.5 ㉰ 884.6 ㉱ 996.5

KEY POINT

➲ 용량 리액턴스

$$X_c=\frac{1}{\omega C}[\Omega]$$

정답 : 10.㉱ 11.㉱ 12.㉰

해설 $X_c=\frac{1}{\omega C}$ 에서 $C=\frac{1}{\omega X_c}=\frac{1}{377\times 3}=884.6\,[\mu F]$

13 어느 소자에 전압 $v=125\sin 377t$ [V]를 인가하니 전류 $i=50\cos 377t$ [A]가 흘렀다. 이 소자는 무엇인가?

㉮ 순 저항
㉯ 저항과 용량 리액턴스
㉰ 용량 리액턴스
㉱ 유도 리액턴스

KEY POINT

 C만의 회로에서는 전류는 전압보다 90° 앞선다.

$I=j\frac{V}{X_c}$ [A]

해설 전류 $i=50\cos 377t=50\sin(377t+90°)$이고 전압 $v=125\sin 377t$이므로 전류가 전압보다 90° 앞선다.
따라서 정전 용량만의 회로가 된다.

14 정전 용량 C[F]의 회로에 기전력 $e=E_m\sin\omega t$ [V]를 가할 때 흐르는 전류 i[A]는?

㉮ $i=\frac{E_m}{\omega C}\sin(\omega t+90°)$
㉯ $i=\frac{E_m}{\omega C}\sin(\omega t-90°)$
㉰ $i=\omega CE_m\sin(\omega t+90°)$
㉱ $i=\omega CE_m\cos(\omega t+90°)$

KEY POINT

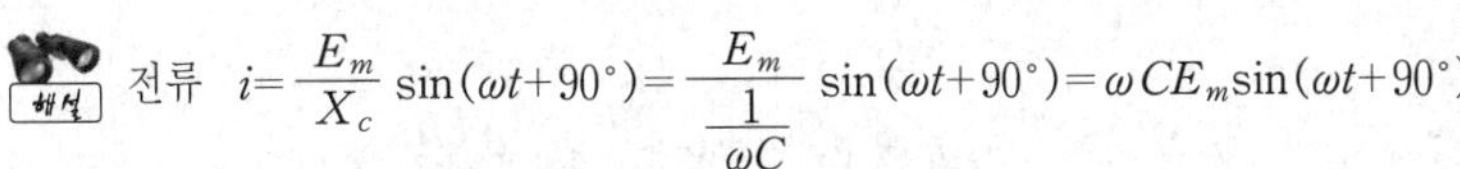
C 만의 회로에서의 전류 $i=I_m\sin(\omega t+90°)$이고, 전류 최대값 $I_m=\frac{V_m}{X_c}$이 된다.

해설 전류 $i=\frac{E_m}{X_c}\sin(\omega t+90°)=\frac{E_m}{\frac{1}{\omega C}}\sin(\omega t+90°)=\omega CE_m\sin(\omega t+90°)$

15 그림과 같은 회로에서 전류 i[A]를 나타내는 식은?

㉮ $C\frac{dv}{dt}$

㉯ $C\frac{dq}{dt}$

㉰ $\frac{qv}{C}$

㉱ $\frac{q}{j\omega C}$

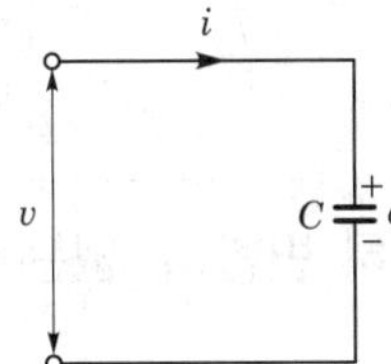

정답 : 13.㉰ 14.㉰ 15.㉮

KEY POINT ➲ C만의 회로에서의 전압 $V_c = \frac{1}{C}\int i\,dt$, 전류 $i = C\frac{dv}{dt}$이다.

전압 $V = \frac{Q}{C} = \frac{1}{C}\int idt$이고 양변을 미분하면 전류 $i = C\frac{dv}{dt}$가 된다.

16 0.1[μF]인 정전 용량을 가지는 콘덴서에 실효값 1,414[V], 주파수 1[kHz], 위상각 0인 전압을 가했을 때 순시값 전류는 약 얼마인가?

㉮ $0.89\sin(\omega t + 90°)$　　㉯ $0.89\sin(\omega t - 90°)$
㉰ $1.26\sin(\omega t + 90°)$　　㉱ $1.26\sin(\omega t - 90°)$

KEY POINT ➲ 전류는 전압보다 90° 위상이 앞선다.
따라서 전류 $i = I_m\sin(\omega t + 90°)$이다.

전류 $i = \omega C V_m \sin(\omega t + 90°) = 2\pi f C\sqrt{2}\,V\sin(\omega t + 90°)$
$= 2\times 3.14\times 0.1\times 10^{-6}\times\sqrt{2}\times 1,414\sin(\omega t + 90°)$
$= 1.26\sin(\omega t + 90°)$

17 $i(t) = I_o e^{st}$로 주어지는 전류가 C에 흐르는 경우의 임피던스는?

㉮ C　　㉯ sC
㉰ $\frac{1}{sC}$　　㉱ $\frac{1}{j\omega C}$

KEY POINT ➲ C에 전압 $V_c = \frac{1}{C}\int i(t)\,dt$이고, 임피던스 $Z = \frac{V(t)}{i(t)}$이다.

C에 전압 $V_c = \frac{1}{C}\int I_o e^{st} dt = \frac{1}{sC} I_o e^{st}$이므로

임피던스 $Z = \frac{V(t)}{i(t)} = \frac{\frac{1}{sC} I_o e^{st}}{I_o e^{st}} = \frac{1}{sC}$ [Ω]

18 커패시턴스 C에서 급격히 변할 수 없는 것은?

㉮ 전류　　㉯ 전압
㉰ 전류와 전압　　㉱ 정답이 없다.

정답 : 16.㉰ 17.㉰ 18.㉯

KEY POINT

➲ C에 전류 $i_C = C\frac{dv}{dt}$[A]이다.

전류 $i = C\frac{dv}{dt}$에서 전압이 급격히 변하면 C에 전류가 ∞가 되어야 하므로 C에서는 전압이 급격히 변할 수 없다.

19 콘덴서와 코일에서 실제적으로 급격히 변화할 수 없는 것이 있다. 그것은 다음 중 어느 것인가?

㉮ 코일에서 전압, 콘덴서에서 전류
㉯ 코일에서 전류, 콘덴서에서 전압
㉰ 코일, 콘덴서 모두 전압
㉱ 코일, 콘덴서 모두 전류

KEY POINT

➲ L에 전압 $V_L = L\frac{di}{dt}$이고, C에 전류 $i_C = C\frac{dv}{dt}$이다.

L에서는 전류가 급격히 변할 수 없고, C에서는 전압이 급격히 변할 수 없다.

20 저항 10[Ω], 유도 리액턴스 $10\sqrt{3}$[Ω]인 직렬 회로에 교류 전압을 가할 때 전압과 이 회로에 흐르는 전류와의 위상차는 몇 도인가?

㉮ 60°
㉯ 45°
㉰ 30°
㉱ 15°

KEY POINT

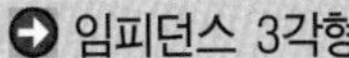
➲ 임피던스 3각형

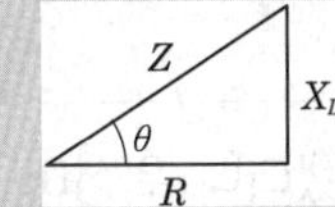

임피던스 3삼각형에서 위상차 $\theta = \tan^{-1} + \frac{X_L}{R} = \tan^{-1}\frac{10\sqrt{3}}{10} = 60°$

21 저항 1[Ω]의 인덕턴스 1[H]를 직렬로 연결한 후 여기에 60[Hz], 100[V]의 전압을 인가시 흐르는 전류의 위상은 전압의 위상보다 어떠한가?

㉮ 90° 늦다.
㉯ 같다.
㉰ 90° 빠르다.
㉱ 늦지만 90° 이하이다.

정답 : 19.㉯ 20.㉮ 21.㉱

KEY POINT

➲ $R-L$ 직렬 회로의 임피던스 3각형

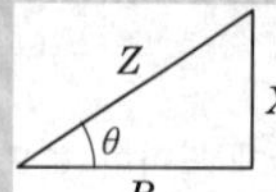

$\theta = \tan^{-1}\dfrac{X_L}{R}$

해설 전류는 전압보다 θ만큼 뒤진다.

이때 θ는 임피던스 3각형에서 $\tan^{-1}\dfrac{X_L}{R}$로 구해지면 0°보다 크고 90°보다 작다.

22 $R-L$ 직렬 회로에 $v=100\sin(120\pi t)$[V]의 전원을 연결하여 $i=2\sin(120\pi t-45°)$[A]의 전류가 흐르도록 하려면 저항 R[Ω]의 값은?

㉮ 50　　㉯ $\dfrac{50}{\sqrt{2}}$　　㉰ $50\sqrt{2}$　　㉱ 100

KEY POINT

➲ $R-L$ 직렬 회로의 임피던스 3각형

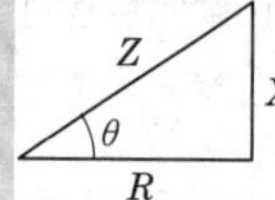

$\theta = \tan^{-1}\dfrac{X_L}{R}$

해설 임피던스 $Z=\dfrac{V_m}{I_m}=\dfrac{199}{2}=50$[Ω], 전압 전류의 위상차 45°이므로

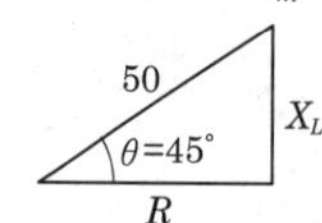

따라서 임피던스 3각형에서

$\therefore\ R=50\cos 45°=\dfrac{50}{\sqrt{2}}$[Ω]

23 $R-L$ 직렬 회로에 60[Hz], 100[V]의 교류 전압을 가했더니 위상이 60° 뒤진 3[A]의 전류가 흘렀다. 이 때의 리액턴스[Ω]는?

㉮ 21.4　　㉯ 27.3
㉰ 28.9　　㉱ 33.3

KEY POINT

➲ $R-L$ 직렬 회로의 임피던스 3각형

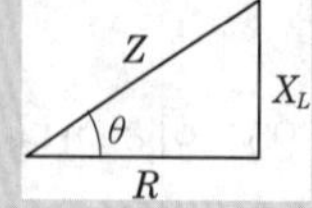

정답 : 22.㉯　23.㉰

해설 임피던스 $Z=\frac{V}{I}=\frac{100}{30}=33.3[\Omega]$, 전압과 전류의 위상차는 60°이므로

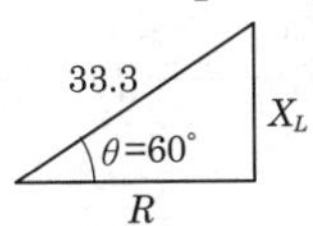

임피던스 3각형에서

$X_L=33.3\sin 60°=28.9[\Omega]$

24 $R=20[\Omega]$, $L=0.1[H]$의 직렬 회로에 60[Hz], 115[V]의 교류 전압이 인가되어 있다. 인덕턴스에 축적되는 자기 에너지의 평균값은 몇 [J]인가?

㉮ 0.364
㉯ 3.64
㉰ 0.752
㉱ 4.52

KEY POINT

➲ L에 축적되는 자기 에너지

$W=\frac{1}{2}LI^2[J]$

해설 자기 에너지 $W=\frac{1}{2}LI^2=\frac{1}{2}\times 0.1\times\left(\frac{115}{\sqrt{20^2+(2\times 3.14\times 60\times 0.1)^2}}\right)^2$

$=0.364[J]$

25 그림과 같은 회로의 출력 전압의 위상은 입력 전압의 위상에 비해 어떻게 되는가?

㉮ 앞선다.
㉯ 뒤진다.
㉰ 같다.
㉱ 앞설 수도 있고, 뒤질 수도 있다.

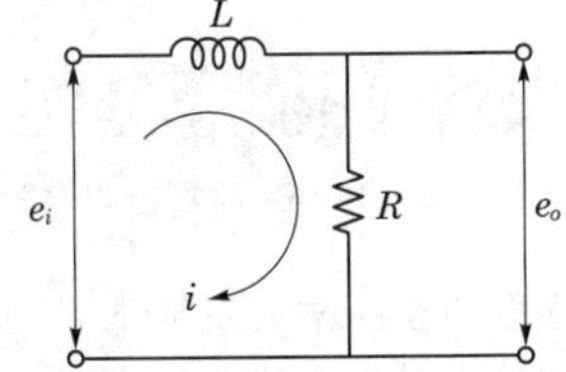

KEY POINT

➲ 입력 전압 e_i는 $R-L$ 직렬 회로가 되고, 출력 전압 e_o는 R만의 회로가 된다.

해설 입력 전압 $e_i=V_L+V_R=RI+jX_LI$

출력 전압 $e_o=R\dot{I}$

∴ 출력 전압의 위상은 입력 전압의 위상보다 θ만큼 뒤진다.

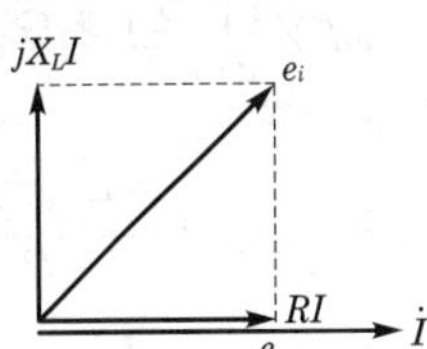

정답 : 24.㉮ 25.㉯

26 그림과 같은 회로의 역률은 얼마인가?

㉮ 약 0.76
㉯ 약 0.86
㉰ 약 0.97
㉱ 약 1.00

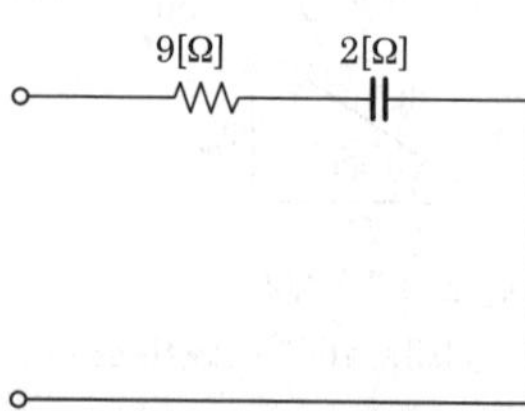

KEY POINT

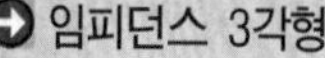

➲ 임피던스 3각형

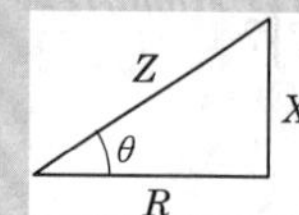

$\cos\theta = \dfrac{R}{Z}$

역률 $\cos\theta = \dfrac{R}{Z} = \dfrac{R}{\sqrt{R^2+C^2}} = \dfrac{9}{\sqrt{9^2+2^2}} = 0.976$

27 그림과 같은 회로에서 v_1의 위상은 v_o의 위상에 비해 어떻게 되는가?

㉮ 뒤진다.
㉯ 동상이다.
㉰ 앞선다.
㉱ 90° 늦다.

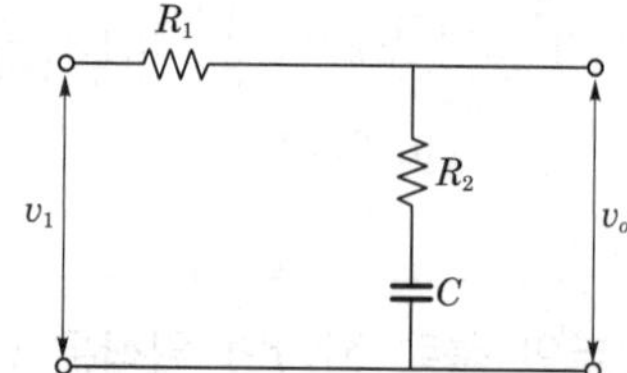

KEY POINT

➲ 입력 전압 v_1는 $R-C$ 직렬 회로로 취급하고, 출력 전압 v_o는 C만의 회로로 취급하여 위상을 생각하면 된다.

출력 전압 v_o는 전류보다 90° 뒤지고, 입력 전압 v_i는 $R-C$ 직렬 회로로 취급하면 θ만큼 뒤진다. 따라서 입력 전압이 출력 전압보다 앞선다.

28 정현파 교류 전원 $v = V_m \sin(\omega t + \theta)$[V]가 인가된 $R-L-C$ 직렬 회로에 있어서 $\omega L > \dfrac{1}{\omega C}$일 경우, 이 회로에 흐르는 전류 i는 인가 전압 v와 위상이 어떻게 되는가?

㉮ $\tan^{-1}\dfrac{\omega L - \dfrac{1}{\omega C}}{R}$ 앞선다.

㉯ $\tan^{-1}\dfrac{\omega L - \dfrac{1}{\omega C}}{R}$ 뒤진다.

㉰ $\tan^{-1} R\left(\omega L - \dfrac{1}{\omega C}\right)$ 앞선다.

㉱ $\tan^{-1} R\left(\omega L - \dfrac{1}{\omega C}\right)$ 뒤진다.

정답 : 26.㉰ 27.㉰ 28.㉯

KEY POINT

➲ 임피던스 3각형

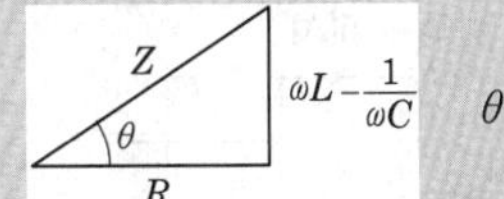

$\theta=\tan^{-1}\frac{\omega L-\frac{1}{\omega C}}{R}$

$\omega L>\frac{1}{\omega C}$ 인 경우이므로 유도성 회로, 따라서 전류 i는 인가 전압 v보다 θ만큼 뒤진다.

이때 $\theta=\tan^{-1}\frac{\omega L-\frac{1}{\omega C}}{R}$이 된다.

29 저항 30[Ω]과 유도 리액턴스 40[Ω]을 병렬로 접속한 회로에 120[V]의 교류 전압을 가할 때의 전 전류[A]는?

㉮ 5 ㉯ 6
㉰ 8 ㉱ 10

KEY POINT

➲ 전전류

$\dot{I}=\dot{I}_R+\dot{I}_L=\frac{\dot{V}}{R}-j\frac{\dot{V}}{X_L}$[A]

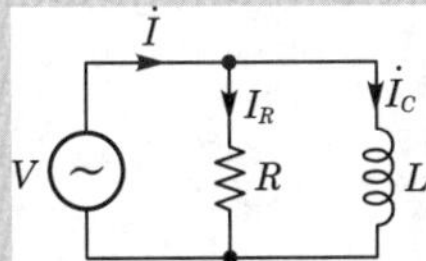

전전류 : $\dot{I}=\frac{\dot{V}}{R}-j\frac{\dot{V}}{X_c}=\frac{120}{30}-j\frac{120}{40}=4-j3$

$\therefore |\dot{I}|=\sqrt{4^2+3^2}=5$[A]

30 저항 4[Ω]과 X_L의 유도 리액턴스가 병렬로 접속된 회로에 12[V]의 교류 전압을 가하니 5[A]의 전류가 흘렀다. 이 회로의 리액턴스 X_L의 값[Ω]은?

㉮ 8 ㉯ 6
㉰ 3 ㉱ 1

KEY POINT

➲ $R-L$ 직렬 회로의 전전류

$\dot{I}=\dot{I}_R+\dot{I}_L=\frac{\dot{V}}{R}-j\frac{\dot{V}}{X_L}$[A]

전전류 $|\dot{I}|=\sqrt{I_R{}^2+I_L{}^2}$이므로 $5=\sqrt{\left(\frac{12}{4}\right)^2+I_L{}^2}$ [A]

양변 제곱해서 I_L를 구하면 $I_L=4$[A]

따라서 $4=\frac{12}{X_L}$이므로 $X_L=3$[Ω]

정답 : 29.㉮ 30.㉰

31 그림과 같은 회로에서 전원에 흘러들어오는 전류 I[A]는?

㉮ 7
㉯ 10
㉰ 13
㉱ 17

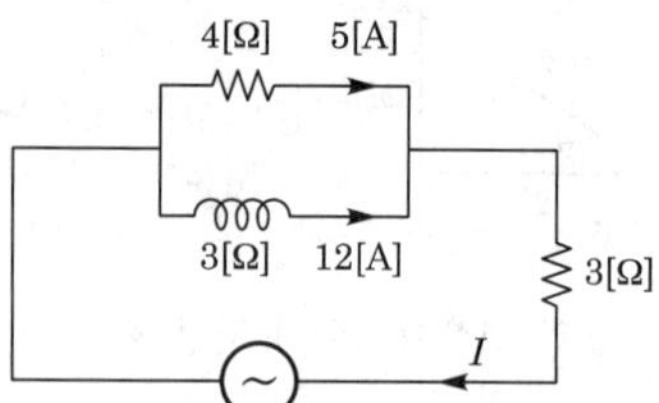

KEY POINT

➲ 전전류

$I = I_R + I_L = \frac{V}{R} - j\frac{V}{X_L}$ [A]

해설

전원에 흘러들어오는 전류 $\dot{I} = 5 - j12$ [A]

$\therefore \; |\dot{I}| = \sqrt{5^2 + 12^2} = 13$ [A]

32 저항 R과 유도 리액턴스 X_L이 병렬로 접속된 회로의 역률은?

㉮ $\frac{\sqrt{R^2+X_L{}^2}}{r}$
㉯ $\sqrt{\frac{R^2+X_L{}^2}{X_L}}$
㉰ $\frac{R}{\sqrt{R^2+X_L{}^2}}$
㉱ $\frac{X_L}{\sqrt{R^2+X_L{}^2}}$

KEY POINT

➲ 어드미턴스 3각형

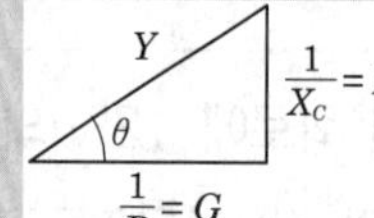

$\cos\theta = \frac{G}{Y}$

해설

역률 $\cos\theta = \frac{G}{Y} = \frac{\frac{1}{R}}{\sqrt{\frac{1}{R^2} + \frac{1}{X_L{}^2}}} = \frac{X_L}{\sqrt{R^2+X_L{}^2}}$

33 $e_s(t) = 3e^{-5t}$인 경우 그림과 같은 회로의 임피던스는?

㉮ $\frac{j\omega RC}{1+j\omega RC}$
㉯ $\frac{1}{1+RC}$
㉰ $\frac{R}{1-5RC}$
㉱ $\frac{1+j\omega RC}{R}$

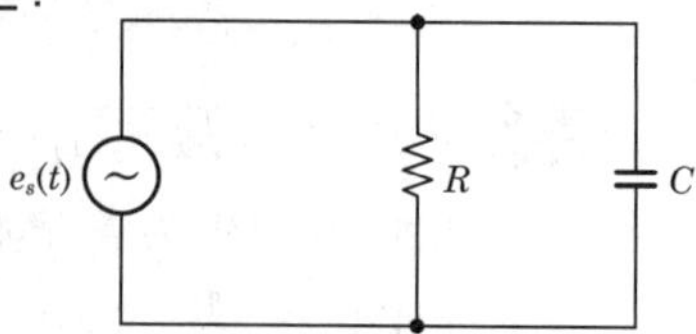

정답 : 31.㉰ 32.㉱ 33.㉰

KEY POINT

➲ 임피던스 $Z=\frac{1}{Y}$, $e_s(t)=3e^{-5t}$ 인 경우이므로 $j\omega=-5$이다.

해설 임피던스 $Z=\frac{1}{Y}=\frac{1}{\frac{1}{R}+j\omega C}=\frac{R}{1+j\omega CR}$

여기서, $j\omega=-5$이므로 $Z=\frac{R}{1-5CR}$

34 그림과 같은 회로의 역률은 얼마인가?

㉮ $1+(\omega RC)^2$

㉯ $\sqrt{1+(\omega RC)^2}$

㉰ $\frac{1}{\sqrt{1+(\omega RC)^2}}$

㉱ $\frac{1}{1+(\omega RC)^2}$

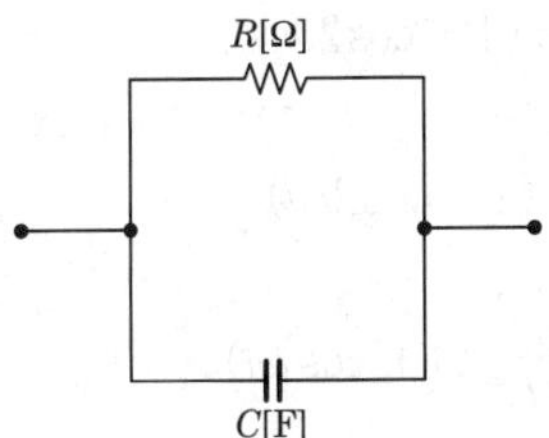

KEY POINT

➲ 어드미턴스 3각형

Y, θ, $\frac{1}{R}=G$, $\frac{1}{X_C}=B$

$\cos\theta=\frac{G}{Y}$

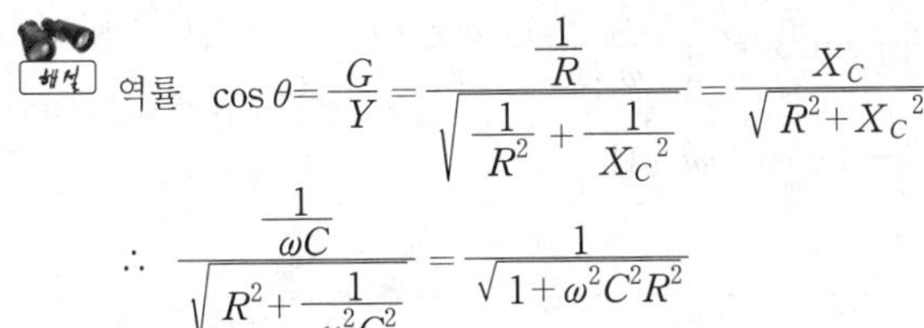

해설 역률 $\cos\theta=\frac{G}{Y}=\frac{\frac{1}{R}}{\sqrt{\frac{1}{R^2}+\frac{1}{X_C{}^2}}}=\frac{X_C}{\sqrt{R^2+X_C{}^2}}$

$\therefore \frac{\frac{1}{\omega C}}{\sqrt{R^2+\frac{1}{\omega^2C^2}}}=\frac{1}{\sqrt{1+\omega^2C^2R^2}}$

35 $R=10[\Omega]$, $X_L=8[\Omega]$, $X_C=20[\Omega]$이 병렬로 접속된 회로에 80[V]의 교류 전압을 가하면 전원에 몇 [A]의 전류가 흐르게 되는가?

㉮ 20　　㉯ 15

㉰ 5　　㉱ 10

KEY POINT

➲ $\dot{I}=\dot{I}_R+\dot{I}_L+\dot{I}_C=\frac{V}{R}-j\frac{V}{X_L}+j\frac{V}{X_C}$ [A]

정답 : 34.㉰ 35.㉱

해설 전전류 $\dot{I}=\frac{80}{10}-j\frac{80}{8}+j\frac{80}{20}=8-j10+j4=8-j6$ [A]

$\therefore\ |\dot{I}|=\sqrt{8^2+6^2}=10$ [A]

36 그림과 같은 회로에서 $e(t)=E_m\cos\omega t$ 의 전원 전압을 인가했을 때 인덕턴스 L에 축적되는 에너지는?

㉮ $\frac{1}{4}\cdot\frac{E_m^{\ 2}}{\omega^2 L}(1-\cos 2\omega t)$

㉯ $\frac{1}{2}\cdot\frac{E_m^{\ 2}}{\omega^2 L^2}(1-\cos 2\omega t)$

㉰ $\frac{1}{4}\cdot\frac{E_m^{\ 2}}{\omega^2 L}(1+\cos 2\omega t)$

㉱ $-\frac{1}{2}\cdot\frac{E_m^{\ 2}}{\omega^2 L^2}(1+\cos\omega t)$

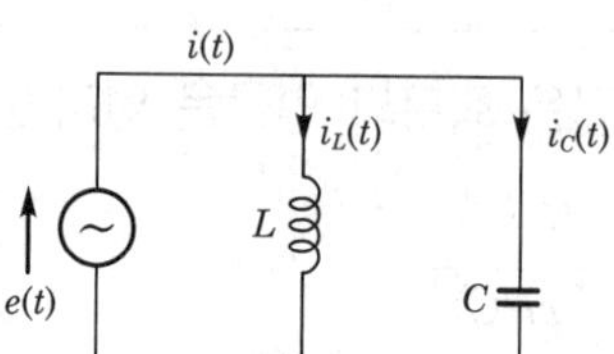

KEY POINT

① L에 축적되는 자기 에너지 : $w=\frac{1}{2}LI_L^{\ 2}$[J]

② L에 흐르는 전류 : $I_L=\frac{E_m}{\omega L}\cos(\omega t-90°)=\frac{E_m}{\omega L}\sin\omega t$[A]

해설 자기 에너지 $w=\frac{1}{2}LI_L^{\ 2}$ [J]

$$=\frac{1}{2}L\frac{E_m^{\ 2}}{\omega^2L^2}\sin^2\omega t=\frac{1}{2}\ \frac{E_m^{\ 2}}{\omega^2 L}\ \frac{1-\cos 2\omega t}{2}$$

$$=\frac{1}{4}\cdot\frac{E_m^{\ 2}}{\omega^2 L}(1-\cos 2\omega t)\ [\text{J}]$$

37 $R=15[\Omega]$, $X_L=12[\Omega]$, $X_C=30[\Omega]$이 병렬로 된 회로에 120[V]의 교류 전압을 가하면 전원에 흐르는 전류[A]와 역률[%]은?

㉮ 22, 85　　㉯ 22, 80

㉰ 22, 60　　㉱ 10, 80

해설 전전류 $\dot{I}=\frac{120}{15}-j\frac{120}{12}+j\frac{120}{30}=8-j10+j4=8-j6$ [A]

$\therefore\ |\dot{I}|=\sqrt{8^2+6^2}=10$ [A]

역률 $\cos\theta=\frac{I_R}{I}=\frac{8}{10}=0.8$

$\therefore$ 80%

정답 : 36.㉮ 37.㉱

시불변, 선형 $R-L-C$ 직렬 회로에 $v=V_m\sin\omega t$인 교류 전압을 가하였다. 정상 상태에 대한 설명 중 옳지 않은 것은?

㉮ 이 회로의 합성 리액턴스는 양 또는 음이 될 수 있다.
㉯ $\omega L<1/\omega C$이면 용량성 회로이다.
㉰ $\omega L>1/\omega C$이면 유도성 회로이다.
㉱ $\omega L=1/\omega C$이면 공진 회로이며 인덕턴스 양단에 걸린 전압은 RI_o이다.

KEY POINT

공진 회로는 주파수를 가변해서 $\omega L=\dfrac{1}{\omega C}$로 만든 회로를 말한다.

공진시 인덕턴스 양단에 걸리는 전압 $V_2=w_oLI_o$가 된다.

$R-L-C$ 직렬 회로에서 L 및 C의 값을 고정시켜 놓고 저항 R의 값만 큰 값으로 변화시킬 때 옳게 설명한 것은?

㉮ 공진 주파수는 변화하지 않는다.
㉯ 공진 주파수는 커진다.
㉰ 공진 주파수는 작아진다.
㉱ 이 회로의 Q(선택도)는 커진다.

KEY POINT

직렬 공진시 공진 주파수

$$f_r=\frac{1}{2\pi\sqrt{LC}}\,[\mathrm{Hz}]$$

공진 주파수 $f_r=\dfrac{1}{2\pi\sqrt{LC}}$이므로 R값이 큰 값으로 변화해도 공진 주파수는 변화하지 않는다.

직렬 공진 회로에서 최대가 되는 것은?

㉮ 전류
㉯ 저항
㉰ 리액턴스
㉱ 임피던스

KEY POINT

직렬 공진 회로는 주파수를 가변해서 임피던스 허수부를 0으로 만든 회로이므로 임피던스가 최소 상태가 된다.

임피던스 최소 상태의 회로이므로 전류는 최대 상태가 된다.

정답 : 38.㉱ 39.㉮ 40.㉮

41 $R-L-C$ 직렬 공진 회로에서 입력 전압이 V[V]일 때 공진 주파수 f_r에서 L에 걸리는 전압은 얼마인가?

㉮ V
㉯ $2\pi f_r LV$
㉰ $\frac{V}{R}\cdot 2\pi f_r C$
㉱ $\frac{V}{R\cdot 2\pi f_r C}$

KEY POINT

➲ 직렬 공진 회로는 $\omega L=\frac{1}{\omega C}$ 이므로 $V_L=V_C$가 된다.

해설

공진시에는 L에 걸리는 전압과 C에 걸리는 전압이 같다.

$V_L=V_C=\omega_r LI_o=\frac{1}{\omega_r C}I_o=2\pi fL\frac{V}{R}=\frac{V}{2\pi f_r CR}$

42 공진 회로의 Q가 갖는 물리적 의미와 관계없는 것은?

㉮ 공진 회로의 저항에 대한 리액턴스의 비
㉯ 공진 곡선의 첨예도
㉰ 공진시의 전압 확대비
㉱ 공진 회로에서 에너지 소비 능률

KEY POINT

➲ 전압 확대율(Q) = 선택도(S) = 첨예도(S)

$=\frac{V_L}{V}=\frac{V_C}{V}=\frac{\omega L}{R}=\frac{1}{R\omega C}=\frac{1}{R}\sqrt{\frac{L}{C}}$

해설

첨예도, 선택도, 전압 확대율의 값은 각각의 의미는 다르지만 $Q=S=\frac{V_L}{V}=\frac{V_C}{V}=\frac{\omega L}{R}=\frac{1}{R\omega C}\sqrt{\frac{L}{C}}$ 로 나타낼 수 있다.

43 $R=10$[Ω], $L=10$[mH], $C=1$[μF]인 직렬 회로에 100[V] 전압을 가했을 공진시 선택도 S는?

㉮ 1
㉯ 10
㉰ 100
㉱ 1,000

KEY POINT

➲ 전압 확대율(Q) = 선택도(S) = 첨예도(S) $=\frac{1}{R}\sqrt{\frac{L}{C}}$

 정답 : 41.㉱ 42.㉱ 43.㉯

해설 선택도 $S=\frac{1}{R}\sqrt{\frac{L}{C}}=\frac{1}{10}\sqrt{\frac{10\times10^{-3}}{1\times10^{-6}}}=10$

44 자체 인덕턴스 $L=0.02$[mH]와 선택도 $Q=60$일 때 코일의 주파수 $f=2$[MHz]였다. 이 코일의 저항[Ω]은?

㉮ 2.2　　㉯ 3.2
㉰ 4.2　　㉱ 5.2

KEY POINT

➲ 선택도 $(S)=\frac{V_L}{V}=\frac{V_C}{V}=\frac{\omega L}{R}=\frac{1}{R\omega C}=\frac{1}{R}\sqrt{\frac{L}{C}}$

해설 선택도 $S=\frac{\omega L}{R}$, 저항 $R=\frac{\omega L}{Q}=\frac{2\pi\times2\times10^{-6}\times0.02\times10^{-3}}{60}=4.18$

45 어떤 $R-L-C$ 병렬 회로가 병렬 공진되었을 때 합성 전류는?

㉮ 최소가 된다.　　㉯ 최대가 된다.
㉰ 전류는 흐르지 않는다.　　㉱ 전류는 무한대가 된다.

KEY POINT

➲ 병렬 공진은 어드미턴스의 허수부를 0로 만든 회로,
즉, 어드미턴스 최소 상태의 회로이다.

해설 어드미턴스가 최소 상태가 되므로 임피던스는 최대가 되어 전류는 최소 상태가 된다.

46 그림과 같은 $R-L-C$ 병렬 공진 회로에 관한 설명 중 옳지 않은 것은?

㉮ R이 작을수록 Q가 높다.
㉯ 공진시 L 또는 C를 흐르는 전류는 입력 전류 크기의 Q배가 된다.
㉰ 공진 주파수 이하에서의 입력 전류는 전압보다 위상이 뒤진다.
㉱ 공진시 입력 어드미턴스는 매우 작아진다.

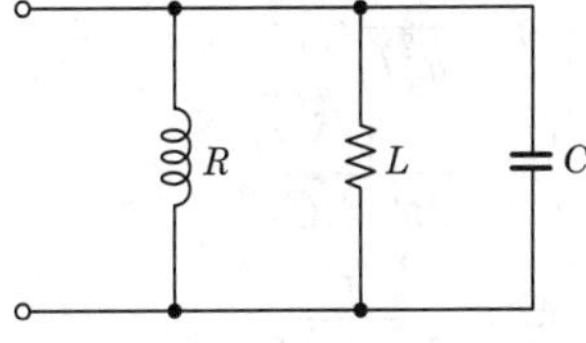

KEY POINT

➲ 병렬 공진시 전류 확대율

$Q=\frac{I_L}{I}=\frac{I_C}{I}=\frac{R}{\omega L}=R\omega C=R\sqrt{\frac{C}{L}}$

 $Q=\frac{R}{\omega L}=R\omega C$에서 R이 적어지면 Q도 적어진다.

47 그림과 같은 회로의 공진 주파수 f_o[Hz]는?

㉮ $\frac{1}{2\pi\sqrt{LC}}$

㉯ $\frac{1}{2\pi\sqrt{LC}}\sqrt{1-\frac{R^2L}{L}}$

㉰ $\frac{1}{2\pi}\sqrt{\frac{C}{L}}$

㉱ $\frac{1}{2\pi\sqrt{LC}}\sqrt{1-\frac{R^2C}{L}}$

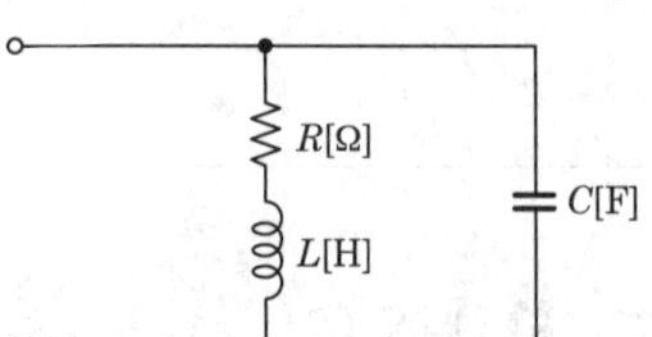

KEY POINT

➲ 일반적인 병렬 공진 회로의 공진 조건

$\omega C=\frac{\omega L}{R^2+\omega^2L^2}$

 어드미턴스의 허수부가 0이 되는 공진 조건에서 $R^2+\omega^2L^2=\frac{L}{C}$

$\omega^2L^2=\frac{L}{C}-R^2,\ \omega^2=\frac{1}{LC}-\frac{R^2}{L^2}$

∴ 공진 각주파수 $\omega_o=\sqrt{\frac{1}{LC}-\frac{R^2}{L^2}}$ [rad/sec]

∵ 공진 주파수 $f_o=\frac{1}{2\pi}\sqrt{\frac{1}{LC}-\frac{R^2}{L^2}}=\frac{1}{2\pi\sqrt{LC}}\sqrt{1-\frac{R^2C}{L}}$ [Hz]

48 저항 R, 인덕턴스 L인 교류 부하에서 병렬로 C를 연결하여 합성 역률이 1이 되도록 하려고 한다. C의 값을 구하면?

㉮ $\frac{1}{\omega^2L}$

㉯ $\frac{1}{2\pi\sqrt{LC}}$

㉰ $\frac{L}{R^2+\omega^2L^2}$

㉱ $\frac{\omega L}{R^2+\omega^2L^2}$

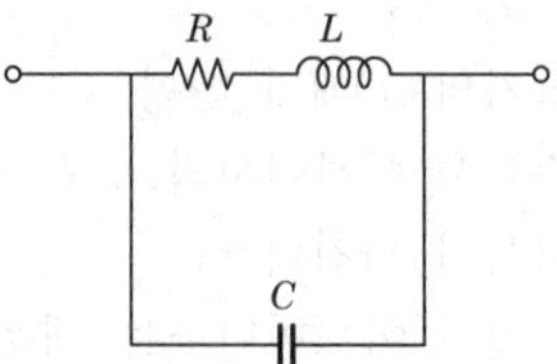

KEY POINT

➲ 공진 조건

$\omega C=\frac{\omega L}{R^2+\omega^2L^2}$

 정답 : 47.㉱ 48.㉰

해설 $Y=j\omega C+\dfrac{1}{R+j\omega L}=j\omega C+\dfrac{R-j\omega L}{(R+j\omega L)(R-j\omega L)}$

$=j\omega C+\dfrac{R-j\omega L}{R^2+\omega^2 L^2}$

$=\dfrac{R}{R^2+\omega^2 L^2}+j\left(\omega C-\dfrac{\omega L}{R^2+\omega^2 L^2}\right)$

합성 역률이 1이 되기 위한 공진 조건은 어드미턴스의 허수부가 0이 되는 회로

$\therefore\ \omega C-\dfrac{\omega L}{R^2+\omega^2 L^2}=0$

$\because\ C=\dfrac{L}{R^2+\omega^2 L^2}$

49 그림과 같은 회로에 교류 전압을 인가하여 I가 최소로 될 때, 리액턴스 X_C의 값은 약 몇 [Ω]인가?

㉮ 11.5
㉯ 12.5
㉰ 13.5
㉱ 14.5

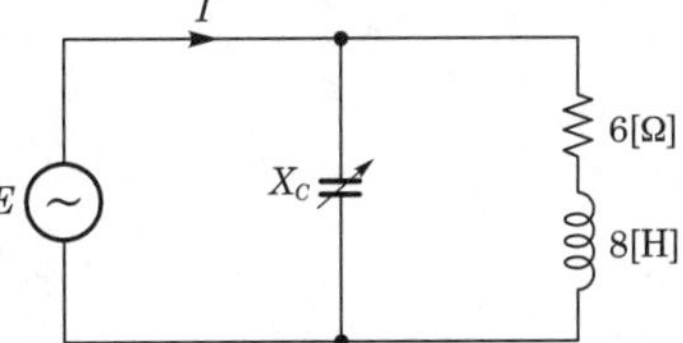

KEY POINT

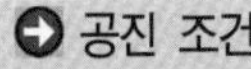
공진 조건

$\omega C=\dfrac{\omega L}{R^2+\omega^2 L^2}$

I가 최소되는 X_C의 값은 공진 조건에서

$X_C=\dfrac{1}{\omega C}=\dfrac{R^2+\omega^2 L^2}{\omega L}=\dfrac{6^2+8^2}{8}=12.5$

50 그림과 같은 회로에서 C를 가감할 때 회로에 흐르는 전류를 최대로 하기 위한 C의 값은? (단, e, r, R, L은 불변이다.)

㉮ $\dfrac{R^2+(\omega L)^2}{\omega L}$

㉯ $\dfrac{\omega^2 L^2+R^2}{R^2+\omega^2 L^2}$

㉰ $\dfrac{R^2+(\omega L)^2}{\omega^2 LR^2}$

㉱ $\dfrac{R^2+\omega^2 L^2}{\omega L^2 R}$

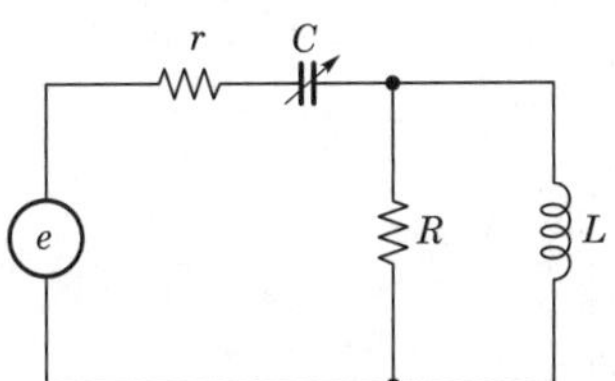

정답 : 49.㉯ 50.㉰

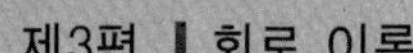

KEY POINT

➲ 전류 최대 조건은 공진 조건이므로 합성 임피던스의 허수부가 0이 되는 조건을 구한다.

해설

$$Z=r-j\frac{1}{\omega C}+\frac{R(j\omega L)}{R+j\omega L}=r-j\frac{1}{\omega C}+\frac{Rj\omega L(R-j\omega L)}{(R+j\omega L)(R-j\omega L)}$$

$$=r-j\frac{1}{\omega C}+\frac{j\omega LR^2+\omega^2L^2R}{R^2+\omega^2L^2}=r+\frac{\omega^2L^2R}{R^2+\omega^2L^2}+j\left(\frac{\omega LR^2}{R^2+\omega^2L^2}-\frac{1}{\omega C}\right)$$

따라서 $\frac{\omega LR^2}{R^2+\omega^2L^2}-\frac{1}{\omega L}=0$

$$\frac{1}{\omega C}=\frac{\omega LR^2}{R^2+\omega^2L^2}$$

$$\because\ C=\frac{R^2+\omega^2L^2}{\omega^2LR^2}$$

제 4 장 교류 전력

1 순시 전력과 평균 전력

(1) 순시 전력

R만의 부하에 $v=\sqrt{2}\,V\sin\omega t\,[\mathrm{V}]$가 인가되면

전류 $i=\sqrt{2}I\sin\omega t\,[\mathrm{A}]$가 흐르게 된다.

이때 순시 전력 p는

$$p=vi=2VI\sin\omega t=\boldsymbol{VI(1-\cos 2\omega t)}$$

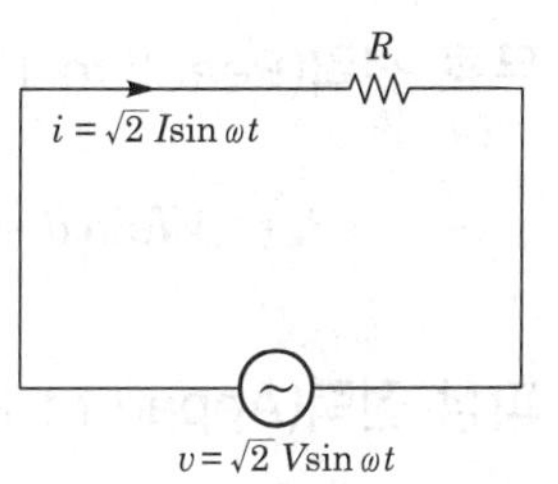

(2) 평균 전력(average power)

순시 전력의 한 주기에 대한 평균값으로 평균 전력 또는 유효 전력이라 한다. 그러므로 이를 식으로 정리하면

$$P=\frac{1}{2\pi}\int_0^{2\pi}p\,d\omega t=\frac{1}{2\pi}\int_0^{2\pi}VI(1-\cos 2\omega t)\,d\omega t=VI[\mathrm{W}]=\boldsymbol{VI\cos\theta\,[\mathrm{W}]}$$

2 유효 전력, 무효 전력, 피상 전력

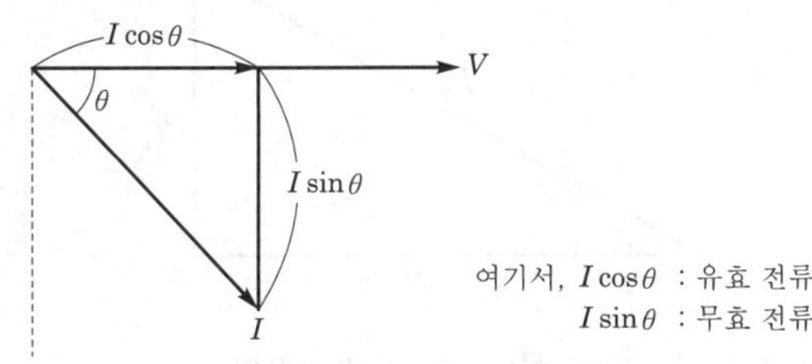

여기서, $I\cos\theta$: 유효 전류
$I\sin\theta$: 무효 전류

전압과 전류가 직각인 $I\sin\theta$ 성분은 전력을 발생시킬 수 없는 성분 즉, 무효 성분의 전류이고, 전압, 전류가 동상인 $I\cos\theta$ 성분은 전력을 발생시킬 수 있는 성분 즉, 유효 성분의 전류가 되어 이에 의해 만들어진 전력을 유효 전력, 무효 전력이라 한다.

이를 식으로 표현하면

(1) 유효 전력(Active Power)

$$P = VI\cos\theta = I^2 \cdot R = \frac{V^2}{R} \text{ [W]}$$

(2) 무효 전력(Reactive Power)

$$P_r = VI\sin\theta = I^2 \cdot X = \frac{V^2}{X} \text{ [Var]}$$

(3) 피상 전력(Apparent Power)

$$P_a = V \cdot I = I^2 \cdot Z = \frac{V^2}{Z} \text{ [VA]}$$

3 유효 전력, 무효 전력, 피상 전력과의 관계

$$P^2 + {P_r}^2 = (VI\cos\theta)^2 + (VI\sin\theta)^2 = (VI)^2 = {P_a}^2$$

따라서 $P_a = \sqrt{P^2 + {P_r}^2}$

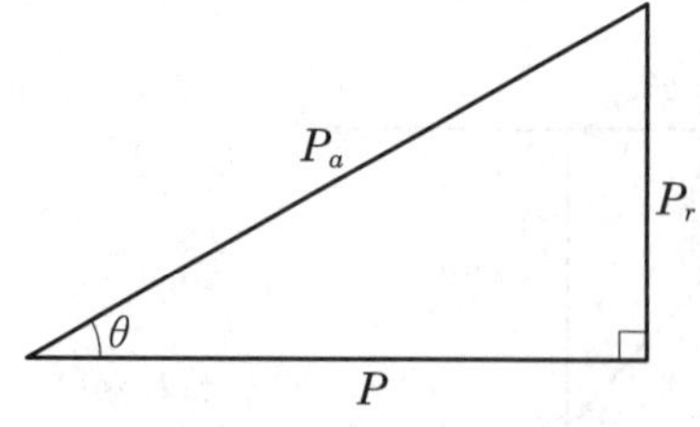

그림 3-9 전력 3각형

위의 전력 3각형에서 역률 $\cos\theta$와 무효율 $\sin\theta$를 구하면

(1) 역률(power factor)

$$p \cdot f = \frac{\text{유효 전력}}{\text{피상 전력}} = \frac{P}{P_a} = \frac{P}{\sqrt{P^2 + P_r^2}}$$

(2) 무효율(reative factor)

$$r \cdot f = \frac{\text{무효 전력}}{\text{피상 전력}} = \frac{P_r}{P_a} = \frac{P_r}{\sqrt{P^2 + P_r^2}}$$

4 역률 개선

전기 부하는 대부분 유도성 부하이므로 병렬로 콘덴서를 접속하여 콘덴서에 의해 발생하는 진상 전류로 부하 전류의 위상을 전압 위상과 거의 일치하도록 하는 것

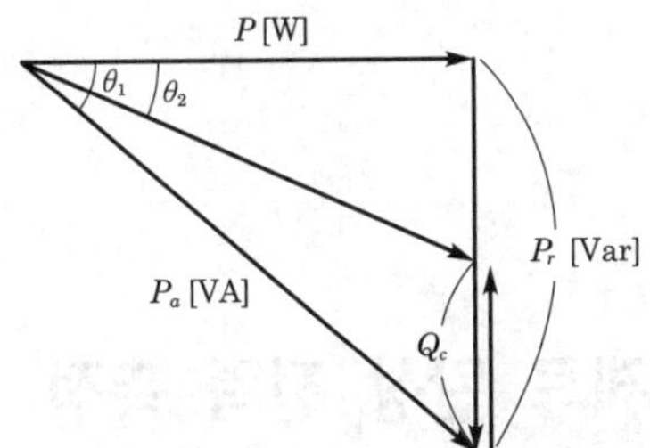

여기서, $\cos\theta_1$: 개선 전 역률
$\cos\theta_2$: 개선 후 역률

$$Q_C = P(\tan\theta_1 - \tan\theta_2) = P\left(\frac{\sin\theta_1}{\cos\theta_1} - \frac{\sin\theta_2}{\cos\theta_2}\right)$$

$$= P\left(\frac{\sqrt{1-\cos^2\theta_1}}{\cos\theta_1} - \frac{\sqrt{1-\cos^2\theta_2}}{\cos\theta_2}\right)$$

$$= P\left(\sqrt{\frac{1}{\cos^2\theta_1} - 1} - \sqrt{\frac{1}{\cos^2\theta_2} - 1}\right) \text{[VA]}$$

5 복소 전력

전압과 전류가 직각 좌표계로 주어지는 경우의 전력 계산법으로

전압 $\dot{V} = V_1 + jV_2$[V], 전류 $\dot{I} = I_1 + jI_2$[A]라 하면

피상 전력은 전압의 공액 복소수와 전류의 곱으로서

$$P_a = \overline{\dot{V}} \cdot \dot{I} = (V_1 - jV_2)(I_1 + jI_2) = (V_1 I_1 + V_2 I_2) - j(V_2 I_1 - V_1 I_2)$$
$$= P - jP_r$$

이때 허수부가 음(−)일 때 뒤진 전류에 의한 **지상 무효 전력**이 되고, 양(+)일 때 앞선 전류에 의한 **진상 무효 전력**이 된다.

(1) 유효 전력

$$P = V_1 I_1 + V_2 I_2\,[\mathrm{W}]$$

(2) 무효 전력

$$P_r = V_2 I_1 - V_1 I_2\,[\mathrm{Var}]$$

(3) 피상 전력

$$P_a = \sqrt{P^2 + P_r^2}\,[\mathrm{VA}]$$

6 3개의 전압계와 전류계로 단상 전력 측정

(1) 3전류계법

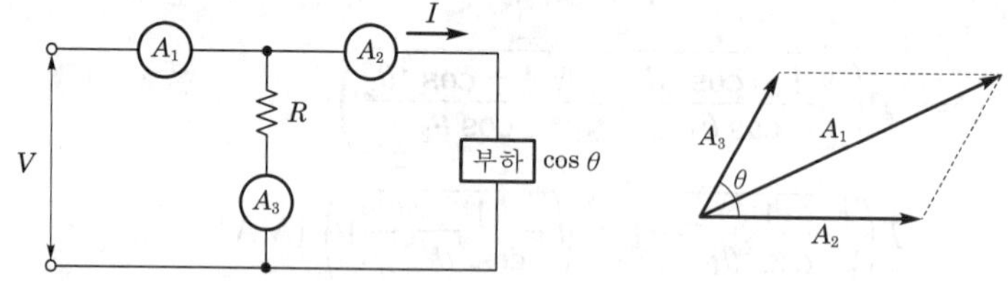

$A_1 = \sqrt{A_2^2 + A_3^2 + 2A_2A_3\cos\theta}$ 이므로 양변을 제곱하면,

$A_1^2 = A_2^2 + A_3^2 + 2A_2A_3\cos\theta$이므로 $\cos\theta$를 구하면

$\cos\theta = \dfrac{A_1^2 - A_2^2 - A_3^2}{2A_2A_3}$ 가 된다.

이때 부하에 걸리는 전력은

$$P = VI\cos\theta = RA_3 \times A_2 \times \frac{A_1^2 - A_2^2 - A_3^2}{2A_2A_3} = \frac{R}{2}(A_1^2 - A_2^2 - A_3^2)[\mathrm{W}]$$

이다.

(2) 3전압계법

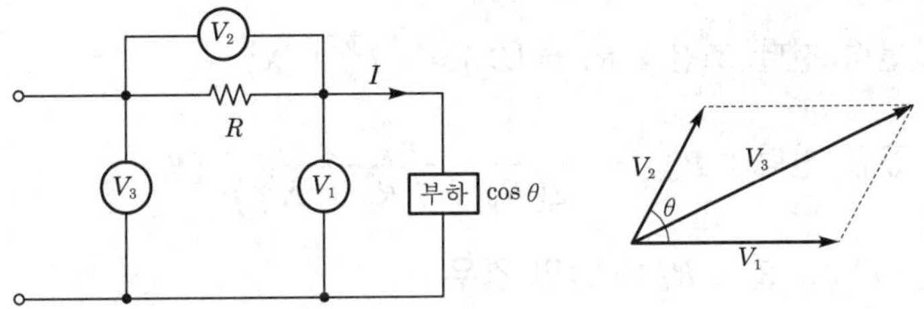

$V_3 = \sqrt{V_1^2 + V_2^2 + 2V_1V_2\cos\theta}$ 이므로 양변을 제곱하면,

$V_3^2 = V_1^2 + V_2^2 + 2V_1V_2\cos\theta$이므로 $\cos\theta$를 구하면

$\cos\theta = \dfrac{V_3^2 - V_1^2 - V_2^2}{2V_1V_2}$가 된다.

이때 부하에 걸리는 전력은

$$P = V_1I\cos\theta = V_1 \times \frac{V_2}{R} \times \frac{V_3^2 - V_1^2 - V_2^2}{2V_1V_2} = \frac{1}{2R}(V_3^2 - V_1^2 - V_2^2)[\mathrm{W}]$$

이다.

7 최대 전력 전달

(1) 최대 전력 전달 조건 및 최대 공급 전력

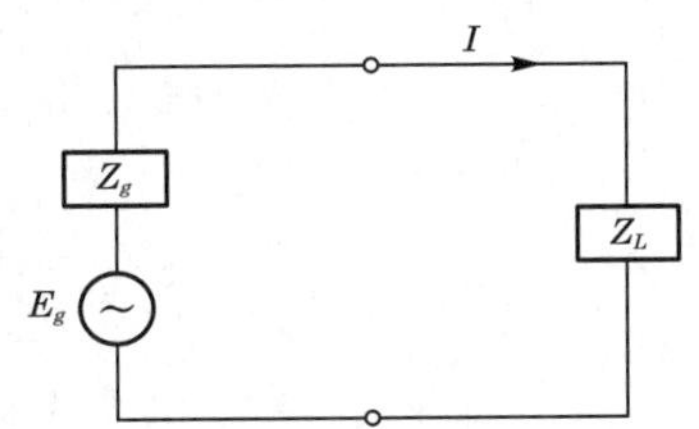

① $Z_g = R_g$, $Z_L = R_L$인 경우

㉮ 최대 전력 전달 조건 : $R_L = R_g$

㉯ 최대 공급 전력 : $P_{\max} = \dfrac{E_g^2}{4R_g}$ [W]

② $Z_g = R_g + jX_g$, $Z_L = R_L$인 경우

㉮ 최대 전력 전달 조건 : $R_L = |Z_g| = \sqrt{R_g^2 + X_g^2}$

㉯ 최대 공급 전력 : $P_{\max} = \dfrac{E_g^2}{2\left(R_g + \sqrt{R_g^2 + X_g^2}\right)}$ [W]

③ $Z_g = R_g + jX_g$, $Z_L = R_L + jX_L$인 경우

㉮ 최대 전력 전달 조건 : $Z_L = \overline{Z_g} = R_g - jX_g$

㉯ 최대 공급 전력 : $P_{\max} = \dfrac{E_g^2}{4R_g}$ [W]

단원핵심문제

1 어떤 부하에 $e=100\sin\left(100\pi t+\frac{\pi}{6}\right)$[V]의 기전력을 인가하니 $i=10\cos\left(100\pi t-\frac{\pi}{3}\right)$[V]인 전류가 흘렀다. 이 부하의 소비 전력은 몇 [W]인가?

㉮ 250　㉯ 433
㉰ 500　㉱ 866

KEY POINT

➲ 소비 전력

$P=VI\cos\theta=I^2\cdot R=\frac{V^2}{R}$ [W]

해설 전압 · 전류의 위상차 $\theta=\frac{\pi}{6}-\left(\frac{\pi}{3}+\frac{\pi}{2}\right)=0°$

$P=VI\cos\theta=\frac{100}{\sqrt{2}}\cdot\frac{10}{\sqrt{2}}\cos 0°=500$ [W]

2 $V=100\angle 60°$ [V], $I=20\angle 30°$[A]일 때 유효 전력[W]은 얼마인가?

㉮ $1,000\sqrt{2}$　㉯ $1,000\sqrt{3}$
㉰ $\frac{2,000}{\sqrt{2}}$　㉱ 20,000

KEY POINT

➲ 유효 전력

$P=VI\cos\theta=I^2\cdot R=\frac{V^2}{R}$ [W]

해설 유효 전력 $P=VI\cos\theta=100\times 20\cos(60°-30°)=1,000\sqrt{3}$ [W]

3 저항 R, 리액턴스 X와의 직렬 회로에 전압 V가 가해졌을 때 소비 전력은?

㉮ $\frac{R}{\sqrt{R^2+X^2}}V^2$　㉯ $\frac{X}{\sqrt{R^2+X^2}}V^2$
㉰ $\frac{R}{R^2+X^2}V^2$　㉱ $\frac{X}{R^2+X^2}V^2$

정답 : 1.㉰ 2.㉯ 3.㉰

➲ 소비 전력 $P=VI\cos\theta=I^2\cdot R=\frac{V^2}{R}$[W]에서 직렬 회로이므로 $P=I^2\cdot R$[W]로 계산

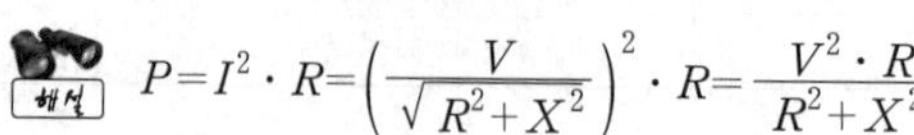

$P=I^2\cdot R=\left(\frac{V}{\sqrt{R^2+X^2}}\right)^2\cdot R=\frac{V^2\cdot R}{R^2+X^2}$

4 $R=30[\Omega]$, $L=106$[mH]의 코일이 있다. 이 코일에 100[V], 60[Hz]의 전압을 인가할 때 소비되는 전력[W]은?

㉮ 100 ㉯ 120

㉰ 160 ㉱ 200

➲ 소비 전력 $P=VI\cos\theta=I^2\cdot R=\frac{V^2}{R}$[W]에서 직렬 회로이므로 $P=I^2\cdot R$[W]로 계산

$X_L=2\pi fL=2\pi\times 60\times 106\times 10^{-3}=40[\Omega]$

$I=\frac{V}{Z}=\frac{V}{\sqrt{R^2+X_L{}^2}}=\frac{100}{\sqrt{30^2+40^2}}=2$[A]

$\therefore\ P=I^2R=2^2\times 30=120$[W]

5 그림과 같은 회로에서 주파수 60[Hz], 교류 전압 200[V]의 전원이 인가되었을 때 R의 전력 손실을 $L=0$인 때의 $\frac{1}{2}$로 하려면 L의 크기[H]는? (단, $R=600[\Omega]$)

㉮ 0.59

㉯ 1.59

㉰ 4.62

㉱ 3.62

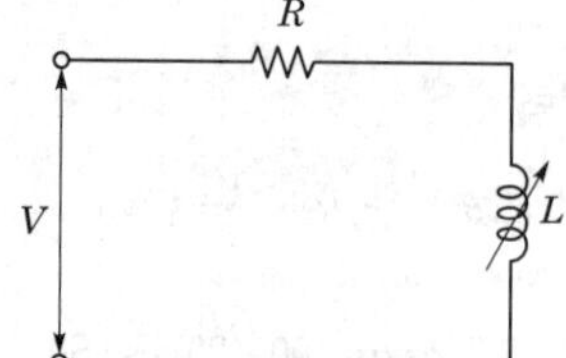

➲ 소비 전력은 직렬 회로이므로 $P=I^2\cdot R$[W]로 계산

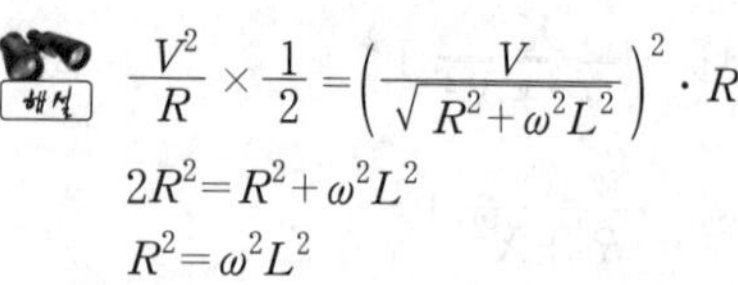

$\frac{V^2}{R}\times\frac{1}{2}=\left(\frac{V}{\sqrt{R^2+\omega^2L^2}}\right)^2\cdot R$

$2R^2=R^2+\omega^2L^2$

$R^2=\omega^2L^2$

정답 : 4.㉯ 5.㉯

제곱해서 크기가 같으면 제곱하기 전의 크기도 같다.

따라서, $L=\frac{R}{\omega}=\frac{R}{2\pi f}=\frac{600}{2\pi\times 60}\fallingdotseq 1.59\,[\text{H}]$

6 무유도 저항 부하에 그림 (a)와 같이 정현파 교류를 정류한 맥류가 흐를 때 그림 (b)와 같이 접속된 가동 코일형 전압계 및 전류계의 지시값 V_a, I_a에 의하여 부하의 전력을 구하면?

㉮ $\frac{\pi^2}{8}V_aI_a$

㉯ V_aI_a

㉰ $\frac{\pi^2}{4}V_aI_a$

㉱ $\frac{\pi^2}{2}V_aI_a$

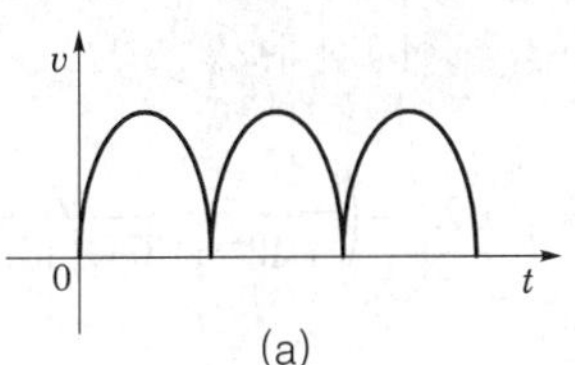

(a)

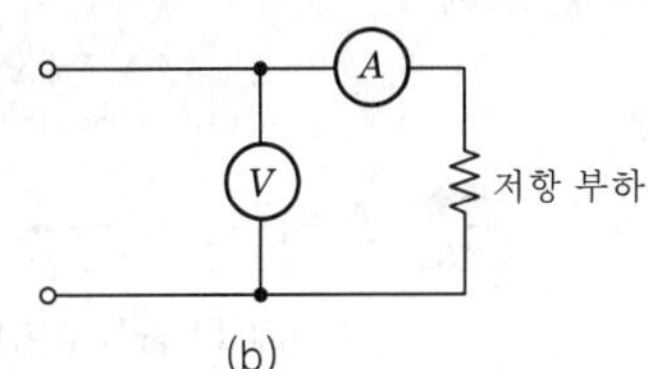

(b)

KEY POINT

➲ R만의 부하에서는 역률 $\cos\theta=1$이 되므로 $P=VI\,[\text{W}]$가 된다.

가동 코일형 계기는 평균값을 지시하므로 실효값을 구하면

실효값 $I=\frac{I_m}{\sqrt{2}}$, 평균값 $I_{av}=\frac{2}{\pi}I_m$

$\therefore$ 실효값 $I=\frac{\pi}{2\sqrt{2}}I_{av}$

$\therefore\ P=VI=\frac{\pi}{2\sqrt{2}}V_a,\ \frac{\pi}{2\sqrt{2}}I_a=\frac{\pi^2}{8}V_a\cdot I_a\,[\text{W}]$

7 어떤 회로에 인가 전압 $v=150\sin(\omega t+10°)$[V] 인가시 전류 $i=5\sin(\omega t-50°)$[A]가 흐르는 경우 무효 전력은 몇 [Var]인가?

㉮ 187.6 ㉯ 325

㉰ 345 ㉱ 375

KEY POINT

➲ 무효 전력

$P_r=VI\sin\theta=I^2\cdot X=\frac{V^2}{X}\,[\text{Var}]$

$P_r=\frac{150}{\sqrt{2}}\cdot\frac{5}{\sqrt{2}}\sin 60°=\frac{150}{\sqrt{2}}\cdot\frac{5}{\sqrt{2}}\cdot\frac{\sqrt{3}}{2}=325\,[\text{Var}]$

정답 : 6.㉮ 7.㉯

8 저항 $R=12[\Omega]$, 인덕턴스 $L=13.3$[mH]인 $R-L$ 직렬 회로에 실효값 130[V], 주파수 60[Hz]인 전압을 인가했을 때 이 회로의 무효 전력[kVar]은?

㉮ 500　　㉯ 0.5
㉰ 5　　㉱ 50

KEY POINT

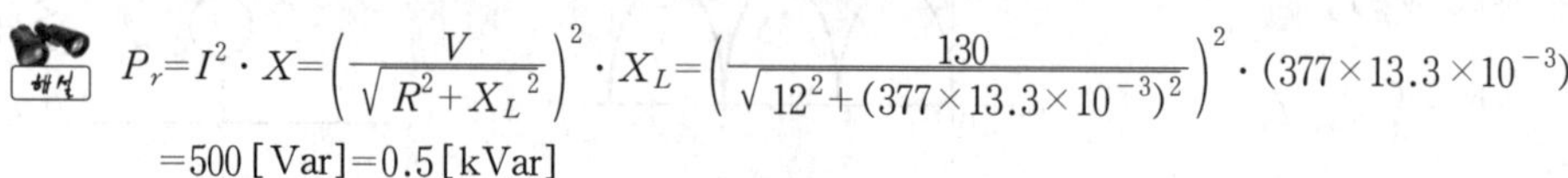

➲ 무효 전력 $P_r=VI\sin\theta=I^2\cdot X=\frac{V^2}{X}$ [Var]에서 직렬 회로이므로 $P_r=I^2\cdot X$[Var]의 식을 이용한다.

$P_r=I^2\cdot X=\left(\frac{V}{\sqrt{R^2+X_L^{\,2}}}\right)^2\cdot X_L=\left(\frac{130}{\sqrt{12^2+(377\times13.3\times10^{-3})^2}}\right)^2\cdot(377\times13.3\times10^{-3})$

$=500$[Var]$=0.5$[kVar]

9 교류 전압 100[V], 전류 20[A]로서 1.2[kW]의 전력을 소비하는 회로의 리액턴스는 몇 [Ω]인가?

㉮ 3　　㉯ 4
㉰ 6　　㉱ 8

KEY POINT

➲ 무효 전력 $P_r=I^2\cdot X=\frac{V^2}{X}$ [Var]에서 리액턴스를 구할 수 있다.

전기 회로에서 말없이 나오는 일반 부하는 $R-L$ 직렬 회로이다.

일반 부하 즉, $R-L$ 직렬 회로이므로

무효 전력 $P_r=I^2\cdot X_L$에서 $X_L=\frac{P_r}{I^2}[\Omega]$

유효 전력(P), 무효 전력(P_r), 피상 전력(P_a)의 관계에서

$P_a=\sqrt{P^2+P_r^{\,2}}$,　$P_r=\sqrt{P_a^{\,2}-P^2}=\sqrt{(VI)^2-P^2}$[Var]

$\therefore\ X_L=\frac{P_r}{I^2}=\frac{\sqrt{(VI)^2-P^2}}{I^2}=\frac{\sqrt{(100\times20)^2-(1,200)^2}}{20^2}\fallingdotseq4[\Omega]$

10 어떤 회로에서 인가 전압이 100[V]일 때 유효 전력이 300[W], 무효 전력이 400[Var]이다. 전류 I는?

㉮ 5[A]　　㉯ 50[A]
㉰ 3[A]　　㉱ 4[A]

정답 : 8.㉯ 9.㉯ 10.㉮

KEY POINT

➲ P, P_r, P_a의 관계 $P_a=\sqrt{P^2+P_r^2}$

전력 삼각형

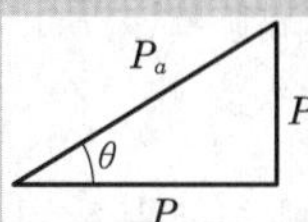

해설

$P_a=\sqrt{P^2+P_r^2}=\sqrt{300^2+400^2}=500$

$P_a=VI=500\,[\text{VA}]$

$\therefore\ I=\dfrac{P_a}{V}=\dfrac{500}{100}=5\,[\text{A}]$

11 그림과 같은 회로에서 각 계기들의 지시값은 다음과 같다. V는 240[V], A는 5[A], W는 720[W]이다. 이때 인덕턴스 L[H]는? (단, 전원 주파수는 60[Hz]라 한다.)

㉮ $\dfrac{1}{\pi}$

㉯ $\dfrac{1}{2\pi}$

㉰ $\dfrac{1}{3\pi}$

㉱ $\dfrac{1}{4\pi}$

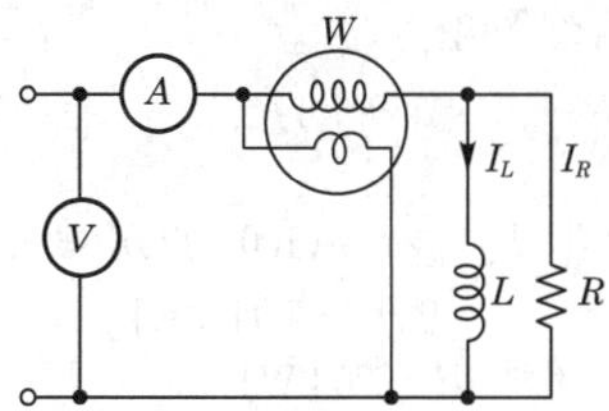

KEY POINT

➲ 무효 전력 $P_r=VI\sin\theta=I^2X_L=\dfrac{V^2}{X_L}$ 에서 병렬 회로이므로 $P_r=\dfrac{V^2}{X_L}$ 으로 계산

해설

$P_r=\dfrac{V^2}{X_L}$ 에서

유도 리액턴스 $X_L=\dfrac{V^2}{p_r}=\dfrac{V^2}{\sqrt{P_a^2-P^2}}=\dfrac{240^2}{\sqrt{(240\times5)^2-720^2}}=60[\Omega]$

$\therefore$ 인덕턴스 $L=\dfrac{X_L}{\omega}=\dfrac{60}{2\pi 60}=\dfrac{1}{2\pi}\,[\text{H}]$

12 어떤 회로의 전압 V, 전류 I 일 때, $P_a=\overline{V}I=P+jP_r$에서 $P_r>0$이다. 이 회로는 어떤 부하인가?

㉮ 유도성　　㉯ 무유도성

㉰ 용량성　　㉱ 정저항

정답 : 11.㉯ 12.㉰

KEY POINT

➲ 복소 전력

$P_a = \overline{V} \cdot I = P \pm jP_r$

$P_r > 0$인 조건하에서 +인 경우에는 진상 전류에 의한 무효 전력이 되고, −인 경우에는 지상 전류에 의한 무효 전력이 된다.

$P_a = \overline{V} \cdot I = P + jP_r$이므로 +인 경우는 진상 전류에 의한 무효 전력, 즉 용량성 부하가 된다.

13 $V = 100 + j20$ [V]인 전압을 가했을 때 $I = 8 + j6$ [A]의 전류가 흘렀다. 이 회로의 소비 전력[W]은?

㉮ 800　　㉯ 920
㉰ 1,200　　㉱ 1,400

KEY POINT

➲ 복소 전력

$P_a = \overline{V} \cdot I = P \pm jP_r$ (+ : 용량성 부하, − : 유도성 부하)

복소 전력 $P_a = \overline{V}I = (100 - j20)(8 + j6) = 800 - j600 - j160 + 120$

$= 920 - j760$ [VA]

∴ 유효 전력 $P = 920$ [W]

무효 전력 $P_r = 760$ [Var]

14 $V = 100 + j30$ [V]의 전압을 가하니 $I = 16 + j3$ [A]의 전류가 흘렀다. 이 회로에서 소비되는 유효 전력[W] 및 무효 전력[Var]은 각각 얼마인가?

㉮ 1,690, 180　　㉯ 1,510, 780
㉰ 1,510, 180　　㉱ 1,690, 780

KEY POINT

➲ 복소 전력

$P_a = \overline{V} \cdot I = P \pm jP_r$

복소 전력 $P_a = \overline{V} \cdot I = (100 - j30)(16 + j3)$

$= 1,690 - j180$ [VA]

∴ 유효 전력 $P = 1,690$ [W]

무효 전력 $P_r = 180$ [Var]

정답 : 13.㉯ 14.㉮

15 그림과 같이 부하와 저항 R을 병렬로 접속하여 100[V]의 교류 전압을 인가할 때 각 지로에 흐르는 전류가 그림과 같을 때 부하의 소비 전력은 몇 [W]인가?

㉮ 400
㉯ 500
㉰ 600
㉱ 700

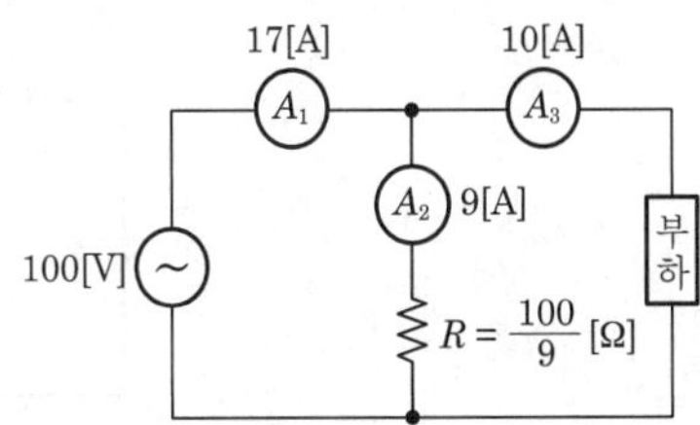

KEY POINT

3전류계법

① 전력 : $P=\frac{R}{2}(I_1{}^2-I_2{}^2-I_3{}^2)$

② 역률 : $\cos\theta=\frac{I_1{}^2-I_2{}^2-I_3{}^2}{2I_2I_3}$

해설 소비 전력 $P=\frac{R}{2}(I_1{}^2-I_2{}^2-I_3{}^2)=\frac{100}{2\times 9}(17^2-9^2-10^2)=600$ [W]

16 그림과 같은 회로에서 전압계 3개로 단상 전력을 측정하고자 할 때의 유효 전력은?

㉮ $\frac{1}{2R}(V_3^2-V_1^2-V_2^2)$

㉯ $\frac{1}{2R}(V_3^2-V_1^2)$

㉰ $\frac{R}{2}(V_3^2-V_1^2-V_2^2)$

㉱ $\frac{R}{2}(V_2^2-V_1^2-V_3^2)$

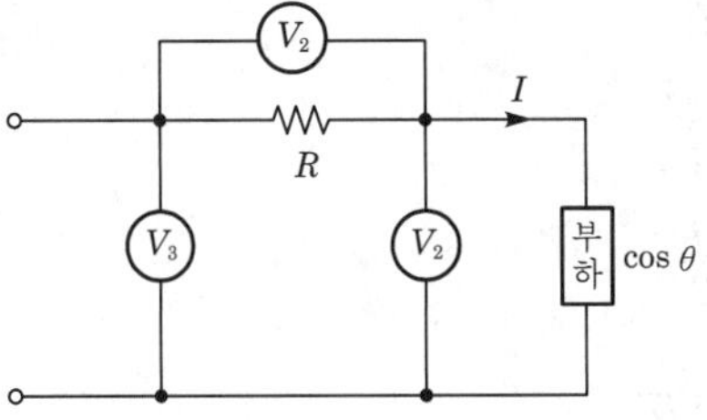

KEY POINT

3전압계법

① 전력 : $P=\frac{1}{2R}(V_3{}^2-V_1{}^2-V_2{}^2)$[W]

② $\cos\theta=\frac{V_3{}^2-V_1{}^2-V_2{}^2}{2V_1V_2}$

해설 3전압계법에서의 전력은 전전압이 V_3이므로

$P=\frac{1}{2R}(V_3{}^2-V_1{}^2-V_2{}^2)$[W]가 된다.

17 그림과 같이 전압 E와 저항 R로 된 회로의 단자 A, B 간에 적당한 저항 R_L을 접속하여 R_L에서 소비되는 전력을 최대로 되게 하고자 한다. R_L을 어떻게 하면 되는가?

㉮ R

㉯ $\frac{3}{2}R$

㉰ $\frac{1}{2}R$

㉱ $2R$

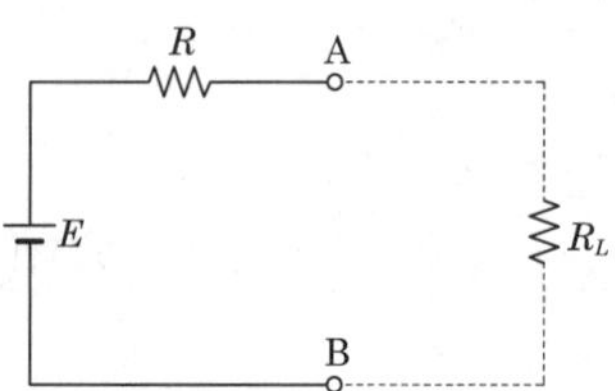

KEY POINT

① 최대 전력 전달 조건 : $R_L = R$

② 최대 전력 : $P_{max} = \frac{E^2}{4R}$ [W]

해설 최대 전력 전달 조건은 부하 저항 R_L과 전원 내부 저항 R이 서로 같은 경우이다.

18 그림과 같이 전압 E와 저항 R로 되는 회로 단자 A, B 간에 적당한 저항 R_L을 접속하여 R_L에서 소비되는 전력을 최대로 하게 했다. 이때 R_L에서 소비되는 전력 P_m는 얼마인가?

㉮ $\frac{E^2}{4R}$

㉯ $\frac{E^2}{2R}$

㉰ $\frac{E^2}{3R_L}$

㉱ $\frac{E}{R_L}$

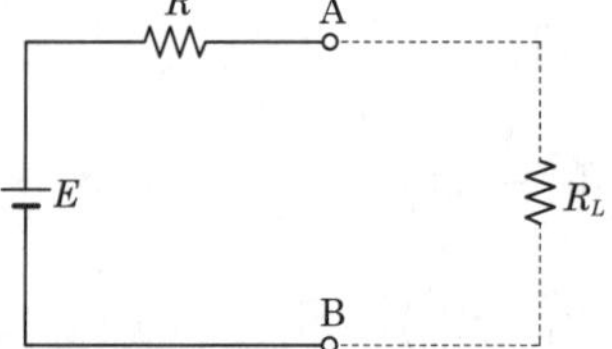

KEY POINT

① 최대 전력 전달 조건 : $R_L = R$

② 최대 전력 : $P_{max} = \frac{E^2}{4R}$ [W]

해설 최대 전력 전달 조건 $R_L = R$이므로

최대 전력 $P_{max} = I^2 \cdot R_L \mid_{R_L=R} = \left(\frac{E}{(R+R_L)}\right)^2 \cdot R_L \mid_{R_L=R} = \frac{E^2}{4R}$ [W]

정답 : 17.㉮ 18.㉮

19 최대값 V_o, 내부 임피던스 $Z_o = R_o + jX_o (R_o > 0)$인 전원에서 공급할 수 있는 최대 전력은?

㉮ $\frac{V_o^2}{8R_o}$ ㉯ $\frac{V_o^2}{4R_o}$

㉰ $\frac{V_o^2}{2R_o}$ ㉱ $\frac{V_o^2}{2\sqrt{2}R_o}$

KEY POINT

① 최대 전력 전달 조건 : $Z_L = \overline{Z_S}$

② 최대 전력 : $P_{max} = \frac{V^2}{4R_o}$ [W]

최대 전력 $P_{max} = \frac{V^2}{4R_o}$에서 조건의 전압이 최대값 V_o이므로

실효값을 구하면 $V = \frac{V_o}{\sqrt{2}}$ [V]가 된다.

$$\therefore \ P_{max} = \frac{\left(\frac{V_o}{\sqrt{2}}\right)^2}{4R_o} = \frac{V_o^{\ 2}}{8R_o} \text{ [W]}$$

20 부하 저항 R_L이 전원의 내부 저항 R_o의 3배가 되면 부하 저항 R_L에서 소비되는 전력 R_L은 최대 전송 전력 P_m의 몇 배인가?

㉮ 0.89 ㉯ 0.75

㉰ 0.5 ㉱ 0.3

KEY POINT

① $R_L = R_o$인 경우 최대 전력 : $P_{max} = \frac{V_g^{\ 2}}{4R_o}$ [W]

② $R_L = 3R_o$인 경우 전력 : $P_L = I^2 \cdot R_L |_{R_L=3R_o}$ [W]

부하 전력 $P_L = I^2 R_L \Big|_{R_L=3R_o} = \left(\frac{V_g}{R_o + R_L}\right)^2 \cdot R_L \Big|_{R_L=3R_o} = \frac{3}{16}\frac{V_g^{\ 2}}{R_o} = \left(\frac{V_g}{R_o + 3R_o}\right)^2 \times 3R_o$

$$P_{max} = \frac{V_g^{\ 2}}{4R_o}$$

$$\therefore \ \frac{P_L}{P_{max}} = \frac{\frac{3}{16}\frac{V_g^{\ 2}}{R_o}}{\frac{1}{4}\frac{V_g^{\ 2}}{R_o}} = \frac{12}{16} = 0.75\text{[배]}$$

21 그림과 같이 저항 R과 정전 용량 C의 병렬 회로가 있다. 전 전류를 일정하게 유지할 때 R에서 소비되는 전력을 최대로 하는 R의 값은? (단, 주파수는 f이다.)

㉮ $\frac{1}{\omega C}$

㉯ $R - j\omega C$

㉰ ωCR

㉱ $R + j\omega C$

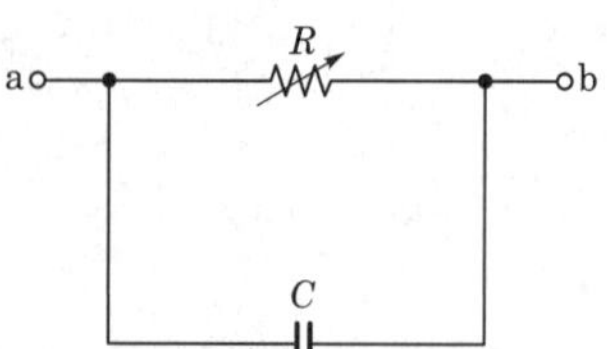

 최대 전력 전달 조건 $R = X_C = \frac{1}{\omega C}$

22 그림과 같은 교류 회로에서 저항 R을 변환시킬 때 저항에서 소비되는 최대 전력[W]은?

㉮ 95

㉯ 113

㉰ 134

㉱ 154

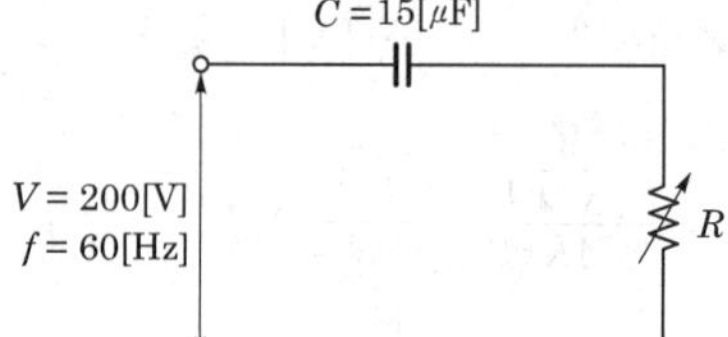

① 최대 전력 전달 조건 : $R = X_C = \frac{1}{\omega C}$

② 최대 전력 : $P_{max} = I^2 \cdot R \Big|_{R=\frac{1}{\omega C}} = \frac{1}{2}\omega C V^2$ [W]

 최대 전력 전달 조건 $R = \frac{1}{\omega C} = X_C$[Ω]

$$P_{max} = I^2 \cdot R = \frac{V^2}{R^2 + X_C{}^2} \cdot R \Bigg|_{R=\frac{1}{\omega C}} = \frac{V^2}{\frac{1}{\omega^2 C^2} + \frac{1}{\omega^2 C^2}} \cdot \frac{1}{\omega C} = \frac{1}{2}\omega C V^2 \text{ [W]}$$

$$\therefore\ P_{max} = \frac{1}{2} \times 377 \times 200^2 = 113 \text{ [W]}$$

 정답 : 21.㉮ 22.㉯

제 5 장 유도 결합 회로

1 자기 인덕턴스

다음 그림의 코일에 전류 I[A]가 흐르면 자속 ϕ가 형성되고 이 둘은 비례하므로 $\phi \propto I$이다. 이를 등식으로 고치면 L이라는 비례 상수가 들어간다. 즉, $\phi = LI$ 가 되고, 이러한 L을 자기 인덕턴스라 한다. 만약, 권수가 N회이면 총 자속이 $N\phi$가 되어 $N\phi = LI$가 된다. 여기서, 자기 인덕턴스 $L = \dfrac{N\phi}{I}$ [H]가 된다.

또한, 자속 $\phi = BS = \mu HS = \mu \dfrac{NI}{l} S$ [Wb]이므로 이를 대입하면 다음과 같다.

$$L = \frac{N\phi}{I} = \frac{\mu S N^2}{l} \text{ [H]}$$

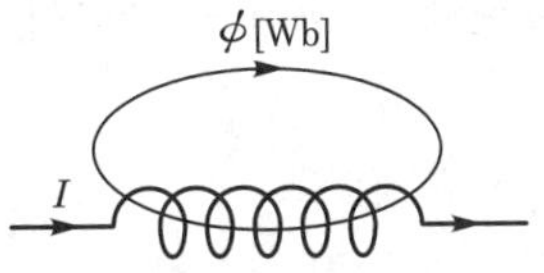

2 패러데이 법칙

시간에 대해서 코일에 자속의 변화와 전류의 변화가 생기면 코일에는 역기전력이 형성되는데 이를 식으로 표현하면 다음과 같이 된다.

$$e = -N\frac{d\phi}{dt} = -L\frac{di}{dt} \text{ [V]}$$

3 상호 유도 전압의 크기 및 극성

(1) 크기

다음 그림과 같이 1차측의 전류 i_1에 의하여 2차측에 유기되는 상호 유도 전압 e_{12}는 다음과 같다.

$$e_{12} = \pm M\frac{di_1}{dt}\ [\mathrm{V}]$$

여기서, M : 상호 인덕턴스

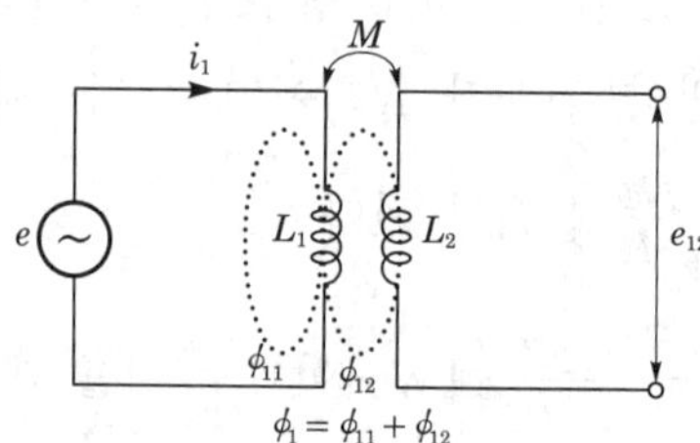

(2) 극성

상호 유도 전압의 극성은 두 코일에서 생기는 자속이 합쳐지는 방향이면 +, 반대 방향이면 −가 된다.

4 인덕턴스 직렬 접속

(1) 가극성(=가동 결합)

다음 그림의 (a)와 같이 전류의 방향이 동일하며 자속이 합하여지는 경우로서 이를 등가적으로 그리면 그림 (b)와 같이 된다.

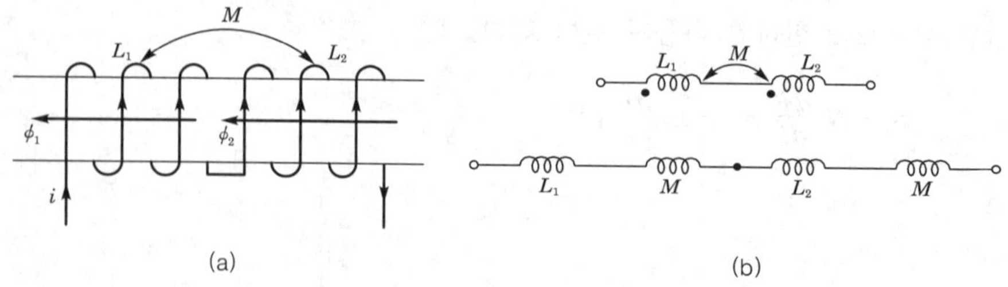

(a) (b)

이때, 합성 인덕턴스는

$$L_o = L_1 + M + L_2 + M = \boldsymbol{L_1 + L_2 + 2M}\ [\mathrm{H}]$$

(2) 감극성(=차동 결합)

다음 그림의 (a)와 같이 전류의 방향이 반대이며 자속의 방향이 반대인 경우로서 이를 등가적으로 그리면 그림 (b)와 같이 된다.

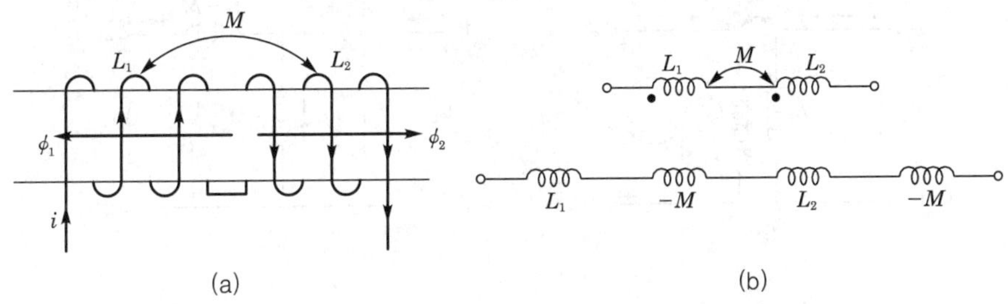

(a) (b)

이때, 합성 인덕턴스는

$$L_o = L_1 - M + L_2 - M = \boldsymbol{L_1 + L_2 - 2M}\ [\mathrm{H}]$$

5 변압기의 T형 등가 회로

(1) 가동 결합(=가극성)

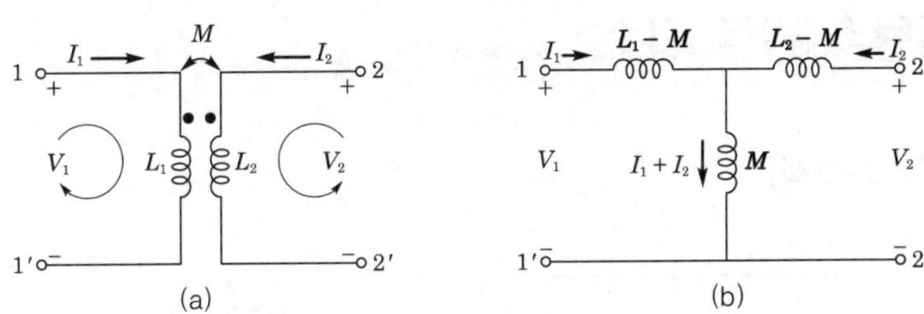

(a) (b)

그림 (a)를 T형 등가 회로로 나타내면 그림 (b)와 같다.

그림 (a)에서

$$V_1 = j\omega L_1 I_1 + j\omega M I_2\ ,\quad V_2 = j\omega M I_1 + j\omega L_2 I_2$$

그림 (b)에서

$$V_1 = j\omega(L_1 - M)I_1 + j\omega M(I_1 + I_2) = j\omega L_1 I_1 + j\omega M I_2$$

$$V_2 = j\omega(L_2 - M)I_2 + j\omega M(I_1 + I_2) = j\omega M I_1 + j\omega L_2 I_2$$

(2) 차동 결합(=감극성)

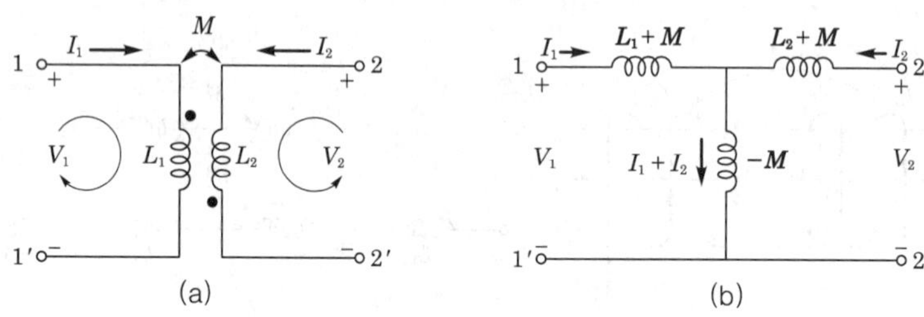

(a) (b)

그림 (a)를 T형 등가 회로로 나타내면 그림 (b)와 같다.

그림 (a)에서

$$V_1 = j\omega L_1 I_1 - j\omega M I_2 \;,\quad V_2 = -j\omega M I_1 + j\omega L_2 I_2$$

그림 (b)에서

$$V_1 = j\omega(L_1 + M)I_1 - j\omega M(I_1 + I_2) = j\omega L_1 I_1 - j\omega M I_2$$

$$V_2 = j\omega(L_2 + M)I_2 - j\omega M(I_1 + I_2) = -j\omega M I_1 + j\omega L_2 I_2$$

6 인덕턴스 병렬 접속

(1) 가동 결합(=가극성)

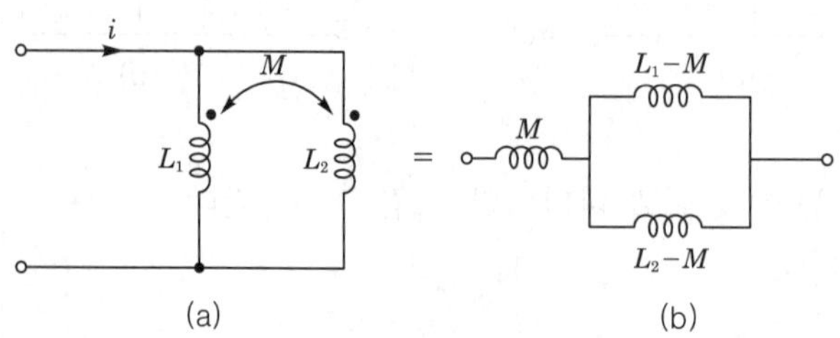

(a) (b)

변압기 T형 등가 회로를 이용하면 그림의 (a)와 (b)는 등가 회로이다.

따라서 합성 인덕턴스를 구하면 다음과 같다.

$$L_o = M + \frac{(L_1-M)(L_2-M)}{(L_1-M)+(L_2-M)} = \frac{\boldsymbol{L_1L_2-M^2}}{\boldsymbol{L_1+L_2-2M}}\ [\mathrm{H}]$$

(2) 차동 결합(=감극성)

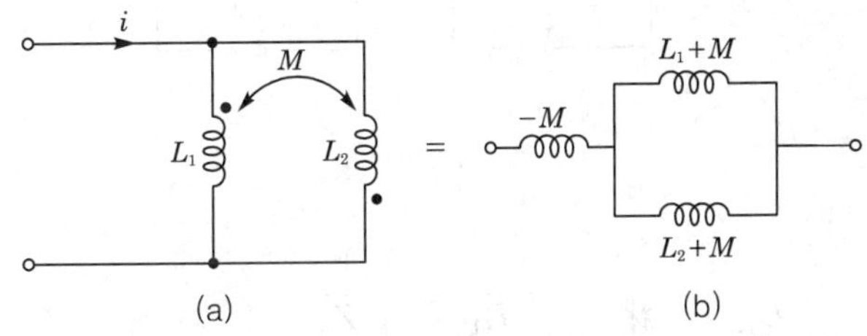

변압기 T형 등가 회로를 이용하면 그림의 (a)와 (b)는 등가 회로이다.

따라서 합성 인덕턴스를 구하면 다음과 같다.

$$L_o = -M + \frac{(L_1+M)(L_2+M)}{(L_1+M)+(L_2+M)} = \frac{\boldsymbol{L_1L_2-M^2}}{\boldsymbol{L_1+L_2+2M}}\ [\mathrm{H}]$$

7 결합 계수

두 코일의 자기 인덕턴스가 L_1, L_2이고 상호 인덕턴스가 M일 때 결합 계수 K는 다음과 같다.

$$\boldsymbol{K = \frac{M}{\sqrt{L_1L_2}} = \sqrt{k_{12}\cdot k_{21}} = \sqrt{\frac{\phi_{12}}{\phi_1}\cdot\frac{\phi_{21}}{\phi_2}}}$$

이는 두 코일간의 유도 결합의 정도를 나타내는 계수가 된다.

이때 결합 계수의 범위는 $0 \leqq K \leqq 1$의 값을 갖는다.

여기서, $K=0$은 상호 자속이 전혀 없는 경우, 즉 유도 결합이 없는 경우이며, $\boldsymbol{K=1}$은 누설 자속이 전혀 없는, 즉 **완전 결합**의 경우가 된다.

8 이상 변압기

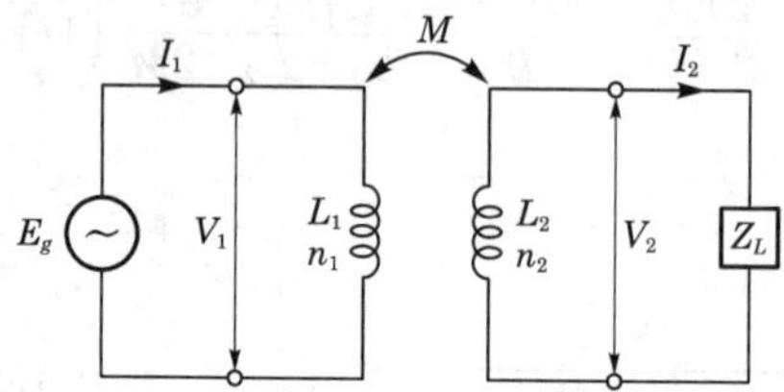

(1) 권선비

$$a = \frac{n_1}{n_2} = \frac{L_1}{M} = \frac{M}{L_2} = \sqrt{\frac{L_1}{L_2}} = \sqrt{\frac{Z_g}{Z_L}}$$

(2) 전압비

$$\frac{V_1}{V_2} = \frac{n_1}{n_2} = n$$

(3) 전류비

$$\frac{I_1}{I_2} = \frac{n_2}{n_1} = \frac{1}{n}$$

(4) 입력측 임피던스

$$Z_g = n^2 Z_L = \left(\frac{n_1}{n_2}\right)^2 Z_L$$

9 브리지 회로

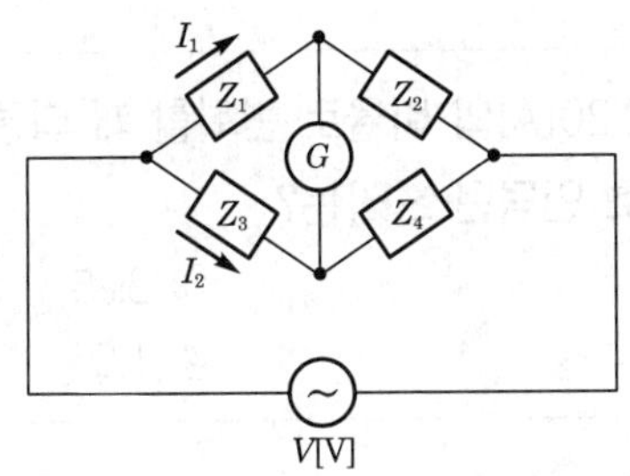

그림의 브리지 회로가 평형 상태이면

$Z_1 I_1 = Z_3 I_2$, $Z_2 I_1 = Z_4 I_2$에서 $\dfrac{I_1}{I_2} = \dfrac{Z_3}{Z_1} = \dfrac{Z_4}{Z_2}$가 된다.

따라서 **평형 조건**은 $\boldsymbol{Z_1 Z_4 = Z_2 Z_3}$가 된다.

단원핵심문제

1 한 코일의 전류가 매초 120[A]의 비율로 변화할 때 다른 코일에 15[V]의 기전력이 발생하였다면 두 코일의 상호 인덕턴스[H]는?

㉮ 0.125 ㉯ 2.85
㉰ 0 ㉱ 1.25

KEY POINT

➲ 2차 유도 기전력 = 상호 유도 전압

$e=\pm M\frac{di}{dt}$ [V] (+ : 가동 결합, − : 차동 결합)

해설 유도 기전력 $e=M\frac{di}{dt}$ [V]에서

상호 인덕턴스 $M=\frac{e}{\frac{di}{dt}}$ [H]

$\therefore M=\frac{15}{120}=0.125$ [H]

2 상호 인덕턴스 100[mH]인 회로의 1차 코일에 3[A]의 전류가 0.3초 동안에 18[A]로 변화할 때 2차 유도 기전력[V]은?

㉮ 5 ㉯ 6
㉰ 7 ㉱ 8

KEY POINT

➲ 2차 유도 기전력 = 상호 유도 전압

$e=\pm M\frac{di}{dt}$ [V] (+ : 가동 결합, − : 차동 결합)

해설 2차 유도 기전력 = 상호 유도 전압

$e=\pm M\frac{di}{dt}$

$=100\times10^{-3}\frac{18-3}{0.3}$

$=5$ [V]

정답 : 1.㉮ 2.㉮

3 그림과 같은 회로에서 $i_1 = I_m \sin\omega t$일 때 개방된 2차 단자에 나타나는 유기 기전력 e_2는 몇 [V]인가?

㉮ $\omega M \sin\omega t$

㉯ $\omega M \cos\omega t$

㉰ $\omega M I_m \sin(\omega t - 90°)$

㉱ $\omega M I_m \sin(\omega t + 90°)$

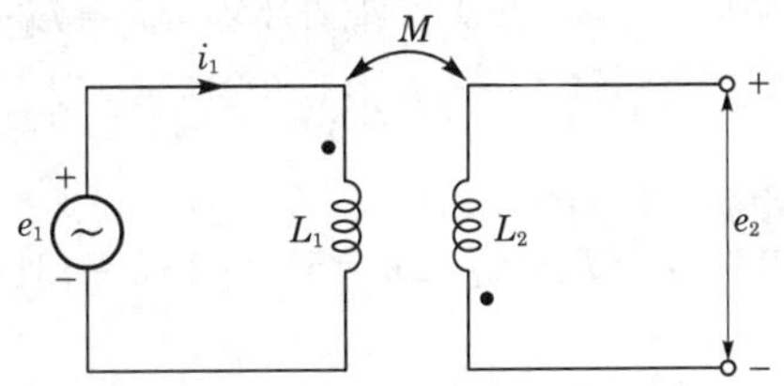

KEY POINT

➲ 2차 유도 기전력 = 상호 유도 전압

$e = \pm M \dfrac{di}{dt}$ [V] (+ : 가동 결합, − : 차동 결합)

차동 결합이므로 2차 유도 기전력

$e_2 = -M\dfrac{di}{dt} = -M\dfrac{d}{dt} I_m \sin\omega t = -\omega M I_m \cos\omega t = \omega M I_m \sin(\omega t - 90°)$ [V]

4 그림과 같은 결합 회로의 합성 인덕턴스는 몇 [H]인가?

㉮ 4

㉯ 6

㉰ 10

㉱ 13

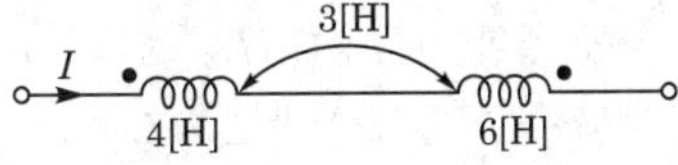

KEY POINT

➲ 인덕턴스 직렬 접속의 합성 인덕턴스

① 가동 결합(가극성) : $L_o = L_1 + L_2 + 2M$ [H]

② 차동 결합(감극성) : $L_o = L_1 + L_2 - 2M$ [H]

차동 결합이므로

$L_o = L_1 + L_2 - 2M = 4 + 6 - 2 \times 3 = 4$ [H]

5 그림과 같은 인덕터의 전체 자기 인덕턴스 L의 값[H]은?

㉮ 5

㉯ 6

㉰ 7

㉱ 13

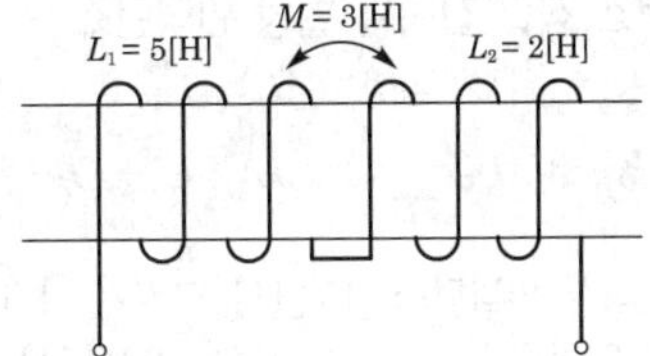

KEY POINT

➲ 인덕턴스 직렬 접속의 합성 인덕턴스

① 가동 결합(가극성) : $L_o = L_1 + L_2 + 2M$[H]

② 차동 결합(감극성) : $L_o = L_1 + L_2 - 2M$[H]

 해설

가동 결합이므로

$L_o = L_1 + L_2 + 2M = 5 + 2 + 2 \times 3 = 13$[H]

6 그림의 회로에서 e_{ab}는?

㉮ $(L_1 + L_2 - 2M)\dfrac{di}{dt}$

㉯ $(L_1 + L_2 + 2M)\dfrac{di}{dt}$

㉰ $(L_1 + L_2 + M)\dfrac{di}{dt}$

㉱ $(L_1 + L_2 - M)\dfrac{di}{dt}$

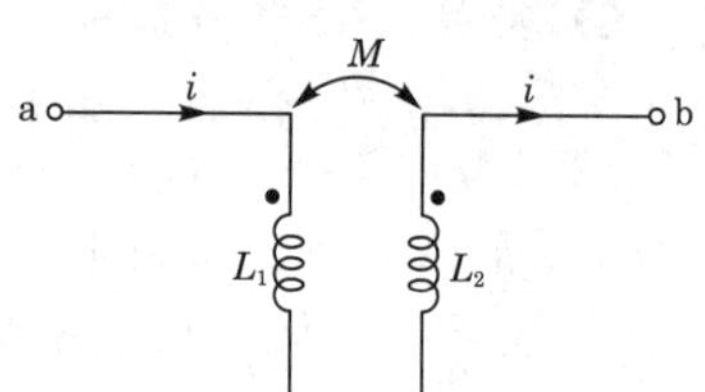

KEY POINT

➲ 인덕턴스 직렬 접속의 합성 인덕턴스

① 가동 결합(가극성) : $L_o = L_1 + L_2 + 2M$[H]

② 차동 결합(감극성) : $L_o = L_1 + L_2 - 2M$[H]

 해설

a, b의 단자 전압 e_{ab}는 차동 결합이므로

합성 인덕턴스 $L_o = L_1 + L_2 - 2M$[H]가 된다.

$\therefore \ e_{ab} = L_o \dfrac{di}{dt} = (L_1 + L_2 - 2M)\dfrac{di}{dt}$ [V]

7 인덕턴스가 각각 5[H], 3[H]의 두 코일을 직렬로 연결하고 인덕턴스를 측정하였더니 15[H]였다. 두 코일간의 상호 인덕턴스[H]는?

㉮ 1　　㉯ 3

㉰ 3.5　　㉱ 7

KEY POINT

➲ 인덕턴스 직렬 접속의 합성 인덕턴스

① 가동 결합(가극성) : $L_o = L_1 + L_2 + 2M$[H]

② 차동 결합(감극성) : $L_o = L_1 + L_2 - 2M$[H]

해설

직렬 연결의 합성 인덕턴스 15[H] 크기가 각각의 인덕턴스의 합 8[H] 크기보다 크므로 가동 결합

따라서 합성 인덕턴스 $L_o = L_1 + L_2 + 2M$[H]

상호 인덕턴스 $M = \dfrac{1}{2}(L_o - L_1 - L_2) = \dfrac{1}{2}(15 - 5 - 3) = 3.5$[H]

정답 : 6.㉮ 7.㉰

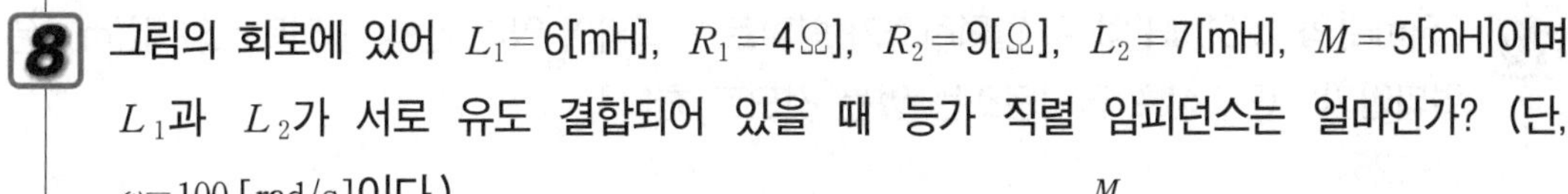

8 그림의 회로에 있어 $L_1=6$[mH], $R_1=4\Omega$], $R_2=9[\Omega]$, $L_2=7$[mH], $M=5$[mH]이며 L_1과 L_2가 서로 유도 결합되어 있을 때 등가 직렬 임피던스는 얼마인가? (단, $\omega=100$ [rad/s]이다.)

㉮ $13+j\,7.2$
㉯ $13+j\,1.3$
㉰ $13+j\,2.3$
㉱ $13+j\,9.4$

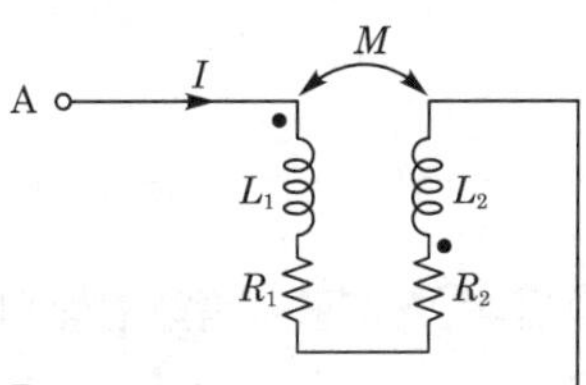

KEY POINT

➲ 인덕턴스 직렬 접속의 합성 인덕턴스

① 가동 결합(가극성) : $L_o=L_1+L_2+2M$[H]

② 차동 결합(감극성) : $L_o=L_1+L_2-2M$[H]

해설

직렬 가동 결합이므로 합성 인덕턴스 $L_o=L_1+L_2+2M$[H]

따라서 등가 직렬 임피던스

$Z=R_1+R_2+j\omega(L_1+L_2+2M)=4+9+j100(6\times10^{-3}+7\times10^{-3}\times2\times5\times10^{-3})$

$=13+j2.3[\Omega]$

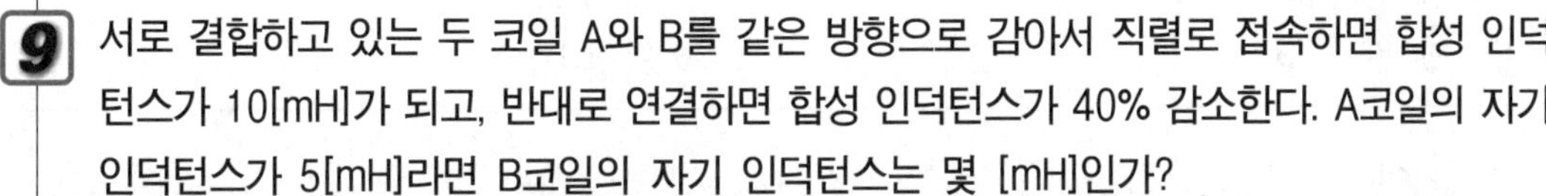

9 서로 결합하고 있는 두 코일 A와 B를 같은 방향으로 감아서 직렬로 접속하면 합성 인덕턴스가 10[mH]가 되고, 반대로 연결하면 합성 인덕턴스가 40% 감소한다. A코일의 자기 인덕턴스가 5[mH]라면 B코일의 자기 인덕턴스는 몇 [mH]인가?

㉮ 10
㉯ 8
㉰ 5
㉱ 3

KEY POINT

➲ 인덕턴스 직렬 접속의 합성 인덕턴스

① 가동 결합(가극성) : $L_o=L_1+L_2+2M$[H]

② 차동 결합(감극성) : $L_o=L_1+L_2-2M$[H]

해설

합성 인덕턴스 10[mH]는 직렬 가동 결합이므로

$10=L_A+L_B+2M$[H] ………… ①

반대로 연결하면 차동 결합이 되고 합성 인덕턴스가 40% 감소하면 6[mH]가 된다.

$6=L_A+L_B-2M$[H] ………… ②

① − ② 식에서

$M=1$[mH]

$\therefore\ L_B=10-L_A-2M=10-5-2=3$[mH]

10 25[mH]와 100[mH]의 두 인덕턴스가 병렬로 연결되어 있다. 합성 인덕턴스의 값[mH]은 얼마인가? (단, 상호 인덕턴스는 없는 것으로 한다.)

㉮ 125　　㉯ 20
㉰ 50　　㉱ 75

KEY POINT

➲ 인덕턴스 병렬 접속의 합성 인덕턴스

① 가동 결합인 경우 : $L_o = \frac{L_1L_2 - M^2}{L_1 + L_2 - 2M}$ [H]

② 차동 결합인 경우 : $L_o = \frac{L_1L_2 - M^2}{L_1 + L_2 + 2M}$ [H]

해설 상호 인덕턴스가 없다면 합성 인덕턴스

$L_o = \frac{L_1L_2}{L_1 + L_2} = \frac{25 \times 100}{25 + 100} = 20$ [mH]

11 인덕턴스 L_1, L_2가 각각 3[mH], 6[mH]인 두 코일간의 상호 인덕턴스 M이 4[mH]라고 하면 결합 계수 k는?

㉮ 약 0.94　　㉯ 약 0.44
㉰ 약 0.89　　㉱ 약 1.12

KEY POINT

➲ 결합 계수

$k = \frac{M}{\sqrt{L_1L_2}}$

해설 $k = \frac{M}{\sqrt{L_1L_2}} = \frac{4}{\sqrt{3 \times 6}} = 0.94$

12 자기 인덕턴스 L_1, L_2가 각각 4[mH], 9[mH]인 두 코일이 이상 결합되었다면 상호 인덕턴스 M[mH]은?

㉮ 6　　㉯ 6.5
㉰ 9　　㉱ 36

KEY POINT

➲ 이상 결합되었을 경우 결합 계수 $k=1$이다.

정답 : 10.㉯ 11.㉮ 12.㉮

해설 $k=\dfrac{M}{\sqrt{L_1L_2}}$ 에서

$\therefore\ M=k\sqrt{L_1L_2}=1\sqrt{4\times9}=6\,[\text{mH}]$

13 코일 ①의 권수 $N_1=50$회, 코일 ②의 권수 $N_2=500$회이다. 코일 ①에 1[A]의 전류를 흘렸을 때 코일 ①과 쇄교하는 전 자속 $\phi_1=\phi_{11}+\phi_{12}=6\times10^{-4}\,[\text{Wb}]$이고 코일 ②와 쇄교하는 자속 $\phi_{12}=5.5\times10^{-4}\,[\text{Wb}]$이다. 코일 ②에 1[A]를 흘렸을 때 코일과 쇄교하는 자속 $\phi_2=\phi_{21}+\phi_{22}=6\times10^{-3}\,[\text{Wb}]$이고, 코일 ①과 쇄교하는 자속 ϕ_{21}은 $5.5\times10^{-3}\,[\text{Wb}]$라고 할 때 결합 계수 k의 값은?

㉮ 약 0.917　　㉯ 약 1
㉰ 약 0.817　　㉱ 약 0.717

KEY POINT

➲ 결합 계수

$$k=\sqrt{\frac{\phi_{12}}{\phi_1}\cdot\frac{\phi_{21}}{\phi_2}}=\frac{M}{\sqrt{L_1L_2}}$$

해설 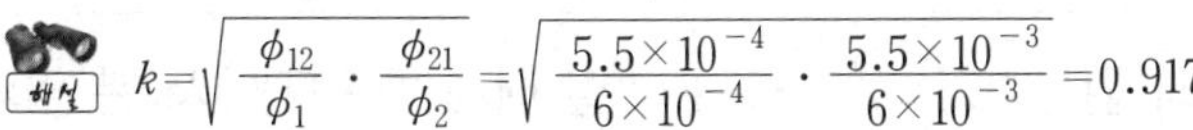

$$k=\sqrt{\frac{\phi_{12}}{\phi_1}\cdot\frac{\phi_{21}}{\phi_2}}=\sqrt{\frac{5.5\times10^{-4}}{6\times10^{-4}}\cdot\frac{5.5\times10^{-3}}{6\times10^{-3}}}=0.917$$

14 두 개의 코일 a, b가 있다. 두 개를 직렬로 접속하였더니 합성 인덕턴스가 119[mH]이었다. 극성을 반대로 했더니 합성 인덕턴스가 11[mH]이고, 코일 a의 자기 인덕턴스 $L_a=20\,[\text{mH}]$라면 결합 계수 k는?

㉮ 0.6　　㉯ 0.7
㉰ 0.8　　㉱ 0.9

KEY POINT

➲ 결합 계수

$$k=\frac{M}{\sqrt{L_1L_2}}$$

해설

$L_a+L_b+2M=119$ ………… ①

$L_a+L_b-2M=11$ ………… ②

식 ①, ②에서

$M=\dfrac{119-11}{4}=\dfrac{108}{4}$　　$\therefore\ M=27\,[\text{mH}]$

$\therefore\ L_b=119-2M-L_a=119-27\times2-20=45\,[\text{mH}]$

따라서 결합 계수 $k=\dfrac{M}{\sqrt{L_aL_b}}=\dfrac{27}{\sqrt{20\times45}}=0.9$

정답 : 13.㉮ 14.㉱

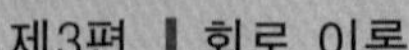

15 5[mH]인 두 개의 자기 인덕턴스가 있다. 결합 계수를 0.2로부터 0.8까지 변화시킬 수 있다면 이것을 접속하여 얻을 수 있는 합성 인덕턴스의 최대값과 최소값은 각각 몇 [mH]인가?

㉮ 18, 2　　㉯ 18, 8
㉰ 20, 2　　㉱ 20, 8

KEY POINT

① 인덕턴스 직렬 접속시 합성 인덕턴스 : $L_o = L_1 + L_2 \pm 2M$[H]

② 결합 계수 : $k = \dfrac{M}{\sqrt{L_1 L_2}}$, 상호 인덕턴스 ∴ $M = k\sqrt{L_1 L_2}$

$L_a = 5 + 5 \pm 2M = 10 \pm 2M$[mH]

상호 인덕턴스 $M = k\sqrt{L_1 L_2}$에서

최대·최소를 위한 결합 계수 $k = 0.8$이므로

$M = 0.8 \times 5 = 4$[mH]

∴ $L_o = 10 \pm 2 \times 4 = 10 \pm 8$

최대 : 18[mH], 최소 : 2[mH]

16 그림과 같은 이상 변압기의 권선비가 $n_1 : n_2 = 1 : 3$일 때 a, b 단자에서 본 임피던스[Ω]는?

㉮ 50
㉯ 100
㉰ 200
㉱ 400

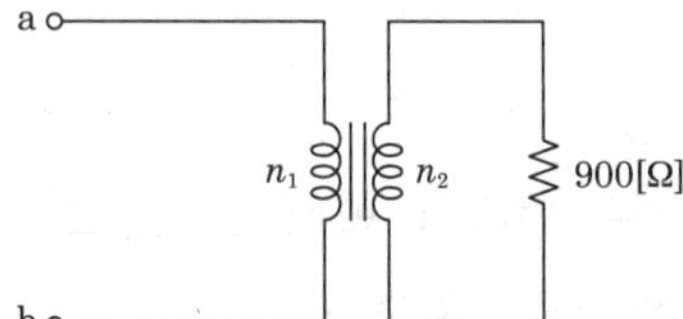

KEY POINT

$a = \dfrac{n_1}{n_2} = \dfrac{V_1}{V_2} = \dfrac{I_2}{I_1} = \sqrt{\dfrac{L_1}{L_2}} = \sqrt{\dfrac{Z_g}{Z_L}}$

$a = \sqrt{\dfrac{Z_g}{Z_L}}$

$a^2 = \dfrac{Z_g}{Z_L}$

$\therefore Z_g = a^2 Z_L = \left(\dfrac{n_1}{n_2}\right)^2 Z_L = \left(\dfrac{1}{3}\right)^2 \times 900 = 100$[Ω]

정답 : 15.㉮ 16.㉯

 그림과 같은 브리지 회로의 평형 조건은?

㉮ $R_1C_2 = R_3C_1$, $L_1 = R_2R_3C_1$

㉯ $R_1C_1 = R_2C_2$, $R_2R_3 = C_1L_1$

㉰ $R_1C_1 = R_2C_2$, $R_2R_3C_1 = L_1R_1$

㉱ $R_1C_2 = R_2C_1$, $R_2R_3 = C_1L_1$

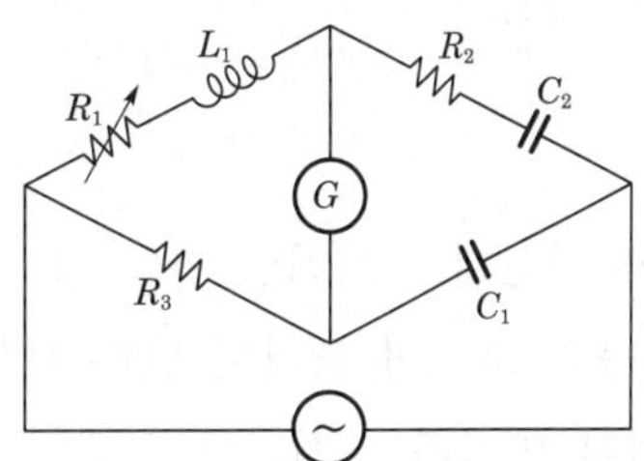

KEY POINT

➲ 브리지 평형 조건은 마주보는 임피던스의 곱이 같다.

 해설

$$(R_1 + j\omega L) \cdot \frac{1}{j\omega C_1} = R_3\left(R_2 + \frac{1}{j\omega C_2}\right)$$

$$\frac{R_1}{j\omega C_1} + \frac{L_1}{C_1} = R_2R_3 + \frac{R_3}{j\omega C_2}$$

복소수 상등 원리에 의해서

$$\frac{L_1}{C_1} = R_2R_3, \quad \frac{R_1}{j\omega C_1} = \frac{R_3}{j\omega C_2}$$

$$L_1 = R_2R_3C_1, \quad R_1C_2 = R_3C_1$$

정답 : 17.㉮

제 6 장 벡터 궤적

교류 회로의 전기적인 양(전압, 전류, 임피던스, 어드미턴스 등)을 벡터로 표시할 수 있으며 이들은 회로의 조건이 변화하면 이것과 일정한 관계를 가지며 그 크기나 위상이 변화한다. 이때 변화하는 벡터의 선단이 그리는 궤적을 벡터 궤적이라 한다.

1 임피던스 궤적

(1) $R-L$ 직렬 회로

① X_L 은 일정하고 R 이 가변시

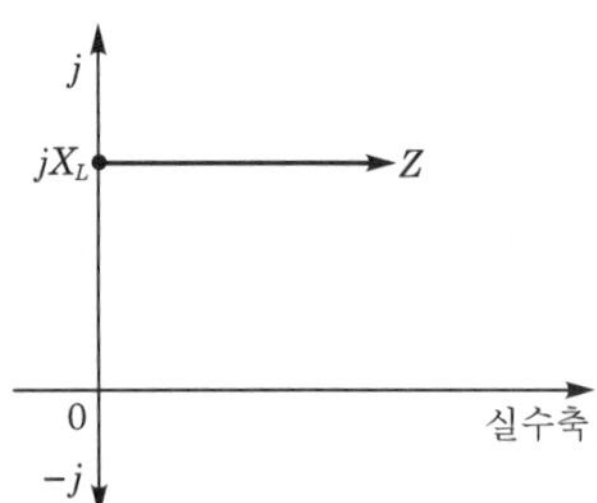

$R-L$ 직렬 연결시 임피던스는

$Z=R+jX_L$이므로

이때 저항 R을 가변하는 것이므로

$R=0\rightarrow\infty$까지 변화시키면

$R=0$에서의 $Z=jX_L=j\omega L$이므로

R축에 나란한 1상한의 반직선

② R 은 일정하고 X_L이 가변시

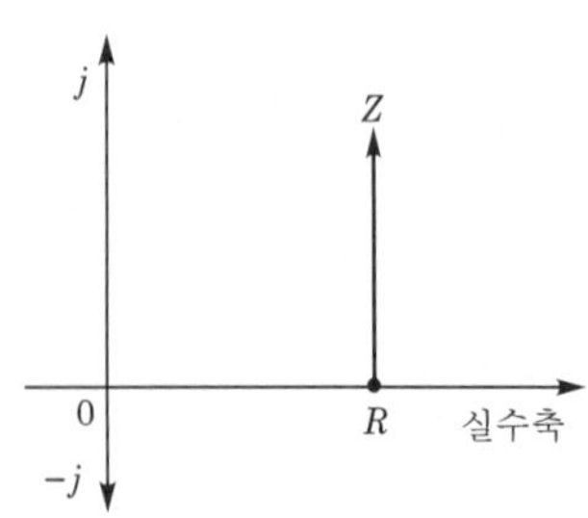

$R-L$ 직렬 연결시 임피던스는

$Z=R+jX_L$이므로

이때 X_L을 가변하는 것이므로

$X_L=0\rightarrow\infty$까지 변화시키면

$X_L=0$에서의 $Z=R$이므로

X_L축에 나란한 1상한의 반직선

(2) $R-C$ 직렬 회로

① X_C은 일정하고 R이 가변시

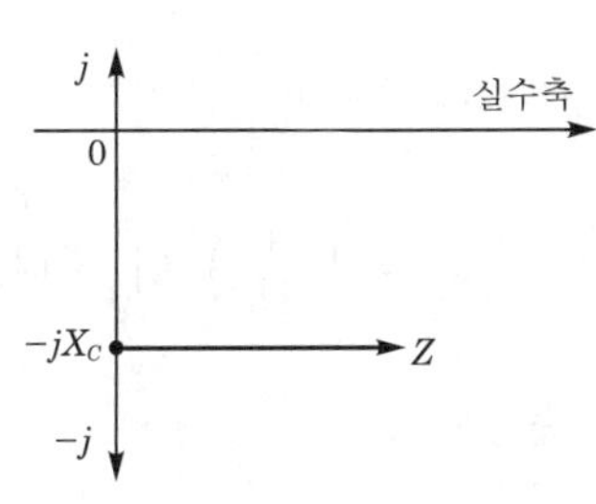

$R-C$ 직렬 연결시 임피던스는

$Z=R-jX_C$이므로

이때 저항 R을 가변하는 것이므로

$R=0\to\infty$까지 변화시키면

$R=0$에서의 $Z=-jX_C=-j\dfrac{1}{\omega C}$

R축에 나란한 4상한의 반직선

② R은 일정하고 X_C가 가변시

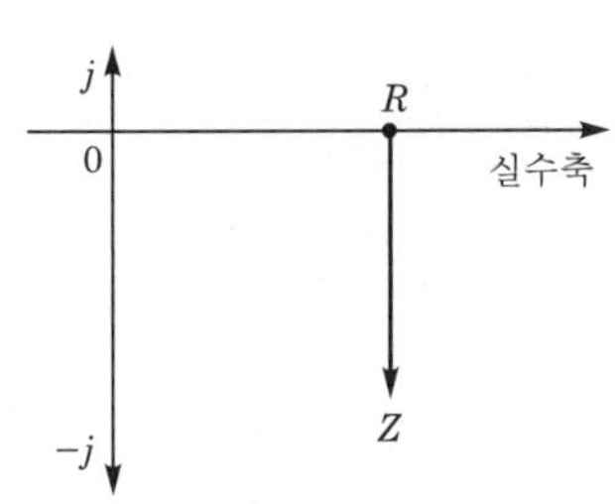

$R-C$ 직렬 연결시 임피던스는

$Z=R-jX_C$이므로

이때 X_C를 가변하는 것이므로

$X_C=0\to\infty$까지 변화시키면

$ZX_C=0$에서의 $Z=R$이므로

X_C축에 나란한 4상한의 반직선

2 어드미턴스 궤적

(1) $R-X$ 직렬의 어드미턴스(역궤적) 궤적

① R은 일정 X를 가변시

$R-X$ 직렬 회로의 어드미턴스를 구하면

$$Y=\frac{1}{Z}=\frac{1}{R+jX}=\frac{R-jX}{R^2+X^2}=\frac{R}{R^2+X^2}-j\frac{X}{R^2+X^2}$$

$$=P+jQ$$

이때, $P=\dfrac{R}{R^2+X^2}$, $Q=-\dfrac{X}{R^2+X^2}$ 로 놓으면

$$P^2+Q^2=\frac{R^2}{(R^2+X^2)^2}+\frac{X^2}{(R^2+X^2)^2}=\frac{1}{R^2+X^2}=\frac{P}{R}$$

그러므로 $P^2-\dfrac{1}{R}P+Q^2=0$이 되어

원의 방정식 $\left(P-\dfrac{1}{2R}\right)^2+Q^2=\left(\dfrac{1}{2R}\right)^2$이 된다.

그러므로 $\left(\dfrac{1}{2R},\ 0\right)$을 중심으로

$\dfrac{1}{2R}$을 반지름으로 하는 반원

② **X는 일정 R을 가변시**

$R-X$ 직렬 회로의 어드미턴스를 구하면

$$Y=\frac{1}{Z}=\frac{1}{R+jX}=\frac{R-jX}{R^2+X^2}=\frac{R}{R^2+X^2}-j\frac{X}{R^2+X^2}$$

$$=P+jQ$$

이때, $P=\dfrac{R}{R^2+X^2}$, $Q=-\dfrac{X}{R^2+X^2}$ 로 놓으면

$$P^2+Q^2=\frac{R^2}{(R^2+X^2)^2}+\frac{X^2}{(R^2+X^2)^2}=\frac{1}{R^2+X^2}=-\frac{Q}{X}$$

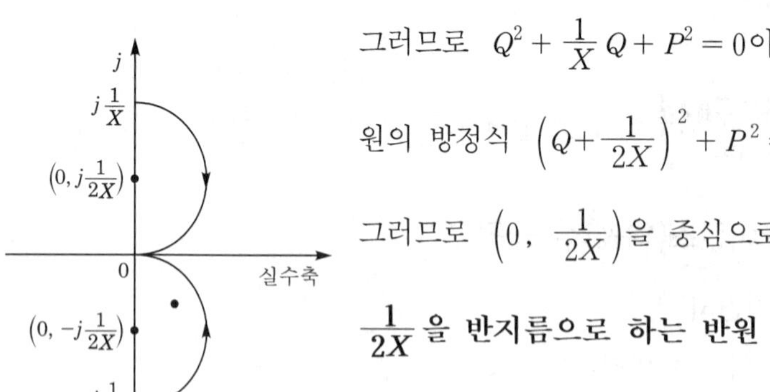

그러므로 $Q^2+\dfrac{1}{X}Q+P^2=0$이 되어

원의 방정식 $\left(Q+\dfrac{1}{2X}\right)^2+P^2=\left(\dfrac{1}{2X}\right)^2$이 된다.

그러므로 $\left(0,\ \dfrac{1}{2X}\right)$을 중심으로

$\dfrac{1}{2X}$을 반지름으로 하는 반원

〈**벡터 궤적 정리**〉

구분 종류	임피던스 궤적	어드미턴스 궤적(전류 궤적)
$R-L$ 직렬	가변하는 축에 나란한 1상한의 반직선 벡터	가변하지 않는 축에 원점을 둔 4상한의 반원 벡터
$R-C$ 직렬	가변하는 축에 나란한 4상한의 반직선 벡터	가변하지 않는 축에 원점을 둔 1상한의 반원 벡터
$R-L$ 병렬	가변하지 않는 축에 원점을 둔 1상한의 반원 벡터	가변하는 축에 나란한 4상한의 반직선 벡터
$R-C$ 병렬	가변하지 않는 축에 원점을 둔 4상한의 반원 벡터	가변하는 축에 나란한 1상한의 반직선 벡터

3 역궤적

(1) 원점을 지나는 직선의 역궤적은 원점을 지나는 직선이다.

(2) **원점을 지나지 않는 직선의 역궤적**은 **원점을 지나는 원**이며, 그 역도 성립한다.

(3) 원점을 지나지 않는 원의 역궤적은 원점을 지나지 않는 원이며, 이때 두 원의 중심과 지름은 서로 역이 아니다.

단원핵심문제

1 $R-L$ 직렬 회로에서 주파수가 변할 때 임피던스 궤적은?

㉮ 4사분면 내의 직선
㉯ 2사분면 내의 직선
㉰ 1사분면 내의 반원
㉱ 1사분면 내의 직선

KEY POINT

➲ 벡터 궤적을 정리하면

종류 \ 구분	임피던스 궤적	어드미턴스 궤적(전류 궤적)
$R-L$ 직렬	가변하는 축에 나란한 1상한의 반직선 벡터	가변하지 않는 축에 원점을 둔 4상한의 반원 벡터
$R-C$ 직렬	가변하는 축에 나란한 4상한의 반직선 벡터	가변하지 않는 축에 원점을 둔 1상한의 반원 벡터

2 $R-L$ 직렬 회로에서 주파수가 변화할 때 어드미턴스 궤적은?

㉮ 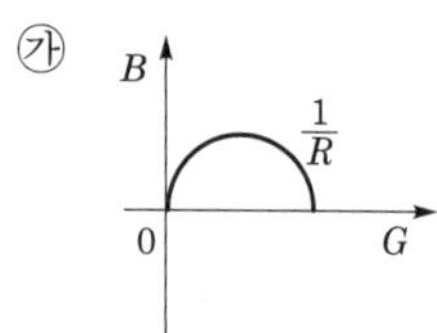

㉯ 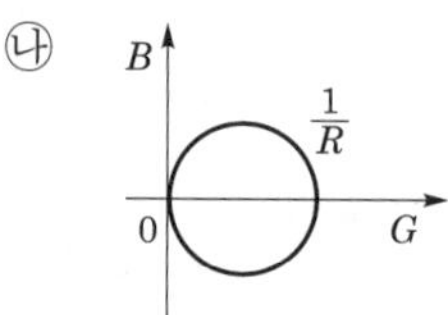

㉰ 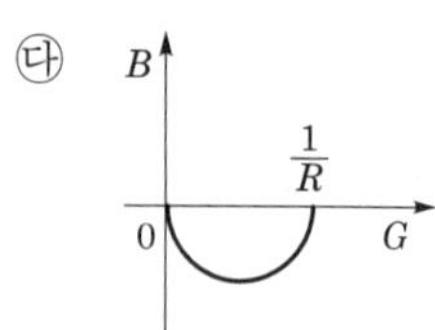

㉱ 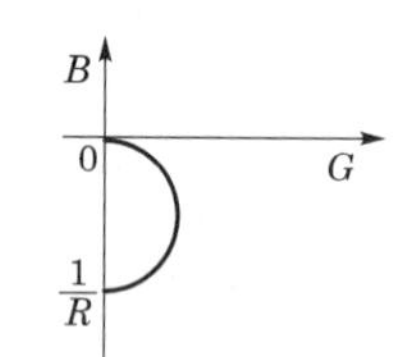

KEY POINT

➲ 벡터 궤적을 정리하면

종류 \ 구분	임피던스 궤적	어드미턴스 궤적(전류 궤적)
$R-L$ 직렬	가변하는 축에 나란한 1상한의 반직선 벡터	가변하지 않는 축에 원점을 둔 4상한의 반원 벡터
$R-C$ 직렬	가변하는 축에 나란한 4상한의 반직선 벡터	가변하지 않는 축에 원점을 둔 1상한의 반원 벡터

정답 : 1.㉱ 2.㉰

해설 $R-L$ 직렬 회로의 어드미턴스 궤적은 4상한 내의 반원이다.

3 그림과 같은 $R-C$ 직렬 회로에서 R을 고정시키고 X_C를 0에서 ∞까지 변화시킬 때의 어드미턴스 궤적은? (단, $R > 0$이다.)

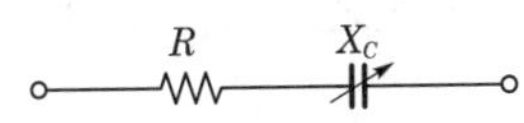

㉮
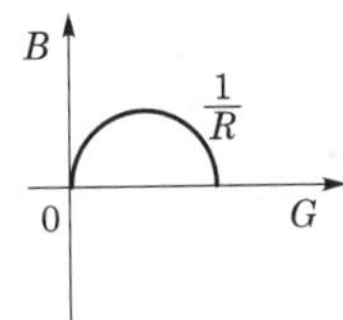

㉯

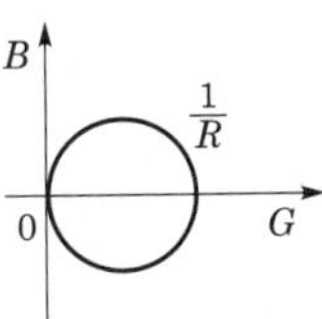

㉰
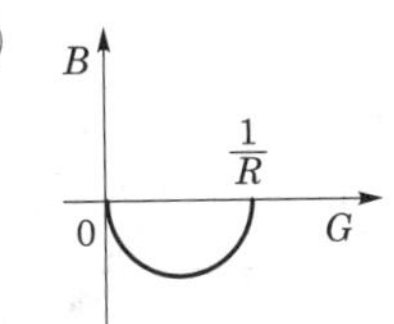

㉱

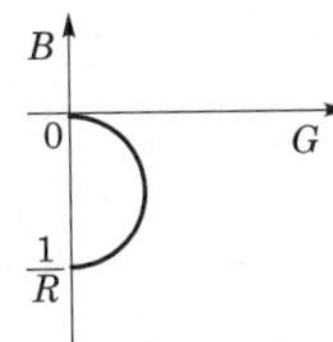

➲ 벡터 궤적을 정리하면

종 류 \ 구 분	임피던스 궤적	어드미턴스 궤적(전류 궤적)
$R-L$ 직렬	가변하는 축에 나란한 1상한의 반직선 벡터	가변하지 않는 축에 원점을 둔 4상한의 반원 벡터
$R-C$ 직렬	가변하는 축에 나란한 4상한의 반직선 벡터	가변하지 않는 축에 원점을 둔 1상한의 반원 벡터

4 임피던스 궤적이 직선일 때 이의 역수인 어드미턴스 궤적은?

㉮ 원점을 통하는 직선　　㉯ 원점을 통하지 않는 직선
㉰ 원점을 통하는 원　　㉱ 원점을 통하지 않는 원

➲ 역궤적

① 원점을 지나는 직선의 역궤적은 원점을 지나는 직선이다.
② 원점을 지나지 않는 직선의 역궤적은 원점을 지나는 원이며, 그 역도 성립한다.

정답 : 3.㉮　4.㉰

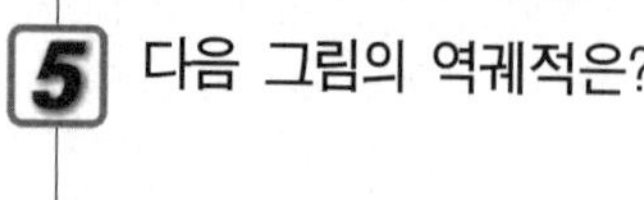

5 다음 그림의 역궤적은?

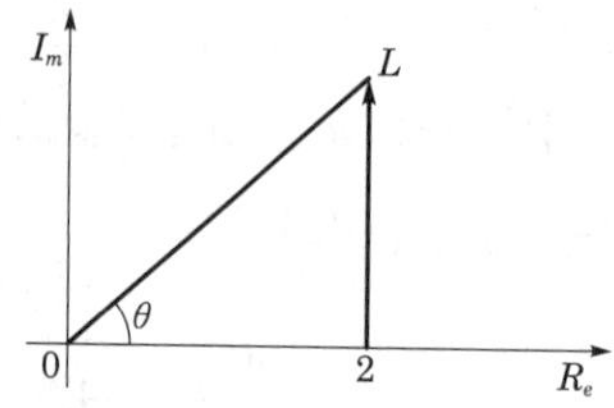

㉮ 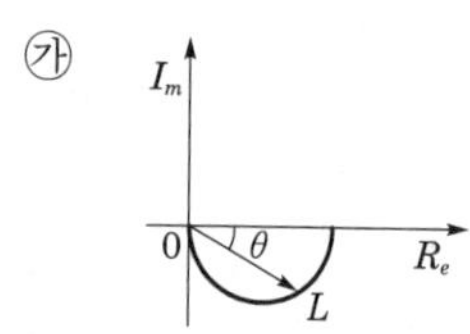

㉯ 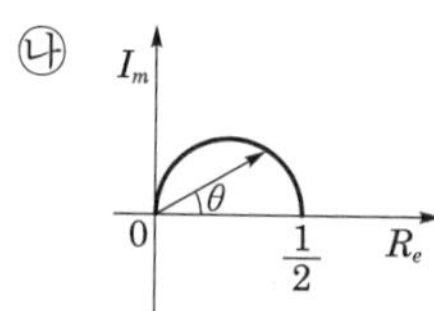

㉰ 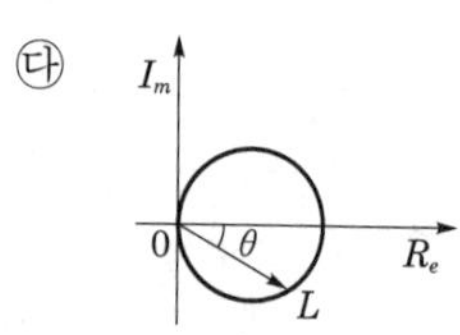

㉱ 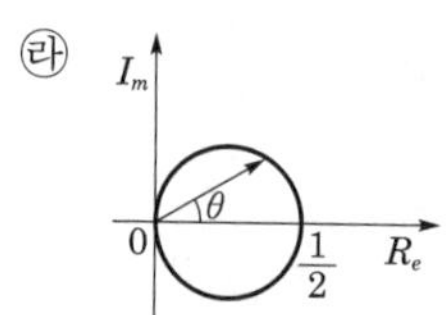

KEY POINT

역궤적

① 원점을 지나는 직선의 역궤적은 원점을 지나는 직선이다.

② 원점을 지나지 않는 직선의 역궤적은 원점을 지나는 원이며, 그 역도 성립한다.

 1상한 내의 직선의 역궤적은 4상한 내의 반원

6 저항 R, 커패시턴스 C의 병렬 회로에서 전원 주파수가 변할 때 임피던스 궤적은?

㉮ 제1상한 내의 반직선 ㉯ 제1상한 내의 반원

㉰ 제4상한 내의 반원 ㉱ 제4상한 내의 반직선

KEY POINT

벡터 궤적을 정리하면

종류 \ 구분	임피던스 궤적	어드미턴스 궤적
$R-C$ 병렬	가변하지 않는 축에 원점을 둔 4상한의 반원 벡터	가변하는 축에 나란한 1상한의 반직선 벡터

 정답 : 5.㉮ 6.㉰

7 그림과 같은 회로에서 각주파수 ω[rad/s]인 전압 V를 인가하고 저항을 변화시킬 때 전류 I의 궤적은?

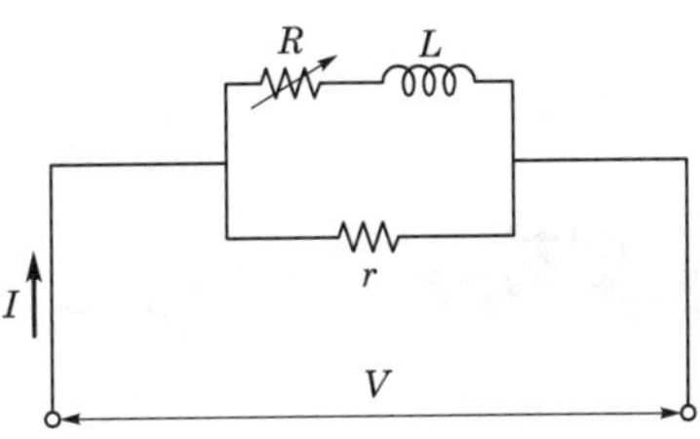

㉮ 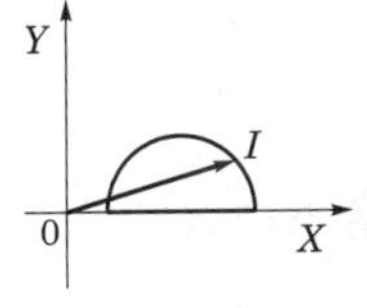

㉯ 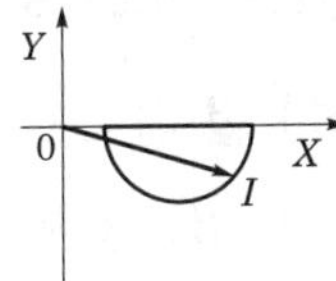

㉰ 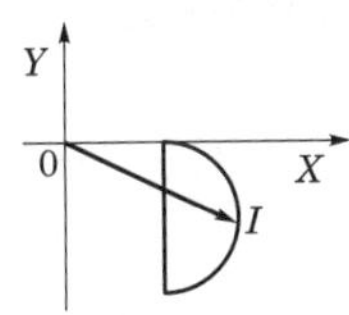

㉱ 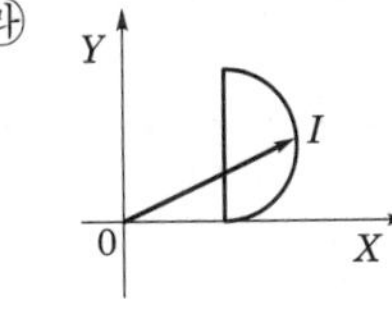

KEY POINT

➲ 벡터 궤적을 정리하면

구 분 / 종 류	임피던스 궤적	어드미턴스 궤적(전류 궤적)
$R-L$ 직렬	가변하는 축에 나란한 1상한의 반직선 벡터	가변하지 않는 축에 원점을 둔 4상한의 반원 벡터
$R-C$ 직렬	가변하는 축에 나란한 4상한의 반직선 벡터	가변하지 않는 축에 원점을 둔 1상한의 반원 벡터

 해설

$\dot{I}=Y\cdot V=\left(\frac{1}{r}+\frac{1}{R+jX_L}\right)\cdot V=\frac{V}{r}+\frac{V}{jX_L}$ [A]

$R-L$ 직렬 전류 벡터 궤적을 $\frac{V}{r}$만큼 평행 이동한다.

정답 : 7.㉰

제 7 장 일반 선형 회로망

1 키르히호프의 법칙

(1) 키르히호프의 법칙(Kirchhoff's low)

① 제1법칙(전류에 관한 법칙)

회로망 중의 임의의 접속점에 유입하는 전류의 총합과 유출하는 전류의 총합은 같다. 따라서, 이를 식으로 표현하면 **Σ(유입 전류) = Σ(유출 전류)**이므로 다음 그림에서 $I_1 + I_2 = I_3 + I_4 + I_5$인 관계가 성립한다.

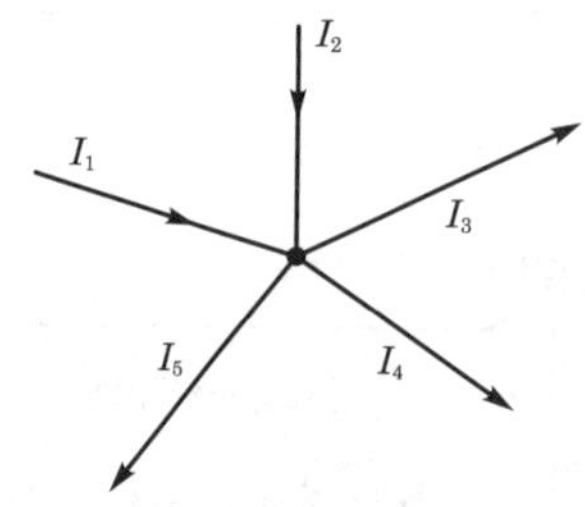

② 제2법칙(전압에 관한 법칙)

회로망 중의 임의의 폐회로 내를 일정 방향으로 일주했을 때, 주어진 **기전력의 대수합은 각 지로에 생긴 전압(또는 전압 강하)의 대수합과 같다.**

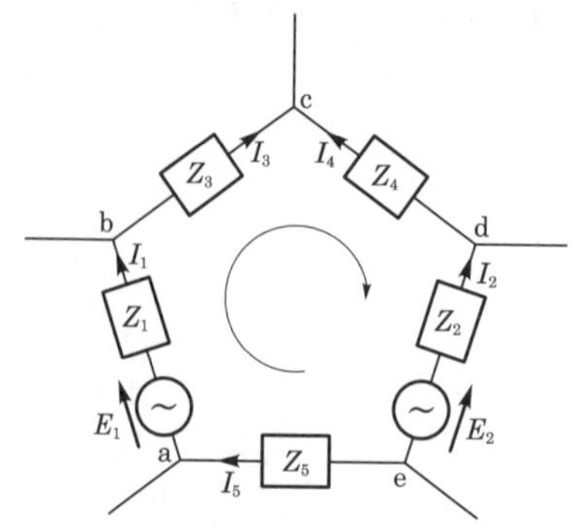

망형 회로의 a－b－c－d－e－a인 폐로를 시계 방향으로 일주했을 때

$E_1 - E_2 = Z_1 I_1 + Z_3 I_3 + (-Z_4 I_4) + (-Z_2 I_2) + Z_5 I_5$ 이므로 이를 식으로 표현하면

$\Sigma E = \Sigma ZI$

Σ(기전력) = Σ(전압 강하)

(2) 키르히호프의 법칙을 이용한 회로망 해석법

① 폐로 해석법

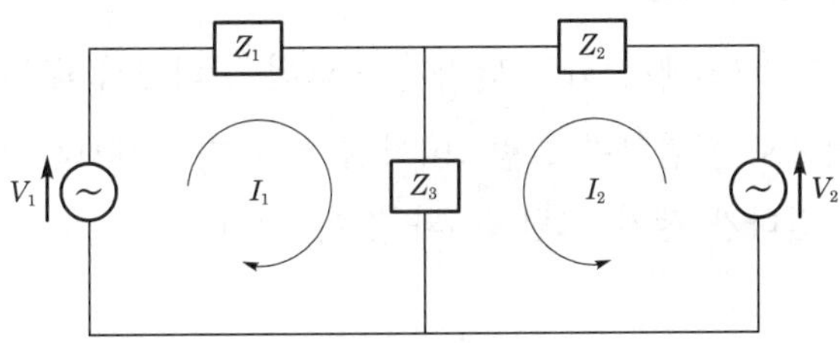

$\boldsymbol{V_1 = Z_{11} I_1 + Z_{12} I_2}$

$\boldsymbol{V_2 = Z_{21} I_1 + Z_{22} I_2}$이므로

여기서, $Z_{11} = Z_1 + Z_2$, $Z_{22} = Z_2 + Z_3$로 각각 독립된 폐로 내의 전 임피던스로서 **자기 임피던스**라 하고 $Z_{12} = Z_{21} = Z_2$로 독립된 폐로 사이에 관계있는 임피던스로 **상호 임피던스**라 한다. 상호 임피던스는 전류의 방향이 서로 반대일 때는 (－)의 기호가 붙는다.

② 절점(마디) 해석법

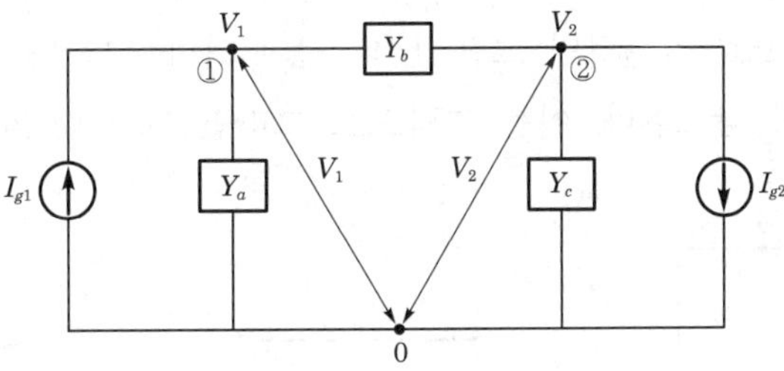

$\boldsymbol{I_1 = Y_{11} V_1 + Y_{12} V_2}$

$\boldsymbol{I_2 = Y_{21} V_1 + Y_{22} V_2}$이므로

여기서, $Y_{11} = Y_a + Y_b$, $Y_{22} = Y_b + Y_c$ 로 1, 2 접속점에 연결되는 전 어드미턴스의

합을 나타낸 것으로 **자기 어드미턴스**라 하고 $Y_{12} = Y_{21} = -Y_b$ 로 1, 2 접속점간의 어드미턴스에 (−)의 부호를 붙인 것으로 **상호 어드미턴스**라 한다. 전류는 1, 2 접속점에 유입하는 전류원을 (+)로 하고 유출하는 전류원을 (−)로 표시한다.

2 전원의 등가 변환

(1) 이상 전원원과 실제 전압원

이상적 전압원은 그림 (a)에서 회로 단자가 단락된 상태에서 **내부 저항 R_g가 0인 경우**를 말한다. 이를 그림으로 표현하면 그림 (b)와 같이 된다. 그러나 **실제 전압원**은 내부 저항이 존재하므로 전압 강하가 생겨 그림 (c)와 같이 된다.

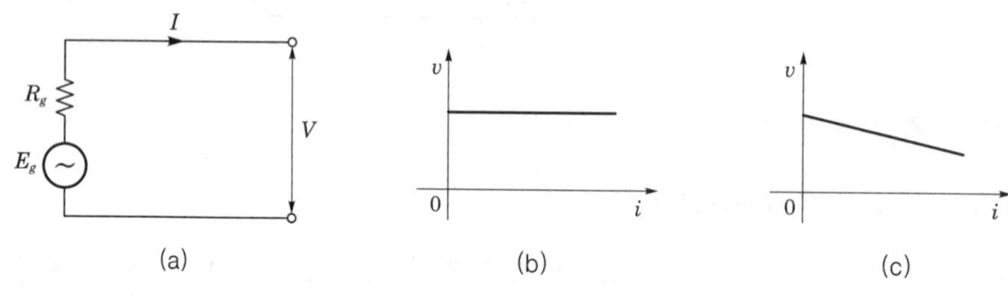

그림 ➊ 3-10 **전압원**

(2) 이상 전류원과 실제 전류원

이상 전류원은 그림 (a)에서 회로 단자가 개방된 상태에서 **내부 저항 R_g가 ∞인 경우**를 말한다. 이를 그림으로 표현하면 그림 (b)와 같이 된다. 그러나 실제 전류원은 내부 저항이 존재하므로 전류가 감소한다. 이를 그림으로 그리면 그림 (c)와 같다.

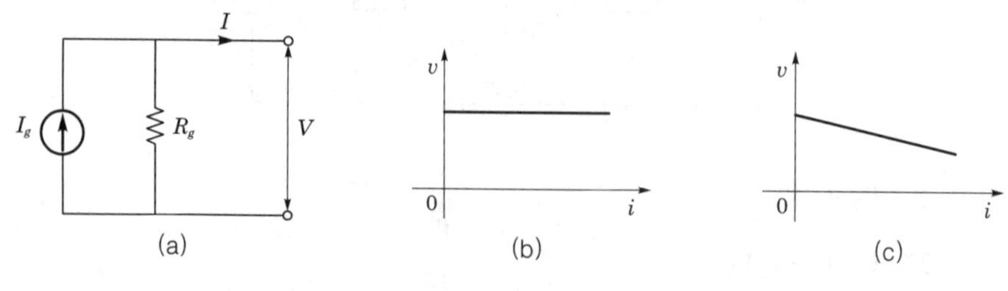

그림 ➊ 3-11 **전류원**

(3) 전원의 등가 변환

그림 (a)와 (b)는 서로 등가이다.

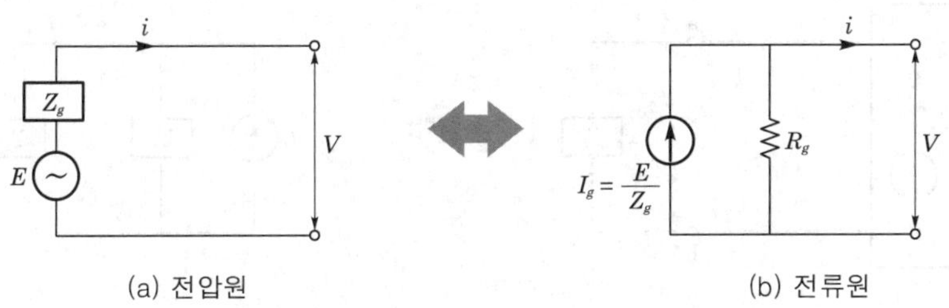

(a) 전압원 (b) 전류원

전압원에는 저항을 직렬로 연결하고 전류원에는 저항을 병렬로 연결한다. 회로망에서 전압원과 전류원이 동시에 존재할 때에는 직렬 연결시에는 전압원을 제거(단락)시키고 병렬 연결시에는 전류원을 제거(개방)시킨다.

3 테브난의 정리(Thevenin's theorem)

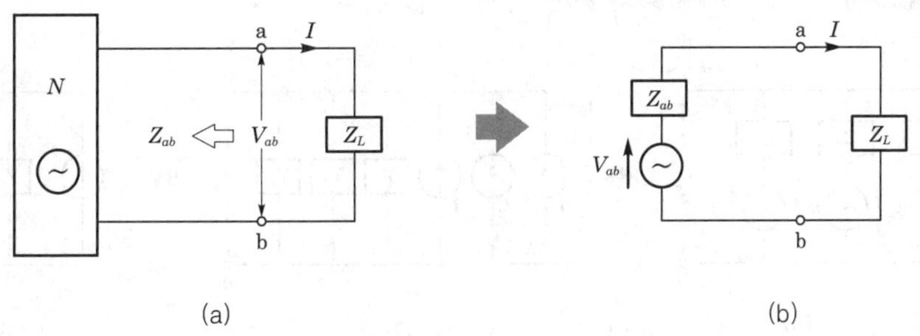

(a) (b)

임의의 능동 회로망의 a, b 단자에 부하 임피던스(Z_L)를 연결할 때 부하 임피던스(Z_L)에 흐르는 전류 $I = \frac{V_{ab}}{Z_{ab}+Z_L}$ [A]가 된다. 이때, **Z_{ab}는 a, b 단자에서 모든 전원을 제거하고 능동 회로망을 바라본 임피던스**이며, **V_{ab}는 a, b 단자의 단자 전압**이 된다.

4 노오튼의 정리(Norton's theorem)

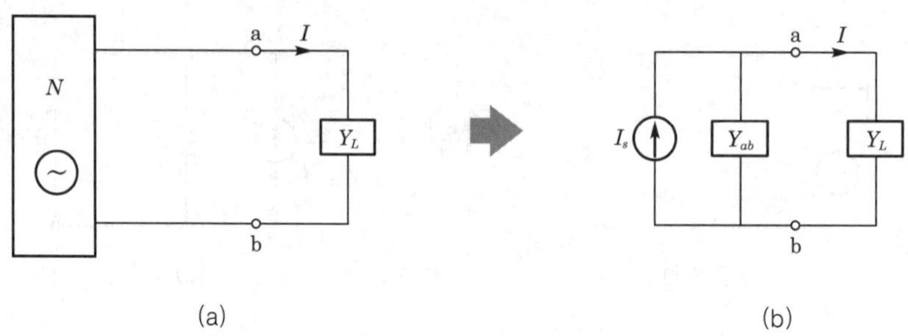

(a) (b)

임의의 능동 회로망의 a, b 단자에 부하 어드미턴스(Y_L)를 연결할 때 부하 어드미턴스(Y_L)에 흐르는 전류는 다음과 같다.

$$I = \frac{Y_L}{Y_{ab} + Y_L} I_s [\mathrm{A}]$$

5 밀만의 정리(Millman's theorem)

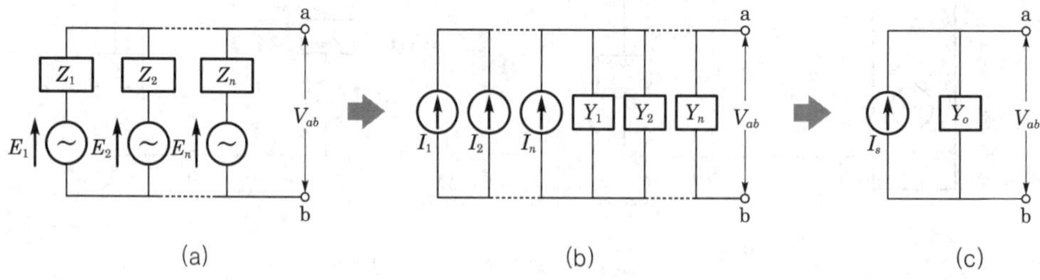

(a) (b) (c)

그림 (a)의 회로를 전압원, 전류원 등가 변환하면 그림 (c)와 같이 된다. 즉, 내부 임피던스를 포함하고 전압원이 n개 병렬 연결될 때 a, b 단자의 단자 전압은 다음과 같다.

$$V_{ab} = \frac{\sum_{K=1}^{n} I_K}{\sum_{K=1}^{n} Y_K} [\mathrm{V}]$$

6 중첩의 정리(Principie of superposition)

회로망 내에 다수의 기전력이 있을 때 전류는 각 기전력이 각각 단독으로 존재할 때 흐르는 전류의 합과 같다.

7 가역 정리(상반 정리 : reciprocity theorem)

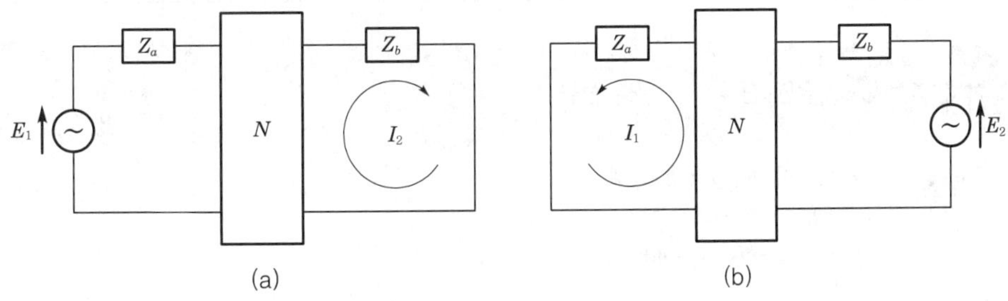

(a) (b)

선형 회로망의 Z_a 지로에 기전력 E_1를 인가했을 때 Z_b 지로에 흐르는 전류는 반대로 Z_b 지로에 기전력 E_2를 인가했을 때 Z_a 지로에 흐르는 전류와 같다.

즉, $\boldsymbol{E_1 I_1 = E_2 I_2}$가 성립한다.

단원핵심문제

1 다음에서 전류 i_5는?

㉮ 37[A]
㉯ 47[A]
㉰ 57[A]
㉱ 67[A]

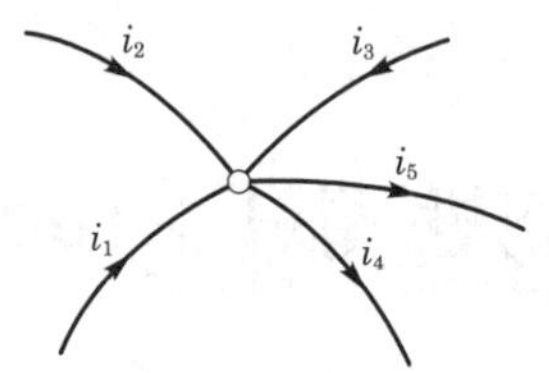

여기서, $i_1 = 40$[A]
$i_2 = 12$[A]
$i_3 = 15$[A]
$i_4 = 10$[A]

KEY POINT

➲ Σ 유입 전류 = Σ 유출 전류

키르히호프의 제1법칙에 의해

$i_1 + i_2 + i_3 - i_4 - i_5 = 0$

$\therefore\ i_5 = i_1 + i_2 + i_3 - i_4 = 40 + 12 + 15 - 10 = 57$ [A]

2 그림과 같은 회로에서 I_a 를 구하기 위해서 폐로 전류를 그림과 같이 설정하고 방정식을 세우면 $a_{11}I_1 + a_{12}I_2 + a_{13}I_3 = 10$, $-2I_1 + 5I_2 + a_{23}I_3 = 0$, $-2I_1 - I_2 + a_{33}I_3 = 0$가 된다. a_{11}, a_{12}, a_{13}, a_{23}, a_{33}을 차례로 나열하면?

㉮ 3, −2, −2, 1, −4
㉯ 5, 2, 2, 1, 4
㉰ 5, −2, −2, −1, 4
㉱ 3, −2, −2, −1, 4

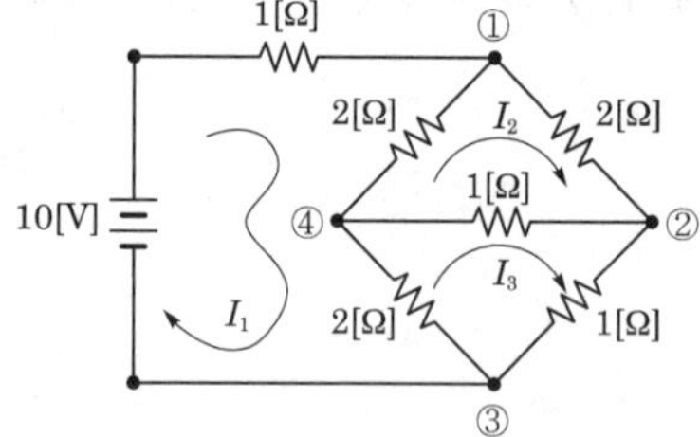

KEY POINT

➲ loop 해석법

$Z_{11}I_1 + Z_{12}I_2 + Z_{13}I_3 = V_1$

$Z_{21}I_1 + Z_{22}I_2 + Z_{23}I_3 = V_2$

$Z_{31}I_1 + Z_{32}I_2 + Z_{33}I_3 = V_3$

여기서, Z_{11}, Z_{22}, Z_{33} : 자기 임피던스

Z_{12}, Z_{21}, Z_{13}, Z_{31}, Z_{23}, Z_{32} : 상호 임피던스

정답 : 1.㉰ 2.㉰

해설: $a_{11}=1+2+2=5,\ \ a_{12}=-2,\ \ a_{13}=-2,\ \ a_{23}=-1,\ \ a_{33}=1+1+2=4$

3 그림과 같은 회로에서 점 A의 전위를 기준으로 하면 절점 1의 전위[V]는?

㉮ 1
㉯ 2
㉰ $\dfrac{15}{26}$
㉱ $\dfrac{20}{26}$

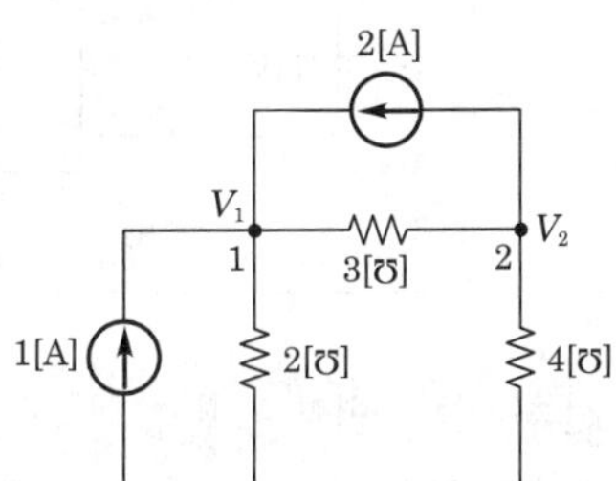

KEY POINT

➲ 절점(마디) 해석법

$Y_{11}V_1+Y_{12}V_2=I_1$

$Y_{21}V_1+Y_{22}V_2=I_2$

여기서, $Y_{11}\cdot Y_{22}$: 자기 어드미턴스

$Y_{12}\cdot Y_{21}$: 상호 어드미턴스

해설

$5V_1-3V_2=1+2$

$-3V_1+7V_2=-2$

$\therefore\ \ V_1=\dfrac{21-6}{35-9}=\dfrac{15}{26}\,[\mathrm{V}]$

4 이상적인 전압 전류원에 관하여 옳은 것은?

㉮ 전압원의 내부 저항은 ∞이고, 전류원의 내부 저항은 0이다.
㉯ 전압원의 내부 저항은 0이고, 전류원의 내부 저항은 ∞이다.
㉰ 전압원, 전류원의 내부 저항은 흐르는 전류에 따라 변한다.
㉱ 전압원의 내부 저항은 일정하고, 전류원의 내부 저항은 일정하지 않다.

KEY POINT

➲ 전압원은 내부 저항이 적을수록 이상적이고, 전류원은 내부 저항이 클수록 이상적이다.

해설 이상 전압원은 내부 저항이 0°이고, 이상 전류원은 내부 저항이 ∞이다.

정답 : 3.㉰ 4.㉯

5 그림의 (a), (b)가 등가가 되기 위한 I_g[A], R[Ω]의 값은?

㉮ 0.5, 10
㉯ 0.5, $\frac{1}{10}$
㉰ 5, 10
㉱ 10, 10

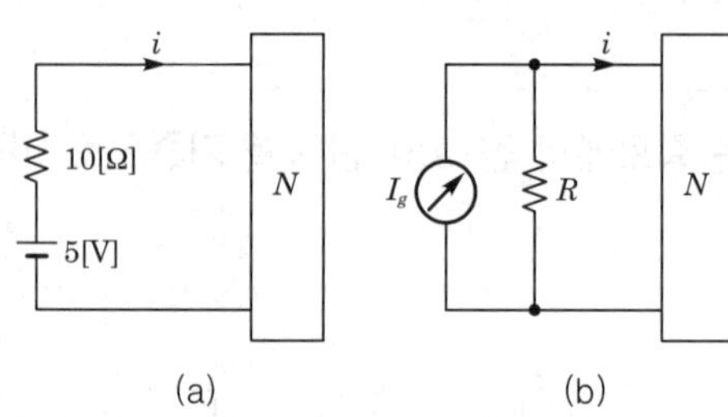

KEY POINT

➲ 전압원, 전류원 등가 변환

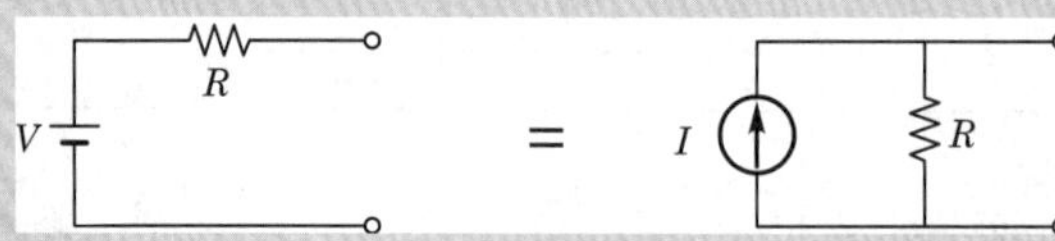

$I_g = \frac{V}{R} = \frac{5}{10} = 0.5$[A], $R = 10$[Ω]

6 그림과 같은 회로에서 단자 a, b 사이의 전압[V]은?

㉮ $-j160$
㉯ 40
㉰ $j160$
㉱ 80

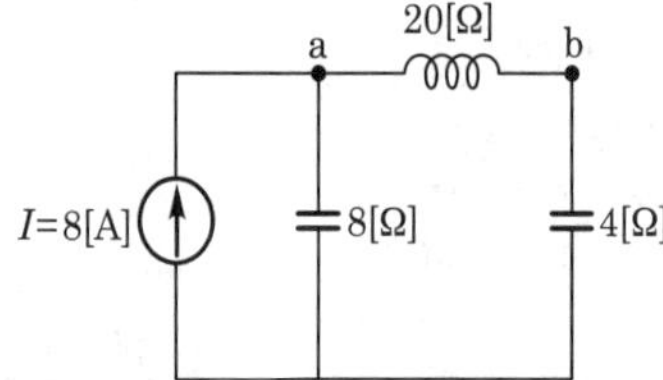

KEY POINT

➲ 전압원, 전류원 등가 변환

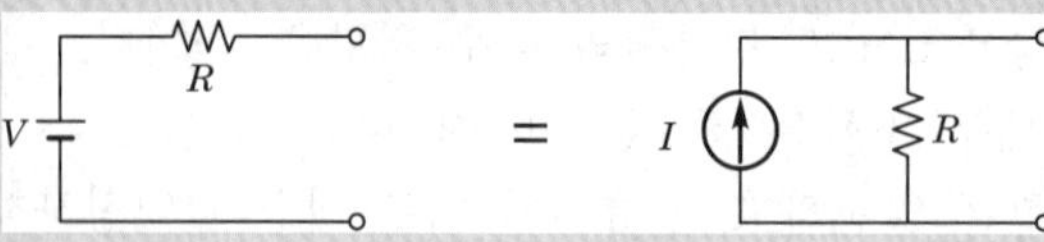

전류원을 전압원으로 등가 변환하면

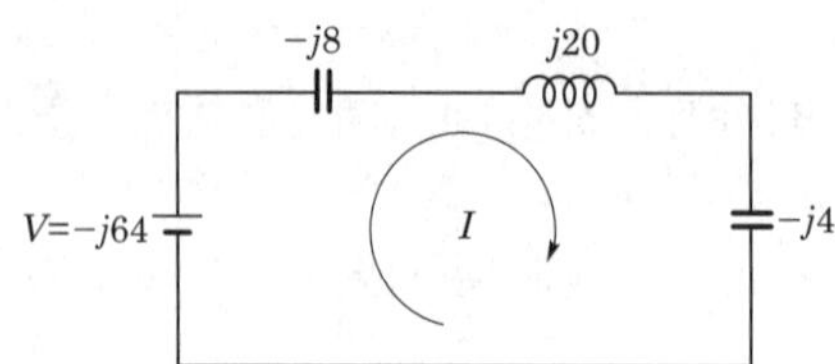

전류 $I = \frac{j64}{-j8 + j20 - j4} = -8$[A]

∴ a, b 사이의 전압 $V = j20 \times (-8) = -j160$

 정답 : 5.㉮ 6.㉮

그림과 같은 회로에서 전압 v[V]는?

㉮ 약 0.93
㉯ 약 0.6
㉰ 약 1.47
㉱ 약 1.5

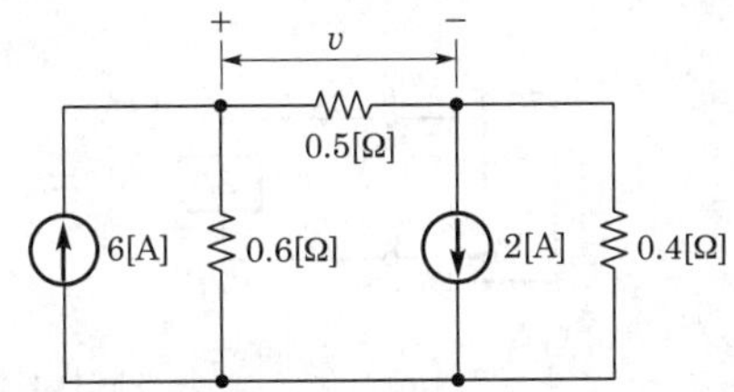

KEY POINT

➲ 전압원, 전류원 등가 변환

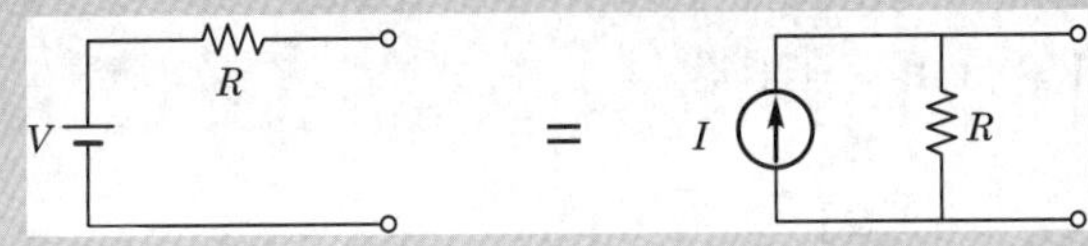

전류원을 전압원으로 등가 변환하면

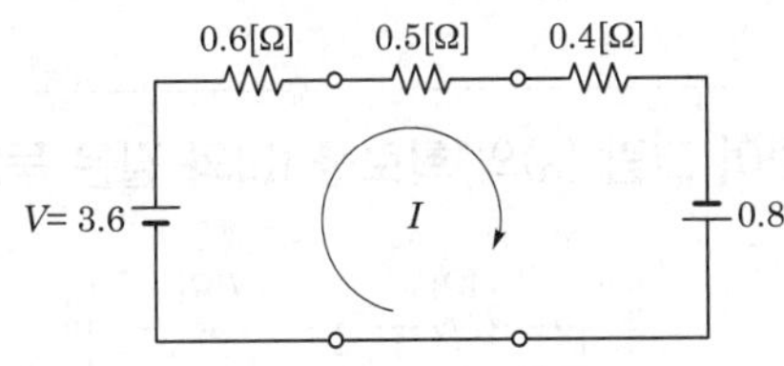

전류 $I=\dfrac{3.6+0.8}{0.6+0.5+0.4}=2.93\,[\mathrm{A}]$

$\therefore\ V=0.5\times2.93=1.47\,[\mathrm{V}]$

그림 (a)와 같은 회로를 (b)와 같은 등가 전압원과 직렬 저항으로 변환시켰을 때 E_S[V] 및 R_S[Ω]의 값은?

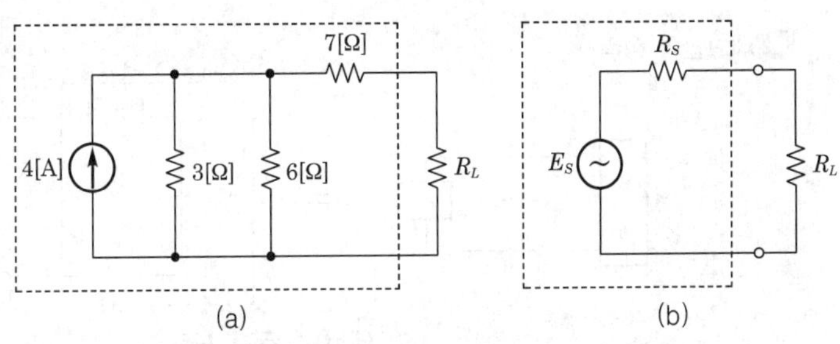

(a) (b)

㉮ 12, 7
㉯ 8, 9
㉰ 36, 7
㉱ 12, 13

KEY POINT

➡ 테브난의 정리

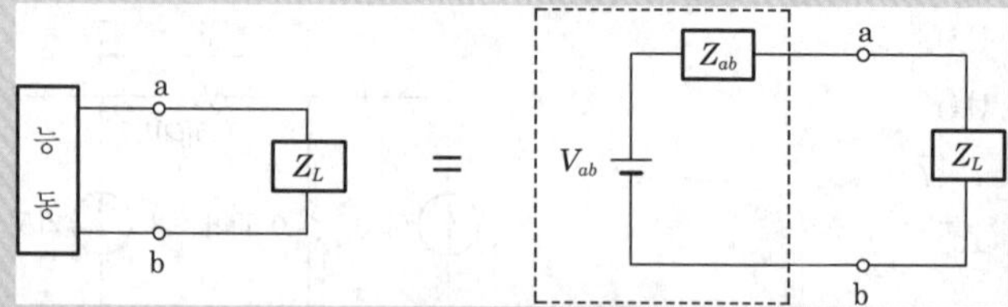

〈테브난 등가 회로〉

∴ 부하 임피던스 Z_L에 흐르는 전류 $I=\frac{V_{ab}}{Z_{ab}+Z_L}$[A]

여기서, Z_{ab} : 모든 전원을 제거하고 능동 회로망쪽을 본 임피던스

V_{ab} : a, b의 단자 전압

해설

$R_S=Z_{ab}=7+\frac{3\times 6}{3+6}=9[\Omega]$

$E_S=V_{ab}=2\times 4=8[V]$

9 테브난(Thevenin)의 정리를 사용하여 그림 (a)의 회로를 (b)와 같은 등가 회로로 바꾸려 한다. E[V]와 $R[\Omega]$의 값은?

㉮ 7, 9.1
㉯ 10, 9.1
㉰ 7, 6.5
㉱ 10, 6.5

(a)
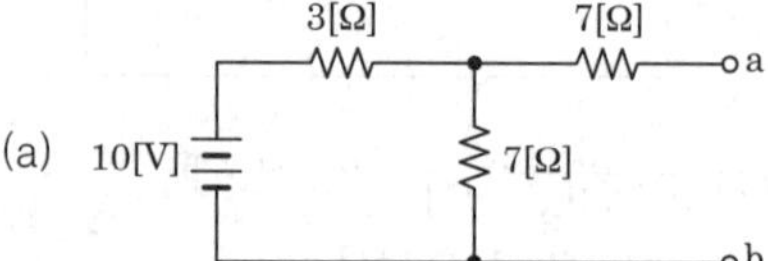

(b)
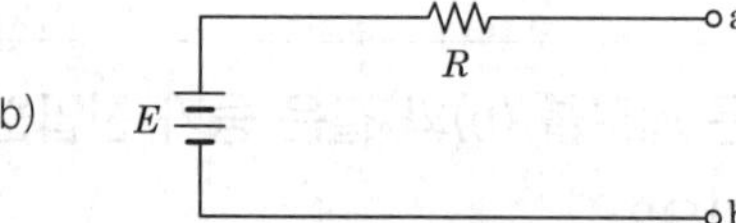

KEY POINT

➡ 테브난의 정리

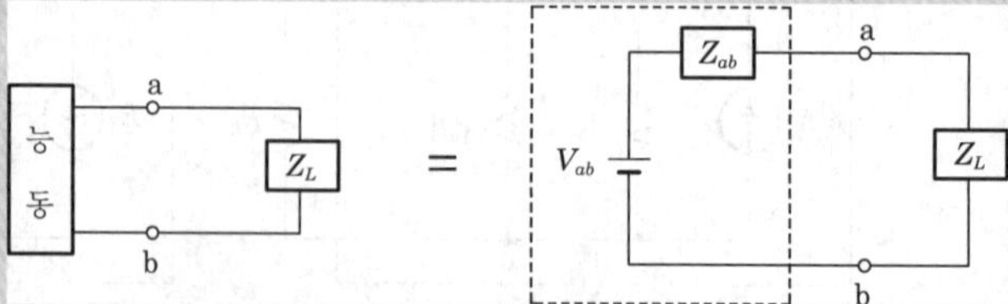

〈테브난 등가 회로〉

∴ 부하 임피던스 Z_L에 흐르는 전류 $I=\frac{V_{ab}}{Z_{ab}+Z_L}$[A]

여기서, Z_{ab} : 모든 전원을 제거하고 능동 회로망쪽을 본 임피던스

V_{ab} : a, b의 단자 전압

 정답 : 9.㉮

해설 $E=\frac{7}{3+7}\times 10=7\,[\text{V}]$

$R=7+\frac{3\times 7}{3+7}=9.1\,[\Omega]$

10 그림의 회로망 (a), (b)는 등가이다. (b) 회로의 저항 R값[Ω]은?

㉮ $\frac{7}{15}$

㉯ $\frac{4}{7}$

㉰ $\frac{7}{4}$

㉱ $\frac{15}{7}$

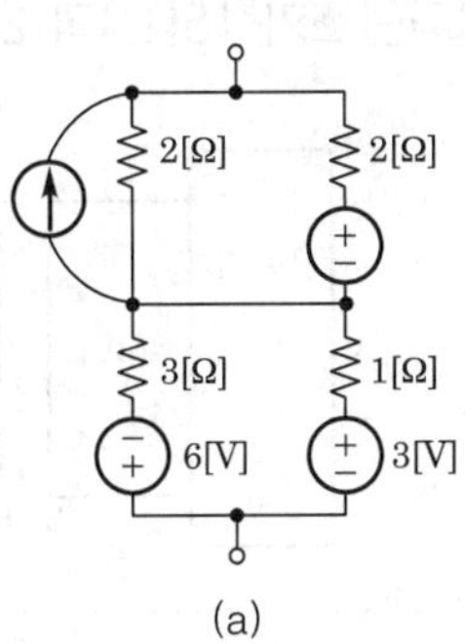

(a)

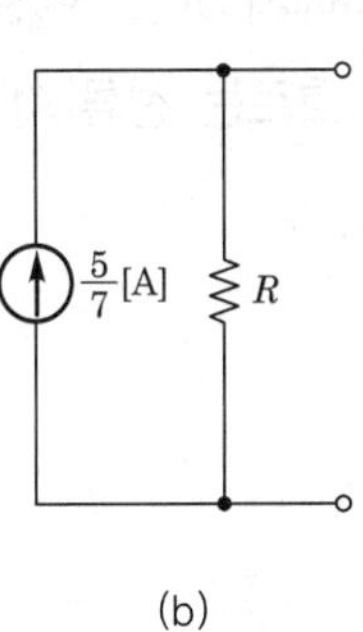

(b)

KEY POINT

➲ Z_{ab} : 전압원 단락, 전류원 개방하고 단자에서 회로망쪽을 본 임피던스

해설

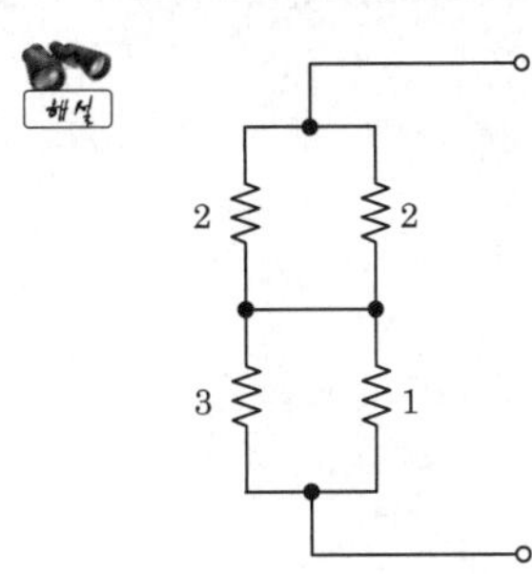

$R=\frac{2\times 2}{2+2}+\frac{3\times 1}{3+1}=\frac{7}{4}\,[\Omega]$

11 그림과 같은 회로에서 테브난의 정리에 의하여 저항에 흐르는 전류를 계산하고자 한다. 이때 a, b 단자에서 본 임피던스는?

㉮ $-j4$

㉯ $-j6$

㉰ $j4$

㉱ $j6$

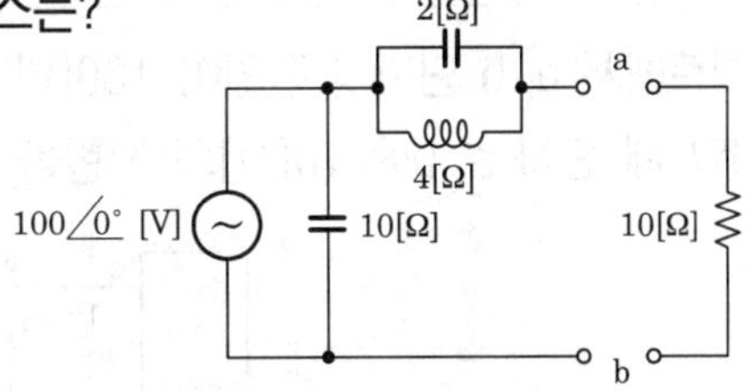

KEY POINT

➲ Z_{ab} : 전압원 단락, 전류원 개방하고 단자에서 회로망쪽을 본 임피던스

정답 : 10.㉰ 11.㉮

전압원을 단락하면 등가 임피던스는

$Z_{ab}=\dfrac{j4(-j2)}{j4-j2}=-j4[\Omega]$

12 두 개의 N_1과 N_2가 있다. a, b 단자, a′, b′ 단자의 각각의 전압은 50[V], 30[V]이다. 또, 양 단자에서 N_1, N_2를 본 임피던스가 15[Ω]과 25[Ω]이다, a와 a′, b와 b′를 연결하면 이때 흐르는 전류[A]는?

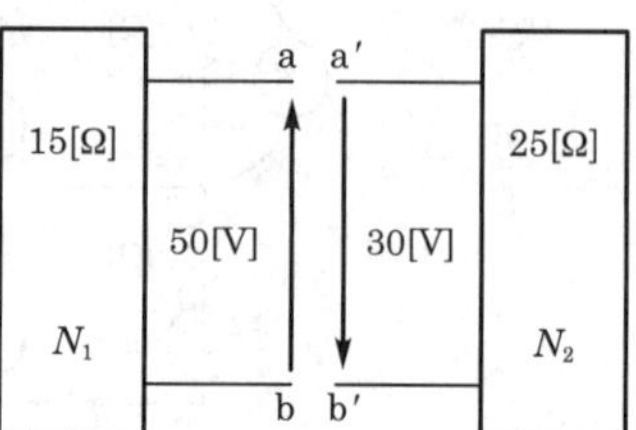

㉮ 0.5
㉯ 1
㉰ 2
㉱ 4

➲ 테브난의 등가 회로

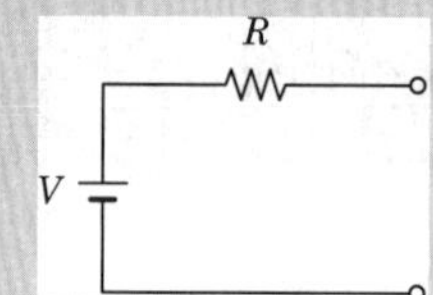

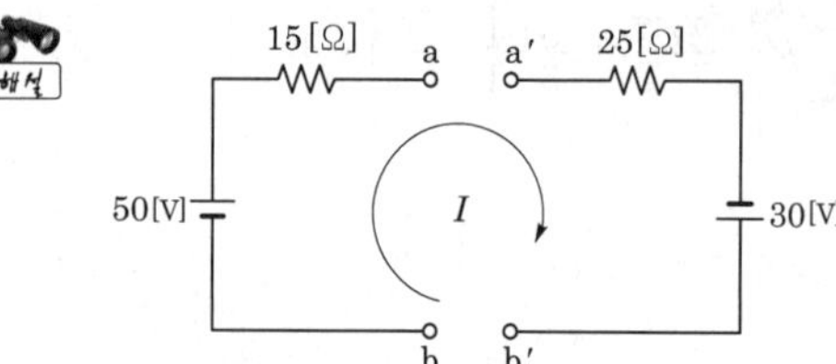

$I=\dfrac{50+30}{15+25}=2[A]$

13 그림과 같은 회로에서 a, b 단자의 전압이 100[V], a, b에서 본 능동 회로망 N의 임피던스가 15[Ω]일 때 단자 a, b에 10[Ω]의 저항을 접속하면 a, b 사이에 흐르는 전류는 몇 [A]인가?

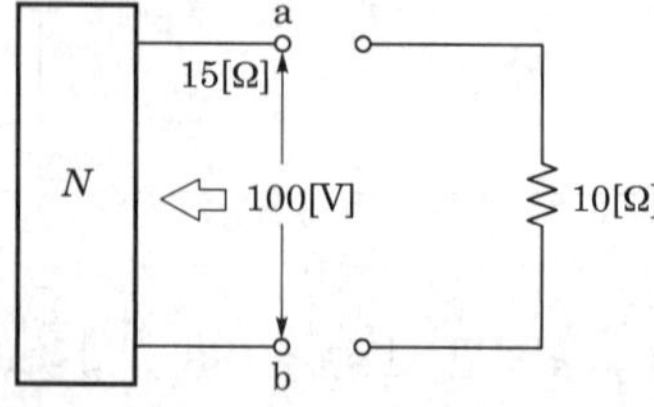

㉮ 2
㉯ 4
㉰ 6
㉱ 8

정답 : 12.㉰ 13.㉯

KEY POINT

➲ 테브난의 정리

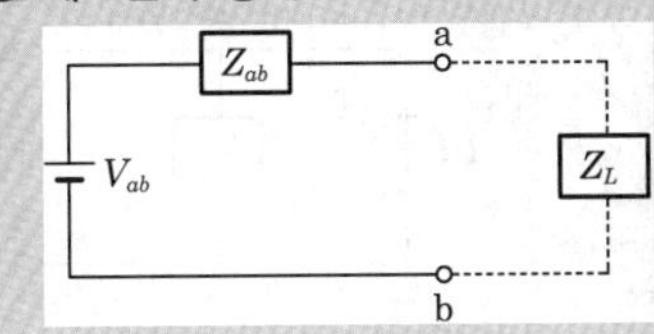

$$I=\frac{V_{ab}}{Z_{ab}+Z_L}[A]$$

해설 $I=\frac{100}{15+10}=4[A]$

14 그림의 회로에서 저항 2.6[Ω]에 흐르는 전류[A]는?

㉮ 0.2
㉯ 0.5
㉰ 1
㉱ 1.2

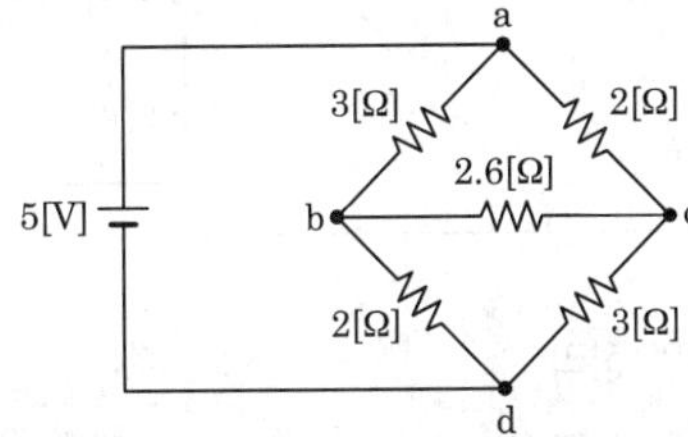

KEY POINT

➲ 테브난의 정리

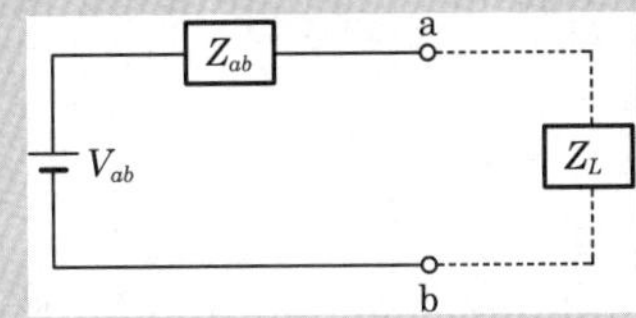

$$I=\frac{V_{ab}}{Z_{ab}+Z_L}[A]$$

해설 $I=\frac{V_{ab}}{Z_{ab}+Z_L}[A]$

$Z_{ab}=\frac{3\times2}{3+2}+\frac{2\times3}{2+3}=2.4[\Omega]$

$V_{ab}=3[V]-2[V]=1[V]$

$\therefore\ I=\frac{1}{2.4+2.6}=0.2[A]$

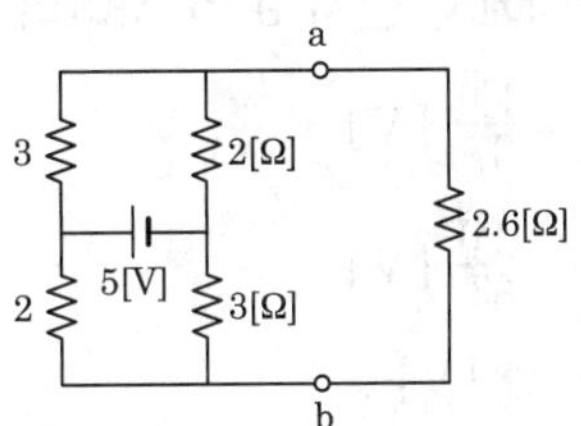

15 테브난의 정리와 쌍대의 관계가 있는 것은 다음 중 어느 것인가?

㉮ 밀만의 정리
㉯ 중첩의 원리
㉰ 노오튼의 정리
㉱ 보상의 정리

KEY POINT

➊ ① 테브난의 등가 회로

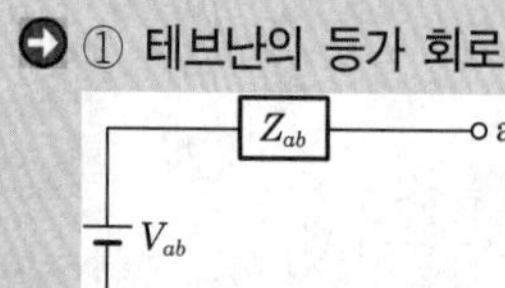

② 노오튼의 등가 회로

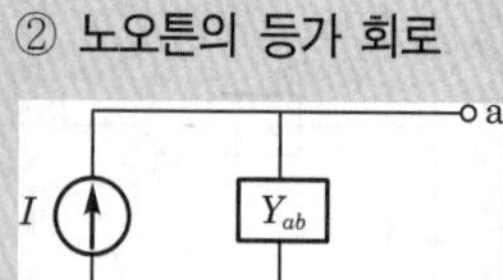

16 다음 회로의 단자 a, b에 나타나는 전압[V]은 얼마인가?

㉮ 9

㉯ 10

㉰ 12

㉱ 3

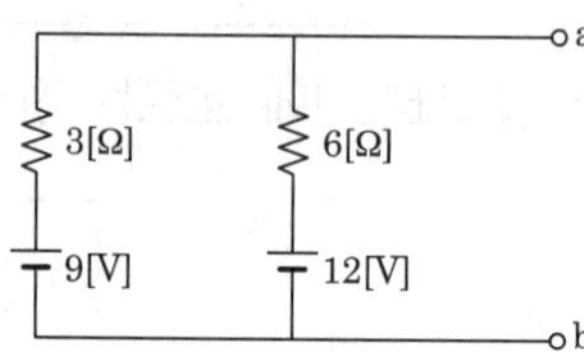

KEY POINT

➊ 밀만의 정리

$$V_{ab}=\frac{\sum_{k=1}^{n} I_k}{\sum_{k=1}^{n} Y_k} \text{ [V]}$$

해설

$$V_{ab}=\frac{\frac{9}{3}+\frac{12}{6}}{\frac{1}{3}+\frac{1}{6}}=10\text{ [V]}$$

17 그림에서 단자 a, b 사이의 전압을 구하면?

㉮ $\frac{360}{37}$ [V]

㉯ $\frac{120}{37}$ [V]

㉰ 28 [V]

㉱ 40 [V]

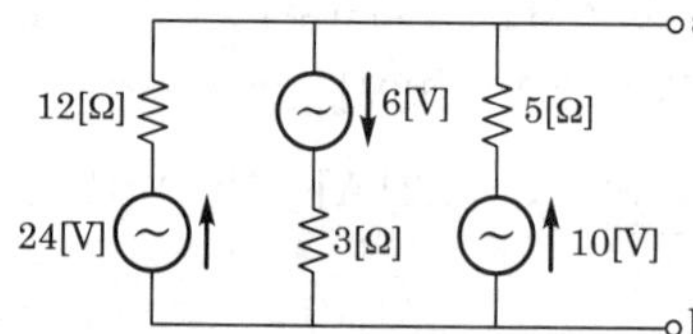

KEY POINT

➊ 밀만의 정리

$$V_{ab}=\frac{\sum_{k=1}^{n} I_k}{\sum_{k=1}^{n} Y_k} \text{ [V]}$$

정답 : 16.㉯ 17.㉯

해설 $V_{ab}=\dfrac{\dfrac{24}{12}-\dfrac{6}{3}+\dfrac{10}{5}}{\dfrac{1}{12}+\dfrac{1}{3}+\dfrac{1}{5}}=\dfrac{120}{37}$ [V]

18 같은 회로에서 $E_1=110$ [V], $E_2=120$ [V], $R_1=1$ [Ω], $R_w=2$ [Ω]일 때 a, b 단자에 5[Ω]의 R_3를 접속하였을 때 a, b간의 전압 V_{ab}[V]는?

㉮ 85
㉯ 90
㉰ 100
㉱ 105

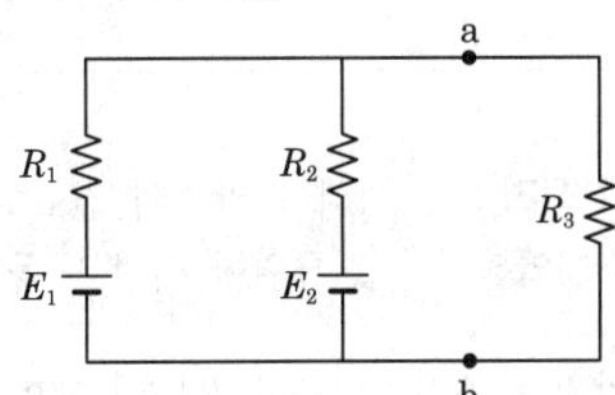

KEY POINT

➲ 밀만의 정리

$$V_{ab}=\frac{\sum_{k=1}^{n} I_k}{\sum_{k=1}^{n} Y_k} \quad [V]$$

해설

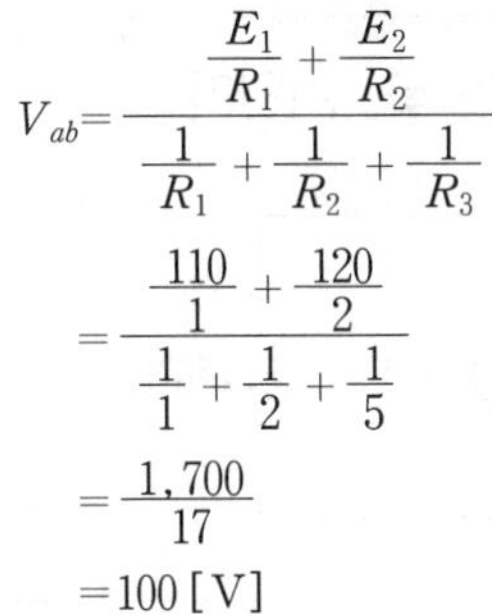

$$V_{ab}=\frac{\dfrac{E_1}{R_1}+\dfrac{E_2}{R_2}}{\dfrac{1}{R_1}+\dfrac{1}{R_2}+\dfrac{1}{R_3}}$$

$$=\frac{\dfrac{110}{1}+\dfrac{120}{2}}{\dfrac{1}{1}+\dfrac{1}{2}+\dfrac{1}{5}}$$

$$=\frac{1,700}{17}$$

$$=100\ [V]$$

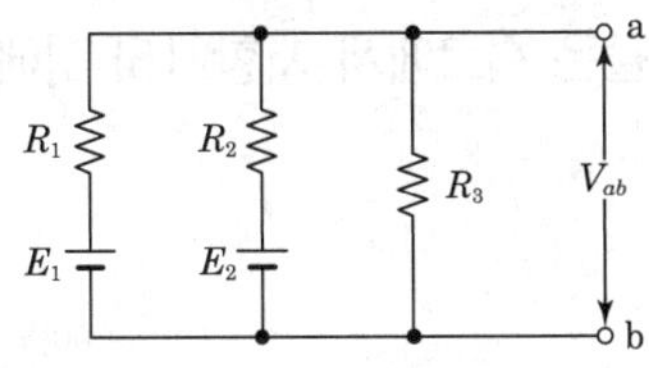

19 선형 회로에 가장 관계가 있는 것은?

㉮ 키르히호프의 법칙
㉯ 중첩의 원리
㉰ $V=RI^2$
㉱ 패러데이의 전자 유도 법칙

KEY POINT

➲ 중첩의 정리는 선형 회로에서만 성립된다.

정답 : 18.㉰ 19.㉯

20 그림에서 저항 20[Ω]에 흐르는 전류는 몇 [A]인가?

㉮ 0.4
㉯ 1
㉰ 3
㉱ 3.4

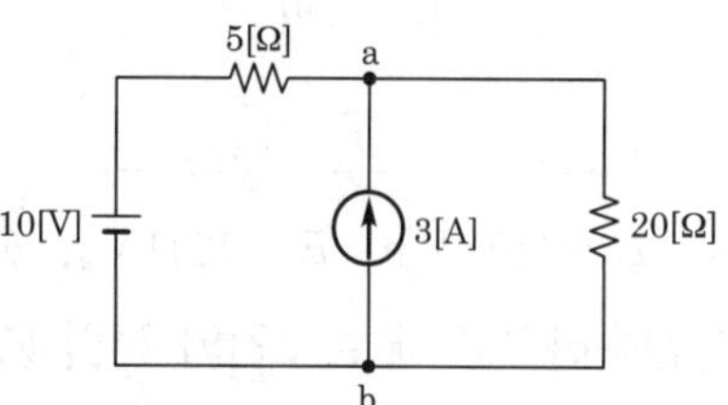

KEY POINT

➲ **중첩의 정리** : 몇 개의 전압원과 전류원이 동시에 존재하는 회로망에 있어서 회로 전류는 각 전압원이나 전류원이 각각 단독으로 주어졌을 때 흐르는 전류를 합한 것과 같다.

10[V] 전압원 존재시 : 전류원 3[A] 개방

$I_1 = \frac{10}{5+20} = \frac{10}{25}$ [A]

3[A] 전류원 존재시 : 전압원 10[V] 단락

$I_2 = \frac{5}{5+20} \times 3 = \frac{15}{25}$ [A]

$\therefore\ I = I_1 + I_2 = 1$ [A]

21 그림과 같은 회로에서 저항 15[Ω]에 흐르는 전류는 몇 [A]인가?

㉮ 0.5
㉯ 2
㉰ 4
㉱ 6

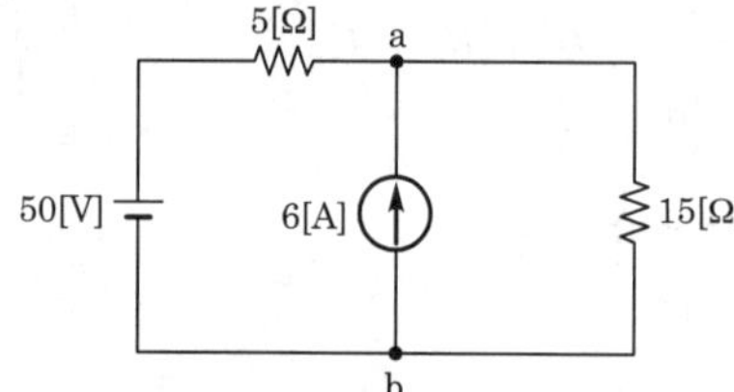

KEY POINT

➲ **중첩의 정리** : 몇 개의 전압원과 전류원이 동시에 존재하는 회로망에 있어서 회로 전류는 각 전압원이나 전류원이 각각 단독으로 주어졌을 때 흐르는 전류를 합한 것과 같다.

50[V]에 의한 전류 $I_1 = \frac{50}{5+15} = 2.5$ [A]

6[A]에 의한 전류 $I_2 = \frac{5}{5+15} \times 6 = 1.5$ [A]

$\therefore\ I = I_1 + I_2 = 2.5\text{[A]} + 1.5\text{[A]} = 4\text{[A]}$

정답 : 20.㉯ 21.㉰

22 다음 회로에서 10[Ω]의 저항에 흐르는 전류는?

㉮ 5[A]
㉯ 4[A]
㉰ 2[A]
㉱ 1[A]

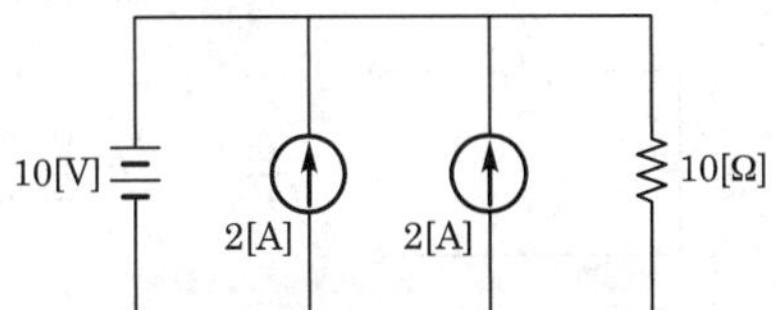

KEY POINT

➲ **중첩의 정리** : 몇 개의 전압원과 전류원이 동시에 존재하는 회로망에 있어서 회로 전류는 각 전압원이나 전류원이 각각 단독으로 주어졌을 때 흐르는 전류를 합한 것과 같다.

해설

10[V]에 의한 전류 $I_1 = \frac{10}{10} = 1$[A]

4[A] 전류원에 의한 전류는 전압원을 단락하면 저항 10[Ω]쪽으로는 흐르지 않는다.

23 그림과 같은 회로에서 1[Ω]의 저항에 나타나는 전압[V]은?

㉮ 6
㉯ 2
㉰ 3
㉱ 4

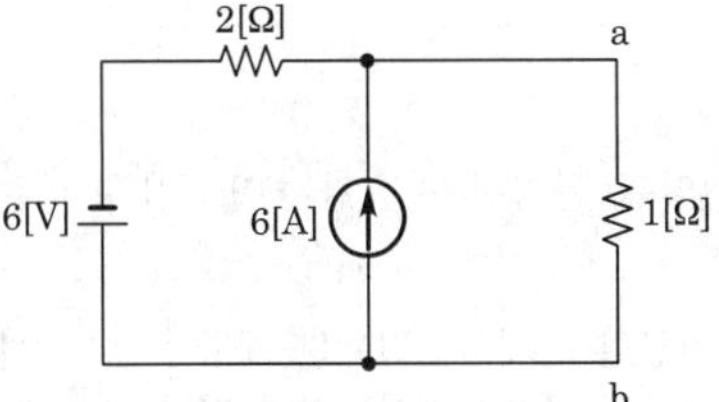

KEY POINT

➲ 전압원에 의한 전류와 전류원에 의한 전류의 방향에 유의하여 중첩의 정리를 적용한다.

해설

6[V]에 의한 전류 $I_1 = \frac{6}{2+1} = 2$[A]

6[A]에 의한 전류 $I_2 = \frac{2}{2+1} \times 6 = 4$[A]

I_1과 I_2의 방향이 반대이므로 1[Ω]에 흐르는 전전류 I는

$I = I_2 - I_1 = 4 - 2 = 2$[A]

∴ $V = IR = 2 \times 1 = 2$[V]

24 그림과 같은 회로에서 5[Ω]의 저항에 흐르는 전류는 몇 [A]인가?

㉮ 1/2
㉯ 2/3
㉰ 1
㉱ 5/3

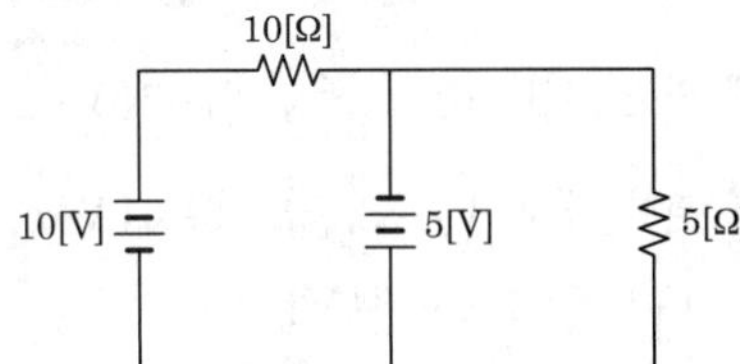

정답 : 22.㉱ 23.㉯ 24.㉰

KEY POINT

➡ 전압원, 전류원 등가 변환

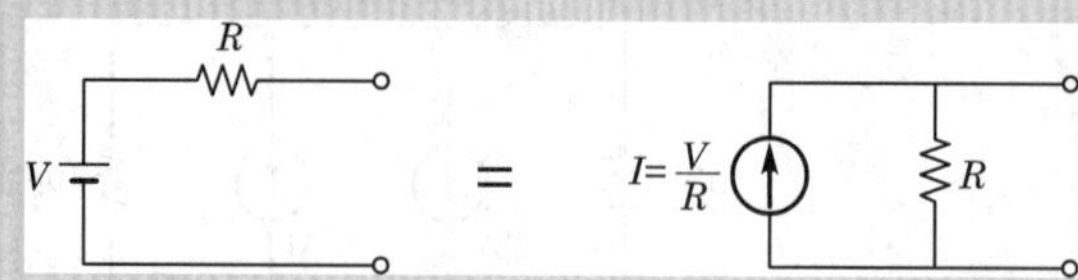

해설 중첩의 원리에 의해 10[V]의 전압원에 의한 전류는 흐르지 않고 5[V]의 전압원에 의한 전류만 1[A]가 흐른다.

25 그림과 같은 회로에서 선형 저항 3[Ω] 양단의 전압[V]은?

㉮ 2
㉯ 2.5
㉰ 3
㉱ 4.5

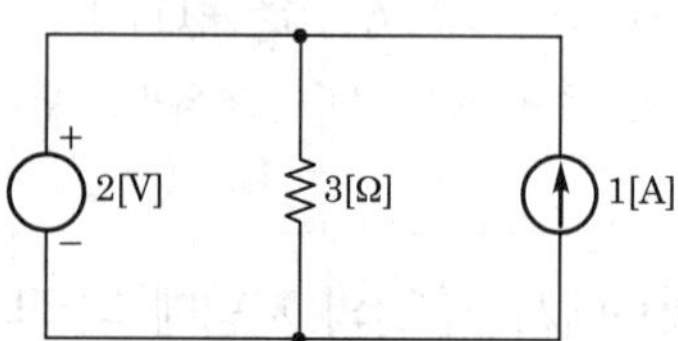

KEY POINT

➡ 전압원 존재시 전류원 개방, 전류원 존재시 전압원은 단락한다.

해설 2[V] 전압원 존재시 : 전류원 개방　　∴ 3[A] 양단 전압은 2[V]
1[A] 전류원 존재시 : 전압원이 단락하면 3[A]의 전압은 0[V]이다.

26 그림과 같은 회로에서 단자 b, c에 걸리는 전압 V_{bc}는 몇 [V]인가?

㉮ 4
㉯ 6
㉰ 8
㉱ 10

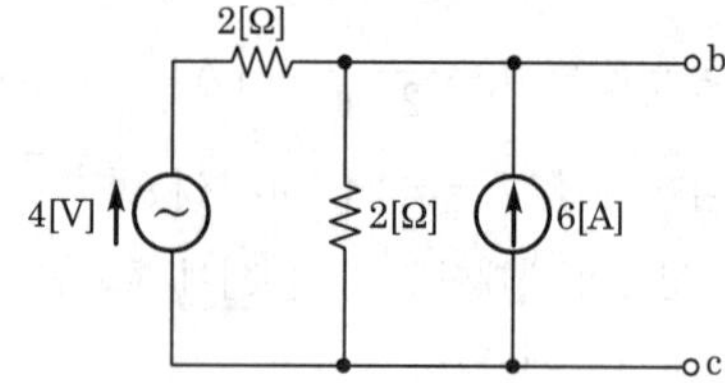

KEY POINT

➡ 전압원 존재시 전류원 개방, 전류원 존재시 전압원은 단락한다.

해설 4[V]에 의한 전압 $V_1 = \frac{2}{2+2} \times 4 = 2$[V]

6[A]에 의한 전압 $V_2 = \frac{2\times 2}{2+2} \times 6 = 6$[V]

∴ $V_{ab} = V_1 + V_2 = 2 + 6 = 8$[V]

 정답 : 25.㉮ 26.㉰

그림과 같은 회로에서 15[Ω]에 흐르는 전류[A]는?

㉮ 4
㉯ 20
㉰ 8
㉱ 10

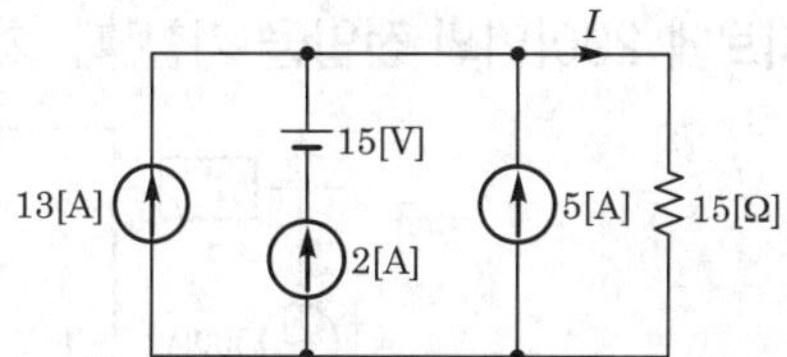

KEY POINT

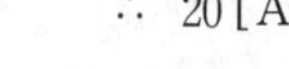 전압원 존재시 전류원 개방, 전류원 존재시 전압원은 단락한다.

전류원에 의한 전류 $I_1=13+2+5=20$ [A]
전압원 15 [V]에 의한 전류 $I_2=0$ [A]
∴ 20 [A]

그림과 같은 회로에서 전류 I [A]를 구하면?

㉮ 1
㉯ 3
㉰ −2
㉱ 2

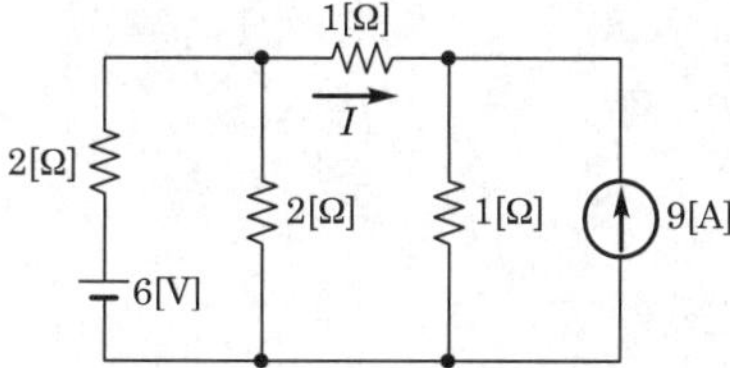

KEY POINT

전압원 존재시 전류원 개방, 전류원 존재시 전압원은 단락한다.

6 [V] 전압원에 의한 전류 $I_1=\dfrac{6}{2+\dfrac{(1+1)\times 2}{(1+1)\times 2}}\times\dfrac{2}{(1+1)+2}=1$ [A]

9 [A] 전류원에 의한 전류 $I_2=9\times\dfrac{1}{\left(1+\dfrac{2\times 2}{2+2}\right)+1}=3$ [A]

∴ 전전류 I는 I_1과 I_2의 방향이 반대이므로,
$I=I_1-I_2=1-3=-2$ [A]

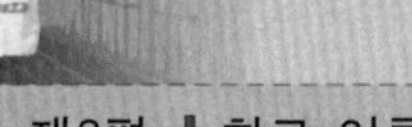

29 그림과 같은 회로망에서 Z_a 지로에 300[V]의 전압을 가할 때 Z_b 지로에 30[A]의 전류가 흘렀다. Z_b 지로에 200[V]의 전압을 가할 때 Z_a 지로에 흐르는 전류[A]를 구하면?

㉮ 10
㉯ 20
㉰ 30
㉱ 40

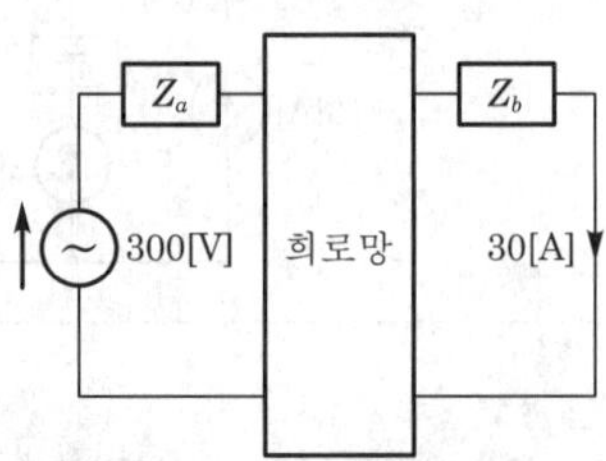

KEY POINT

가역 정리

$V_1I_1 = V_2I_2$

해설 가역 정리에 의해서

$$I_1 = \frac{V_2I_2}{V_1} = \frac{200 \times 30}{300} = 20\,[\text{A}]$$

 정답 : 29.㉯

제 8 장 회로망 기하학

전기 회로를 그래프(graph) 이론을 이용하여 해석하는 방법을 회로망 기하학 또는 위상 기하학(topology)이라 한다.

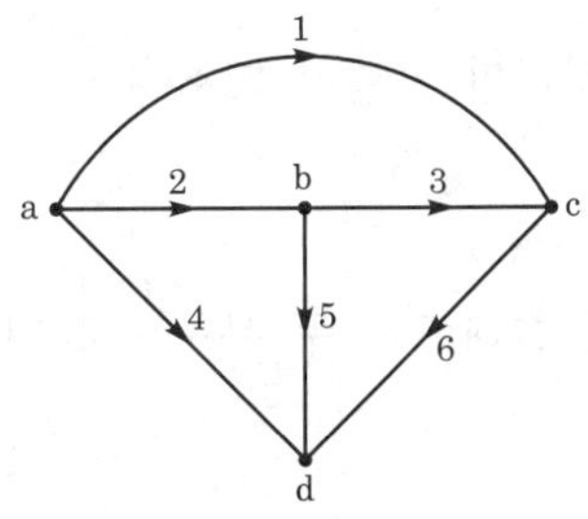

그림 3-12 **전기 회로의 그래프**

1 용어 정의

(1) 마디(node)

a, b, c, d와 같이 회로가 접속되는 점

(2) 가지(branch)

1, 2, 3, 4, 5, 6과 같이 두 개의 마디를 연결하는 선

(3) 나무(tree)

모든 마디를 연결하면서 폐로를 만들지 않는 가지의 집합

① **나무의 총수** $= n^{n-2}$[개]

② **나뭇가지의 수** $= n-1$[개]

나뭇가지의 수는 키르히호프 **전류 법칙의 독립 방정식의 수**와 같다.

(4) 보목(cotree 또는 link)

나무가 아닌 가지

① 보목의 수 $= b-(n-1)$[개]

보목의 수는 키르히호프 **전압 법칙의 독립 방정식의 수**와 같다.

(5) 폐로(loop)

몇 개의 가지로 이루어지는 폐회로

(6) 기본 폐로(unit loop)

폐로를 형성하면서 보목이 하나만 포함된 폐회로

(7) 컷 세트(cut set)

마디를 1개 이상 포함하면서 그래프를 두 부분으로 나누는 가지의 최소 집합

2 접속 행렬(Incidence matrix)

그래프의 마디를 행 가지를 열로 나타내며 마디와 가지가 접속되면 1로 접속되지 않으면 0으로 표시하며 방향성일 경우 마디에서 나아가는 방향을 (+)로, 마디로 들어가는 방향을 (−)로 나타낸다.

앞의 그림의 접속 행렬은 다음과 같다.

$$\begin{bmatrix} 1 & 1 & 0 & 1 & 0 & 0 \\ 0 & -1 & 1 & 0 & 1 & 0 \\ -1 & 0 & -1 & 0 & 0 & 1 \\ 0 & 0 & 0 & -1 & -1 & -1 \end{bmatrix}$$

여기서, 접속 행렬은 **각 열에는 1과 −1이 각각 1개씩만 있고 나머지는 모두 0인 행렬이 되는 특징**을 갖는다.

단원핵심문제

1 어떤 회로의 그래프가 다음 그림과 같다. 다음 중 나무가 되지 못하는 것은?

㉮ 1, 5, 6, 3
㉯ 5, 6, 7, 8
㉰ 2, 5, 6, 8
㉱ 1, 7, 8, 2

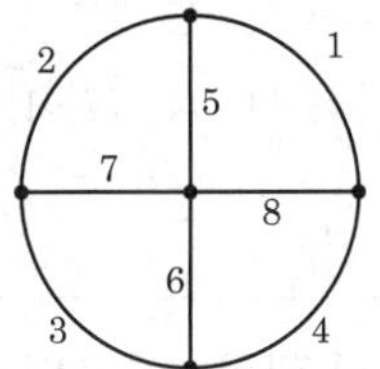

➲ 나무(tree) : 모든 마디를 연결하며 폐로를 만들지 않는 가지의 집합

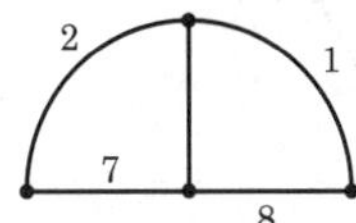

1, 7, 8, 2

2 그림과 같은 그래프의 나무의 총수는?

㉮ 4개
㉯ 16개
㉰ 32개
㉱ 6개

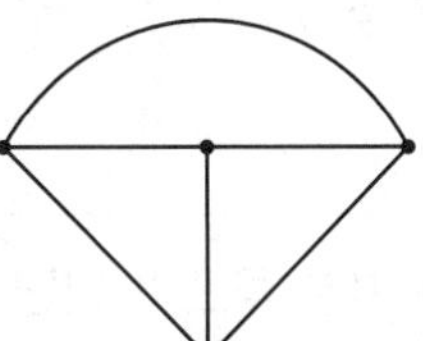

➲ 나무의 총수 : n^{n-2}개

나무의 총수 $=4^{4-2}=4^2=16$개

정답 : 1.㉱ 2.㉯

3 어떤 그래프의 가지의 수는 14개이고, 마디의 수가 7개일 때 보목의 수는?

㉮ 8　　㉯ 10
㉰ 7　　㉱ 12

KEY POINT

➲ 보목의 수 : $b-(n-1)$개

해설 보목의 수 $=b-(n-1)=14-(7-1)=8$개

4 그림과 같은 회로망에서 키르히호프의 법칙을 사용하여 마디 전압 방정식을 세우려고 한다. 최소 몇 개의 독립 방정식이 필요한가?

㉮ 5
㉯ 6
㉰ 7
㉱ 8

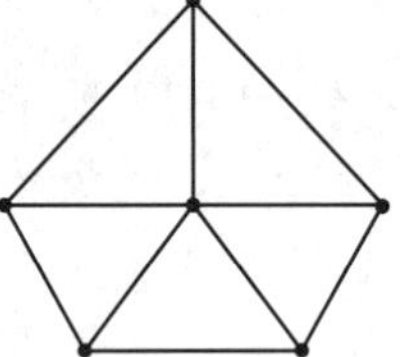

KEY POINT

➲ 독립 전류 방정식의 수=나무의 수
독립 전압 방정식의 수=보목의 수

해설 독립 전압 방정식의 수 = 보목의 수 : $b-(n-1)=10-(6-1)=5$개

5 그림과 같은 그래프에서 기본 루프가 아닌 것은? (단, 실선은 나무, 점선은 보목인 가지를 나타낸다.)

㉮ 2, 6, 3
㉯ 1, 3, 4
㉰ 1, 2, 6, 4
㉱ 1, 2, 5

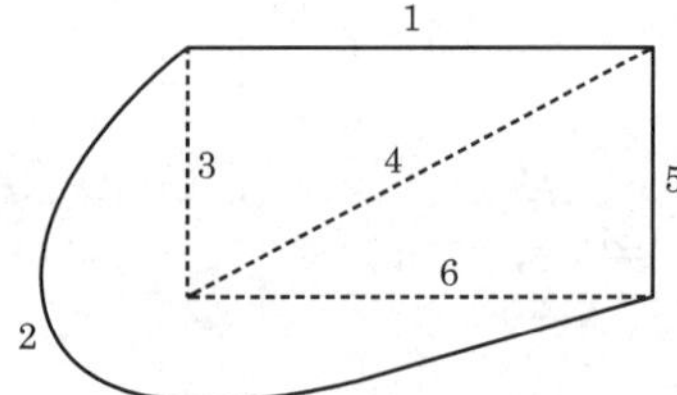

KEY POINT

➲ 기본 루프는 보목인 가지를 하나만 포함하는 폐로이다.

정답 : 3.㉮ 4.㉮ 5.㉯

6 그림과 같은 회로의 접속 행렬(incidence matrix)을 나타내는 것은?

㉮ $\begin{bmatrix} 1 & 1 & 0 & 1 & 0 & 0 \\ 0 & -1 & 1 & 0 & 0 & 0 \\ 1 & 1 & 0 & 1 & 1 & 1 \\ 0 & 0 & 1 & 1 & 1 & 0 \end{bmatrix}$

㉯ $\begin{bmatrix} 1 & 1 & 0 & 1 & 0 & 0 \\ 0 & -1 & 1 & 0 & 0 & 0 \\ 0 & 0 & 1 & 0 & 0 & 1 \\ 1 & 0 & 0 & -1 & 1 & -1 \end{bmatrix}$

㉰ $\begin{bmatrix} 1 & 1 & 0 & 1 & 0 & 0 \\ 0 & -1 & 1 & 0 & 0 & 0 \\ 1 & 1 & -1 & 1 & 1 & 1 \\ 0 & 0 & 0 & 0 & -1 & 1 \end{bmatrix}$

㉱ $\begin{bmatrix} 1 & 1 & 0 & 1 & 0 & 0 \\ 0 & -1 & 1 & 0 & 1 & 0 \\ -1 & 0 & -1 & 0 & 0 & 1 \\ 0 & 0 & 0 & -1 & -1 & -1 \end{bmatrix}$

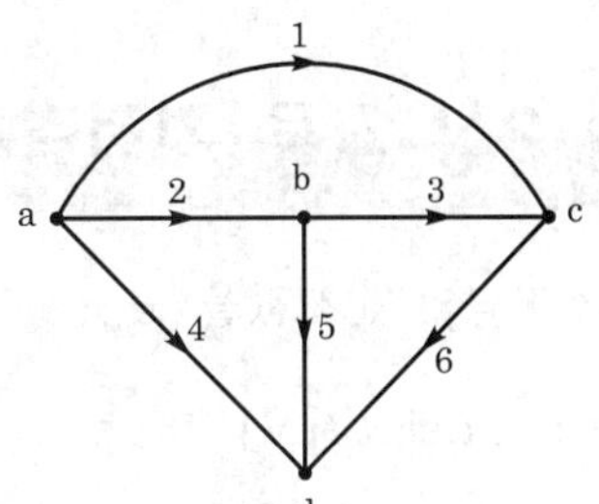

KEY POINT

➲ 각 열에 1과 −1이 각각 1개씩만 있고 나머지는 모두 0인 행렬이 접속 행렬이다.

제 9 장 3상 교류

1 대칭 3상 교류 기전력

대칭 3상 기전력의 순시값을 e_a, e_b, e_c라 하고 상순이 a, b, c일 때

$$e_a=\sqrt{2}E\sin\omega t\,[\mathrm{V}]$$

$$e_b=\sqrt{2}E\sin\left(\omega t-\frac{2\pi}{3}\right)[\mathrm{V}]$$

$$e_c=\sqrt{2}E\sin\left(\omega t-\frac{4\pi}{3}\right)[\mathrm{V}]$$

로 되고, 이것을 그림으로 표시하면 다음과 같고,

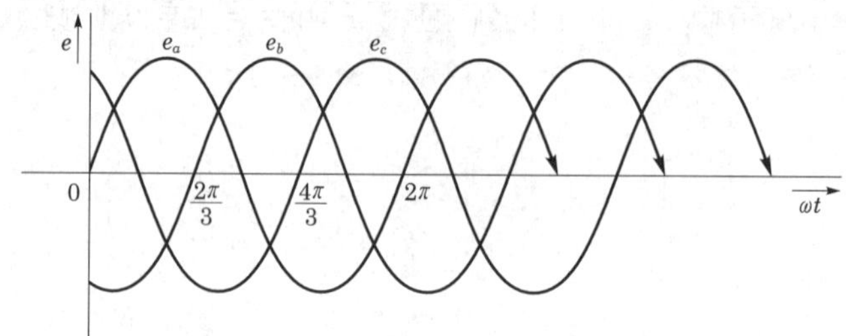

위의 식을 기호법으로 표시하면 다음과 같다.

$$e_a=E\angle 0^\circ=\boldsymbol{E}$$

$$e_b=E\angle -\frac{2}{3}\pi=E\left(\cos\frac{2\pi}{3}-j\sin\frac{2\pi}{3}\right)=E\left(-\frac{1}{2}-j\frac{\sqrt{3}}{2}\right)=\boldsymbol{a^2E}$$

$$e_c=E\angle -\frac{4}{3}\pi=E\left(\cos\frac{4\pi}{3}-j\sin\frac{4\pi}{3}\right)=E\left(-\frac{1}{2}+j\frac{\sqrt{3}}{2}\right)=\boldsymbol{aE}$$

연산자 a의 의미

a는 위상을 $\frac{2}{3}\pi$ 앞서게 하고 크기는 $-\boldsymbol{\frac{1}{2}}+\boldsymbol{j\frac{\sqrt{3}}{2}}$의 크기를 갖는다.

a^2은 위상을 $\frac{2}{3}\pi$ 뒤지게 하고 크기는 $-\frac{1}{2}-j\frac{\sqrt{3}}{2}$의 크기를 갖는다.

또, 대칭 3상 기전력의 총합은 어느 순간에 있어서도 0이므로 $1+a^2+a=0$이다.

2 대칭 3상 교류의 결선

(1) 성형 결선(Y결선)

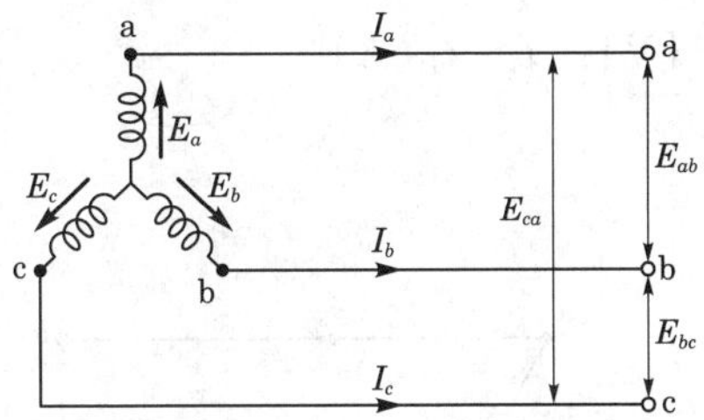

선간 전압 $\dot{E}_{ab}=\dot{E}_a-\dot{E}_b$, $\dot{E}_{bc}=\dot{E}_b-\dot{E}_c$, $\dot{E}_{ca}=\dot{E}_c-\dot{E}_a$

선간 전압과 상전압과의 벡터도를 그리면 다음과 같고,

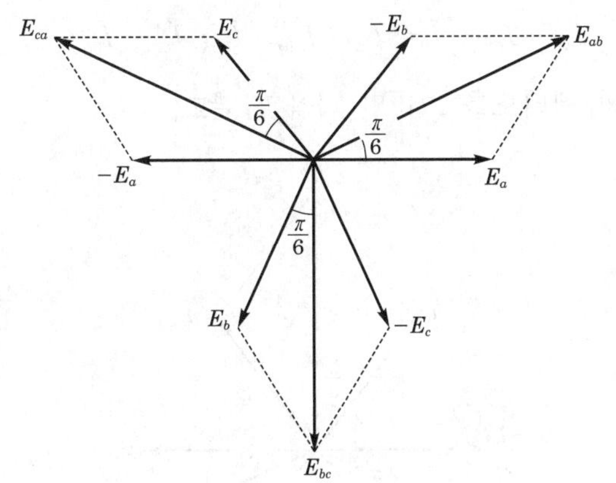

벡터도에서 선간 전압 상전압의 크기 및 위상을 구하면 다음과 같다.

$$E_{ab}=2E_a\cos\frac{\pi}{6}\angle\frac{\pi}{6}=\sqrt{3}E_a\angle\frac{\pi}{6}$$

$$E_{bc}=2E_b\cos\frac{\pi}{6}\angle\frac{\pi}{6}=\sqrt{3}E_b\angle\frac{\pi}{6}$$

$$E_{ca}=2E_c\cos\frac{\pi}{6}\angle\frac{\pi}{6}=\sqrt{3}E_c\angle\frac{\pi}{6}$$

이상의 관계에서

선간 전압을 V_L, 선전류를 I_l, 상전압을 V_P, 상전류를 I_P라 하면

$$\boldsymbol{V_l=\sqrt{3}\,V_P\angle\frac{\pi}{6}\,[\mathrm{V}],\quad I_l=I_P\,[\mathrm{A}]}$$

(2) 환상 결선(△결선)

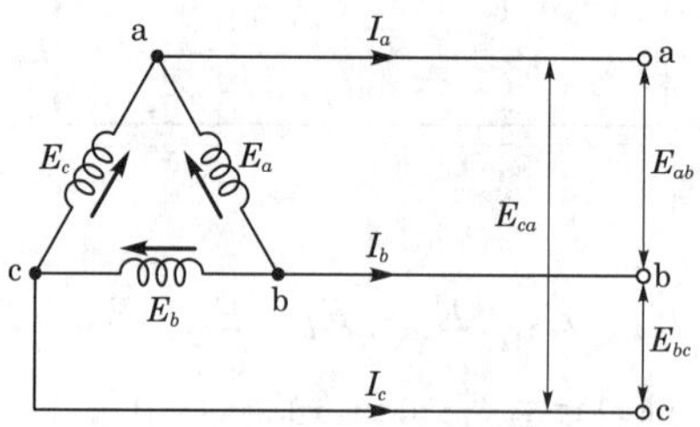

선전류 $\dot{I}_a=\dot{I}_{ab}-\dot{I}_{ca}$, $\dot{I}_b=\dot{I}_{bc}-\dot{I}_{ab}$, $\dot{I}_c=\dot{I}_{ca}-\dot{I}_{bc}$

선전류와 상전류와의 벡터도를 그리면 다음과 같고,

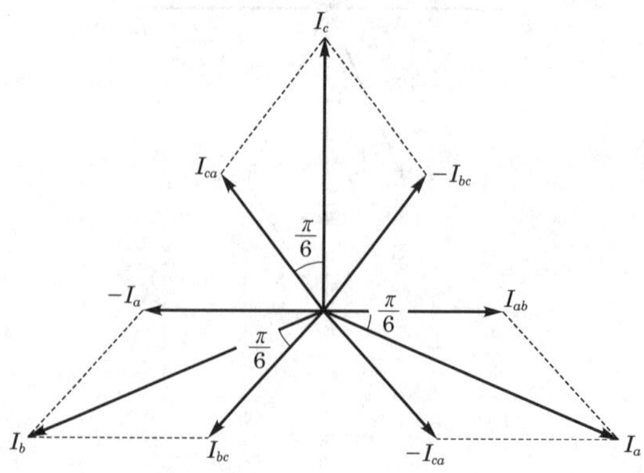

벡터도에서 선전류와 상전류의 크기 및 위상을 구하면 다음과 같다.

$$I_a = 2I_{ab}\cos\frac{\pi}{6}\angle -\frac{\pi}{6} = \sqrt{3}I_{ab}\angle -\frac{\pi}{6}$$

$$I_b = 2I_{bc}\cos\frac{\pi}{6}\angle -\frac{\pi}{6} = \sqrt{3}I_{bc}\angle -\frac{\pi}{6}$$

$$I_c = 2I_{ca}\cos\frac{\pi}{6}\angle -\frac{\pi}{6} = \sqrt{3}I_{ca}\angle -\frac{\pi}{6}$$

이상의 관계에서

선간 전압을 V_l, 선전류를 I_l, 상전압을 V_P, 상전류를 I_P라 하면

$$\boldsymbol{I_l = \sqrt{3}I_P\angle -\frac{\pi}{6}\,[\mathrm{A}],\quad V_l = V_P\,[\mathrm{V}]}$$

3 임피던스의 △결선과 Y결선의 등가 변환

(1) △→Y 등가 변환

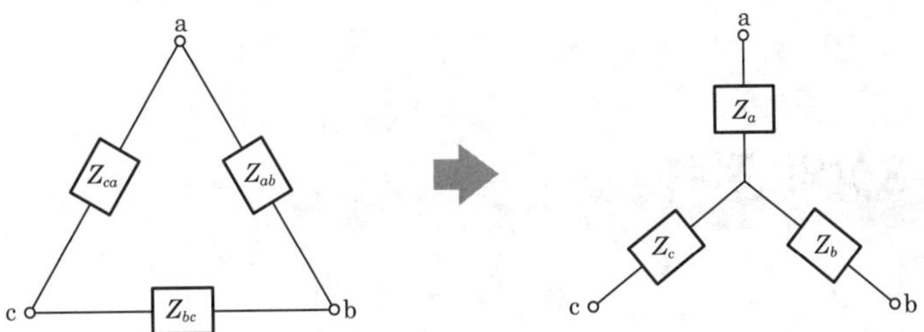

그림에서 △결선을 Y결선으로 변환시에는 다음과 같은 방법에 의해서 구한다.

$Z_{\triangle} = Z_{ab} + Z_{bc} + Z_{ca}$라 하면

$$\boldsymbol{Z_a = \frac{Z_{ca}\cdot Z_{ab}}{Z_{\triangle}},\quad Z_b = \frac{Z_{ab}\cdot Z_{bc}}{Z_{\triangle}},\quad Z_c = \frac{Z_{bc}\cdot Z_{ca}}{Z_{\triangle}}}$$

만일, △결선의 임피던스가 서로 같은 평형 부하일 때

즉, $Z_{ab} = Z_{bc} = Z_{ca}$인 경우

$$\boldsymbol{Z_Y = \frac{1}{3}Z_{\triangle}}$$

(2) 등가 정체 변환

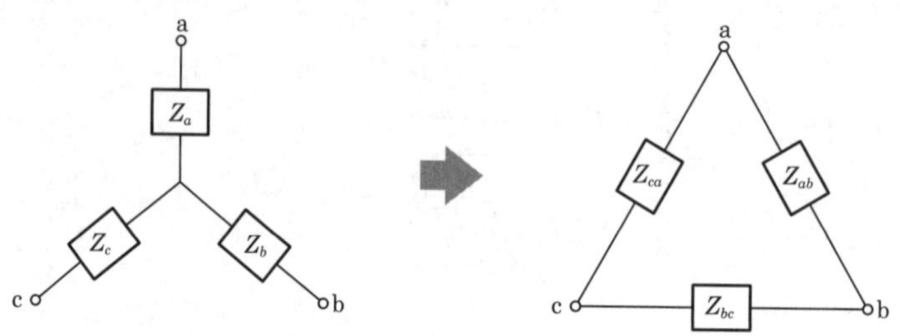

위의 그림에서 Y결선을 △결선으로 변환시에는 다음과 같은 방법에 의해서 구한다.

$Z_Y = Z_a Z_b + Z_b Z_c + Z_c Z_a$라 하면

$$Z_{ab} = \frac{Z_Y}{Z_c},\ Z_{bc} = \frac{Z_Y}{Z_a},\ Z_{ca} = \frac{Z_Y}{Z_b}$$

만일, △결선의 임피던스가 서로 같은 평형 부하일 때

즉, $Z_a = Z_b = Z_c$인 경우

$$Z_\triangle = 3Z_Y$$

4 대칭 3상의 전력

(1) 유효 전력

$$P = 3V_P I_P \cos\theta = \sqrt{3}\, V_l I_l \cos\theta = 3 I_P{}^2 R\,[\mathrm{W}]$$

(2) 무효 전력

$$P_r = 3V_P I_P \sin\theta = \sqrt{3}\, V_l I_l \sin\theta = 3 I_P{}^2 X\,[\mathrm{Var}]$$

(3) 피상 전력

$$P_a = 3V_P I_P = \sqrt{3}\, V_l I_l = 3 I_P{}^2 Z = \sqrt{P^2 + P_r{}^2}\,[\mathrm{VA}]$$

5 2전력계법

전력계 2개의 지시값으로 3상 전력을 측정하는 방법

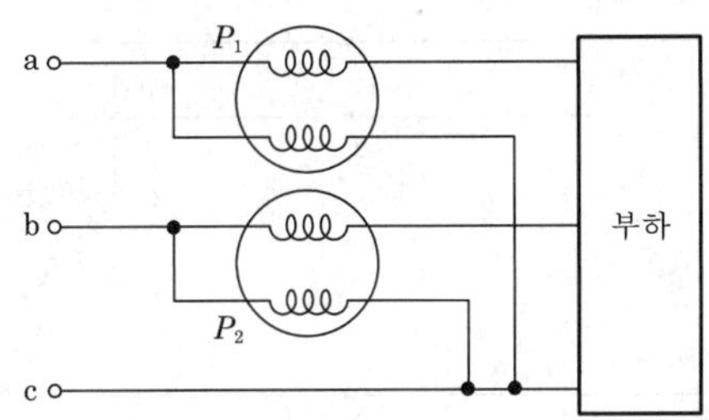

위의 그림에서 전력계의 지시값을 P_1, P_2[W]라 하면

(1) 유효 전력

$$P = P_1 + P_2 = \sqrt{3}\, V_l I_l \cos\theta \,[\mathrm{W}]$$

(2) 무효 전력

$$P_r = \sqrt{3}(P_1 - P_2) = \sqrt{3}\, V_l I_l \sin\theta \,[\mathrm{Var}]$$

(3) 피상 전력

$$P_a = \sqrt{P^2 + P_r^{\,2}} = \sqrt{(P_1 + P_2)^2 + [\sqrt{3}(P_1 - P_2)]^2} = 2\sqrt{P_1^{\,2} + P_2^{\,2} - P_1 P_2}\,[\mathrm{VA}]$$

(4) 역률

$$\cos\theta = \frac{P}{P_a} = \frac{P_1 + P_2}{2\sqrt{P_1^{\,2} + P_2^{\,2} - P_1 P_2}}$$

6 3상 V결선

△결선으로 운전 중 1대가 소손되어 2대만 가지고 운전하는 것을 V결선이라 한다.

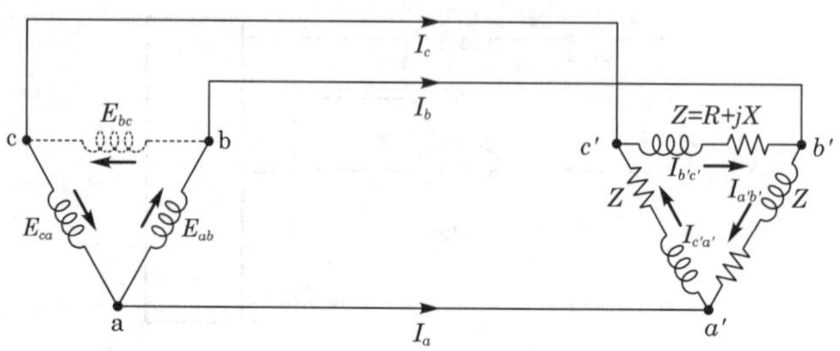

(1) V결선의 출력

$$P=E_{ab}I_{ab}\cos\left(\frac{\pi}{6}-\theta\right)+E_{ca}I_{ca}\cos\left(\frac{\pi}{6}+\theta\right)$$

$E_{ab}=E_{ca}=E,\ I_{ab}=I_{ca}=I$ 라 하면

$$\boldsymbol{P=\sqrt{3}EI\cos\theta\,[\mathrm{W}]}$$

(2) V결선의 변압기 이용률

V결선의 출력은 $\sqrt{3}EI\cos\theta$이고 변압기 2대로 공급할 수 있는 전력은 $2EI\cos\theta$이므로 따라서 V결선하면 변압기의 이용률(U)은 다음과 같다.

$$U=\frac{\sqrt{3}EI\cos\theta}{2EI\cos\theta}=\frac{\sqrt{3}}{2}=0.866=86.7\%$$

(3) 출력비

변압기 2대로 V결선하여 3상 전력을 공급하는 경우와 변압기 3대로 △결선하여 3상 전력을 공급하는 경우 3상 전력을 출력할 수 있는 출력비는 다음과 같다.

$$\text{출력비}\ \frac{P_{\mathrm{V}}}{P_{\triangle}}=\frac{\sqrt{3}EI\cos\theta}{3EI\cos\theta}=\frac{1}{\sqrt{3}}=0.577=57.7\%$$

7 다상 교류 회로의 전압·전류·전력

(1) 성형 결선

n을 다상 교류의 상수라 하면

① 선간 전압을 V_l, 상전압을 V_P라 하면

$$V_l = 2\sin\frac{\pi}{n} V_P \angle \frac{\pi}{2}\left(1-\frac{2}{n}\right) [\text{V}]$$

② 선전류(I_l) = 상전류(I_P)

(2) 환상 결선

n을 다상 교류의 상수라 하면

① 선전류를 I_l, 상전류를 I_P라 하면

$$I_l = 2\sin\frac{\pi}{n} I_P \angle -\frac{\pi}{2}\left(1-\frac{2}{n}\right) [\text{A}]$$

② 선간 전압(V_l) = 상전압(V_P)

(3) 다상 교류의 전력

n을 다상 교류의 상수라 하면

① 상전류를 I_P, 상전압을 V_P라 하면 다상 교류의 전력은

$$P = n V_P I_P \cos\theta [\text{W}]$$

② 선간 전압을 V_l, 선전류를 I_l이라 하면

성형 결선에서는

$$V_l = 2\sin\frac{\pi}{n} V_P,\ \ I_l = I_P$$

환상 결선에서는

$$V_l = V_P,\ \ I_l = 2\sin\frac{\pi}{n} I_P$$

의 관계가 있으므로,

성형 결선과 환상 결선의 구분 없이 다상 교류의 전력은

$$P = \frac{n}{2\sin\frac{\pi}{n}} V_l I_l \cos\theta\,[\mathrm{W}]$$

8 불평형 Y부하의 중성점의 전위

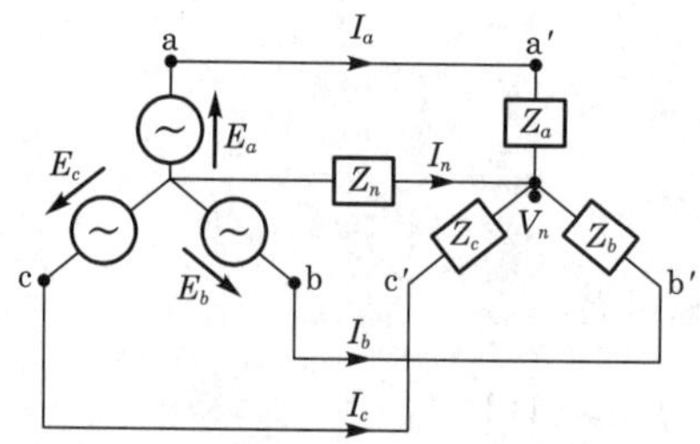

E_a, E_b, E_c의 대칭 또는 비대칭의 3상 기전력을 갖는 전원에 Z_a, Z_b, Z_c의 불평형 부하를 접속한 회로의 부하의 중성점 O′의 전위 V_n을 **밀만의 정리를 적용**하여 구하면 다음과 같다.

$$\text{중성점 전위 } V_n = \frac{E_aY_a + E_bY_b + E_cY_c}{Y_a + Y_b + Y_c + Y_n} = \frac{\dfrac{E_a}{Z_a} + \dfrac{E_b}{Z_b} + \dfrac{E_c}{Z_c}}{\dfrac{1}{Z_a} + \dfrac{1}{Z_b} + \dfrac{1}{Z_c} + \dfrac{1}{Z_n}}\,[\mathrm{V}]$$

단원핵심문제

1 $a+a^2$의 값은? (단, $a=e^{j120°}$임.)

㉮ 0　　㉯ -1

㉰ 1　　㉱ a^3

KEY POINT

➲ 연산자의 성질

$a=-\frac{1}{2}+j\frac{\sqrt{3}}{2}$

$a^2=-\frac{1}{2}-j\frac{\sqrt{3}}{2}$

$a^3=1$

$1+a^2+a=0$

해설

$1+a^2+a=0$

$\therefore\ a+a^2=-1$

2 각 상의 임피던스가 $Z=6+j8\,[\Omega]$인 평형 Y부하에 선간 전압 220[V]인 대칭 3상 전압이 가해졌을 때 선전류는 약 몇 [A]인가?

㉮ 11.7　　㉯ 12.7

㉰ 13.7　　㉱ 14.7

KEY POINT

➲ Y결선

① 선간 전압(V_l) $=\sqrt{3}$ 상전압(V_p)

② 선전류(I_l)=상전류(I_p)

해설

선전류 $I_l=I_p=\frac{V_p}{Z}=\frac{220/\sqrt{3}}{\sqrt{8^2+6^2}}$

$=12.7\,[\text{A}]$

정답 : 1.㉯ 2.㉯

 그림과 같이 평형 3상 성형 부하 $Z=6+j8[\Omega]$에 200[V]의 상전압이 공급될 때 선전류는 몇 [A]인가?

㉮ 15
㉯ $15\sqrt{3}$
㉰ 20
㉱ $20\sqrt{3}$

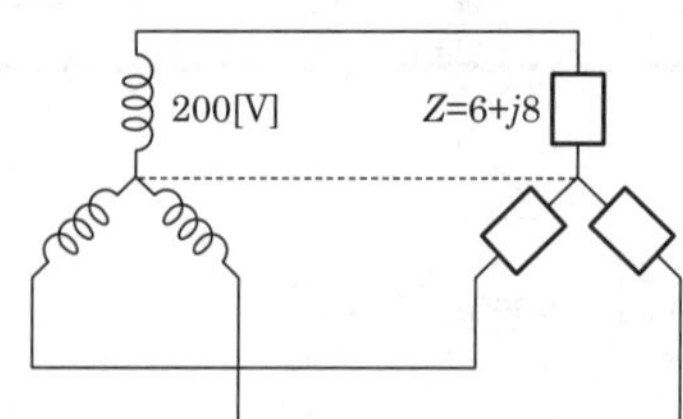

KEY POINT

➲ Y결선

① 선간 전압(V_l) $=\sqrt{3}$ 상전압(V_p)

② 선전류(I_l)=상전류(I_p)

 선전류 $I_l=I_p=\dfrac{V_p}{Z}=\dfrac{200}{\sqrt{6^2+8^2}}$

$=20\,[\text{A}]$

 각 상의 임피던스가 $Z=16+j12[\Omega]$인 평형 3상 Y부하에 정현파 상전류 10[A]가 흐를 때 이 부하의 선간 전압의 크기[V]는?

㉮ 200 ㉯ 600
㉰ 220 ㉱ 346

KEY POINT

➲ Y결선

① 선간 전압(V_l) $=\sqrt{3}$ 상전압(V_p)

② 선전류(I_l)=상전류(I_p)

 선간 전압 $V_e=\sqrt{3}\,V_p=\sqrt{3}I_pZ=\sqrt{3}\times10\times\sqrt{16^2+12^2}$

$=346\,[\text{V}]$

 평형 3상 3선식 회로가 있다. 부하는 Y결선이고 $V_{ab}=100\sqrt{3}\angle 0°$[V]일 때 $I_a=20\angle -120°$ [A]이었다. Y결선된 부하 한 상의 임피던스는 몇 [Ω]인가?

㉮ $5\angle 60°$ ㉯ $5\sqrt{3}\angle 60°$
㉰ $5\angle 90°$ ㉱ $5\sqrt{3}\angle 90°$

정답 : 3.㉰ 4.㉱ 5.㉰

KEY POINT

Y결선

① 선간 전압(V_l) = $\sqrt{3}$ 상전압(V_p)

② 선전류(I_l)=상전류(I_p)

$$Z = \frac{V_p}{I_p} = \frac{\frac{100\sqrt{3}}{\sqrt{3}}\angle 0° - 30°}{20\angle -120°} = \frac{100\angle -30°}{20\angle -120°}$$

$$= 5\angle 90°$$

6 R[Ω]의 3개의 저항을 전압 V[V]의 3상 교류 선간에 그림과 같이 접속할 때 선전류는 얼마인가?

㉮ $\frac{V}{\sqrt{3}R}$

㉯ $\frac{\sqrt{3}V}{R}$

㉰ $\frac{V}{3R}$

㉱ $\frac{3V}{R}$

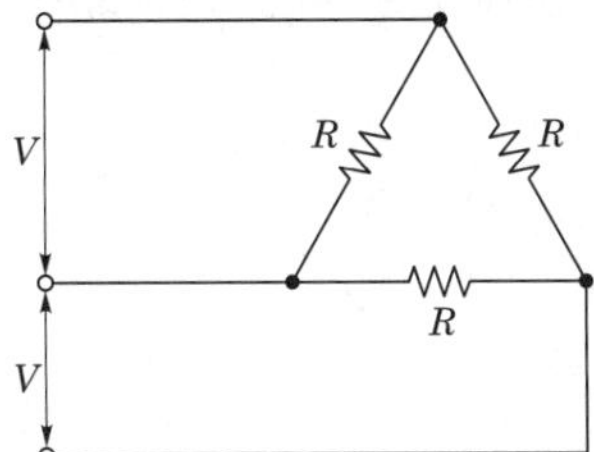

KEY POINT

△결선

① 선간 전압(V_l)=상전압(V_p)

② 선전류(I_l)= $\sqrt{3}$상 전류(I_p)

선전류 $I_l = \sqrt{3}I_p = \sqrt{3}\frac{V_p}{R} = \frac{\sqrt{3}V}{R}$ [A]

7 $R=6$[Ω], $X_L=8$[Ω]이 직렬인 임피던스 3개로 △결선된 대칭 부하 회로에 선간 전압 100[V]인 대칭 3상 전압을 가하면 선전류는 몇 [A]인가?

㉮ $\sqrt{3}$ ㉯ $3\sqrt{3}$

㉰ 10 ㉱ $10\sqrt{3}$

KEY POINT

△결선

① 선간 전압(V_l)=상전압(V_p)

② 선전류(I_l)= $\sqrt{3}$상 전류(I_p)

정답 : 6.㉯ 7.㉱

해설 $I_l = \sqrt{3} I_p = \sqrt{3} \dfrac{100}{\sqrt{6^2+8^2}} = 10\sqrt{3}$[A]

8 △결선의 상전류가 각각 $I_{ab} = 4\angle -36°$, $I_{bc} = 4\angle -156°$, $I_{ca} = 4\angle -276°$이다. 선전류 I_c는 약 얼마인가?

㉮ $4\angle -306°$ ㉯ $6.93\angle -306°$
㉰ $6.93\angle -276°$ ㉱ $4\angle -276°$

KEY POINT

△결선
① 선간 전압(V_l)=상전압(V_p)
② 선전류(I_l)= $\sqrt{3}$ 상 전류(I_p)

해설 선전류 $I_l = \sqrt{3} I_p \angle -30°$

$I_c = \sqrt{3} I_{ca} \angle -30°$
$= \sqrt{3}.4 \angle -276-30°$
$= 6.93 \angle -306°$

9 R[Ω]인 3개의 저항을 같은 전원에 △결선으로 접속시킬 때와 Y결선으로 접속시킬 때 선전류의 크기비 $\left(\dfrac{I_\triangle}{I_Y}\right)$는?

㉮ $\dfrac{1}{3}$ ㉯ $\sqrt{6}$
㉰ $\sqrt{3}$ ㉱ 3

KEY POINT

① **△결선** : 선전류(I_l)= $\sqrt{3}$ 상전류(I_p)
선간 전압(V_l)=상전압(V_p)
② **Y결선** : 선전류(I_l)=상전류(I_p)
선간 전압(V_l)= $\sqrt{3}$ 상전압(V_p)

해설 △결선의 선전류 $I_\triangle = \sqrt{3} I_p = \sqrt{3}\dfrac{V}{R}$ [A]

Y결선의 선전류 $I_Y = I_p = \dfrac{V}{\sqrt{3}R}$ [A]

$\therefore \dfrac{I_\triangle}{I_Y} = \dfrac{\dfrac{\sqrt{3}V}{R}}{\dfrac{V}{\sqrt{3}R}} = 3$

정답 : 8.㉯ 9.㉱

변압비 33 : 1의 단상 변압기 3개를 1차는 △, 2차는 Y로 결선하고 1차 선간에 3,300[V]를 가할 때의 무부하 2차 선간 전압은 몇 [V]인가?

㉮ 100　　㉯ 120

㉰ 141.4　　㉱ 173.2

KEY POINT

① △결선 : 선전류(I_l)= $\sqrt{3}$ 상전류(I_p)

선간 전압(V_l)=상전압(V_p)

② Y결선 : 선전류(I_l)=상전류(I_p)

선간 전압(V_l)= $\sqrt{3}$ 상전압(V_p)

권수비 $a = \frac{n_1}{n_2} = \frac{V_1}{V_2}$ 에서

2차 상전압 $V_2 = \frac{n_2}{n_1} V_1 = \frac{1}{33} \times 3,300 = 100\,[\mathrm{V}]$

∴ 2차 선간 전압 : $V_{2l} = \sqrt{3}\, V_{2p} = \sqrt{3} \cdot 100 = 173.2$

평형 3상 회로에서 그림과 같이 변류기를 접속하고 전류계 A를 연결했을 때 전류계 A에 흐르는 전류는 몇 [A]인가?

㉮ 0

㉯ 5.33

㉰ 8.66

㉱ 10.22

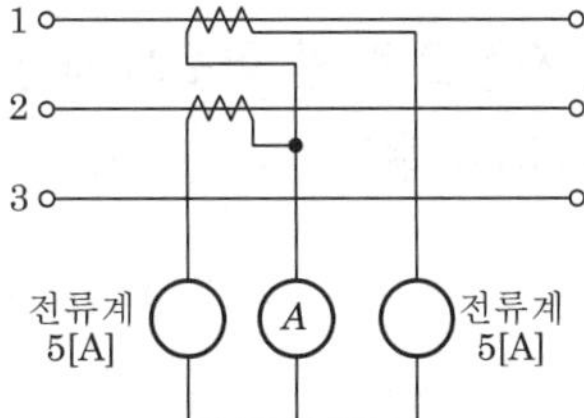

KEY POINT

3상 전류의 벡터도

$\dot{I}_A = \dot{I}_1 - \dot{I}_2$

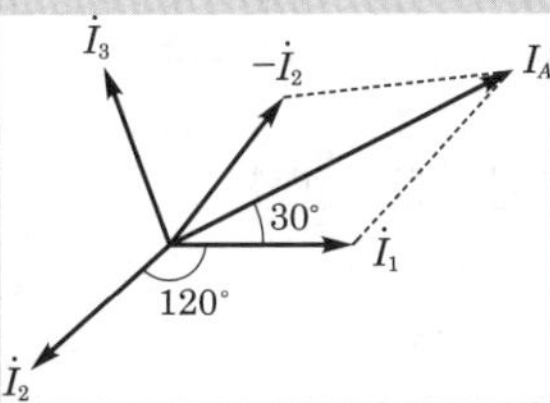

$I_A = 2I_1 \cos 30^\circ = \sqrt{3} I_1 = \sqrt{3} \times 5 = 8.66$

12 그림과 같은 △회로를 등가인 Y회로로 환산하면 a상의 임피던스[Ω]는?

㉮ $3+j6$
㉯ $-3+j6$
㉰ $6+j3$
㉱ $-6+j3$

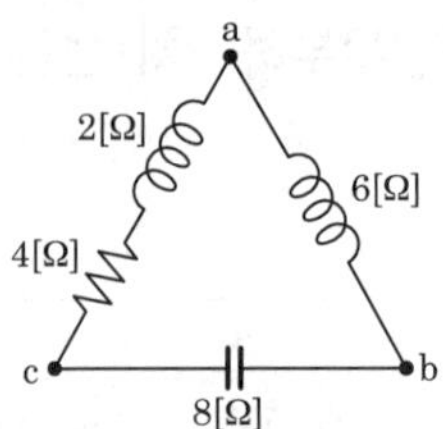

KEY POINT

➲ 임피던스 등가 변환

△ → Y

$$Z_1 = \frac{Z_a \cdot Z_c}{Z_a + Z_b + Z_c}$$

$$Z_2 = \frac{Z_a \cdot Z_b}{Z_a + Z_b + Z_c}$$

$$Z_3 = \frac{Z_b \cdot Z_c}{Z_a + Z_b + Z_c}$$

해설 $Z_a = \frac{(4+j2)\cdot j6}{j6 - j8 + 4 + j2} = \frac{-12+j24}{4} = -3+j6$

13 그림과 같은 순저항으로 된 회로에 대칭 3상 전압을 가했을 때 각 선에 흐르는 전류가 같으려면 R의 값[Ω]은?

㉮ 20
㉯ 25
㉰ 30
㉱ 35

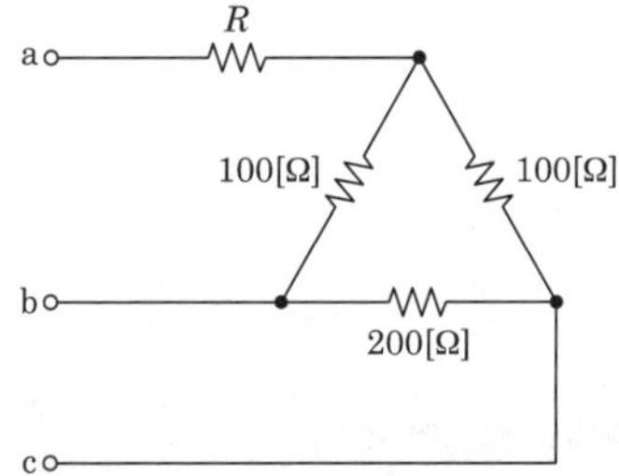

KEY POINT

➲ 임피던스 등가 변환

△ → Y

$$Z_1 = \frac{Z_a \cdot Z_c}{Z_a + Z_b + Z_c}$$

$$Z_2 = \frac{Z_a \cdot Z_b}{Z_a + Z_b + Z_c}$$

$$Z_3 = \frac{Z_b \cdot Z_c}{Z_a + Z_b + Z_c}$$

정답 : 12.㉯ 13.㉯

해설 각 선에 흐르는 전류가 같으려면 각 상의 저항의 크기가 같아야 한다. 따라서 △결선을 Y결선으로 바꾸면

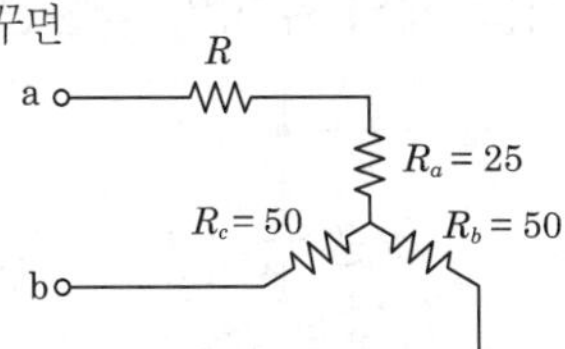

$$R_a = \frac{10,000}{400} = 25[\Omega]$$

$$R_b = \frac{20,000}{400} = 50[\Omega]$$

$$R_c = \frac{20,000}{400} = 50[\Omega]$$

∵ 각 상의 저항이 같기 위해서는 $R = 25[\Omega]$이다.

14 9[Ω]과 3[Ω]의 저항 3개를 그림과 같이 연결하였을 A, B 사이의 합성 저항[Ω]은?

㉮ 6
㉯ 4
㉰ 3
㉱ 2

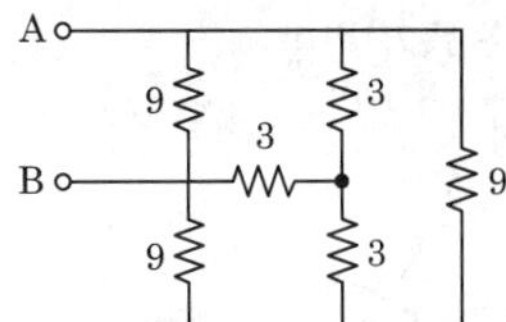

KEY POINT

임피던스 등가 변환

△ → Y

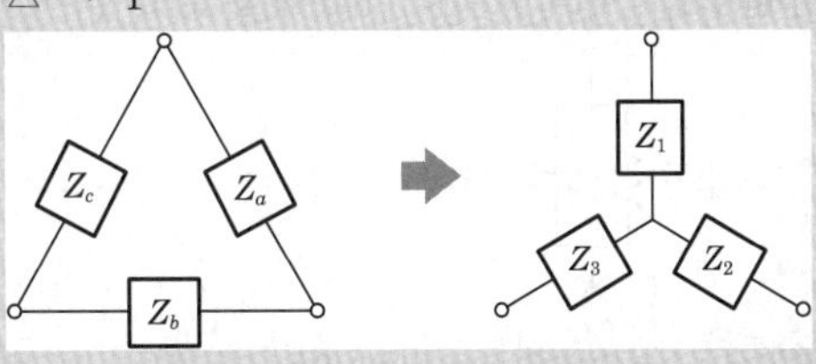

$$Z_1 = \frac{Z_{a.} \cdot Z_c}{Z_a + Z_b + Z_c}$$

$$Z_2 = \frac{Z_{a.} \cdot Z_b}{Z_a + Z_b + Z_c}$$

$$Z_3 = \frac{Z_b \cdot Z_c}{Z_a + Z_b + Z_c}$$

해설

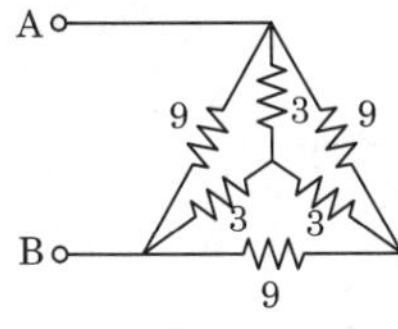

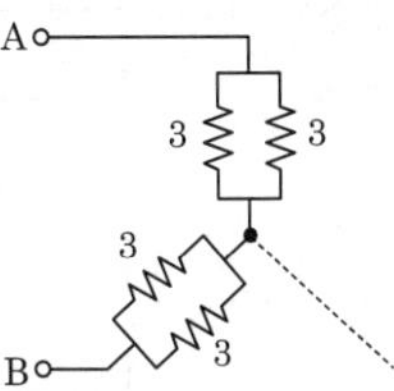

따라서 합성 저항 R_{AB}는

$$R_{AB} = \frac{3 \times 3}{3+3} + \frac{3 \times 3}{3+3} = 3[\Omega]$$

15 대칭 3상 전압을 그림과 같은 평형 부하에 가할 때의 부하의 역률은 얼마인가? (단, $R=9[\Omega]$, $\frac{1}{\omega C}=4[\Omega]$이다.)

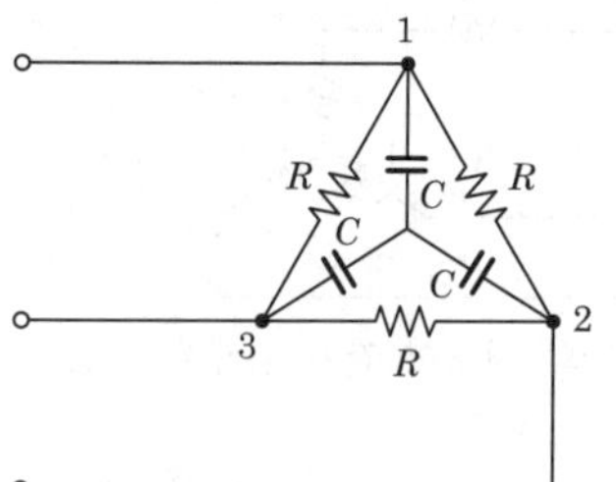

㉮ 1
㉯ 0.96
㉰ 0.8
㉱ 0.6

➲ 임피던스 등가 변환

△ → Y

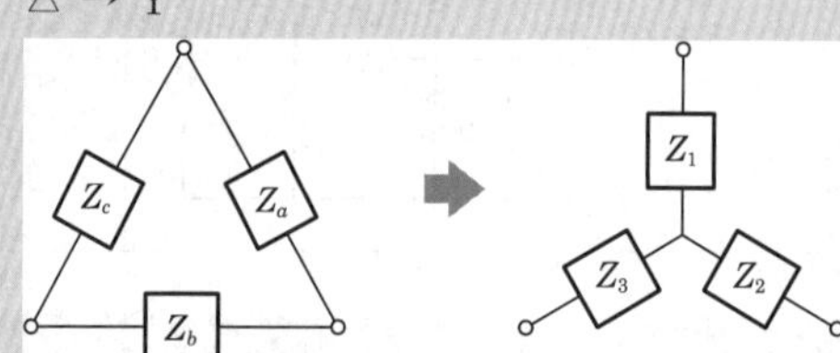

$$Z_1=\frac{Z_a\cdot Z_c}{Z_a+Z_b+Z_c}$$

$$Z_2=\frac{Z_a\cdot Z_b}{Z_a+Z_b+Z_c}$$

$$Z_3=\frac{Z_b\cdot Z_c}{Z_a+Z_b+Z_c}$$

해설 △결선을 Y결선으로 등가 변환하면 $R-C$ 병렬 회로가 된다.

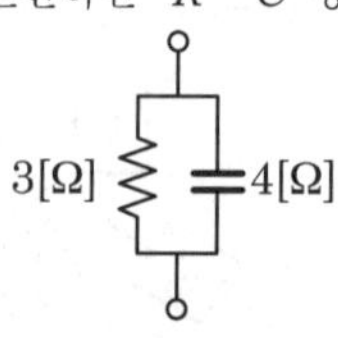

$R-C$ 병렬 회로의 역률 $\cos\theta=\frac{4}{\sqrt{3^2+4^2}}=0.8$

16 그림과 같이 6개의 저항 $r[\Omega]$을 접속한 것에 평형 3상 전압 V를 인가하였을 때 전류 I는?

㉮ $\frac{V}{5r}$

㉯ $\frac{V}{4r}$

㉰ $\frac{V}{3r}$

㉱ $\frac{\sqrt{3}V}{4r}$

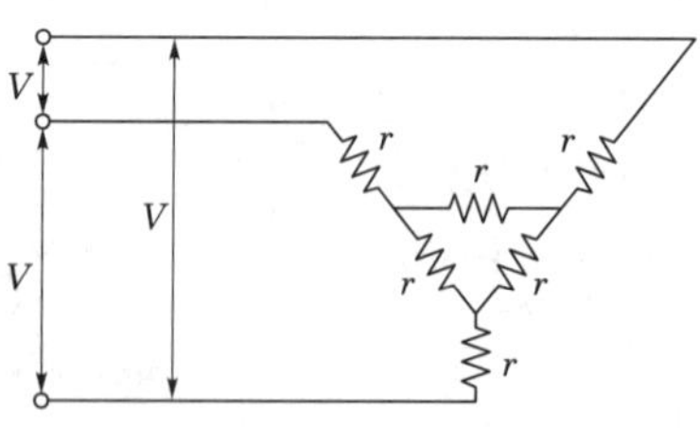

 정답 : 15.㉰ 16.㉱

KEY POINT

➲ 임피던스 등가 변환

△ → Y

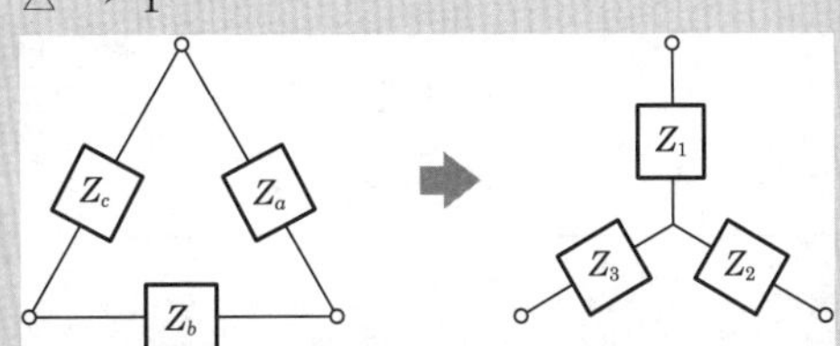

$$Z_1 = \frac{Z_a \cdot Z_c}{Z_a + Z_b + Z_c}$$

$$Z_2 = \frac{Z_a \cdot Z_b}{Z_a + Z_b + Z_c}$$

$$Z_3 = \frac{Z_b \cdot Z_c}{Z_a + Z_b + Z_c}$$

해설 △결선을 Y결선으로 등가 변환하면

$$I = \frac{\frac{V}{\sqrt{3}}}{r + \frac{r}{3}} = \frac{\sqrt{3}\,V}{4r}\,[\mathrm{A}]$$

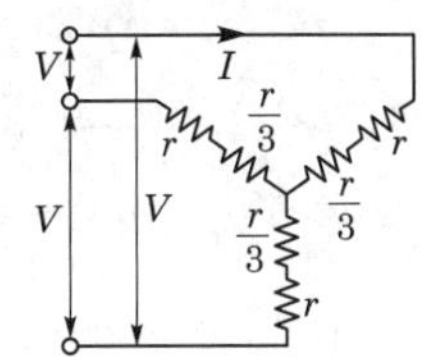

17 $Z = 24 + j7[\Omega]$의 임피던스 3개를 그림과 같이 성형으로 접속하여 a, b, c 단자에 200[V]의 대칭 3상 전압을 가했을 때 흐르는 전류[A]와 전력[W]은?

㉮ $I \fallingdotseq 4.6$, $P = 1,536$

㉯ $I \fallingdotseq 6.4$, $P = 1,636$

㉰ $I \fallingdotseq 5.0$, $P = 1,500$

㉱ $I \fallingdotseq 6.4$, $P = 1,346$

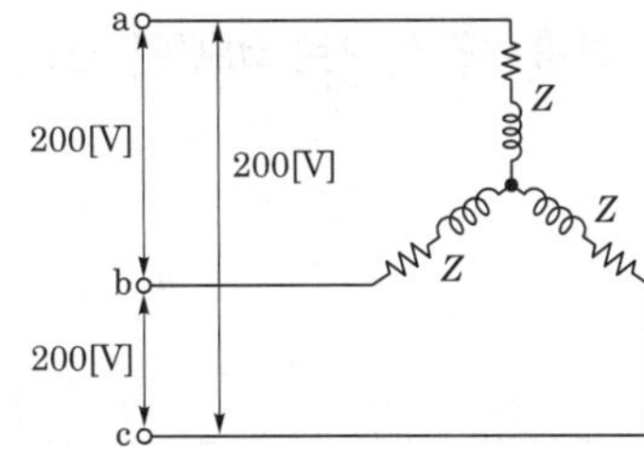

KEY POINT

➲ 3상 유효 전력

$P = 3I_p^2 \cdot R = \sqrt{3}\,V_l I_l \cos\theta\,[\mathrm{W}]$

Y결선 : $V_l = \sqrt{3}\,V_p$, $I_l = I_p$

△결선 : $V_l = V_p$, $I_l = \sqrt{3}I_p$

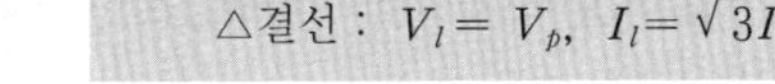

해설 $I_l = I_p = \dfrac{200/\sqrt{3}}{\sqrt{24^2 + 7^2}} = 4.62\,[\mathrm{A}]$

$P = 3I_p^2 R = 3 \times (4.62)^2 \times 24 = 1,536\,[\mathrm{W}]$

정답 : 17.㉮

1상의 임피던스가 14+ j48[Ω]인 △부하에 대칭 선간 전압 200[V]를 가한 경우의 3상 전력은 몇 [W]인가?

㉮ 672 ㉯ 692
㉰ 712 ㉱ 732

KEY POINT

➲ 3상 유효 전력

$P=3I_p^2 \cdot R=\sqrt{3}V_l I_l \cos\theta$[W]

Y결선 : $V_l=\sqrt{3}V_p$, $I_l=I_p$

△결선 : $V_l=V_p$, $I_l=\sqrt{3}I_p$

$P=3I_p^2 \cdot R$ (△결선 : $V_l=V_p$, $I_l=\sqrt{3}I_p$)

$=3\left(\frac{200}{50}\right)\times 14$

$=672$[W]

△결선된 부하를 Y결선으로 바꾸면 소비 전력은 어떻게 되겠는가? (단, 선간 전압은 일정하다.)

㉮ 3배 ㉯ 9배
㉰ $\frac{1}{9}$ 배 ㉱ $\frac{1}{3}$ 배

KEY POINT

➲ 3상 유효 전력

$P=3I_p^2 \cdot R=\sqrt{3}V_l I_l \cos\theta$[W]

Y결선 : $V_l=\sqrt{3}V_p$, $I_l=I_p$

△결선 : $V_l=V_p$, $I_l=\sqrt{3}I_p$

△결선시 전력 $P_\triangle=3I_p^2 \cdot R=3\left(\frac{V}{R}\right)^2 \cdot R=3\frac{V^2}{R}$ [W]

Y결선시 전력 $P_Y=3I_p^2 \cdot R=3\left(\frac{V/\sqrt{3}}{R}\right)^2 \cdot R=3\left(\frac{V}{\sqrt{3}R}\right)^2 \cdot R=\frac{V^2}{R}$

$\therefore \frac{P_Y}{P_\triangle}=\frac{\frac{V^2}{R}}{\frac{3V^2}{R}}=\frac{1}{3}$ 배

정답 : 18.㉮ 19.㉱

20 평형 부하의 전압이 200[V], 전류가 20[A]이고 역률은 0.8이다. 이때 무효 전력은 몇 [KVar]인가?

㉮ $1.2\sqrt{3}$ ㉯ $1.8\sqrt{3}$
㉰ $2.4\sqrt{3}$ ㉱ $2.8\sqrt{3}$

KEY POINT

➲ 무효 전력

$$P_r = 3I_p^2 \cdot X = \sqrt{3}V_l I_l \sin\theta\,[\text{Var}]$$

△결선 : $V_l = V_p,\ I_l = \sqrt{3}I_p$

Y결선 : $V_l = \sqrt{3}V_p,\ I_l = I_p$

해설 $P_r = \sqrt{3}VI\sin\theta = \sqrt{3}\times200\times20\times0.6\times10^{-3} = 2.4\sqrt{3}\,[\text{kVar}]$

21 대칭 3상 Y부하에서 각 상의 임피던스가 $Z=3+j4[\Omega]$이고, 부하 전류가 20[A]일 때 이 부하의 무효 전력[Var]은?

㉮ 1,600 ㉯ 2,400
㉰ 3,600 ㉱ 4,800

KEY POINT

➲ 무효 전력

$$P_r = 3I_p^2 \cdot X = \sqrt{3}V_l I_l \sin\theta\,[\text{Var}]$$

△결선 : $V_l = V_p,\ I_l = \sqrt{3}I_p$

Y결선 : $V_l = \sqrt{3}V_p,\ I_l = I_p$

해설 $P_r = 3I_p^2 \cdot R = 3\times20\times3 = 4,800[\text{Var}]$

22 대칭 3상 Y부하에서 각 상의 임피던스가 $Z=3+j4[\Omega]$이고, 부하 전류가 20[A]일 때 피상 전력[VA]은?

㉮ 1,800 ㉯ 2,000
㉰ 2,400 ㉱ 6,000

KEY POINT

➲ 피상 전력

$$P_a = \sqrt{3}V_l \cdot I_l = 3I_p^2 \cdot Z[\text{VA}]$$

정답 : 20.㉰ 21.㉱ 22.㉱

 피상 전력 $P_a = \sqrt{3} V_e \cdot I_e = 3I_p{}^2 \cdot Z = 3 \times 20^2 \times \sqrt{3^2 + 4^2} = 6,000\,[\text{VA}]$

 선간 전압이 200[V]인 10[kW]의 3상 대칭 부하에 3상 전력을 공급하는 선로 임피던스가 $4 + j3[\Omega]$일 때 부하가 뒤진 역률 80%이면 선전류는 몇 [A]인가?

㉮ $18.8 + j21.6$
㉯ $28.8 - j21.6$
㉰ $35.7 - j4.3$
㉱ $14.1 - j33.1$

KEY POINT

➲ 3상 유효 전력

$P = \sqrt{3} V_l I_l \cos\theta\,[\text{W}]$

선전류 : $I_l = \dfrac{P}{\sqrt{3} V \cos\theta}\,[\text{A}]$

 $P = \sqrt{3} V_l I_l \cos\theta$

$I_l = \dfrac{P}{\sqrt{3} VI\cos\theta} = \dfrac{10 \times 10^2}{\sqrt{3} \times 200 \times 0.8} = 36.083\,[\text{A}]$, 뒤진 역률 80%이므로

$\therefore\ I_l = 36.083(\cos\theta - j\sin\theta) = 36.083(0.8 - j0.6) = 28.8 - j21.6\,[\text{A}]$

 3상 평형 부하에 선간 전압 200[V]의 평형 3상 정현파 전압을 인가했을 때 선전류는 8.6[A]가 흐르고 무효 전력이 1,788[Var]이었다. 역률은 얼마인가?

㉮ 0.6
㉯ 0.7
㉰ 0.8
㉱ 0.9

KEY POINT

➲ $P,\ P_r,\ P_a$의 관계

$P_a = \sqrt{P^2 + P_r{}^2}$

역률 $\cos\theta = \dfrac{P}{P_a}$

무효율 $\sin\theta = \dfrac{P_r}{P_a}$

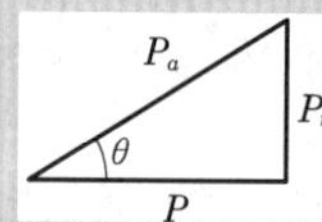

〈전력 3각형〉

 $P_a = \sqrt{3} V_l I_l = \sqrt{3} \times 200 \times 8.6\,[\text{VA}]$

$P_r = 1,788\,[\text{Var}]$

무효율 $\sin\theta = \dfrac{P_r}{P_a} = \dfrac{1,788}{\sqrt{3}} \times 200 \times 8.6 = 0.6$

$\therefore$ 역률 $\cos\theta = \sqrt{1 - \sin^2 a} = \sqrt{1 - 0.6^2} = 0.8$

정답 : 23.㉯ 24.㉰

2전력계법으로 평형 3상 전력을 측정하였더니 한쪽의 지시가 800[W], 다른 쪽의 지시가 1,600[W]이었다. 피상 전력은 얼마[VA]인가?

㉮ 2,971 ㉯ 2,871
㉰ 2,771 ㉱ 2,671

KEY POINT

➲ **2전력계법** : 전력계의 지시값을 P_1, P_2라 하면

① 유효 전력 : $P = P_1 + P_2$ [W]

② 무효 전력 : $P_r = \sqrt{3}(P_1 - P_2)$ [Var]

③ 피상 전력 : $P_a = 2\sqrt{P_1^{\ 2} + P_2^{\ 2} - P_1 P_2}$

피상 전력

$$P_a = \sqrt{P^2 + P_r^{\ 2}}$$
$$= 2\sqrt{P_1^{\ 2} + P_2^{\ 2} - P_1 P_2}$$
$$= 2\sqrt{800^2 + 1,600^2 - 800 \times 1,600}$$
$$= 2,771[\text{VA}]$$

두 대의 전력계를 사용하여 평형 부하의 3상 부하의 3상 회로의 역률을 측정하려고 한다. 전력계의 지시가 각각 P_1, P_2라 할 때 이 회로의 역률은?

㉮ $\dfrac{\sqrt{P_1 + P_2}}{P_1 + P_2}$ ㉯ $\dfrac{P_1 + P_2}{P_1^{\ 2} + P_2^{\ 2} - 2P_1 P_2}$

㉰ $\dfrac{P_1 + P_2}{2\sqrt{P_1^{\ 2} + P_2^{\ 2} - P_1 P_2}}$ ㉱ $\dfrac{2P_1 P_2}{\sqrt{P_1^{\ 2} + P_2^{\ 2} - P_1 P_2}}$

KEY POINT

➲ **2전력계법** : 전력계의 지시값을 P_1, P_2라 하면

① 유효 전력 : $P = P_1 + P_2$ [W]

② 무효 전력 : $P_r = \sqrt{3}(P_1 - P_2)$ [Var]

③ 피상 전력 : $P_a = 2\sqrt{P_1^{\ 2} + P_2^{\ 2} - P_1 P_2}$

역률 $\cos\theta = \dfrac{P}{P_a} = \dfrac{P}{\sqrt{P^2 + P_r^{\ 2}}}$

$$= \frac{P_1 + P_2}{2\sqrt{P_1^{\ 2} + P_2^{\ 2} - P_1 P_2}}$$

정답 : 25.㉰ 26.㉰

27 단상 전력계 2개로써 평형 3상 부하의 전력을 측정하였더니 각각 300[W]와 600[W]를 나타내었다. 부하 역률을 구하면? (단, 전압과 전류는 정현파이다.)

㉮ 0.5 ㉯ 0.577
㉰ 0.637 ㉱ 0.867

KEY POINT

➲ **2전력계법** : 전력계의 지시값을 P_1, P_2라 하면

① 유효 전력 : $P = P_1 + P_2$ [W]

② 무효 전력 : $P_r = \sqrt{3}(P_1 - P_2)$ [Var]

③ 피상 전력 : $P_a = 2\sqrt{P_1^{\,2} + P_2^{\,2} - P_1 P_2}$

해설 역률 $\cos\theta = \dfrac{P}{P_a} = \dfrac{P}{\sqrt{P^2 + P_r^{\,2}}} = \dfrac{P_1 + P_2}{2\sqrt{P_1^{\,2} + P_2^{\,2} - P_1 P_2}}$

$= \dfrac{300 + 600}{2\sqrt{300^2 + 600^2 - 300 \times 600}}$

$= 0.867$

※ 하나의 전력계가 다른 전력계 지시값의 배인 경우. 즉, $P_2 = 2P_1$인 경우

역률 $\cos\theta = \dfrac{\sqrt{3}}{2} = 0.867$이 된다.

28 2개의 전력계로 평형 3상 부하의 전력을 측정하였더니 한 쪽의 지시가 다른 쪽 전력계 지시의 3배였다면 부하의 역률은?

㉮ 0.75 ㉯ 1
㉰ 3 ㉱ 0.4

KEY POINT

➲ **2전력계법** : 전력계의 지시값을 P_1, P_2라 하면

① 유효 전력 : $P = P_1 + P_2$ [W]

② 무효 전력 : $P_r = \sqrt{3}(P_1 - P_2)$ [Var]

③ 피상 전력 : $P_a = 2\sqrt{P_1^{\,2} + P_2^{\,2} - P_1 P_2}$

해설 역률 $\cos\theta = \dfrac{P}{P_a} = \dfrac{P}{\sqrt{P^2 + P_r^{\,2}}} = \dfrac{P_1 + P_2}{2\sqrt{P_1^{\,2} + P_2^{\,2} - P_1 P_2}}$

$P_2 = 3P_1$의 관계이므로

$\cos\theta = \dfrac{P_1 + (3P_1)}{2\sqrt{P_1^{\,2} + (3P_1)^2 - P_1(3P_1)}} = 0.75$

 정답 : 27.㉱ 28.㉮

29 대칭 3상 전압을 공급한 유도 전동기가 있다. 전동기에 그림과 같이 2개의 전력계 W_1 및 W_2, 전압계 V, 전류계 A를 접속하니 각 계기의 지시가 $W_1 = 5.96$[kW], $W_2 = 1.31$[kW], $V = 200$[V], $A = 30$[A]이었다. 이 전동기의 역률은 몇 [%]인가?

㉮ 60
㉯ 70
㉰ 80
㉱ 90

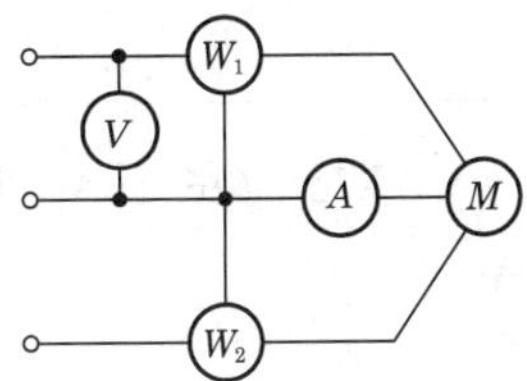

KEY POINT

2전력계법 : 전력계의 지시값을 P_1, P_2라 하면

① 유효 전력 : $P = P_1 + P_2$ [W]

② 무효 전력 : $P_r = \sqrt{3}(P_1 - P_2)$ [Var]

③ 피상 전력 : $P_a = 2\sqrt{P_1^2 + P_2^2 - P_1P_2}$

역률 $\cos\theta = \dfrac{P}{P_a} = \dfrac{P}{\sqrt{P^2 + P_r^2}} = \dfrac{P}{\sqrt{3}VI}$

전력계의 지시값이 W_1, W_2이므로

역률 $\cos\theta = \dfrac{W_1 + W_2}{\sqrt{3}VI} = \dfrac{5,960 + 1,310}{\sqrt{3} \times 200 \times 30} = 0.8$

∴ 80%

30 선간 전압 V_l[V]의 3상 평형 전원에 대칭 3상 저항 부하 R[Ω]이 그림과 같이 접속되었을 때 a, b 두 상간에 접속된 전력계의 지시값이 W[W]라 하면 c상의 전류[A]는?

㉮ $\dfrac{\sqrt{3}W}{V_l}$

㉯ $\dfrac{3W}{V_l}$

㉰ $\dfrac{W}{\sqrt{3}V_l}$

㉱ $\dfrac{2W}{\sqrt{3}V_l}$

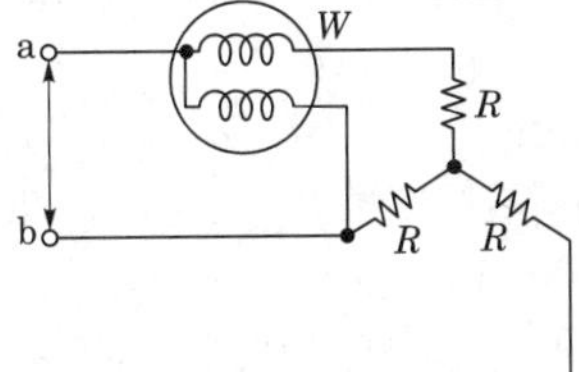

KEY POINT

1전력계법 : 전력계의 지시값을 W라 하면 3상 유효 전력 $P = 2W$이다.

3상 전력 : $P = 2W$[W]
대칭 3상이므로 $I_a = I_b = I_c$이다.
따라서 $2W = \sqrt{3}V_l I_l \cos\theta$에서 R만의 부하므로 역률 $\cos\theta = 1$
$\because I = \dfrac{2W}{\sqrt{3}V_l}$[A]

31 V결선의 출력은 $P = \sqrt{3}VI\cos\theta$로 표시된다. 여기서, V, I는?

㉮ 선간 전압, 상전류
㉯ 상전압, 선간 전류
㉰ 선간 전압, 선전류
㉱ 상전압, 상전류

KEY POINT

➡ V결선

① V결선의 효력 : $P = \sqrt{3}VI\cos\theta$
여기서, V : 선간 전압, I : 선전류

② 출력의 비 : $\dfrac{P_V}{P_\triangle} = \dfrac{\sqrt{3}VI\cos\theta}{3VI\cos\theta} = \dfrac{1}{\sqrt{3}} = 0.577$

③ 변압기 이용률 : $U = \dfrac{\sqrt{3}VI}{2VI} = \dfrac{\sqrt{3}}{2} = 0.866$

V결선의 출력 $P_v = \sqrt{3}VI\cos\theta$
여기서, V : 선간 전압, I : 선전류

32 단상 변압기 3개를 △결선하여 부하에 전력을 공급하고 있다. 변압기 1개의 고장으로 V 결선으로 한 경우 공급할 수 있는 전력과 고장 전 전력과의 비율[%]은?

㉮ 57.7
㉯ 66.7
㉰ 75.0
㉱ 86.6

KEY POINT

➡ V결선

① V결선의 효력 : $P = \sqrt{3}VI\cos\theta$
여기서, V : 선간 전압, I : 선전류

② 출력의 비 : $\dfrac{P_V}{P_\triangle} = \dfrac{\sqrt{3}VI\cos\theta}{3VI\cos\theta} = \dfrac{1}{\sqrt{3}} = 0.577$

③ 변압기 이용률 : $U = \dfrac{\sqrt{3}VI}{2VI} = \dfrac{\sqrt{3}}{2} = 0.866$

△결선시 전력 : $P_\triangle = 3VI\cos\theta$
V결선시 전력 : $P_V = \sqrt{3}VI\cos\theta$

$\dfrac{P_V}{P_\triangle} = \dfrac{\sqrt{3}VI\cos\theta}{3VI\cos\theta} = \dfrac{\sqrt{3}}{3} = \dfrac{1}{\sqrt{3}} = 0.577 \quad \therefore 57.7\%$

 정답 : 31.㉰ 32.㉮

단상 변압기 3대(50[kVA]×3)를 △결선으로 운전 중 한 대가 고장이 생겨 V결선으로 한 경우 출력은 몇 [kVA]인가?

㉮ $30\sqrt{3}$　㉯ $50\sqrt{3}$
㉰ $100\sqrt{3}$　㉱ $200\sqrt{3}$

KEY POINT

➲ V결선

① V결선의 효력 : $P=\sqrt{3}\,VI\cos\theta$
　여기서, V : 선간 전압
　　　　　I : 선전류

② 출력의 비 : $\dfrac{P_V}{P_\triangle}=\dfrac{\sqrt{3}\,VI\cos\theta}{3\,VI\cos\theta}=\dfrac{1}{\sqrt{3}}=0.577$

③ 변압기 이용률 : $U=\dfrac{\sqrt{3}\,VI}{2\,VI}=\dfrac{\sqrt{3}}{2}=0.866$

V결선시 출력은 57.7%로 떨어진다.

$\therefore\ 50\,[\text{kVA}]\times 3\times\dfrac{1}{\sqrt{3}}=50\sqrt{3}\,[\text{kVA}]$

V결선 변압기 이용률[%]은?

㉮ 57.7　㉯ 86.6
㉰ 80　㉱ 100

KEY POINT

➲ V결선

① V결선의 효력 : $P=\sqrt{3}\,VI\cos\theta$
　여기서, V : 선간 전압
　　　　　I : 선전류

② 출력의 비 : $\dfrac{P_V}{P_\triangle}=\dfrac{\sqrt{3}\,VI\cos\theta}{3\,VI\cos\theta}=\dfrac{1}{\sqrt{3}}=0.577$

③ 변압기 이용률 : $U=\dfrac{\sqrt{3}\,VI}{2\,VI}=\dfrac{\sqrt{3}}{2}=0.866$

변압기 이용률 $U=\dfrac{\sqrt{3}\,VI}{2\,VI}=\dfrac{\sqrt{3}}{2}=0.866$

$\therefore$ 86.6%

정답 : 33.㉯　34.㉯

35 대칭 n상에서 선전류와 상전류 사이의 위상차[rad]는 어떻게 되는가?

㉮ $\frac{\pi}{2}\left(1-\frac{2}{n}\right)$　　㉯ $2\left(1-\frac{2}{n}\right)$

㉰ $\frac{n}{2}\left(1-\frac{2}{\pi}\right)$　　㉱ $\frac{\pi}{2}\left(1-\frac{n}{2}\right)$

KEY POINT

➲ 대칭 n상의 환상 결선시 선전류와 상전류와의 관계

선전류 $I_l = 2\sin\frac{\pi}{n} \cdot I_P \angle -\frac{\pi}{2}\left(1-\frac{2}{n}\right)$

여기서, n : 상수

해설 대칭 n상 선전류와 상전류와의 위상차

$\theta = -\frac{\pi}{2}\left(1-\frac{2}{n}\right)$

36 12상 Y결선 상전압이 100[V]일 때 단자 전압[V]은?

㉮ 75.88　　㉯ 25.88

㉰ 100　　㉱ 51.76

KEY POINT

➲ 대칭 n상의 성형 결선의 선간 전압과 상전압과의 관계

선간 전압 $I_l = 2\sin\frac{\pi}{n} \cdot I_P \angle -\frac{\pi}{2}\left(1-\frac{2}{n}\right)$

여기서, n : 상수

해설 단자 전압 $V_l = 2\sin\frac{\pi}{n} \cdot V_p = 2\sin\frac{\pi}{12} \times 100 = 51.76\,[\mathrm{V}]$

37 다상 교류 회로의 설명 중 잘못된 것은? (단, n=상수이다.)

㉮ 평형 3상 교류에서 △결선의 상전류는 선전류의 $\frac{1}{\sqrt{3}}$과 같다.

㉯ n상 전력 $P=\frac{1}{2\sin\frac{\pi}{n}} V_l I_l \cos\theta$이다.

㉰ 성형 결선에서 선간 전압과 상전압과의 위상차는 $\frac{\pi}{2}\left(1-\frac{2}{n}\right)$[rad]이다.

㉱ 비대칭 다상 교류가 만드는 회전 자계는 타원 회전 자계이다.

정답 : 35.㉮ 36.㉱ 37.㉯

KEY POINT

➲ 대칭 n상의 성형 결선의 선간 전압과 상전압과의 관계

선간 전압 $I_l = 2\sin\frac{\pi}{n} \cdot I_P \angle -\frac{\pi}{2}\left(1-\frac{2}{n}\right)$

여기서, n : 상수

n상 전력 $P = \dfrac{n}{2\sin\frac{\pi}{n}} V_l I_l \cos\theta\,[\mathrm{W}]$

n상 전력 : $P = n V_p I_p \cos\theta = \dfrac{n}{2\sin\frac{\pi}{n}} V_l I_l \cos\theta\,[\mathrm{W}]$

38 대칭 5상 기전력의 선간 전압과 상기전력의 위상차는 얼마인가?

㉮ 27°　　㉯ 36°

㉰ 54°　　㉱ 72°

KEY POINT

➲ 대칭 n상의 성형 결선의 선간 전압과 상전압과의 관계

선간 전압 $I_l = 2\sin\frac{\pi}{n} \cdot I_P \angle -\frac{\pi}{2}\left(1-\frac{2}{n}\right)$

여기서, n : 상수

위상차 $\theta = \frac{\pi}{2}\left(1-\frac{2}{n}\right) = \frac{\pi}{2}\left(1-\frac{2}{5}\right) = 54°$

39 비대칭 다상 교류가 만드는 회전 자계는?

㉮ 교번 자계　　㉯ 타원 회전 자계

㉰ 원형 회전 자계　　㉱ 포물선 회전 자계

KEY POINT

➲ 교류가 만드는 회전 자계

① 단상 교류 : 교번 자계

② 대칭 3상(n상) 교류 : 원형 회전 자계

③ 비대칭 3상(n상) 교류 : 타원형 회전 자계

비대칭 다상 교류이므로 타원 회전 자계를 만든다.

정답 : 38.㉰ 39.㉯

40 그림의 성형 불평형 회로에 각 상전압이 E_a, E_b, E_c[V]이고, 부하는 Z_a, Z_b, Z_c[Ω]이라면 중성선 임피던스가 Z_n[Ω]일 때 중성점간의 전위는 어떻게 되는가?

㉮ $V_n=\dfrac{E_a+E_b+E_c}{Z_a+Z_b+Z_c}$

㉯ $V_n=\dfrac{E_a+E_b+E_c}{Z_a+Z_b+Z_c+Z_n}$

㉰ $V_n=\dfrac{\dfrac{E_a}{Z_a}+\dfrac{E_b}{Z_b}+\dfrac{E_c}{Z_c}}{\dfrac{1}{Z_a}+\dfrac{1}{Z_b}+\dfrac{1}{Z_c}+\dfrac{1}{Z_n}}$

㉱ $V_n=\dfrac{\dfrac{E_a}{Z_a}+\dfrac{E_b}{Z_b}+\dfrac{E_c}{Z_c}}{\dfrac{1}{Z_a}+\dfrac{1}{Z_b}+\dfrac{1}{Z_c}}$

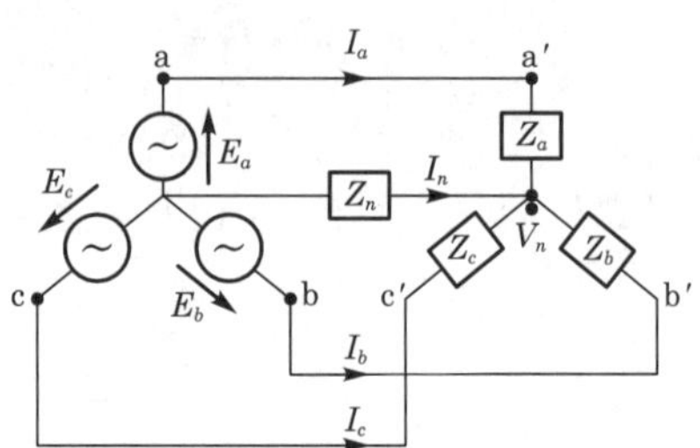

KEY POINT

➲ 중성점간의 전위는 밀만의 정리가 성립된다.

중성점간의 전위 $V_n=\dfrac{\sum_{k=1}^{n} I_k}{\sum_{k=1}^{n} Y_k}$ [V]

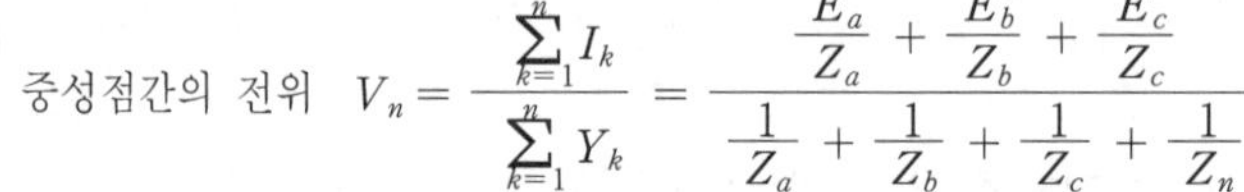

중성점간의 전위 $V_n=\dfrac{\sum_{k=1}^{n} I_k}{\sum_{k=1}^{n} Y_k}=\dfrac{\dfrac{E_a}{Z_a}+\dfrac{E_b}{Z_b}+\dfrac{E_c}{Z_c}}{\dfrac{1}{Z_a}+\dfrac{1}{Z_b}+\dfrac{1}{Z_c}+\dfrac{1}{Z_n}}$

41 다음의 대칭 다상 교류에 의한 회전 자계 중 잘못된 것은?

㉮ 대칭 3상 교류에 의한 회전 자계는 원형 회전 자계이다.

㉯ 대칭 2상 교류에 의한 회전 자계는 타원형 회전 자계이다.

㉰ 3상 교류에서 어느 두 코일의 전류의 상순은 바꾸면 회전 자계의 방향도 바뀐다.

㉱ 회전 자계의 회전 속도는 일정 각속도 ω이다.

KEY POINT

➲ **교류가 만드는 회전 자계**

① 단상 교류 : 교번 자계

② 대칭 3상(n상) 교류 : 원형 회전 자계

③ 비대칭 3상(n상) 교류 : 타원형 회전 자계

해설 대칭 2상 교류에 의한 회전 자계는 단상 교류가 되므로 교번 자계가 된다.

 정답 : 40.㉰ 41.㉯

42 같은 Y결선 평형 부하에서 X점에서 단선시 X점의 양단에 나타나는 전압[V]은?

㉮ 100
㉯ $100\sqrt{3}$
㉰ 200
㉱ $200\sqrt{3}$

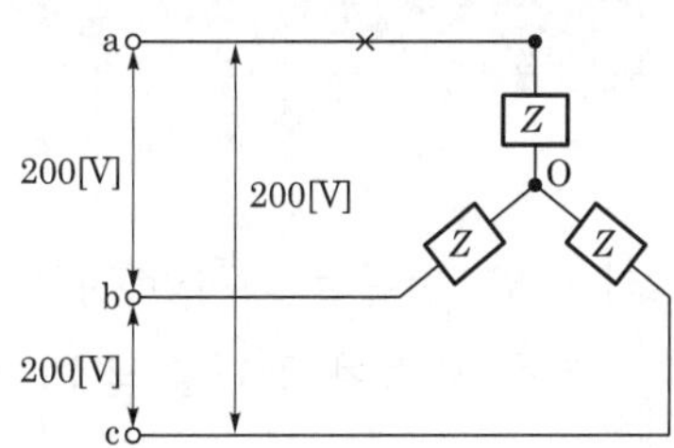

KEY POINT

대칭 3상의 선간 전압 벡터도

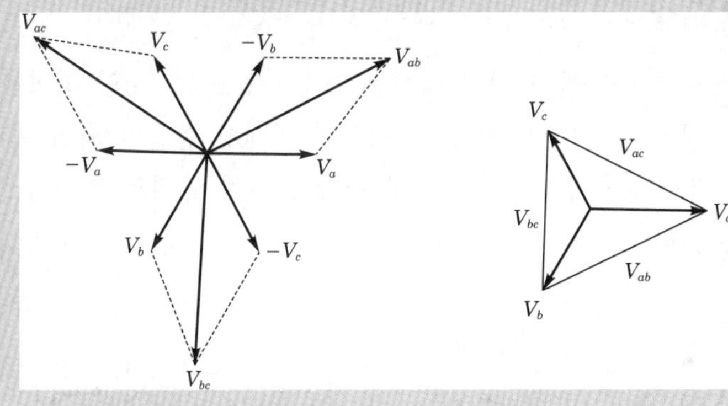

해설

선간 전압 벡터도

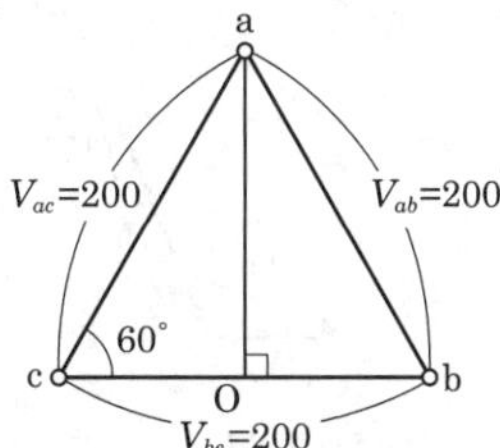

단선시 X점 양단에 나타나는 전압 V_X는 선간 전압 벡터도에서 a점과 0점의 전위차가 된다.

$$V_X = V_{ao} = V_{ac}\sin 60^\circ = 200\sin 60^\circ = 200 \times \frac{\sqrt{3}}{2} = 100\sqrt{3}\,[\mathrm{V}]$$

제 10 장 대칭 좌표법

비대칭 n상 회로의 전압, 전류를 대칭인 전압, 전류로 분해하여 대칭인 전압, 전류에 대하여 각각 계산한 후 이것을 합하여 결과를 얻는 방법을 대칭 좌표법이라 한다.

1 대칭분

각 상 모두 동상으로 동일한 크기의 영상분 상순이 a→b→c인 정상분 및 상순이 a→c→b인 역상분의 3개의 성분을 벡터적으로 합하면 비대칭 전압이 되며 이 3성분을 총칭하여 대칭분이라 한다. 대칭분을 합성하면 비대칭 전압이 되며 반대로 비대칭 전압을 3개의 대칭분으로 분해할 수 있다.

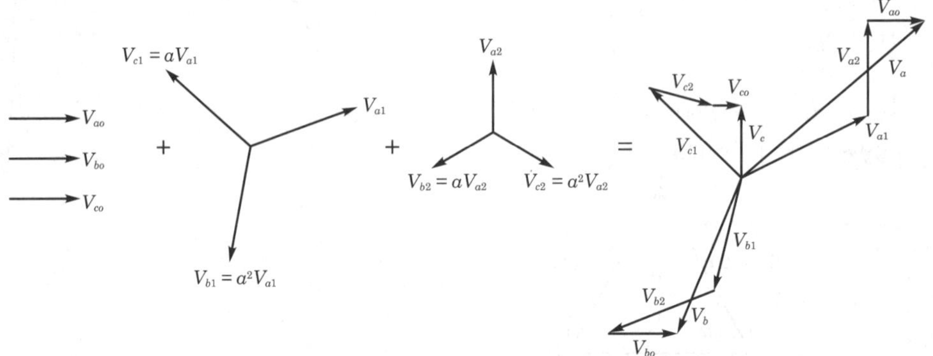

영상분 + 정상분 + 역상분 = 비대칭 전압

2 비대칭 전압과 대칭분 전압

비대칭 전압 V_a, V_b, V_c를 대칭분으로 표시하면

$$V_a = V_o + V_1 + V_2$$

$$V_b = V_o + a^2 V_1 + aV_2$$

$$V_c = V_o + aV_1 + a^2 V_2$$

행렬로 표시하면

$$\begin{bmatrix} V_a \\ V_b \\ V_c \end{bmatrix} = \begin{bmatrix} V_o + V_1 + V_2 \\ V_o + a^2 V_1 + a V_2 \\ V_o + a V_1 + a^2 V_2 \end{bmatrix} = \begin{bmatrix} 1 & 1 & 1 \\ 1 & a^2 & a \\ 1 & a & a^2 \end{bmatrix} \begin{bmatrix} V_o \\ V_1 \\ V_2 \end{bmatrix}$$

역행렬을 이용하여 대칭분을 계산하면

$$\begin{bmatrix} V_o \\ V_1 \\ V_2 \end{bmatrix} = \begin{bmatrix} 1 & 1 & 1 \\ 1 & a^2 & a \\ 1 & a & a^2 \end{bmatrix} \cdot \begin{bmatrix} V_a \\ V_b \\ V_c \end{bmatrix} = \frac{1}{3} \begin{bmatrix} 1 & 1 & 1 \\ 1 & a & a^2 \\ 1 & a^2 & a \end{bmatrix} \begin{bmatrix} V_a \\ V_b \\ V_c \end{bmatrix}$$

영상분 전압 $V_o = \frac{1}{3}(V_a + V_b + V_c)$

정상분 전압 $V_1 = \frac{1}{3}(V_a + aV_b + a^2 V_c)$

역상분 전압 $V_2 = \frac{1}{3}(V_a + a^2 V_b + aV_c)$

3 불평형률

대칭분 중 정상분에 대한 역상분의 비로 비대칭을 나타내는 척도가 된다.

$$\text{불평형률} = \frac{\text{역상분}}{\text{정상분}} \times 100\% = \frac{V_2}{V_1} \times 100\% = \frac{I_2}{I_1} \times 100\%$$

4 3상 교류 발전기의 기본식

$V_o = -I_o Z_o$

$V_1 = E_a - I_1 Z_1$

$V_2 = -I_2 Z_2$

여기서, E_a : a상의 유기 기전력

Z_o : 영상 임피던스

Z_1 : 정상 임피던스

Z_2 : 역상 임피던스

5 대칭 3상 전압 V_a , $V_b = a^2 V_a$, $V_c = aV_a$의 대칭분

$$\begin{bmatrix} V_o \\ V_1 \\ V_2 \end{bmatrix} = \frac{1}{3}\begin{bmatrix} 1 & 1 & 1 \\ 1 & a & a^2 \\ 1 & a^2 & a \end{bmatrix}\begin{bmatrix} V_a \\ V_b \\ V_c \end{bmatrix} = \frac{1}{3}\begin{bmatrix} 1 & 1 & 1 \\ 1 & a & a^2 \\ 1 & a^2 & a \end{bmatrix}\begin{bmatrix} V_a \\ a^2 V_a \\ aV_a \end{bmatrix}$$

$$= \frac{1}{3}\begin{bmatrix} V_a + a^2 V_a + aV_a \\ V_a + a^3 V_a + a^3 V_a \\ V_a + aV_a + a^2 V_a \end{bmatrix} = \begin{bmatrix} 0 \\ V_a \\ 0 \end{bmatrix}$$

따라서 **대칭 3상 전압의 영상분과 역상분은 0이고 정상분만 a상의 전압** V_a**로 존재**한다.

6 1선 지락

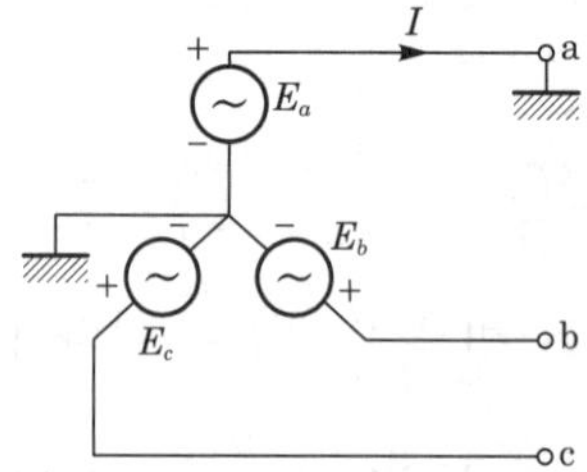

a상이 지락된 경우 $I_b = I_c = 0$이므로 $I_o + a^2 I_1 + aI_2 = I_0 + aI_1 + a^2 I_2 = 0$가 된다.

$$\therefore\ I_o = I_1 = I_2$$

지락상의 전압 $V_a = 0$이므로 $V_a = V_o + V_1 + V_2 = 0$ 가 된다.

발전기의 기본식에서 $-Z_o I_o + E_a - Z_1 I_1 - Z_2 I_2 = 0$이므로

$$\therefore\ \boldsymbol{I_o = I_1 = I_2 = \frac{E_a}{Z_o + Z_1 + Z_2}}$$

그러므로 지락 전류 $I_g = I_a = I_o + I_1 + I_2 = 3I_o = \dfrac{\boldsymbol{3E_a}}{\boldsymbol{Z_o + Z_1 + Z_2}}$가 된다.

단원핵심문제

1 대칭 좌표법에서 사용되는 용어 중 3상에 공통인 성분을 표시하는 것은?

㉮ 정상분
㉯ 영상분
㉰ 역상분
㉱ 공통분

KEY POINT

① **영상분** : 3상 공통인 성분
② **정상분** : 상순이 a−b−c인 성분
③ **역상분** : 상순이 a−c−b인 성분

해설 3상에 공통인 성분이므로 영상분이다.

2 비접지 3상 Y부하에서 각 선전류를 I_a, I_b, I_c라 할 때, 전류의 영상분 I_o는?

㉮ 1
㉯ 0
㉰ −1
㉱ $\sqrt{3}$

KEY POINT

① **영상분** : 3상 공통인 성분
② **정상분** : 상순이 a−b−c인 성분
③ **역상분** : 상순이 a−c−b인 성분

해설 $I_o = \frac{1}{3}(I_a + I_b + I_c)$

비접지 3상은 $I_a + I_b + I_c = 0$이므로 $I_o = 0$

3 불평형 회로에서 영상분이 존재하는 3상 회로 구성은?

㉮ △−△ 결선의 3상 3선식
㉯ △−Y 결선의 3상 3선식
㉰ Y−Y 결선의 3상 3선식
㉱ Y−Y 결선의 3상 4선식

KEY POINT

① **영상분** : 3상 공통인 성분
② **정상분** : 상순이 a−b−c인 성분
③ **역상분** : 상순이 a−c−b인 성분

해설 영상분이 존재하는 3상 회로 구성은 접지식이거나 Y−Y 결선의 3상 4선식이다.

정답 : 1.㉯ 2.㉯ 3.㉱

4 3상 회로에 있어서 대칭분 전압이 $V_o=-8+j3$[V], $V_1=6-j8$[V], $V_2=8+j12$[V]일 때 a상의 전압[V]은?

㉮ $6+j7$　　㉯ $-32.3+j2.73$
㉰ $2.3+j0.73$　　㉱ $2.3-j0.73$

KEY POINT

➲ 각 상의 전압

$V_a = V_o + V_1 + V_2$

$V_b = V_o + a^2 V_1 + a V_2$

$V_c = V_o + a V_1 + a^2 V_2$

해설 $V_a = V_o + V_1 + V_2 = -8 + j3 + 6 - j8 + 8 + j12 = 6 + j7$

5 상순이 a-b-c인 경우 V_a, V_b, V_c를 3상 불평형 전압이라 하면 정상 전압은?

㉮ $\frac{1}{3}(V_a+V_b+V_c)$　　㉯ $\frac{1}{3}(V_a+a^2V_b+aV_c)$
㉰ $\frac{1}{3}(V_a+aV_b+a^2V_c)$　　㉱ $\frac{1}{3}(V_a+aV_b+a^2V_c)$

KEY POINT

➲ 대칭분 전압

① 영상 전압 : $V_o = \frac{1}{3}(V_a + V_b + V_c)$

② 정상 전압 : $V_1 = \frac{1}{3}(V_a + aV_b + a^2 V_c)$

③ 역상 전압 : $V_2 = \frac{1}{3}(V_a + a^2 V_b + a V_c)$

해설 정상 전압 $y = \frac{1}{3}(V_a + aV_b + a^2 V_c)$

6 상순이 a, b, c인 불평형 3상 전류 I_a, I_b, I_c의 대칭분을 I_0, I_1, I_2라 하면 이때 대칭분과의 관계식 중 옳지 못한 것은?

㉮ $\frac{1}{3}(I_a+I_b+I_c)$　　㉯ $\frac{1}{3}(I_a+I_b\angle 120° + I_c\angle -120°)$
㉰ $\frac{1}{3}(I_a+I_b\angle -120° + I_c\angle 120°)$　　㉱ $\frac{1}{3}(-I_a-I_b-I_c)$

정답 : 4.㉮ 5.㉰ 6.㉱

KEY POINT

대칭분 전압

① 영상 전압 : $V_o = \frac{1}{3}(V_a + V_b + V_c)$

② 정상 전압 : $V_1 = \frac{1}{3}(V_a + aV_b + a^2 V_c)$

③ 역상 전압 : $V_2 = \frac{1}{3}(V_a + a^2 V_b + a V_c)$

해설 연산자 $a = \angle -240°$, $a^2 = \angle -120°$ 의 위상

∴ ㉮ 영상 전압

㉯ 정상 전압

㉰ 역상 전압을 나타낸다.

7 3상 부하가 △결선으로 되어 있다. 컨덕턴스가 a상에 0.3[℧], b상에 0.3[℧]이고, 유도 서셉턴스가 c상에 0.3[℧]가 연결되어 있을 때 이 부하의 영상 어드미턴스는 몇 [℧]인가?

㉮ $0.2 + j0.1$　　㉯ $0.2 - j0.1$

㉰ $0.6 - j0.3$　　㉱ $0.6 + j0.3$

KEY POINT

$Y_o = \frac{1}{3}(Y_a + Y_b + Y_c)$

$Y_1 = \frac{1}{3}(Y_a + aY_b + a^2 Y_c)$

$Y_2 = \frac{1}{3}(Y_a + a^2 Y_b + a Y_c)$

해설 영상 어드미턴스 $Y_o = \frac{1}{3}(Y_a + Y_b + Y_c) = \frac{1}{3}(0.3 + 0.3 - j0.3) = 0.2 - j0.1$[℧]

8 각 상의 전류가 $i_a = 30\sin\omega t$, $i_b = 30\sin(\omega t - 90°)$, $i_c = 30\sin(\omega t + 90°)$일 때 영상 대칭분의 전류[A]는?

㉮ $10\sin\omega t$　　㉯ $\frac{10}{3}\sin\frac{\omega t}{3}$

㉰ $\frac{30}{\sqrt{3}}\sin(\omega t + 45°)$　　㉱ $30\sin\omega t$

정답 : 7.㉯　8.㉮

KEY POINT

대칭분 전류

$$I_o = \frac{1}{3}(I_a + I_b + I_c)$$

$$I_1 = \frac{1}{3}(I_a + aI_b + a^2 I_c)$$

$$I_2 = \frac{1}{3}(I_a + a^2 I_b + aI_c)$$

해설

$$i_o = \frac{1}{3}(i_a + i_b + i_c)$$

$$= \frac{1}{3}\{(30\sin\omega t + 30\sin(\omega t - 90°) + 30\sin(\omega t + 90°)\}$$

$$= \frac{30}{3}(\sin\omega t + \sin\omega t\cos 90° - \cos\omega t\sin 90° + \sin\omega t\cos 90° + \cos\omega t\sin 90°)$$

$$= 10\sin\omega t[\text{A}]$$

9 불평형 3상 교류 회로에서 각 상의 전류가 각각 $I_a = 7 + j2$[A], $I_b = -8 - j10$[A], $I_c = -4 + j6$[A]일 때 전류의 대칭분 중 정상분은 약 몇 [A]인가?

㉮ 8.93　　㉯ 7.46
㉰ 3.76　　㉱ 2.53

KEY POINT

대칭분 전류

$$I_o = \frac{1}{3}(I_a + I_b + I_c)$$

$$I_1 = \frac{1}{3}(I_a + aI_b + a^2 I_c)$$

$$I_2 = \frac{1}{3}(I_a + a^2 I_b + aI_c)$$

해설

$$I_1 = \frac{1}{3}(I_a + aI_b + a^2 I_c)$$

$$= \frac{1}{3}\left\{7 + j2 + \left(-\frac{1}{2} + j\frac{\sqrt{3}}{2}\right)(-8 - j10) + \left(-\frac{1}{2} - k\frac{\sqrt{3}}{2}\right)(-4 + j6)\right\}$$

$$= 8.95 + j0.18[\text{A}]$$

10 불평형 3상 전류가 $I_a = 15 + j2$[A], $I_b = -20 - j14$[A], $I_c = -3 + j10$[A]일 때, 역상분 전류 I_2[A]를 구하면?

㉮ $1.91 + j6.24$　　㉯ $15.74 - j3.57$
㉰ $-2.67 - j0.67$　　㉱ $2.67 - j0.67$

정답 : 9.㉮ 10.㉮

KEY POINT

대칭분 전류

$$I_o = \frac{1}{3}(I_a + I_b + I_c)$$

$$I_1 = \frac{1}{3}(I_a + aI_b + a^2 I_c)$$

$$I_2 = \frac{1}{3}(I_a + a^2 I_b + aI_c)$$

역상 전류 $I_2 = \frac{1}{3}(I_a + a^2 I_b + aI_c)$

$$= \frac{1}{3}\left\{15 + j2 + \left(-\frac{1}{2} - j\frac{\sqrt{3}}{2}\right)(-20 - j14) + \left(-\frac{1}{2} + j\frac{\sqrt{3}}{2}\right)(-3 + j10)\right\}$$

$$\fallingdotseq 1.91 + j6.24[\text{A}]$$

11 대칭 3상 전압 V_a, V_b, V_c를 a상을 기준으로 한 대칭분은?

㉮ $V_o = 0,\ V_1 = V_a,\ V_2 = aV_a$

㉯ $V_o = V_a,\ V_1 = V_a,\ V_2 = V_a$

㉰ $V_o = 0,\ V_1 = 0,\ V_2 = a^2 V_a$

㉱ $V_o = 0,\ V_1 = V_a,\ V_2 = 0$

KEY POINT

대칭 3상 a상 기준으로 한 대칭분

$$V_o = \frac{1}{3}(V_a + V_b + V_c) = \frac{1}{3}(V_a + a^2 V_a + aV_a) = \frac{V_a}{3}(1 + a^2 + a) = 0$$

$$V_1 = \frac{1}{3}(V_a + aV_b + a^2 V_c) = \frac{1}{3}(V_a + a^3 V_a + a^3 V_a) = \frac{V_a}{3}(1 + a^3 + a^3) = V_a$$

$$V_2 = \frac{1}{3}(V_a + a^2 V_b + aV_c) = \frac{1}{3}(V_a + a^4 V_a + a^2 V_a) = \frac{V_a}{3}(1 + a^4 + a^2) = 0$$

a상 기준으로 한 대칭은 $V_o = 0,\ V_1 = V_a,\ V_2 = 0$

12 대칭 좌표법에 관한 설명 중 잘못된 것은?

㉮ 불평형 3상 회로 비접지식 회로에서는 영상분이 존재한다.

㉯ 대칭 3상 전압에서 영상분은 0이 된다.

㉰ 대칭 3상 전압은 정상분만 존재한다.

㉱ 불평형 3상 회로의 접지식 회로에서는 영상분이 존재한다.

정답 : 11.㉱ 12.㉮

KEY POINT

➡ 대칭 3상 a상 기준으로 한 대칭분

$$V_0 = \frac{1}{3}(V_a + V_b + V_c) = \frac{1}{3}(V_a + a^2 V_a + a V_a) = \frac{V_a}{3}(1 + a^2 + a) = 0$$

$$V_1 = \frac{1}{3}(V_a + a V_b + a^2 V_c) = \frac{1}{3}(V_a + a^3 V_a + a^3 V_a) = \frac{V_a}{3}(1 + a^3 + a^3) = V_a$$

$$V_2 = \frac{1}{3}(V_a + a^2 V_b + a V_c) = \frac{1}{3}(V_a + a^4 V_a + a^2 V_a) = \frac{V_a}{3}(1 + a^4 + a^2) = 0$$

비접지식 회로에서는 영상분이 존재하지 않는다.

13 3상 불평형 전압에서 불평형률이란?

㉮ $\frac{\text{역상 전압}}{\text{영상 전압}} \times 100\%$

㉯ $\frac{\text{정상 전압}}{\text{역상 전압}} \times 100\%$

㉰ $\frac{\text{역상 전압}}{\text{정상 전압}} \times 100\%$

㉱ $\frac{\text{영상 전압}}{\text{정상 전압}} \times 100\%$

KEY POINT

➡ 불평형률 $= \frac{\text{역상분}}{\text{정상분}} \times 100\%$

전압 불평형률$= \frac{\text{역상 전압}}{\text{정상 전압}} \times 100\%$

14 3상 불평형 전압에서 역상 전압이 50[V]이고, 정상 전압이 250[V], 영상 전압이 20[V]이면 전압의 불평형률은 몇 [%]인가?

㉮ 10
㉯ 15
㉰ 20
㉱ 25

KEY POINT

➡ 불평형률 $= \frac{\text{역상분}}{\text{정상분}} \times 100\%$

불평형률$= \frac{\text{역상 전압}}{\text{정상 전압}} \times 100\%$

$\therefore \frac{50}{250} \times 100 = 20\%$

 정답 : 13.㉰ 14.㉰

 3상 교류의 선간 전압을 측정하였더니 120[V], 100[V], 100[V]이었다. 선간 전압의 불평형률을 구하면?

㉮ 약 13%　　㉯ 약 15%
㉰ 약 17%　　㉱ 약 19%

KEY POINT

➡ 불평형률 $= \dfrac{\text{역상분}}{\text{정상분}} \times 100\%$

$V_a = 120$
$V_b = -60 - j80$
$V_c = -60 + j80$

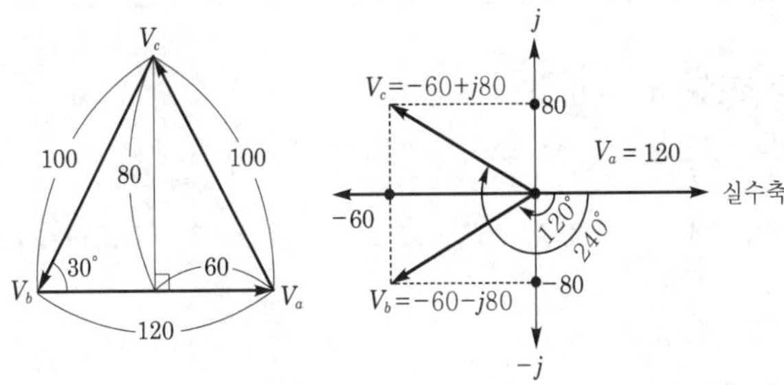

$$V_1 = \frac{1}{3}(V_a + aV_b + a^2V_c)$$
$$= \frac{1}{3}\left\{120 + \left(-\frac{1}{2} + j\frac{\sqrt{3}}{2}\right)(-60 - j80) + \left(-\frac{1}{2} - j\frac{\sqrt{3}}{2}\right)(-60 + j80)\right\}$$
$$= \frac{1}{3}(120 + 60 + 80\sqrt{3})$$
$$= 106.2\,[\text{V}]$$
$$V_2 = \frac{1}{3}(V_a + a^2V_b + aV_c)$$
$$= \frac{1}{3}\left\{120 + \left(-\frac{1}{2} + j\frac{\sqrt{3}}{2}\right)(-60 - j80) + \left(-\frac{1}{2} + j\frac{\sqrt{3}}{2}\right)(-60 + j80)\right\}$$
$$= \frac{1}{3}(120 + 60 - 80\sqrt{3})$$
$$= 13.8\,[\text{V}]$$
$$\therefore \text{불평형률} = \frac{|V_2|}{|V_1|} \times 100 = \frac{13.8}{106.2} \times 100 = 13\%$$

정답 : 15.㉮

16 그림과 같은 평형 3상 교류 발전기의 1선이 접지되었을 때 접지 전류 I_a의 값은? (단, Z_o는 영상 임피던스, Z_1은 정상 임피던스, Z_2는 역상 임피던스이다.)

㉮ $\dfrac{E_a}{Z_o+Z_1+Z_2}$

㉯ $\dfrac{\sqrt{3}E_a}{Z_o+Z_1+Z_2}$

㉰ $\dfrac{E_a}{3(Z_o+Z_1+Z_2)}$

㉱ $\dfrac{3E_a}{Z_o+Z_1+Z_2}$

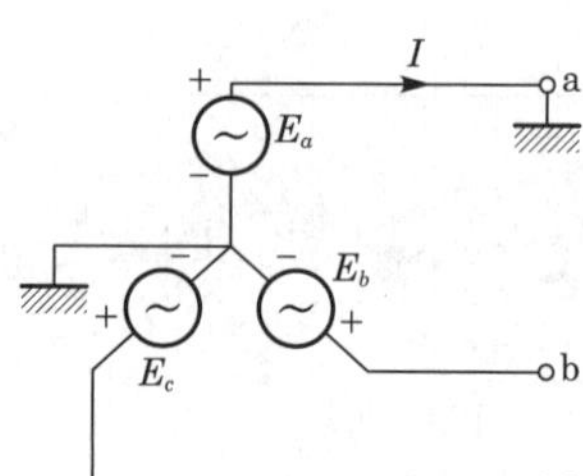

KEY POINT

① 고장 조건 : $V_a=0$, $I_b=I_c=0$

② 발전기 기본식 : $V_o=-Z_oI_o$, $V_1=E_a-Z_1I_1$, $V_2=-Z_2I_2$

$$V_a=V_o+V_1+V_2=-Z_oI_o+E_a-Z_1I_1-Z_2I_2=E_a-(Z_o+Z_1+Z_2)I_o=0$$

$$I_o=\frac{E_a}{Z_o+Z_1+Z_2}$$

$$I_a=I_o+I_1+I_2=3I_o=\frac{3E_a}{Z_o+Z_1+Z_2}$$

정답 : 16.㉱

제 11 장 비정현파 교류

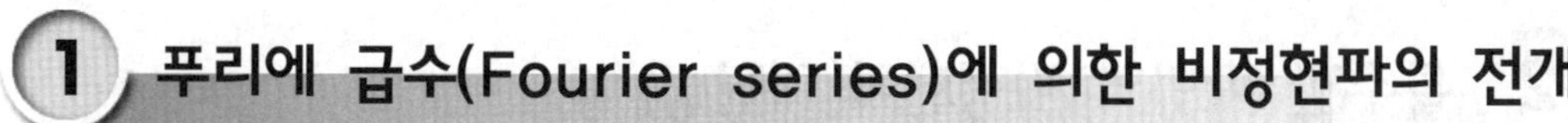

1 푸리에 급수(Fourier series)에 의한 비정현파의 전개

비정현파(=왜형파)의 한 예를 표시한 것으로 이와 같은 주기 함수를 푸리에 급수에 의해 몇 개의 주파수가 다른 정현파 교류의 합으로 나눌 수 있다. 비정현파를 $y(t)$의 시간의 함수로 나타내면 다음과 같다.

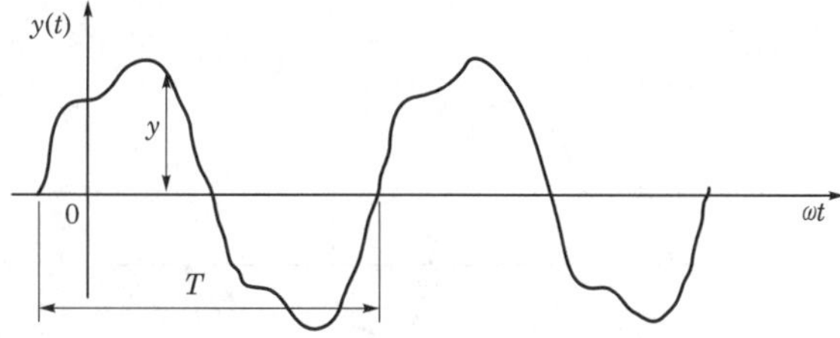

비정현파의 구성은 직류 성분+기본파+고조파로 분해되며 이를 식으로 표시하면

$$y(t) = A_o + a_1 \cos\omega t + a_2 \cos 2\omega t + a_3 \cos 3\omega t + \cdots\cdots$$
$$+ b_1 \sin\omega t + b_2 \sin 2\omega t + b_3 \sin 3\omega t + \cdots\cdots$$

$$y(t) = A_o + \sum_{n=1}^{\infty} a_n \cos n\omega t + \sum_{n=1}^{\infty} b_n \sin n\omega t$$

이때의 계수를 구하는 방법은 다음과 같다.

(1) A_o 구하는 방법(=직류분)

$$A_o = \frac{1}{T}\int_0^T y(t)\, d\omega t = \frac{1}{2\pi}\int_0^{2\pi} y(t)\, d\omega t$$

(2) a_n 구하는 방법

$$a_n = \frac{2}{T}\int_0^T y(t) \cos n\omega t \; d\omega t = \frac{1}{\pi}\int_0^{2\pi} y(t) \cos n\omega t \; d\omega t$$

(3) b_n 구하는 방법

$$b_n = \frac{2}{T}\int_0^T y(t)\sin n\omega t\ d\omega t = \frac{1}{\pi}\int_0^{2\pi} y(t)\sin n\omega t\ d\omega t$$

2 특수한 파형의 비정현파(대칭성)

(1) 반파 대칭

반주기마다 크기는 같고 부호는 반대인 파형으로 π만큼 수평 이동한 후 x축에 대하여 대칭인 파형

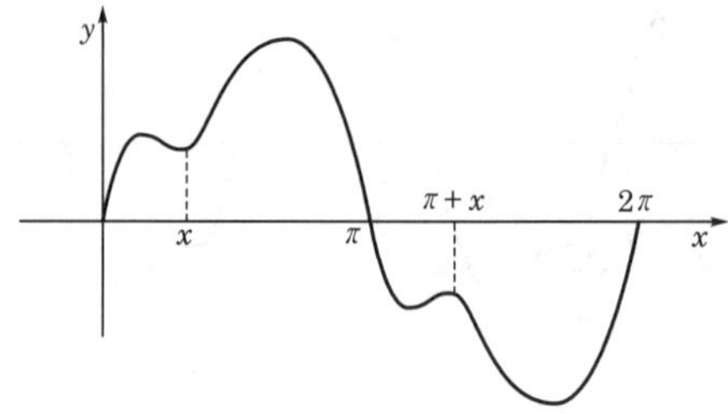

① **대칭 조건(=함수식)**

$$\boldsymbol{y(x) = -y(\pi + x)}$$

② **특징** : **직류 성분 A_o=0이며, sin 항과 cos 항이 동시에 존재**한다.

단, 여기서 n은 홀수의 값을 갖는다.

$$y(t) = \sum_{n=1}^{\infty} a_n \cos n\omega t + \sum_{n=1}^{\infty} b_n \sin n\omega t \ (n = 1, 3, 5, \cdot\cdot\cdot)$$

(2) 정현 대칭

원점 0에 대칭인 파형으로 기함수로 표시되고 π를 축으로 180° 회전해서 아래위가 합동인 파형

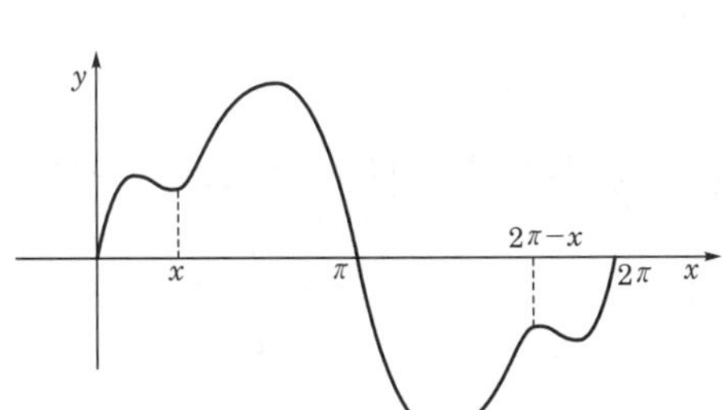

① **대칭 조건(=함수식)**

$$y(x) = -y(2\pi - x),\ y(x) = -y(-x)$$

② **특징** : 직류 성분과 cos 항의 계수가 0이고 **sin항만 존재**하는 파형

$$y(t) = \sum_{n=1}^{\infty} b_n \sin n\omega t \ (n = 1, 2, 3, 4, \cdots)$$

(3) 여현 대칭

y축에 대하여 좌우 대칭인 파형으로 우함수로 표시되고 π를 축으로 180° 회전해서 좌·우가 합동인 파형

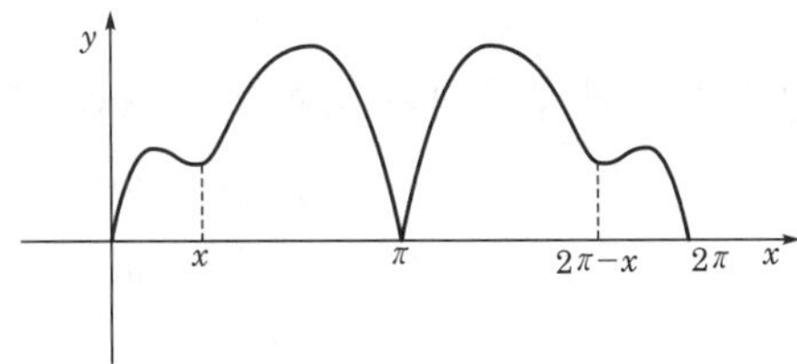

① **대칭 조건(=함수식)**

$$y(x) = y(2\pi - x),\ y(x) = y(-x)$$

② **특징** : sin항의 계수가 0이고 **직류 성분과 cos항이 존재**하는 파형

$$y(t) = A_o + \sum_{n=1}^{\infty} a_n \cos n\omega t \ (n = 1, 2, 3, 4, \cdots)$$

(4) 반파 · 정현 대칭

반파 대칭 및 정현 대칭을 동시에 만족하는 파형으로 삼각파나 맥류파는 대표적인 반파 · 정현 대칭의 파형이다.

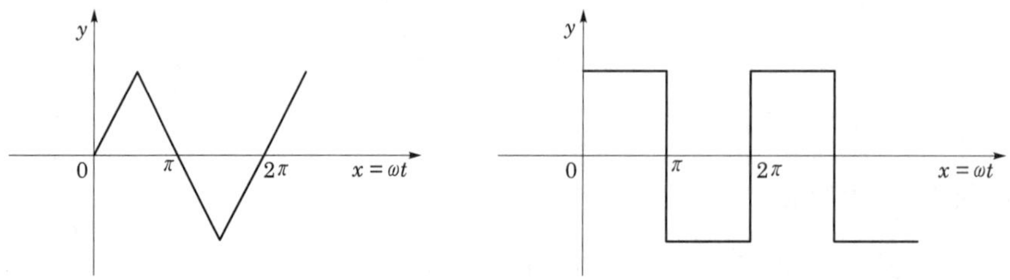

① **대칭 조건(=함수식)**

$$y(x) = -y(-x) = -y(\pi + x)$$

② **특징** : 반파 대칭과 정현 대칭의 공통 성분인 **홀수항의 sin항만 존재**한다.

$$y(t) = \sum_{n=1}^{\infty} b_n \sin n\omega t \ (n = 1, 3, 5, 7, \cdots)$$

(5) 반파 · 여현 대칭

반파 대칭 및 여현 대칭을 동시에 만족하는 파형으로 다음 그림은 대표적인 반파 · 여현의 파형이다.

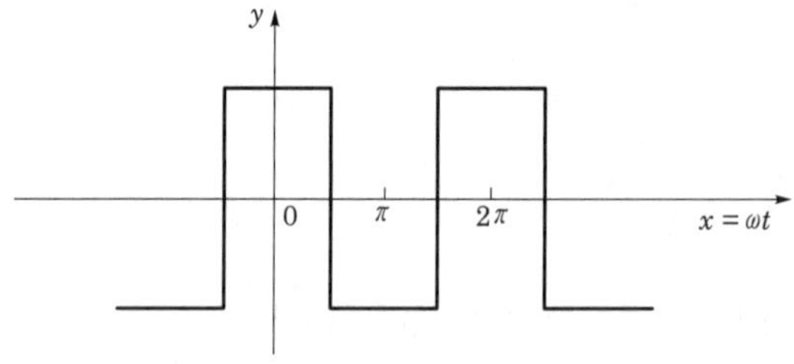

① **대칭 조건(=함수식)**

$$y(x) = y(-x) = -y(\pi + x)$$

② **특징** : 반파 대칭과 여현 대칭의 공통 성분인 **홀수항의 cos항만 존재**한다.

$$y(t) = \sum_{n=1}^{\infty} a_n \cos n\omega t \ (n = 1, 3, 5, 7, \cdots)$$

3 비정현파의 실효치

(1) 실효치

직류 성분 및 기본파와 각 고조파의 실효값의 제곱의 합의 제곱근으로 표시된다.

전류 $i(t)=I_o+I_{m1}\sin\omega t+I_{m2}\sin 2\omega t+I_{m3}\sin 3\omega t+\cdots$로 주어진다면

전류의 실효값은

$$I=\sqrt{I_o^2+I_1^2+I_3^2+\cdots}$$

$$=\sqrt{I_o^2+\left(\frac{I_{m1}}{\sqrt{2}}\right)^2+\left(\frac{I_{m2}}{\sqrt{2}}\right)^2+\left(\frac{I_{m3}}{\sqrt{3}}\right)^2+\cdots}$$

전압 $v(t)=V_o+V_{m1}\sin\omega t+V_{m2}\sin 2\omega t+V_{m3}\sin 3\omega t+\cdots$로 주어진다면

전압의 실효값은

$$V=\sqrt{V_o^2+V_1^2+V_2^2+V_3^2+\cdots}$$

$$=\sqrt{V_o^2+\left(\frac{V_{m1}}{\sqrt{2}}\right)^2+\left(\frac{V_{m2}}{\sqrt{2}}\right)^2+\left(\frac{V_{m3}}{\sqrt{3}}\right)^2+\cdots}$$

(2) 왜형률

비정현파가 정현파에 대하여 일그러지는 정도를 나타내는 값으로 기본파에 대한 고조파분의 포함 정도를 말한다.

이를 식으로 표현하면 **왜형률**$=\dfrac{\textbf{전 고조파의 실효치}}{\textbf{기본파의 실효치}}$

비정현파의 전압이

$$v=\sqrt{2}V_1\sin(\omega t+\theta_1)+\sqrt{2}V_2\sin(2\omega t+\theta_2)+\sqrt{2}V_3\sin(3\omega t+\theta_3)+\cdots$$

라 하면 왜형률 D는

$$D=\frac{\sqrt{V_2{}^2+V_3{}^2+V_4{}^2+\cdots}}{V_1}$$

4 비정현파의 전력

(1) 유효 전력

주파수가 다른 전압과 전류간의 전력은 0이 되고 같은 주파수의 전압과 전류간의 전력만 존재한다.

$$P = V_oI_o + V_1I_1\cos\theta_1 + V_2I_2\cos\theta_2 + V_3I_3\cos\theta_3 + \cdots$$

$$= \boldsymbol{V_oI_o + \sum_{n=1}^{\infty} V_nI_n\cos\theta_n\,[\mathrm{W}]}$$

(2) 무효 전력

$$P_r = V_1I_1\sin\theta_1 + V_2I_2\sin\theta_2 + V_3I_3\sin\theta_3 + \cdots = \boldsymbol{\sum_{n=1}^{\infty} V_nI_n\sin\theta_n\,[\mathrm{Var}]}$$

(3) 피상 전력

$$P_a = \boldsymbol{VI} = \sqrt{V_o^2 + V_1^2 + V_2^2 + V + \cdots} \times \sqrt{I_o^2 + I_1^2 + I_2^2 + I_3^2 + \cdots}\ [\mathrm{VA}]$$

(4) 역률

$$\cos\theta = \frac{P}{P_a} = \frac{P}{VI}$$

5 비정현파의 회로 계산

(1) 저항(R)만의 회로

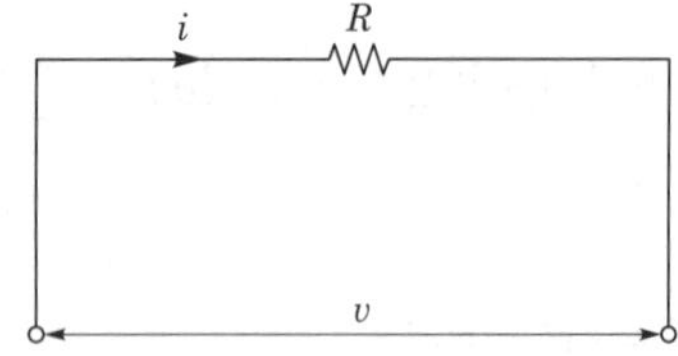

$v(t) = V_o + V_{m1}\sin\omega t + V_{m2}\sin 2\omega t + V_{m3}\sin 3\omega t + \cdots$의 비정현파 전압을 인가했을 때 흐르는 전류 i는

$$i(t)=\frac{V_o}{R}\frac{+V_{m1}}{R}\sin\omega t+\frac{V_{m2}}{R}\sin 2\omega t+\frac{V_{m3}}{R}\sin 3\omega t+\cdots$$

인 전류는 전압과 동일한 파형이 된다.

(2) 인덕턴스(L)만의 회로

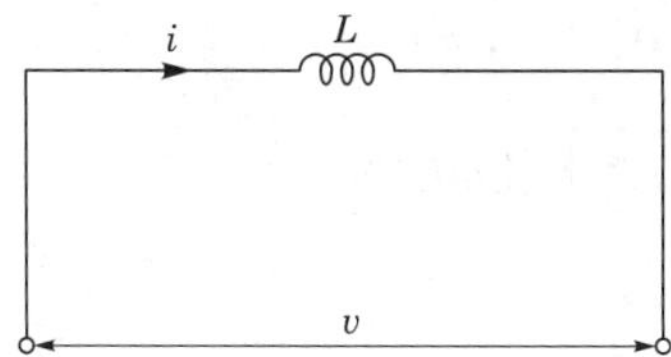

$v(t)=V_o+V_{m1}\sin\omega t+V_{m2}\sin 2\omega t+V_{m3}\sin 3\omega t+\cdots$의 비정현파 전압을 인가했을 때 흐르는 전류 i는

$$i(t)=\frac{V_{m1}}{\omega L}\sin\left(\omega t-\frac{\pi}{2}\right)+\frac{V_{m2}}{2\omega L}\sin\left(2\omega t-\frac{\pi}{2}\right)+\frac{V_{m3}}{3\omega L}\sin\left(3\omega t-\frac{\pi}{2}\right)+\cdots$$

인 전류는 고조파의 차수가 높을수록 정현파에 가까워 진다.

(3) 정전 용량(C)만의 회로

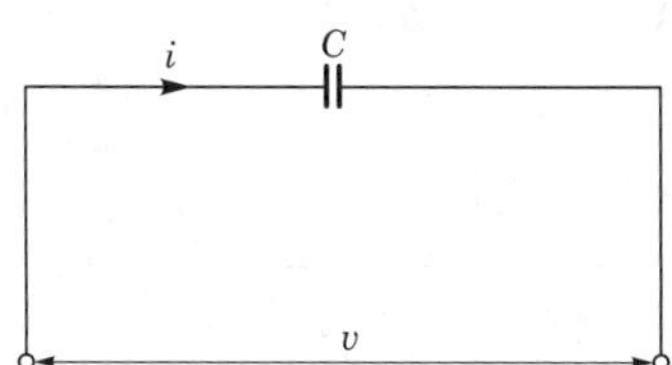

$v(t)=V_o+V_{m1}\sin\omega t+V_{m2}\sin 2\omega t+V_{m3}\sin 3\omega t+\cdots$의 비정현파 전압을 인가했을 때 흐르는 전류 i는

$$i(t)=\omega CV_{m1}\sin\left(\omega t+\frac{\pi}{2}\right)+2\omega CV_{m2}\sin\left(2\omega t+\frac{\pi}{2}\right)$$
$$+3\omega CV_{m3}\sin\left(3\omega t+\frac{\pi}{2}\right)+\cdots$$

인 전류는 고조파의 차수가 높을수록 전압의 파형보다 많이 비틀리게 된다.

(4) 비정현 n차 직렬 임피던스

① $R-L$ 직렬

$$Z_1 = R + j\omega L = \sqrt{R^2 + (\omega L)^2}$$

$$Z_2 = R + j2\omega L = \sqrt{R^2 + (2\omega L)^2}$$

$$Z_3 = R + j3\omega L = \sqrt{R^2 + (3\omega L)^2}$$

$$\vdots \qquad\qquad \vdots$$

$$Z_n = R + jn\omega L = \sqrt{R^2 + (n\omega L)^2}$$

② $R-C$ 직렬

$$Z_1 = R - j\frac{1}{\omega C} = \sqrt{R^2 + \left(\frac{1}{\omega C}\right)^2}$$

$$Z_2 = R - j\frac{1}{2}\,\omega C = \sqrt{R^2 + \left(\frac{1}{2\omega C}\right)^2}$$

$$Z_3 = R - j\frac{1}{3\omega C} = \sqrt{R^2 + \left(\frac{1}{3\omega C}\right)^2}$$

$$\vdots \qquad\qquad \vdots$$

$$Z_n = R - j\frac{1}{n\omega C} = \sqrt{R^2 + \left(\frac{1}{n\omega C}\right)^2}$$

(5) $R-L-C$ 직렬 회로와 고조파 공진

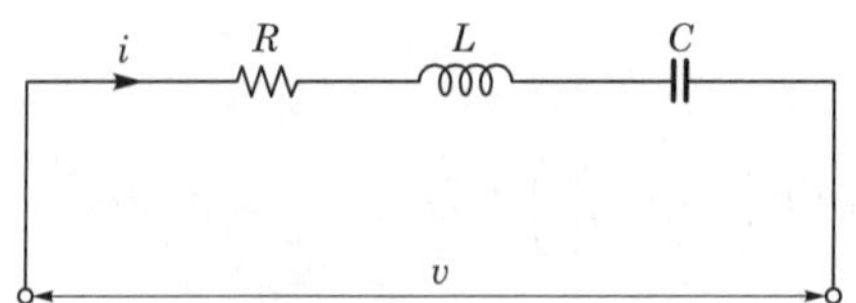

$v = \sum_{n=1}^{\infty} \sqrt{2}\, V_m \sin n\omega t$ 의 전압을 인가했을 때의 회로의 임피던스 Z는

$$Z_n = R + j\left(n\omega L - \frac{1}{n\omega C}\right)$$

이므로 임피던스의 크기와 위상차는

$$Z_n = \sqrt{R^2 + \left(n\omega L - \frac{1}{n\omega C}\right)^2}\ ,\ \ \theta_n = \tan^{-1}\frac{n\omega L - \frac{1}{n\omega C}}{R}$$

따라서 흐르는 전류 i는

$$i = \sum_{n=1}^{\infty} \frac{\sqrt{2}\,V_m}{Z_n} \sin(n\omega t \pm \theta_n)$$

만일, Z_n 중의 리액턴스분이 0이 되었을 때 공진 상태가 되므로

$$n\omega L - \frac{1}{n\omega C} = 0$$

공진 조건 $n\omega L = \frac{1}{n\omega C}$

이므로 여기서, 제 n차 고조파의 **공진 각주파수 ω_o**는

$$\boldsymbol{\omega_o = \frac{1}{n\sqrt{LC}}\ [\text{rad/sec}]}$$

제 n차 고조파의 공진 주파수 f_o는

$$\boldsymbol{f_o = \frac{1}{2\pi n\sqrt{LC}}\ [\text{Hz}]}$$

이다.

단원핵심문제

1 비정현파 교류를 나타내는 식은?

㉮ 기본파+고조파+직류분
㉯ 기본파+직류분−고조파
㉰ 직류분+고조파−기본파
㉱ 교류분+기본파+고조파

KEY POINT

➲ 푸리에 분석은 비정현파를 여러 개의 정현파의 합으로 표시한다.

비정현파 교류=기본차+고조차+직류분의 합

2 비정현파의 푸리에 급수에 의한 전개에서 옳게 전개한 $f(t)$는?

㉮ $\sum_{n=1}^{\infty} a_n \sin n\omega t + \sum_{n=1}^{\infty} b_n \cos n\omega t$

㉯ $\sum_{n=1}^{\infty} a_n \sin n\omega t + \sum_{n=1}^{\infty} b_n \sin n\omega t$

㉰ $a_o + \sum_{n=1}^{\infty} a_n \cos n\omega t + \sum_{n=1}^{\infty} b_n \sin n\omega t$

㉱ $\sum_{n=1}^{\infty} a_n \cos n\omega t + \sum_{n=1}^{\infty} b_n \cos n\omega t$

KEY POINT

➲ **푸리에 급수** : 비정현파를 직류 성분+기본파+고조파 성분으로 분해해서 표시한 것

$$f(t) = a_o + \sum_{n=1}^{\infty} a_n \cos n\omega t + \sum_{n=1}^{\infty} b_n \sin n\omega t$$

3 주기적인 구형파의 신호는 그 주파수 성분이 어떻게 되는가?

㉮ 무수히 많은 주파수의 성분을 가진다.
㉯ 주파수 성분을 갖지 않는다.
㉰ 직류분만으로 구성된다.
㉱ 교류 합성을 갖지 않는다.

정답 : 1.㉮ 2.㉰ 3.㉮

KEY POINT

➡ 제3 고조파가 있는 경우의 비정현파

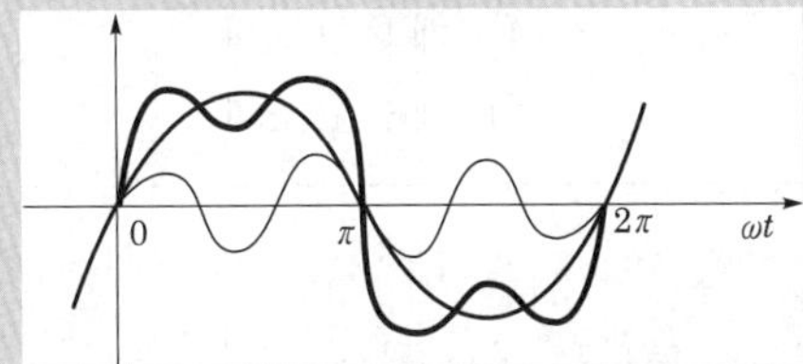

주기적인 구형파 신호는 각 고조파 성분의 합이므로 무수히 많은 주파수의 성분을 가진다.

4 반파 대칭의 왜형파 푸리에 급수에서 옳게 표현된 것은? (단, $f(t)=\sum_{n=1}^{\infty} a_n \sin n\omega t + a_o + \sum_{n=1}^{\infty} b_n \cos nt\omega$라 한다.)

㉮ $a_o=0$, $b_n=0$이고, 홀수항의 a_n만 남는다.

㉯ $a_o=0$이고, a_o 및 홀수항의 b_n만 남는다.

㉰ $a_o=0$이고, 홀수항의 a_n, b_n만 남는다.

㉱ $a_o=0$이고, 모든 고조파분의 a_n, b_n만 남는다.

KEY POINT

➡ **반파 대칭** : 직류 성분=0, 홀수항의 sin, cos항 존재

$f(t)$식에서 직류 성분 $a_o=0$
홀수항의 sin, cos항 존재. 즉, a_n, b_n 계수가 존재한다.

5 반파 대칭의 왜형파에서 성립되는 식은?

㉮ $y(x)=y(\pi-x)$

㉯ $y(x)=y(\pi+x)$

㉰ $y(x)=-y(\pi+x)$

㉱ $y(x)=-y(2\pi-x)$

KEY POINT

➡ 반파 대칭
$y(x)=-y(\pi+x)$

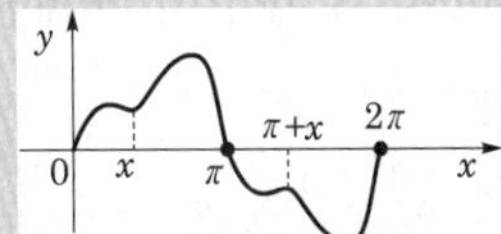

정답 : 4.㉰ 5.㉰

6 반파 대칭의 왜형파에 포함되는 고조파는 어느 파에 속하는가?

㉮ 제2 고조파 ㉯ 제4 고조파
㉰ 제5 고조파 ㉱ 제6 고조파

KEY POINT

반파 대칭 : 직류 성분=0, 홀수항의 sin, cos항 존재

해설 홀수항의 sin, cos항만 존재하므로 짝수항은 모두 0이 된다.

7 비정현파에 있어서 정현 대칭의 조건은?

㉮ $f(t)=f(-t)$ ㉯ $f(t)=-f(-t)$

㉰ $f(t)=-f(t)$ ㉱ $f(t)=-f\left(t+\frac{T}{2}\right)$

KEY POINT

정현 대칭

$f(t) = -f(2\pi - t)$

$f(t) = -f(-t)$

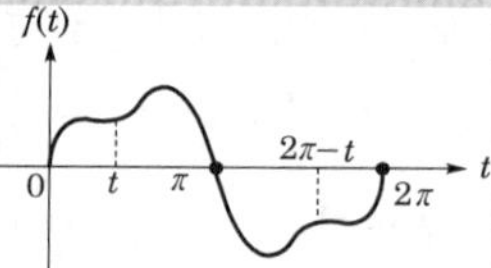

8 그림과 같은 파형을 실수 푸리에 급수로 전개할 때에는?

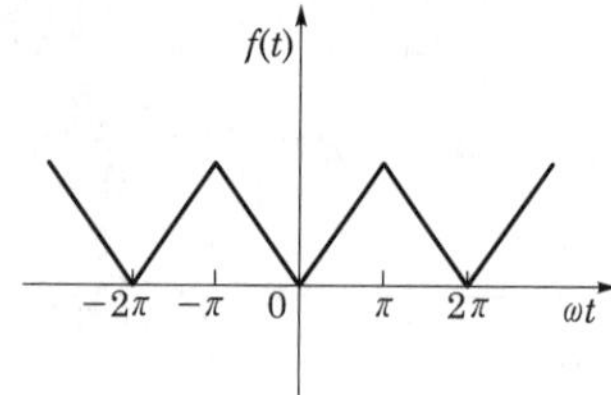

㉮ sin항은 없다.
㉯ cos항은 없다.
㉰ sin항, cos항 모두 있다.
㉱ sin항, cos항을 쓰면 유한수의 항으로 전개된다.

KEY POINT

여현 대칭이므로 직류 성분과 cos항이 존재한다. 즉, sin항은 없다.

정답 : 6.㉰ 7.㉯ 8.㉮

9 그림과 같은 파형을 푸리에 급수로 전개하면?

㉮ $\frac{A}{\pi}+\frac{\sin 2x}{2}+\frac{\sin 4x}{4}+\cdots\cdots$

㉯ $\frac{4A}{\pi}\left(\sin\alpha\sin\pi+\frac{1}{9}\sin 3\alpha\sin 3x+\cdots\cdots\right)$

㉰ $\frac{4A}{\pi}\left(\sin x+\frac{1}{3}\sin 3x+\frac{1}{5}\sin 5x+\cdots\cdots\right)$

㉱ $\frac{4}{\pi}\left(\frac{\cos 2x}{1\times 3}+\frac{\cos 4x}{3\times 5}+\frac{\cos 6x}{5\times 7}+\cdots\cdots\right)$

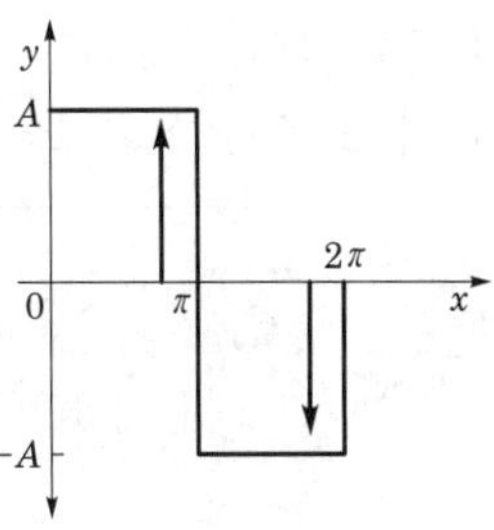

KEY POINT

➲ 반파 및 정현 대칭인 파형이므로 홀수항의 sin항만 존재한다.

해설 $y_a=\sum_{n=1}^{\infty} b_n\sin\omega t(n=1,\ 3,\ 5,\ \ldots)$

10 $i(t)=\frac{4I_m}{\pi}\left(\sin\omega t+\frac{1}{3}\sin 3\omega t+\frac{1}{5}\sin 5\omega t+\cdots\cdots\right)$를 표시하는 파형은 어떻게 되는가?

㉮

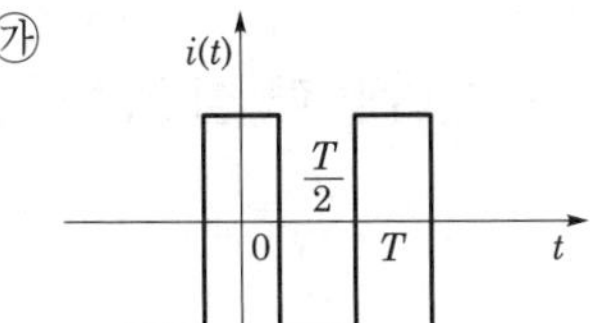

㉯

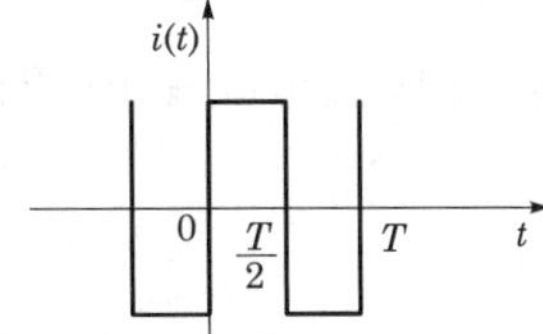

㉰

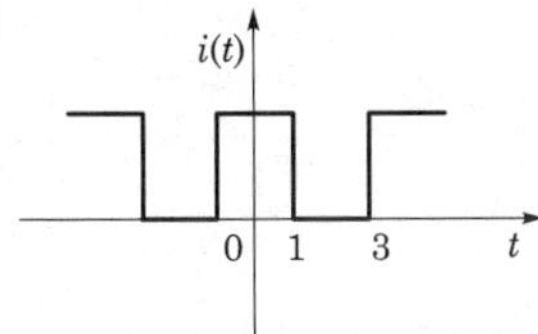

㉱

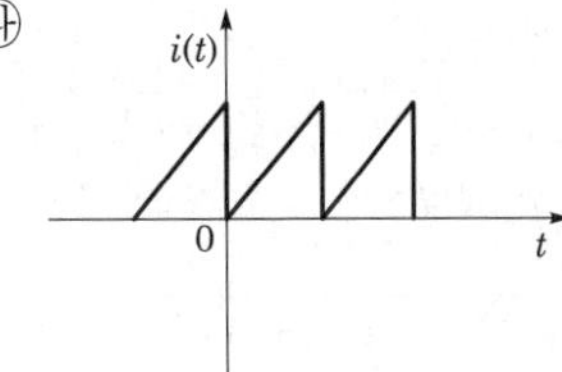

KEY POINT

➲ ① **정현 대칭의 특징** : 직류 성분=0, cos항=0, sin항 존재

② **반파 대칭의 특징** : 직류 성분=0, 홀수항의 sin, cos항 존재

해설 반파 및 정현 대칭파는 홀수항의 sin항만 존재

정답 : 9.㉰ 10.㉯

11 비정현파의 실효값은?

㉮ 최대파의 실효값
㉯ 각 고조파의 실효값의 합
㉰ 각 고조파 실효값의 합의 제곱근
㉱ 각 파의 실효값의 제곱의 합의 제곱근

KEY POINT

➲ $V=\sqrt{V_o^2+V_1^2+V_2^2+\cdots}$ [V]
각 개별적인 실효값의 제곱의 합의 제곱근

12 $v(t)=50+30\sin\omega t$ [V]의 실효값 V는 몇 [V]인가?

㉮ 약 50.3
㉯ 약 62.3
㉰ 약 54.3
㉱ 약 58.3

KEY POINT

➲ 실효값
$V=\sqrt{V_o^2+V_1^2+V_2^2+\cdots}$ [V]
각 개별적인 실효값의 제곱의 합의 제곱근

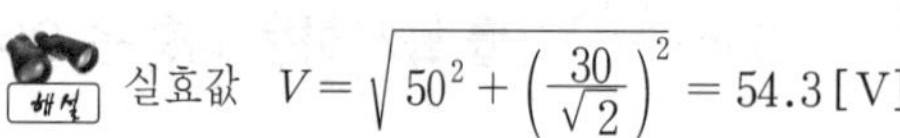
해설 실효값 $V=\sqrt{50^2+\left(\frac{30}{\sqrt{2}}\right)^2}=54.3$ [V]

13 전압 $v=10+10\sqrt{2}\sin\omega t+10\sqrt{2}\sin 3\omega t+10\sqrt{2}\sin 5\omega t$ [V]일 때 실효값[V]은?

㉮ 10
㉯ 14.14
㉰ 17.32
㉱ 20

KEY POINT

➲ 실효값
$V=\sqrt{V_o^2+V_1^2+V_2^2+\cdots}$ [V]
각 개별적인 실효값의 제곱의 합의 제곱근

해설 $V=\sqrt{V_o^2+V_1^2+V_3^2+V_5^2}=\sqrt{10^2+10^2+10^2+10^2}=20$ [V]

14 전압의 순시값이 $e=3+10\sqrt{2}\sin\omega t+5\sqrt{2}\sin(3\omega t-30°)$ [V]일 때, 실효값 $|E|$는 몇 [V]인가?

㉮ 20.1
㉯ 16.4
㉰ 13.2
㉱ 11.6

정답 : 11.㉱ 12.㉰ 13.㉱ 14.㉱

KEY POINT

➲ 실효값

$V = \sqrt{V_o^2 + V_1^2 + V_2^2 + \cdots}$ [V]

각 개별적인 실효값의 제곱의 합의 제곱근

$E = \sqrt{E_o^2 + E_1^2 + E_3^2} = \sqrt{3^2 + 10^2 + 5^2} = 11.6$

15 그림과 같은 회로에서 $E_d = 14$[V], $E_m = 48\sqrt{2}$[V], $R = 20$[Ω]인 전류의 실효값[A]은?

㉮ 약 2.5

㉯ 약 2.2

㉰ 약 2.0

㉱ 약 1.5

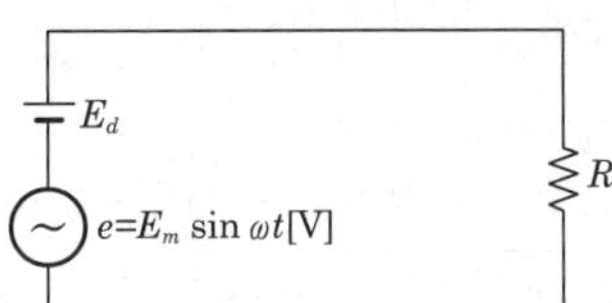

KEY POINT

➲ 실효값

$V = \sqrt{V_o^2 + V_1^2 + V_2^2 + \cdots}$ [V]

각 개별적인 실효값의 제곱의 합의 제곱근

$I = \dfrac{V}{R} = \dfrac{\sqrt{14^2 + 48^2}}{20} = 2.5$

16 전류가 1[H]의 인덕터를 흐르고 있을 때 인덕터에 축적되는 에너지[J]는 얼마인가? (단, $i = 5 + 10\sqrt{2}\sin 100t + 5\sqrt{2}\sin 200t$ [A]이다.)

㉮ 150 ㉯ 100

㉰ 75 ㉱ 50

KEY POINT

➲ ① 자기 에너지 : $W = \dfrac{1}{2}LI^2$ [J]

② 비정현파 실효값 : $I = \sqrt{I_o^2 + I_1^2 + I_2^2 + \cdots}$

$I = \sqrt{5^2 + 10^2 + 5^2} = \sqrt{150}$ [A]

$\therefore\ W = \dfrac{1}{2}LI^2 = \dfrac{1}{2} \times 1 \times (\sqrt{150})^2 = 75$ [J]

정답 : 15.㉮ 16.㉰

17 C[F]인 용량을 $v = V_1 \sin(\omega t + \theta_1) + V_3 \sin(3\omega t + \theta_3)$인 전압으로 충전할 때 몇 [A]의 전류(실효값)가 필요한가?

㉮ $\frac{1}{\sqrt{2}}\sqrt{V_1^2 + 9V_3^2}$　　㉯ $\frac{1}{\sqrt{2}}\sqrt{V_1^2 + V_3^2}$

㉰ $\frac{\omega C}{\sqrt{2}}\sqrt{V_1^2 + 9V_3^2}$　　㉱ $\frac{\omega C}{\sqrt{2}}\sqrt{V_1^2 + V_3^2}$

KEY POINT

➲ 실효값 전류

$I = \sqrt{I_1^{\,2} + I_3^{\,2}}$[A]

해설 전류 실효값

$i = \omega C V_1 \sin(\omega t + \theta_1 + 90^\circ) + 3\omega C V_3 (3\omega t + \theta_3 + 90^\circ)$이므로,

$I = \sqrt{\frac{(\omega C V_1)^2 + (3\omega C V_3)^2}{2}} = \frac{\omega C}{\sqrt{2}}\sqrt{V_1^{\,2} + 9V_3^{\,2}}$

18 왜형파 전압 $v = 100\sqrt{2}\sin\omega t + 75\sqrt{2}\sin 3\omega t + 20\sqrt{2}\sin 5\omega t$ [V]를 $R-L$ 직렬 회로에 인가할 때에 제3 고조파 전류의 실효값[A]은? (단, R=4[Ω], ωL=1[Ω]이다.)

㉮ 75　　㉯ 20

㉰ 4　　㉱ 15

KEY POINT

➲ $R-L$ 직렬 회로의 제3 고조파 임피던스 $Z_3 = R + j3\omega L$[Ω]이다.

해설 제3 고조파 전류 $I_3 = \frac{V_3}{Z_3} = \frac{V_3}{\sqrt{R_2 + (3\omega L)^2}} = \frac{75}{\sqrt{4^2 + 3^2}} = 15$[A]

19 $R = 3$[Ω], $\omega L = 4$[Ω]의 직렬 회로에 $v = 60 + \sqrt{2} \cdot 100\sin\left(\omega t - \frac{\pi}{6}\right)$[V]를 가할 때 전류의 실효값은 대략 몇 [A]인가?

㉮ 24.2　　㉯ 26.3

㉰ 28.3　　㉱ 30.2

KEY POINT

➲ 실효값 전류

$I = \sqrt{I_o^{\,2} + I_1^{\,2}}$

정답 : 17.㉰ 18.㉱ 19.㉰

$$I_o = \frac{V_o}{R} = \frac{60}{3} = 20\,[\mathrm{A}]$$

$$I_1 = \frac{V_1}{Z_1} = \frac{V_1}{\sqrt{R^2 + (\omega L)^2}} = \frac{100}{\sqrt{3^2+4^2}} + \frac{100}{5} = 20\,[\mathrm{A}]$$

$$\therefore\ I = \sqrt{{I_o}^2 + {I_1}^2} = \sqrt{20^2 + 20^2} \fallingdotseq 28.3\,[\mathrm{A}]$$

20 $R-C$ 직렬 회로의 양단에 $e = 50 + 141.4\sin 2\omega t + 212.1\sin 4\omega t$ 인 전압을 인가할 때, 제2 고조파 전류의 실효값은 몇 [A]인가? (단, $R = 8[\Omega]$, $1/\omega C = 12[\Omega]$)

㉮ 6 ㉯ 8 ㉰ 10 ㉱ 12

KEY POINT

➲ $R-C$ 직렬 회로의 제2 고조파 임피던스

$$Z_2 = R + \frac{1}{j2\omega C}[\Omega]$$

$$I_2 = \frac{V_2}{Z_2} = \frac{V_2}{\sqrt{R^2 + \left(\frac{1}{2\omega C}\right)^2}} = \frac{\frac{141.4}{\sqrt{2}}}{\sqrt{8^2 + \left(\frac{12}{2}\right)^2}} = 10\,[\mathrm{A}]$$

21 왜형률이란 무엇인가?

㉮ $\dfrac{\text{전 고조파의 실효값}}{\text{기본파의 실효값}}$ ㉯ $\dfrac{\text{전 고조파의 평균값}}{\text{기본파의 평균값}}$

㉰ $\dfrac{\text{제3 고조파의 실효값}}{\text{기본파의 실효값}}$ ㉱ $\dfrac{\text{우수 고조파의 실효값}}{\text{기수 고조파의 실효값}}$

KEY POINT

➲ 왜형률이란 비정현파의 일그러짐률을 말한다.

$$\text{왜형률} = \frac{\text{전 고조파의 실효값}}{\text{기본파의 실효값}}$$

22 왜형파 전압 $v = 100\sqrt{2}\sin\omega t + 50\sqrt{2}\sin 2\omega t + 30\sqrt{2}\sin 3\omega t$ 의 왜형률을 구하면?

㉮ 1.0 ㉯ 0.8 ㉰ 0.5 ㉱ 0.3

KEY POINT

➲ $\text{왜형률} = \dfrac{\text{전 고조파의 실효값}}{\text{기본파의 실효값}}$

정답 : 20.㉰ 21.㉮ 22.㉰

해설 왜형률 $D=\dfrac{50^2+30^2}{100}\fallingdotseq 0.58$

23 기본파의 30%인 제3 고조파와 20%인 제5 고조파를 포함하는 전압파의 왜형률은?

㉮ 0.23　　㉯ 0.46
㉰ 0.33　　㉱ 0.36

KEY POINT

➲ 왜형률$=\dfrac{\text{전 고조파의 실효값}}{\text{기본파의 실효값}}$

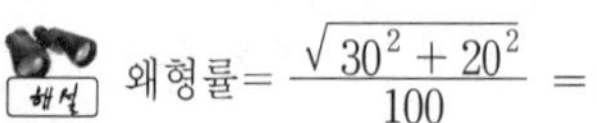

해설 왜형률$=\dfrac{\sqrt{30^2+20^2}}{100}=0.36$

24 가정용 전원의 전압이 기본파가 100[V]이고 제7 고조파가 기본파의 4%, 제11 고조파가 기본파의 3%이었다면 이 전원의 일그러짐률은 몇 [%]인가?

㉮ 11　　㉯ 10
㉰ 7　　㉱ 5

KEY POINT

➲ 왜형률$=\dfrac{\text{전 고조파의 실효값}}{\text{기본파의 실효값}}$

해설 왜형률 $D=\dfrac{4^2+3^2}{100}\times 100\%=5\%$

25 어떤 자기 회로에 $v=100\sin\left(\omega t+\dfrac{\pi}{2}\right)$[V]를 가했더니 전류가 $i=10\sin\left(3\omega t+\dfrac{\pi}{3}\right)$[A]가 흘렀다. 이 회로의 소비 전력은 몇 [W]인가?

㉮ $250\sqrt{2}$　　㉯ 500
㉰ 250　　㉱ 0

KEY POINT

➲ 유효 전력(=소비 전력)

$$P=V_oI_o+\sum_{k=1}^{\infty}V_kI_k\cos\theta_k\,[\text{W}]$$

해설 전압은 기본파 전류는 제3 고조파로 서로 다른 고조파의 소비 전력이므로 0이다.

정답 : 23.㉱ 24.㉱ 25.㉱

다음과 같은 비정현파 기전력 및 전류에 의한 전력[W]은? (단, 전압 및 전류의 순시식은 다음과 같다.)

$$e = 100\sqrt{2}\sin(\omega t + 30°) + 50\sqrt{2}\sin(5\omega t + 60°)\,[V]$$
$$i = 15\sqrt{2}\sin(3\omega t + 30°) + 10\sqrt{2}\sin(5\omega t + 30°)\,[A]$$

㉮ $250\sqrt{3}$　　㉯ 1,000
㉰ $1,000\sqrt{3}$　　㉱ 2,000

KEY POINT

➲ 유효 전력(=소비 전력)

$$P = V_o I_o + \sum_{k=1}^{\infty} V_k I_k \cos\theta_k\,[W]$$

해설 $P = V_5 I_5 \cos\theta = 50 \times 10 \times \cos 30° = 250\sqrt{3}$

다음과 같은 왜형파 교류 전압, 전류의 전력[W]을 계산하면?

$$v = 100\sin\omega t + 50\sin(3\omega t + 60°)\,[V]$$
$$i = 20\cos(\omega t - 30°) + 10\cos(3\omega t - 30°)\,[A]$$

㉮ 750　　㉯ 1000
㉰ 1,299　　㉱ 1,732

KEY POINT

➲ 유효 전력(=소비 전력)

$$P = V_o I_o + \sum_{k=1}^{\infty} V_k I_k \cos\theta_k\,[W]$$

해설 $P = \frac{100}{\sqrt{2}} \cdot \frac{20}{\sqrt{2}} \cos 60° + \frac{50}{\sqrt{2}} \cdot \frac{10}{\sqrt{2}} \cos 0° = 750\,[W]$

5[Ω]의 저항에 흐르는 전류가 $i = 5 + 14.14\sin 100t + 7.07\sin 200t$ [A]일 때 저항에서 소비되는 평균 전력[W]은?

㉮ 150　　㉯ 250
㉰ 625　　㉱ 750

정답 : 26.㉮ 27.㉮ 28.㉱

KEY POINT

➲ 소비 전력

$P=I_o{}^2R+I_1{}^2R+I_2{}^2R+\cdots[\text{W}]$

$P=I_o{}^2R+I_1{}^2R+I_2{}^2R=5^2\times5+10^2\times5+5^2\times5=750\,[\text{W}]$

29 $R=4[\Omega]$, $\omega L=3[\Omega]$의 직렬 회로에 $v=\sqrt{2}100\sin\omega t+50\sqrt{2}\sin3\omega t$ [V]를 가할 때 이 회로의 소비 전력[W]은?

㉮ 1,000　　㉯ 1,414

㉰ 1,560　　㉱ 1,703

KEY POINT

➲ 소비 전력

$P=I_o{}^2R+I_1{}^2R+I_2{}^2R+\cdots[\text{W}]$

해설

$I_1=\dfrac{V_1}{Z_1}=\dfrac{V_1}{\sqrt{R^2+(\omega L)^2}}=\dfrac{100}{\sqrt{4^2+3^2}}=20\,[\text{A}]$

$I_3=\dfrac{V_3}{Z_3}=\dfrac{V_3}{\sqrt{R^2+(3\omega L)^2}}=\dfrac{50}{\sqrt{4^2+3^2}}=5.07\,[\text{A}]$

$\therefore\ P=I_1{}^2R+I_3{}^2R=20^2\times4+5.07^2\times4\fallingdotseq1703.06\,[\text{W}]$

30 그림과 같은 파형의 교류 전압 v와 전류 i 간의 등가 역률은? (단, $v=V_m\sin\omega t$, $i=I_m\left(\sin\omega t-\dfrac{1}{\sqrt{3}}\sin3\omega t\right)$이다.)

㉮ $\dfrac{\sqrt{3}}{2}$

㉯ $\dfrac{1}{2}$

㉰ 0.8

㉱ 0.9

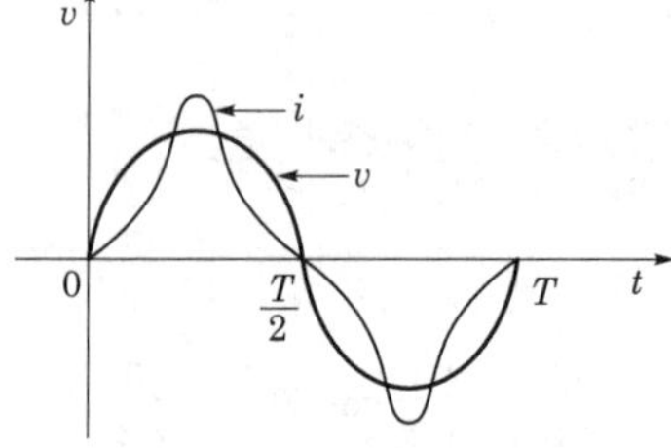

KEY POINT

➲ 역률

$\cos\theta=\dfrac{P}{P_a}=\dfrac{P}{V\cdot I}$

$$\cos\theta = \frac{P}{VI} = \frac{\frac{V_m I_m}{2}}{\frac{V_m}{\sqrt{2}} \times \frac{I_m}{\sqrt{2}}\sqrt{1+\left(\frac{1}{\sqrt{3}}\right)^2}} = \frac{\sqrt{3}}{2}$$

31 3상 교류 대칭 전압에 포함되는 고조파 중에서 상회전이 기본파에 대하여 반대인 것은?

㉮ 제3 고조파 ㉯ 제5 고조파
㉰ 제7 고조파 ㉱ 제9 고조파

KEY POINT

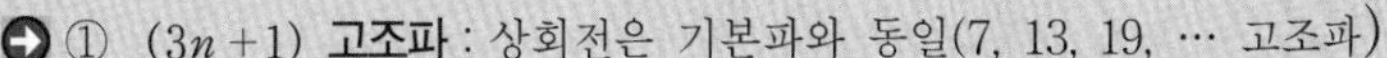

① $(3n+1)$ **고조파** : 상회전은 기본파와 동일(7, 13, 19, ⋯ 고조파)
② $3n$ **고조파** : 각 상 동상(6, 12, 18, ⋯ 고조파)
③ $(3n-1)$ **고조파** : 상회전은 기본파와 반대(5, 11, 17, ⋯ 고조파)

$(3n-1)$ 고조파 : 상회전은 기본파와 반대

정답 : 31.㉯

제 12장
2단자망

2개의 단자를 가진 임의의 수동 선형 회로망을 2단자망이라 하며 2단자망의 한 쌍의 단자는 전원 전압이 가해지는 곳이 되며 이 한 쌍의 단자에서 본 임피던스를 구동점 임피던스라 한다.

1 구동점 임피던스($Z(s)$)

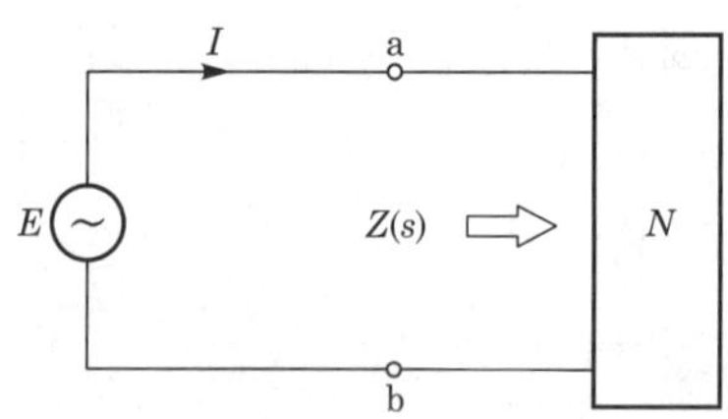

2단자망에 전원을 인가하여 구동시 회로망 쪽을 바라본 임피던스로 보통 $j\omega$를 s로 **치환**하면 다음과 같이 표시한다.

$$R = R\,,\ X_L = j\omega L = sL,\ X_C = \frac{1}{j\omega C} = \frac{1}{sC}$$

2 영점과 극점

구동점 임피던스 $Z(s) = \dfrac{a_0 + a_1 s + a_2 s^2 + \cdots + a_{2n} s^{2n}}{b_1 s + b_2 s^2 + b_3 s^3 + \cdots + b_{2n-1} s^{2n-1}}$

(1) 영점

$Z(s)$가 0이 되는 s의 값으로 $Z(s)$의 분자가 0이 되는 점. 즉, **회로 단락 상태**가 된다.

(2) 극점

$Z(s)$가 ∞되는 s의 값으로 $Z(s)$의 분모가 0이 되는 점. 즉 **회로 개방 상태**가 된다.

2단자 회로망 구성법

$Z(s)$의 함수를 줄 때 회로망으로 그리기 위해서는 다음과 같은 방법을 사용한다.

① 모든 분수의 분자를 1로 한다.

② 분수 밖의 +는 직렬, 분수 속의 +는 병렬을 의미한다.

③ 분수 밖에 존재하는 복소 함수 s의 계수는 L의 값이고, $\frac{1}{s}$의 계수는 C의 값이다.

④ 분수 속에 존재하는 복소 함수 s의 계수는 C의 값이고, $\frac{1}{s}$의 계수는 L의 값이다.

리액턴스의 정리

$s=j\omega$로 하여 Z를 s의 함수로 나타내면

$$Z(s)=\frac{H(s^2+\omega_1^2)(s^2+\omega_3^2)\cdots(s^2+\ \omega_{2n-1}{}^2)}{s(s^2+\omega_2^2)(s^2+\omega_4^2)\cdots(s^2+\ \omega_{2n-2}{}^2)}$$

$$=\frac{a_o+a_1s+a_2s^2+\cdots a_{2n}s^{2n}}{s(b_1s+b_2s^2+b_3s^3+\cdots b_{2n-1}s^{2n-1})}$$

이다. 이 리액턴스 구동점 임피던스 $Z(s)$는 다음의 성질을 갖는다.

① $Z(s)$는 s의 (+)의 실계수의 유리 함수이다.

② $Z(s)$의 극과 영점은 중복근이 아니고 단순근으로 모두 허축상에 교대로 존재한다.

③ $Z(s)$의 영점은 단일하며 허수축상에만 있고 그 여점에서 $\frac{dZ(s)}{ds}$는 양의 실수이고 0이 아니어야 한다.

이상의 3가지는 $Z(s)$가 리액턴스 2단자망의 구동점 임피던스가 되기 위한 필요하고도 충분한 조건이며, 이것을 포스터의 리액턴스 정리(Foster's reactance theorem)라고 한다.

5 역회로

구동점 임피던스가 $Z_1 \cdot Z_2$일 때 $Z_1 \cdot Z_2$가 쌍대 관계에 있으면서 $Z_1 \cdot Z_2 = K^2$이 되는 관계에 있을 때 $Z_1 \cdot Z_2$는 K에 대하여 역회로라고 한다.

예를 들면, $Z_1 = j\omega L_1$, $Z_2 = \dfrac{1}{j\omega C_2}$이라고 하면

$$Z_1 \cdot Z_2 = j\omega L_1 \cdot \frac{1}{j\omega C_2} = \frac{L_1}{C_2} = K^2$$

이 되고 인덕턴스 L_1과 정전 용량 C_2와는 역회로가 되고 있다.

6 쌍대 회로 구성 방법

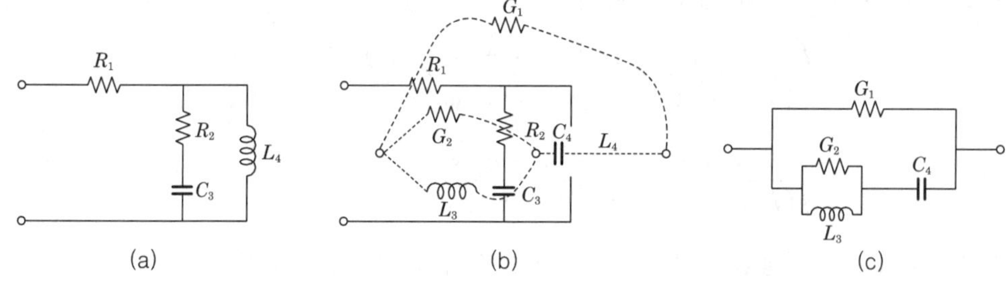

그림 (a)와 같은 회로의 쌍대 회로를 그릴 때 그림 (b)와 같이 된다.

① 주어진 회로망에서 각 폐로 안에 점을 하나씩 찍고 또 회로망 밖에 점 0를 찍는다. 이들 각 점은 마디에 해당한다.

② 주어진 회로망의 각 점과 사이 및 점과 점 0 사이를 1개의 소자만을 지나도록 하여 점선으로 연결한다.

③ 점선이 지나간 소자에 그 소자의 쌍대 소자를 마디 사이에 그려 넣으면 그림 (c)와 같은 역회로가 완성된다. 이 때 쌍대 소자의 첨자를 같게 부여한다.

< 쌍대성 >

전 압	전 류	개 방	단 락
직렬	병렬	마디	폐로
저항	컨덕턴스	나무	보목
리액턴스	서셉턴스	마디 전압	폐로 전류
임피던스	어드미턴스	컷 세트	폐로
인덕턴스	커패시턴스	테브난의 정리	노오튼의 정리

7 정저항 회로

구동점 임피던스의 허수부가 어떠한 주파수에서도 0이고 실수부도 주파수에 관계없이 일정하게 되는 회로이다.

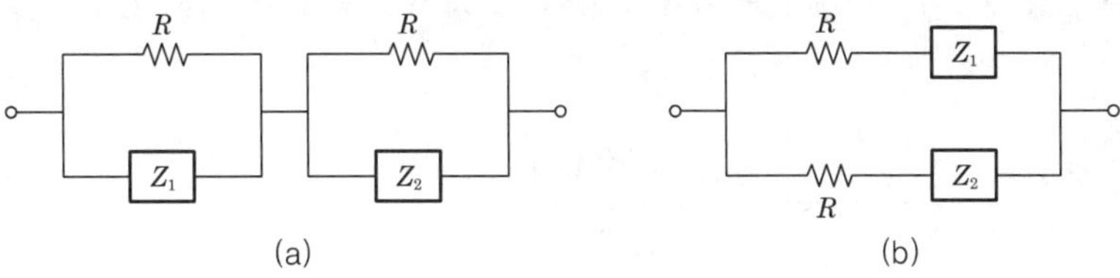

(a) (b)

그림 (a)의 회로와 그림 (b)의 회로의 정저항 회로가 되기 위한 조건은 다음과 같다.

정저항 조건 $Z_1 Z_2 = R^2$

단원핵심문제

1 그림과 같은 회로의 구동점 임피던스 Z_{ab}는?

㉮ $\dfrac{2(2s+1)}{2s^2+s+2}$

㉯ $\dfrac{2s+1}{2s^2+s+2}$

㉰ $\dfrac{2(2s-1)}{2s^2+s+2}$

㉱ $\dfrac{2s^2+s+2}{2(2s+1)}$

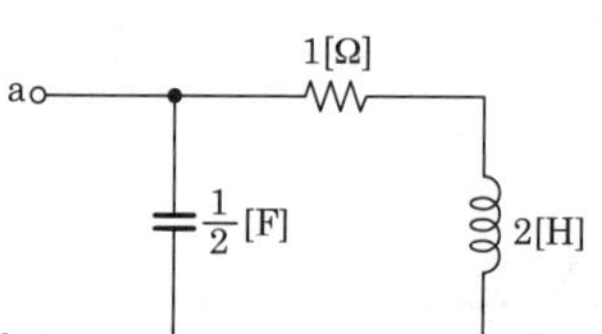

KEY POINT

➔ 구동점 임피던스는 $Z(s)=Z(j\omega)=Z(\lambda)$로 표기. 즉, $j\omega=s=\lambda$로 표기한다.

$$Z(s)=\frac{\frac{2}{s}(1+2S)}{\frac{2}{s}(1+2S)}=\frac{2(2S+1)}{2s^2+s+2}[\Omega]$$

2 그림과 같은 2단자망의 구동점 임피던스는 얼마인가?

㉮ $\dfrac{s}{s^2+1}$

㉯ $\dfrac{1}{s^2+1}$

㉰ $\dfrac{2s}{s^2+1}$

㉱ $\dfrac{3s}{s^2+1}$

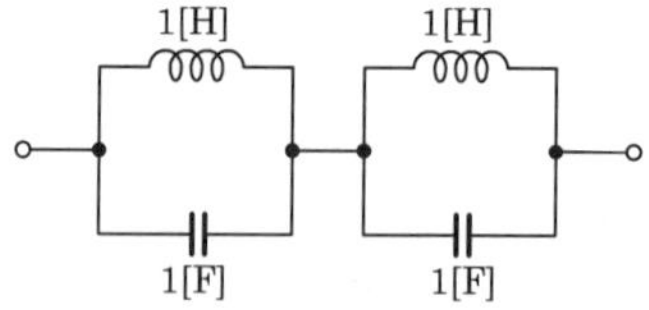

KEY POINT

➔ 구동점 임피던스는 $Z(s)=Z(j\omega)=Z(\lambda)$로 표기. 즉, $j\omega=s=\lambda$로 표기한다.

정답 : 1.㉮ 2.㉰

$$Z(s) = \frac{s \cdot \frac{1}{s}}{s + \frac{1}{s}} + \frac{s \cdot \frac{1}{s}}{s + \frac{1}{s}} = \frac{2s}{s^2 + 1}$$

3 임피던스 함수 $Z(s) = \dfrac{s+50}{s^2+3s+2}$ [Ω]으로 주어지는 2단자 회로망에 직류 100[V]의 전압을 가했다면 회로의 전류는 몇 [A]인가?

㉮ 4 ㉯ 6
㉰ 8 ㉱ 10

KEY POINT

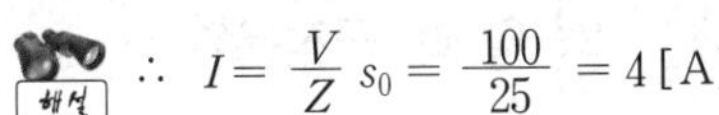

➲ 직류는 주파수 $f=0$이므로 $s=j\omega=0$이 된다.

$$\therefore\ I = \frac{V}{Z}_{s_0} = \frac{100}{25} = 4\,[\text{A}]$$

4 구동점 임피던스에 있어서 영점(zero)은?

㉮ 전류가 흐르지 않는 경우이다. ㉯ 회로를 개방한 것과 같다.
㉰ 회로를 단락한 것과 같다. ㉱ 전압이 가장 큰 상태이다.

KEY POINT

➲ 영점은 $Z(s)=0$이 되는 s의 근

$Z(s)=0$이 되는 s의 근으로 회로 단락 상태를 의미한다.

5 2단자 임피던스 함수 $Z(s)$가 $Z(s) = \dfrac{s+3}{(s+4)(s+5)}$ 일 때의 영점은?

㉮ 4, 5 ㉯ −4, −5
㉰ 3 ㉱ −3

KEY POINT

➲ 영점은 $Z(s)=0$이 되는 s의 근

영점은 $Z(s)$의 분자=0의 근 $s+3=0$, $s=-3$

정답 : 3.㉮ 4.㉰ 5.㉱

6 구동점 임피던스 함수에 있어서 극점(pole)은?

㉮ 단락 회로 상태를 의미한다.
㉯ 개방 회로 상태를 의미한다.
㉰ 아무 상태도 아니다.
㉱ 전류가 많이 흐르는 상태를 의미한다.

KEY POINT

➲ 극점은 $Z(s)=\infty$가 되는 s의 근

극점은 $Z(s)=\infty$가 되는 s의 근으로 회로 개방 상태를 의미한다.

7 2단자 임피던스 함수 $Z(s)$가 $Z(s)=\dfrac{(s+2)(s+3)}{(s+4)(s+5)}$ 일 때 극점은?

㉮ $-2,\ -3$　　㉯ $-3,\ -4$
㉰ $-1,\ -2,\ -3$　　㉱ $-4,\ -5$

KEY POINT

➲ 극점은 $Z(s)=\infty$가 되는 s의 근

$(s+4)(s+5)=0$
$\therefore\ s=-4, -5$

8 임피던스 $Z(s)=\dfrac{8s+7}{s}$ 로 표시되는 2단자 회로는?

㉮ 8[Ω]　1[H]　$\frac{1}{7}$[F]

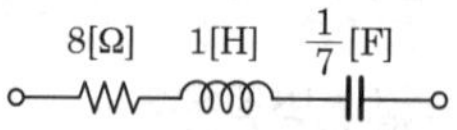

㉯ $\frac{8}{7}$[Ω]　$\frac{7}{8}$[H]

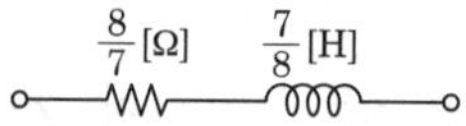

㉰ 8[H]　$\frac{1}{7}$[F]

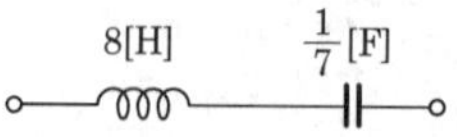

㉱ 8[Ω]　$\frac{1}{7}$[F]

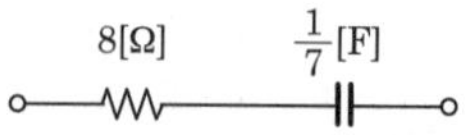

KEY POINT

➲ ① 저항 : R, 유도 리액턴스 : $X_L=j\omega L=sL$[Ω]
② 용량 리액턴스 : $X_C=\dfrac{1}{j\omega C}=\dfrac{1}{sC}$[Ω]

정답 : 6.㉯ 7.㉱ 8.㉱

해설 $Z(s) = \frac{8s+7}{s} = 8 + \frac{7}{s} = 8 + \frac{1}{\frac{1}{7}s}[\Omega]$

$\therefore R = 8[\Omega]$, $C = \frac{1}{7}[\text{F}]$인 $R-C$ 직렬 회로

9 $Z(s) = \frac{s}{s^2+3}$ 로 주어졌을 때 다음 중 맞는 회로는?

㉮
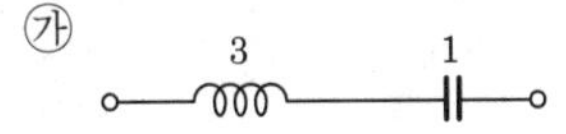

㉯
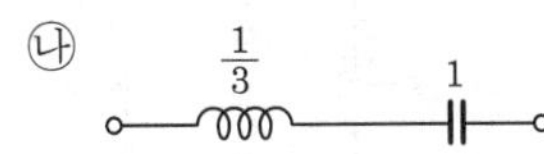

㉰
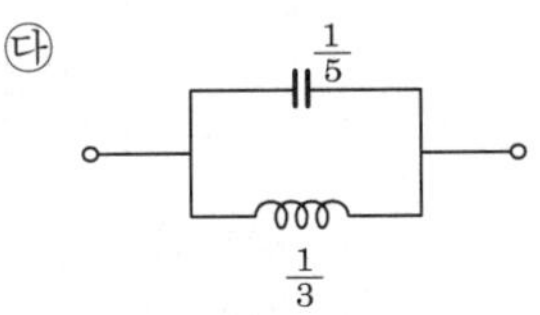

㉱
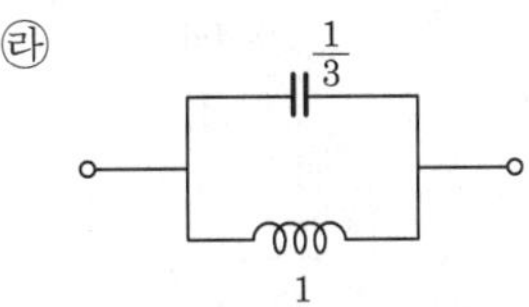

KEY POINT
① 저항 : R, 유도 리액턴스 : $X_L = j\omega L = sL[\Omega]$
② 용량 리액턴스 : $X_C = \frac{1}{j\omega C} = \frac{1}{sC}[\Omega]$

해설 $Z(s) = \frac{s}{S^2+3} = \frac{1}{\frac{s^2+3}{s}} = \frac{1}{s + \frac{1}{\frac{1}{3}s}}$

10 리액턴스 함수가 $Z(\lambda) = \frac{3\lambda}{\lambda^2+15}$ 로 표시되는 리액턴스 2단자망은?

㉮
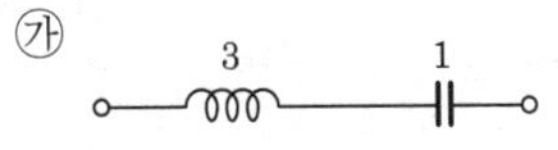

㉯
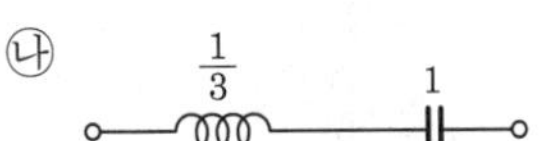

㉰
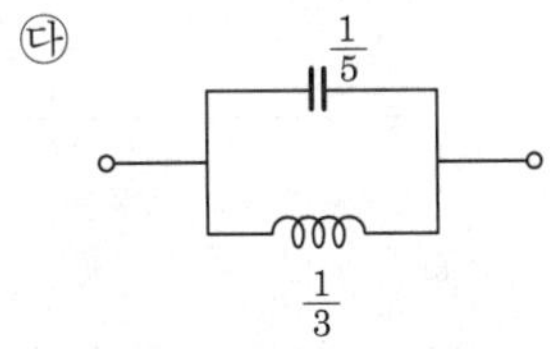

㉱
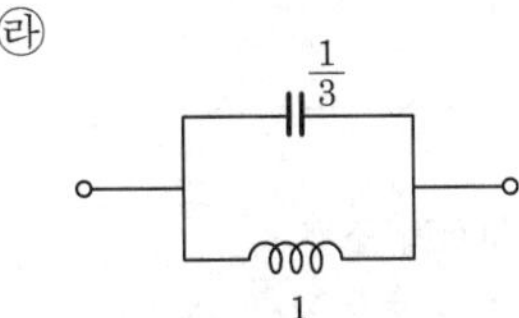

KEY POINT
① 저항 : R, 유도 리액턴스 : $X_L = j\omega L = sL[\Omega]$
② 용량 리액턴스 : $X_C = \frac{1}{j\omega C} = \frac{1}{sC}[\Omega]$

정답 : 9.㉰ 10.㉰

해설 $Z(\lambda) = \dfrac{3\lambda}{\lambda^2 + 15} = \dfrac{1}{\dfrac{\lambda^2 + 15}{3\lambda}} = \dfrac{1}{\dfrac{1}{3}\lambda + \dfrac{1}{\dfrac{1}{5}\lambda}}$

11 그림과 같은 (a), (b) 회로가 역회로의 관계가 있으려면 L의 값[mH]은?

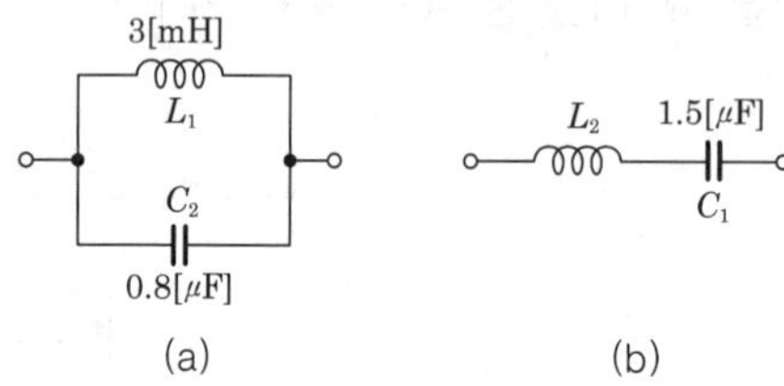

㉮ 0.4 ㉯ 0.8
㉰ 1.2 ㉱ 1.6

KEY POINT

➲ 역회로 조건
$Z_1 \cdot Z_2 = K^2$(Z_1, Z_2는 쌍대 관계)

해설 $L_2 = K^2 C_2 = \dfrac{L_1}{C_1} C_2 = \dfrac{3 \times 10^{-3}}{1.5 \times 10^{-6}} \times 0.8 \times 10^{-6} = 1.6\,[\text{mH}]$

12 그림과 같은 회로에서 $L = 4$[mH], $C = 0.1$[μF]일 때 이 회로가 정저항 회로가 되려면 R[Ω]의 값은 얼마이어야 하는가?

㉮ 100
㉯ 400
㉰ 300
㉱ 200

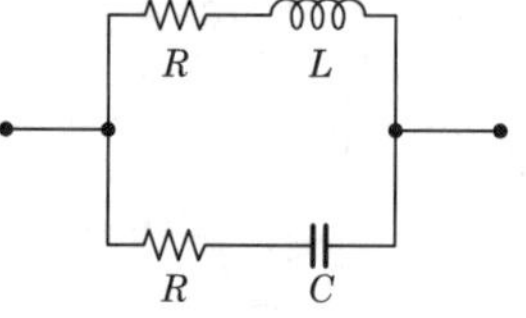

KEY POINT

➲ 정저항 조건
$Z_1 \cdot Z_2 = R^2$

해설 정저항 조건 $Z_1 \cdot Z_2 = R^2$에서 $R^2 = \dfrac{L}{C}$

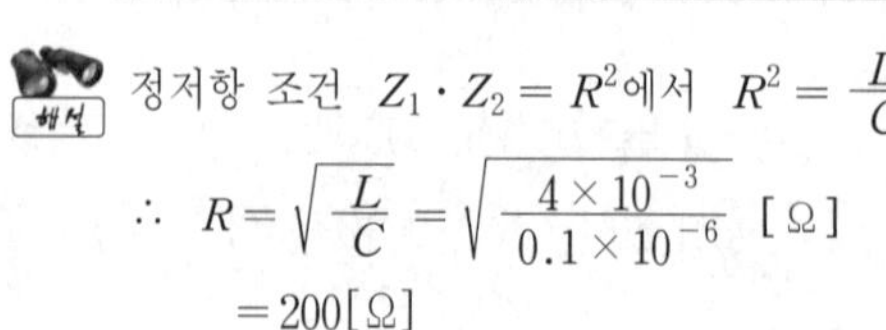

$\therefore\ R = \sqrt{\dfrac{L}{C}} = \sqrt{\dfrac{4 \times 10^{-3}}{0.1 \times 10^{-6}}}\ [\Omega]$
$= 200[\Omega]$

정답 : 11.㉱ 12.㉱

13 그림과 같은 회로가 정저항 회로가 되려면 L의 값[H]은?

㉮ 3×10^{-4}

㉯ 4×10^{-3}

㉰ 3×10^{-3}

㉱ 4×10^{-4}

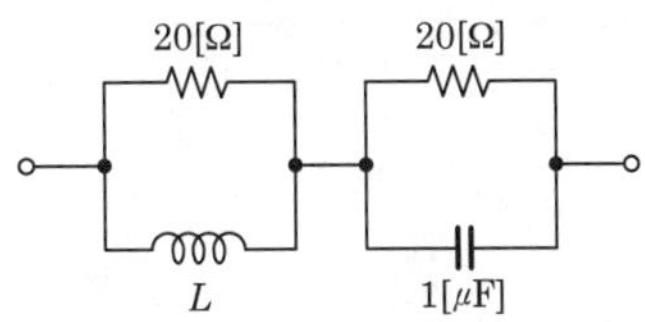

KEY POINT

정저항 조건

$Z_1 \cdot Z_2 = R^2$

해설

정저항 조건 $Z_1 \cdot Z_2 = R^2$, $SL\dfrac{1}{SC} = R^2$

$\therefore R^2 = \dfrac{L}{C}$

$\because L = R^2 C = 20^2 \times 1 \times 10^{-6} = 4 \times 10^{-4}\,[\text{H}]$

14 그림이 정저항 회로로 되려면 $C[\mu\text{F}]$는?

㉮ 4

㉯ 6

㉰ 8

㉱ 10

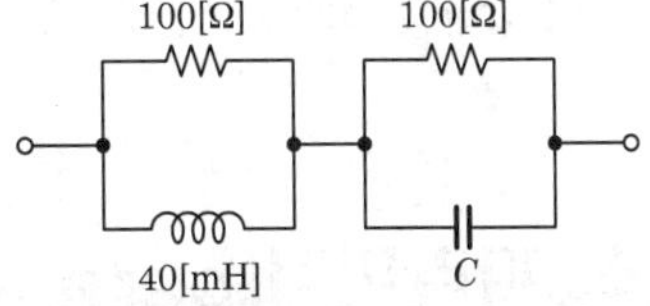

KEY POINT

정저항 조건

$Z_1 \cdot Z_2 = R^2$

해설

정저항 조건 $Z_1 \cdot Z_2 = R^2$, $SL\dfrac{1}{SC} = R^2$

$\therefore R^2 = \dfrac{L}{C}$

$\because C = \dfrac{L}{R^2} = \dfrac{40 \times 10^{-3}}{100^2} = 4 \times 10^{-6} = 4\,[\mu\text{F}]$

제 13 장 4단자망

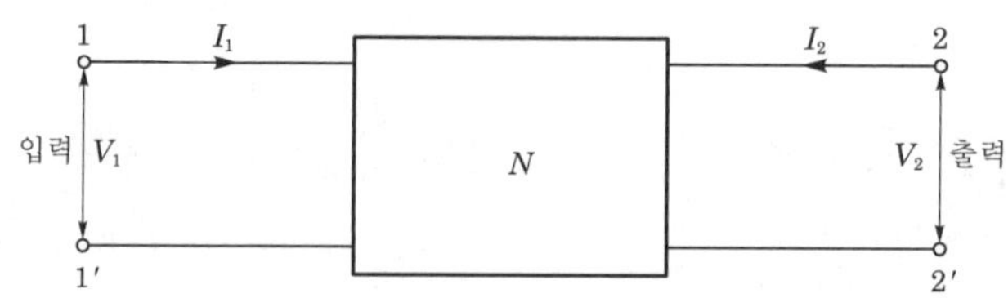

그림의 수동 회로망 N에서 2개의 입력 단자 1, 1′와 2개의 출력 단자 2, 2′의 4개의 단자로 이루어진 회로망으로 4단자망의 내부 구조는 R, L, C 소자가 임의의 형태로 구성되지만 회로 해석은 입력과 출력의 전압, 전류의 관계이다.

4단자망은 V_1 , I_1 , V_2 , I_2 4개의 변수를 사용하며 4개의 변수를 조합하는 방법에 따른 전압, 전류의 관계를 나타내는 4개의 매개 요소를 파라미터(parameter)라 한다.

1 임피던스 파라미터(parameter)

$\begin{bmatrix} V_1 \\ V_2 \end{bmatrix} = \begin{bmatrix} Z_{11} Z_{12} \\ Z_{21} Z_{22} \end{bmatrix} \begin{bmatrix} I_1 \\ I_2 \end{bmatrix}$에서

$$V_1 = Z_{11}I_1 + Z_{12}I_2 , \quad V_2 = Z_{21}I_1 + Z_{22}I_2$$

가 된다.

이 경우 $[Z] = \begin{bmatrix} Z_{11} Z_{12} \\ Z_{21} Z_{22} \end{bmatrix}$를 4단자망의 임피던스 행렬이라고 하며

그의 요소를 4단자망의 임피던스 parameter라 한다.

(1) 임피던스 parameter를 구하는 방법

$Z_{11} = \left.\dfrac{V_1}{I_1}\right|_{I_2=0}$: 출력 단자를 개방하고 입력측에서 본 **개방 구동점 임피던스**

$Z_{22} = \left.\frac{V_2}{I_2}\right|_{I_1=0}$: 입력 단자를 개방하고 출력측에서 본 **개방 구동점 임피던스**

$Z_{12} = \left.\frac{V_1}{I_2}\right|_{I_1=0}$: 입력 단자를 개방했을 때의 **개방 전달 임피던스**

$Z_{21} = \left.\frac{V_2}{I_1}\right|_{I_2=0}$: 출력 단자를 개방했을 때의 **개방 전달 임피던스**

2 어드미턴스 파라미터(parameter)

$\begin{bmatrix} I_1 \\ I_2 \end{bmatrix} = \begin{bmatrix} Y_{11} \, Y_{12} \\ Y_{21} \, Y_{22} \end{bmatrix} \begin{bmatrix} V_1 \\ V_2 \end{bmatrix}$에서

$$I_1 = Y_{11}V_1 + Y_{12}V_2, \quad I_2 = Y_{21}V_1 + Y_{22}V_2$$

가 된다.

이 경우 $[\,Y\,] = \begin{bmatrix} Y_{11} \, Y_{12} \\ Y_{21} \, Y_{22} \end{bmatrix}$를 4단자망의 어드미턴스 행렬이라고 하며

그의 요소를 4단자망의 어드미턴스 parameter라 한다.

(1) 어드미턴스 parameter를 구하는 방법

$Y_{11} = \left.\frac{I_1}{V_1}\right|_{V_2=0}$: 출력 단자를 단락하고 입력측에서 본 **단락 구동점 어드미턴스**

$Y_{22} = \left.\frac{I_2}{V_2}\right|_{V_1=0}$: 입력 단자를 단락하고 출력측에서 본 **단락 구동점 어드미턴스**

$Y_{12} = \left.\frac{I_1}{V_2}\right|_{V_1=0}$: 입력 단자를 단락했을 때의 **단락 전달 어드미턴스**

$Y_{21} = \left.\frac{I_2}{V_1}\right|_{V_2=0}$: 출력 단자를 단락했을 때의 **단락 전달 어드미턴스**

3 하이브리드 *H* 파라미터(hybrid *H* parameter)

$\begin{bmatrix} V_1 \\ I_2 \end{bmatrix} = \begin{bmatrix} H_{11} \, H_{12} \\ H_{21} \, H_{22} \end{bmatrix} \begin{bmatrix} I_1 \\ V_2 \end{bmatrix}$에서

$$V_1 = H_{11}I_1 + H_{12}V_2\,,\quad I_2 = H_{21}I_1 + H_{22}V_2$$

가 된다.

이 경우 $[H] = \begin{bmatrix} H_{11} & H_{12} \\ H_{21} & H_{22} \end{bmatrix}$를 4단자망의 하이브리드 H행렬이라고 하며

그의 요소를 4단자망의 하이브리드 H parameter라 한다.

(1) 하이브리드 *H* parameter를 구하는 방법

$H_{11} = \left.\dfrac{V_1}{I_1}\right|_{V_2=0}$: 출력 단자를 단락하고 입력측에서 본 단락 구동점 임피던스

$H_{22} = \left.\dfrac{I_2}{V_2}\right|_{I_1=0}$: 입력 단자를 개방하고 출력측에서 본 개방 구동점 임피던스

$H_{12} = \left.\dfrac{V_1}{V_2}\right|_{I_1=0}$: 입력 단자를 개방하고 개방 역방향 전압비

$H_{21} = \left.\dfrac{I_2}{I_1}\right|_{V_2=0}$: 출력 단자를 단락하고 단락 순방향 전류비

4 하이브리드 *G* 파라미터(hybrid *G* parameter)

$\begin{bmatrix} I_1 \\ V_2 \end{bmatrix} = \begin{bmatrix} G_{11} & G_{12} \\ G_{21} & G_{22} \end{bmatrix}\begin{bmatrix} V_1 \\ I_2 \end{bmatrix}$에서

$$I_1 = G_{11}V_1 + G_{12}I_2\,,\quad V_2 = G_{21}V_1 + G_{22}I_2$$

가 된다.

이 경우 $[G] = \begin{bmatrix} G_{11} & G_{12} \\ G_{21} & G_{22} \end{bmatrix}$를 4단자망의 하이브리드 G행렬이라고 하며

그의 요소를 4단자망의 하이브리드 G parameter라 한다.

(1) 하이브리드 *G* parameter를 구하는 방법

$G_{11} = \left.\dfrac{I_1}{V_1}\right|_{I_2=0}$: 출력 단자를 개방하고 입력측에서 본 개방 구동점 어드미턴스

$G_{22} = \left.\dfrac{V_2}{I_2}\right|_{V_1=0}$: 입력 단자를 단락하고 출력측에서 본 단락 구동점 임피던스

$G_{12} = \left.\frac{I_1}{I_2}\right|_{V_1=0}$: 입력 단자를 단락하고 단락 역방향 전류비

$G_{21} = \left.\frac{V_2}{V_1}\right|_{I_2=0}$: 출력 단자를 개방하고 개방 순방향 전압비

5 *ABCD* 파라미터(4단자 정수, *F* 파라미터)

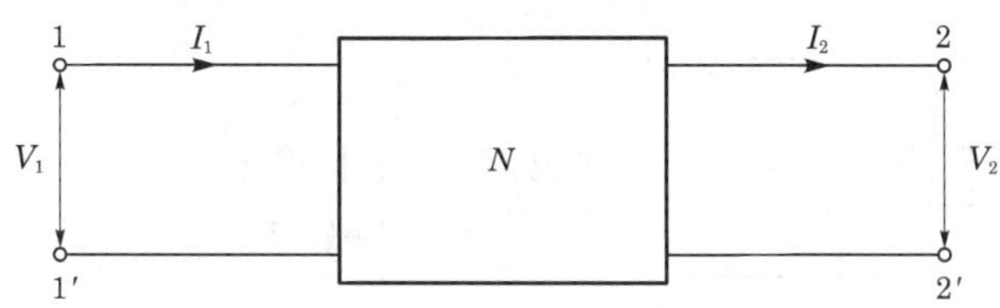

$\begin{bmatrix} V_1 \\ I_1 \end{bmatrix} = \begin{bmatrix} AB \\ CD \end{bmatrix} \begin{bmatrix} V_2 \\ I_2 \end{bmatrix}$에서

$$V_1 = AV_2 + BI_2\ ,\ \ I_2 = CV_2 + DI_2$$

가 된다.

이 경우 $[F] = \begin{bmatrix} AB \\ CD \end{bmatrix}$ 를 4단자망의 기본 행렬 또는 F행렬이라고 하며 그의 요소 A, B, C, D를 4단자 정수 또는 F parameter라 한다.

(1) 4단자 정수를 구하는 방법(물리적 의미)

$A = \left.\frac{V_1}{V_2}\right|_{I_2=0}$: 출력 단자를 개방했을 때의 **전압 이득**

$B = \left.\frac{V_1}{I_2}\right|_{V_2=0}$: 출력 단자를 단락했을 때의 **전달 임피던스**

$C = \left.\frac{I_1}{V_2}\right|_{I_2=0}$: 출력 단자를 개방했을 때의 **전달 어드미턴스**

$D = \left.\frac{I_1}{I_2}\right|_{V_2=0}$: 출력 단자를 단락했을 때의 **전류 이득**

6 각종 회로의 4단자 정수

(1)

$$\begin{bmatrix} A & B \\ C & D \end{bmatrix} = \begin{bmatrix} 1 & Z_1 \\ 0 & 1 \end{bmatrix}$$

(2)

$$\begin{bmatrix} A & B \\ C & D \end{bmatrix} = \begin{bmatrix} 1 & 0 \\ \dfrac{1}{Z_2} & 1 \end{bmatrix}$$

(3)

$$\begin{bmatrix} A & B \\ C & D \end{bmatrix} = \begin{bmatrix} 1 & Z_1 \\ 0 & 1 \end{bmatrix} \begin{bmatrix} 1 & 0 \\ \dfrac{1}{Z_1} & 1 \end{bmatrix} = \begin{bmatrix} 1+\dfrac{Z_1}{Z_2} & Z_1 \\ \dfrac{1}{Z_2} & 1 \end{bmatrix}$$

(4) T형 회로

$$\begin{bmatrix} A & B \\ C & D \end{bmatrix} = \begin{bmatrix} 1+\dfrac{Z_1}{Z_2} & \dfrac{Z_1Z_2+Z_2Z_3+Z_3Z_1}{Z_2} \\ \dfrac{1}{Z_2} & 1+\dfrac{Z_3}{Z_2} \end{bmatrix}$$

(5) π 형

$$\begin{bmatrix} A & B \\ C & D \end{bmatrix} = \begin{bmatrix} 1+\dfrac{Z_2}{Z_3} & Z_2 \\ \dfrac{Z_1+Z_2+Z_3}{Z_1Z_3} & 1+\dfrac{Z_2}{Z_1} \end{bmatrix}$$

7 영상 파라미터

(1) 영상 임피던스

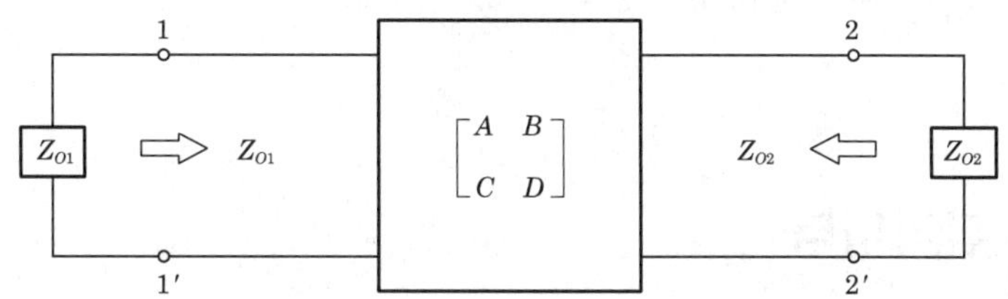

$$Z_{01} = \frac{V_1}{I_1} = \frac{AV_2 + BI_2}{CV_2 + DI_2} = \frac{AZ_{02} + B}{CZ_{02} + D}$$

$$Z_{02} = \frac{V_2}{I_2} = \frac{DV_1 + BI_1}{CV_1 + AI_1} = \frac{DZ_{01} + B}{CZ_{01} + A}$$

위의 식에서 다음의 관계식이 얻어진다.

$$Z_{01}Z_{02} = \frac{B}{C}, \quad \frac{Z_{01}}{Z_{02}} = \frac{A}{D}$$

이 식에서 Z_{01}, Z_{02}를 구하면

$$Z_{01} = \sqrt{\frac{AB}{CD}}, \quad Z_{02} = \sqrt{\frac{BD}{AC}}$$

가 된다.

대칭 회로이면 **$A=D$의 관계**가 되므로

$$Z_{01} = Z_{02} = \sqrt{\frac{B}{C}}$$

(2) 영상 전달 정수 θ

$$\theta = \ln\sqrt{\frac{V_1I_1}{V_2I_2}} = \log_e(\sqrt{AD} + \sqrt{BC})$$

$$= \cosh^{-1}\sqrt{AD}$$

$$= \sinh^{-1}\sqrt{BC}$$

(3) 영상 파라미터와 4단자 정수와의 관계

$$A=\sqrt{\frac{Z_{O1}}{Z_{O2}}}\cosh\theta,\quad B=\sqrt{Z_{O1}Z_{O2}}\sinh\theta$$

$$C=\frac{1}{\sqrt{Z_{O1}Z_{O2}}}\sinh\theta,\quad D=\sqrt{\frac{Z_{O2}}{Z_{O1}}}\cosh\theta$$

8 반복 파라미터

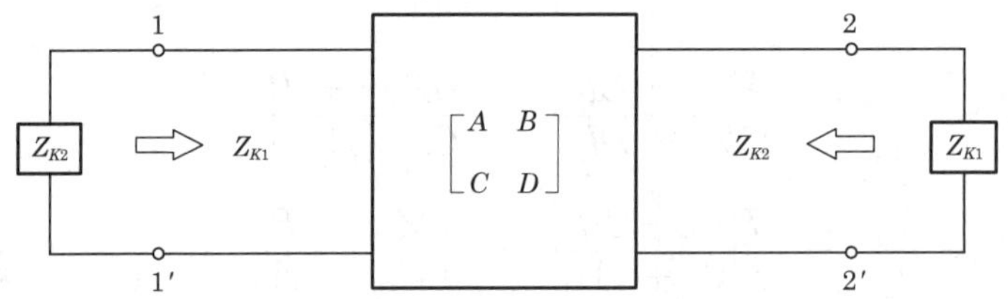

(1) 반복 임피던스

$$Z_{K1}=\frac{1}{2C}\{(A-D)\pm\sqrt{(A-D)^2+4BC}\}$$

$$Z_{K2}=\frac{1}{2C}\{(D-A)\pm\sqrt{(D-A)^2+4BC}\}$$

(2) 전파 정수

$$Y=\cosh^{-1}\frac{A+D}{2}$$

단원핵심문제

1 그림과 같은 Z-파라미터로 표시되는 4단자망의 1-1′ 단자간에 4[A], 2-2′ 단자간에 1[A]의 정전류원을 연결하였을 때의 1-1′ 단자간에 전압 V_1과 2-2′ 단자간의 전압 V_2가 바르게 구하여진 것은? (단, Z-파라미터는 [Ω]단위이다.)

㉮ 18[V], 12[V]
㉯ 36[V], −24[V]
㉰ 36[V], 24[V]
㉱ 24[V], 36[V]

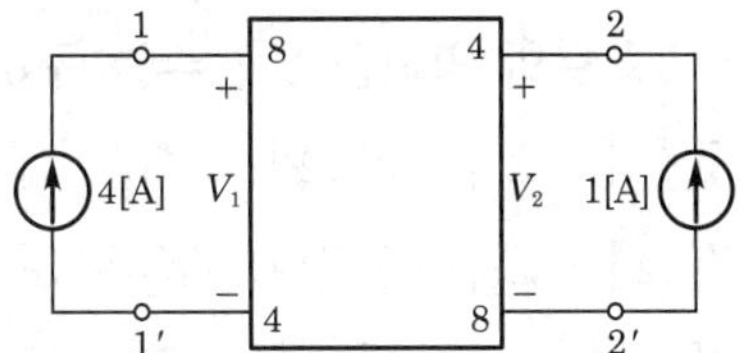

KEY POINT

$$\begin{bmatrix} V_1 \\ V_2 \end{bmatrix} = \begin{bmatrix} Z_{11} & Z_{12} \\ Z_{21} & Z_{22} \end{bmatrix} \begin{bmatrix} I_1 \\ I_2 \end{bmatrix}$$

해설

$$\begin{bmatrix} V_1 \\ V_2 \end{bmatrix} = \begin{bmatrix} 8 & 4 \\ 4 & 8 \end{bmatrix} \begin{bmatrix} 4 \\ 1 \end{bmatrix} = \begin{bmatrix} 36 \\ 24 \end{bmatrix}$$

$\therefore\ V_1 = 36\,[\mathrm{V}],\ \ V_2 = 24\,[\mathrm{V}]$

2 그림의 회로에서 임피던스 파라미터는?

㉮ $Z_{11} = Z_1 + Z_2,\ Z_{12} = Z_1$
$Z_{21} = Z_1,\ Z_{22} = Z_1$

㉯ $Z_{11} = Z_1,\ Z_{12} = Z_2$
$Z_{21} = -Z_2,\ Z_{22} = Z_2$

㉰ $Z_{11} = Z_2,\ Z_{12} = -Z_2$
$Z_{21} = -Z_2,\ Z_{22} = Z_1 + Z_2$

㉱ $Z_{11} = Z_2,\ Z_{12} = Z_1 + Z_2$
$Z_{21} = Z_1 + Z_2,\ Z_{22} = Z_1$

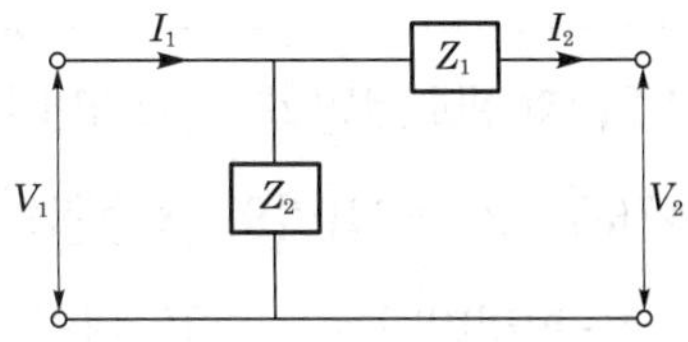

KEY POINT

➔ 임피던스 parameter를 구하는 방법

① Z_{11} : 출력 단자를 개방하고 입력측에서 본 개방 구동점 임피던스

② Z_{22} : 입력 단자를 개방하고 출력측에서 본 개방 구동점 임피던스

③ Z_{12} : 입력 단자를 개방했을 때의 개방 전달 임피던스

④ Z_{21} : 출력 단자를 개방했을 때의 개방 전달 임피던스

해설 $Z_{11} = Z_2$, $Z_{22} = Z_1 + Z_2$, 개방 역방향 전달 임피던스 $Z_{12} = -Z_2$, $Z_{21} = -Z_2$

3 그림과 같은 T회로의 임피던스 정수를 구하면?

㉮ $Z_{11}=5[\Omega]$, $Z_{21}=3[\Omega]$, $Z_{22}=7[\Omega]$, $Z_{12}=3[\Omega]$

㉯ $Z_{11}=7[\Omega]$, $Z_{21}=5[\Omega]$, $Z_{22}=3[\Omega]$, $Z_{12}=5[\Omega]$

㉰ $Z_{11}=3[\Omega]$, $Z_{21}=7[\Omega]$, $Z_{22}=3[\Omega]$, $Z_{12}=5[\Omega]$

㉱ $Z_{11}=5[\Omega]$, $Z_{21}=7[\Omega]$, $Z_{22}=3[\Omega]$, $Z_{12}=7[\Omega]$

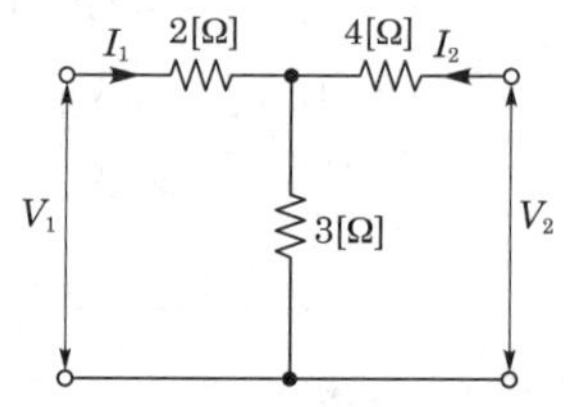

KEY POINT

➔ 임피던스 parameter를 구하는 방법

① Z_{11} : 출력 단자를 개방하고 입력측에서 본 개방 구동점 임피던스

② Z_{22} : 입력 단자를 개방하고 출력측에서 본 개방 구동점 임피던스

③ Z_{12} : 입력 단자를 개방했을 때의 개방 전달 임피던스

④ Z_{21} : 출력 단자를 개방했을 때의 개방 전달 임피던스

해설 $Z_{11} = 2+3 = 5[\Omega]$, $Z_{22} = 3+4 = 7[\Omega]$

$Z_{12} = 3[\Omega]$, $Z_{21} = 3[\Omega]$

4 어떤 2단자 쌍회로망의 Y-파라미터가 그림과 같다. a－a′ 단자간에 $V_1 = 36$[V], b－b′ 단자간에 $V_2 = 24$[V]의 정전압원을 연결하였을 때 I_1, I_2의 값은 각각 몇 [A]인가? (단, Y-파라미터는 [℧]단위임.)

㉮ $I_1=4$, $I_2=5$

㉯ $I_1=5$, $I_2=4$

㉰ $I_1=1$, $I_2=4$

㉱ $I_1=4$, $I_2=1$

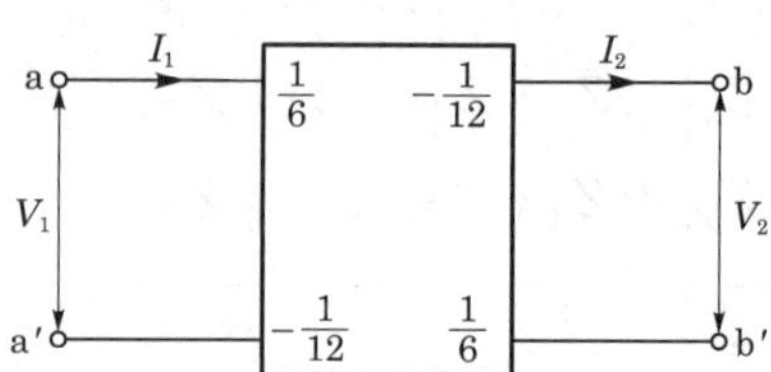

정답 : 3.㉮ 4.㉱

KEY POINT

➲ 어드미턴스 파라미터

$$\begin{bmatrix} I_1 \\ I_2 \end{bmatrix} = \begin{bmatrix} Y_{11} & Y_{12} \\ Y_{21} & Y_{22} \end{bmatrix} \begin{bmatrix} V_1 \\ V_2 \end{bmatrix}$$

$$\begin{bmatrix} I_1 \\ I_2 \end{bmatrix} = \begin{bmatrix} Y_{11} & Y_{12} \\ Y_{21} & Y_{22} \end{bmatrix} \begin{bmatrix} V_1 \\ V_2 \end{bmatrix} = \begin{bmatrix} \frac{1}{6} & -\frac{1}{12} \\ -\frac{1}{12} & \frac{1}{6} \end{bmatrix} \begin{bmatrix} 36 \\ 24 \end{bmatrix} = \begin{bmatrix} 4 \\ 1 \end{bmatrix}$$

5 그림과 같은 π 형 4단자 회로의 어드미턴스 상수 중 Y_{22}는?

㉮ 5[℧]

㉯ 6[℧]

㉰ 9[℧]

㉱ 11[℧]

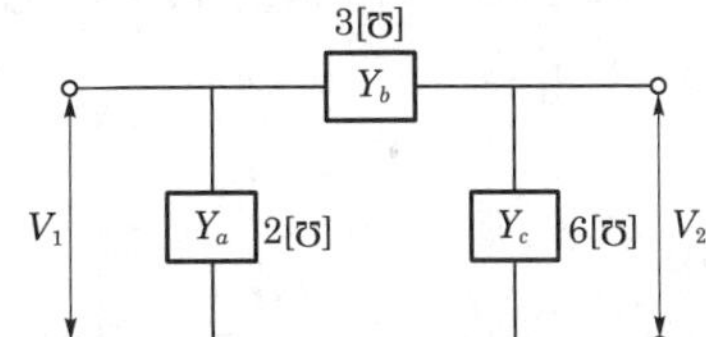

KEY POINT

➲ 어드미턴스 parameter를 구하는 방법

① Y_{11} : 출력 단자를 단락하고 입력측에서 본 단락 구동점 어드미턴스

② Y_{22} : 입력 단자를 단락하고 출력측에서 본 단락 구동점 어드미턴스

③ Y_{12} : 입력 단자를 단락했을 때의 단락 전달 어드미턴스

④ Y_{21} : 출력 단자를 단락했을 때의 단락 전달 어드미턴스

$Y_{22} = Y_b + Y_c = 3 + 6 = 9$[℧]

6 그림에서 4단자망의 개방 순방향 전달 임피던스 Z_{21}[Ω]과 단락 순방향 전달 어드미턴스 Y_{21}[℧]은?

㉮ $Z_{21} = 5,\quad Y_{21} = -\frac{1}{2}$

㉯ $Z_{21} = 3,\quad Y_{21} = -\frac{1}{3}$

㉰ $Z_{21} = 3,\quad Y_{21} = -\frac{1}{2}$

㉱ $Z_{21} = 3,\quad Y_{21} = -\frac{5}{6}$

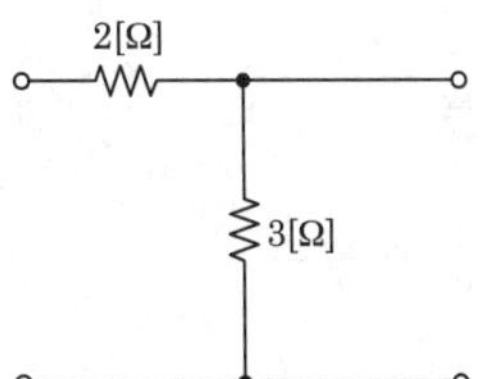

정답 : 5.㉰ 6.㉰

KEY POINT

① Z_{21} : 개방 전달 임피던스

② Y_{21} : 단락 전달 어드미턴스

$Z_{11} = 2 + 3[\Omega]$, $Z_{22} = 3[\Omega]$, $Z_{12} = Z_{21} = 3[\Omega]$

$Y_{11} = \frac{1}{2}[℧]$, $Y_{22} = \frac{1}{2} + \frac{1}{3}[℧]$, $Y_{12} = Y_{21} = \frac{1}{2}[℧]$

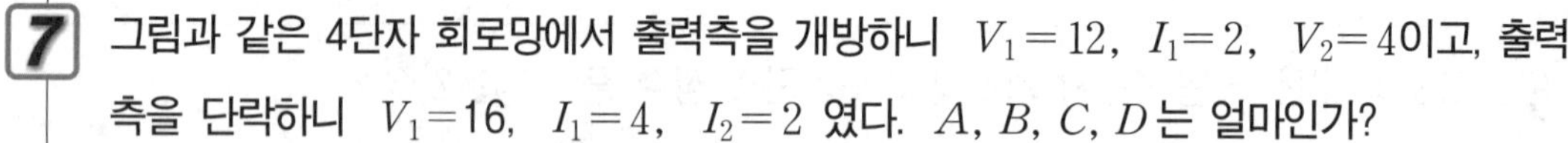

7 그림과 같은 4단자 회로망에서 출력측을 개방하니 $V_1 = 12$, $I_1 = 2$, $V_2 = 4$이고, 출력측을 단락하니 $V_1 = 16$, $I_1 = 4$, $I_2 = 2$ 였다. A, B, C, D는 얼마인가?

㉮ 3, 8, 0.5, 2
㉯ 8, 0.5, 2, 3
㉰ 0.5, 2, 3, 8
㉱ 2, 3, 8, 0.5

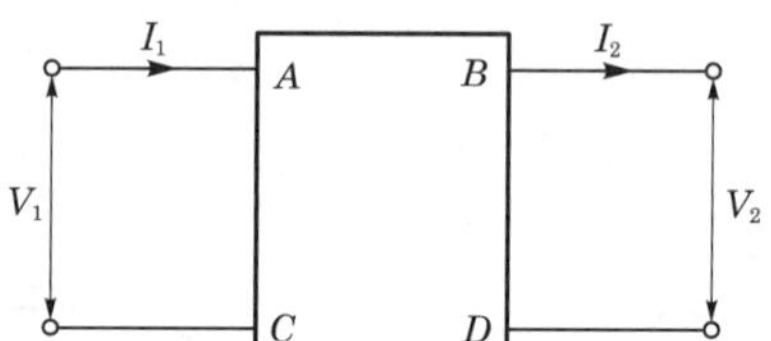

KEY POINT

4단자 정수

$$\begin{bmatrix} V_1 \\ I_1 \end{bmatrix} = \begin{bmatrix} A & B \\ C & D \end{bmatrix} \begin{bmatrix} V_2 \\ I_2 \end{bmatrix}$$에서

$V_1 = AV_2 + BI_2$, $I_2 = CV_2 + DI_2$

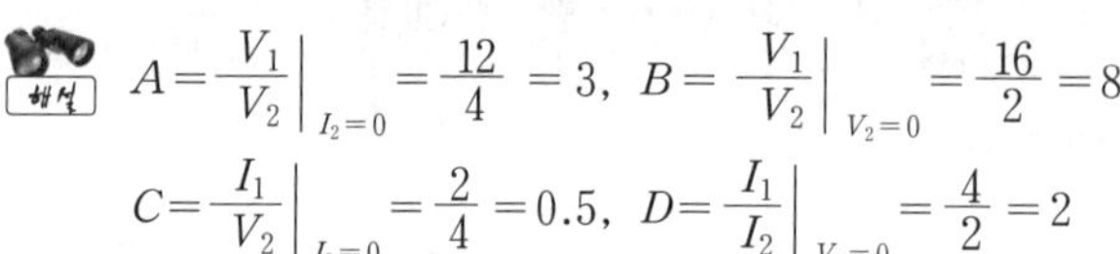

$A = \frac{V_1}{V_2}\Big|_{I_2=0} = \frac{12}{4} = 3$, $B = \frac{V_1}{V_2}\Big|_{V_2=0} = \frac{16}{2} = 8$

$C = \frac{I_1}{V_2}\Big|_{I_2=0} = \frac{2}{4} = 0.5$, $D = \frac{I_1}{I_2}\Big|_{V_2=0} = \frac{4}{2} = 2$

8 4단자 정수 A, B, C, D 중에서 어드미턴스의 차원을 가진 정수는 어느 것인가?

㉮ A ㉯ B ㉰ C ㉱ D

KEY POINT

$A = \frac{V_1}{V_2}\Big|_{I_2=0}$: 출력을 개방했을 때 전압 이득

$B = \frac{V_1}{I_2}\Big|_{V_2=0}$: 출력을 단락했을 때 전달 임피던스

$C = \frac{I_1}{V_2}\Big|_{I_2=0}$: 출력을 개방했을 때 전달 어드미턴스

$D = \frac{I_1}{I_2}\Big|_{V_2=0}$: 출력 단자를 단락했을 때의 전류 이득

정답 : 7.㉮ 8.㉰

 그림과 같은 단일 임피던스 회로의 4단자 정수는?

㉮ $A=Z,\ B=0,\ C=1,\ D=0$

㉯ $A=0,\ B=1,\ C=Z,\ D=1$

㉰ $A=1,\ B=Z,\ C=0,\ D=1$

㉱ $A=1,\ B=0,\ C=1,\ D=Z$

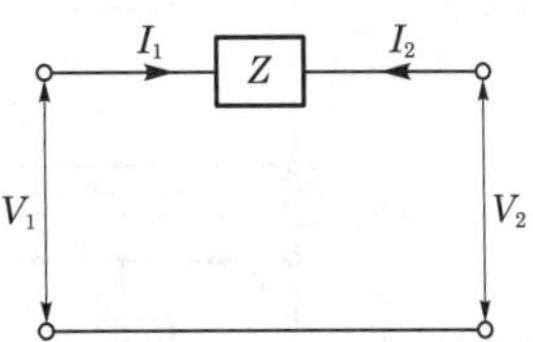

KEY POINT

$\begin{bmatrix} A & B \\ C & D \end{bmatrix} = \begin{bmatrix} 1 & Z \\ 0 & 1 \end{bmatrix}$

해설 $A=1,\quad B=Z,\quad C=0,\quad D=1$

 그림과 같은 4단자망에서 4단자 정수 행렬은?

㉮ $\begin{bmatrix} 1 & 0 \\ Y & 1 \end{bmatrix}$　　㉯ $\begin{bmatrix} 1 & Y \\ 0 & 1 \end{bmatrix}$

㉰ $\begin{bmatrix} Y & 1 \\ 1 & 0 \end{bmatrix}$　　㉱ $\begin{bmatrix} 1 & 0 \\ \frac{1}{Y} & 1 \end{bmatrix}$

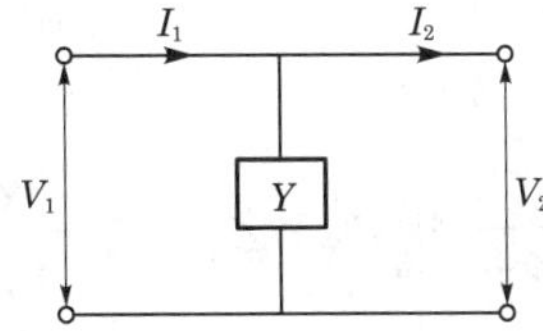

KEY POINT

$\begin{bmatrix} A & B \\ C & D \end{bmatrix} = \begin{bmatrix} 1 & 0 \\ Y & 1 \end{bmatrix}$

 그림과 같은 L형 회로의 4단자 정수는 어떻게 되는가?

㉮ $A=Z_1,\ B=1+\frac{Z_1}{Z_2},\ C=\frac{1}{Z_2},\ D=1$

㉯ $A=1,\ B=\frac{1}{Z_2},\ C=1+\frac{1}{Z_2},\ D=Z_1$

㉰ $A=1+\frac{Z_1}{Z_2},\ B=Z_1,\ C=\frac{1}{Z_2},\ D=1$

㉱ $A=\frac{1}{Z_2},\ B=1,\ C=Z_1,\ D=1+\frac{Z_1}{Z_2}$

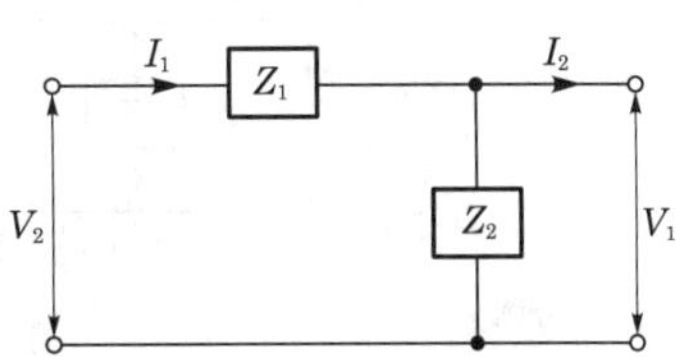

KEY POINT

$$\begin{bmatrix} A & B \\ C & D \end{bmatrix} = \begin{bmatrix} 1 & Z \\ 0 & 1 \end{bmatrix}$$

$$\begin{bmatrix} A & B \\ C & D \end{bmatrix} = \begin{bmatrix} 1 & 0 \\ \frac{1}{Z} & 1 \end{bmatrix}$$

해설

$$\begin{bmatrix} A & B \\ C & D \end{bmatrix} = \begin{bmatrix} 1 & Z_1 \\ 0 & 1 \end{bmatrix}\begin{bmatrix} 1 & 0 \\ \frac{1}{Z_2} & 1 \end{bmatrix} = \begin{bmatrix} 1+\frac{Z_1}{Z_2} & Z_1 \\ \frac{1}{Z_2} & 1 \end{bmatrix}$$

12 그림과 같은 T형 회로에서 4단자 정수 중 D의 값은?

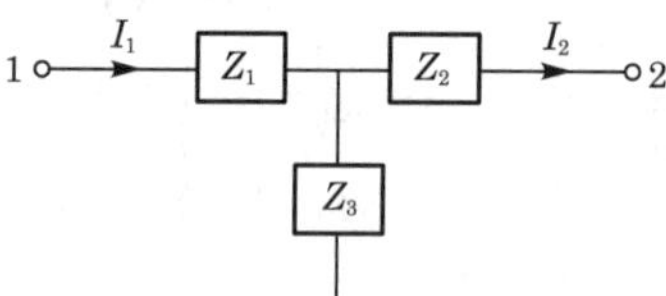

㉮ $1+\dfrac{Z_1}{Z_3}$

㉯ $\dfrac{Z_1Z_2}{Z_3}+Z_2+Z_1$

㉰ $\dfrac{1}{Z_3}$

㉱ $1+\dfrac{Z_2}{Z_3}$

KEY POINT

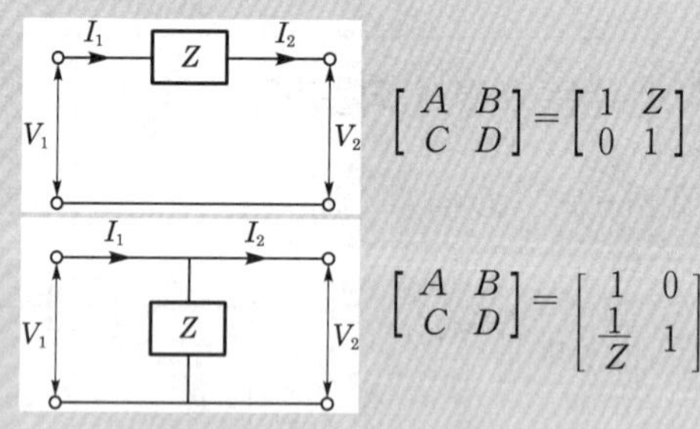

$$\begin{bmatrix} A & B \\ C & D \end{bmatrix} = \begin{bmatrix} 1 & Z \\ 0 & 1 \end{bmatrix}$$

$$\begin{bmatrix} A & B \\ C & D \end{bmatrix} = \begin{bmatrix} 1 & 0 \\ \frac{1}{Z} & 1 \end{bmatrix}$$

해설

$$\begin{bmatrix} A & B \\ C & D \end{bmatrix} = \begin{bmatrix} 1 & Z_1 \\ 0 & 1 \end{bmatrix}\begin{bmatrix} 1 & 0 \\ \frac{1}{Z_3} & 1 \end{bmatrix}\begin{bmatrix} 1 & Z_2 \\ 0 & 1 \end{bmatrix} = \begin{bmatrix} 1+\frac{Z_1}{Z_3} & Z_1 \\ \frac{1}{Z_3} & 1 \end{bmatrix}\begin{bmatrix} 1 & Z_2 \\ 1 & 0 \end{bmatrix}$$

$$= \begin{bmatrix} 1+\frac{Z_1}{Z_3} & Z_2\left(1+\frac{Z_1}{Z_3}\right)+Z_1 \\ \frac{1}{Z_3} & \frac{Z_2}{Z_3}+1 \end{bmatrix}$$

정답 : 12.㉱

그림과 같은 4단자 회로의 4단자 정수 중 D의 값은?

㉮ $1-\omega^2LC$

㉯ $j\omega L(2-\omega^2LC)$

㉰ $j\omega C$

㉱ $j\omega L$

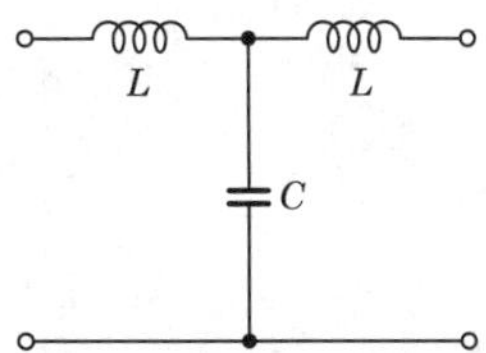

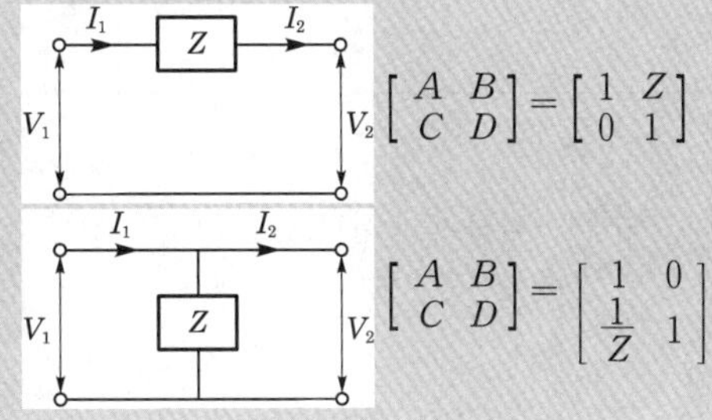

$$\begin{bmatrix} A & B \\ C & D \end{bmatrix} = \begin{bmatrix} 1 & Z \\ 0 & 1 \end{bmatrix}$$

$$\begin{bmatrix} A & B \\ C & D \end{bmatrix} = \begin{bmatrix} 1 & 0 \\ \frac{1}{Z} & 1 \end{bmatrix}$$

해설 $\begin{bmatrix} A & B \\ C & D \end{bmatrix} = \begin{bmatrix} 1 & j\omega L \\ 0 & 1 \end{bmatrix}\begin{bmatrix} 1 & 0 \\ j\omega C & 1 \end{bmatrix}\begin{bmatrix} 1 & j\omega L \\ 0 & 1 \end{bmatrix} = \begin{bmatrix} 1-\omega^2 LC & j\omega L(2-\omega^2 LC) \\ j\omega C & 1-\omega^2 LC \end{bmatrix}$

그림과 같은 회로에서 4단자 정수 중 옳지 않은 것은?

㉮ $A=2$

㉯ $B=12$

㉰ $C=\frac{1}{2}$

㉱ $D=2$

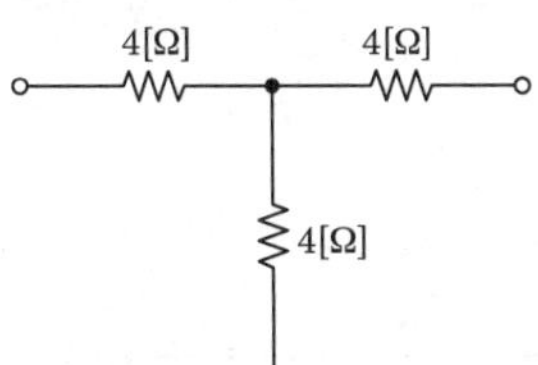

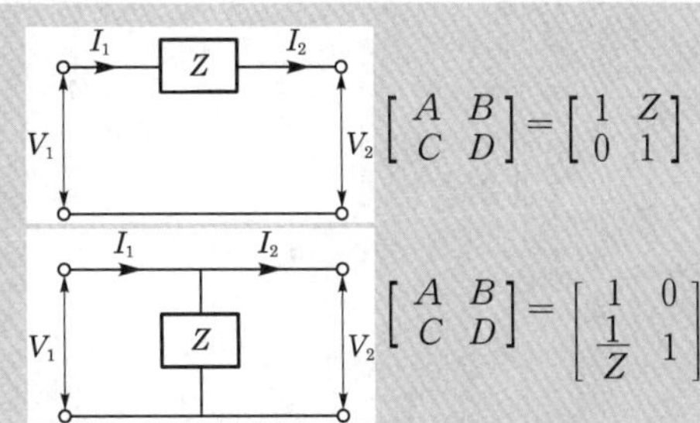

$$\begin{bmatrix} A & B \\ C & D \end{bmatrix} = \begin{bmatrix} 1 & Z \\ 0 & 1 \end{bmatrix}$$

$$\begin{bmatrix} A & B \\ C & D \end{bmatrix} = \begin{bmatrix} 1 & 0 \\ \frac{1}{Z} & 1 \end{bmatrix}$$

해설 $\begin{bmatrix} A & B \\ C & D \end{bmatrix} = \begin{bmatrix} 1 & 4 \\ 0 & 1 \end{bmatrix}\begin{bmatrix} 1 & 0 \\ \frac{1}{4} & 1 \end{bmatrix}\begin{bmatrix} 1 & 4 \\ 0 & 1 \end{bmatrix} = \begin{bmatrix} 2 & 12 \\ \frac{1}{4} & 2 \end{bmatrix}$

정답 : 13.㉮ 14.㉰

15 그림과 같은 회로망에서 Z_1을 4단자 정수에 의해 표시하면 어떻게 되는가?

㉮ $\dfrac{1}{C}$

㉯ $\dfrac{D-1}{C}$

㉰ $\dfrac{B-1}{C}$

㉱ $\dfrac{A-1}{C}$

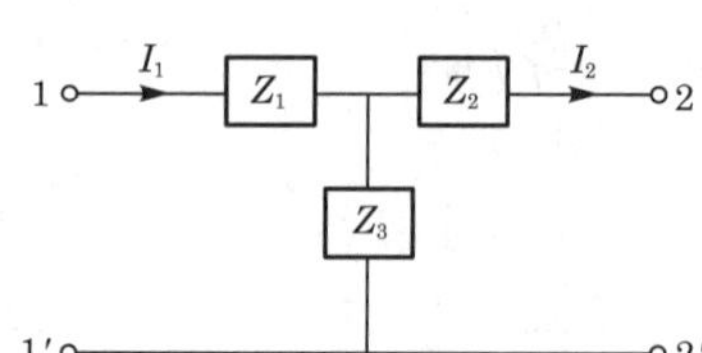

KEY POINT

➲ Z_1이 포함된 4단자 정수를 생각하여 구한다.

해설 $A=1+\dfrac{Z_1}{Z_3}=1+CZ_1$

$\therefore\ Z_1=\dfrac{A-1}{C}$

16 그림과 같은 4단자망의 4단자 정수 A와 D의 곱 AD는?

㉮ 0

㉯ 1

㉰ 2

㉱ 4

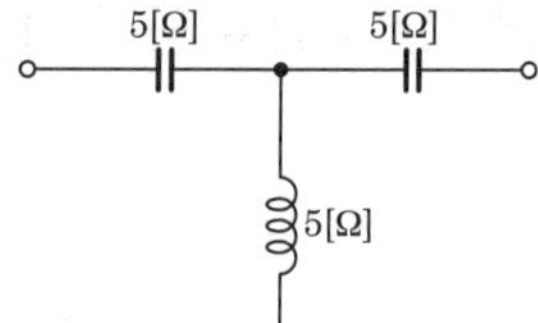

KEY POINT

➲ 4단자 정수는 임피던스로 표시되므로 유도 리액턴스 $jX_L=j\omega L[\Omega]$이고 용량 리액턴스 $jX_C=\dfrac{1}{j\omega C}[\Omega]$으로 표시된다.

해설 $\begin{bmatrix} A & B \\ C & D \end{bmatrix}=\begin{bmatrix} 1 & -j5 \\ 0 & 1 \end{bmatrix}\begin{bmatrix} 1 & 0 \\ -j\dfrac{1}{5} & 1 \end{bmatrix}\begin{bmatrix} 1 & -j5 \\ 0 & 1 \end{bmatrix}$

$=\begin{bmatrix} 2 & -j5 \\ -j\dfrac{1}{5} & 0 \end{bmatrix}$

$\therefore\ AD=0$

정답 : 15.㉱ 16.㉮

17 그림과 같은 π형 회로의 4단자 정수 D의 값은?

㉮ Z_2

㉯ $1+\dfrac{Z_2}{Z_1}$

㉰ $\dfrac{1}{Z_1}+\dfrac{1}{Z_3}$

㉱ $1+\dfrac{Z_2}{Z_3}$

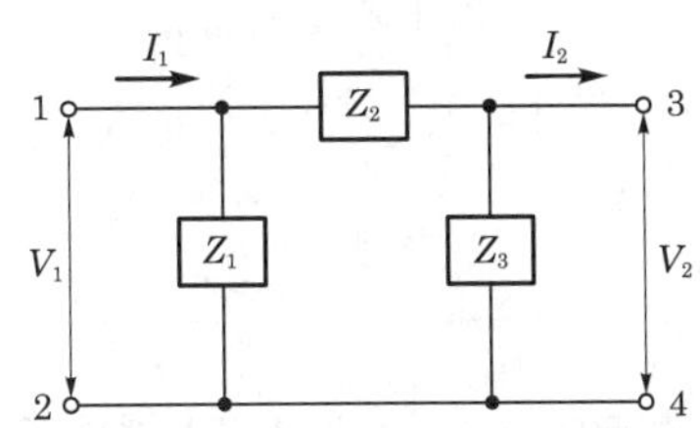

KEY POINT

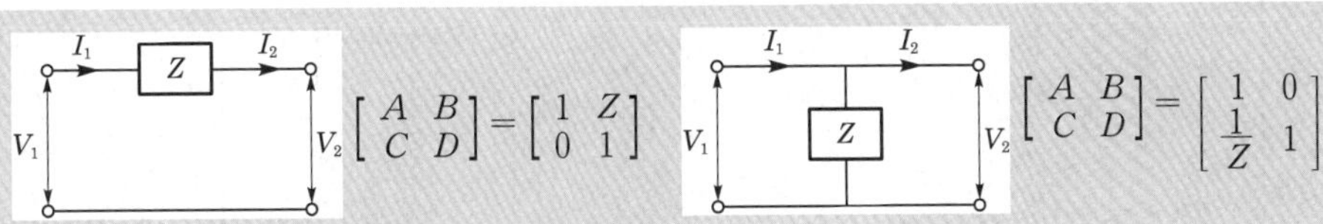

$$\begin{bmatrix} A & B \\ C & D \end{bmatrix} = \begin{bmatrix} 1 & Z \\ 0 & 1 \end{bmatrix} \qquad \begin{bmatrix} A & B \\ C & D \end{bmatrix} = \begin{bmatrix} 1 & 0 \\ \frac{1}{Z} & 1 \end{bmatrix}$$

해설

$$\begin{bmatrix} A & B \\ C & D \end{bmatrix} = \begin{bmatrix} 1 & 0 \\ \frac{1}{Z_1} & 1 \end{bmatrix} \begin{bmatrix} 1 & Z_2 \\ 0 & 1 \end{bmatrix} \begin{bmatrix} 1 & 0 \\ \frac{1}{Z_3} & 1 \end{bmatrix} = \begin{bmatrix} 1+\frac{Z_2}{Z_3} & Z_2 \\ \frac{Z_1+Z_2+Z_3}{Z_1 \cdot Z_3} & 1+\frac{Z_2}{Z_1} \end{bmatrix}$$

18 그림과 같은 H형 회로의 4단자 정수 중 A의 값은 얼마인가?

㉮ Z_5

㉯ $\dfrac{Z_5}{Z_2+Z_4+Z_5}$

㉰ $\dfrac{1}{Z_5}$

㉱ $\dfrac{Z_1+Z_3+Z_5}{Z_5}$

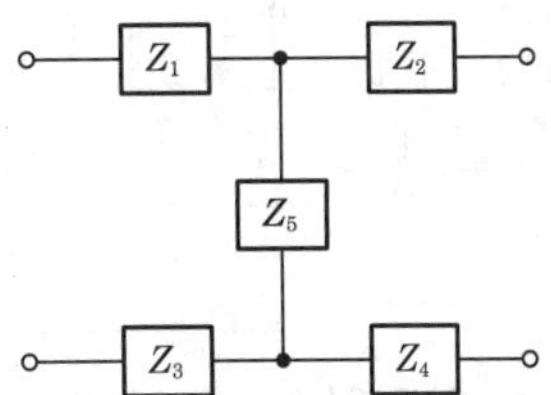

KEY POINT

➲ H형 회로를 T형 회로로 등가 변환하면

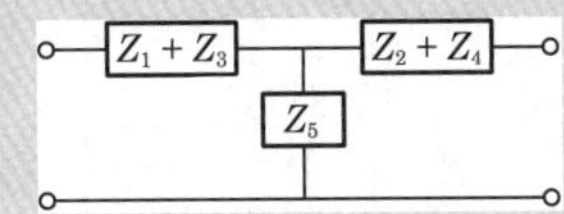

정답 : 17.㉯ 18.㉱

해설 $\begin{bmatrix} A & B \\ C & D \end{bmatrix} = \begin{bmatrix} 1 & Z_1+Z_3 \\ 0 & 1 \end{bmatrix}\begin{bmatrix} 1 & 0 \\ \frac{1}{Z_5} & 1 \end{bmatrix}\begin{bmatrix} 1 & Z_2+Z_4 \\ 0 & 1 \end{bmatrix}$

$$= \begin{bmatrix} \frac{Z_1+Z_3+Z_5}{Z_5} & Z_1+Z_3+\frac{(Z_2+Z_4)(Z_1+Z_3+Z_5)}{Z_5} \\ \frac{1}{Z_5} & \frac{Z_2+Z_4+Z_5}{Z_5} \end{bmatrix}$$

19 그림과 같은 회로에서 $\frac{V_2}{V_1}$는? (단, 저항은 모두 1[Ω]이다.)

㉮ $\frac{1}{13}$

㉯ $\frac{1}{10}$

㉰ $\frac{1}{7}$

㉱ $\frac{1}{4}$

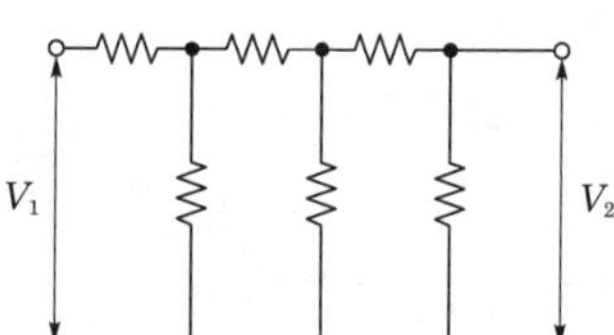

KEY POINT

➲ 입력측에서 보면 T형 회로와 π형 회로의 조합이므로 4단자 정수는 T형 회로의 4단자 정수와 π형 회로의 4단자 정수의 행렬의 곱이 된다.

해설 입력측에서 보면 T형과 π형의 연결이므로

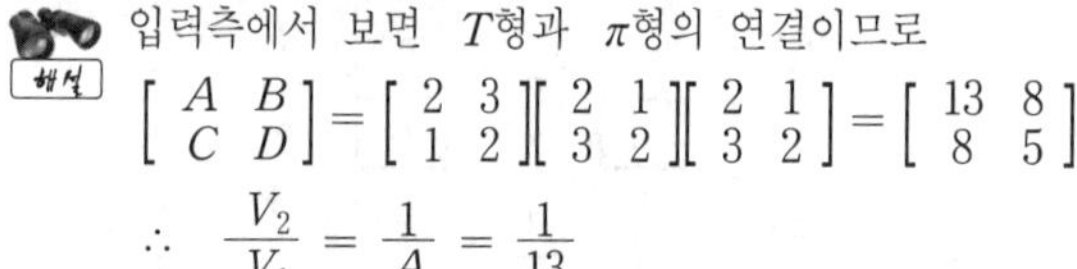

$\begin{bmatrix} A & B \\ C & D \end{bmatrix} = \begin{bmatrix} 2 & 3 \\ 1 & 2 \end{bmatrix}\begin{bmatrix} 2 & 1 \\ 3 & 2 \end{bmatrix}\begin{bmatrix} 2 & 1 \\ 3 & 2 \end{bmatrix} = \begin{bmatrix} 13 & 8 \\ 8 & 5 \end{bmatrix}$

$\therefore \frac{V_2}{V_1} = \frac{1}{A} = \frac{1}{13}$

20 그림과 같은 상호 인덕턴스 M인 4단자 회로에서 4단자 정수 중 D의 값은?

㉮ $+\frac{L_2}{M}$

㉯ $\frac{1}{\omega M}$

㉰ $-\frac{L_2}{M}$

㉱ $+\frac{L_1L_2-M^2}{M}$

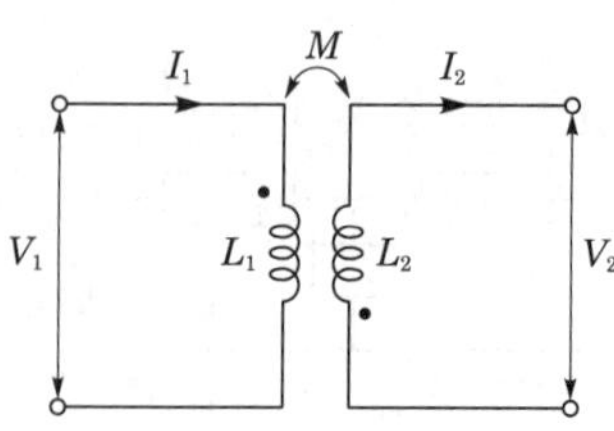

 정답 : 19.㉮ 20.㉮

KEY POINT

➲ 가동 결합인 경우 T형 등가 회로

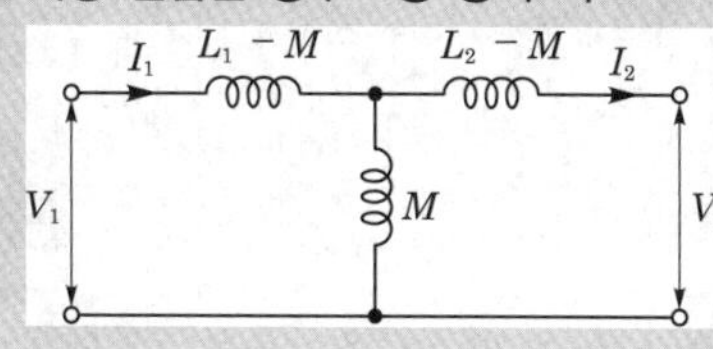

$$D = 1 + \frac{j\omega(L_2 - M)}{j\omega M} = \frac{M + L_2 - M}{M} = + \frac{L_2}{M}$$

21 그림의 4단자 회로망에서 $\frac{n_1}{n_2} = a$ 일 때, 4단자 정수 파라미터 행렬은?

㉮ $\begin{bmatrix} a & 0 \\ 0 & \frac{1}{a} \end{bmatrix}$

㉯ $\begin{bmatrix} \frac{1}{a} & 0 \\ 0 & a \end{bmatrix}$

㉰ $\begin{bmatrix} 0 & \frac{1}{a} \\ a & 0 \end{bmatrix}$

㉱ $\begin{bmatrix} 0 & a \\ \frac{1}{a} & 0 \end{bmatrix}$

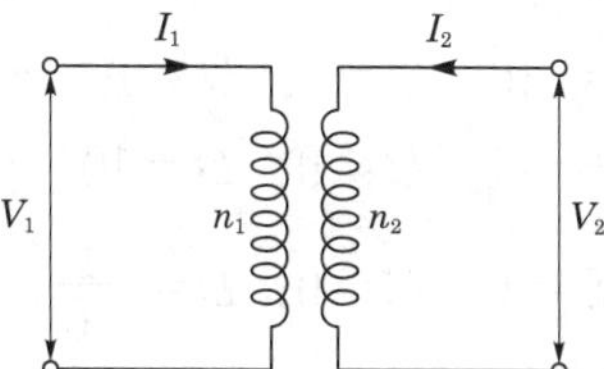

KEY POINT

➲ 전압비 $\frac{V_1}{V_2} = \frac{n_1}{n_2} = a$, 전류비 $\frac{I_1}{I_2} = \frac{n_2}{n_1} = \frac{1}{a}$ 에서

$$\begin{bmatrix} A & B \\ C & D \end{bmatrix} = \begin{bmatrix} a & 0 \\ 0 & \frac{1}{a} \end{bmatrix}$$

22 그림의 회로에서 각주파수를 ω[rad/s]라 하면 4단자 정수 A와 C는 어떻게 되는가?

㉮ $A = \frac{1}{a}$, $C = 0$

㉯ $A = a$, $C = 0$

㉰ $A = 0$, $C = \frac{1}{a}$

㉱ $A = 0$, $C = a$

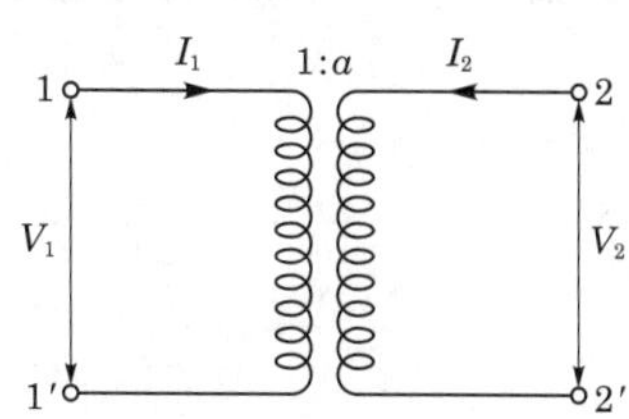

정답 : 21.㉮ 22.㉮

KEY POINT

➔ 전압비 $\frac{V_1}{V_2} = \frac{n_1}{n_2} = a$, 전류비 $\frac{I_1}{I_2} = \frac{n_2}{n_1} = \frac{1}{a}$ 에서

$$\begin{bmatrix} A & B \\ C & D \end{bmatrix} = \begin{bmatrix} a & 0 \\ 0 & \frac{1}{a} \end{bmatrix}$$

해설 권수비 : $\frac{n_1}{n_2} = \frac{1}{a}$ 이므로

$$\begin{bmatrix} A & B \\ C & D \end{bmatrix} = \begin{bmatrix} \frac{1}{a} & 0 \\ 0 & a \end{bmatrix}$$

23 그림과 같이 10[Ω]의 저항에 감은 비가 10 : 1의 결합 회로를 연결했을 때 4단자 정수 A, B, C, D는?

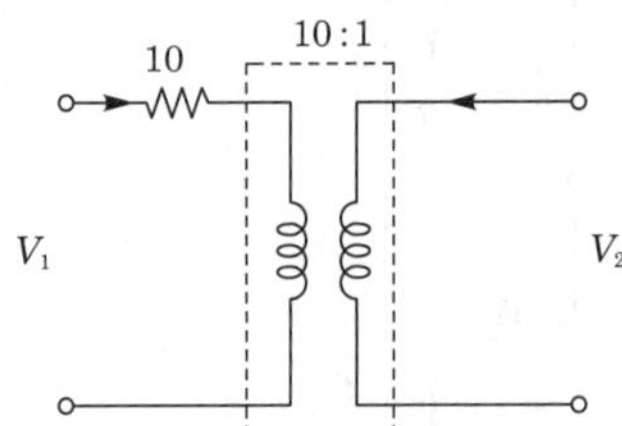

㉮ $A=10,\ B=1,\ C=0,\ D=\frac{1}{10}$

㉯ $A=1,\ B=10,\ C=0,\ D=10$

㉰ $A=10,\ B=1,\ C=0,\ D=10$

㉱ $A=10,\ B=0,\ C=0,\ D=\frac{1}{10}$

KEY POINT

➔ 전압비 $\frac{V_1}{V_2} = \frac{n_1}{n_2} = a$, 전류비 $\frac{I_1}{I_2} = \frac{n_2}{n_1} = \frac{1}{a}$ 에서

$$\begin{bmatrix} A & B \\ C & D \end{bmatrix} = \begin{bmatrix} a & 0 \\ 0 & \frac{1}{a} \end{bmatrix}$$

해설 $$\begin{bmatrix} A & B \\ C & D \end{bmatrix} = \begin{bmatrix} 1 & 10 \\ 0 & 1 \end{bmatrix}\begin{bmatrix} 10 & 0 \\ 0 & \frac{1}{10} \end{bmatrix} = \begin{bmatrix} 10 & 0 \\ 0 & \frac{1}{10} \end{bmatrix}$$

24 L형 4단자 회로망에서 4단자 정수가 $B=\frac{5}{3}$, $C=1$이고, 영상 임피던스 $Z_{01}=\frac{20}{3}$[Ω]일 때 영상 임피던스 Z_{02}[Ω]의 값은?

㉮ $\frac{1}{4}$

㉯ $\frac{100}{9}$

㉰ 9

㉱ $\frac{9}{100}$

 정답 : 23.㉮ 24.㉮

KEY POINT

➲ $Z_{01} \cdot Z_{02} = \dfrac{B}{C}$, $\dfrac{Z_{01}}{Z_{02}} = \dfrac{A}{D}$

$Z_{01} \cdot Z_{02} = \dfrac{B}{C}$

$$Z_{02} = \frac{B}{Z_{01} C} = \frac{\frac{5}{3}}{\frac{20}{3} \times 1} = \frac{1}{4}[\Omega]$$

25 L형 4단자 회로에서 4단자 정수가 $A = \dfrac{15}{4}$, $D = 1$이고 영상 임피던스 $Z_{02} = \dfrac{12}{5}$ [Ω]일 때 영상 임피던스 $Z_{01}[\Omega]$의 값은 얼마인가?

㉮ 12　㉯ 9　㉰ 8　㉱ 6

KEY POINT

➲ $Z_{01} \cdot Z_{02} = \dfrac{B}{C}$, $\dfrac{Z_{01}}{Z_{02}} = \dfrac{A}{D}$

$Z_{01} \cdot Z_{02} = \dfrac{B}{C}$, $\dfrac{Z_{01}}{Z_{02}} = \dfrac{A}{D}$ 에서

$$Z_{01} = \frac{A}{D} Z_{02} = \frac{\frac{15}{4}}{1} \times \frac{12}{5} = \frac{180}{20} = 9[\Omega]$$

26 그림과 같은 회로의 영상 임피던스 Z_{01}, Z_{02}는?

㉮ $Z_{01} = 9[\Omega]$, $Z_{02} = 5[\Omega]$

㉯ $Z_{01} = 4[\Omega]$, $Z_{02} = 5[\Omega]$

㉰ $Z_{01} = 4[\Omega]$, $Z_{02} = \dfrac{20}{9}[\Omega]$

㉱ $Z_{01} = 6[\Omega]$, $Z_{02} = \dfrac{10}{3}[\Omega]$

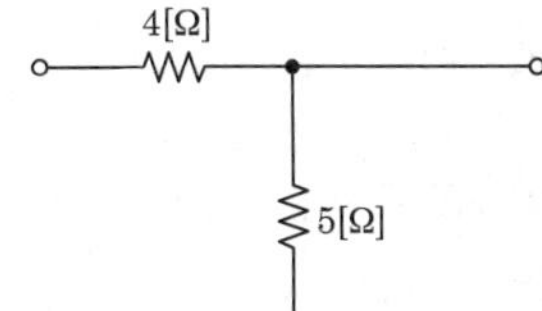

KEY POINT

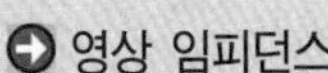

➲ 영상 임피던스

$Z_{01} = \sqrt{\dfrac{AB}{CD}}$, $Z_{02} = \sqrt{\dfrac{BD}{AC}}[\Omega]$

$$\begin{bmatrix} A & B \\ C & D \end{bmatrix} = \begin{bmatrix} 1 & 4 \\ 0 & 1 \end{bmatrix} \begin{bmatrix} 1 & 0 \\ \frac{1}{5} & 1 \end{bmatrix} = \begin{bmatrix} \frac{9}{5} & 4 \\ \frac{1}{5} & 1 \end{bmatrix}$$

정답 : 25.㉯ 26.㉱

$$\therefore\ Z_{01}=\sqrt{\frac{AB}{CD}}=\sqrt{\frac{\frac{9}{5}\times 4}{\frac{1}{5}\times 1}}=6[\Omega],\quad Z_{02}=\sqrt{\frac{BD}{AC}}=\sqrt{\frac{4\times 1}{\frac{9}{5}\times\frac{1}{5}}}=\frac{10}{3}[\Omega]$$

27 그림과 같은 4단자망의 영상 임피던스는 얼마인가?

㉮ $j\frac{1}{50}$

㉯ -1

㉰ 1

㉱ 0

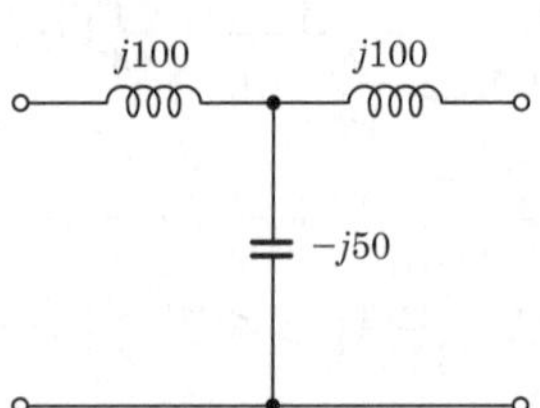

KEY POINT

➲ 영상 임피던스

$$Z_{01}=\sqrt{\frac{AB}{CD}},\ Z_{02}=\sqrt{\frac{BD}{AC}}$$

해설

$$\begin{bmatrix} A & B \\ C & D \end{bmatrix}=\begin{bmatrix} 1 & j100 \\ 0 & 1 \end{bmatrix}\begin{bmatrix} 1 & 0 \\ \frac{1}{-j50} & 1 \end{bmatrix}=\begin{bmatrix} 1 & j100 \\ 0 & 1 \end{bmatrix}=\begin{bmatrix} -1 & 0 \\ j\frac{1}{50} & -1 \end{bmatrix}$$

$$\therefore\ Z_{01}=Z_{02}=\sqrt{\frac{B}{C}}=\sqrt{\frac{0}{j\frac{1}{50}}}=0$$

28 그림과 같은 4단자망의 영상 전달 정수 θ는?

㉮ $\sqrt{5}$

㉯ $\log_e\sqrt{5}$

㉰ $\log_e\frac{1}{\sqrt{5}}$

㉱ $5\log_e\sqrt{5}$

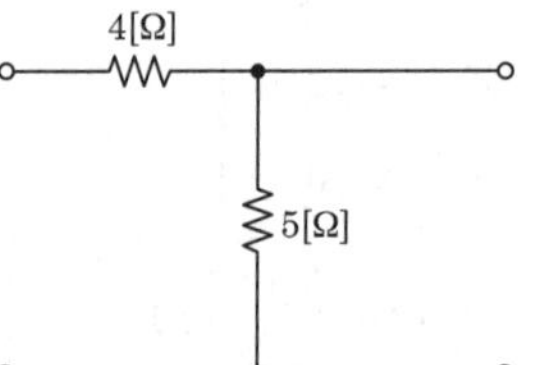

KEY POINT

➲ 영상 전달 정수

$$\theta=\log_e(\sqrt{AD}+\sqrt{BC})=\cosh^{-1}\sqrt{AD}=\sinh^{-1}\sqrt{BC}$$

해설

$$\begin{bmatrix} A & B \\ C & D \end{bmatrix}=\begin{bmatrix} 1+\frac{4}{5} & 4 \\ \frac{1}{5} & 1 \end{bmatrix}$$

$$\therefore\ \theta=\log_e(\sqrt{AD}+\sqrt{BC})=\log_e\left(\sqrt{\frac{9}{5}\times 1}+\sqrt{4\times\frac{1}{5}}\right)=\log_e\sqrt{5}$$

 정답 : 27.㉱ 28.㉯

29 그림과 같은 T형 회로의 영상 파라미터 θ는?

㉮ 0
㉯ +1
㉰ −3
㉱ −1

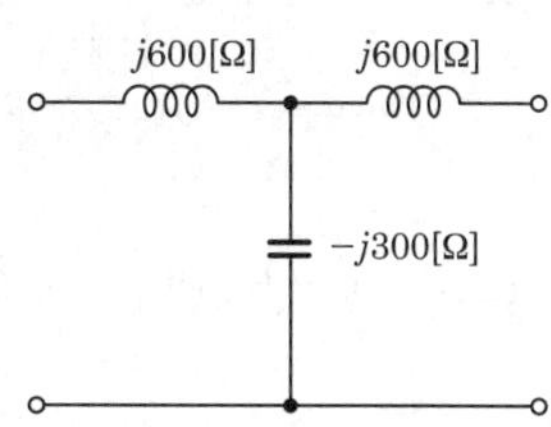

KEY POINT

➲ 영상 전달 정수

$\theta = \log_e(\sqrt{AD} + \sqrt{BC}) = \cosh^{-1}\sqrt{AD} = \sinh^{-1}\sqrt{BC}$

해설 $\begin{bmatrix} A & B \\ C & D \end{bmatrix} = \begin{bmatrix} 1 & j600 \\ 0 & 1 \end{bmatrix} \begin{bmatrix} 1 & 0 \\ \frac{1}{-j300} & 1 \end{bmatrix} = \begin{bmatrix} 1 & j600 \\ 0 & 1 \end{bmatrix} = \begin{bmatrix} -1 & 0 \\ j\frac{1}{300} & -1 \end{bmatrix}$

$\therefore\ \theta = \cosh^{-1}\sqrt{AD} = \cosh^{-1}1 = 0$

30 T형 4단자 회로망에서 영상 임피던스 $Z_{01} = 50[\Omega]$, $Z_{02} = 2[\Omega]$이고 전달 정수가 0일 때 이 회로의 4단자 정수 D의 값은?

㉮ 10　　㉯ 5
㉰ $\frac{1}{5}$　　㉱ 0

KEY POINT

➲ 영상 parameter와 4단자 정수와의 관계

$A = \sqrt{\frac{Z_{01}}{Z_{02}}}\cosh\theta,\quad D = \sqrt{\frac{Z_{02}}{Z_{01}}}\cosh\theta$

해설 $D = \sqrt{\frac{Z_{02}}{Z_{01}}}\cosh\theta = \sqrt{\frac{2}{50}}\cosh\theta = \frac{1}{5}$

31 T형 4단자 회로망에서 영상 임피던스 $Z_{01} = 75[\Omega]$, $Z_{02} = 3[\Omega]$이고 전달 정수가 0일 때 이 회로의 4단자 정수 A의 값은?

㉮ 2　　㉯ 3
㉰ 4　　㉱ 5

정답 : 29.㉮ 30.㉰ 31.㉱

KEY POINT

➲ 영상 parameter와 4단자 정수와의 관계

$$A=\sqrt{\frac{Z_{01}}{Z_{02}}}\cosh\theta,\quad D=\sqrt{\frac{Z_{02}}{Z_{01}}}\cosh\theta$$

해설 $A=\sqrt{\frac{Z_{01}}{Z_{02}}}\cosh\theta=\sqrt{\frac{75}{3}}\cosh\theta=\sqrt{25}=5$

32 그림과 같은 L형 회로의 반복 임피던스 Z_{K2}는?

㉮ $\frac{1}{2C}\{A-D+\sqrt{(A+D)^2-4BC}\}$

㉯ $\frac{1}{2C}\{D-A+\sqrt{(D+A)^2-4BC}\}$

㉰ $\frac{1}{2C}\{A-D+\sqrt{(A+D)^2+4BC}\}$

㉱ $\frac{1}{2C}\{D-A+\sqrt{(D-A)^2+4BC}\}$

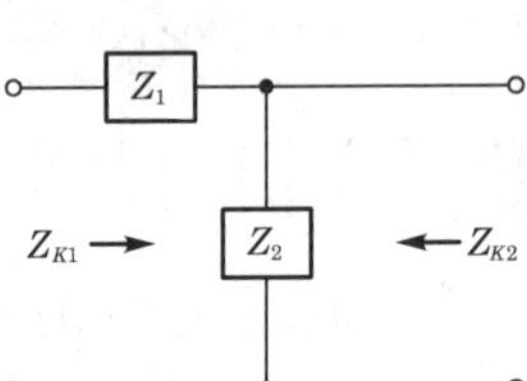

KEY POINT

➲ $Z_{K2}=\frac{V_2}{I_2}=\frac{DV_1+BI_1}{CV_1+AI_1}=\frac{D\left(\frac{V_1}{I_1}\right)+B}{C\left(\frac{V_1}{I_1}\right)+A}=\frac{DZ_{K2}+B}{CZ_{K2}+A}$

$CZ_{K2}{}^2+(A-D)Z_{K2}-B=0$

근의 공식에 의해 Z_{K2}를 구하면

$Z_{K2}=\frac{1}{2C}\{(D-A)\pm\sqrt{(D-A)^2+4BC}\}$

33 그림과 같은 회로의 반복 파라미터 중 전파 정수 r를 $\cosh^{-1}$로 표시하면?

㉮ $\cosh^{-1}\left(1+\frac{Z_1}{2Z_2}\right)$

㉯ $\cosh^{-1}\left(1+\frac{Z_1}{Z_2}\right)$

㉰ $\cosh^{-1}\left(1+\frac{2Z_1}{Z_2}\right)$

㉱ $\cosh^{-1}\left(1+\frac{Z_2}{Z_1}\right)$

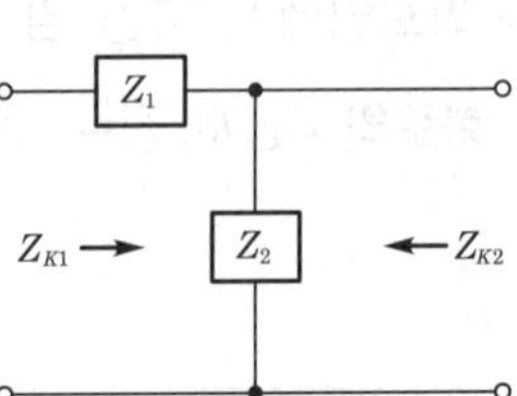

  정답 : 32.㉱ 33.㉮

KEY POINT

전파 정수

$$\gamma = \cosh^{-1}\frac{A+D}{2}$$

해설

$$\begin{bmatrix} A & B \\ C & D \end{bmatrix} = \begin{bmatrix} 1+\dfrac{Z_1}{Z_2} & Z_1 \\ \dfrac{1}{Z_2} & 1 \end{bmatrix}$$

$$\therefore\ \gamma = \cosh^{-1}A + \frac{D}{2} = \cosh^{-1}\frac{1+\dfrac{Z_1}{Z_2}+1}{2} = \cosh^{-1}\left(1+\frac{Z_1}{2Z_2}\right)$$

제 14 장
분포 정수 회로

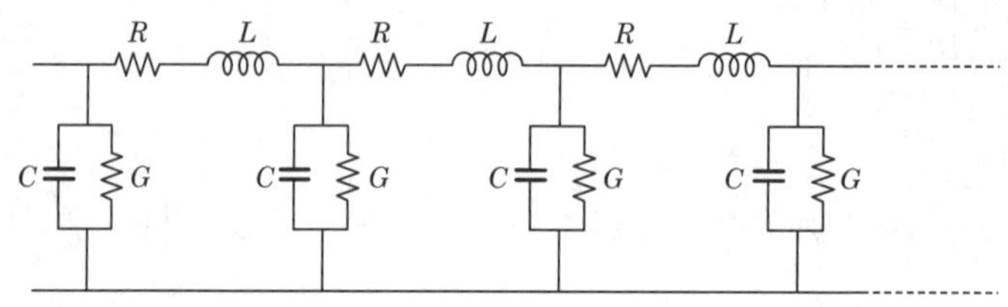

미소 저항 R과 인덕턴스 L이 직렬로 선간에 미소한 정전 용량 C와 누설 컨덕턴스 G가 형성되고 이들이 반복하여 분포되어 있는 회로를 분포 정수 회로라 한다. 단위 길이에 대한 선로의 직렬 임피던스 $Z = R + j\omega L$[Ω/m], 병렬 어드미턴스 $Y = G + j\omega C$ [℧/m]이다.

1 특성 임피던스(파동 임피던스)

$$Z_O = \sqrt{\frac{Z}{Y}} = \sqrt{\frac{R + j\omega L}{G + j\omega C}} \ [\Omega]$$

2 전파 정수

$$\gamma = \sqrt{ZY} = \sqrt{(R + j\omega L) \cdot (G + j\omega C)} = \alpha + j\beta$$

여기서, α : **감쇠 정수** , β : **위상 정수**

3 무손실 선로

(1) 조건

$$R=0, \ G=0$$

(2) 특성 임피던스

$$Z_0 = \sqrt{\frac{Z}{Y}} = \sqrt{\frac{R+j\omega L}{G+j\omega C}} = \sqrt{\frac{L}{C}}$$

(3) 전파 정수

$$\gamma = \sqrt{ZY} = \sqrt{(R+j\omega L)(G+j\omega C)} = j\omega\sqrt{LC}$$

여기서, **감쇠 정수** $\alpha = 0$, **위상 정수** $\beta = \omega\sqrt{LC}$

(4) 파장

$$\lambda = \frac{2\pi}{\beta} = \frac{2\pi}{\omega\sqrt{LC}} = \frac{1}{f\sqrt{LC}}\ [\text{m}]$$

(5) 전파 속도

$$v = \lambda f = \frac{2\pi f}{\beta} = \frac{\omega}{\beta} = \frac{1}{\sqrt{LC}}\ [\text{m/sec}]$$

무손실 회로에서는 감쇠 정수 $\alpha = 0$이므로 감쇠는 없고 전파 속도 v는 주파수에 관계없이 일정한 값으로 된다.

4 무왜형 선로

파형의 일그러짐이 없는 선로

(1) 조건

$$\frac{R}{L} = \frac{G}{C} \quad \text{또는} \quad LG = RC$$

(2) 특성 임피던스

$$Z_O = \sqrt{\frac{Z}{Y}} = \sqrt{\frac{R+j\omega L}{G+j\omega C}} = \sqrt{\frac{R+j\omega L}{\frac{RC}{L}+j\omega C}} = \sqrt{\frac{L}{C}\left(\frac{R+j\omega L}{R+j\omega L}\right)} = \sqrt{\frac{L}{C}}\ [\Omega]$$

(3) 전파 정수

$$\gamma = \sqrt{ZY} = \sqrt{(R+j\omega L)(G+j\omega C)} = \sqrt{(R+j\omega L)\left(\frac{RC}{L}+j\omega C\right)}$$

$$= \sqrt{(R+j\omega L)\frac{C}{L}(R+j\omega L)} = \sqrt{\frac{C}{L}}(R+j\omega L)$$

$$= \sqrt{\frac{CR^2}{L}} + j\omega LC = \sqrt{RG} + j\omega\sqrt{LC} = \alpha + j\beta$$

여기서, **감쇠 정수** $\alpha = \sqrt{RG}$, **위상 정수** $\beta = \omega\sqrt{LC}$

(4) 속도

$$v = \lambda f = \frac{2\pi f}{\beta} = \frac{\omega}{\beta} = \frac{1}{\sqrt{LC}}\ [\mathrm{m/sec}]$$

무왜형 회로에서는 특성 임피던스 Z_o, 감쇠 정수 α 및 전파 속도 v는 어느 것이나 주파수에 관계없이 일정한 값이다.

5 일반의 유한장 선로

(1) 분포 정수 회로의 일반 해(전파 방정식)

$$V_S = AV_R + BI_R = \cosh r\ell\, V_R + Z_o \sinh rl I_R$$

$$I_S = CV_R + DI_R = \frac{1}{Z_o}\sinh rl V_R + \cosh rl I_R$$

여기서, V_S, I_S : 송전단 전압과 전류

V_R, I_R : 수전단 전압과 전류

(2) 특성 임피던스

$$Z_O = \sqrt{Z_{SS} \cdot Z_{SO}}\ [\Omega]$$

여기서, Z_{SO} : 수전단을 단락하고 송전단에서 측정한 임피던스

Z_{SS} : 수전단을 개방하고 송전단에서 측정한 임피던스

(3) 전압 반사 계수

반사 계수 $\rho = \dfrac{Z_R - Z_O}{Z_R + Z_O}$

여기서, Z_R : 부하 임피던스, Z_O : 특성 임피던스

정재파 비 $\delta = \dfrac{1 + |\rho|}{1 - |\rho|}$

이 값은 $\delta \geqq 1$의 값을 갖는다.

단원핵심문제

1 단위 길이당 임피던스 및 어드미턴스가 각각 Z 및 Y인 전송 선로의 특성 임피던스는?

㉮ $\sqrt{ZY}$　　㉯ $\sqrt{\dfrac{Z}{Y}}$

㉰ $\sqrt{\dfrac{Y}{Z}}$　　㉱ $\dfrac{Y}{Z}$

KEY POINT

➲ 특성 임피던스

$$Z_0=\sqrt{\frac{Z}{Y}}=\sqrt{\frac{R+j\omega l}{G+j\omega C}}[\Omega]$$

해설 $Z+R+j\omega L[\Omega]$,　$Y=G+j\omega C[\Omega]$

$$\therefore\ Z_0=\sqrt{\frac{Z}{Y}}=\sqrt{\frac{R+j\omega L}{G+j\omega C}}[\Omega]$$

2 선로의 단위 길이의 분포 인덕턴스, 저항, 정전 용량, 누설 컨덕턴스를 각각 L, r, C 및 g로 할 때 특성 임피던스는?

㉮ $(r+j\omega L)(g+j\omega C)$　　㉯ $\sqrt{(r+j\omega L)(g+j\omega C)}$

㉰ $\sqrt{\dfrac{r+j\omega L}{g+j\omega C}}$　　㉱ $\sqrt{\dfrac{g+j\omega C}{r+j\omega L}}$

KEY POINT

➲ 특성 임피던스

$$Z_0=\sqrt{\frac{Z}{Y}}=\sqrt{\frac{R+j\omega l}{G+j\omega C}}[\Omega]$$

해설 $Z_0=\sqrt{\dfrac{Z}{Y}}=\sqrt{\dfrac{R+j\omega L}{G+j\omega C}}[\Omega]$

3 단위 길이 임피던스 및 어드미턴스가 각각 Z 및 Y인 전송 선로의 전파 정수 γ는?

㉮ $\sqrt{\dfrac{Z}{Y}}$　　㉯ $\sqrt{\dfrac{Y}{Z}}$

㉰ $\sqrt{YZ}$　　㉱ YZ

정답 : 1.㉯ 2.㉰ 3.㉰

➲ 전파 정수
$\gamma' = \sqrt{Z \cdot Y} = \sqrt{(R + j\omega L)(G + j\omega C)}$

4 분포 정수 회로에서 선로의 특성 임피던스를 Z_O, 전파 정수를 γ라 할 때 선로의 직렬 임피던스는?

㉮ $\dfrac{Z_O}{\gamma}$ ㉯ $\dfrac{\gamma}{Z_O}$

㉰ $\sqrt{\gamma Z_O}$ ㉱ γZ_O

➲ ① 특성 임피던스 : $Z_O = \sqrt{\dfrac{Z}{Y}}$[Ω]
② 전파 정수 : $\gamma = \sqrt{Z \cdot Y}$

$Z_O \cdot \gamma = \sqrt{\dfrac{Z}{Y}} \cdot \sqrt{Z \cdot Y} = Z$

5 무손실 분포 정수 선로에 대한 설명 중 옳지 않은 것은?

㉮ 전파 정수 γ는 $j\omega\sqrt{LC}$이다.

㉯ 진행파의 전파 속도는 $\sqrt{LC}$이다.

㉰ 특성 임피던스는 $\sqrt{\dfrac{L}{C}}$이다.

㉱ 파장은 $\dfrac{1}{f\sqrt{LC}}$이다.

➲ ① 특성 임피던스 : $Z_O = \sqrt{\dfrac{Z}{Y}}$[Ω]
② 전파 정수 : $\gamma = \sqrt{Z \cdot Y}$

전파 속도 $V = f \cdot \lambda = \dfrac{1}{\sqrt{LC}}$[m/sec]

정답 : 4.㉱ 5.㉯

전송 선로에서 무손실일 때, L=96[mH], C=0.6[μF]이면 특성 임피던스[Ω]는?

㉮ 500 ㉯ 400
㉰ 300 ㉱ 200

KEY POINT

➲ 특성 임피던스

$$Z_O = \sqrt{\frac{Z}{Y}} = \sqrt{\frac{R + j\omega L}{G + j\omega C}}[\Omega]$$

무손실 선로 $R=0$, $G=0$

$$\therefore Z_O = \sqrt{\frac{Z}{Y}} = \sqrt{\frac{R + j\omega L}{G + j\omega C}} = \sqrt{\frac{L}{C}} = \sqrt{\frac{96 \times 10^{-3}}{0.6 \times 10^{-6}}} = 400$$

무손실 선로의 분포 정수 회로에서 감쇠 정수 α와 위상 정수 β의 값은?

㉮ $\alpha = \sqrt{RG}$, $\beta = \omega\sqrt{LC}$ ㉯ $\alpha = 0$, $\beta = \omega\sqrt{LC}$
㉰ $\alpha = \sqrt{RG}$, $\beta = 0$ ㉱ $\alpha = 0$, $\beta = \frac{1}{\sqrt{LC}}$

KEY POINT

➲ ① 무손실 선로의 조건 : $R=0$, $G=0$

② 전파 정수 : $\dot{\gamma} = \sqrt{Z \cdot Y} = \sqrt{(R + j\omega L)(G + j\omega C)} = \alpha + j\beta$

$\dot{\gamma} = \sqrt{(R + j\omega L)(G + j\omega C)} = j\omega\sqrt{LC}$

∴ 감쇠 정수 $\alpha = 0$, 위상 정수 $\beta = \omega\sqrt{LC}$

무손실 선로가 되기 위한 조건 중 옳지 않은 것은?

㉮ $Z_O = \sqrt{\frac{L}{C}}$ ㉯ $\gamma = \sqrt{ZY}$
㉰ $\alpha = \omega\sqrt{LC}$ ㉱ $v = \frac{1}{\sqrt{LC}}$

KEY POINT

➲ 무손실 선로

① $Z_O = \sqrt{\frac{Z}{Y}} = \sqrt{\frac{L}{C}}[\Omega]$

② $\dot{\gamma} = \sqrt{Z \cdot Y} = \sqrt{(R + j\omega L)(G + j\omega C)} = j\omega\sqrt{LC}$

$\alpha = 0$, $\beta = \omega\sqrt{LC}$

③ $V = \frac{1}{\sqrt{LC}}$ [m/sec]

정답 : 6.㉯ 7.㉯ 8.㉰

 전파 정수 $\dot{\gamma} = \sqrt{Z \cdot Y} = j\omega\sqrt{LC}$
$\alpha = 0, \quad \beta = \omega\sqrt{LC}$

9 위상 정수가 $\frac{\pi}{4}$ [rad/m]인 전송 선로에서 10[MHz]에 대한 파장[m]은?

㉮ 10 ㉯ 8
㉰ 6 ㉱ 4

KEY POINT

➲ 파장

$$\lambda = \frac{2\pi}{\beta} \text{ [m]}$$

 $\lambda = \frac{2\pi}{\beta} = \frac{2\pi}{\frac{\pi}{4}} = 8 \text{ [m]}$

10 위상 정수가 $\frac{\pi}{6}$ [rad/m]인 선로의 10[kHz]에 대한 전파 속도[m/s]는?

㉮ 12×10^4 ㉯ 10×10^4
㉰ 8×10^4 ㉱ 6×10^4

KEY POINT

➲ 전파 속도

$$V = \lambda \cdot f = \frac{\omega}{\beta} \text{ [m/ sec]}$$

 $V = \frac{\omega}{\beta} = 2\pi \times 10 \times \frac{10^3}{\frac{\pi}{6}} = 12 \times 10^4 \text{ [m/ sec]}$

11 위상 정수 $\beta = 2.5$ [rad/km], 각주파수 $\omega = 20$ [rad/s]일 때의 위상 속도는 몇 [m/s]인가?

㉮ 8 ㉯ 80 ㉰ 800 ㉱ 8,000

KEY POINT

➲ 전파 속도

$$V = \lambda \cdot f = \frac{\omega}{\beta} \text{ [m/ sec]}$$

해설 위상 속도 $V=\dfrac{\omega}{\beta}=\dfrac{20}{2.5\times10^{-3}}=8,000\,[\mathrm{m/sec}]$

12 분포 정수 회로가 무왜 선로로 되는 조건은? (단, 선로의 단위 길이당 저항을 R, 인덕턴스를 L, 정전 용량을 C, 누설 컨덕턴스를 G라 한다.)

㉮ $RC=LG$　　㉯ $RL=CG$

㉰ $R=\sqrt{\dfrac{L}{C}}$　　㉱ $R=\sqrt{LC}$

KEY POINT

➲ 무왜형 선로의 조건

$\dfrac{R}{L}=\dfrac{G}{C}$, $RC=LG$

해설 일그러짐이 없는 선로 즉, 무왜형 선로 조건 $RC=LG$

13 선로의 분포 정수 R, L, C, G 사이에 $\dfrac{R}{L}=\dfrac{G}{C}$의 관계가 있으면 전파 정수 γ는?

㉮ $RG+j\omega LC$　　㉯ $RL+j\omega CG$

㉰ $\sqrt{RG}+j\omega\sqrt{LC}$　　㉱ $RL+j\omega\sqrt{GC}$

KEY POINT

➲ ① 전파 정수 : $\dot{\gamma}=\sqrt{Z\cdot Y}=\sqrt{(R+j\omega L)(G+j\omega C)}$

② 무왜형 선로 조건 : $RC=LG$

해설 무왜형 선로

$\dot{\gamma}=\sqrt{Z\cdot Y}=\sqrt{RG}+j\omega\sqrt{LC}$

감쇠 정수 $\alpha=\sqrt{RG}$, 위상 정수 $\beta=\omega\sqrt{LC}$

14 다음 분포 전송 회로에 대한 서술에서 옳지 않은 것은?

㉮ $\dfrac{R}{L}=\dfrac{G}{C}$인 회로를 무왜형 회로라 한다.

㉯ $R=G=0$인 회로를 무손실 회로라 한다.

㉰ 무손실 회로, 무왜형 회로의 감쇠 정수는 $\sqrt{RG}$이다.

㉱ 무손실 회로, 무왜형 회로에서의 위상 속도는 $\dfrac{1}{\sqrt{CL}}$이다.

정답 : 12.㉮ 13.㉰ 14.㉰

KEY POINT

① 전파 정수 : $\dot{\gamma} = \sqrt{Z \cdot Y} = \sqrt{(R + j\omega L)(G + j\omega C)} = \alpha + j\beta$

② 무왜형 선로 조건 : $RC = LG$

무손실 선로 $\dot{\gamma} = \sqrt{Z \cdot Y} = \sqrt{(R + j\omega L)(G + j\omega C)} = j\omega\sqrt{LC}$

감쇠 정수 $\alpha = 0$, 위상 정수 $\beta = \omega\sqrt{LC}$

15 특성 임피던스 50[Ω], 감쇠 정수 0, 위상 정수 $\frac{\pi}{3}$ [rad/m], 선로의 길이 2[m]인 분포 정수 회로의 4단자 정수 A를 구하면?

㉮ $1 - j\frac{1}{2}$　　㉯ $\frac{\sqrt{3}}{2}$

㉰ $-\frac{1}{2}$　　㉱ $-\frac{\sqrt{3}}{2}$

KEY POINT

분포 정수 회로의 유한장 선로 해석

$A = \cosh \dot{\gamma} l,\quad B = Z_O \sinh \dot{\gamma} l$

$C = \frac{1}{Z_O} \sinh \dot{\gamma} l,\quad D = \cosh \dot{\gamma} l$

$A = \cosh \dot{\gamma} l = \cosh\left(j\frac{2}{3}\pi\right) = \cos\frac{2}{3}\pi = -\frac{1}{2}$

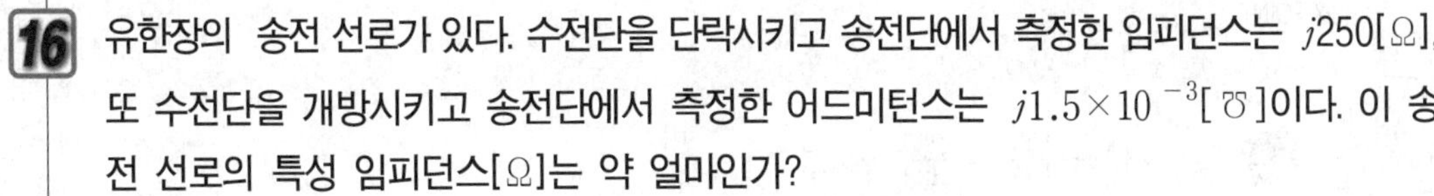

16 유한장의 송전 선로가 있다. 수전단을 단락시키고 송전단에서 측정한 임피던스는 $j250$[Ω], 또 수전단을 개방시키고 송전단에서 측정한 어드미턴스는 $j1.5 \times 10^{-3}$[℧]이다. 이 송전 선로의 특성 임피던스[Ω]는 약 얼마인가?

㉮ 2.45×10^{-3}　　㉯ 408.25

㉰ $j0.612$　　㉱ 6×10^{-6}

KEY POINT

특성 임피던스

$Z_O = \sqrt{Z_{SS} \cdot Z_{SO}}$

특성 임피던스 $Z_O = \sqrt{Z_{SS} \cdot Z_{SO}} = \sqrt{j250 \times \frac{1}{j1.5 \times 10^{-3}}} = 408.25$

정답 : 15.㉰ 16.㉯

17 그림과 같은 회로에서 특성 임피던스 $Z_O[\Omega]$는?

㉮ 1

㉯ 2

㉰ 3

㉱ 4

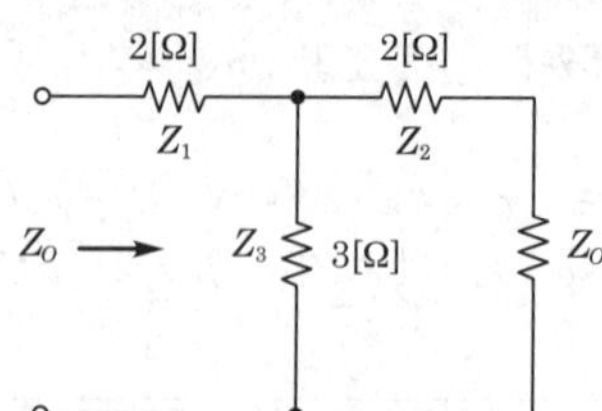

KEY POINT

➲ 특성 임피던스

$$Z_O = \sqrt{Z_{SS} \cdot Z_{SO}}$$

해설 $Z_{SS} = 2 + \dfrac{2 \times 3}{2 + 3} = \dfrac{16}{5}$, $Z_{SO} = 2 + 3 = 5$

$\therefore \ Z_O = \sqrt{Z_{SS} \cdot Z_{SO}} = \sqrt{\dfrac{16}{5} \times 5} = \sqrt{16} = 4$

18 분포 전송 선로의 특성 임피던스가 100[Ω]이고 부하 저항이 300[Ω]이면 전압 반사 계수는?

㉮ 2　　㉯ 1.5

㉰ 1.0　　㉱ 0.5

KEY POINT

➲ 전압 반사 계수

$$\beta = \frac{Z_L - Z_O}{Z_L + Z_O}$$

해설 $\beta = \dfrac{300 - 100}{300 + 100} = \dfrac{200}{400} = 0.5$

정답 : 17.㉱ 18.㉱

제 15장
라플라스 변환

1 정의

어떤 시간 함수 $f(t)$가 있을 때 이 함수에 $e^{-st}dt$를 곱하고 그것을 다시 0에서부터 ∞까지 시간에 대하여 적분한 것을 함수 $f(t)$의 라플라스 변환식이라고 말하며 $F(s) = \mathcal{L}[f(t)]$로 표시한다.

$$\text{정의식 : } \mathcal{L}[f(t)] = F(s) = \int_0^{\infty} f(t)e^{-st}dt$$

2 간단한 함수의 라플라스 변환

(1) 단위 계단 함수(unit step function)의 Laplace 변환

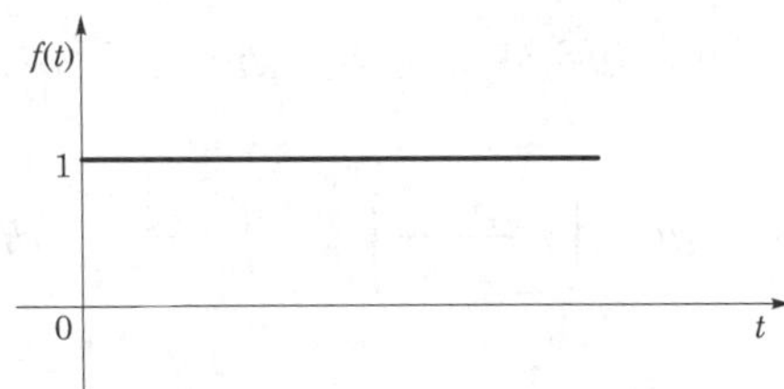

시간 함수 $f(t) = u(t) = 1$로 표현하며

$t>0$ 에서 1을 계속 유지하는 함수로 라플라스 변환하면

$$F(s) = \mathcal{L}[f(t)] = \int_0^{\infty} (1)\, e^{-st}dt = \left[-\frac{1}{s}e^{-st}\right]_0^{\infty} = \frac{1}{s}$$

이 된다.

(2) 지수 감쇠 함수의 Laplace 변환

시간 함수 $f(t)=e^{-at}$ 로 표현하며 이에 대한 Laplace 변환은

$$F(s)=\mathcal{L}[f(t)]=\int_0^\infty e^{-(s+a)t}dt=\left[-\frac{1}{s+a}e^{-(s+a)t}\right]_0^\infty=\frac{1}{s+a}$$

가 된다.

(3) 단위 램프(Ramp)함수의 Laplace 변환

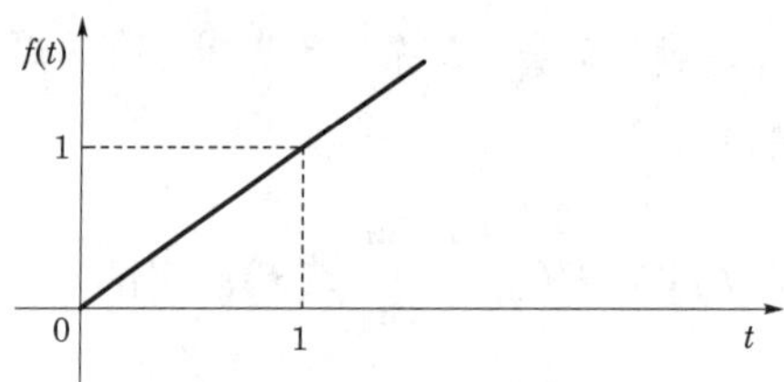

시간 함수 $f(t)=tu(t)$로 표현하며 이에 대한 Laplace 변환은

$$\mathcal{L}[f(t)]=\int_0^\infty te^{-st}dt$$

이다.

부분 적분 $\int u\,dv=uv-v\int du$에서 $u=t$, $dv=e^{-st}dt$를 대입하면 다음과 같이 된다.

$$F(s)=\int_0^\infty te^{-st}dt=\left[t\frac{e^{-st}}{-s}\right]_0^\infty-\int_0^\infty\frac{e^{-st}}{-s}dt$$

그러므로 $F(s)=\mathcal{L}[tu(t)]=\frac{1}{s^2}$

(4) 정현파 함수의 Laplace 변환

시간 함수 $f(t)=\sin\omega t$에 대한 Laplace 변환은

$$\mathcal{L}[f(t)]=\mathcal{L}(\sin\omega t)=\int_0^\infty(\sin\omega t)e^{-st}dt$$

이다.

해법은 다음과 같이 $\sin\omega t$의 지수형을 적용하면 간단히 된다.

$\sin \omega t = \dfrac{e^{j\omega t} - e^{-j\omega t}}{2j}$ 이므로

$$F(s) = \int_0^\infty (\sin \omega t) e^{-st} dt = \int_0^\infty \frac{e^{j\omega t} - e^{-j\omega t}}{2j} e^{-st} dt$$

$$= \frac{1}{2j} \int_0^\infty [e^{-(s-j\omega)t} - e^{-(s+j\omega)t}] dt$$

$$= \frac{1}{2j} \left(\frac{1}{s-j\omega} - \frac{1}{s+j\omega} \right) = \frac{\omega}{s^2 + \omega^2}$$

(5) 여현파 함수의 Laplace 변환

시간 함수 $f(t) = \cos \omega t$ 에 대한 Laplace 변환은

$$\mathcal{L}[f(t)] = \mathcal{L}(\cos \omega t) = \int_0^\infty (\cos \omega t) e^{-st} dt$$

이다.

해법은 다음과 같이 $\cos \omega t$ 의 지수형을 적용하면 된다.

$\cos \omega t = \dfrac{e^{j\omega t} + e^{-j\omega t}}{2}$ 이므로

$$F(s) = \int_0^\infty \cos \omega t e^{-st} dt = \int_0^\infty \frac{e^{j\omega t} + e^{-j\omega t}}{2} e^{-st} dt$$

$$= \frac{1}{2} \int_0^\infty [e^{-(s-j\omega)t} + e^{-(s+j\omega)t}] dt$$

$$= \frac{1}{2} \left(\frac{1}{s-j\omega} + \frac{1}{s+j\omega} \right) = \frac{s}{s^2 + \omega^2}$$

(6) 쌍곡 정현파 함수의 Laplace 변환

시간 함수 $f(t) = \sinh \omega t$ 에 대한 Laplace 변환은

$$\mathcal{L}[f(t)] = \mathcal{L}(\sinh \omega t) = \int_0^\infty (\sinh \omega t) e^{-st} dt$$

이다.

해법은 다음과 같이 $\sinh \omega t$ 의 지수형을 적용하면 간단히 된다.

$\sinh \omega t = \dfrac{e^{\omega t} - e^{-\omega t}}{2}$ 이므로

$$F(s) = \int_0^\infty (\sinh\omega t)e^{-st}dt = \int_0^\infty \frac{e^{\omega t} - e^{-\omega t}}{2} e^{-st}dt$$

$$= \frac{1}{2}\int_0^\infty [e^{-(s-\omega)t} - e^{-(s+\omega)t}]dt$$

$$= \frac{1}{2}\left(\frac{1}{s-\omega} - \frac{1}{s+\omega}\right) = \frac{\omega}{s^2 - \omega^2}$$

(7) 쌍곡 여현파 함수의 Laplace 변환

시간 함수 $f(t) = \cosh\omega t$에 대한 Laplace 변환은

$$\mathcal{L}[f(t)] = \mathcal{L}(\cosh\omega t) = \int_0^\infty (\cosh\omega t)e^{-st}dt$$

이다.

해법은 다음과 같이 $\cosh\omega t$의 지수형을 적용하면 간단히 된다.

$\sinh\omega t = \dfrac{e^{\omega t} + e^{-\omega t}}{2}$ 이므로

$$F(s) = \int_0^\infty (\cosh\omega t)e^{-st}dt = \int_0^\infty \frac{e^{\omega t} + e^{-\omega t}}{2} e^{-st}dt$$

$$= \frac{1}{2}\int_0^\infty [e^{-(s-\omega)t} + e^{-(s+\omega)t}]dt$$

$$= \frac{1}{2}\left(\frac{1}{s-\omega} + \frac{1}{s+\omega}\right) = \frac{s}{s^2 - \omega^2}$$

〈중요한 라플라스 변환〉

	함수명	$f(t)$	$F(s)$
1	단위 임펄스 함수	$\delta(t)$	1
2	단위 계단 함수	$u(t)=1$	$\frac{1}{s}$
3	단위 램프 함수	t	$\frac{1}{s^2}$
4	포물선 함수	t^2	$\frac{2}{s^3}$
5	n차 램프 함수	t^n	$\frac{n!}{s^{n+1}}$
6	지수 감쇠 함수	e^{-at}	$\frac{1}{s+a}$

	함수명	$f(t)$	$F(s)$
7	지수 감쇠 램프 함수	te^{-at}	$\frac{1}{(s+a)^2}$
8	지수 감쇠 포물선 함수	$t^2 e^{-at}$	$\frac{2}{(s+a)^3}$
9	지수 감쇠 n차 램프 함수	$t^n e^{-at}$	$\frac{n!}{(s+a)^{n+1}}$
10	정현파 함수	$\sin \omega t$	$\frac{\omega}{s^2+\omega^2}$
11	여현파 함수	$\cos \omega t$	$\frac{s}{s^2+\omega^2}$
12	지수 감쇠 정현파 함수	$e^{-at}\sin \omega t$	$\frac{\omega}{(s+a)^2+\omega^2}$
13	지수 감쇠 여현파 함수	$e^{-at}\cos \omega t$	$\frac{s+a}{(s+a)^2+\omega^2}$
14	쌍곡 정현파 함수	$\sinh at$	$\frac{a}{s^2-a^2}$
15	쌍곡 여현파 함수	$\cosh at$	$\frac{s}{s^2-a^2}$

3 라플라스 변환에 관한 여러 가지 정리

라플라스 변환은 다음에 표시한 바와 같은 여러 가지 성질이 있고 이것을 이용하여 라플라스 변환의 공식을 구할 수 있다.

(1) 선형 정리

$$\mathcal{L}[af_1(t) \pm bf_2(t)] = aF_1(s) \pm bF_2(s)$$

(2) 상사 정리

$$\mathcal{L}\left[f\left(\frac{t}{a}\right)\right] = aF(as)$$

(3) 시간 추이 정리

$$\mathcal{L}[f(t-a)] = e^{-as}F(s)$$

(4) 복소 추이 정리

$$\mathcal{L}[e^{\pm at}f(t)] = F(s \mp a)$$

즉, 변환식 $F(s)$에서 s 대신 $(s \mp a)$로 대입한 것이다.

(5) 실미분 정리

$$\mathcal{L}[f'(t)] = sF(s) - f(0)$$

$$\mathcal{L}[f''(t)] = s^2F(s) - sf(0) - f'(0)$$

$$\mathcal{L}[f'''(t)] = s^3F(s) - s^2f(0) - sf'(0) - f''(0)$$

(6) 실적분 정리

$$\mathcal{L}\left[\int f(t)\,dt\right] = \frac{1}{s}F(s) + \frac{1}{s}f^{(-1)}(0)$$

$$\mathcal{L}\left[\iint f(t)\,dt^2\right] = \frac{1}{s^2}F(s) + \frac{1}{s^2}f^{(-1)}(0) + \frac{1}{s}f^{(-2)}(0)$$

$$\mathcal{L}\left[\iiint f(t)\,dt^3\right] = \frac{1}{s^3}F(s) + \frac{1}{s^3}f^{(-1)}(0) + \frac{1}{s^2}f^{(-2)}(0) + \frac{1}{s}f^{(-3)}(0)$$

(7) 복소 미분 정리

$$\mathcal{L}[tf(t)] = -\frac{d}{ds}F(s)$$

일반적으로 $\mathcal{L}[t^n f(t)] = (-1)^n \frac{d^n}{ds^n}F(s)$이다.

(8) 복소 적분 정리

$$\mathcal{L}\left[\frac{f(t)}{t}\right] = \int_s^\infty F(s)\,ds$$

(9) 초기값 정리

$$f(0) = \lim_{t \to 0} f(t) = \lim_{s \to \infty} sF(s)$$

(10) 최종값 정리

$$f(\infty) = \lim_{t \to \infty} f(t) = \lim_{s \to 0} sF(s)$$

(11) 주기 함수의 라플라스 변환

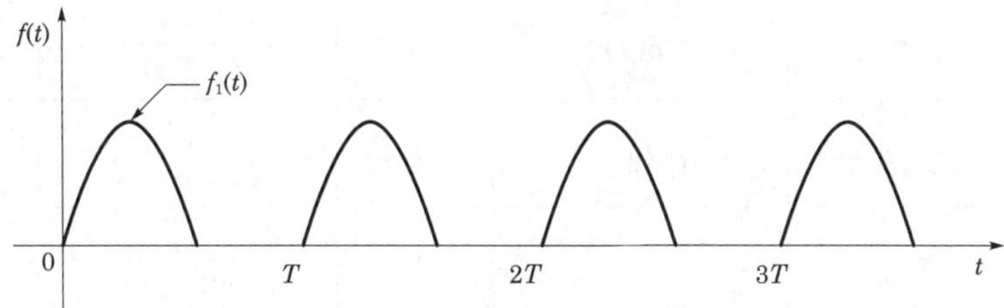

그림의 시간 함수는 $f(t)=f_1(t)+f_1(t-T)+f_1(t-2T)+\cdots\cdots$로 표시할 수 있고, 위 식의 양변을 라플라스 변환하면

$$F(s)=F_1(s)(1+e^{-Ts}+e^{-2Ts}+\cdots\cdots)$$

$$=F_1(s)\frac{1}{1-e^{-Ts}}$$

가 된다.

4 라플라스 역변환

라플라스 변환식 $F(s)$로부터 그 본래의 함수 $f(t)$를 구하는 것을 $F(s)$의 라플라스 역변환이라고 한다.

$$\mathcal{L}^{-1}[F(s)]=f(t)$$

예를 들어, $f(t)=t^2$을 생각해 보자.

이 함수의 라플라스 변환식은 $F(s)=\mathcal{L}[t^2]=\frac{2}{s^3}$이므로 이의 역라플라스 변환은

$$f(t)=\mathcal{L}^{-1}\left[\frac{2}{s^3}\right]=t^2$$

이 된다.

〈중요한 라플라스 역변환〉

	$F(s)$	$f(t)$		$F(s)$	$f(t)$
1	1	$\delta(t)$	7	$\dfrac{1}{(s+a)^2}$	te^{-at}
2	$\dfrac{1}{s}$	$u(t)=1$	8	$\dfrac{n!}{(s+a)^{n+1}}$	$t^n e^{-at}$
3	$\dfrac{1}{s^2}$	t	9	$\dfrac{\omega}{s^2+\omega^2}$	$\sin\omega t$
4	$\dfrac{2}{s^3}$	t^2	10	$\dfrac{s}{s^2+\omega^2}$	$\cos\omega t$
5	$\dfrac{n!}{s^{n+1}}$	t^n	11	$\dfrac{\omega}{(s+a)^2+\omega^2}$	$e^{-at}\sin\omega t$
6	$\dfrac{1}{s+a}$	e^{-at}	12	$\dfrac{s+a}{(s+a)^2+\omega^2}$	$e^{-at}\cos\omega t$

5 부분 분수에 의한 라플라스 역변환

(1) 실수 단근인 경우

$$F(s) = \frac{Z(s)}{(s-p_1)(s-p_2)\cdots\cdots(s-p_n)}$$

$$= \frac{K_1}{(s-p_1)} + \frac{K_2}{(s-p_2)} + \cdots + \frac{K_j}{(s-p_j)} + \cdots + \frac{K_n}{(s-p_n)}$$

의 경우 유수 K_j는 다음과 같이 구한다.

$$K_j = \lim_{s \to p_j}(s-p_j)F(s)$$

(2) 공액 복소근을 포함한 경우

$$F(s) = \frac{A(s)}{\{(s-a)^2+\omega^2\}(s-p_0)(s-p_1)\cdots\cdots(s-p_n)}$$

$$= \frac{Cs+D}{(s-a)^2+\omega^2} + \frac{K_3}{(s-p_3)} + \frac{K_4}{(s-p_4)} + \cdots\cdots + \frac{K_n}{(s-p_n)}$$

여기서, K_3, K_4, ……, K_n은 실수 단근인 경우에 기술한 방법으로 구하고, C, D는 다음과 같은 복소수의 방정식을 세워 구한다.

$$\lim_{s \to a+j\omega} F(s)\{(s-a)^2+\omega^2\} = \lim_{s \to a+j\omega}(Cs+D)$$

(3) 다중근인 경우

$$F(s) = \frac{Z(s)}{(s-p_i)^r(s-p_1)(s-p_2)\cdots\cdots(s-p_n)}$$

$$= \frac{K_{11}}{(s-p_1)} + \frac{K_{12}}{(s-p_2)} + \cdots\cdots + \frac{K_{1n}}{(s-p_n)} + \frac{L_1}{(s-p_i)}$$

$$+ \frac{L_2}{(s-p_i)^2} + \cdots\cdots + \frac{L_r}{(s-p_i)^r}$$

여기서, K_{11}, K_{12}, ……, K_{1n}은 실수 단근인 경우에 기술한 방법으로 구하고, L_1, L_2, ……, L_r은 중근이므로 다음과 같이 구한다.

$$L_r = \lim_{s \to p_i}[(s-p_i)^r F(s)]$$

$$\vdots \qquad\qquad \vdots$$

$$L_1 = \lim_{s \to p_i}\frac{1}{(r-1)!}\frac{d^{r-1}}{ds^{r-1}}[(s-p_i)^r F(s)]$$

단원핵심문제

1 함수 $f(t)$의 라플라스 변환은 어떤 식으로 정의되는가?

㉮ $\int_{-\infty}^{\infty} f(t)e^{st}dt$　　㉯ $\int_{-\infty}^{\infty} f(t)e^{-st}dt$

㉰ $\int_{0}^{\infty} f(t)e^{-st}dt$　　㉱ $\int_{0}^{\infty} f(t)e^{st}dt$

KEY POINT

➲ 라플라스 변환은 시간의 함수를 주파수 함수로 바꾸는 식

$\mathcal{L}[f(t)] = F(s) = \int_{0}^{\infty} f(t)e^{-st}dt$

2 그림과 같은 단위 임펄스 $\delta(t)$의 라플라스 변환은?

㉮ 1

㉯ $\frac{1}{s}$

㉰ $\frac{1}{s^2}$

㉱ $e^{-\delta}$

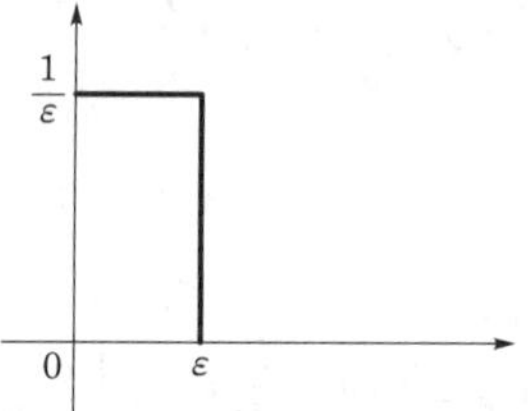

KEY POINT

➲ 단위 임펄스 함수 $f(t)$의 Laplace 변환

$\mathcal{L}[f(t)] = 1$

3 $f(t)=1$의 라플라스 변환은?

㉮ $\frac{1}{s}$　　㉯ 1

㉰ $\frac{1}{s^2}$　　㉱ s

정답 : 1.㉰ 2.㉮ 3.㉮

KEY POINT

Laplace 변환식

$$F(s)=\int_0^{\infty} f(t)\cdot e^{-st}\,dt$$

$$\int_0^{\infty} 1\cdot e^{-st}dt=\int_0^{\infty} e^{-st}dt=\left[-\frac{1}{s}e^{-st}\right]_0^{\infty}=\frac{1}{s}$$

4 단위 램프 함수 $\rho(t)=tu(t)$의 라플라스 변환은?

㉮ $\frac{1}{s^2}$ ㉯ $\frac{1}{s}$

㉰ $\frac{1}{s^3}$ ㉱ $\frac{1}{s^4}$

KEY POINT

Laplace 변환식

$$F(s)=\int_0^{\infty} f(t)\cdot e^{-st}\,dt$$

단위 램프 함수의 Laplace 변환

$$\mathcal{L}[t]=\frac{1}{s^2}$$

5 $f(t)=t^2$의 라플라스 변환은?

㉮ $\frac{2}{s}$ ㉯ $\frac{2}{s^2}$

㉰ $\frac{2}{s^3}$ ㉱ $\frac{2}{s^4}$

KEY POINT

n차 단위 램프 함수의 Laplace 변환

$$\mathcal{L}[t^n]=\frac{n!}{s^n+1}$$

$$\mathcal{L}[t^2]=\frac{2!}{s^{2+1}}=\frac{2}{s^3}$$

정답 : 4.㉮ 5.㉰

 $10t^3$의 라플라스 변환은?

㉮ $\frac{60}{s^4}$　　㉯ $\frac{30}{s^4}$

㉰ $\frac{10}{s^4}$　　㉱ $\frac{80}{s^4}$

➲ n차 단위 램프 함수의 Laplace 변환

$\mathcal{L}[t^n] = \frac{n!}{s^{n+1}}$

$\mathcal{L}[10t^3] = 10\frac{3!}{s^{3+1}} = 10\frac{3\times2\times1}{S^4} = \frac{60}{s^4}$

 $e^{j\omega t}$ 의 라플라스 변환은?

㉮ $\frac{1}{s-j\omega}$　　㉯ $\frac{1}{s+j\omega}$

㉰ $\frac{1}{s^2+\omega^2}$　　㉱ $\frac{\omega}{s^2+\omega^2}$

➲ 지수 함수의 Laplace 변환

$\mathcal{L}[e^{\pm at}] = \frac{1}{s\mp a}$

$F(s) = \mathcal{L}[e^j\omega t] = \frac{1}{s-j\omega}$

8 $f(t) = 1 - e^{-at}$ 의 라플라스 변환은?

㉮ $\frac{1}{s+a}$　　㉯ $\frac{1}{s(s+a)}$

㉰ $\frac{a}{s}$　　㉱ $\frac{a}{s(s+a)}$

➲ $\mathcal{L}[u(t)] = \frac{1}{s}$, $\mathcal{L}[e^{-at}] = \frac{1}{s+a}$

$F(s) = \mathcal{L}[f(t)] = \mathcal{L}[1-e^{-at}] = \frac{1}{s} - \frac{1}{s+a} = \frac{s+a-s}{s(s+a)} = \frac{a}{s(s+a)}$

정답 : 6.㉮ 7.㉮ 8.㉱

$f(t) = \delta(t) - be^{-bt}$의 라플라스 변환은? (단, $\delta(t)$는 임펄스 함수이다.)

㉮ $\dfrac{b}{s+b}$ ㉯ $\dfrac{s(1-b)+5}{s(s+b)}$

㉰ $\dfrac{1}{s(s+b)}$ ㉱ $\dfrac{s}{s+b}$

KEY POINT

➲ $\mathcal{L}[f(t)] = 1,\ \mathcal{L}[e^{-at}] = \dfrac{1}{s+a}$

해설

$F(s) = \mathcal{L}[\delta(t)] - \mathcal{L}[be^{-bt}] = 1 - \dfrac{b}{s+b} = \dfrac{s}{s+b}$

$f(t) = \sin t + 2\cos t$를 라플라스로 변환하면?

㉮ $\dfrac{2s}{s^2+1}$ ㉯ $\dfrac{2s+1}{(s+1)^2}$

㉰ $\dfrac{2s+1}{s^2+1}$ ㉱ $\dfrac{2s}{(s+1)^2}$

KEY POINT

➲ $\mathcal{L}[\sin\omega t] = \dfrac{\omega}{s^2+\omega^2},\quad \mathcal{L}[\cos\omega t] = \dfrac{s}{s^2+\omega^2}$

해설

$F(s) = \dfrac{1}{s^2+1} + \dfrac{2s}{s^2+1} = \dfrac{2s+1}{s^2+1}$

$f(t) = \sin t\ \cos t$를 라플라스로 변환하면?

㉮ $\dfrac{1}{s^2+4}$ ㉯ $\dfrac{1}{s^2+2}$

㉰ $\dfrac{1}{(s+2)^2}$ ㉱ $\dfrac{1}{(s+4)^2}$

KEY POINT

➲ 삼각 함수 가법 정리

$\sin(A+B) = \sin A\cos B + \cos A\sin B$

해설

삼각 함수 가법 정리에 의해서

$\sin(t+t) = 2\sin t\cos t$

$\therefore\ \sin t\cos t = \dfrac{1}{2}\sin 2t$

$\because\ F(s) = \mathcal{L}[\sin t\cos t] = \mathcal{L}\left[\dfrac{1}{2}\sin 2t\right] = \dfrac{1}{2} \times \dfrac{2}{s^2+2^2} = \dfrac{1}{s^2+4}$

정답 : 9.㉱ 10.㉰ 11.㉮

12 $\sin(\omega t + \theta)$를 라플라스로 변환하면?

㉮ $\dfrac{\omega \sin\theta}{s^2+\omega^2}$ ㉯ $\dfrac{\omega \cos\theta}{s^2+\omega^2}$

㉰ $\dfrac{\cos\theta + \sin\theta}{s^2+\omega^2}$ ㉱ $\dfrac{\omega\cos\theta + s\sin\theta}{s^2+\omega^2}$

KEY POINT

➲ 삼각 함수 가법 정리

$\sin(A+B) = \sin A\cos B + \cos A\sin B$

해설

$f(t) = \sin(\omega t + \theta) = \sin\omega t\cos\theta + \cos\omega t\sin\theta$

$\therefore\ \mathcal{L}[f(t)] = \mathcal{L}[\sin\omega t\cos\theta] + \mathcal{L}[\cos\omega t\sin\theta] = \dfrac{\omega}{s^2+\omega^2}\cos\theta + \dfrac{s}{s^2+\omega^2}\sin\theta$

$= \dfrac{\omega\cos\theta + s\sin\theta}{s^2+\omega^2}$

13 $\mathcal{L}[\cos(10t - 30°)\cdot u(t)]$는?

㉮ $\dfrac{s+1}{s^2+100}$ ㉯ $\dfrac{s+30}{s^2+100}$

㉰ $\dfrac{0.866s}{s^2+100}$ ㉱ $\dfrac{0.866s+5}{s^2+100}$

KEY POINT

➲ 삼각 함수 가법 정리

$\sin(A+B) = \sin A\cos B + \cos A\sin B$

해설

$f(t) = \cos(10t - 30°) = \cos 10t\cos 30° + \sin 10t\sin 30°$

$= 0.866\cos 10t + 0.5\sin 10t$

$\therefore\ F(s) = \dfrac{0.866s}{s^2+10^2} + \dfrac{5}{s^2+10^2} = \dfrac{0.866s+5}{s^2+100}$

14 $f(t) = te^{-at}$ 일 때 라플라스 변환하면 $F(s)$의 값은?

㉮ $\dfrac{2}{(s+a)^2}$ ㉯ $\dfrac{1}{s(s+a)}$

㉰ $\dfrac{1}{(s+a)^2}$ ㉱ $\dfrac{1}{s+a}$

정답 : 12.㉱ 13.㉱ 14.㉰

KEY POINT

➲ 지수 감쇠 램프 함수의 Laplace 변환

$$\mathcal{L}[te^{-at}] = \frac{1}{(s+a)^2}$$

15 $e^{-at}\cos\omega t$ 의 라플라스 변환은?

㉮ $\frac{s+a}{(s+a)^2+\omega^2}$ ㉯ $\frac{\omega}{(s+a)^2+\omega^2}$

㉰ $\frac{\omega}{(s^2+a^2)^2}$ ㉱ $\frac{s+a}{(s^2+a^2)^2}$

KEY POINT

➲ 복소 추이 정리

$$\mathcal{L}[e^{-at}f(t)] = F(s+a)$$

해설 복소 추이 정리를 이용하면

$$\mathcal{L}[e^{-at}\cos\omega t] = \mathcal{L}[\cos\omega t]\Big|_{s=s+a} = \frac{s}{s^2+\omega^2}\Big|_{s=s+a} = \frac{s+a}{(s+a)^2+\omega^2}$$

16 $f(t)=\frac{e^{at}+e^{-at}}{2}$ 의 라플라스 변환은?

㉮ $\frac{s}{s^2+a^2}$ ㉯ $\frac{s}{s^2-a^2}$

㉰ $\frac{a}{s^2+a^2}$ ㉱ $\frac{a}{s^2+a^2}$

KEY POINT

➲ 쌍곡선 함수의 지수 함수 표현식

$$\cosh at = \frac{e^{+at}+e^{-at}}{2}$$

$$\mathcal{L}[\cosh at] = \frac{S}{s^2-a^2}$$

해설 $F(s) = \mathcal{L}\left[\frac{1}{2}(e^{at}+e^{-at})\right] = \frac{1}{2}\left(\frac{1}{s-a}+\frac{1}{s+a}\right) = \frac{s}{s^2-a^2}$

정답 : 15.㉮ 16.㉯

17 $\mathcal{L}[e^{-4t}\cos(10t-30°)\cdot u(t)]$는?

㉮ $\dfrac{0.866s+10}{(s+4)^2+100}$ ㉯ $\dfrac{0.866s+5}{(s+4)^2+100}$

㉰ $\dfrac{0.866(s+4)+5}{(s+4)^2+100}$ ㉱ $\dfrac{0.866s+5}{s^2+100}$

KEY POINT

➲ 복소 추이 정리

$\mathcal{L}[e^{-at}f(t)]=F(s+a)$

해설 $\mathcal{L}[\cos(10t-30°)]=\mathcal{L}[\cos 10t\cos 30°+\sin 10t\cos 30°]=\dfrac{0.866s+5}{s^2+100}$

복소 추이 정리에 의해서

$\alpha[e^{-4t}\cos(10t-30°)]=\dfrac{0.866s+5}{s^2+100}\Bigg|_{s=s+4}=\dfrac{0.866(s+4)+5}{(s+4)^2+100}$

18 그림과 같은 단위 계단 함수는?

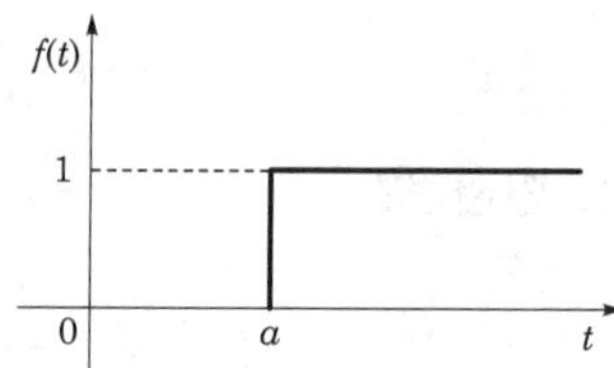

㉮ $u(t)$ ㉯ $u(t-a)$

㉰ $u(a-t)$ ㉱ $-u(t-a)$

KEY POINT

➲ 단위 계단 함수

$f(t)=u(t)$

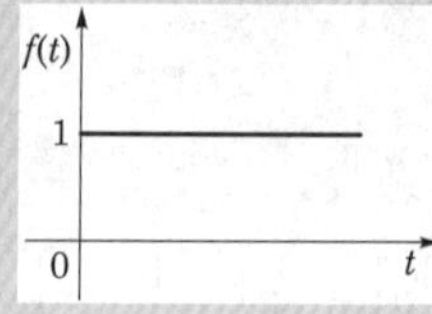

해설 $f(t)=u(t-a)$

정답 : 17.㉰ 18.㉯

19 그림과 같은 ramp 함수의 라플라스 변환은?

㉮ $e^{2}\frac{1}{s^2}$

㉯ $e^{-s}\frac{1}{s^2}$

㉰ $e^{2s}\frac{1}{s^2}$

㉱ $e^{-2s}\frac{1}{s^2}$

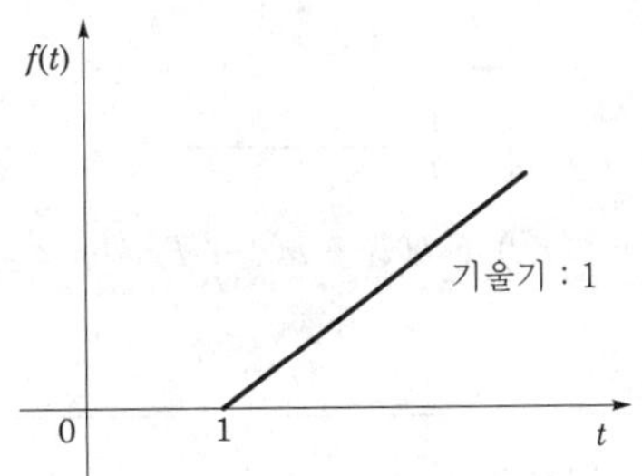

KEY POINT

➲ 단위 램프 함수

$f(t) = t \cdot u(t)$

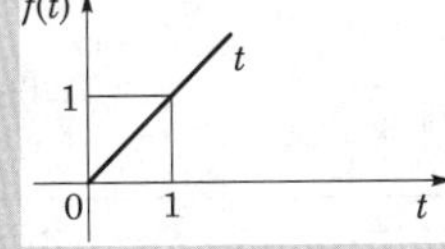

해설

$f(t) = (t-1)u(t-1)$

$\therefore\ F(s) = e^{-s} \cdot \frac{1}{s^2}$

20 그림과 같은 파형을 단위 함수(unit step function) $u(t)$로 표시하면?

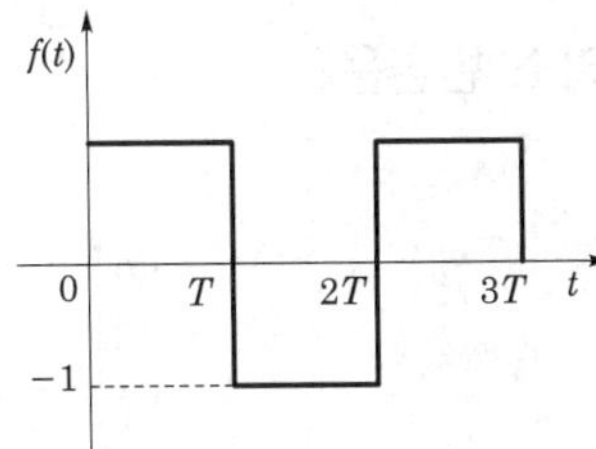

㉮ $u(t)-u(t-T)+u(t-2T)-u(t-3T)$

㉯ $u(t)-2u(t-T)+2u(t-2T)-u(t-3T)$

㉰ $u(t-T)-u(t-2T)+u(t-3T)$

㉱ $u(t-T)-2u(t-2T)+2u(t-3T)$

정답 : 19.㉯ 20.㉯

KEY POINT

$f(t) = u(t) - u(t-T)$

21 $\mathcal{L}[u(t-a)]$는?

㉮ $\dfrac{e^{as}}{s^2}$

㉯ $\dfrac{e^{-as}}{s^2}$

㉰ $\dfrac{e^{as}}{s}$

㉱ $\dfrac{e^{-as}}{s}$

KEY POINT

➲ 시간 추이 정리

$\mathcal{L}[f(t-a)] = e^{-as} \cdot F(s)$

해설

시간 추이 정리를 이용하면

$\mathcal{L}[u(t-a)] = e^{-as} \cdot \dfrac{1}{s}$

22 그림과 같은 구형파의 라플라스 변환은?

㉮ $\dfrac{1}{s}(1-e^{-s})$

㉯ $\dfrac{1}{s}(1+e^{-s})$

㉰ $\dfrac{1}{s}(1-e^{-2s})$

㉱ $\dfrac{1}{s}(1+e^{-2s})$

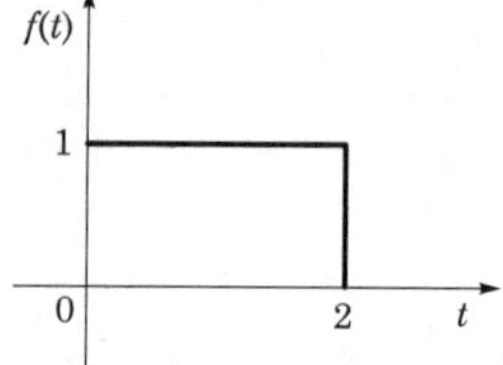

KEY POINT

➲ 시간 추이 정리

$\mathcal{L}[f(t-a)] = e^{-as} \cdot F(s)$

해설

$f(t) = u(t) - u(t-2)$

시간 추이 정리를 적용하면

$F(s) = \dfrac{1}{s} - e^{-2s} \cdot \dfrac{1}{s} = \dfrac{1}{s}(1-e^{-2s})$

정답 : 21.㉱ 22.㉰

23 그림과 같이 높이가 1인 펄스의 라플라스 변환은?

㉮ $\frac{1}{s}(e^{-as}+e^{-bs})$

㉯ $\frac{1}{s}(e^{-as}-e^{-bs})$

㉰ $\frac{1}{a-b}\left(\frac{e^{-as}+e^{-bs}}{s}\right)$

㉱ $\frac{1}{a-b}\left(\frac{e^{-as}-e^{-bs}}{s}\right)$

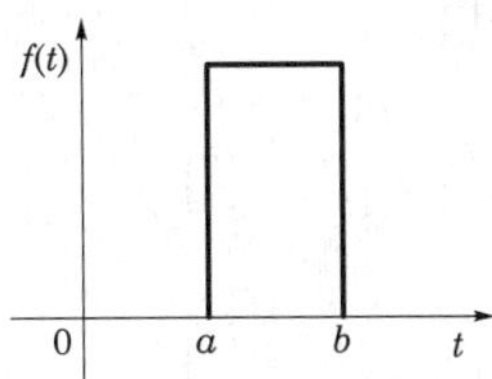

KEY POINT

➲ 시간 추이 정리

$\mathcal{L}[f(t-a)]=e^{-as}\cdot F(s)$

해설 $f(t)=u(t-a)-u(t-b)$

시간 추이 정리를 적용하면

$$F(s)=\frac{e^{-as}}{s}-\frac{e^{-bs}}{s}=\frac{1}{s}(e^{-as}-e^{-bs})$$

24 그림과 같은 구형파의 라플라스 변환을 구하면?

㉮ $\frac{1}{s}$

㉯ $\frac{e^{-as}}{s}$

㉰ $\frac{1+e^{-as}}{s}$

㉱ $\frac{1-2e^{-as}}{s}$

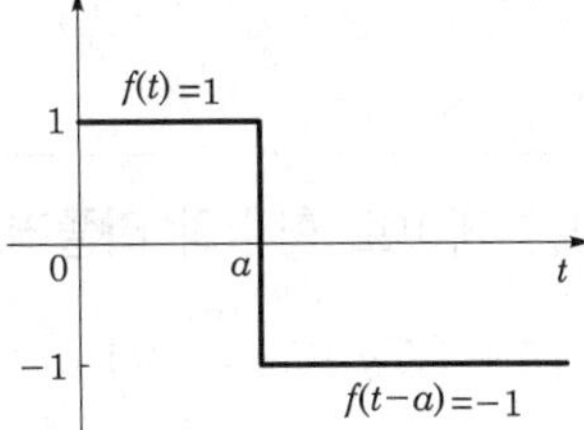

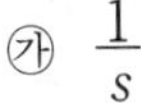
KEY POINT

➲ 시간 추이 정리

$\mathcal{L}[f(t-a)]=e^{-as}\cdot F(s)$

해설 $f(t)=u(t)-2u(t-a)$이므로 시간 추이 정리를 적용하면

$$F(s)=\mathcal{L}[f(t)]=\mathcal{L}[u(t)-2u(t-a)]=\frac{1}{s}-\frac{2}{s}e^{-as}$$

$$=\frac{1-2e^{-as}}{s}$$

정답 : 23.㉯ 24.㉱

25 그림과 같은 반파 정현파의 라플라스 변환은?

㉮ $\dfrac{E\omega}{s^2+\omega^2}\left(1-e^{-\frac{1}{2}Ts}\right)$

㉯ $\dfrac{Es}{s^2+\omega^2}\left(1-e^{-\frac{1}{2}Ts}\right)$

㉰ $\dfrac{E\omega}{s^2+\omega^2}\left(1+e^{-\frac{1}{2}Ts}\right)$

㉱ $\dfrac{Es}{s^2+\omega^2}\left(1+e^{-\frac{1}{2}Ts}\right)$

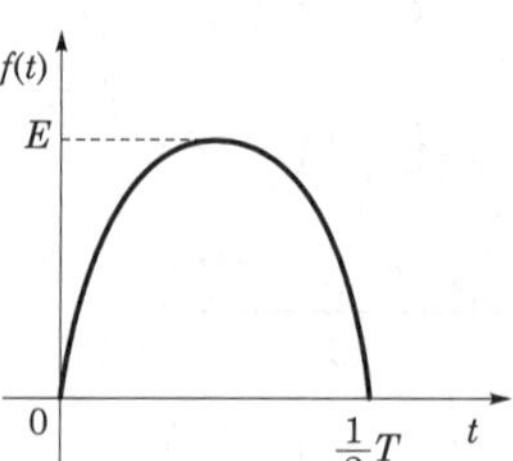

KEY POINT

시간 추이 정리

$\mathcal{L}[f(t-a)] = e^{-as}\cdot F(s)$

$$f(t) = E\sin\omega t u(t) + E\sin\omega\left(t-\frac{1}{2}T\right)u\left(t-\frac{1}{2}T\right)$$

$$\therefore F(s) = \frac{E\omega}{s^2+\omega^2} + \frac{E\omega}{s^2+\omega^2}e^{-\frac{1}{2}Ts} = \frac{E\omega}{s^2+\omega^2}\left(1+e^{-\frac{1}{2}Ts}\right)$$

26 그림과 같은 게이트 함수의 라플라스 변환을 구하면?

㉮ $\dfrac{E}{Ts^2}[1-(Ts+1)e^{-Ts}]$

㉯ $\dfrac{E}{Ts^2}[1+(Ts+1)e^{-Ts}]$

㉰ $\dfrac{E}{Ts^2}(Ts+1)e^{-Ts}$

㉱ $\dfrac{E}{Ts^2}(Ts-1)e^{-Ts}$

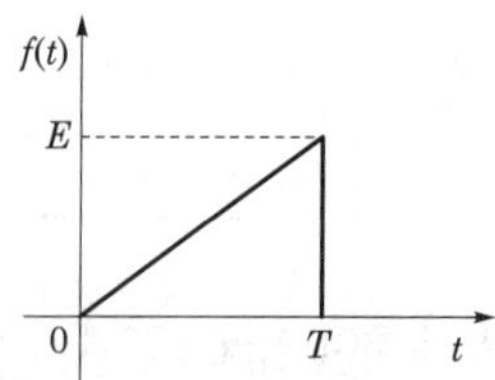

KEY POINT

시간 추이 정리

$\mathcal{L}[f(t-a)] = e^{-as}\cdot F(s)$

정답 : 25.㉰ 26.㉮

해설 $f(t) = \frac{E}{T} tu(t) - Eu(t-T) - \frac{E}{T}(t-T)u(t-T)$

이므로 시간 추이 정리를 이용하면

$$\therefore\ F(s) = \frac{E}{Ts^2} - \frac{Ee^{-Ts}}{s} - \frac{Ee^{-Ts}}{Ts^2}$$

$$= \frac{E}{Ts^2}[1-(Ts+1)e^{-Ts}]$$

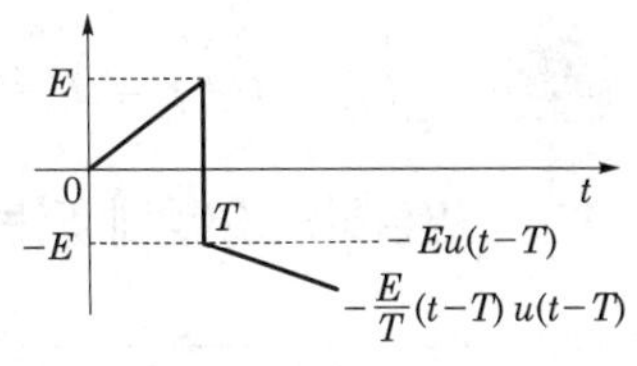

27 $\mathcal{L}\left[\frac{d}{dt}\cos\omega t\right]$의 값은?

㉮ $\frac{s^2}{s^2+\omega^2}$

㉯ $\frac{-s^2}{s^2+\omega^2}$

㉰ $\frac{\omega^2}{s^2+\omega^2}$

㉱ $\frac{-\omega^2}{s^2+\omega^2}$

KEY POINT

➲ 실미분 정리

$$\mathcal{L}\left[\frac{d}{dt}f(t)\right] = sF(s) - f(0)$$

해설 $\mathcal{L}\left[\frac{d}{dt}\cos\omega t\right] = \mathcal{L}[-\omega\sin\omega t] = -\omega\cdot\frac{\omega}{s^2+\omega^2} = \frac{-\omega^2}{s^2+\omega^2}$

28 $5\frac{d^2q}{dt^2} + \frac{dq}{dt} = 10\sin t$ 에서 모든 초기 조건을 0으로 한 라플라스 변환은?

㉮ $\frac{10}{(5s+1)(s^2+1)}$

㉯ $\frac{10}{(5s^2+s)(s^2+1)}$

㉰ $\frac{10}{2(s^2+1)}$

㉱ $\frac{10}{(s^2+5)(s^2+1)}$

KEY POINT

➲ 실미분 정리

$$\mathcal{L}\left[\frac{d}{dt}f(t)\right] = sF(s) - f(0)$$

$$\mathcal{L}\left[\frac{d^2}{dt^2}f(t)\right] = s^2F(s) - sf(0) - f'(0)$$

해설 라플라스 변환하면

$$(5s^2+s)Q(s) = \frac{10}{s^2+1}$$

$$\therefore\ Q(s) = \frac{10}{(5s^2+s)(s^2+1)}$$

정답 : 27.㉱ 28.㉯

29 $v_i(t)=Ri(t)+L\frac{di(t)}{dt}+\frac{1}{C}\int i(t)dt$ 에서 모든 초기 조건을 0으로 하고 라플라스 변환하면 어떻게 되는가?

㉮ $\frac{Cs}{LCs^2+RCs+1}V_i(s)$　　㉯ $\frac{1}{LCs^2+RCs+1}V_i(s)$

㉰ $\frac{LCs}{LCs^2+RCs+1}V_i(s)$　　㉱ $\frac{C}{LCs^2+RCs+1}V_i(s)$

KEY POINT

① 실미분 정리 : $\mathcal{L}\left[\frac{d}{dt}f(t)\right]=sF(s)-f(0)$

② 실적분 정리 : $\mathcal{L}\left[\int f(t)dt\right]=\frac{1}{s}F(s)+\frac{1}{s}f^{(-1)}_{(0)}$

해설 $V_i(s)=\left(R+sL+\frac{1}{sC}\right)I(s)$

$$\therefore I(s)=\frac{1}{sL+R+\frac{1}{sC}}V_i(s)$$

$$=\frac{Cs}{LCs^2+RCs+1}V_i(s)$$

30 $t\sin\omega t$ 의 라플라스 변환은?

㉮ $\frac{\omega}{(s^2+\omega^2)^2}$　　㉯ ωs

㉰ $\frac{\omega^2}{(s^2+\omega^2)^2}$　　㉱ $\frac{2\omega s}{(s^2+\omega^2)^2}$

KEY POINT

복소 미분 정리

$\mathcal{L}[tf(t)]=(-1)\frac{d}{ds}F(s)$

해설 복소 미분 정리를 이용하면

$$F(s)=(-1)\frac{d}{ds}\{\mathcal{L}(\sin\omega t)\}$$

$$=(-1)\frac{d}{ds}\frac{\omega}{s^2+\omega^2}$$

$$=\frac{2\omega s}{(s^2+\omega^2)^2}$$

정답 : 29.㉮ 30.㉱

31 다음과 같은 2개의 전류의 초기값 $i_1(0_+)$, $i_2(0_+)$가 옳게 구해진 것은?

$$I_1(s) = \frac{12(s+8)}{4s(s+6)}, \quad I_2(s) = \frac{12}{s(s+6)}$$

㉮ 3, 0
㉯ 4, 0
㉰ 4, 2
㉱ 3, 4

KEY POINT

➲ 초기치 정리

$$\lim_{t \to 0} f(t) = \lim_{s \to \infty} sF(s)$$

해설 초기값 정리에 의해

$$\lim_{s \to \infty} s \cdot I_1(s) = \lim_{s \to \infty} s \cdot \frac{12(s+8)}{4s(s+6)} = 3$$

$$\lim_{s \to \infty} s \cdot I_2(s) = \lim_{s \to \infty} s \cdot \frac{12}{s(s+6)} = 0$$

32 $I(s) = \dfrac{2s+5}{s^2+3s+2s}$ 일 때 $i(t)|_{t=0} = i(0)$은 얼마인가?

㉮ 2
㉯ 3
㉰ 5
㉱ 5/2

KEY POINT

➲ 초기치 정리

$$\lim_{t \to 0} f(t) = \lim_{s \to \infty} sF(s)$$

해설 초기값 정리에 의해

$$i(0) = \lim_{s \to 0} sI(s) = \lim_{s \to \infty} s \frac{2s+5}{s^2+3s+2} = 2$$

33 $F(s) = \dfrac{3s+10}{s^3+2s^2+5s}$ 일 때 $f(t)$의 최종값은?

㉮ 0
㉯ 1
㉰ 2
㉱ 8

KEY POINT

➲ 최종치 정리

$$\lim_{t \to \infty} f(t) = \lim_{s \to 0} sF(s)$$

정답 : 31.㉮ 32.㉮ 33.㉰

해설 최종치 정리에 의해

$$\lim_{s\to\infty} s\cdot F(s) = \lim_{s\to 0} s\frac{3s+10}{s(s^2+2s+5)} = \frac{10}{5} = 2$$

34 어떤 제어계의 출력이 $C(s) = \dfrac{5}{s(s^2+s+2)}$ 로 주어질 때 출력의 시간 함수 $c(t)$의 정상값은?

㉮ 5　　㉯ 2

㉰ $\dfrac{2}{5}$　　㉱ $\dfrac{5}{2}$

KEY POINT

➲ 최종치 정리

$$\lim_{t\to\infty} f(t) = \lim_{s\to 0} sF(s)$$

해설 최종값 정리에 의해

$$\lim_{s\to 0} sC(s) = \lim_{s\to 0} s\frac{5}{s(s^2+s+2)} = \frac{5}{2}$$

35 그림과 같은 계단 함수의 라플라스 변환은?

㉮ $E(1+e^{-Ts})$

㉯ $\dfrac{E}{(1-e^{-Ts})}$

㉰ $\dfrac{E}{s(1-e^{-Ts})}$

㉱ $\dfrac{E}{s(1-e^{-Ts/2})}$

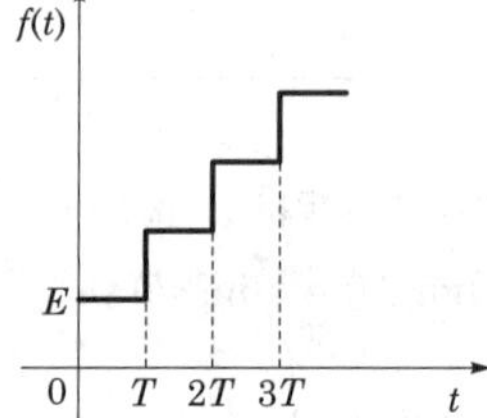

KEY POINT

➲ 주기 함수의 Laplace 변환

$$F(s) = \frac{1}{1-e^{-Ts}}F(s)$$

해설 $f(t) = u_0(t) + u(t-T) + u(t-2T) + u(t-3T) + \cdots$

시간 추이 정리를 이용하여 라플라스 변환하면

$$F(s) = \mathcal{L}[f(t)] = \frac{E}{s} + \frac{E}{s}e^{-Ts} + \frac{E}{s}e^{-2Ts} + \frac{E}{s}e^{-3Ts} + \cdots\cdots$$

$$= \frac{E}{s}(1 + e^{-Ts} + e^{-2Ts} + E^{-3Ts} + \cdots\cdots)$$

$$= \frac{E}{s}\left(\frac{1}{1-e^{-Ts}}\right) = \frac{E}{s(-e^{-Ts})}$$

정답 : 34.㉱ 35.㉰

36 $\dfrac{1}{s+3}$ 의 역라플라스 변환은?

㉮ e^{3t}　　㉯ e^{-3t}

㉰ $e^{\frac{1}{3}}$　　㉱ $e^{-\frac{1}{3}}$

KEY POINT

➲ Laplace 변환표

$$\mathcal{L}[e^{-at}] = \frac{1}{s+a}$$

해설 $\mathcal{L}[e^{-at}] = \dfrac{1}{s+a}$ 이므로

$\therefore\ \mathcal{L}^{-1}\left[\dfrac{1}{(s+3)}\right] = e^{-3t}$

37 다음 함수의 역라플라스 변환을 구하면?

$$F(s) = \frac{3s+8}{s^2+9}$$

㉮ $3\cos 3t - \dfrac{8}{3}\sin 3t$　　㉯ $3\sin 3t + \dfrac{8}{3}\cos 3t$

㉰ $3\cos 3t + \dfrac{8}{3}\sin t$　　㉱ $3\cos 3t + \dfrac{8}{3}\sin 3t$

KEY POINT

➲ Laplace 변환표

$$\mathcal{L}[\cos\omega t] = \frac{s}{s^2+\omega^2},\quad \mathcal{L}[\sin\omega t] = \frac{\omega}{s^2+\omega^2}$$

해설 $F(s) = \dfrac{3s+8}{s^2+9} = \dfrac{3s}{s^2+3^2} + \dfrac{8}{s^2+3^2} = 3\left(\dfrac{s}{s^2+3^2}\right) + \dfrac{8}{3}\left(\dfrac{3}{s^2+3^2}\right)$

$\therefore\ f(t) = \mathcal{L}^{-1}[F(s)] = 3\cos 3t + \dfrac{8}{3}\sin 3t$

38 $\dfrac{s\sin\theta + \omega\cos\theta}{s^2+\omega^2}$ 의 역라플라스 변환을 구하면?

㉮ $\sin(\omega t - \theta)$　　㉯ $\sin(\omega t + \theta)$

㉰ $\cos(\omega t - \theta)$　　㉱ $\cos(\omega t + \theta)$

정답 : 36.㉯　37.㉱　38.㉯

KEY POINT

➡ 라플라스 변환표

$\mathcal{L}[\sin\omega t] = \frac{\omega}{s^2+\omega^2}$

$\mathcal{L}[\cos\omega t] = \frac{s}{s^2+\omega^2}$

해설 $\frac{s}{s^2+\omega^2}\sin\theta + \frac{\omega}{s^2+\omega^2}\cos\theta$(역Laplace 변환하면)

$= \cos\omega t\sin\theta + \sin\omega t\cos\theta$

$= \sin(\omega t+\theta)$

39 $\mathcal{L}^{-1}\left[\frac{1}{s^2+2s+5}\right]$의 값은?

㉮ $e^{-t}\sin 2t$　　㉯ $\frac{1}{2}e^{-t}\sin t$

㉰ $\frac{1}{2}e^{-t}\sin 2t$　　㉱ $e^{-t}\sin t$

KEY POINT

➡ Laplace 변환표

$\mathcal{L}[e^{-at}\sin\omega t] = \frac{\omega}{(s+a)^2+\omega^2}$

해설 $\mathcal{L}^{-1}\left[\frac{1}{s^2+2s+5}\right] = \mathcal{L}^{-1}\left[\frac{1}{(s+1)^2+2^2}\right] = \frac{1}{2}e^{-t}\sin 2t$

40 $E(t) = \mathcal{L}^{-1}\left[\frac{1}{s^2+6s+10}\right]$의 값은 얼마인가?

㉮ $e^{-3t}\sin t$　　㉯ $e^{-3t}\cos t$

㉰ $e^{-t}\sin 5t$　　㉱ $e^{-t}\sin 5\omega t$

KEY POINT

➡ Laplace 변환표

$\mathcal{L}[e^{-at}\sin\omega t] = \frac{\omega}{(s+a)^2+\omega^2}$

해설 $F(s) = \frac{1}{s^2+6s+10} = \frac{1}{(s+3)^2+1}$

$\therefore\ f(t) = e^{-3t}\sin t$

정답 : 39.㉰　40.㉮

$F(s) = \frac{1}{s(s+1)}$ 의 역라플라스 변환은?

㉮ $1+e^{-t}$　　㉯ $1-e^{-t}$

㉰ $\frac{1}{1-e^{-t}}$　　㉱ $\frac{1}{1+e^{-t}}$

KEY POINT

➲ Laplace 변환표

$\mathcal{L}[u(t)] = \frac{1}{s}$, $\mathcal{L}[e^{-at}] = \frac{1}{s+a}$

$F(s) = \frac{1}{s(s+1)} = \frac{1}{s} - \frac{1}{s+1}$

$\therefore f(t) = 1 - e^{-t}$

$F(s) = \frac{s}{(s+1)(s+2)}$ 일 때 $f(t)$를 구하면?

㉮ $1 - 2e^{-2t} + e^{-t}$　　㉯ $e^{-2t} - 2e^{-t}$

㉰ $2e^{-2t} + e^{-t}$　　㉱ $2e^{-2t} - e^{-t}$

KEY POINT

➲ Laplace 변환표

$\mathcal{L}[e^{-at}] = \frac{1}{s+a}$

$F(s) = \frac{s}{(s+1)(s+2)} = -\frac{1}{s+1} + \frac{2}{s+2}$

$\therefore f(t) = -e^{-t} + 2e^{-2t}$

$F(s) = \frac{1}{(s+1)^2(s+2)}$ 의 역라플라스 변환을 구하면?

㉮ $e^{-t} + te^{-t} + 2^{-t}$　　㉯ $-e^{-t} + te^{-t} + e^{-2t}$

㉰ $e^{-t} - te^{-t} + e^{-2t}$　　㉱ $e^{t} + te^{t} + e^{2t}$

KEY POINT

➲ Laplace 변환표

$\mathcal{L}[te^{-at}] = \frac{1}{(s+a)^2}$, $\mathcal{L}[e^{-at}] = \frac{1}{s+a}$

정답 : 41.㉯ 42.㉱ 43.㉯

해설 $F(s) = \dfrac{1}{(s+1)^2(s+2)} = \dfrac{k_{11}}{(s+1)^2} + \dfrac{k_{12}}{(s+1)} + \dfrac{k_2}{(s+2)}$

$k_{11} = \dfrac{1}{s+2}\Big|_{s=-1} = 1$

$k_{12} = \dfrac{d}{ds}\dfrac{1}{s+2}\Big|_{s=-1} = \dfrac{-1}{(s+2)^2}\Big|_{s=-1} = -1$

$k_2 = \dfrac{1}{(s+1)^2}\Big|_{s=-2} = 1$

$\therefore\ F(s) = \dfrac{1}{(s+1)^2} - \dfrac{1}{s+1} + \dfrac{1}{s+2}$

$\because\ f(t) = te^{-t} - e^{-t} + e^{-2t}$

44 $f(t) = \mathcal{L}^{-1}\left[\dfrac{s^2+3s+10}{s^2+2s+5}\right]$은?

㉮ $\delta(t) + e^{-t}(\cos 2t - \sin 2t)$

㉯ $\delta(t) + e^{-t}(\cos 2t + 2\sin 2t)$

㉰ $\delta(t) + e^{-t}(\cos 2t - 2\sin 2t)$

㉱ $\delta(t) + e^{-t}(\cos 2t + \sin 2t)$

KEY POINT

➲ Laplace 변환표

$\mathcal{L}[e^{-at}\sin\omega t] = \dfrac{\omega}{(s+a)^2+\omega^2}$

$\mathcal{L}[e^{-at}\cos\omega t] = \dfrac{s+a}{(s+a)^2+\omega^2}$

해설 $F(s) = \dfrac{s^2+3s+10}{s^2+2s+5} = 1 + \dfrac{s+5}{s^2+2s+5} = 1 + \dfrac{s+5}{(s+1)^2+2^2}$

$= 1 + \dfrac{s+1}{(s+1)^2+2^2} = 2\dfrac{2}{(s+1)^2+2^2}$

$\therefore\ \mathcal{L}^{-1}[F(s)] = \delta(t) + e^{-t}\cos 2t + 2e^{-t}\sin 2t$

$= \delta(t) + e^{-t}(\cos 2t + 2\sin 2t)$

45 $\dfrac{d^2x(t)}{dt^2} + 2\dfrac{dx(t)}{dt} + x(t) = 1$에서 $x(t)$는 얼마인가? (단, $x(0) = x'(0) = 0$이다.)

㉮ $te^{-t} - e^{-t}$

㉯ $te^{-t} + e^{-t}$

㉰ $1 - te^{-t} - e^{-t}$

㉱ $1 + te^{-t} + e^{-t}$

정답 : 44.㉯ 45.㉰

KEY POINT

➲ 실미분 정리

$\mathcal{L}\left[\frac{d}{dt}f(t)\right] = sF(s) - f(0)$

$\mathcal{L}\left[\frac{d^2}{dt^2}f(t)\right] = s^2F(s) - sf(0) - f'(0)$

해설 $s^2X(s) + 2sX(s) + X(s) = \frac{1}{s}$

$X(s) = \frac{1}{s(s^2+2s+1)} = \frac{1}{s(s+1)^2} = \frac{1}{s} - \frac{1}{(s+1)^2} - \frac{1}{s+1}$

$\therefore\ x(t) = 1 - te^{-t} - e^{-t}$

제 16 장 과도 현상

1 R-L 직렬의 직류 회로

(1) 직류 전압을 인가하는 경우

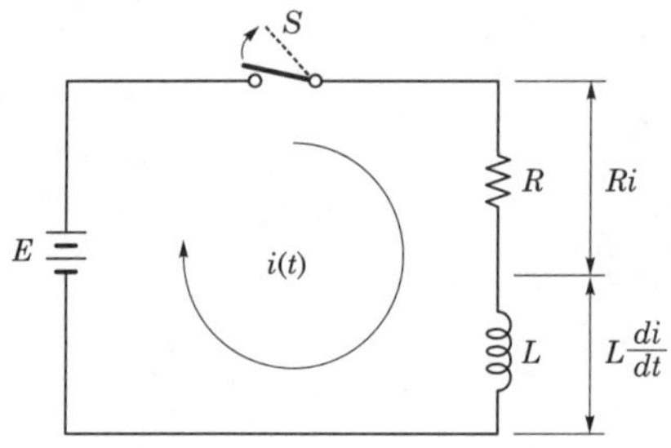

전압 방정식은 $Ri(t)+L\dfrac{di(t)}{dt}=E$ 가 되고 이를 라플라스 변환을 이용하여 풀면

① 전류

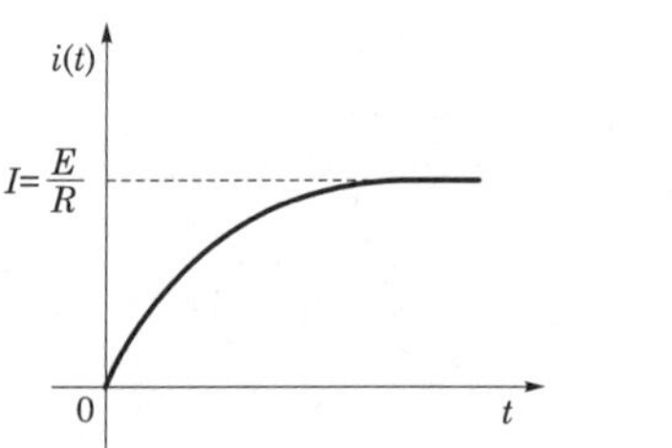

$$i(t)=\frac{E}{R}\left(1-e^{-\frac{R}{L}t}\right)\text{ [A]}$$

(초기 조건은 $t=0\rightarrow i=0$)

② **시정수**(τ) : $t=0$에서 과도 전류에 접선을 그어 접선이 정상 전류와 만날 때까지의 시간

$$\tan\theta=\left[\frac{d}{dt}\left(\frac{E}{R}-\frac{E}{R}e^{\frac{-R}{L}t}\right)\right]_{t=0}=\frac{E}{L}=\frac{\frac{E}{R}}{\tau}\ \text{이므로}$$

$$\boldsymbol{\tau=\frac{L}{R}\,[\mathrm{sec}]}$$

$\tau=\dfrac{L}{R}$의 값이 클수록 과도 상태는 오랫동안 계속된다.

③ **특성근** : 시정수의 역수로 전류의 변화율을 나타낸다.

$$\textbf{특성근}=-\frac{\mathbf{1}}{\textbf{시정수}}=-\frac{R}{L}$$

④ **시정수에서의 전류값**

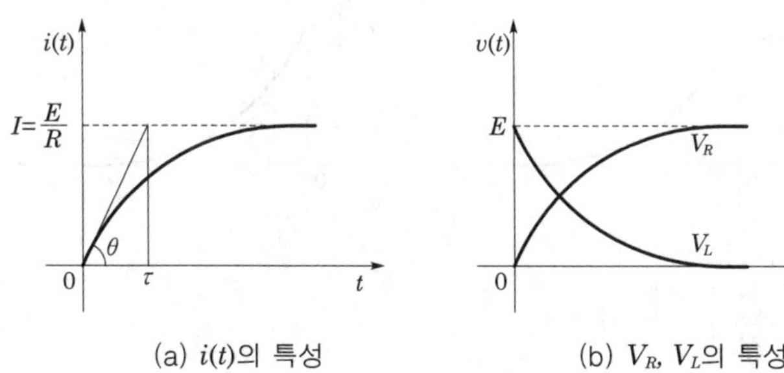

(a) $i(t)$의 특성 (b) V_R, V_L의 특성

$$i(\tau)=\frac{E}{R}\left(1-e^{-\frac{R}{L}\times\tau}\right)=\frac{E}{R}(1-e^{-1})=\mathbf{0.632}\frac{\boldsymbol{E}}{\boldsymbol{R}}\,[\mathbf{A}]$$

$t=\tau=\dfrac{L}{R}$ [sec]로 되었을 때의 과도 전류는 정상값의 0.632배가 된다.

⑤ R, L**의 단자 전압**

$$V_R=Ri(t)=R\cdot\frac{E}{R}\left(1-e^{-\frac{R}{L}t}\right)=E\left(1-e^{-\frac{R}{L}t}\right)[\mathrm{V}]$$

$$V_L=L\frac{d}{dt}i(t)=L\frac{d}{dt}\frac{E}{R}\left(1-e^{-\frac{R}{L}t}\right)=Ee^{-\frac{R}{L}t}\,[\mathrm{V}]$$

(2) 직류 전압을 제거하는 경우

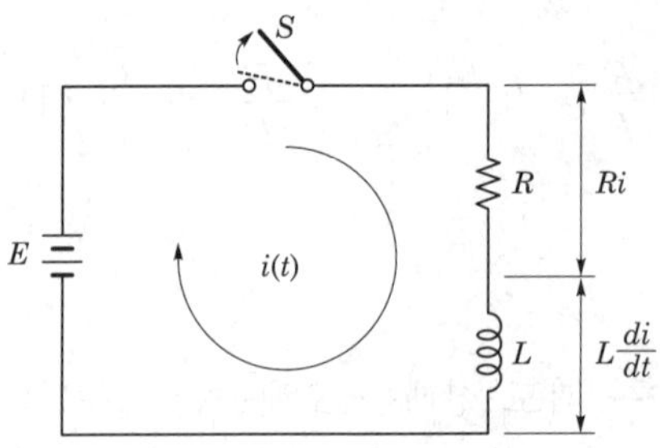

전압 방정식은 $Ri(t)+L\frac{di(t)}{dt}=0$이 되고 이를 라플라스 변환을 이용하여 풀면

① 전류

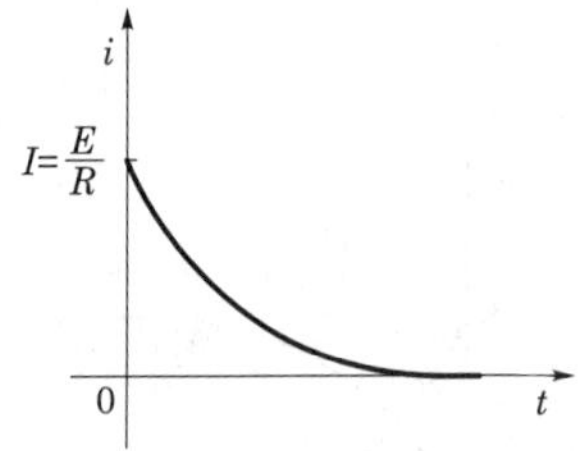

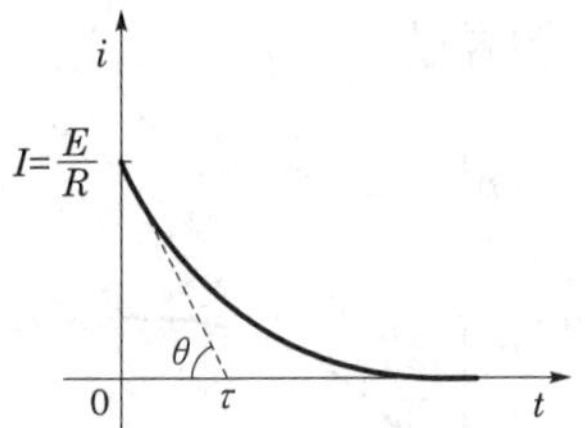

$$i(t)=\frac{E}{R}e^{-\frac{R}{L}t}\,[\mathrm{A}]$$

② 시정수 (τ)

$$\tau=\frac{L}{R}\,[\sec]$$

③ 시정수에서의 전류값

$$i(\tau)=\frac{E}{R}e^{-\frac{R}{L}\times\tau}=\frac{E}{R}e^{-1}$$

$$=0.368\frac{E}{R}\,[\mathrm{A}]$$

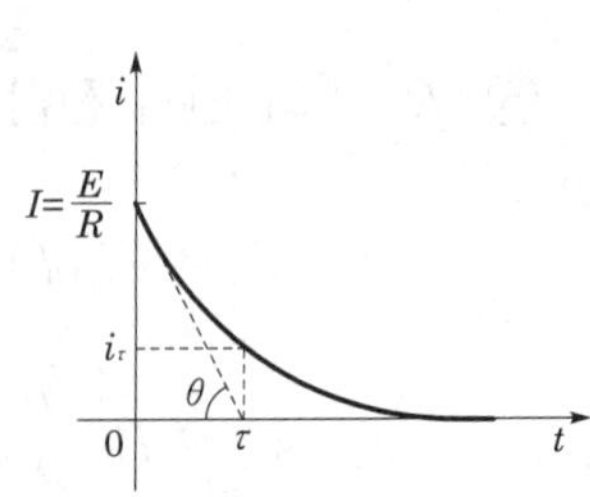

2 R–C 직렬의 직류 회로

(1) 직류 전압을 인가하는 경우

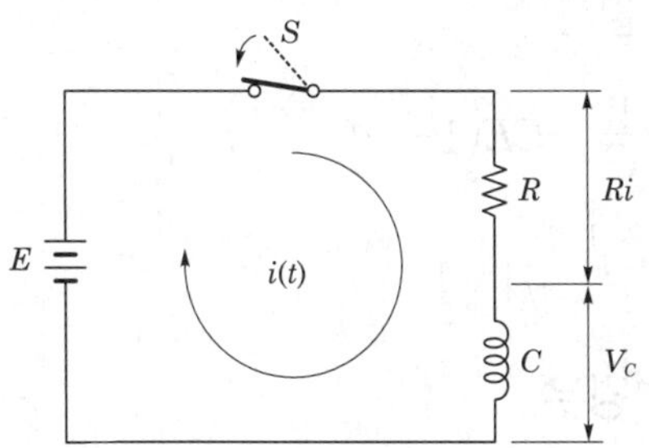

전압 방정식은 $Ri(t)+\frac{1}{C}\int i(t)\,dt=E$가 되고 이를 라플라스 변환을 이용하여 풀면

① 전류

$$i(t)=\frac{E}{R}e^{-\frac{1}{RC}t}[\mathrm{A}]$$

(초기 조건은 $t=0\rightarrow q=0,\ i=0$)

② 시정수(τ)

$t=0$에서 과도 전류에 접선을 그어 접선이 정상 전류와 만날 때까지의 시간

$$\tau=RC\,[\mathrm{sec}]$$

③ 전하

$$q(t)=\int_o^t i(t)\,dt=CE\left(1-e^{-\frac{1}{RC}t}\right)[\mathrm{C}]$$

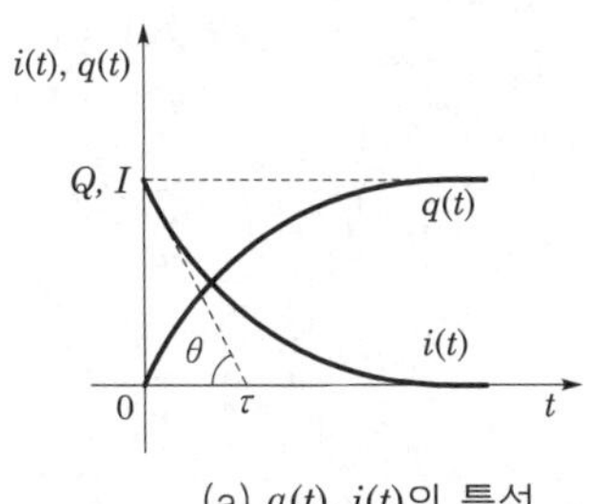

(a) $q(t)$, $i(t)$의 특성

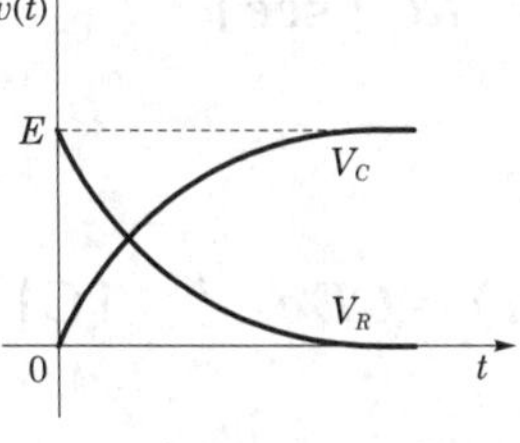

(b) V_R, V_C의 특성

④ R, C의 단자 전압

$$V_R = Ri(t) = R \cdot \frac{E}{R} e^{-\frac{1}{RC}t}$$

$$= E e^{-\frac{1}{RC}t} [\mathrm{V}]$$

$$V_C = \frac{q(t)}{C} = \frac{1}{C} \cdot CE\left(1 - e^{-\frac{1}{RC}t}\right)$$

$$= E\left(1 - e^{-\frac{1}{RC}t}\right) [\mathrm{V}]$$

(2) 직류 전압을 제거하는 경우

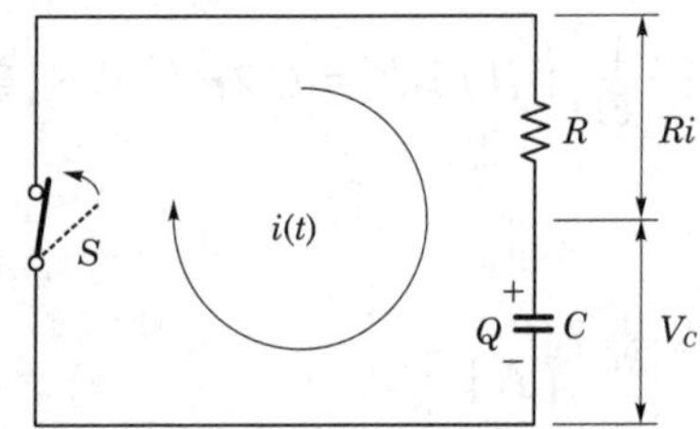

전압 방정식은 $Ri(t) + \frac{1}{C}\int i(t)dt = 0$이 되고 이를 라플라스 변환을 이용하여 풀면

① 전류

$$i(t) = -\frac{E}{R} e^{-\frac{1}{RC}t} [\mathrm{A}]$$

(초기 조건 : $q(0) = Q = CE$ 방전 전류의 방향은 충전시와 반대가 된다.)

② 시정수 (τ)

$$\tau = RC [\sec]$$

③ 전하

$$q(t) = CE e^{-\frac{1}{RC}t} [\mathrm{C}]$$

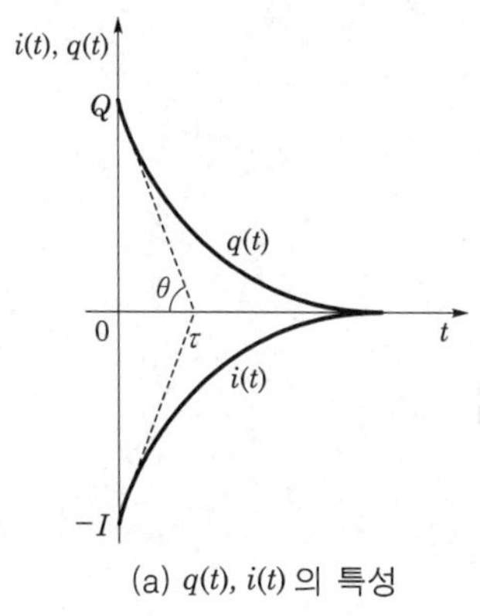

(a) $q(t)$, $i(t)$ 의 특성

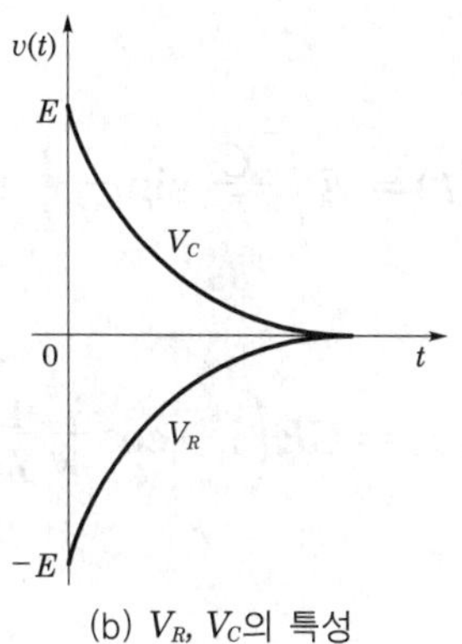

(b) V_R, V_C의 특성

④ R, C의 단자 전압

$$V_R = Ri(t) = -Ee^{-\frac{1}{RC}t}\,[\mathrm{V}]$$

$$V_C = \frac{q(t)}{C} = \frac{1}{C}\cdot CEe^{-\frac{1}{RC}t} = E\,e^{-\frac{1}{RC}t}\,[\mathrm{V}]$$

3 L−C 직렬의 직류 회로

(1) 직류 전압을 인가하는 경우

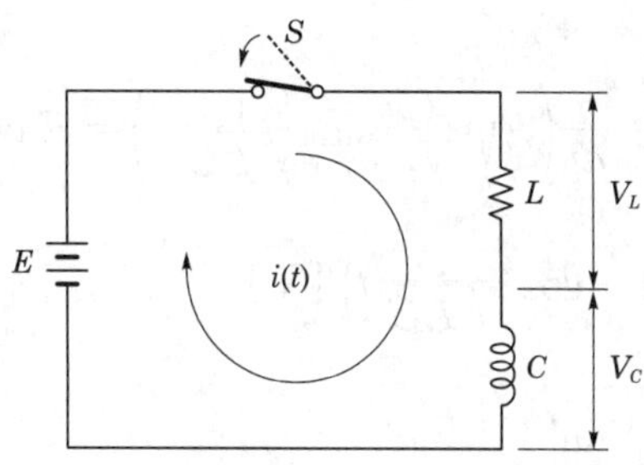

전압 방정식은 $L\frac{di(t)}{dt} + \frac{1}{C}\int i(t)\,dt = E$가 되고 이를 라플라스 변환을 이용하여 풀면

① 전류

$$i(t)=E\sqrt{\frac{C}{L}}\sin\frac{1}{\sqrt{LC}}t\,[\mathrm{A}]$$

② 전하

$$q(t)=CE\left(1-\cos\frac{1}{\sqrt{LC}}t\right)[\mathrm{C}]$$

③ 시정수

$$\tau=\sqrt{LC}\,[\sec]$$

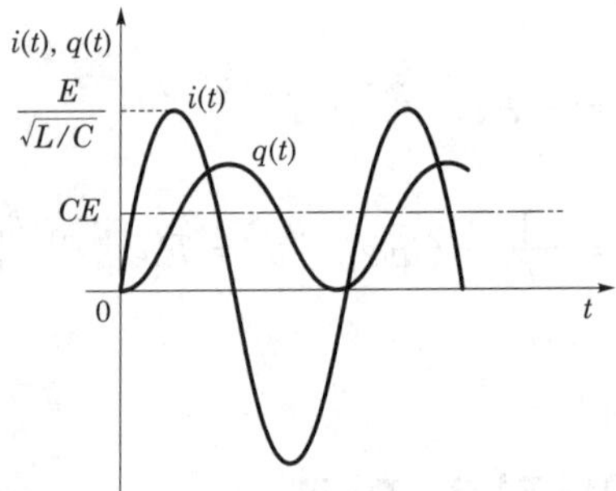

전류 i와 전하 q의 $\omega=\frac{1}{\sqrt{LC}}$ 의 각주파수로 불변 진동한다.

④ L, C의 단자 전압

$$V_L=L\frac{di}{dt}=L\frac{d}{dt}\left(E\sqrt{\frac{C}{L}}\sin\frac{1}{\sqrt{LC}}t\right)=E\cos\frac{1}{\sqrt{LC}}t\,[\mathrm{V}]$$

$$V_C=\frac{q}{C}=E\left(1-\cos\frac{1}{\sqrt{LC}}t\right)[\mathrm{V}]$$

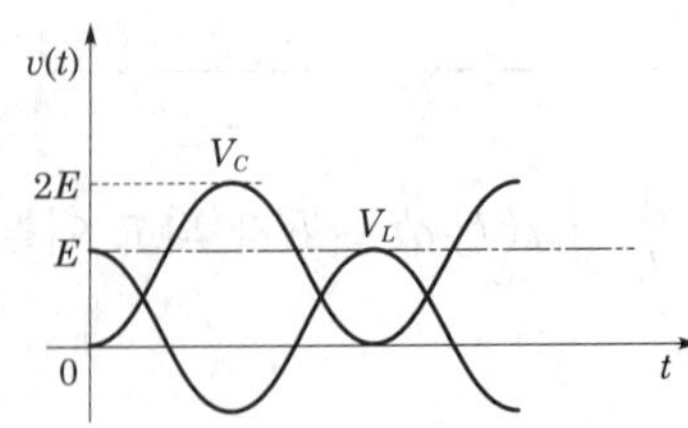

C의 양단의 전압 V_C는 인가 전압의 2배까지 되어 고전압 발생 회로로 이용된다.

(2) 직류 전압을 제거하는 경우

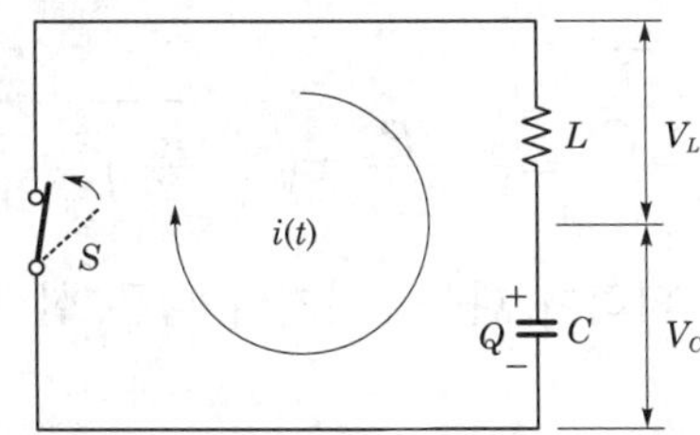

전압 방정식은 $L\frac{di(t)}{dt}+\frac{1}{C}\int i(t)\,dt=0$가 되고 이를 라플라스 변환을 이용하여 풀면

① 전류

$$i(t)=-E\sqrt{\frac{C}{L}}\sin\frac{1}{\sqrt{LC}}t\,[\mathrm{A}]$$ (방전 전류의 방향은 충전시와 반대가 된다.)

② 전하

$$q(t)=CE\cos\frac{1}{\sqrt{LC}}t\,[\mathrm{C}]$$

4 R-L-C 직렬 회로에 직류 전압을 인가하는 경우

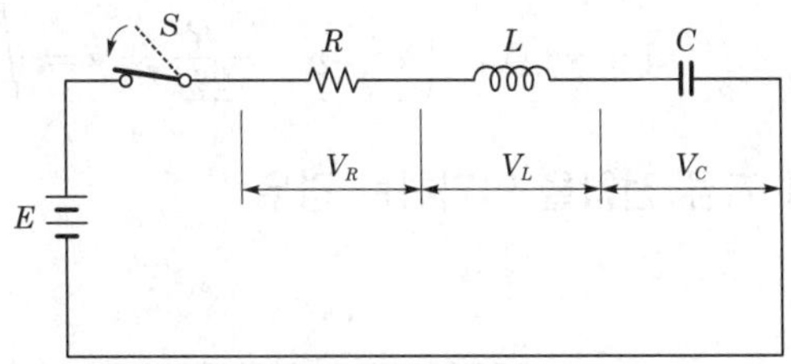

전압 방정식은 $Ri(t)+L\frac{d}{dt}i(t)+\frac{1}{C}\int i(t)\,dt=E$ 가 되고 이를 라플라스 변환하여 전류에 대해 정리하면

$$I(s)=\frac{E}{Ls^2+Rs+\frac{1}{C}}$$

가 된다.

여기서, 특성 방정식 $Ls^2+Rs+\frac{1}{C}=0$ 의 근 s를 구하면

$$s=\frac{-R\pm\sqrt{R^2-4\frac{L}{C}}}{2L}=-\frac{R}{2L}\pm\sqrt{\left(\frac{R}{2L}\right)^2-\frac{1}{LC}}$$

가 되며 제곱근 안의 값에 의하여 다음 3가지의 다른 현상을 발생한다.

① $R^2-4\frac{L}{C}=\left(\frac{R}{2L}\right)^2-\frac{1}{LC}=0$**인 경우(임계 진동)**

특성 방정식은 중근을 가지며 전류는 임계 상태가 된다.

$$i(t)=\frac{E}{L}te^{\alpha t}\,[\mathrm{A}]\ \left(단,\ \alpha=\frac{R}{2L}\right)$$

② $R^2-4\frac{L}{C}=\left(\frac{R}{2L}\right)^2-\frac{1}{LC}>0$**인 경우(비진동)**

특성 방정식은 서로 다른 두 실근을 가지며 전류는 비진동 상태가 된다.

$$i(t)=\frac{E}{\beta L}\cdot e^{\alpha t}\sinh\beta t\,[\mathrm{A}]\ \left(단,\ \alpha=\frac{R}{2L},\ \beta=\frac{1}{2L}\sqrt{\left(R^2-4\frac{L}{C}\right)}\right)$$

③ $R^2-4\frac{L}{C}=\left(\frac{R}{2L}\right)^2-\frac{1}{LC}<0$**인 경우(진동)**

특성 방정식은 복소근을 가지며 전류는 진동 상태가 된다.

$$i(t)=\frac{E}{\gamma L}\cdot e^{\alpha t}\sinh\gamma\,[\mathrm{A}]\ \left(단,\ \alpha=\frac{R}{2L},\ \gamma=\sqrt{\frac{1}{LC}-\left(\frac{R}{2L}\right)^2}\right)$$

④ $R-L$ **직렬 회로에 교류 전압을 인가하는 경우**

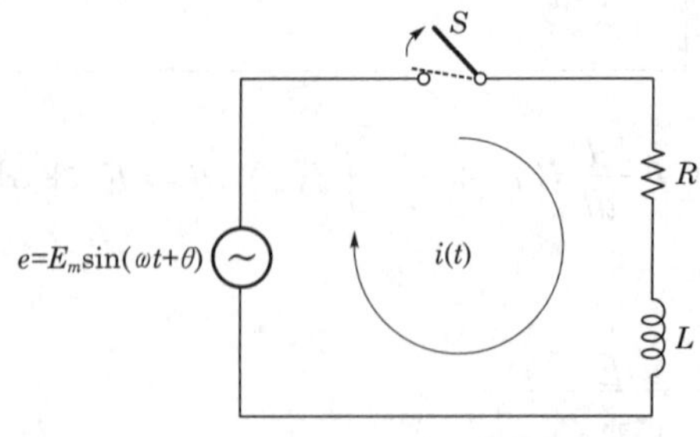

정상 전류 i_s는

$$i_s = \frac{E_m}{\sqrt{R^2 + \omega^2 L^2}} \sin(\omega t + \theta - \phi) = \frac{E_m}{Z} \sin(\omega t + \theta - \phi)$$

이다.

단, $Z = \sqrt{R^2 + \omega^2 L^2}$, $\phi = \tan^{-1}\frac{\omega L}{R}$ 이며

과도 전류 i_t는

$$i_t = -\frac{E_m}{Z} \sin(\theta - \phi) e^{-\frac{R}{L}t}$$

가 된다.

$$\therefore \text{ 전류 } i = \frac{E_m}{Z}\left[\sin(\omega t + \theta - \phi) - e^{-\frac{R}{L}t}\sin(\theta - \phi)\right]$$

여기서, $\theta - \phi = \frac{\pi}{2}$ 일 때는 $\sin(\theta - \phi) = 1$로서 최대가 되므로 과도 해의 절대값은 최대로 되고, **$\boldsymbol{\theta - \phi = 0}$일 때는 $\boldsymbol{\sin(\theta - \phi) = 0}$이 되므로 과도 해는 없어지고 바로 정상 상태**로 되어 버린다.

따라서 과도 해가 생기지 않을 조건은

$$\theta = \phi = \tan^{-1}\frac{\omega L}{R}$$

이다.

단원핵심문제

1 그림에서 스위치 S를 닫을 때의 전류 $i(t)$ [A]는 얼마인가?

㉮ $\frac{E}{R}e^{-\frac{R}{L}t}$

㉯ $\frac{E}{R}\left(1-e^{-\frac{R}{L}t}\right)$

㉰ $\frac{E}{R}e^{-\frac{L}{R}t}$

㉱ $\frac{E}{R}\left(1-e^{-\frac{L}{R}t}\right)$

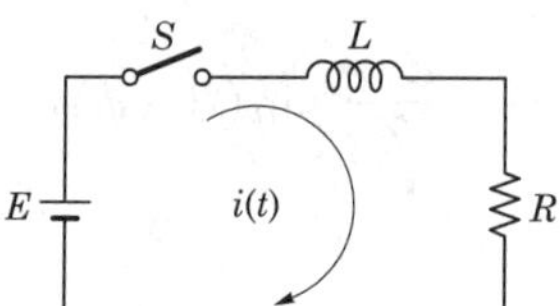

KEY POINT

➲ ① 직류 인가시 전류 : $i(t) = \frac{E}{R}\left(1 - e^{-\frac{R}{L}t}\right)$ [A]

② 직류 제거시 전류 : $i(t) = \frac{E}{R}e^{-\frac{R}{L}t}$ [A]

2 그림과 같은 회로에서 시정수[s] 및 회로의 정상 전류[A]는?

㉮ 0.01, 2

㉯ 0.01, 1

㉰ 0.02, 1

㉱ 1,3

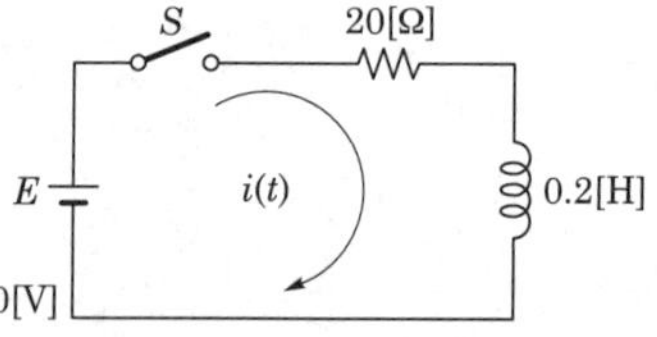

KEY POINT

➲ ① 시정수 : $\tau = \frac{L}{R}$ [sec]

② 정상 전류 : $i_s = \frac{E}{R}$ [A]

해설

• 시정수 $\tau = \frac{L}{R} = \frac{0.2}{20} = 0.01$[sec]

• 정상 전류 $i_s = \frac{E}{R} = \frac{40}{20} = 2$[A]

정답 : 1.㉯ 2.㉮

3 그림과 같은 파형에서 전류 $I = 4$[mA], 위상각 $\theta = 45°$일 때 시정수 τ[s]는?

㉮ 0.001
㉯ 0.002
㉰ 0.003
㉱ 0.004

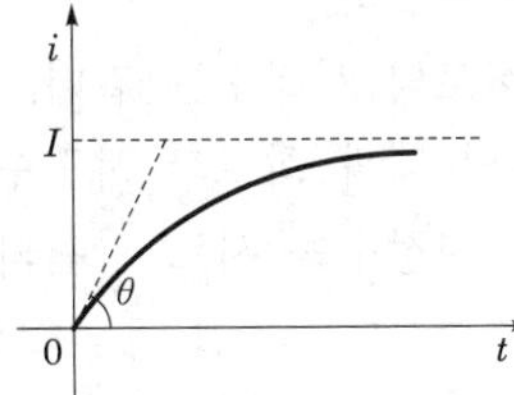

KEY POINT

➲ 시정수란 $t=0$에서 $i(t)$ 곡선에 접선을 그어 정상 전류 I[A]와 만나는 점까지의 시간

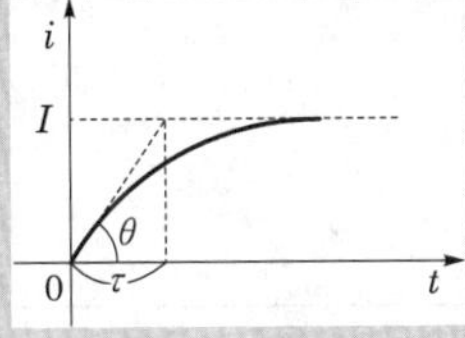

시정수 $\tau = \dfrac{I}{\tan\theta}$

$\tan\theta = \dfrac{I}{\tau}$ 에서

$$\tau = \frac{I}{\tan\theta} = \frac{4 \times 10^{-3}}{\tan 45°} = 0.004[\text{sec}]$$

4 전기 회로에서 일어나는 과도 현상은 그 회로의 시정수와 관계가 있다. 이 사이의 관계를 옳게 표현한 것은?

㉮ 회로의 시정수가 클수록 과도 현상은 오랫동안 지속된다.
㉯ 시정수는 과도 현상의 지속 시간에는 상관되지 않는다.
㉰ 시정수의 역이 클수록 과도 현상은 천천히 사라진다.
㉱ 시정수가 클수록 과도 현상은 빨리 사라진다.

KEY POINT

➲ 시정수 τ값이 커질수록 $e^{-\frac{1}{\tau}t}$의 값이 증가하므로 과도 상태는 길어진다.
즉, 시정수와 과도분은 비례 관계에 있게 된다.

시정수와 과도분은 비례 관계이므로 시정수가 클수록 과도분은 많다.

정답 : 3.㉱ 4.㉮

5 회로 방정식의 특성근과 회로의 시정수에 대하여 옳게 서술된 것은?

㉮ 특성근과 시정수는 같다.
㉯ 특성근의 역과 회로의 시정수는 같다.
㉰ 특성근의 절대값의 역과 회로의 시정수는 같다.
㉱ 특성근과 회로의 시정수는 서로 상관되지 않는다.

KEY POINT

➲ 특성근 $= -\dfrac{1}{\text{시정수}}$

해설 특성근은 $-\dfrac{1}{\text{시정수}}$ 의 값이다.

∴ 특성근 $\alpha = -\dfrac{1}{\tau}$

6 다음 그림에서 스위치 S를 닫을 때 시정수의 값[s]은? (단, $L=10$[mH], $R=10$[Ω])

㉮ 10^{3}
㉯ 10^{-3}
㉰ 10^{2}
㉱ 10^{-2}

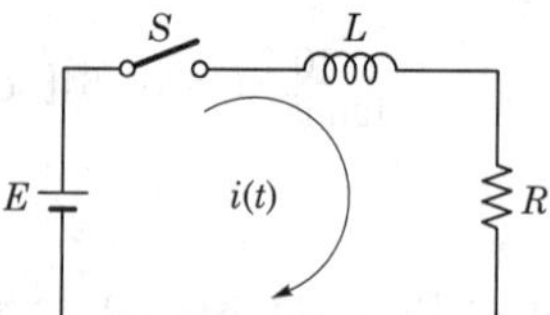

KEY POINT

➲ 시정수

$\tau = \dfrac{L}{R}$ [sec]

해설 시정수 $\tau = \dfrac{L}{R}$ [sec]에서

$\tau = \dfrac{10 \times 10^{-3}}{10} = 10^{-3}$ [sec]

7 자계 코일이 있다. 이것의 권수 $N=2,000$[회], 저항 $R=12$[Ω]이고, 전류 $I=10$[A]를 통했을 때 자속 $\phi=6\times10^{-2}$ [Wb]이다. 이 회로의 시정수[s]는 얼마인가?

㉮ 0.01　　㉯ 0.1
㉰ 1　　㉱ 10

 정답 : 5.㉰ 6.㉯ 7.㉰

KEY POINT

① 시정수 : $\tau = \frac{L}{R}$ [sec]

② 자기 인덕턴스 : $L = \frac{N\phi}{I}$ [H]

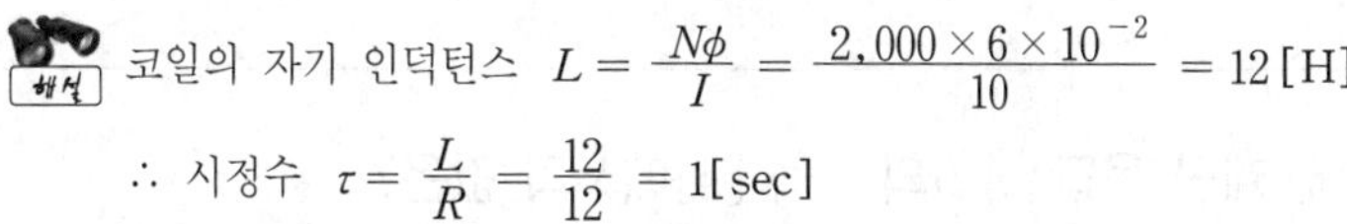

해설 코일의 자기 인덕턴스 $L = \frac{N\phi}{I} = \frac{2,000 \times 6 \times 10^{-2}}{10} = 12$ [H]

∴ 시정수 $\tau = \frac{L}{R} = \frac{12}{12} = 1$[sec]

8 직류 과도 저항 R[Ω]과 인덕턴스 L[H]의 직렬 회로에서 옳지 않은 것은?

㉮ 회로의 시정수는 $\tau = \frac{L}{R}$[s]이다.

㉯ $t=0$에서 직류 전압 E[V]를 가했을 때 t[s] 후의 전류는 $i(t) = \frac{E}{R}\left(1 - e^{-\frac{R}{L}t}\right)$[A]이다.

㉰ 과도 기간에 있어서의 인덕턴스 L의 단자 전압은 $V_L(t) = Ee^{-\frac{L}{R}t}$이다.

㉱ 과도 기간에 있어서의 저항 R의 단자 전압 $V_R(t) = E\left(1 - e^{-\frac{R}{L}t}\right)$이다.

KEY POINT

① 직류 인가시 전류 : $i(t) = \frac{E}{R}\left(1 - e^{-\frac{R}{L}t}\right)$[A]

② L에 단자 전압 : $V_L = L\frac{di(t)}{dt}$ [V]

해설 $V_L = L\frac{di}{dt} = L\frac{d}{dt}\left(\frac{E}{R} - \frac{E}{R}e^{-\frac{R}{L}t}\right) = L\frac{E}{R}\frac{R}{L}e^{-\frac{R}{L}t} = Ee^{-\frac{R}{L}t}$

9 $R-L$ 직렬 회로에 V인 직류 전압원을 갑자기 연결하였을 때 $t=0$인 순간 이 회로에 흐르는 회로 전류에 대하여 바르게 표현된 것은?

㉮ 이 회로에는 전류가 흐르지 않는다.

㉯ 이 회로에는 V/R 크기의 전류가 흐른다.

㉰ 이 회로에는 무한대의 전류가 흐른다.

㉱ 이 회로에는 $V/(R+j\omega L)$의 전류가 흐른다.

정답 : 8.㉰ 9.㉮

KEY POINT

➲ 전류 $i(t) = \frac{E}{R}\left(1 - e^{-\frac{R}{L}t}\right)$에서 $t = 0$인 경우 $i(t) = 0$이다.
즉, 전류는 흐르지 않는다.

$R - L$ 직렬 회로에 계단 응답 $i(t)$의 $\frac{L}{R}$[s]에서의 값은?

㉮ $\frac{1}{R}$

㉯ $\frac{0.368}{R}$

㉰ $\frac{0.5}{R}$

㉱ $\frac{0.632}{R}$

KEY POINT

➲ 직류 인가시 전류

$$i(t) = \frac{E}{R}\left(1 - e^{-\frac{R}{L}t}\right) = \frac{E}{R}\left(1 - e^{-\frac{1}{\tau}t}\right)$$

 계단 응답 $i(t) = \frac{1}{R}\left(1 - e^{-\frac{R}{\tau}t}\right)\Big|_{t=\tau} = \frac{0.632}{R}$ [A]

그림과 같은 회로에서 스위치 S를 닫는 순간의 전류를 I[A]라 할 때, 스위치를 닫는 순간부터 전류가 $0.6321I$[A]가 될 때까지의 시간[s]은? (단, 코일에는 에너지가 축적되어 있지 않다.)

㉮ 0.5

㉯ 0.5×10^{-3}

㉰ 0.3

㉱ 2×10^{-3}

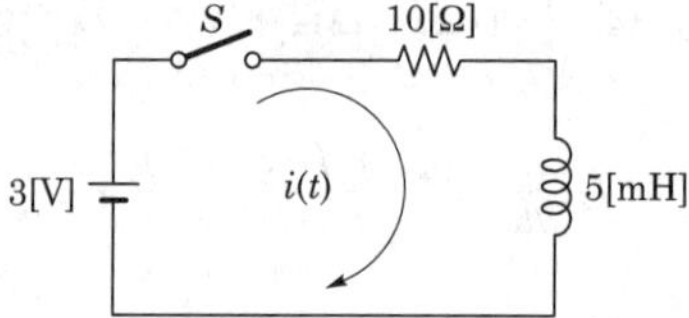

KEY POINT

➲ $t = \tau$에서의 전류 $i(t) = 0.632I$[A]이므로 직류 인가시 시정수는 스위치를 닫는 순간부터 전류 $i(t)$가 0.632I[A]가 될 때까지의 시간이다.

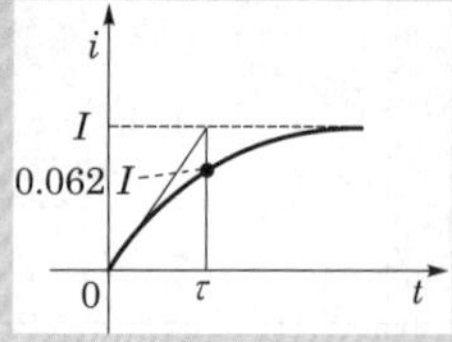

해설 $\tau = \frac{L}{R} = \frac{5 \times 10^{-3}}{10} = 0.5 \times 10^{-3}$

 정답 : 10.㉱ 11.㉯

12 그림과 같은 회로에서 S를 닫은 후 0.01[s]일 때 전류는 몇 [A]인가?

㉮ 100
㉯ 63.2
㉰ 36.8
㉱ 24.6

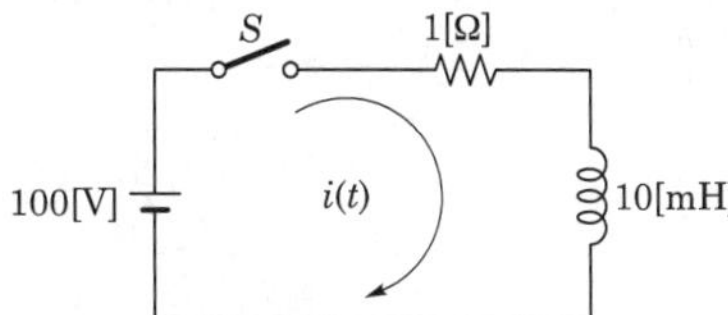

KEY POINT

➲ $t=\tau$인 경우 전류

$$i(t)=\frac{E}{R}\left(1-e^{-\frac{R}{L}t}\right)\Bigg|_{t=\frac{L}{R}}=0.632\frac{E}{R}\ [\mathrm{A}]$$

해설 $t=\tau=\dfrac{L}{R}=\dfrac{10\times10^{-3}}{1}=0.01$이므로

전류 $i(t)=0.632\dfrac{E}{R}=0.632\dfrac{100}{1}=63.2\,[\mathrm{A}]$

13 그림과 같은 회로에서 $t=0$인 순간에 전압 E를 인가한 경우 인덕턴스 L에 걸리는 전압은?

㉮ 0
㉯ E
㉰ $\dfrac{LE}{R}$
㉱ $\dfrac{E}{R}$

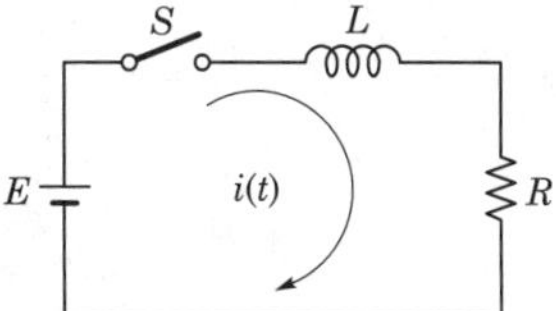

KEY POINT

➲ ① 직류 인가시 전류 : $i(t)=\dfrac{E}{R}\left(1-e^{-\frac{R}{L}t}\right)[\mathrm{A}]$

② L에 걸리는 전압 : $V_L=L\dfrac{di}{dt}\ [\mathrm{V}]$

해설 $e_2=L\dfrac{di}{dt}=L\dfrac{d}{dt}\dfrac{E}{R}(1-e^{-\frac{R}{L}t})=Ee^{-\frac{R}{L}t}\Big|_{t=0}=E$

정답 : 12.㉯ 13.㉯

14 그림에서 스위치 S를 열 때 흐르는 전류 $i(t)$[A]는 얼마인가?

㉮ $\frac{E}{R}e^{-\frac{R}{L}t}$

㉯ $\frac{E}{R}e^{\frac{R}{L}t}$

㉰ $\frac{E}{R}(1-e^{\frac{R}{L}t})$

㉱ $\frac{E}{R}(1-e^{-\frac{R}{L}t})$

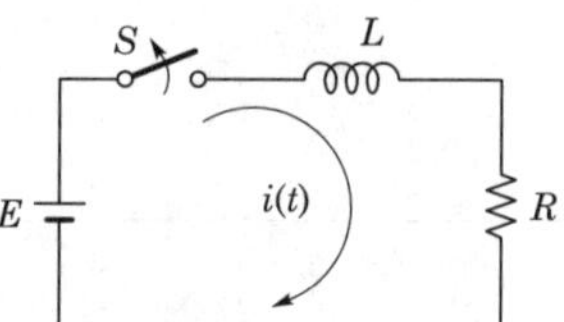

KEY POINT

① 직류 인가시 : $i(t)=\frac{E}{R}\left(1-e^{-\frac{R}{L}t}\right)$[A]

② 직류 제거시 : $i(t)=\frac{E}{R}e^{-\frac{R}{L}t}$[A]

15 $R-L$ 직렬 회로에서 그의 양단에 직류 전압 E를 연결 후 스위치 S를 개방하면 $\frac{L}{R}$[s] 후의 전류값[A]은?

㉮ $\frac{E}{R}$

㉯ $0.5\frac{E}{R}$

㉰ $0.368\frac{E}{R}$

㉱ $0.632\frac{E}{R}$

KEY POINT

직류 제거시 $t=\tau$에서의 전류 $i(t)=0.368\frac{E}{R}$ [A]이다.

해설 $i(t)=\frac{E}{R}e^{-\frac{R}{L}t}=\frac{E}{R}e^{-\frac{1}{\tau}t}$에서

$t=\tau$ 에서의 전류 $i(t)=\frac{E}{R}e^{-1}=0.368\frac{E}{R}$

정답 : 14.㉮ 15.㉰

16 그림과 같은 회로에서 스위치 S는 a에서 정상 상태로 있다가 b로 이동된다. 전류 i[A]를 구하면? (단, $E=100$[V], $R_1=1[\Omega]$, $R_2=2[\Omega]$, $L=3$[H]이다.

㉮ $100e^{-t}$

㉯ $100e^{t}$

㉰ $100e^{-3t}$

㉱ $100e^{\frac{1}{3}t}$

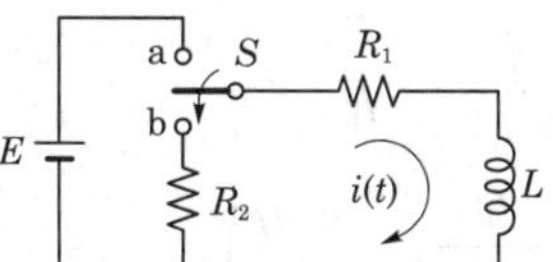

KEY POINT ➲ 전류 $i(t)=Ke^{-\frac{1}{\tau}t}$[A]꼴

해설 $i(t)=Ke^{-\frac{1}{\tau}t}$에서

시정수 $\tau=\dfrac{L}{R_1+R_2}=1$[sec]

초기 전류 $i(0)=\dfrac{E}{R_1}=\dfrac{100}{1}=K$

$\therefore\ i(t)=100e^{-t}$

17 그림과 같은 회로에서 스위치 S가 닫힌 상태에서 회로에 정상 전류가 흐르고 있다. 지금 $t=0$에서 스위치 S를 열 때 회로의 전류는?

㉮ $2+3e^{-5t}$

㉯ $2+3e^{-2t}$

㉰ $4+2e^{-2t}$

㉱ $4+2e^{-5t}$

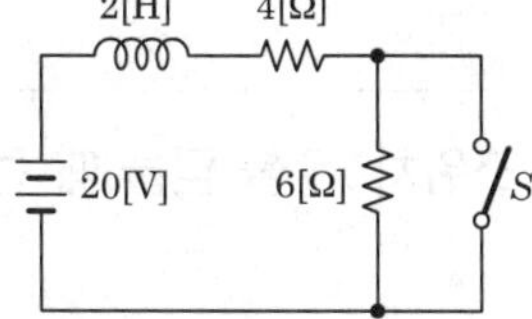

KEY POINT ➲ 스위치를 여는 경우 전류 $i(t)=$ 정상값 $+Ke^{\frac{1}{\tau}t}$꼴

해설 $i(t)=$ 정상값 $+Ke^{\frac{1}{\tau}t}$

정상 전류 $i_s=\dfrac{20}{4}+6=2$[A]

시정수 $\tau=\dfrac{L}{R}=\dfrac{2}{4}+6=\dfrac{1}{5}$[sec]

초기 전류 $i(0)=\dfrac{20}{4}=2+K\quad\therefore\ K=3$

$\therefore\ i(t)=2+3e^{-5t}$

정답 : 16.㉮ 17.㉮

18 그림과 같은 회로에서 $t=0$에서 스위치 S를 닫을 때 과도 전류 $i(t)$는?

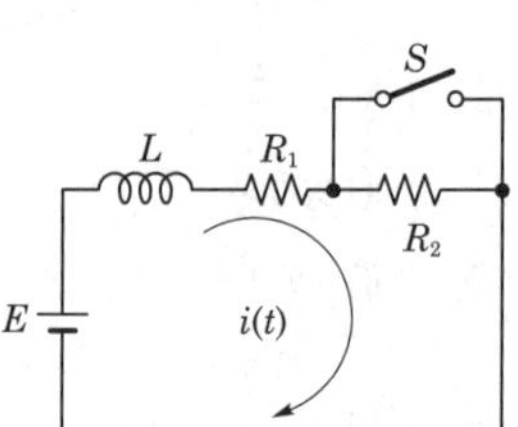

㉮ $\dfrac{E}{R_1}\left(1-\dfrac{R_2}{R_1+R_2}e^{-R_1t/L}\right)$

㉯ $\dfrac{E}{R_1+R_2}\left(1+\dfrac{R_2}{R_1}e^{-(R_1+R_2)t/L}\right)$

㉰ $\dfrac{E}{R_1}\left(1+\dfrac{R_2}{R_1}e^{-R_2t/L}\right)$

㉱ $\dfrac{R_1E}{R_2+R_1}\left(1+\dfrac{R_1}{R_2+R_1}e^{-(R_1+R_2)t/L}\right)$

KEY POINT

➲ 스위치를 여는 경우 전류 $i(t)=$ 정상값 $+Ke^{\frac{1}{\tau}t}$꼴

해설

$i(t)=$ 정상값 $+Ke^{\frac{1}{\tau}t}$

정상값 $i_s=\dfrac{E}{R_1}$ [A]

시정수 $\tau=\dfrac{L}{R_1}$ [sec]

초기 전류 $i(0)=\dfrac{E}{R_1+R_2}=\dfrac{E}{R_1}+K \quad \therefore K=\dfrac{-R_2E}{R_1(R_1+R_2)}$

$\because \; i(t)=\dfrac{E}{R_1}-\dfrac{R_2E}{R_1(R_1+R_2)}e^{-\frac{R_1}{L}t}=\dfrac{E}{R_1}\left(1-\dfrac{R_2}{R_1+R_2}e^{-\frac{R_1}{L}t}\right)$[A]

19 그림의 회로에서 스위치 S를 닫을 때 콘덴서의 초기 전하를 무시하고 회로에 흐르는 전류를 구하면?

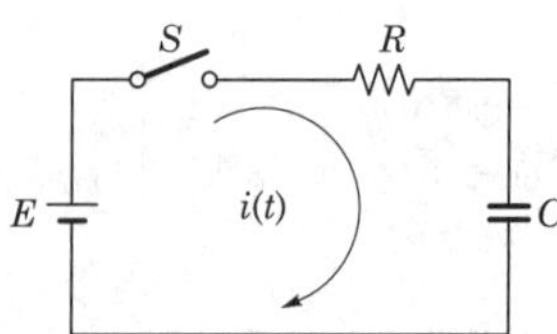

㉮ $\dfrac{E}{R}e^{\frac{C}{R}t}$

㉯ $\dfrac{E}{R}e^{\frac{R}{C}t}$

㉰ $\dfrac{E}{R}e^{-\frac{1}{CR}t}$

㉱ $\dfrac{E}{R}e^{\frac{1}{CR}t}$

정답 : 18.㉮ 19.㉰

$R-C$ 직렬 회로

① 직류 인가시 : $i(t)=\frac{E}{R}e^{-\frac{1}{RC}t}$[A]

② 직류 제거시 : $i(t)=-\frac{E}{R}e^{-\frac{1}{RC}t}$[A]

20 그림의 회로에서 콘덴서의 초기 전압을 0[V]로 할 때 회로에 흐르는 전류 $i(t)$[A]는?

㉮ $5(1-e^{-t})$

㉯ $1-e^{-t}$

㉰ $5e^{-t}$

㉱ e^{-t}

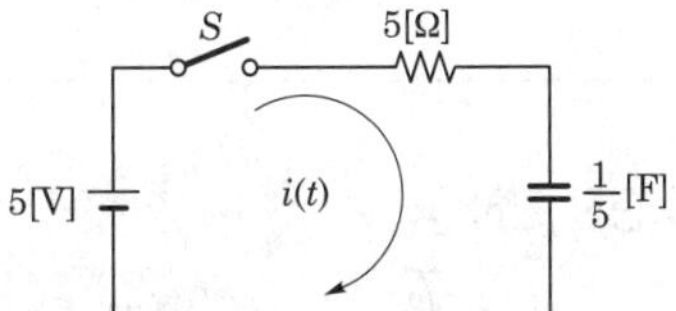

$R-C$ 직렬 회로

① 직류 인가시 : $i(t)=\frac{E}{R}e^{-\frac{1}{RC}t}$[A]

② 직류 제거시 : $i(t)=-\frac{E}{R}e^{-\frac{1}{RC}t}$[A]

$i(t)=\frac{E}{R}e^{-\frac{1}{RC}t}=\frac{5}{5}e^{-\frac{1}{5\times\frac{1}{5}}t}=e^{-t}$[A]

21 $R-C$ 직렬 회로의 과도 현상에 대하여 옳게 설명된 것은?

㉮ $R-C$값이 클수록 과도 전류값은 천천히 사라진다.

㉯ $R-C$값이 클수록 과도 전류값은 빨리 사라진다.

㉰ 과도 전류는 $R-C$값과 상관 없다.

㉱ $\frac{1}{RC}$의 값이 클수록 과도 전류값은 천천히 사라진다.

시정수와 과도분 전류는 비례하므로 시정수 RC값이 클수록 과도 전류는 커지게 된다.

정답 : 20.㉱ 21.㉮

그림과 같은 $R-C$ 직렬 회로에 $t=0$에서 스위치 S를 닫아 직류 전압 100[V]를 회로의 양단에 급격히 인가하면 그 때의 충전 전하[C]는? (단, $R=10[\Omega]$, $C=0.1$[F]이다.)

㉮ $10(1-e^{-t})$

㉯ $-10(1-e^{-t})$

㉰ $10e^{-t}$

㉱ $-10e^{-t}$

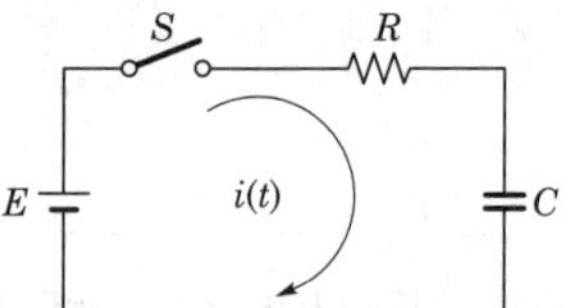

KEY POINT

➲ 충전 전하

$$q(t)=CE\left(1-e^{-\frac{1}{RC}t}\right)[\mathrm{C}]$$

$q=CE\left(1-e^{-\frac{1}{RC}t}\right)=0.1\times100\left(1-e^{-\frac{1}{10\times0.1}t}\right)$
$=10(1-e^{-t})[\mathrm{C}]$

저항 $R=5,000[\Omega]$, 정전 용량 $C=20[\mu\mathrm{F}]$가 직렬로 접속된 회로에 일정 전압 $E=100$[V]를 가하고, $t=0$에서 스위치를 넣을 때 콘덴서 단자 전압[V]을 구하면? (단, 처음에 콘덴서는 충전되지 않았다.)

㉮ $100(1-e^{10t})$

㉯ $100e^{-10t}$

㉰ $100(1-e^{-10t})$

㉱ $100e^{10t}$

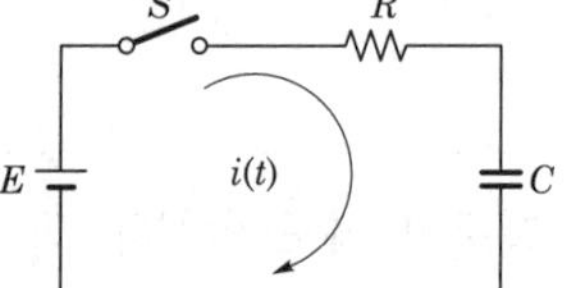

KEY POINT

➲ 콘덴서 단자 전압

$$V_c=\frac{q}{C}=E\left(1-e^{-\frac{1}{RC}t}\right)[\mathrm{V}]$$

$V_c=\frac{1}{c}\int i(t)dt=E\left(1-e^{-\frac{1}{RC}t}\right)=100\left(1-e^{-\frac{1}{5,000\times20\times100}t}\right)$
$=100(1-e^{-10t})$

정답 : 22.㉮ 23.㉰

24 $R-L$ 및 $R-C$ 회로의 과도 상태에 관한 설명 중 옳지 않은 것은?

㉮ $t=0$일 때 C는 단락 상태가 된다.
㉯ 시정수가 크면 정상값에 빨리 도달한다.
㉰ $t=0$일 때 L은 개방 상태가 된다.
㉱ 변화하지 않는 저항만의 회로에서는 과도 현상은 없다.

KEY POINT

➲ 시정수와 과도분은 비례 관계에 있다.

시정수가 크면 과도분이 커지므로 정상값에 느리게 도달된다.

25 그림과 같은 회로를 흐르는 전류를 라플라스 변환을 써서 구하면? (단, $t=0$에서 전하 Q_o가 용량 C에 저축되어 있고 전압은 $e(t)=Eu(t)$라 한다.)

㉮ $\frac{1}{R}\left(E-\frac{Q_o}{C}\right)e^{-\frac{1}{RC}t}$

㉯ $\frac{Q_o}{RC}\left(1-e^{-\frac{1}{RC}t}\right)$

㉰ $\frac{Q_o}{RC}e^{-\frac{1}{RC}t}$

㉱ $\frac{E}{R}e^{-\frac{1}{RC}t}$

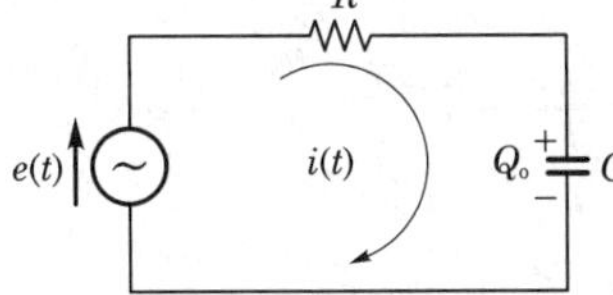

KEY POINT

➲ 초기치가 있는 경우

전류 $i(t)=\frac{E-V_{(0)}}{R}e^{-\frac{1}{RC}t}$

$$Ri(t)+\frac{1}{C}\int i(t)dt=Eu(t)$$

$$RI(s)+\frac{1}{CS}\{I(s)+i_{(0)}^{(-1)}\}=\frac{E}{S}$$

$$I(s)\left(R+\frac{1}{CS}\right)=\frac{E}{s}-\frac{Q_o}{CS}$$

$$I(s)=\frac{\frac{1}{R}\left(E-\frac{Q_o}{C}\right)}{s+\frac{1}{RC}}$$

$$\therefore\ i(t)=\frac{1}{R}\left(E-\frac{Q_o}{C}\right)e^{-\frac{1}{RC}t}$$

정답 : 24.㉯ 25.㉮

26 그림과 같은 $R-C$ 직렬 회로에서 콘덴서 C의 초기 전압이 5[V]이었다. $i(t)$를 나타내는 식은?

㉮ $5e^{-0.4t}$

㉯ $5e^{-2.5t}$

㉰ $7.5e^{-2.5t}$

㉱ $10e^{-0.4t}$

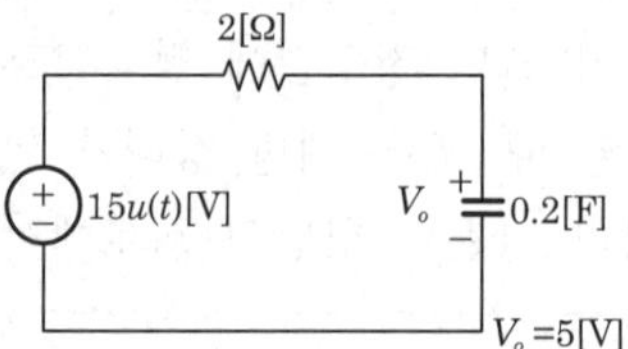

KEY POINT

초기치가 있는 경우

전류 $i(t) = \frac{E - V_{(0)}}{R} e^{-\frac{1}{RC}t}$ ($V_{(0)}$: 초기 전압)

해설 $i(t) = \frac{E - V_o}{R} e^{-\frac{1}{RC}t}$ 에서

$i(t) = \frac{15-5}{2} e^{-\frac{1}{2 \times 0.2}t} = 5e^{-2.5t}$

27 그림과 같이 V_o로 충전된 회로에서 $t=0$일 때 S를 닫을 때의 전류 $i(t)$는?

㉮ $\frac{V_o}{\sqrt{\frac{L}{C}}} e^{-t\sqrt{LC}}$

㉯ $\frac{V_o}{\sqrt{\frac{L}{C}}} \sin \frac{1}{\sqrt{LC}} t$

㉰ $\frac{V_o}{\sqrt{\frac{L}{C}}} \cos \frac{1}{\sqrt{LC}} t$

㉱ $\frac{V_o}{\sqrt{\frac{L}{C}}} (1 - e^{-\frac{t}{\sqrt{LC}}})$

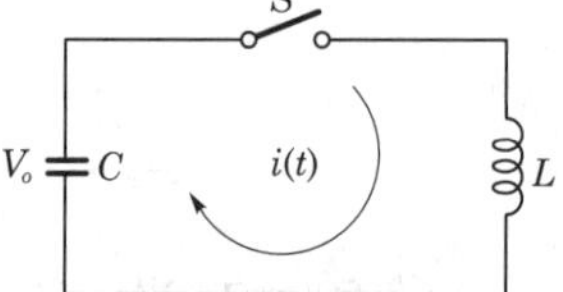

KEY POINT

$L-C$ 직렬 회로

직류 인가시 전류 $i(t) = V_o\sqrt{\frac{C}{L}} \sin \frac{1}{\sqrt{LC}} t$[A]

정답 : 26.㉯ 27.㉯

28 그림의 정전 용량 C[F]를 충전한 후 스위치 S를 닫아 이것을 방전하는 경우의 과도 전류는? (단, 회로에는 저항이 없다.)

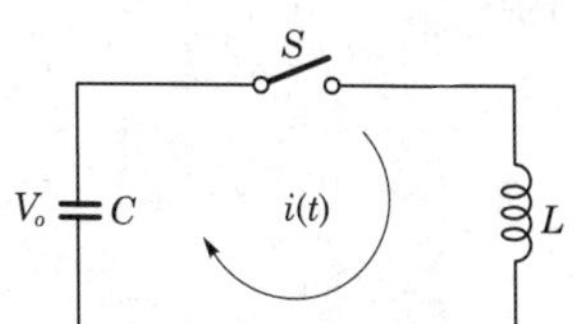

㉮ 불변의 진동 전류
㉯ 감쇠하는 전류
㉰ 감쇠하는 진동 전류
㉱ 일정값까지 증가하여 그 후 감쇠하는 전류

KEY POINT

➲ $L-C$ 직렬 회로

직류 인가시 전류 $i(t)=V_o\sqrt{\frac{C}{L}}\sin\frac{1}{\sqrt{LC}}t$[A]

$i(t)=-V_o\sqrt{\frac{C}{L}}\sin\frac{1}{\sqrt{LC}}t$[A]

각주파수 $\omega=\frac{1}{\sqrt{LC}}$ [rad/sec]로 불변 진동 전류가 된다.

29 $L-C$ 직렬 회로에 직류 기전력 E를 $t=0$에서 갑자기 인가할 때 C에 걸리는 최대 전압은?

㉮ E ㉯ 0
㉰ ∞ ㉱ $2E$

KEY POINT

➲ $V_c=\frac{q}{c}=E\left(1-\cos\frac{1}{\sqrt{LC}}t\right)$

$-1\leq\cos\theta\leq1$이므로 $\cos\theta=-1$인 경우 V_c가 최대가 되므로 V_c는 최대 $2E$까지 커지며 이 현상은 고전압 발생에 이용된다.

V_c는 최대 인가 전압의 2배가 된다.

30 $R-L-C$ 직렬 회로에 직류 전압을 갑자기 인가할 때, 회로에 흐르는 전류가 비진동적이 될 조건은?

㉮ $R^2>\frac{1}{LC}$ ㉯ $R^2=\frac{4L}{C}$
㉰ $R^2>\frac{4L}{C}$ ㉱ $R^2<\frac{4L}{C}$

정답 : 28.㉮ 29.㉱ 30.㉰

KEY POINT

➲ 진동 여부 판별식

$\left(\frac{R}{2L}\right)^2 - \frac{1}{LC} = R^2 - 4\frac{L}{C} = 0$: 임계 진동

$\left(\frac{R}{2L}\right)^2 - \frac{1}{LC} = R^2 - 4\frac{L}{C} > 0$: 비진동

$\left(\frac{R}{2L}\right)^2 - \frac{1}{LC} = R^2 - 4\frac{L}{C} < 0$: 진동

 비진동 조건 $R^2 - 4\frac{L}{C} > 0$

$\therefore\ R^2 > 4\frac{L}{C}$

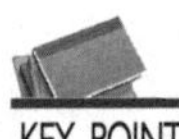

31 $R-L-C$ 직렬 회로에서 $L=5\times10^{-3}$[H], $R=100[\Omega]$, $C=2\times10^{-6}$[F]일 때 이 회로는 어떻게 되는가?

㉮ 진동적이다.
㉯ 임계 진동이다.
㉰ 비진동이다.
㉱ 정현파로 진동이다.

KEY POINT

➲ 진동 여부 판별식

$\left(\frac{R}{2L}\right)^2 - \frac{1}{LC} = R^2 - 4\frac{L}{C} = 0$: 임계 진동

$\left(\frac{R}{2L}\right)^2 - \frac{1}{LC} = R^2 - 4\frac{L}{C} > 0$: 비진동

$\left(\frac{R}{2L}\right)^2 - \frac{1}{LC} = R^2 - 4\frac{L}{C} < 0$: 진동

 진동 여부 판별식 $R^2 - 4\frac{L}{C} = 100^2 - 4\frac{5\times10^{-3}}{2\times10^{-6}} = 0$

32 $R-L-C$ 직렬 회로에서 $R=100[\Omega]$, $L=0.1\times10^{-3}$[H], $C=0.1\times10^{-6}$[F]일 때 이 회로는?

㉮ 진동적이다.
㉯ 비진동이다.
㉰ 정현파 진동이다.
㉱ 진동일 수도 있고 비진동일 수도 있다.

정답 : 31.㉯ 32.㉯

KEY POINT

➲ 진동 여부 판별식

$\left(\frac{R}{2L}\right)^2 - \frac{1}{LC} = R^2 - 4\frac{L}{C} = 0$: 임계 진동

$\left(\frac{R}{2L}\right)^2 - \frac{1}{LC} = R^2 - 4\frac{L}{C} > 0$: 비진동

$\left(\frac{R}{2L}\right)^2 - \frac{1}{LC} = R^2 - 4\frac{L}{C} < 0$: 진동

해설 진동 여부 판별식 $R^2 - 4\frac{L}{C} = 100^2 - 4\frac{0.1 \times 10^{-3}}{0.1 \times 10^{-6}} > 0$

33 그림의 회로에서 $t=0$일 때 스위치 S를 닫았다. $i_1(0)$, $i_2(0)$의 값은? (단, $t < 0$에서 C 전압, L 전압은 0이다.)

㉮ $\frac{E}{R_1}$, 0

㉯ 0, $\frac{E}{R_2}$

㉰ 0, 0

㉱ $-\frac{E}{R_1}$, 0

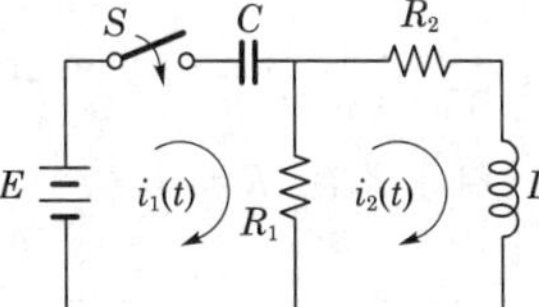

KEY POINT

➲ $t=0$에서 L은 개방 상태, C는 단락 상태

해설 $i_1(0_+) = \frac{E}{R_1}$, $i_2(0_+) = 0$

34 그림의 회로에서 $t=0$일 때 스위치를 닫았다. $t=\infty$에서 $i_1(t)$, $i_2(t)$의 값은?

㉮ 0, 0

㉯ $\frac{E}{R_1}$, 0

㉰ $\frac{E}{R_1+R_2}$, $\frac{E}{R_1+R_2}$

㉱ $\frac{E}{R_1+R_2}$, 0

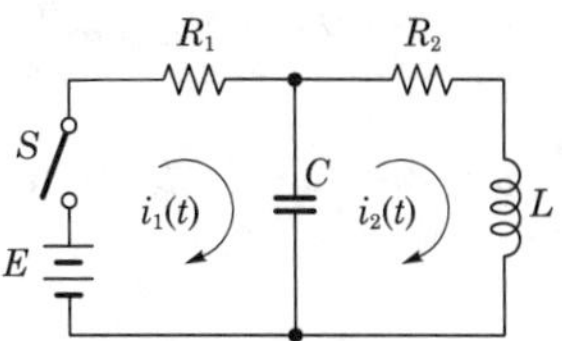

정답 : 33.㉮ 34.㉰

KEY POINT

➡ $t=\infty$에서 L은 단락 상태, C는 개방 상태

$$i_1(\infty) = i_2(\infty) = \frac{E}{R_1 + R_2}$$

 그림과 같은 회로에서 스위치 S를 닫았을 때 과도분을 포함하지 않기 위한 R의 값[Ω]은?

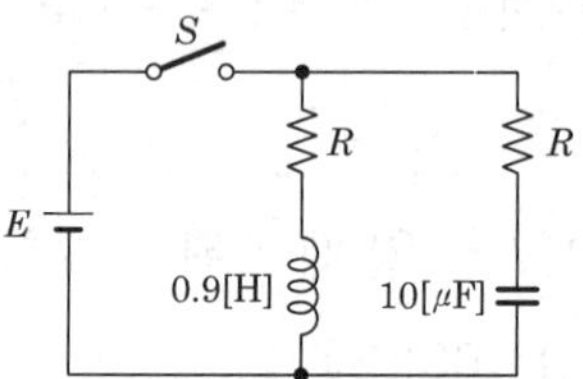

㉮ 100
㉯ 200
㉰ 300
㉱ 400

KEY POINT

➡ 과도분을 포함하지 않기 위해서는 정저항 회로가 되면 된다.

정저항 조건 $R = \sqrt{\frac{L}{C}}$

$$\therefore\ R = \sqrt{\frac{L}{C}} = \sqrt{\frac{0.9}{10 \times 10^{-6}}} = 300\,[\Omega]$$

 60[Hz]의 전압을 40[mH]의 인덕턴스와 20[Ω]의 저항과의 직렬 회로에 가할 때 과도 전류가 생기지 않으려면 그 전압을 어느 위상에 가하면 되는가?

㉮ 약 $\tan^{-1}0.854$
㉯ 약 $\tan^{-1}0.754$
㉰ 약 $\tan^{-1}0.954$
㉱ 약 $\tan^{-1}0.654$

KEY POINT

➡ $R-L$ 직렬 회로에 $e = E_n \sin(\omega t + \theta)$의 교류 전압을 인가하는 경우

$$i = \frac{E_n}{Z}\left\{\sin(\omega t + \theta - \phi) - e^{-\frac{R}{L}t}\sin(\theta - \phi)\right\}$$

따라서, 과도 전류가 생기지 않으려면 $\sin(\theta - \phi)$가 0이어야 한다.

$$\theta = \phi = \tan^{-1}\frac{\omega L}{R} = \tan^{-1}\frac{377 \times 40 \times 10^{-3}}{20} = \tan^{-1}0.754$$

정답 : 35.㉰ 36.㉯

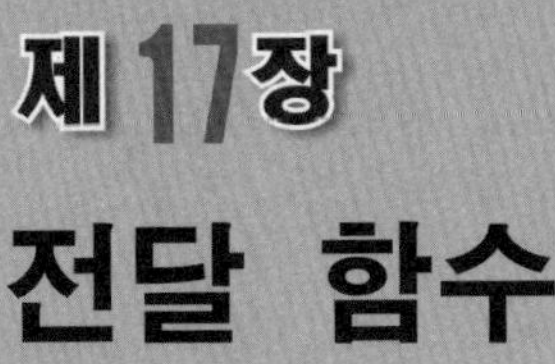

제 17 장 전달 함수

1 전달 함수

제어계 또는 요소의 입력 신호와 출력 신호의 관계를 수식적으로 표현한 것을 전달 함수라 한다.

전달 함수는 "모든 초기치를 0으로 했을 때 출력 신호의 라플라스 변환과 입력 신호의 라플라스 변환의 비"로 정의한다.

여기서, 모든 초기값을 0으로 한다는 것은 그 제어계에 입력이 가해지기 전 즉, $t<0$에서는 그 계가 휴지(休止) 상태에 있다는 것을 말한다.

입력 신호(reference input) $r(t)$에 대해 출력 신호(controlled variable) $C(t)$를 발생하는 그림의 전달 함수 $G(s)$는

$$G(s)=\frac{\mathcal{L}[c(t)]}{\mathcal{L}[r(t)]}=\frac{C(s)}{R(s)}$$

가 된다.

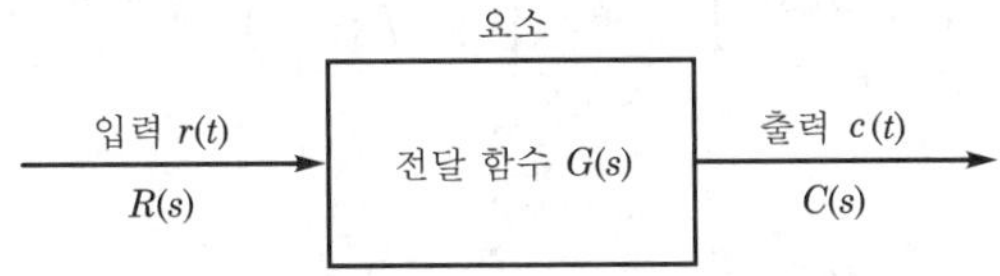

2 제어 요소의 전달 함수

(1) 비례 요소

$$y(t)=Kx(t)$$

라플라스 변환하면 $Y(s)=KX(s)$

전달 함수 $G(s)=\frac{Y(s)}{X(s)}=\boldsymbol{K}$ (K를 이득 정수라 한다.)

(2) 미분 요소

$$y(t) = K\frac{dx(t)}{dt}$$

$$\text{전달 함수}\ \ G(s) = \frac{Y(s)}{X(s)} = \boldsymbol{Ks}$$

(3) 적분 요소

$$y(t) = K\int x(t)\,dt$$

$$\text{전달 함수}\ \ G(s) = \frac{Y(s)}{X(s)} = \frac{\boldsymbol{K}}{\boldsymbol{s}}$$

(4) 1차 지연 요소

$$b_1\frac{dy(t)}{dt} + b_0 y(t) = a_0 x(t) \quad (b_1,\ b_0 > 0)$$

$$\text{전달 함수}\ \ G(s) = \frac{Y(s)}{X(s)} = \frac{a_0}{b_1 s + b_0} = \frac{a_0/b_0}{(b_1/b_0)s + 1} = \frac{\boldsymbol{K}}{\boldsymbol{Ts+1}}$$

(단, $a_0/b_0 = K$, $b_1/b_0 = T$(시정수))

역라플라스 변환하면

$$y(t) = \mathcal{L}^{-1}\left[\frac{1}{s}G(s)\right] = \mathcal{L}^{-1}\left[\frac{K}{s(Ts+1)}\right] = K(1 - e^{-\frac{1}{T}t})$$

(5) 2차 지연 요소

$$b_2\frac{d^2y(t)}{dt^2} + b_1\frac{dy(t)}{dt} + b_0 y(t) = a_0 x(t) \quad (b_2,\ b_1,\ b_0 > 0)$$

$$\text{전달 함수}\ \ G(s) = \frac{Y(s)}{X(s)} = \frac{a_0}{b_2 s^2 + b_1 s + b_0} = \frac{K}{1 + 2\delta Ts + T^2 s^2}$$

$$= \frac{\boldsymbol{K\omega_n^2}}{\boldsymbol{s^2 + 2\delta\omega_n s + \omega_n^2}}$$

$\left(\text{단, } a_0/b_0 = K,\ b_2/b_0 = T^2,\ b_1/b_0 = 2\delta T\ \ \text{또는}\ \ \frac{1}{T} = \omega_n\right)$

여기서, δ는 감쇠 계수 또는 제동비, ω_n은 고유 주파수

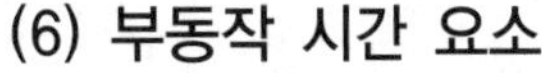

(6) 부동작 시간 요소

$$y(t) = Kx(t-L)$$

전달 함수 $G(s) = \dfrac{Y(s)}{X(s)} = \boldsymbol{Ke^{-Ls}}$

여기서, L : 부동작 시간

3 자동 제어계의 시간 응답

(1) 과도 응답

① **임펄스 응답** : 단위 임펄스 입력의 입력 신호에 대한 응답으로 수학적 표현은 $x(t) = \delta(t)$ 라플라스 변환하면 $X(s) = 1$, 따라서 전달 함수를 $G(s)$라 하고 입력 신호를 $x(t)$, 출력 신호를 $y(t)$라 하면 임펄스 응답은 다음 식과 같다.

$$y(t) = \mathcal{L}^{-1}[Y(s)] = \mathcal{L}^{-1}[G(s) \cdot 1]$$

② **인디셜 응답** : 단위 계단 입력의 입력 신호에 대한 응답으로 수학적 표현은 $x(t) = u(t)$ 라플라스 변환하면 $X(s) = \dfrac{1}{s}$, 따라서 전달 함수를 $G(s)$라 하고 입력 신호를 $x(t)$, 출력 신호를 $y(t)$라 하면 임펄스 응답은 다음 식과 같다.

$$y(t) = \mathcal{L}^{-1}[Y(s)] = \mathcal{L}^{-1}\left[G(s) \cdot \frac{1}{s}\right]$$

③ **경사 응답** : 단위 임펄스 입력의 입력 신호에 대한 응답으로 수학적 표현은 $x(t) = tu(t)$ 라플라스 변환하면 $X(s) = \dfrac{1}{s^2}$, 따라서 전달 함수를 $G(s)$라 하고 입력 신호를 $x(t)$, 출력 신호를 $y(t)$라 하면 임펄스 응답은 다음 식과 같다.

$$y(t) = \mathcal{L}^{-1}[Y(s)] = \mathcal{L}^{-1}\left[G(s) \cdot \frac{1}{s^2}\right]$$

4 블록 선도

(1) 블록 선도의 기본 기호

명 칭	심 벌	내 용
전달 요소	G	입력 신호를 받아서 적당히 변환된 출력 신호를 만드는 부분으로 네모 속에는 전달 함수를 기입한다.
화살표	A → G → B	신호의 진행 방향을 표시하며 $A(s)$는 입력, $B(s)$는 출력이므로 $B(s)=G(s)\cdot A(s)$로 나타낼 수 있다.
가합점 (합산점)	A, B, C, +, ±	두 가지 이상의 신호가 있을 때 이들 신호의 합과 차를 만드는 부분으로 $B(s)=A(s)\pm C(s)$가 된다.
인출점 (분기점)	A, B, C	한 개의 신호를 두 계통으로 분기하기 위한 점으로 $A(s)=B(s)+C(s)$가 된다.

(2) 기본 접속

① **직렬 접속** : 2개 이상의 요소가 직렬로 결합되어 있는 방식

$R(s)$ → G_1 → G_2 → $C(s)$

$$\text{합성 전달 함수 } G(s)=\frac{C(s)}{R(s)}=G_1\cdot G_2$$

② **병렬 접속** : 2개 이상의 요소가 병렬로 결합되어 있는 방식

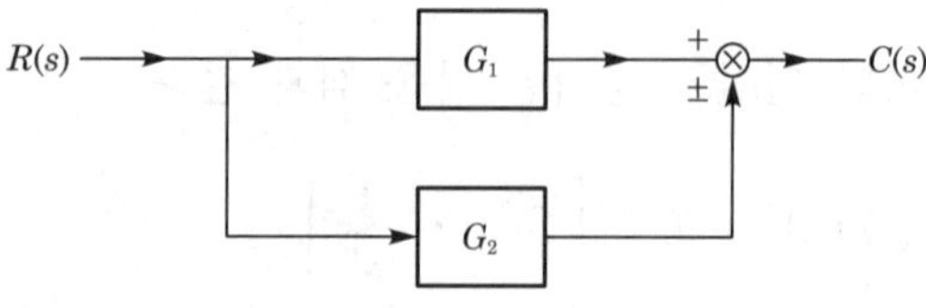

$$\text{합성 전달 함수 } G(s)=\frac{C(s)}{R(s)}=G_1\pm G_2$$

③ **feed back 접속(궤환 접속)** : 출력 신호 $C(s)$의 일부가 요소 $H(s)$를 거쳐 입력측에 feed back되는 결합 방식

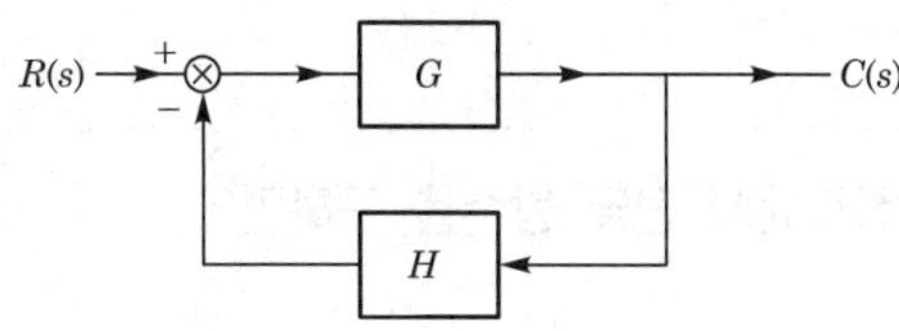

합성 전달 함수 $G(s)=\dfrac{C(s)}{R(s)}=\dfrac{G}{1\mp GH}$

단원핵심문제

1 그림과 같은 $R-L$ 회로에서 전달 함수를 구하면?

㉮ $\dfrac{L}{R+Ls}$

㉯ $\dfrac{1}{s+\dfrac{R}{L}}$

㉰ $\dfrac{1}{R+Ls}$

㉱ $\dfrac{s}{s+\dfrac{R}{L}}$

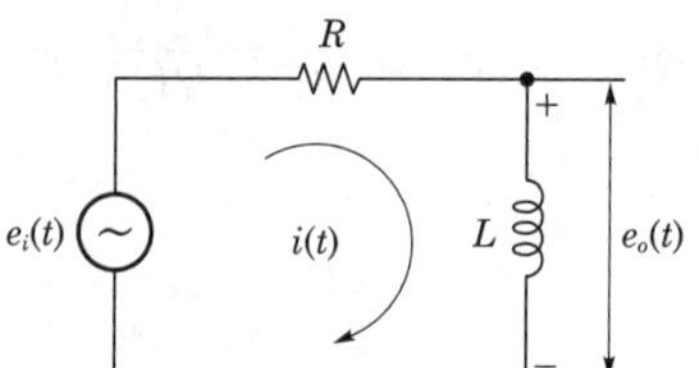

KEY POINT

전달 함수 : 모든 초기 조건을 0으로 하고
입력 Laplace 변환과 출력 Laplace 변환의 비로 전압비 전달 함수인 경우
$R \rightarrow R,\ L \rightarrow SL,\ C \rightarrow \dfrac{1}{SC}$ 로 된다.

해설 $G(s) = \dfrac{V_o(s)}{V_i(s)} = \dfrac{Ls}{R+Ls} = \dfrac{s}{\dfrac{R}{L}+s}$

2 그림과 같은 회로망의 전달 함수 $G(s)$는? (단, $s=j\omega$ 이다.)

㉮ $\dfrac{1}{1+s}$

㉯ $\dfrac{CR}{s+CR}$

㉰ $\dfrac{CR}{RCs+1}$

㉱ $\dfrac{1}{RCs+1}$

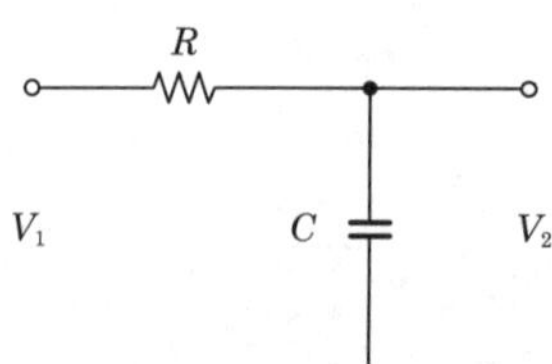

정답 : 1.㉱ 2.㉱

전달 함수 : 모든 초기 조건을 0으로 하고
입력 Laplace 변환과 출력 Laplace 변환의 비로 전압비 전달 함수인 경우
$R \to R,\ L \to SL,\ C \to \frac{1}{SC}$ 로 된다.

해설 $G(s) = \frac{V_2(s)}{V_1(s)} = \frac{\frac{1}{Cs}}{R + \frac{1}{Cs}} = \frac{1}{RCs + 1}$

3 그림과 같은 회로의 전달 함수는 어느 것인가?

㉮ $C_1 + C_2$

㉯ $\frac{C_2}{C_1}$

㉰ $\frac{C_1}{C_1 + C_2}$

㉱ $\frac{C_2}{C_1 + C_2}$

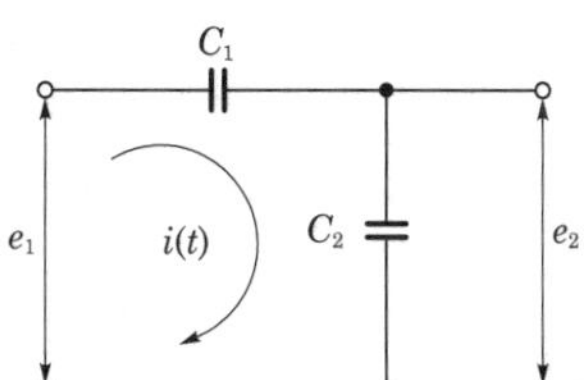

전달 함수 : 모든 초기 조건을 0으로 하고
입력 Laplace 변환과 출력 Laplace 변환의 비로 전압비 전달 함수인 경우
$R \to R,\ L \to SL,\ C \to \frac{1}{SC}$ 로 된다.

해설 $G(s) = \frac{V_2(s)}{V_1(s)} = \frac{\frac{1}{C_2 s}}{\frac{1}{C_1 s} + \frac{1}{C_2 s}} = \frac{C_1}{C_2 + C_1}$

4 그림과 같은 회로의 전달 함수 $\frac{e_2(s)}{e_1(s)}$ 는?

㉮ $\frac{1}{LCs^2 + RCs + 1}$

㉯ $\frac{Cs}{LCs^2 + RCs + 1}$

㉰ $\frac{Ls}{LCs^2 + RCs + 1}$

㉱ $\frac{LCs^2}{LCs^2 + RCs + 1}$

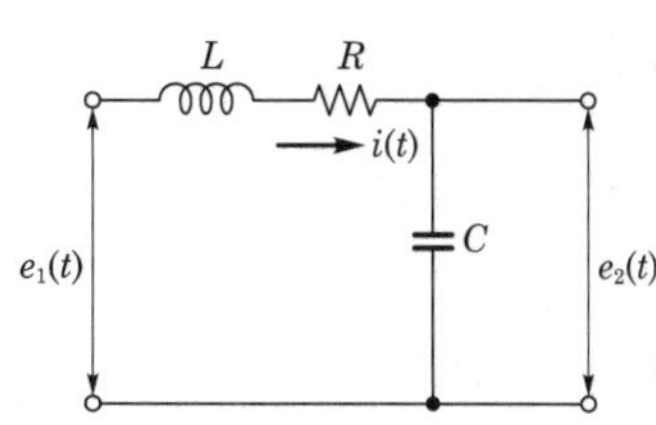

정답 : 3.㉰ 4.㉮

➲ **전달 함수** : 모든 초기 조건을 0으로 하고
입력 Laplace 변환과 출력 Laplace 변환의 비로 전압비 전달 함수인 경우
$R \to R,\ L \to SL,\ C \to \frac{1}{SC}$ 로 된다.

해설 $G(s) = \frac{V_o(s)}{V_i(s)} = \frac{\frac{1}{Cs}}{Ls + R + \frac{1}{Cs}} = \frac{1}{LCs^2 + RCs + 1}$

5 그림과 같은 LC 브리지 회로의 전달 함수는?

㉮ $\frac{1}{1+LCs^2}$

㉯ $\frac{Ls}{1+LCs^2}$

㉰ $\frac{LCs}{1+LCs^2}$

㉱ $\frac{1-LCs^2}{1+LCs^2}$

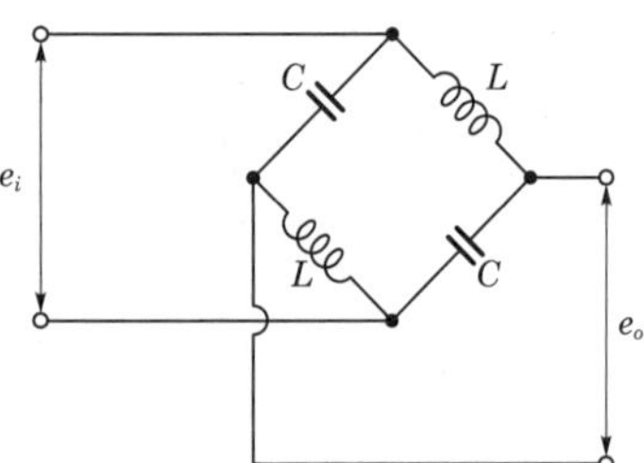

➲ **전달 함수** : 모든 초기 조건을 0으로 하고
입력 Laplace 변환과 출력 Laplace 변환의 비로 전압비 전달 함수인 경우
$R \to R,\ L \to SL,\ C \to \frac{1}{SC}$ 로 된다.

해설 $G(s) = \frac{V_o(s)}{V_i(s)} = \frac{\frac{1}{CS} - LS}{\frac{1}{CS} + LS} = \frac{1 - LCS^2}{1 + LCS^2}$

6 그림과 같은 회로에서 전달 함수 $\frac{V_o(s)}{I(s)}$ 를 구하면? (단, 초기 조건은 모두 0으로 한다.)

㉮ $\frac{1}{RCs+1}$

㉯ $\frac{R}{RCs+1}$

㉰ $\frac{C}{RCs+1}$

㉱ $\frac{RCs}{RCs+1}$

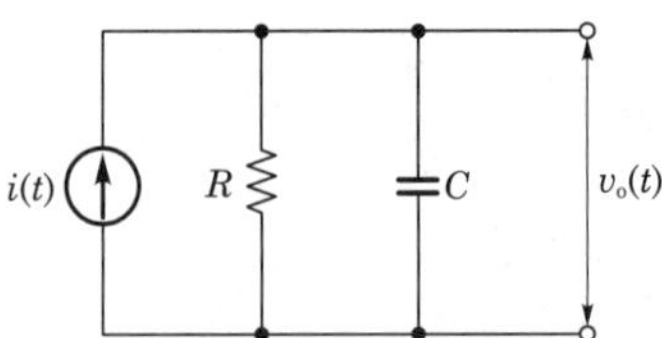

 정답 : 5.㉱ 6.㉯

KEY POINT

➡ 전달 함수 $G(s)=\dfrac{V_o(s)}{I(s)}$는 회로 해석적으로 임피던스 $Z(s)$와 같다.

$$\frac{V_o(s)}{I(s)}=Z(s)=\frac{1}{\frac{1}{R}+Cs}=\frac{R}{RCs+1}$$

7 그림과 같은 회로의 전달 함수 $\dfrac{E_o(s)}{I(s)}$는?

㉮ $\dfrac{1}{s(C_1+C_2)}$

㉯ $\dfrac{C_1C_2}{C_1+C_2}$

㉰ $\dfrac{C_1}{s(C_1+C_2)}$

㉱ $\dfrac{C_2}{s(C_1+C_2)}$

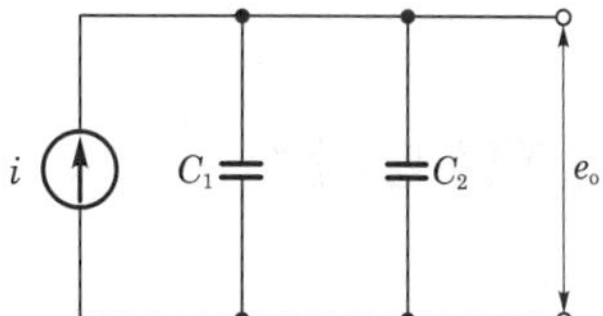

KEY POINT

➡ 전달 함수 $G(s)=\dfrac{V_o(s)}{I(s)}$는 회로 해석적으로 임피던스 $Z(s)$와 같다.

$$\frac{V_o(s)}{I(s)}=Z(s)=\frac{1}{C_1s+C_2s}=\frac{1}{s(C_1+C_2)}$$

8 제어계의 미분 방정식이 $\dfrac{d^3c(t)}{dt^3}+4\dfrac{d^2c(t)}{dt^2}+5\dfrac{dc(t)}{dt}+c(t)=5r(t)$로 주어졌을 때 전달 함수를 구하면?

㉮ $\dfrac{5}{s^3+4s^2+5s+1}$

㉯ $\dfrac{s^3+4s^2+5s+1}{5s}$

㉰ $\dfrac{5s}{s^3+4s^2+5s+1}$

㉱ s^3+4s^2+5s+1

정답 : 7.㉮ 8.㉮

KEY POINT

➡ 실미분 정리

$\mathcal{L}\left[\dfrac{d^2}{dt^2}f(t)\right]=s^2F(s)-sf(0)-f'(0)$

전달 함수는 모든 초기 조건을 0으로 한 상태의 라플라스 변환이므로

$\mathcal{L}\left[\dfrac{d}{dt}f(t)\right]=sF(s)$

$\mathcal{L}\left[\dfrac{d^2}{dt^2}f(t)\right]=s^2F(s)$

$\mathcal{L}\left[\dfrac{d^3}{dt^3}f(t)\right]=s^3F(s)$

해설 $(s^3+4s^2+5s+1)C(s)=5R(s)$

$\therefore\ G(s)=\dfrac{C(s)}{R(s)}=\dfrac{5}{s^3+4s^2+5s+1}$

9 적분 요소의 전달 함수는?

㉮ K

㉯ $\dfrac{K}{1+Ts}$

㉰ $\dfrac{k}{s}$

㉱ Ts

KEY POINT

➡ 각종 제어 요소의 전달 함수

① 비례 요소의 전달 함수 : K

② 미분 요소의 전달 함수 : Ks

③ 적분 요소의 전달 함수 : $\dfrac{K}{s}$

④ 1차 지연 요소의 전달 함수 $G(s)=\dfrac{K}{1+Ts}$

⑤ 부동작 시간 요소의 전달 함수 $G(s)=Ke^{-Ls}$

10 다음 사항 중 옳게 표현된 것은 ?

㉮ 비례 요소의 전달 함수는 $\dfrac{1}{Ts}$ 이다.

㉯ 미분 요소의 전달 함수는 K이다.

㉰ 적분 요소의 전달 함수는 Ts이다.

㉱ 1차 지연 요소의 전달 함수는 $\dfrac{K}{Ts+1}$ 이다.

정답 : 9.㉰ 10.㉱

KEY POINT

각종 제어 요소의 전달 함수

① 비례 요소의 전달 함수 : K

② 미분 요소의 전달 함수 : Ks

③ 적분 요소의 전달 함수 : $\frac{K}{s}$

④ 1차 지연 요소의 전달 함수 $G(s)=\frac{K}{1+Ts}$

⑤ 부동작 시간 요소의 전달 함수 $G(s)=Ke^{-Ls}$

11 부동작 시간 요소의 전달 함수는?

㉮ K ㉯ $\frac{K}{s}$ ㉰ Ke^{-Ls} ㉱ Ks

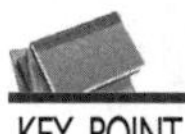
KEY POINT

각종 제어 요소의 전달 함수

① 비례 요소의 전달 함수 : K

② 미분 요소의 전달 함수 : Ks

③ 적분 요소의 전달 함수 : $\frac{K}{s}$

④ 1차 지연 요소의 전달 함수 $G(s)=\frac{K}{1+Ts}$

⑤ 부동작 시간 요소의 전달 함수 $G(s)=Ke^{-Ls}$

부동작 시간 요소의 전달 함수 $G(s)=Ke^{-Ls}$
(L : 부동작 시간)

12 그림과 같은 회로는?

㉮ 가산 회로
㉯ 승산 회로
㉰ 미분 회로
㉱ 적분 회로

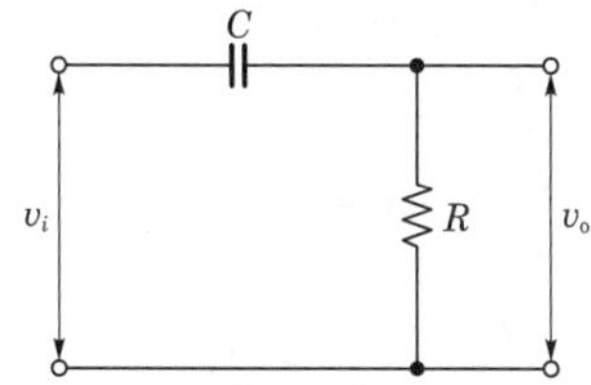

KEY POINT

① 미분 회로

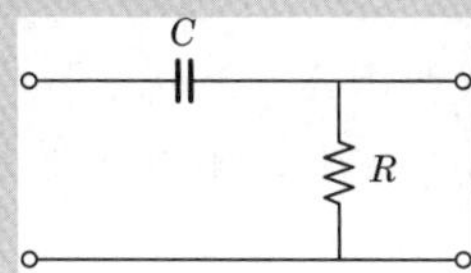

② 적분 회로

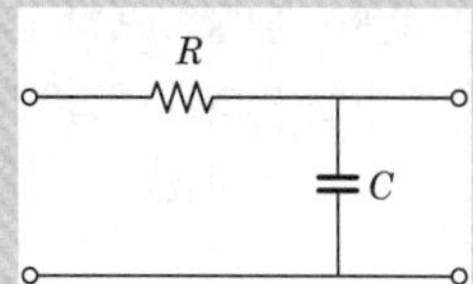

정답 : 11.㉰ 12.㉰

해설 $G(s) = \dfrac{v_o(s)}{v_i(s)} = \dfrac{R}{R + \dfrac{1}{Cs}} = \dfrac{RCs}{RCs+1}$

$RC \ll 1$이면

$G(s) \fallingdotseq RCs$

13 전달 함수 $C(s) = G(s)R(s)$에서 입력 함수를 단위 임펄스, 즉 $\delta(t)$로 가할 때 계의 응답은?

㉮ $G(s)\delta(s)$
㉯ $\dfrac{G(s)}{\delta(s)}$
㉰ $\dfrac{G(s)}{s}$
㉱ $G(s)$

KEY POINT

① **임펄스 응답** : 입력에 단위 임펄스 즉, $f(t)$를 가할 때 계의 응답
② **인디셜 응답(계단 응답)** : 입력에 단위 계단 즉, $u(t)$를 가할 때 계의 응답
③ **경사 응답** : 입력에 단위 램프 즉, t를 가할 때 계의 응답

해설 $r(t) = \delta(t) \quad \therefore R(s) = 1$
$\because C(s) = G(s)$

14 어떤 계의 임펄스 응답이 정현파 신호 $\sin t$일 때, 이 계의 전달 함수와 미분 방정식을 구하면?

㉮ $\dfrac{1}{s^2+1}, \quad \dfrac{d^2y}{dt^2} + y = x$

㉯ $\dfrac{1}{s^2-1}, \quad \dfrac{d^2y}{dt^2} + 2y = 2x$

㉰ $\dfrac{1}{2s+1}, \quad \dfrac{d^2y}{dt^2} - y = x$

㉱ $\dfrac{1}{2s^2-1}, \quad \dfrac{d^2y}{dt^2} - 2y = 2x$

KEY POINT

① **임펄스 응답** : 입력에 단위 임펄스 즉, $f(t)$를 가할 때 계의 응답
② **인디셜 응답(계단 응답)** : 입력에 단위 계단 즉, $u(t)$를 가할 때 계의 응답
③ **경사 응답** : 입력에 단위 램프 즉, t를 가할 때 계의 응답

정답 : 13.㉱ 14.㉮

해설 전달 함수 $G(s) = Y(s) = \mathcal{L}[y(t)] = \mathcal{L}[\sin t] = \frac{1}{s^2+1}$

$\therefore\ G(s) = \frac{Y(s)}{X(s)} = \frac{1}{s^2+1}$

$(s^2+1)Y(s) = X(s)$

$\frac{d^2}{dt^2}y(t) + y(t) = x(t)$

15 어떤 계에 임펄스 함수(δ 함수)가 입력으로 가해졌을 때 시간 함수 e^{-2t}가 출력으로 나타났다. (이 출력을 임펄스 응답이라 한다.) 이 계의 전달 함수는?

㉮ $\frac{1}{s+2}$　　㉯ $\frac{1}{s-2}$

㉰ $\frac{2}{s+2}$　　㉱ $\frac{2}{s-2}$

KEY POINT

① **임펄스 응답** : 입력에 단위 임펄스 즉, $f(t)$를 가할 때 계의 응답
② **인디셜 응답(계단 응답)** : 입력에 단위 계단 즉, $u(t)$를 가할 때 계의 응답
③ **경사 응답** : 입력에 단위 램프 즉, t를 가할 때 계의 응답

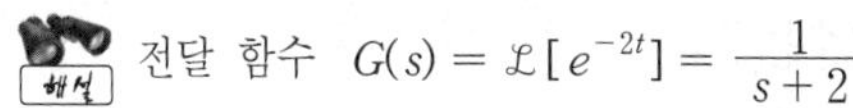
해설 전달 함수 $G(s) = \mathcal{L}[e^{-2t}] = \frac{1}{s+2}$

16 전달 함수 $G(s) = \frac{1}{s+1}$ 인 제어계의 인디셜 응답은?

㉮ $1-e^{-t}$　　㉯ e^{-t}

㉰ $1+e^{-t}$　　㉱ $e^{-t}-1$

KEY POINT

① **임펄스 응답** : 입력에 단위 임펄스 즉, $f(t)$를 가할 때 계의 응답
② **인디셜 응답(계단 응답)** : 입력에 단위 계단 즉, $u(t)$를 가할 때 계의 응답
③ **경사 응답** : 입력에 단위 램프 즉, t를 가할 때 계의 응답

해설 $G(s) = \frac{C(s)}{R(s)} = \frac{1}{s+1}$ 에서 인디셜 응답이므로 입력 $r(t) = u(t)$ 즉, $R(s) = \frac{1}{s}$

$\therefore\ C(s) = \frac{1}{s+1}\cdot R(s) = \frac{1}{s+1}\cdot\frac{1}{s} = \frac{1}{s(s+1)} = \frac{1}{s} - \frac{1}{s+1}$

$\because\ c(t) = 1 - e^{-t}$

정답 : 15.㉮ 16.㉮

17 힘 f에 의해 움직이고 있는 질량 M인 물체의 좌표를 y라 할 때 가한 힘에 대한 전달 함수는?

㉮ Ms　　㉯ Ms^2

㉰ $\frac{1}{Ms}$　　㉱ $\frac{1}{Ms^2}$

KEY POINT

➜ 힘과 변위(좌표)와의 관계식

$$f(t) = M\frac{d^2 y(t)}{dt^2}$$

여기서, 입력이 힘 $f(t)$이고 출력이 변위 $y(t)$가 된다.

$$f(t) = M\frac{d^2 y(t)}{dt^2}$$

초기값을 0으로 하고 라플라스 변환하면

$$F(s) = Ms^2 Y(s)$$

$$\therefore\ G(s) = \frac{Y(s)}{F(s)} = \frac{1}{Ms^2}$$

18 그림과 같은 피드백 회로의 종합 전달 함수는?

㉮ $\frac{1}{G_1} + \frac{1}{G_2}$

㉯ $\frac{G_1}{1-G_1G_2}$

㉰ $\frac{G_1}{1+G_1G_2}$

㉱ $\frac{G_1G_2}{1+G_1G_2}$

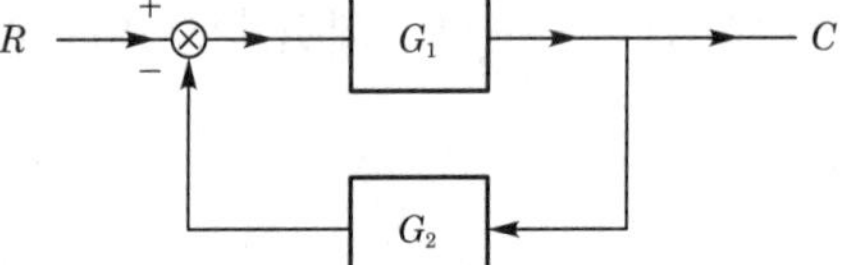

KEY POINT

➜ 블록 선도의 부궤환(피드백) 접속시 전달 함수

$$G(s) = \frac{G_1}{1 + G_1 G_2}$$

$$(R - CG_2)G_1 = C$$

$$RG_1 = C + CG_1G_2 = C(1 + G_1G_2)$$

$$\therefore\ G(s) = \frac{C}{R} = \frac{G_1}{1 + G_1G_2}$$

19 그림과 같은 블록 선도에서 $\dfrac{C(s)}{R(s)}$ 는?

㉮ $\dfrac{G_2}{1+G_1}$

㉯ $\dfrac{G_1}{1-G_2}$

㉰ $\dfrac{G_1}{1+G_2}$

㉱ $\dfrac{G_1}{1+G_1G_2}$

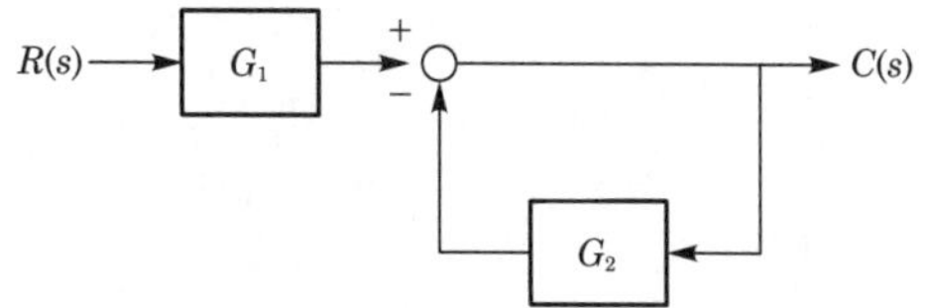

KEY POINT

블록 선도의 부궤환(피드백) 접속시 전달 함수

$$G(s) = \frac{G_1}{1 + G_1 G_2}$$

해설

$C(s) = G_1 R(s) - G_2 C(s)$

$(1 + G_2)C(s) = G_1 R(s)$

$$\therefore \frac{C(s)}{R(s)} = \frac{G_1}{1 + G_2}$$

정답 : 19.㉰

제 4 편 제어 공학

제 1 장
라플라스 변환

1 정의

어떤 시간 함수 $f(t)$가 있을 때 이 함수에 $e^{-st}dt$를 곱하고 그것을 다시 0에서부터 ∞까 지 시간에 대하여 적분한 것을 함수 $f(t)$의 라플라스 변환식이라고 말하며, $F(s)=\mathcal{L}[f(t)]$로 표시한다.

(1) 정의식

$$\mathcal{L}[f(t)]=F(s)=\int_0^{\infty} f(t)\cdot e^{-st}dt$$

2 간단한 함수의 라플라스(Laplace) 변환

(1) 단위 계단 함수(unit step function)의 라플라스 변환

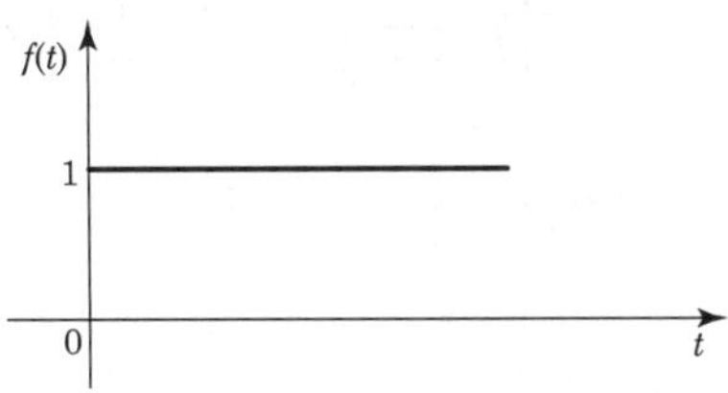

그림 ⬆ 4-1 **단위 계단 함수**

시간 함수 $f(t)=u(t)=1$로 표현하며, $t>0$에서 1로 계속 유지하는 함수로 라플라스 변환하면 다음과 같다.

$$F(s)=\mathcal{L}[f(t)]=\int_0^{\infty}(1)e^{-st}dt=\left[-\frac{1}{s}e^{-st}\right]_0^{\infty}=\frac{1}{s}$$

(2) 지수 감쇠 함수의 라플라스 변환

시간 함수 $f(t)=e^{-at}$로 표현하며, 이에 대한 Laplace 변환은 다음과 같다.

$$\boldsymbol{F(s)}=\mathcal{L}[f(t)]=\int_0^\infty e^{-(s+a)t}dt=\left[-\frac{1}{s+a}e^{-(s+a)t}\right]_0^\infty=\boldsymbol{\frac{1}{s+a}}$$

(3) 단위 램프(ramp) 함수의 라플라스 변환

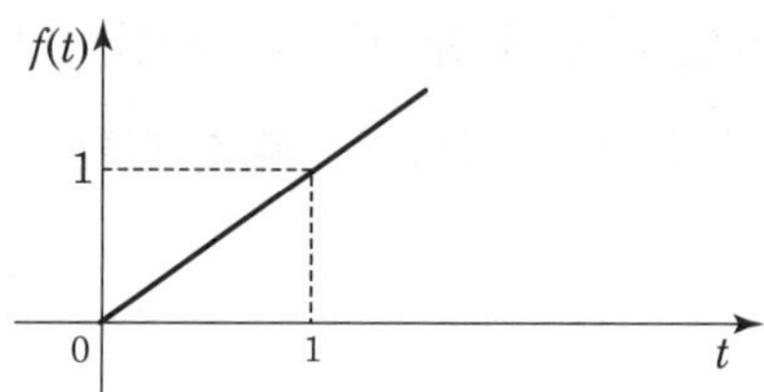

그림 ⬆ 4-2 **단위 램프 함수**

시간 함수 $f(t)=tu(t)$로 표현하며, 이에 대한 Laplace 변환은 다음과 같다.

$$\mathcal{L}[f(t)]=\int_0^\infty te^{-st}dt$$

부분 적분 $\int udv=uv-v\int du$에서 $u=t,\ dv=e^{-st}dt$를 대입하면 다음과 같이 된다.

$$F(s)=\int_0^\infty te^{-st}dt=\left[t\frac{e^{-st}}{-s}\right]_0^\infty-\int_0^\infty\frac{e^{-st}}{-s}dt$$

$$\therefore\ \ \boldsymbol{F(s)}=\mathcal{L}[tu(t)]=\boldsymbol{\frac{1}{s^2}}$$

(4) 정현파 함수의 라플라스 변환

시간 함수 $f(t)=\sin\omega t$에 대한 Laplace 변환은 다음과 같다.

$$\mathcal{L}[f(t)]=\mathcal{L}(\sin\omega t)=\int_0^\infty(\sin\omega t)e^{-st}dt$$

해법은 다음과 같이 $\sin\omega t$의 지수형을 적용하면 간단히 된다.

$$\sin\omega t=\frac{e^{j\omega t}-e^{-j\omega t}}{2j}$$

이므로

$$F(s)=\int_0^\infty(\sin\omega t)e^{-st}dt=\int_0^\infty\frac{e^{j\omega t}-e^{-j\omega t}}{2j}e^{-st}dt$$

$$=\frac{1}{2j}\int_0^\infty[e^{-(s-j\omega)t}-e^{-(s+j\omega)t}]dt$$

$$=\frac{1}{2j}\left(\frac{1}{s-j\omega}-\frac{1}{s+j\omega}\right)$$

$$=\frac{\omega}{s^2+\omega^2}$$

(5) 여현파 함수의 라플라스 변환

시간 함수 $f(t)=\cos\omega t$에 대한 Laplace 변환은 다음과 같다.

$$\mathcal{L}[f(t)]=\mathcal{L}(\cos\omega t)=\int_0^\infty(\cos\omega t)e^{-st}dt$$

해법은 다음과 같이 $\cos\omega t$의 지수형을 적용하면 간단히 된다.

$$\cos\omega t=\frac{e^{j\omega t}+e^{-j\omega t}}{2}$$

이므로

$$F(s)=\int_0^\infty\cos\omega t e^{-st}dt=\int_0^\infty\frac{e^{j\omega t}+e^{-j\omega t}}{2}e^{-st}dt$$

$$=\frac{1}{2}\int_0^\infty[e^{-(s-j\omega)t}+e^{-(s+j\omega)t}]dt$$

$$=\frac{1}{2}\left(\frac{1}{s-j\omega}+\frac{1}{s+j\omega}\right)$$

$$=\frac{s}{s^2+\omega^2}$$

(6) 쌍곡 정현파 함수의 라플라스 변환

시간 함수 $f(t)=\sinh\omega t$에 대한 Laplace 변환은 다음과 같다.

$$\mathcal{L}[f(t)]=\mathcal{L}(\sinh\omega t)=\int_0^\infty(\sinh\omega t)e^{-st}dt$$

해법은 다음과 같이 $\sinh\omega t$의 지수형을 적용하면 간단히 된다.

$$\sinh \omega t = \frac{e^{\omega t} - e^{-\omega t}}{2}$$

이므로

$$F(s) = \int_0^\infty (\sinh \omega t) e^{-st} dt = \int_0^\infty \frac{e^{\omega t} - e^{-\omega t}}{2} e^{-st} dt$$

$$= \frac{1}{2} \int_0^\infty [e^{-(s-\omega)t} - e^{-(s+\omega)t}] dt$$

$$= \frac{1}{2} \left(\frac{1}{s-\omega} - \frac{1}{s+\omega} \right)$$

$$= \frac{\omega}{s^2 - \omega^2}$$

(7) 쌍곡 여현파 함수의 라플라스 변환

시간 함수 $f(t) = \cosh \omega t$에 대한 Laplace 변환은 다음과 같다.

$$\mathcal{L}[f(t)] = \mathcal{L}(\cosh \omega t) = \int_0^\infty (\cosh \omega t) e^{-st} dt$$

해법은 다음과 같이 $\cosh \omega t$의 지수형을 적용하면 간단히 된다.

$$\cosh \omega t = \frac{e^{\omega t} + e^{-\omega t}}{2}$$

이므로

$$F(s) = \int_0^\infty (\cosh \omega t) e^{-st} dt = \int_0^\infty \frac{e^{\omega t} + + e^{-\omega t}}{2} e^{-st} dt$$

$$= \frac{1}{2} \int_0^\infty [e^{-(s-\omega)t} + e^{-(s+\omega)t}] dt$$

$$= \frac{1}{2} \left(\frac{1}{s-\omega} + \frac{1}{s+\omega} \right)$$

$$= \frac{s}{s^2 - \omega^2}$$

〈중요한 함수의 라플라스 변환〉

	함수명	$f(t)$	$F(s)$
1	단위 임펄스 함수	$\delta(t)$	1
2	단위 계단 함수	$u(t)=1$	$\frac{1}{s}$
3	단위 램프 함수	t	$\frac{1}{s^2}$
4	포물선 함수	t^2	$\frac{2}{s^3}$
5	n차 램프 함수	t^n	$\frac{n!}{s^{n+1}}$
6	지수 감쇠 함수	e^{-at}	$\frac{1}{s+a}$
7	지수 감쇠 램프 함수	te^{-at}	$\frac{1}{(s+a)^2}$
8	지수 감쇠 포물선 함수	t^2e^{-at}	$\frac{2}{(s+a)^3}$
9	지수 감쇠 n차 램프 함수	t^ne^{-at}	$\frac{n!}{(s+a)^{n+1}}$
10	정현파 함수	$\sin \omega t$	$\frac{\omega}{s^2+\omega^2}$
11	여현파 함수	$\cos \omega t$	$\frac{s}{s^2+\omega^2}$
12	지수 감쇠 정현파 함수	$e^{-at}\sin \omega t$	$\frac{\omega}{(s+a)^2+\omega^2}$
13	지수 감쇠 여현파 함수	$e^{-at}\cos \omega t$	$\frac{s+a}{(s+a)^2+\omega^2}$
14	쌍곡 정현파 함수	$\sinh at$	$\frac{a}{s^2-a^2}$
15	쌍곡 여현파 함수	$\cosh at$	$\frac{s}{s^2-a^2}$

3 라플라스 변환에 관한 여러 가지 정리

라플라스 변환은 다음에 표시한 바와 같은 여러 가지 성질이 있고, 이것을 이용하여 라플라스 변환의 공식을 구할 수 있다.

(1) 선형 정리

$$\mathcal{L}[af_1(t) \pm bf_2(t)] = aF_1(s) \pm bF_2(s)$$

(2) 상사 정리

$$\mathcal{L}\left[f\left(\frac{t}{a}\right)\right] = aF(as)$$

(3) 시간 추이 정리

$$\mathcal{L}[f(t-a)] = e^{-as}F(s)$$

(4) 복소 추이 정리

$$\mathcal{L}[e^{\pm at}f(t)] = F(s \mp a)$$

즉, 변환식 $F(s)$에서 s대신 $(s \mp a)$로 대입한 것이다.

(5) 실미분 정리

$$\mathcal{L}\left[\frac{d}{dt}f(t)\right] = sF(s) - f(0)$$

$$\mathcal{L}\left[\frac{d^2}{dt^2}f(t)\right] = s^2F(s) - sf(s) - f'(0)$$

$$\mathcal{L}\left[\frac{d^3}{dt^3}f(t)\right] = s^3F(s) - s^2f(0) - sf'(0) - f''(0)$$

(6) 실적분 정리

$$\mathcal{L}\left[\int f(t)\,dt\right] = \frac{1}{s}F(s) + \frac{1}{s}f^{(-1)}(0)$$

$$\mathcal{L}\left[\iint f(t)\,dt^2\right] = \frac{1}{s^2}F(s) + \frac{1}{s^2}f^{(-1)}(0) + \frac{1}{s}f^{(-2)}(0)$$

$$\mathcal{L}\left[\iiint f(t)\,dt^3\right]=\frac{1}{s^3}F(s)+\frac{1}{s^3}f^{(-1)}(0)+\frac{1}{s^2}f^{(-2)}(0)+\frac{1}{s}f^{(-3)}(0)$$

(7) 복소 미분 정리

$$\mathcal{L}[\,tf(t)\,dt]=-\frac{d}{ds}F(s)$$

일반적으로 $\mathcal{L}[t^n f(t)]=(-1)^n\frac{d^n}{ds^n}F(s)$이다.

(8) 복소 적분 정리

$$\mathcal{L}\left[\frac{f(t)}{t}\right]=\int_s^{\infty}F(s)ds$$

(9) 초기값 정리

$$f(0)=\lim_{t\to 0}f(t)=\lim_{s\to\infty}sF(s)$$

(10) 최종값 정리

$$f(\infty)=\lim_{t\to\infty}f(t)=\lim_{s\to 0}sF(s)$$

(11) 주기 함수의 라플라스 변환

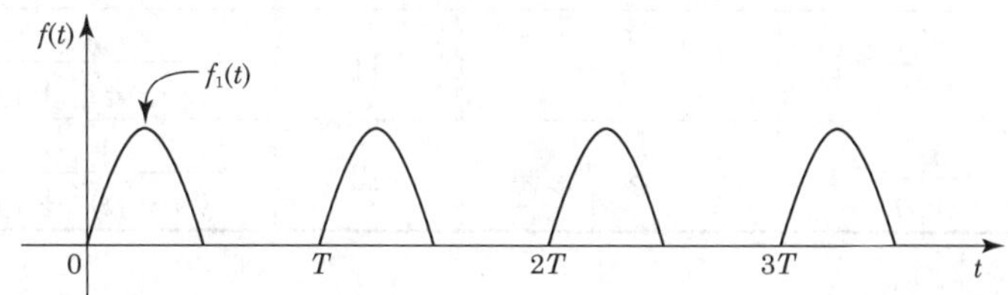

그림 4-3 주기 함수의 라플라스 변환

그림의 시간 함수는 $f(t)=f_1(t)+f_1(t-T)+f_1(t-2T)+\cdots\cdots$로 표시할 수 있고, 위의 식의 양변을 라플라스 변환하면 다음과 같다.

$$F(s)=F_1(s)(1+e^{-Ts}+e^{-2Ts}+\cdots\cdots)=F_1(s)\frac{1}{1-e^{-Ts}}$$

4 라플라스 역변환

라플라스 변환식 $F(s)$로부터 그 본래의 함수 $f(t)$를 구하는 것을 $F(s)$의 라플라스 역변환이라고 한다.

$$\mathcal{L}^{-1}[F(s)] = f(t)$$

예를 들어, $f(t) = t^2$을 생각해 보자.

이 함수의 라플라스 변환식은 $F(s) = \mathcal{L}[t^2] = \frac{2}{s^3}$ 이므로

이의 역라플라스 변환은 $f(t) = \mathcal{L}^{-1}\left[\frac{2}{s^3}\right] = t^2$이 된다.

〈중요한 라플라스 역변환〉

	$F(s)$	$f(t)$		$F(s)$	$f(t)$
1	1	$\delta(t)$	7	$\frac{1}{(s+a)^2}$	te^{-at}
2	$\frac{1}{s}$	$u(t) = 1$	8	$\frac{n!}{(s+a)^{n+1}}$	$t^n e^{-at}$
3	$\frac{1}{s^2}$	t	9	$\frac{\omega}{s^2+\omega^2}$	$\sin \omega t$
4	$\frac{2}{s^3}$	t^2	10	$\frac{s}{s^2+\omega^2}$	$\cos \omega t$
5	$\frac{n!}{s^{n+1}}$	t^n	11	$\frac{\omega}{(s+a)^2+\omega^2}$	$e^{-at}\sin \omega t$
6	$\frac{1}{s+a}$	e^{-at}	12	$\frac{s+a}{(s+a)^2+\omega^2}$	$e^{-at}\cos \omega t$

5 부분 분수에 의한 라플라스 역변환

(1) 실수 단근인 경우

$$F(s) = \frac{Z(s)}{(s-p_1)(s-p_2)\cdots\cdots(s-p_n)}$$

$$= \frac{K_1}{(s-p_1)} + \frac{K_2}{(s-p_2)} + \cdots + \frac{K_j}{(s-p_j)} + \cdots + \frac{K_n}{(s-p_n)}$$

의 경우, 유수 K_j는 다음과 같이 구한다.

$$K_j = \lim_{s \to p_j} (s-p_j)F(s)$$

(2) 공액 복소근을 포함한 경우

$$F(s) = \frac{A(s)}{\{(s-a)^2+\omega^2\}(s-p_0)(s-p_1)\cdots\cdots(s-p_n)}$$

$$= \frac{Cs+D}{(s-a)^2+\omega^2} + \frac{K_3}{(s-p_3)} + \frac{K_4}{(s-p_4)} + \cdots\cdots + \frac{k_n}{(s-p_n)}$$

여기서, K_3, K_4, ……, K_n은 실수 단근인 경우에 기술한 방법으로 구하고, C, D는 다음과 같은 복소수의 방정식을 세워 구한다.

$$\lim_{s \to a+j\omega} F(s)\{(s-a)^2+\omega^2\} = \lim_{s \to a+j\omega} (Cs+D)$$

(3) 다중근인 경우

$$F(s) = \frac{Z(s)}{(s-p_i)^n(s-p_1)(s-p_2)\cdots(s-p_n)}$$

$$= \frac{K_1}{(s-p_1)} + \frac{K_2}{(s-p_2)} + \cdots + \frac{K_n}{(s-p_n)} + \frac{K_{11}}{(s-p_i)^n}$$

$$+ \frac{K_{12}}{(s-p_i)^{n-1}} + \cdots + \frac{L_{1n}}{(s-p_i)^1}$$

여기서, K_1, K_2, …, K_n은 실수 단근인 경우에 기술한 방법으로 구하고, K_{11}, K_{12}, …, K_{1n}은 중근이므로 다음과 같이 구한다.

$$K_{11} = \lim_{s \to p_i} [(s-p_i)^n F(s)]$$

$$\vdots \qquad \vdots$$

$$K_{1n} = \lim_{s \to p_i} \frac{1}{(n-1)!} \frac{d^{n-1}}{ds^{n-1}} [(s-p_i)^n F(s)]$$

단원핵심문제

1 함수 $f(t)$의 라플라스 변환은 어떤 식으로 정의되는가?

㉮ $\int_{-\infty}^{\infty} f(t)e^{st}dt$

㉯ $\int_{-\infty}^{\infty} f(t)e^{-st}dt$

㉰ $\int_{0}^{\infty} f(t)e^{-st}dt$

㉱ $\int_{0}^{\infty} f(t)e^{st}dt$

KEY POINT

➲ 라플라스 변환은 시간의 함수를 주파수 함수로 바꾸는 식

$\mathcal{L}[f(t)] = F(s) = \int_{0}^{\infty} f(t)e^{-st}dt$

2 그림과 같은 단위 임펄스 $\delta(t)$의 라플라스 변환은?

㉮ 1

㉯ $\frac{1}{s}$

㉰ $\frac{1}{s^2}$

㉱ $e^{-\delta}$

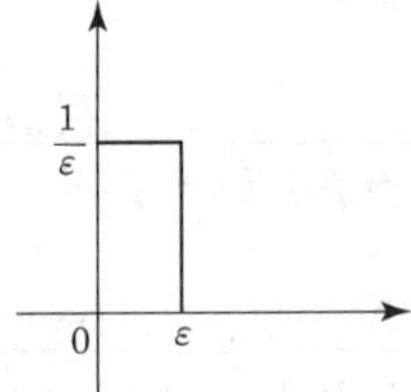

KEY POINT

➲ 단위 임펄스 함수 $\delta(t)$의 Laplace 변환

$\mathcal{L}[\delta(t)] = 1$

3 $f(t) = 1$의 라플라스 변환은?

㉮ $\frac{1}{s}$

㉯ 1

㉰ $\frac{1}{s^2}$

㉱ s

정답 : 1.㉰ 2.㉮ 3.㉮

KEY POINT

➲ Laplace 변환식

$$F(s)=\int_0^{\infty} f(t)\cdot e^{-st}dt$$

해설

$$\int_0^{\infty} 1\cdot e^{-st}dt=\int_0^{\infty} e^{-st}dt$$
$$=\left[-\frac{1}{s}e^{-st}\right]_0^{\infty}$$
$$=\frac{1}{s}$$

4 단위 램프 함수 $\rho(t)=tu(t)$의 라플라스 변환은?

㉮ $\frac{1}{s^2}$　㉯ $\frac{1}{s}$

㉰ $\frac{1}{s^3}$　㉱ $\frac{1}{s^4}$

KEY POINT

➲ Laplace 변환식

$$F(s)=\int_0^{\infty} f(t)\cdot e^{-st}dt$$

해설 단위 램프 함수의 Laplace 변환

$$\mathcal{L}[t]=\frac{1}{s^2}$$

5 $f(t)=t^2$의 라플라스 변환은?

㉮ $\frac{2}{s}$　㉯ $\frac{2}{s^2}$

㉰ $\frac{2}{s^3}$　㉱ $\frac{2}{s^4}$

KEY POINT

➲ n차 단위 램프 함수의 Laplace 변환

$$\mathcal{L}[t^n]=\frac{n!}{s^{n+1}}$$

해설 $\mathcal{L}[t^2]=\frac{2!}{s^{2+1}}=\frac{2}{s^3}$

정답 : 4.㉮ 5.㉰

6 $10t^3$의 라플라스 변환은?

㉮ $\frac{60}{s^4}$　　㉯ $\frac{30}{s^4}$

㉰ $\frac{10}{s^4}$　　㉱ $\frac{80}{s^4}$

KEY POINT

➡ $\mathcal{L}[t^n]=\frac{n!}{s^{n+1}}$

해설 $\mathcal{L}[10t^3]=10\frac{3!}{s^{3+1}}=10\cdot\frac{3\times2\times1}{s^4}=\frac{60}{s^4}$

7 $e^{j\omega t}$의 라플라스 변환은?

㉮ $\frac{1}{s-j\omega}$　　㉯ $\frac{1}{s+j\omega}$

㉰ $\frac{1}{s^2+\omega^2}$　　㉱ $\frac{\omega}{s^2+\omega^2}$

KEY POINT

➡ 지수 함수의 Laplace 변환

$\mathcal{L}[e^{\pm at}]=\frac{1}{s\mp a}$

해설 $F(s)=\mathcal{L}[e^{j\omega t}]=\frac{1}{s-j\omega}$

8 $f(t)=1-e^{-at}$ 의 라플라스 변환은?

㉮ $\frac{1}{s+a}$　　㉯ $\frac{1}{s(s+a)}$

㉰ $\frac{a}{s}$　　㉱ $\frac{a}{s(s+a)}$

KEY POINT

➡ $\mathcal{L}[u(t)]=\frac{1}{s}$, $\mathcal{L}[e^{-at}]=\frac{1}{s+a}$

해설 $F(s)=\mathcal{L}[f(t)]=\mathcal{L}[1-e^{-at}]=\frac{1}{s}-\frac{1}{s+a}=\frac{s+a-s}{s(s+a)}=\frac{a}{s(s+a)}$

정답 : 6.㉮ 7.㉮ 8.㉱

$f(t)=\delta(t)-be^{-bt}$의 라플라스 변환은? (단, $\delta(t)$는 임펄스 함수이다.)

㉮ $\dfrac{b}{s+b}$

㉯ $\dfrac{s(1-b)+5}{s(s+b)}$

㉰ $\dfrac{1}{s(s+b)}$

㉱ $\dfrac{s}{s+b}$

KEY POINT

$\mathcal{L}[\delta(t)]=1,\ \mathcal{L}[e^{-at}]=\dfrac{1}{s+a}$

$F(s)=\mathcal{L}[\delta(t)]-\mathcal{L}[be^{-bt}]=1-\dfrac{b}{s+b}=\dfrac{s}{s+b}$

$f(t)=\sin t+2\cos t$의 라플라스 변환은?

㉮ $\dfrac{2s}{s^2+1}$

㉯ $\dfrac{2s+1}{(s+1)^2}$

㉰ $\dfrac{2s+1}{s^2+1}$

㉱ $\dfrac{2s}{(s+1)^2}$

KEY POINT

$\mathcal{L}[\sin\omega t]=\dfrac{\omega}{s^2+\omega^2},\ \mathcal{L}[\cos\omega t]=\dfrac{s}{s^2+\omega^2}$

$F(s)=\dfrac{1}{s^2+1}+\dfrac{2s}{s^2+1}=\dfrac{2s+1}{s^2+1}$

$f(t)=\sin t\cos t$의 라플라스 변환은?

㉮ $\dfrac{1}{s^2+4}$

㉯ $\dfrac{1}{s^2+2}$

㉰ $\dfrac{1}{(s+2)^2}$

㉱ $\dfrac{1}{(s+4)^2}$

KEY POINT

삼각 함수 가법 정리

$\sin(A+B)=\sin A\cos B+\cos A\sin B$

정답 : 9.㉱ 10.㉰ 11.㉮

$\sin(t+t) = 2\sin t\cos t$

$\sin t\cos t = \frac{1}{2}\sin 2t$

$\therefore F(s) = \mathcal{L}[\sin t\cos t] = \mathcal{L}\left[\frac{1}{2}\sin 2t\right]$

$= \frac{1}{2} \times \frac{2}{s^2+2^2} = \frac{1}{s^2+4}$

12 $\sin(\omega t+\theta)$의 라플라스 변환은?

㉮ $\frac{\omega\sin\theta}{s^2+\omega^2}$

㉯ $\frac{\omega\cos\theta}{s^2+\omega^2}$

㉰ $\frac{\cos\theta+\sin\theta}{s^2+\omega^2}$

㉱ $\frac{\omega\cos\theta+s\sin\theta}{s^2+\omega^2}$

KEY POINT

 삼각 함수 가법 정리

$\sin(A+B) = \sin A\cos B + \cos A\sin B$

$f(t) = \sin(\omega t+\theta) = \sin\omega t\cos\theta + \cos\omega t\sin\theta$

$\therefore \mathcal{L}[f(t)] = \mathcal{L}[\sin\omega t\cos\theta] + \mathcal{L}[\cos\omega t\sin\theta]$

$= \frac{\omega}{s^2+\omega^2}\cos\theta + \frac{s}{s^2+\omega^2}\sin\theta$

$= \frac{\omega\cos\theta+s\sin\theta}{s^2+\omega^2}$

13 $\mathcal{L}[\cos(10t-30°)\cdot u(t)]$는?

㉮ $\frac{s+1}{s^2+100}$

㉯ $\frac{s+30}{s^2+100}$

㉰ $\frac{0.866s}{s^2+100}$

㉱ $\frac{0.866s+5}{s^2+100}$

KEY POINT

 삼각 함수 가법 정리

$\cos(A-B) = \cos A\cos B + \sin A\sin B$

해설

$f(t) = \cos(10t-30°) = \cos 10t\cos 30° + \sin 10t\sin 30°$

$= 0.866\cos 10t + 0.5\sin 10t$

$\therefore F(s) = \frac{0.866s}{s^2+10^2} + \frac{5}{s^2+10^2} = \frac{0.866s+5}{s^2+100}$

정답 : 12.㉱ 13.㉱

14 $f(t) = te^{-at}$일 때 라플라스 변환하면 $F(s)$의 값은?

㉮ $\dfrac{2}{(s+a)^2}$ ㉯ $\dfrac{1}{s(s+a)}$

㉰ $\dfrac{1}{(s+a)^2}$ ㉱ $\dfrac{1}{s+a}$

KEY POINT

➲ 지수 감쇠 램프 함수의 Laplace 변환

$\mathcal{L}[te^{-at}] = \dfrac{1}{(s+a)^2}$

15 $e^{-at}\cos\omega t$의 라플라스 변환은?

㉮ $\dfrac{s+a}{(s+a)^2+\omega^2}$ ㉯ $\dfrac{\omega}{(s+a)^2+\omega^2}$

㉰ $\dfrac{\omega}{(s^2+a^2)^2}$ ㉱ $\dfrac{s+a}{(s^2+a^2)^2}$

KEY POINT

➲ 복소 추이 정리

$\mathcal{L}[e^{-at}f(t)] = F(s+a)$

해설 복소 추이 정리를 이용하면

$\mathcal{L}[e^{-at}\cos\omega t] = \mathcal{L}[\cos\omega t]_{s=s+a} = \dfrac{s}{s^2+\omega^2}\Big|_{s=s+a} = \dfrac{s+a}{(s+a)^2+\omega^2}$

16 $f(t) = \dfrac{e^{at}+e^{-at}}{2}$의 라플라스 변환은?

㉮ $\dfrac{s}{s^2+a^2}$ ㉯ $\dfrac{s}{s^2-a^2}$

㉰ $\dfrac{a}{s^2+a^2}$ ㉱ $\dfrac{a}{s^2-a^2}$

KEY POINT

➲ 쌍곡선 함수의 지수 함수 표현식

$\cosh at = \dfrac{e^{+at}+e^{-at}}{2}$, $\mathcal{L}[\cosh at] = \dfrac{s}{s^2-a^2}$

해설 $F(s) = \mathcal{L}\left[\dfrac{1}{2}(e^{at}+e^{-at})\right] = \dfrac{1}{2}\left(\dfrac{1}{s-a}+\dfrac{1}{s+a}\right) = \dfrac{s}{s^2-a^2}$

정답 : 14.㉰ 15.㉮ 16.㉯

17 $\mathcal{L}[e^{-4t}\cos(10t-30°)\cdot u(t)]$는?

㉮ $\dfrac{0.866s+10}{(s+4)^2+100}$　㉯ $\dfrac{0.866s+5}{(s+4)^2+100}$

㉰ $\dfrac{0.866(s+4)+5}{(s+4)^2+100}$　㉱ $\dfrac{0.866s+5}{s^2+100}$

KEY POINT

➲ 복소 추이 정리

$\mathcal{L}[e^{-at}f(t)]=F(s+a)$

∴ 복소 추이 정리를 적용하면

$$\mathcal{L}[e^{-4t}\cos(10t-30°)\cdot u(t)]=\frac{0.866s+5}{s^2+10^2}\bigg|_{s=s+4}=\frac{0.866(s+4)+5}{(s+4)^2+100}$$

해설

$$\mathcal{L}[\cos(10t-30°)]=\mathcal{L}[\cos 10t\cos 30°+\sin 10t\sin 30°]=\frac{s\times 0.866}{s^2+10^2}+\frac{10\times 0.5}{s^2+10^2}=\frac{0.866s+5}{s^2+10^2}$$

18 그림과 같은 단위 계단 함수는?

㉮ $u(t)$

㉯ $u(t-a)$

㉰ $u(a-t)$

㉱ $-u(t-a)$

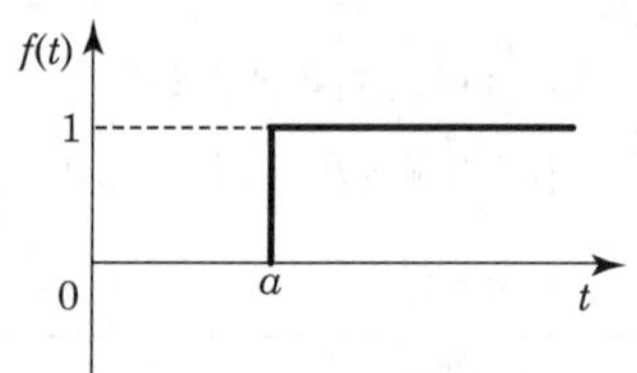

KEY POINT

➲ 단위 계단 함수

$f(t)=u(t)$

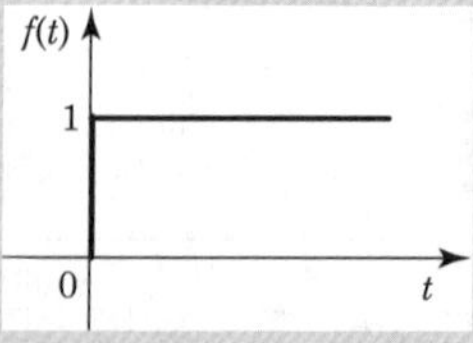

해설

$f(t)=u(t-a)$

Laplace 변환하면 시간 추이 정리에 의해서

$F(s)=e^{-as}\dfrac{1}{s}=\dfrac{1}{s}e^{-as}$

19 그림과 같은 ramp 함수의 라플라스 변환은?

㉮ $e^{2}\frac{1}{s^2}$

㉯ $e^{-s}\frac{1}{s^2}$

㉰ $e^{2s}\frac{1}{s^2}$

㉱ $e^{-2s}\frac{1}{s^2}$

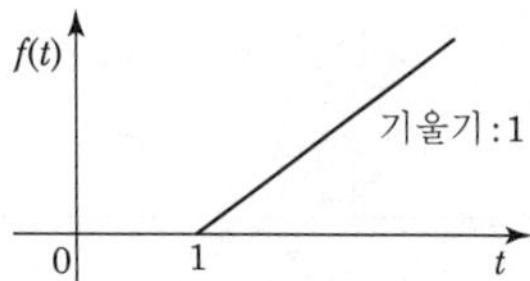

KEY POINT

➲ 단위 램프 함수

$f(t)=t\cdot u(t)$

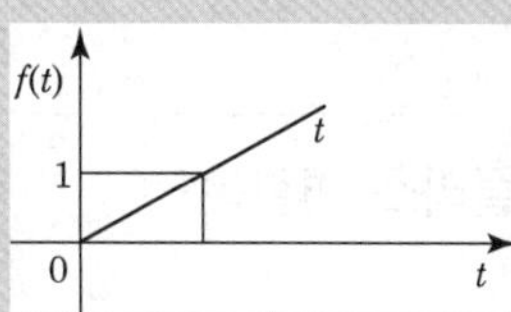

해설 $f(t)=(t-1)u(t-1)$

$\therefore\ F(s)=e^{-s}\frac{1}{s^2}$

20 그림과 같은 파형을 단위 함수(unit step function) $u(t)$로 표시하면?

㉮ $u(t)-u(t-T)+u(t-2T)-u(t-3T)$

㉯ $u(t)-2u(t-T)+2u(t-2T)-u(t-3T)$

㉰ $u(t-T)-u(t-2T)+u(t-3T)$

㉱ $u(t-T)-2u(t-2T)+2u(t-3T)$

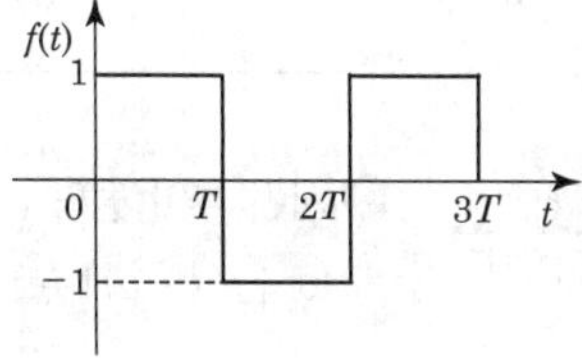

KEY POINT

➲

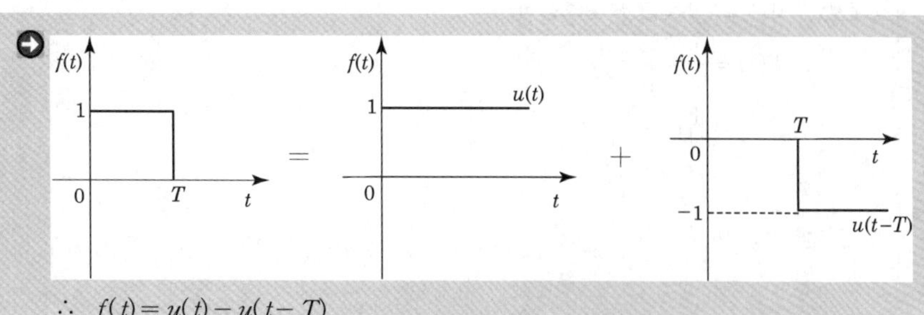

$\therefore\ f(t)=u(t)-u(t-T)$

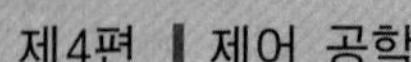

21 $\mathcal{L}[u(t-a)]$는?

㉮ $\dfrac{e^{as}}{s^2}$ ㉯ $\dfrac{e^{-as}}{s^2}$

㉰ $\dfrac{e^{as}}{s}$ ㉱ $\dfrac{e^{-as}}{s}$

KEY POINT

시간 추이 정리

$\mathcal{L}[f(t-a)]=e^{-as}F(s)$

해설 시간 추이 정리를 이용하면

$\mathcal{L}[f(t-a)]=e^{-as}\dfrac{1}{s}$

22 그림과 같은 구형파의 라플라스 변환은?

㉮ $\dfrac{1}{s}(1-e^{-s})$

㉯ $\dfrac{1}{s}(1+e^{-s})$

㉰ $\dfrac{1}{s}(1-e^{-2s})$

㉱ $\dfrac{1}{s}(1+e^{-2s})$

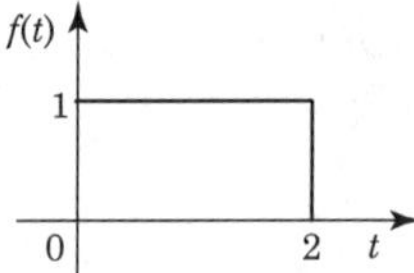

KEY POINT

시간 추이 정리

$\mathcal{L}[f(t-a)]=e^{-as}F(s)$

해설 $f(t)=u(t)-u(t-2)$

시간 추이 정리를 적용하면

$$F(s)=\frac{1}{s}-e^{-2s}\frac{1}{s}$$
$$=\frac{1}{s}(1-e^{-2s})$$

정답 : 21.㉱ 22.㉰

23 그림과 같이 높이가 1인 펄스의 라플라스 변환은?

㉮ $\frac{1}{s}(e^{-as}+e^{-bs})$

㉯ $\frac{1}{s}(e^{-as}-e^{-bs})$

㉰ $\frac{1}{a-b}\left(\frac{e^{-as}+e^{-bs}}{s}\right)$

㉱ $\frac{1}{a-b}\left(\frac{e^{-as}-e^{-bs}}{s}\right)$

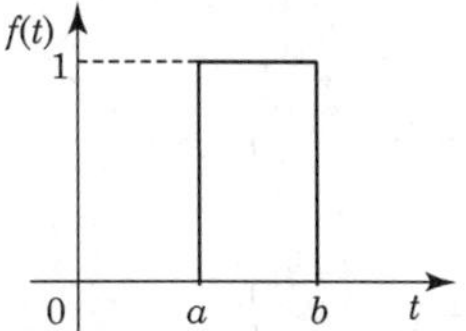

KEY POINT

➲ 시간 추이 정리

$\mathcal{L}[f(t-a)]=e^{-as}F(s)$

해설 $f(t)=u(t)-u(t-2)$

시간 추이 정리를 적용하면

$$F(s)=\frac{e^{-as}}{s}-\frac{e^{-bs}}{s}=\frac{1}{s}(e^{-as}-e^{-bs})$$

24 그림과 같은 구형파의 라플라스 변환을 구하면?

㉮ $\frac{1}{s}$

㉯ $\frac{e^{-as}}{s}$

㉰ $\frac{1+e^{-as}}{s}$

㉱ $\frac{1-2e^{-as}}{s}$

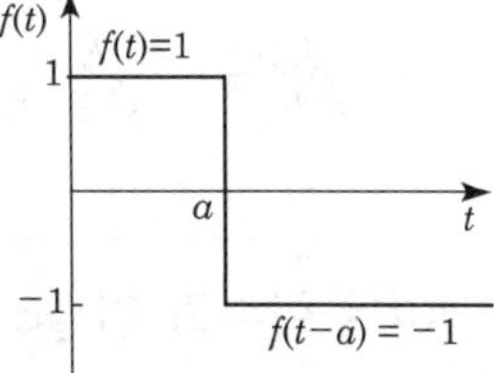

KEY POINT

➲ 시간 추이 정리

$\mathcal{L}[f(t-a)]=e^{-as}F(s)$

해설 $f(t)=u(t)-2u(t-a)$

시간 추이 정리를 적용하면

$$F(s)=\mathcal{L}[f(t)]=\mathcal{L}[u(t)-2u(t-a)]=\frac{1}{s}-\frac{2}{s}e^{-as}=\frac{1-2e^{-as}}{s}$$

정답 : 23.㉯ 24.㉱

25 그림과 같은 반파 정현파의 라플라스 변환은?

㉮ $\frac{E\omega}{s^2+\omega^2}\left(1-e^{-\frac{1}{2}Ts}\right)$

㉯ $\frac{Es}{s^2+\omega^2}\left(1-e^{-\frac{1}{2}Ts}\right)$

㉰ $\frac{E\omega}{s^2+\omega^2}\left(1+e^{-\frac{1}{2}Ts}\right)$

㉱ $\frac{Es}{s^2+\omega^2}\left(1+e^{-\frac{1}{2}Ts}\right)$

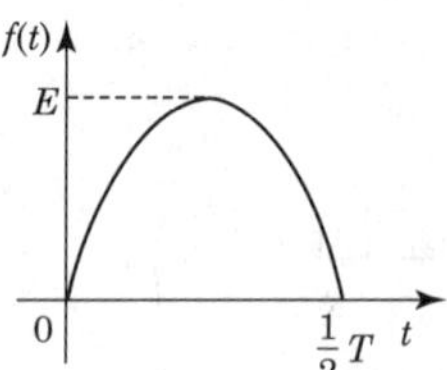

KEY POINT

➲ 시간 추이 정리

$\mathcal{L}[f(t-a)]=e^{-as}F(s)$

해설

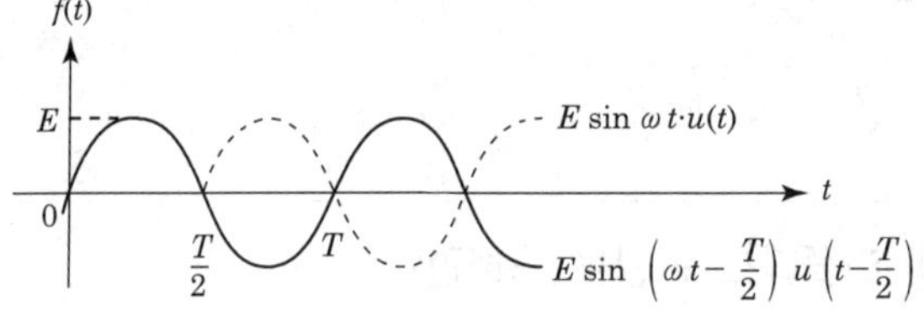

$f(t)=E\sin\omega t u(t)+E\sin\omega\left(t-\frac{1}{2}T\right)u\left(t-\frac{1}{2}T\right)$

$\therefore\ F(s)=\frac{E\omega}{s^2+\omega^2}+\frac{E\omega}{s^2+\omega^2}e^{-\frac{1}{2}Ts}=\frac{E\omega}{s^2+\omega^2}\left(1+e^{-\frac{1}{2}Ts}\right)$

26 그림과 같은 게이트 함수의 라플라스 변환을 구하면?

㉮ $\frac{E}{Ts^2}[1-(Ts+1)e^{-Ts}]$

㉯ $\frac{E}{Ts^2}[1+(Ts+1)e^{-Ts}]$

㉰ $\frac{E}{Ts^2}(Ts+1)e^{-Ts}$

㉱ $\frac{E}{Ts^2}(Ts-1)e^{-Ts}$

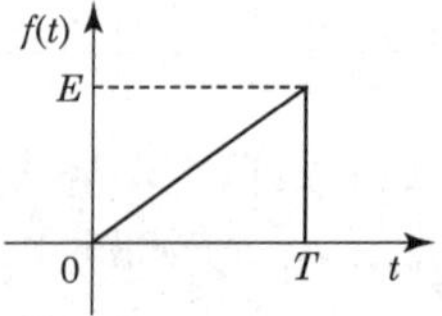

KEY POINT

➲ 시간 추이 정리

$\mathcal{L}[f(t-a)]=e^{-as}F(s)$

정답 : 25.㉰ 26.㉮

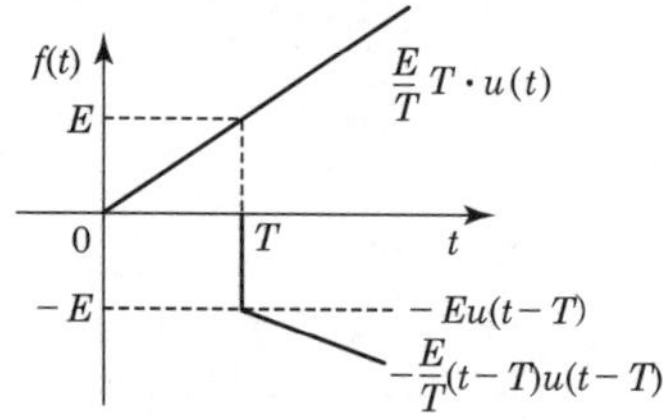

$f(t)=\frac{E}{T}tu(t)-Eu(t-T)-\frac{E}{T}(t-T)u(t-T)$이므로

시간 추이 정리를 이용하면

$\therefore\ F(s)=\frac{E}{Ts^2}-\frac{Ee^{-Ts}}{s}-\frac{Ee^{-Ts}}{Ts^2}=\frac{E}{Ts^2}[1-(Ts+1)e^{-Ts}]$

27 $\mathcal{L}\left[\frac{d}{dt}\cos\omega t\right]$의 값은?

㉮ $\frac{s^2}{s^2+\omega^2}$　㉯ $\frac{-s^2}{s^2+\omega^2}$

㉰ $\frac{\omega^2}{s^2+\omega^2}$　㉱ $\frac{-\omega^2}{s^2+\omega^2}$

KEY POINT

실미분 정리

$\mathcal{L}\left[\frac{d}{dt}f(t)\right]=sF(s)-f(0)$

$\mathcal{L}\left[\frac{d}{dt}\cos\omega t\right]=\mathcal{L}[-\omega\sin\omega t]=-\omega\cdot\frac{\omega}{s^2+\omega^2}=\frac{-\omega^2}{s^2+\omega^2}$

28 $5\frac{d^2q}{dt^2}+\frac{dq}{dt}=10\sin t$에서 모든 초기 조건을 0으로 한 라플라스 변환은?

㉮ $\frac{10}{(5s+1)(s^2+1)}$　㉯ $\frac{10}{(5s^2+s)(s^2+1)}$

㉰ $\frac{10}{2(s^2+1)}$　㉱ $\frac{10}{(s^2+5)(s^2+1)}$

KEY POINT

실미분 정리

$\mathcal{L}\left[\frac{d}{dt}f(t)\right]=sF(s)-f(0)$

$\mathcal{L}\left[\frac{d^2}{dt^2}f(t)\right]=s^2F(s)-sf(0)-f'(0)$

정답 : 27.㉱　28.㉯

해설 라플라스 변환하면,

$$(5s^2+s)Q(s)=\frac{10}{s^2+1}$$

$$\therefore\ Q(s)=\frac{10}{(5s^2+s)(s^2+1)}$$

29 $v_i(t)=Ri(t)+L\dfrac{di(t)}{dt}+\dfrac{1}{C}\displaystyle\int i(t)dt$에서 모든 초기 조건을 0으로 하고 라플라스 변환하면 어떻게 되는가?

㉮ $\dfrac{Cs}{LCs^2+RCs+1}V_i(s)$　　㉯ $\dfrac{1}{LCs^2+RCs+1}V_i(s)$

㉰ $\dfrac{LCs}{LCs^2+RCs+1}V_i(s)$　　㉱ $\dfrac{C}{LCs^2+RCs+1}V_i(s)$

KEY POINT

① 실미분 정리

$$\mathcal{L}\left[\frac{d}{dt}f(t)\right]=sF(s)-f(0)$$

② 실적분 정리

$$\mathcal{L}\left[\int f(t)dt\right]=\frac{1}{s}F(s)+\frac{1}{s}\int_{(0)}^{(-1)}$$

해설

$$V_i(s)=\left(R+sL+\frac{1}{sC}\right)I(s)$$

$$\therefore\ I(s)=\frac{1}{sL+R+\frac{1}{sC}}V_i(s)=\frac{Cs}{LCs^2+RCs+1}V_i(s)$$

30 $t\sin\omega t$의 라플라스 변환은?

㉮ $\dfrac{\omega}{(s^2+\omega^2)^2}$　　㉯ $\dfrac{\omega s}{(s^2+\omega^2)^2}$

㉰ $\dfrac{\omega^2}{(s^2+\omega^2)^2}$　　㉱ $\dfrac{2\omega s}{(s^2+\omega^2)^2}$

KEY POINT

복소 미분 정리

$$\mathcal{L}[tf(t)]=(-1)\frac{d}{ds}F(s)$$

해설 복소 미분 정리를 이용하면

$$F(s)=(-1)\frac{d}{ds}\{\mathcal{L}(\sin\omega t)\}=(-1)\frac{d}{ds}\frac{\omega}{s^2+\omega^2}=\frac{2\omega s}{(s^2+\omega^2)^2}$$

정답 : 29.㉮ 30.㉱

31 다음과 같은 2개의 전류의 초기값 $i_1(0_+)$, $i_2(0_+)$가 옳게 구해진 것은?

$$I_1(s) = \frac{12(s+8)}{4s(s+6)}, \quad I_2(s) = \frac{12}{s(s+6)}$$

㉮ 3, 0　　㉯ 4, 0
㉰ 4, 2　　㉱ 3, 4

KEY POINT

초기값 정리

$$\lim_{t \to 0} f(t) = \lim_{s \to \infty} sF(s)$$

초기값 정리에 의해

$$\lim_{s \to \infty} s \cdot I_1(s) = \lim_{s \to \infty} s \cdot \frac{12(s+8)}{4s(s+6)} = 3$$

$$\lim_{s \to \infty} s \cdot I_2(s) = \lim_{s \to \infty} s \cdot \frac{12}{s(s+6)} = 0$$

32 $I(s) = \dfrac{2s+5}{s^2+3s+2}$ 일 때 $i(t)|_{t=0} = i(0)$은 얼마인가?

㉮ 2　　㉯ 3
㉰ 5　　㉱ 5/2

KEY POINT

초기값 정리

$$\lim_{t \to 0} f(t) = \lim_{s \to \infty} sF(s)$$

초기값 정리에 의해

$$i(0) = \lim_{s \to \infty} sI(s) = \lim_{s \to \infty} s\frac{2s+5}{s^2+3s+2} = 2$$

33 $F(s) = \dfrac{3s+10}{s^3+2s^2+5s}$ 일 때 $f(t)$의 최종값은?

㉮ 0　　㉯ 1
㉰ 2　　㉱ 8

KEY POINT

최종치 정리

$$\lim_{t \to \infty} f(t) = \lim_{s \to 0} sF(s)$$

정답 : 31.㉮ 32.㉮ 33.㉰

 최종치 정리에 의해

$$\lim_{s\to 0} sF(s) = \lim_{s\to 0} s\frac{3s+10}{s(s^2+2s+5)} = \frac{10}{5} = 2$$

34 어떤 제어계의 출력이 $C(s) = \dfrac{5}{s(s^2+s+2)}$ 로 주어질 때 출력의 시간 함수 $c(t)$의 정상값은?

㉮ 5
㉯ 2
㉰ $\frac{2}{5}$
㉱ $\frac{5}{2}$

KEY POINT

➲ 최종치 정리

$$\lim_{t\to\infty} f(t) = \lim_{s\to 0} sF(s)$$

 최종값 정리에 의해

$$\lim_{s\to 0} sC(s) = \lim_{s\to 0} s\frac{5}{s(s^2+s+2)} = \frac{5}{2}$$

35 그림과 같은 계단 함수의 라플라스 변환은?

㉮ $E(1+e^{-Ts})$
㉯ $\dfrac{E}{(1-e^{-Ts})}$
㉰ $\dfrac{E}{s(1-e^{-Ts})}$
㉱ $\dfrac{E}{s(1-e^{-Ts/2})}$

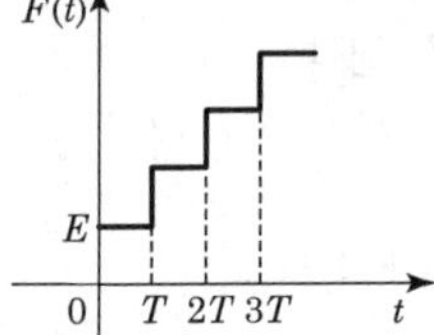

KEY POINT

➲ 주기 함수의 Laplace 변환

$$F(s) = \frac{1}{1-e^{-TS}} F_1(s)$$

 $f(t) = u_0(t) + u(t-T) + u(t-2T) + u(t-3T) + \cdots\cdots$

시간 추이 정리를 이용하여 라플라스 변환하면

$$F(s) = \mathcal{L}[f(t)] = \frac{E}{s} + \frac{E}{s}e^{-Ts} + \frac{E}{s}e^{-2Ts} + \frac{E}{s}e^{-3Ts} + \cdots\cdots$$

$$= \frac{E}{s}(1+e^{-Ts}+e^{-2Ts}+e^{-3Ts}+\cdots\cdots) = \frac{E}{s}\left(\frac{1}{1-e^{-Ts}}\right) = \frac{E}{s(1-e^{-Ts})}$$

 정답 : 34.㉱ 35.㉰

$\dfrac{1}{s+3}$ 의 역라플라스 변환은?

㉮ e^{3t} ㉯ e^{-3t}

㉰ $e^{\frac{1}{3}}$ ㉱ $e^{-\frac{1}{3}}$

KEY POINT

Laplace 변환표

$$\mathcal{L}[e^{-at}] = \frac{1}{s+a}$$

$\mathcal{L}[e^{-at}] = \dfrac{1}{s+a}$ 이므로

$\therefore\ \mathcal{L}^{-1}\left[\dfrac{1}{s+3}\right] = e^{-3t}$

다음 함수의 역라플라스 변환을 구하면?

$$F(s) = \frac{3s+8}{s^2+9}$$

㉮ $3\cos 3t - \dfrac{8}{3}\sin 3t$ ㉯ $3\sin 3t + \dfrac{8}{3}\cos 3t$

㉰ $3\cos 3t + \dfrac{8}{3}\sin t$ ㉱ $3\cos 3t + \dfrac{8}{3}\sin 3t$

KEY POINT

Laplace 변환표

$$\mathcal{L}[\cos\omega t] = \frac{S}{s^2+\omega^2},\quad \mathcal{L}[\sin\omega t] = \frac{\omega}{s^2+\omega^2}$$

$F(s) = \dfrac{3s+8}{s^2+9} = \dfrac{3s}{s^2+3^2} + \dfrac{8}{s^2+3^2} = 3\left(\dfrac{s}{s^2+3^2}\right) + \dfrac{8}{3}\left(\dfrac{3}{s^2+3^2}\right)$

$\therefore\ f(t) = \mathcal{L}^{-1}[F(s)] = 3\cos 3t + \dfrac{8}{3}\sin 3t$

$\dfrac{s\sin\theta + \omega\cos\theta}{s^2+\omega^2}$ 의 역라플라스 변환을 구하면?

㉮ $\sin(\omega t - \theta)$ ㉯ $\sin(\omega t + \theta)$

㉰ $\cos(\omega t - \theta)$ ㉱ $\cos(\omega t + \theta)$

정답 : 36.㉯ 37.㉱ 38.㉯

KEY POINT

➲ 라플라스 변환표

$\mathcal{L}[\sin\omega t]=\dfrac{\omega}{s^2+\omega^2}$, $\mathcal{L}[\cos\omega t]=\dfrac{s}{s^2+\omega^2}$

해설 $\dfrac{s}{s^2+\omega^2}\sin\theta+\dfrac{\omega}{s^2+\omega^2}\cos\theta$

역 Laplace 변환하면

$=\cos\omega t\sin\theta+\sin\omega t\cos\theta$

$=\sin(\omega t+\theta)$

39 $\mathcal{L}^{-1}\left[\dfrac{1}{s^2+2s+5}\right]$의 값은?

㉮ $e^{-t}\sin 2t$

㉯ $\dfrac{1}{2}e^{-t}\sin t$

㉰ $\dfrac{1}{2}e^{-t}\sin 2t$

㉱ $e^{-t}\sin t$

KEY POINT

➲ Laplace 변환표

$\mathcal{L}[e^{-at}\sin\omega t]=\dfrac{\omega}{(s+a)^2+\omega^2}$

해설 $\mathcal{L}^{-1}\left[\dfrac{1}{s^2+2s+5}\right]=\mathcal{L}^{-1}\left[\dfrac{1}{(s+1)^2+2^2}\right]=\dfrac{1}{2}e^{-t}\sin 2t$

40 $E(t)=\mathcal{L}^{-1}\left[\dfrac{1}{s^2+6s+10}\right]$의 값은 얼마인가?

㉮ $e^{-3t}\sin t$

㉯ $e^{-3t}\cos t$

㉰ $e^{-t}\sin 5t$

㉱ $e^{-t}\sin 5\omega t$

KEY POINT

➲ Laplace 변환표

$\mathcal{L}[e^{-at}\sin\omega t]=\dfrac{\omega}{(s+a)^2+\omega^2}$

해설 $F(s)=\dfrac{1}{s^2+6s+10}=\dfrac{1}{(s+3)^2+1}$

$\therefore f(t)=e^{-3t}\sin t$

 정답 : 39.㉰ 40.㉮

41 $F(s)=\dfrac{1}{s(s+1)}$ 의 역라플라스 변환은?

㉮ $1+e^{-t}$　　㉯ $1-e^{-t}$

㉰ $\dfrac{1}{1-e^{-t}}$　　㉱ $\dfrac{1}{1+e^{-t}}$

KEY POINT

➡ Laplace 변환표

$\mathcal{L}[u(t)]=\dfrac{1}{s}$, $\mathcal{L}[e^{-at}]=\dfrac{1}{s+a}$

$F(s)=\dfrac{1}{s(s+1)}=\dfrac{1}{s}-\dfrac{1}{s+1}$

$\therefore\ f(t)=1-e^{-t}$

42 $F(s)=\dfrac{s}{(s+1)(s+2)}$ 일 때 $f(t)$를 구하면?

㉮ $1-2e^{-2t}+e^{-t}$　　㉯ $e^{-2t}-2e^{-t}$

㉰ $2e^{-2t}+e^{-t}$　　㉱ $2e^{-2t}-e^{-t}$

KEY POINT

➡ Laplace 변환표

$\mathcal{L}[e^{-at}]=\dfrac{1}{s+a}$

$F(s)=\dfrac{s}{(s+1)(s+2)}=-\dfrac{1}{s+1}+\dfrac{2}{s+2}$

$\therefore\ f(t)=-e^{-t}+2e^{-2t}$

43 $F(s)=\dfrac{1}{(s+1)^2(s+2)}$ 의 역라플라스 변환을 구하면?

㉮ $e^{-t}+te^{-t}+2^{-t}$　　㉯ $-e^{-t}+te^{-t}+e^{-2t}$

㉰ $-e^{-t}-te^{-t}+e^{-2t}$　　㉱ $e^{t}+te^{t}+e^{2t}$

KEY POINT

➡ Laplace 변환표

$\mathcal{L}[te^{-at}]=\dfrac{1}{(s+a)^2}$, $\mathcal{L}[e^{-at}]=\dfrac{1}{s+a}$

정답 : 41.㉯ 42.㉱ 43.㉯

해설 $F(s)=\dfrac{1}{(s+1)^2(s+2)}=\dfrac{k_{11}}{(s+1)^2}+\dfrac{k_{12}}{(s+1)}+\dfrac{k_2}{(s+2)}$

$k_{11}=\dfrac{1}{s+2}\Big|_{s=-1}=1$

$k_{12}=\dfrac{d}{ds}\dfrac{1}{s+2}\Big|_{s=-1}=\dfrac{-1}{(s+2)^2}\Big|_{s=-1}=-1$

$k_2=\dfrac{1}{(s+2)^2}\Big|_{s=-2}=1$

$\therefore\ F(s)=\dfrac{1}{(s+1)^2}-\dfrac{1}{s+1}+\dfrac{1}{s+2}$

$\therefore\ f(t)=te^{-t}-e^{-t}+e^{-2t}$

44 $f(t)=\mathcal{L}^{-1}\left[\dfrac{s^2+3s+10}{s^2+2s+5}\right]$은?

㉮ $\delta(t)+e^{-t}(\cos 2t-\sin 2t)$　　㉯ $\delta(t)+e^{-t}(\cos 2t+2\sin 2t)$

㉰ $\delta(t)+e^{-t}(\cos 2t-2\sin 2t)$　　㉱ $\delta(t)+e^{-t}(\cos 2t+\sin 2t)$

KEY POINT

➲ Laplace 변환표

$\mathcal{L}[e^{-at}\sin\omega t]=\dfrac{\omega}{(s+a)^2+\omega^2}$, $\mathcal{L}[e^{-at}\cos\omega t]=\dfrac{s+a}{(s+a)^2+\omega^2}$

해설 $F(s)=\dfrac{s^2+3s+10}{s^2+2s+5}=1+\dfrac{s+5}{s^2+2s+5}=1+\dfrac{s+5}{(s+1)^2+2^2}$

$=1+\dfrac{s+1}{(s+1)^2+2^2}+2\dfrac{2}{(s+1)^2+2^2}$

$\therefore\ \mathcal{L}^{-1}[F(s)]=\delta(t)+e^{-t}\cos 2t+2e^{-t}\sin 2t=\delta(t)+e^{-t}(\cos 2t+2\sin 2t)$

45 $\dfrac{d^2x(t)}{dt^2}+2\dfrac{dx(t)}{dt}+x(t)=1$에서 $x(t)$는 얼마인가? (단, $x(0)=x'(0)=0$이다.)

㉮ $te^{-t}-e^{-t}$　　㉯ $te^{-t}+e^{-t}$

㉰ $1-te^{-t}-e^{-t}$　　㉱ $1+te^{-t}+e^{-t}$

KEY POINT

➲ 실미분 정리

$\mathcal{L}\left[\dfrac{d}{dt}f(t)\right]=sF(s)-f(0)$

$\mathcal{L}\left[\dfrac{d^2}{dt^2}f(t)\right]=s^2F(s)-sf(0)-f'(0)$

정답 : 44.㉯ 45.㉰

라플라스 변환하면

$$s^2X(s)+2sX(s)+X(s)=\frac{1}{s}$$

$$X(s)=\frac{1}{s(s^2+2s+1)}=\frac{1}{s(s+1)^2}=\frac{1}{s}-\frac{1}{(s+1)^2}-\frac{1}{s+1}$$

$$\therefore\ x(t)=1-te^{-t}-e^{-t}$$

제 2 장
전달 함수

1 전달 함수

자동 제어계에서 취급하는 대상은 기계적인 것, 전기적인 것, 유체, 열 등 여러 가지가 있으며, 그 제어계에서 가해지는 입력 신호가 어떤 모양의 출력 신호로 나오는가 하는 신호 전달에 관한 특성 문제가 된다.

이와 같은 신호 전달이라는 생각을 가지고 제어계를 몇 개 부분으로 나누어서 생각하면 편리하며 이렇게 나눈 부분들을 전달 요소 또는 요소라 하고, 제어계의 입출력 관계를 수학적으로 표현한 것을 전달 함수(transfer function)라 한다.

전달 함수는 "모든 초기치를 0으로 했을 때 출력 신호의 라플라스 변환과 입력 신호의 라플라스 변환의 비"로 정의한다.

여기서, 모든 초기치를 0으로 한다는 것은 그 제어계의 입력이 가하여 지기 전, 즉 $t<0$에서는 그 계가 휴지(休止) 상태에 있다는 것을 말한다.

입력 신호(reference input) $R(t)$에 대해 출력 신호(controlled variable) $C(t)$를 발생하는 그림의 전달 함수는 다음과 같다.

$$G(s)=\frac{\mathcal{L}[c(t)]}{\mathcal{L}[r(t)]}=\frac{C(s)}{R(s)}$$

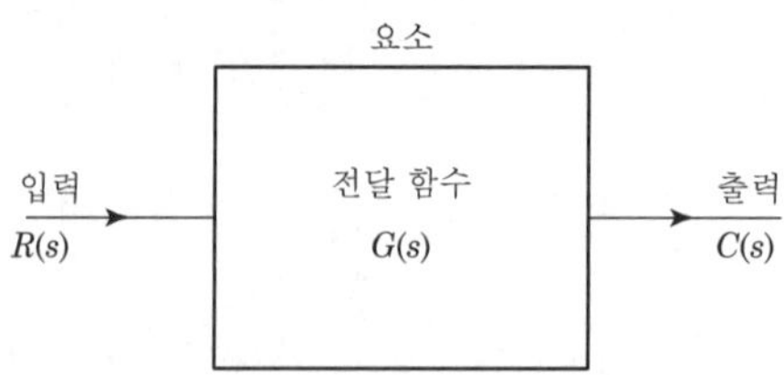

그림 ⬆ 4-4 **간단한 선형계의 블록 선도**

2 제어 요소의 전달 함수

(1) 비례 요소

$y(t)=Kx(t)$를 라플라스 변환하면 $Y(s)=KX(s)$

전달 함수 $\boldsymbol{G(s)=\frac{Y(s)}{X(s)}=K}$

여기서, K: 이득 정수

(2) 미분 요소

$$y(t)=K\frac{dx(t)}{dt}$$

전달 함수 $\boldsymbol{G(s)=\frac{Y(s)}{X(s)}=Ks}$

(3) 적분 요소

$$y(t)=K\int x(t)dt$$

전달 함수 $\boldsymbol{G(s)=\frac{Y(s)}{X(s)}=\frac{K}{s}}$

(4) 1차 지연 요소

$$b_1\frac{dy(t)}{dt}+b_o y(t)=a_o x(t) \quad (b_1,\ b_o>0)$$

전달 함수 $\boldsymbol{G(s)}=\frac{Y(s)}{X(s)}=\frac{a_0}{b_1 s+b_o}=\frac{a_o/b_o}{(b_1/b_o)s+1}=\boldsymbol{\frac{K}{Ts+1}}$

(단, $a_o/b_o=K$, $b_1/b_o=T$(시정수))

역라플라스 변환하면

$$y(t)=\mathcal{L}^{-1}\left[\frac{1}{s}G(s)\right]=\mathcal{L}^{-1}\left[\frac{K}{s(Ts+1)}\right]=K(1-e^{-\frac{1}{T}t})$$

(5) 2차 지연 요소

$$b_2\frac{d^2y(t)}{dt^2}+b_1\frac{dy(t)}{dt}+b_oy(t)=a_ox(t)\quad(b_2,\ b_1,\ b_o>0)$$

전달 함수 $G(s)=\dfrac{Y(s)}{X(s)}=\dfrac{a_o}{b_2s^2+b_1s+b_o}$

$$=\frac{K}{1+2\delta Ts+T^2s^2}=\frac{K\omega_n^2}{s^2+2\delta\omega_ns+\omega_n^2}$$

(단, $a_o/b_o=K$, $b_2/b_o=T^2$, $b_1/b_o=2\delta T$ 또는 $\dfrac{1}{T}=\omega_n$)

여기서, δ : 감쇠 계수 또는 제동비, ω_n : 고유 주파수

(6) 부동작 시간 요소

$y(t)=Kx(t-L)$

전달 함수 $G(s)=\dfrac{Y(s)}{X(s)}=Ke^{-Ls}$

여기서, L : 부동작 시간

3 물리계와 전기계의 상대적 관계

(1) 병진 운동계

① **질량(mass)** : 질량은 병진 운동계의 운동 에너지를 저장하는 요소로서 힘-전압 유추법에서는 인덕턴스(L), 힘-전류 유추법에서는 커패시턴스(C)에 해당한다.

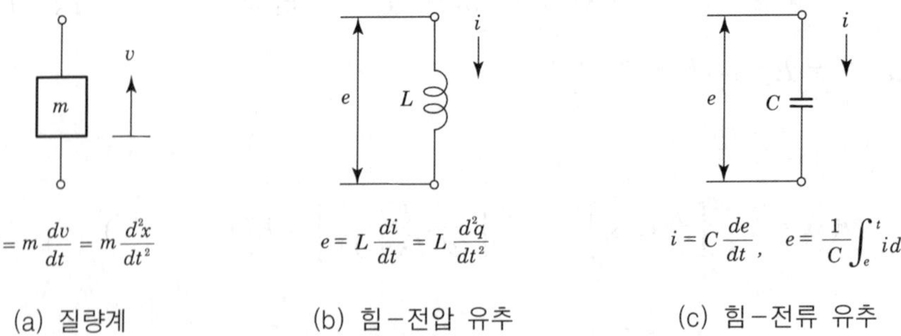

그림 ➊ 4-5 **질량계의 전기적 유추 회로**

② **스프링** : 스프링은 위치 에너지를 저장하는 요소이다. 전기적 유추량은 힘－전압 유추에서는 커패시턴스(C), 힘－전류 유추에서는 인덕턴스(L)에 대응한다. 스프링계를 전기적 유추 회로로 나타내면 다음과 같다.

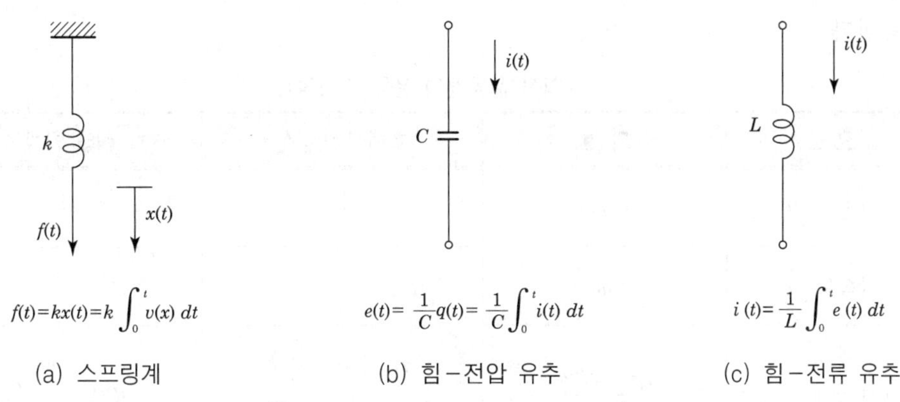

(a) 스프링계 (b) 힘－전압 유추 (c) 힘－전류 유추

그림 ⬆ 4-6 **스프링계의 전기적 유추 회로**

③ **마찰 저항** : 물체의 운동을 방해하는 힘이다. 마찰력의 크기는 과히 크지 않은 속도에서는 속도에 비례하고 부호는 속도의 방향을 정(正)으로 취한다.

μ를 마찰 계수라 하면

$$f=\mu\frac{dx(t)}{dt}=\mu v$$

마찰력은 힘－전압 유추에서는 전기 저항 R, 힘－전류 유추에서는 컨덕턴스 G에 대응한다.

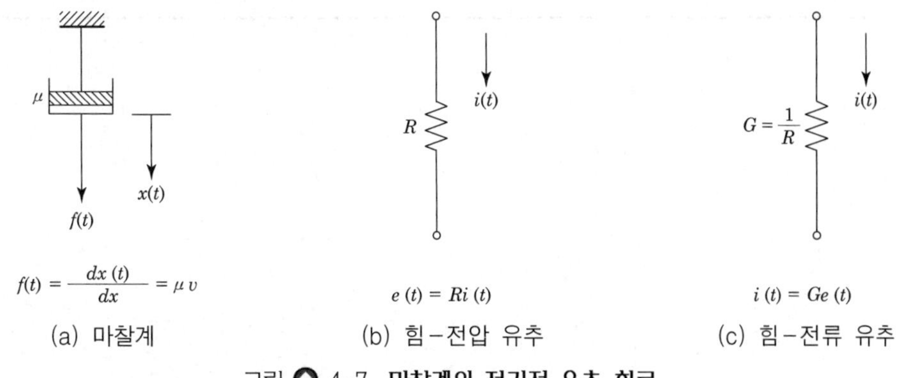

(a) 마찰계 (b) 힘－전압 유추 (c) 힘－전류 유추

그림 ⬆ 4-7 **마찰계의 전기적 유추 회로**

(2) 회전 운동계

회전 운동계에 대한 운동 방정식은 변위는 각변위량 θ, 신속도는 각속도 ω, 가속도는 각가속도 a, 힘은 회전력(torque)은 T, 질량은 관성 모멘트 J로 대응시켜 병진 운동과 같이 적용한다.

〈회전 운동계의 운동 방정식〉

요 소	기 호	회전력 방정식	상태 방정식
회전력 T	$\curvearrowright T(t)$	-	-
각속도 ω	$\curvearrowright \omega(t)$	-	-
관성 모멘트 J	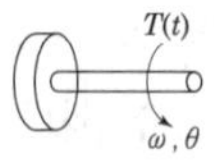 $T(t)$, ω, θ	$T(t)=J\dfrac{d\omega(t)}{dt}$ $=J\dfrac{d^2\theta(t)}{dt}$	$\dfrac{d\omega(t)}{dt}=\dfrac{T(t)}{J}$
강도 S	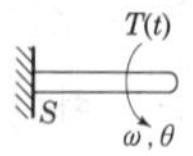 $T(t)$, S, ω, θ	$T(t)=S\theta(t)$ $=S\int_0^t \omega dt$	$\dfrac{dT(t)}{dt}=S\omega(t)$
마찰 μ	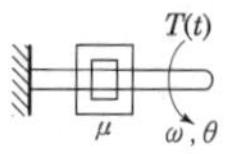 $T(t)$, μ, ω, θ	$T(t)=\mu\omega(t)$ $=\mu\dfrac{d\theta(t)}{dt}$	$\dfrac{dT(t)}{dt}=\mu\dfrac{d\omega(t)}{dt}$
기어	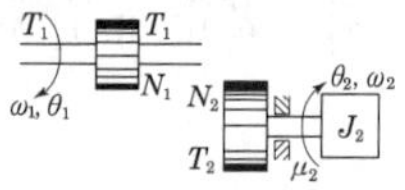 T_1, T_1, N_1, ω_1, θ_1, N_2, θ_2, ω_2, J_2, T_2, μ_2	$\dfrac{T_1}{T_2}=\dfrac{\theta_2}{\theta_1}=\dfrac{N_1}{N_2}$	$T_1=J'\dfrac{d^2\theta_1}{dt^2}+\mu'\dfrac{d\theta_1}{dt}$ $J'=J_2(N_1/N_2)^2$

〈전기계와 물리계의 대응 관계〉

전기계	운동계		열 계	유체계
	병진계	회전계		
전기량[Ω]	위치(변위)[m]	각도[rad]	열량[kcal]	액량[m^3]
전압[V]	힘[N]	토크[N·m]	온도[℃]	액위 · 압력 [m] · [N/m^3]
전류[A]	속도[m/s]	각속도[rad/s]	열유량[kcal/min]	유량[m^3/min]
전기 저항[Ω]	점성 저항 (점성 마찰)[N/m/s]	회전 점성 저항 [N·m/rad/s]	열저항 [℃/kcal/min]	유동 저항(관로 저항) [m/m^3/min]
정전 용량[F]	강도(스프링)[m/N]	강도(비틀림) [rad/N·m]	열용량[kcal/℃]	액면적[m^3/m]
인덕턴스[H]	질량[kg]	관성 모멘트 [kg·m^2]	-	액질량[kg]

단원핵심문제

1 그림과 같은 $R-L$ 회로에서 전달 함수를 구하면?

㉮ $\dfrac{L}{R+Ls}$

㉯ $\dfrac{1}{s+\dfrac{R}{L}}$

㉰ $\dfrac{1}{R+Ls}$

㉱ $\dfrac{s}{s+\dfrac{R}{L}}$

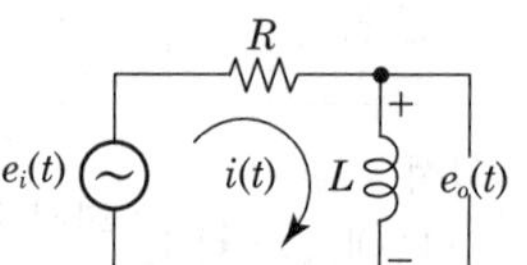

KEY POINT

➲ **전달 함수** : 모든 초기 조건을 0으로 하고 입력 Laplace 변환과 출력 Laplace 변환의 비로 전압비 전달 함수인 경우

$R \rightarrow R,\ L \rightarrow sL,\ C \rightarrow \dfrac{1}{sC}$

해설 $G(s) = \dfrac{V_o(s)}{V_i(s)} = \dfrac{Ls}{R+Ls} = \dfrac{s}{\dfrac{R}{L}+s}$

2 그림과 같은 회로망의 전달 함수 $G(s)$는? (단, $s=j\omega$이다.)

㉮ $\dfrac{1}{1+s}$ ㉯ $\dfrac{CR}{s+CR}$

㉰ $\dfrac{CR}{RCs+1}$ ㉱ $\dfrac{1}{RCs+1}$

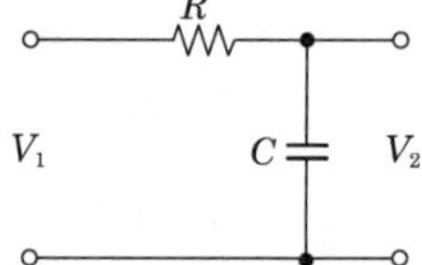

KEY POINT

➲ **전달 함수** : 모든 초기 조건을 0으로 하고 입력 Laplace 변환과 출력 Laplace 변환의 비로 전압비 전달 함수인 경우

$R \rightarrow R,\ L \rightarrow sL,\ C \rightarrow \dfrac{1}{sC}$

해설 $G(s) = \dfrac{V_2(s)}{V_1(s)} = \dfrac{\dfrac{1}{Cs}}{R+\dfrac{1}{Cs}} = \dfrac{1}{RCs+1}$

정답 : 1.㉱ 2.㉱

3 그림과 같은 회로의 전달 함수는 어느 것인가?

㉮ C_1+C_2

㉯ $\dfrac{C_2}{C_1}$

㉰ $\dfrac{C_1}{C_1+C_2}$

㉱ $\dfrac{C_2}{C_1+C_2}$

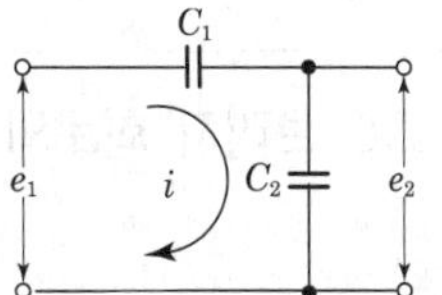

KEY POINT

➲ **전달 함수** : 모든 초기 조건을 0으로 하고 입력 Laplace 변환과 출력 Laplace 변환의 비로 전압비 전달 함수인 경우

$R \to R,\ L \to sL,\ C \to \dfrac{1}{sC}$

해설

$$G(s)=\frac{E_2(s)}{E_1(s)}=\frac{\dfrac{1}{C_2 s}}{\dfrac{1}{C_1 s}+\dfrac{1}{C_2 s}}=\frac{C_1}{C_2+C_1}$$

4 그림과 같은 회로의 전달 함수 $\dfrac{e_2(s)}{e_1(s)}$ 는?

㉮ $\dfrac{1}{LCs^2+RCs+1}$

㉯ $\dfrac{Cs}{LCs^2+RCs+1}$

㉰ $\dfrac{Ls}{LCs^2+RCs+1}$

㉱ $\dfrac{LCs^2}{LCs^2+RCs+1}$

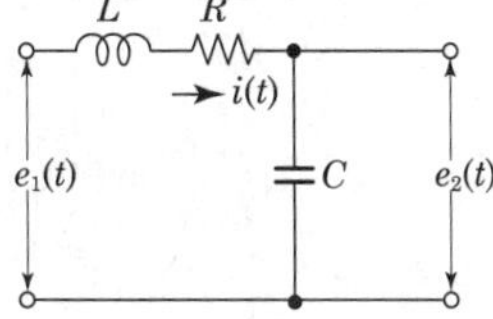

KEY POINT

➲ **전달 함수** : 모든 초기 조건을 0으로 하고 입력 Laplace 변환과 출력 Laplace 변환의 비로 전압비 전달 함수인 경우

$R \to R,\ L \to sL,\ C \to \dfrac{1}{sC}$

정답 : 3.㉰ 4.㉮

해설 $G(s)=\dfrac{E_2(s)}{E_1(s)}=\dfrac{\frac{1}{Cs}}{Ls+R+\frac{1}{Cs}}=\dfrac{1}{LCs^2+RCs+1}$

5 그림과 같은 LC 브리지 회로의 전달 함수는?

㉮ $\dfrac{1}{1+LCs^2}$

㉯ $\dfrac{Ls}{1+LCs^2}$

㉰ $\dfrac{LCs}{1+LCs^2}$

㉱ $\dfrac{1-LCs^2}{1+LCs^2}$

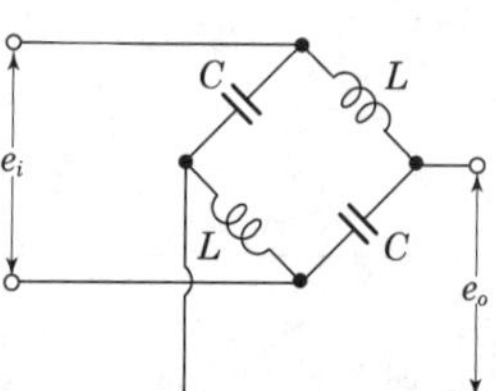

KEY POINT

➲ **전달 함수** : 모든 초기 조건을 0으로 하고 입력 Laplace 변환과 출력 Laplace 변환의 비로 전압비 전달 함수인 경우

$R \to R,\ L \to sL,\ C \to \dfrac{1}{sC}$

해설 $G(s)=\dfrac{E_o(s)}{E_i(s)}=\dfrac{\frac{1}{Cs}-Ls}{\frac{1}{Cs}+Ls}=\dfrac{1-LCs^2}{1+LCs^2}$

6 그림과 같은 회로에서 전달 함수 $\dfrac{V_o(s)}{I(s)}$ 를 구하면? (단, 초기 조건은 모두 0으로 한다.)

㉮ $\dfrac{1}{RCs+1}$

㉯ $\dfrac{R}{RCs+1}$

㉰ $\dfrac{C}{RCs+1}$

㉱ $\dfrac{RCs}{RCs+1}$

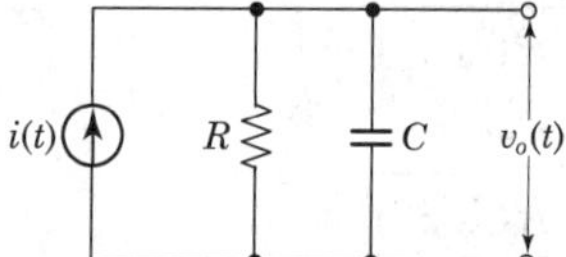

KEY POINT

➲ 전달 함수 $G(s)=\dfrac{V_o(s)}{I(s)}$ 는 회로 해석적으로 임피던스 $Z(s)$와 같다.

정답 : 5.㉱ 6.㉯

 $\frac{V_o(s)}{I(s)} = Z(s) = \frac{1}{\frac{1}{R} + Cs} = \frac{R}{RCs+1}$

7 그림과 같은 회로의 전달 함수 $\frac{E_o(s)}{I(s)}$ 는?

㉮ $\frac{1}{s(C_1+C_2)}$

㉯ $\frac{C_1 C_2}{C_1+C_2}$

㉰ $\frac{C_1}{s(C_1+C_2)}$

㉱ $\frac{C_2}{s(C_1+C_2)}$

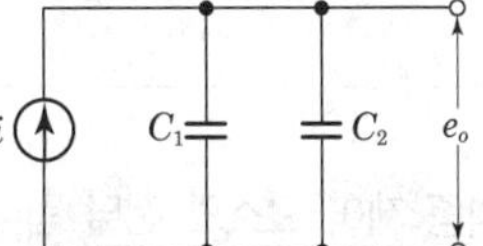

KEY POINT

➲ 전달 함수 $G(s) = \frac{V_o(s)}{I(s)}$ 는 회로 해석적으로 임피던스 $Z(s)$와 같다.

 $\frac{V_o(s)}{I(s)} = Z(s) = \frac{1}{C_1 s + C_2 s} = \frac{1}{s(C_1+C_2)}$

8 제어계의 미분 방정식이 $\frac{d^3c(t)}{dt^3} + 4\frac{d^2c(t)}{dt^2} + 5\frac{dc(t)}{dt} + c(t) = 5r(t)$로 주어졌을 때 전달 함수를 구하면?

㉮ $\frac{5}{s^3+4s^2+5s+1}$

㉯ $\frac{s^3+4s^2+5s+1}{5s}$

㉰ $\frac{5s}{s^3+4s^2+5s+1}$

㉱ s^3+4s^2+5s+1

KEY POINT

➲ 실미분 정리

$\mathcal{L}\left[\frac{d^2}{dt^2}f(t)\right] = s^2F(s) - sf(0) - f'(0)$

전달 함수는 모든 초기 조건을 0으로 한 상태의 라플라스 변환이므로

$\mathcal{L}\left[\frac{d}{dt}f(t)\right] = sF(s)$, $\mathcal{L}\left[\frac{d^2}{dt^2}f(t)\right] = s^2F(s)$, $\mathcal{L}\left[\frac{d^3}{dt^3}f(t)\right] = s^3F(s)$

정답 : 7.㉮ 8.㉮

해설 $(s^3+4s^2+5s+1)C(s)=5R(s)$

$\therefore\ G(s)=\dfrac{C(s)}{R(s)}=\dfrac{5}{s^3+4s^2+5s+1}$

9 적분 요소의 전달 함수는?

㉮ K　　㉯ $\dfrac{K}{1+Ts}$

㉰ $\dfrac{1}{Ts}$　　㉱ Ts

KEY POINT

➲ 각종 제어 요소의 전달 함수

① 비례 요소의 전달 함수 : K
② 미분 요소의 전달 함수 : Ks
③ 적분 요소의 전달 함수 : $\dfrac{K}{s}$
④ 1차 지연 요소의 전달 함수 $G(s)=\dfrac{K}{1+Ts}$
⑤ 부동작 시간 요소의 전달 함수 $G(s)=Ke^{-Ls}$

해설 적분 요소의 전달 함수 $G(s)=\dfrac{1}{Ts}$

10 다음 사항 중 옳게 표현된 것은?

㉮ 비례 요소의 전달 함수는 $\dfrac{1}{Ts}$ 이다.
㉯ 미분 요소의 전달 함수는 K이다.
㉰ 적분 요소의 전달 함수는 Ts이다.
㉱ 1차 지연 요소의 전달 함수는 $\dfrac{K}{Ts+1}$ 이다.

KEY POINT

➲ 각종 제어 요소의 전달 함수

① 비례 요소의 전달 함수 : K
② 미분 요소의 전달 함수 : Ks
③ 적분 요소의 전달 함수 : $\dfrac{K}{s}$
④ 1차 지연 요소의 전달 함수 $G(s)=\dfrac{K}{1+Ts}$
⑤ 부동작 시간 요소의 전달 함수 $G(s)=Ke^{-Ls}$

정답 : 9.㉰ 10.㉱

11 부동작 시간 요소의 전달 함수는?

㉮ K　　　　㉯ $\frac{K}{s}$

㉰ Ke^{-Ls}　　　　㉱ Ks

KEY POINT

각종 제어 요소의 전달 함수

① 비례 요소의 전달 함수 : K

② 미분 요소의 전달 함수 : Ks

③ 적분 요소의 전달 함수 : $\frac{K}{s}$

④ 1차 지연 요소의 전달 함수 $G(s)=\frac{K}{1+Ts}$

⑤ 부동작 시간 요소의 전달 함수 $G(s)=Ke^{-Ls}$

해설 부동작 시간 요소의 전달 함수 $G(s)=Ke^{-Ls}$ (L : 부동작 시간)

12 그림과 같은 회로는?

㉮ 가산 회로

㉯ 승산 회로

㉰ 미분 회로

㉱ 적분 회로

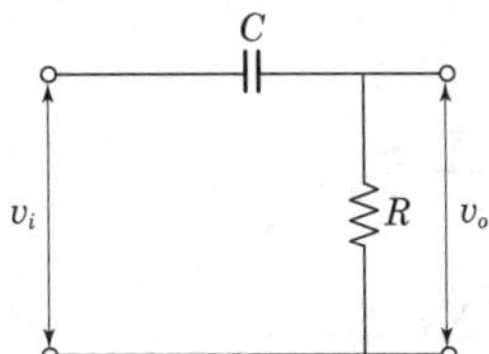

KEY POINT

① 미분 회로

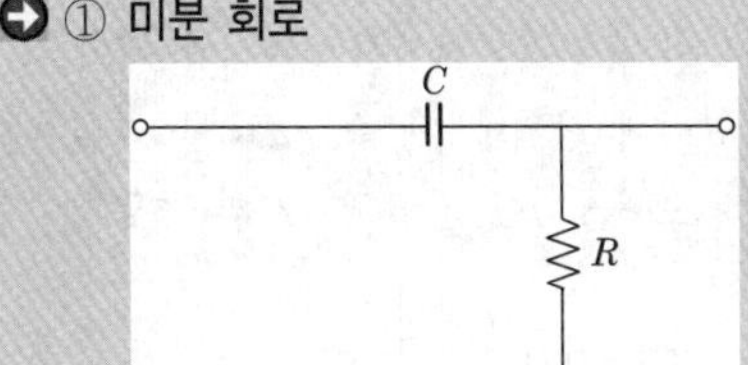

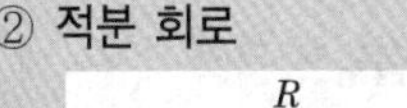
② 적분 회로

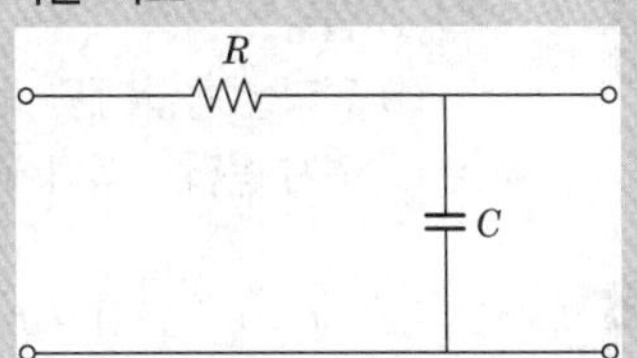

해설

$$G(s)=\frac{V_o(s)}{V_i(s)}=\frac{R}{R+\frac{1}{Cs}}=\frac{RCs}{RCs+1}$$

$RC \ll 1$이면 $G(s) \fallingdotseq RCs$

∴ 미분 회로

13 전달 함수 $C(s)=G(s)R(s)$에서 입력 함수를 단위 임펄스 즉, $\delta(t)$로 가할 때 계의 응답은?

㉮ $G(s)\delta(s)$　　㉯ $\dfrac{G(s)}{\delta(s)}$

㉰ $\dfrac{G(s)}{s}$　　㉱ $G(s)$

KEY POINT

➲ ① **임펄스 응답** : 입력에 단위 임펄스 즉, $\delta(t)$를 가할 때 계의 응답
② **인디셜 응답(계단 응답)** : 입력에 단위 계단 즉, $u(t)$를 가할 때 계의 응답
③ **경사 응답** : 입력에 단위 램프 즉, t를 가할 때 계의 응답

해설 입력 $r(t)=\delta(t)$, $R(s)=1$

$\therefore$ 전달 함수 $G(s)=\dfrac{C(s)}{R(s)}=C(s)$

$\because C(s)=G(s)$

14 어떤 계의 임펄스 응답이 정현파 신호 $\sin t$일 때, 이 계의 전달 함수와 미분 방정식을 구하면?

㉮ $\dfrac{1}{s^2+1}$, $\dfrac{d^2y}{dt^2}+y=x$　　㉯ $\dfrac{1}{s^2-1}$, $\dfrac{d^2y}{dt^2}+2y=2x$

㉰ $\dfrac{1}{2s+1}$, $\dfrac{d^2y}{dt^2}-y=x$　　㉱ $\dfrac{1}{2s^2}-1$, $\dfrac{d^2y}{dt^2}-2y=2x$

KEY POINT

➲ ① **임펄스 응답** : 입력에 단위 임펄스 즉, $\delta(t)$를 가할 때 계의 응답
② **인디셜 응답(계단 응답)** : 입력에 단위 계단 즉, $u(t)$를 가할 때 계의 응답
③ **경사 응답** : 입력에 단위 램프 즉, t를 가할 때 계의 응답

해설 전달 함수 $G(s)=Y(s)=\mathcal{L}[y(t)]=\mathcal{L}[\sin t]=\dfrac{1}{s^2+1}$

$\therefore G(s)=\dfrac{Y(s)}{X(s)}=\dfrac{1}{s^2+1}$

$(s^2+1)Y(s)=X(s)$

$\dfrac{d^2}{dt^2}y(t)+y(t)=x(t)$

정답 : 13.㉱　14.㉮

15 어떤 계에 임펄스 함수(δ 함수)가 입력으로 가해졌을 때 시간 함수 e^{-2t}가 출력으로 나타났다.(이 출력을 임펄스 응답이다 한다.) 이 계의 전달 함수는?

㉮ $\frac{1}{s+2}$　　㉯ $\frac{1}{s-2}$

㉰ $\frac{2}{s+2}$　　㉱ $\frac{2}{s-2}$

KEY POINT

① **임펄스 응답** : 입력에 단위 임펄스 즉, $\delta(t)$를 가할 때 계의 응답

② **인디셜 응답(계단 응답)** : 입력에 단위 계단 즉, $u(t)$를 가할 때 계의 응답

③ **경사 응답** : 입력에 단위 램프 즉, t를 가할 때 계의 응답

해설 전달 함수 $G(s)=\mathcal{L}[e^{-2t}]=\frac{1}{s+2}$

16 전달 함수 $G(s)=\frac{1}{s+1}$인 제어계의 인디셜 응답은?

㉮ $1-e^{-t}$　　㉯ e^{-t}

㉰ $1+e^{-t}$　　㉱ $e^{-t}-1$

KEY POINT

① **임펄스 응답** : 입력에 단위 임펄스 즉, $\delta(t)$를 가할 때 계의 응답

② **인디셜 응답(계단 응답)** : 입력에 단위 계단 즉, $u(t)$를 가할 때 계의 응답

③ **경사 응답** : 입력에 단위 램프 즉, t를 가할 때 계의 응답

해설 $G(s)=\frac{C(s)}{R(s)}=\frac{1}{s+1}$에서 인디셜 응답이므로 입력 $r(t)=u(t)$, 즉 $R(s)=\frac{1}{s}$

$\therefore C(s)=\frac{1}{s+1}\cdot R(s)=\frac{1}{s+1}\cdot\frac{1}{s}=\frac{1}{s(s+1)}=\frac{1}{s}-\frac{1}{s+1}$

$\because C(t)=1-e^{-t}$

17 질량, 속도, 힘을 전기계로 유추(analogy)하는 경우, 옳은 것은?

㉮ 질량=임피던스, 속도=전류, 힘=전압

㉯ 질량=인덕턴스, 속도=전류, 힘=전압

㉰ 질량=저항, 속도=전류, 힘=전압

㉱ 질량=용량, 속도=전류, 힘=전압

정답 : 15.㉮ 16.㉮ 17.㉯

KEY POINT

➲ 병진 운동계를 전기계로 유추하면

변위 → 전기량, 힘 → 전압, 속도 → 전류

점성 마찰 계수 → 전기 저항, 스프링 강도 → 정전 용량, 질량 → 인덕턴스

질량 → 인덕턴스, 속도 → 전류, 힘 → 전압

18 그림과 같은 질량-스프링-마찰계의 전달 함수 $G(s)=X(s)/F(s)$는 어느 것인가?

㉮ $\dfrac{1}{Ms^2+Bs+K}$

㉯ $\dfrac{1}{Ms^2-Bs-K}$

㉰ $\dfrac{1}{Ms^2-Bs+K}$

㉱ $\dfrac{1}{Ms^2+Bs-K}$

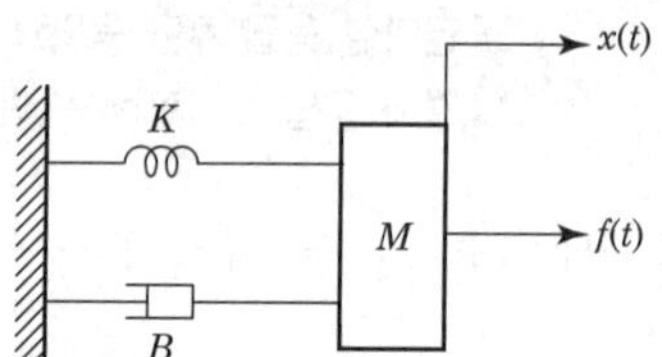

KEY POINT

➲ 기계적인 병진 운동계의 3가지 기본 특성

① 질량(mass) : M

$f(t)=M\dfrac{d^2}{dt^2}y(t)$ (기계계)

$e_L(t)=L\dfrac{d^2}{dt^2}q(t)$ (전기계)

② 스프링(spring) : K

$f(t)=Ky(t)$ (기계계)

$e_C(t)=\dfrac{1}{C}q(t)$ (전기계)

③ 점성 마찰(viscous friction) : B

$f(t)=B\dfrac{d}{dt}y(t)$ (기계계)

$e_R(t)=Ri(t)$ (전기계)

$f(t)=M\dfrac{d^2}{dt^2}x(t)+B\dfrac{d}{dt}x(t)+Kx(t)$

초기값을 0으로 하고 라플라스 변환하면

$F(s)=Ms^2X(s)+BsX(s)+KX(s)$

$\therefore\ G(s)=\dfrac{X(s)}{F(s)}=\dfrac{1}{Ms^2+Bs+K}$

 정답 : 18.㉮

19 회전 운동 물리계의 관성 모멘트, 비틀림 강도, 회전 점성 저항을 전기계로 유추하는 경우 옳은 것은?

㉮ 전기 저항, 정전 용량, 인덕턴스
㉯ 인덕턴스, 정전 용량, 전기 저항
㉰ 정전 용량, 인덕턴스, 전기 저항
㉱ 정전 용량, 전기 저항, 인덕턴스

KEY POINT

회전 운동계를 전기계로 유추하면
(각변위(각도) → 전기량), (토크 → 전압), (각속도 → 전류), (회전 점성 저항 → 전기 저항), (비틀림 강도 → 정전 용량), (관성 모멘트 → 인덕턴스)

해설 $J \to L$, $K \to \frac{1}{C}$, $B \to R$

20 그림과 같은 기계적인 회전 운동계에서 토크 $T(t)$를 입력으로, 변위 $\theta(t)$를 출력으로 하였을 때의 전달 함수는?

㉮ $\dfrac{1}{Js^2 + Bs + K}$

㉯ $Js^2 + Bs + K$

㉰ $\dfrac{s}{Js^2 + Bs + K}$

㉱ $\dfrac{Js^2 + Bs + K}{s}$

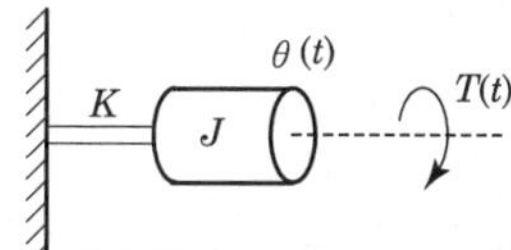

KEY POINT

회전 운동 물리계의 3가지 기본 특성

① 관성 모멘트(J)

$T = J\frac{d^2}{dt^2}\theta(t)$ (기계계)

$e_L = L\frac{d^2}{dt^2}q(t)$ (전기계)

② 비틀림 강도(K)

$T = K\theta(t)$ (기계계)

$e_C = \frac{1}{C}\int i(t)dt$ (전기계)

③ 회전 점성 저항(B)

$T = B\frac{d}{dt}\theta(t)$ (기계계)

$e_R = R\frac{d}{dt}q(t)$ (전기계)

정답 : 19.㉯ 20.㉮

해설 토크 $T(t)$와 변위 $\theta(t)$ 사이의 관계

$$J\frac{d^2}{dt^2}\theta(t)+B\frac{d}{dt}\theta(t)+K\theta(t)=T(t)$$

초기값을 0으로 하고 라플라스 변환하면

$$Js^2\theta(s)+Bs\theta(s)+K\theta(s)=T(s)$$

$$\therefore\ G(s)=\frac{\theta(s)}{T(s)}=\frac{1}{Js^2+Bs+K}$$

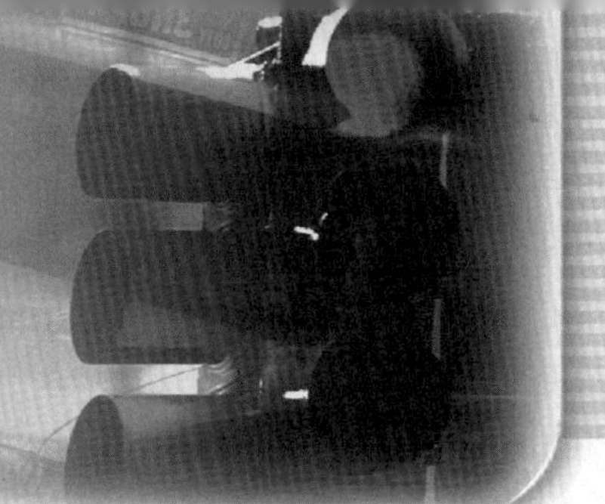

제 3 장 블록 선도와 신호 흐름 선도

1 블록 선도

제어계는 여러 가지 요소의 결합에 의해 구성되며, 제어계 내 각 신호 전달의 모양을 표시하는 방법으로서 블록 선도(block diagram)가 사용된다.

블록 선도란 자동 제어계 내에서 신호가 전달되는 모양을 나타내는 선도라고 할 수 있다. 제어계를 블록 선도로 표시하는 것은 각 요소들의 역할에 대한 물리적인 개념이나, 또는 전체 제어계에서 그들의 상호 관련을 파악하는데 미분 방정식보다 훨씬 이해하는 데 효과적이기 때문이다.

다음 표는 4가지 심벌을 이용한 블록 선도를 사용하여 계통을 표시하고 있다.

명 칭	심 벌	내 용
전달 요소	G	입력 신호를 받아서 적당히 변환된 출력 신호를 만드는 부분으로 네모 속에는 전달 함수를 기입한다.
화살표	$A \rightarrow$ G $\rightarrow B$	신호의 흐르는 방향을 표시하며 $A(s)$는 입력, $B(s)$는 출력이므로 $B(s)=G(s)\cdot A(s)$로 나타낼 수 있다.
가합점 (합산점)	A, +, ±, C, B	두 가지 이상의 신호가 있을 때 이들 신호의 합과 차를 만드는 부분으로 $B(s)=A(s)\pm C(s)$가 된다.
인출점 (분기점)	A, B, C	한 개의 신호를 두 계통으로 분기하기 위한 점으로 $A(s)=B(s)\pm C(s)$가 된다.

(1) 직렬 접속

2개 이상의 요소가 직렬로 접속되어 있는 방식이며, 합성 전달 함수는 다음과 같다.

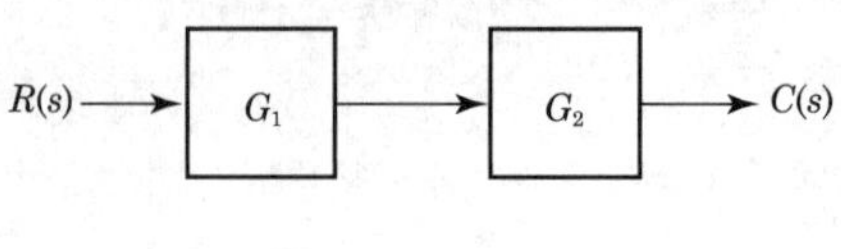

그림 ❶ 4-8 **직렬 접속**

$$G(s) = \frac{C(s)}{R(s)} = G_1(s) \cdot G_2(s)$$

(2) 병렬 접속

2개 이상의 요소가 병렬로 접속되어 있는 방식이며, 합성 전달 함수는 다음과 같다.

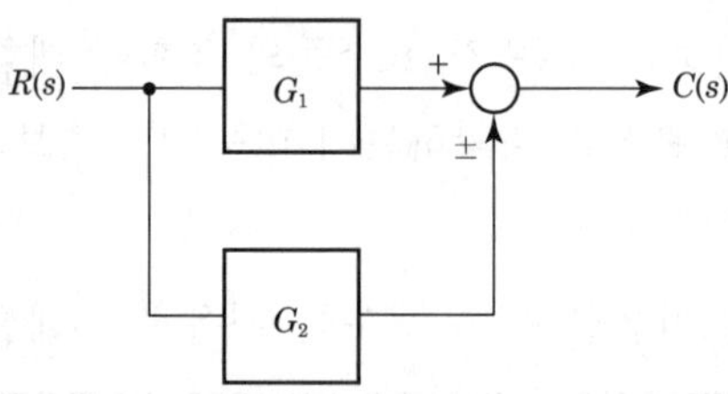

그림 ❶ 4-9 **병렬 접속**

$$G(s) = \frac{C(s)}{R(s)} = G_1 \pm G_2$$

(3) 피드백 접속

출력 신호 $C(s)$의 일부가 요소 $H(s)$를 거쳐 입력측에 피드백(feed back)되는 접속 방식이며, 그 합성 전달 함수는 다음과 같다.

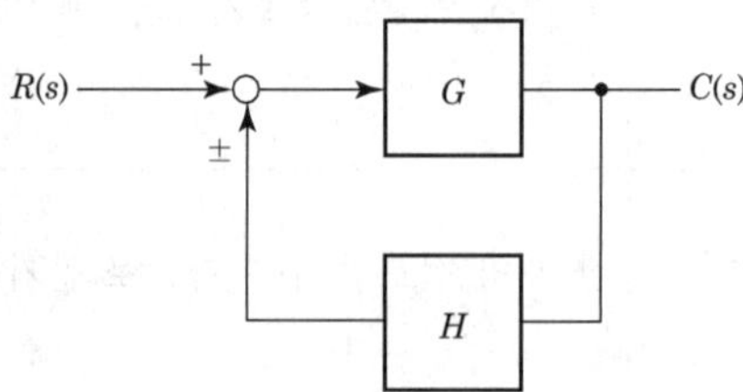

그림 ❶ 4-10 **feed back 접속**

$$G_o(s) = \frac{C(s)}{R(s)} = \frac{G(s)}{1 \mp G(s)H(s)}$$

이 합성 전달 함수를 폐루프 전달 함수라 하고, 또 $G(s) \cdot H(s)$를 일순 전달 함수라 한다. 그리고 $H(s)=1$인 폐루프 전달 함수를 가진 계를 직렬 피드백계 또는 단위 피드백계라 한다.

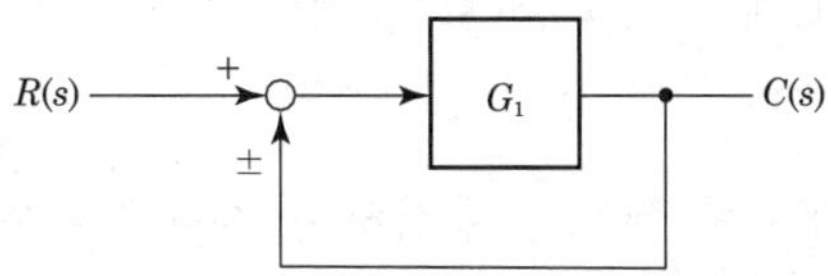

그림 ⬆ 4-11 **단위 feed back 접속**

$$G_o(s) = \frac{C(s)}{R(s)} = \frac{G(s)}{1 \mp G(s)}$$

2 신호 흐름 선도

신호 흐름 선도는 계통의 위상 기하적 구성에 대한 상세한 그림을 뜻하는 것으로 메이슨(S.J. Mason)이 처음 개발하였다. 신호 흐름 선도는 다중 루프 귀환계를 해석하고 전체 귀환계의 특정한 요소 또는 파라미터의 효과를 결정하는데 유용하다.

(1) 신호 흐름 선도의 기초

다음 그림은 신호 흐름 선도의 예이다.

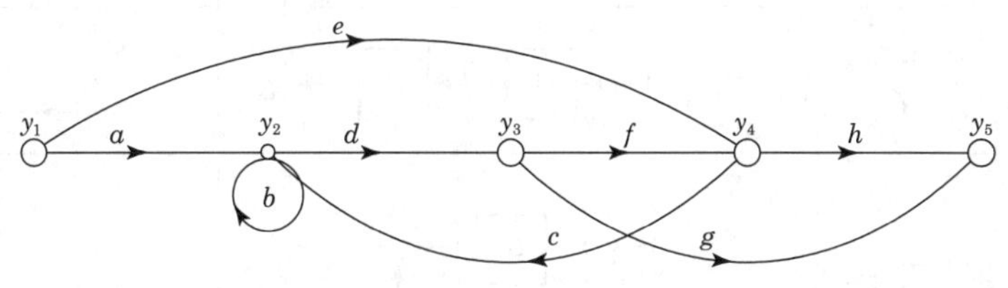

그림 ⬆ 4-12 **신호 흐름 선도**

신호 흐름 선도에서 사용되는 몇 가지 용어를 정리하면 다음과 같다.

① **소스(source)** : y_1과 같이 밖으로 나가는 방향의 가지만 갖는 마디이다.

② **싱크(sink)** : y_5와 같이 들어오는 방향의 가지만 갖는 마디이다.

③ **경로(path)** : 동일한 진행 방향을 갖는 연결 가지의 집합을 말한다. 위의 그림에서 eh, $adfh$ 및 adg는 경로들이다.

④ **경로 이득(path gain)** : 경로에 있는 가지에 관계되는 계수들을 곱한 것이다.

⑤ **귀환 루프(feed back loop)** : 어떤 마디에서 시발하여 그 마디로 되돌아 가서 끝나는 경로이다. 그 뿐만 아니라 도중에 한 개를 초과하는 수의 마디는 있지 않다. b와 dfc는 귀환 루프이다.

⑥ **루프 이득(loop gain)** : 귀환 루프를 형성하는 가지에 관계되는 계수들의 곱이다.

(2) 신호 흐름 선도의 등가 변환

블록 선도와 신호 흐름 선도의 대응 관계를 알아보면 다음 표와 같다.

구 분	블록 선도	신호 흐름 선도
신호	A	A
전달 요소 $B=G\cdot A$	A, G, B	A, G, B
가합점 $C=A\pm B$	A, +, ±, B, C	A, 1, ±1, B, C
인출점 $A=B+C$	A, B, C	A, 1, 1, B, C
직렬 접속 $C=G_1\cdot G_2\cdot A$	A, G_1, B, G_2, C	A, G_1, B, G_2, C
병렬 접속 $D=(G_1\pm G_2)A$	A, G_1, +, ±, G_2, D	A, 1, B, G_1, C, 1, D, $\pm G_2$
피드백 접속 $D=\dfrac{G}{1\mp GH}\cdot A$	A, +, ±, B, G, D, H	A, 1, B, G, C, 1, D, $\pm H$

(3) 신호 흐름 선도의 이득 공식

출력과 입력과의 비, 즉 계통의 이득 또는 전달 함수 T는 다음 메이슨(Mason)의 정리에 의하여 구할 수 있다.

$$T = \frac{\sum_{k=1}^{n} G_k \Delta_k}{\Delta}$$

단, G_k= k번째의 전향 경로(forword path) 이득

$$\Delta = 1 - \Sigma L_{n1} + \Sigma L_{n2} - \Sigma L_{n3} + \cdots$$

Δ_k= k번째의 전향 경로와 접하지 않은 부분에 대한 Δ의 값

여기서, L_{n1} : 개개의 폐루프의 이득

L_{n2} : 2개 이상 접촉하지 않는 loop 이득의 곱의 합

L_{n3} : 3개 이상 접촉하지 않는 loop 이득의 곱의 합

3 연산 증폭기

연산 증폭기는 안정하고 이득이 큰 직류 증폭 회로에 궤환 회로를 연결한 증폭 회로로, 직류에서부터 초고주파까지 증폭할 수 있다. 이 증폭기는 아날로그양의 가산, 감산, 미분, 적분 등의 연산을 행할 수 있으며, Op-Amp라고도 한다.

(1) 이상적인 연산 증폭기의 특성

① **입력 임피던스** : $Z_i = \infty$

② **출력 임피던스** : $Z_o = 0$

③ **전압 이득** : $A_v = \infty$

④ **주파수 대역폭** : $BW = \infty$

⑤ **두 입력의 크기가 같을 때($V_1 = V_2$)** : 출력 전압 $V_o = 0$

⑥ **CMRR(동상 신호 제거비)** : CMRR $= \infty$

(2) 가상 접지

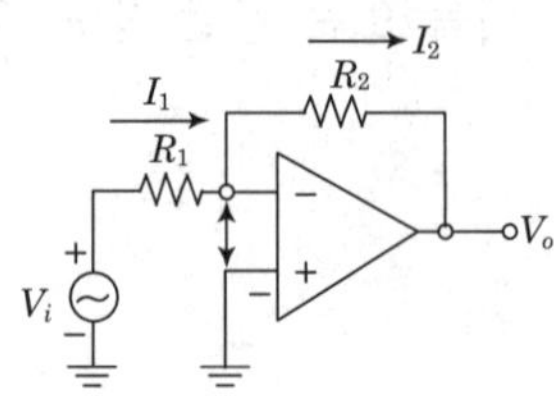

그림 ➊ 4-13 **가상 접지**

연산 증폭기의 응용 회로를 해석하는 데는 가상 접지 개념을 쓴다.

Op-Amp의 반전과 비반전 입력 단자는 가상적으로 단락(short)되어 있다고 보는 것이다.

왜냐하면 Op-Amp의 입력 저항이 수십[MΩ] 이상이므로 다른 저항에 비해 거의 무한대로 간주할 수 있으므로, Op-Amp 입력 단자 내부로 유입되는 전류는 0이며, 반면에 두 입력 단자 사이의 전압도 0이 되므로 반전과 비반전 입력 단자는 short로 볼 수 있다. 이러한 개념이 가상 접지이다.

(3) 연산 증폭기의 종류

① 반전 연산 증폭기

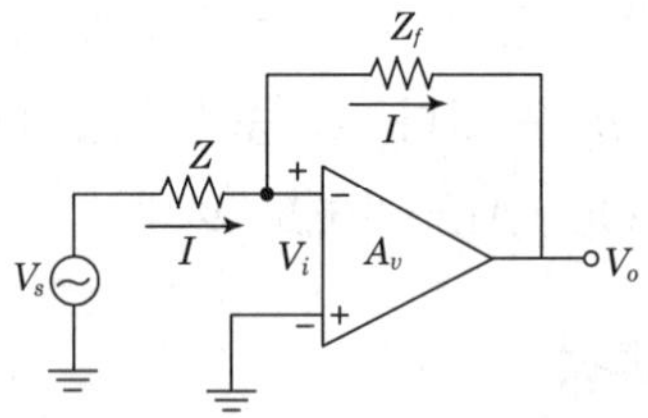

그림 ➊ 4-14 **반전 연산 증폭 회로**

Op-Amp의 입력 임피던스가 ∞(무한대)이기 때문에 Z를 통해 흐르는 전류 I는 Z_f를 통해 흐르게 되고, 입력 전압 V_i는 물리적(실제적)으로 접지되어 있지 않지만 항상 "0" 전위로 동작하기 때문에 가상 접지(virtual ground)라고 불리며, 입 · 출력 관계식(전압 증폭도)을 구할 때 사용된다.

$$I = \frac{V_s - V_i}{Z} = \frac{V_i - V_o}{Z_f}, \quad V_i = 0$$

정리하면,

$$\therefore\ V_o = -\frac{Z_f}{Z}\cdot V_s$$

② 비반전 연산 증폭기

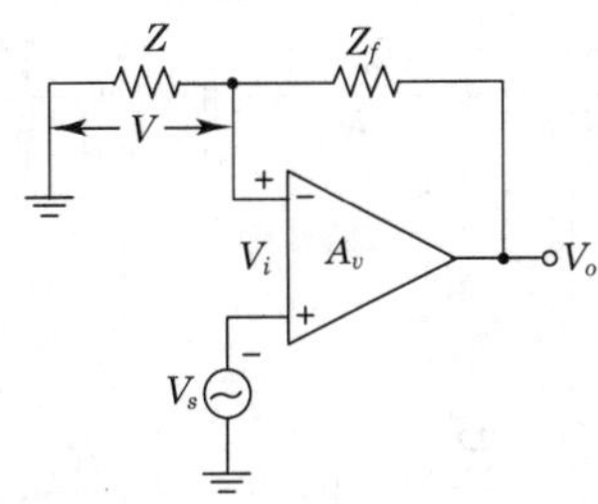

그림 4-15 **비반전 연산 증폭 회로**

Z 양단의 전압을 V라 두면,

$$V_i = V - V_s = 0\ (\because\ V_i = 0(\text{가상 접지}))$$

$$V = V_s$$

V에 전압 분배 법칙을 적용하여 풀면,

$$V = \frac{Z}{Z+Z_f}\cdot V_o$$

따라서,

$$\frac{Z}{Z+Z_f}\cdot V_o = V_s$$

정리하면,

$$\therefore\ V_o = \left(1+\frac{Z_f}{Z}\right)V_s$$

(4) 연산 증폭기의 응용 회로

① 가산기

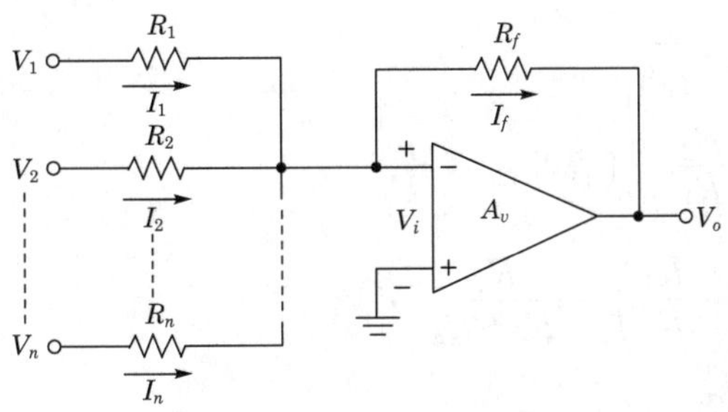

그림 4-16 **가산기 회로**

가산기의 출력 전압 V_o는

$$I_f = I_1 + I_2 + \cdots + I_n$$

$$\frac{V_i - V_o}{R_f} = \frac{V_1 - V_i}{R_1} + \frac{V_2 - V_i}{R_2} + \cdots + \frac{V_n - V_i}{R_n}$$

($V_i = 0$(가상 접지)일 때)

정리하면,

$$V_o = -\left(\frac{R_f}{R_1} \cdot V_1 + \frac{R_f}{R_2} \cdot V_2 + \cdots + \frac{R_f}{R_n} \cdot V_n\right)$$

여기서, $R_1 = R_2 = \cdots = R_n = R$이면

$$V_o = -\frac{R_f}{R}(V_1 + V_2 + \cdots + V_n)$$

② **감산기**

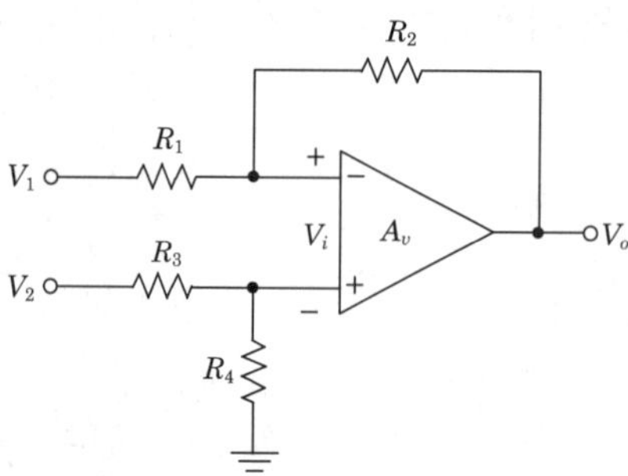

그림 ⬆ 4-17 **감산기 회로**

감산기 회로는 중첩(superposition)의 원리와 선형성(linearity)을 적용하면 간단하게 해결된다. 따라서, 입력 V_1에 대한 출력을 V_{o1}이라 하고, 입력 V_2에 대한 출력을 V_{o2}라 하면,

$$V_o = V_{o1} + V_{o2}$$

$$V_{o1} = -\frac{R_2}{R_1} \cdot V_1 (\text{반전 증폭기})$$

$$V_{o2} = \left(1 + \frac{R_4}{R_3}\right) \cdot \frac{R_4}{R_3 + R_4} \cdot V_1$$

R_3로 나누어 주면,

$$V_{o2}=\left(1+\frac{R_4}{R_3}\right)\cdot\frac{R_4/R_3}{1+R_4/R_3}\cdot V_1$$

정리하면,

$$V_{o2}=\frac{R_4}{R_3}\cdot V_1=\frac{R_2}{R_1}\cdot V_1(\text{비반전 증폭기})$$

$$\therefore\ V_o=V_{o1}+V_{o2}=\frac{R_2}{R_1}(V_2-V_1)$$

③ 미분기

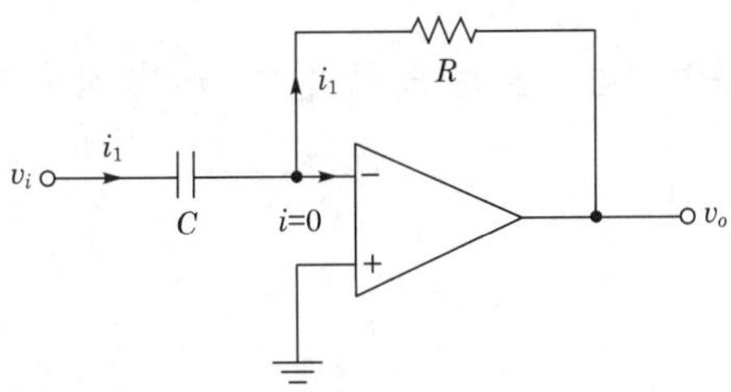

그림 4-18 **미분기**

반전 증폭기와 비슷하나 저항 R_1 대신에 콘덴서 C를 쓴 점이 다르다. 이 회로의 출력 전압 v_o는 가상 접지 개념에 의해

$$i_1=C\frac{dv_i}{dt}=\frac{0-v_o}{R}$$

이므로

$$v_o=-RC\frac{d}{dt}v_i[\text{V}]$$

이다. 따라서 결과에서 보듯이 출력 전압 v_o는 입력 전압 v_i의 미분된 형태임을 알 수 있다.

④ 적분기

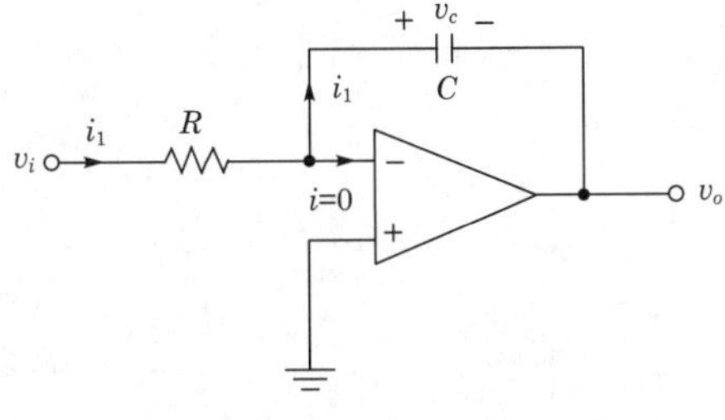

그림 4-19 **적분기**

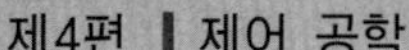

R과 C의 위치가 미분기와 바뀌어져 있는 것으로 역시 가상 접지에 의해

$$i_1 = \frac{v_i}{R}$$

이고, 콘덴서 C에 걸리는 전압은 콘덴서 C의 초기 전압이 0이라면

$$v_c = -v_o = \frac{1}{C}\int_o^t i_1 \, dt$$

$$\therefore \ v_o = -\frac{1}{RC}\int_0^t v_i dt$$

이다. 결과적으로 출력 신호 v_o는 입력 신호 v_i의 적분 형태이다.

단원핵심문제

1 그림과 같은 피드백 회로의 종합 전달 함수는?

㉮ $\dfrac{1}{G_1}+\dfrac{1}{G_2}$

㉯ $\dfrac{G_1}{1-G_1 G_2}$

㉰ $\dfrac{G_1}{1+G_1 G_2}$

㉱ $\dfrac{G_1 G_2}{1+G_1 G_2}$

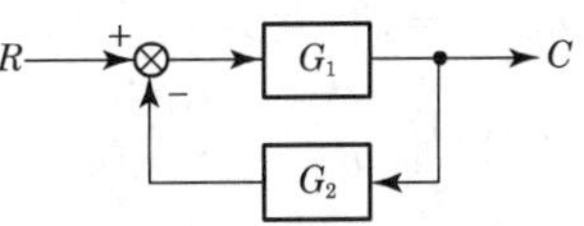

KEY POINT

➡ 블록 선도의 등가 변환

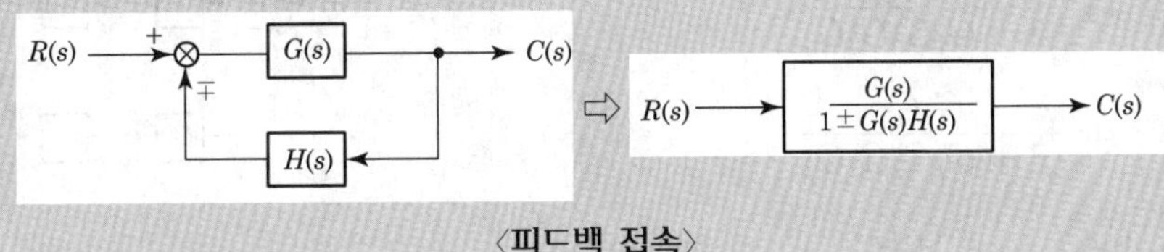

〈피드백 접속〉

해설 $(R-CG_2)G_1=C,\ \ RG_1=C+CG_1G_2=C(1+G_1G_2)$

$\therefore\ G(s)=\dfrac{C}{R}=\dfrac{G_1}{1+G_1G_2}$

2 다음 시스템의 전달 함수 C/R는?

㉮ $\dfrac{C}{R}=\dfrac{G_1G_2}{1+G_1G_2}$

㉯ $\dfrac{C}{R}=\dfrac{G_1G_2}{1-G_1G_2}$

㉰ $\dfrac{C}{R}=\dfrac{1+G_1G_2}{G_1G_2}$

㉱ $\dfrac{C}{R}=\dfrac{1-G_1G_2}{G_1G_2}$

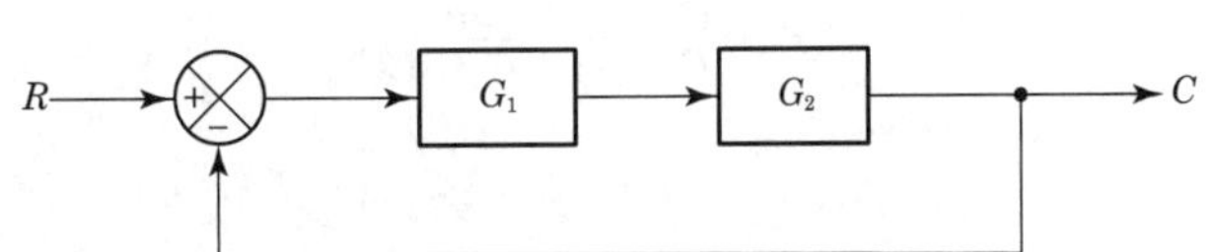

정답 : 1.㉰ 2.㉮

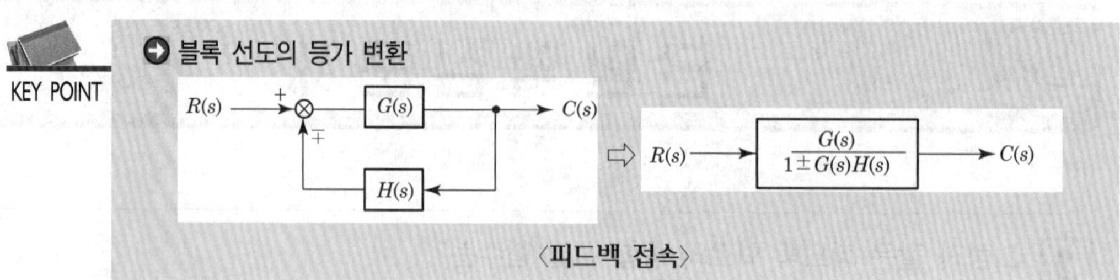

해설

$(R-C)G_1G_2=C$

$RG_1G_2-CG_1G_2=C$

$RG_1G_2=C(1+G_1G_2)$

$\therefore\ G(s)=\dfrac{C}{R}=\dfrac{G_1G_2}{1+G_1G_2}$

3 그림의 블록 선도에서 C/R를 구하면?

㉮ $\dfrac{G_1+G_2}{1+G_1G_2+G_3G_4}$

㉯ $\dfrac{G_1G_2}{1+G_1G_2G_3G_4}$

㉰ $\dfrac{G_3G_4}{1+G_1G_2G_3G_4}$

㉱ $\dfrac{G_1G_2}{1+G_1G_2+G_3G_4}$

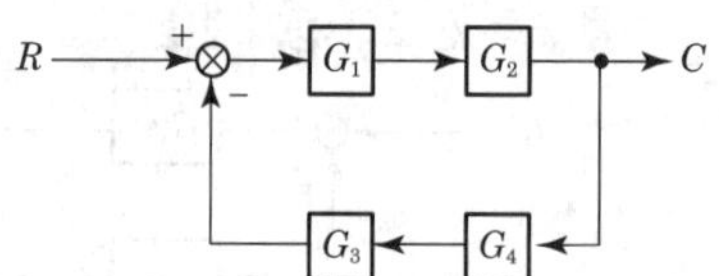

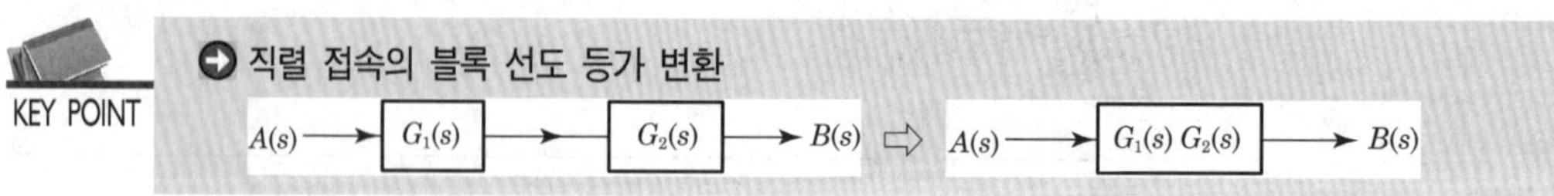

해설

$(R-CG_3G_4)G_1G_2=C$

$RG_1G_2-CG_1G_2G_3G_4=C$

$RG_1G_2=C(1+G_1G_2G_3G_4)$

$\therefore\ G(s)=\dfrac{C}{R}=\dfrac{G_1G_2}{1+G_1G_2C_3C_4}$

정답 : 3.㉯

4 다음과 같은 블록 선도의 등가 합성 전달 함수는?

㉮ $\dfrac{1}{1 \pm GH}$

㉯ $\dfrac{G}{1 \pm GH}$

㉰ $\dfrac{G}{1 \pm H}$

㉱ $\dfrac{1}{1 \pm H}$

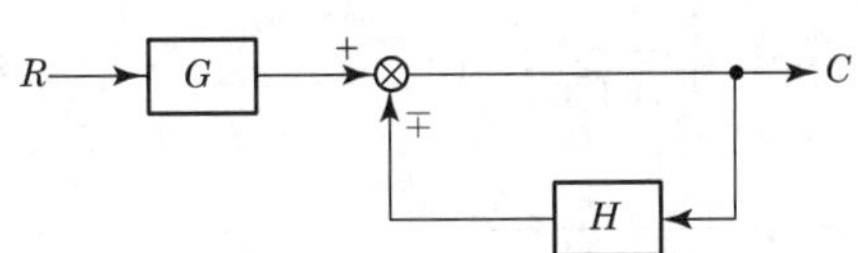

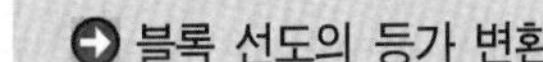

블록 선도의 등가 변환

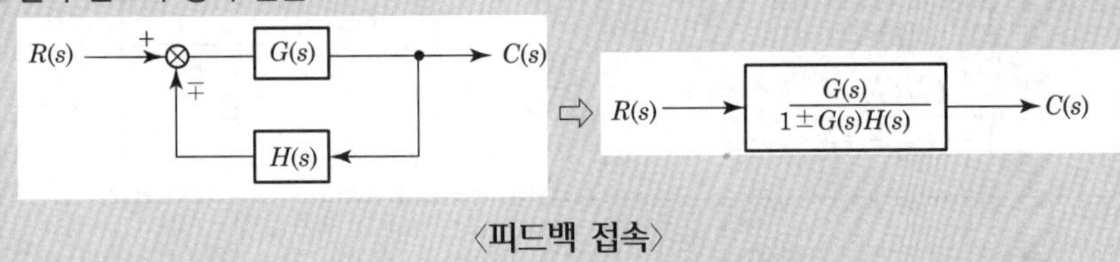

〈피드백 접속〉

$RG \mp CH = C$, $RG = C(1 \pm H)$

$\therefore\ G(s) = \dfrac{C}{R} = \dfrac{G}{1 \pm H}$

5 그림의 두 블록 선도가 등가인 경우, A요소의 전달 함수는?

㉮ $\dfrac{-1}{s+4}$

㉯ $\dfrac{-2}{s+4}$

㉰ $\dfrac{-3}{s+4}$

㉱ $\dfrac{-4}{s+4}$

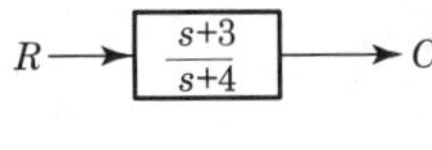

(a)

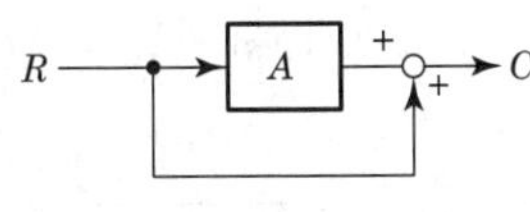

(b)

병렬 접속의 블록 선도 등가 변환

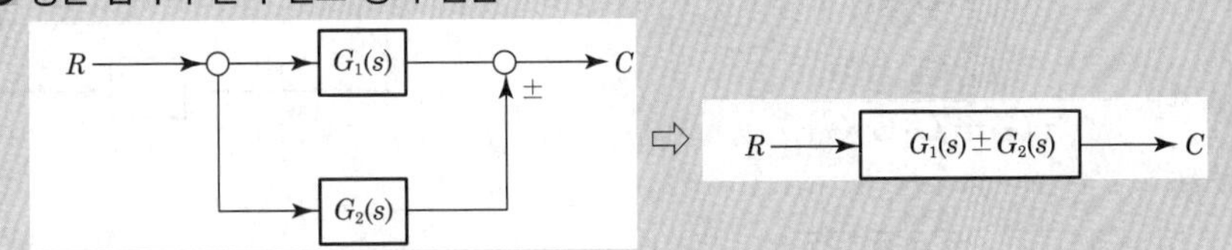

정답 : 4.㉰ 5.㉮

그림 (a)에서 $R \cdot \frac{s+3}{s+4} = C$ $\quad \therefore \frac{C}{R} = \frac{s+3}{s+4}$

그림 (b)에서 $RA + R = C$

$R(A+1) = C$ $\quad \therefore \frac{C}{R} = A+1$

따라서 $\frac{s+3}{s+4} = A+1$ $\quad \therefore A = \frac{s+3}{s+4} - 1 = \frac{-1}{s+4}$

6 그림과 같은 계통의 전달 함수는?

㉮ $1 + G_1G_2$

㉯ $1 + G_2 + G_1G_2$

㉰ $\dfrac{G_1G_2}{1 - G_1G_2}$

㉱ $\dfrac{G_1G_2}{1 - G_1 - G_2}$

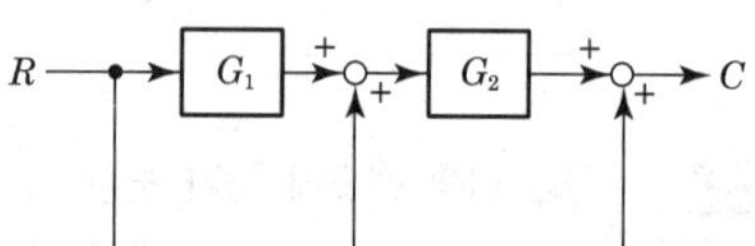

KEY POINT

➲ 병렬 접속의 블록 선도 등가 변환

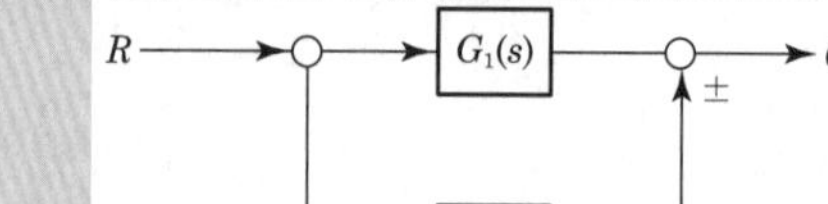

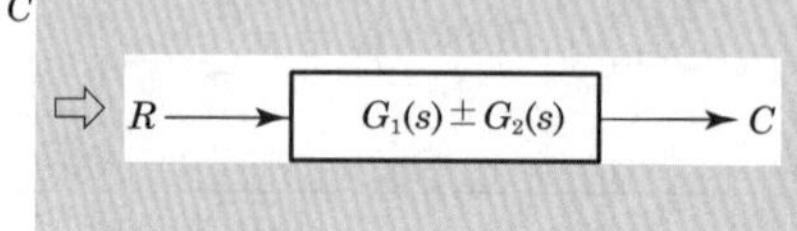

$(RG_1 + R)G_2 + R = C$

$R(G_1G_2 + G_2 + 1) = C$

$\therefore G(s) = \frac{C}{R} = G_1G_2 + G_2 + 1$

7 그림과 같은 계통의 전달 함수는?

㉮ $\dfrac{G_1G_2}{1 + G_2G_3}$

㉯ $\dfrac{G_1G_2}{1 + G_1 + G_2G_3}$

㉰ $\dfrac{G_1G_2}{1 + G_2 + G_1G_2G_3}$

㉱ $\dfrac{G_1G_2}{1 + G_1G_2 + G_2G_3}$

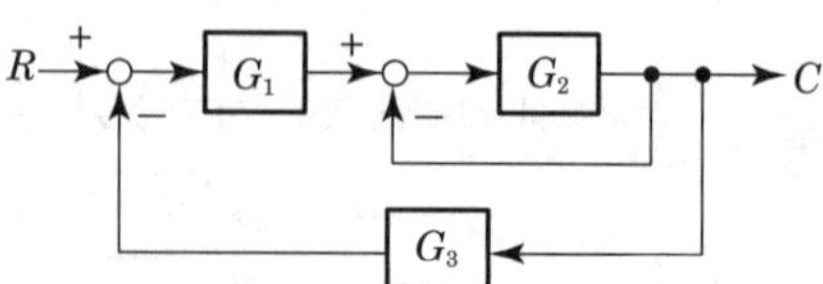

 정답 : 6.㉯ 7.㉰

블록 선도의 등가 변환

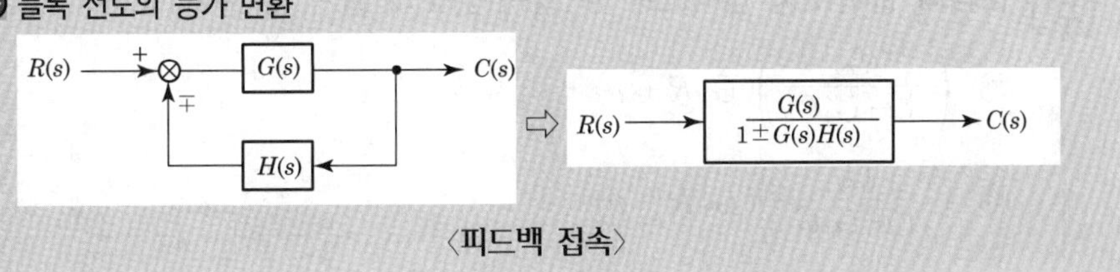

〈피드백 접속〉

해설

$\{(R-CG_3)G_1-C\}G_2=C$

$RG_1G_2-G_1G_2G_3C-CG_2=C$

$RG_1G_2=C(1+G_1G_2G_3+G_2)$

$\therefore\ G(s)=\dfrac{C}{R}=\dfrac{G_1G_2}{1+G_2+G_1G_2G_3}$

8 그림과 같은 블록 선도에 대한 등가 전달 함수를 구하면?

㉮ $\dfrac{G_1G_2G_3}{1+G_2G_3+G_1G_2G_4}$

㉯ $\dfrac{G_1G_2G_3}{1+G_1G_2+G_1G_2G_3}$

㉰ $\dfrac{G_1G_2G_3}{1+G_1G_2+G_1G_2G_4}$

㉱ $\dfrac{G_1G_2G_3}{1+G_2G_3+G_1G_2G_3}$

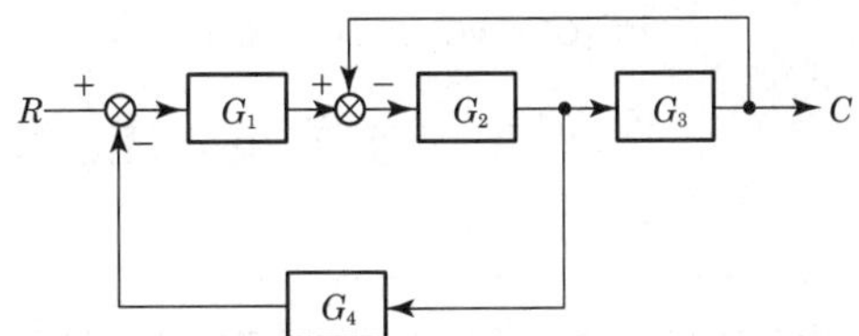

해설 G_3 앞의 인출점을 G_3 뒤로 이동하면

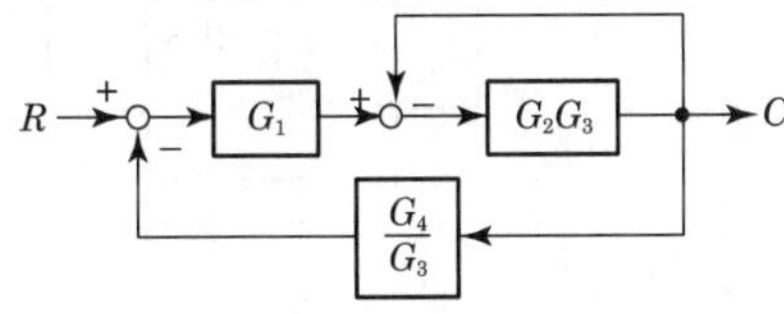

$\left\{\left(R-C\dfrac{G_4}{G_3}\right)G_1-C\right\}G_2G_3=C$

$RG_1G_2G_3-CG_1G_2G_4-C(G_2G_3)=C$

$RG_1G_2G_3=C(1+G_2G_3+G_1G_2G_4)$

$\therefore\ G(s)=\dfrac{C}{R}=\dfrac{G_1G_2G_3}{1+G_2G_3+G_1G_2G_4}$

정답 : 8.㉮

9 그림과 같이 2중 입력으로 된 블록 선도의 출력 C는?

㉮ $\left(\dfrac{G_2}{1-G_1G_2}\right)(G_1R+u)$

㉯ $\left(\dfrac{G_2}{1+G_1G_2}\right)(G_1R+u)$

㉰ $\left(\dfrac{G_2}{1-G_1G_2}\right)(G_1R-u)$

㉱ $\left(\dfrac{G_2}{1+G_1G_2}\right)(G_1R-u)$

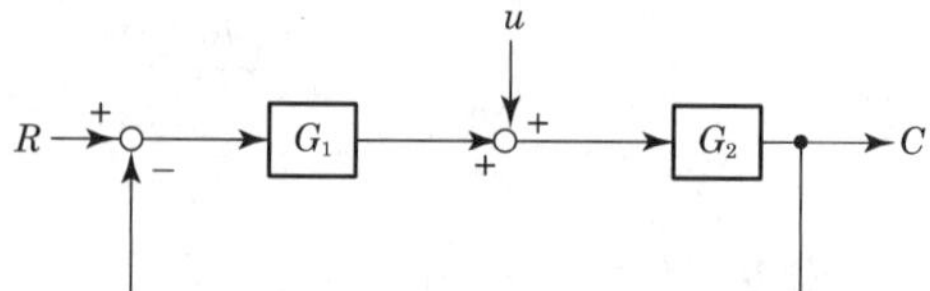

KEY POINT

➲ 외란이 있는 경우이므로 입력에서부터 해석해 간다.

해설

$\{(R-C)G_1+u\}G_2=C$

$RG_1G_2-CG_1G_2+uG_2=C$

$RG_1G_2+uG_2=C(1+G_1G_2)$

$\therefore\ C=\dfrac{G_1G_2}{1+G_1G_2}R+\dfrac{G_2}{1+G_1G_2}u=\dfrac{G_2}{1+G_1G_2}(G_1R+u)$

10 그림에서 x를 입력, y를 출력으로 했을 때 전달 함수는? (단, $A \gg 1$이다.)

㉮ $G(s)=1+\dfrac{1}{RCs}$

㉯ $G(s)=\dfrac{RCs}{1+RCs}$

㉰ $G(s)=1+RCs$

㉱ $G(s)=\dfrac{1}{1+RCs}$

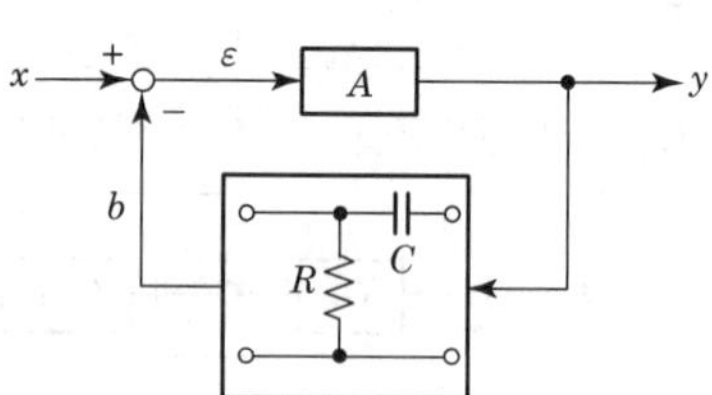

KEY POINT

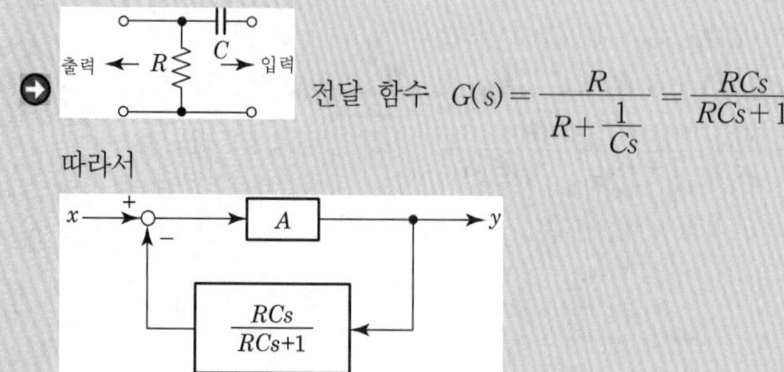

➲ 전달 함수 $G(s)=\dfrac{R}{R+\dfrac{1}{Cs}}=\dfrac{RCs}{RCs+1}$

따라서

정답 : 9.㉯ 10.㉮

$$G(s)=\frac{Y(s)}{X(s)}=\frac{A}{1+AG_f(s)}=\frac{A}{1+A\cdot\frac{RCs}{1+RCs}}$$

$A\gg1$이므로

$$\therefore\ G(s)=\frac{Y(s)}{X(s)}=\frac{1+RCs}{RCs}=1+\frac{1}{RCs}$$

11 그림과 같은 신호 흐름 선도에서 $\frac{C}{R}$는?

㉮ $a+ab+b$

㉯ $ab+b+1$

㉰ $1+ab+a$

㉱ $a+b$

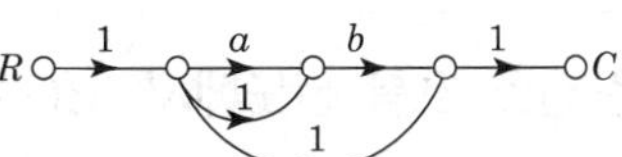

KEY POINT

➲ 메이슨 공식

$$G(s)=\frac{\sum_{k=1}^{n}G_k\Delta_k}{\Delta}$$

여기서, $\Delta=1-\Sigma L_{n1}+\Sigma L_{n2}-\Sigma L_{n3}+\cdots$

G_k : k번째의 전향 경로 이득

Δ_k : k번째 전향 경로와 접촉하지 않는 Δ값

L_{n1} : 개개의 loop 이득의 합

L_{n2} : 2개 이상 접촉하지 않는 loop 이득의 곱의 합

L_{n3} : 3개 이상 접촉하지 않는 loop 이득의 곱의 합

$G_1=ab,\quad \Delta_1=1$

$G_2=b,\quad \Delta_2=1$

$G_3=1,\quad \Delta_3=1$

$\Delta=1$

전달 함수 $G=\frac{C}{R}=\frac{G_1\Delta_1+G_2\Delta_2+G_3\Delta_3}{\Delta}=\frac{ab+b+1}{1}=ab+b+1$

12 그림의 신호 흐름 선도에서 $\frac{C}{R}$는?

㉮ $\frac{ac}{1-b}$

㉯ $\frac{a+c}{1-b}$

㉰ $\frac{ab}{1-c}$

㉱ $\frac{a+b}{1-c}$

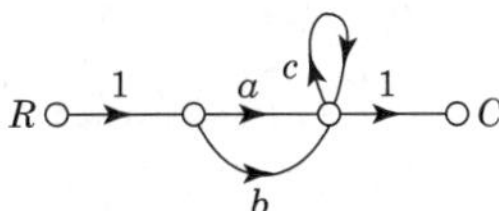

KEY POINT

➲ 메이슨의 공식

$$G(s)=\frac{\sum_{k=1}^{n} G_k \Delta_k}{\Delta}$$

$$\Delta=1-\Sigma L_{n1}+\Sigma L_{n2}-\Sigma L_{n3}+\cdots$$

해설 $G_1=a,\quad \Delta_1=1,\ G_2=b,\quad \Delta_2=1,\ \Delta=1-c$

$\therefore\ G=\frac{C}{R}=\frac{G_1\Delta_1+G_2\Delta_2}{\Delta}=\frac{a+b}{1-c}$

13 그림과 같은 신호 흐름 선도에서 $C(s)/R(s)$의 값은?

㉮ $\dfrac{X_1}{1-X_1Y_1}$

㉯ $\dfrac{X_2}{1-X_1Y_1}$

㉰ $\dfrac{X_1X_2}{1-X_1Y_1}$

㉱ $\dfrac{X_1+X_2}{1-X_1Y_1}$

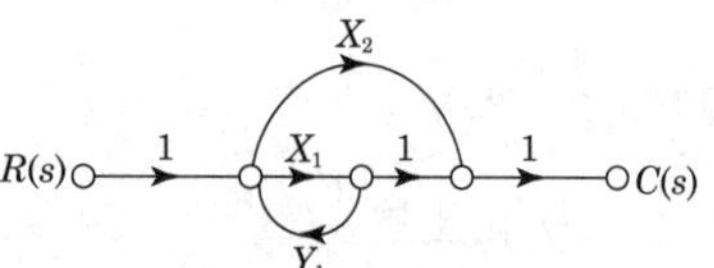

KEY POINT

➲ 메이슨의 공식

$$G(s)=\frac{\sum_{k=1}^{n} G_k \Delta_k}{\Delta}$$

$$\Delta=1-\Sigma L_{n1}+\Sigma L_{n2}-\Sigma L_{n3}+\cdots$$

해설 $G_1=X_1,\ \Delta_1=1,\ G_2=X_2,\ \Delta_2=1,\ L_{11}=X_1Y_1$

$\Delta=1-L_{11}=1-X_1Y_1$

$\therefore$ 전달 함수 $G=\frac{C}{R}=\frac{G_1\Delta_1+G_2\Delta_2}{\Delta}=\frac{X_1+X_2}{1-X_1Y_1}$

14 그림의 신호 흐름 선도에서 $\frac{C}{R}$는?

㉮ $\dfrac{ab}{1+b-abc}$

㉯ $\dfrac{ab}{1-b-abc}$

㉰ $\dfrac{ab}{1-b+abc}$

㉱ $\dfrac{ab}{1-ab+abc}$

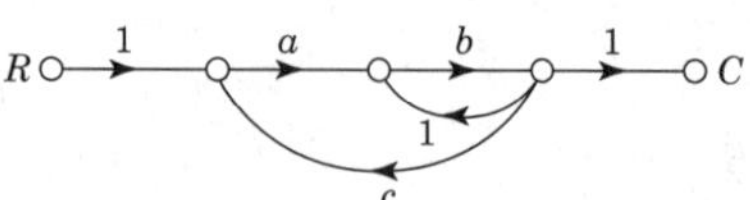

 정답 : 13.㉱ 14.㉯

KEY POINT

메이슨의 공식

$$G(s)=\frac{\sum_{k=1}^{n} G_k\Delta_k}{\Delta}$$

$$\Delta=1-\Sigma L_{n1}+\Sigma L_{n2}-\Sigma L_{n3}+\cdots$$

해설 $G_1=ab,\ \Delta_1=1,\ L_{11}=b,\ L_{21}=abc$

$\Delta=1-(L_{11}+L_{21})=1-(b+abc)=1-b-abc$

$\therefore$ 전달 함수 $G=\dfrac{C}{R}=\dfrac{G_1\Delta_1}{\Delta}=\dfrac{ab}{1-b-abc}$

15 다음 신호 흐름 선도에서 전달 함수 C/R를 구하면 얼마인가?

㉮ $\dfrac{abcdg}{1-abcde}$

㉯ $\dfrac{abcde}{1-cg-bcdf}$

㉰ $\dfrac{abcde}{1-cg-cgf}$

㉱ $\dfrac{abcde}{c-cg-cgf}$

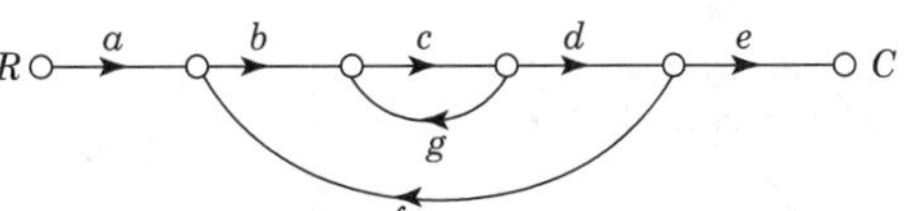

KEY POINT

메이슨의 공식

$$G(s)=\frac{\sum_{k=1}^{n} G_k\Delta_k}{\Delta}$$

$$\Delta=1-\Sigma L_{n1}+\Sigma L_{n2}-\Sigma L_{n3}+\cdots$$

해설 $G_1=abcde,\quad \Delta_1=1,\ L_{11}=cg,\ L_{21}=bcdf$

$\Delta=1-(L_{11}+L_{21})=1-cg-bcdf$

$\therefore$ 전달 함수 $G=\dfrac{C}{R}=\dfrac{G_1\Delta_1}{\Delta}=\dfrac{abcde}{1-cg-bcdf}$

16 그림과 같은 신호 흐름 선도에서 전달 함수 $\dfrac{C(s)}{R(s)}$는?

㉮ $-\dfrac{8}{9}$

㉯ $\dfrac{4}{5}$

㉰ $-\dfrac{105}{77}$

㉱ $-\dfrac{105}{78}$

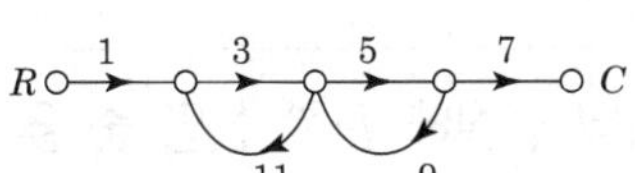

KEY POINT

➲ 메이슨의 공식

$$G(s)=\frac{\sum_{k=1}^{n} G_k \Delta_k}{\Delta}$$

$$\Delta=1-\Sigma L_{n1}+\Sigma L_{n2}-\Sigma L_{n3}+\cdots$$

해설 $G_1=1\cdot 3\cdot 5\cdot 7=105$, $\Delta_1=1$, $L_{11}=3\cdot 11=33$, $L_{21}=5\cdot 9=45$

$\Delta=1-(L_{11}+L_{21})=1-(33+45)=-77$

∴ 전달 함수 $G(s)=\dfrac{C(s)}{R(s)}=\dfrac{G_1\Delta_1}{\Delta}=\dfrac{105}{-77}=-\dfrac{105}{77}$

17 그림의 신호 흐름 선도에서 y_2/y_1의 값은?

㉮ $\dfrac{a^3}{(1-ab)^3}$

㉯ $\dfrac{a^3}{(1-3ab+a^2b^2)}$

㉰ $\dfrac{a^3}{1-3ab}$

㉱ $\dfrac{a^3}{1-3ab+2a^2b^2}$

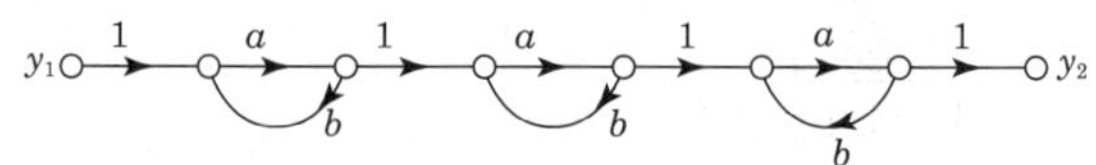

KEY POINT

➲ 메이슨의 공식

$$G(s)=\frac{\sum_{k=1}^{n} G_k \Delta_k}{\Delta}$$

$$\Delta=1-\Sigma L_{n1}+\Sigma L_{n2}-\Sigma L_{n3}+\cdots$$

해설 $G_1=a\cdot a\cdot a=a^3$, $\Delta_1=1$

$\Sigma L_{n1}=ab+ab+ab=3ab$

$\Sigma L_{n2}=ab\times ab+ab\times ab+ab\times ab=3a^2b^2$

$\Sigma L_{n3}=ab\times ab\times ab=d^3b^3$

$\Delta=1-3ab+3a^2b^2-a^3b^3=(1-ab)^3$

∴ 전달 함수 $G(s)=\dfrac{y_2}{y_1}=\dfrac{G_1\Delta_1}{\Delta}=\dfrac{a^3}{(1-ab)^3}$

18 연산 증폭기의 성질에 관한 설명 중 옳지 않은 것은?

㉮ 전압 이득이 매우 크다.

㉯ 입력 임피던스가 매우 작다.

㉰ 전력 이득이 매우 크다.

㉱ 입력 임피던스가 매우 크다.

정답 : 17.㉮ 18.㉯

KEY POINT

➲ 연산 증폭기의 특징은 입력 임피던스가 매우 크고 출력 임피던스가 작으며 증폭도는 매우 크다.

입력 임피던스가 매우 크다.

19 그림과 같이 연산 증폭기를 사용한 연산 회로의 출력 항은 어느 것인가?

㉮ $E_o = Z_o\left(\dfrac{E_1}{Z_1} + \dfrac{E_2}{Z_2}\right)$

㉯ $E_o = -Z_o\left(\dfrac{E_1}{Z_1} + \dfrac{E_2}{Z_2}\right)$

㉰ $E_o = Z_o\left(\dfrac{E_1}{Z_2} + \dfrac{E_2}{Z_2}\right)$

㉱ $E_o = -Z_o\left(\dfrac{E_1}{Z_2} + \dfrac{E_2}{Z_2}\right)$

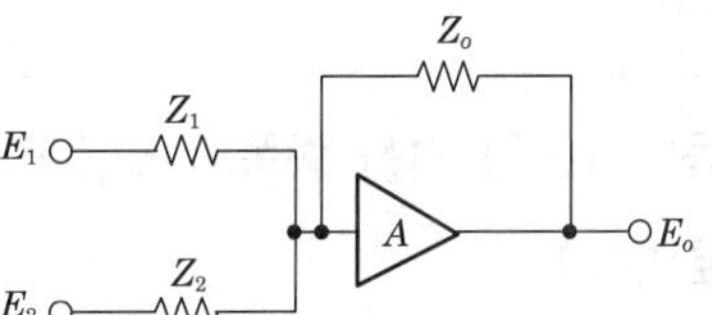

KEY POINT

➲ 가산기의 출력
$E_o = -Z_o i$ (i : 입력 전류)

$E_o = -Z_o i$ (i : 입력 전류)

입력 전류 $i = \dfrac{E_1}{Z_1} + \dfrac{E_2}{Z_2}$

$\therefore\ E_o = -Z_o\left(\dfrac{E_1}{Z_1} + \dfrac{E_2}{Z_2}\right)$

20 그림과 같이 연산 증폭기에서 출력 전압 V_o를 나타낸 것은? (단, V_1, V_2, V_3는 입력 신호이고, A는 연산 증폭기의 이득이다.)

㉮ $V_o = \dfrac{R_o}{3R}(V_1 + V_2 + V_3)$

㉯ $V_o = \dfrac{R}{R_o}(V_1 + V_2 + V_3)$

㉰ $V_o = \dfrac{R_o}{R}(V_1 + V_2 + V_3)$

㉱ $V_o = -\dfrac{R_o}{R}(V_1 + V_2 + V_3)$

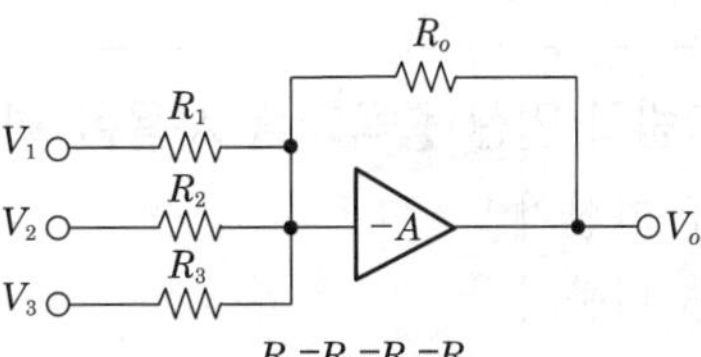

정답 : 19.㉯ 20.㉱

KEY POINT

가산기

출력 전압 $V_o = -R_o i$ (i : 입력 전류)

$V_o = -R_o i$

입력 전류 $i = \frac{V_1}{R_1} + \frac{V_2}{R_2} + \frac{V_3}{R_3}$ ($R_1 = R_2 = R_3 = R$이므로)

$= \frac{1}{R}(V_1 + V_2 + V_3)$

$\therefore\ V_o = -R_o \cdot \frac{1}{R}(V_1 + V_2 + V_3) = -\frac{R_o}{R}(V_1 + V_2 + V_3)$

21 이득이 10^7인 연산 증폭기 회로에서 출력 전압 V_o를 나타내는 식은? (단, V_i는 입력 신호이다.)

㉮ $V_o = -12\frac{dV_i}{dt}$

㉯ $V_o = -8\frac{dV_i}{dt}$

㉰ $V_o = -0.5\frac{dV_i}{dt}$

㉱ $V_o = -\frac{1}{8}\frac{dV_i}{dt}$

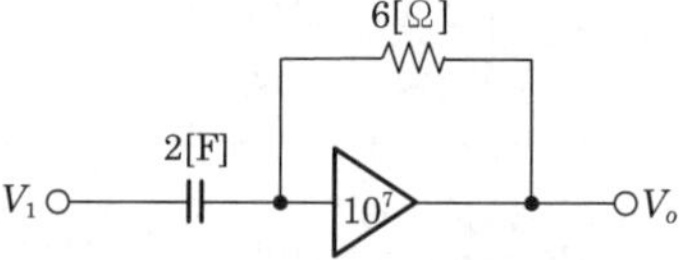

KEY POINT

미분기 출력

$V_o = -Ri = -R \cdot C\frac{dV_i}{dt}$

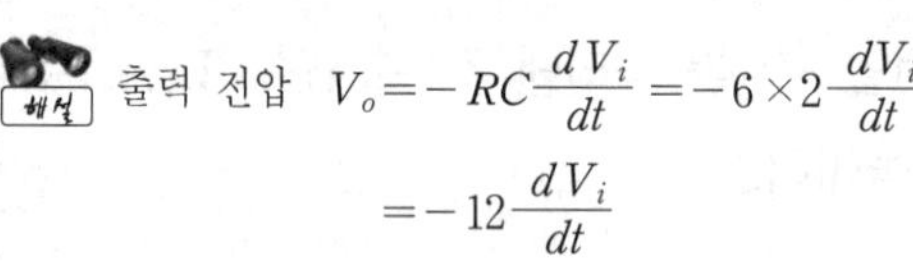

출력 전압 $V_o = -RC\frac{dV_i}{dt} = -6 \times 2\frac{dV_i}{dt}$

$= -12\frac{dV_i}{dt}$

22 그림의 연산 증폭기를 사용한 회로의 기능은?

㉮ 가산기

㉯ 미분기

㉰ 적분기

㉱ 제한기

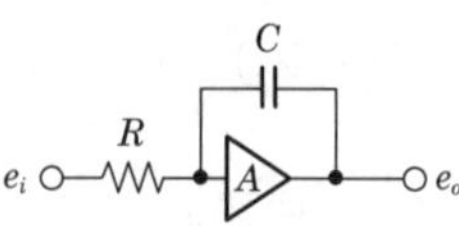

정답 : 21.㉮ 22.㉰

KEY POINT

적분기

$e_o = -\frac{1}{C}\int idt$ (i : 입력 전류)

적분기 출력 $e_o = -\frac{1}{C}\int idt$ (i : 입력 전류)

입력 전류 $i = \frac{e_i}{R}$

$\therefore\ e_o = -\frac{1}{RC}\int idt$

제 4 장
자동 제어계의 과도 응답

어떤 요소 또는 계에 입력 신호를 가했을 때 출력 신호가 어떻게 변화하는 지를 나타내 주는 것을 응답(respone)이라고 한다.

응답을 해석하는 목적은 기준 입력에 대응하는 정상 응답이 그 계의 정확도의 지표가 되기 때문이다.

예를 들면, 정상 응답이 입력과 완전히 일치되지 않는 계는 정상 오차를 갖는다. 이상적인 자동 제어계에서는 목표값과 응답이 완전히 일치되어야 한다.

모든 물리계에는 관성과 저항 등의 작용에 의해 정상 상태에 도달하기 전에 목표값이 전혀 다르지 않는 기간이 존재한다.

이 기간 사이의 응답을 과도 응답이라고 한다.

1 과도 응답에 사용하는 기준 입력

(1) 계단 입력

기준 입력이 정상 상태로부터 갑자기 변한 후, 변한 상태에서 일정한 상태로 유지되는 입력이다.

수학적 표현은 다음과 같다.

$$r(t) = Ru(t)\begin{cases} = R & (t > 0) \\ = 0 & (t < 0) \end{cases}$$

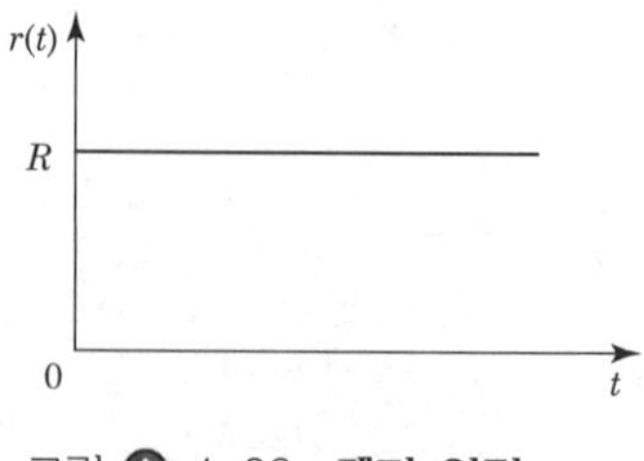

그림 ⬆ 4-20 **계단 입력**

(2) 등속도 입력

입력 신호의 값 또는 위치가 시간에 따라 일정한 비율로 변하는 경우를 말한다.

수학적 표현은 다음과 같다.

$$r(t) = Rtu(t)\begin{cases} = Rt & (t > 0) \\ = 0 & (t < 0) \end{cases}$$

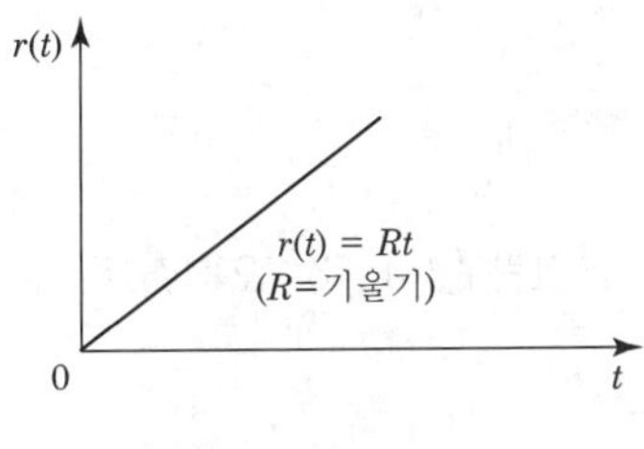

그림 4-21 **등속도 입력**

(3) 등가속도 입력

입력 신호량이 시간의 제곱에 비례하는 입력이다. 수학적 표현은 다음과 같다.

$$r(t) = Rt^2 u(t)\begin{cases} = Rt^2 & (t > 0) \\ = 0 & (t < 0) \end{cases}$$

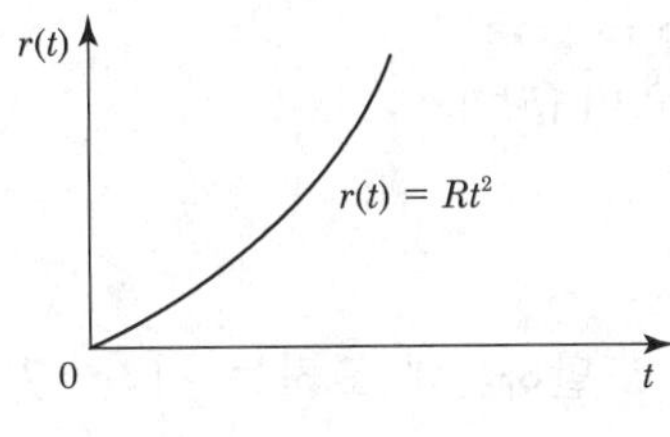

그림 4-22 **등가속도 입력**

2 자동 제어계의 시간 응답 특성

(1) 오버슈트(overshoot)

과도 기간 중 응답이 목표값을 넘어가는 양을 말한다.

$$\text{백분율 오버슈트} = \frac{\text{최대 오버슈트}}{\text{최종 목표값}} \times 100$$

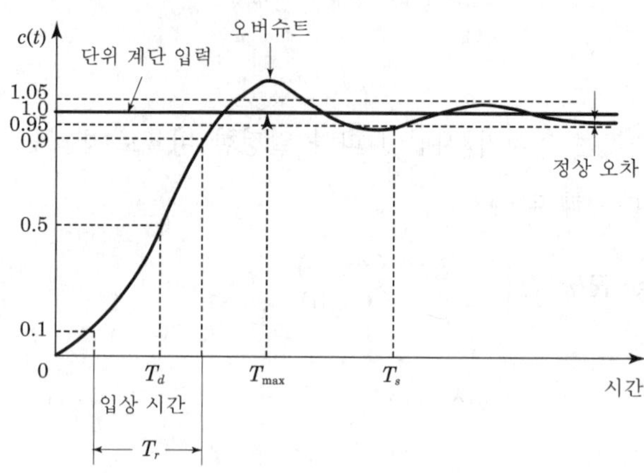

그림 ⬆ 4-23 **오버슈트**

(2) 지연 시간(time delay)

지연 시간 T_d는 응답이 최초로 목표값의 **50%**가 되는데 요하는 시간이다.

(3) 감쇠비(decay ratio)

감쇠비는 과도 응답의 소멸되는 속도를 나타내는 양으로서 최대 오버슈트와 다음 주기에 오는 오버슈트와의 비이다.

$$\textbf{감쇠비} = \frac{\textbf{제2 오버슈트}}{\textbf{최대 오버슈트}}$$

(4) 상승 시간(rising time)

응답이 처음으로 목표값에 도달하는데 요하는 시간 T_r로 정의한다.

일반적으로 응답이 목표값의 **10%**로부터 **90%**까지 도달하는데 요하는 시간이다.

(5) 정정 시간(settling time)

응답 시간 T_s는 응답이 요구되는 오차 이내로 정착되는데 요하는 시간이다. 일반적으로 응답이 목표값의 $\pm$**5% 이내**에 도달하는데 요하는 시간이다.

과도 응답 특성을 표시하는 양은 이들 외에도 제동비, 제동 계수, 고유 진동수, 주기 등이 있다.

3 자동 제어계의 과도 응답

(1) 특성 방정식

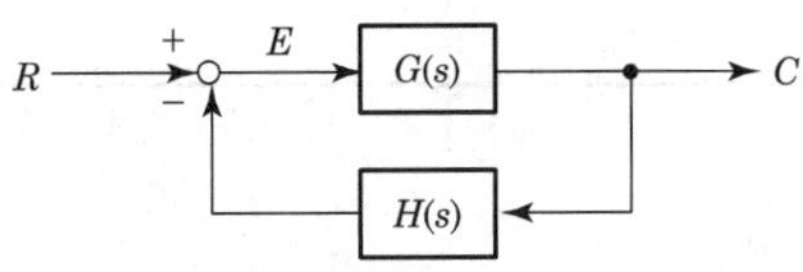

그림 4-24 **특성 방정식**

폐회로 전달 함수는 $\dfrac{C(s)}{R(s)} = \dfrac{G(s)}{1+G(s)H(s)}$

분모를 0으로 놓은 식 $1+G(s)H(s)=0$을 선형 자동 제어계의 특성 방정식이라고 한다.

(2) 특성 방정식의 근 위치와 응답

자동 제어계가 안정하려면 특성 방정식의 근이 s 평면의 우반 평면에 존재해서는 안 된다. 허수축상에 있는 근에 대응하는 항의 응답은 일정한 진폭을 갖는 진동을 무한히 계속한다.

〈 s평면에서의 근 위치와 응답〉

계단 응답	s 평면상의 근 위치
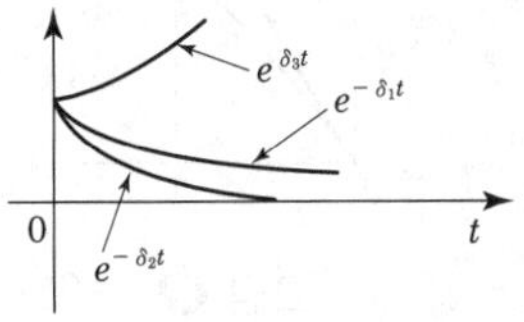 $e^{\delta_3 t}$, $e^{-\delta_1 t}$, $e^{-\delta_2 t}$ (0, t)	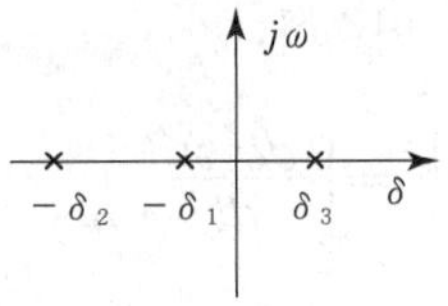 $j\omega$, $-\delta_2$, $-\delta_1$, δ_3, δ
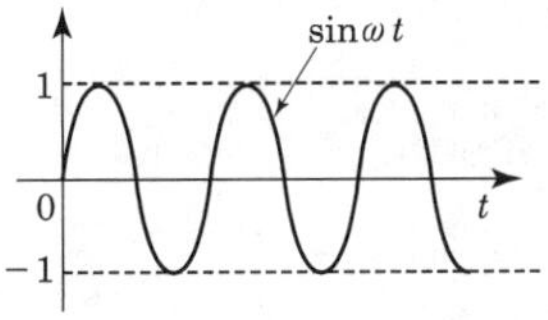 $\sin\omega t$ (1, 0, −1, t)	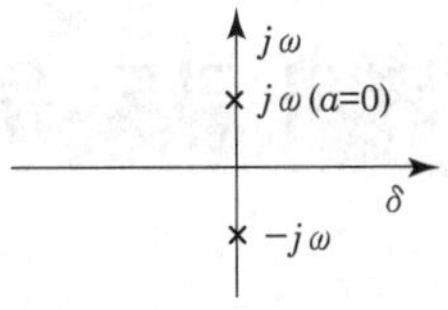 $j\omega$, $j\omega\,(a=0)$, $-j\omega$, δ
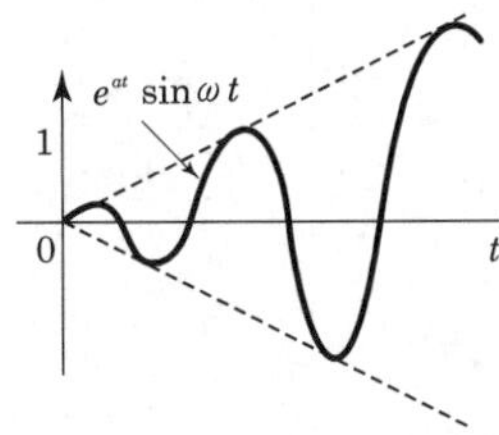 $e^{at}\sin\omega t$ (1, 0, t)	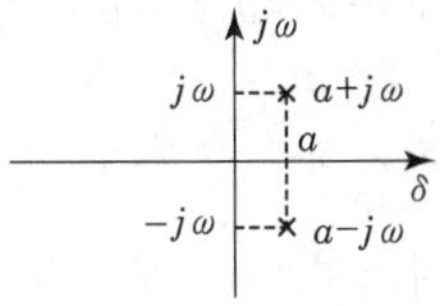 $j\omega$, $j\omega$, $a+j\omega$, a, $-j\omega$, $a-j\omega$, δ

계단 응답	s 평면상의 근 위치

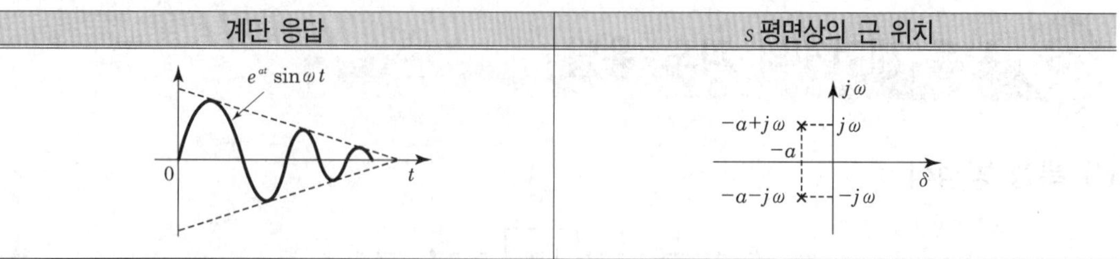

4 1차계의 과도 응답

$$\frac{C(s)}{R(s)} = \frac{K_c}{Ts+K_c+1} = \frac{K}{\tau s+1}$$

여기서, $K=K_c/(K_c+1)$, $\tau = T/(K_c+1)$

그림 ⓘ 4-25

1차계의 단위 계단 입력에 대한 응답은

$$c(t)=K(1-e^{-\frac{1}{\tau}t})$$

여기서, K : 이득

시정수 τ는 $t=0$에서의 단위 계단 응답의 미분값이 역수이다.

$$\frac{1}{\tau}=\left[\frac{dc(t)}{dt}\right]_{t=0}$$

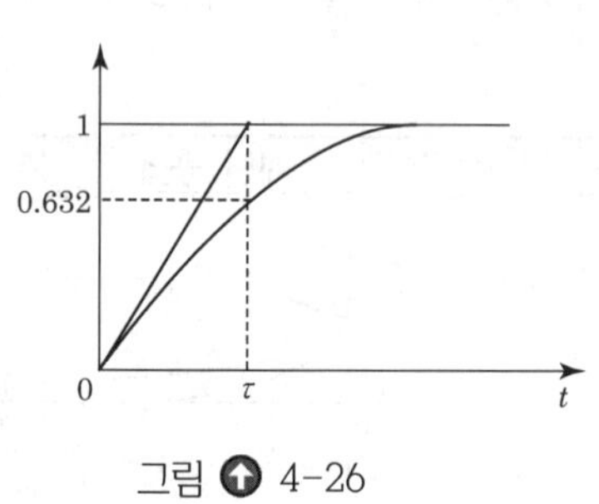

그림 ⓘ 4-26

5 2차계의 과도 응답

$$\frac{C(s)}{R(s)} = \frac{\omega_n^2}{s^2+2\delta\omega_n s+\omega_n^2}$$

$$s^2+2\delta\omega_n s+\omega_n^2=0$$

$$s_1,\ s_2=-\delta\omega_n \pm j\omega_n\sqrt{1-\delta^2}=-\sigma \pm j\omega$$

여기서, δ : 제동비 또는 감쇠 계수

ω_n : 자연 주파수 또는 고유 주파수

$\sigma = \delta\omega_n$: 제동 계수 또는 실제 제동

$\tau = \dfrac{1}{\sigma} = \dfrac{1}{\delta\omega_n}$: 시정수

$\omega = \omega_n\sqrt{1-\delta^2}$: 실제 주파수 또는 감쇠 진동 주파수

특성 방정식의 근의 위치는 제동비에 따라 변한다.

(1) $\delta<1$인 경우 : 부족 제동

$$s_1,\ s_2 = -\delta\omega_n \pm j\omega_n\sqrt{1-\delta^2}$$

공액 복소수근을 가지므로 **감쇠 진동**을 한다.

(2) $\delta=1$인 경우 : 임계 제동

$$s_1,\ s_2 = -\omega_n$$

중근(실근)을 가지므로 진동에서 비진동으로 옮겨가는 **임계 상태**이다.

(3) $\delta>1$인 경우 : 과제동

$$s_1,\ s_2 = -\delta\omega_n \pm \omega_n\sqrt{\delta^2-1}$$

서로 다른 2개의 실근을 가지므로 **비진동**이다.

(4) $\delta=0$인 경우 : 무제동

$$s_1,\ s_2 = \pm j\omega_n$$

순공액 허근을 가지므로 일정한 진폭으로 **무한히 진동**한다.

6 편차와 감도

일반적으로 제어계는 정상 편차, 감도, 속응도 및 안정도 등에 의해 그 특성이 평가된다. 정확도는 피드백(feed back) 제어계에서 안정도 다음가는 중요한 특성으로 제어계의 설계시에는 예측되는 입력에 대하여 편차를 최소로하여 정확도를 높여야 한다.

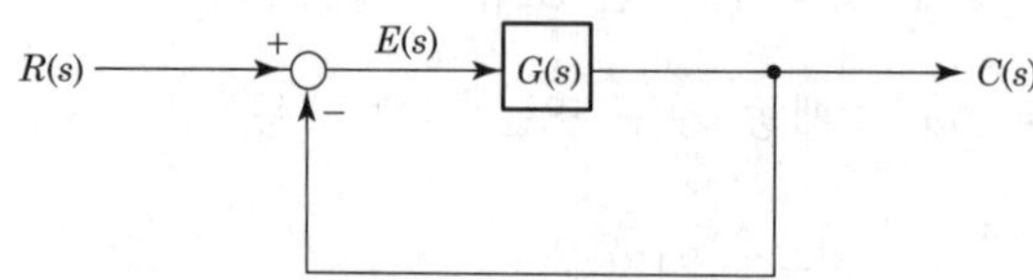

그림 ⬆ 4-27 **단위 피드백 제어계**

위의 그림에서 단위 피드백 제어계에서 $E(s)$는 다음과 같다.

$$E(s)=R(s)-C(s)=R(s)-\frac{G(s)}{1+G(s)}R(s)=\frac{1}{1+G(s)}R(s)$$

따라서 편차 $e(t)$는

$$e(t)=\mathcal{L}^{-1}\left[\frac{1}{1+G(s)}R(s)\right]$$

이다.

위의 식에서 알 수 있는 바와 같이 목표값이 변화하면 편차 $e(t)$도 시간에 따라 변화하지만 충분한 시간이 지나면 $e(t)$는 어느 일정한 값으로 된다.

이와 같이 $e(t)$가 일정하게 된 값을 안정 편차(steady state error)라 하며, 목표값이 변화되는 순간, 즉 $t=0$에서의 편차를 초기 편차라고 한다.

초기 편차는 $e(0)$로 표시하며 위의 식에다 초기값 정리를 적용하여

$$e(0)=\lim_{s\to\infty}s\left[\frac{R(s)}{1+G(s)}\right]$$

로 표시된다.

마찬가지로 정상 편차 $e(\infty)$는 최종값 정리를 적용하여 다음과 같이 표시된다.

$$e(\infty)=ess=\lim_{s\to 0}s\left[\frac{R(s)}{1+G(s)}\right]$$

과도시의 편차, 즉 과도 편차 $e(t)$는 보통 다음 3가지 경우에 대하여 조사하고 있다.

① 단위 계단 입력

$$r(t)=u(t),\quad R(s)=\frac{1}{s}$$

② 단위 램프 입력

$$r(t) = tu(t), \quad R(s) = \frac{1}{s^2}$$

③ 단위 포물선 입력

$$r(t) = \frac{1}{2}t^2 u(t), \quad R(s) = \frac{1}{s^3}$$

(1) 정상 편차

① 정상 위치 편차(steady state error of position)

단위 피드백 제어계에 단위 계단 입력이 가하여질 경우의 정상 편차를 정상 위치 편차 또는 잔류 편차(off set)라고 하며, 정상 위치 편차 e_{ssp}는 다음과 같이 표시된다.

$$\boldsymbol{e_{ssp}} = \lim_{s \to 0} \frac{s \cdot \frac{1}{s}}{1 + G(s)} = \frac{1}{1 + \lim_{s \to 0} G(s)} = \frac{\mathbf{1}}{\mathbf{1} + \boldsymbol{K_p}}$$

여기서, $K_p = \lim_{s \to 0}$, $\boldsymbol{K_p}$: **위치 편차 상수**(Position constant)

② 정상 속도 편차(steady state error of velocccity)

단위 피드백 제어계에 단위 램프 입력이 가하여질 경우의 정상 편차를 정상 속도 편차라고 하며, 정상 속도 편차 e_{ssv}는 다음과 같이 표시된다.

$$\boldsymbol{e_{ssv}} = \lim_{s \to 0} \frac{s \cdot \frac{1}{s^2}}{1 + G(s)} = \lim_{s \to 0} \frac{1}{s + sG(s)} = \frac{1}{\lim_{s \to 0} sG(s)} = \frac{\mathbf{1}}{\boldsymbol{K_v}}$$

여기서, $K_v = \lim_{s \to 0} sG(s)$, $\boldsymbol{K_v}$: **속도 편차 상수**

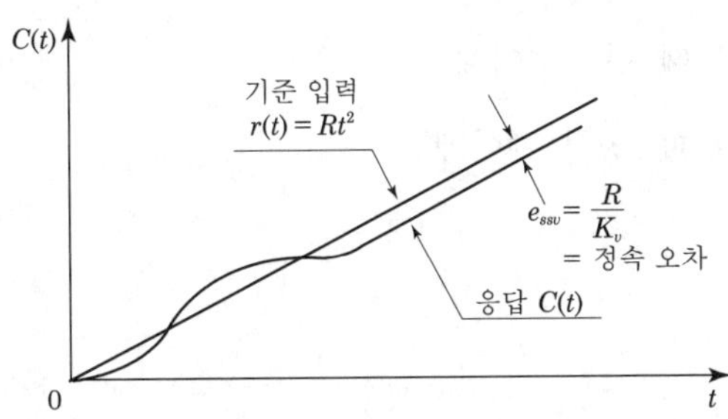

그림 4-28 **정속 입력에 대한 제어계의 응답**

③ **정상 가속도 편차**(steady state error of acceleration)

단위 피드백 제어계에 단위 포물선 입력이 가하여질 경우의 정상 편차를 정상 가속도 편차라고 하며, 정상 가속도 편차 e_{ssa}는 다음과 같다.

$$e_{ssa} = \lim_{s \to 0} \frac{s \cdot \frac{1}{s^3}}{1 + G(s)} = \lim_{s \to 0} \frac{1}{s^2 + s^2 G(s)} = \frac{1}{\lim_{s \to 0} s^2 G(s)} = \frac{1}{\boldsymbol{K_a}}$$

여기서, $K_a = \lim_{s \to 0} s^2 G(s)$, $\boldsymbol{K_a}$ **: 가속도 편차 상수**

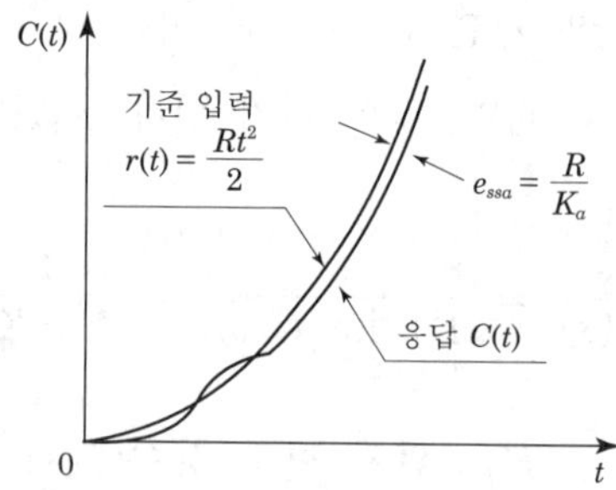

그림 ➊ 4-29 **가속 입력에 대한 응답**

(2) 개loop 전달 함수에 의한 제어의 분류

개loop 전달 함수 $G(s)H(s)$의 일반 형태는 다음과 같이 표시할 수 있다.

$$G(s)H(s) = \frac{K(1 + T_1 s)(1 + T_2 s) \cdots (1 + T_n s)}{s^n [(T_3 s)^2 + 2\delta\omega_n s + 1](1 + T_4 s)(1 + T_5 s) \cdots (1 + T_n s)}$$

위의 식에서 $n = 0$일 때 0형 제어계

$n = 1$일 때 1형 제어계

$n = 2$일 때 2형 제어계

$n = n$일 때 n형 제어계

라고 한다.

위와 같은 전달 함수의 분류에 따른 정상 편차는 다음 표와 같다.

형	K_p	K_v	K_a	위치 편차	속도 편차	가속도 편차	비 고
0	K	0	0	$\frac{R}{1+K}$	∞	∞	계단 입력 : $\frac{R}{s}$ 속도 입력 : $\frac{R}{s^2}$ 가속도 입력 : $\frac{R}{s^3}$
1	∞	K	0	0	$\frac{R}{K}$	∞	
2	∞	∞	K	0	0	$\frac{R}{K}$	
3	∞	∞	∞	0	0	0	

(3) 감도

감도(sensitivity)는 특수한 요소의 특성에 계통 특성 의전도의 척도이다.

주어진 요소 K의 특성에 대하여 계통의 폐루프 전달 함수 T의 미분 감도는 다음과 같다.

$$S_K^T = \frac{d\ln T}{d\ln K} = \frac{K}{T}\frac{dT}{dK}$$

여기서, $T = C(s)/R(s)$

위의 식에서 K에 대한 T의 미분 감도가 T에 변화를 일으켜주는 K에서의 백분율 변화로서 나누어 준 T에서의 백분율 변화이다.

이 정의는 작은 변화에 대해서만 근거 있는 것이다. 감도는 주파수의 함수이며, 이상적인 계에서는 어떤 파라미터의 변화에 대하여서도 감도는 0이다.

단원핵심문제

1 다음에서 서로 등가 관계가 옳지 못한 쌍은?

㉮ 인디셜 응답=단위 계단 응답
㉯ 임펄스 응답=하중 함수
㉰ 전달 함수=임펄스 응답의 라플라스 변환
㉱ 비례 동작=D동작

KEY POINT

① **비례 동작** : P동작
② **미분 동작** : D동작
③ **적분 동작** : I동작

해설 비례 동작=P동작

2 다음 임펄스 응답에 관한 설명 중 옳지 않은 것은?

㉮ 입력과 출력만 알면 임펄스 응답을 알 수 있다.
㉯ 회로 소자의 값을 알면 임펄스 응답을 알 수 있다.
㉰ 회로의 모든 초기값이 0일 때 입력과 출력을 알면 임펄스 응답을 알 수 있다.
㉱ 회로의 모든 초기값이 0일 때 단위 임펄스 입력에 대한 출력이 임펄스 응답이다.

KEY POINT

임펄스 응답 : 입력에 단위 임펄스 함수를 가했을 때의 응답

전달 함수 $G(s)=\dfrac{C(s)}{R(s)}$

$R(s)=\mathcal{L}[\delta(t)]=1$

∴ 전달 함수 $G(s)=\dfrac{C(s)}{1}=C(s)$

정답 : 1.㉱ 2.㉯

3 전달 함수 $C(s)=G(s)R(s)$에서 입력 함수를 단위 임펄스, 즉 $\delta(t)$를 가할 때 계의 응답은?

㉮ $C(s)=G(s)\delta(s)$　　㉯ $C(s)=\dfrac{G(s)}{\delta(s)}$

㉰ $C(s)=\dfrac{G(s)}{s}$　　㉱ $C(s)=G(s)$

KEY POINT

➲ **임펄스 응답** : 입력에 단위 임펄스 함수를 가했을 때의 응답

전달 함수 $G(s)=\dfrac{C(s)}{R(s)}$

$R(s)=\mathcal{L}[\delta(t)]=1$

∴ 전달 함수 $G(s)=\dfrac{C(s)}{1}=C(s)$

해설 전달 함수 $G(s)=\dfrac{C(s)}{R(s)}=\dfrac{C(s)}{1}=C(s)$

4 $G(s)=\dfrac{1}{s^2+1}$ 인 계의 단위 임펄스 응답은?

㉮ e^{-t}　　㉯ $\cos t$

㉰ $1+\sin t$　　㉱ $\sin t$

KEY POINT

➲ **임펄스 응답인 경우 전달 함수**

$G(s)=\dfrac{C(s)}{R(s)}=C(s)$

해설 $R(s)=\mathcal{L}[r(t)]=\mathcal{L}[\delta(t)]=1$

$G(s)=\dfrac{C(s)}{R(s)}=\dfrac{1}{s^2+1}$

$C(s)=\dfrac{1}{s^2+1}R(s)=\dfrac{1}{s^2+1}\cdot 1=\dfrac{1}{s^2+1}$

역Laplace 변환하면

∴ $c(t)=\sin t$

5 $G(s)=\dfrac{1}{s^2(s+1)}$ 인 계의 단위 임펄스 응답은?

㉮ $t+1-e^{-t}$　　㉯ $t-1+e^{-t}$

㉰ $1+e^{-t}-t$　　㉱ $1-e^{-t}-t$

정답 : 3.㉱ 4.㉱ 5.㉯

KEY POINT

➡ 임펄스 응답인 경우 전달 함수

$$G(s)=\frac{C(s)}{R(s)}=C(s)$$

$R(s)=\mathcal{L}[r(t)]=\mathcal{L}[\delta(t)]=1$

$G(s)=\frac{C(s)}{R(s)}=\frac{1}{s^2(s+1)}$

$C(s)=\frac{1}{s^2(s+1)}R(s)=\frac{1}{s^2(s+1)}\cdot 1=\frac{1}{s^2(s+1)}=\frac{1}{s^2}-\frac{1}{s}+\frac{1}{s+1}$

역Laplace 변환하면

$\therefore\ C(t)=t-1+e^{-t}$

6 임펄스 응답이 다음과 같이 주어지는 계의 전달 함수는?

$$c(t)=1-1.8e^{-4t}+0.8e^{-9t}$$

㉮ $\frac{36s}{(s+4)(s+9)}$　㉯ $\frac{36}{(s+4)(s+9)}$

㉰ $\frac{36}{s(s+4)(s+9)}$　㉱ $\frac{(s+4)}{s(s+4)(s+9)}$

KEY POINT

➡ 임펄스 응답인 경우 전달 함수

$$G(s)=\frac{C(s)}{R(s)}=C(s)$$

$R(s)=\mathcal{L}[r(t)]=\mathcal{L}[\delta(t)]=1$

$C(s)=\mathcal{L}[c(t)]=\mathcal{L}[1-1.8e^{-4t}+0.8e^{-9t}]$

$=\frac{1}{s}-\frac{1.8}{s+4}+\frac{0.8}{s+9}=\frac{36}{s(s+4)(s+9)}$

$\therefore$ 전달 함수 $G(s)=\frac{C(s)}{R(s)}=C(s)=\frac{36}{s(s+4)(s+9)}$

7 주어진 제어계의 인디셜 응답(indicial response)이 $y(t)=1-\frac{7}{3}e^{-t}+\frac{3}{2}e^{-2t}-\frac{1}{6}e^{-4t}$ 이다. 이 계의 전달 함수는?

㉮ $\frac{1}{s(s+2)(s+4)}$　㉯ $\frac{s+8}{s(s+2)(s+4)}$

㉰ $\frac{s+8}{(s+1)(s+2)(s+4)}$　㉱ $\frac{1}{(s+1)(s+2)(s+4)}$

정답 : 6.㉰ 7.㉰

KEY POINT

임펄스 응답인 경우 전달 함수

$$G(s)=\frac{C(s)}{R(s)}=C(s)$$

$$R(s)=\mathcal{L}[r(t)]=\mathcal{L}[u(t)]=\frac{1}{s}$$

$$Y(s)=\mathcal{L}[y(t)]=\mathcal{L}\left[1-\frac{7}{3}e^{-t}+\frac{3}{2}e^{-2t}-\frac{1}{6}e^{-4t}\right]$$

$$=\frac{1}{s}-\frac{7}{3(s+1)}+\frac{3}{2(s+2)}-\frac{1}{6(s+4)}$$

$$\therefore \text{ 전달 함수 } G(s)=\frac{Y(s)}{R(s)}=\frac{\frac{1}{s}-\frac{7}{3(s+1)}+\frac{3}{2(s+2)}-\frac{1}{6(s+4)}}{\frac{1}{s}}$$

$$=\frac{s+8}{(s+1)(s+2)(s+4)}$$

8 전달 함수 $G(s)=\dfrac{1}{s+1}$ 인 제어계의 인디셜 응답은?

㉮ $1-e^{-t}$ ㉯ e^{-t}

㉰ $1+e^{-t}$ ㉱ $e^{-t}-1$

KEY POINT

인디셜 응답 : 입력에 단위 계단 함수를 가했을 때의 응답

입력 $R(s)=\mathcal{L}[r(t)]=\mathcal{L}[\mu(t)]=\frac{1}{s}$

전달 함수 $G(s)=\frac{C(s)}{R(s)}=\frac{1}{s+1}$

$$C(s)=\frac{1}{s+1}R(s)=\frac{1}{s+1}\cdot\frac{1}{s}=\frac{1}{s(s+1)}=\frac{1}{s}-\frac{1}{s+1}$$

$\therefore$ 인디셜 응답 $c(t)=\mathcal{L}^{-1}[C(s)]=1-e^{-t}$

9 그림과 같은 저역 통과 RC 회로에 계단 전압을 인가하면 출력 전압은?

㉮ 계단 전압으로 상승하여 지수적으로 감쇠한다.
㉯ 아무것도 나타나지 않는다.
㉰ 계단 전압이 나타난다.
㉱ 0부터 상승하여 계단 전압에 이른다.

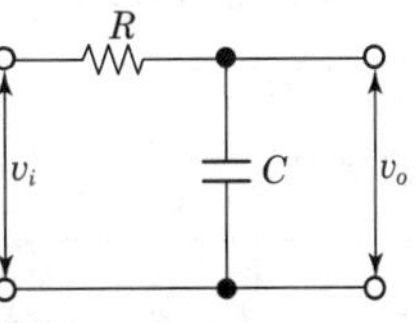

KEY POINT

인디셜 응답 : 입력에 단위 계단 함수를 가했을 때의 응답

입력 $R(s)=\mathcal{L}[r(t)]=\mathcal{L}[\mu(t)]=\frac{1}{s}$

정답 : 8.㉮ 9.㉱

해설 $V_i(s)=\mathcal{L}[v_i(t)]=\mathcal{L}[u(t)]=\frac{1}{s}$

$G(s)=\frac{V_o(s)}{V_i(s)}=\frac{1}{RCs+1}$

$V_o(s)=\frac{1}{RCs+1}\,V_i(s)=\frac{1}{RCs+1}\cdot\frac{1}{s}$

$=\frac{\frac{1}{RC}}{s\left(s+\frac{1}{RC}\right)}=\frac{1}{s}-\frac{1}{s+\frac{1}{RC}}$

$\therefore\ v_o(t)=\mathcal{L}^{-1}[V_o(s)]=1-e^{-\frac{1}{RC}t}$[V]

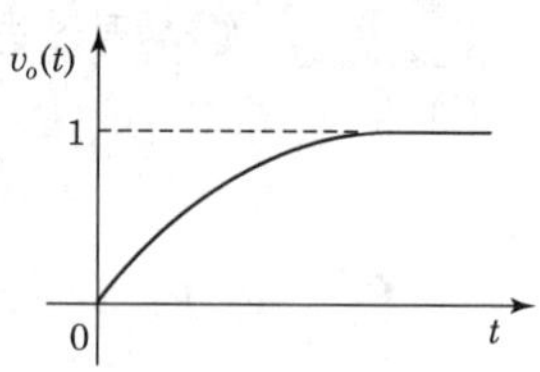

10 전달 함수 $G(s)=\frac{s+1}{s+2}$ 인 제어계의 경사 응답 $y(t)$를 나타낸 값은?

㉮ $y=\frac{1}{4}(1+e^{-2t}+2t)$
㉯ $y=\frac{1}{4}(1-e^{-2t}+2t)$
㉰ $y=\frac{1}{4}(1+e^{-2t}-2t)$
㉱ $y=\frac{1}{4}(1-e^{-2t}-2t)$

KEY POINT

➲ **경사 응답** : 입력에 단위 램프 함수를 가했을 때의 응답

입력 $R(s)=\mathcal{L}[r(t)]=\mathcal{L}[(t)]=\frac{1}{s^2}$

$G(s)=\frac{Y(s)}{X(s)}=\frac{s+1}{s+2}$

$Y(s)=\frac{s+1}{s+2}\,X(s)=\frac{s+1}{s+2}\cdot\frac{1}{s^2}=\frac{s+1}{s^2(s+2)}=\frac{\frac{1}{2}}{s^2}+\frac{\frac{1}{4}}{s}-\frac{\frac{1}{4}}{s+2}$

$\therefore\ y(t)=\mathcal{L}^{-1}[Y(s)]=\frac{1}{2}t+\frac{1}{4}-\frac{1}{4}e^{-2t}$

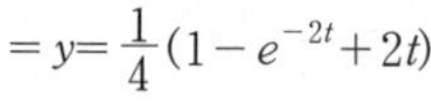
$=y=\frac{1}{4}(1-e^{-2t}+2t)$

11 과도 응답에서 상승 시간 t_r은 응답이 최종값의 몇 [%]까지의 시간으로 정의되는가?

㉮ 1~100
㉯ 10~90
㉰ 20~80
㉱ 30~70

KEY POINT

➲ **상승 시간** : 응답이 희망값의 10~90%까지 도달하는 데 요하는 시간

 정답 : 10.㉯ 11.㉯

12 응답이 최초로 희망값의 50%까지 도달하는데 요하는 시간을 무엇이라고 하는가?

㉮ 상승 시간(rising time)
㉯ 지연 시간(delay time)
㉰ 응답 시간(response time)
㉱ 정정 시간(settling time)

➲ **지연 시간** : 응답이 희망값의 50%에 도달하는 데 요하는 시간

13 정정 시간(settling time)이란?

㉮ 응답의 최종값의 허용 범위가 10~15% 내에 안정되기까지 요하는 시간
㉯ 응답의 최종값의 허용 범위가 5~10% 내에 안정되기까지 요하는 시간
㉰ 응답의 최종값의 허용 범위가 2~5% 내에 안정되기까지 요하는 시간
㉱ 응답의 최종값의 허용 범위가 0~2% 내에 안정되기까지 요하는 시간

➲ **정정 시간** : 응답이 희망값의 ±5% 이내에 도달하는 데 요하는 시간

14 자동 제어계에서 과도 응답 중 지연 시간을 옳게 정의한 것은?

㉮ 목표값의 50%에 도달하는 시간
㉯ 목표값이 허용 오차 범위에 들어갈 때까지의 시간
㉰ 최대 오버슈트가 일어나는 시간
㉱ 목표값의 10~90%까지 도달하는 시간

➲ **지연 시간** : 응답이 희망값의 50%에 도달하는 데 요하는 시간

15 과도 응답이 소멸되는 정도를 나타내는 감쇠비(decay ratio)는?

㉮ 최대 오버슈트/제2 오버슈트　　㉯ 제3 오버슈트/제2 오버슈트
㉰ 제2 오버슈트/최대 오버슈트　　㉱ 제2 오버슈트/제3 오버슈트

정답 : 12.㉯ 13.㉰ 14.㉮ 15.㉰

KEY POINT

➲ 감쇠비는 과도 응답이 소멸되는 속도를 나타내는 양으로 최대 오버슈트와 다음 주기에 오는 오버슈트의 비이다.

$$감쇠비 = \frac{제2\ 오버슈트}{최대\ 오버슈트}$$

16 어떤 제어계의 단위 계단 입력에 대한 출력 응답 $c(t)$가 다음과 같이 주어진다. 지연 시간 T_d[s]는?

$$c(t) = 1 - e^{-2t}$$

㉮ 0.346　　㉯ 0.446
㉰ 0.693　　㉱ 0.793

KEY POINT

➲ **지연 시간** : 응답이 희망값의 50%에 도달하는 데 요하는 시간

지연 시간 T_d는 최종값의 50%에 도달하는 데 요하는 시간

$0.5 = 1 - e^{-2T_d}$

$\frac{1}{2} = e^{-2T_d}$

$\ln\frac{1}{2} = -2T_d$

$\ln 1 - \ln 2 = 2T_d$

∵ 지연 시간 $T_d = \frac{ln2}{2} = \frac{0.693}{2} = 0.346$

17 $G(s) = \frac{(s+2)(s+3)}{(s+4)(s+5)}$ 일 때, 극점은?

㉮ $-2,\ -3$　　㉯ $-3,\ -4$
㉰ $-1,\ -2,\ -3$　　㉱ $-4,\ -5$

KEY POINT

➲ **영점** : 전달 함수의 분자 = 0의 근
극점 : 전달 함수의 분모 = 0의 근

극점은 전달 함수의 분모=0의 근이므로

$(s+4)(s+5) = 0$

∴ $s = -4,\ -5$

정답 : 16.㉮ 17.㉱

18 전달 함수 $G(s)=\dfrac{s^2(s+3)}{(s+1)(s+2+j1)(s+2-j1)}$ 에 있어서 영점(zero)에 관하여 옳게 표현한 것은?

㉮ $s=0$에 2개 및 -3에 1개
㉯ $s=0$에 1개 및 -3에 1개
㉰ -3에 1개
㉱ $s=0$에 1개 및 -3에 2개

KEY POINT

➲ **영점** : 전달 함수의 분자 = 0의 근
극점 : 전달 함수의 분모 = 0의 근

해설

영점은 $s^2(s+3)=0$
$\therefore s=0,\ -3$
극점은 $(s+1)(s+2+j1)(s+2-j1)=0$
$\therefore s=-1,\ -2\pm j$

19 $G(s)=\dfrac{s+1}{s^2+2s-3}$ 의 특성 방정식의 근은 얼마인가?

㉮ $-2,\ 3$
㉯ $1,\ -3$
㉰ $1,\ 2$
㉱ 1

KEY POINT

➲ **특성 방정식** : 전달 함수의 분모=0의 방정식

해설

특정 방정식은 전달 함수의 분모=0의 방정식이므로
$s^2+2s-3=(s-1)(s+3)=0$
$\therefore s=1,\ -3$

20 개루프 전달 함수가 $G(s)=\dfrac{s+2}{s(s+1)}$ 일 때, 폐루프 전달 함수는?

㉮ $\dfrac{s+2}{s^2+s}$
㉯ $\dfrac{s+2}{s^2+2s+2}$
㉰ $\dfrac{s+2}{s^2+s+2}$
㉱ $\dfrac{s+2}{s^2+2s+4}$

정답 : 18.㉮ 19.㉯ 20.㉯

KEY POINT

➲ 피드백 접속의 폐루프 전달 함수

$$G(s)=\frac{C(s)}{R(s)}=\frac{G(s)}{1+G(s)H(s)}$$

여기서, $G(s)$: 전향 전달 함수

$H(s)$: 피드백 전달 함수

$G(s)H(s)$: 개루프 전달 함수

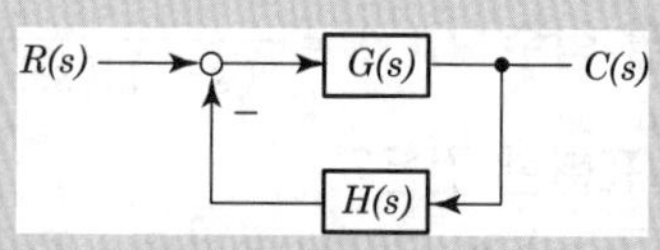

폐루프 전달 함수

$$G(s)=\frac{C(s)}{R(s)}=\frac{G(s)}{1+G(s)}=\frac{\frac{s+2}{s(s+1)}}{1+\frac{s+2}{s(s+1)}}=\frac{\frac{s+2}{s(s+1)}}{\frac{s(s+1)+s+2}{s(s+1)}}=\frac{s+2}{s^2+2s+2}$$

21 $G(s)=\dfrac{5(s+2)}{(s+1)(s+3)}$ 의 극점과 영점을 옳게 나타낸 것은?

㉮
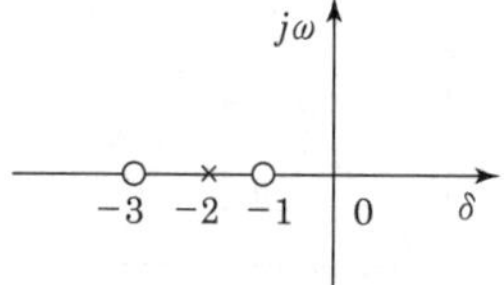

㉯
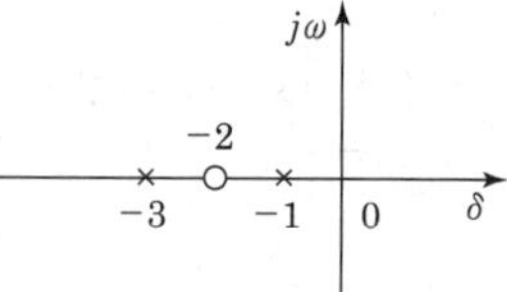

㉰
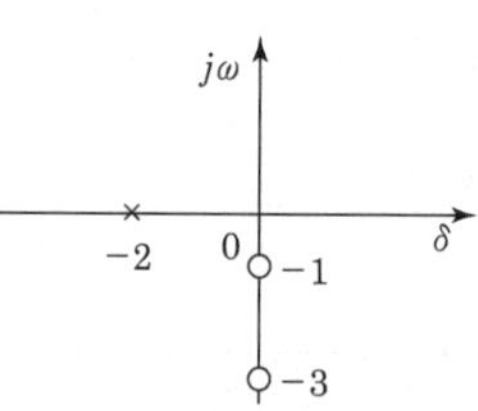

㉱
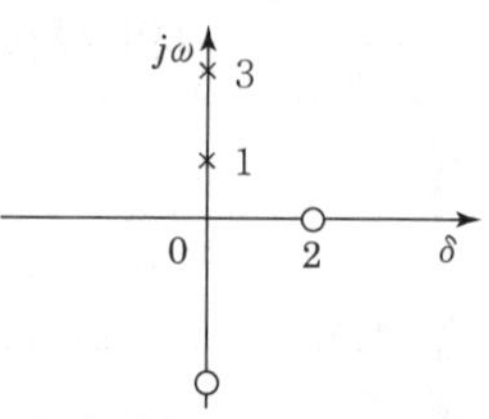

KEY POINT

➲ 영점 : ○, 극점 : ×로 표시

극점은 $(s+1)(s+3)=0$ ∴ $s=-1,\ -3$

영점은 $5(s+2)=0$ ∴ $s=-2$

22 s 평면상의 영점(○)과 극점(×)이 그림과 같이 표현되는 함수는?

㉮ 단위 계단 함수

㉯ $\sin\omega t$

㉰ $e^{-at}\sin\omega t$

㉱ $e^{-at}\cos\omega t$

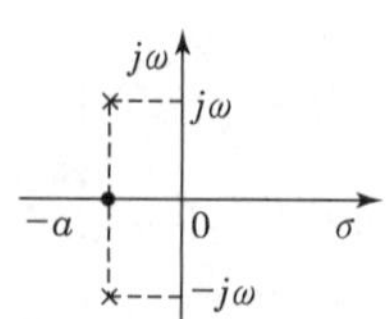

정답 : 21.㉯ 22.㉱

KEY POINT

➲ 영점 : ○, 극점 : ×로 표시

$$F(s)=\frac{s-(-a)}{\{s-(-a-j\omega)\}\{s-(-a-j\omega)\}}=\frac{s+a}{(s+a-j\omega)(s+a+j\omega)}=\frac{s+a}{(s+a)^2+\omega^2}$$

$\therefore\ f(t)=\mathcal{L}^{-1}[F(s)]=e^{-at}\cos\omega t$

23 s 평면상에서 극점의 위치가 그림 S_a의 위치에 있을 때, 이를 시간 영역의 응답으로 옳게 표현한 그림은?

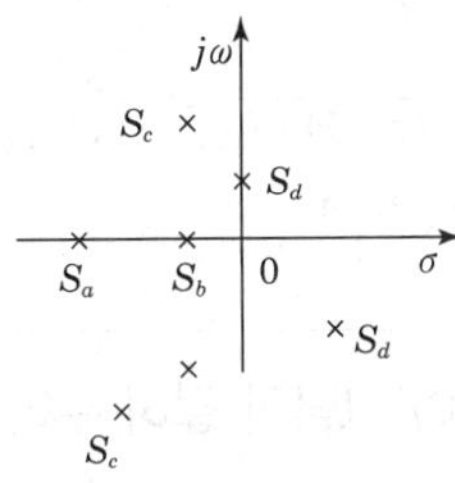

㉮
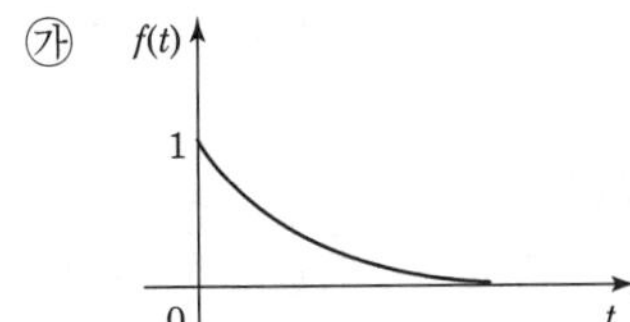

㉯
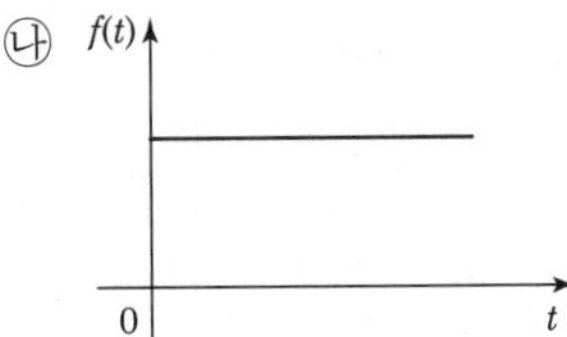

㉰
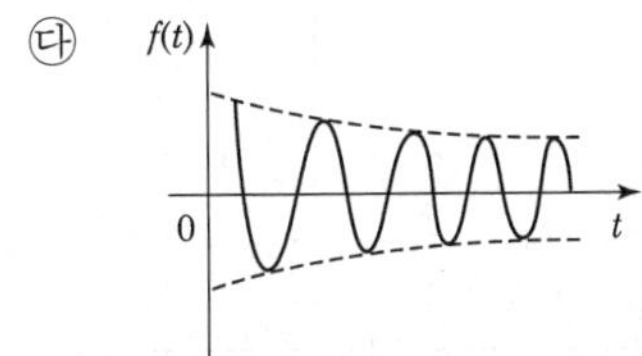

㉱
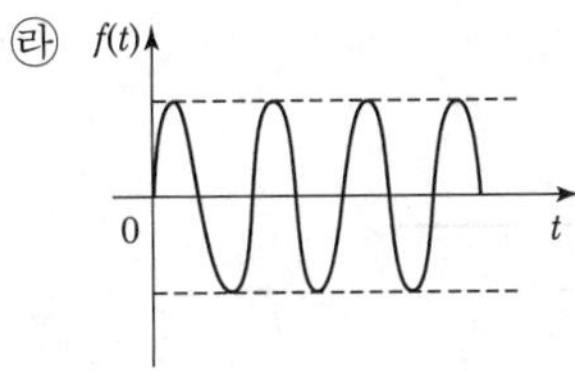

KEY POINT

➲ 특성 방정식의 근이 제동비축상에 있으며, 응답 곡선은 지수 감쇠 함수가 된다.

$$F(s)=\frac{1}{s-(-a)}=\frac{1}{s+a}$$

$\therefore\ f(t)=\mathcal{L}^{-1}[F(s)]=e^{-at}$

정답 : 23.㉮

24 어떤 자동 제어 계통의 극점이 s 평면에 그림과 같이 주어지는 경우, 이 시스템의 시간 영역에서 동작 상태는?

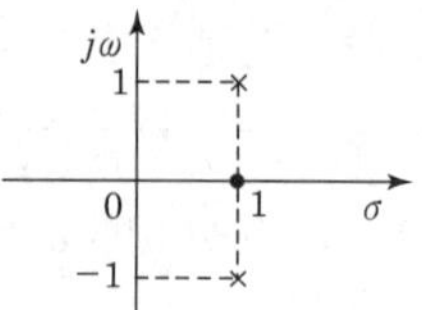

㉮ 진동하지 않는다.
㉯ 감폭 진동한다.
㉰ 점점더 크게 진동한다.
㉱ 지속 진동한다.

KEY POINT

➲ 특성 방정식의 근이 s 평면의 우반부에 있으면 응답 곡선은 진폭이 점점 크게 진동한다.

해설

$$F(s) = \frac{1}{\{(s-1)+j\}\{(s-1)-j\}} = \frac{1}{(s-1)^2+1}$$

$$\therefore\ f(t) = \mathcal{L}^{-1}[F(s)] = e^t \sin t$$

25 어떤 자동 제어 계통의 극점이 그림과 같이 주어지는 경우, 이 시스템의 시간 영역에서의 동작 특성을 나타낸 것은?

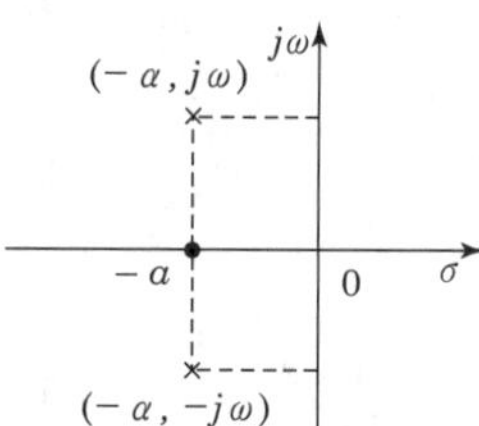

㉮

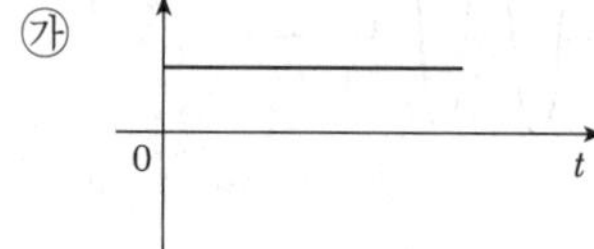

㉯

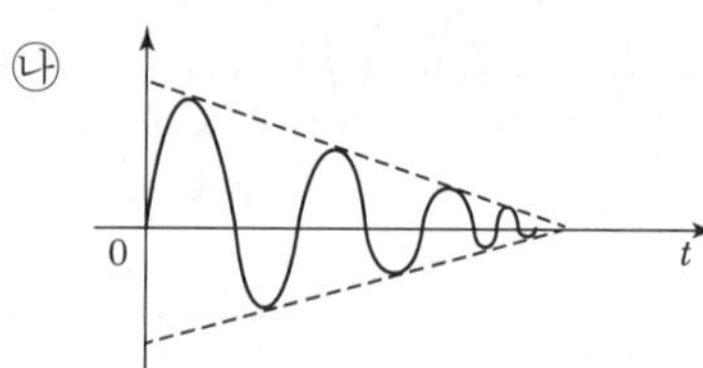

㉰

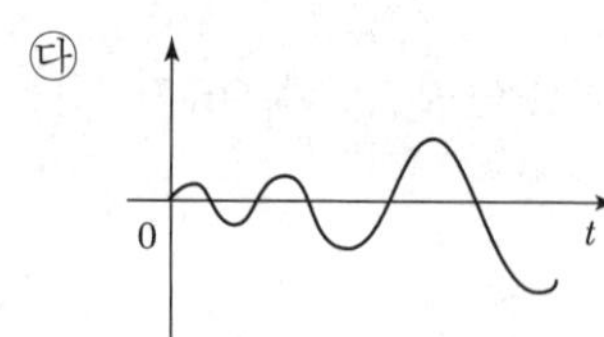

㉱

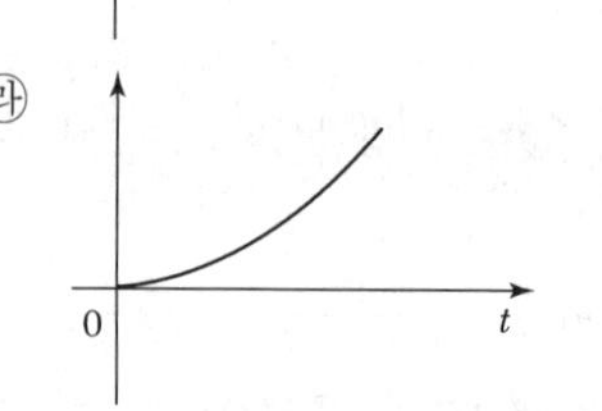

KEY POINT

➲ 특성 방정식의 근이 s 평면의 좌반부에 있으므로 응답 곡선은 진폭이 지수 함수적으로 감쇠진동한다.

정답 : 24.㉰ 25.㉯

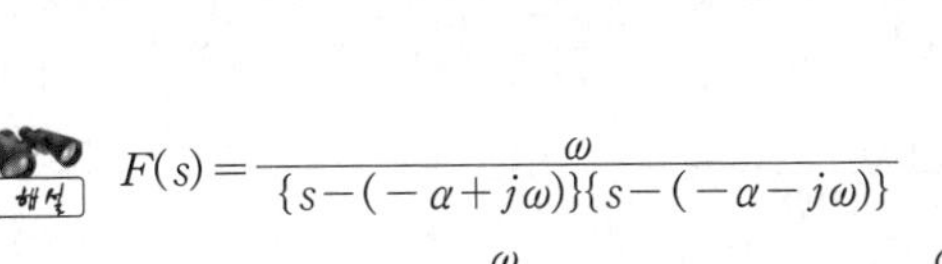

$$F(s)=\frac{\omega}{\{s-(-\alpha+j\omega)\}\{s-(-\alpha-j\omega)\}}$$
$$=\frac{\omega}{(s+\alpha+j\omega)(s+\alpha+j\omega)}=\frac{\omega}{(s+\alpha)^2+\omega^2}$$
$$\therefore\ f(t)=\mathcal{L}^{-1}[F(s)]=e^{-\alpha}\sin\omega t$$

26 그림의 그래프에 있는 특성 방정식의 근 위치는?

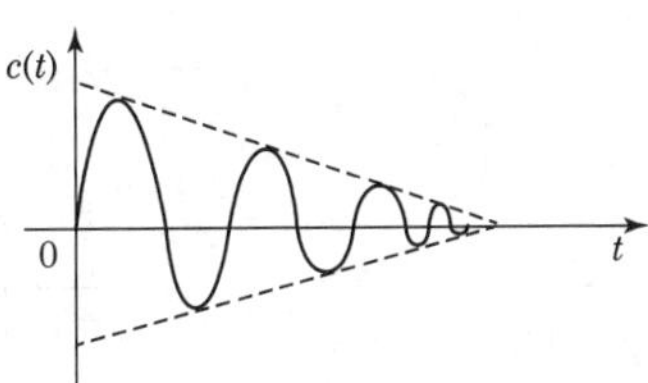

㉮
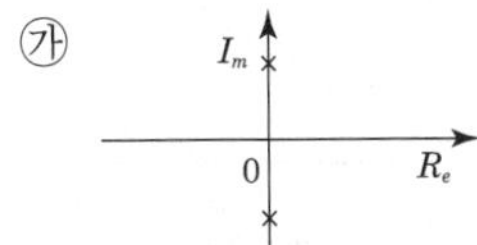

㉯
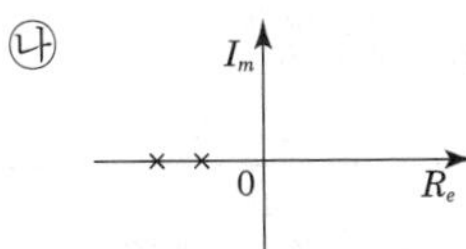

㉰
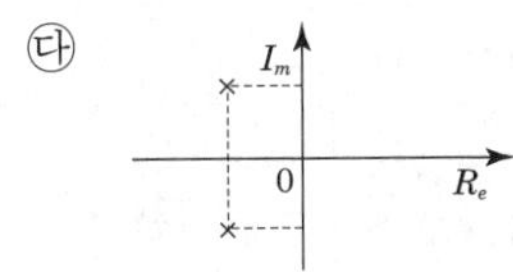

㉱
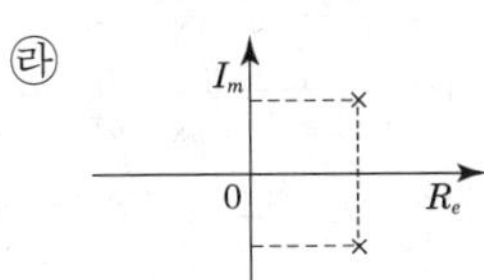

KEY POINT

➲ 특성 방정식의 근이 s 평면의 좌반부에 있으므로 응답 곡선은 진폭이 지수 함수적으로 감쇠진동한다.

감쇠 진동하므로 특성 방정식의 근이 좌반부에 있어야 한다.

27 $M(s)=\dfrac{100}{s^2+s+100}$ 으로 표시되는 2차계에서 고유 진동수 ω_n은?

㉮ 2　　㉯ 5
㉰ 10　　㉱ 20

KEY POINT

➲ 2차계의 전달 함수

$$G(s)=\frac{K\omega_n^2}{s^2+2\delta\omega_n s+\omega_n^2}$$

여기서, ω_n : 고유 주파수, δ : 제동비(감쇠율)

정답 : 26.㉰ 27.㉰

해설 $M(s)=\dfrac{\omega_n^2}{s^2+2\delta\omega_n s+\omega_n^2}=\dfrac{100}{s^2+s+100}$ 이므로

$\omega_n^2=100$

$\therefore\ \omega_n=10$

28 어떤 제어계의 전달 함수의 극점이 그림과 같다. 이 계의 고유 주파수 ω_n과 감쇠율 δ는?

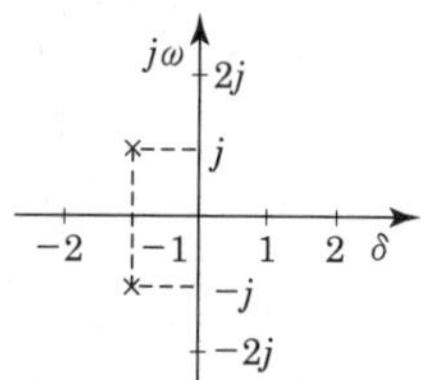

㉮ $\omega_n=\sqrt{2},\ \delta=\sqrt{2}$

㉯ $\omega_n=2,\ \delta=\sqrt{2}$

㉰ $\omega_n=\sqrt{2},\ \delta=\dfrac{1}{\sqrt{2}}$

㉱ $\omega_n=\dfrac{1}{\sqrt{2}},\ \delta=\sqrt{2}$

KEY POINT

➲ 2차계의 전달 함수

$$G(s)=\frac{K\omega_n^2}{s^2+2\delta\omega_n s+\omega_n^2}$$

여기서, ω_n : 고유 주파수, δ : 제동비(감쇠율)

해설 특성근은 $s_1=-1+j,\ s_2=-1-j$ 이므로

특성 방정식은 $\{(s+1)-j\}\{(s+1)+j\}=0$

$$G(s)=\frac{\omega_n^2}{s^2+2\delta\omega_n s+\omega_n^2}=\frac{\omega_n^2}{\{(s+1)-j\}\{(s+1)+j\}}$$

$$=\frac{\omega_n^2}{(s+1)^2+1}=\frac{\omega_n^2}{s^2+2s+2}$$

$2\delta\omega_n=2,\quad \omega_n^2=2\qquad \therefore\ \omega_n=\sqrt{2}$

$\therefore\ \delta=\dfrac{2}{2\omega_n}=\dfrac{2}{2\sqrt{2}}=\dfrac{1}{\sqrt{2}}$

29 특성 방정식 $s^2+s+2=0$을 갖는 2차계의 제동비(damping ratio)는?

㉮ 1

㉯ $\dfrac{1}{\sqrt{2}}$

㉰ $\dfrac{1}{2}$

㉱ $\dfrac{1}{2\sqrt{2}}$

정답 : 28.㉰ 29.㉱

KEY POINT

2차계의 전달 함수

$$G(s)=\frac{K\omega_n^2}{s^2+2\delta\omega_n s+\omega_n^2}$$

여기서, ω_n : 고유 주파수, δ : 제동비(감쇠율)

2차계의 특정 방정식 $s^2+2\delta\omega_n s+\omega_n^2=0$에서

$2\delta\omega_n=1,\quad \omega_n^2=2$이므로

$\therefore\ \omega_n=\sqrt{2}$

$\therefore\ \delta=\dfrac{1}{2\omega_n}=\dfrac{1}{2\sqrt{2}}$

30 그림과 같은 귀환계의 감쇠 계수(제동비)는?

㉮ 1

㉯ $\dfrac{1}{2}$

㉰ $\dfrac{1}{3}$

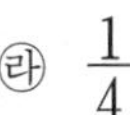

㉱ $\dfrac{1}{4}$

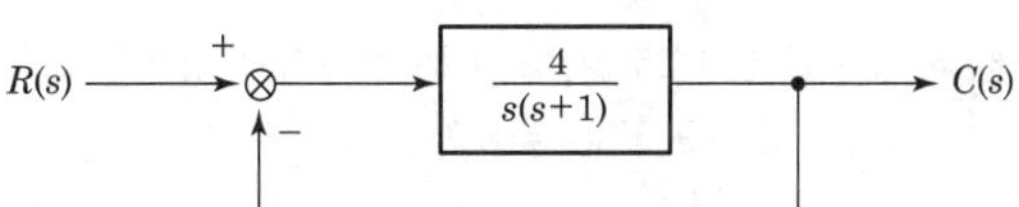

KEY POINT

2차계의 전달 함수

$$G(s)=\frac{K\omega_n^2}{s^2+2\delta\omega_n s+\omega_n^2}$$

여기서, ω_n : 고유 주파수, δ : 제동비(감쇠율)

폐회로 전달 함수 $\dfrac{C(s)}{R(s)}=\dfrac{\dfrac{4}{s+(s+1)}}{1+\dfrac{4}{s+(s+1)}}=\dfrac{4}{s^2+s+4}$ 와

$\dfrac{C(s)}{R(s)}=\dfrac{\omega_n^2}{s^2+2\delta\omega_n s+\omega_n^2}$ 을 비교하면

$\omega_n^2=4$

$\therefore\ \omega_n=2$

$2\delta\omega_n=1$

$\therefore\ \delta=\dfrac{1}{2\omega_n}=\dfrac{1}{2\times 2}=\dfrac{1}{4}$

정답 : 30.㉱

31 다음 미분 방정식으로 표시되는 2차계가 있다. 감쇠율 δ는 얼마인가? (단, y는 출력, x는 입력이다.)

$$\frac{d^2y}{dt^2}+5\frac{dy}{dt}+9y=9x$$

㉮ 5 ㉯ 6

㉰ $\frac{6}{5}$ ㉱ $\frac{5}{6}$

KEY POINT

➲ 2차계의 전달 함수

$$G(s)=\frac{K\omega_n^2}{s^2+2\delta\omega_n s+\omega_n^2}$$

여기서, ω_n : 고유 주파수, δ : 제동비(감쇠율)

초기값을 0으로 하고 미분 방정식의 양변을 라플라스 변환하면

$(s^2+5s+9)Y(s)=9X(s)$

$G(s)=\frac{Y(s)}{X(s)}=\frac{9}{s^2+5s+9}$

$\omega_n^2=9$

$\therefore\ \omega_n=3[\text{rad/s}]$

$2\delta\omega_n=5$

$\therefore\ \delta=\frac{5}{2\omega_n}=\frac{2}{2\times3}=\frac{5}{6}$

32 다음과 같은 계통의 시정수[s]는?

$$2\frac{d^2y}{dt^2}+4\frac{dy}{dt}+8y=8x$$

㉮ 5 ㉯ 3

㉰ 2 ㉱ 1

KEY POINT

➲ 2차계의 전달 함수

$$G(s)=\frac{K\omega_n^2}{s^2+2\delta\omega_n s+\omega_n^2}$$

여기서, ω_n : 고유 주파수, δ : 제동비(감쇠율)

초기값을 0으로 라플라스 변환하면

$(2s^2+4s+8)Y(s)=8X(s)$

 정답 : 31.㉱ 32.㉱

$$G(s) = \frac{Y(s)}{X(s)} = \frac{8}{2s^2+4s+8} = \frac{4}{s^2+2s+4}$$

$2\delta\omega_n = 2, \ \omega_n^2 = 4$

$\therefore \ \omega_n = 2[\text{rad/s}], \ \delta = \frac{2}{2\omega_n} = \frac{1}{2}$

제동 계수 σ는

$\sigma = \delta\omega_n = \frac{1}{2} \times 2 = 1$

시정수 $\tau = \frac{1}{\sigma} = \frac{1}{1} = 1[\text{s}]$

33 그림과 같은 계통에서 정상 편차(steady state error)는?

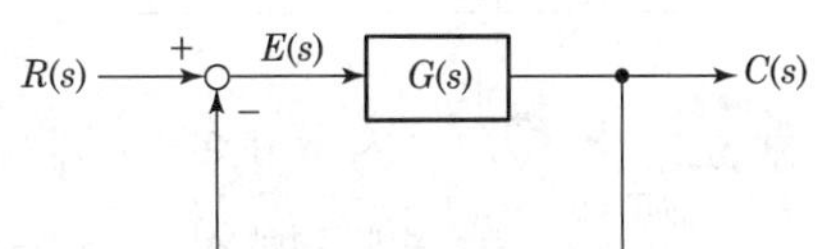

㉮ $e_{ss} = \lim_{s\to\infty} \frac{1}{1+G(s)} R(s)$

㉯ $e_{ss} = \lim_{s\to\infty} \frac{s}{1+G(s)} R(s)$

㉰ $e_{ss} = \lim_{s\to 0} \frac{1}{1+G(s)} R(s)$

㉱ $e_{ss} = \lim_{s\to 0} \frac{s}{1+G(s)} R(s)$

KEY POINT

① **편차** : $E(s) = R(s) - C(s) = \frac{R(s)}{1+G(s)}$

② **정상 편차** : $e_{ss} = \lim_{s\to 0} s \cdot E(s) = \lim_{s\to 0} \frac{s \cdot R(s)}{1+G(s)}$

편차 $E(s) = R(s) - C(s)$

$C(s) = E(s)G(s)$

$\therefore \ E(s) = R(s) - E(s)G(s)$

$E(s)\{1+G(s)\} = R(s)$

$E(s) = \frac{R(s)}{1+G(s)}$

정상 편차를 라플라스 변환 최종치 정리에 의해 구하면

$\therefore$ 정상 편차 $e_{ss} = \lim_{s\to\infty} e(t) = \lim_{s\to 0} s \cdot E(s) = \lim_{s\to 0} \frac{s}{1+G(s)} R(s)$

34 다음 중 위치 편차 상수로 정의된 것은? (단, 개루프 전달 함수는 $G(s)$이다.)

㉮ $\lim_{s\to 0} s^3 G(s)$

㉯ $\lim_{s\to 0} s^2 G(s)$

㉰ $\lim_{s\to 0} sG(s)$

㉱ $\lim_{s\to 0} G(s)$

정답 : 33.㉱ 34.㉱

KEY POINT

① 위치 편차 상수 : $K_p = \lim_{s \to 0} G(s)$

② 속도 편차 상수 : $K_v = \lim_{s \to 0} sG(s)$

③ 가속도 편차 상수 : $K_a = \lim_{s \to 0} s^2 G(s)$

위치 편차 상수 $K_p = \lim_{s \to 0} G(s)$

35 다음 중 속도 편차 상수는?

㉮ $\lim_{s \to 0} G(s)$　　㉯ $\lim_{s \to 0} sG(s)$

㉰ $\lim_{s \to 0} s^2 G(s)$　　㉱ $\lim_{s \to 0} s^3 G(s)$

KEY POINT

① 위치 편차 상수 : $K_p = \lim_{s \to 0} G(s)$

② 속도 편차 상수 : $K_v = \lim_{s \to 0} sG(s)$

③ 가속도 편차 상수 : $K_a = \lim_{s \to 0} s^2 G(s)$

속도 편차 상수 $K_v = \lim_{s \to 0} sG(s)$

36 제어 시스템의 정상 상태 오차에서 포물선 함수 입력에 의한 정상 상태 오차 상수 $K_a = \lim_{s \to 0} s^2 \ G(s)H(s)$로 표현된다. 이때 K_a를 무엇이라고 부르는가?

㉮ 위치 오차 상수

㉯ 속도 오차 상수

㉰ 가속도 오차 상수

㉱ 평균 오차 상수

KEY POINT

① 위치 편차 상수 : $K_p = \lim_{s \to 0} G(s)$

② 속도 편차 상수 : $K_v = \lim_{s \to 0} sG(s)$

③ 가속도 편차 상수 : $K_a = \lim_{s \to 0} s^2 G(s)$

정답 : 35.㉯　36.㉰

37 단위 귀환 제어계의 개루프 전달 함수가 다음과 같을 때, 입력 $r(t)=5u(t)$에 대한 정상 상태 오차 e_{ssp}는?

$$G(s)=\frac{2}{s+1}$$

㉮ $\frac{1}{3}$　　㉯ $\frac{2}{3}$

㉰ $\frac{4}{3}$　　㉱ $\frac{5}{3}$

KEY POINT

➲ 정상 위치 편차

$$e_{ssp}=\frac{R}{1+K_p}$$

여기서, K_p : 위치 편차 상수

해설 $K_p=\lim_{s\to 0}G(s)=\lim_{s\to 0}\frac{2}{s+1}=2$

$r(t)=5u(t)$, $R=5$이므로

$\therefore\ e_{ssp}=\frac{R}{1+K_p}=\frac{5}{1+2}=\frac{5}{3}$

38 개루프 전달 함수 $G(s)$가 다음과 같이 주어지는 단위 귀환계에서 단위 경사 입력(단위 속도 입력)에 대한 정상 편차는?

$$G(s)=\frac{3(1+s)}{s(1+2s)(1+3s)}$$

㉮ 0　　㉯ $\frac{1}{3}$

㉰ $\frac{1}{2}$　　㉱ 1

KEY POINT

➲ 정상 속도 편차

$$e_{ssv}=\frac{R}{K_v}$$

여기서, K_v : 속도 편차 상수

해설 속도 편차 상수 $K_v=\lim_{s\to 0}sG(s)=\lim_{s\to 0}s\cdot\frac{3(1+s)}{s(1+2s)(1+3s)}=3$

$\therefore\ e_{ssv}=\frac{1}{K_v}=\frac{1}{3}$

정답 : 37.㉱ 38.㉯

39 개회로 전달 함수가 다음과 같은 계에서 단위 속도 입력에 대한 정상 편차는?

$$G(s)=\frac{5}{s(s+1)(s+2)}$$

㉮ $\frac{2}{5}$ ㉯ $\frac{5}{2}$

㉰ 0 ㉱ ∞

KEY POINT

➲ 정상 속도 편차

$e_{ssv}=\frac{R}{K_v}$

여기서, K_v : 속도 편차 상수

속도 편차 상수 $K_v=\lim_{s\to 0}sG(s)=\lim_{s\to 0}s\cdot\frac{5}{s(s+1)(s+2)}=\frac{5}{2}$

$\therefore\ e_{ssv}=\frac{1}{K_v}=\frac{1}{\frac{5}{2}}=\frac{2}{5}$

40 다음에서 입력이 $r(t)=5t$ 일 때, 정상 편차는 얼마인가?

㉮ $e_{ssp}=2$

㉯ $e_{ssp}=4$

㉰ $e_{ssp}=6$

㉱ $e_{ssp}=\infty$

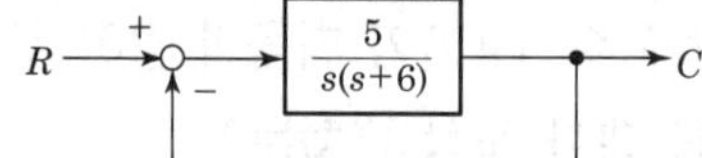

KEY POINT

➲ 정상 속도 편차

$e_{ssv}=\frac{R}{K_v}$

여기서, K_v : 속도 편차 상수

$K_v=\lim_{s\to 0}sG(s)=\lim_{s\to 0}s\cdot\frac{5}{s(s+6)}=\frac{5}{6}$

$r(t)=5t,\ R=5$이므로

$\therefore\ e_{ssp}=\frac{R}{K_v}=\frac{5}{\frac{5}{6}}=6$

정답 : 39.㉮ 40.㉰

그림과 같은 블록 선도로 표시되는 제어계는 무슨 형인가?

㉮ 0형
㉯ 1형
㉰ 2형
㉱ 3형

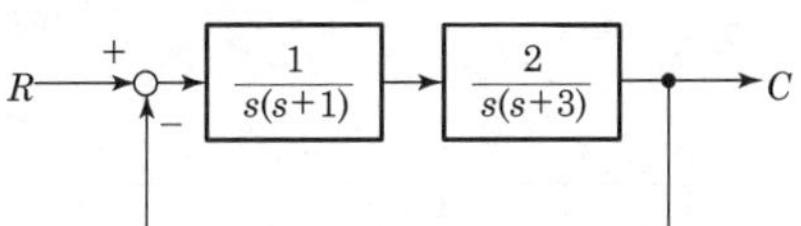

KEY POINT

계의 형 : 개루프 전달 함수의 원점에서의 극점의 수

$$G(s)H(s)=\frac{2}{s^2(s+1)(s+3)}$$

원점에서의 극점의 수이므로 2형 제어계이다.

$G(s)H(s)=\dfrac{K(s+1)}{s(s+2)(s+4)}$ 일 때, 이 계통은 어떤 형인가?

㉮ 0형 ㉯ 1형
㉰ 2형 ㉱ 3형

KEY POINT

계의 형 : 개루프 전달 함수의 원점에서의 극점의 수

원점에서의 극점의 수이므로 1형 제어계이다.

어떤 제어계에서 단위 계단 입력에 대한 정상 편차가 유한값이다. 이 계는 무슨 형인가?

㉮ 0형 ㉯ 1형
㉰ 2형 ㉱ 3형

KEY POINT

제어계형에 의한 편차 상수와 정상 편차

형	K_p	K_v	K_a	위치 편차	속도 편차	가속도 편차
0	K	0	0	$\frac{R}{1+K}$	∞	∞
1	∞	K	0	0	$\frac{R}{K}$	∞
2	∞	∞	K	0	0	$\frac{R}{K}$
3	∞	∞	∞	0	0	0

정답 : 41.㉰ 42.㉯ 43.㉮

44 단위 램프 입력에 대하여 속도 편차 상수가 유한값을 갖는 제어계의 형은?

㉮ 0형 ㉯ 1형

㉰ 2형 ㉱ 3형

KEY POINT

➡ 제어계형에 의한 편차 상수와 정상 편차

형	K_p	K_v	K_a	위치 편차	속도 편차	가속도 편차
0	K	0	0	$\frac{R}{1+K}$	∞	∞
1	∞	K	0	0	$\frac{R}{K}$	∞
2	∞	∞	K	0	0	$\frac{R}{K}$
3	∞	∞	∞	0	0	0

45 그림과 같은 블록 선도의 제어계에서 K에 대한 폐루프 전달 함수 $T=\frac{C}{R}$의 감도는?

㉮ $S_K^T=1$

㉯ $S_K^T=\frac{1}{1+KG}$

㉰ $S_K^T=\frac{G}{1+KG}$

㉱ $S_K^T=\frac{KG}{1+KG}$

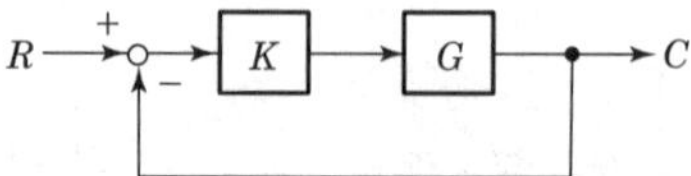

KEY POINT

➡ 감도

$$S_K^T=\frac{K}{T}\frac{dT}{dK}$$

여기서, T : 전달 함수

해설 전달 함수 $T=\frac{C}{R}=\frac{KG}{1+KG}$

감도 $S_K^T=\frac{K}{T}\cdot\frac{dT}{dK}=\frac{K}{\frac{KG}{1+KG}}\cdot\frac{d}{dK}\left(\frac{KG}{1+KG}\right)$

$$=\frac{1+KG}{G}\cdot\frac{G(1+KG)-KG\cdot G}{(1+KG)^2}$$

$$=\frac{1+KG}{G}\cdot\frac{G(1+KG-KG)}{(1+KG)^2}$$

$$=\frac{1}{1+KG}$$

정답 : 44.㉯ 45.㉯

46 그림과 같은 블록 선도의 제어계에서 K_1에 대한 $T=\frac{C}{R}$의 감도 $S_{K_1}^T$는?

㉮ 0.2
㉯ 0.4
㉰ 0.8
㉱ 1

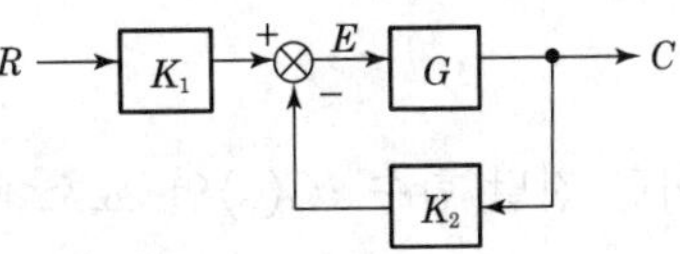

KEY POINT

감도

$$S_{K_1}^T = \frac{K_1}{T}\frac{dT}{dK_1}$$

여기서, T : 전달 함수

전달 함수 $T=\frac{C}{R}=\frac{GK_1}{1+GK_2}$

감도 $S_{K_1}^T = \frac{K_1}{T}\cdot\frac{dT}{dK_1} = \frac{K_1}{\frac{GK_1}{1+GK_2}}\cdot\frac{dT}{dK_1}$

$$=\frac{1+GK_2}{G}\cdot\frac{d}{dK_1}\left(\frac{GK_1}{1+GK_2}\right)$$

$$=\frac{1+GK_2}{G}\cdot\frac{G}{1+GK_2}$$

$$=1$$

정답 : 46.㉱

제 5 장
주파수 응답

주파수 응답이란 전달 함수 $G(s)$인 요소에 주파수 $j\omega$의 정현파 입력 $x(t)$을 가했을 때, 출력 신호 $y(t)$의 정상치는 입력과 동일한 주파수의 정현파가 되지만 그 진폭은 입력의 $|G(j\omega)|$이고, $\angle G(j\omega)$만큼의 위상차가 있다.

여기서, $|G(j\omega)|$를 이득(gain)이라 하고 $\angle G(j\omega)$를 위상차(phase shift)라 한다.

$x(t)$ 정현파 입력 → $G(s)$ → $y(t)$ 정상 상태의 출력

그림 ➊ 4-30

즉, 복소 진폭비 $G(j\omega)$의 주파수 ω에 대한 관계는 요소 또는 계의 고유의 신호 전달 특성을 표시하고 있어 이를 주파수 응답이라 한다.

여기서, $G(j\omega)$는 전달 함수 $G(s)$에서 s 대신 $j\omega$를 바꾸어 놓은 것이다.

이때 $G(j\omega)$를 주파수 전달 함수라고 한다.

다음 그림으로부터 진폭비와 위상차는 다음 식으로 주어진다.

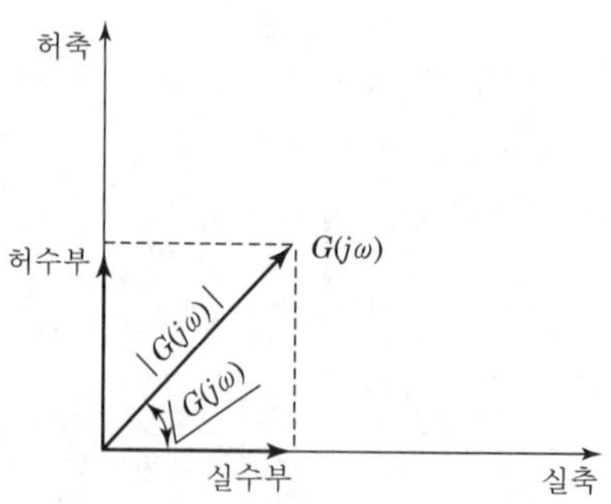

그림 ➊ 4-31 $G(j\omega)$**의 벡터 표시**

$$진폭비 = |G(j\omega)| = G(j\omega)$$

$$벡터의\ 길이 = \sqrt{(실수부)^2 + (허수부)^2}$$

$$위상차 = \angle G(j\omega) = G(j\omega)$$

$$벡터의\ 편각 = \tan^{-1}\frac{허수부}{실수부}$$

주파수 ω를 0에서 ∞까지 변화시킬 때 $|G(j\omega)|$의 변화를 이득 특성이라 하고, θ의 변화를 위상 특성이라 한다.

이 2개를 합해서 주파수 특성이라 한다.

주파수 특성 도시 방법에는 벡터 궤적, 보드 선도, 이득-위상 선도가 많이 사용된다.

1 벡터 궤적

(1) 비례 요소

$$G(s) = K$$

비례 요소는 주파수 전달 함수가 $G(j\omega) = K$로 일정한 실수값만을 다음 그림과 같이 실축상 K의 위치에 단 하나의 점으로 나타난다.

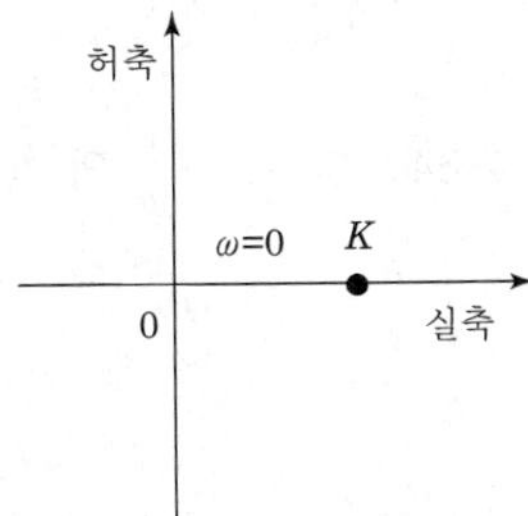

그림 4-32 $G(j\omega) = K$의 **벡터 궤적**

(2) 미분 요소

$$G(s) = s$$

주파수 전달 함수 $G(j\omega) = j\omega$는 단지 허수부만으로, ω가 점점 증가함에 따라 $j\omega$는 허축상에서 위로 올라가는 다음 그림과 같은 직선으로 된다.

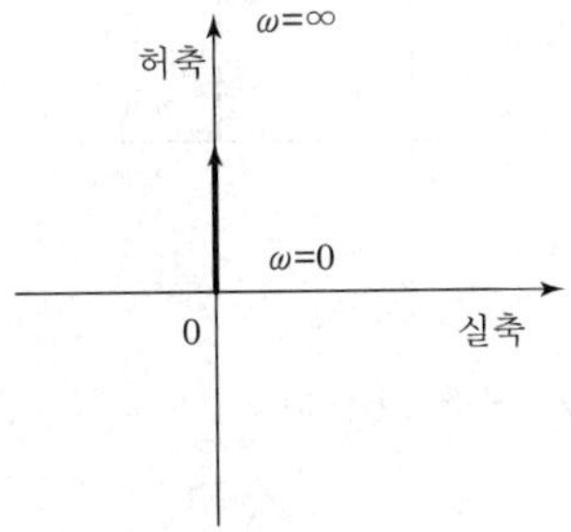

그림 4-33 $G(j\omega) = j\omega$의 **벡터 궤적**

(3) 적분 요소

$$G(s)=\frac{1}{s}$$

주파수 전달 함수는 $G(j\omega)=\frac{1}{j\omega}=-j\frac{1}{\omega}$ 로서 순허수부 뿐이므로, $\omega\to 0$에서는 허축상 $-\infty$로, $\omega\to\infty$일 때, 허축상에서 원점에 수렴하므로 다음 그림과 같이, ω가 점점 증가함에 따라 허축상 $-\infty$에서 0으로 올라오는 직선이 된다.

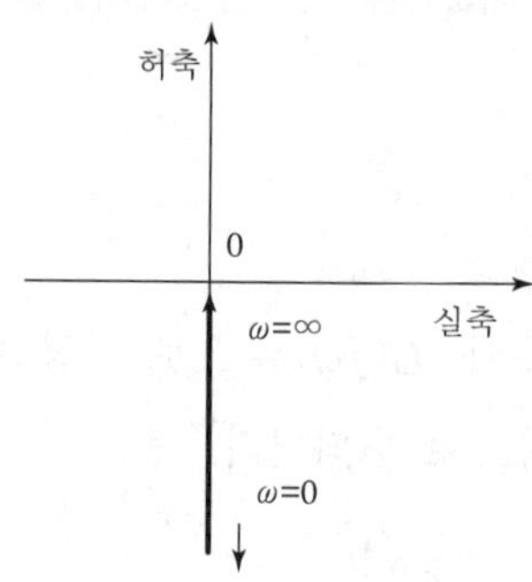

그림 ⬆ 4-34 $G(j\omega)=\frac{1}{j\omega}$ **의 벡터 궤적**

(4) 비례, 미분 요소

$$G(s)=1+Ts$$

주파수 전달 함수는 $G(j\omega)=1+j\omega T$ 로서 실수부=1로서 항상 일정하며, 허수부 $=\omega T$ 이므로 $\omega=0\to\infty$로 되면 허수부만 $0\to\infty$로 증가하므로 위의 그림과 같이 $(1,\ j0)$인 점에서 위로 수직으로 올라가는 직선이 된다.

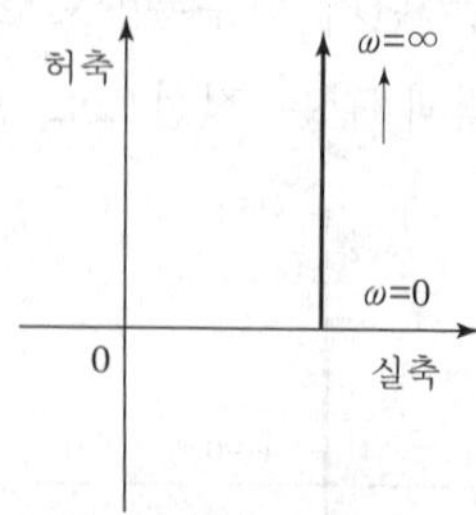

그림 ⬆ 4-35 $G(j\omega)=1+j\omega$**의 벡터 궤적**

(5) 1차 지연 요소

$$G(s)=\frac{1}{1+Ts}$$

$$G(s)=\frac{1}{1+j\omega T}=\frac{1-j\omega T}{(1+j\omega T)(1-j\omega T)}=\frac{1-j\omega T}{1+\omega^2 T^2}$$

이때 실수부 $=x$, 허수부 $=y$라고 하면 $x=\frac{1}{1+\omega^2 T^2}$, $y=\frac{\omega T}{1+\omega^2 T^2}$ 로서

$x^2+y^2=\frac{1}{(1+\omega^2 T^2)^2}+\frac{\omega^2 T^2}{(1+\omega^2 T^2)^2}=\frac{1}{1+\omega^2 T^2}=x$의 관계가 성립하며

$x^2+y^2-x=0$이 된다.

위의 식은 $\left(x-\frac{1}{2}\right)^2+y^2=\left(\frac{1}{2}\right)^2$이 되며 이것은 중심 (1/2, j0), 반지름 1/2의 원이 된다.

다음 그림에서 보는 바와 같이 이 요소의 위상차 ϕ는 $\omega=0\sim\infty$에 대해서 항상 음이 되고, 출력 신호의 위상은 입력 신호에 대해서 뒤진다. 이런 의미에서 지연 요소라 한다.

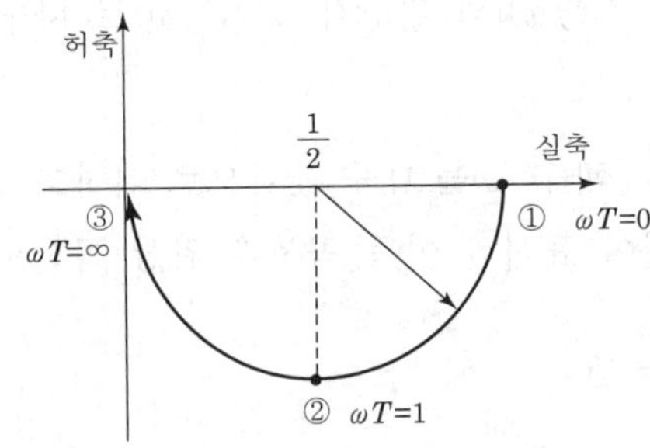

그림 ⬆ 4-36 $G(j\omega)=\frac{1}{1+j\omega T}$ **의 벡터 궤적**

(6) 부동작 시간 요소

$$G(s)=e^{-\tau s}$$

$$G(j\omega)=e^{j\tau\omega}=\cos\omega\tau-j\sin\omega\tau$$

$$|G(j\omega)|=\cos^2\omega\tau+\sin^2\omega\tau=1$$

$$\theta=\angle G(j\omega)=-\tan^{-1}\frac{\sin\omega\tau}{\cos\omega\tau}$$

따라서, 벡터의 길이=1, θ는 ω의 증가에 따라 (−)방향으로 회전하므로 벡터 궤적은 다음 그림과 같이 된다.

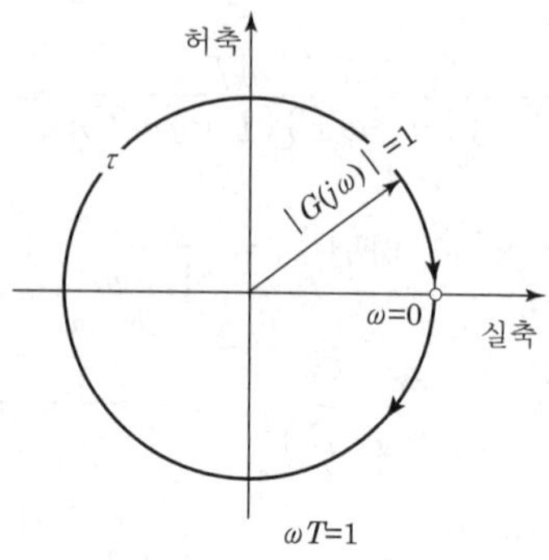

그림 4-37 $G(j\omega)=e^{-j\omega\tau}$**의 벡터 궤적**

2 보드(Bode) 선도

벡터 궤적은 주파수 응답 $G(j\omega)$를 복소 평면 위에서 1개의 곡선으로 표시한 것에 대하여 보드 선도는 이것을 이득 $|G(j\omega)|$와 위상각 $\angle G(j\omega)$로 나누어 각각 주파수 ω의 함수로 표시한 것이다.

즉, 보드 선도는 횡축에 주파수 ω를 대수 눈금으로 취하고 종축에 이득 $|G(j\omega)|$의 데시벨 값, 혹은 위상각을 취하여 표시한 이득 곡선과 위상 곡선으로 구성된다.

(1) 상수(비례 요소) $G(s)=K$

$$G(s)=K,\quad G(j\omega)=K$$

- 이득 : $g=20\log|G(j\omega)|=20\log K=$일정
- 위상각 : $\theta=\angle G(j\omega)=\angle K=0°$

(2) 미분 요소 $G(s)=s$와 적분 요소 $G(s)=\dfrac{1}{s}$

① **미분 요소** : $G(s)=s,\quad G(j\omega)=j\omega$

- 이득 : $g=20\log_{10}|G(j\omega)|=20\log_{10}\omega$
- 위상각 : $\theta=\angle j\omega=90°$

보드 선도를 그리면

$\omega = 0.1$인 경우 이득 $g = -20\log_{10}10 = -20[\text{dB}]$

$\omega = 1$인 경우 이득 $g = 20\log_{10}1 = 0[\text{dB}]$

$\omega = 10$인 경우 이득 $g = 20\log_{10}10 = 20[\text{dB}]$

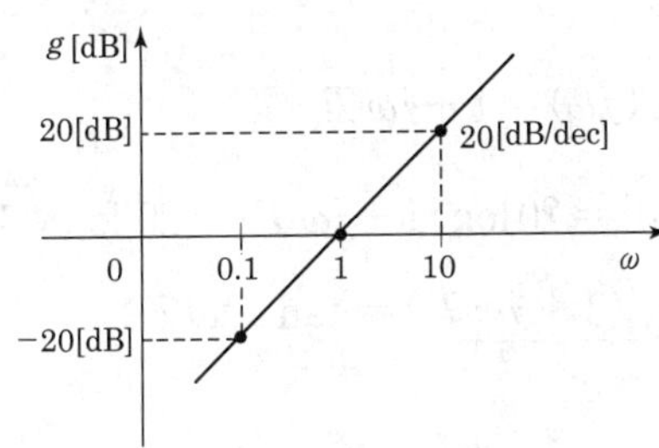

그림 ⬆ 4-38 **미분 요소의 이득 곡선**

② **적분 요소** : $G(s) = \frac{1}{s}$, $G(j\omega) = \frac{1}{j\omega}$

- 이득 : $g = 20\log_{10}|G(j\omega)| = -20\log_{10}\omega$
- 위상각 : $\theta = \angle\frac{1}{j\omega} = -90°$

보드 선도를 그리면

$\omega = 0.1$인 경우 이득 $g = 20\log_{10}10 = 20[\text{dB}]$

$\omega = 1$인 경우 이득 $g = 20\log_{10}1 = 0[\text{dB}]$

$\omega = 10$인 경우 이득 $g = -20\log_{10}10 = -20[\text{dB}]$

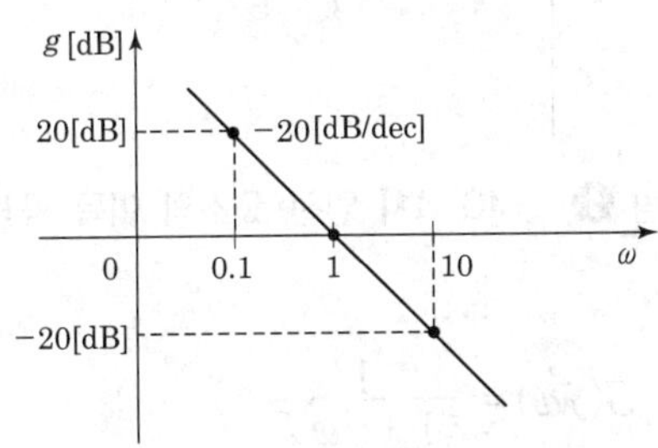

그림 ⬆ 4-39 **적분 요소의 이득 곡선**

③ **미분 요소** : $G(s) = s^n$과 적분 요소 $G(s) = \frac{1}{s^n} = s^{-n}$

$$G(s) = s^{\pm n},\ G(j\omega) = (j\omega)^{\pm n}$$

- 이득 : $g=20\log|G(j\omega)|=20\log 1(j\omega)^{\pm n}1=\pm 20n\log\omega$[dB]
- 위상각 : $\theta=\angle G(j\omega)=\angle(j\omega)^{\pm n}=\pm 90n^{\circ}$

(3) 1차 앞선 요소 $G(s)=1+Ts$ 와 1차 지연 요소 $G(s)=\dfrac{1}{1+Ts}$

① 1차 앞선 요소

$$G(s)=1+Ts,\quad G(j\omega)=1+j\omega T$$

- 이득 : $g=20\log|G(j\omega)|=20\log|1+j\omega T|=20\log\sqrt{1+\omega^2T^2}$[dB]
- 위상각 : $\theta=\angle G(j\omega)=\angle(1+j\omega T)=\tan^{-1}\omega T^{\circ}$

$\omega T \ll 1$인 매우 얕은 주파수에서는

- 이득 : $g=20\log|G(j\omega)|=20\log\sqrt{1+\omega^2T^2}=20\log 1=0$[dB]
- 위상각 : $\theta=\angle G(j\omega)=\tan^{-1}0=0^{\circ}$

$\omega T \gg 1$인 매우 높은 주파수에서는

- 이득 : $g=20\log|G(j\omega)|=20\log\sqrt{\omega^2T^2}=20\log\omega T=20\log\omega+20\log T$[dB]
- 위상각 : $\theta=\angle G(j\omega)=\tan^{-1}\infty=90^{\circ}$

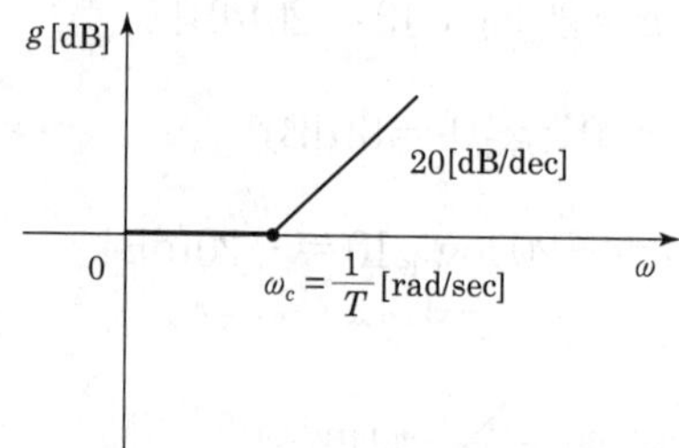

그림 ⬆ 4-40 1차 앞선 요소의 이득 곡선

② 1차 지연 요소

$$G(s)=\frac{1}{1+Ts},\quad G(j\omega)=\frac{1}{1+j\omega T}$$

- 이득 : $g=20\log|G(j\omega)|=20\log_{10}\left|\dfrac{1}{1+j\omega T}\right|=20\log_{10}=20\log_{10}\dfrac{1}{\sqrt{1+(\omega T)^2}}$ [dB]
- 위상각 : $\theta=\angle\dfrac{1}{1+j\omega T}=-\tan^{-1}\omega T^{\circ}$

$\omega T \ll 1$인 매우 얕은 주파수에서는

• 이득 : $g = 20\log_{10}\dfrac{1}{\sqrt{1+(\omega T)^2}} = 20\log_{10}1 = 0$ [dB]

• 위상각 : $\theta = -\tan^{-1}0 = 0°$

$\omega T \gg 1$인 매우 높은 주파수에서는

• 이득 : $g = 20\log_{10}\dfrac{1}{\omega T} = -20\log_{10}\omega T = -20\log_{10}\omega + \log_{10}\dfrac{1}{T}$ [dB]

• 위상각 : $\theta = -\tan^{-1}\infty = -90°$

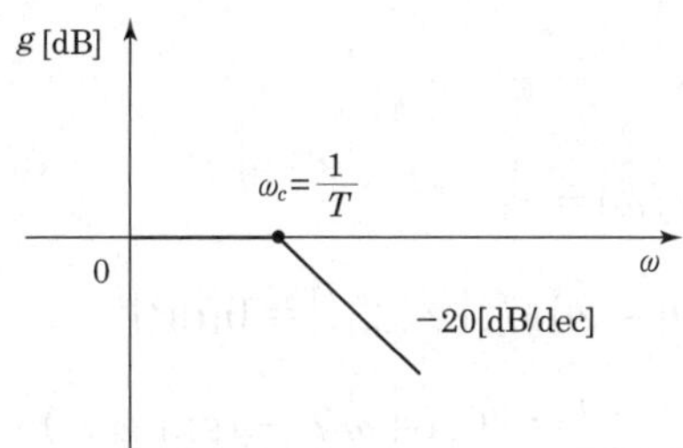

그림 ⬆ 4-41 **1차 지연 요소의 이득 곡선**

(4) 2차 지연 요소

$$G(s) = \frac{\omega_n^2}{s^2 + 2\delta\omega_n s + \omega_n^2}$$

$$G(s) = \frac{\omega_n^2}{s^2 + 2\delta\omega_n s + \omega_n^2} = \frac{1}{\dfrac{s^2}{\omega_n^2} + \dfrac{2\delta}{\omega_n}s + 1}$$

$$G(j\omega) = \frac{1}{\left[1-\left(\dfrac{\omega}{\omega_n}\right)^2\right]^2 + j\omega\dfrac{2\delta}{\omega_n}}$$

$$g = 20\log|G(j\omega)| = -20\log\sqrt{\left[1-\left(\frac{\omega}{\omega_n}\right)^2\right]^2 + \left(\frac{2\delta\omega}{\omega_n}\right)^2}\,[\text{dB}]$$

$$\theta = \underline{/G(j\omega)} = -\tan^{-1}\frac{\dfrac{2\delta\omega}{\omega_n}}{1-\left(\dfrac{\omega}{\omega_n}\right)^2}\,[°]$$

$\frac{\omega}{\omega_n} \ll 1$인 주파수 영역에서는

$$g = 20\log|G(j\omega)| = -20\log 1 = 0[\text{dB}]$$

$\frac{\omega}{\omega_n} \gg 1$인 주파수 영역에서는

$$g = 20\log|G(j\omega)| = -20\log\sqrt{\left[1-\left(\frac{\omega}{\omega_n}\right)^2\right]^2 + \left(2\delta\frac{\omega}{\omega_n}\right)^2}$$

$$= -20\log\sqrt{\left[\left(\frac{\omega}{\omega_n}\right)^2\right]^2} = -40\log\left(\frac{\omega}{\omega_n}\right)[\text{dB}]$$

(5) 전달 늦음 $G(s) = e^{-Ts}$

$$G(s) = e^{-Ts},\quad G(j\omega) = e^{-j\omega T}$$

$$g = 20\log|G(j\omega)| = 20\log|e^{-j\omega T}| = 0[\text{dB}]$$

$$\theta = \angle G(j\omega) = \angle e^{-j\omega T} = \angle(\cos\omega T - j\sin\omega T)$$

$$= \tan^{-1}(-\tan\omega T) = -\omega T[\text{rad}]$$

3 주파수 특성에 관한 제정수

자동 제어계의 주파수 영역 내에서의 성능을 설명해 주는 모든 정수는 일반적으로 다음과 같은 정수들을 사용한다.

(1) M_0

영주파수에서의 이득이다.

최종값 정리에 의하면 단위 계단 입력에 대한 정상 응답은 폐회로 전달 함수에서 $s=0$으로 놓아 얻을 수 있으므로 M_0는 정상값이다.

그리고 $1-M_0$는 정상 오차이다. 적분 동작을 포함하는 물리계는 항상 $M_0=1$, 즉 0[dB]이다.

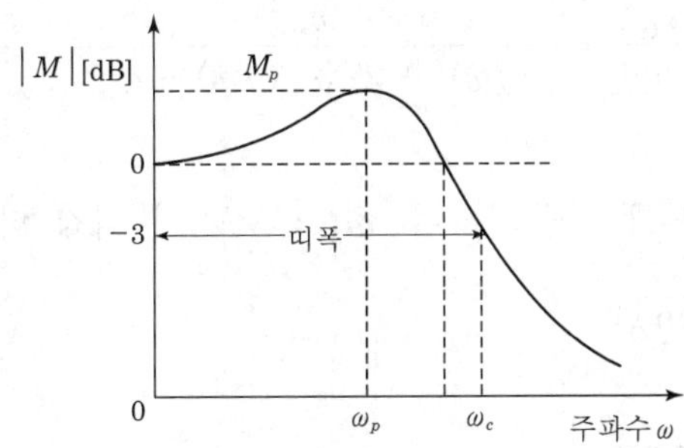

그림 4-42 **자동 제어계의 배율 곡선**

(2) 대폭(band width)

대폭의 크기가 $0.707\,M_0$ 또는 $(20\log M_0 - 3)$[dB]에서의 주파수로 정의한다.

물리적 의미는 입력 신호가 30%까지 감소되는 주파수 범위이다.

대폭이 넓으면 넓을수록 응답 속도가 빠르다.

(3) 공진 정점(resonance peak) M_p

M의 최대값으로 정의한다. M_p는 계의 안정도의 척도가 된다. M_p가 크면 과도 응답시 overshoot가 커진다.

제어계에서 최적한 M_p의 값은 대략 1.1과 1.5 사이이다.

(4) 공진 주파수(resonance frequency) ω_p

공진 정점이 일어나는 주파수를 말한다. 일반적으로 ω_p의 값이 높으면 주기는 적다.

(5) 분리도(cutoff rate)

주파수 응답에서 분리도는 고주파 영역에서 극히 중요하다.

왜냐하면, 분리도는 신호와 잡음(外亂)과를 분리하는 제어계의 특성을 가리키기 때문이다.

일반적으로 예리한 분리 특성은 큰 M_p를 동반하므로 불안정하기가 쉽다.

2차계에서의 M_p와 ω_p는 다음과 같다.

$$M(s) = \frac{C(s)}{R(s)} = \frac{{\omega_n}^2}{s^2 + 2\delta\omega_n s + {\omega_n}^2}$$

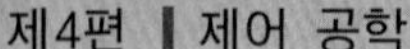

$$M(j\omega)=\frac{C(j\omega)}{R(j\omega)}=\frac{{\omega_n}^2}{(j\omega)^2+2\delta\omega_n(j\omega)+{\omega_n}^2}=\frac{1}{1+j2\delta\left(\frac{\omega}{\omega_n}\right)-\left(\frac{\omega}{\omega_n}\right)^2}$$

최대 최소에 관한 미분 계산에 의하여 ω_p 및 M_p가 각각 다음과 같이 주어진다.

$$\omega_p=\omega_n\sqrt{1-2\delta^2}$$

$$M_p=\frac{1}{2\delta\sqrt{1-\delta^2}}$$

단원핵심문제

1 전달 함수 $G(j\omega)=\dfrac{1}{1+j\omega T}$의 크기와 위상각을 구한 값은? (단, $T>0$이다.)

㉮ $G(j\omega)=\dfrac{1}{\sqrt{1+\omega^2T^2}}\angle -\tan^{-1}\omega T$

㉯ $G(j\omega)=\dfrac{1}{\sqrt{1-\omega^2T^2}}\angle -\tan^{-1}\omega T$

㉰ $G(j\omega)=\dfrac{1}{\sqrt{1+\omega^2T^2}}\angle \tan^{-1}\omega T$

㉱ $G(j\omega)=\dfrac{1}{\sqrt{1-\omega^2T^2}}\angle \tan^{-1}\omega T$

KEY POINT

➲ $G(j\omega)=1+j\omega T$인 경우 크기 $|G(j\omega)|=\sqrt{1+(\omega T)^2}$

위상각 $\angle\theta=\tan^{-1}\dfrac{\omega T}{1}=\tan^{-1}\omega T$가 된다.

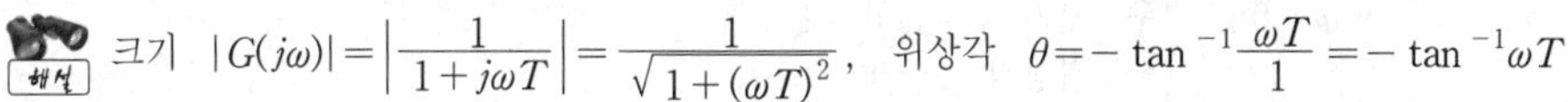

해설 크기 $|G(j\omega)|=\left|\dfrac{1}{1+j\omega T}\right|=\dfrac{1}{\sqrt{1+(\omega T)^2}}$, 위상각 $\theta=-\tan^{-1}\dfrac{\omega T}{1}=-\tan^{-1}\omega T$

2 $G(j\omega)=\dfrac{1}{1+j2T}$이고, $T=2[\sec]$일 때 크기 $|G(j\omega)|$와 위상 $\angle G(j\omega)$는 각각 얼마인가?

㉮ 0.44, −36°　　㉯ 0.44, 36°

㉰ 0.24, −76°　　㉱ 0.24, 76°

KEY POINT

➲ $G(j\omega)=1+j\omega T$인 경우 크기 $|G(j\omega)|=\sqrt{1+(\omega T)^2}$

위상각 $\angle\theta=\tan^{-1}\dfrac{\omega T}{1}=\tan^{-1}\omega T$가 된다.

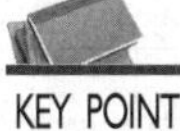

해설 크기 $G(j\omega)=\dfrac{1}{1+j4}$, $|G(j\omega)|=\dfrac{1}{\sqrt{1+4^2}}=0.24$

위상각 $\theta=\angle G(j\omega)=-\tan^{-1}4=-76°$

정답 : 1.㉮ 2.㉰

3 1차 지연 요소의 벡터 궤적은?

㉮ 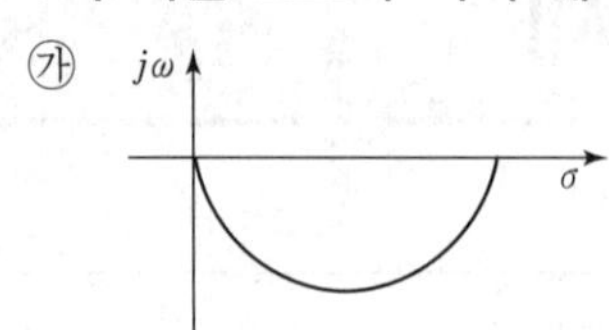

㉯ 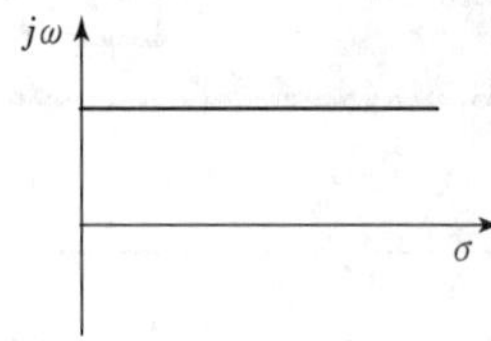

㉰ 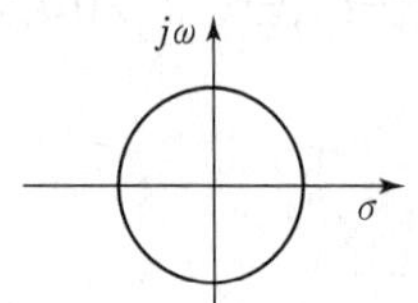

㉱ 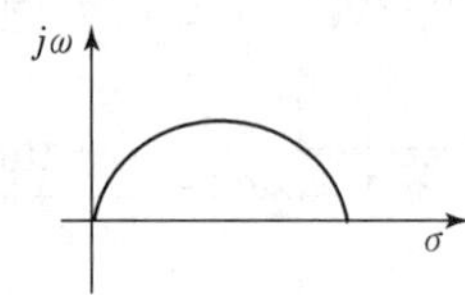

KEY POINT

➲ $G(j\omega)=1+j\omega T$ 인 경우 크기 $|G(j\omega)|=\sqrt{1+(\omega T)^2}$

위상각 $\angle\theta=\tan^{-1}\dfrac{\omega T}{1}=\tan^{-1}\omega T$가 된다.

1차 지연 요소의 전달 함수는

$G(s)=\dfrac{1}{1+Ts}$ $\quad\therefore\ G(j\omega)=\dfrac{1}{1+j\omega T}$

크기 $|G(j\omega)|=\dfrac{1}{\sqrt{1+(\omega T)^2}}$

위상각 $\angle\theta=-\tan^{-1}\omega T$

- $\omega=0$인 경우 : 크기 $|G(j\omega)|=1$
  위상각 $\angle\theta=0°$
- $\omega=\infty$인 경우 : 크기 $|G(j\omega)|=0$
  위상각 $\angle\theta=-\tan^{-1}\infty=-90°$

4 벡터 궤적이 그림과 같이 표시되는 요소는?

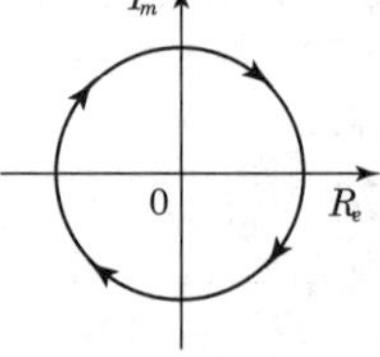

㉮ 비례 요소
㉯ 1차 지연 요소
㉰ 부동작 시간 요소
㉱ 2차 지연 요소

KEY POINT

➲ 부동작 시간 요소의 전달 함수

$G(s)=e^{-Ls}$

크기 $G(j\omega)=e^{-j\omega L}=\cos\omega L-j\sin\omega L$

$|G(j\omega)|=\sqrt{(\cos\omega L)^2+(\sin\omega L)^2}=1$

∴ 반지름 1인 원

정답 : 3.㉮ 4.㉰

5 $G(s)=\dfrac{K}{s(1+Ts)}$ 의 벡터 궤적은?

㉮
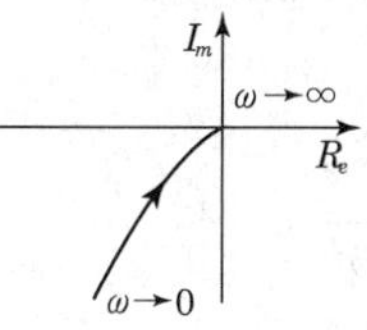

㉯
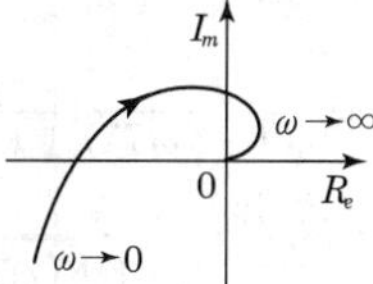

㉰
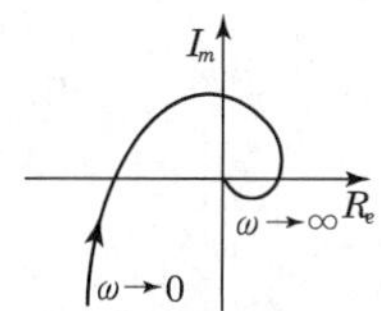

㉱
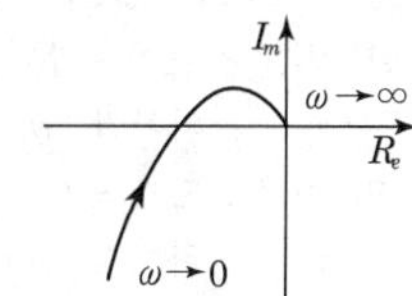

KEY POINT

➲ $G(j\omega)=1+j\omega T$ 인 경우 크기 $|G(j\omega)|=\sqrt{1+(\omega T)^2}$

위상각 $\angle\theta=\tan^{-1}\dfrac{\omega T}{1}=\tan^{-1}\omega T$가 된다.

해설 $G(j\omega)=\dfrac{K}{j\omega(1+j\omega T)}$ 의 크기 $|G(j\omega)|=\dfrac{1}{\omega\sqrt{1+\omega^2T^2}}$

위상각 $\angle\theta=-(90°+\tan^{-1}\omega T)$

- $\omega=0$인 경우 : 크기 $\dfrac{K}{0}=\infty$

  위상각 $\angle\theta=-90°$

- $\omega=\infty$인 경우 : 크기 $\dfrac{K}{\infty}=0$

  위상각 $\angle\theta=-180°$

6 $G(s)=\dfrac{K}{(1+T_1s)(1+T_2s)(1+T_3s)}$ 의 벡터 궤적은?

㉮
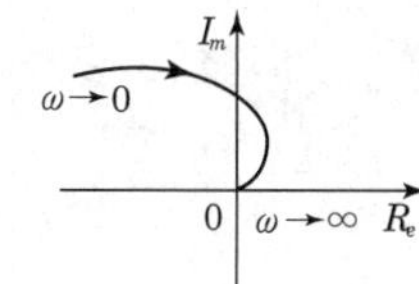

㉯
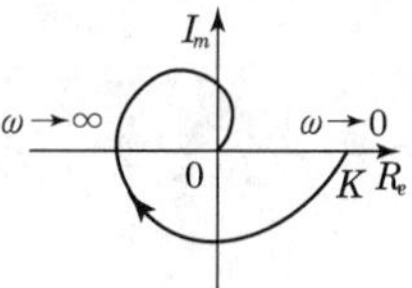

㉰
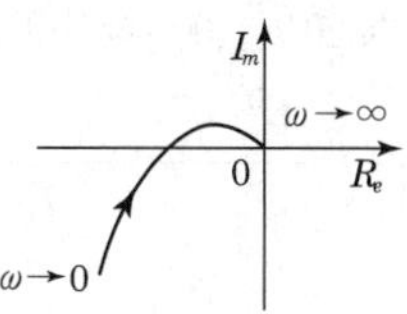

㉱
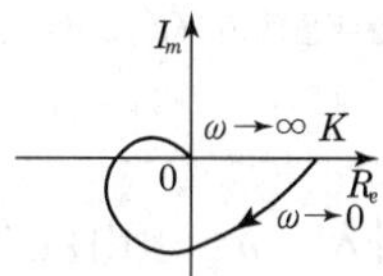

정답 : 5.㉮ 6.㉱

KEY POINT

➲ $G(s)$의 크기와 위상각을 구하여 $\omega=0$인 경우와 $\omega=\infty$인 경우 각각 크기와 위상각을 구하여 벡터 궤적을 그린다.

$$G(j\omega)=\frac{K}{(1+j\omega T_1)(1+j\omega T_2)(1+j\omega T_3)}$$

크기 $|G(j\omega)|=\dfrac{K}{\sqrt{1+(\omega T_1)^2}\cdot\sqrt{1+(\omega T_2)^2}\cdot\sqrt{1+(\omega T_3)^2}}$

위상각 $\angle\theta=-(\tan^{-1}\omega T_1+\tan^{-1}\omega T_2+\tan^{-1}\omega T_3)$

- $\omega=0$인 경우 : 크기 $=K$
  위상각 $\angle\theta=0°$
- $\omega=\infty$인 경우 : 크기 $=0$
  위상각 $\angle\theta=-270°$

7 $G(j\omega)=j0.01\omega$에서 $\omega=0.01$[rad/s]일 때, 이득[dB]은?

㉮ −20 ㉯ −80
㉰ 40 ㉱ 20

KEY POINT

➲ 이득 : $g=20\log_{10}|G(j\omega)|$[dB]

이득 $g=20\log|G(j\omega)|=20\log|j0.01\omega|=20\log|0.0001j|\fallingdotseq 20\log\dfrac{1}{10^4}=-80$[dB]

8 $G(s)=1+sT$인 제어계에서 $\omega T=100$일 때, 이득[dB]은?

㉮ −20 ㉯ −40
㉰ 40 ㉱ 20

KEY POINT

➲ 이득 : $g=20\log_{10}|G(j\omega)|$[dB]

$G(j\omega)=1+j\omega T$

이득 $g=20\log|G(j\omega)|=20\log|1+j\omega T|=20\log|1+j100|\fallingdotseq 20\log 100=40$[dB]

9 $G(s)=1/s$에서 $\omega=10$[rad/s]일 때, 이득[dB]은?

㉮ −50 ㉯ −40
㉰ −30 ㉱ −20

정답 : 7.㉯ 8.㉰ 9.㉱

KEY POINT

➡ 이득 : $g=20\log_{10}|G(j\omega)|$[dB]

이득 $g=20\log|G(j\omega)|=20\log\left|\frac{1}{j\omega}\right|=20\log\left|\frac{1}{j10}\right|\fallingdotseq 20\log\frac{1}{10}=-20$[dB]

10 주파수 전달 함수 $G(j\omega)=\frac{1}{j100\,\omega}$ 인 계산에서 $\omega=0.1$[rad/s]일 때, 이득[dB]과 위상각은?

㉮ −20, −90°　　㉯ −40, −90°
㉰ 20, −90°　　㉱ 40, −90°

KEY POINT

➡ 이득 : $g=20\log_{10}|G(j\omega)|$[dB]

위상각 : $\angle\theta=\frac{1}{j}=-j=\angle-90°$

$G(j\omega)=\frac{1}{j100\,\omega}$

이득 $g=20\log|G(j\omega)|=20\log\left|\frac{1}{j100\,\omega}\right|=20\log\left|\frac{1}{j10}\right|\fallingdotseq 20\log\frac{1}{10}=-20$[dB]

위상각 $\angle\theta=\angle G(j\omega)=\angle\frac{1}{j100\,\omega}=\angle\frac{1}{j10}=-90°$

11 $G(s)=\frac{1}{1+sT}$ 에서 $\omega T=10$[rad/s]일 때, $|G(j\omega)|$의 값[dB]은?

㉮ 10　　㉯ 20
㉰ −10　　㉱ −20

KEY POINT

➡ 이득 : $g=20\log_{10}|G(j\omega)|$[dB]

$G(j\omega)=\frac{1}{1+j\omega T}$

이득 $g=20\log|G(j\omega)|=20\log\left|\frac{1}{1+j\omega T}\right|=20\log\frac{1}{\sqrt{1+(\omega T)^2}}=20\log\frac{1}{\sqrt{1+10^2}}$

$=20\log1-20\log10$
$=-20$[dB]

정답 : 10.㉮ 11.㉱

$G(s)=1/s(s+1)$인 선형 제어계에서 $\omega=10$일 때, 주파수 전달 함수의 이득[dB]은?

㉮ -10 ㉯ -20
㉰ -30 ㉱ -40

KEY POINT

➲ 이득 : $g=20\log_{10}|G(j\omega)|$[dB]

해설 $G(j\omega)=\dfrac{1}{j\omega(j\omega+1)}$

이득 $g=20\log|G(j\omega)|=20\log\left|\dfrac{1}{j\omega(j\omega+1)}\right|=20\log\dfrac{1}{\omega\sqrt{\omega^2+1^2}}$

$=20\log\dfrac{1}{10\sqrt{10^2+1}}\fallingdotseq 20\log\dfrac{1}{100}=-40$[dB]

1차 요소 $G(s)=\dfrac{1}{1+Ts}$ 인 제어계의 절점 주파수에서의 이득[dB]은?

㉮ -2 ㉯ -3
㉰ -4 ㉱ -5

KEY POINT

➲ 1차 지연 요소 : $G(s)=\dfrac{1}{1+Ts}$, $G(j\omega)=\dfrac{K}{1+j\omega T}$

절점 주파수 : $\omega_c=\dfrac{1}{T}$[rad/sec]

해설 $G(j\omega)=\dfrac{K}{1+j\omega T}$

절점 주파수 $\omega_c=\dfrac{1}{T}$[rad/s]

따라서 절점 주파수에서 $|G(j\omega)|=\dfrac{1}{\sqrt{1+j}}$

이득 $g=20\log|G(j\omega)|=20\log\left|\dfrac{1}{1+j}\right|=20\log\dfrac{1}{\sqrt{2}}\fallingdotseq -3$[dB]

$G(s)=s$의 보드 선도는?

㉮ $+20$[dB/sec]의 경사를 가지며 위상각 90°
㉯ -20[dB/sec]의 경사를 가지며 위상각 -90°
㉰ $+40$[dB/sec]의 경사를 가지며 위상각 180°
㉱ -40[dB/sec]의 경사를 가지며 위상각 -180°

정답 : 12.㉱ 13.㉯ 14.㉮

KEY POINT

➡ 보드 선도는 가로축에 주파수 ω를 로그 눈금으로 취하고 세로축에 이득 $|G(j\omega)|$의 데시벨값, 혹은 위상각을 취하여 표시한 이득 곡선과 위상 곡선으로 구성된다.

이득 $g = 20\log_{10}|G(j\omega)|$[dB]

이득 $g = 20\log|G(j\omega)| = 20\log|j\omega| = 20\log\omega$[dB]

- $\omega = 0.1$일 때 $g = -20$[dB]
- $\omega = 1$일 때 $g = 0$[dB]
- $\omega = 10$일 때 $g = 20$[dB]

∴ 이득 20[dB/sec]의 경사를 가지며,

위상각 $\angle\theta = \angle G(j\omega) = \angle(j\omega) = 90°$

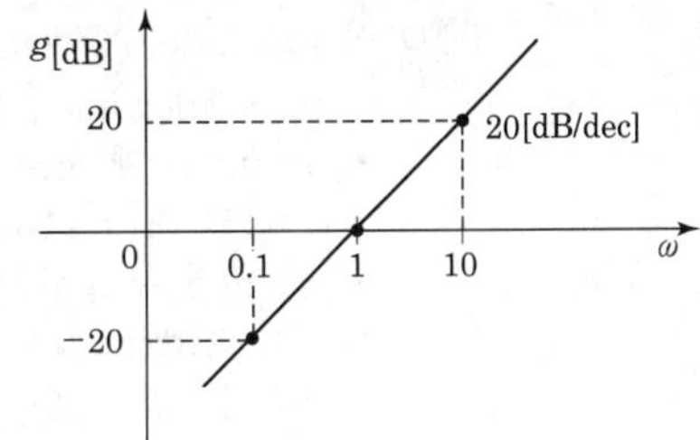

15 $G(s) = K/s$의 적분 요소의 보드 선도에서 이득 곡선의 1[dec]당 기울기는?

㉮ +20[dB/sec]의 경사를 가지며 위상각 90°
㉯ −20[dB/sec]의 경사를 가지며 위상각 −90°
㉰ +40[dB/sec]의 경사를 가지며 위상각 180°
㉱ −40[dB/sec]의 경사를 가지며 위상각 −180°

KEY POINT

➡ 보드 선도는 가로축에 주파수 ω를 로그 눈금으로 취하고 세로축에 이득 $|G(j\omega)|$의 데시벨값, 혹은 위상각을 취하여 표시한 이득 곡선과 위상 곡선으로 구성된다.

이득 $g = 20\log_{10}|G(j\omega)|$[dB]

이득 $g = 20\log|G(j\omega)| = 20\log\left|\frac{K}{j\omega}\right| = 20\log\frac{K}{\omega}$

$= 20\log K - 20\log\omega$[dB]

- $\omega = 0.1$일 때 $g = 20\log K + 20$[dB]
- $\omega = 1$일 때 $g = 20\log K$[dB]
- $\omega = 10$일 때 $g = 20\log K - 20$[dB]

∴ 이득 −20[dB/sec]의 경사를 가지며,

위상각 $\angle\theta = \angle G(j\omega) = \angle\frac{K}{j\omega} = -90°$

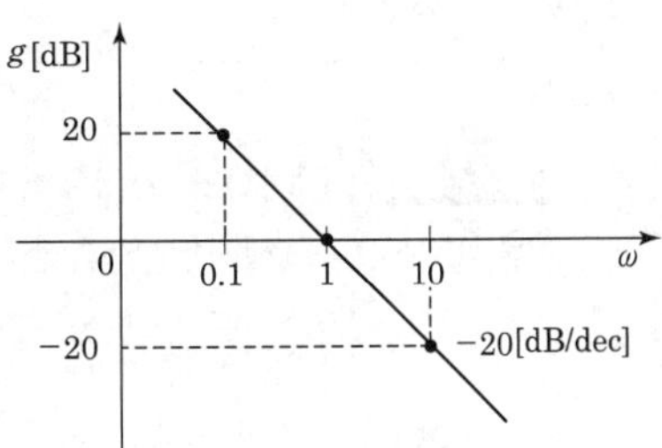

16 $G(j\omega) = K(j\omega)^2$의 보드 선도는?

㉮ −40[dB/sec]의 경사를 가지며 위상각 −180°
㉯ 40[dB/sec]의 경사를 가지며 위상각 180°
㉰ −20[dB/sec]의 경사를 가지며 위상각 −90°
㉱ 20[dB/sec]의 경사를 가지며 위상각 90°

정답 : 15.㉯ 16.㉯

KEY POINT

➡ 보드 선도는 가로축에 주파수 ω를 로그 눈금으로 취하고 세로축에 이득 $|G(j\omega)|$의 데시벨값, 혹은 위상각을 취하여 표시한 이득 곡선과 위상 곡선으로 구성된다.
이득 $g=20\log_{10}|G(j\omega)|$[dB]

해설

이득 $g=20\log|G(j\omega)|=20\log|K(j\omega)^2|$
$=20\log K\omega^2=20\log K+40\log\omega$[dB]

- $\omega=0.1$일 때 $g=20\log K-40$[dB]
- $\omega=1$일 때 $g=20\log K$[dB]
- $\omega=10$일 때 $g=20\log K+40$[dB]

∴ 이득 40[dB/sec]의 경사를 가지며,
위상각 $\angle\theta=\angle G(j\omega)=\angle(j\omega)^2=180°$

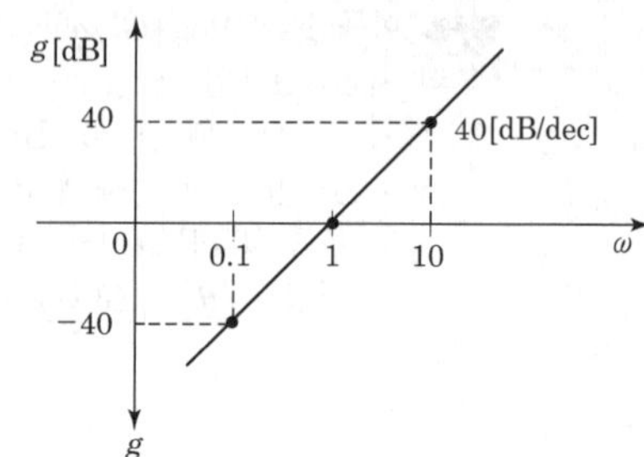

17 어떤 계통의 보드 선도 중 이득 선도가 그림과 같을 때, 이에 해당하는 계통의 전달 함수는?

㉮ $\dfrac{20}{5s+1}$

㉯ $\dfrac{10}{2s+1}$

㉰ $\dfrac{10}{5s+1}$

㉱ $\dfrac{20}{2s+1}$

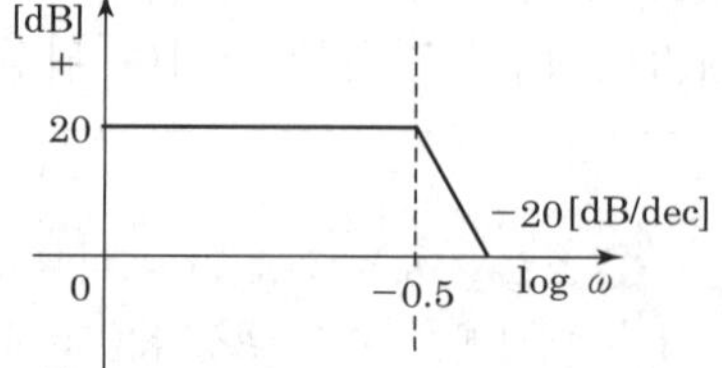

KEY POINT

➡ 보드 선도는 가로축에 주파수 ω를 로그 눈금으로 취하고 세로축에 이득 $|G(j\omega)|$의 데시벨값, 혹은 위상각을 취하여 표시한 이득 곡선과 위상 곡선으로 구성된다.
이득 $g=20\log_{10}|G(j\omega)|$[dB]

해설

1차 지연 요소의 전달 함수
$G(s)=\dfrac{K}{1+Ts}$, $G(j\omega)=\dfrac{K}{1+j\omega T}$에서
절점 주파수 $\omega_c=0.5$이므로 $0.5=\dfrac{1}{T}$
따라서 $T=2$이고 이득 $g=20$[dB]이므로
$K=10$이 된다.

 정답 : 17.㉯

제 6 장
안정도

제어계의 안정도는 입력 또는 외란에 대한 계의 응답에 의하여 결정된다. 제어 계통의 어떤 일정한 크기의 입력 또는 외란이 가하여 졌을 때 이로 인하여 생긴 과도 현상이 시간의 경과와 더불어 감소되어 정상 상태에서는 한정된 크기의 정상 출력만 남게 되면 이 제어계는 안정(stable)하게 되며, 역으로 시간과 더불어 과도 현상이 증대 또는 지속 진동을 하는 경우 이 제어계는 불안정(unstable)하다고 한다.

또한 과도 현상이 감소도 증대도 되지 않고 일정한 진폭으로 지속되는 경우 임계 안정하다고 한다. 중요한 것은 시간 전역에 걸쳐 계가 안정하여야 한다는 것이다.

계가 안정하다는 말은 다음 그림에 표시되는 특정 방정식의 모든 근이 s 평면의 좌반 평면에만 존재하여야 한다.

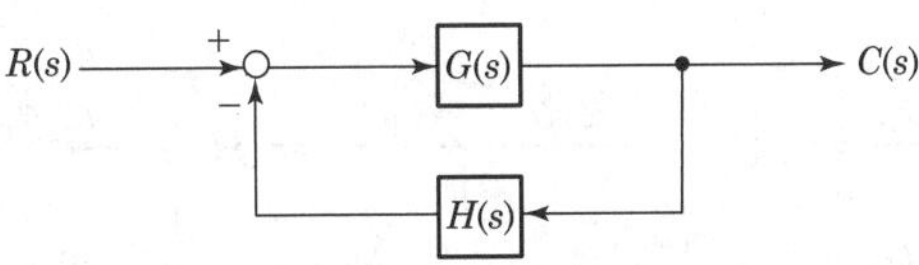

그림 ⬆ 4-43 **폐루프 전달 함수**

특정 방정식 $1+G(s)H(s)=0$

만일, 근이 우반 평면에 있으며 이 근은 제어계를 정상값으로부터 발산하게끔 만들어 불안정하게 된다. 선형 제어계의 안정도를 판별하는 방법은 라우스-후르비츠(Routh-Hurwtiz) 판별법, 나이퀴스트(Niquist) 판별법, 근궤적법 등이 있다.

나이퀴스트(Niquist) 판정법은 자동 제어계의 안정성 해석에서 다음과 같은 특징을 지니고 있다.

① Routh 판정법과 같이 계의 안정 여부를 직접 판정해 준다.
② 안정성을 판정하는 동시에 안정도를 지시해 준다.
③ 계의 안정을 개선하는 방법에 대한 정보를 제시해 준다.
④ 나이퀴스트 선도는 계의 주파수 응답에 관한 정보를 준다.

1 라우스의 안정 판별법

일반적으로 선형 자동차 제어계의 특성 방정식이 다음과 같다고 하자.

$$F(s) = 1 + G(s)H(s) = a_0 s^n + a_1 s^{n-1} + \cdots\cdots + a_{n-1}s + a_n = 0$$

(1) 제1단계

위 식의 계수를 다음과 같이 두 줄로 나열한다.

$a_0\ a_2\ a_4\ a_6\ a_8 \cdots\cdots$

$a_1\ a_3\ a_5\ a_7\ a_9 \cdots\cdots$

(2) 제2단계

다음 표와 같은 라우스 수열을 계산하여 만든다. (6차 방정식의 경우)

s^6	a_0	a_2	a_4	a_6
s^5	a_1	a_3	a_5	0
s^4	$\dfrac{a_1a_2 - a_3a_0}{a_1} = A$	$\dfrac{a_1a_4 - a_0a_5}{a_1} = B$	$\dfrac{a_1a_6 - a_0 \times 0}{a_1} = a_6$	0
s^3	$\dfrac{Aa_3 - a_1B}{A} = C$	$\dfrac{Aa_5 - a_1a_6}{A} = D$	$\dfrac{A \times 0 - a_1 \times 0}{A} = 0$	0
s^2	$\dfrac{CB - AD}{C} = E$	$\dfrac{a_6 - A \times 0}{C} = a_6$	$\dfrac{C \times 0 - A \times 0}{C} = 0$	0
s^1	$\dfrac{EC - Ca_6}{E} = F$	$\dfrac{E \times 0 - C \times 0}{E} = 0$	0	0
s^0	$\dfrac{Fa_6 - E \times 0}{F} = a_6$	0	0	0

(3) 제3단계

2단계에서 작성한 라우스의 표에서 제1열의 원소 부호를 조사한다. 특성 방정식의 모든 근이 부(−)의 실수부를 가지려면 라우스의 표에서 제1열의 원소 부호가 같고 정(+)이라야 한다. 만일, 제1열의 원소 중 부의 값이 존재하면 부호 변화의 개수 만큼의 근이 우반 평면에 존재한다. (제1열의 원소 : $a_0\ a_1\ A\ C\ E\ F\ a_6$)

2 후르비츠의 안정 판별법

앞의 식에서 특성 방정식의 모든 근이 좌반 평면에 존재할 필요하고도 충분한 조건은 방정식의 후르비츠 $D_k(k=1,\ 2,\ \cdots\cdots,\ n)$가 모든 k에 대하여 정(+)의 값을 가져야 한다. 위의 식의 후르비츠 행렬식은 다음과 같다.

$$D_1 = a_1,\ \ D_2 = \begin{vmatrix} a_1 & a_3 \\ a_0 & a_2 \end{vmatrix},\ \ D_3 = \begin{vmatrix} a_1 & a_3 & a_5 \\ a_0 & a_2 & a_4 \\ 0 & a_1 & a_3 \end{vmatrix}$$

$$D_n = \begin{vmatrix} a_1 & a_3 & a_5 & \cdots\cdots & a_{2n-1} \\ a_0 & a_2 & a_4 & \cdots\cdots & a_{2n-2} \\ 0 & a_1 & a_3 & \cdots\cdots & a_{2n-3} \\ 0 & a_0 & a_2 & \cdots\cdots & a_{2n-4} \\ 0 & 0 & a_1 & \cdots\cdots & a_{2n-5} \\ \cdots & \cdots & \cdots & \cdots\cdots & \cdots \\ 0 & 0 & 0 & \cdots\cdots & a_n \end{vmatrix}$$

행렬식에서 n보다 크거나 0보다 작은 인덱스는 0으로 대치한다.

안정계가 될 이 판별법의 필요 조건은 라우스의 방법과 동일하며 충분 조건은

$a_0 > 0,\ D_1 > 0,\ D_2 > 0,\ \cdots\cdots,\ D_n > 0$이다.

3 나이퀴스트의 안정 판별법

(1) 나이퀴스트 선도

자동 제어계(또는 폐회로계)가 안정하려면 $G(s)H(s)$의 나이퀴스트 선도가 s 평면의 우반 평면에 존재하는 $G(s)H(s)$의 극의 수만큼 $(-1,\ j0)$의 점을 시계 방향[$(-1,\ j0)$점을 우로 보고]으로 일주하여야 한다.

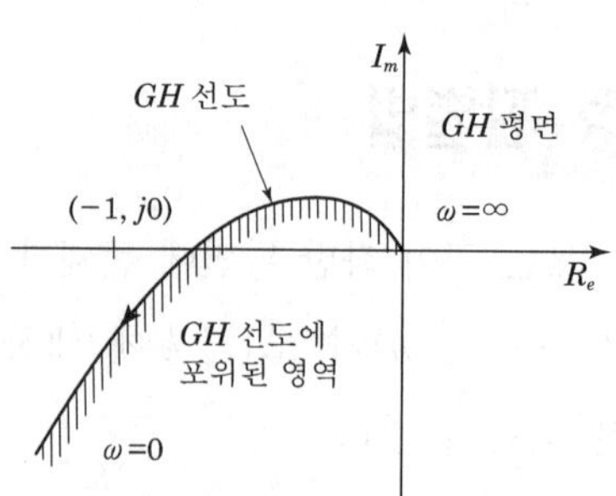

그림 ⬆ 4-44 **나이퀴스트 선도**

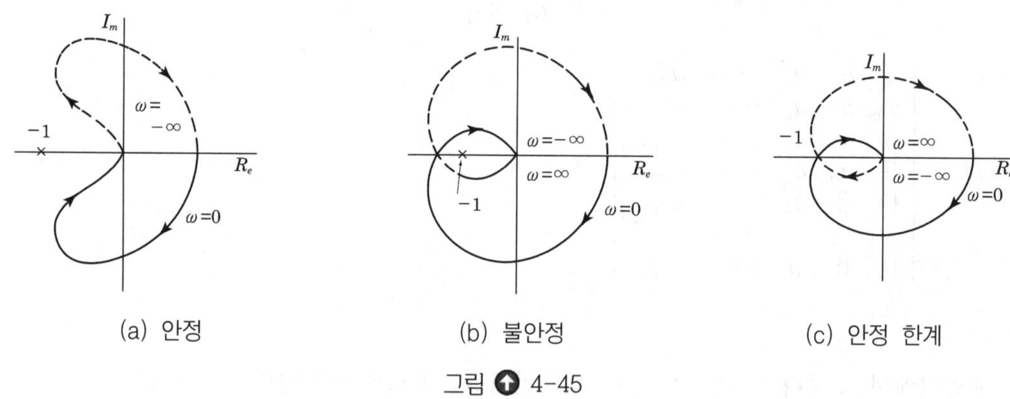

그림 ⬆ 4-45

여기서, z : s 평면의 우반 평면상에 존재하는 $1+G(s)H(s)$인 근의 개수

p : s 평면의 우반 평면상에 존재하는 $1+G(s)H(s)$[$G(s)H(s)$의]인 극의 개수

N : GH 평면상의 $(-1,\ j0)$점을 $G(s)H(s)$ 선도가 일주하는 회전수

라고 하면 $N=z-p$의 관계가 성립하므로 N을 나이퀴스트 선도에서, p를 GH의 식에서 찾아서 z를 계산한다.

(2) 이득 여유와 위상 여유

① **이득 여유(gain margin)** : 그림에 표시된 나이퀴스트 선도가 부의 실축을 자르는 $G(j\omega)H(j\omega)$의 크기를 $|GH_c|$이 점에 대응하는 주파수를 ω_c라고 할 때 이득 여유는 다음과 같이 정의한다.

$$\text{이득 여유 } (G \cdot M) = 20\log\frac{1}{|GH_c|}\ [\text{dB}]$$

만일, 그림의 나이퀴스트 선도에서 이득 K의 값을 증대시켜가면 GH 선도는 임계점과 교차하게 되며 $|GH_c|=1$이 된다. 따라서 위의 식으로부터 이득 여유는 0[dB]이다. 또한 2차계의 $G(s)H(s)$의 나이퀴스트 선도는 부의 실축과 교차하지 않으므로 $|GH_c|=0$, 따라서 이득 여유는 위의 식으로부터 ∞[dB]임을 알 수 있다.

상기한 사항을 종합하면 이득 여유의 물리적 의의를 다음과 같이 말할 수 있다. "이득 여유라 함은 폐회로계가 불안정한 상태에 도달하기까지 허용할 수 있는 이득 K의 [dB]량이다."

GH 선도가 임계점과 교차할 때에는 이득 여유는 0[dB]이다. 이득 여유가 0[dB]이라 함은 계를 안정한 상태하에서 더 이상 이득 K를 증대시킬 수 없다는 뜻이다.

2차계에서는 $G(s)H(s)$의 나이퀴스트 선도가 음의 실축과 교차하지 않으므로 교차량(crossover) $|GH_c|$는 0, 따라서 이득 여유는 ∞[dB]이다. 이득 여유가 ∞[dB]이라 함은 이론적으로 계가 불안정한 상태에 도달되기까지 이득 K의 값을 무한대로 증대시킬 수 있다는 뜻이다. 즉, 모든 $K(<\infty)$에 대하여 2차계는 안정하다.

② **위상 여유(phase margin)** : 위상 여유는 $G(s)H(s)$에 영향을 주는 계의 파라미터 변화가 폐회로계의 안정성에 주는 영향을 지시해 주는 항으로서 $G(s)H(s)$의 나이퀴스트 선도상의 단위 크기를 갖는 점을 임계점 $(-1,\ j0)$과 겹치게 할 때 회전해야 할 각도를 정의한다. 다시 말하면 단위원과 나이퀴스트 선도와의 교점을 표시하는 벡터가 부(−)의 실축과 만드는 각이다.

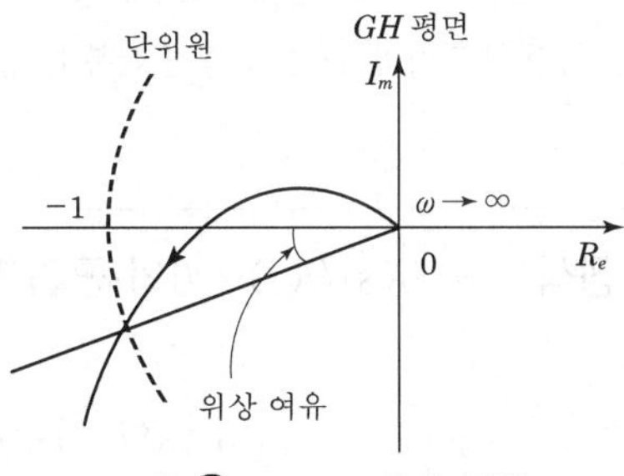

그림 4-46 **위상 여유**

안정계에 요구되는 여유는 다음과 같다.

이득 여유 (GM) = 4 ~ 12[dB]

위상 여유 (PM) = 30 ~ 60°

단원핵심문제

1 개루프 전달 함수 $G(s)=\dfrac{(s+2)}{(s+1)(s+3)}$ 인 부궤환 제어계의 특성 방정식은?

㉮ $s^2+5s+5=0$　　㉯ $s^2+5s+6=0$
㉰ $s^2+6s+5=0$　　㉱ $s^2+4s+3=0$

KEY POINT

➲ **특성 방정식**
$1+G(s)H(s)=0$(여기서, $G(s)H(s)$: 개루프 전달 함수)

해설

방정식은 $1+G(s)H(s)=0$

$1+\dfrac{s+2}{(s+1)(s+3)}=0 \quad \therefore\ s^2+5s+5=0$

2 특성 방정식의 근이 모두 복소 s 평면의 좌반부에 있으면 이 계의 안정 여부는?

㉮ 조건부 안정　　㉯ 불안정
㉰ 임계 안정　　㉱ 안정

KEY POINT

➲ 특성 방정식의 근이 s 평면의 좌반부에 존재하면 제어계가 안정하고, 특성 방정식의 근이 s 평면의 우반부에 존재하면 제어계가 불안정하다.

해설

제어계가 안정하려면 특성 방정식의 근이 s 평면상(복소 평면)의 좌반부에 존재하여야 한다.

3 안정한 제어계는 특성 방정식 $1+G(s)H(s)=0$의 근이 평면의 어느 곳에 있어야 하는가?

㉮ s 평면의 우반 평면　　㉯ s의 허수축상
㉰ s 평면의 좌반 평면　　㉱ s의 실수축상

KEY POINT

➲ 특성 방정식의 근이 s 평면의 좌반부에 존재하면 제어계가 안정하고, 특성 방정식의 근이 s 평면의 우반부에 존재하면 제어계가 불안정하다.

해설

선형 제어계가 안정하려면 특성 방정식의 근이 모두 s 평면의 좌반 평면에 존재하여야 한다.

정답 : 1.㉮ 2.㉱ 3.㉰

4 다음 특성 방정식 중 안정될 필요 조건을 갖춘 것은?

㉮ $s^4+3s^2+10s+10=0$ ㉯ $s^3+s^2-5s+10=0$

㉰ $s^3+2s^2+4s-1=0$ ㉱ $s^3+9s^2+20s+12=0$

KEY POINT

➲ **제어계가 안정될 때 필요 조건** : 특성 방정식이 모든 차수가 존재하고 각 계수의 부호가 같아야 한다.

5 라우스 표를 작성할 때, 제1열 요소의 부호 변환은 무엇을 의미하는가?

㉮ s－평면의 좌반면에 존재하는 근의 수

㉯ s－평면의 우반면에 존재하는 근의 수

㉰ s－평면의 허수축에 존재하는 근의 수

㉱ s－평면의 원점에 존재하는 근의 수

KEY POINT

➲ 라우스 표의 제1열의 부호 변화의 개수가 s 평면에 우반 평면의 근의 수 즉, 불안정근의 개수가 된다.

해설 제1열의 요소 중에 부호의 변화가 있으면 부호의 변화만큼 s평면의 우반부에 불안정 근이 존재한다.

6 특성 방정식 $s^3-4s^2-5s+6=0$으로 주어니는 계는 안정한가 또는 불안정한가, 또 우반 평면에 근을 몇 개 가지는가?

㉮ 안정하다, 0개

㉯ 불안정하다, 1개

㉰ 불안정하다, 2개

㉱ 임계 상태이다, 0개

KEY POINT

➲ **라우스(Routh)의 안정도 판별법**

① 제1단계 : 특성 방정식의 계수를 두 줄로 나열한다.

② 제2단계 : 라우스 수열을 계산하여 라우스 표를 작성한다.

③ 제3단계 : 라우스의 표에서 제1열 원소의 부호를 조사한다.
부호 변화의 개수만큼의 근이 우반 평면에 존재한다.

정답 : 4.㉱ 5.㉯ 6.㉰

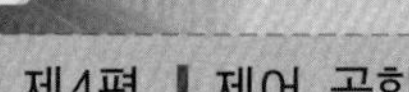

해설 라우스의 표

s^3	1	−5
s^2	−4	6
s^1	−3.5	0
s^0	6	

제1열의 부호가 2번 변화하기 때문에 s 평면의 우반 평면에 2개의 불안정근을 갖는 불안정계이다.

7 **특성 방정식 $s^4+s^3-3s^2-s+20=0$에서 불안정한 근의 수는?**

㉮ 1개　　㉯ 2개
㉰ 3개　　㉱ 해당 없음

KEY POINT

➲ 라우스(Routh)의 안정도 판별법

① 제1단계 : 특성 방정식의 계수를 두 줄로 나열한다.
② 제2단계 : 라우스 수열을 계산하여 라우스 표를 작성한다.
③ 제3단계 : 라우스의 표에서 제1열 원소의 부호를 조사한다.
부호 변화의 개수만큼의 근이 우반 평면에 존재한다.

라우스의 표

s^4	1	−3	20
s^3	1	−1	
s^2	−2	20	
s^1	9	0	
s^0	20		

제1열의 부호가 2번 있으므로 불안정근이 2개 있다.

8 **특성 방정식이 $2s^4+s^3+3s^2+5s+10=0$일 때, s 평면의 우반 평면에 몇 개의 근을 갖게 되는가?**

㉮ 1　　㉯ 2
㉰ 3　　㉱ 0

KEY POINT

➲ 라우스(Routh)의 안정도 판별법

① 제1단계 : 특성 방정식의 계수를 두 줄로 나열한다.
② 제2단계 : 라우스 수열을 계산하여 라우스 표를 작성한다.
③ 제3단계 : 라우스의 표에서 제1열 원소의 부호를 조사한다.
부호 변화의 개수만큼의 근이 우반 평면에 존재한다.

정답 : 7.㉯ 8.㉯

 라우스의 표

s^4	2	3	10
s^3	1	5	
s^2	−7	10	
s^1	6.43		
s^0	10		

제1열의 부호가 2번 있으므로 즉, 우반 평면의 근이 2개 있다.

9 $s^4+7s^3+17s+6=0$의 특성근은 양의 실수부를 갖는 근이 몇 개 있는가?

㉮ 3　　㉯ 2
㉰ 1　　㉱ 0

KEY POINT

➡ 라우스(Routh)의 안정도 판별법

① 제1단계 : 특성 방정식의 계수를 두 줄로 나열한다.
② 제2단계 : 라우스 수열을 계산하여 라우스 표를 작성한다.
③ 제3단계 : 라우스의 표에서 제1열 원소의 부호를 조사한다.
부호 변화의 개수만큼의 근이 우반 평면에 존재한다.

 라우스의 표

s^4	1	0	6
s^3	7	17	
s^2	$-\frac{17}{7}$	6	
s^1	$\dfrac{17\frac{17}{7}-42}{-\frac{17}{7}}$	0	
s^0	6		

제1열의 부호가 2번 있으므로 양(+)의 실수부를 갖는 불안정근이 2개 있다.

10 개루프 전달 함수가 $G(s)H(s)=\dfrac{2}{s(s+1)(s+3)}$일 때, 이 계는 어떠한가?

㉮ 안정　　㉯ 불안정
㉰ 임계 안정　　㉱ 조건부 안정

정답 : 9.㉯ 10.㉮

KEY POINT

➲ 라우스(Routh)의 안정도 판별법

① 제1단계 : 특성 방정식의 계수를 두 줄로 나열한다.
② 제2단계 : 라우스 수열을 계산하여 라우스 표를 작성한다.
③ 제3단계 : 라우스의 표에서 제1열 원소의 부호를 조사한다.
부호 변화의 개수만큼의 근이 우반 평면에 존재한다.

해설 특성 방정식은 $1+G(s)H(s)=0$

$$1+G(s)H(s)=1+\frac{2}{s(s+1)(s+3)}=0$$

$\therefore\ s^3+4s^2+3s+2=0$

라우스의 표

s^3	1	3
s^2	4	2
s^1	2.5	0
s^0	2	

제1열의 모든 요소가 같은 부호이므로 제어계는 안정하다.

11 $s^5+2s^4+3s^3+4s^2+5s+6=0$**은 양의 실수부를 갖는 근이 몇 개 있는가?**

㉮ 0 ㉯ 1
㉰ 2 ㉱ 3

KEY POINT

➲ 특수한 경우 라우스 표 작성 방법

① 제1열의 원소만 0인 경우 : 제1열 요소 0을 ε으로 바꾸어 계산한다.
② 한 행이 모두 0인 경우 : 보조 방정식을 세워 미분해서 대치한다.

해설 라우스의 표

s^5	1	3	5	
	(2)	(4)	(6)	← (2로 나누면)
s^4	1	2	3	
s^3	1	2	0	
s^2	(0)	(3)	(0)	← 제1열의 원소만 0인 경우 0을 미소양의 실수 ε으로 대치
	e	3	0	
s^1	$\frac{2e-3}{e}$	0		
s^0	3			

제1열의 부호 변화가 2번 있으므로 양(+)의 실수부를 가진 근이 2개 있으며 불안정하다.

 정답 : 11.㉰

12 다음과 같은 특성 방정식을 갖는 시스템의 우반 평면에 존재하는 근의 개수는?

$$F(s) = s^5 + s^4 + 6s^3 + 4s^2 + 10s + 2 = 0$$

㉮ 0　　㉯ 1
㉰ 2　　㉱ 4

KEY POINT

➲ 특수한 경우 라우스 표 작성 방법
① 제1열의 원소만 0인 경우 : 제1열 요소 0을 ε으로 바꾸어 계산한다.
② 한 행이 모두 0인 경우 : 보조 방정식을 세워 미분해서 대치한다.

라우스의 표

s^5	1	6	10
s^4	1	4	2
s^3	2	8	0
s^2	(0) ε	(2) 2	
s^1	$\dfrac{8\varepsilon-4}{\varepsilon}$	0	
s^0	2		

제1열의 부호 변화가 없으므로 계는 안정하고, 우반 평면상에 근이 없다.

13 특성 방정식이 $s^2+2s^2+Ks+5=0$으로 주어지는 제어계가 안정하기 위한 K의 값은?

㉮ $K>0$　　㉯ $K>\dfrac{5}{2}$
㉰ $K<0$　　㉱ $K<\dfrac{5}{2}$

KEY POINT

➲ 제어계가 안정하기 위해서는 라우스 표를 작성, 제1열의 부호 변화가 없으면 된다.

라우스의 표

s^3	1	K
s^2	2	5
s^1	$\dfrac{2K-5}{2}$	0
s^0	5	

제1열의 부호 변화가 없으려면 $\dfrac{2K-5}{2}>0$

$\therefore\ K>\dfrac{5}{2}$

정답 : 12.㉮ 13.㉯

14 특성 방정식이 $s^3+3s^2+3s+1+K=0$일 때, 제어계가 안정되기 위한 K의 범위는?

㉮ $-1<K$ ㉯ $-1<K<8$

㉰ $1<K<8$ ㉱ $-8<K<1$

KEY POINT

➲ 제어계가 안정하기 위해서는 라우스 표를 작성, 제1열의 부호 변화가 없으면 된다.

라우스의 표

s^3	1	3
s^2	3	$1+K$
s^1	$\frac{8-K}{3}$	0
s^0	$1+K$	

제1열의 부호 변화가 없으려면 $\frac{(8-K)}{3}>0$, $(1+K)>0$

$\therefore\ -1<K<8$

15 주어진 계통의 특성 방정식이 $s^4+6s^3+11s^2+6s+K=0$이다. 안정하기 위한 K의 범위는?

㉮ $K<0$, $K>20$ ㉯ $0<K<20$

㉰ $0<K<10$ ㉱ $K<20$

KEY POINT

➲ 제어계가 안정하기 위해서는 라우스 표를 작성, 제1열의 부호 변화가 없으면 된다.

라우스의 표

s^4	1	11
s^3	6	6
s^2	10	K
s^1	$\frac{60-6K}{10}$	0
s^0	K	

제1열의 부호 변화가 없으려면 $\frac{60-6K}{10}>0$

$\therefore\ K<10$, $K>0$

$\therefore\ 0<K<10$

정답 : 14.㉯ 15.㉰

16 그림과 같은 제어계가 안정하기 위한 K의 범위는?

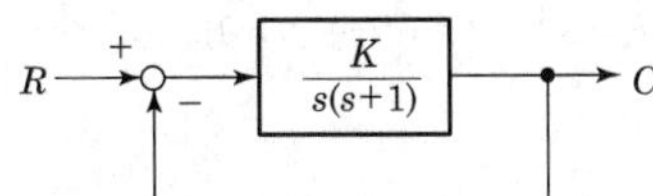

㉮ $K>1$ ㉯ $K<1$

㉰ $K>0$ ㉱ $K<0$

KEY POINT

➲ 제어계가 안정하기 위해서는 라우스 표를 작성, 제1열의 부호 변화가 없으면 된다.

특성 방정식은

$$1+G(s)H(s)=1+\frac{K}{s(s+1)}=0$$

$\therefore\ s^2+s+K=0$

라우스의 표

s^2	1	K
s^1	1	0
s^0	K	

제1열의 부호 변화가 없어야 안정하므로

$\therefore\ K>0$

17 다음 그림과 같은 제어계가 안정하기 위한 K의 범위는?

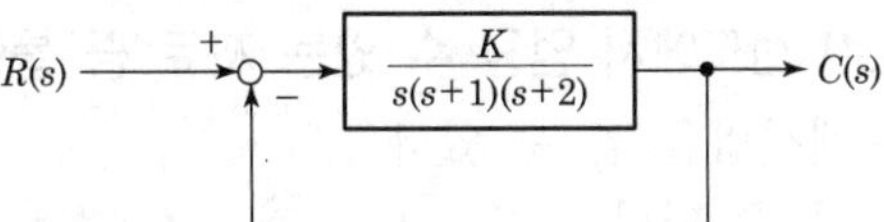

㉮ $K>0$ ㉯ $K>6$

㉰ $0<K<6$ ㉱ $1<K<8$

KEY POINT

➲ 제어계가 안정하기 위해서는 라우스 표를 작성, 제1열의 부호 변화가 없으면 된다.

정답 : 16.㉰ 17.㉰

 특성 방정식은

$$1+G(s)H(s)=1+\frac{K}{s(s+1)(s+2)}=0$$

$$s(s+1)(s+2)+K=s^3+3s^2+2s+K=0$$

라우스의 표

s^3	1	2
s^2	3	K
s^1	$\frac{6-K}{3}$	0
s^0	K	

제1열의 부호 변화가 없어야 안정 $\frac{6-K}{3}>0$, $K>0$

$\therefore\ 0<K<6$

18 Nyquist 판정법의 설명으로 틀린 것은?

㉮ Nyquist 선도는 제어계의 오차 응답에 관한 정보를 준다.
㉯ 계의 안정을 개선하는 방법에 대한 정보를 제시해 준다.
㉰ 안정성을 판정하는 동시에 안정도를 지시해 준다.
㉱ Routh-Hurwitz 판정법과 같이 계의 안정 여부를 직접 판정해 준다.

KEY POINT

➔ Nyquist 선도는 제어계의 주파수 응답에 관한 정보를 준다.

19 나이퀴스트(Nyquist) 선도에서 얻을 수 있는 자료 중 틀린 것은?

㉮ 계통의 안정도 개선법을 알 수 있다.
㉯ 상대 안정도를 알 수 있다.
㉰ 정상 오차를 알 수 있다.
㉱ 절대 안정도를 알 수 있다.

KEY POINT

➔ Nyquist 선도는 제어계의 주파수 응답에 관한 정보를 준다.

정답 : 18.㉮ 19.㉰

20 피드백 제어계의 전주파수 응답 $G(j\omega)H(j\omega)$의 나이퀴스트 벡터도에서 시스템이 안정한 궤적은?

㉮ a
㉯ b
㉰ c
㉱ d

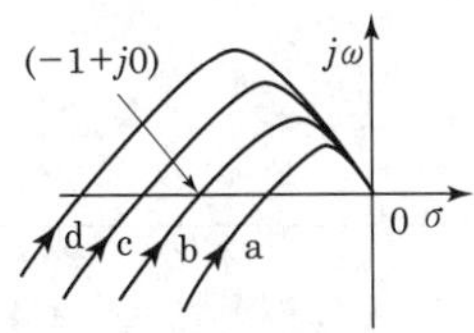

KEY POINT

➲ 자동 제어계(또는 폐회로계)가 안정하려면 $G(s)H(s)$의 나이퀴스트 선도가 s 평면의 우반 평면에 존재하는 $G(s)H(s)$의 극점의 수만큼 $(-1,\ j0)$점을 시계 방향[$(-1,\ j0)$인 점을 오른쪽으로 보고]으로 일주하여야 한다.

해설 나이퀴스트 벡터도에서 시스템이 안정하기 위한 조건은 $(-1,\ j0)$점이 나이퀴스트 벡터도의 왼쪽에 있어야 한다.

21 단위 피드백 제어계의 개루프 전달 함수의 벡터 궤적이다. 이 중 안정한 궤적은?

㉮

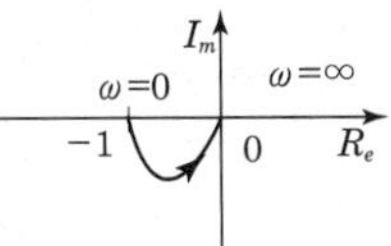

㉯

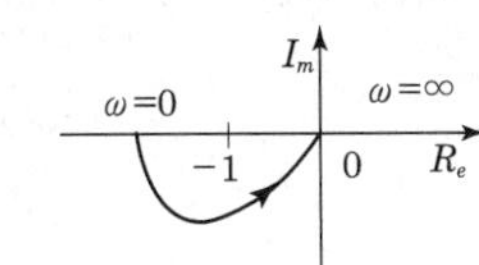

㉰

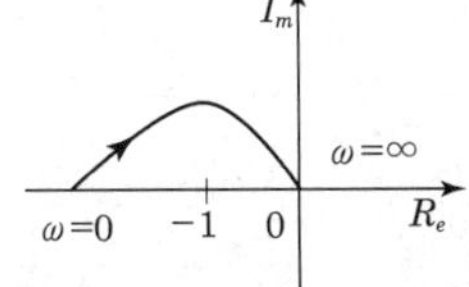

㉱

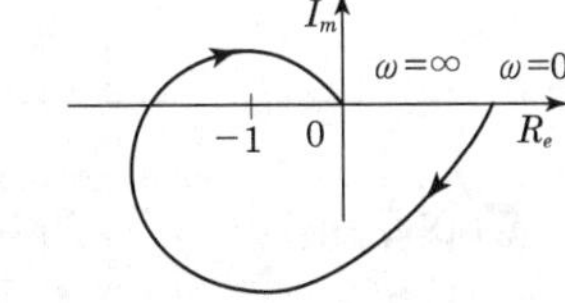

KEY POINT

➲ 자동 제어계(또는 폐회로계)가 안정하려면 $G(s)H(s)$의 나이퀴스트 선도가 s 평면의 우반 평면에 존재하는 $G(s)H(s)$의 극점의 수만큼 $(-1,\ j0)$점을 시계 방향[$(-1,\ j0)$인 점을 오른쪽으로 보고]으로 일주하여야 한다.

해설 나이퀴스트 선도에서 제어계가 안정하기 위한 조건은 ω가 증가하는 방향으로 $(-1,\ j0)$점을 포위하지 않고 회전하여야 한다.

정답 : 20.㉮ 21.㉯

22 $G(s)H(s)=\dfrac{2}{(s+1)(s+2)}$ 의 이득 여유[dB]를 구하면?

㉮ 20　　㉯ −20
㉰ 0　　㉱ 무한대

KEY POINT

➲ 이득 여유

$$GM=20\log_{10}\frac{1}{|GH_c|}\,[\text{dB}]$$

$$G(j\omega)H(j\omega)=\frac{2}{(j\omega+1)(j\omega+2)}=\frac{2}{-\omega^2+2+j3\omega}$$

$$|G(j\omega)H(j\omega)|_{\omega_c=0}=\left|\frac{2}{-\omega^2+2}\right|_{\omega_c=0}=\frac{2}{2}=1$$

$$\therefore\ GM=20\log\frac{1}{|GH_c|}=20\log\frac{1}{1}=0[\text{dB}]$$

23 $G(s)H(s)$가 다음과 같이 주어지는 계가 있다. 이득 여유가 40[dB]이면 이때의 K의 값은?

$$G(s)H(s)=\frac{K}{(s+1)(s-2)}$$

㉮ $\dfrac{1}{20}$　　㉯ $\dfrac{1}{30}$
㉰ $\dfrac{1}{40}$　　㉱ $\dfrac{1}{50}$

KEY POINT

➲ 이득 여유

$$GM=20\log_{10}\frac{1}{|GH_c|}\,[\text{dB}]$$

$$GM=20\log\frac{1}{|GH_c|}=40[\text{dB}]$$

$$\log\frac{1}{|GH_c|}=2$$

$$\therefore\ |GH_c|=\frac{1}{100}$$

$$G(j\omega)H(j\omega)=\frac{K}{(j\omega+1)(j\omega-2)}=\frac{K}{-(\omega^2+2)-j\omega}$$

$$|G(j\omega)H(j\omega)|_{\omega=0}=\left|\frac{K}{-(\omega^2+2)}\right|_{\omega=0}=\frac{K}{2}$$

$$\because\ |GH_c|=\frac{K}{2}=\frac{1}{100}\qquad \therefore\ K=\frac{1}{50}$$

정답 : 22.㉰ 23.㉱

24 어떤 제어계가 안정하기 위한 이득 여유 g_m과 위상 여유 ϕ_m은 각각 어떤 조건을 가져야 하는가?

㉮ $g_m>0$, $\phi_m>0$　　㉯ $g_m<0$, $\phi_m<0$
㉰ $g_m<0$, $\phi_m>0$　　㉱ $g_m>0$, $\phi_m<0$

안정계에 요구되는 이득 여유와 위상 여유

① 이득 여유(g_m)=4~12[dB]
② 위상 여유(ϕ_m)=30~60°

정답 : 24.㉮

제 7 장 근궤적

1 근궤적

근궤적이란 개루프 전달 함수의 이득 정수 K를 0에서 ∞까지 변화시킬 때, 특성 방정식의 근, 즉 개루프 전달 함수의 극이동 궤적을 말한다. 근궤적법은 시간 영역 응답에 대한 정확한 계상을 할 수 있게 하며 또 주파수 응답에 관한 정보를 얻는 데도 편리하다.

2 근궤적의 작도법

$G(s)H(s)$의 극, 영점과 특성 방정식의 근 사이의 관계로부터 근궤적을 그리는 방법은 다음과 같다.

(1) 근궤적의 출발점($K=0$)

근궤적은 $G(s)H(s)$의 극으로부터 출발한다.

(2) 근궤적의 종착점($K=\infty$)

근궤적은 $G(s)H(s)$의 0점에서 끝난다.

(3) 근궤적의 개수

N : 근궤적의 개수

z : $G(s)H(s)$의 유한 영점(finite zero)의 개수

p : $G(s)H(s)$의 유한 극점(finite pole)의 개수

라고 하면 $z>p$이면 $N=z$, $z<p$이면 $N=p$ 근궤적은 $G(s)H(s)$의 극에서 출발하여 영점에서 끝나므로 근궤적의 개수는 z와 p 중 큰 것과 일치한다. 또한 근궤적의 개수는 특성 방정식의 차수와 같다.

(4) 근궤적의 대칭성

특성 방정식의 근이 실근 or 공액 복소근을 가지므로 근궤적은 실축에 대하여 대칭이다.

(5) 근궤적의 점근선

큰 s에 대하여 근궤적은 점근선을 가진다. 이때 점근선의 각도는 다음과 같다.

$$a_k = \frac{(2K+1)\pi}{p-z}$$

여기서, $K=0,\ 1,\ 2,\ \cdots$ ($K=p-z$까지)

(6) 점근선의 교차

① 점근선은 실수축상에서만 교차하고 그 수는 $n=p-z$이다.

② 실수축상에서의 점근선의 교차점은 다음과 같이 주어진다.

$$\sigma = \frac{\Sigma G(s)H(s)\text{의 극점} - \Sigma G(s)H(s)\text{의 영점}}{p-z}$$

(7) 실수축상의 근궤적

$G(s)H(s)$의 실극과 실영점으로 실축이 분할될 때 어느 구간에서 오른쪽으로 실축상의 극과 영점을 헤아려 갈 때 만일 총수가 홀수이면 그 구간에 근궤적이 존재하고, 짝수이면 존재하지 않는다.

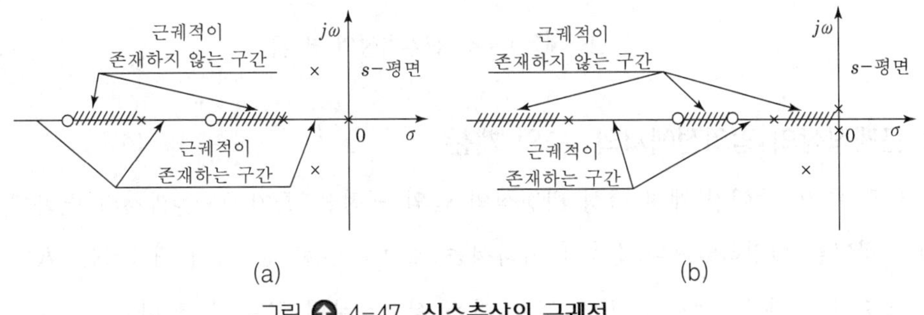

그림 ⬆ 4-47 **실수축상의 근궤적**

(8) 출발점의 각도와 종착점의 각도

복소극에서 근궤적이 출발 또는 끝날 때의 각도(발생각) ϕ는

$\phi = [\pm 180° \times (\text{홀수})] -$(개루프 전달 함수의 나머지 극 및 영점에서부터 해당되는 극까지의 벡터각의 총합)

(9) 근궤적과 허축간의 교차점

근궤적이 K의 변화에 따라 허축을 지나 s 평면의 우반 평면으로 들어가는 순간은 계의 안정성이 파괴되는 임계점에 해당한다. 이 점에 대응하는 K의 값과 ω는 라우스-후르비츠의 판별법으로부터 구할 수 있다.

(10) 실축상에서의 분지점

주어진 계의 특성 방정식을 다음 식과 같이 쓸 수 있다.

$$K = f(s)$$

여기서, $f(s)$는 K를 포함하지 않는 s의 함수이다.

근궤적상의 분지점(실수와 복소수)은 K를 s에 관하여 미분하고, 이것을 0으로 놓아 얻는 방정식의 근이다. 즉, 분지점은 $\dfrac{dK}{ds} = 0$

또한 $R_e s = \sigma$인 경우에는 $\dfrac{dK(\sigma)}{\sigma} = 0$

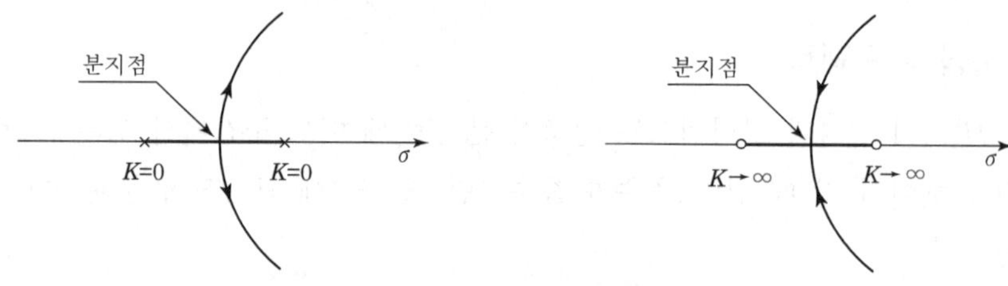

그림 ➊ 4-48 **실수축상의 분지점**

(11) 근궤적상의 임의점에서의 K의 계산

지금까지의 주어진 계의 특성 방정식의 근의 궤적을 K가 $0 \sim \infty$까지의 변화에 대하여 그리는 방법을 설명하였으나 경우에 따라서는 궤적상의 한 점 s_1에 대응하는 K의 값을 계산할 필요가 있다. s_1에서의 K의 값은 다음 식으로부터 구할 수 있다.

$$K = \frac{1}{|G(s_1)H(s_1)|}$$

단원핵심문제

1 근궤적은 $G(s)H(s)$의 (①)에서 출발하여 (②)에 종착한다. 다음 중 괄호 안에 알맞은 말은?

㉮ ① 영점, ② 극점　　㉯ ① 극점, ② 영점
㉰ ① 분지점, ② 극점　　㉱ ① 극점, ② 분지점

KEY POINT

➲ ① **근궤적의 출발점**($K=0$)
근궤적은 $G(s)H(s)$의 극으로부터 출발한다.
② **근궤적의 종착점**($K=\infty$)
근궤적은 $G(s)H(s)$의 0점에서 끝난다.

해설 근궤적은 $G(s)H(s)$의 극점에서 출발하고, $G(s)H(s)$의 영점에서 종착한다.

2 $G(s)H(s)=\dfrac{K(s+1)}{s(s+2)(s+3)}$ 에서 근궤적의 수는?

㉮ 1　　㉯ 2
㉰ 3　　㉱ 4

KEY POINT

➲ 근궤적의 개수는 z와 p 중 큰 것과 일치한다.
여기서, z : $G(s)H(s)$의 유한 영점(finite zero)의 개수
p : $G(s)H(s)$의 유한 극점(finite pole)의 개수

해설 영점의 개수 $z=1$이고, 극점의 개수 $p=3$이므로 근궤적의 개수는 3개가 된다.

3 $G(s)H(s)=\dfrac{K}{s^2(s+1)^2}$ 에서 근궤적의 수는 몇 개인가?

㉮ 4　　㉯ 2
㉰ 1　　㉱ 없다.

정답 : 1.㉯　2.㉰　3.㉮

KEY POINT

➲ 근궤적의 개수는 z와 p 중 큰 것과 일치한다.
여기서, z : $G(s)H(s)$의 유한 영점(finite zero)의 개수
p : $G(s)H(s)$의 유한 극점(finite pole)의 개수

해설 영점의 개수 $z=0$, 극점의 개수 $p=4$이므로 근궤적의 수는 4개이다.

4 근궤적에 관하여 다음 중 옳지 않은 것은?

㉮ 근궤적이 허수축을 끊은 K의 값은 일정하지 않다(확실하지 않다).
㉯ 점근선은 실수축에서만 교차한다.
㉰ 근궤적은 실수축에 관하여 대칭이다.
㉱ 근궤적의 개수는 극점 또는 영점의 수와 같다.

KEY POINT

➲ 근궤적의 개수는 z와 p 중 큰 것과 일치한다.
여기서, z : $G(s)H(s)$의 유한 영점(finite zero)의 개수
p : $G(s)H(s)$의 유한 극점(finite pole)의 개수

해설 근궤적의 개수는 극점의 수와 영점의 수 중에서 큰 것과 일치한다.

5 근궤적은 무엇에 대하여 대칭인가?

㉮ 원점　　㉯ 허수축
㉰ 실수축　　㉱ 대칭성이 없다.

KEY POINT

➲ 특성 방정식의 근이 실근 또는 켤레 복소근을 가지므로 근궤적은 실수축에 대하여 대칭이다.

해설 근궤적은 실축에 대칭이다.

6 $G(s)H(s)=\dfrac{K(s-1)}{s(s+1)(s-4)}$에서 점근선의 교차점을 구하면?

㉮ 4　　㉯ 3　　㉰ 2　　㉱ 1

KEY POINT

➲ 실수축상에서의 점근선의 교차점

$$\sigma=\frac{\Sigma G(s)H(s)\text{의 극}-\Sigma G(s)H(s)\text{의 영점}}{p-z}$$

정답 : 4.㉱ 5.㉰ 6.㉱

해설 $\sigma = \dfrac{\Sigma G(s)H(s)\text{의 극점} - \Sigma G(s)H(s)\text{의 영점}}{p-z} = \dfrac{(0-1+4)-(1)}{3-1} = 1$

7 개루프 전달 함수가 다음과 같은 계의 실수축상의 근궤적은 어느 범위인가?

$$G(s)H(s) = \frac{K}{s(s+4)(s+5)}$$

㉮ 0과 −4 사이의 실수축상　　㉯ −4와 −5 사이의 실수축상
㉰ −5와 −8 사이의 실수축상　　㉱ 0과 −4, −5와 −∞ 사이의 실수축상

KEY POINT

➲ $G(s)H(s)$의 실극과 실영점으로 실축이 분할될 때 어느 구간에서 오른쪽으로 실축상의 극과 영점을 헤아려 갈 때 만일 총수가 홀수이면 그 구간에 근궤적이 존재하고, 짝수이면 존재하지 않는다.

해설

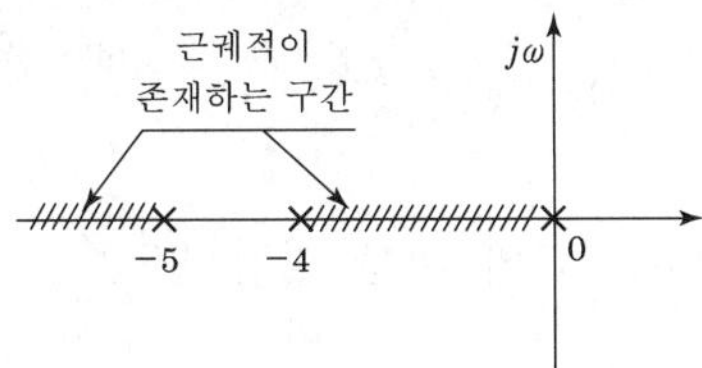

8 특성 방정식 $s(s+4)(s^2+3s+3)+K(s+2)=0$의 $-\infty < K$인 근궤적의 점근선이 실수축과 이루는 각은 각각 몇 도인가?

㉮ 0°, 120°, 240°　　㉯ 45°, 135°, 225°
㉰ 60°, 180°, 300　　㉱ 90°, 180°, 270°

KEY POINT

➲ **점근선의 각도**

$$a_k = \frac{(2K+1)\pi}{p-z}$$

여기서, $K=0,\ 1,\ 2,\ \cdots\ (K=p-z$까지)

해설 실수축상에서 점근선의 수는 $K=p-z=4-1=3$이므로 점근선의 각 a_k는

$$a_k = \frac{(2K+1)\pi}{p-z} \quad (\because K=0,\ 1,\ 2)$$

이므로

$K=0$에서 $\dfrac{(2K+1)\pi}{p-z} = \dfrac{180°}{4-1} = 60°$

$K=1$에서 $\dfrac{(2K+1)\pi}{p-z} = \dfrac{540°}{4-1} = 180°$

$K=2$에서 $\dfrac{(2K+1)\pi}{p-z} = \dfrac{900°}{4-1} = 300°$

정답 : 7.㉱ 8.㉰

제 8 장
상태 방정식

1 상태 방정식

(1) 상태 방정식

계통 방정식이 n차 미분 방정식일 때 이것을 n개의 1차 미분 방정식으로 바꾸어서 행렬을 이용하여 표현한 것을 상태 방정식이라 한다.

상태 방정식 : $\dot{x}(t) = \boldsymbol{A}x(t) + \boldsymbol{B}r(t)$

여기서, $\boldsymbol{A}$: 시스템 행렬, $\boldsymbol{B}$: 제어 행렬

예) $\dfrac{d^3(t)}{dt^3} + 3\dfrac{d^2(t)}{dt^2} + 2\dfrac{d(t)}{dt} + c(t) = r(t)$의 미분 방정식은?

상태 변수 : $x_1(t) = C(t)$

$$x_2(t) = \frac{dC(t)}{dt}$$

$$x_3(t) = \frac{d^2C(t)}{dt^2}$$

상태 방정식 : $\dot{x}_1(t) = x_2(t)$

$$\dot{x}_2(t) = x_3(t)$$

$$\dot{x}_3(t) = -x_1(t) - 2x_2(t) - 3x_3(t) + r(t)$$

$$\therefore \begin{bmatrix} \dot{x}_1(t) \\ \dot{x}_2(t) \\ \dot{x}_3(t) \end{bmatrix} = \begin{bmatrix} 0 & 1 & 0 \\ 0 & 0 & 1 \\ -1 & -2 & -3 \end{bmatrix} \begin{bmatrix} x_1(t) \\ x_2(t) \\ x_3(t) \end{bmatrix} + \begin{bmatrix} 0 \\ 0 \\ 1 \end{bmatrix} r(t)$$

$$\dot{x}(t) = \boldsymbol{A}x(t) + \boldsymbol{B}r(t)$$

(2) 상태 천이 행렬

① 정의

상태 천이 행렬은 선형 제차 상태 방정식을 만족하는 행렬로써 정의한다.

$$\dot{x}(t) = \boldsymbol{A}x(t)$$

이 제차 상태 방정식의 해는

$$x(t) = \Phi(t)x(0)$$

여기서, $\Phi(t)$: 상태 천이 행렬

$x(0)$: $t=0$에서 초기 상태

② 성질

㉮ $\Phi(0) = \boldsymbol{I}$

㉯ $\Phi^{-1}(t) = \Phi(-t)$

㉰ $\Phi(t_2 - t_1) = \Phi(t_1 - T_0) = \Phi(t_2 - T_0)$

㉱ $[\Phi(t)]^k = \Phi(kt)$

③ $\Phi(t)$를 구하는 방법

㉮ 라플라스 변환을 이용한 방법

$$\dot{x}(t) = \boldsymbol{A}x(t)$$

양변을 라플라스 변환하면

$$s\boldsymbol{X}(s) - x(0) = \boldsymbol{AX}(s)$$

$$(s\boldsymbol{I} - \boldsymbol{A})\boldsymbol{X}(s) = x(0)$$

$$\boldsymbol{X}(s) = (s\boldsymbol{I} - \boldsymbol{A})^{-1}x(0)$$

$$\boldsymbol{X}(t) = \mathcal{L}^{-1}[(s\boldsymbol{I} - \boldsymbol{A})^{-1}]x(0) = \Phi(t)x(0)$$

$$\therefore \ \Phi(t) = \mathcal{L}^{-1}[(sI - \boldsymbol{A})^{-1}]$$

㉯ 고전적인 방법

$\dot{x}(t) = \boldsymbol{A}x(t)$의 해를 다음과 같이 가정한다.

$$x(t) = e^{At}x(0)$$

이것을 본 식에 대입하여 해임을 증명하면

$$\dot{x}(t) = \boldsymbol{A}e^{At}x(0)$$

$$\boldsymbol{A}x(t) = \boldsymbol{A}e^{At}x(0)$$

그러므로 가정한 해는 본 식의 해이다.

$$x(t) = e^{At}x(0) = \Phi(t)x(0)$$

$$\therefore \ \Phi(t) = e^{AT} = \boldsymbol{I} + \boldsymbol{A(t)} + \frac{1}{2!}\boldsymbol{A}^2t^2 + \cdots$$

2 특성 방정식

(1) 미분 방정식의 관점

$$\dddot{c}(t) + a_3\ddot{c}(t) + a_2\dot{c}(t) + a_1c(t) = r(t)$$

와 같은 3차 미분 방정식이 있을 때 특성 방정식은 초기 조건과 제차 부분을 0으로 놓고 양변을 라플라스 변환함으로써 얻는다.

$$(s^3 + a_3s^2 + a_2s + a_1)c(s) = 0$$

$$\therefore \ s^3 + a_3s^2 + a_2s + a_1 = 0$$

(2) 전달 함수의 관점

$$\frac{C(s)}{R(s)} = \frac{1}{s^3 + a_3s^2 + a_2s + a_1}$$

특성 방정식은 전달 함수의 분모를 0으로 놓아 얻는다.

$$\therefore \ s^3 + a_3s^2 + a_2s + a_1 = 0$$

(3) 공간 상태 변수법의 관점

$$\boldsymbol{G}(s) = \boldsymbol{D}(s\boldsymbol{I} - \boldsymbol{A})^{-1}\boldsymbol{B} + \boldsymbol{E}$$

$$= \boldsymbol{D}\frac{adj(s\boldsymbol{I} - \boldsymbol{A})}{|s\boldsymbol{I} - \boldsymbol{A}|}\boldsymbol{B} + \boldsymbol{E}$$

$$= \frac{\boldsymbol{D}[adj(s\boldsymbol{I} - \boldsymbol{A})]\boldsymbol{B} + |s\boldsymbol{I} - \boldsymbol{A}|\boldsymbol{E}}{|s\boldsymbol{I} - \boldsymbol{A}|}$$

전달 함수의 분모를 0으로 놓아 특성 방정식을 얻으면

$$\therefore \ |s\boldsymbol{I} - \boldsymbol{A}| = 0$$

3 z 변환

(1) z 변환

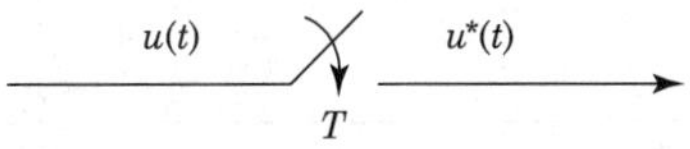

$u(t)$ $u^*(t)$ T

그림 4-49 **샘플러**

여기서, $u(t)$: 연속치 신호

$u^*(t)$: 이산화된 신호

T : 샘플러가 닫히는 시간 간격(샘플링 주기)

〈이상 샘플러〉

$$u^*(t) = \sum_{K=0}^{\infty} u(KT)\delta(1-KT)$$

여기서, $K=0,\ 1,\ 2,\ 3,\ \cdots$

양변을 라플라스 변환하면

$$u^*(s) = \sum_{K=0}^{\infty} u(KT)\,e^{-KTs}$$

여기서, $K=0,\ 1,\ 2,\ 3,\ \cdots$

z 변환은 $z=e^{Ts}$, $s=\dfrac{1}{T}\ln z$

따라서 $u^*\left(s=\dfrac{1}{T}\ln z\right)=u(z)=\displaystyle\sum_{K=0}^{\infty} u(KT)\,z^{-K}$

$u(z)=u^*(t)$의 z 변환은 변수를 $z=e^{Ts}$로 바꾸어 주는 것으로 보면 된다.

(2) 간단한 z 변환의 예

$r(KT)=1$

여기서, $K=0,\ 1,\ 2,\ 3,\ \cdots$

$$R(z) = \sum_{K=0}^{\infty} z^{-K} = 1 + z^{-1} + z^{-2} + \cdots\cdots$$

$$\therefore\ R(z) = \frac{1}{1-z^{-1}} = \frac{z}{z-1}$$

〈기본 함수의 z 변환표〉

시간 함수	s －변환	z －변환
① 단위 임펄스 함수 $\delta(t)$	1	1
② 단위 계단 함수 $u(t)$	$\frac{1}{s}$	$\frac{z}{z-1}$
③ 단위 램프 함수 t	$\frac{1}{s^2}$	$\frac{Tz}{(z-1)^2}$
④ 지수 감쇠 함수 e^{-at}	$\frac{1}{s+a}$	$\frac{z}{z-e^{-aT}}$
⑤ 지수 감쇠 램프 함수 te^{-at}	$\frac{1}{(s+a)^2}$	$\frac{Tze^{-aT}}{(z-e^{-aT})^2}$

(3) z 변환의 중요한 정리

① 가감산

$$r_1(KT) \pm r_2(KT) = R_1(z) \pm R_2(z)$$

② 실합성(real convolution)

$$f_1(k) \times f_2(k) = F_1(z) F_2(z)$$

③ 복소 추이

$$e^{-aKT} r(KT) = R(ze^{aT})$$

④ 초기치 정리

$$\lim_{K \to 0} r(KT) = \lim_{z \to \infty} R(z)$$

⑤ 최종치 정리

$$\lim_{K \to \infty} r(KT) = \lim_{z \to 1}(1 - z^{-1}) R(z)$$

(4) z 변환법을 사용한 샘플

$$z = e^{Ts},\ \ z = e^{j\omega T}$$

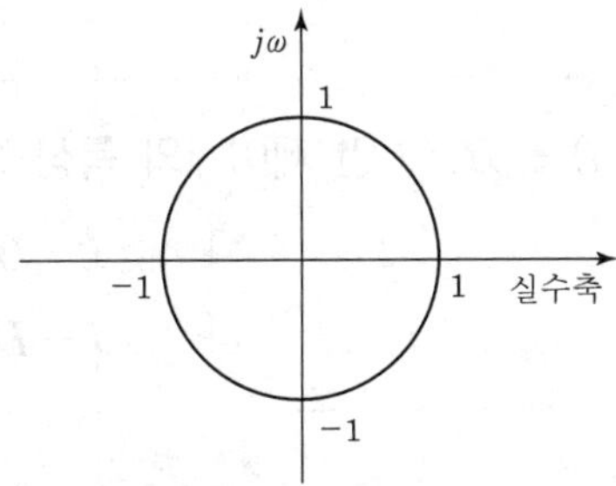

그림 4-50 **원점에 중심을 둔 반지름이 1인 단위원**

z 변환법을 사용한 샘플값 제어계의 해석에서는 그 제어계가 안정되기 위해서는 제어계의 z 변환 특성 방정식 $1+GH(z)=0$의 근이 $|z|=1$인 단위원 내에만 존재하여야 하고, 이들 특성근이 하나라도 $|z|=1$의 단위원 밖에 위치하면 불안정한 계를 이룬다. 또한 단위원주상에 위치할 때는 임계 안정을 나타낸다.

단원핵심문제

1 상태 방정식 $\dot{x}(t) = \boldsymbol{A}x(t) + \boldsymbol{B}r(t)$인 제어계의 특성 방정식은?

㉮ $|s\boldsymbol{I} - \boldsymbol{A}| = 0$
㉯ $|s\boldsymbol{I} - \boldsymbol{B}| = 0$
㉰ $|s(\boldsymbol{I} - \boldsymbol{A})| = I$
㉱ $|s\boldsymbol{I} - \boldsymbol{B}| = I$

KEY POINT

➲ 특성 방정식
$|s\boldsymbol{I} - \boldsymbol{A}| = 0$

2 상태 방정식 $\dot{x} = \boldsymbol{A}x + \boldsymbol{B}u$에서 $A = \begin{bmatrix} 0 & 1 \\ -2 & -3 \end{bmatrix}$일 때, 특성 방정식의 근은?

㉮ $-2,\ -3$
㉯ $-1,\ -2$
㉰ $-1,\ -3$
㉱ $1,\ -3$

KEY POINT

➲ 특성 방정식
$|s\boldsymbol{I} - \boldsymbol{A}| = 0$

$|s\boldsymbol{I} - \boldsymbol{A}| = \begin{vmatrix} s & -1 \\ 2 & s+3 \end{vmatrix} = s(s+3) + 2 = s^2 + 3s + 2 = 0$

$(s+1)(s+2) = 0$

$\therefore\ s = -1,\ -2$

3 $\begin{bmatrix} 3 & 4 \\ 1 & 3 \end{bmatrix}$의 고유값(eigen value)은?

㉮ 2, 2
㉯ 1, 5
㉰ 1, 3
㉱ 2, 1

KEY POINT

➲ 특성 방정식
$|s\boldsymbol{I} - \boldsymbol{A}| = 0$

$|s\boldsymbol{I} - \boldsymbol{A}| = \begin{vmatrix} s-3 & -4 \\ -1 & s-3 \end{vmatrix} = (s-3)^2 - 4 = s^2 - 6s + 5 = 0$

$(s-1)(s-5) = 0$

$\therefore\ s = 1,\ 5$

정답 : 1.㉮ 2.㉯ 3.㉯

4 $\frac{d^2x}{dt^2}+\frac{dx}{dt}+2x=2u$의 상태 변수를 $x_1=x$, $x_2=\frac{dx}{dt}$라 할 때, 시스템 매트릭스 (system matrix)는?

㉮ $\begin{bmatrix} 0 & 2 \\ 1 & 1 \end{bmatrix}$　　㉯ $\begin{bmatrix} 0 & 1 \\ -2 & -2 \end{bmatrix}$

㉰ $\begin{bmatrix} 0 & 1 \\ -2 & -1 \end{bmatrix}$　　㉱ $\begin{bmatrix} 0 \\ 2 \end{bmatrix}$

KEY POINT

➲ 상태 방정식은 n차 방정식을 1차 미분 방정식으로 바꾸어서 행렬을 이동 표현한 것으로 미분 방정식의 차수만큼 상태 변수를 정해 표현한다.

$\dot{x}(t)=\boldsymbol{A}x(t)+\boldsymbol{B}r(t)$

여기서, $\boldsymbol{A}$: 시스템 행렬, $\boldsymbol{B}$: 제어 행렬

상태 변수 $x_1=x$

$x_2=\frac{dx}{dt}$

상태 방정식 $\dot{x}_1=x_2$

$\dot{x}_2=-2x-\frac{dx}{dt}+2u=-2x_1-x_2+2u$

$$\begin{bmatrix} \dot{x}_1 \\ \dot{x}_2 \end{bmatrix}=\begin{bmatrix} 0 & 1 \\ -2 & -1 \end{bmatrix}\begin{bmatrix} x_1 \\ x_2 \end{bmatrix}+\begin{bmatrix} 0 \\ 1 \end{bmatrix}u$$

∴ 시스템 매트릭스 $\boldsymbol{A}=\begin{bmatrix} 0 & 1 \\ -2 & -1 \end{bmatrix}$

5 다음 운동 방정식으로 표시되는 계의 계수 행렬 A는 어떻게 표시되는가?

$$\frac{d^2c(t)}{dt^2}+3\frac{dc(t)}{dt}+2c(t)=r(t)$$

㉮ $\begin{bmatrix} -2 & -3 \\ 0 & 1 \end{bmatrix}$　　㉯ $\begin{bmatrix} 1 & 0 \\ -3 & -2 \end{bmatrix}$

㉰ $\begin{bmatrix} 0 & 1 \\ -2 & -3 \end{bmatrix}$　　㉱ $\begin{bmatrix} -3 & -2 \\ 1 & 0 \end{bmatrix}$

KEY POINT

➲ 상태 방정식은 n차 방정식을 1차 미분 방정식으로 바꾸어서 행렬을 이동 표현한 것으로 미분 방정식의 차수만큼 상태 변수를 정해 표현한다.

$\dot{x}(t)=\boldsymbol{A}x(t)+\boldsymbol{B}r(t)$

여기서, $\boldsymbol{A}$: 시스템 행렬, $\boldsymbol{B}$: 제어 행렬

정답 : 4.㉰ 5.㉰

 상태 변수 $x_1(t)=c(t)$

$$x_2(t)=\frac{dc(t)}{dt}$$

상태 방정식 $\dot{x}_1(t)=x_2(t)$

$$\dot{x}_2(t)=-2x_1(t)-3x_2(t)+r(t)$$

$$\begin{bmatrix} \dot{x}_1(t) \\ \dot{x}_2(t) \end{bmatrix}=\begin{bmatrix} 0 & 1 \\ -2 & -3 \end{bmatrix}\begin{bmatrix} x_1(t) \\ x_2(t) \end{bmatrix}+\begin{bmatrix} 0 \\ 1 \end{bmatrix}r(t)$$

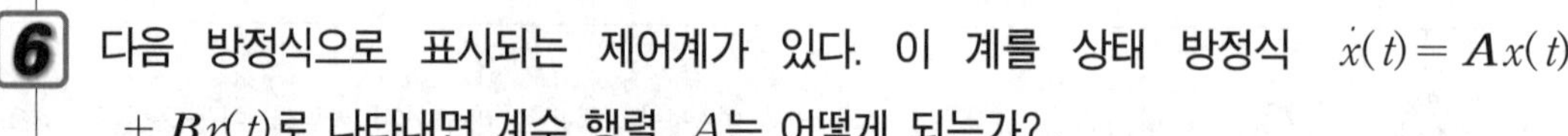

6 다음 방정식으로 표시되는 제어계가 있다. 이 계를 상태 방정식 $\dot{x}(t)=\boldsymbol{A}x(t)+\boldsymbol{B}r(t)$로 나타내면 계수 행렬 A는 어떻게 되는가?

$$\frac{d^3c(t)}{dt^3}+5\frac{d^2c(t)}{dt^2}+\frac{dc(t)}{dt}+2c(t)=r(t)$$

㉮ $\begin{bmatrix} 0 & 1 & 0 \\ 0 & 0 & 1 \\ -2 & -1 & -5 \end{bmatrix}$　　㉯ $\begin{bmatrix} 0 & 0 & 1 \\ 1 & 0 & 0 \\ 5 & 1 & 2 \end{bmatrix}$

㉰ $\begin{bmatrix} 0 & 0 & 1 \\ 1 & 0 & 0 \\ 0 & 5 & 2 \end{bmatrix}$　　㉱ $\begin{bmatrix} 0 & 1 & 0 \\ 1 & 0 & 0 \\ -2 & -1 & 0 \end{bmatrix}$

KEY POINT

➲ 상태 방정식은 n차 방정식을 1차 미분 방정식으로 바꾸어서 행렬을 이동 표현한 것으로 미분 방정식의 차수만큼 상태 변수를 정해 표현한다.

$\dot{x}(t)=\boldsymbol{A}x(t)+\boldsymbol{B}r(t)$

여기서, $\boldsymbol{A}$: 시스템 행렬, $\boldsymbol{B}$: 제어 행렬

 상태 변수 $x_1(t)=c(t)$

$$x_2(t)=\frac{dc(t)}{dt}=\frac{dx_1(t)}{dt}=\dot{x}_1(t)$$

$$x_3(t)=\frac{d^2c(t)}{dt^2}=\frac{dx_2(t)}{dt^2}=\dot{x}_2(t)$$

상태 방정식 $\dot{x}_3(t)=-2x_1(t)-x_2(t)-5x_3(t)+r$

$$\therefore \begin{bmatrix} \dot{x}_1(t) \\ \dot{x}_2(t) \\ \dot{x}_3(t) \end{bmatrix}=\begin{bmatrix} 0 & 1 & 0 \\ 0 & 0 & 1 \\ -2 & -1 & -5 \end{bmatrix}\begin{bmatrix} x_1(t) \\ x_2(t) \\ x_3(t) \end{bmatrix}+\begin{bmatrix} 0 \\ 0 \\ 1 \end{bmatrix}r(t)$$

7 state transition matrix(상태 천이 행렬) $\Phi(t)=e^{At}$에서 $t=0$의 값은?

㉮ e　　㉯ I

㉰ e^{-1}　　㉱ 0

 정답 : 6.㉮ 7.㉯

KEY POINT

$\Phi(0)=I$ $\left(I: \text{단위 행렬},\ I=\begin{bmatrix}1 & 0\\ 0 & 1\end{bmatrix}\right)$

8 천이 행렬(transition matrix)에 관한 서술 중 옳지 않은 것은? (단, $\dot{x}=\boldsymbol{A}x+\boldsymbol{B}u$이다.)

㉮ $\Phi(t)=e^{At}$

㉯ $\Phi(t)=\mathcal{L}^{-1}[s\boldsymbol{I}-\boldsymbol{A}]$

㉰ 천이 행렬은 기본 행렬(fundamental matrix)이라고도 한다.

㉱ $\Phi(s)=[s\boldsymbol{I}-\boldsymbol{A}]^{-1}$

KEY POINT

상태 천이 행렬의 성질

① $\Phi(t)=I$, 단, $I=\begin{bmatrix}1 & 0\\ 0 & 1\end{bmatrix}$인 단위 행렬

② $\dot{\Phi}(t)=A\Phi(t)$

③ $\Phi(t)=e^{At}=\sum_{k=0}^{\infty}\frac{(At)^k}{k!}$

④ $\Phi(t)=\mathcal{L}^{-1}[sI-A]^{-1}$

해설 상태 천이 행렬 $\Phi(t)=\mathcal{L}^{-1}[s\boldsymbol{I}-\boldsymbol{A}]^{-1}$

9 다음 상태 방정식으로 표시되는 제어계의 천이 행렬 $\Phi(t)$는?

$$\dot{x}=\begin{bmatrix}0 & 1\\ 0 & 0\end{bmatrix}x+\begin{bmatrix}0\\ 1\end{bmatrix}u$$

㉮ $\begin{bmatrix}0 & t\\ 1 & 1\end{bmatrix}$ ㉯ $\begin{bmatrix}0 & 1\\ 0 & t\end{bmatrix}$

㉰ $\begin{bmatrix}1 & t\\ 0 & 1\end{bmatrix}$ ㉱ $\begin{bmatrix}0 & t\\ 1 & 0\end{bmatrix}$

KEY POINT

상태 천이 행렬

$\Phi(t)=\mathcal{L}^{-1}[s\,\boldsymbol{I}-\boldsymbol{A}]^{-1}$

정답 : 8.㉯ 9.㉰

해설
$$[sI-A]=\begin{bmatrix} s & 0 \\ 0 & s \end{bmatrix}-\begin{bmatrix} 0 & 1 \\ 0 & 0 \end{bmatrix}=\begin{bmatrix} s & -1 \\ 0 & s \end{bmatrix}$$

$$[sI-A]^{-1}\frac{1}{\begin{vmatrix} s & -1 \\ 0 & s \end{vmatrix}}\begin{bmatrix} s & 1 \\ 0 & s \end{bmatrix}=\begin{bmatrix} \frac{1}{s} & \frac{1}{s^2} \\ 0 & \frac{1}{s} \end{bmatrix}$$

$\therefore$ 상태 천이 행렬 $\Phi(t)=\mathcal{L}^{-1}\{[sI-A]^{-1}\}=\mathcal{L}^{-1}\begin{bmatrix} \frac{1}{s} & \frac{1}{s^2} \\ 0 & \frac{1}{s} \end{bmatrix}=\begin{bmatrix} 1 & t \\ 0 & 1 \end{bmatrix}$

10 어떤 선형 시불변계의 상태 방정식이 다음과 같다. 상태 천이 행렬 $\Phi(t)$는? (단,

$$A=\begin{bmatrix} 0 & 0 \\ -1 & -2 \end{bmatrix},\quad B=\begin{bmatrix} 1 \\ 1 \end{bmatrix},\quad \dot{x}(t)=Ax(t)+Bu(t)$$

㉮ $\begin{bmatrix} 1 & 0 \\ (e^{-2t}-1) & 1 \end{bmatrix}$

㉯ $\begin{bmatrix} 1 & 0 \\ (e^{-2t}-1) & e^{-2t} \end{bmatrix}$

㉰ $\begin{bmatrix} 1 & 0 \\ 2(e^{-2t}-1) & e^{-2t} \end{bmatrix}$

㉱ $\begin{bmatrix} 1 & 0 \\ (e^{-2t}-1)/2 & e^{-2t} \end{bmatrix}$

KEY POINT

상태 천이 행렬

$\Phi(t)=\mathcal{L}^{-1}[sI-A]^{-1}$

해설
$$[sI-A]=\begin{bmatrix} s & 0 \\ 0 & s \end{bmatrix}-\begin{bmatrix} 0 & 0 \\ -1 & -2 \end{bmatrix}=\begin{bmatrix} s & 0 \\ 1 & s+2 \end{bmatrix}$$

$$[sI-A]^{-1}=\frac{1}{\begin{vmatrix} s & 0 \\ 1 & s+2 \end{vmatrix}}\begin{bmatrix} s+2 & 0 \\ -1 & s \end{bmatrix}=\begin{bmatrix} \frac{1}{s} & 0 \\ -\frac{1}{s(s+2)} & \frac{1}{s+2} \end{bmatrix}$$

$\therefore$ 상태 천이 행렬 $\Phi(t)=\mathcal{L}^{-1}\{[sI-A]^{-1}\}=\begin{bmatrix} 1 & 0 \\ (e^{-2t}-1)/2 & e^{-2t} \end{bmatrix}$

11 단위 계단 함수의 라플라스 변환과 z 변환 함수는?

㉮ $\frac{1}{s}$, $\frac{1}{z}$

㉯ s, $\frac{z}{1-z}$

㉰ $\frac{1}{s}$, $\frac{z}{z-1}$

㉱ s, $\frac{1}{z-1}$

KEY POINT

z 변환표

① 단위 계단 함수 : $u(t)=\frac{z}{z-1}$

② 지수 감쇠 함수 : $e^{-at}=\frac{z}{z-e^{-aT}}$

 정답 : 10.㉱ 11.㉰

해설 $\mathcal{L}[u(t)] = \frac{1}{s}$

$z[u(t)] = \frac{z}{z-1}$

12 신호 $x(t)$가 다음과 같을 때의 z 변환 함수는 어느 것인가? (단, 신호 $x(t)$는 $x(t)=0$ $t<0$, $x(t)=e^{-at}$ $t \geq 0$이며 이상(理想) 샘플러의 샘플 주기는 T[s]이다.)

㉮ $(1-e^{-at})z/(z-1)z-e^{-aT}$　　㉯ $z/z-1$

㉰ $z/z-e^{-aT}$　　㉱ $Tz/(z-1)^2$

KEY POINT

➲ z 변환표

① 단위 계단 함수 : $u(t) = \frac{z}{z-1}$

② 지수 감쇠 함수 : $e^{-at} = \frac{z}{z-e^{-aT}}$

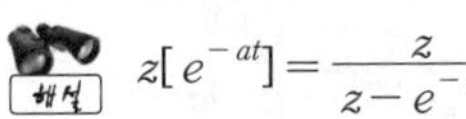
해설 $z[e^{-at}] = \frac{z}{z-e^{-aT}}$

13 z 변환 함수 $z/(z-e^{-aT})$에 대응되는 라플라스 변환과 그에 대응되는 시간 함수는?

㉮ $1/(s+a)^2$, te^{-at}

㉯ $1/(1-e^{Ts})$, $\sum_{n=0}^{\infty} \delta(t-nT)$

㉰ $a/s(s+a)$, $1-e^{-at}$

㉱ $1/(s+a)$, e^{-at}

KEY POINT

➲ z 변환표

① 단위 계단 함수 : $u(t) = \frac{z}{z-1}$

② 지수 감쇠 함수 : $e^{-at} = \frac{z}{z-e^{-aT}}$

해설 $\mathcal{L}[e^{-at}] = \frac{1}{s+a}$

$z[e^{-at}] = \frac{z}{z-e^{-aT}}$

정답 : 12.㉰ 13.㉱

14 $e(t)$의 초기값은 $e(t)$의 z 변환을 $E(z)$라 했을 때, 다음 어느 방법으로 얻어지는가?

㉮ $\lim_{z \to 0} zE(z)$ ㉯ $\lim_{z \to 0} E(z)$

㉰ $\lim_{z \to \infty} zE(z)$ ㉱ $\lim_{z \to \infty} E(z)$

해설 초기값 정리 $\lim_{t \to 0} e(t) = \lim_{z \to \infty} E(z)$

15 z 변환법을 사용한 샘플치 제어계가 안정하려면 $1 + GH(z) = 0$의 근의 위치는?

㉮ z 평면의 좌반면에 존재하여야 한다.

㉯ z 평면의 우반면에 존재하여야 한다.

㉰ $|z| = 1$인 단위원 내에 존재하여야 한다.

㉱ $|z| = 1$인 단위원 밖에 존재하여야 한다.

KEY POINT

z 변환법을 사용한 샘플치 제어계 해석

① s 평면의 좌반 평면(안정) : 특성근이 z 평면의 원점에 중심을 둔 단위원 내부

② s 평면의 우반 평면(불안정) : 특성근이 z 평면의 원점에 중심을 둔 단위원 외부

③ s 평면의 허수축상(임계 안정) : 특성근이 z 평면의 원점에 중심을 둔 단위원 원주상

16 s-평면의 어느 부분이 z-평면상에서 원점에 중심을 둔 단위 원주상으로 사상되는가?

㉮ 양(陽)의 반평면 ㉯ 실수축

㉰ 음의 반평면 ㉱ 허수축

KEY POINT

z 변환법을 사용한 샘플치 제어계 해석

① s 평면의 좌반 평면(안정) : 특성근이 z 평면의 원점에 중심을 둔 단위원 내부

② s 평면의 우반 평면(불안정) : 특성근이 z 평면의 원점에 중심을 둔 단위원 외부

③ s 평면의 허수축상(임계 안정) : 특성근이 z 평면의 원점에 중심을 둔 단위원 원주상

정답 : 14.㉱ 15.㉰ 16.㉱

제 9 장 시퀀스 제어

시퀀스란 "현상이 일어나는 순서"를 말하며, 또한 시퀀스 제어란 "미리 정해 놓은 순서 또는 일정한 논리에 의하여 정해진 순서에 따라 제어의 각 단체를 순서적으로 진행하는 제어"로 되어 있다. 시퀀스 제어의 간단한 예로서는 전기 세탁기, 자동 판매기, 엘리베이터, 교통 신호기, 또한 트랜스퍼 머신, 무인 발전소 등에 활용되고 있다.

1 논리 시퀀스 회로

(1) AND GATE(논리적인 회로)

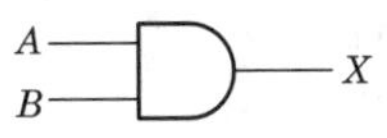

(입력) (출력)

(a) 논리 기호

$$X = AB = A \cdot B$$

(논리적)

(b) 논리식

(직렬 회로)

(c) 스위치 회로

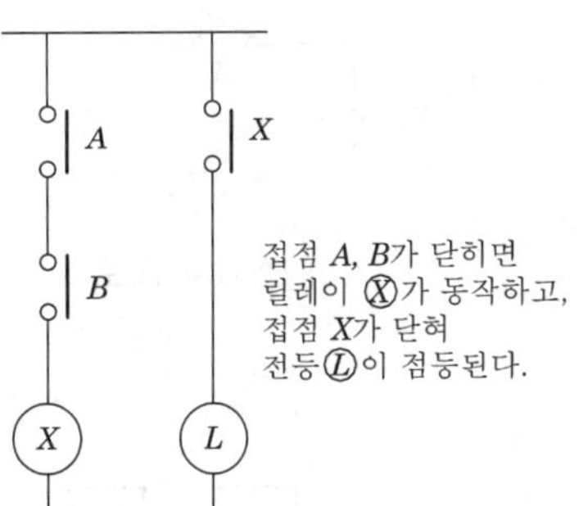

(d) 릴레이 시퀀스

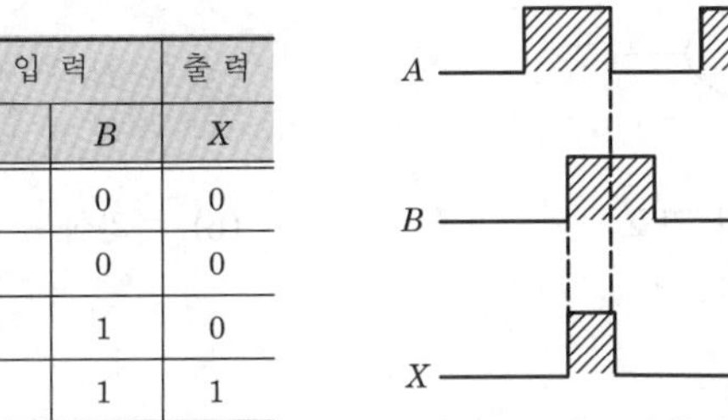

입 력		출 력
A	B	X
0	0	0
1	0	0
0	1	0
1	1	1

(e) 진리표

(f) 동작 시간표

그림 ⬆ 4-51 AND 회로

(2) NAND GATE(AND 논리적인 부정 회로)

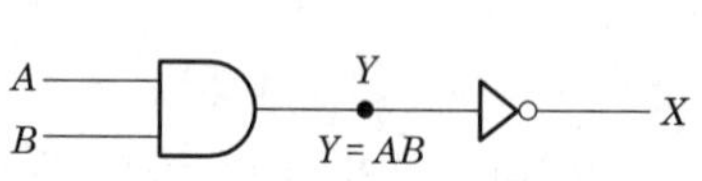

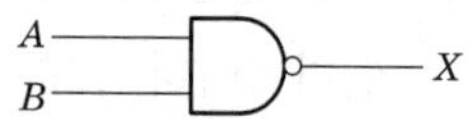

(a) 논리 기호

$$Y = AB,\ X = \overline{Y}$$
$$X = \overline{AB}$$

(b) 논리식

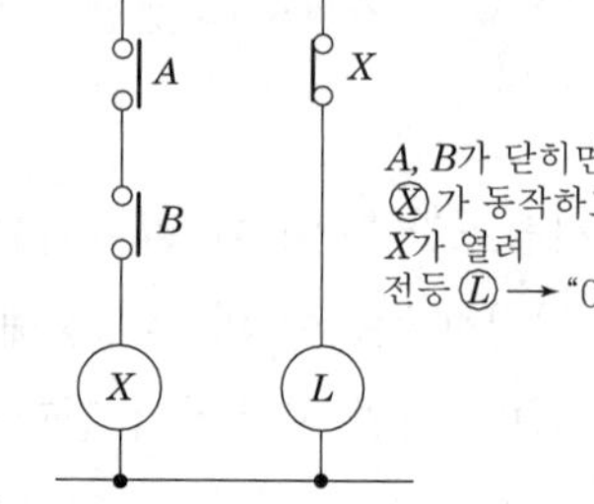

(c) 릴레이 시퀀스

A	B	X
0	0	1
0	1	1
1	0	1
1	1	0

(d) 진리표

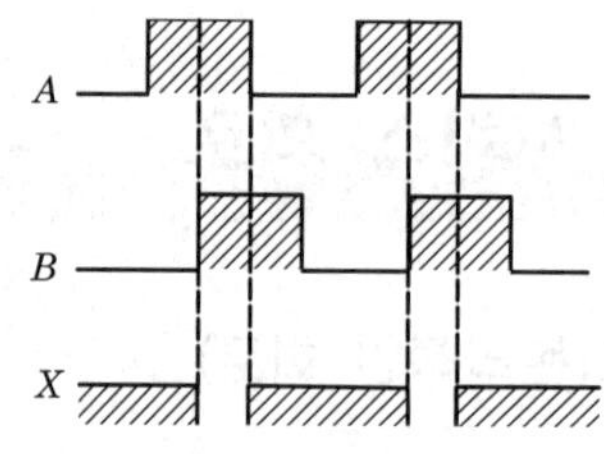

(e) 동작 시간표

그림 ➊ 4-52 NAND 회로

(3) OR GATE(논리화 회로)

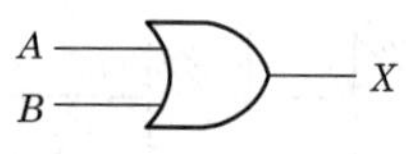

(a) 논리 기호

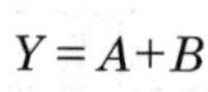

(b) 논리식

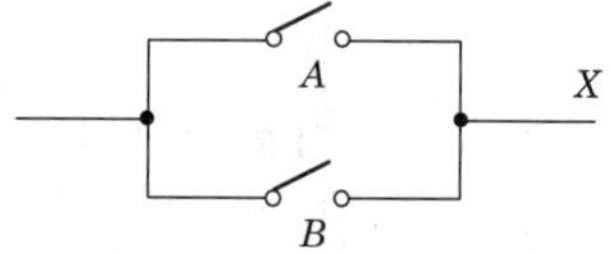

(c) 스위치 회로

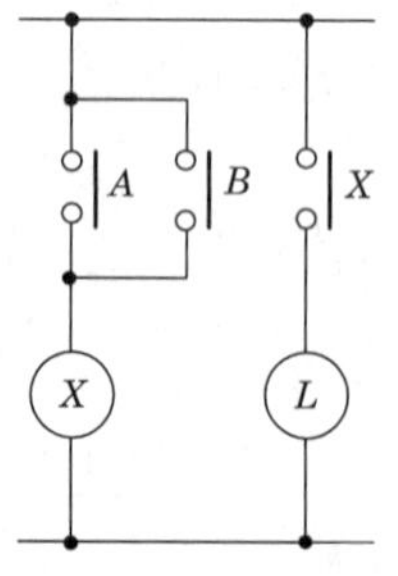

접점 A, 혹은 B가 닫히면
Ⓧ가 동작하고
접점 출력 X가 닫혀
전등 Ⓛ을 점등시킨다.

(d) 릴레이 시퀀스

A	B	X
0	0	0
0	1	1
1	0	1
1	1	1

(e) 진리표

A 1 0 1
B 1 0 1
X 1 0 1

(f) 동작 시간표

그림 ➊ 4-53 OR 회로

(4) NOR GATE(OR 논리화 부정 회로)

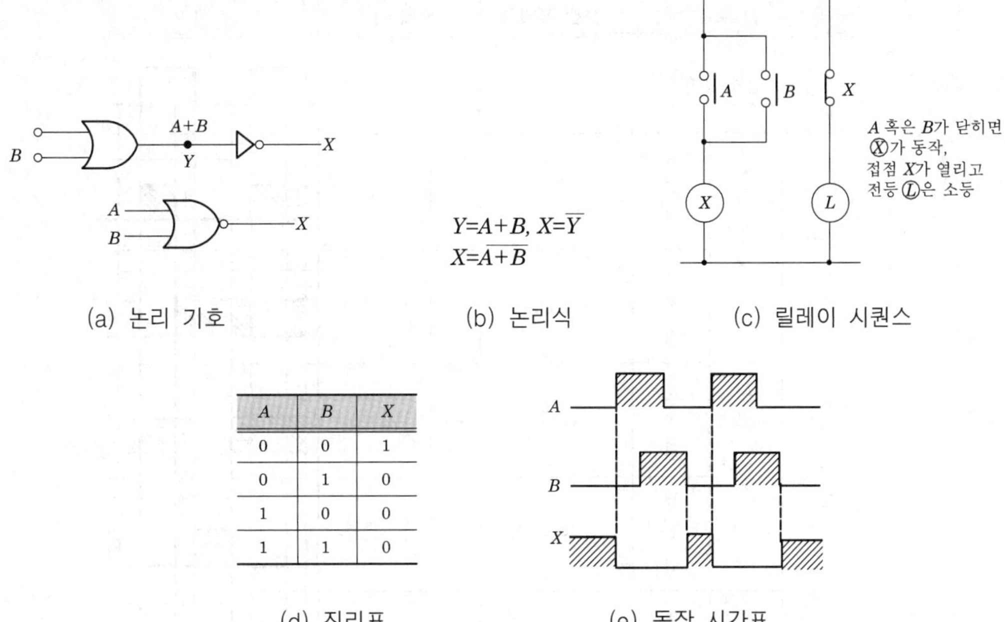

A	B	X
0	0	1
0	1	0
1	0	0
1	1	0

(d) 진리표　　(e) 동작 시간표

그림 ➊ 4-54　**NOR 회로**

(5) NOT(부정 회로)

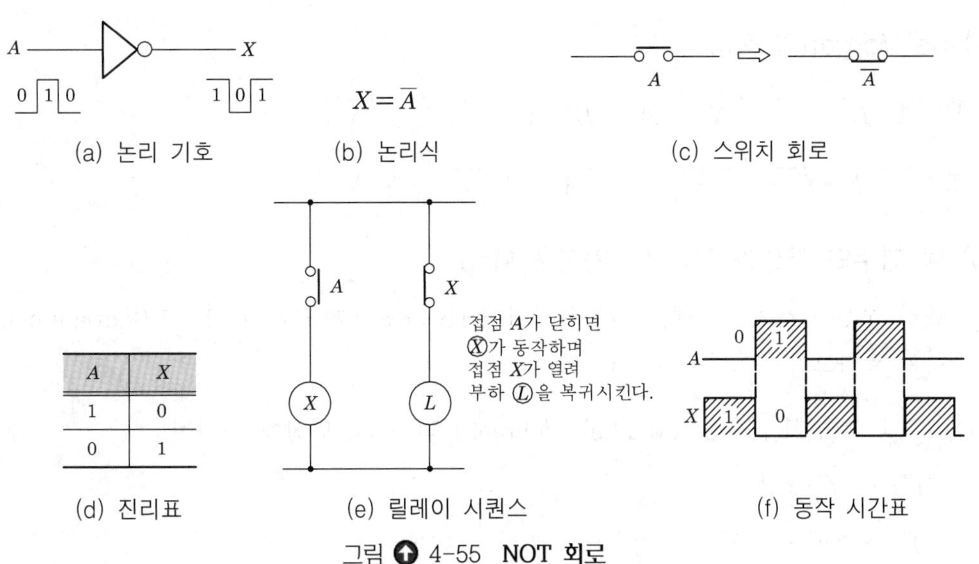

A	X
1	0
0	1

(d) 진리표

그림 ➊ 4-55　**NOT 회로**

(6) 타이머 접점에 따른 Logic 기호

신 호			접점 심벌	논리 심벌	동 작
입력 신호(코일)					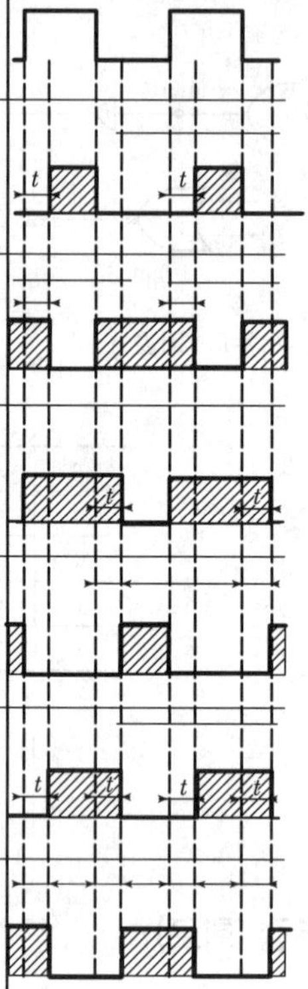
출력 신호	시한 동작 회로	a 접점		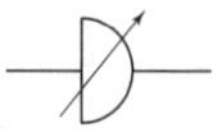	
		b 접점		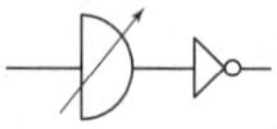	
	시한 복귀 회로	a 접점		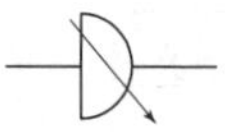	
		b 접점	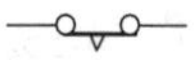	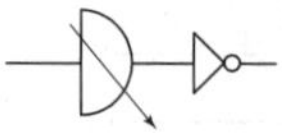	
	뒤진 회로	a 접점		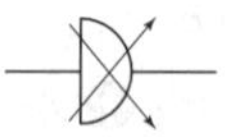	
		b 접점		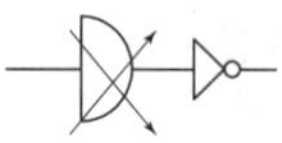	

(7) De Morgan의 정리

① $\overline{A \cdot B \cdot C \cdot \cdot \cdot N} = \overline{A} + \overline{B} + \overline{C} + \cdot \cdot \cdot \cdot + \overline{N}$

② $\overline{A + B + C + \cdot \cdot \cdot \cdot + N} = \overline{A} \cdot \overline{B} \cdot \overline{C} \cdot \cdot \cdot \overline{N}$

(8) 불 대수의 가설과 정리 및 카르노 Map

논리 구성과 식을 간단히 하기 위하여 불(Boolean)대수와 카르노 맵(karnaugh map)에 대하여 알아보자.

① 2진수 "0", "1", 접점 a(make), b(break) 및 단락, 단선에 대하여

"1" → " a" → 단락

"0" → " b" → 단선

으로 대응된다.

② A, B, C가 논리 변수일 때 다음 식이 성립한다.

㉮ **교환 법칙** $A+B=B+A$

$A \cdot B=B \cdot A$

㉯ **결합 법칙** $(A+B)+C=A+(B+C)$

$(A \cdot B) \cdot C=A \cdot (B \cdot C)$

㉰ **분배 법칙** $A+(B \cdot C)=(A+B) \cdot (A+C)$

$A \cdot (B+C)=A \cdot B+A \cdot C$

③ 2진수 "0", "1" 및 논리 변수 A, B일 때 다음이 성립한다.

㉮ $A+0=A$ OR : A, 0

$A \cdot 1=A$ AND : A, 1 ⇨ A

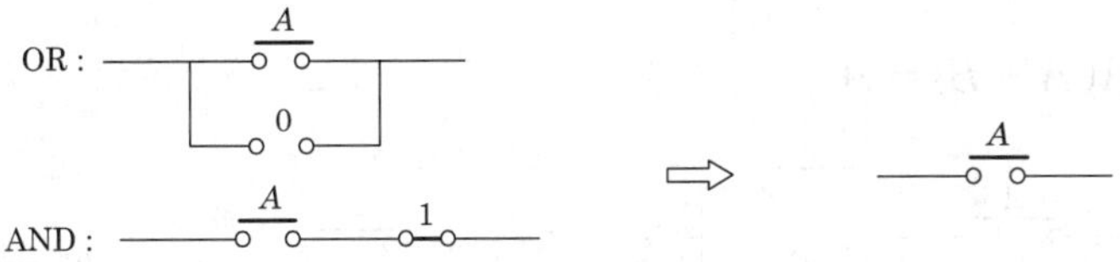

㉯ $A+A=A$ OR : A, A

$A \cdot A=A$ AND : A, A ⇨ A

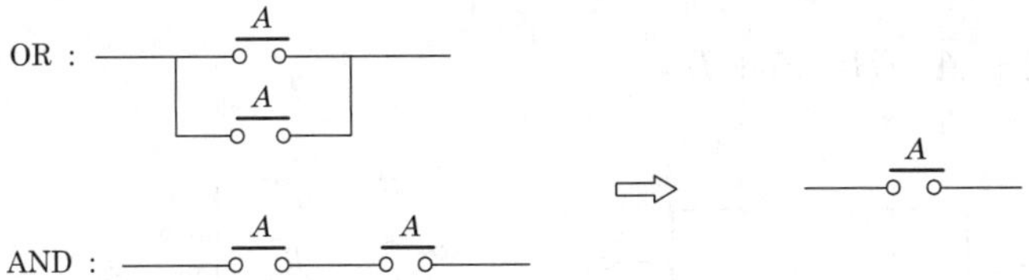

㉰ $A+1=1$ OR : A, 1

$A+\overline{A}=1$ OR : A, $\overline{A}$ ⇨ 1

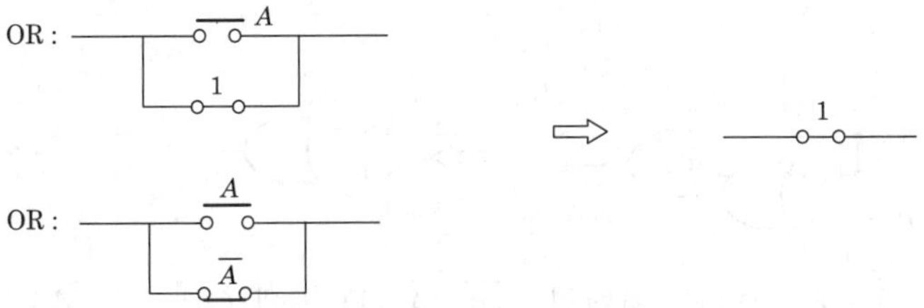

㉱ $A \cdot 0=0$ AND : A, 0

$A \cdot \overline{A}=0$ AND : A, $\overline{A}$ ⇨ 0

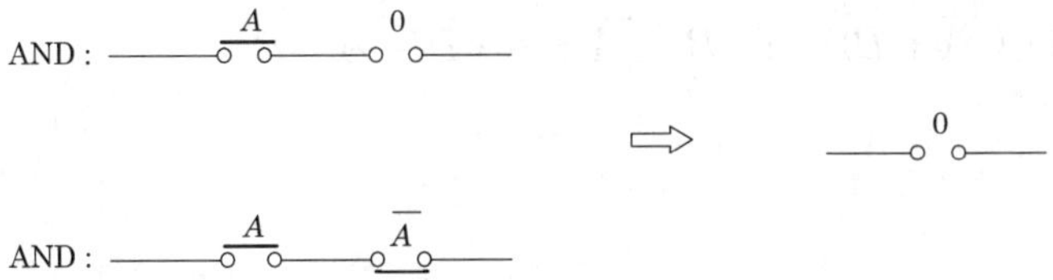

④ **부정의 법칙**

$\overline{\overline{A}}=A$, $\overline{\overline{A \cdot B}}=A \cdot B$

$\overline{\overline{A+B}}=A+B$, $\overline{\overline{\overline{A} \cdot B}}=\overline{A} \cdot B$

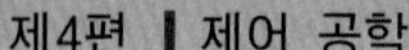

⑤ "0"과 "1"의 연산

$0+0=0,\quad 0+1=1,\quad \overline{0}=1$

$0 \cdot 1=1,\quad 1 \cdot 1=1,\quad \overline{1}=0$

⑥ 식의 간단화

㉮ $A+A \cdot B=AA+AB=A(1+B)=A \cdot 1=A(1+B)=A$

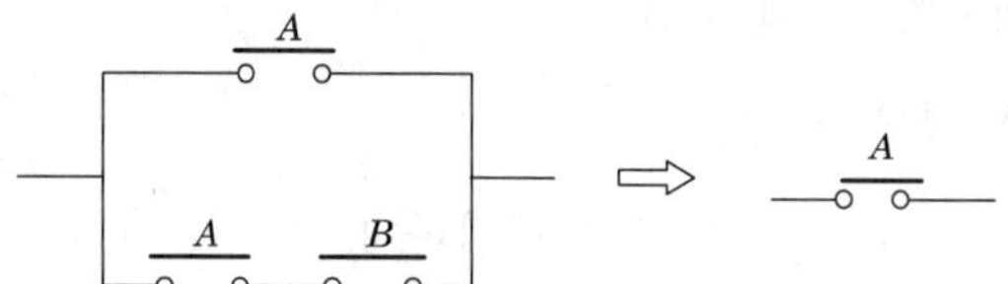

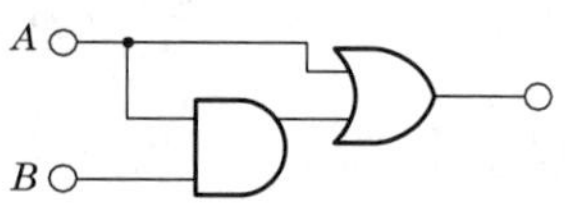

㉯ $A(A+B)=A$

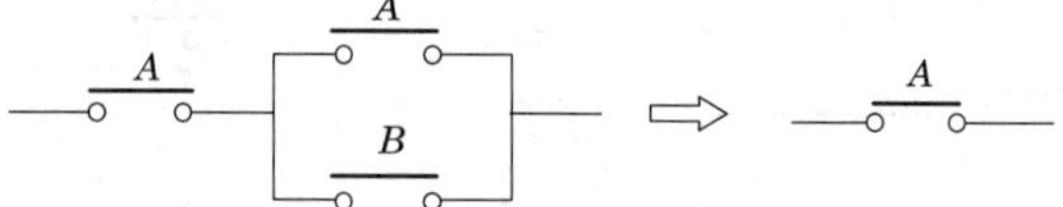

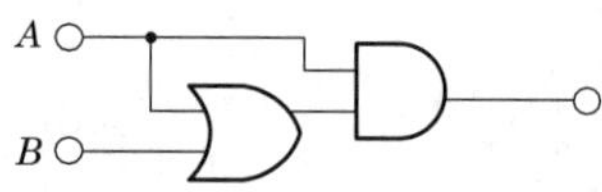

㉰ $A+\overline{A} \cdot B=A+B$

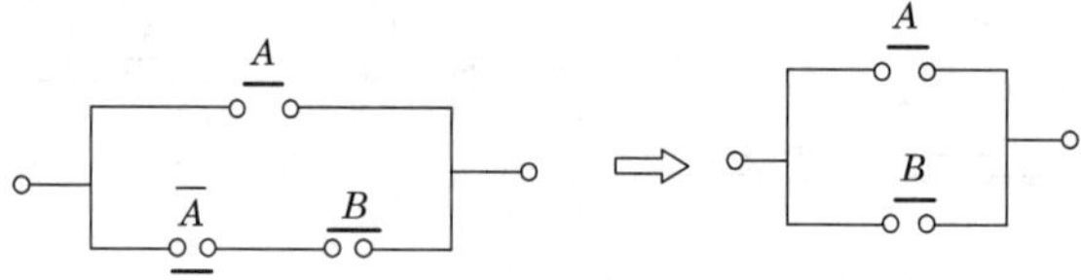

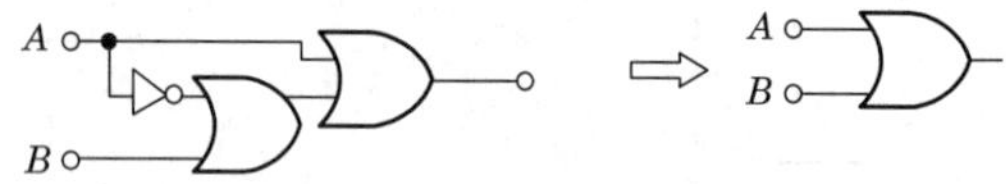

$\overline{A} \cdot B$ 직렬과 A병렬, $\overline{A}$ AND B에 OR A, $\overline{A}$는 관계없다.

㉱ $A \cdot (\overline{A}+B)=A \cdot B,\quad \overline{A}+A \cdot B=\overline{A}+B$

단원핵심문제

1 그림과 같은 결선도는 전자 개폐기의 기본 회로도이다. 그림 중에서 OFF 스위치와 보조 접점 b를 나타낸 것은?

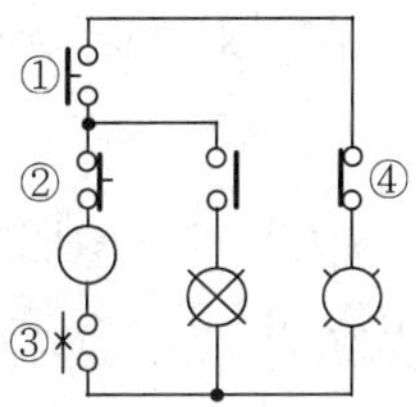

㉮ OFF 스위치 ①, 보조 접점 b ④
㉯ OFF 스위치 ②, 보조 접점 b ③
㉰ OFF 스위치 ③, 보조 접점 b ②
㉱ OFF 스위치 ④, 보조 접점 b ①

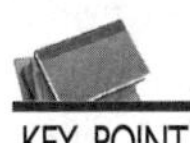
KEY POINT

➲ ① OFF 스위치
② ON 스위치
③ 열동 계전기 접점
④ 보조 접점

2 그림과 같은 계전기 접점 회로의 논리식은?

㉮ $A+B+C$
㉯ $(A+B)C$
㉰ $A \cdot B+C$
㉱ $A \cdot B \cdot C$

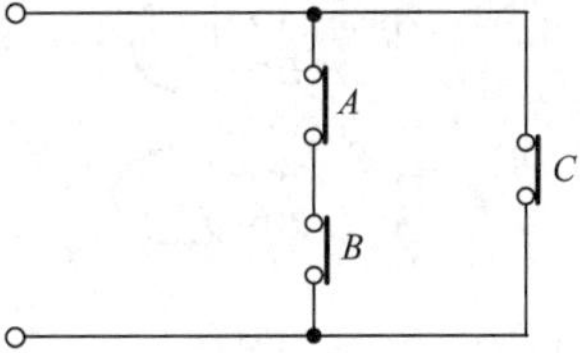

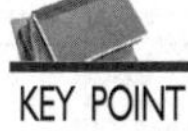
KEY POINT

➲ A와 B는 직렬이므로 AND 회로이고, 이것과 C가 병렬이므로 OR이다.

해설

논리식$=A \cdot B+C$

정답 : 1.㉮ 2.㉰

3 논리 회로의 종류에 대한 설명이 잘못된 것은?

㉮ AND 회로 : 입력 신호 A, B, C의 값이 모두 1일 때에만 출력 신호 Z의 값이 1이 되는 회로로, 논리식은 $A \cdot B \cdot C = Z$로 표시한다.

㉯ OR 회로 : 입력 신호 A, B, C 중 어느 한 값이 1이면 출력 신호 Z의 값이 1이 되는 회로로, 논리식은 $A+B+C=Z$로 표시한다.

㉰ NOT 회로 : 입력 신호 A와 출력 신호 Z가 서로 반대로 되는 회로로, 논리식은 $\overline{A}=Z$로 표시한다.

㉱ NOR 회로 : AND 회로의 부정 회로로, 논리식은 $A+B=C$로 표시한다.

KEY POINT

① **NOR 회로** : OR 회로의 부정 회로

② **NAND 회로** : AND 회로의 부정 회로

AND 회로에 NOT 회로를 접속한 것은 NAND 회로로서, 논리식은 $C=\overline{A \cdot B}$이다.

4 다음 논리 회로의 출력 X_o는?

㉮ $A \cdot B \cdot \overline{C}$

㉯ $(A+B)\overline{C}$

㉰ $A+B+\overline{C}$

㉱ $AB\overline{C}$

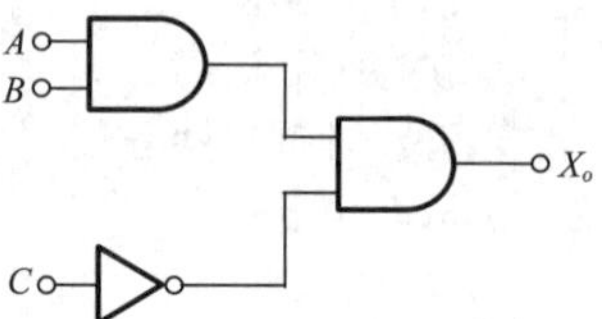

KEY POINT

기본 논리 회로

① AND 회로 :

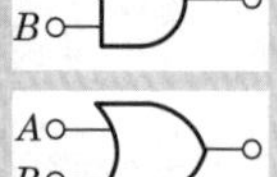

② NOT 회로 :

③ OR 회로 :

A, B

$X_o=(A \cdot B) \cdot \overline{C}=AB\overline{C}$

5 다음 논리식 중 다른 값을 나타내는 논리식은?

㉮ $XY+X\overline{Y}$

㉯ $(X+Y)(X+\overline{Y})$

㉰ $X(X+Y)$

㉱ $X(\overline{X}+Y)$

정답 : 3.㉱ 4.㉮ 5.㉱

KEY POINT

➡ $A+0=A$, $A\cdot 1=A$, $A+\overline{A}=1$

$A\cdot 0=0$, $A\cdot \overline{A}=0$

해설

㉮ $XY+\overline{X}\overline{Y}=X(Y+\overline{Y})=X\cdot 1=X$

㉯ $(X+Y)(X+\overline{Y})=XX+X(Y+\overline{Y})+Y\overline{Y}=X+X\cdot 1+0=X+X=X$

㉰ $X(X+Y)=XX+XY=X+XY=X(1+Y)=X\cdot 1=X$

㉱ $X(\overline{X}+Y)=X\overline{X}+XY=0+XY=XY$

6 그림의 논리 회로의 출력 Y를 옳게 나타내지 못한 것은?

㉮ $Y=A\overline{B}+AB$

㉯ $Y=A(\overline{B}+B)$

㉰ $Y=A$

㉱ $Y=B$

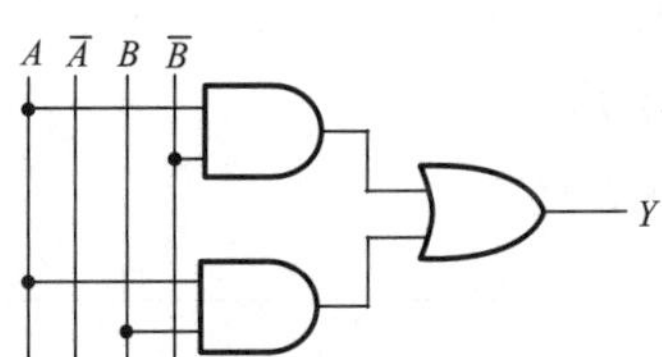

KEY POINT

➡ ① AND 회로 : 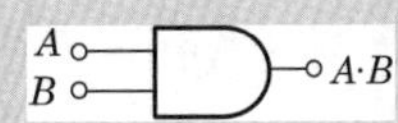

② OR 회로 : 

해설

$Y=A\cdot\overline{B}+A\cdot B=A(\overline{B}+B)=A$

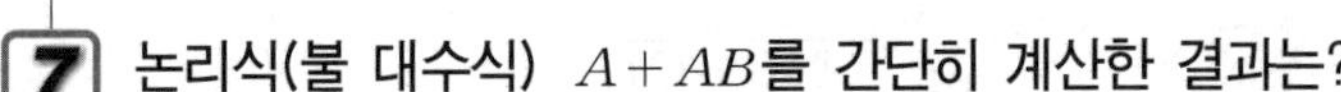

7 논리식(불 대수식) $A+AB$를 간단히 계산한 결과는?

㉮ A

㉯ $\overline{A}+B$

㉰ $A\overline{B}$

㉱ $A+B$

KEY POINT

➡ $A+0=A$, $A\cdot 1=A$, $A+\overline{A}=1$

$A\cdot 0=0$, $A\cdot \overline{A}=0$

해설

$A+AB=A(1+B)=A\cdot 1=A$

8 논리식 $L=\overline{X}\cdot\overline{Y}+\overline{X}\cdot Y+X\cdot Y$를 간단히 한 것은?

㉮ $X+Y$

㉯ $\overline{X}+Y$

㉰ $X+\overline{Y}$

㉱ $\overline{X}+\overline{Y}$

정답 : 6.㉱ 7.㉮ 8.㉯

KEY POINT

➔ $A+0=A$, $A\cdot 1=A$, $A+\overline{A}=1$

$A\cdot 0=0$, $A\cdot\overline{A}=0$

$L=\overline{X}\cdot\overline{Y}+\overline{X}\cdot Y+X\cdot Y=\overline{X}(\overline{Y}+Y)+X\cdot Y=\overline{X}+X\cdot Y$

$=(\overline{X}+X)\cdot(\overline{X}+Y)=\overline{X}+Y$

9 그림과 같은 논리 회로에서 출력 F의 값은?

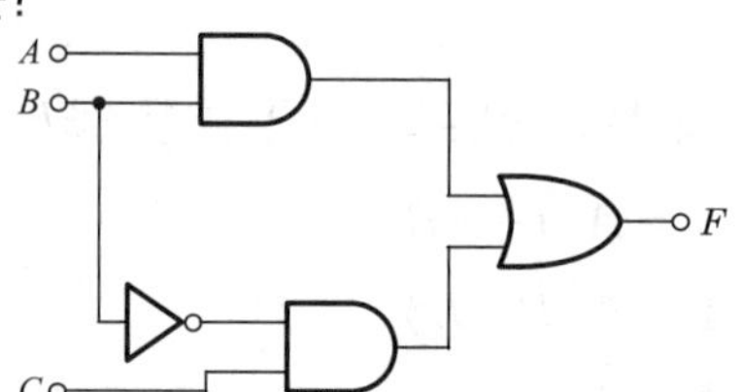

㉮ A

㉯ $\overline{A}BC$

㉰ $AB+\overline{B}C$

㉱ $(A+B)C$

KEY POINT

➔ ① AND 회로 : 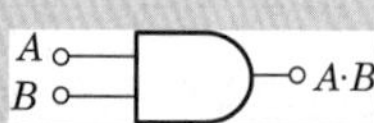

② OR 회로 : A, B → A+B

$F=AB+\overline{B}C$

10 $\overline{A}+\overline{B}\cdot\overline{C}$와 동일한 것은?

㉮ $\overline{A+BC}$

㉯ $\overline{A(B+C)}$

㉰ $\overline{A\cdot B+C}$

㉱ $\overline{A\cdot B}+C$

KEY POINT

➔ 드 모르간의 법칙

$\overline{A\cdot B}=\overline{A}+\overline{B}$, $\overline{A+B}=\overline{A}\cdot\overline{B}$, $\overline{\overline{A}}=A$

$\overline{A(B+C)}=\overline{A}+\overline{B}\cdot\overline{C}$

11 다음은 2값 논리계를 나타낸 것이다. 출력 Y는?

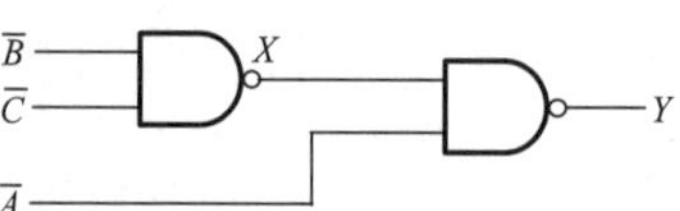

㉮ $Y=A+\overline{B}\cdot\overline{C}$

㉯ $Y=B+A\cdot C$

㉰ $Y=\overline{A}+B\cdot C$

㉱ $Y=B+\overline{A}\cdot C$

정답 : 9.㉰ 10.㉯ 11.㉮

KEY POINT

➲ 드 모르간의 법칙

$\overline{A\cdot B}=\overline{A}+\overline{B}$, $\overline{A+B}=\overline{A}\cdot\overline{B}$, $\overline{\overline{A}}=A$

$Y=\overline{\overline{B}\cdot\overline{C}}\cdot\overline{A}=(\overline{B+C})+\overline{\overline{A}}=A+\overline{B}\,\overline{C}$

12 그림과 같은 회로의 출력 Z를 구하면?

㉮ $\overline{A}+\overline{B}+\overline{C}+\overline{D}+\overline{E}+F$

㉯ $A+B+C+D+E+\overline{F}$

㉰ $\overline{A}\,\overline{B}\,\overline{C}\,\overline{D}\,\overline{E}+\overline{F}$

㉱ $ABCDE+\overline{F}$

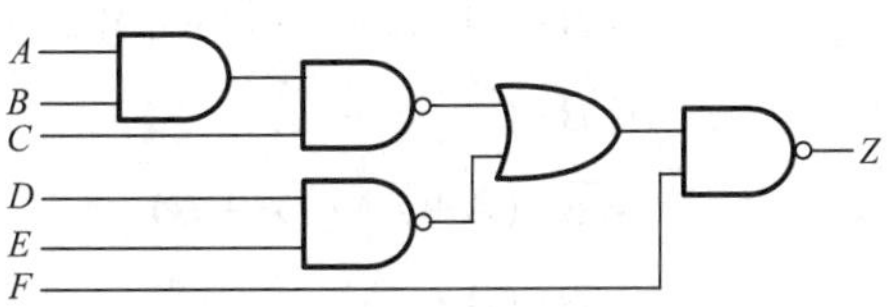

KEY POINT

➲ NAND 회로

$\overline{A\cdot B}=\overline{A}+\overline{B}$

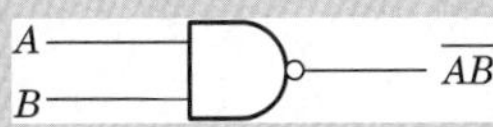

$Z=\overline{(\overline{ABC}+\overline{DE})F}=\overline{(\overline{ABC}+\overline{DE})}+\overline{F}=ABC\cdot DE+\overline{F}$

13 다음 카르노(Karnaugh) 맵을 간략히 하면?

	$\overline{C}\,\overline{D}$	$\overline{C}D$	CD	$C\overline{D}$
$\overline{A}\,\overline{B}$	0	0	0	0
$\overline{A}B$	1	0	0	1
AB	1	0	0	1
$A\overline{B}$	0	0	0	0

㉮ $y=\overline{CD}+BC$

㉯ $y=B\overline{D}$

㉰ $y=A+\overline{A}B$

㉱ $y=A+B\overline{C}D$

KEY POINT

➲ 카르노 맵

① 2^n개씩 묶는다.

② 맵은 반드시 크게 묶는다.

③ 맵의 공통 변수를 OR해서 취하면 간이화 된다.

정답 : 12.㉱ 13.㉯

 다음 논리식을 간단히 하면?

$$X=\overline{A}\,\overline{B}C+A\overline{B}\,\overline{C}+A\overline{B}C$$

㉮ $\overline{B}(A+C)$　　㉯ $\overline{C}(A+B)$

㉰ $\overline{A}(B+C)$　　㉱ $C(A+\overline{B})$

$$\begin{aligned} X &= \overline{A}\,\overline{B}C+A\overline{B}\,\overline{C}+A\overline{B}C \\ &= \overline{B}\cdot\{\overline{A}\cdot C+A\cdot\overline{C}+A\cdot C\} \\ &= \overline{B}\cdot\{\overline{A}\cdot C+A(\overline{C}+C)\} \\ &= \overline{B}\cdot\{\overline{A}\cdot C+A\} \\ &= \overline{B}\cdot(A+\overline{A})\cdot(A+C) \\ &= \overline{B}\cdot(A+C) \end{aligned}$$

정답 : 14.㉮

제 10 장 자동 제어계의 개념 및 제어 기기

1 제어계(control system)

일반적으로 제어계는 개회로 제어계와 폐회로 제어계로 분류된다.

(1) 개회로 제어계(open-loop system)

귀환 요소(feed back element)를 가지고 있지 않은 제어계

예 전기 세탁기, 전기 난로, 자동 판매기

(2) 폐회로 제어계(closed-control system)

정확하고 신뢰성 있는 제어를 하기 위해서 출력의 일부를 입력 방향으로 피드백시켜 목표값과 비교되도록 귀환 경로(feed back path)를 가지고 있는 제어계로 피드 제어계(feed back control system)라고 한다.

예 전동기의 자동 속도 제어 장치

2 귀환 제어계(feed back controlled system)의 기본적 구성과 용어 정의

일반적으로 귀환 제어계는 제어 장치와 제어 대상으로부터 형성되는 폐회계로 구성되며 그 기본적 구성과 용어의 정의는 다음과 같다.

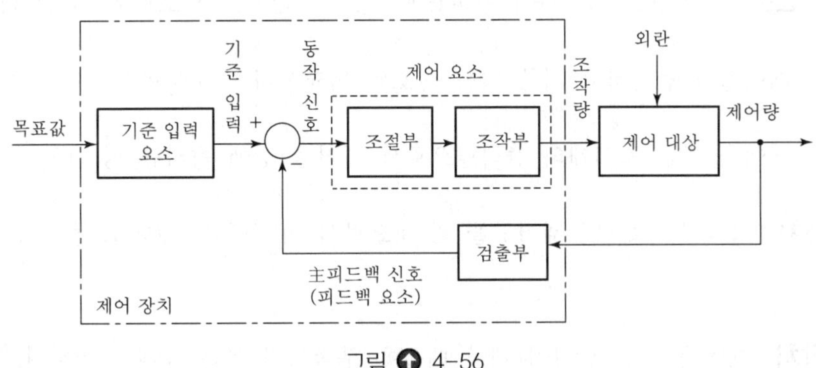

그림 ⬆ 4-56

① **목표값** : 제어량이 그 값을 갖도록 목표로 해서 외부에서 주어지는 값으로 피드백 제어계에 속하지 않는 신호이다.

② **기준 입력 신호** : 제어계를 동작시키는 기준으로 직접 제어계에 가해지는 입력 신호이다.

③ **기준 입력 요소** : 기준 입력 신호를 발생하는 요소로서 설정부라고도 한다.

④ **주피드백 신호** : 제어량을 목표값과 비교하여 동작 신호를 얻기 위해 피드백되는 신호이다.

⑤ **동작 신호** : 기준 입력과 주피드백 신호와의 차로써 제어 동작을 일으키는 신호로 편차라고도 한다.

⑥ **제어 요소** : 동작 신호를 조작량으로 변환하는 요소로서, 조절부와 조작부로 이루어진다.

⑦ **조절부** : 기준 입력과 검출부 출력을 조합하여 제어계가 소요의 작용을 하는데 필요한 신호를 만들어 조작부에 보내는 부분이다.

⑧ **조작량** : 제어 장치가 제어 대상에 가하는 제어 신호로서, 제어 장치의 출력인 동시에 제어 대상의 입력이 된다.

⑨ **조작부** : 조절부로부터 받은 신호를 조작량으로 바꾸어 제어 대상에 보내주는 부분이다.

⑩ **외란** : 제어량의 값을 교란시키려 하는 외적 작용이다.

⑪ **제어 대상** : 자기는 제어 활동을 갖지 않는 출력 발생 장치로서 제어계에서 직접 제어를 받는 장치이다.

⑫ **피드백 요소** : 제어량을 검출하여 주피드백 신호를 만드는 요소로서 검출부라고도 한다.

⑬ **검출부** : 제어량을 검출하고 기준 입력 신호와 비교시키는 부분이다.

⑭ **제어량** : 제어를 받는 제어계의 출력량으로서 제어 대상에 속하는 양이다.

⑮ **제어 편차** : 목표값으로부터 제어량을 뺀 것으로서 이 신호가 그대로 동작 신호로 되기도 한다.

⑯ **제어 장치** : 제어를 하기 위하여 제어 대상에 부착시켜 놓은 장치를 말한다.

3 자동 제어의 분류

(1) 제어 대상 또는 제어량의 성질에 의한 분류

① **프로세스 제어(process control)** : 제어량인 온도, 유량, 압력, 액위, 농도, 밀도 등이 플랜트나 생산 공정 중의 상태량을 제어량으로 하는 제어로서 프로세스에 가해지는 외란의 억제를 주목적으로 한다. 그 예는 온도, 압력 제어 장치 등이 있다.

② **서보 기구(servo mechanism)** : 물체의 위치, 방위, 자세 등이 기계적 변위를 제어량으로 해서 목표값의 임의의 변화에 추종하도록 구성된 제어계를 말하며, 비행기 및 선박의 방향 제어계, 미사일 발사대의 자동 위치 제어계, 추적용 레이더, 자동 평형 기록계 등이 이에 속한다.

③ **자동 조절(automatic regulation)** : 전압, 전류, 주파수, 회전 속도, 힘 등 전기적, 기계적 양을 주로 제어하는 것으로서 응답 속도가 대단히 빠른 것이 특징이며 정전압 장치, 발전기의 조속기 제어 등이 이에 속한다.

(2) 목표값의 성질에 의한 분류

① **정치 제어(constant-value control)** : 목표값이 시간적으로 변화하지 않고 일정값일 때의 제어이며, 프로세스 제어, 자동 조정의 전부가 이에 해당한다.

② **추종 제어(follow-up control)** : 목표값이 시간적으로 임의로 변하는 경우의 제어로서, 서보 기구가 모두 여기에 속한다.

③ **프로그램 제어(program control)** : 목표값의 변화가 미리 정하여져 있어 그 정하여진 대로 변화하는 것을 말한다.

4 피드백 제어계의 특징

피드백 제어계의 가장 중요한 특징은 다음과 같다.

① 정확성이 증가한다.

② 계의 특성 변화에 대한 입력대 출력비의 감도가 감소한다.

③ 대역 폭이 증가한다.

④ 발진을 일으키고 불안정한 상태로 되어가는 경향성이 있다.

5 제어 기기

(1) 제어계의 요소

① **기계적 부품** : 스프링, 다이어프램, 벨로스, 노즐, 스로틀, 대시 포트, 파이프, 파일럿 밸브, 피스턴 등

② **전기적 부품** : 전자석, 코일, 계전기, 열전대, 진공관, 전동기 등. 또 기기로 조립된 것으로는 기계적인 것으로 노즐 플래퍼, 다이어프램 밸브, 유압 분사관, 서보 전동기 등이 있고, 전기적인 것에는 직류 교류 변환기(converter), 전자관 증폭기(electro amplifier) 등이 있다.

(2) 조절 기기

조절부는 검출부에서 측정된 제어량을 기준 입력과 비교하여 그 차의 신호(동작 신호)를 만들고 이것을 증폭하며, 또 P, PI, PD, PID 동작 등의 조작량으로 변환하여 조작부에 보내는 부분이다. 조절부의 제어 동작은 공정 제어에 있어서 특히 중요하다. 지금 동작 신호를 x_i, 조작량을 x_o라 하면 제어 동작에는 다음과 같은 것이 있다.

① **비례 동작(P 동작)**

$$x_o = K_P x_i$$

여기서, K_P : 비례 이득(비례 감도)

〈효과〉

비례 동작은 서보 기구의 이득 조정에 상당하여 K_p를 크게 하면 제어계의 정상 편차는 개선되지만 지나치면 안정도가 나빠진다.

② **적분 동작(I동작)**

$$x_o = \frac{1}{T_I} \int x_i dt$$

여기서, T_I : 적분 시간

〈효과〉

적분 동작은 외란에 대해 I형이 되므로 잔류 편차(offset)를 없앨 수 있으나 P제어보다 안정도가 나쁘므로 단독으로 쓰이는 경우는 없다.

③ 미분 동작(D 동작)

$$x_o = T_D \frac{dx_i}{dt}$$

여기서, T_D : 미분 시간

④ 비례+적분 동작(PI 동작)

$$x_o = K_P\left(x_i + \frac{1}{T_I}\int x_i dt\right)$$

〈특징〉

㉮ K_P와 T_I는 모두 조절 가능하다.

㉯ K_P는 비례 및 적분 제어 동작 모두에 영향을 주고 T_I는 적분 제어 동작만을 조정한다.

㉰ $\frac{1}{T_I}$을 reset rate(리셋률)이라 하며 매분당 비례 제어 동작이 몇 번 반복되는가의 횟수를 나타낸다(분당 반복 횟수).

⑤ 비례 미분 동작(PD 동작)

$$x_o = K_P\left(x_i + T_D \frac{dx_i}{dt}\right)$$

〈특징〉

㉮ K_P, T_D는 모두 조절 가능하다.

㉯ 미분 제어 동작은 rate 제어라고도 하는데 x_o의 크기는 동작 신호 x_i의 변화율에 비례한다.

㉰ 미분 시간 T_D는 미분 제어 동작이 비례 제어 동작 효과보다 얼마만큼 시간적으로 앞서가는가의 시간 간격을 나타낸다.

㉱ PD 동작은 서보 기구의 진상 요소에 상당하며 속응성 개선에 사용된다.

⑥ 비례+적분+미분 동작(PID 동작)

$$x_o = K_P\left(x_i + \frac{1}{T_I}\int x_i dt + T_D\frac{dx_i}{dt}\right)$$

〈특징〉

PI 동작에 D 동작을 부가하면 부동작 시간이나 전달 지연이 있는 프로세스에서도 안정성이 향상하고 잔류 편차가 제거된다. 그러므로 PID 동작을 사용하면 정상 특성과 속응성을 동시에 개선할 수 있다.

(3) 조작 기기

조작부는 조절기에서 조절 신호를 받아 제어 대상을 직접 제어하는 부분이다. 공정에서는 보통 밸브의 개폐에 의하여 조절 신호에 비례하는 에너지 또는 원료 등의 유량을 변화시킨다. 그러므로 입력 신호를 충분한 조작력을 가지는 변위로 바꾸는 전력 증폭부와 이 변위에 대하여 유량을 변화시키는 제어 밸브로 구성된다.

조작부는 조절 신호의 종류에 따라서 공기식, 유입식 및 전기식 등으로 크게 나뉜다.

〈조작 기기의 특징〉

구 분	전기식	유압식	공기식
적응성	특성의 변경이 쉽다.	관성이 적고, 큰 출력을 얻기가 쉽다.	PID 동작을 만들기 쉽다.
속응성	늦다.	빠르다.	장거리에서는 어렵다.
전송	장거리 전송이 가능하다.	늦음은 적으나, 배관에 장거리는 어렵다.	장거리가 되면 늦음이 크게 된다.
부피 무게에 대한 출력	감속 장치가 필요하다.	저속이고, 큰 출력을 얻을 수 있다.	출력은 크지 않다.
안전성	방폭형이 필요하다.	인화성이 있다.	안전하다.

(4) 검출 기기

제어량을 검출하여 기준 입력 신호와 비교하기 위하여 필요한 변환기를 검출 기기라 한다.

〈검출 기기〉

제 어	검출기	비 고
자동 조정용	① 전압 검출기 ② 속도 검출기	전자관 및 트랜지스터 증폭기, 자기 증폭기 회전계 발전기, 주파수 검출법, 스피더
서보 기구용	① 전위차계 ② 차동 변압기 ③ 싱크로 ④ 마이크로신	권선형 저항을 이용하여 변위, 변각을 측정 변위를 자기 저항의 불평형으로 변환 변각을 검출 변각을 검출
공정 제어용	① 압력계	㉮ 기계식 압력계(벨로스, 다이어프램, 부르동관) ㉯ 전기식 압력계(전기 저항 압력계, 피라니 진공계, 전리 진공계)
	② 유량계	㉮ 조리개 유량계 ㉯ 넓이식 유량계 ㉰ 전자 유량계
	③ 액면계	㉮ 차압식 액면계(노즐, 오리피스, 벤투리관) ㉯ 플로트식 액면계
	④ 온도계	㉮ 저항 온도계(백금, 니켈, 구리, 서미스터) ㉯ 열전 온도계(백금-백금・로듐, 크로멜-알루멜, 철-콘스탄탄) ㉰ 압력형 온도계(부르동관) ㉱ 바이메탈 온도계 ㉲ 방사 온도계 ㉳ 광 온도계
	⑤ 가스 성분계	㉮ 열전도식 가스 성분계 ㉯ 연소식 가스 성분계 ㉰ 자기 산소계 ㉱ 적외선 가스 성분계
	⑥ 습도계	㉮ 전기식 건습구 습도계 ㉯ 광전관식 노점 습도계
	⑦ 액체 성분계	㉮ pH계 ㉯ 액체 농도계

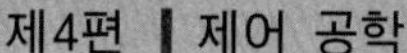

〈변환 요소〉

변환량	변환 요소
압력 → 변위	벨로스, 다이어프램, 스프링
변위 → 압력	노즐 플래퍼, 유압 분사관, 스프링
변위 → 임피던스	가변 저항기, 용량형 변환기, 가변 저항 스프링
변위 → 전압	퍼텐셔미터, 차동 변압기, 전위차계
전압 → 변위	전자석, 전자 코일
광 → 임피던스	광전관, 광전도 셀, 광전 트랜지스터
광 → 전압	광전지, 광전 다이오드
방사선 → 임피던스	GM관, 전리함
온도 → 임피던스	측온 저항(열선, 서미스터, 백금, 니켈)
온도 → 전압	열전대(백금-백금・로듐, 철-콘스탄탄, 구리-콘스탄탄, 크로멜-알루멜)

단원핵심문제

1 offset을 제거하기 위한 제어법은?

㉮ 비례 제어 ㉯ 적분 제어
㉰ on-off 제어 ㉱ 미분 제어

KEY POINT

➲ 비례 적분 제어(PI 동작)는 잔류 편차(offset : 정상 상태에서의 오차)를 제거할 목적으로 사용된다.

2 PD 제어 동작은 공정 제어계의 무엇을 개선하기 위하여 쓰이고 있는가?

㉮ 정밀성 ㉯ 속응성
㉰ 안정성 ㉱ 이득

KEY POINT

➲ PD 동작은 서보 기구의 진상 요소에 상당하며 속응성 개선에 사용된다.

해설 PD 제어 동작은 진상 요소이므로 응답 속응성의 개선에 쓰인다.

3 PD 조절기의 전달 함수 $G_c(s)=1.02+0.002s$의 영점은?

㉮ −510 ㉯ −1,020
㉰ 510 ㉱ 1,020

KEY POINT

➲ ① **영점** : 전달 함수의 분자=0의 근
② **극점** : 전달 함수의 분모=0의 근

해설 $G_c(s)=1.02+0.002s=0$

$\therefore\ s=-510$

정답 : 1.㉯ 2.㉯ 3.㉮

다음은 어떤 조절기의 출력(조작 신호) $m(t)$와 동작 신호 $e(t)$ 사이의 관계를 나타낸다. 이 조절기의 제어 동작은? (단, K_I는 상수이다.)

$$\frac{dm(t)}{dt} = K_I e(t)$$

㉮ P-I 동작　　㉯ P-D 동작
㉰ D 동작　　㉱ I 동작

KEY POINT

➲ 기본 동작(D 동작)

$$x_o = T_D \frac{dx_i}{dt}$$

여기서, x_i : 동작 신호, x_o : 조작량, T_D : 미분 시간

적분 시간이 2분, 비례 감도가 3인 PI 조절계의 전달 함수는?

㉮ $3+2s$　　㉯ $3+\frac{1}{2s}$
㉰ $\frac{2s}{6s+3}$　　㉱ $\frac{6s+3}{2s}$

KEY POINT

➲ 비례 적분 동작(PI 동작)

① 조작량 : $x_o = K_P\left(x_i + \frac{1}{T_I}\int x_i dt\right)$

② 전달 함수 : $G(s) = \frac{X_o(s)}{X_i(s)} = K_P\left(1+\frac{1}{T_I s}\right)$

해설

PI 동작(비례 적분 제어)이므로

$$x_o(t) = K_P\left[x_i(t) + \frac{1}{T_I}\int x_i(t)\,dt\right]$$

$$X_o(s) = K_P\left(1+\frac{1}{T_I s}\right)X_i(s)$$

$$\therefore\ G(s) = \frac{X_o(s)}{X_i(s)} = K_P\left(1+\frac{1}{T_I s}\right) = 3\left(1+\frac{1}{2s}\right) = \frac{6s+3}{2s}$$

정상 특성과 응답 속응성을 동시에 개선시키려면 다음 어느 제어를 사용해야 하는가?

㉮ P 제어　　㉯ PI 제어
㉰ PD 제어　　㉱ PID 제어

정답 : 4.㉰ 5.㉱ 6.㉱

KEY POINT

➲ 비례 적분 미분 동작(PID 동작) : 잔류 편차 제거 및 정상 특성과 속응성을 동시에 개선할 수 있다.

PID 제어는 사이클링과 오프셋도 제거되고 응답 속도도 빠르며 안정성도 좋다.

7 조작량 $y(t)$가 다음과 같이 표시되는 PID 동작에서 비례 감도, 적분 시간, 미분 시간은?

$$y(t)=4z(t)+1.6\frac{d}{dt}z(t)+\int z(t)dt$$

㉮ 2, 0.4, 4
㉯ 2, 4, 0.4
㉰ 4, 4, 0.4
㉱ 4, 0.4, 4

KEY POINT

➲ 비례 적분 미분 동작(PID 동작)

$$x_o=K_p\left(x_i+\frac{1}{T_i}\int x_i dt+T_D\frac{dx_i}{dt}\right)$$

여기서, K_p : 비례 감도, T_i : 적분 시간, T_D : 미분 시간

$y(t)=K_P\left[z(t)+\frac{1}{T_I}\int z(t)dt+T_D\frac{d}{dt}z(t)\right]$ 이므로

$$y(t)=4z(t)+1.6\frac{d}{dt}z(t)+\int z(t)dt$$

$$=4\left[z(t)+\frac{1}{4}\int z(t)dt+0.4\frac{d}{dt}z(t)\right]$$

$\therefore K_P=4,\ T_I=4,\ T_D=0.4$

8 $\dfrac{M(s)}{E(s)}=3+1.5s+\dfrac{1}{s}1.5$인 PID 동작에서 적분 시간($T_I$)과 미분 시간($T_D$)은 각각 얼마인가?

㉮ $T_I=2,\ T_D=2$
㉯ $T_I=0.5,\ T_D=2$
㉰ $T_I=2,\ T_D=0.5$
㉱ $T_I=1.5,\ T_D=1.5$

KEY POINT

➲ 비례 적분 미분 동작(PID 동작)

① 조작량 : $x_o=K_P\left(x_i+\frac{1}{T_I}\int x_i dt+T_D\frac{dx_i}{dt}\right)$

② 전달 함수 : $G(s)=K_P\left(1+\frac{1}{T_I s}+T_D s\right)$

정답 : 7.㉰ 8.㉰

해설 PID 동작이므로

$\therefore\ G(s)=K_P\left(1+\frac{1}{T_I s}+T_D s\right)=3\left(1+\frac{1}{2s}+\frac{1}{2}s\right)$

$\therefore\ K_P=3,\ T_I=2,\ T_D=0.5$

9 어떤 자동 조절기의 전달 함수에 대한 설명 중 옳지 않은 것은?

$$G(s)=K_P\left(1+\frac{1}{T_I s}+T_D s\right)$$

㉮ 이 조절기는 비례－적분－미분 동작 조절기이다.
㉯ K_P를 비례 감도라고도 한다.
㉰ T_D는 미분 시간 또는 레이트 시간(rate time)이라 한다.
㉱ T_I는 리셋률(reset rate)이다.

KEY POINT

➡ 비례 적분 미분 동작(PID 동작)

전달 함수 $G(s)=K_P\left(1+\frac{1}{T_I s}+T_D s\right)$

여기서, K_P : 비례 감도, T_I : 적분 시간, T_D : 미분 시간

해설 T_I는 적분 시간, $\frac{1}{T_I}$을 reset rate(리셋률)이라 한다.

정답 : 9.㉱

제 5 편 신호 공학

제 1 장 철도 신호의 개요

1 개요

철도 신호란 신호기 장치, 선로 전환기 장치, 궤도 회로 장치, 폐색 장치, 연동 장치, 건널목 보안 장치, 열차 자동 정지 장치(A.T.S. ; Automatic Train Stop), 열차 자동 제어 장치(A.T.C. ; Automatic Train Control), 열차 집중 제어 장치(C.T.C. ; Centralized Traffic Control), 신호 원격 제어 장치(R.C. ; Remote Control) 등을 말하며, 열차(차량)의 안전 운행과 수송 능력 향상을 목적으로 설치한 종합적인 시설을 말한다.

2 철도 신호의 종류

(1) 신호

기관사에게 운행의 조건을 지시

(2) 전호

종사원 상호간의 의사를 표시

(3) 표지

물체의 위치, 방향 또는 조건을 표시

형 별 / 종 류	형에 의한 것	색에 의한 것	형과 색에 의한 것	음에 의한 것
신호	중계 신호기, 진로 표시기	색등식 신호기, 수신호	완목식 신호기, 특수 신호 발광기	발보 신호, 발뇌 신호
전호	제동 시험 전호 (신호기를 사용하지 않을 때 전철 신호)	이동 금지 전호, 추진 운전 전호	입환 전호	기적 전호
표지	차막이 표지	서행 허용 표지, 입환 표지	선로 전환기 표지, 가선 종단 표지	

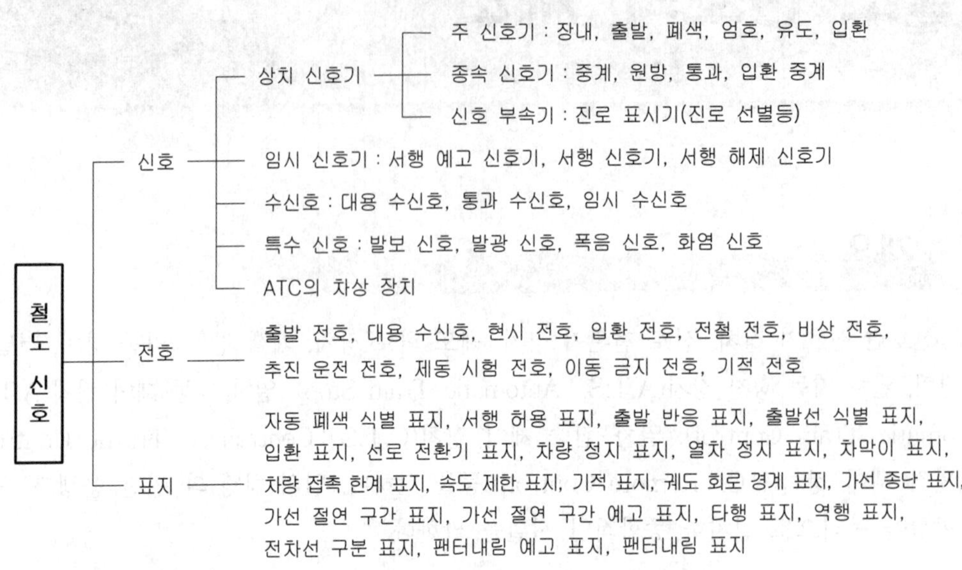

그림 ➊ 5-1 **철도 신호의 종류**

(4) 상치 신호기의 종류

① **주 신호기** : 일정한 방호 구역을 갖는 신호기이다.

㉮ **장내 신호기** : 정거장 안쪽으로 진입 가부 지시

㉯ **출발 신호기** : 정거장 바깥쪽으로 진입 가부 지시

㉰ **폐색 신호기** : 폐색 구간으로 진입 가부 지시

㉱ **엄호 신호기** : 방호 구간의 통과시 진입 가부 지시

㉲ **유도 신호기** : 장내 신호기 하단에 설치하여 도착선에 열차가 있을 때, 유도 받을 열차의 신호기 안쪽 진입 가부를 지시

㉳ **입환 신호기** : 입환 차량에게 신호기 안쪽 진입 가부를 지시

② **종속 신호기** : 주 신호기의 인식 거리(투시 거리)를 보충한다.

㉮ **중계 신호기** : 장내, 출발, 폐색 신호기에 종속하여 주 신호기 신호를 중계

㉯ **원방 신호기** : 비자동 구간에서 장내 신호기에 종속하여 장내 신호기가 진행일 때는 진행, 장내 신호기가 정지일 때는 주의를 현시

㉰ **통과 신호기** : 기계식 신호의 출발 신호기에 종속하며 장내 신호기 하위에 설치하여 출발 신호기 현시에 따라 정거장 통과 여부를 예고하는 신호기

㉱ **입환 신호 중계기** : 입환 신호기에 종속하여 그 외방에서 주체 신호기의 신호 현시가 확인하기 곤란한 경우 설비

③ **신호 부속기** : 주 신호기 하단에 설치하여 진로 개통 방향을 표시한다. 진로 표시기, 진로 선별등이라 하고, 장내, 출발, 입환 신호기에 사용하며, 등렬식과 문자식이 있다.

(5) 임시 신호기

선로의 상태가 일시적으로 열차의 정상 운전을 허용하지 않는 경우에 설치

① **서행 예고 신호기**(slow speed approach signal)

② **서행 신호기**(slow speed signal)

③ **서행 해제 신호기**

3 색등식 신호기의 신호등

구 분	전구형 신호등	LED형 신호등	LED형 신호등의 장점	비 고
수명	8개월 이하	5년 이상	유지 보수 인력 감소	
전력 소모	25[W]	12[W] 이하	비용 절감	
광도	낮음	아주 높음	현시 거리 증가	
주야 조절	기능 없음	주야 자동 조절	적절한 광도 유지	

(1) LED형 신호등의 구성

① **LED의 수** : 180개

② **구성** : 표시 램프, 단자대, 리셋 스위치, 절체 스위치

(2) LED형 신호등의 절체 스위치의 기능

① **첫 번째** : 계전기 방식 선택(삽입형, 그룹형)

② **두 번째** : 주간의 밝기 조정

③ **세 번째** : 야간의 밝기 조정

④ **네 번째** : 예비

4 신호기의 정위(평상시 상태)

(1) 장내, 출발, 엄호, 입환 신호기 : 정지(R)

(2) 유도 신호기 : 소등(무현시)

(3) 원방 신호기 : 주의(Y)

(4) 폐색 신호기

① **복선 구간** : 진행(G)
② **단선 구간** : 정지(R)

(5) 복선 자동 폐색 구간의 장내, 출발 신호기

① **주본선에 소속된 것** : 진행(G). 다만, 특별히 지정하거나 폐색 방식을 변경하여 대용 폐색 방식 또는 전령법을 시행하는 경우에는 정지 신호 현시

② **부본선에 대하는 것** : 정지(R)

5 신호 현시

(1) 다등형 3현시 : G, Y, R

(2) 다등형 4현시 : G, YG, Y, R(수도권 지상), G, Y, YY, R(수도권 지하)

(3) 다등형 5현시 : G, YG, Y, YY, R

(4) 단등형 3현시 : G, Y, R

(5) 단등형 2현시 : G, R

※ R(정지), YY(경계), Y(주의), YG(감속), G(진행)

6 신호기의 확인 거리

(1) 장내 신호기, 출발 신호기, 폐색 신호기, 엄호 신호기

600[m] 이상(다만, 해당 폐색 구간이 600[m] 이하인 경우 그 길이 이상)

(2) 수신호등 : 400[m] 이상

(3) 원방 신호기, 입환 신호기, 중계 신호기 : 200[m] 이상

(4) 유도 신호기 : 100[m] 이상

(5) 진로 표시기 : 주 신호용 200[m] 이상, 입환 신호용 100[m] 이상

7 신호기의 설치 위치

(1) 장내 신호기의 설치 위치

① 최외방 선로 전환기가 열차에 대하여 대향이 되는 경우 그 첨단 레일의 선단에서 100[m] 이상의 거리를 확보하고 장내 신호기 내방에 안전 측선이 설비된 경우는 100[m] 이내로 할 수 있다.

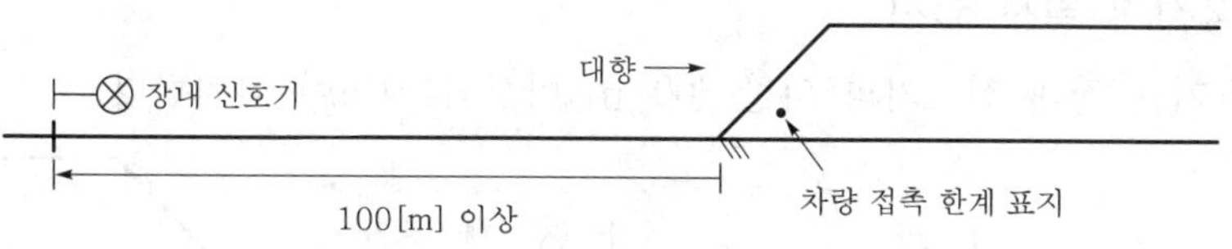

그림 5-2

② 최외방 선로 전환기가 열차에 대하여 배향이 되는 경우 또는 선로의 교차 지점에 차량 접촉 한계 표지에서 60[m] 이상을 확보한다.

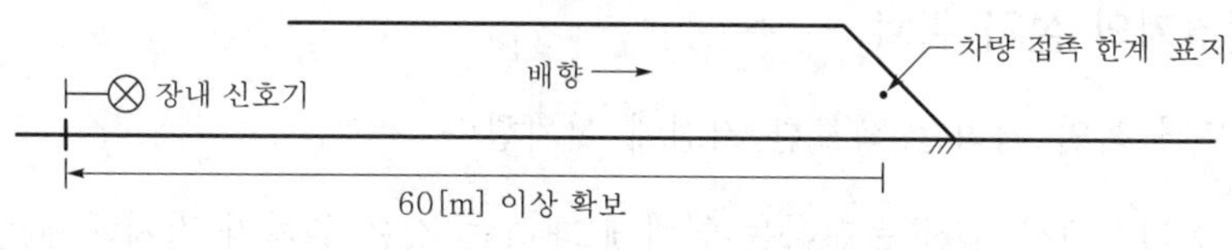

그림 5-3

(2) 출발 신호기의 설치 위치

① 출발선 최내방에 대향이 되는 선로 전환기가 있을 경우에는 그 첨단 궤조의 선단 앞에 설치한다.

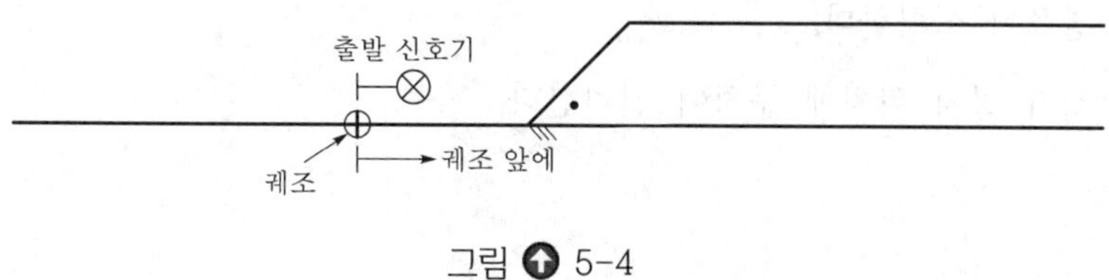

그림 5-4

② 출발선 최내방에 배향이 되는 선로 전환기 또는 선로 교차가 있는 경우에는 차량 접촉 한계 표지 앞에 설치한다.

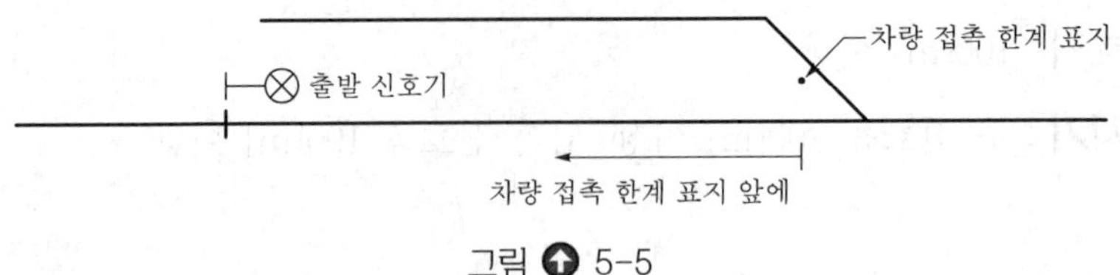

그림 5-5

(3) 유도 신호기의 설치 위치

① 장내 신호기가 진행을 지시하는 신호를 현시할 수 없을 때, 그 장내 신호기의 방호 구역에 열차를 진입시키고자 할 경우에 설치한다.

② 유도 신호기는 장내 신호기의 하위에 설치한다. 다만, 진로 표시기를 설치할 경우는 그 상위에 설치한다.

(4) 원방 신호기의 설치 위치

원방 신호기는 장내 신호기의 외방 400[m] 이상의 지점에 설치한다.

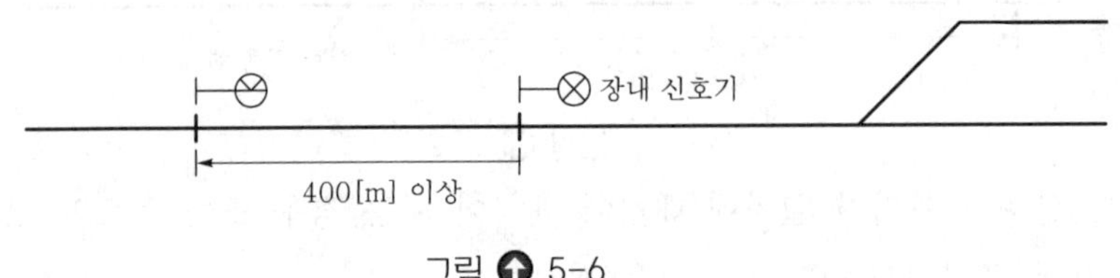

그림 5-6

(5) 중계 신호기의 설치 위치

① 신호기부터 확인 거리를 확보한 지점에 설치한다.

② 반복식 정거장에서 추진 운전하는 열차에 대하는 것은 열차가 정지해야 할 위치의 후방에서 그 중계 신호기의 현시를 확인할 수 있는 위치에 설치한다.

(6) 엄호 신호기의 설치 위치

① 정거장 또는 폐색 구간 도중에 평면 교차 분기, 기타 특수 시설로 인하여 열차 방호를 요하는 경우에 설치한다.

② 장내 신호기 설치 위치에 준하여 설치한다.

단원핵심문제

1 신호 현시의 필요 조건이 아닌 것은?

㉮ 고장일 때에는 안전쪽이 아니라도 좋다.
㉯ 현시가 간단하고, 충분한 확인 거리를 가져야 한다.
㉰ 같은 뜻의 신호는 가능한 같은 현시여야 한다.
㉱ 관계 기기와 연동이 되어 있어야 한다.

KEY POINT

① Fail - Safe : 고장시라도 안전측으로 동작하는 것
㉮ 폐전로식 궤도 회로
㉯ 전원과 피제어 기기를 양끝으로 하는 경우
㉰ 양선 제어로 하는 경우
㉱ 양선 제어 중 단락을 이용하는 경우
② Full Proof : 기기가 정상일 때 사람이 잘못된 조작을 하여도 위험에 이르지 않도록 하는 것
③ **고신뢰도화** : 이중화로 신뢰도를 향상시키는 것

해설 고장쪽일 때는 반드시 안전측으로 동작하여야 한다.

2 출발 신호기에 종속되어 그 외방(주로 장내 신호기의 하위)에 설치하여 주체 신호기에 신호 현시를 예고하는 신호기는?

㉮ 통과 신호기 ㉯ 신호 부속기
㉰ 원방 신호기 ㉱ 중계 신호기

KEY POINT

① **신호 부속기** : 주 신호기 하단에 설치하여 진로 개통 방향을 표시
② **중계 신호기** : 장내, 출발, 폐색 신호기에 종속, 주 신호기의 신호 중계
③ **원방 신호기** : 비자동 구간 장내 신호기에 종속하여 장내 신호기가 진행일 때는 진행, 장내 신호기가 정지일 때는 주의를 현시

해설 통과 신호기 : 기계식 신호의 출발 신호기에 종속하며 장내 신호기 하위에 설치하여 출발 신호기 현시에 따라 정거장 통과 여부를 예고하는 신호기

정답 : 1.㉮ 2.㉮

3 다음 중 종속 신호기가 아닌 것은?

㉮ 원방 신호기 ㉯ 엄호 신호기
㉰ 통과 신호기 ㉱ 중계 신호기

KEY POINT

➲ **종속 신호기의 종류** : 중계 신호기, 원방 신호기, 통과 신호기, 입환 신호 중계기

해설 엄호 신호기는 주 신호기이다.

4 상치 신호기의 종류로 옳은 것은?

㉮ 주 신호기, 임시 신호기, 특수 신호기
㉯ 주 신호기, 수신호기, 임시 신호기
㉰ 주 신호기, 종속 신호기, 신호 부속기
㉱ 주 신호기, 종속 신호기

KEY POINT

➲ **신호기의 종류**
① 상치 신호기 : 주 신호기, 종속 신호기, 신호 부속기
② 임시 신호기 : 서행 예고 신호기, 서행 신호기, 서행 해제 신호기

해설 상치 신호기는 주 신호기, 종속 신호기, 신호 부속기로 분류한다.

5 상치 신호기에 대한 설명으로 옳은 것은?

㉮ 서행, 서행 예고 및 서행 해제에 사용된다.
㉯ 장내, 출발, 폐색, 유도, 입환에 사용된다.
㉰ 선로의 고장 또는 수리를 하기 위해 사용된다.
㉱ 서행 신호에만 사용된다.

KEY POINT

➲ **상치 신호기**
① 주 신호기 : 장내, 출발, 폐색, 엄호, 유도, 입환 신호기
② 종속 신호기 : 중계, 원방, 통과, 입환 신호 중계기
③ 신호 부속기 : 등렬식, 문자식

정답 : 3.㉯ 4.㉰ 5.㉯

해설 임시 신호기 : 서행 예고, 서행, 서행 해제 신호기
(선로의 상태가 일시 열차의 정상 운전을 허용하지 않는 경우에 설치)

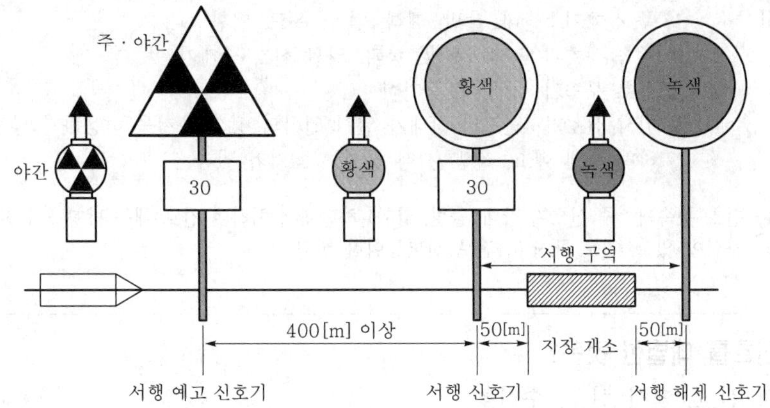

6 수도권에서 4현시 신호의 배열은?

㉮ R_0, R_1, YY, YG, G
㉯ R, Y, YG, G
㉰ R_0, R_1, YY, Y, G
㉱ R_0, R_1, Y, YG, G

KEY POINT

신호 현시 배열

① 다등형 3현시 : G, Y, R
② 다등형 4현시 : G, YG, Y, R(수도권 지상), G, Y, YY, R(수도권 지하)
③ 다등형 5현시 : G, YG, Y, YY, R
④ 단등형 3현시 : G, Y, R
⑤ 단등형 2현시 : G, R

해설 ① 수도권 지상 구간 : R_0, R_1, Y, YG, G
② 수도권 지하 구간 : R_0, R_1, YY, Y, G

7 신호 장치의 분류로 옳은 것은?

㉮ 입환 신호기는 출발 신호기의 종속 신호기이다.
㉯ 유도 신호기는 장내 신호기의 종속 신호기이다.
㉰ 서행 신호기는 주 신호기이다.
㉱ 진로 표시기는 장내 및 출발 신호기의 신호 부속기이다.

정답 : 6.㉱ 7.㉱

KEY POINT

➲ 신호 장치의 분류

① 주 신호기 : 장내, 출발, 폐색, 엄호, 유도, 입환 신호기
② 종속 신호기 : 중계, 원방, 통과, 입환 신호 중계기
③ 신호 부속기 : 등렬식, 문자식
④ 임시 신호기 : 선로의 상태가 일시 열차의 정상 운전을 허용하지 않는 경우에 설치하며 서행 예고, 서행, 서행 해제 신호기가 있음

신호 부속기 : 주 신호기(장내, 출발, 입환) 하단에 설치하여 진로 개통 방향을 표시하며 등렬식과 문자식이 있고, 진로 표시기, 진로 선별등이라 한다.

8 철도 신호를 대별한 것은?

㉮ 상치 신호, 임시 신호, 수신호
㉯ 장치 신호, 전철 전호, 열차 표시
㉰ 신호, 전호, 표지
㉱ 서행 신호, 서행 예고 신호, 서행 해제

KEY POINT

➲ 철도 신호의 종류

① 신호 : 기관사에게 운행의 조건을 지시하는 것
② 전호 : 종사원 상호간의 의사를 표시하는 것
③ 표지 : 물체의 위치, 방향 또는 조건을 표시하는 것

철도 신호란 신호, 전호, 표지를 말한다.

9 임시 신호기가 아닌 것은?

㉮ 수신호
㉯ 서행 예고 신호기
㉰ 서행 신호기
㉱ 서행 해제 신호기

KEY POINT

➲ 문제 5번 참조

임시 신호기 : 서행 예고 신호기, 서행 신호기, 서행 해제 신호기
(선로 고장이나 그 외의 이유로 열차가 정상 속도로 운전할 수 없을 때 임시로 설치하여 제한 속도로 서행하기 위한 신호기)

정답 : 8.㉰ 9.㉮

입환 표지에 대한 설명 중 옳은 것은?

㉮ 출발 신호 현시 후 현시하며 주 신호기이다.
㉯ 진행 신호 현시 후 조차원의 유도가 있어야 내방으로 진입이 가능하다.
㉰ 무유도 표시등이 첨장되어 있다.
㉱ 진행 신호 현시 후 입환 표지 내방으로 진입이 가능하다.

KEY POINT

입환 신호기와 입환 표지와의 차이점

(1) 입환 신호기
① 진로 구성 조건이 도착 지점까지 하나의 진로 궤도로 이루어지고 도착 지점 궤도에 차량이 없어야 진행 신호가 현시
② 기관사에게 운전 조건을 지시

(2) 입환 표지
① 진로별 궤도 분할이 가능하고 도착 지점에 차량이 있어도 신호가 현시
② 현장의 상태를 나타냄

해설 표지란 현장의 상태를 나타내는 것으로 입환 표지가 현시되어 있더라도 조차원(수송원)의 유도가 있어야만 진입이 가능하다.

장내 신호기의 설치 위치는 당해 진로상 최외방의 대향 분기기에서 외방 몇 [m] 이상으로 하는가?

㉮ 100 ㉯ 150
㉰ 200 ㉱ 250

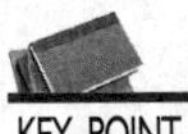
KEY POINT

장내 신호기의 설치 위치

① 대향 분기기 : 선로 분기점에서 100[m] 이상
② 배향 분기기 : 차량 접촉 한계 표지에서 60[m] 이상

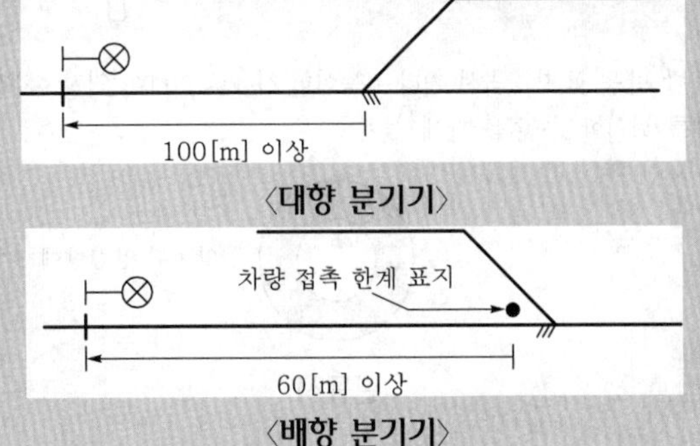

〈대향 분기기〉

〈배향 분기기〉

해설 대향 분기기에서는 분기기에서 외방 100[m] 이상의 지점에 설치한다.

정답 : 10.㉯ 11.㉮

12 열차를 출발시킬 때 역장 또는 차장이 출발 신호기의 신호 확인이 곤란한 경우 설치하는 표지는?

㉮ 열차 출발 표지　　㉯ 전철기 표지
㉰ 출발 반응 표지　　㉱ 가선 종단 표지

KEY POINT

① **열차 표지** : 열차 출발 시각 10분 전에 표시
(전면에는 기관차의 황색등으로, 후방에는 적색 표지로 표시)

② **선로 전환기 표지** : 기계식 선로 전환기 및 전기 연동 장치 중 수동 전환식 선로 전환기 표지에 사용

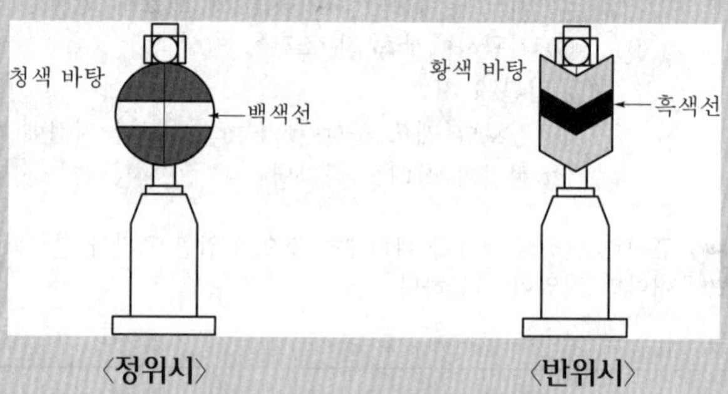

〈정위시〉　〈반위시〉

③ **가선 종단 표지** : 전차 선로가 끝나는 지점을 표시

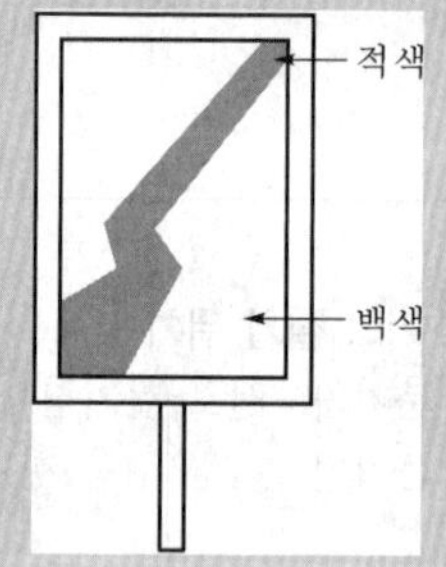

해설 출발 반응 표지 : 곡선 기타 부득이한 사유로 인하여 역장·차장 또는 기관사가 신호기의 진행 신호 현시 상태를 확인할 수 없을 때에 설치

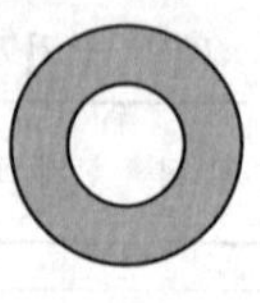

앞·뒤 양방향에 1개의 백색등을 점등

〈단등식〉

정답 : 12.㉰

그림과 같은 도식 기호는 어떤 표시인가?

㉮ 열차 정지 표지
㉯ 출발 반응 표지
㉰ 입환 전호기
㉱ 출발 전호기

KEY POINT

① 전호기

: 진로 표시기, : 입환 전호기, : 수신호 대용기, : 출발 전호기 등

② 표지

: 출발 반응 표지, : 열차 정지 표지, : 차량 정지 표지, 차막이 표지,

: 입환 표지 등

: 입환 전호기

서행 허용 표지가 있는 자동 폐색 신호기의 도식 기호는?

㉮

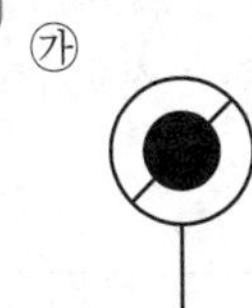

㉯

㉰

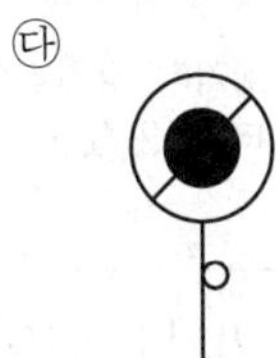

㉱

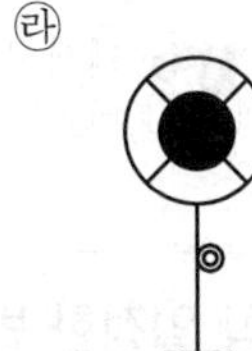

KEY POINT

: 다등형 3현시, : 다등형 4현시, : 다등형 5현시,

: 단등형 3현시, : 폐색 식별 표지 붙음, : 서행 허용 표지 붙음,

: 진행 정위, : 유도 신호기

: 서행 표지가 있는 단등형 3현시 폐색 신호기

정답 : 13.㉰ 14.㉱

15 신호기가 정지 신호를 현시하여도 일단 정지 후 제한된 속도 이하로 신호기 내방 진입을 허용함으로써 운전 효율을 높이기 위하여 설치하는 것은?

㉮ 서행 허용 표지 ㉯ 서행 예고 표지
㉰ 진입 표지 ㉱ 폐색 식별 표지

KEY POINT

폐색 신호기의 표시

① 폐색 식별 표지 : 신호기가 정지 신호를 현시하여도 일단 정지 후 제한(25[km/h])된 속도 이하로 신호기 내방 진입을 허용함으로써 운전 효율을 높이기 위하여 설치

② 서행 허용 표지 : 급한 상구배(10/1,000 이상) 또는 특히 필요하다고 인정되는 지점에 위치한 자동 폐색 신호기주에 설치한 것으로서 폐색 신호기의 정지 현시에 따라 열차가 정지하였을 때, 열차의 출발이 어려운 장소의 폐색 신호기에 열차가 일단 정지하지 않아도 좋다는 것을 표시한 것

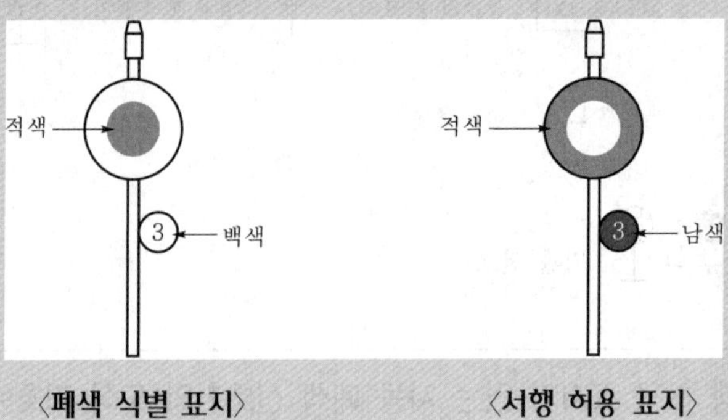

〈폐색 식별 표지〉 〈서행 허용 표지〉

해설 폐색 식별 표지는 신호기가 정지하여도 일단 정지 후 그 내방에 진입을 허용하는 신호기로 표지의 번호는 도착역에서부터 1, 2, 3, …으로 표기한다.

16 항상 일정한 방호 구역을 가지고 있으면서 정지 신호 현시에도 불구하고 신호기 내방으로 제한 속도로 진입을 허용하는 신호기는?

㉮ 장내 신호기 ㉯ 출발 신호기
㉰ 입환 신호기 ㉱ 자동 폐색 신호기

KEY POINT

① **절대 신호기** : 주 신호기, 종속 신호기

② **허용 신호기** : 폐색 신호기

해설 신호기에는 신호 현시를 정확히 따라야 하는 절대 신호기와 정지 신호 현시에도 불구하고 신호기 내방으로 진입할 수 있는 허용 신호기로 나눌 수 있다.

 정답 : 15.㉱ 16.㉱

17 지상 신호 방식에 비교할 때, 차상 신호 방식의 장점이 아닌 것은?

㉮ 신호의 오인을 방지하여 기관사의 부담을 경감할 수 있다.
㉯ 신호 현시 체계를 다양화 할 수 없으므로 표정 속도의 향상이 가능하다.
㉰ 신호 현시의 변화에 대한 응답 속도가 빨라 보완도를 향상한다.
㉱ 선로 조건이나 기상 조건 등의 주위 환경에 영향이 적다.

KEY POINT

➲ 지상 신호 방식과 차상 신호 방식의 장·단점

(1) 지상 신호 방식

선로변에 상치 신호기를 설치하고, 선행 열차의 개통 조건과 전방 진로의 구성 조건에 의해서 형 또는 색으로 신호를 현시하면 기관사가 확인한 후 열차를 운행하는 설비

① 장점
㉮ 설비비가 저렴
㉯ 지선 분기가 많은 구간과 저속 운행 구간에 적합

② 단점
㉮ 기상 악화 운행에 지장 초래
㉯ 표정 속도 및 운전 속도 단축이 곤란
㉰ 시설물이 현장에 산재되어 있어 유지 보수가 곤란

(2) 차상 신호 방식

레일을 정보 전송 매체로 사용하거나, 양선 내측에 루프 코일을 설치하여 선행 열차의 운행에 따른 궤도 회로 조건과 진로 개통 조건 및 신호 현시에 필요한 제반 조건 등, 후속 열차 운행에 필요한 정보를 코드화하여 차상에 전송하면, 차상 신호 장치에 의하여 수신되어, 차상에 주행 속도를 표시하고, 열차의 운행 속도와 신호 속도를 비교 분석하여 제동 또는 가속 장치를 연결하여 운행하는 시스템

① 장점
㉮ 기상 조건에 영향이 적음
㉯ 운전 시격 단축이 용이
㉰ 기기 집중식으로 유지 보수가 용이
㉱ 열차 운행 제어 자동화가 가능한 설비로 구축 가능

② 단점
㉮ 설비비가 고가
㉯ 운행 빈도가 낮은 구간에서는 투자비에 비해 실효성이 적다.

해설 차상 신호 방식은 신호 현시를 다양화하여 표정 속도 향상이 가능하다.

18 무유도 표시등이 있는 신호기는?

㉮ 입환 신호기 ㉯ 폐색 신호기
㉰ 유도 신호기 ㉱ 엄호 신호기

정답 : 17.㉯ 18.㉮

KEY POINT

➲ 입환 표지는 구내 입환을 위하여 전용으로 사용하나 구내 입환 후 출발 신호기로 겸용하기 위하여 입환 표지 하부에 무유도등을 붙여 사용한다.

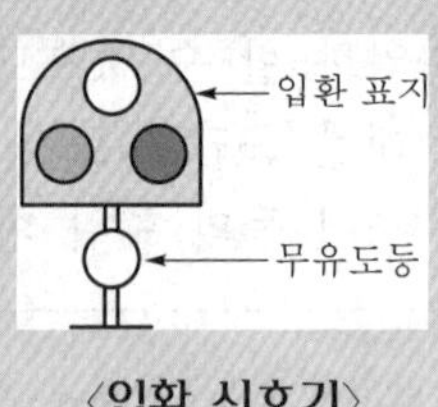

〈입환 신호기〉

입환 표지에 무유도 표시등이 붙어 있는 것을 입환 신호기라 한다.

19 시각 신호와 청각 신호를 모두 갖춘 것은?

㉮ 출발 신호기
㉯ 건널목 경보 장치
㉰ 열차 집중 제어 장치
㉱ 통표 폐색기

KEY POINT

종류 \ 형별	형에 의한 것	색에 의한 것	형과 색에 의한 것	음에 의한 것
신호	입환 신호기	색등식 신호기, 주 신호	완목식 신호기, 특수 신호 발광기	발보 신호
전호	제동 시험 전호 (신호기를 사용하지 않을 때 전철 신호)	이동 금지 전호, 추진 운전 전호	입환 전호	기뢰 전호
표지	입환 표지, 차막이 표지	입환 신호기, 무유도 표지, 열차 표지	선로 전환기 표지, 가선 종단 표지	

건널목 경보 장치는 경보등으로 시각 신호를, 경보종(혼 스피커)으로 청각 신호를 갖추고 있다.

20 입환 신호기에 대한 설명으로 틀린 것은?

㉮ 정거장 또는 폐색 구간 도중에 평면 교차 분기 등 열차 방호를 요하는 경우에 설치한다.
㉯ 구내 운전을 하는 구간의 시점에 설치한다.
㉰ 입환 신호기에는 무유도 표시등을 설치하여 운용한다.
㉱ 구내 운전을 하는 차량의 진로가 2 이상으로 분기하는 경우에는 1기로 공용할 수 있다.

정답 : 19.㉯ 20.㉮

KEY POINT

➲ 입환 신호기

① 진로 구성 조건이 도착 지점까지 하나의 진로 궤도로 이루어지고 도착 지점 궤도에 차량이 없어야 진행 신호가 현시
② 기관사에게 운전 조건을 지시
③ 입환 표지에 무유도등을 붙여서 사용
④ 구내 운전을 하는 차량의 진로가 2 이상으로 분기하는 경우 진로 표시기를 첨장하여 1기로 공용할 수 있다.

해설 엄호 신호기 : 정거장 외에 있어서 방호(평면 교차 분기 등)를 요하는 지점을 통과하려는 열차에 대하는 것으로 그 신호기의 내방으로 진입의 가부를 지시한다.

제 2 장 궤도 회로(track circuit) 장치

1 개요

궤도 회로란 레일을 전기 회로의 일부로 사용하여 회로를 구성하고 열차 및 차량의 차축에 의해 레일간을 단락함으로써 열차의 점유 유무를 검지하여 신호 장치, 선로 전환 장치, 기타의 보안 장치를 직·간접으로 제어할 목적으로 설치된 장치이다.

2 궤도 회로의 구조 및 원리

(1) 궤도 회로의 구조

① **전원 장치**

㉮ **직류 궤도 회로** : 정류기 및 축전지

㉯ **교류 궤도 회로** : 궤도 변압기, 주파수 변환기, 송신기

② **한류 장치** : 궤도 회로가 단락시 전원부에 과전류가 흐르는 것을 방지하고 전압을 조정하기 위해서 송전(−)측에 설치

③ **궤조 절연** : 인접 궤도 회로와 전기적인 절연(차단)을 위하여 접착식 절연 레일, 절연 이음매판, 콘티뉴스형 등의 궤조 절연을 사용

④ **레일 본드** : 레일 이음매 부분의 전기를 잘 흐르게 하기 위하여 설치

⑤ **점퍼선** : 동일 극성의 다른 레일 상호간을 접속시키기 위한 선

⑥ **궤도 계전기** : 궤도 회로 내에 열차(차량)의 유·무 및 회로의 전기적 조건을 다른 전기 장치에 중계할 수 있도록 설치

(2) 궤도 회로의 원리

① 궤도 회로 내에 열차가 진입하면 차축에 의하여 전기 회로가 단락되어 궤도 계전기가 무여자되고, 레일 절손 및 회로 고장시에도 무여자된다.

② 신호기는 궤도 계전기 여자 접점으로 녹색등을 현시하고 무여자 접점으로 적색등을 현시한다.

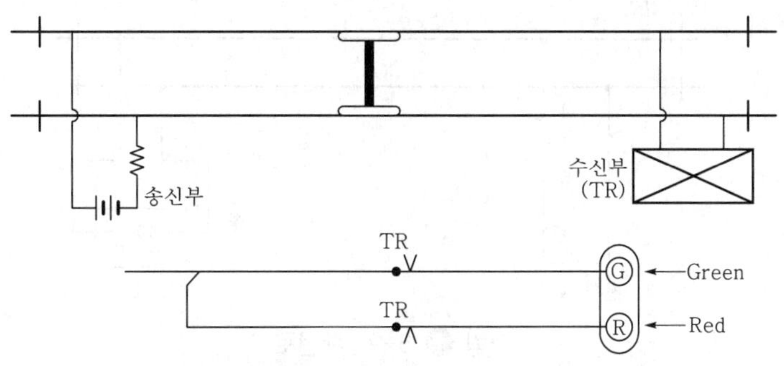

그림 5-7 **궤도 회로의 원리**

3 궤도 회로의 종류

(1) 회로 구성에 의한 분류

① **개전로식** : 궤도 회로가 상시 개방되어 전류가 흐르지 않다가 열차가 궤도 회로 내에 진입하면 차축을 통하여 전류가 흘러 궤도 계전기(TR)가 여자하는 방식

㉮ **장점** : 전력 소모가 적다.

㉯ **단점** : 위험성이 있고 안전도가 떨어진다.

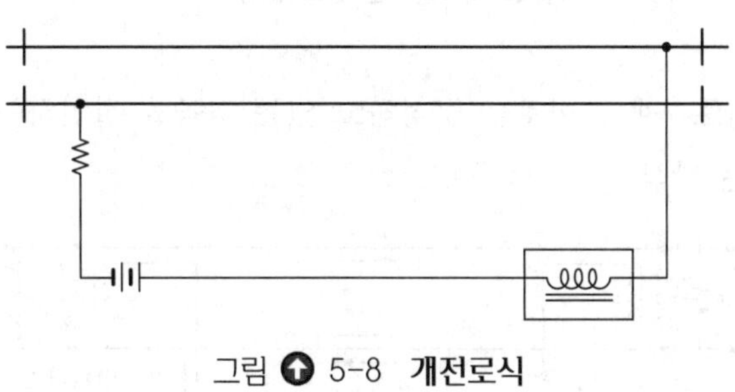

그림 5-8 **개전로식**

② **폐전로식** : 평상시 궤도 회로에 전류가 흘러 궤도 계전기는 여자 상태로 있다가 열차가 궤도 회로 내에 진입하면 차축에 의하여 궤도가 단락되어 궤도 계전기를 무여자시켜 열차를 검지하는 방식

㉮ **장점** : 전원 및 기기의 고장시나 회로의 단선시 무여자로 안전측으로 동작한다.

㉯ **단점** : 전력 소모가 많다.

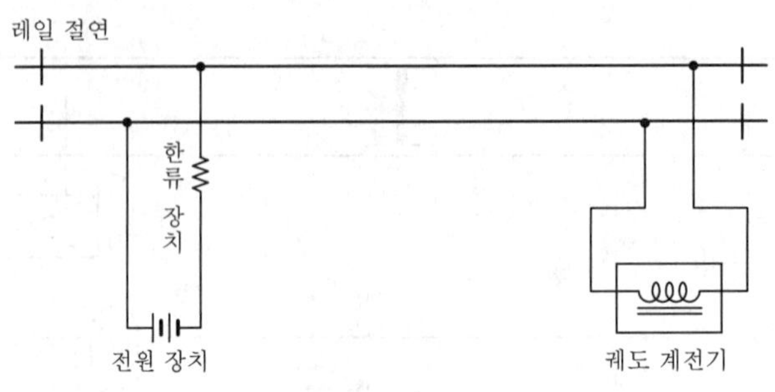

그림 ⬆ 5-9 **폐전로식**

(2) 궤조 절연 설치 방법에 의한 분류

① **단궤조식 궤도 회로** : 궤도의 한쪽만을 절연하는 방식으로 전철 구간에서 한쪽 궤도에 귀선 전류를 흘리기 위해 많이 사용하는 방식

㉮ **장점** : 복궤조식보다 절연수가 적어 설치비가 적다.

㉯ **단점** : 계전기 오동작에 의한 사고의 위험이 있다.

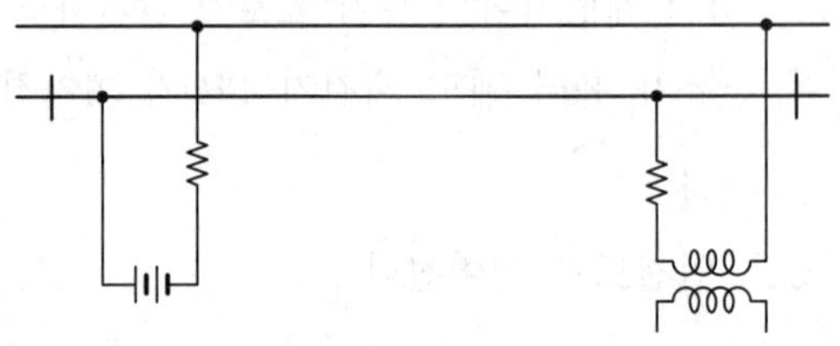

그림 ⬆ 5-10 **단궤조식 궤도 회로**

② **복궤조식 궤도 회로** : 궤도 회로를 구성하고 있는 양쪽을 절연하는 방법으로서 일반적으로 많이 사용하는 방식

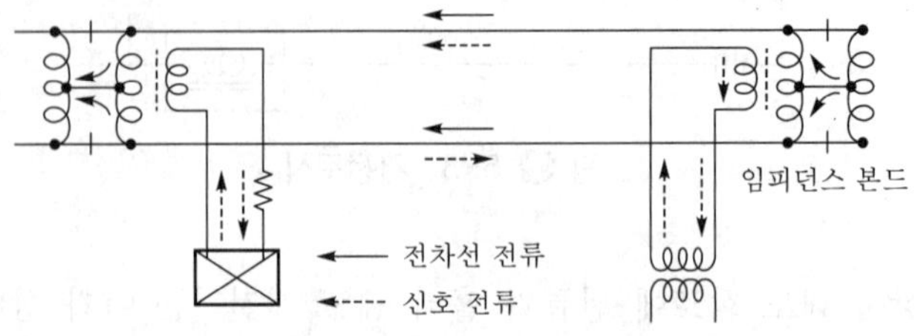

그림 ⬆ 5-11 **복궤조식 궤도 회로**

③ **무절연 궤도 회로** : 절연을 사용하지 않고 직접 궤도에 주파수를 흘려 궤도 임계점에서 상호 주파수에 대한 공진 회로를 이용하는 궤도 회로

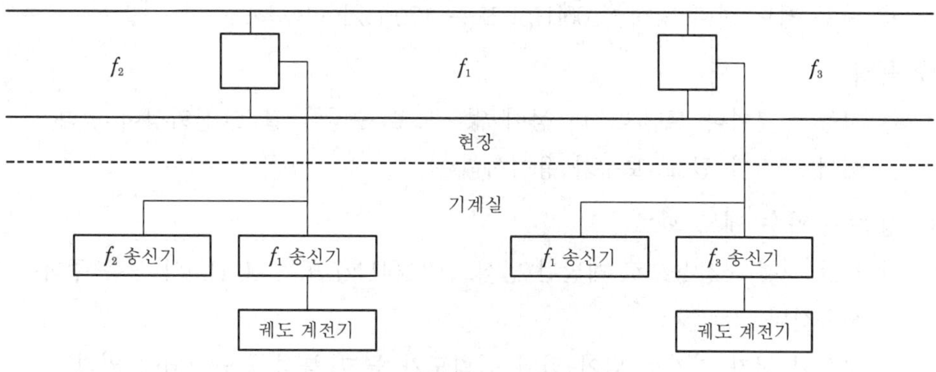

그림 5-12 **무절연 궤도 회로**

(3) 전원에 의한 분류

① **직류 및 바이어스 궤도 회로** : 직류 궤도 회로의 전원은 정전에 대비하여 부동식(평상시 충전된 전원을 정전시에 사용) 충전 방식을 사용하고 또한 건널목 경보 장치등의 확실한 교류 전원의 확보가 어려운 지역에 사용하고 있다.

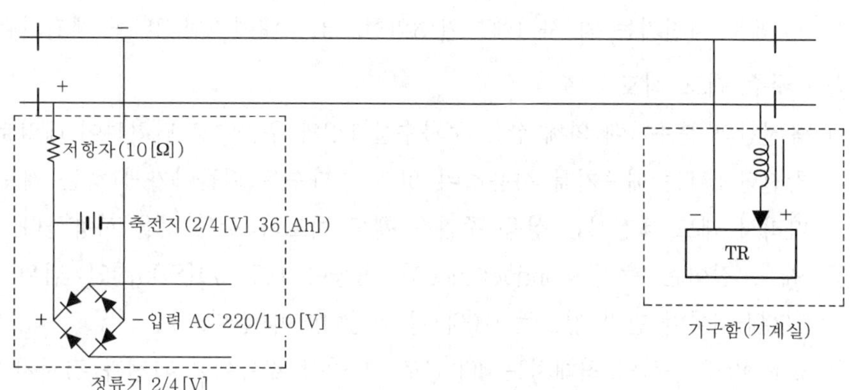

그림 5-13 **직류 궤도 회로의 구성도**

② **교류 궤도 회로** : 교류 궤도 회로(AC track circuit)는 교류 전원의 무정전 확보가 가능한 비전철 구간이나 직류 전철 구간에 많이 사용한다.

㉮ **사용 주파수에 따른 분류**

㉠ 상용 주파수 궤도 회로 방식 : 50[Hz] 또는 60[Hz]

㉡ 분주 궤도 회로 방식 : 25[Hz] 또는 50[Hz]

㉢ 배주 궤도 회로 방식 : 100[Hz] 또는 120[Hz]

㉯ **특징**

㉠ 가동 부분이나 트랜지스터 등이 없으므로 수명이 길고, 신뢰성이 높다.

㉡ 제어 구간이 길고, 보수가 용이하다.

㉰ **상용 주파수 궤도 회로**

㉠ 직류 전철 구간용으로 개발된 방식으로 50[Hz] 또는 60[Hz]의 상용 주파수 전원을 사용한다.

㉡ 구성이 전자 기기로 되어 있어 신뢰도가 높고 특성이 안정되어 있다.

㉢ 궤도 계전기는 교류 2원형 계전기를 사용하고 궤도 전압 외에 동일 주파수의 국부 전압을 주어 전압 상호간 위상을 조정한다.

㉣ 궤도 길이는 누설 conductance의 변동이 0.5~0.1[S/km]인 범위 내에서 약 1,400~1,500[m]이며 단락 감도는 0.06[Ω] 이상이어야 한다.

ⓐ 레일 표면에 대기 오염으로 피막 발생을 방지하기 위하여 궤도 계전기의 궤도 coil에 직렬 저항을 삽입한다.

ⓑ 궤도 회로 착전단 전압을 3.5~4[V]로 하여 열차 검지 성능을 개선한다.

ⓒ 궤도 계전기는 역 사이에 2원 3위형, 역 구내에 2원 2위형 계전기를 사용한다.

㉱ **분 · 배주 궤도 회로**

㉠ 송전단의 분주기에 의해 상용 주파수를 1/2의 주파수로 변화하여 레일로 송전하고, 착전단에서는 배주기를 사용하여 원래 주파수로 되돌아가게 하는 궤도 회로이다. 따라서 궤도 계전기는 상용 주파수 궤도 회로와 같은 것을 사용한다.

㉡ 궤도 길이는 누설 conductance의 변동이 0.5~0.1[S/km]인 범위 내에서 약 2,000[m]이며 단락 감도는 0.06[Ω] 이상이어야 한다.

㉢ 교류 방해 특성의 최대치는 40[A]로 그 이상 전류에는 과전류 검지기가 동작하여 궤도 계전기의 궤도측을 단락하여 오동작을 방지한다.

㉣ 궤도 회로 설치 방법에는 분산식과 집중식이 있다.

㉲ **분주 궤도 회로**

㉠ 분주 궤도 회로는 송전측에서 상용 주파수를 1/2의 주파수로 변환하여 신호 전류로서 송전하지만, 분 · 배주 궤도 회로와는 달리 송전 주파수로 착전측의 궤도 계전기

에 전압 인가하는 방식이다.

㉡ 역 구내 궤도 회로의 전원을 집중하기 위해 분주기를 대형화하여 1역 구내에 3대를 1조로 하여 설치하여 궤도 국부 예비로 나누어 사용한다. 착전측에는 궤도 회로에 유입된 방해 전압을 억제하기 위해 계전기 변압기 필터(Relay Trans Filter 부착)를 설치한다.

㉢ 궤도 회로 길이는 누설 conductance의 변동이 0.5~0.1[S/km]인 범위 내에서 약 500[m]이며 단락 감도는 0.06[Ω] 이상이어야 한다.

㉣ 교류 방해 특성은 분·배주 궤도 회로와 같이 최대 40[A]로 그 이상의 전류에 대해서는 과전류 검지기가 동작하여, 궤도 계전기의 궤도측을 단락하여 오동작을 방지한다.

㉤ 궤도 계전기는 Impedance 계전기로 정격은 25[Hz](20[V])와 30[Hz](24[V])이고, 궤도 회로는 기기실에 집중한다.

③ **정류 궤도 회로** : 교류를 정류한 맥류를 사용하는 것으로서 궤도 계전기는 직류 계전기를 사용하며 특별한 목적으로만 사용하는 방식이다.

㉮ 전파 정류식 궤도 회로

㉯ 반파 정류식 궤도 회로

④ **코드 궤도 회로** : 궤도에 흐르는 신호 전류를 소정의 횟수에 의한 코드수로 단속하고 이 코드 전류가 코드 계전기를 동작시킨 다음 복조기를 통하여 정규의 코드수일 때만 코드 반응 계전기를 동작시키는 방식이다.

㉮ **장점** : 궤도 회로 제어 거리를 증대시키고 궤도 회로 단락 감도를 향상시키며 미소한 전류에 의한 잘못된 동작을 방지한다.

㉯ **종류**

㉠ 무극 코드 방식 궤도 회로

㉡ 유극 코드 방식 궤도 회로

⑤ **AF(Audio Frequency) 궤도 회로**

㉮ 16~20,000[Hz]의 가청 주파수 사용

㉯ 차상 신호용으로 가장 적합하며 최근 디지털 신호 기술의 발달로 열차 운행 및 제어 정보를 코드화하여 차량으로 전송하는 방식을 사용

㉰ **특징**

㉠ 열차 검지 및 궤도 절손을 검지한다.

㉡ 변조 시행으로 잡음에 대한 내방해 특성이 향상되었다.
㉢ 수백[m]의 궤도 회로 제어가 가능하다.
㉣ 열차 운행 간격, 지시 속도, 운행 정보 등을 차량으로 전송한다.
㉤ 공진 회로로 무절연 궤도 회로를 만들 수 있다.

㉱ **장치의 구성**

㉠ 송신부 : 열차 검지 및 차상 신호 주파수 발진부(크리스털 발진기 사용)
㉡ 튜닝 패널 : 케이블을 통해 주파수를 궤도 회로에 전송하며 최대 제어 거리는 3[km]이고 케이블 L 성분을 튜닝 유닛의 콘덴서 C값을 조정하여 정전 용량을 보상하므로 출력되는 주파수의 전송 효율을 높이는 역할을 한다.
㉢ 커플링 유닛 : L, C 조합 회로로 불필요한 주파수를 차단하며, 해당 주파수에서 공진하므로 무절연 궤도 회로를 구성할 수 있고 AF 미니 본드 내부에 수용되어 있다.
㉣ 매칭 트랜스 : 케이블 전달 특성을 개선, 절연 변압기의 역할을 하며, AC 전철 구간의 송·수신부에 각각 2개씩 사용한다.
㉤ 감시부 : 송·수신 카드 자체 감시 회로(watch−dog)
㉥ 수신부 : 레일을 통해 들어온 수신 주파수와 송·수신 정보를 비교한 후 정류 증폭하여 궤도 계전기에 DC 7.5[V]를 출력하여 여자시킨다.

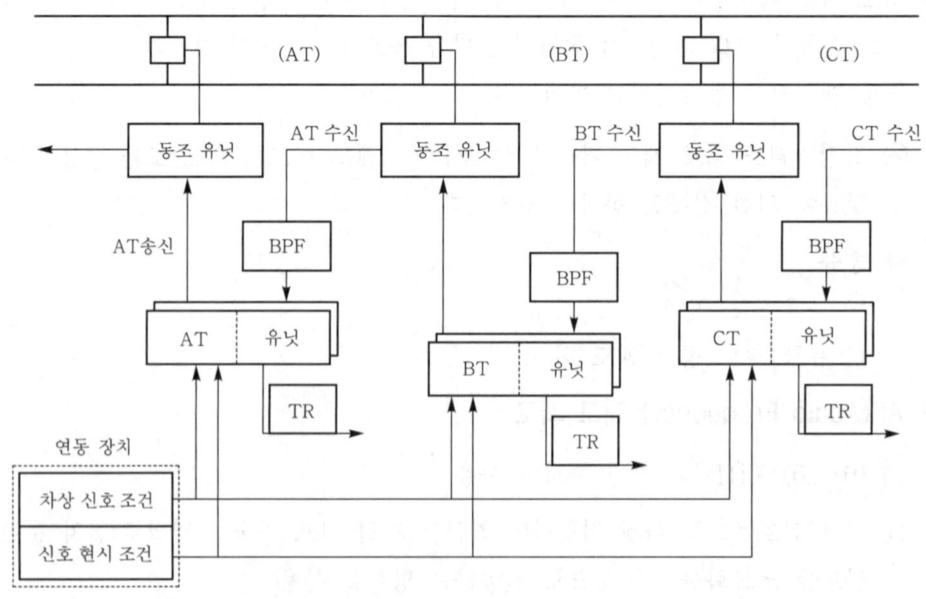

그림 5-14 **AF 궤도 회로 구성도(DC 전철 구간용)**

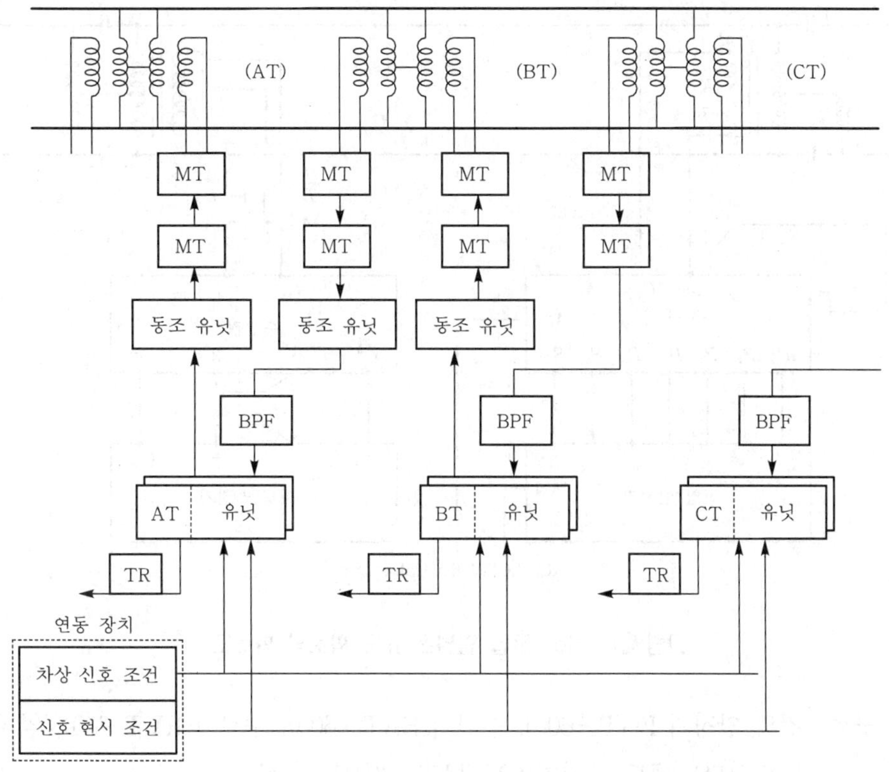

그림 ⬆ 5-15 **AF 궤도 회로 구성도(AC 전철 구간용)**

⑥ 고전압 임펄스 궤도 회로(high voltage impulse track circuit)

㉮ **개요** : 교류 25,000[V]의 전철 구간에 사용되는 복궤조 궤도 회로에서 전차선의 귀선 전류(전차 전류)는 레일을 통해 변전소로 흘려보내고 신호 전류(3[Hz])는 임피던스 본드에서 차단하여 궤도 회로를 구성하는 방식으로 최대 1[km]까지 구성이 가능하다.

㉯ **장점**

㉠ 신호 설비의 보호 성능이 높다.(전차선과 펜타의 이선 및 낙뢰 등이 발생하여 궤도 회로에 이상 전압 유기시 절연되어 보호한다.)

㉡ 내방해 특성이 커서 오동작의 우려가 적다.

㉢ D.C 임펄스 사용으로 송·수신 전압 강하가 적어 제어 구간이 길다.

㉣ 소비 전력이 50~60[VA]로 에너지 절감 효과가 크다.

㉤ 장애 발생시 고장 발견이나 부품 교환이 용이하다.

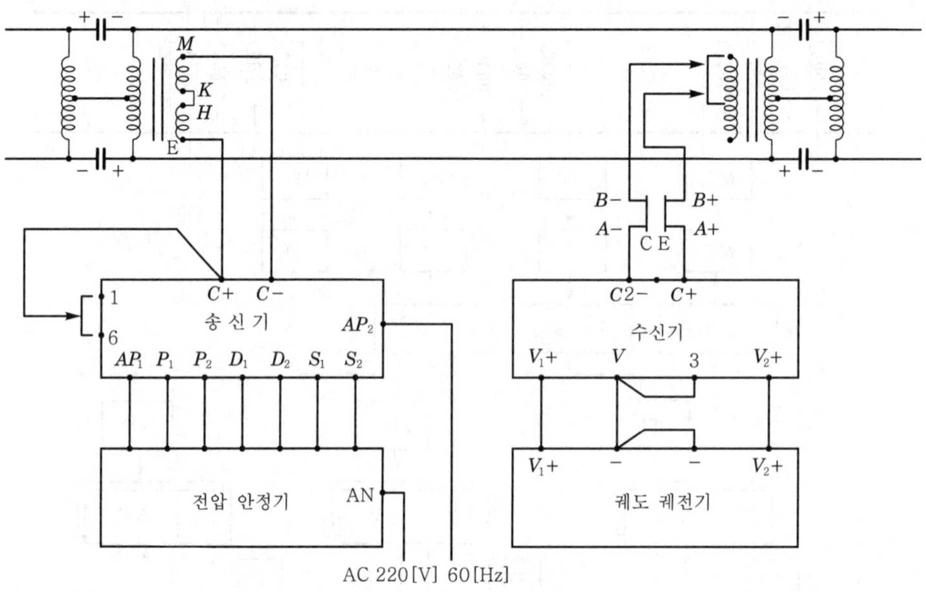

그림 ⬆ 5-16 **고압 임펄스 궤도 회로의 회로도**

㉰ **구성** : 전압 안정기(EGT−600), 송신기(EAT−600), 수신기(RVT 600), 임피던스 본드(송신, 수신단), 궤도 계전기(CV TH2−404)로 구성

㉠ 전압 안정기 : AC 전원을 안정되게 공급하기 위한 장치

ⓐ 입력 전압 : AC 110/220[V] 공용

ⓑ 출력 전압

- P_1, P_2 : 40~60[V]
- D_1, D_2 : 400~600[V]

㉡ 송신기 : 송신기는 정류부, 제어부, 송신부로 구성되는데 정류부는 제어부, 송신부에 정격 DC 전원을 공급하는 장치이다.

또한 송신부는 제어부의 $R.C$ 충전 및 방전 회로 작동에 의해 일정한 간격(180펄스/분±5%)으로 작동되는데 임피던스 본드를 통해서 정펄스와 부펄스(3 : 1)로 구성되는 비대칭 파형의 임펄스를 궤도로 송신한다.

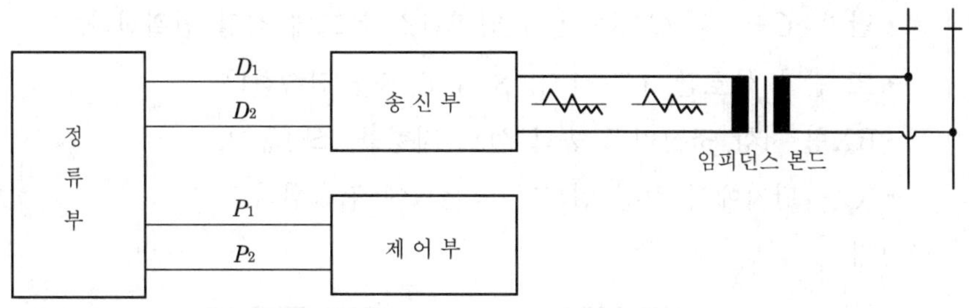

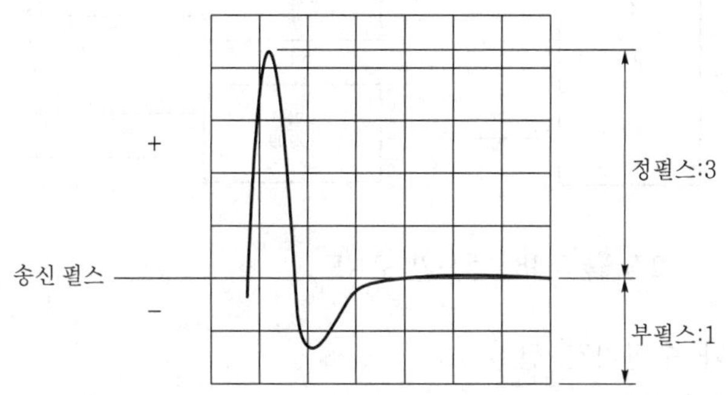

그림 5-17 **송신기 구성도 및 임펄스 파형**

ⓐ 전압 안정기 교류 전원 ⇒ 송신기의 단자 AP_2에 연결

ⓑ 전압 안정기의 단자 AP ⇒ 송신기의 단자 AP_1에 연결

ⓒ 송신기의 단자 P_1, P_2, D_1, D_2, S_1, S_2를 전압 안정기의 같은 단자 번호에 연결

ⓓ 전압 안정기 및 송신기간의 단자 P_1 및 P_2를 연결한 송신기의 내부 제어 장치를 빼고 외부 장치로 사이리스터를 제어할 경우에는 단자 K_1, K_2에 그 임펄스 제어 장치를 연결

ⓔ 단자 $C+$ 및 $C-$ ⇒ 송전 임피던스 본드에 직접 연결
(송신기와 임피던스 본드간 선로 저항에 따라 조정표에 의하여 단자 $C+$와 1, 2, 3, 4, 5, 6 상호간을 연결)

ⓕ 송전 선로의 저항 조정
- 송신기(NCO, EGT, 600) 내부에 설치한 저항 조정기로 송전 선로 저항을 조정한다.

- 단자 $C+$ 및 $C-$는 송전 임피던스 본드에 직접 연결한다.
- 또 단자 상호간 $C+$ 1, 2, 3, 4, 5, 6을 접속한다.
- RX형 저항 조정기로 송전 선로 저항을 조정한다.
- $C-$ 단자에서 직접 임피던스 본드에 접속한다.

㉢ 수신기

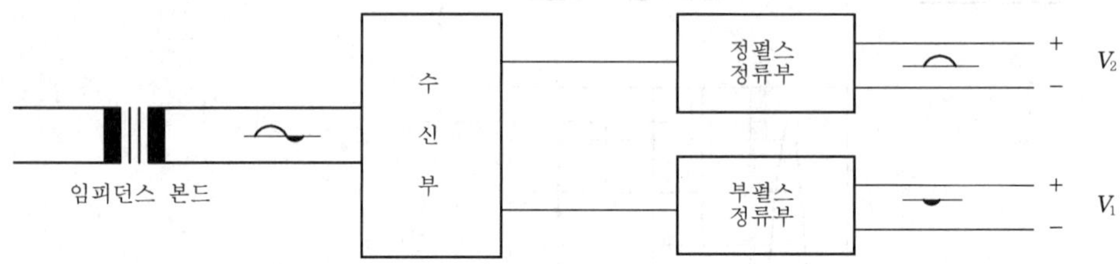

그림 ⬆ 5-18 **수신기 구성도**

ⓐ 임피던스 본드와 수신기간 결선

- 수신기의 단자 $C+$, $C-$ 또는 C_2-를 임피던스 본드에 연결하되 해당 조정표에 따라 정확하게 연결
- 단자 V를 수신 전압에 따라 1, 2, 3 또는 4 중의 하나에 결선한다.

ⓑ 수신기와 궤도 계전기간 연결

- 단자 V_1+ 및 V_2+를 궤도 계전기의 같은 단자 번호에 연결
- 단자 V를 궤도 계전기의 단자 V_1- 및 V_2-에 연결

ⓒ 수신 임피던스 본드에서 6 : 1로 승압된 펄스 전압은 정합 콘덴서를 경유하여 수신기의 트랜스에 가해지며 정펄스와 부펄스로 나누어져 궤도 계전기에 입력된다. 수신기에서 정, 부 펄스를 각기 C_2, C_1 콘덴서에 충전하여 상대 펄스가 없을 때 즉, 정펄스로 C_2 콘덴서에 충전하고 부펄스가 C_1 콘덴서에 충전시 C_2는 방전하여 궤도 계전기의 V_2 코일에 톱니파형으로 입력된다.

부펄스는 C_1 콘덴서에 충전하고 정펄스가 C_2 콘덴서에 충전시 C_1은 방전하여 궤도 계전기의 V_1 코일에 톱니파형으로 입력된다.

수신 임피던스 본드에 설치되어 있는 정합용 콘덴서는 수신 케이블의 정전용량을 보상하여 수신부와의 임피던스 매칭을 위해 사용한다.

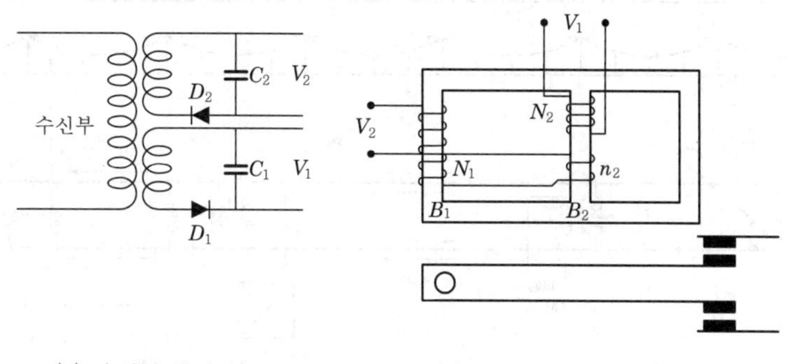

(a) 수신부 등가 회로 (b) 궤도 계전기 등가 회로

그림 5-19 **수신기 및 궤도 계전기의 등가 회로**

ⓓ 궤도 계전기 : 정 · 부 펄스 전압 비율이 3 : 1일 때만 계전기가 동작하고, 외부 유입 고조파의 전류 등에 대해서는 오동작을 방지한다.

㉱ **주의 사항**

㉠ 각 장치를 취부 또는 철거할 때 반드시 전원 공급을 차단할 것

㉡ 송신기 및 송전 임피던스 본드의 연결은 극성을 정확히 맞출 것

㉢ 각 장치의 내부는 특별한 경우를 제외하고는 손대지 말 것

㉲ **사리 누설 저항 측정 방법** : 전압 전류계법

4 임피던스 본드(CIT, TH, 280[A])

(1) 본드의 사용 목적

① 전차선 귀선 전류는 흐르게 하고 인접 궤도 회로에 신호 전류는 막는다.

② 송신 및 수신 임펄스 전압을 조정한다.

(2) 임피던스 본드 원리

전차선 전류는 변전소(약 20~100[km])까지 원거리로 회로가 구성되어 있고, 신호 전류는 1개(약 1[km] 미만)의 궤도 회로 내에만 전류가 흐르도록 하여 전차선 전류는 코일의 반반씩 반대 방향으로 흐르고 신호 전류는 코일이 감겨진 방향으로만 흐르도록 한다.

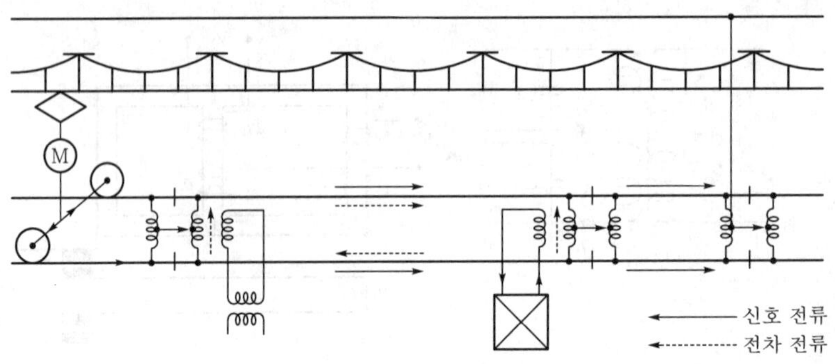

그림 5-20 **임피던스 본드의 원리**

(3) 구조

① 1, 2차 코일의 권수는 동일하다.

② 임피던스 본드를 궤조에 접속할 때에는 전차선 전류의 전류량에 맞는 충분한 굵기의 점퍼선(jumper wire)을 사용한다.

(4) 적용 범위

① **임펄스 전압** : 약 100[V]

② **임피던스 본드에 흐르는 전차선 귀선 전류의 허용 범위**

㉮ **평상시** : 200[A]

㉯ **단락시** : 800[A]

5 궤도 회로의 적용

(1) 직류 전철 구간

① AF 궤도 회로

② PF 궤도 회로

③ 임펄스 궤도 회로

(2) 교류 전철 구간

① 고전압 임펄스 궤도 회로

② 직류 바이어스 궤도 회로

③ 분주, 배주 궤도 회로
④ AF 궤도 회로

(3) 비전철 구간

① 직류 바이어스 궤도 회로
② 직류 궤도 회로
③ AF 궤도 회로

6 궤도 회로 극성

① 인접 궤도 회로는 이극으로 구성하여 인접 궤도 회로와의 사이에 단락했을 때 궤도 계전기가 낙하되어 안전측으로 동작하도록 한다.
② 임펄스 궤도 회로의 송신기 및 송전 임피던스 본드의 연결은 극성을 정확하게 맞춘다.
③ AF 궤도 회로는 인접하는 궤도 회로 또는 병행하는 궤도 회로 상호간에는 사용하는 주파수가 다르게 설비한다.

7 궤도 회로의 단락 감도

(1) 목적

궤도 회로의 기능의 이상 유무를 판단할 목적으로 궤도 회로 내의 임의의 궤도 사이를 저항으로 단락하여 궤도 계전기의 여자 상태를 시험하는 것

(2) 단락 감도 측정 시점

폐전로식에서는 계전기의 무여자 접점이, 개전로식에서는 계전기의 여자 접점이 접촉하려 할 때의 단락 저항값으로 나타낸다.

(3) 단락 감도 계산식

궤도 회로 내의 임의의 점 X에서 본 단락 감도를 R_m이라고 하면

$$R_m = \frac{1}{(F-1)G}$$

여기서, F : 동작 전압/낙하 전압
G : X점에서 본 회로 전체의 임피던스

(4) 단락 감도의 기준

① **임피던스 본드 및 AF(TI21형 제외) 사용 구간** : 맑은날 0.06[Ω] 이상

② **기타 구간** : 맑은날 0.1[Ω] 이상

(5) 궤도 단락 감도의 측정 위치

① **직류 궤도 회로** : 송전단의 레일 위

② **교류 궤도 회로** : 착전단의 레일 위

③ **병렬 궤도 회로** : 병렬 부분의 끝 레일 위

(6) 주의 사항

단락 저항값은 이론적으로 높을수록 좋으나 너무 높으면 궤도 계전기가 쉽게 낙하하여 동작이 불안하게 되고, 사리 누설 저항의 변동에도 주의하여야 한다.

(7) 단락 감도를 높이는 방법

① 일반적인 방법

㉮ 동작 전압과 낙하 전압의 차가 적은 계전기를 사용한다.

㉯ 계전기 전압은 필요한 최소로 조정한다.

㉰ 계전기 코일과 한류 장치는 임피던스를 높인다.

㉱ 단락시 위상 변화를 이용한다.

② 직류 궤도 회로

㉮ 레일을 용접하여 장대 레일화하여 전압 강하를 감소시킨다.

㉯ 송전 전압을 증가시키고, 궤도 저항자의 저항값을 높인다.

㉰ 궤도 계전기에 직렬로 저항을 삽입하고 반위 접점으로 단락한다.

③ 교류 궤도 회로

㉮ 레일을 용접하여 장대 레일화하여 전압 강하를 없앤다.

㉯ 송전 전압을 증가시키고, 한류 장치의 저항값과 리액턴스값을 높인다.

㉰ 궤도 계전기에 직렬로 저항 또는 리액터를 삽입한다.

㉱ 위상을 적당히 조정하여 단락시 회전 역률을 최대 회전 역률로 이동시킨다.

8 계전기의 단자 전압

(1) 궤도 계전기의 단자 전압

맑은날 정격값의 1.1~1.3배

(2) TI21형 무절연 가청 주파수 궤도 회로의 궤도 계전기 단자 전압

정격값의 0.9~1.1배

(3) TI21형 무절연 가청 주파수 궤도 회로의 열차 검지 주파수

송신부 전면 출력 단자에서 측정시 공칭 주파수의 ±17[Hz] 이내로 조정
(TD=F_1/1699, F_2/2296, F_3/1996, F_4/2593, F_5/1549, F_6/2146, F_7/1848, F_8/2445[Hz])

9 사구간

(1) 사구간의 길이

7[m] 이하(사구간의 길이가 1,210[mm] 이상의 경우는 사구간 상호 또한 다른 궤도 회로와는 15[m] 이상 이격시킬 것)

(2) TI21형 무절연 가청 주파수 궤도 회로의 중첩 궤도 전기 절연의 허용 범위

10[m] 이내

10 유도와 유류

① 궤도 회로는 유도 또는 유류에 의하여 동작할 우려가 없도록 설비한다.

② 궤도 회로 유류는 계전기 낙하 전압 또는 전류의 40% 이하로 한다.

단원핵심문제

1 열차의 차축에 의하여 궤도 회로가 단락되었을 때 전원 장치에 과다한 전류가 흐르는 것을 제한하기 위한 장치는?

㉮ 궤조 절연 ㉯ 한류 장치
㉰ 임피던스 본드 ㉱ 레일 본드

KEY POINT

① **전원 장치**
　㉮ 직류 궤도 회로 : 정류기 및 축전지
　㉯ 교류 궤도 회로 : 궤도 변압기, 주파수 변환기, 송신기
② **한류 장치** : 궤도 회로가 단락시 전원부에 과전류가 흐르는 것을 방지하고 전압을 조정하기 위해서 송전(−)측에 설치
③ **궤조 절연** : 인접 궤도 회로와 전기적인 절연(차단)을 위하여 접착식 절연 레일, 절연 이음매판, 콘티뉴스형 등의 궤조 절연을 사용
④ **레일 본드** : 레일 이음매 부분의 전기를 잘 흐르게 하기 위하여 설치
⑤ **점퍼선** : 동일 극성의 다른 레일 상호간을 접속시키기 위한 선
⑥ **궤도 계전기** : 궤도 회로 내에 열차(차량)의 유무 및 회로의 전기적 조건을 다른 전기 장치에 중계할 수 있도록 설치

해설 한류 장치는 궤도 회로가 단락되었을 때 과전류를 제한하여 기기를 보호하고 전압 및 위상을 조정하기 위한 것으로 다음과 같다.

① 직류 궤도 회로 : 저항기
　단락 전류를 제한하여 기기를 보호하고 수전 전압을 조정한다.
② 교류 궤도 회로 : 저항 또는 리액턴스(Reactans)
　궤도 계전기의 국부 위상을 조정한다.

2 레일 본드를 설치하는 이유로 가장 타당한 것은?

㉮ 레일의 강도를 높이기 위하여 설치
㉯ 열차 운행시 레일의 충격을 완화하기 위하여 설치
㉰ 전기 저항을 크게 하고 절연을 상향시키기 위하여 설치
㉱ 레일에 전류가 잘 흐르게 하기 위하여 설치

정답 : 1.㉯ 2.㉱

KEY POINT

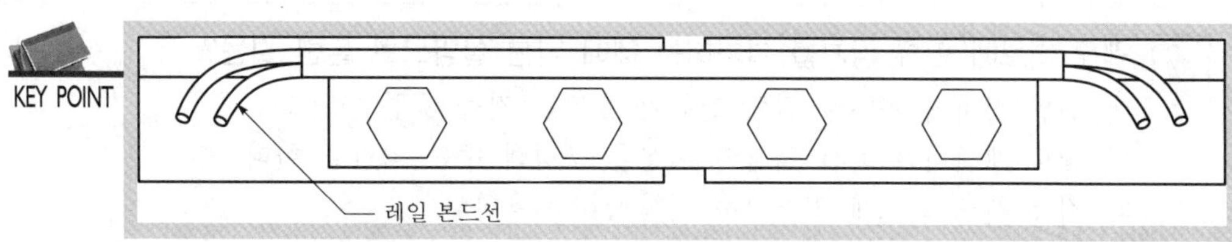

해설 레일 이음매 부분의 전기를 잘 흐르게 하기 위하여 설치한다.

3 궤도 회로 전원과 궤도 사이에 삽입하는 한류 장치의 작용 목적과 관계가 없는 것은 어느 것인가?

㉮ 궤도 단락에 대한 전류 제한
㉯ 사용 전력량 즉, 소비 전력의 감소
㉰ 궤도 계전기의 전압의 위상 조정
㉱ 궤도 계전기의 수전 전압의 조정

KEY POINT

한류 장치

① 직류 궤도 회로 : 저항기
단락 전류를 제한하여 기기를 보호하고 수전 전압을 조정한다.
② 교류 궤도 회로 : 저항 또는 리액턴스(Reactans)
궤도 계전기의 국부 위상을 조정한다.

해설 한류 장치는 저항 성분으로써 사용 전력 및 소비 전력을 증가한다.

4 궤도 회로의 이상기를 사용하는 목적은?

㉮ 상용 주파수를 배주 또는 분주하기 위하여
㉯ 궤도 회로 단락시 과대 단락 전류 방지
㉰ 궤도 계전기의 국부 코일의 위상 조정용
㉱ 궤도 계전기의 궤도 코일의 위상 조정용

KEY POINT

이상기는 한류 장치를 의미한다.

해설 교류 궤도 회로에서 이상기는 궤도 계전기의 국부 코일 위상을 조정한다.

정답 : 3.㉯ 4.㉰

5 궤도 회로에 한류 장치를 설치하는 데에 따른 설명으로 틀린 것은?

㉮ 전원 장치에 과대한 단락 전류가 흐르는 것을 제한한다.

㉯ 궤도 계전기의 회전 역률의 위상을 조정해 주는 역할을 한다.

㉰ 직류 궤도 회로에 있어서는 저항만을 사용한다.

㉱ 교류 궤도 회로에 있어서는 리액턴스만을 사용한다.

KEY POINT

➜ 문제 3번 참조

교류 궤도 회로의 한류 장치는 저항 또는 리액턴스(Reactans)를 사용한다.

6 궤도 회로를 직접 이용하지 않는 장치는 무엇인가?

㉮ 연동 장치

㉯ 자동 폐색 장치

㉰ C.T.C 장치

㉱ A.T.S 장치

KEY POINT

➜ 신호 시설물은 보통 연속 정보인 궤도 회로를 이용하는 장치로 되어 있느나, 열차 자동 정지 장치는 불연속 정보를 사용하여 단독으로 동작한다.

A.T.S(Automatic Train Stop) : 열차 자동 정지 장치

7 폐전로식 궤도 회로의 기능 설명이 아닌 것은?

㉮ 신호용 전기 회로가 상시 폐로되어 있다.

㉯ 전기 회로가 상시 개방되어 전류가 흐르지 않는다.

㉰ 차량이 그 구간에 들어오면 계전기는 무여자가 된다.

㉱ 전원 고장시는 계전기가 무여자로 되어 안전하다.

KEY POINT

➜ (1) 개전로식

궤도 회로가 상시 개방되어 전류가 흐르지 않다가 열차가 궤도 회로 내에 진입하면 차축을 통하여 전류가 흘러 궤도 계전기(TR)가 여자되는 방식

① 장점 : 전력 소모가 적어 경제적이다.

② 단점 : 위험성이 있고 안전도가 떨어진다.

정답 : 5.㉱ 6.㉱ 7.㉯

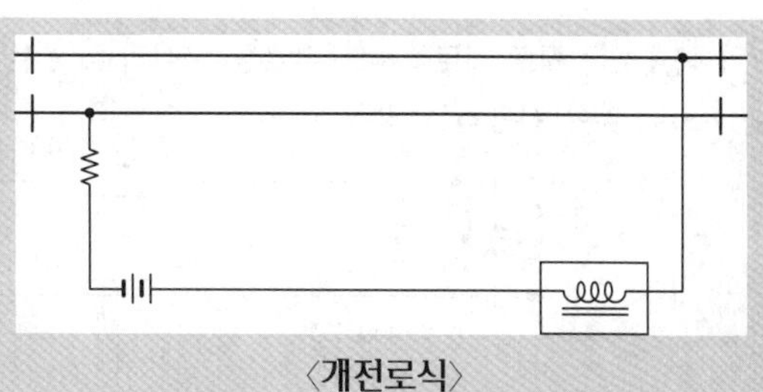

〈개전로식〉

(2) **폐전로식**

평상시 궤도 회로에 전류가 흘러 궤도 계전기는 여자 상태로 있다가 열차가 궤도 회로 내에 진입하면 차축에 의하여 궤도가 단락되어 궤도 계전기를 무여자시켜 열차를 검지하는 방식

① 장점 : 전원 및 기기의 고장시나 회로의 단선시 무여자로 안전측으로 동작한다.

② 단점 : 전력 소모가 많다.

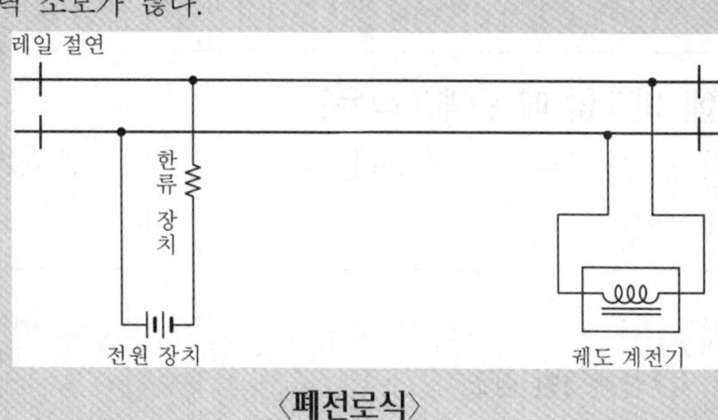

〈폐전로식〉

해설 전기 회로가 상시 폐회로가 되어 평상시 전류가 흐른다.

8 **단궤조식 궤도 회로에 대한 설명으로 옳지 않은 것은?**

㉮ 절연이 적게 든다. ㉯ 보완도가 낮다.

㉰ 설치비가 저렴하다. ㉱ 양 레일에 전차선 귀선 전류를 흘린다.

KEY POINT

(1) **단궤조식 궤도 회로** : 궤도의 한쪽만을 절연하는 방식으로 전철 구간에서 한쪽 궤도에 귀선 전류를 흘리기 위해 많이 사용하는 방식

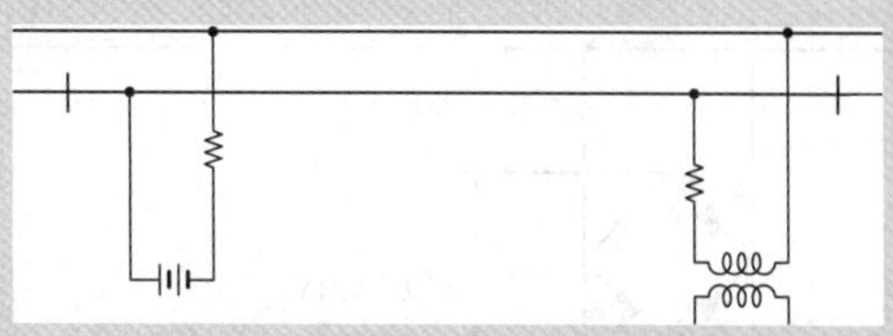

〈단궤조식 궤도 회로〉

① 장점 : 복궤조식보다 절연수가 적어 설치비가 적다.

② 단점 : 계전기 오동작에 의한 사고의 위험이 있다.

정답 : 8.㉱

(2) **복궤조식 궤도 회로** : 궤도 회로를 구성하고 있는 양쪽을 절연하는 방법으로서 일반적으로 많이 사용하는 방식

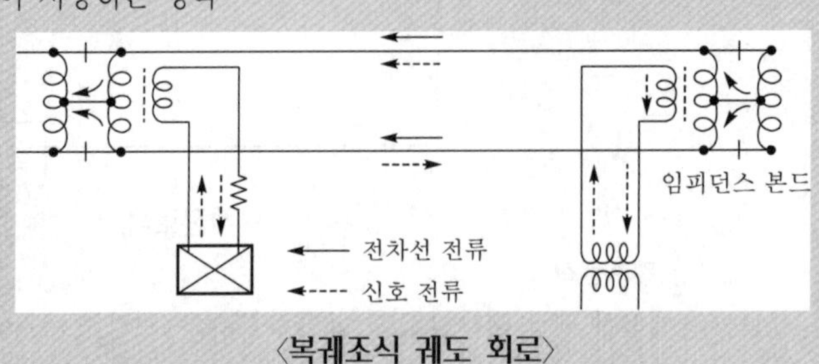

〈복궤조식 궤도 회로〉

 단궤조식 회로에서는 레일의 한쪽에 전차선 귀선 전류가 흐른다.

9 복궤조식에 비교할 때 단궤조식은?

㉮ 설비의 신호 회로가 복잡하다. ㉯ 보완도가 낮다.
㉰ 비경제적이다. ㉱ 효과가 좋다.

KEY POINT

➲ 문제 8번 참조

 복궤조식이 단궤조식보다 보완도가 높다.

10 직류 궤도 회로에서 저항자 취부 위치는?

㉮ 송전 +측 ㉯ 송전 −측
㉰ 착전 +측 ㉱ 착전 −측

KEY POINT

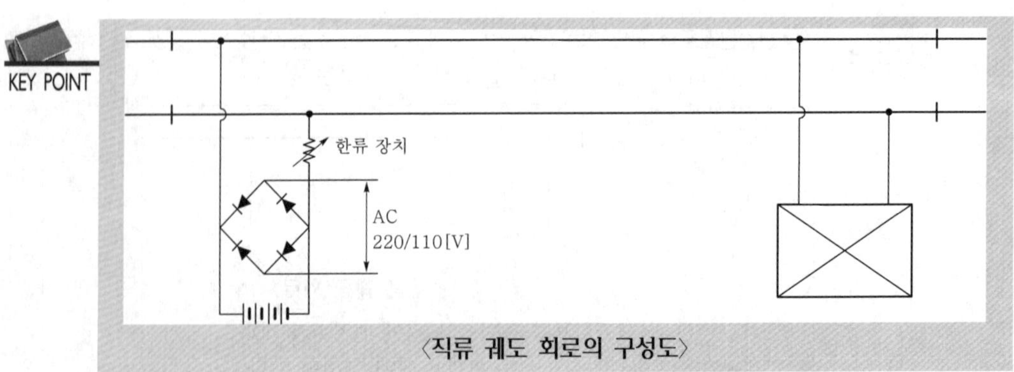

〈직류 궤도 회로의 구성도〉

 정답 : 9.㉯ 10.㉯

직류 궤도 회로에서 저항자는 한류 장치라고 하는데 과전류에 의한 기기를 보호하고 전압 조정을 위해 설치한다.

11 AF 궤도 회로 수신 계전기의 단자 전압을 수신 카드의 출력 트랜지스터 단자에서 측정하였을 때 조정을 필요로 하는 것은? (단, 수신 계전기의 정격 전압은 7.5[V]이다.)

㉮ 6.76[V] ㉯ 7[V]
㉰ 8[V] ㉱ 9.2[V]

KEY POINT
➲ 궤도 회로의 수신 계전기 단자 전압
① 일반 궤도 회로 : 정격 전압에 1.1~1.3배
② AF 궤도 회로 : 정격 전압에 0.9~1.1배

AF 궤도 계전기의 단자 전압
∴ $7.5\times(0.9\sim1.1)=6.75\sim8.25$

12 점퍼(jumper) 본드에 대한 설명으로 옳은 것은?

㉮ 귀선 저항을 감소시키고 귀선 전류의 평형을 유지하기 위하여 설치하는 본드이다.
㉯ 신호 전류는 차단하고 귀선 전류만을 흘리게 하는 본드이다.
㉰ 레일에 전류의 흐름을 용이하게 하기 위하여 이음매에 설치하는 본드이다.
㉱ 궤도 회로의 레일에서 떨어진 동극성의 다른 레일 상호간을 접속하는 본드이다.

KEY POINT
➲ ① 병렬법

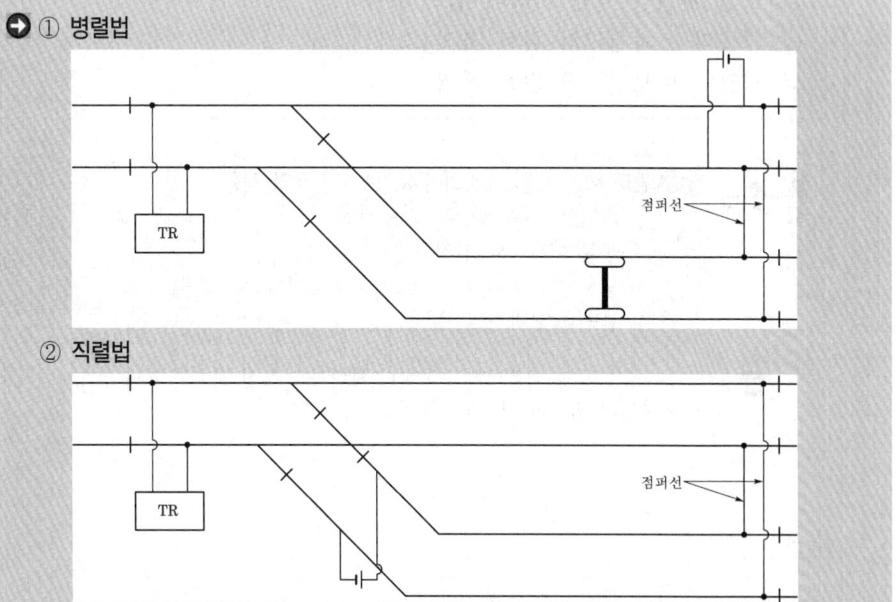

정답 : 11.㉱ 12.㉱

해설 ㉮ MT, ㉯ 임피던스 본드, ㉰ 레일 본드

13 교류와 직류의 접속 구간이 있는 경우 어느 한 쪽이 직류 궤도 회로를 채택하여 사용하면 일정한 구간은 절연할 필요가 있게 된다. 이 때 절연 구간의 이상적인 길이는?

㉮ 50[m]의 사구간이 필요하다.
㉯ 궤도 회로 부분만 절연하면 된다.
㉰ 1개 열차장 이상이면 된다.
㉱ 2개 열차장이 이상적이다.

KEY POINT

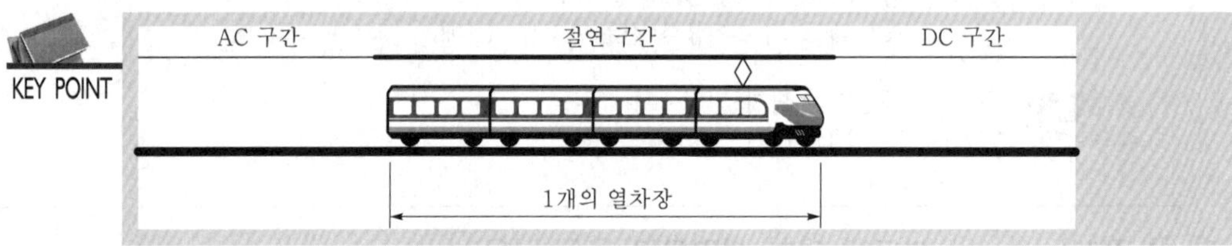

해설 열차에 의해 간섭을 주지 않을 정도인 1개 열차장이면 된다.

14 궤조 절연 삽입 개소에 대한 유지 관리에 있어서의 유의할 점이 아닌 것은?

㉮ 레일 이음매 간격과 이음매 처짐
㉯ 도상 자갈의 절연 이음매 접촉 유무
㉰ 침목과 스파이크의 위치 조정
㉱ 레일의 마모 및 끝 닳음 제거

KEY POINT

궤조 절연 삽입 개소의 유지 보수시 유의 사항

① 레일의 마모 및 끝 닳음 제거
② 레일 이음매의 간격과 이음매 처짐
③ 침목과 스파이크 및 스크루 볼트의 위치 조정
④ 절연물 탈락 또는 단락

해설 도상 자갈이 절연 이음매에 접촉한다 하더라도 누설 전류는 거의 없으나 가능하면 절연 이음매 부분에 이물질의 접촉이 없도록 한다.

 정답 : 13.㉰ 14.㉯

15 그림과 같이 도시한 방법으로 구성한 궤도 회로는?

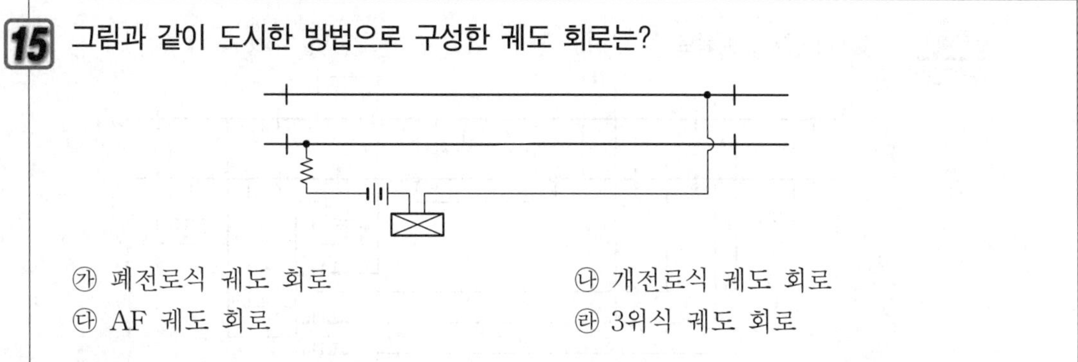

㉮ 폐전로식 궤도 회로 ㉯ 개전로식 궤도 회로
㉰ AF 궤도 회로 ㉱ 3위식 궤도 회로

KEY POINT

① 개전로식 회로

② 폐전로식 회로

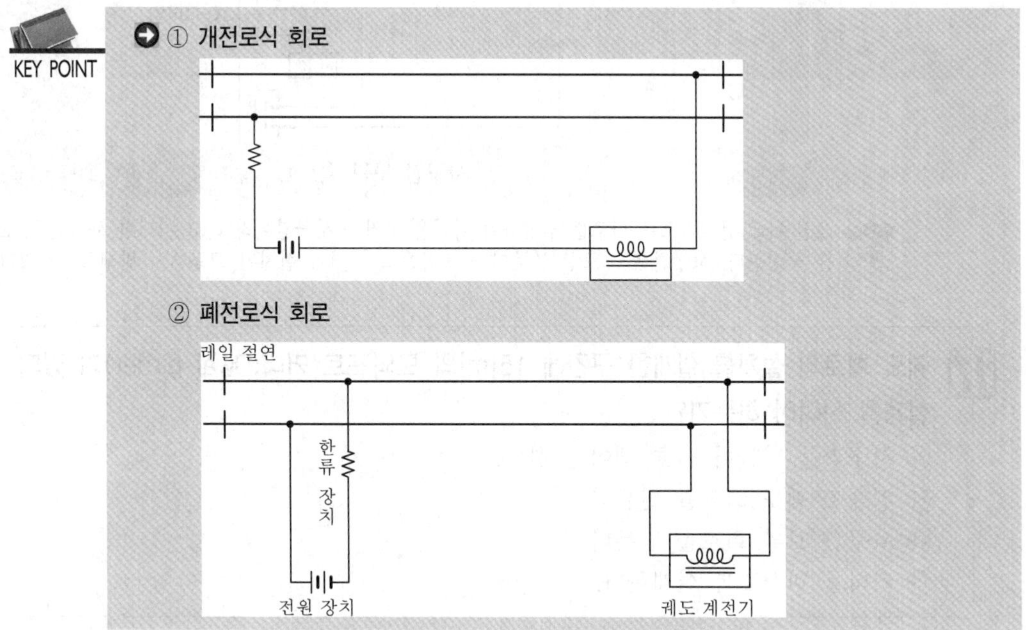

해설 개전로식 궤도 회로는 평상시에는 전류가 흐르지 않아 궤도 계전기가 무여자하고 열차가 진입하면 궤도 계전기가 여자하는 방식이다.

16 궤도 회로에서 보완 회로의 역할은?

㉮ 공급 전원 보완
㉯ 사구간 보완
㉰ 단락 감도 보완
㉱ 계전기 회로 보완

KEY POINT

➲ 사구간 보완 회로

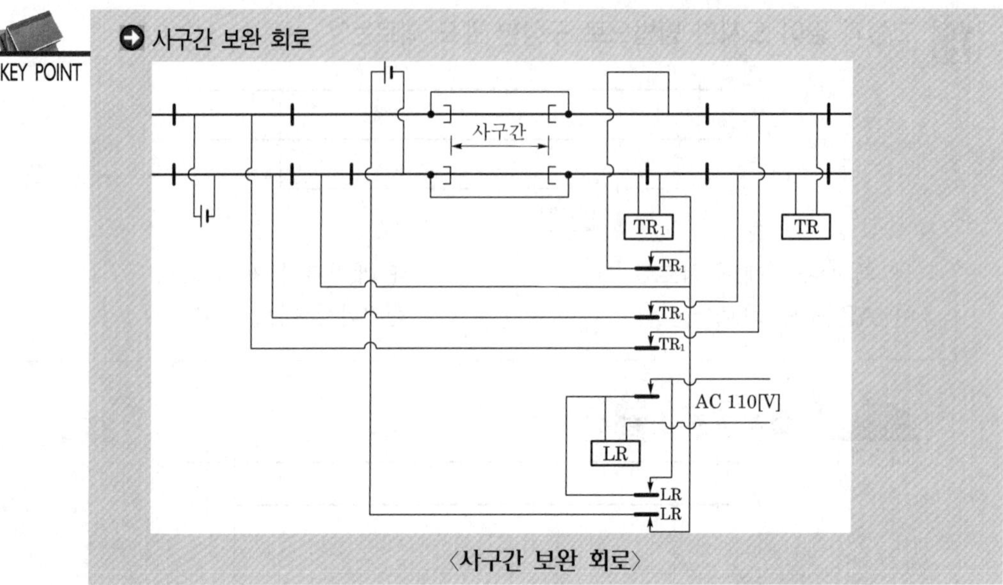

〈사구간 보완 회로〉

레일 위에 전기적으로 회로를 구성하기 어려운 구간을 사구간이라 하고 이러한 사구간은 보완 회로를 구성한다. 사구간은 크로싱 부분이나 드와프트 거더가 설치된 교량에서 발생할 수 있다.

17 궤도 회로의 설치를 설계한 구간에 15[m]의 드와프트 거더(Dwaf girder)가 있다. 어떤 설계를 하여야 하는가?

㉮ 사구간을 만들어 신호 제어를 한다.
㉯ 편궤조 궤도 회로를 만든다.
㉰ 사구간 보완 회로를 만든다.
㉱ 거더를 바꾸도록 설계한다.

KEY POINT

➲ 드와프트 거더는 거더가 레일에 직접 접촉하게 되므로 회로 구성을 할 수 없어 사구간 보완 회로를 만들어 구성한다.

사구간 보완 회로를 만든다.

18 다음 중 궤도 회로 사구간 보완 회로의 설치 목적은?

㉮ 사구간 단축　　㉯ 공급 전압의 절약
㉰ 단락 감도의 향상　　㉱ 궤도 회로 중계

정답 : 17.㉰ 18.㉱

KEY POINT

➲ 사구간 보완 회로는 사구간 내의 열차의 유무를 확인하고 궤도 회로를 중계하기 위하여 설치한다.
① 사구간 길이는 7[m] 이하로 한다.
② 사구간의 길이가 1,210[mm] 이상의 경우는 사구간 상호 또는 다른 궤도 회로와는 15[m] 이상 격리시켜야 한다.

사구간 보완 회로 : 궤도 회로의 중계

19 임피던스 본드는 인접 궤도에 대하여 어떤 목적으로 설치하는가?

㉮ 귀선 전류의 차단 및 신호 전류의 통과
㉯ 귀선 전류의 통과 및 신호 전류의 차단
㉰ 신호 및 귀선 전류의 통과
㉱ 신호 및 귀선 전류의 차단

KEY POINT

➲ 임피던스 본드의 사용 목적
① 전차선 귀선 전류는 흐르게 하고 인접 궤도 회로에 신호 전류가 흐르는 것을 막는다.
② 송신 및 수신 임펄스 전압을 조정한다.

임피던스 본드는 귀선 전류(전차선)는 흐르도록 하고 신호 전류는 차단하여 궤도 회로를 구성하도록 한다.

20 1[kHz] 부근의 가청 주파수를 반송파로 하여 수십 [Hz]의 신호 주파 전류로 변조한 것을 궤도로 전송하여 사용하는 방식은?

㉮ 부호 궤도 회로　　㉯ A.F 궤도 회로
㉰ 교류 궤도 회로　　㉱ 직류 궤도 회로

KEY POINT

➲ 궤도 회로의 종류
① 직류 전철 구간 : AF 궤도 회로, PF 궤도 회로, 임펄스 궤도 회로
② 교류 전철 구간 : 임펄스 궤도 회로, 직류 바이어스 궤도 회로, 분주·배주 궤도 회로, AF 궤도 회로
③ 비전철 구간 : 직류 바이어스 궤도 회로, 직류 궤도 회로, AF 궤도 회로

AF 궤도 회로는 16~20,000[Hz]의 가청 주파수를 사용한다.

정답 : 19.㉯ 20.㉯

21 궤도 계전기를 현장에 설치하고 실내에는 반응 계전기를 설치하고자 한다. 가장 안전하고 경제적인 결선 방법은 어느 것인가? (단, 실선은 기구함 및 옥내 배선, 점선은 옥외 배선이다.)

㉮
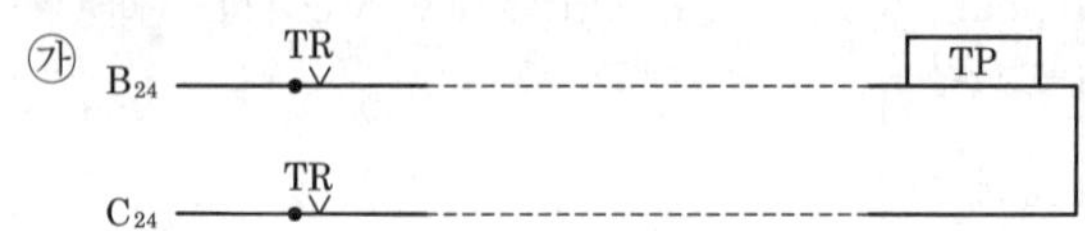

㉯

㉰

㉱

KEY POINT

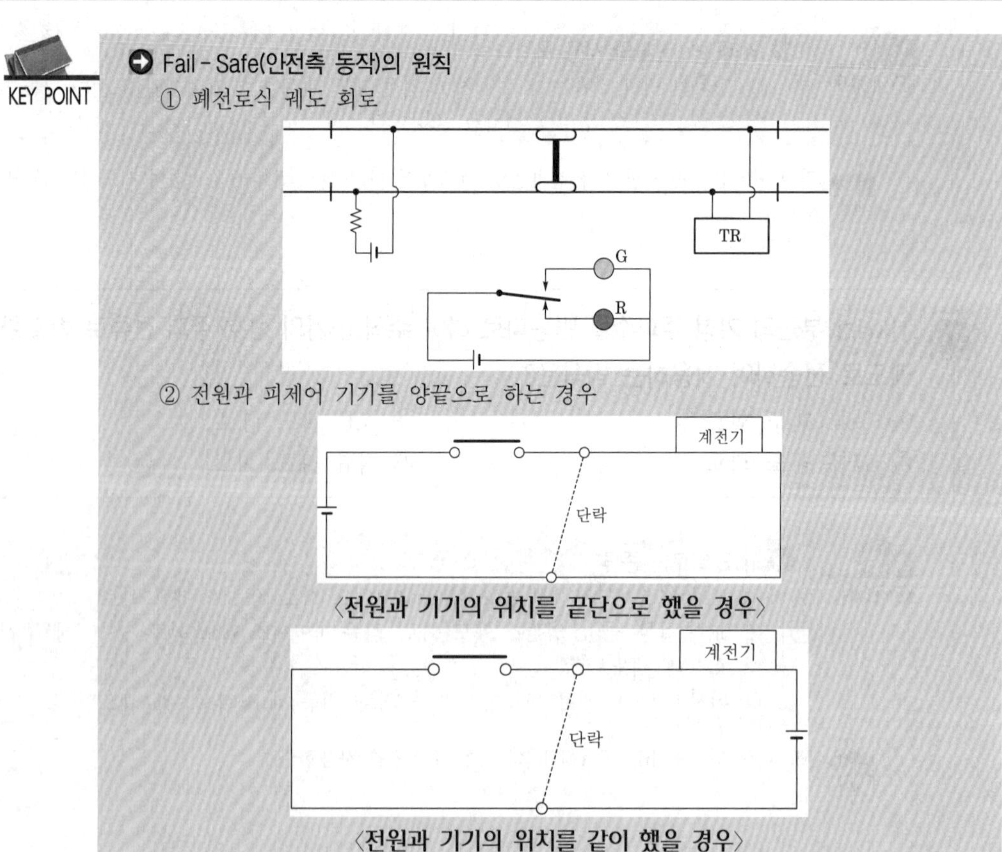

➲ Fail-Safe(안전측 동작)의 원칙

① 폐전로식 궤도 회로

② 전원과 피제어 기기를 양끝으로 하는 경우

〈전원과 기기의 위치를 끝단으로 했을 경우〉

〈전원과 기기의 위치를 같이 했을 경우〉

정답 : 21.㉮

③ 양선 제어로 하는 경우

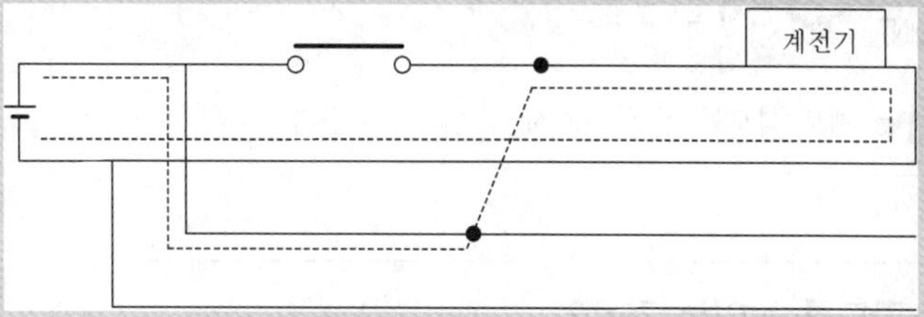

계전기

〈한선 제어로 하는 경우〉

계전기

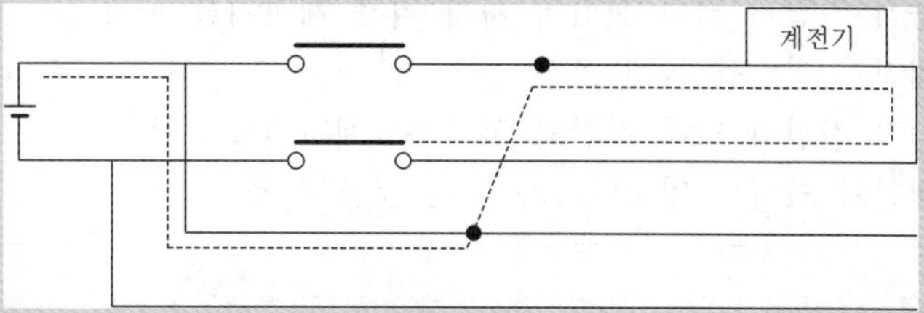

〈양선 제어로 하는 경우〉

④ 양선 제어 중 단락을 이용하는 경우

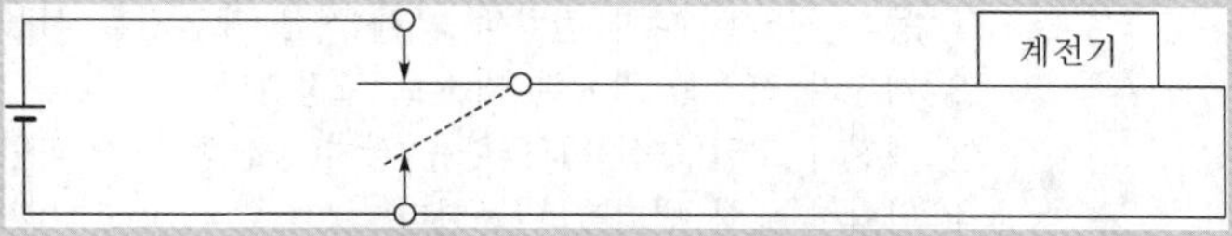

계전기

〈한선 제어로 하는 경우(단락시)〉

계전기

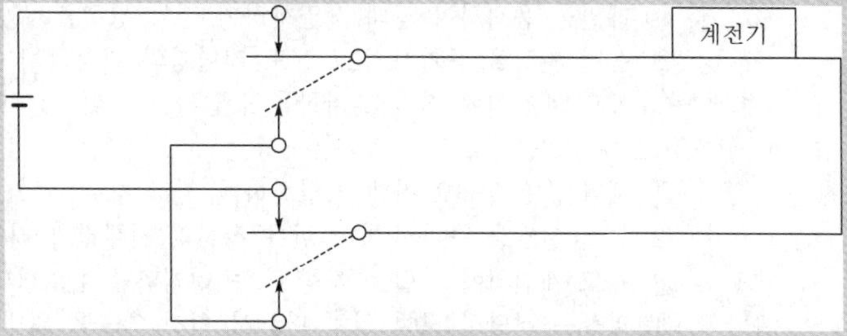

〈양선 제어로 하는 경우(단락시)〉

해설 Fail-Safe(안전측 동작) 중 양선 제어로 하는 경우에 해당한다.

22 안전측 동작이라고 볼 수 없는 것은?

㉮ 폐전로식으로 궤도 회로 구성

㉯ 궤도 회로가 정지 신호시 구성

㉰ 전원과 피제어 기기의 위치를 양끝으로 설정

㉱ 양쪽 회선(+, -)을 제어 조건으로 설정

정답 : 22.㉯

KEY POINT

➲ 문제 21번 참조

궤도 회로는 진행 신호시 구성되어야 한다.

단락 감도를 높이는 것은?

㉮ 동작 전압과 낙하 전압의 차가 적은 계전기를 사용

㉯ 계전기 전압을 높게 조정

㉰ 동작 전압과 낙하 전압의 차가 큰 계전기를 사용

㉱ 계전기 코일의 임피던스가 낮은 것을 사용

KEY POINT

➲ 단락 감도를 높이는 방법

(1) 일반적인 방법

① 동작 전압과 낙하 전압의 차가 적은 계전기를 사용한다.

② 계전기 전압은 필요한 최소로 조정한다.

③ 계전기 코일(수신측)과 한류 장치(송신측)는 임피던스를 높인다.

④ 단락시 위상 변화를 이용한다.

(2) 직류 궤도 회로

① 레일을 용접하여 장대 레일화하여 전압 강하를 없앤다.

② 송전 전압을 증가시키고, 궤도 저항자의 저항값을 높게 한다.

③ 궤도 계전기에 직렬로 저항을 삽입하고 반위 접점으로 단락한다.

(3) 교류 궤도 회로

① 레일을 용접하고 장대 레일화하여 전압 강하를 없앤다.

② 송전 전압을 증가시키고, 한류 장치의 저항값과 리액턴스값을 높인다.

③ 궤도 계전기에 직렬로 저항 또는 리액터를 삽입한다.

④ 위상을 적당히 하여 열차 단락시 회전 역률을 최대 회전 역률로 이동시킨다.

일반적인 방법에 속하는 것으로 동작 전압과 낙하 전압의 차가 적은 계전기를 사용한다.

어떤 조정 상태에서 궤도 계전기를 낙하시킬 수 있는 단락 감도를 높이기 위한 조정 방법으로 옳은 것은?

㉮ 궤도 계전기에는 필요한 전압보다 항상 10배 정도를 더 가할 수 있도록 한다.

㉯ 단락시의 위상 변화를 이용한다.

㉰ 송전단의 임피던스를 될 수 있는 한 낮춘다.

㉱ 수전단의 임피던스를 될 수 있는 한 낮춘다.

정답 : 23.㉮ 24.㉯

KEY POINT

➲ 일반적인 방법

① 동작 전압과 낙하 전압의 차가 적은 계전기를 사용한다.
② 계전기 전압은 필요한 최소로 조정한다.
③ 계전기 코일(수신측)과 한류 장치(송신측)는 임피던스를 높인다.
④ 단락시 위상 변화를 이용한다.

 해설 단락시의 위상 변화를 이용한다.

25 궤도 회로의 단락 감도 측정 방법으로 틀린 것은?

㉮ 교류 궤도 회로의 착전단의 레일 위에서 측정한다.
㉯ 병렬 궤도 회로의 병렬 부분의 끝 레일 위에서 측정한다.
㉰ 직류 궤도 회로의 착전단의 레일 위에서 측정한다.
㉱ 직류 궤도 회로의 송전단의 레일 위에서 측정한다.

KEY POINT

➲ 단락 감도 측정 위치

① 교류 궤도 회로 : 착전단 레일 위
② 병렬 궤도 회로 : 병렬 부분 끝 레일 위
③ 직류 궤도 회로 : 송전단 레일 위

 해설 직송, 교착, 병끝

26 레일에 송전하는 신호 전류를 소정의 횟수의 부호로 단속하여 궤도 회로를 구성하는 방식은?

㉮ 코드 궤도 회로　　㉯ AF 궤도 회로
㉰ 정류 궤도 회로　　㉱ 분주 궤도 회로

KEY POINT

➲ 코드 궤도 회로

궤도에 흐르는 신호 전류를 소정의 횟수에 의한 코드수로 단속하고 이 코드 전류가 코드 계전기를 동작시킨 다음 복조기를 통하여 정규의 코드수일 때만 코드 반응 계전기를 동작시키는 방식

① 장점 : 궤도 회로의 제어 거리를 증대시키고 궤도 회로의 단락 감도를 향상시키며 미소한 전류에 의한 잘못된 동작을 방지
② 종류 : 무극 코드 방식 궤도 회로, 유극 코드 방식 궤도 회로

 해설 부호, 코드, 단속이 나오면 코드 궤도 회로이다.

 **정답 : 25.㉰ 26.㉮**

27 **B.T 방식의 전기 철도 흡상선의 설치 위치는? (단, 궤도 회로 방식은 복궤조식 궤도 회로이다.)**

㉮ 귀선 레일 위
㉯ 임피던스 본드의 송전측 레일 위
㉰ 임피던스 본드의 착전측 레일 위
㉱ 임피던스 본드의 중성점

KEY POINT

➲ 전철 구간의 급전 방식은 단권 변압기를 사용한 AT 방식과 흡상 변압기를 설치한 BT 방식으로 나눌 수 있다.

구 분	변압기	귀선	변압기 설치 간격 [km]	송전 거리 [km]	사용 전압 [kV]
AT	단권 변압기	보호선	3~4	80~100	AC 50
BT	흡상 변압기	흡상선	10~15	30~40	AC 25

해설 B.T 방식에서 흡상선의 설치는 임피던스 본드의 중성점에 설치한다.

28 **고전압 임펄스(high voltage impulse) 궤도 회로의 송전 부분의 고장으로 궤도 계전기가 동작하지 않는다. 다음의 점검 방법 중 잘못된 것은?**

㉮ 펄스 수가 비정상인 때에는 펄스 발생기를 바꾼다.
㉯ 궤도상에서 피크(peak) 전압이 비정상이면 송신부의 저항을 점검한다.
㉰ 펄스 수 및 피크 전압이 일정하지 않을 때에는 레일 본드의 불평형 상태를 점검한다.
㉱ 펄스 발생기를 바꿀 때에는 전원을 먼저 차단해서는 안 된다.

KEY POINT

➲ **송전 고장시 점검 방법**

(1) 전압 안정기 점검 방법

① 전압 안정기 및 송신기 입력 단자 AN, AP_2 단자에서 AC 110[V] 전원 확인

② AC 전압이 정상이면 출력 단자 P_1, P_2(AC 40−60[V]) 및 D_1, D_2(AC 400~600[V]) 전압 확인

③ 전압이 정상인데도 송신기 출력 전압이 불량할 경우 전압 안정기와 송신기 사이의 잭 단자 터미널의 접속 상태를 확인

④ 조치 방법 : AC 퓨즈 제거 후 전압 안정기를 교체하여 송신기 출력 전압 (임펄스 DC 400~600[V])

정답 : 27.㉱ 28.㉱

(2) 송신기(펄스 발생기) 점검 방법

① AC 110[V] 입력 전압 점검

② AC 전원이 정상이면 전압 안정기 및 송신기 입력 단자 AN, AP_2 단자 전압 확인(AC 110[V])

③ 전원 이상이 없으면 P_1, P_2(AC 40~60[V]) 단자 및 D_1, D_2(AC 400~600[V]) 단자 전압 확인

④ 조치 방법

㉮ 송신기 AC 퓨즈 제거 후 송신기 교체

㉯ AC 퓨즈 삽입 후 송신기 출력 단자 $C+$, $C-$ 단자 전압 DC 400~600[V]이면 정상

R_1	L_1
R_2	L_2
R_3	L_3
R_4	L_4
R_5	L_5

전압 안정기

AN	AP
P_1	P_2
D_1	D_2
S_1	S_2

$C-$	$C+$
RA_1	RA_4
RA_2	RA_5
RA_3	RA_6

송전기

AP_1	AP_2
P_1	P_2
D_1	D_2
S_1	S_2
K_1	K_2

수신기

1	2
C_1-	3
C_2-	4
$C+$	V_1+
V	V_2+

V_1-	V_1+
V_2-	V_2+

궤도 계전기

T_1	T_3		T_5	T_7
M_1	M_3		M_5	M_7
M_2	M_4		M_6	M_8
R_2	R_4		R_6	R_8

〈임펄스의 송·수신부 단자〉

레일에 전송되는 펄스 및 피크 전압은 송신기에서 발생되는데 송신기를 바꿀 때에는 기기 소손을 방지하기 위하여 전원을 차단 후 교체한다.

29 궤도 회로의 정수(定數)를 측정할 때 틀린 것은?

㉮ 레일 절연, 본드 등 궤도 회로가 정상이라야 한다.
㉯ 전류값을 변경하여 여러 번 측정하여 평균값을 산출한다.
㉰ 궤도 회로 정수의 측정은 리액턴스의 측정이다.
㉱ 직류 궤도 회로는 타 전원의 영향을 없애고 측정한다.

KEY POINT

궤도 회로의 정수

① 궤도 회로는 레일을 이용한 전기 회로로서 송전 선로나 통신 선로와 비교하여 분포정수로 생각할 수 있으며 일반적 1[km]당의 수치로 표시하고, DC 구간이나 상용주파수 궤도 회로에서는 정전 용량의 영향은 거의 없으나, 고주파 궤도 회로에서는 무시하면 안 된다.

② 궤도 회로 정수의 종류

㉮ 사리 누설 저항과 컨덕턴스 : 궤도 회로의 레일에 흐르는 전류는 계전기를 여자시키는 외에 침목, 자갈 등을 통하여 대지로 누설되나 양 궤조간의 저항이 극히 작기 때문이며, 이 저항을 사리 누설 저항 또는 컨덕턴스로 표시하며 선로의 구조(토질, 침목의 전기 저항 등), 지상 조건(수분 등)에 의하여 변화한다.

㉯ 레일 임피던스 : 내부 임피던스와 외부 임피던스가 있으며, 실측값은 0.3~0.4[Ω/K] 정도이고 레일의 재질, 형태, 주파수, 온도, 중량, 레일 본드 등의 영향을 받으며, 궤도 회로 절대치의 위상각이 변한다.

 정답 : 29.㉰

③ 궤도 회로 정수의 일반식 : 저항, 인덕턴스, 정전 용량

㉮ 레일 임피던스 $Z=R+j\omega L\,[\Omega/\text{m}]$

㉯ 누설 어드미턴스 $Y=G-j\omega C\,[\Omega/\text{m}]$

여기서, R : 레일 저항[Ω/km], C : 정전 용량[F/km]

L : 인덕턴스[H/km], G : 컨덕턴스[℧/km]

④ 정수 측정시 고려 사항

㉮ 레일 절연 및 본드 등의 이상 유무를 확인한다.

㉯ 타 전원의 유류, 유입을 억제한다.

㉰ 전류값을 변경하여 수치를 측정하고 평균값을 구한다.

㉱ 접촉 불량이나 수전단 완전 단락에 주의하고, 전원의 극성을 점검하여 수치를 측정하고 평균값을 구한다.

㉲ 누설 저항 분포 불균형에 주의하고 계전기, 임피던스 본드 등 기타 여분 기기를 분리하고 궤도 송전 측정 전원은 수전단 개방시와 단락시를 측정한다.

해설 궤도 회로 정수를 측정할 때에는 저항, 인덕턴스, 정전 용량 등을 고려한다.

30 궤도 회로를 구성할 때 개전로식을 사용하는 것은?

㉮ 건널목 제어의 401 제어자

㉯ 건널목 제어의 201 제어자

㉰ 자동 폐색 장치 신호 제어

㉱ 연동 폐색 장치 신호 제어

KEY POINT

① **개전로식** : 제어자 방식의 건널목 2440(401)

② **폐전로식** : 제어자 방식의 건널목 2420(201)

제어 구간 거리(20[m] 이상)

한쪽 제어 구간 거리 | 한쪽 제어 구간 거리

⊕ 입력 ⊖ | 2440 | ⊕ 출력 ⊖

〈개전로식(2440형 : 401)〉

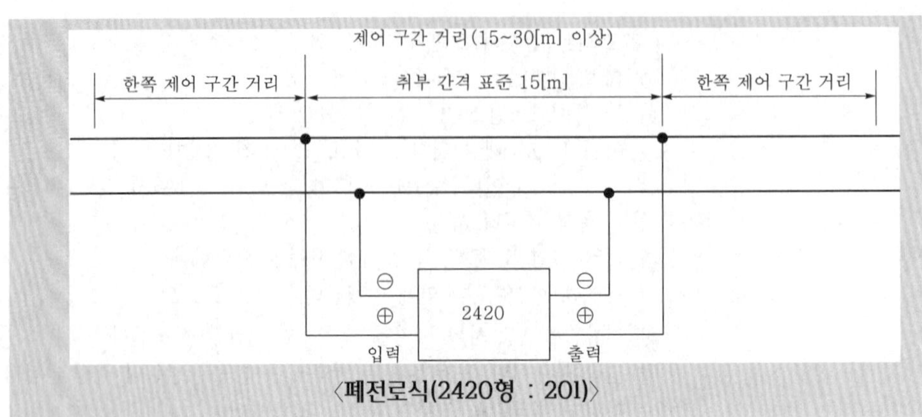

〈폐전로식(2420형 : 201)〉

신호 제어는 안전한 폐전로식을 사용하는 것이 기본 원칙이나 건널목 제어 중 제어자 방식(SC)의 2440(401)은 개전로식을 사용하고 2420(201)은 폐전로식을 사용한다.

31 분배주 궤도 회로 장치의 궤도 전원은 60[Hz] 상용 주파수를 사용한 경우 궤도상에는 몇 [Hz]가 되는가?

㉮ 30　　㉯ 60
㉰ 120　　㉱ 240

KEY POINT

➲ 분 · 배주 궤도 회로

① 송전단의 분주기에 의해 상용 주파수를 1/2의 주파수로 변환하여 레일로 송전하고, 착전단에서는 배주기를 사용하여 원래 주파수로 되돌아가게 하는 궤도 회로이다. 따라서 궤도 계전기는 상용 주파수 궤도 회로와 같은 것을 사용한다.
② 궤도 길이는 누설 conductance의 변동이 0.5~0.1[S/km]인 범위 내에서 약 2,000[m]이며 단락 감도는 0.06[Ω] 이상이어야 한다.
③ 교류 방해 특성의 최대치는 40[A]로 그 이상 전류에는 과전류 검지기가 동작하여 궤도 계전기의 궤도측을 단락하여 오동작을 방지한다.
④ 궤도 회로 기기의 설치 방법에는 분산식과 집중식이 있다.

분배주 궤도 회로
송전(60[Hz]) ⇒ 분주기(30[Hz]) ⇒ 궤도상(30[Hz]) ⇒ 배주기(60[Hz]) ⇒ 궤도 계전기(60[Hz])

32 임피던스 본드의 설치에 관한 사항으로 틀린 것은?

㉮ 복궤조식 궤도 회로의 경계점에 설치한다.
㉯ 전차선 전류는 인접 궤도 회로에 흘러가게 한다.
㉰ 신호 전류는 인접 궤도 회로에 흐르지 못하도록 한다.
㉱ 1차 코일과 2차 코일의 권수비를 2 : 1로 한다.

 정답 : 31.㉮ 32.㉱

KEY POINT

임피던스 본드(CIT, TH, 280[A])

(1) 본드의 사용 목적

① 전차선 귀선 전류는 흐르게 하고 인접 궤도 회로에 신호 전류는 막는다.

② 송신 및 수신 임펄스 전압을 조정한다.

(2) 임피던스 본드의 원리

전차선 전류는 변전소(약 20~100[km])까지 원거리로 회로가 구성되어 있고, 신호 전류는 1개(약 1[km] 미만)의 궤도 회로 내에만 전류가 흐르도록 하여 전차선 전류는 코일의 반반씩 반대 방향으로 흐르고 신호 전류는 코일이 감겨진 방향으로만 흐르도록 한다.

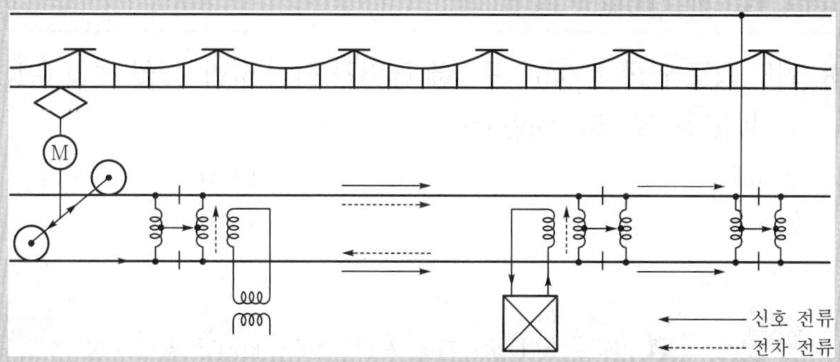

(3) 구조

① 권수는 1, 2차 코일은 동일한 권수이다.

② 임피던스 본드를 궤조에 접속할 때에는 전차선 전류의 전류량에 맞는 충분한 굵기의 점퍼선(jumper wire)을 사용한다.

(4) 적용 범위

① 임펄스 전압 : 약 100[V]

② 임피던스 본드에 흐르는 전차선 귀선 전류의 허용 범위

㉮ 평상시 : 200[A]

㉯ 단락시 : 800[A]

해설

임피던스 본드의 1차 코일과 2차 코일의 권수비는 동일하다.

33 궤도 회로의 극성에 관한 설명으로 맞는 것은?

㉮ 인접 궤도 회로와의 사이에 레일 절연을 단락했을 때 궤도 계전기가 여자한다.

㉯ 인접 궤도 회로와의 사이에 레일 절연을 단락했을 때 궤도 계전기가 낙하한다.

㉰ 임펄스 궤도 회로의 경우 궤도 회로의 극성을 맞추지 않아도 된다.

㉱ 착전단 이외의 개소에는 궤도 회로의 극성을 고려하지 않아도 된다.

정답 : 33.㉯

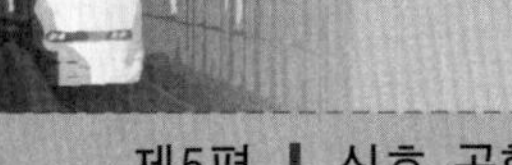

KEY POINT

➲ 궤도 회로 극성

① 인접 궤도 회로와 이극으로 구성하여 인접 궤도 회로와의 사이에 단락했을 때 궤도 계전기가 낙하되어 안전측으로 동작한다.

② 임펄스 궤도 회로의 송신기 및 송전 임피던스 본드의 연결은 극성을 정확하게 맞춘다.

③ AF 궤도 회로는 인접하는 궤도 회로 또는 병행하는 궤도 회로 상호간에는 사용하는 주파수가 다르게 설비한다.

해설 인접 궤도 회로와는 이극으로 구성하여 단락시 안전측(낙하)으로 동작하여야 한다.

34 궤도 회로 연장 100[m] 구간에 레일간 전압 5[V], 누설 전류 0.1[A]인 궤도 회로의 누설 컨덕턴스는 몇 [S/km]인가?

㉮ 0.1　　㉯ 0.2

㉰ 0.3　　㉱ 0.4

KEY POINT

➲ 컨덕턴스(G)는 저항(R)의 역수, [km]당 얼마인가?

해설 저항 $R=5/0.1=50[\Omega]$, 컨덕턴스 $G=1/50=0.02$

$\therefore\ 0.02\times10=0.2$

35 궤도 회로도에 삽입형 바이어스 궤도 계전기를 설치하도록 표시하고자 한다. 배선도용 도식 기호로 옳은 것은?

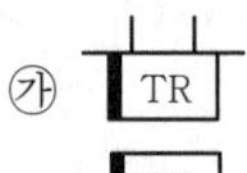

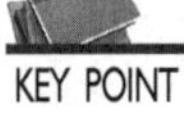
KEY POINT

➲ ① ─⌒─ : 본드선

② ──┼── : 궤도 회로

③ : 사구간 절연

④ CTC 구간 : 송전, 착전

일반 구간 : 송전, 착전

⑤ ──⊕── : 접착식 절연 레일

⑥ 삽입형 표시 :

 정답 : 34.㉯ 35.㉮

 : 바이어스 궤도 계전기

36 **궤도 회로 장치에 대한 시공 표준이다. 이 시공 표준이 잘못된 것은?**

㉮ 경부 고속 철도 신선 구간의 유절연과 무절연 경계 구간은 임피던스 본드를 사용한다.
㉯ 기기와 레일간 송·착전 점퍼선은 22[mm^2]×2C 이상의 케이블을 사용한다.
㉰ 본선 기구함에서 레일 단말까지의 케이블의 길이가 20[m] 이하인 경우, 레일 부근에 반드시 케이블 헤드를 사용한다.
㉱ 궤조 절연은 신호기 외방 2[m], 내방 12[m] 이내에 설치한다.

KEY POINT

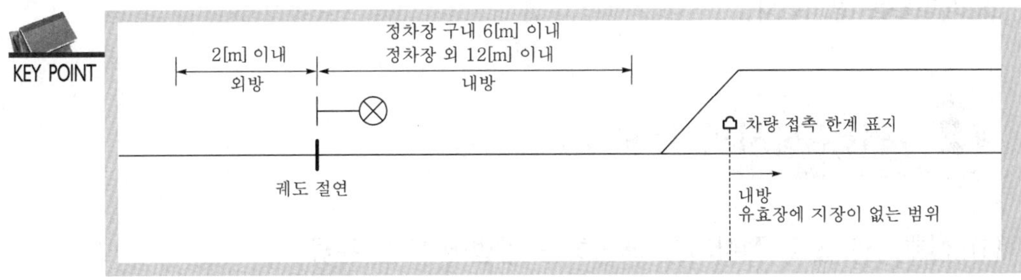

궤조 절연은 신호기 외방 2[m], 내방 6[m] 이내에 설치한다.

 정답 : 36.㉱

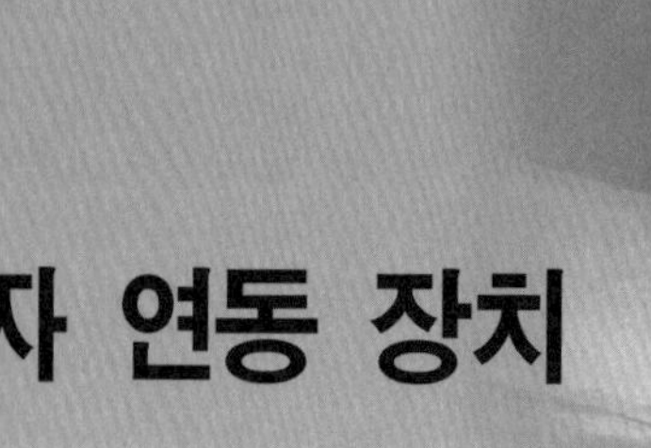

제 3 장 전기 및 전자 연동 장치

1 연동 장치의 개요

정거장 구내에서 안전하고 원활한 열차 운전을 위해 분산되어 있는 신호 시설물(신호기, 선로 전환기, 궤도 회로 등)의 제어 또는 조작을 일정한 순서에 따라 연속적으로 동작 후 상호 쇄정하는 장치이다.

2 연동 장치의 종류

(1) 신호기와 선로 전환기를 쇄정하는 방법에 따른 분류

① **기계 연동 장치(MI ; Mechanical Interlocking)**

② **전기 연동 장치(RI ; Realy Interlocking)** : 연동 장치를 계전 동작에 의해 제어하는 설비로서 유닛트형 전기 연동 장치와 삽입형 시스템 전기 연동 장치가 있다.

③ **전자 연동 장치(EI ; Electronic Interlocking)**

(2) 진로를 제어하는 방법에 따른 분류

① 진로 선별식

② 진로 정자식

③ 단독 정자식

3 쇄정

(1) 신호기 상호간의 쇄정

① 신호기의 진로 또는 과주 여유 거리의 일부가 같은 선로 상에 있을 때에는 쇄정한다.

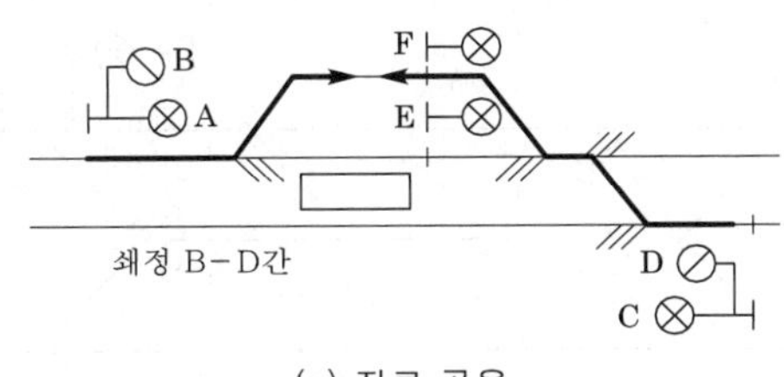

(a) 진로 공용

(b) 과주 ①

(c) 과주 ②

그림 ⬆ 5-21 **신호기 상호간을 쇄정하는 경우**

② 같은 방향의 열차가 동시에 착발할 때 전방 진로에 과주 여유 거리가 있을 경우에는 쇄정하지 않는다.

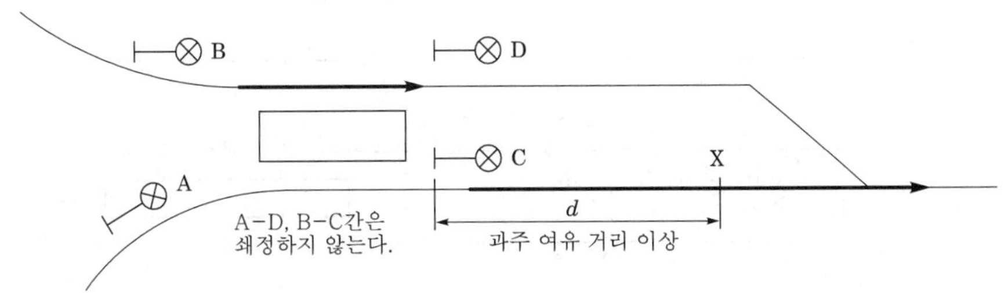

그림 ⬆ 5-22 **신호기 상호간을 쇄정하지 않는 경우**

(2) 신호기와 선로 전환기 사이의 쇄정

① 신호기와 과주 여유 거리 이내의 선로 전환기와의 사이에는 쇄정해야 한다. 신호기와 선로 전환기의 쇄정은 해당 신호의 진로에 위치한 선로 전환기를 정당한 방향으로 개통시킨 다음 쇄정해야 한다.

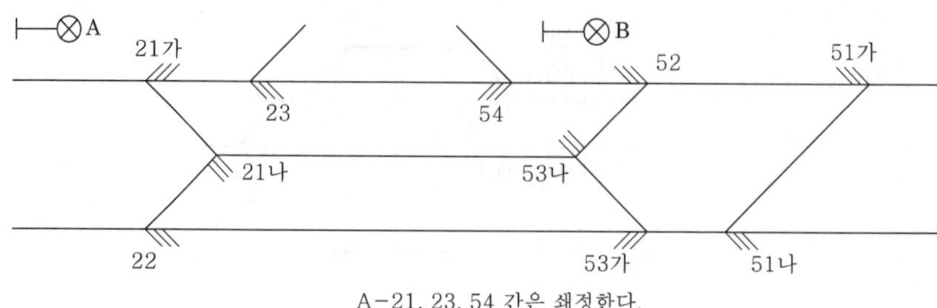

그림 5-23 **신호기와 선로 전환기의 쇄정**

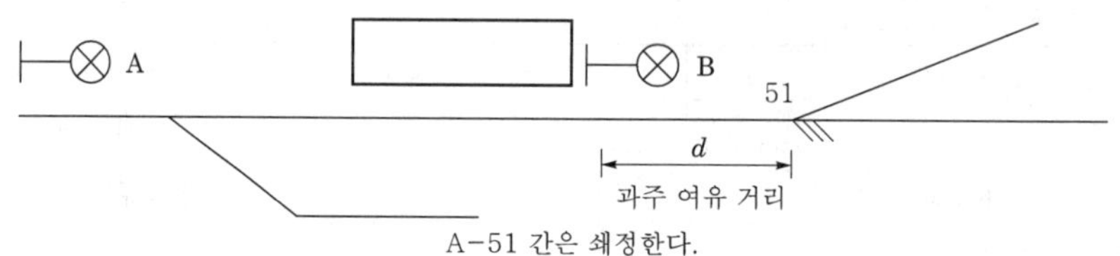

그림 5-24 **신호기와 과주 여유 거리 이내의 선로 전환기의 쇄정**

② 해당 진로 이외에 위치한 선로 전환기라도 다른 진로에서 신호기의 진로 상에 열차 또는 차량이 진입할 경우에 위험이 발생한다면 위험하지 않은 방향으로 전환하여 위험이 없도록 신호기와 인접 선로 전환기간에 쇄정이 이루어지도록 해야 한다.

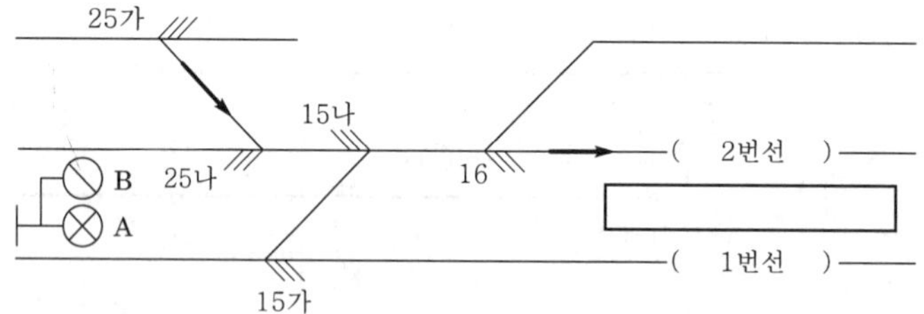

그림 5-25

명 칭	번 호	쇄 정
장내 신호기	A	15
	B	⑮, 16, 25

(3) 선로 전환기 상호간의 쇄정

① 다음 그림 (a)와 같이 선로 전환기가 서로 근접하고 있을 때 P 선로 전환기를 반위로 하는 것은 X점에서 C쪽으로 열차가 진입하는 경우로서 Q 선로 전환기는 반드시 정위에

있지 않으면 안 된다. 따라서 P 선로 전환기를 반위로 하였을 때에는 Q 선로 전환기는 정위로 쇄정한다.

② 그림 (b)의 경우 P, Q 중 어느 것을 반위로 하면 다른 선로 전환기는 정위로 쇄정하게 된다.

③ 그림 (c)의 경우 X점에서 A쪽으로 열차를 진입시키는 경우를 예로 들면 R 선로 전환기를 먼저 반위로 전환하지 않으면 S 선로 전환기를 반위로 할 수 없도록 쇄정하여 잘못된 취급을 방지하고 있다.

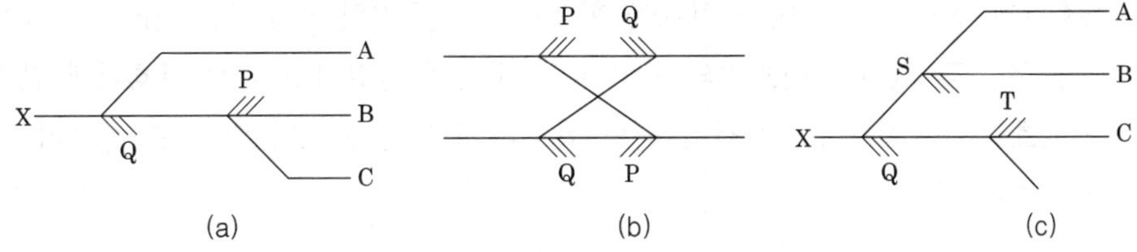

그림 ⬆ 5-26 **선로 전환기의 상호 쇄정**

4 전기적인 쇄정

(1) 철사 쇄정

① 선로 전환기가 있는 궤도 회로를 열차가 점유하고 있을 때 그 선로 전환기를 전환할 수 없도록 하는 것이다.

② 철사 쇄정하는 선로 전환기

㉮ 전기 선로 전환기

㉯ 전기(전자) 연동 장치에서 본선과 측선의 중요한 선로 전환기

(2) 진로 쇄정

① 열차가 신호기 또는 입환 신호기에 진행을 지시하는 현시에 의해 그 진로에 진입한 경우 관계 선로 전환기가 있는 모든 궤도 회로를 통과할 때까지 그 진로를 쇄정하는 것이다.

② 다음 구간의 신호기와 입환 신호기에는 진로 쇄정을 한다.

㉮ 자동 구간

㉯ 진로 내에 전기 선로 전환기를 설비한 비자동 구간

(3) 진로 구분 쇄정

열차가 신호기 또는 입환 신호기에 진행을 지시하는 신호 현시에 의해 그 진로에 진입하였을 경우 관계 선로 전환기 등을 전환할 수 없도록 하고, 열차가 진로의 일정 구간을 통과하였을 경우에 그 구간 내의 선로 전환기 등을 쇄정하는 것이다.

(4) 접근 쇄정

① 신호기에 진행을 지시하는 신호를 현시하고 신호기의 외방 일정 구간에 열차가 진입하였을 경우 및 열차가 신호기의 외방 일정 구간에 진입하고 나서 신호기에 진행을 지시하는 신호를 현시하였을 때 접근 궤도 회로가 구성된 신호기 및 입환 신호기에는 접근 쇄정을 한다.

② 접근 궤도 회로

㉮ 접근 궤도 회로는 신호기 외방에 열차 제동 거리와 여유 거리를 더한 거리 이상으로 한다.

㉯ 본선의 궤도 회로는 해당 신호기 또는 입환 표지의 접근 궤도 회로로 이용할 수 있다.

③ 접근 쇄정의 해정

㉮ 접근 궤도 회로에 열차가 없을 경우에는 즉시 해정

㉯ 열차가 있을 경우 그 신호기 내방에 진입하였을 때 또는 해당 신호기에 정지 신호를 현시하고 나서 정해진 시분 경과 후

㉰ **접근 쇄정의 해정 시분**

㉠ 장내 신호기 : 90초±10%

㉡ 출발 신호기, 입환 신호기(입환 표지 포함) : 30초±10%

(5) 보류 쇄정

① 신호기 또는 입환 표지에 일단 진행을 지시하는 신호를 현시한 후 열차가 그 신호기 또는 입환 신호기의 진로에 진입하던가 또는 신호기나 입환 신호기에 정지 신호를 현시한 후 상당 시분을 경과할 때까지 진로 내의 선로 전환기 등을 전환할 수 없도록 하는 것이다.

② 보류 쇄정의 해정 시분은 접근 쇄정의 해정 시분에 따르며 접근 쇄정을 시행하지 않는 경우에는 보류 쇄정을 한다.

(6) 시간 쇄정

① 갑과 을의 취급 버튼 상호간에 쇄정하는 갑의 취급 버튼을 정위로 복귀하여도 을의 취급 버튼은 일정 시간이 경과할 때까지 해정되지 않는 것이다.

② 다음과 같은 구간에 시간 쇄정을 설비한다.

㉮ 진로 내의 선로 전환기로 진로 쇄정을 설비할 수 없는 선로 전환기

㉯ 진로 내의 선로 전환기가 열차 도착 전 해정될 수 있는 선로 전환기

㉰ 과주 여유 거리 내의 선로 전환기

(7) 폐로 쇄정

① 출발 신호기와 입환 신호기를 소정의 위치에 설비할 수 없는 경우 열차 및 차량 정지 표지에서 출발 신호기와 입환 신호기까지의 궤도 회로 내에 열차가 점유하고 있을 때 취급 버튼을 정위로 쇄정하는 것을 말한다.

② 다음의 신호기에는 폐로 쇄정을 설비한다.

㉮ 출발 신호기를 소정의 위치에 설치할 수 없는 관계로 그 위치에 열차 정지 표지를 설비한 경우

㉯ 지형 기타 사유로 인하여 신호기 취급자로부터 열차 또는 차량의 유무를 확인하기 곤란한 신호기

5 연동도표

(1) 연동도표란?

정거장 구내의 열차 운전이 안전하게 이루어지도록 여러 가지 방법의 연쇄가 연동 시스템에 의해서 이루어지고 있고 이러한 연동 장치가 어떠한 내용인지를 일목요연하게 알 수 있도록 도표로 표시한 것이다.

(2) 열차를 안전하게 운행하기 위한 조건

① 진로가 완전히 구성되어 있어야 한다.

② 진로상에는 열차 또는 차량이 없어야 한다.

③ 진로를 방해하려는 열차의 운전 가능성이 없어야 한다.

(3) 전체 구성

소속 선명, 역명, 배선 약도, 연동 장치 종별, 연동도표, 작성 년월일, 부서명, 작성자, 결재란

(4) 연동도표의 구성

명칭, 진로 방향, 취급 버튼, 쇄정, 신호 제어 및 철사 쇄정, 진로(구분) 쇄정, 접근 또는 보류 쇄정

(5) 신호기, 입환 신호기, 선로 전환기 등의 명칭 번호 또는 기호

① 신호기, 입환 신호기, 선로 전환기, 궤도 회로 등에는 그 명칭 번호 또는 기호를 표기하며 조작판도 이와 같이 동일하게 표기한다.

② 유도 신호기는 번호 또는 기호의 끝에 Z를 붙인다.

③ 원방 신호기와 중계 신호기의 번호 또는 기호는 그 주체의 신호기 번호 또는 기호 사이에 R을 붙인다.

④ 선로별 표시등의 번호 또는 기호 선로별 표시등의 번호 또는 기호는 선로 표시식 입환 표지 번호와 동일하게 하고 끝에 K를 붙인다.

(6) 궤도 회로의 명칭

① 궤도 회로의 명칭은 번호와 기호의 끝에 T를 붙인다.

② 정거장 구내

㉮ 도착선의 본선이나 측선인 궤도 회로는 역사로부터의 선번으로 한다.
㉯ 도착선의 궤도 회로를 2개소 이상으로 분할하는 경우는 번호 또는 기호 끝에 1, 2, 3 등을 붙인다.
㉰ 궤도 회로 내 선로 전환기가 설비되어 있을 경우에는 그 선로 전환기(선로 전환기가 2대 이상 있을 경우는 그 중 가장 앞선 것)와 같은 번호 또는 기호를 붙인다.
㉱ 기타에 대하여는 진로선별 취급 버튼 명칭, 지점 명칭 등을 사용한다.

6 연동 회로(진로 선별식)

(1) 출발점 압구 계전기 : 1ARPR

(2) 도착점 압구 계전기 : DN1PR

(3) 진로 선별 회로

① 특징

㉮ 망상 회로로 구성되어 있다.

㉯ 우행 및 좌행 회로로 구성되어 있다.

㉰ 사용 접점수를 감소시켜 장애 발생이 감소한다.

② CR(진로 선별 계전기)

㉮ 선로 전환기의 정위 배향에 설치하여 신호 취급시 전원에 의하여 직접 여자

㉯ 여자한 진로 선별 계전기의 여자 접점을 통하여 전방 회로에 전원을 공급

㉰ 무여자 접점을 반위쪽에 삽입하여 전류가 반대 방향으로 흐르지 못하도록 진로를 구분

③ NR(전철 선별 정위 계전기)

㉮ 도착점 계전기(DN1PR)의 여자 조건에 따라 도착점이 가까운 것으로부터 순차적으로 시발점쪽을 향하여 일정한 순서로 여자된다.

㉯ 정위 전철 선별 계전기는 진로 선별 계전기와 병렬로 설치

㉰ 2개의 선로 전환기가 서로 배향쪽으로 인접하고 있어 전철 선별 계전기를 공용할 때에는 제어 조건의 양쪽에 진로 선별 계전기의 여자 조건을 삽입

④ RR(전철 선별 반위 계전기)

㉮ 반위 전철 선별 계전기는 선로 전환기가 단동일 경우 정위 전철 선별 계전기(NR)의 반대쪽에 설치

㉯ 쌍동일 때에는 어느 쪽이라도 좋으나 좌행, 우행 양 진로의 부하 전류가 균형이 되게 설치

㉰ 일반적으로 연동도표의 오른쪽이 상행일 때에는 우행 회로에, 왼쪽이 상행일 때에는 좌행 회로에 설치

(4) 전철 제어 회로

① WLR(전철 쇄정 계전기) : 선로 전환기를 전환할 경우에만 여자하고 평상시에는 무여자 상태가 되어 선로 전환기를 쇄정하는 계전기이다.

② WR(전철 제어 계전기) : 선로 전환기의 전환을 지시하는 계전기(자기 유지 계전기, 유극 2위식)이다.

(5) 현장 선로 전환기 전환

(6) 전철 표시 계전기(KR : 유극 계전기, 유극 3위식)

선로 전환기 내 회로 제어기의 접점에 의해 동작하는 계전기이다

① NKR : 정위 표시 계전기

② RKR : 반위 표시 계전기

(7) 진로 조사 계전기(ZR)

① 회로를 간소화하고 접점수를 줄이기 위해 설치

② 망상 회로로 구성되어 있고 하나의 회로를 공용하고 있다.

(8) 접근 쇄정 회로

접근 쇄정 회로는 표시 쇄정의 조건, 접근 쇄정을 거는 조건, 접근 쇄정을 푸는 조건의 회로로 구성되어 있다.

① ASR : 접근 쇄정 계전기

② UR : 시소 계전기(완동)

(9) 진로 쇄정 회로

각 진로 쇄정 계전기는 담당 구간 내의 궤도 회로를 열차 또는 차량이 통과할 때까지 무여자 상태를 유지하고 열차 또는 차량이 구분된 궤도 회로를 통과하는데 따라 무여자일 때의 순서와 순차적으로 여자시켜 진로 쇄정을 해정한다.

① TLSR : 좌행 진로 구분 쇄정 계전기

② TRSR : 우행 진로 구분 쇄정 계전기

(10) 신호 제어 계전기(HR)

① 진로 압구를 반위로 취급할 수 있는 조건 : DNIPR↑

② 진로상의 선로 전환기가 정해진 방향으로 개통하고 있는 조건 : ZR↑

③ 진로상에 열차 또는 차량이 없는 것을 조사하는 조건 : TR↑

④ 접근 쇄정 완료의 조건 : ASR, MSLR↓

⑤ 진로 쇄정 완료의 조건 : TLSR, TRSR↓

⑥ 진로상의 선로 전환기 쇄정 완료 조건 : WLR 무여자 접점

⑦ 대향 진로의 정위를 조사하는 조건 : TLSR 또는 TRSR↑

(11) 현장 신호기 현시

7 전자 연동 장치

(1) 전자 연동 장치란?

신호기, 선로 전환기 등 상호 쇄정을 마이크로 컴퓨터의 전자 회로에 의해 조작하는 장치

(2) 계전 연동 장치와 전자 연동 장치의 비교

구 분	계전 연동 장치	전자 연동 장치
하드웨어	• 대형, 중량 계전기를 이용한 전기적 논리 회로	• 마이크로 프로세서로 구성된 S/W에 의한 논리 회로
제어	• 현장의 모든 설비는 다량의 케이블로 기계실과 연결하여 제어	• 현장의 모든 설비와 데이터 전송을 집선화하여 소량의 케이블로 제어
안전성 및 신뢰성	• fail-safe 특성이 우수하나 특정 계전기 한 개 고장시 전체 고장으로 연결 • 고장 발견에 많은 시간 소요 • 운용중 기기 점검 불가능	• 주요 부분 다중화로 신뢰성을 갖추고 있으며, 모듈 고장시 시스템 정지없이 교체 가능 • 고장 메시지에 의한 장애 내역을 알 수 있고 신속한 유지시 보수 가능
기능	• 열차 운전의 최소한의 감시와 설비 제어	• 설비 상태 감시 제어와 자기 진단 기능 • 스케줄에 따른 자동 운행 관리
호환성	• 역 구내 확장 및 변경시 설치에 많은 경비, 시간 소요	• 승객에게 열차 운행 정보 제공 • 역 조건의 변동에 따른 지역 데이터 수정만으로 수정 작업 용이

(3) 특징

① 시스템 표준화 및 운전 업무의 현대화

② 차량 추적 기능

③ 선로 전환기의 전환 재시행 가능

④ 다른 시스템과 인터페이스 기능

⑤ 동작 기록 기능

8 주요 예비 기기 확보 및 교체

기능이 양호한 예비 기기를 종류별로 10% 내외 범위로 비치하고, 기기 장애시에는 예비 기기로 교체한다.

단원핵심문제

1 선로 전환기가 있는 궤도 회로를 열차가 점유하고 있을 때 그 선로 전환기를 전환할 수 없도록 하는 쇄정은?

㉮ 표시 쇄정 ㉯ 진로 쇄정
㉰ 접근 쇄정 ㉱ 철사 쇄정

KEY POINT

① **철사 쇄정** : 선로 전환기가 있는 궤도 회로를 열차가 점유하고 있을 때 그 선로 전환기를 전환할 수 없도록 하는 쇄정
② **진로** : 쇄정 열차가 신호기 또는 입환 신호기에 진행을 지시하는 현시에 의해 그 진로에 진입한 경우 관계 선로 전환기가 있는 모든 궤도 회로를 통과할 때까지 그 진로를 쇄정하는 것
③ **접근 쇄정** : 신호기에 진행을 지시하는 신호를 현시하고 신호기의 외방 일정 구간에 열차가 진입하였을 경우 일정 시간이 경과 후 관계 진로를 해정할 수 있는 쇄정
④ **표시 쇄정** : 정지 정위인 신호기가 정지로 복귀되어 그 표시가 확인될 때까지 관계 진로를 쇄정하는 것

철사 쇄정이란 선로 전환기를 포함한 궤도 회로 내에 열차가 있거나 궤도 단락시 선로 전환기를 전환하지 못하도록 하는 것이다.

2 접근 쇄정의 해정 시분을 설정하였을 때 설정 시간이 옳은 것은?

㉮ 장내 신호기 85초, 입환 신호기 32초
㉯ 장내 신호기 90초, 입환 표지 34초
㉰ 장내 신호기 100초, 출발 신호기 30초
㉱ 장내 신호기 98초, 입환 표지 35초

KEY POINT

① **장내 신호기** : 90초±10%
② **출발 신호기** : 30초±10%

장내 신호기 : 81~99초, 출발 신호기(입환 표지) : 27~33초

정답 : 1.㉱ 2.㉮

접근 쇄정에 관한 설명으로 옳지 않은 것은?

㉮ 접근 궤도 회로는 신호기 외방에 열차 제동 거리와 여유 거리를 더한 거리 이상으로 한다.

㉯ 해당 신호기를 취소한 경우 접근 궤도 회로에 열차가 있을 경우에는 해당 진로가 즉시 해정되지 않아야 한다.

㉰ 접근 쇄정의 해정 시분은 장내 신호기 90초±10%, 출발 신호기 및 입환 신호기 30초 ±10%로 한다.

㉱ 본선의 궤도 회로는 출발 신호기 또는 입환 표지의 접근 궤도 회로로 사용할 수 없다.

KEY POINT

① 접근 궤도 회로는 신호기 외방에 열차 제동 거리와 여유 거리를 더한 거리 이상으로 한다.
② 본선의 궤도 회로는 해당 신호기 또는 입환 표지의 접근 궤도 회로로 이용할 수 있다.
③ 접근 쇄정의 해정
  ㉮ 접근 궤도 회로에 열차가 없을 경우에는 즉시 해정
  ㉯ 열차가 있을 경우 그 신호기 내방에 진입하였을 때 또는 해당 신호기에 정지 신호를 현시하고 나서 정해진 시분 경과 후
  ㉰ 접근 쇄정의 해정 시분
    ㉠ 장내 신호기 : 90초±10%
    ㉡ 출발 신호기, 입환 신호기(입환 표지 포함) : 30초±10%

해설

본선의 궤도 회로는 출발 신호기 및 입환 표지의 접근 궤도로 사용하고 있다.

관계 선로 전환기가 쇄정되어야 할 경우는?

㉮ ASR 여자 ㉯ ZR 무여자
㉰ HR 여자 ㉱ WLR 여자

KEY POINT

관계 선로 전환기가 쇄정되었다는 것은 신호를 현시하고 있다는 의미로 신호 제어 계전기가 여자하였다는 것을 말한다.
① ASR : 접근 쇄정 계전기 무여자
② ZR : 진로 조사 계전기 여자
③ HR : 신호 제어 계전기 여자
④ WLR : 전철 쇄정 계전기 무여자

해설

신호 제어 계전기 여자 : HR 여자

정답 : 3.㉱ 4.㉰

전기 계전 연동 장치의 진로 조사 회로는?

㉮ 직렬 회로　　㉯ 병렬 회로
㉰ 직·병렬 회로　　㉱ 망상 회로

KEY POINT

➲ 진로 조사 회로의 특징
① 회로를 간소화하고 접점수를 줄이기 위해 설치
② 망상 회로로 구성
③ 하나의 회로를 공용

해설 진로 조사 회로는 망상 회로로 구성되어 있고 단일 회로이다.

전기 연동 장치의 제어 방식 중 진로 선별식에 해당되는 것은?

㉮ 신호 압구의 취급으로 진로상의 선로 전환기를 동시에 전환시켜 진로를 구성하는 방식
㉯ 선로 전환기를 개별 압구로 전환하고 신호 압구의 취급에 의하여 진로를 구성하는 방식
㉰ 선로 전환기는 현장에서 수동으로 취급하고 신호 압구의 취급에 의하여 진로를 구성하는 방식
㉱ 진로를 신호 압구와 진로 선별 압구의 취급으로 진로상의 선로 전환기를 동시에 전환하여 진로를 구성하는 방식

KEY POINT

➲ (1) 진로 선별식
① 진로수가 많은 대규모 정거장 구내에서 사용한다.
② 진로 선별식은 조작이 매우 쉬우므로 숙련된 기술자가 필요치 않다.
③ 출발점 취급 버튼과 도착선 지점에 설치된 도착점 취급 버튼을 조작에 의해 진로를 선별하면, 진로상의 모든 선로 전환기가 제어(진로 개통)되고, 쇄정된 후 신호기에 진행 신호를 현시한다.
④ 선로 배선과 유사한 진로 선별 회로의 진로 선별 계전기에 의해 진로를 결정하고, 그 후 선로 전환기 단위로 설치한 전철 선별 계전기에 의해 선로 전환기를 총괄 제어하는 방식이다.

(2) 진로 정자식
① 조작판의 신호 정자에 의해 진로상 각 선로 전환기를 동시에 전환하여 진로를 구성하는 방식이다.
② 각 진로마다 1개의 정자를 두고, 정자 취급시 진로상의 모든 선로 전환기가 정해진 방향으로 개통되며, 진로를 지정하는 다른 진로와 쇄정을 계전기 동작에 의해서 쇄정한 다음, 그 진로의 신호 현시한다.

정답 : 5.㉱ 6.㉱

(3) 단독 정자식
① 조작판에서 진로상의 선로 전환기를 전철 정자에 의해 개별 전환한 후에 신호 정자 조작으로 신호를 현시하는 방식이다.
② 중간역의 본선 선로 전환기를 동력화한 장소에서 많이 사용한다.
③ 구내 배선이 간단하고 진로가 적은 경우 단독 정자식 또는 진로 정자식으로 충분하나, 배선수가 많아지면 진로 정자수가 많게 되어 조작이 불편해진다.

 ㉮ 진로 취급 버튼식, ㉯ 단독 취급 버튼식

7 전기 연동 장치의 전철 제어 회로에 관한 설명 중 틀린 것은?

㉮ 전철 제어 계전기는 전철 쇄정 계전기의 무여자로 쇄정한다.
㉯ 전철 제어 계전기는 전철 쇄정 계전기의 여자로 동작한다.
㉰ 전철 제어 계전기는 전철 쇄정 계전기의 여자로 쇄정한다.
㉱ 전철 제어 계전기는 유극이며 전철 쇄정 계전기는 무극이다.

KEY POINT

① **전철 쇄정 계전기(WLR)** : 선로 전환기를 전환할 경우에만 여자하고 평상시에는 무여자 상태가 되어 선로 전환기를 쇄정하는 계전기로 무극 선조 계전기를 사용한다.
② **전철 제어 계전기(WR)** : 선로 전환기의 전환을 지시하는 계전기(자기 유지 계전기, 유극 2위식)이다.

 전철 쇄정 계전기(WLR)의 여자로 전철 제어 계전기(WR)가 동작하여 선로 전환기를 전환시키고 전환 완료 후 전철 쇄정 계전기(WLR)는 무여자되고 전철 제어 계전기(WR)가 쇄정된다.

8 다음 그림은 전철 제어 회로의 결선도이다. 계전기 A에 해당되는 것은?

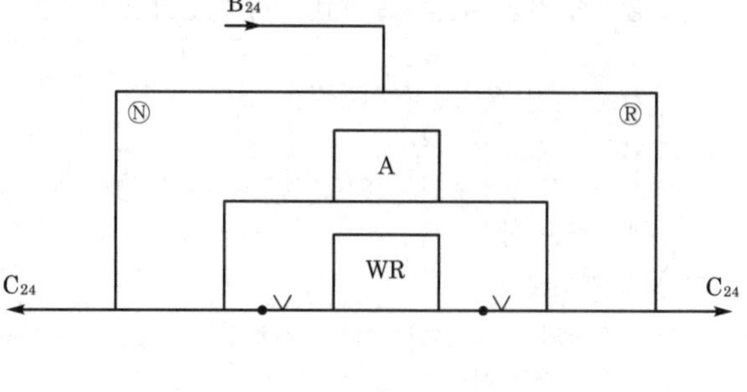

㉮ 21NR　　㉯ 21RR
㉰ 21KR　　㉱ 21WLR

 정답 : 7.㉰ 8.㉱

KEY POINT

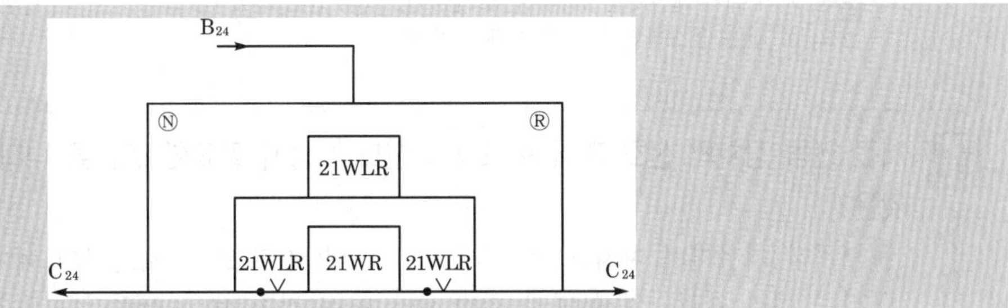

해설

전철 쇄정 계전기 : WLR

9 선로 전환기 전환 제어 계전기를 나타내는 기호는?

㉮ WLR　　㉯ WR
㉰ ZR　　㉱ KR

KEY POINT

① WLR : 전철 쇄정 계전기
② WR : 전철 제어 계전기(선로 전환기 전환 지시)
③ ZR : 진로 조사 계전기
④ KR : 전철 표시 계전기

해설

전철기 전환 제어 계전기 : WR

10 정위로 되어 있을 때 여자 전류를 끊더라도 그 때까지의 상태를 유지하고 반위로 여자 전류를 흘리면 R 접점이 ON으로 되어 그 후 여자 전류를 끊더라도 그 상태를 유지하는 계전기는?

㉮ 완동 계전기　　㉯ 자기 유지 계전기
㉰ 완방 전기　　㉱ 시소 계전기

KEY POINT

① **완방 계전기** : 여자 전류가 끊어진 후 얼마간 시간(시소)이 경과된 후부터 N접점이 낙하하는 계전기
② **완동 계전기** : 전류가 투입된 후 얼마간 시간(시소)이 경과된 후부터 N접점이 여자하는 계전기
③ **시소 계전기** : 무여자일 때는 상시 R접점 on, N접점 off이며 여자 전류를 흘리면 흐른 순간부터 접점이 반전할 때까지 미리 설정한 시소를 갖는 계전기이며, 반대로 여자 전류를 끊으면 곧바로 접점은 무여자의 상태로 되돌아온다.

정답 : 9.㉯ 10.㉯

해설 자기 유지 계전기는 2위식 유극 계전기로 전원의 방향에 따라 정위(90°), 반위(45°) 접점을 구성하고 한번 동작하면 동작한 상태를 유지한다.

11 계전 연동 장치의 신호 제어 회로의 결선도 작성시 필요한 조건을 나타낸 것으로 틀린 것은?

㉮ 도착점 계전기의 여자 접점 ㉯ 진로 조사 계전기의 여자 접점
㉰ 진로 쇄정 계전기의 무여자 접점 ㉱ 전철 쇄정 계전기의 여자 접점

KEY POINT

신호 제어 회로의 조건

① 진로 압구를 반위로 취급할 수 있는 조건 : DNIPR↑
② 진로상의 선로 전환기가 정해진 방향으로 개통하고 있는 조건 : ZR↑
③ 진로상에 열차 또는 차량이 없는 것을 조사하는 조건 : TR↑
④ 접근 쇄정 완료의 조건 : ASR, MSLR↓
⑤ 진로 쇄정 완료의 조건 : TLSR, TRSR↓
⑥ 진로상의 선로 전환기 쇄정 완료 조건 : WLR 무여자 접점
⑦ 대향 진로의 정위를 조사하는 조건 : TLSR 또는 TRSR↑

해설 신호 제어 회로는 연동 회로에서 최종적으로 신호를 현시하여 기관사가 운전을 하도록 하는 회로로 압구 조건과, 진로 조사 회로 이후의 모든 계전기 접점을 직렬로 연결하여 안전을 확보한다.

12 평상시 여자하는 무극 선조 계전기 낙하 접점을 표시하는 것은? (단, 유닛형 계전기이다.)

㉮ 
㉯ 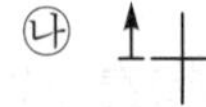
㉰
㉱

KEY POINT

유닛형 계전기의 접점 표기

① ○ : 회로상의 무극 선조 계전기로서 평상시 무여자 상태
② ⓘ : 회로상의 무극 선조 계전기로서 평상시 여자한 상태
③ ⊖ : 회로상의 유극 선조 계전기
④ ① : 회로상의 무극 선조 2코일형 계전기의 첫째(1st) 코일
⑤ ② : 회로상의 무극 선조 2코일형 계전기의 둘째(2nd) 코일
⑥ [↓] : 연동 계전기(interlocking relay) 상단 계전기 평상시 낙하 상태
⑦ [↑] : 연동 계전기(interlocking relay) 하단 계전기 평상시 동작 상태

 정답 : 11.㉱ 12.㉰

⑧ : ○ 계전기의 낙하 접점(평상시 전류가 통하고 동작하면 차단됨)

⑨ : ○ 계전기의 동작 접점(평상시 전류가 차단되고 동작하면 통함)

⑩ : ⓣ 계전기의 동작 접점(평상시 전류가 통하고 낙하하면 차단됨)

⑪ : ⓣ 계전기의 낙하 접점(평상시 전류가 차단되고 낙하하면 통함)

⑫ : 계전기의 낙하 접점(평상시 전류가 통하고 동작하면 차단됨)

⑬ : 계전기의 동작 접점(평상시 전류가 차단되고 동작하면 통함)

⑭ : 계전기의 동작 접점(평상시 전류가 통하고 낙하하면 차단됨)

⑮ : 계전기의 낙하 접점(평상시 전류가 차단되고 낙하하면 통함)

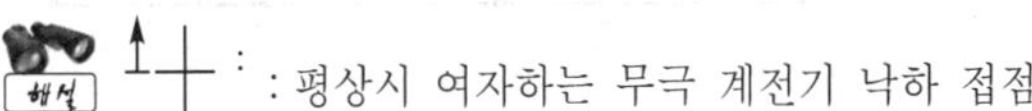
: 평상시 여자하는 무극 계전기 낙하 접점

13 계전 연동 장치의 조작반에 설치된 전철 정자에는 몇 회선이 필요한가?

㉮ 3　　㉯ 4
㉰ 5　　㉱ 6

KEY POINT

➔ 선로 전환기를 전환하기 위해서는 진로 구성에 의한 방법과 단독 취급시의 방법이 있다.

① 정위 압구(+) 1회선, 반위 압구(+) 1회선, 공통(−) 1회선
② 단독 취급 공통 압구(+) 1회선, 공통(−) 1회선
③ 총 5회선

14 진로 조사 계전기 회로의 설명 중 틀린 것은?

㉮ 진로의 출발점에 상당하는 부분의 회로에 진로 조사 계전기 설치
㉯ 진로의 도착점에 상당하는 부분의 회로에 진로 조사 계전기 설치
㉰ 동일 지점에 신호기와 입환 표지가 있을 때 이에 상당한 진로 조사 계전기 2개를 병렬로 설치
㉱ 압구 반응 계전기의 여자 접점으로 전원을 공급

정답 : 13.㉰ 14.㉯

KEY POINT

① 진로 조사 계전기 회로는 진로 선별이 완료되고 선로 전환기가 전환되면 진로 선별의 압구 및 정반위 전철 선별 계전기 여자 조건, 선로 전환기 정반위 표시 계전기 여자 조건을 통하여 진로 조사 계전기를 여자시킨다.(단, 압구 여자시 반대 출발점 압구 낙하 조건 삽입, 진로 조사 계전기 여자시는 반대편 압구 낙하 조건을 삽입 방호한다.)
② 진로 조사 계전기 (−)측에 진로 선별의 출발점 압구 계전기 여자 조건을 삽입한다.
③ 동일상 선로에 신호기와 입환 표지가 설치될 경우 상호 방호 조건을 진로 조사 계전기 전방에 삽입한다.
④ 진로 조사 계전기는 진로의 출발점에 설치한다.

진로 조사 계전기는 진로의 출발점에 해당하는 부분의 회로에 설치한다.

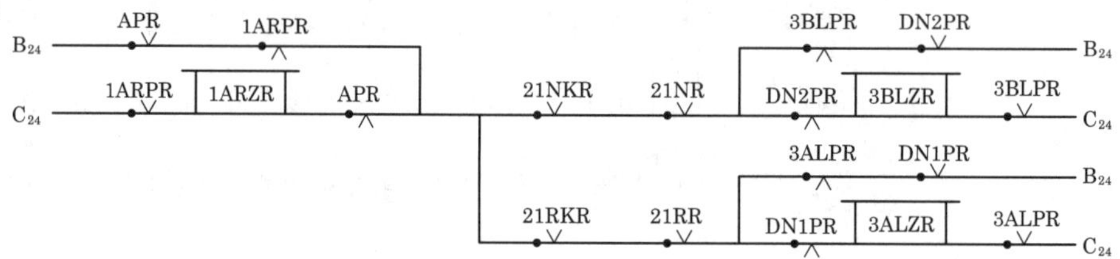

15 쌍동의 경우 전철 선별 계전기는 몇 개인가?

㉮ 1 ㉯ 2
㉰ 3 ㉱ 4

KEY POINT

(1) 정위 전철 선별 계전기(NR)

진로 선별 계전기와 병렬로 설치하며, 정위 배향을 서로 공유한 개소는 정위 전철 선별계전기를 1개로 공용하여 사용할 수 있다.

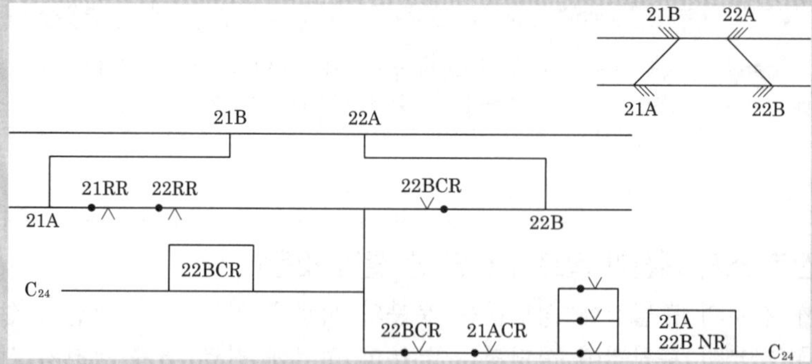

(2) 반위 전철 선별 계전기(RR)

① 단동 선로 전환기일 경우 해당 분기 CR과 NR 계전기 낙하 접점 후단 C_{24}측에 설치하나 해당 분기 NR 계전기 설치 회로의 반대에 설치한다.(즉, 21NR 계전기가 좌행 회로이면 21RR 계전기는 우행 회로에 설치)
② 쌍동 선로 전환기일 경우 좌, 우행 회로 어느 회로에나 설치할 수 있으나 좌, 우행 회로의 부하가 균등하게 설치한다.

정답 : 15.㉰

해설 21ANR, 21BNR, 21RR

16 연동도표를 제조할 때 반드시 기재하지 않아도 되는 것은?

㉮ 소속 선로명 ㉯ 배선 약도
㉰ 연동 장치의 종류 ㉱ 선로의 등급

KEY POINT

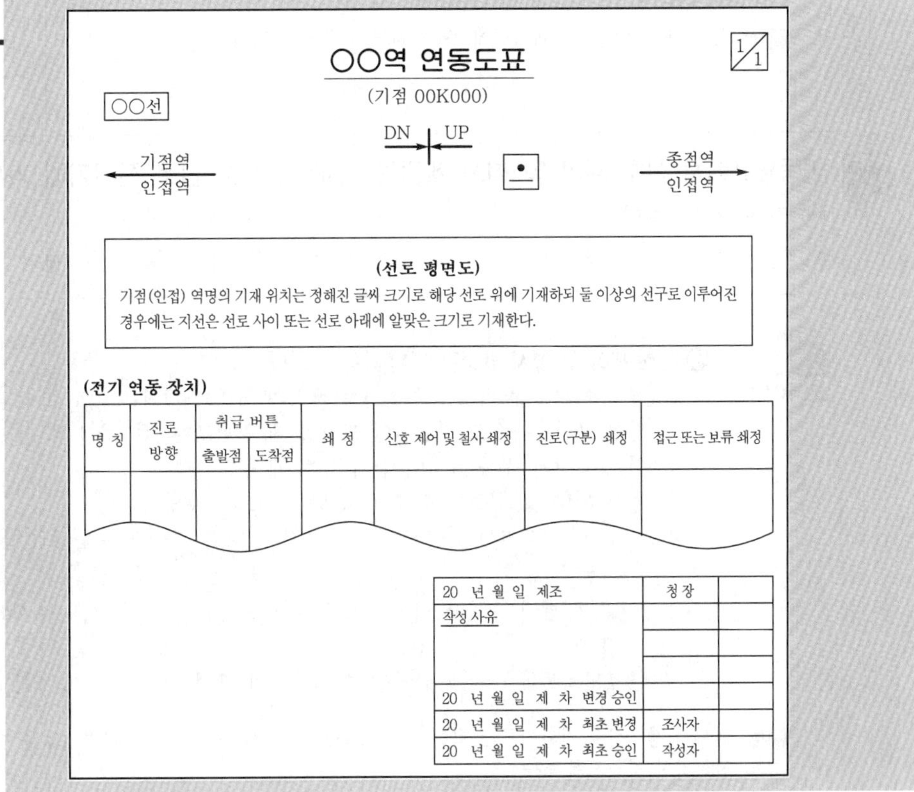

○○역 연동도표 1/1

(기점 00K000)

○○선

DN UP

기점역 / 인접역 ← → 종점역 / 인접역

(선로 평면도)

기점(인접) 역명의 기재 위치는 정해진 글씨 크기로 해당 선로 위에 기재하되 둘 이상의 선구로 이루어진 경우에는 지선은 선로 사이 또는 선로 아래에 알맞은 크기로 기재한다.

(전기 연동 장치)

명 칭	진로 방향	취급 버튼		쇄 정	신호 제어 및 철사 쇄정	진로(구분) 쇄정	접근 또는 보류 쇄정
		출발점	도착점				

20 년 월 일 제조	청장	
작성 사유		
20 년 월 일 제 차 변경승인		
20 년 월 일 제 차 최초변경	조사자	
20 년 월 일 제 차 최초승인	작성자	

해설 소속 선명, 역명, 배선 약도, 연동 장치 종별, 연동도표, 작성 년월일, 부서명, 작성자, 결재란

17 연동도표 작성시 쇄정란에 기재하는 내용이 아닌 것은?

㉮ 진로를 구성하였을 때 쇄정되는 선로 전환기 번호
㉯ 진로를 구성하였을 때 쇄정되는 취급 버튼 번호
㉰ 폐로 쇄정에 관계되는 궤도 회로명
㉱ 선로 전환기 철사 쇄정에 관계있는 궤도 회로명

정답 : 16.㉱ 17.㉱

KEY POINT

➲ 쇄정란에 기재되는 내용

① 그 진로의 취급 버튼을 반위 즉, 취급 버튼을 조작하여 소요의 진로를 구성하였을 때 쇄정되는 선로 전환기 또는 취급 버튼 번호
② 그 진로의 폐로 쇄정에 관계가 있는 궤도 회로명
③ 그 진로의 취급 버튼을 반위로 하였을 때 해정되는 다른 운전 취급실의 취급 버튼 번호
④ 그 진로의 취급 버튼이 편쇄정되는 다른 운전 취급실의 취급 버튼 번호
⑤ 전기 및 전자 연동 장치에 있어서 관계 진로 구성 후 상호 쇄정되는 신호기(표지 포함, 이하 같다.)

 신호 제어 및 철사 쇄정란에 관계 궤도 회로명을 기입

18 연동도표에서 신호 제어 및 철사 쇄정란 기재 사항 중 선로 전환기에 기재할 사항은?

㉮ 정위 개통 방향
㉯ 반위 개통 방향
㉰ 철사 쇄정 궤도 회로명
㉱ 진로 쇄정 및 신호 제어 순서

KEY POINT

➲ 신호 제어 및 철사 쇄정란 기재 내용

① 열차 진행 순서별로 도착점까지 신호 제어에 관계되는 궤도 회로명을 표기
② 입환 표지 및 유도 신호기의 도착점 궤도 회로는 표기하지 않는다.
③ 선로 전환기 철사 쇄정에 관계 있는 궤도 회로명
④ 운전 방향 및 진로 조사에 관계 있는 궤도 회로명
⑤ 전기 연동 장치에 있어서 단선 구간에 한하여 다음과 같은 조건을 신호 제어란에 표기한다.
　㉮ 연동 폐색 구간에 있어서 폐색 조건(최외방 선로 전환기를 포함한 궤도 회로명 TPS)
　㉯ 자동 폐색 구간에 있어서 출발 신호기 폐색 완료 계전기 조건(BR)

 철사 쇄정 : 선로 전환기를 포함하는 궤도 회로 내에 열차가 있거나 단락되었을 때 그 선로 전환기를 전환하지 못하도록 하는 것

19 연동 장치를 기계 연동, 전기 연동 및 전자 연동 장치로 나눈 것은?

㉮ 쇄정의 종별로 나눈 것이다.
㉯ 선로의 종별로 나눈 것이다.
㉰ 폐색의 종별로 나눈 것이다.
㉱ 궤도의 종별로 나눈 것이다.

KEY POINT

➲ ① **선로의 종별** : 1급, 2급, 3급선 등
② **폐색의 종별** : 연동 폐색, 자동 폐색, 이동 폐색 등
③ **궤도의 종별** : 직류, 교류, 임펄스, AF, PF 궤도 회로 등

  **정답 : 18.㉰ 19.㉮**

 기계 연동, 전기 연동, 전자 연동 장치는 쇄정의 종별로 나눈 것이다.

20 연동 장치 조작판에서 구성된 진로를 특별한 사유로 구분 해정하고자 할 때 해당 전철기 상의 구분 진로 해정 압구와 동시에 취급하는 압구는?

㉮ ELOB ㉯ ERBC
㉰ ERBI ㉱ LOCB

KEY POINT

 ① ELOB : 역조작 비상 전환 취급 버튼
② ERBC : 구성 진로 비상 해정 취급 버튼
③ ERBI : 구성 진로 개별 해정 취급 버튼
④ LOCB : 역조작 완료 취급 버튼
⑤ CLOB : 역조작 전환 공용 취급 버튼

 전자 연동 장치에서 한 개의 진로에서 특정한 진로만 해정이 되지 않았을 때 사용하는 기능이다.

21 전자 연동 시스템은 여러 가지 장치로 구성되어 있다. 다음 중 전자 연동 시스템의 구성 요소가 아닌 것은?

㉮ 통신 장비부 ㉯ LDTS
㉰ 표시 제어부 ㉱ 연동 장치부

KEY POINT

 **전자 연동 장치의 구성** : 광통신부, 표시 제어부, 연동 장치부, 유지 보수부

 LDTS는 CTC 장치의 일부

22 진로 선별식 전기 연동 장치에 대한 설명으로 맞는 것은?

㉮ 관계 선로 전환기를 선별하여 단독 전환 후 신호를 현시한다.
㉯ 설비가 복잡하므로 오취급의 원인이 된다.
㉰ 큰 역의 구내일수록 이 방식이 편리하다.
㉱ 각 진로마다 한 개씩의 정자가 있다.

 **정답 : 20.㉰ 21.㉯ 22.㉰**

KEY POINT

➲ ㉮ 단독 정자식, ㉯ 진로 정자식

 진로 선별식 회로는 큰 역의 구내일수록 회로를 간소화하며 안전하게 취급할 수 있는 방식이다.

23 신호기, 선로 전환기 등의 상호간을 연속적인 동작 후 전기 또는 기계적인 방법으로 연쇄를 맺어주는 장치를 무엇이라 하는가?

㉮ 건널목 장치　　㉯ 연동 장치
㉰ 폐색 장치　　㉱ 신호기 장치

KEY POINT

➲ 연동 장치의 의미

 연속적인 동작 후 연쇄를 하는 장치는 연동 장치이다.

24 연동 장치의 연쇄에 해당되지 않는 것은?

㉮ 궤도 회로 상호간 연쇄　　㉯ 신호기와 선로 전환기간의 연쇄
㉰ 신호기와 신호기간의 연쇄　　㉱ 선로 전환기와 선로 전환기와의 연쇄

KEY POINT

➲ 연동 장치 연쇄의 종류
① 신호기 상호간의 연쇄
② 신호기와 선로 전환기간의 연쇄
② 선로 전환기 상호간의 연쇄

 궤도 회로 상호간의 연쇄는 없다.

25 A 또는 B 신호기 중 한 개의 신호기를 반위(진행)로 했을 때 다른 신호기는 반위로 할 수 없도록 정위(정지)로 하는 쇄정은 무엇인가?

㉮ 정위 쇄정　　㉯ 반위 쇄정
㉰ 정반위 쇄정　　㉱ 조건부 쇄정

정답 : 23.㉯　24.㉮　25.㉮

KEY POINT

(1) 정위 쇄정

① 열차의 충돌을 방지하기 위한 쇄정으로 상대되는 신호기간을 서로 쇄정하는 것이다.

② 신호기의 정위는 정지(R), 반위가 진행(G)이므로 갑의 신호기가 반위(G)일 때 을의 신호기를 정위(R)로 쇄정하고 을의 신호기가 반위(G)일 때 갑의 신호기를 정위(R)로 쇄정하는 것을 말한다.

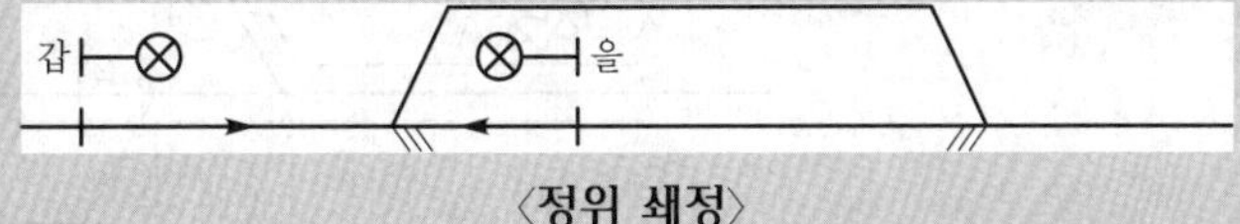

〈정위 쇄정〉

(2) 반위 쇄정

① 원방 신호기와 장내 신호기간 : 원방 신호기가 정위(Y), 장내 신호기가 정위(R)일 때 원방 신호기는 장내 신호기의 종속 신호기로 장내 신호기를 반위(G)로 하면 원방 신호기도 반위(G)로 쇄정되고 원방 신호기가 반위(Y)가 되면 장내 신호기도 반위(R)로 쇄정하는 것을 말한다.

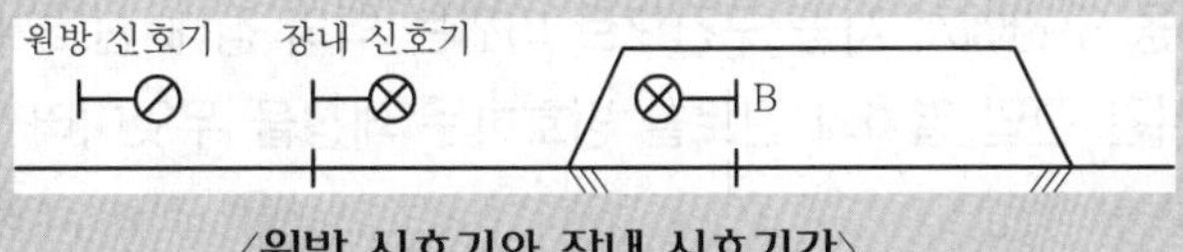

〈원방 신호기와 장내 신호기간〉

② 안전 측선과 출발 신호기간 : 갑의 신호기가 반위(G)일 때 51(을)호 선로 전환기가 반위로 쇄정하는 것이다.

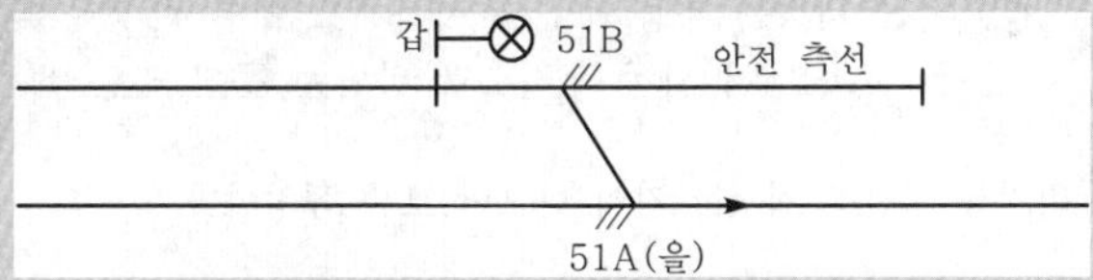

〈안전 측선과 출발 신호기간〉

(3) 정반위 쇄정

갑의 신호기가 반위(G) 되어 선택할 수 있는 번선은 A선과 B선이다. 이때 갑의 신호기가 A선으로 진로 구성시 을(21)의 선로 전환기는 반위로 쇄정되고 갑의 신호기가 B선으로 진로 구성시 을(21)의 선로 전환기는 정위로 쇄정되는 것을 말한다.

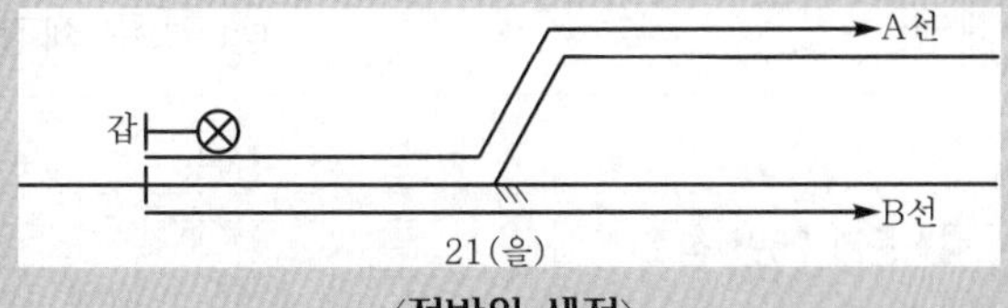

〈정반위 쇄정〉

(4) 조건부 쇄정

① 갑과 을의 상호간에 갑을 반위로 하였을 경우 을은 다른 조건이 충족되었을 경우만 쇄정되고 조건이 충족되지 않으면 쇄정되지 않는 것을 말한다.

② 신호기 1A 또는 1B가 B선과 A선으로 진로를 구성하기 위해서는 선로 전환기 21호의 방향에 따라 정해지며 21호 선로 전환기가 정위일 때는 23호 선로 전환기는 정위, 21호 선로 전환기가 반위일 때는 22호 선로 전환기가 정위에 있어야 한다는 조건이 있는 쇄정이다.

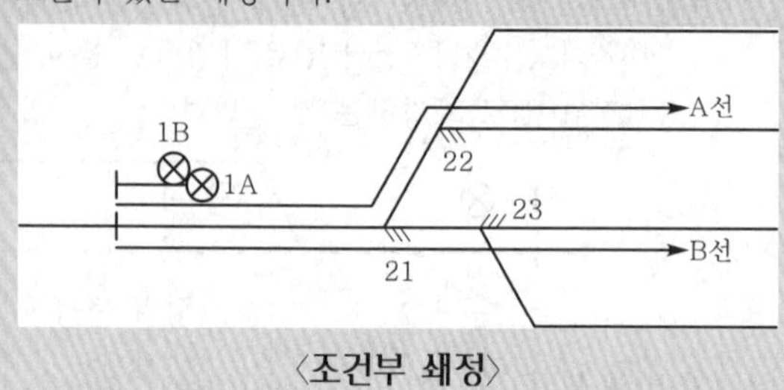

〈조건부 쇄정〉

 정위 쇄정은 신호기와 신호기간의 쇄정이다.

 **26** 비자동 구간에서 자동 구간으로 바뀌는 역의 장내 신호기나 입환 신호기에 설치되어 일정 시간 진입 열차의 진로를 방호하는 쇄정을 무엇이라 하는가?

㉮ 보류 쇄정 ㉯ 조사 쇄정
㉰ 반위 쇄정 ㉱ 접근 쇄정

 KEY POINT

➲ 접근 쇄정은 자동 구간에 사용하고 보류 쇄정은 비자동 구간(궤도 회로가 구성되지 않은 곳)에서 자동 구간으로 바뀌는 곳에 하는 쇄정

 비자동 구간과 일정 시간이 나오면 보류 쇄정이다.

 **27** 원방 신호기가 진행을 현시하고 있을 때 장내 신호기가 정위로 될 수 없도록 하는 쇄정법은?

㉮ 정위 쇄정 ㉯ 반위 쇄정
㉰ 철사 쇄정 ㉱ 보류 쇄정

 KEY POINT

➲ 문제 25번 참조

 반위 쇄정
① 원방 신호기와 장내 신호기간의 쇄정
② 안전 측선이 있는 출발 신호기와 선로 전환기간의 쇄정

 정답 : 26.㉮ 27.㉯

28 진로 구분 쇄정 구간을 열차가 통과한 후의 설명으로 맞지 않는 것은?

㉮ 궤도 회로가 해정된다. ㉯ 진로가 해정된다.
㉰ 선로 전환기를 전환시킬 수 있다. ㉱ 선로 전환기가 해정된다.

KEY POINT

➲ 진로 구분 쇄정 구간을 열차가 통과하면 통과 진로는 해정되고 선로 전환기를 해정하여 전환시킬 수 있다.

해설 궤도 회로는 여자한다.

29 전철 쇄정 계전기의 설명 중 잘못된 것은?

㉮ WR은 WLR의 무여자시 쇄정된다.
㉯ WR은 WLR의 여자 접점에 의하여 동작한다.
㉰ WLR 여자 조건은 TRSR, TLSR 무여자 때이다.
㉱ WLR은 TR 여자 접점에 의하여 제어 된다.

KEY POINT

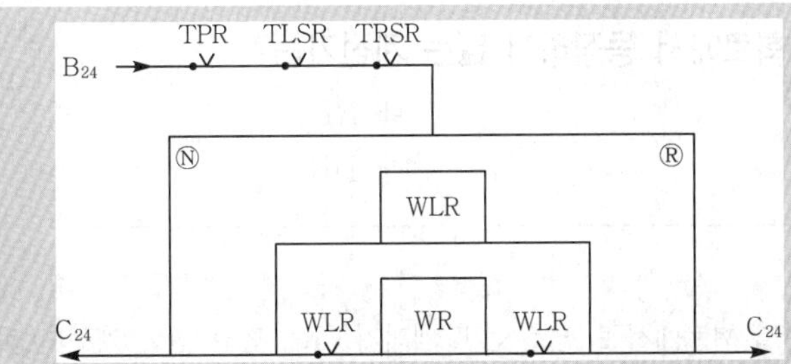

해설 전철 쇄정 계전기(WLR)는 TRSR, TLSR 여자 때 동작한다.

30 진로 선별 회로에서 우행 회로의 전원이 유입하는 방향은?

㉮ 좌측에서 우측으로 ㉯ 우측에서 좌측으로
㉰ 반위측에서 정위측으로 ㉱ 정위측에서 반위측으로

KEY POINT

➲ ① **우행 진로 선별시(가는 회로)** : 전원은 좌측에서 우측으로 진로 선별을 하고 도착점 계전기를 여자

② **좌행 진로 선별시(오는 회로)** : 전원은 우측에서 좌측으로 도착점부터 전철 선별 계전기를 차례로 여자

정답 : 28.㉮ 29.㉰ 30.㉮

 좌측에서 우측으로 전원이 유입한다.

31 전철 표시 계전기 NKR의 동작 조건 중 옳은 것은?

㉮ WR 90°, KR 90°, RKR 무여자 조건
㉯ WR 90°, KR 90°, RKR 여자 조건
㉰ WR 90°, KR 45°, RKR 무여자 조건
㉱ WR 90°, KR 90°, RKR 여자 조건

KEY POINT

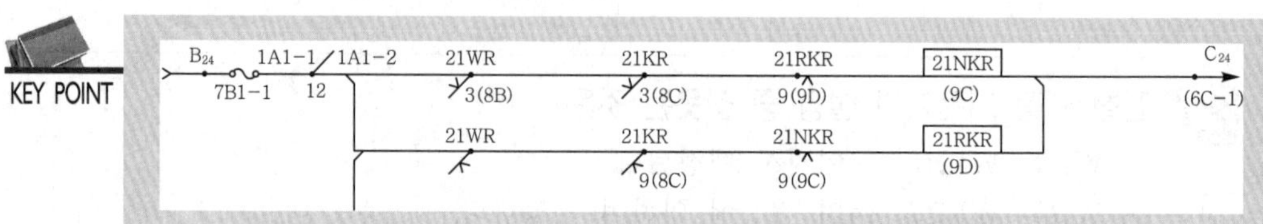

 NKR 동작 조건 : WR 90°, KR 90°, RKR 무여자 조건

32 다음 중 진로 선별 회로에서 동작하지 않는 계전기는?

㉮ CR　　㉯ RR
㉰ NR　　㉱ HR

KEY POINT

➲ 진로 선별 회로에서는 진로 선별 계전기(CR), 전철 선별 계전기(NR, RR)가 동작한다.

 HR은 신호 제어 계전기로 신호 현시를 지시하는 계전기이다.

33 궤도 계전기 조건에 의하여 제일 먼저 동작하는 계전기는?

㉮ NPR　　㉯ APR
㉰ PR　　㉱ TPR

KEY POINT

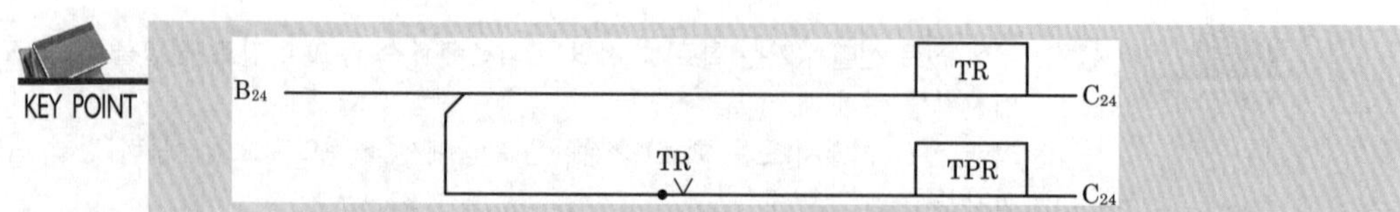

정답 : 31.㉮ 32.㉱ 33.㉱

 궤도 계전기 : TR, 궤도 반응 계전기 : TPR

신호기, 입환 신호기, 선로 전환기 등의 명칭에 관한 설명으로 맞지 않는 것은 어느 것인가?

㉮ 신호기, 입환 신호기, 선로 전환기, 궤도 회로 등에서 그 명칭 번호 또는 기호를 표기하며 조작판도 이와 같이 동일하게 표기한다.

㉯ 유도 신호기는 번호 또는 기호의 끝에 A를 붙인다.

㉰ 원방 신호기와 중계 신호기의 번호 또는 기호는 그 주체를 신호기 번호 또는 기호 사이에 R을 붙인다.

㉱ 선로별 표시등의 번호 또는 기호 선로별 표시등의 번호 또는 기호는 선로 표시식 입환 표지 번호와 동일하게 하고 끝에 K를 붙인다.

KEY POINT

(1) 유도 신호기 : 기호의 끝에 Z

(2) 신호기, 입환 신호기, 선로 전환기 등의 번호

① 조작판을 기준으로 좌측 진로는 L, 우측 진로는 R로 한다.

② 역사를 중심으로 기점측과 종점측으로 구분하여 번호를 붙이고 기점측을 하위 번호로 한다.

㉮ 장내 신호기
- ㉠ 기점쪽 : 1A, 1B, 1C, ...
- ㉡ 종점쪽 : 2A, 2B, 2C, ...

㉯ 출발 신호기
- ㉠ 기점으로 진출하는 신호기 : 3A, 3B, 3C, ...
- ㉡ 종점쪽으로 진출하는 신호기 : 4A, 4B, 4C, ...

㉰ 입환 신호기
- ㉠ 기점쪽 : 21호, ...
- ㉡ 종점쪽 : 51호, ...

㉱ 엄호 신호기
- ㉠ 기점쪽 : 6A, 8A, ..
- ㉡ 종점쪽 : 5A, 7A, ...

㉲ 전기 선로 전환기의 번호
- ㉠ 기점측 : 21호, ...
- ㉡ 종점측 : 51호, ...
- ㉢ 전기 선로 전환기가 쌍동 이상인 경우 : A, B, C
- ㉣ 수동 선로 전환기가 쌍동 이상인 경우 : 가, 나, 다

 유도 신호기 끝에는 Z를 붙인다.

 **정답 : 34.㉯**

계전기 접점에 대한 설명 중 틀린 것은?

㉮ N은 정위 또는 여자, 동작 접점이다.

㉯ R은 반위 또는 무여자, 낙하 접점이다.

㉰ C는 공통 접점이다.

㉱ N은 가동 접점, C는 고정 접점이라고 한다.

KEY POINT

① N : 정위, 여자, 동작, 고정 접점
② R : 반위, 무여자, 낙하, 고정 접점
③ C : 공통, 가동 접점

해설 N은 고정 접점이다.

정답 : 35.㉱

제 4 장
폐색 장치(block system)

1 폐색 장치란?

열차는 충돌이나 추돌 사고가 없도록 일정 간격을 유지하면서 운행한다. 이때 운행하는 역과 역 사이를 시간(Time Interval System) 또는 공간(Space Interval System)을 두고 운행하도록 하는 장치를 폐색 장치라 한다.

2 열차 운행 방식

(1) 고정 폐색 방식(Fixed Block System)

① **시간 간격법** : 일정한 시간을 두고 연속적으로 열차를 출발시키는 방법으로 보완도가 낮다.

② **공간 간격법** : 열차와 열차 사이를 일정한 공간을 두고 운행하는 방식으로 고밀도 및 안전 운행에 적합하다.

(2) 이동 폐색 방식(Moving Block System)

선행 열차와 후속 열차의 열차 간격을 폐색 길이에 의존하지 않고 후속 열차의 제동 특성에 의해 열차 간격을 유지하는 방식으로 궤도를 점유한 열차의 특성에 따라 폐색 구간의 길이가 변하는 방식이다.

3 폐색 방식의 종류

(1) 상용 폐색 방식

① **복선 구간** : 자동 폐색식, 연동 폐색식, 차내 신호 폐색식(ATC 장치)

② **단선 구간** : 자동 폐색식, 연동 폐색식, 통표 폐색식

(2) 대용 폐색 방식

① **복선 운전을 할 때** : 통신식

② **단선 운전을 할 때** : 지도 통신식, 지도식

4 폐색 구간의 경계

(1) 자동 폐색 구간의 경계

장내 신호기, 출발 신호기, 폐색 신호기 또는 열차 정지 표지를 설치

(2) 연동 및 통표 폐색 구간의 경계

장내 신호기를 설치

5 자동 폐색 장치의 정지 현시

(1) 폐색 구간에 열차 또는 차량이 점유할 때

(2) 폐색 구간에 있는 관계 선로 전환기가 정당한 방향에 있지 않을 때

(3) 분기부 또는 교차 위치에 있는 열차 또는 차량이 폐색 구간을 지장하고 있을 때

(4) 폐색 장치에 고장이 생겼을 때

(5) 복선 자동 폐색 동작 방법

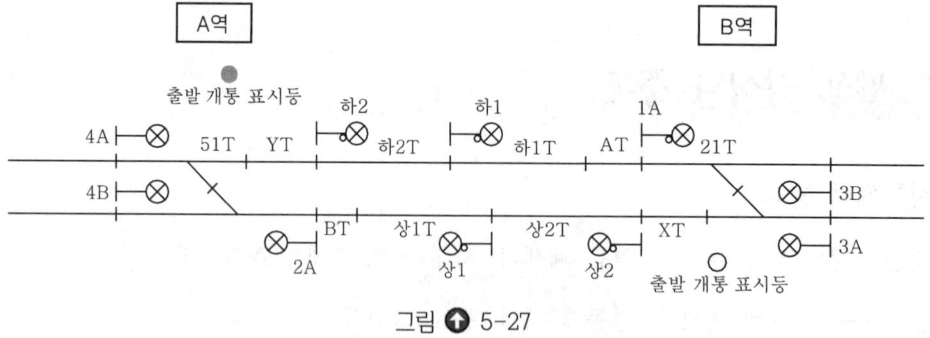

그림 5-27

A역	역 간	B역
① 출발 신호기 취급 ③ 출발 개통 표시등 황색 점등 ④ 열차 출발 ⇒ 51T 점유 ⇒ 출발 신호 정지 ⑤ 51T, YT 동시 점유 ⑥ 하2T 점유 ⑧ YT 여자 ⑨ 출발 개통 표시등 소등	② 전방 폐색 구간 확인 ⑦ 하2 폐색 정지 현시 ⑩ 하1T 점유 ⑪ 하1 폐색 정지 현시	 ⑫ 열차 구내 진입

6 단선 구간의 폐색 장치의 기능

(1) 방향 취급 버튼(또는 진로 취급 버튼)을 취급한 후가 아니면 그 방향의 관계 신호기와 폐색 신호기에 진행을 지시하는 신호를 현시할 수 없도록 한다.

(2) 한 방향의 신호기에 진행을 지시하는 신호를 현시하였을 때는 그 구간에 있는 반대 방향의 출발 신호기와 폐색 신호기에는 정지 신호를 현시한다.

(3) 단선 자동 폐색 동작 방법

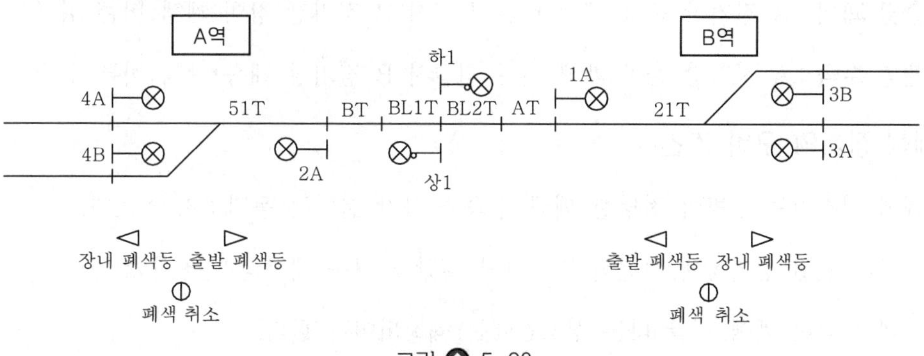

그림 5-28

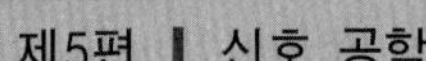

운행 상태	A역	역 간	B역
정상 운행시	① 출발 신호기 취급 ③ 출발 폐색등 황색 점등 ④ 열차 출발 ⇒ 51T 점유 ⇒ 출발 신호 정지 ⑤ 51T, BT 동시 점유 ⇒ 출발 폐색등 적색 점등 ⑥ BL1T 점유, 51T, BT 여자 ⑨ 출발 폐색등 소등	⑦ BL2T 점유, BL1T 여자 ⑧ 하1 폐색 정지 현시	② 장내 폐색등 황색 점등 ⑩ AT, 21T 점유 ⑪ 장내 폐색등 적색 점등 ⑫ AT 여자 ⇒ 장내 폐색등 소등
열차 운행 취소시	① 출발 신호기 정지 현시 ⑤ 출발 폐색등 소등		② 장내 신호기 정지 현시 ③ 폐색 취소 버튼 누름 ④ 장내 폐색등 소등

7 연동 폐색 장치

(1) 폐색 구간의 양쪽 정거장 상호간에 연동 폐색기 및 전화기를 설치

① **출발 폐색** : A 정거장 출발 폐색 버튼 취급시 B 정거장 장내 폐색 버튼 취급

② **개통 수속** : A 정거장 출발 폐색 버튼 취급시 B 정거장 개통 폐색 버튼 취급

(2) 폐색 장치의 구비 조건

① 폐색 계전기는 쌍방이 정당한 폐색 수속을 하기 전에는 동작하지 않는다.

② 열차가 인접 정거장에 완전히 진입하지 않았을 경우 개통되지 않아야 한다.

③ 상대가 되는 폐색 취급 버튼 상호간에는 쇄정되어야 한다.

④ 폐색 장치와 출발 신호기 간에는 상호 쇄정되어야 한다.

⑤ 폐색 구간 내 궤도 회로가 단락되었을 경우에는 폐색 수속이 되지 않아야 한다.

⑥ 폐색 수속 후 관계 궤도 회로가 단락되면 폐색 표시등은 "진행중(또는 적색 화살 표시등)"을 표시하여야 한다.

⑦ 폐색 취급 후가 아니면 출발 신호를 현시할 수 없다.

⑧ 폐색 장치가 고장이거나 출발한 열차 또는 차량이 폐색 구간에 있을 경우에는 출발 신호기는 정지 신호를 현시한다.

(3) 동작 방법

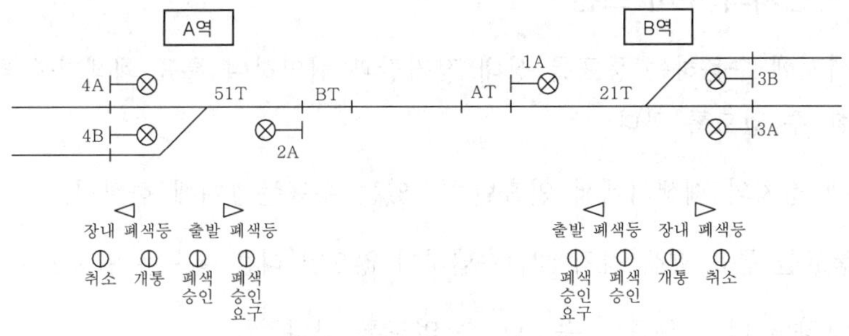

그림 5-29

운행 상태	A역	역 간	B역
정상 운행시	① 폐색 승인 요구 버튼 누름 ⇒ 출발 폐색등 황색 점멸 ④ 출발 폐색등 황색 점등 ⑤ 출발 신호기 진행 현시 ⑥ 열차 출발 ⇒ 51T 점유 ⇒ 출발 신호 정지 ⑦ 51T, BT 동시 점유 ⇒ 출발 폐색등 적색 점등 ⑪ 폐색 승인 요구 버튼 누름 ⑫ 출발 폐색등 소등	열차 운행	② 장내 폐색등 황색 점멸 ③ 폐색 승인 버튼 누름 ⇒ 장내 폐색등 황색 점등 ⑧ AT, 21T 동시 점유 ⇒ 장내 폐색등 적색 점등 ⑨ 열차 도착 ⑩ 개통 취급 버튼 누름 ⑬ 장내 폐색등 소등
열차 운행 취소시	① 출발 신호기 정지 현시 ④ 폐색 승인 요구 버튼 누름 ⑤ 출발 폐색등 소등		② 장내 신호기 정지 현시 ③ 폐색 취소 버튼 누름 ⑥ 장내 폐색등 소등
열차 운행중 퇴행시	② 열차 퇴행(BT, 51T) ③ 열차 퇴행 확인 계전기 동작 ⑤ 폐색 승인 요구 버튼 누름 ⑥ 출발 폐색등 소등		① 장내 신호기 정지 현시 ④ 폐색 취소 버튼 누름 ⑦ 장내 폐색등 소등

8 통표 폐색 장치

(1) 폐색 구간 양끝 정거장간 상호 상대하는 통표 폐색기와 전화기의 전령을 설치

(2) 통표 폐색 장치의 구비 조건

① 통표 폐색기에 수용하는 통표를 상대 정거장과 협의하여 통표 폐색기를 취급하지 않으면 인출할 수 없도록 한다.

② 통표 폐색 장치의 폐색기에서 인출할 수 있는 통표는 1개에 한한다.

③ 인출한 통표를 통표 폐색 장치에서 수납하지 않으면 다른 통표는 인출할 수 없도록 한다.

④ 종류와 모양이 다른 통표는 수용할 수 없도록 한다.

⑤ 통표 폐색기는 이를 전개로 하지 않으면 통표를 인출할 수 없도록 한다.

⑥ 인출한 통표는 어떤 통표 폐색기에라도 수납하지 않으면 통표 폐색기는 정위로 복귀하지 않아야 한다.

(3) 통표의 종류

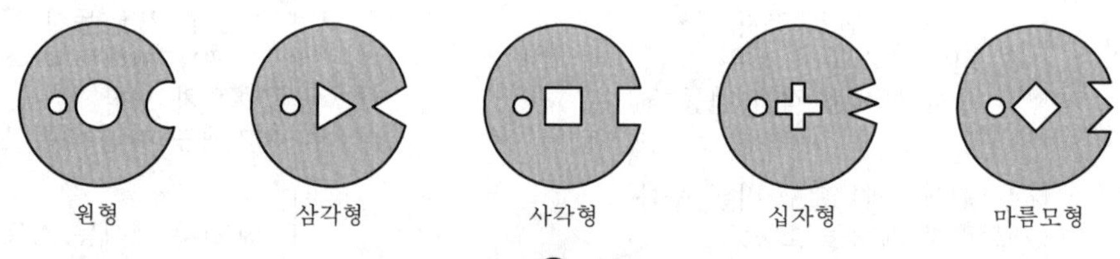

그림 ⬆ 5-30

(4) 통표 폐색 장치의 주고 받는 걸이

① 받는 걸이는 기둥의 중심이 궤도 중심으로부터 2.20[m](구형 2.65[m])

② 주는 걸이는 기둥의 중심이 궤도 중심으로부터 2.46[m]

③ 받는 걸이와 주는 걸이 간의 간격은 33[m]가 표준이다.

④ 레일면으로부터 주고 받는 걸이의 최상부까지의 높이 : 받는 걸이 2.10[m], 주는 걸이 2.08[m]

(5) 통표 폐색기의 동작 전류

① **국부 회로의 동작 전류** : 400[mA](표준)±50[mA]

② **송수 동작 전류** : 100[mA](표준)±10[mA]

9 폐색 회선의 유류

(1) 통표 폐색 회선 : 5[mA]

(2) 연동 폐색 회선 : 2[mA]

10 최소 운전 시격

(1) 최소 운전 시격이란?

한 선로에서 선행 열차와 후속 열차 사이의 상호 운행 간격을 운전 시격이라 하고, 그 최소 값을 최소 운전 시격이라 한다.

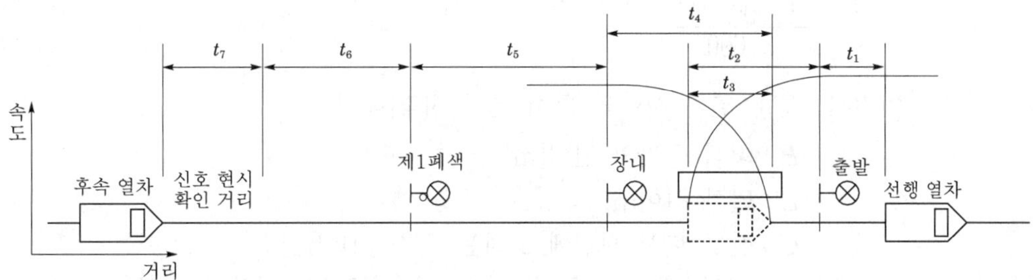

그림 5-31 **최소 운전 시격**

※ 예) 1선 착발의 경우로 3현시인 경우 최소 운전 시격은 착발선이 1개 선로인 최소 운전 시격도

T(최소 운전 시격) $= t_1 + t_2 + t_3 + t_4 + t_6 + t_7$

여기서, t_1 : 신호 현시가 변화하는 시분

t_2 : 선행 열차가 발차 후 그 후부가 출발 신호기의 내방에 진입할 때까지의 시분

t_3 : 정차 시분

t_4 : 열차의 앞부분이 장내 신호기의 내방에 진입 후 정차할 때까지의 시분
t_5 : 열차가 후방 제1 폐색 신호기와 장내 신호기와의 사이를 주행하는 시분
t_6 : 열차가 계획 속도에 의해 제1 폐색 신호기의 신호 현시(이 경우 주의 신호 45[km/h]로 감속하는데 요하는 거리를 계획 속도로 주행하는 시분)
t_7 : 승무원이 신호 현시를 확인하고 제동할 때까지의 시분(약 3초)

(2) 3현시 구간의 최소 운전 시격

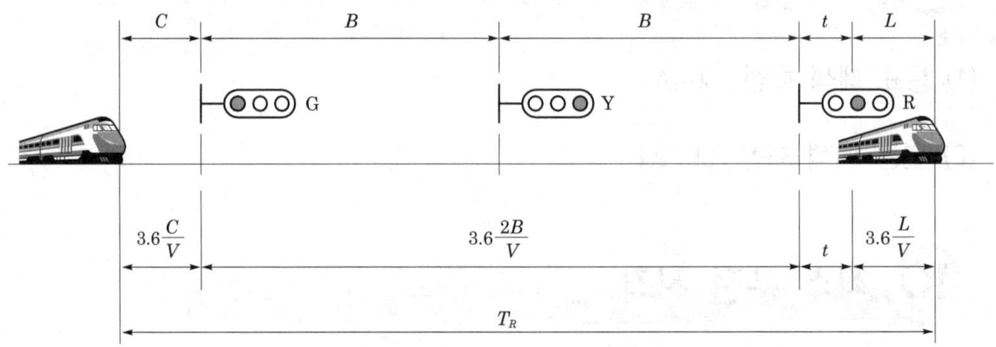

그림 5-32 **3현시 구간의 최소 운전 시격**

① 최소 운전 시격

$$T_R = \frac{2B + L + C}{\dfrac{1{,}000 \times V}{3{,}600}} + t = 3.6 \times \frac{2B + L + C}{V} + t$$

여기서, T_R : 열차 사이의 최소 운전 시격[sec]
B : 폐색 구간의 길이[m]
L : 열차 길이[m]
C : 신호 현시 확인에 요하는 최소 거리[m]
t : 선행 열차가 정지(R) 신호기를 통과할 때부터 진행(G)의 신호기가 진행 신호를 현시할 때까지의 시간[sec]
V : 열차 속도[km/h]

② 폐색 구간의 길이=운행하는 열차의 제동 거리+제동 여유 거리

여기서, 제동 거리를 b, 제동 여유 거리를 k라 하면 $B=b+k$이므로 이 식을 최소 운전 시격에 대입하면 다음과 같다.

$$T_R = 3.6 \times \frac{2(b+k) + L + C}{V} + t$$

(3) 4현시 구간의 최소 운전 시격

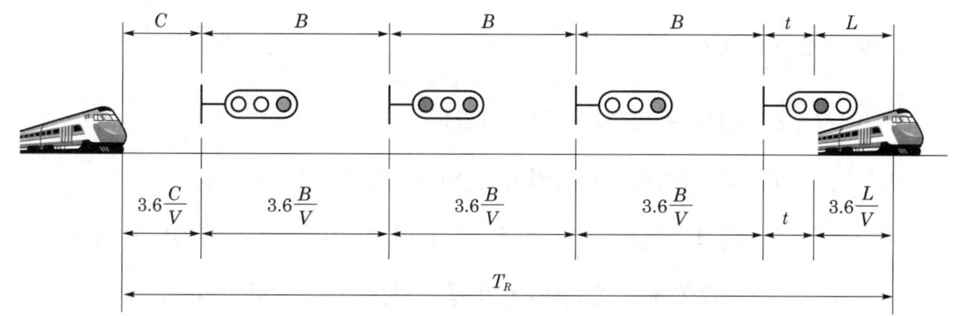

그림 ⬆ 5-33 **4현시 구간의 최소 운전 시격**

① **최소 운전 시격**

$$T_R = 3.6 \times \frac{3B + L + C}{V} + t$$

② 여기서, $2B = (b+k)$라 하면 $T_R = 3.6 \times \dfrac{\frac{3}{2}(b+k) + L + C}{V} + t$ 가 된다.

따라서 n현시식 자동 폐색 구간의 운전 시격을 나타내면 다음과 같다.

$$T_R = \frac{3.6}{V} \times \left(\frac{n-1}{n-2}(b+k) + L + C \right) + t$$

(4) 운전 시격의 단축 방안

① 도착선의 상호 사용

② 유도 신호기의 사용

③ 구내에 폐색 신호기 설치

④ 타임 시그널 방식

11 선로 용량

(1) 선로 용량이란?

선로상에서 운행할 수 있는 1일 최대 열차 횟수를 선로 용량이라 한다.

(2) 단선 구간의 선로 용량

$$N = \frac{1,440}{T+C} \times f$$

여기서, N : 선로 용량(열차 횟수 1일)

T : 역 사이의 평균 열차 운행 시분[분]

C : 폐색 취급 시분－자동 구간 약 1.5분, 비자동 구간 약 2.5분

(반대쪽에서 오는 열차가 통과하고 선로 전환기의 전환과 신호기를 취급하여 출발할 수 있는 상태로 되기까지의 소요 시간)

f : 선로 이용률－통상 0.5~1.75

(3) 복선 구간의 선로 용량

$$N = \frac{1,440}{hv' + (r+u+l)v} \times f$$

여기서, N : 선로 용량(열차 횟수 1일)

f : 선로 이용률(0.6)

h : 속행하는 고속 열차 상호 운전 시격(보통 4~6분)

r : 먼저 도착한 저속 열차와 후속 고속 열차와의 사이에 필요한 최소 시격 (보통 3~4분)

u : 고속 열차 통과 후 저속 열차 발차까지에 필요한 최소 시격

v : 전 열차에 대한 고속 열차의 비율(고속 열차 횟수/편도 열차 횟수)

v' : 전 열차에 대한 저속 열차의 비율(저속 열차 횟수/편도 열차 횟수)

f : 선로 이용률(보통 0.5~0.75)

단원핵심문제

1 3위식 신호 방식(적, 황, 녹색)에서 최소 운전 시각은 몇 [sec]인가? (단, 폐색 구간 길이 $S_1 = S_2 = 2,000$[m], 열차 길이 $l = 100$[m], 열차 속도 $V = 80$[km/h], 신호 확인 거리 $C = 60$[m], 열차가 신호기 1을 통과하여 신호기 3이 황색에서 녹색으로 바꾸어지기까지의 시간은 $t = 80$[sec]이다.)

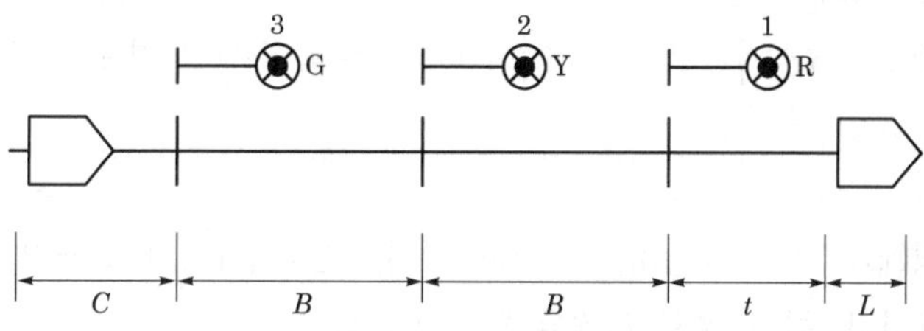

㉮ 267.2 ㉯ 275.6
㉰ 296.2 ㉱ 298.6

KEY POINT

$$T_R = 3.6 \times \frac{2B + L + C}{V} + t$$

여기서, T_R : 열차 사이의 최소 운전 시격[sec]

B : 폐색 구간의 길이[m]

L : 열차 길이[m]

C : 신호 현시 확인에 요하는 최소 거리[m]

t : 선행 열차가 정지(R) 신호기를 통과할 때부터 진행(G)의 신호기가 진행 신호를 현시할 때까지의 시간[sec]

V : 열차 속도[km/h]

$$T_R = 3.6 \times \frac{2 \times 2,000 + 100 + 60}{80} + 80 = 267.2$$

2 역간 폐색 수속이 이루어져야만 출발 신호기가 현시되는 폐색 방식은?

㉮ 표권 ㉯ 쌍신
㉰ 통표 ㉱ 연동

정답 : 1.㉮ 2.㉱

KEY POINT

➡ 연동 폐색 방식

① 폐색 계전기는 쌍방이 정당한 폐색 수속을 하기 전에는 동작하지 않는다.
② 열차가 인접 정거장에 완전히 진입하지 않았을 경우 개통이 되지 않아야 한다.
③ 상대가 되는 폐색 취급 버튼 상호간에는 쇄정되어야 한다.
④ 폐색 장치와 출발 신호기간에는 상호 쇄정되어야 한다.
⑤ 폐색 구간 내 궤도 회로가 단락되었을 경우에는 폐색 수속이 되지 않아야 한다.
⑥ 폐색 수속 후 관계 궤도 회로가 단락되면 폐색 표시등은 "진행중(또는 적색 화살 표시등)"을 표시하여야 한다.
⑦ 폐색 취급 후가 아니면 출발 신호를 현시할 수 없다.
⑧ 폐색 장치가 고장이거나 출발한 열차 또는 차량이 폐색 구간에 있을 경우에는 출발 신호기는 정지 신호를 현시한다.

해설 연동 폐색 방식은 역간 폐색이 완료된 후 출발 신호기가 현시된다.

3 다음 그림에서 $C=60$[m], $B=800$[m], $L=150$[m], $t=2.6$초이며, 열차 속도가 90[km/h]이다. 최소 운전 시격은 몇 초인가?

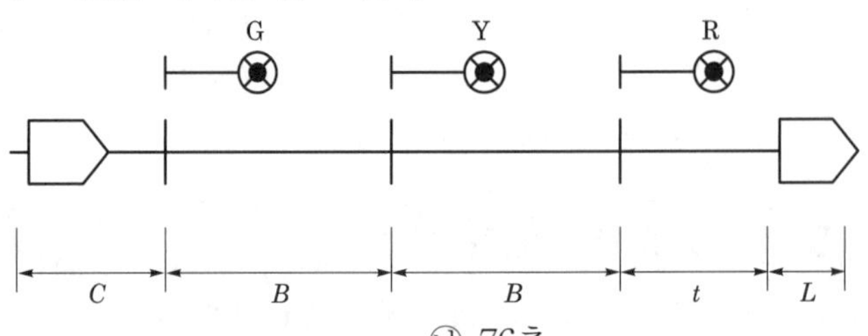

㉮ 75초　　㉯ 76초
㉰ 77초　　㉱ 78초

KEY POINT

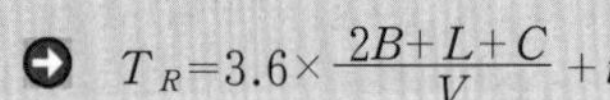

➡ $T_R=3.6\times\frac{2B+L+C}{V}+t$

해설 $T_R=3.6\times\frac{2\times800+60+150}{90}+2.6=75$초

4 폐색 구간에서 실제 운전할 수 있는 최대 총 열차 횟수를 정할 때 감안해야 할 사항이 아닌 것은?

㉮ 신호기 간격　　㉯ 신호 현시 계통
㉰ 착발선 수　　㉱ 신호기 확인 거리

 정답 : 3.㉮ 4.㉰

KEY POINT

➲ 선로 용량
① 신호 기기의 자동화(CTC, 자동 폐색 설비 등)
② 폐색 구간의 신호기 건식 위치, 폐색 방식
③ 선구의 구배 및 곡선 완화
④ 교행 설비(대피 시설) 설치, 복선화, 안전 측선 설치, 역간 거리 길게
⑤ 전철화
⑥ 열차 운행 속도 향상, 가감속 성능 향상
⑦ 역간 운행 시분 작게, 정차 시분 작게 등

해설 착발선 수는 구내에 해당한다.

5 폐색 구간을 5현시로 분할하고자 한다. 다음 중 기준이 되는 열차는 어떤 열차인가?

㉮ 제동 거리가 짧은 전동차
㉯ 제동 거리가 짧은 여객 열차
㉰ 제동 거리가 가장 긴 화물 열차
㉱ 가장 빠른 열차

KEY POINT

➲ 폐색 신호기의 간격은 열차의 제동 거리를 감안해야 한다.

해설 열차가 제동했을 때 정차할 수 있는 거리는 확보해야 한다.

6 3현시 구간의 열차간의 최소 운전 시격 T_R[sec]를 구하는 계산식은? (단, B : 폐색 구간 길이[m], L : 열차 길이 [m], V : 열차 속도[km/h], C : 신호 확인하는 데 필요한 최소 거리[m], t : 선행 열차가 신호기 1호를 통과한 후 신호기 3호에 진행 신호를 현시할 때까지의 시간[sec]이다.)

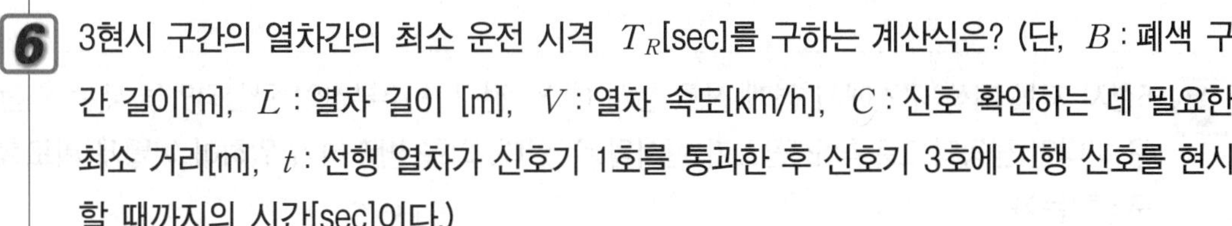

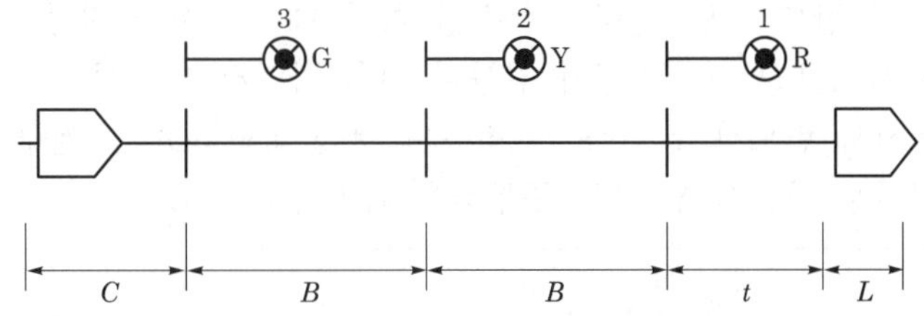

㉮ $T_R=3.6\times\dfrac{2B}{V}+L+C+t$
㉯ $T_R=3.6\times(2B+L+C)+\dfrac{t}{V}$
㉰ $T_R=3.6\times\dfrac{V}{2B+L+C}+t$
㉱ $T_R=3.6\times\dfrac{2B+L+C}{V}+t$

정답 : 5.㉰ 6.㉱

KEY POINT

➲ $T_R = 3.6 \times \dfrac{2B+L+C}{V} + t$

폐색 구간의 최소 운격 시격 중 3현시 구간의 식은 꼭 외어둔다.

7 다음 그림에서 $C=60$[m], $B=1,000$[m], $L=200$[m], $t=1.64$초이며, 열차 속도가 100[km/h]이다. 최소 운전 시격은 몇 초인가?

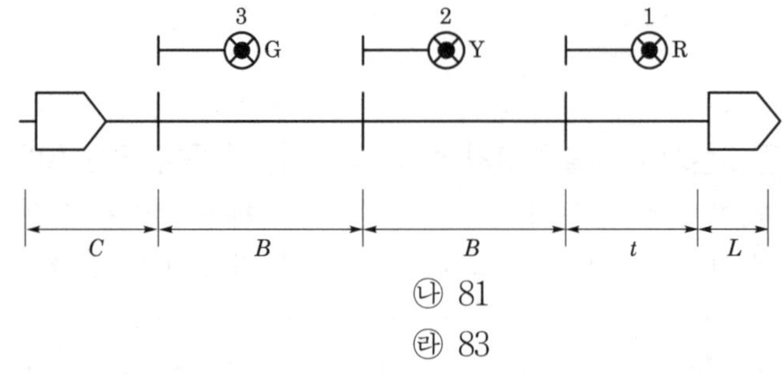

㉮ 80 ㉯ 81
㉰ 82 ㉱ 83

KEY POINT

➲ 문제 6번 참조

$T_R = 3.6 \times \dfrac{2 \times 1,000 + 200 + 60}{100} + 1.64 = 83$초

8 5현시 자동 폐색 구간에서 경계 신호 현시 때 Y_1 전구가 주부심이 단심되었을 때는 Y 전구 하나만 점등되므로 착오 신호가 현시될 수 있다. 이를 방지하기 위하여 어떻게 회로를 구성하는가?

㉮ Y 현시시 반드시 Y_1 전구 주부심을 확인하고 Y 전구 점등
㉯ Y 현시시 반드시 Y_1 전구가 점등된 것을 확인하고 점등
㉰ YY 현시시 반드시 Y_1 전구가 점등된 것을 확인하고 Y 전구 점등
㉱ YY 현시시 반드시 Y 전구 주부심을 확인하고 점등

KEY POINT

➲ 신호 현시에 있어서 착오 신호를 방지하기 위하여 한 단계 낮은 신호를 현시하도록 되어 있다.

 정답 : 7.㉱ 8.㉰

5현시 구간의 신호는 R, YY, Y, YG, G이나 실제 점등할 수 있는 전구는 4개이다. 따라서 YY 현시와 Y 현시는 1개의 전구를 공용함으로 하위 신호인 YY 현시시 전구가 단선되면 Y가 현시되어 착오 신호가 현시될 수 있다. 따라서 YY 현시시 반드시 Y 전구가 점등된 것을 확인하고 Y 전구를 점등하도록 한다.

9 신호 설비를 이용한 운전 시격 단축 방안이 아닌 것은?

㉮ 도착선을 상호 사용할 수 있도록 신호 설비 설치

㉯ 유도 신호기의 사용

㉰ 구내 폐색 신호기 건식

㉱ 가속도와 감속도가 큰 고성능 동력차 사용

KEY POINT

운전 시격 단축 방법
① 도착선의 상호 사용
② 유도 신호기의 사용
③ 구내에 폐색 신호기 설치
④ 타임 시그널 방식

동력차의 성능은 운전 시격과 무관하다.

10 최소 운전 시격을 단축하여 선로 이용률을 높이기 위한 방법으로 틀린 것은?

㉮ 속도 가감이 용이한 고성능 동력차를 사용하여 제동 거리를 짧게 한다.

㉯ 열차의 정차 시분을 단축한다.

㉰ 선행 열차가 1번선에 도착하면 후속 열차는 2번선에 도착할 수 있도록 도착선을 2개 이상 설치한다.

㉱ 열차 운행이 빈번한 구내에서는 열차가 장내 신호기 외방에 정지하도록 설비한다.

KEY POINT

선로 이용률(선로 용량) : 선로상에서 운행할 수 있는 1일 최대 열차 횟수

장내 신호기 외방에 열차를 정지시키면 그만큼 열차 횟수는 줄어든다.

11 궤도 반응 계전기를 표시하는 기호는?

㉮ geu　　㉯ geh

㉰ BL_1　　㉱ FP

정답 : 9.㉱　10.㉱　11.㉰

KEY POINT

3, 4현시

기 호	계전기명	비 고
BTR	궤도 계전기(폐색용)	바이어스 궤도 계전기
BTRP	궤도 반응 계전기(45°)	3현시 구간에서 Y 신호를 제어함
BTPN	궤도 반응 계전기(90°)	4현시 구간에서 Y 신호를 제어함
ym.ap	Y 현시 반응 계전기	
Gm.ap	G 현시 반응 계전기	
Py	퓨즈 용단 검지 계전기	
YHR	Y 신호 제어 계전기	
YGHR	Y/G 신호 제어 계전기	3현시에서는 사용하지 않는다.
GHR	G 신호 제어 계전기	
Rmp	R 램프 주심 반응 계전기	
Rap	R 램프 부심 반응 계전기	
Ymp	Y 램프 주심 반응 계전기	
Yap	Y 램프 부심 반응 계전기	
Gmp	G 램프 주심 반응 계전기	
Gap	G 램프 부심 반응 계전기	
Eh	주파수 수신 반응 계전기	

5현시

기 호	계전기명	비 고
FM	궤도 계전기	
BL_1	궤도 반응 계전기	
BL_2	궤도 반응 계전기	전방 폐색 구간에 열차가 없고 신호기가 YY 이상 현시한 것을 확인한 궤도 반응
gelu	YY 현시 반응 계전기	
geu	Y 현시 반응 계전기	
gnu	G 현시 반응 계전기	
pr	정지 신호 반응 계전기	
FP	YY 신호 제어 계전기	
FP_1	Y 신호 제어 계전기	
FP_2	Y/G 신호 제어 계전기	
FP_3	G 신호 제어 계전기	
rhu	R 전구 주심 반응 계전기	
rnu	R 전구 부심 반응 계전기	
gelh	Y_1 전구 주심 반응 계전기	
geln	Y_1 전구 부심 반응 계전기	
geh	Y 전구 주심 반응 계전기	
gen	Y 전구 부심 반응 계전기	
gnh	G 전구 주심 반응 계전기	
gnn	G 전구 부심 반응 계전기	

 ㉮ Y 현시 반응 계전기, ㉯ Y 전구 주심 반응 계전기, ㉱ 궤도 계전기

12 5현시 자동 폐색 유닛의 계전기 명칭이 바르게 짝지어진 것은?

㉮ geu : Y 램프 현시 반응 계전기　　㉯ FP : Y 신호 제어 계전기
㉰ rhu : R 램프 부심 검지 계전기　　㉱ BL_1 : 궤도 계전기

KEY POINT

➲ 문제 11번 참조

 ㉯ FM : 궤도 계전기, ㉰ rhu : R 램프 주심 반응 계전기, ㉱ BL_1 : 궤도 반응 계전기

제 5 장

선로 전환기 장치

1 선로 전환기 장치

하나의 선로에서 서로 다른 선로로 분기하기 위하여 분기되는 지점에 설치한 궤도 설비를 분기기라 하고 이것을 전환해서 분기기의 방향을 전환(정위 또는 반위)시키는 것을 선로 전환기라 한다.

2 분기기의 구성

(1) 선로 전환기(Point 또는 Switch)

(2) 크로싱(Crossing)

(3) 리드(Lead) 부분

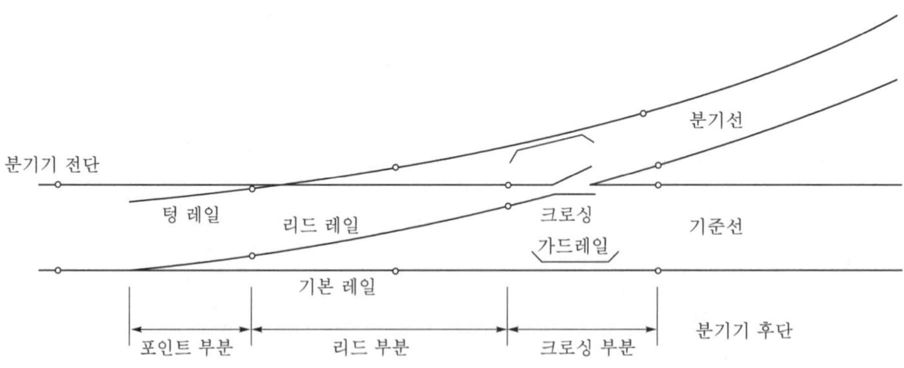

그림 ➊ 5-34 분기기의 구성

3 대향 및 배향

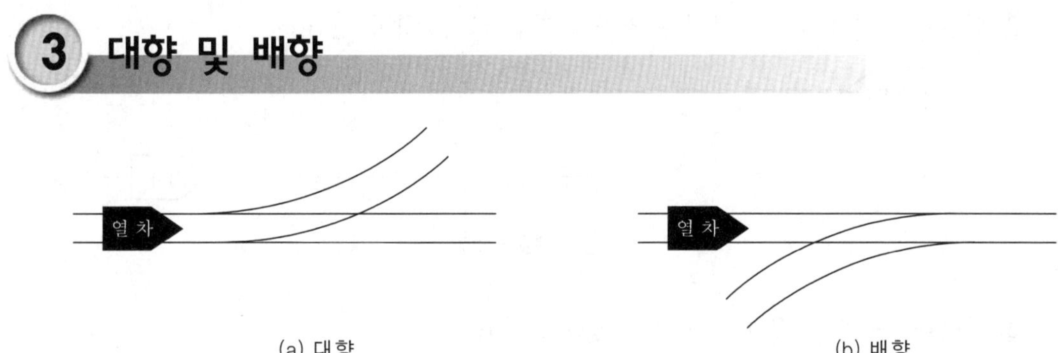

그림 5-35 **대향과 배향**

(1) 대향

열차 탈선 우려가 있다.

(2) 배향

열차 할출 우려가 있다.

4 정위, 반위 결정법

(1) 정위(Normal Position)

선로 전환기가 항상 개통되는 방향

(2) 반위(Reverse Positon)

그 반대 방향을 반위

(3) 정, 반위 결정법

① 본선과 본선 및 측선과 측선의 경우는 주요 본선(측선) 방향이 정위

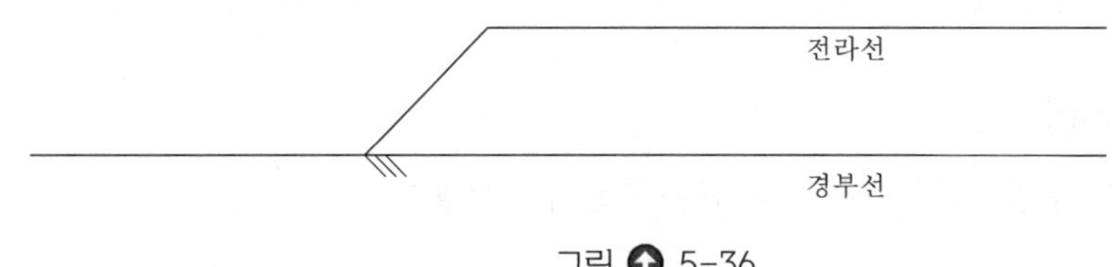

그림 5-36

② 단선에 있어서 상, 하 본선은 열차가 진입하는 방향이 정위

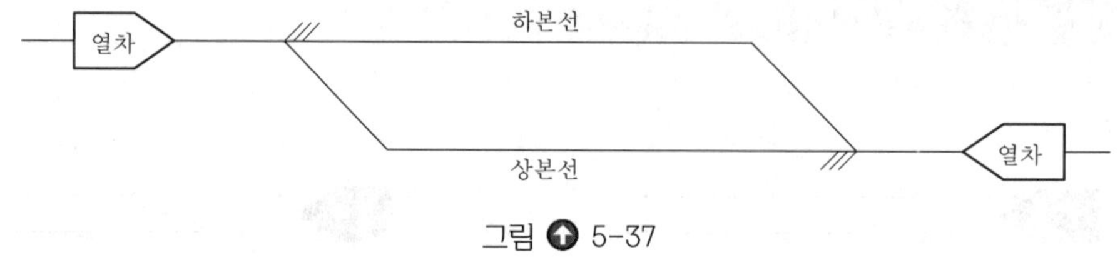

그림 5-37

③ 본선과 측선의 경우에는 본선의 방향이 정위

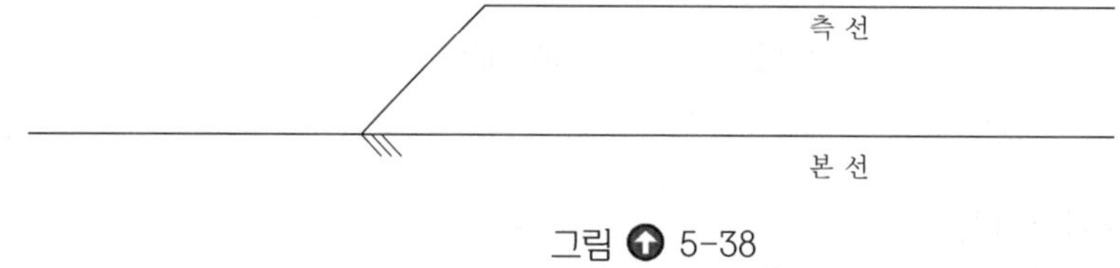

그림 5-38

④ 본선 또는 측선과 안전 측선의 경우에는 안전 측선의 방향이 정위

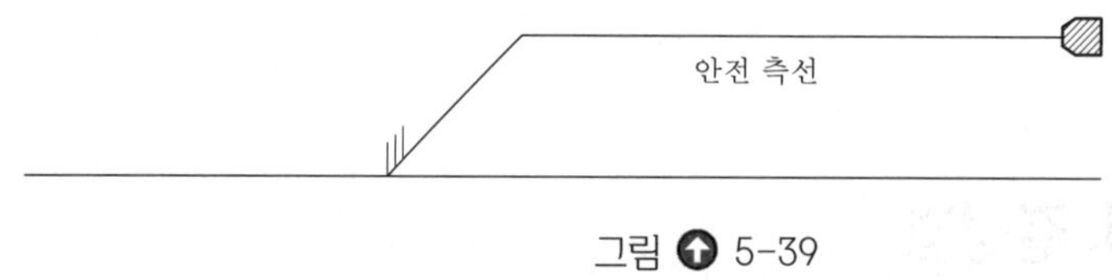

그림 5-39

⑤ 탈선 선로 전환기는 탈선시키는 방향이 정위

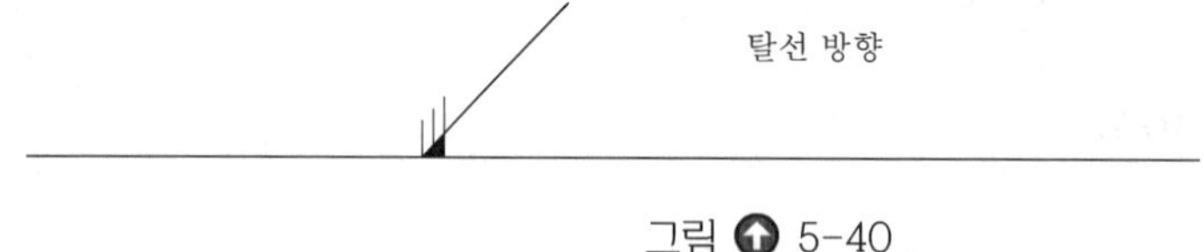

그림 5-40

5 크로싱의 종류

(1) 크로싱(crossing)

두 개의 선로가 동일 평면에서 교차하는 부분에 설치된다.

(2) 크로싱 번호

ab가 1이 되는 지점에서 cd가 8이면 8번 크로싱, 15이면 15번 크로싱이라 한다.

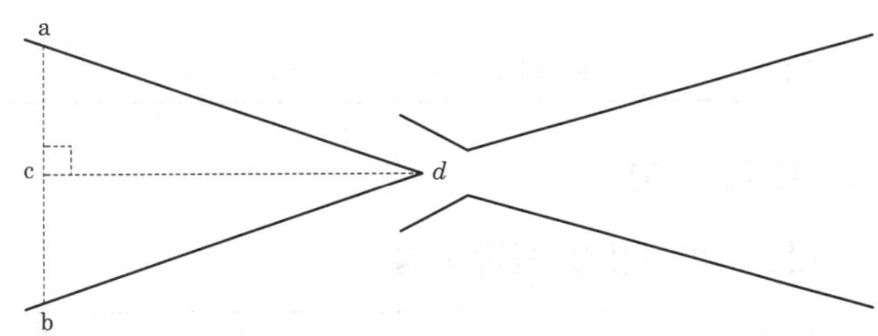

그림 5-41 크로싱 번호

〈크로싱 번호와 속도 제한〉

분기기 번호	편개 분기기		양개 분기기	
	곡선 반지름[m]	속 도[km/h]	곡선 반지름[m]	속 도[km/h]
8	145	25	295	40
10	245	35	490	50
12	350	45	720	60
15	565	55	1,140	70

6 전기 선로 전환기

〈전기 선로 전환기의 특성 비교〉

명 칭	NS형	NS-AM형	MJ81	침목형
개발 년도	1964년	1990년	1981년	1990년
사용 전원	AC 105/220 단상	AC 105/220 단상	AC 220/380 3상	AC 220 단상 AC 220/380 3상
동작 전류	8.5[A]	8.5[A]	220[V] : 4[A] 380[V] : 1.5[A]	2.5[A]
전환력	300[kg]	400[kg]	200~400[kg]	200~1,000[kg]
전환 시간	6초	7초	5초	4.4~5.5초
구동 방식	콘덴서 기동형 4극	콘덴서 기동형 4극	모터 직접 제어	비동기형
클러치	마찰	전자	마찰	전자
동정[mm]	동작간 : 185 쇄정간 : 130~185	동작간 : 185 쇄정간 : 130~185	110~260	60~160

명 칭	NS형	NS-AM형	MJ81	침목형
밀착, 쇄정 검지 기능	무	무	유	유
분기기	F8~F15	F8~F15	F18.5~F65	–

(1) 전기 선로 전환기(NS형)

① 전기 선로 전환기의 구성 및 동작 과정

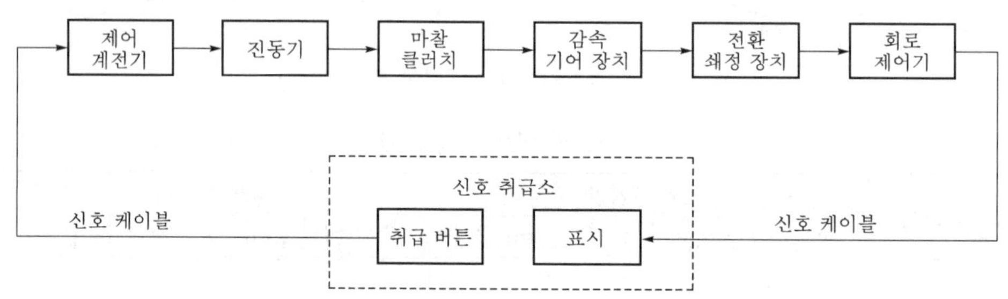

그림 ➊ 5-42 **동작 과정**

② 전기 선로 전환기의 정격

종 류	동 정[mm]		정격 전압		정격 전류	전환 시간	전환 능력	총 중량
	동작간	쇄정간	전환	제어				
교류 NS형	185	130~185	AC 110[V] (220[V]) 단상 60[Hz]	DC 24[V] (유닛 방식 DC 12[V])	8.5[A] 이하	6[sec] 이하	300[kg]	330[kg]

③ **전동기의 슬립 전류** : 8.5[A] 이하

④ **전환 시분** : 6초 이하

⑤ 쇄정자와 쇄정간 홈과의 간격은 좌우 균등하게 하고 합한 치수가 4[mm] 이하로 하고 쇄정자와 쇄정간 홈의 모서리는 둥글게 마모되기 전에 보수하여야 한다.

⑥ 클러치는 봄, 가을 년 2회 조정한다.

(2) NS-AM형 전기 선로 전환기

① **전동기의 슬립 전류** : 15[A] 이하

② 동작 시분은 7초 이하이어야 한다.

(3) MJ81형 전기 선로 전환기

① **전환 시간** : 5초 이하

② **텅레일 전환에 따른 분기기의 전환력** : 400[daN] 이하

(4) 차상 선로 전환기

① **차상 선로 전환기** : 조차장 구내 및 입환 전용선이 있는 일반 역에서 진행 중인 열차 위에서 열차 승무원이 별도로 분기기의 방향을 전환 조작하는 장치

② **조작 리버** : 대향 방향 40[m] 지점, 레일 스위치 : 배향 방향 40[m] 지점에 설치

③ **전환 시분** : 2초 이내

④ **개통 방향 표시등** : 차상 선로 전환 장치 이상시 적색등 점멸

⑤ **전동기의 슬립 전류** : AC 220[V]용은 6.5[A], AC 105[V]용은 13.5[A] 이하

7 선로 전환기의 밀착도

선로 전환기 밀착은 기본 레일이 움직이지 않는 상태에서 1[mm]를 벌리는데 정위, 반위를 균등하게 100[kg]을 기준으로 한다.

8 밀착 조절간

밀착 조절간은 브래킷과 통나사 6각 너트부와의 사이에 3[mm] 이상의 조정 범위를 갖도록 한다.

단원핵심문제

1 전기 쇄정기 조사 접점의 주된 역할은?

㉮ 선로 전환기 쇄정 확인 조건
㉯ 철사 쇄정 조건
㉰ 선로 전환기 제어 조건
㉱ 신호 현시 확인 조건

KEY POINT

➲ **전기 쇄정기** : 전철 리버의 동작을 전도 장치를 통하여 분기기의 첨단 레일을 전환하여 기본 레일에 밀착시킨 다음 열차나 차량의 진동에 동작하지 않도록 쇄정하는 장치

해설 전기 쇄정기는 전기 선로 전환기가 아닌 전철 표지등의 쇄정을 확인한다.

2 선로 전환기의 설치 방법에 관한 설명으로 틀린 것은?

㉮ 접속간, 밀착 조절간과 레일 저면과의 여유 거리는 15[mm] 이상으로 한다.
㉯ 밀착 검지 회로를 부착할 경우 전철 제어 회로와 병렬로 배선하고, 밀착 불량을 검지하여야 한다.
㉰ 시설측의 궤간 정정 후 첨단 레일 선단에서 약 300[mm]의 위치에 케이지대를 설치하고, 절연이 있는 것은 너트가 위에 오도록 되어야 한다.
㉱ 첨단간 로트의 절연 위치는 동력 전철기에서 가까운 레일측이 되도록 하고 텅레일 첨단의 동정에 맞추어 설치한다.

KEY POINT

➲ **선로 전환기의 설치 방법**

① 레일 간격간 설치 : 텅레일의 선단에서 약 300[mm]의 위치에 설치
② 선로 전환기는 깔판에 볼트로 체결하고 스크루 볼트로 고정시킨다.
③ 전기 선로 전환기의 설치
㉮ 레일 두부 내측에서 1,200[mm]를 표준, 침수 방지용 깔판이 설치된 선로 전환기는 분기부 철차 번호에 따른 값을 더한다.
(#8 : 345[mm], #10 : 270[mm], #12 : 224[mm], #15 : 198[mm])
㉯ 편개 분기는 직선 레일에 평행하고 밀착 조절간이 직선측 레일에 직각이 되도록 설치한다.

정답 : 1.㉮ 2.㉯㉱

④ 밀착 조절간의 설치
　㉮ 밀착 조절간의 옵셋은 로드의 중심선과 조부분이 평행하고 꼬이거나 구부러지는 일이 없도록 한다.
　㉯ 로드를 설치하여 정반위 모두 균등한 밀착력이 되도록 조정한다. 또한 선로 전환기 표준 밀착력은 첨단 1[mm] 여는데 100[kg]로 하고 60[K] 탄성분 기기는 첨단 0.5[mm] 여는데 100[kg]으로 한다.
⑤ 접속간, 밀착 조절간과 레일 밑면과의 여유 거리 : 15[mm] 이상
⑥ 첨단간의 설치
　㉮ 로드의 절연 위치는 전기 선로 전환기에서 먼쪽 레일측이 되도록 하고 텅레일 첨단의 동정에 맞추어 설치한다.
　㉯ 조정쇠는 조정 여유 나사부의 중앙이 되도록 고정한다.

해설 밀착 검지기는 전철 제어 회로와 직렬로 연결한다.

3 선로 전환기의 밀착은 기본 레일이 움직이지 않도록 한 후 1[mm]를 벌리는데 몇 [kg]을 기준으로 하는가?

㉮ 10　　㉯ 50
㉰ 100　　㉱ 500

KEY POINT
➲ **선로 전환기 밀착** : 기본 레일과 첨단 레일의 밀착(붙어있는) 상태를 의미한다.

해설 기본 레일이 움직이지 않는 상태에서 1[mm]를 벌리는데 정위, 반위 균등하게 100[kg]을 기준으로 한다.

4 신호장에 가까이 있으며 많은 철관 장치의 방향을 바꾸기 위하여 설치되는 것은?

㉮ 디플렉션 바(deflection bar)
㉯ 직각 크랭크(crank)
㉰ 파이프 콤펜세이터(pipe compensator)
㉱ T 크랭크(crank)

KEY POINT
➲ ① **파이프 콤펜세이터(pipe compensator) - 철관 장치** : 전철 레버의 동작을 선로 전환기에 전달하여 주는 장치로서 주로 안지름이 32[mm]의 강관을 사용한다.
② **크랭크** : 수동식 선로 전환기의 정·반위 전환과 철관의 방향 전환, 그리고 전환력을 전달하는 철관의 온도 변환에 따른 신축을 조정해 주는 3가지 작용을 하는 기기로서 직각 크랭크, 스트레이트 크랭크, 수용 크랭크, 곡간 등이 있다.

정답 : 3.㉰ 4.㉮

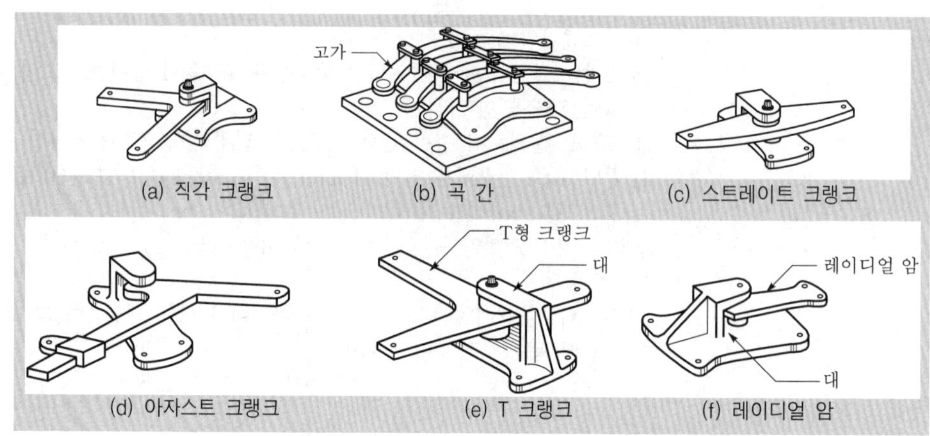

(a) 직각 크랭크 (b) 곡 간 (c) 스트레이트 크랭크
(d) 아자스트 크랭크 (e) T 크랭크 (f) 레이디얼 암

디플렉션 바(곡간) : 선로 전환기 철관 장치에서 철관의 움직이는 방향을 변경시기키 위해서 사용하는 것으로 좁은 장소에서 여러 개의 철관 방향을 전환해야 할 때 긴요하게 사용되며 신호 취급소의 출구 등에 많이 사용된다.

5 전기 전철기에 사용되는 제어 계전기는 유극 2위 자기 유지형으로서 정격은 DC (①)[V], (②)[mA], (③)[Ω]의 것이 사용된다. ( ) 안에 알맞은 것은?

㉮ ① 6, ② 12, ③ 200
㉯ ① 2, ② 120, ③ 20
㉰ ① 24, ② 120, ③ 200
㉱ ① 24, ② 12, ③ 27

KEY POINT

➲ 전기 선로 전환기에 사용되는 전철 제어 계전기(WR)로 유극 2위식 자기 유지 계전기로 선로 전환기의 전환을 지시하는 계전기이다.

DC 24[V], 120[mA], 200[Ω]이 정격이다.

6 차상 선로 전환 장치에서 조작 리버는 일반적인 경우에 선로 전환기로부터 몇 [m] 지점에 설치하는가?

㉮ 대향 방향 50[m] 지점
㉯ 대향 방향 40[m] 지점
㉰ 배향 방향 50[m] 지점
㉱ 배향 방향 40[m] 지점

정답 : 5.㉰ 6.㉯

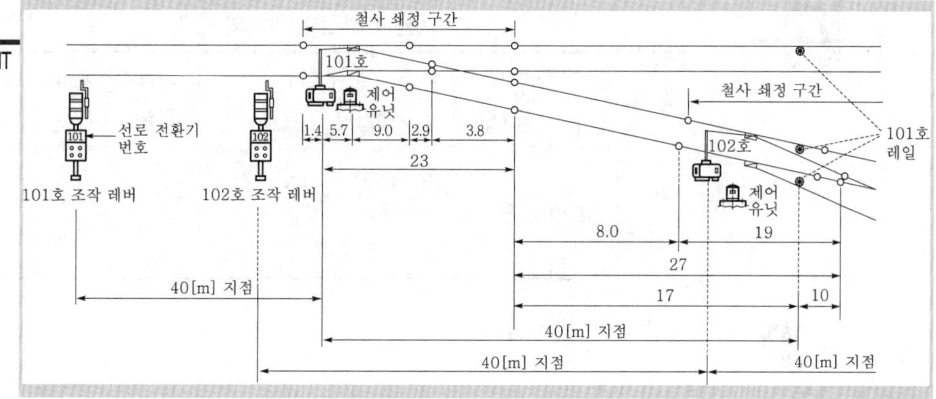

해설 조작 리버 : 대향 방향 40[m] 지점, 레일 스위치 : 배향 방향 40[m] 지점에 설치

7 NS형 선로 전환기의 전력 공급용 변압기(PTR)를 설치하고자 한다. 선로 전환기 2대를 설치할 경우 변압기의 용량은 약 [kVA]인가? (단, 역률은 83%, 전원은 단상 220[V]이고, 선로 전환기의 최대 전류는 4.5[A]라고 한다.)

㉮ 1　　　　㉯ 2

㉰ 3　　　　㉱ 4

변압기의 용량(L_t)

$L_t(E_1 \cdot i_1 \cdot N_1 + \cdots + E_n \cdot i_n \cdot N_n \times 1.25)$[kVA]

여기서, L_t[kVA](변압기 용량) : 계산 결과의 수치와 동일한 용량 또는 가장 가까운 위 용량의 것으로 한다.

$E_1 \sim E_n$[V] : 부하로 되는 기기의 정격 전압

$i_1 \sim i_n$[A] : 부하로 되는 기기의 최대 계산 전류(역률 감안)

$N_1 \sim N_n$: 상기 $i_1 \sim i_n$에 대응하는 부하의 수량

해설 여기서, 변압기 용량=220×4.5×2×0.83×1.25=2,054[VA]
∴ 2,054[VA]보다 높은 3[kVA]를 선택

8 NS형 전기 선로 전환기의 동작간의 동정은 몇 [mm]인가?

㉮ 185　　　　㉯ 215

㉰ 235　　　　㉱ 255

정답 : 7.㉰ 8.㉮

KEY POINT

〈전기 선로 전환기의 정격〉

종 류	동 정[mm]		정격 전압		정격 전류	전환 시간	전환 능력	총 중량
	동작간	쇄정간	전환	제어				
교류 NS형	185	130~185	AC 110[V] (220[V]) 단상 60[Hz]	DC 24[V] (유닛 방식 DC 12[V])	8.5[A] 이하	6[sec] 이하	300[kg]	330[kg]

 동작간의 동정은 185[mm]이다.

9 전기 선로 전환기에서 레일 간격간은 텅레일의 선단에서 약 몇 [mm] 지점에 설치하는가?

㉮ 100　　㉯ 200
㉰ 300　　㉱ 400

KEY POINT

➲ 레일 간격간은 첨단 레일(텅레일)의 앞에서 레일의 간격을 유지하기 위하여 설치한다.

 레일 간격간은 텅레일의 선단에서 약 300[mm]의 위치에 설치

정답 : 9.㉰

제 6 장
열차 운행 관리 시스템

1 데이터 전송의 기본 개념

(1) 데이터 전송 개념

① 컴퓨터에 표현된 데이터(bit string)를 신호로 부호화하여 mapping시키는 작업

② 통신 시스템에서 데이터와 신호의 특징

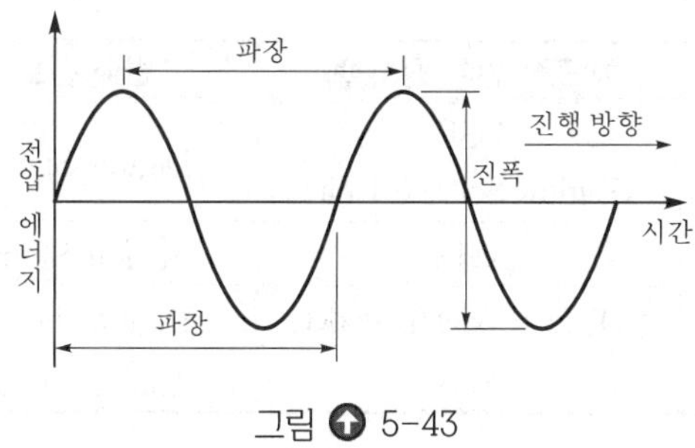

그림 ⬆ 5-43

③ **데이터** : 상대편 통신 시스템으로 전달되어야 하는 정보와 프로토콜의 기능을 가지고 아날로그와 디지털 데이터의 2가지 종류가 있다.

④ **신호** : 전송 매체를 통하여 전달되는 전자기 혹은 광신호로 아날로그(연속적 주파수), 디지털(특정 전압 레벨) 신호가 있다.

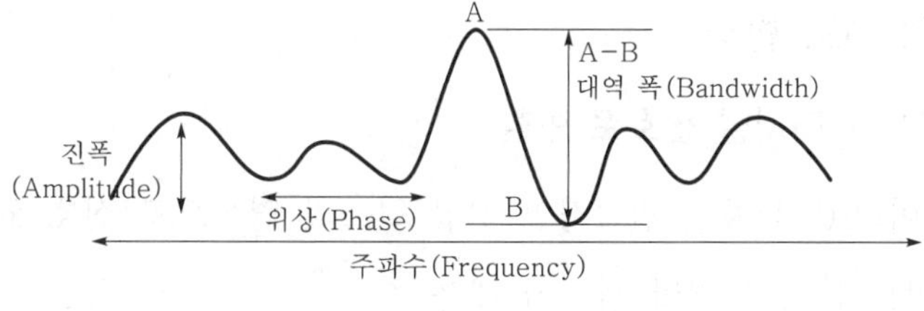

(a) 아날로그 신호

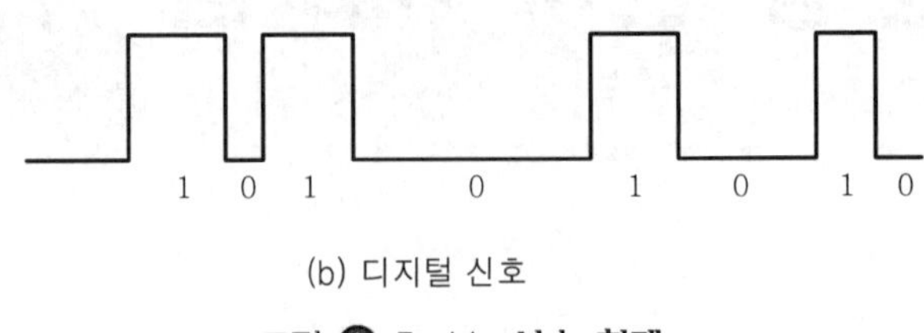

(b) 디지털 신호

그림 ⬆ 5-44 **신호 형태**

※ **반송파(Carrier)** : 주파수와 진폭이 일정한 정현파(sinewave)

⑤ 신호의 인코딩 과정

Digital Signal → Encoder → Decoder → Analog Signal → Modulator → Demodulator → Digital Signal

⑥ Data Type에 따른 신호의 변환 방식

데이터 종류	대표적 변환 장치 예	변환 신호	변조 방식
Digital	DSU (Digital Service Unit)	Digital Signal	단류 RZ, NRZ 복류 RZ, NRZ
Digital	Modem	Analog Signal	ASK, FSK, PSK
Analog	CODEC(Coder/Decoder)	Digitla Signal	PCM
Analog	전화	Analog Signal	AM, FM, PM

데이터	전송 신호	
	디지털 신호	아날로그 신호
디지털 데이터	DSU, CSU (RZ, NRZ, 맨체스터, AMI, CMI, … 등)	모뎀(ASK, FSK, PSK, QAM)
아날로그 데이터	CODEC (PCM, DM)	라디오, 방송 (AM, FM, PM)

(2) 데이터 신호의 변조 방식

① 디지털 데이터 ⇒ 디지털 신호로 변환

㉮ 디지털 데이터(0, 1)를 불연속적인 전압 펄스의 연속으로 신호 표시

㉯ 해당 각 비트를 특정 전압 펄스에 대응

0 : low voltage, 1 : high voltage

㉰ 전송 신호의 전압 펄스의 위치에 따라

㉠ 단극성(Unipolar : 단류) : 모두 양(+) 전압, 혹은 음(−) 전압으로 나타난다.

㉡ 양극성(Bipolar : 복류) : 한 번은 양 전압, 한 번은 음 전압으로 서로 교대로 나타난다.

㉣ 변조 방식의 종류

㉠ 단류 NRZ(Non−Return Zero)

ⓐ 0 : 0[V], 1 : + 혹은 − 전압으로 전송

ⓑ 가장 간단한 방식으로 전송로 방해(잡음)에 약하다.

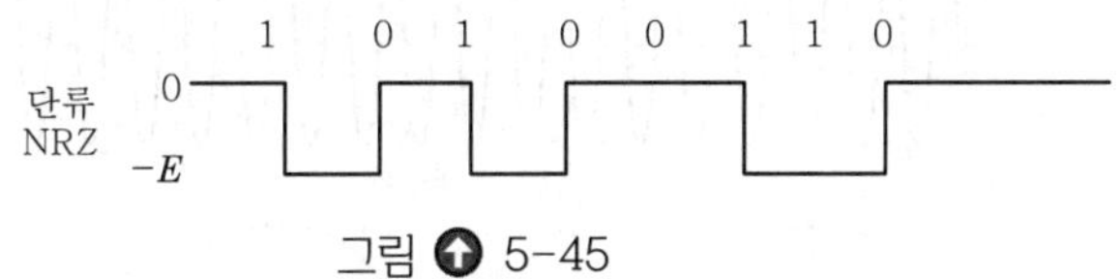

그림 5-45

㉡ 복류 NRZ(Non−Return Zero)

ⓐ 0, 1 판정의 기준치를 0[V]로 설정

ⓑ -E[V], +E[V], 수신 전위 변화에 강함.

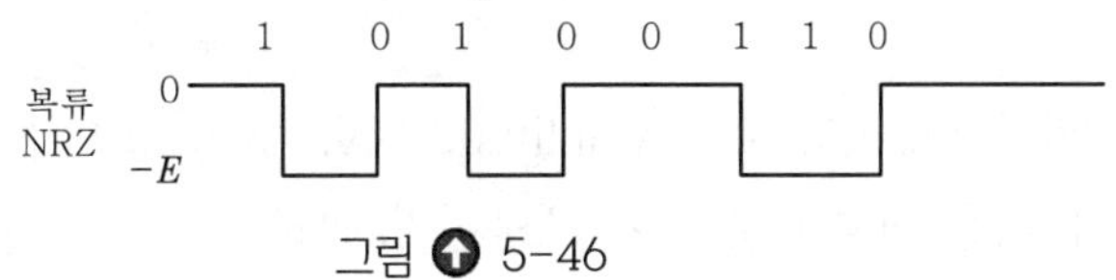

그림 5-46

㉢ 단류 RZ(Return to Zero)

펄스의 길이가 신호의 길이보다 짧고 필히 0[V]로 복귀 후 변화

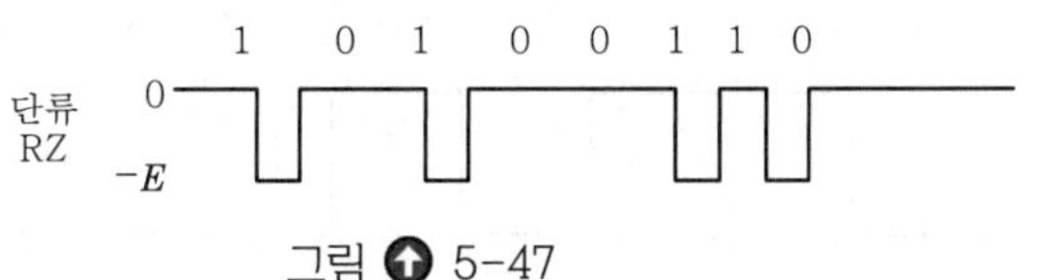

그림 5-47

㉣ 복류 RZ(Return to Zero)

0에서 1로, 혹은 1에서 0으로 비트 변환시 항상 0[V]를 일정 간격 유지

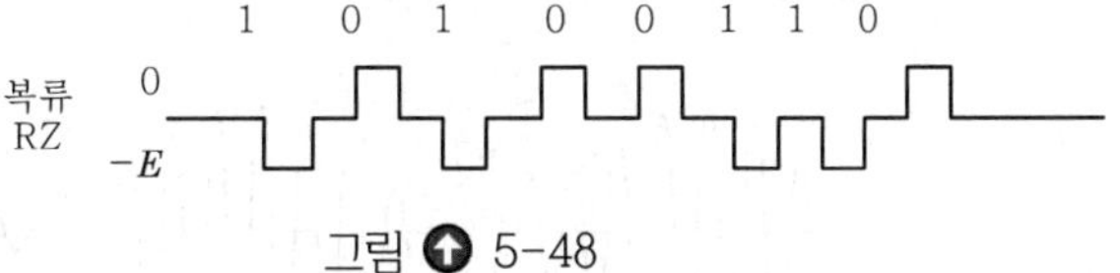

그림 5-48

㉤ 바이폴라(Bipolar)

복류 RZ 방식과 유사, +, − 교대로 발생

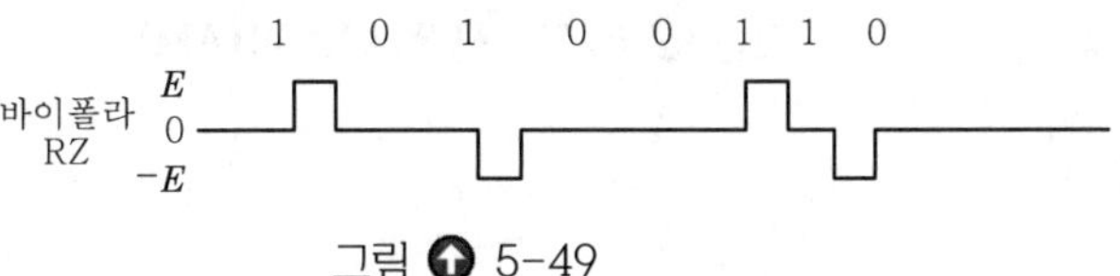

그림 5-49

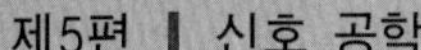

㉥ 그 외 차분, 다이코드, CMI 방식 등이 있다.

② 디지털 데이터 ⇒ 아날로그 신호로 변환

㉮ 모뎀을 이용하여 기존의 전화선을 이용하여 데이터를 전송하는 방식

㉯ 변환 방법

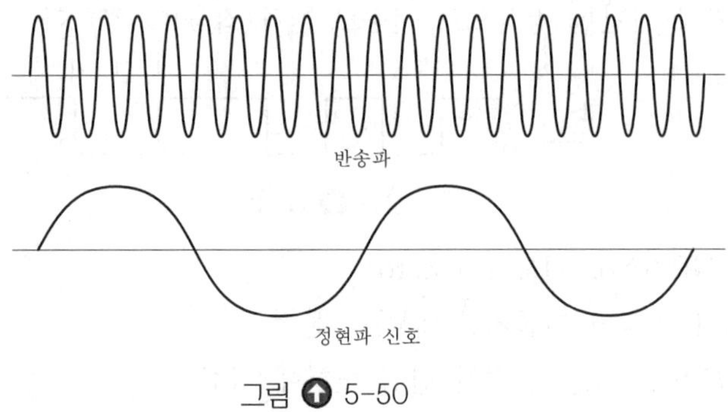

그림 ⬆ 5-50

㉠ 진폭 편이 변조(ASK ; Amplitude Shift Keying)

ⓐ 0, 1 값을 반송파 진폭에 대응시켜 변조

ⓑ 비트 0은 그대로, 비트 1은 진폭을 크게 하여 변조

ⓒ 전송로의 상태에 민감하여 보통 위상 편이 변조(PSK)와 혼합하여 사용한다.

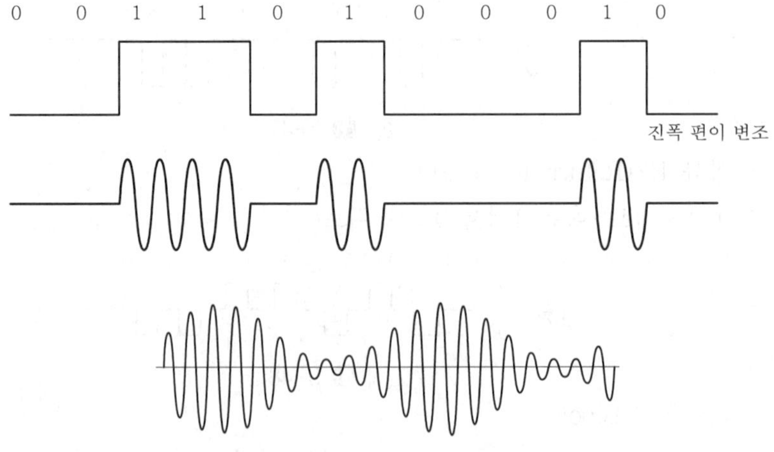

그림 ⬆ 5-51 **진폭 변조파(AM)**

㉡ 주파수 편이 변조(FSK ; Frequency Shift Keying)

ⓐ 비트 1은 높은 주파수, 0은 낮은 주파수에 대응시켜 변조

ⓑ 저속의 비동기 전송에 많이 사용하며 넓은 대역 폭을 차지한다.

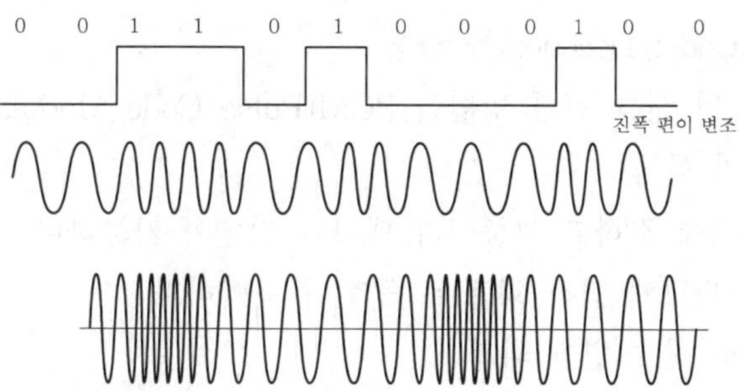

그림 ⓿ 5-52 **주파수 변조파(FM)**

㉢ 위상 편이 변조(PSK : Phase Shift Keying)

ⓐ 0과 1의 비트를 주파수의 위상에 대응시켜 변조

ⓑ 0은 기준 위상(0도), 1은 반전 위상(180도)에 해당한다.

ⓒ ASK, FSK 보다 성능이 우수하여 중고속의 데이터 전송에 사용한다.

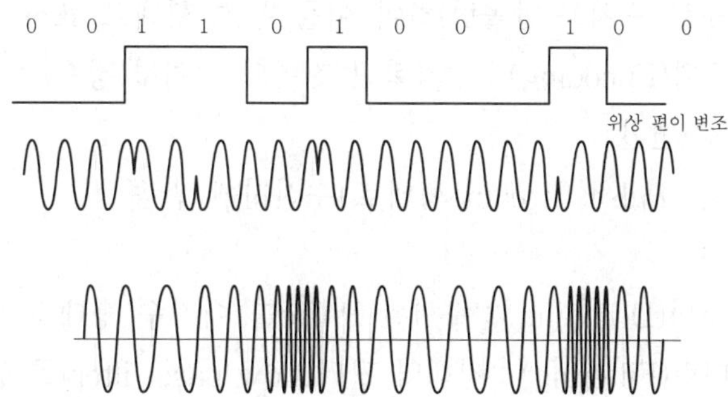

그림 ⓿ 5-53 **위상 변조파(PM)**

㉣ 진폭 위상 편이 변조(ASK ; Amplitude-phase Shift Keying)

ⓐ 직교 진폭 변조 방식(QAM ; Quadrature Amplitude Modulation)이라고도 한다.

ⓑ 위상 편이 변조 방식에서 위상 이동 값을 180도 대신에 90도 값으로 이동 즉, 하나의 신호 요소에 2개의 비트값 표현 가능 → 고속 전송이 가능

③ 아날로그 데이터 ⇒ 디지털 신호로 변환

㉮ 일반적으로 센서에 의한 입력된 자료(아날로그 데이터)를 컴퓨터로 처리하려는 경우에 필수적

㉯ 센서를 통해 감지된 입력된 데이터(아날로그 데이터)를 처리하여 다시 아날로그로 전송하여 제어

예 엘리베이터 제어, 각종 센서 제어

㉰ CODEC(Coder/Decoder)를 사용

㉠ 일반적인 신호 변환 방법은 PCM(Pulse Code Modulation) 사용

㉡ PCM의 특징

ⓐ 잡음에 강하고 고품질의 데이터 전송이 가능하다.

ⓑ IC(반도체 집적 회로)로 구현이 용이하다.

㉢ PCM의 신호 변환 과정

ⓐ 입력(아날로그 데이터)

ⓑ PAM(Pulse Amplitude Modulation) 표본화

- 아날로그 데이터의 진폭을 일정한 간격의 진폭값을 실수 형태 추출
- 샤논의 샘플링 정리(Shannon's sampling theory) : 입력 신호에 대해 2배 이상의 빈도(1/2*f*)로 표본화하면 원래의 신호를 재생할 수 있다.

ⓒ 양자화(Quantization) : 위의 항목 과정의 PAM에서 표본화된 펄스의 크기를 정수로 수치화(반올림)하여 이를 부호 형태로 표시

ⓓ 부호화(Encoding) : 양자화된 진폭의 수치값(정수)을 0, 1의 2진수의 디지털 신호로 변환

ⓔ 송신 : Pulse Stream 형태로 수신지에 전송

ⓕ 수신

ⓖ 디코딩(Decoding) : 수신된 Pulse를 이진수 형태로 다시 표현

ⓗ 필터링(Filtering) : 저대역 필터(Low pass filter)를 통과시켜 고주파 성분의 제거, 잡음 등을 제거하여 원래 신호에 가깝게 변화

ⓘ 출력(디지털 신호)

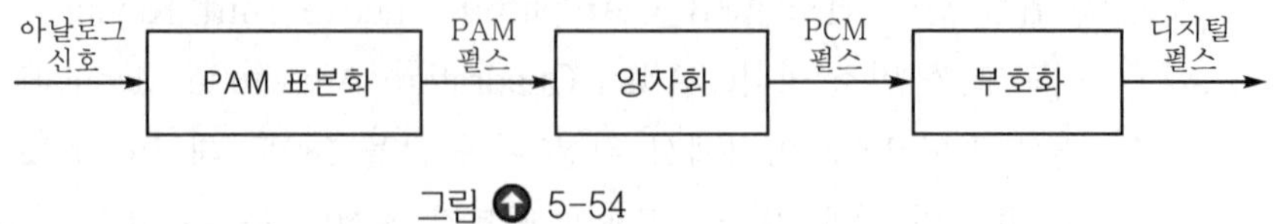

그림 ⬆ 5-54

④ 아날로그 데이터 ⇒ 아날로그 신호로 변환

㉮ 라디오, TV 등의 방송 매체에 사용

㉯ 입력된 아날로그 데이터를 반송파(carrier)에 실어 이를 아날로그 신호(주파수 형태)로 변조하여 전송

㉰ **변조 방식**

㉠ 진폭 변조(AM ; Amplitude Modulation)

㉡ 주파수 변조(FM ; Frequency Modulation)

㉢ 위상 변조(PM ; Phase Modulation)

2 정보 전송 이론

(1) 아날로그 데이터, 디지털 데이터

① **아날로그 데이터** : 사람의 음성 등과 같이 소리의 고저와 음폭 등에 의해 나타나는 주파수 및 TV의 영상과 같이 빔의 세기가 시간에 따라 변하는 값을 가지는 것

② **디지털 데이터** : 데이터 정보와 이미지 정보가 0과 1로서 구성된 디지털 신호로서 표현되는 것

(2) 주파수 분할과 시분할

① **주파수 분할 다중화(Frequency Division Multiplexing)** : 주파수 영역을 나누어 쓰는 방법으로 마치 넓은 도로를 몇 개의 차선으로 나누는 것과 똑같이 넓은 대역 폭을 몇 개의 좁은 대역 폭으로 나누어 사용하는 것이다. 이는 하나의 큰 공간을 몇 개의 방으로 나누어 사용하는 것과도 같은 개념이다.

② **시분할 다중화(Time Division Multiplexing)** : 시간을 조각내어 이 조각낸 시간 단위(time slot)를 여러 이용자에게 할당하여 음성 혹은 데이터를 전송하게 하는 방법이다. 시간 영역을 나누어 쓰는 방법으로 T1은 미국식의 시분할 다중화 방식이며 속도는 1.544[Mbps], E1은 유럽 방식으로 속도는 2.048[Mbps]이며 T1 다중화에는 음성 24개, E1 다중화에는 30개의 음성이 실리고 주로 장거리 전송에 이용된다.

㉮ **동기, 비동기식 시분할 다중화**

㉠ 동기식 시분할 다중화 : 시간의 조각(time slot)을 모든 이용자에게 규칙적으로 할당해 주는 방법으로 이용자들이 실제로 보낼 데이터를 갖고 있거나 있지 않거나를 막론하고 무조건 타임 슬롯을 할당하게 되는데 이 경우 보낼 데이터를 갖고 있지 않은 터미널에 할당된 타임 슬롯은 낭비되게 되는 비합리적인 면이 있다.

㉡ 비동기식 시분할 다중화 : 동기식 시분할 다중화의 낭비 요인을 없애기 위해 실제로 전송할 데이터를 갖고 있는 터미널에게만 타임 슬롯을 할당하고 여유있는 타임 슬롯은 또 다른 터미널에게 할당함으로써 동기식 방법과 같은 대역 폭(속도)을 갖는 경우에도 더 많은 터미널을 지원할 수 있게 한다.

(3) 전송 매체

① 유선 전송 매체

㉮ **와이어 쌍** : 전화국에서 가입자까지의 전화 선로나 건물 내의 통신 선로로서 가장 많이 사용되고 있으며, 다른 전송 매체에 비해 값이 저렴하므로 단거리용으로서 적합

㉯ **동축 케이블** : 컴퓨터 통신 시스템간의 연결이나 근거리 통신망, 장거리 전화망 또는 CATV용으로 많이 쓰이는 전송 매체로서 대역 폭이 넓어 고속 데이터 전송이 가능

㉰ **광섬유** : 전달되는 신호가 빛이기 때문에 단연 속도가 뛰어난 전송 매체로서, 다른 매체에 비해 잡음에 강한 특성을 갖고 있으며, 장거리 전송을 위한 트렁크나 근거리 통신망용 등 다양한 분야에 사용

전송 매체	데이터 속도	대역 폭	중계기 없이 전송 가능한 거리
와이어쌍	4[Mbps]	250[MHz]	2~10[km]
동축 케이블	500[Mbps]	350[MHz]	1~10[km]
광섬유	2[Gbps]	2[GHz]	10~100[km]

② 무선 전송 매체 : 마이크로파, 위성 마이크로파 및 방송 무선 등

(4) 정보 통신 방식

① 단방향(simplex) 통신 방식 : TV, 라디오

송.・수신 간에 정보의 흐름이 한쪽 방향으로만 진행되는 경우로 수신측에서 송신측으로 응답할 수 없는 방식이다.

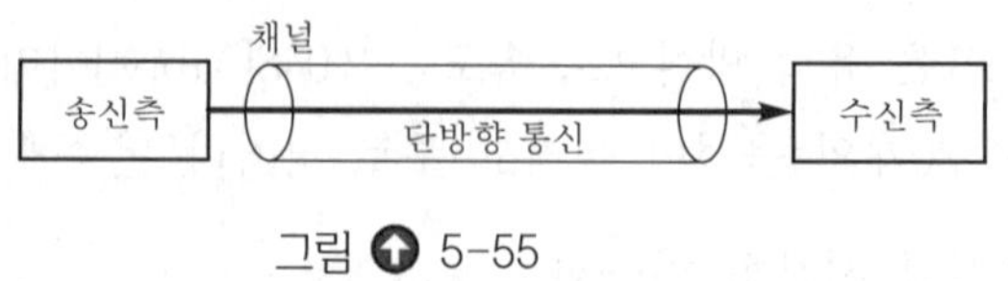

그림 ⊙ 5-55

② 반이중(half-duplex) 통신 방식 : 무전기

양쪽 방향으로 정보의 전송이 가능하지만 한쪽이 송신을 하면 다른 한쪽이 송신을 할 수 없는 방식이다.

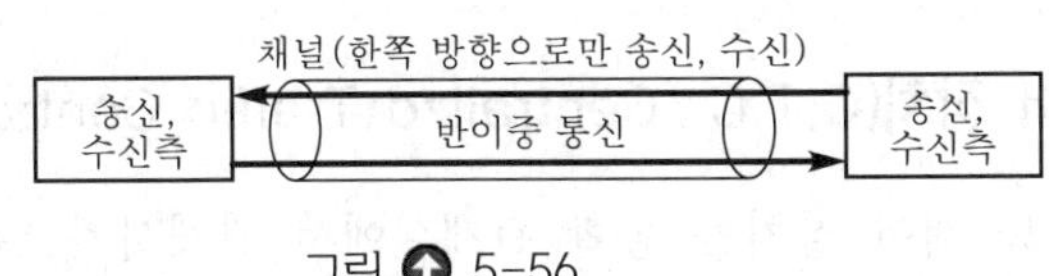

그림 ⬆ 5-56

③ **전이중(full-duplex) 통신 방식** : 일반 전화, 무선 전화

양쪽간 서로 동시에 송·수신이 가능한 방식이다.

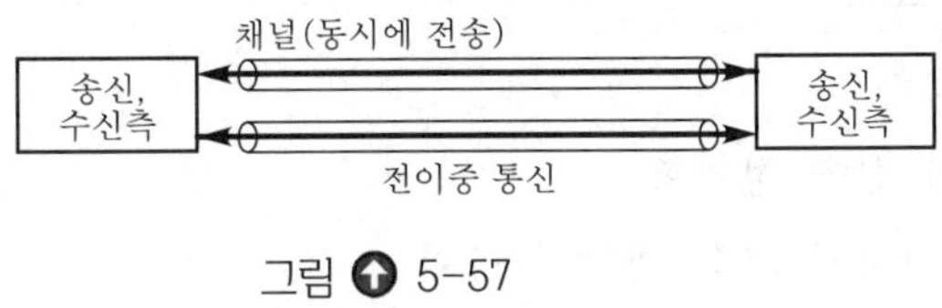

그림 ⬆ 5-57

3 열차 운행 관리 시스템

(1) 개요

열차 운행 관리 시스템은 열차 집중 제어 장치, 자동 진로 제어 장치, 열차 진로 제어 장치, DIA 관리, 운전 정리 등으로 나눌 수 있고, 열차 운행을 계획된 다이아에 의해 자동으로 처리하는 시스템이다.

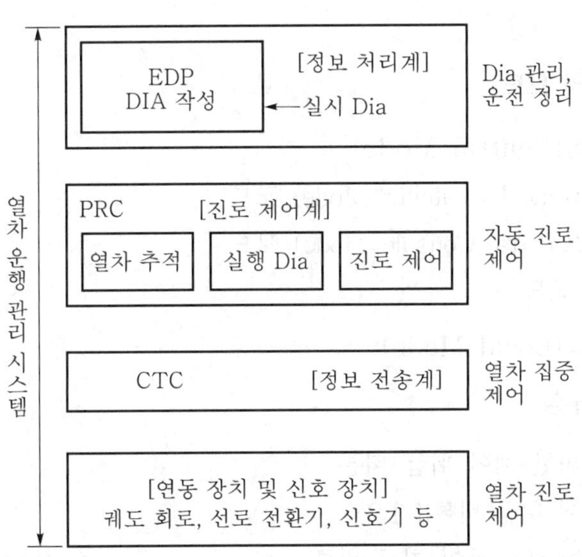

그림 ⬆ 5-58 **열차 운행 관리 시스템의 구성**

(2) 열차 집중 제어 장치(C.T.C ; Centralizd Traffic Control)

① **개요** : 열차 집중 제어 장치는 통합 관제실에서 관제사가 일정 선구의 모든 열차 운행 상황을 파악하면서 열차를 운행할 수 있는 보완도가 높고 운전 능률을 향상시킬 수 있는 장치이다.

② **C.T.C 장치의 효과**

㉮ 경영의 합리화
㉯ 운전 명령의 신속 정확화
㉰ 신호 보완 설비의 고장 파악이 용이
㉱ 열차 운행의 보완도 향상
㉲ 평균 운행 속도의 향상
㉳ 선로 용량의 증대 등

③ **C.T.C 장치의 구성**

㉮ 주 컴퓨터
㉯ MPS
㉰ CDTS(중앙 정보 전송 장치)
㉱ LDTS(역 정보 전송 장치)
㉲ LDP(표시 패널)

④ **C.T.C 장치의 모드**

㉮ **사령 모드(Central Mode)**
㉠ LDM(Line Dispatcher Mode) 모드
㉡ CCM(Central Console Mode) 모드
㉢ Auto 모드

㉯ **로컬 모드(Local Mode)**

⑤ **각 모드의 구성**

㉮ **LDP에 의한 제어 취급 버튼**
㉠ 역 제어 취급 버튼(STB)
㉡ Zone을 위한 제어 취급 버튼
ⓐ CPB : 선로 전환기 단독 전환 버튼(Common Point Button)
ⓑ CSSB : 정지 신호 표시 버튼(Common Signal Stop Button)

ⓒ ERRB : 구성 진로 비상 해정 버튼(Emergency Route Release Button)

ⓓ LOB : 역 조작 버튼(Local Operation Button)

ⓔ CTC : CTC 제어 취급 버튼(CTC Control Button)

ⓕ TTB : 진행 정위 진로 구성 버튼(Through Traffic Button)

ⓖ TTCB : 진행 정위 진로 구성 취소 버튼(Through Traffic Cancellation Button)

ⓗ ICB : 조작판 점검 버튼(Indication Check Button)

ⓘ NPB : 정상 위치 버튼(Normal Position Button)

㉯ CCM의 구성

㉠ B/W CRT : CCM의 운전 취급은 키보드 명령을 입력함으로서 수행한다.

㉡ Train Graph(T/G) : 열차 시간표(다이아)를 보여주기 위해서 사용된다.

㉢ Line/Station Graphics : 모든 열차 운행에 따라 각각의 역 또는 폐구간에서 궤도 회로, 열차 번호, 선로 전환기, 신호기, 진로 등의 현장 정보를 그대로 표시한다.

단원핵심문제

1 CTC 장치에서 현장 역의 각종 데이터를 수집해서 중앙으로 정보를 전송해 주는 장치는?

㉮ SSC ㉯ TDE
㉰ CDTS ㉱ LDTS

KEY POINT

① SSC(Station to Station Communication) : 사령실 경계 역간 정보 전송 장치
② CDTS(Central Data Transmission System) : 중앙 정보 전송 장치
③ LDTS(Local Data Transmission System) : 역 정보 전송 장치
④ TDE(Train Destination Indicator) : 열차 행선 안내 표시기

해설 C.T.C 장치의 구성
① 사령 장치 : 주 컴퓨터, MPS, LDP(표시 패널), CDTS
② 현장 장치 : LDTS, SSC, MDP

2 열차 집중 제어 장치(CTC)의 제어 방법에 속하지 않는 것은?

㉮ 자동 제어(Auto 모드) ㉯ 컴퓨터 제어(CM)
㉰ 패널 제어(LDM) ㉱ 콘솔 제어(CCM)

KEY POINT

C.T.C 장치의 모드
① 사령 모드(Central Mode)
㉮ LDM(Line Dispatcher Mode) 모드
㉯ CCM(Central Console Mode) 모드
㉰ Auto 모드
② 로컬 모드(Local Mode)

해설 CM 방법은 제어 방법에 속하지 않는다.

3 CTC 장치에서 CDTS의 수동계 절체를 할 수 없는 것은?

㉮ PTS ㉯ RSB
㉰ 사령실 보수자용 콘솔 ㉱ 사령실 조작 표시 패널

정답 : 1.㉱ 2.㉯ 3.㉱

KEY POINT

➲ **수동 절체** : 운용 모드에 대한 선택은 CDTS 장비의 CPU Module의 PTS(Power Toggle Switch), RSB(Reset Switch Button)를 사용하여 수동 절체가 가능하며 또한 사령실의 Maintenance Console과 PAC(PC와의 인터페이스 기능을 담당)에 의해 수동 절체가 가능하다.

해설 사령실 조작 표시 패널에선 패널 제어(LDM)와 표시 확인을 할 수 있다.

4 CTC 장치에서 열차 번호 표시 장치의 표시 단위로 옳은 것은?

㉮ 3단위　㉯ 4단위
㉰ 5단위　㉱ 6단위

KEY POINT

〈열차 배정표〉

열차 종별 \ 구분		정기 배정 번호	정기 횟수	비고
여객 열차	고속 열차	1~300	300	• 회송 열차 : H • 도착 회송 : D • 단행 열차 : L • 모터카 : M 등
	새마을	1001~1200	200	
	무궁화	1201~2000	800	
	통근 열차	2001~2300	300	
화물 열차	소화물	2801~2900	100	
	컨테이너	3001~3100	100	
	일반 화물	3101~3700	600	

해설

B	3	4	6	2

5 경부선 CTC 구간에서 플랫폼에 도착선 열차의 종별, 행선 및 출발 시간을 시각적으로 표시하는 장치는?

㉮ PI　㉯ TDE
㉰ RC　㉱ ATC

KEY POINT

➲ ① PI(Platform Indicator) : 열차 행선 안내 표시 장치
② TDE(Train Destination Indicator) : 열차 행선 안내 표시기
③ RC(Remote Control) : 신호 원격 제어 장치
④ ATC(Automatic Train Control) : 열차 자동 제어 장치

정답 : 4.㉰ 5.㉯

해설 열차 행선 안내 표시기이다.

6 CTC의 효과에 해당되지 않는 것은?

㉮ 선로 용량 증대 및 운행 속도 향상
㉯ 열차 운전 정리의 신속 및 정확화
㉰ 폐색 구간이 필요 없고 여객 안내 자동화
㉱ 인력 절감 가능

KEY POINT

CTC 장치의 효과

① 경영의 합리화
② 운전 명령의 신속 정확화
③ 신호 보완 설비의 고장 파악이 용이
④ 열차 운행의 보완도 향상
⑤ 평균 운행 속도의 향상
⑥ 선로 용량의 증대 등

해설 C.T.C 장치는 현장의 설비를 그대로 한 곳에 집중시켜 놓은 장치이다.

7 CTC(Centralized Traffic Control)를 시행하여 직접 얻어지는 효과가 아닌 것은?

㉮ 집중 원방 제어를 하므로 얻어지는 시간 절약
㉯ 열차 운행 정보를 즉시 알 수 있는 이익
㉰ 승무원에 대한 지령, 통고의 단순화
㉱ 속도가 빠른 열차의 처리 곤란

KEY POINT

문제 6번 참조

해설 고속 철도도 C.T.C 장치가 구성되어 있다.

8 CTC 장치의 이점이 아닌 것은?

㉮ 선로 용량 증가 ㉯ 운전 능률 향상
㉰ 보안도 향상 ㉱ 고장 구간 축소

정답 : 6.㉰ 7.㉱ 8.㉱

➲ 문제 6번 참조

현장 장치를 그대로 집중시켜 놓은 장치이므로 고장 구간과는 무관하다.

9 CTC의 주파수 분할 방식의 설명 중 옳지 않은 것은?

㉮ 피제어 기기마다 다른 주파수를 사용한다.
㉯ 시간에 관계없이 여러 기기를 동시에 제어할 수 있다.
㉰ 시분할 방식에 비하여 설비가 복잡하다.
㉱ 정보 교환이 매우 빠르다.

➲ **주파수 분할 다중화(Frequency Division Multiplexing)** : 주파수 영역을 나누어 쓰는 방법으로 마치 넓은 도로를 몇 개의 차선으로 나누는 것과 똑같이 넓은 대역 폭을 몇 개의 좁은 대역 폭으로 나누어 사용하는 것이다. 이는 하나의 큰 공간을 몇 개의 방으로 나누어 사용하는 것과도 같은 개념이다.

해설: 시분할 방식은 시간을 조각내어 이 조각낸 시간 단위(time slot)를 여러 이용자에게 할당하여 음성 혹은 데이터를 전송하는 방법으로 주파수 분할 방식에 비하여 설비가 복잡하다.

10 열차 집중 제어 장치에서 열차 번호와 연계하여 열차의 이동을 추적하는 장치는 어느 것인가?

㉮ 폐색 장치　　㉯ 연동 장치
㉰ 궤도 회로 장치　　㉱ 신호기 장치

➲ **궤도 회로** : 열차 검지, 신호 보완 장치를 직·간접으로 제어

궤도 회로에 열차가 존재하고 열번이 있으면 열차의 이동을 추적한다.

11 CTC 장치의 정보 송신 과정에서 표시 정보의 최초 송신은 어디에서 어디로 하는가?

㉮ 역에서 역으로　　㉯ 역에서 사령으로
㉰ 사령에서 역으로　　㉱ 사령에서 조작반으로

정답 : 9.㉰ 10.㉰ 11.㉯

KEY POINT

C.T.C 장치의 흐름도

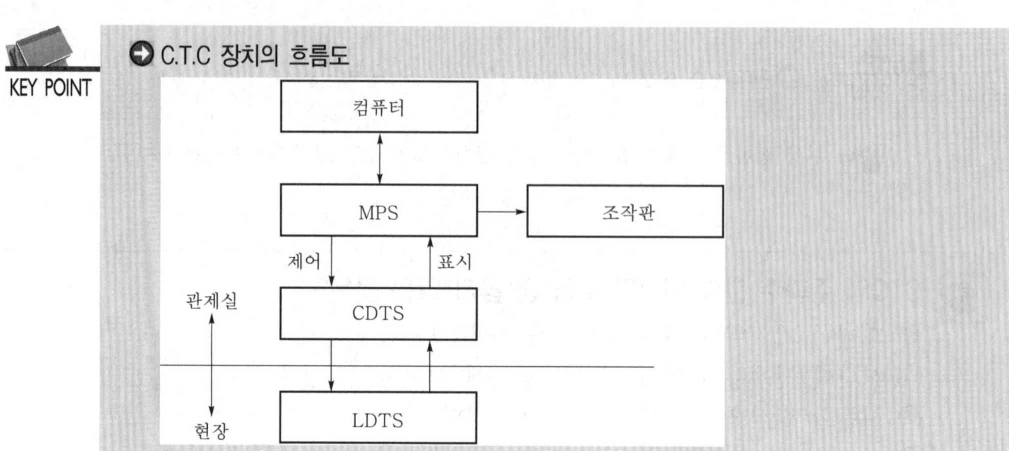

해설 ① 제어 : 관제실에서 역으로
② 표시 : 역에서 관제실로

12 국철 서울 사령실과 지하철로 인입, 인출되는 열차 번호를 송·수신하기 위하여 SSC Controller와 인터페이스되는 것은?

㉮ CDTS ㉯ MPS
㉰ 서버 ㉱ Host Computer

KEY POINT

문제 11번 참조

해설 MPS란 DTS와 컴퓨터, LDP 사이에 설치되어 DTS와 컴퓨터간의 정보 교신을 중계하고 LDP를 구동함으로써 LDP에 의한 열차 운행 감시 및 제어 기능을 수행하고 있다.

13 CTC를 설치하는 선구의 기본 폐색 장치인 것은?

㉮ 자동 폐색 장치 ㉯ 차상 신호 장치
㉰ 연동 폐색 장치 ㉱ 통표 폐색 장치

KEY POINT

C.T.C 장치는 한 곳에서 열차를 집중 감시하므로 열차의 추적이 가능해야 하며 자동으로 취급할 수 있도록 하여야 한다.

해설 C.T.C 장치의 폐색은 자동 폐색 장치가 기본이다.

정답 : 12.㉯ 13.㉮

자동 진로 제어 장치(PRC)의 기능으로 맞지 않는 것은?

㉮ Dia 분석 후 자동 진로 제어 명령을 CTC 장치에 전달
㉯ 열차를 추적
㉰ CTC를 통해서 해당 진로를 제어
㉱ TTC의 실시 다이아를 기본으로 함

KEY POINT

PRC(Programmed Route Control ; 자동 진로 제어 장치)

① EDP의 실시 DIA를 기본으로 CTC로부터 입력된 열차 운행 상황 정보에 의해 각 열차의 출발 시각과 진로 등을 판단하고, CTC를 통해서 해당 열차의 진로를 제어
② PRC에서 사용하는 DIA는 EDP에서 작성, 편집하는데 비교적 적은 시스템에서는 PRC로 DIA를 작성하는 경우도 있다.
③ PRC 진로 제어 구조 : 열차 추적, DIA, 진로 제어

해설 EDP(정보 처리 장치) : Electronic Data Processing의 실시 다이아를 기본으로 한다.

15 CTC용 통신 회선에는 어느 파형이 흐르는가?

㉮ 구형파 ㉯ 반송파
㉰ 정현파 ㉱ 삼각파

KEY POINT

데이터 통신에 사용하는 파형의 종류

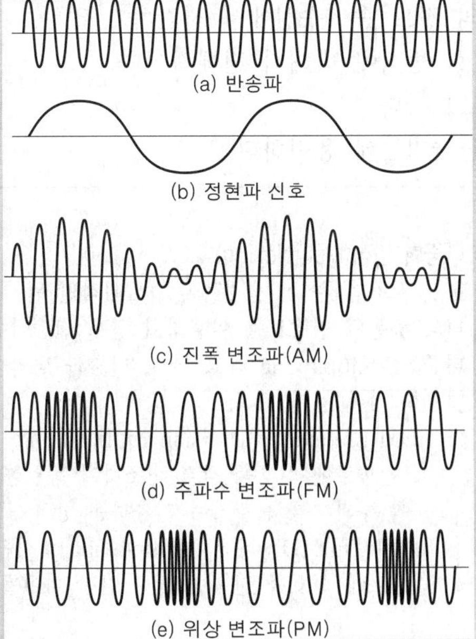

(a) 반송파
(b) 정현파 신호
(c) 진폭 변조파(AM)
(d) 주파수 변조파(FM)
(e) 위상 변조파(PM)

정답 : 14.㉱ 15.㉯

 반송파(Carrier) : 주파수와 진폭이 일정한 정현파(sinewave)

16 종합 열차 제어 장치(TTC)의 효과에 해당하지 않는 것은?

㉮ 진로 설정의 간소화　　㉯ 열차 운행 정보의 전산화

㉰ 열차의 집중 제어화　　㉱ 운전 관리의 신속, 정확을 기함

KEY POINT

➲ 종합 열차 제어 장치(TTC)

① 컴퓨터를 이용하여 열차의 운전, 여객 안내, 수입 집계, 열차 예약 등 여객 수송에 관계되는 제반 업무를 처리하는 종합적인 열차 운행 관리 체계이다. 운전 관제사가 일정한 구간의 열차 운행 상황을 직접 확인하고 신호기를 직접 제어하여 기관사에게 운전 조건을 지시하는 방식이다.

② 효과

㉮ 운전 관리의 신속, 정확을 기함

㉯ 진로 설정의 간소화

㉰ 열차 운행 정보의 전산화

㉱ 열차 운행 효율의 향상 등

 열차의 집중 제어화는 CTC 장치의 기능이다.

17 시분할 다중화 방식으로 맞지 않는 것은?

㉮ 2개 이상의 정보 송・수신에서 시간차가 없다.

㉯ 주파수 분할 방식에 비해서 경제적이다.

㉰ 시설 규모가 작다.

㉱ 정보 수를 늘리는데 용이하다.

KEY POINT

➲ 다중화 방식(Multiplexing)

통신 시스템에서는 경제적이고 효과적인 원격 처리를 실현하기 위하여 일반적으로 하나의 공통된 전송로를 이용하여 정보 전송이 가능하도록 하는 방법이 사용되며 이를 다중화(Multiplexing)라고 한다. 다중화 방법에는 주파수 분할 다중화 방식과 시분할 다중화 방식 등이 있다.

① FDM(Frequency Division Multiplexing) : 주파수 분할 다중화 방식
각 전송로에 신호를 각각 변조하여 동일한 전송로에 전송하는데 서로 중첩되지 않도록 주파수를 분할하여 전송하는 방식

② TDM(Time Division Multiplexing) : 시분할 다중화 방식
전송로에 신호를 전송할 때 시간적 차이를 두어서 전송하는 방식

정답 : 16.㉰　17.㉮

 해설 시분할 다중화 방식은 일정한 시간차를 두어 전송하는 방식이다.

 **18** 데이터 전송 방식과 관계가 가장 먼 것은?

㉮ 전이중(full duplex) 방식
㉯ 다중 처리(multi process) 방식
㉰ 단방향(simplex) 방식
㉱ 반이중(half duplex) 방식

 KEY POINT

데이터 전송 방식

① 단방향(simplex) 통신 방식 : TV, 라디오
② 반이중(half-duplex) 통신 방식 : 무전기
③ 전이중(full-duplex) 통신 방식 : 일반 전화, 무선 전화

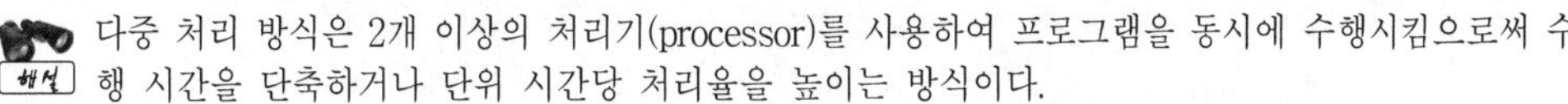
해설 다중 처리 방식은 2개 이상의 처리기(processor)를 사용하여 프로그램을 동시에 수행시킴으로써 수행 시간을 단축하거나 단위 시간당 처리율을 높이는 방식이다.

 **19** 데이터 전송 방법 중에서 병렬 전송에 대한 설명으로 맞지 않는 것은?

㉮ 전송 속도가 빠르다.
㉯ 단말기 구성이 직렬보다 단순하다.
㉰ 장거리 전송에 이용된다.
㉱ 전체 비용이 높아진다.

 KEY POINT

데이터 전송 방법

① 직렬 전송 : 하나의 회선을 통해 하나의 비트씩 전송되는 방식
㉮ 장거리 전송에 적합하다.
㉯ 병렬 전송에 비해 저속이다.
㉰ 병렬, 직렬 변환 및 역변환 회로가 필요하다.

② 병렬 전송 : 여러 개의 회선을 통해 동시에 여러 비트가 전송되는 방식
㉮ 단거리 전송에 적합하다.
㉯ 직렬 전송에 비해 고속이다.
㉰ 부가적인 회로가 필요하지 않으며 한 문자가 차지하는 비트 수만큼 전송로를 필요로 한다.

 해설 장거리 전송에는 직렬 전송을 사용한다.

 **정답 : 18.㉯ 19.㉰**

20 정보 통신에서 신속하고 신뢰성 있는 정보를 송 · 수신하기 위해 정해 놓은 규약, 규정을 무엇이라 하는가?

㉮ Program ㉯ Communication

㉰ Protocol ㉱ Process

KEY POINT

➲ ① Program : 컴퓨터를 실행시키기 위해 차례대로 작성된 명령어 모음

② Communication : 각종 자료를 포함한 정보를 주고받는 작용

③ Process : 컴퓨터 내에서 실행중인 프로그램

해설 Protocol : 데이터를 전송하는데 원활하게 하기 위하여 정한 여러 가지 통신 규칙과 방법에 대한 약속 즉, 통신 규약을 의미한다.

정답 : 20.㉰

제 7 장 열차 제어 시스템

1 열차 자동 정지 장치(ATS ; Automatic Train Stop)

(1) 개요

열차가 지상에 설치된 신호기의 현시 속도를 무시하고 운행하는 경우 열차를 자동으로 정지시키는 장치이다. 정지 신호에서만 동작하는 점 제어식과 제한 속도 초과시 동작하는 속도 조사식이 있다.

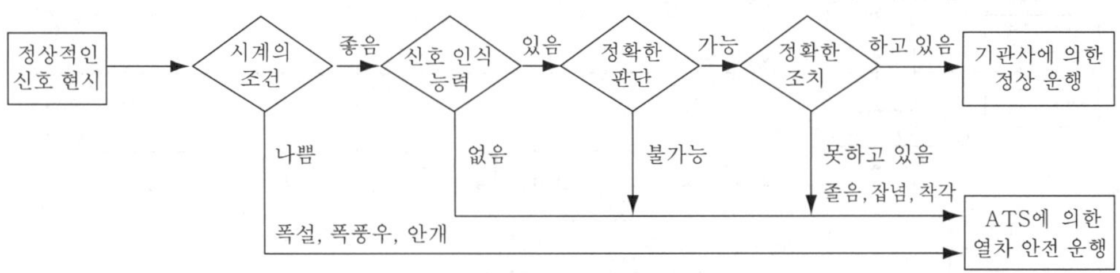

그림 5-59 **기관사와 ATS 장치와의 관계**

(2) 구성 및 사용 설비

① **구성** : 지상 장치, 차상 장치

② **설비** : 점 제어식(ATS-S1형), 차상 속도 조사식(ATS-S2형)

(3) 점 제어식 ATS

점 제어식 ATS는 3현시 신호기 구간 및 기계 신호(완목식 신호기) 구간에 설치되어 정지 신호를 무시하고 계속 진행하는 열차를 정지시켜 주는 설비이다.

① **작동 과정** : 신호기가 정지 현시일 때 열차가 지상자를 통과하면 적색등이 점등되고 벨이 울려서 기관사에게 경보를 전달

② **기관사가 DL 5초 이내, EL 3초 이내에 확인 조작 시** : 적색등은 소등되고 경보도 정지되어 다시 백색등이 점등

③ **기관사가 DL 5초 이내, EL 3초 이내 확인 조작을 하지 않을 시** : 비상 제동 작동 - 신호

기 앞에서 정지

④ 일단 비상 제동이 작용하여 정차하고 나면 복귀 조작을 한 다음 제동 밸브에 의하여 천천히 정상 상태로 복귀

⑤ **장치의 구성**

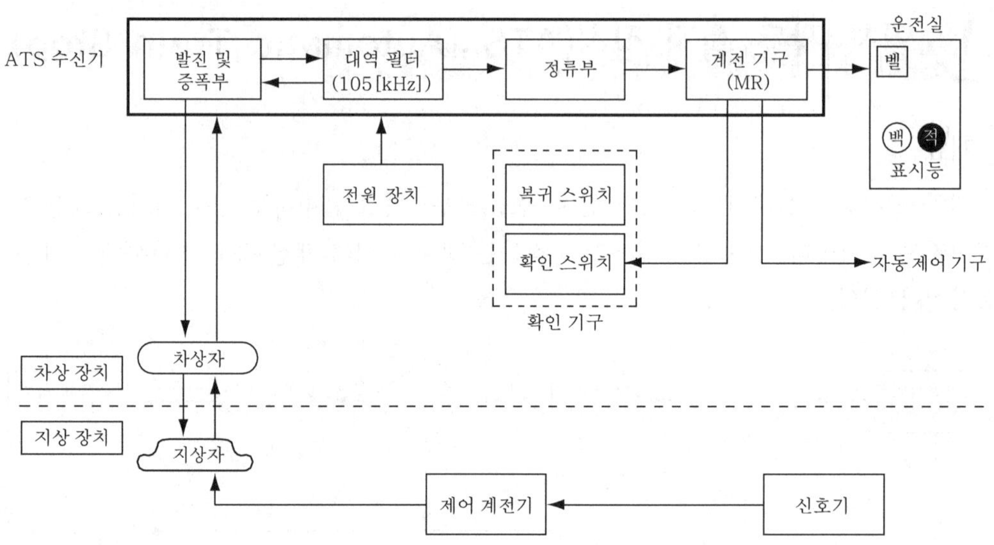

그림 ⬆ 5-60 **장치의 구성**

㉮ 열차 최고 운동 속도는 170[km/h]

㉯ **지상 장치**

㉠ 지상자 : 코일과 콘덴서로 이루어져 130[kHz]의 공진 주파수를 갖는 LC 회로

㉡ 설치 위치

ⓐ 궤간 중심으로부터 지상자 중심선과의 간격(좌측) : 300[mm]±10[mm] 이내

ⓑ 레일 상면으로부터 지상자 상면까지의 높이 : 50~80[mm]

ⓒ 지상자 밑면과 자갈과의 간격 : 50[mm] 이상

ⓓ 가드레일과의 간격 : 400[mm] 이상

ⓔ 레일 이음매부에서 3본 이내의 침목

ⓕ 건널목 드와프트 거더, 분기기 설치 구간은 피하여 설치

ⓖ 지상자만 설치할 경우 단락되지 않도록 설치

㉢ 설치 거리 : 신호기 외방으로부터 열차 제동 거리와 여유 거리를 합한 거리의 1.2배

㉣ 지상자에는 5[m]의 리드선이 연결되어 있어 지상자 제어 계전기에 의해 접점을 on, off함으로써 제어한다.

㉤ 코일의 인덕턴스는 300[μF], 콘덴서는 0.005[μF] 정도

ⓐ 접점 개방 상태에서 공진 주파수 : 125~131[kHz](기준 130[kHz])

ⓑ 공진 회로의 선택도(Q값) : 50~190

㉥ 지상자 제어 계전기(CR)

ⓐ 소비 전력 : 1[W], 접점수 : N2, 접점 저항 : 100[mΩ]

ⓑ PGS 접점(백금, 금, 은의 합금)

㉦ 입력 단자 전압 및 전류

ⓐ DC 10[V]±5%, 0.12[A]

ⓑ DC 24[V]±10%, 50[mA]

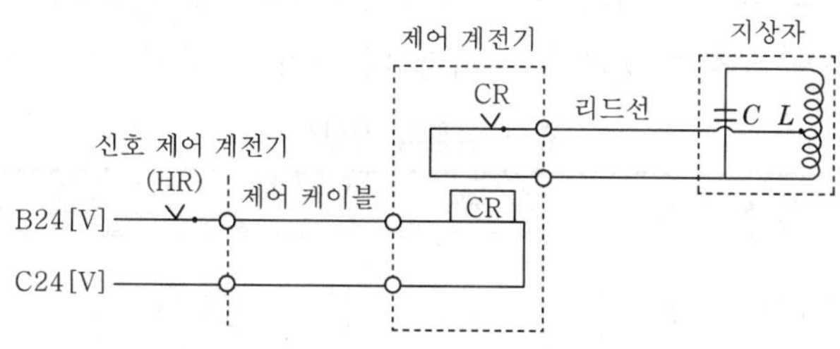

그림 ⬆ 5-61 **3현시 ATS 장치 결선도**

(4) 차상 장치

① 차상자의 설치

㉮ 차체 하부의 차량 중심으로부터 진행 방향(기관차 정면)에 대하여 좌측 300[mm]에 차상자 중심이 오도록 한다.

㉯ 레일면으로부터의 높이 : 130[mm] 범위

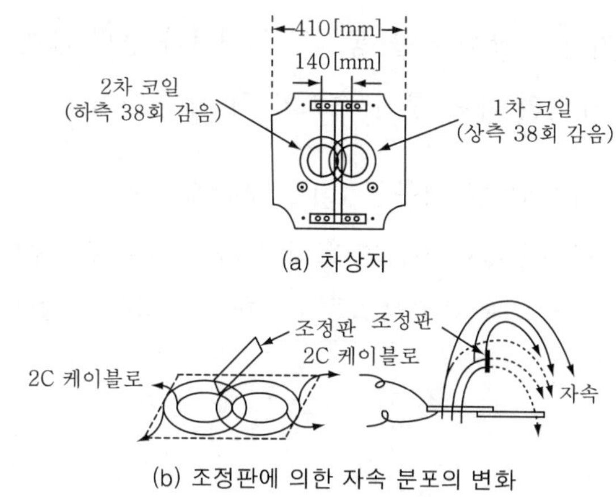

그림 ⬆ 5-62 **차상자와 자속 분포의 변화**

② **수신기**

㉮ 평상시 : 차상자와 조합하여 105[kHz]의 상시 발진 회로를 구성

㉯ 열차가 지상자에 접근 시 : 130[kHz]의 공진 회로를 구성하고 있는 지상자에 접근하면 130[kHz]로 주파수가 변화하므로 여과기(Filter)의 작용에 의하여 주 계전기(MR ; Master Relay)는 무여자되며 경보 회로와 제어 회로를 제어

③ **경보기** : 운전실 내에 설치하여 수신기에 의하여 경보 벨 경보

④ **표시기** : 백색등과 적색등으로 구성

⑤ **확인 푸시 버튼 및 복귀 스위치** : 경보가 발생하였을 때 또는 비상 제동이 작동했을 때 기관사가 신속하게 원래의 상태로 복귀할 때 사용

〈**경보 지점의 계산식**〉

열차 종별	A	B	C	계($A+B+C$)
여객 열차	$\frac{V^2}{20}+2\frac{V}{3.6}$	$5\frac{V}{3.6}$	$\frac{V}{3.6}$	$\frac{V^2}{20}+\frac{8V}{3.6}$
화물 열차	$\frac{V^2}{15}+5\frac{V}{3.6}$	$5\frac{V}{3.6}$	$\frac{V}{3.6}$	$\frac{V^2}{15}+\frac{11V}{3.6}$
전동차	$\frac{0.7V^2}{20}+\frac{V}{3.6}$	$5\frac{V}{3.6}$	$\frac{V}{3.6}$	$\frac{0.7V^2}{20}+\frac{7V}{3.6}$

여기서, l : 신호기에서 경보 지점까지의 거리[m]

A : 비상 제동 거리[m]

B : 경보가 울리기 시작하여 비상 제동이 작용하기까지의 주행 거리[m]

C : 차상자가 지상자 위를 통과하여 경보가 울릴 때까지의 주행 거리[m]

V : 폐색 구간의 계획 운전 속도의 최대값[km/h]

(5) 차상 속도 조사식 : 수도권 및 경부선 CTC 구간에 사용

지상에 설비된 신호기의 신호 현시에 따라 다섯 가지 공진 주파수의 변조 기능을 기본으로 하여 검지한 정보로 열차 속도를 연속적으로 감시하기 위하여 지상에 정보 검지 기능과 속도 조사 기능을 갖추고 있다.

〈신호 현시에 따른 공진 주파수 및 속도 제어〉

(4현시용)

신호 현시		R0	R1	Y	YG	G
전기동차용	공진 주파수[kHz]	130	122	106	98	
	ATS 속도 제어[km/h]	0	15	45	Free	

(5현시용)

신호 현시		R	YY	Y	YG	G
디젤 기관차용	공진 주파수[kHz]	130	122	114	106	98
	ATS 속도 제어[km/h]	0	25	65	105	Free
전기동차용	공진 주파수[kHz]	130	114	106	98	
	ATS 속도 제어[km/h]	0	25	45	Free	

① **지상자**

㉮ 코일과 콘덴서로 이루어져 130[kHz]의 공진 주파수를 갖는 LC 회로를 구성하고 해당 신호기 20[m] 전방에 설치

㉯ 궤간 중심으로부터 지상자 중심선과의 간격(우측) : 300[mm]±10[mm] 이내(여객 열차용 좌측)

㉰ 레일 상면으로부터 지상자 상면까지의 높이 : 20~50[mm]

㉱ 지상자 밑면과 자갈과의 간격 : 50[mm] 이상

㉲ 가드레일과의 간격 : 400[mm] 이상

㉳ 레일 이음매부에서 3본 이내의 침목, 건널목 드와프트 거더, 분기기 설치 구간은 피하여 설치

㉴ 리드선의 길이 : 5[m], 10[m]

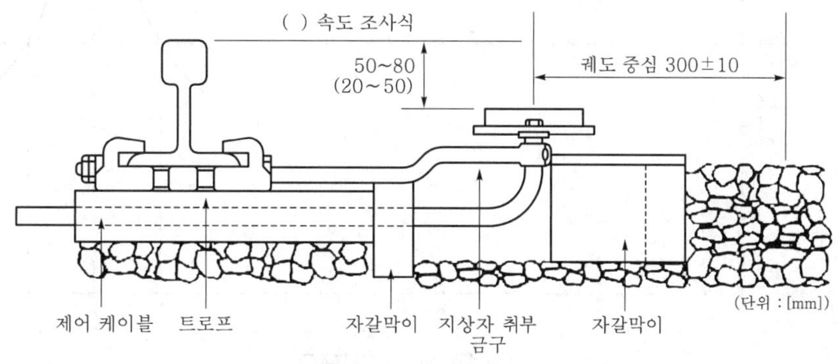

그림 ⬆ 5-63 **지상자의 설치(단면도)**

② 지상자 제어 계전기

〈지상자 제어 계전기 상태와 지상자 공진 주파수〉

계전기 명칭 \ 신호 제어		G	YG	Y	R_1	R_0
지상자 제어 계전기	GCR	여자	무여자	무여자	무여자	무여자
	YGCR	여자	여자	무여자	무여자	무여자
	YCR	여자	여자	여자	무여자	무여자
	R_1CR	여자	여자	여자	여자	무여자
공진 주파수	[kHz]	98	106	114	122	130

㉮ **정격** : DC 24[V]±10, 50[mA], 코일 저항 : 480[Ω](±5%)

㉯ **접점수** : N_2, 접점 저항 : 100[mΩ] 이하

㉰ **공진 회로의 선택도(Q값)** : 70 이상

③ **차상 장치** : 차상 장치는 지상으로부터 다양한 정보(130, 122, 114, 106, 98[kHz])를 받는 차상자, 정보를 해석하여 경보기와 제동 장치의 회로를 제어하는 수신기, 속도 조사부, 계전기 논리부, 운전실 내에 설치된 경보기, 표시기, 전원부 및 기타 부속품, 그리고 전동차의 실제 속도를 감지하는 속도 발전기 등으로 구성되어 있다.

(6) 선택도(Q값)

Quality Factor(품질 인수)의 약자로서 저항(R), 코일(L), 콘덴서(C)로 구성된 공진 회로(동조 회로)의 공진 정도를 나타낸다.

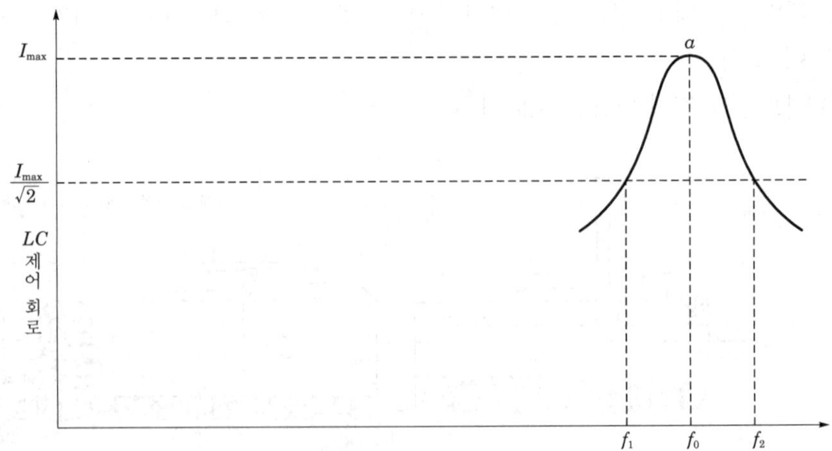

그림 ⬆ 5-64 **선택도**

$$\therefore Q = \frac{WL}{R} = \frac{1}{R}\sqrt{\frac{L}{C}} = \frac{f_0}{f_2 - f_1},\ Q = \frac{f_0}{f_2 - f_1} = \frac{\omega L}{r} = \frac{1}{r\omega C}$$

$$\omega L = \frac{1}{\omega C},\ \omega^2 = \frac{1}{LC},\ \omega = \sqrt{\frac{1}{LC}}$$

$$\therefore Q = \frac{1}{R}\sqrt{\frac{L}{C}}$$

2 열차 자동 제어 장치(ATC ; Automatic Train Control)

(1) 개요

열차 안전 운행에 필요한 속도 정보를 레일을 통하여 연속적으로 차량의 컴퓨터에 전송하여 허용 속도를 표시하며, 운행 속도가 허용 속도 초과시 자동으로 감속 제어하는 장치이다.

(2) 장치의 기능

구간마다 열차를 검지하여 신호 정보를 송신하고 그것을 차상에서 수신하여 그 신호 정보에 의해 열차가 그 구간 내에 현재 허용된 제한 속도 이하로 속도를 제어한다.

① 역할

㉮ 각 구간의 지상측 열차를 검지한다.

㉯ 각 구간의 지상측에서 신호 정보를 전송한다.

㉰ 신호 정보를 차상측에서 수신한다.

㉱ 수신 정보에 따른 제한 속도와 열차의 실제 속도를 비교한 후 차상 장치에서 열차 속도를 허용 속도 내로 유지한다.

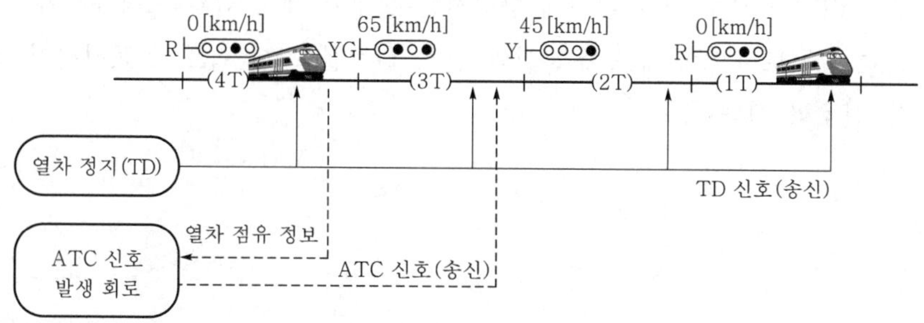

그림 5-65 기본적인 기능

(3) ATC 신호

① **열차 검지 신호** : 평상시 열차 검지 신호만 흐르게 하고 열차가 검지되면 그 구간에 한하여 ATC 신호를 흐르게 한다.

② **신호 코드** : ATC 신호는 궤도 회로에 송신되는 수백~수천[Hz] 정도의 주파수를 갖는 AF 반송파를 10~수십[Hz]의 저주파로 변복조한 것이다.

〈**지시 속도 및 코드 주파수(과천, 분당, 일산선)**〉

지시 속도[km/h]	코드 주파수
15	코드 주파수 없음(일단 정지 후 진행 모드)
25	3.2[Hz] 기지 모드
25	5.0[Hz] 수동 모드
40	6.6[Hz]
60	8.6[Hz]
70	10.8[Hz]
80	13.6[Hz]
기지 취소	16.8[Hz](일단 정지 후 진행 모드)

㉮ **기지 모드** : 차량 기지 또는 유치선에서 연속적인 지시 속도를 제공할 수 없을 때 운전하기 위한 것으로 최대 속도는 25[km/h]로 제한한다.

㉯ **수동 모드** : 지상의 궤도 회로로부터 연속적으로 정상적인 지시 속도를 받아 운전하는 방식이다.

㉰ **일단 정지 후 진행 모드** : 정상적인 지시 속도를 받아 운전하던 열차가 지시 속도를 수신할 수 없어 속도를 초과했을 때 동작되며 일단 정지 후 15[km/h] 이내로 운전하는 방식이다.

③ **차상 신호** : ATC의 경우 신호 현시에 상당하는 신호가 궤도 회로를 경유하기 때문에 기관사는 신호기를 보지 않더라도 운전실의 신호 현시를 최고 속도로 표시하여 운전하는 것이 차상 신호의 형태이다.

3 열차 자동 운전 장치(ATO ; Automatic Train Operation)

(1) 개요

A.T.O란 열차가 정거장을 발차하여 다음 정거장에 정차할 때까지 가속과 감속, 정위치 정차 등을 자동으로 수행하고 ATC의 기능도 함께 동작하고 있다. 열차에 발차 지시가 주어지면 자동으로 가속하고 주행 구간의 규정 속도에 이르면 다시 타력 운전으로 운행하게 된다. 자동 운행 중 ATC에 의해 속도 제한을 받을 경우에는 자동으로 제동이 작동하며 속도 제한이 해제되면 가속된다. 또 열차가 제한 속도 이하로 떨어지면 제동을 풀어준다.

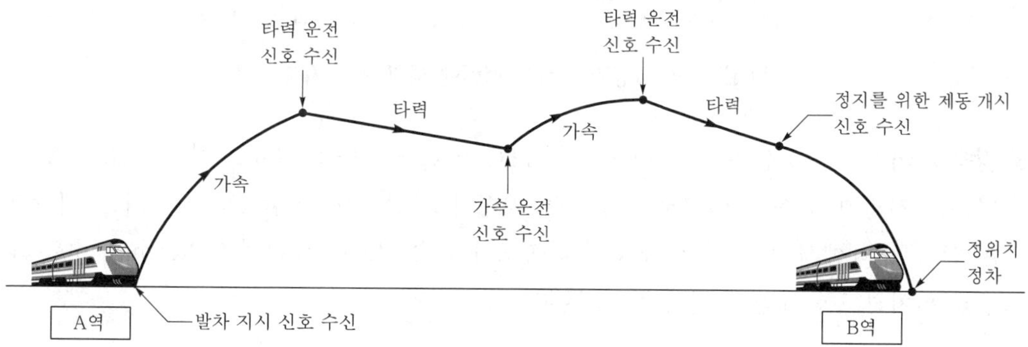

그림 5-66 **ATO 속도 제어 곡선**

(2) 기능

열차 자동 운전 장치는 무인 운전도 가능한 장치로 인력 절감 및 정확한 열차 운행으로 여객 서비스를 향상시키는 효과가 있다.

① **정속도 운행 제어** : 역과 역 사이에 ATC 신호의 허용 운행 속도 지시에 따라 지정된 속도로 열차가 주행하도록 제어한다. 또 ATO 장치의 내부에 지정된 속도와 같은 기준 속도를 발생시키고 열차의 실제 속도와 기준 속도와의 차이점을 검출한 다음 속도의 차이에 비례한 동력 또는 제동력을 차량의 제어부에 주어 기준 속도와 실제 열차 속도와의 차이가 없도록 열차를 제어한다.

② **정위치 정지 제어** : 역에 정차할 때에는 정해진 위치에 정차할 수 있도록 정위치 패턴에 따라 속도 제어를 한다. 정지 패턴은 레일간에 설치된 지상자간 정보를 차상에서 검지하여 열차의 위치를 검출하고 정지 지점까지의 거리와 속도와의 기준 패턴이 발생한다.

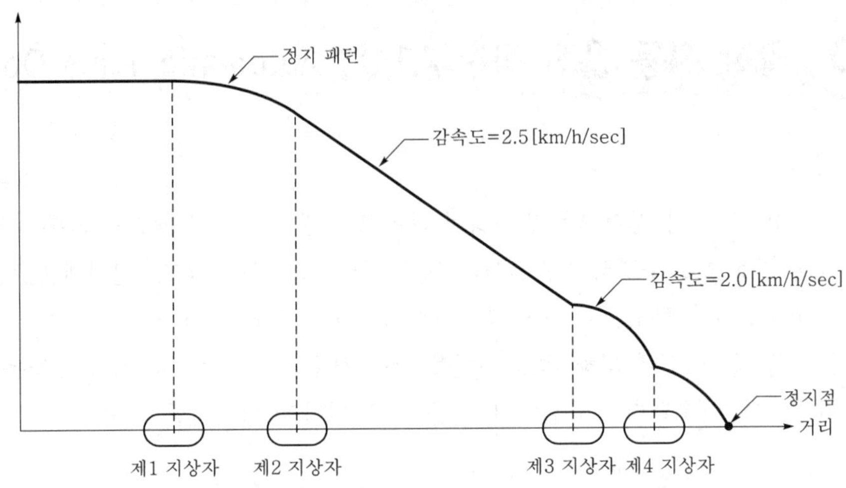

그림 5-67 **정위치 정지 패턴에 의한 속도 제어**

③ **감속 제어** : 역간 곡선 또는 구배때문에 ATC 신호가 감속을 필요로 하는 장소에 ATC 변화점 전방에 감속을 예고하는 감속용 지상자를 설치한다. 감속도 지상자는 지상자 ATO 장치 내에서 ATC 현시 변화점의 속도가 감속 신호에 대하여 N(Normal) 주행 레벨과 일치하도록 계산된 지점에 설치한다.

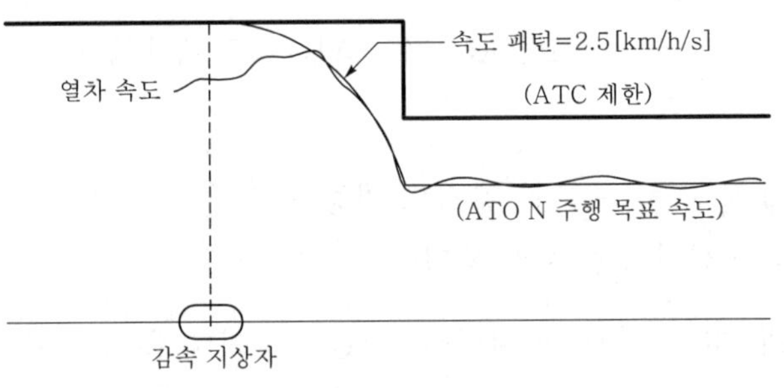

그림 5-68 **감속 제어**

④ **출입문 자동 개폐 및 정차 시간 표시등** : 출입문 개폐 기능은 정위치 정차 정보를 받으면 기계실에서 개폐 정보를 발생하여 차상에 전송하게 된다. 정차 시간 표시등은 기관사에게 발차 시간을 예고하여 정시 운전을 하도록 하고 출발 시각 일정 시간 전에 점멸하면 기관사는 출발 조작을 통해 출발한다.

⑤ **열차 정보 송신 장치** : 열차 정보 송신 장치는 차량과 현장 설비간의 양방향 통신을 하는 정보 교환 장치이다.

4 열차 자동 방호 장치(ATP ; Automatic Train Protection)

(1) 개요

A.T.P 장치는 폐색 구간의 경계점에 설치된 지상자를 통해 폐색 구간의 길이, 구배, 분기 위치 등 지역 정보(불변 정보)와 지상 신호가 현시하고 있는 신호 정보(가변 정보) 등을 통하여 지상 정보를 차상으로 전송하면 차상 안테나를 통하여 수신되는 지상 정보(지역 정보, 가변 정보)와 열차 길이, 제동력, 열차 종별 등에 대한 차상 정보가 결합하여 목표 속도와 제동 목표 거리를 연산하고 운행 속도가 목표 속도보다 높을 경우 경보가 발생하고 제동 장치를 작동시키는 시스템이다.

(2) ATP 장치의 시스템 개통도

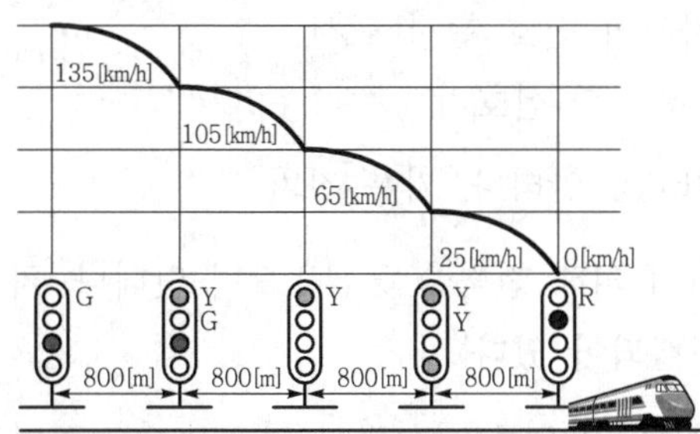

(a) ATC 장치의 동작

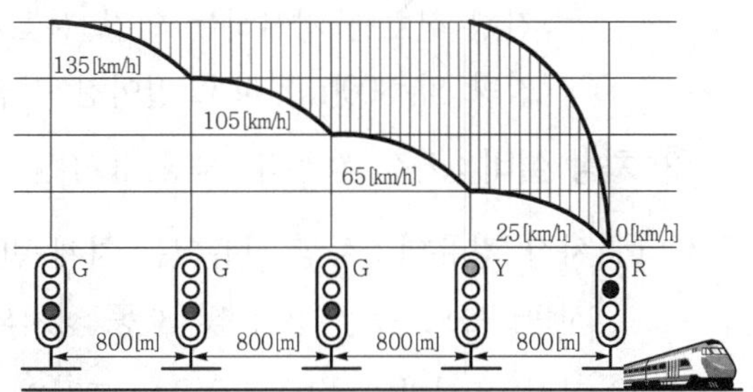

(b) ATP 장치의 동작

그림 ⬆ 5-69 **APT 장치의 시스템 개통도**

(3) ATP 장치의 구성

지상 설비는 지상자(beacon), 신호 부호 전송기(encoder)가 있고 차상 설비는 차상 컴퓨터, 차상 표시반, 데이터반, 안테나, 기록 장치로 구성되어 있다.

① **지상 설비** : 지상자, 신호 부호 전송기

㉮ **지상자** : 지상자는 송신용과 수신용 안테나로 구성되고 전송되는 정보의 질에 따라 한 지점에 최대 5개의 지상자를 통합 설치할 수 있으며 한 개의 동일한 정보를 제공하는 지상자 사이의 거리는 2.3~3.5[m] 이격하여 설치하고 서로 다른 정보를 제공하는 지상자간의 거리는 최소 10.5[m] 이상 이격하여 설치한다.

㉯ **지상자의 종류**

㉠ 영구적인 정보를 제공하는 F(Fixed) : 외부 조작에 의해 메시지를 변경시킬 수 없는 지상자이며 고정된 정보(속도 제한 등)를 제공하는데 사용한다.

㉡ 제어 지상자 또는 "S" 지상자(S=Signal) : 신호 부호 전송기에서 발생하는 부호(X, Y)에 의해 외부 조작에 의해 제어될 수 있는 지상자로 변경될 수 있는 정보(신호 등)를 제공하기 위하여 설치한다.

㉢ M(표시) : "A" 지상자에 의해 모든 정보가 전송될 때 "B" 지상자 대신 사용할 수 있는 간소화된 지상자이다.

㉰ **신호 부호 전송기** : 신호기 또는 속도 제한 패널의 지상자 사이의 인터페이스를 가능하게 만들어 주는 장치이다. 신호 부호 전송기는 역기계실 또는 현장 기구함에 수용할 수 있으며 궤도변 박스에 설치할 수 있다.

㉠ 폐색 신호 현시와 속도 표시

㉡ 허용 신호 또는 비허용 신호(절대 신호)의 폐색 시스템 표시

㉢ 진행 신호를 지시하는 인접 신호기 자체의 신호 현시 표시

※ 전방 약 300[m] 정도 떨어진 지점에 위치한 신호기

② **차상 설비** : 차상 컴퓨터, 차상 표시반, 데이터반, 안테나, 기록 장치

㉮ **차상 컴퓨터** : 차상 컴퓨터는 자체 변환기에 의해 전력을 공급받으며 안테나, 차상 표시반, 속도 측정 장치 및 제동 장치와 연결되어 있다.

㉯ **차상 표시반** : 차상 표시반은 표시반과 데이터반으로 구성되어 있으며 운전실마다 설치한다. 차상 표시반은 주표시반과 보조 표시반이 있으며 주표시반은 최고 속도를, 보조 표시반은 목표 속도를 표시하게 되어 있으며 시스템 운용을 위해 필요한 여러 가지의 버튼과 표시등이 포함되어 있다. 데이터반은 기관사가 열차의 특성을 입력할 수 있도록 구성되어 있으며 입력 데이터는 다음과 같다.

㉠ 최대 허용 속도 : 10[km/h] 단위

㉡ 열차 길이 : 100[m] 단위

㉢ 열차 감속력[m/s^2]

㉣ 열차 종별 : 여객, 화물, 디젤 기동차, 전기동차, 전기 기관차 등)

㉰ **안테나** : 차량 전부의 하부에 설치하며 차상 컴퓨터와 연결된다. 차상 설비가 동작을 시작하면 지상자에 전원을 공급하거나 정보를 수신한다.

㉱ **기록 장치** : 열차로부터의 정보나 지상으로부터 발생한 정보를 저장하며 고장이 발생하면 저장된 메모리의 정보를 휴대용 PC로 로깅하여 분석, 수리한다.

(4) ATP의 선로 용량 증대

ATC 구간의 5현시 지상 신호 방식의 경우 안전한 열차간의 거리가 R, YY, Y, YG, G 등 5구간으로 1구간의 평균 거리가 800[m]일 경우 4,000[m] 이상의 거리를 이격하여야 하지만 ATP 차상 신호 시스템은 선행 열차와 후속 열차간의 안전 정지 거리가 약 2,000[m] 정도만 되면 최고 속도로 운행이 가능하므로 선로 이용률을 증대시키고 표정 속도를 향상시켜 선로 용량을 증대시킬 수 있는 효과가 있다.

〈ATC 장치 및 ATP 장치의 비교〉

구 분	ATC	ATP
장점	• 연속적인 차상 신호 제공으로 안전성과 신뢰성을 확보할 수 있다. • 운전 속도 향상과 운전 시격 단축으로 선로 용량이 증대된다. • 고속 열차 차량에 별도의 신호 설비를 설치하지 않고 ATC 방식에 의한 직결 운행이 가능하다. • 운행선 구분 정보에 의해 차상 신호 속도 단계가 자동으로 변환한다. • 제동 목표 거리를 계산하며 운행되므로 안전성과 효율성이 증가한다. • 기기 집중 설치에 의해 유지 보수가 용이하고 기기 사용 수명이 연장되며 장애 복구 시간을 단축시킬 수 있다.	• 차량 특성 및 열차 등급이 서로 다른 혼용 운전 구간에 적합하다. • 제동 목표 거리와 제동 목표 속도를 계산하며 운행하므로 안전성과 신뢰성을 확보할 수 있다. • 운전 속도 향상과 운전 시격 단축으로 선로 용량이 증대된다. • 폐색 구간 신호 설비 장애시 2폐색 구간을 1폐색으로 사용할 수 있어 연속적인 운행이 가능하여 운행 효율을 증대시킬 수 있다. • 궤도 회로 종류에 상관없이 사용이 가능하고 기존 설비 개량을 최소화 할 수 있어 경제적인 설비이다. • 연속적인 ATC 설비에 비하여 건설비가 저렴하다.

5 자동 진로 제어 장치(PRC ; Programmed Route Control)

(1) 개요

운행 관리 시스템에 있어서 EDP와 CTC에 접속되며, 운행 관리 시스템 중 열차의 진로를 자동 제어한다.

(2) 주요 기능

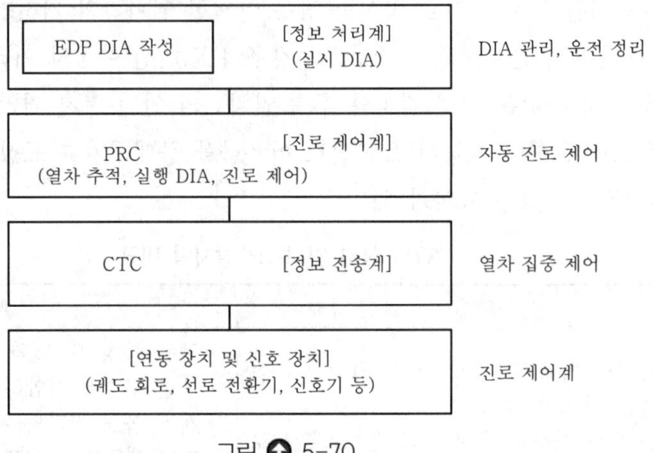

그림 ⬆ 5-70

① **EDP(Electronic Data Processing ; 정보 처리 장치)** : EDP는 PRC가 자동 진로 제어하는 선구의 기본적인 DIA로서 매일 행해지는 DIA 변경을 반영한 실시 DIA를 작성하고, 당일분의 실시 DIA를 PRC로 보낸다.

② **PRC(Programmed Route Control ; 자동 진로 제어 장치)**

㉮ EDP의 실시 DIA를 기본으로 CTC로부터 입력된 열차 운행 상황 정보에 의해 각 열차의 출발 시각과 진로 등을 판단하고, CTC를 통해서 해당 열차의 진로를 제어한다.

㉯ PRC에서 사용하는 DIA는 EDP에서 작성, 편집하는데 비교적 적은 시스템에서는 PRC로 DIA를 작성하는 경우도 있다.

(3) PRC 진로 제어 구조

열차 추적, DIA, 진로 제어

6 열차 종합 제어 장치(TTC ; Total Traffic Control)

(1) 개요

원격 제어 장치를 통하여 관제사가 일정 구간의 열차 운행 상황을 직접 확인하고, 신호기를 직접 제어하여 기관사에게 운전 조건을 지시하는 방식

(2) 효과

① 운전 관리의 신속, 정확

② 진로 설정의 간소화

③ 열차 운행 정보의 전산화

④ 열차 운행 효율 향상 등

(3) TTC의 기능

① 열차 Diagram 작성

② 진로 제어

③ 열차 Diagram 변경

④ 열차 Diagram 안내 정보 및 역의 상태 모니터

⑤ 운전 계통 감시

⑥ 운행 열차를 추적해서 LDP(Large Display Panel)에 표시 모니터

⑦ 각종 고장 정보 모니터

(4) TTC의 구성

① 표시반

② 제어용 콘솔

③ 데이터 전송 장치

(5) TTC의 운용 방식

TTC 방식, CTC 방식, Local 방식 등

단원핵심문제

1 자동 열차 정지 장치의 연속 제어식은?

㉮ 램프식
㉯ 직류 유도자식
㉰ 고주파 변주식
㉱ 상용 주파수식

KEY POINT

종 류	차상 장치 동작 방식
3현시	점 제어, 단변주(105[kHz] ⇒ 130[kHz])
4현시	차상 속도 조사식, 다변주식(78[kHz] ⇒ 5종류)
5현시	차상 속도 조사식, 다변주식(78[kHz] ⇒ 5종류)

해설 ATS－S2(속도 조사식)형으로서 고주파 변주식(다변주식)을 사용한다.

2 열차 자동 정지 장치[(ATS(S1)형]의 특징을 설명한 것 중 옳지 않은 것은?

㉮ 선택도(Q값)는 50～190 범위이다.
㉯ 제어 계전기의 종류에는 DC 24[V]이다.
㉰ 지상자의 공진 주파수는 105[kHz]이다.
㉱ 지상자 코일의 인덕턴스는 300[μH]이다.

KEY POINT

(1) 코일의 인덕턴스 : 300[μF], **콘덴서** : 0.005[μF]
① 접점 개삽 상태에서 공진 주파수 : 125～131[kHz](기준 130[kHz])
② 공진 회로의 선택도(Q값) : 50～190

(2) 입력 단자 전압 및 전류
① DC 10[V]±5%, 0.12[A]
② DC 24[V]±10%, 50[mA]

해설 공진 주파수는 130[kHz]이다.

정답 : 1.㉰ 2.㉰

 ATS-S형 지상자의 선택도 Q를 식으로 나타내면?

㉮ $Q=R\sqrt{\frac{L}{C}}$ ㉯ $Q=R\sqrt{\frac{C}{L}}$

㉰ $Q=\frac{1}{R}\sqrt{\frac{C}{L}}$ ㉱ $Q=\frac{1}{R}\sqrt{\frac{L}{C}}$

KEY POINT

➲ $Q=\frac{f_0}{f_2-f_1}=\frac{\omega L}{r}=\frac{1}{r\omega C}$

해설 $\omega L=\frac{1}{\omega C}$, $\omega^2=\frac{1}{LC}$, $\omega=\sqrt{\frac{1}{LC}}$

$\therefore Q=\frac{\omega L}{R}=\sqrt{\frac{1}{LC}}\frac{L}{R}=\frac{1}{R}\sqrt{\frac{L}{C}}$

 "ATS"는 무엇을 의미하는가?

㉮ 차내 경보 장치
㉯ 자동 열차 정지 장치
㉰ 자동 열차 제어 장치
㉱ 자동 열차 운전 장치

KEY POINT

➲ ① ATO(Automatic Train Operation) : 열차 자동 운전 장치
② ATC(Automatic Train Control) : 열차 자동 제어 장치
③ CWD(Cab Warning Device) : 차내 경보 장치

해설 ATS(Automatic Train Stop) : 열차 자동 정지 장치

 ATS 설치시 화물 열차의 경우, 해당 신호기와 지상자까지의 거리는 표준 계산식에 의한다. 옳은 것은?

㉮ $\frac{V^2}{15}+\frac{11V}{3.6}$ ㉯ $\frac{V^2}{20}+\frac{8V}{3.6}$

㉰ $\frac{V^2}{50}+\frac{8V}{3.6}$ ㉱ $\frac{V^2}{50}+\frac{11V}{3.6}$

정답 : 3.㉱ 4.㉯ 5.㉮

KEY POINT

〈신호기와 지상자간의 거리〉

열차 종별	A	B	C	계(A+B+C)
여객 열차	$\frac{V^2}{20}+2\frac{V}{3.6}$	$5\frac{V}{3.6}$	$\frac{V}{3.6}$	$\frac{V^2}{20}+\frac{8V}{3.6}$
화물 열차	$\frac{V^2}{15}+5\frac{V}{3.6}$	$5\frac{V}{3.6}$	$\frac{V}{3.6}$	$\frac{V^2}{15}+\frac{11V}{3.6}$
전동차	$\frac{0.7V^2}{20}+\frac{V}{3.6}$	$5\frac{V}{3.6}$	$\frac{V}{3.6}$	$\frac{0.7V^2}{20}+\frac{7V}{3.6}$

 화물 열차 $=\frac{V^2}{15}+\frac{11V}{3.6}$

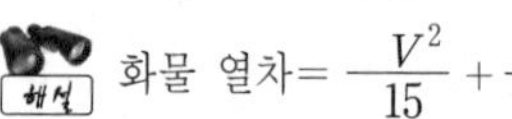

6 100[km/h]의 여객 열차의 안전을 위하여 ATS를 설치하려고 한다. 설치 위치로 맞는 것은?

㉮ 신호기 외방 866[m] 지점 ㉯ 신호기 내방 866[m] 지점
㉰ 신호기 외방 566[m] 지점 ㉱ 신호기 내방 566[m] 지점

KEY POINT

➲ 여객 열차

$L=\frac{V^2}{20}+\frac{8V}{3.6}$

 $L=\frac{100^2}{20}+\frac{8\times100}{3.6}=500+222=722$[m]

$\therefore\ L=722\times1.2\fallingdotseq866$[m]

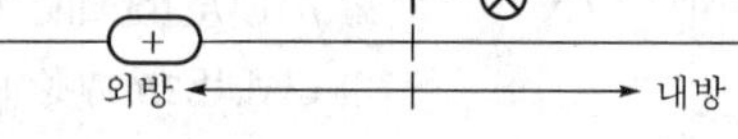

7 ATS-S 장치에서 지상자 제어 계전기의 특성으로 옳은 것은?

㉮ 접점 : PGS 접점 ㉯ 사용 전압 : 직류 6[V]
㉰ 정격 전류 : 1[A] ㉱ 코일 저항 : 20[℃]에서 100[Ω]

KEY POINT

➲ ① 소비 전력 : 1[W]
② 접점 수 : N_2, 접점 저항 : 100[mΩ]
③ PGS 접점(백금, 금, 은의 합금)
④ 입력 단자 전압 및 전류
㉮ DC 10[V]±5%, 0.12[A]
㉯ DC 24[V]±10%, 50[mA]

정답 : 6.㉮ 7.㉮

 ATS 지상자 제어 계전기의 접점은 백금, 금, 은의 합금인 PGS 접점이다.

8 관계 신호기가 진행 현시를 할 때 열차용 ATS가 오경보인 경우는 주로 어떤 경우에 발생하는가?

㉮ CR 접점의 용착
㉯ CR 접점 접촉 불량
㉰ Q의 저하
㉱ 공진 주파수의 저하

KEY POINT

➲ 진행 신호를 현시하면 신호 제어 계전기(HR)가 여자, CR 계전기가 여자하여 ATS 지상자가 단락되므로 작동하지 않는다.

 CR 접점의 접촉이 불량하면 단락이 제대로 되지 않아 오경보를 한다.

9 ATS-S형의 지상자와 차상자의 공진 조건으로 옳은 것은?

㉮ $f=\frac{1}{2\pi\sqrt{LC}}$
㉯ $f=\frac{1}{\sqrt{LC}}$
㉰ $f=\frac{1}{\pi\sqrt{LC}}$
㉱ $f=\frac{1}{\sqrt{2\pi LC}}$

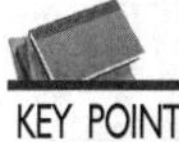

KEY POINT

➲ $WL=\frac{1}{WC}$ 가 되었을 때 공진한다.

 $W=2\pi f$ 이므로 $2\pi fL=\frac{1}{2\pi fC}$ $\quad\therefore f=\frac{1}{2\pi\sqrt{LC}}$

10 ATS 지상자의 코일의 인턱턴스가 0.3[mH]이고 콘덴서의 용량이 0.005[μF]이다. 공진 주파수는 약 몇 [kHz]인가?

㉮ 98
㉯ 100
㉰ 122
㉱ 130

KEY POINT

➲ 공진 주파수

$$f=\frac{1}{2\pi\sqrt{LC}}$$

정답 : 8.㉯ 9.㉮ 10.㉱

해설 $\therefore f = \frac{1}{2\pi\sqrt{LC}} = \frac{1}{2\pi\sqrt{(0.3\times10^{-3})\times(0.005\times10^{-6})}}$

$= 129,949\,[\text{Hz}]$

$\fallingdotseq 130\,[\text{kHz}]$

11 우리 나라 비전철 구간의 5현시 구간에 사용하고 있는 ATS는 어떤 방식인가?

㉮ 단변주 방식
㉯ 다변주 방식
㉰ 복합 변주 방식
㉱ 혼합 변주 방식

KEY POINT

➲ 5현시 구간에는 ATS-S2(차상 속도 제어자식)형을 사용한다.

해설 5(130, 122, 114, 106, 98[kHz])가지의 주파수를 사용하는 다변주 방식을 사용한다.

12 ATS-S형 지상자가 공진 작용을 할 때의 전류의 크기는?

㉮ 임피던스 $Z=R$의 되어 최대치가 된다.
㉯ 임피던스 $Z=R$이 되어 최소치가 된다.
㉰ $C=R$이 되어 최대치가 된다.
㉱ $C=L$이 되어 최소치가 된다.

KEY POINT

➲ 임피던스

$$Z = R + jX = R + j\left(\omega L - \frac{1}{\omega C}\right)$$

해설 임피던스 성분 중 코일과 콘덴서 부분이 공진 작용으로 0이 되며 임피던스와 저항이 같게 되어 전류의 크기가 최대가 된다.

13 ATS-S1형에서 지상자가 공진 작용을 할 때의 신호 현시는?

㉮ 진행 ㉯ 감속
㉰ 주의 ㉱ 정지

 정답 : 11.㉯ 12.㉮ 13.㉱

KEY POINT

➲ 공진되었다는 것은 ATS 지상자가 개방(=CR 무여자)되었다는 것을 의미한다.

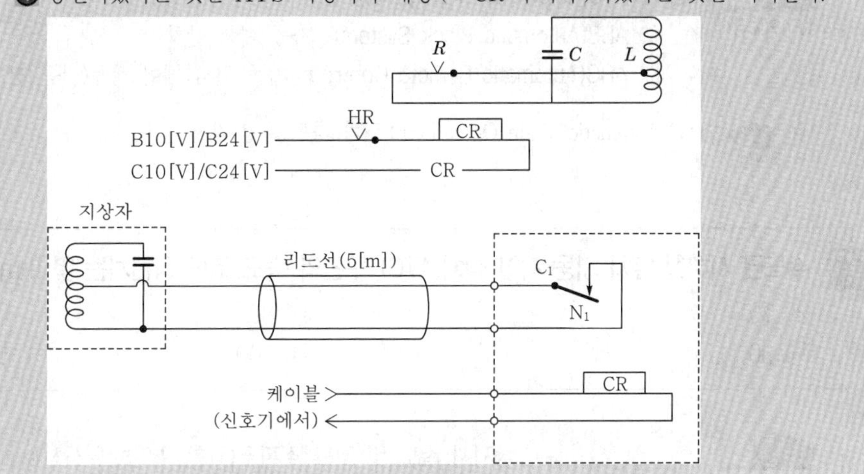

해설 신호가 정지일 때 ATS 제어 계전기(CR)는 무여자되고 공진 작용이 발생한다.

14 열차 자동 정지 장치의 설치 및 구비 조건으로 틀린 것은?

㉮ 점 제어식은 정지 신호를 현시하고 있을 때 공진 회로를 구성한다.
㉯ 점 제어식 지상자의 설치 거리는 신호기 내방으로 열차 제동 거리와 여유 거리를 합한 거리의 1.2배 범위에 설치한다.
㉰ 속도 조사식 지상자는 신호기 외방 20[m]를 기준으로 한다.
㉱ 출발 신호기를 소정의 위치에 설치할 수 없어 그 위치에 열차 정지 표지를 설치할 경우에는 열차 정지표의 내방 20[m] 위치에 설치한다.

KEY POINT

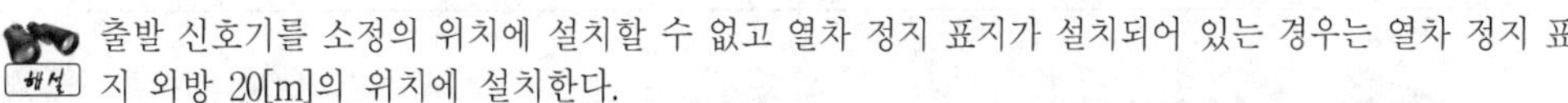
➲ 설치 거리

① 점 제어자식 : 신호기 외방으로부터 열차 제동 거리와 여유 거리를 합한 거리의 1.2배
② 속도 조사식 : 코일과 콘덴서로 이루어져 130[kHz]의 공진 주파수를 갖는 LC 회로를 구성하고 해당 신호기 20[m] 전방에 설치

해설 출발 신호기를 소정의 위치에 설치할 수 없고 열차 정지 표지가 설치되어 있는 경우는 열차 정지 표지 외방 20[m]의 위치에 설치한다.

15 열차의 속도를 자동으로 높일 수 있는 것은?

㉮ ATS　　㉯ ATO
㉰ ABS　　㉱ ARC

정답 : 14.㉯㉱ 15.㉯

KEY POINT

① ATS(Automatic Train Stop) : 열차 자동 정지 장치
② ABS(Automatic Block System) : 자동 폐색 장치
③ ARC(Automatic Remote Control) : 자동 원격 제어 장치(자동 진로 설정 장치)

해설 ATO(Automatic Train Operation) : 열차 자동 운전 장치

16 수도권 지하철 열차 자동 제어 장치(ATC) 구간의 속도 코드 상한치는 몇 [km/h]인가?

㉮ 70
㉯ 80
㉰ 90
㉱ 100

KEY POINT

〈지시 속도 및 코드 주파수(과천, 분당, 일산선)〉

지시 속도[km/h]	코드 주파수
15	코드 주파수 없음(일단 정지 후 진행 모드)
25	3.2[Hz] 기지 모드
25	5.0[Hz] 수동 모드
40	6.6[Hz]
60	8.6[Hz]
70	10.8[Hz]
80	13.6[Hz]
기지 취소	16.8[Hz](일단 정지 후 진행 모드)

해설 최대 지시 속도는 80[km/h]이다.

17 최고 시속 108[km/h]을 달리는 여객 열차의 지상자 제어 거리는 얼마 이상인가?

㉮ 823[m]
㉯ 1,080[m]
㉰ 900[m]
㉱ 925[m]

KEY POINT

여객 열차

$$\frac{V^2}{20}+\frac{8V}{3.6}$$

해설 $\frac{V^2}{20}+\frac{8V}{3.6}=\frac{108^2}{20}+\frac{8\times108}{3.6}=823[\text{m}]$

 정답 : 16.㉯ 17.㉮

 **A.T.S 장치에 대한 설명으로 가장 맞는 것은?**

㉮ 연속 제어 방식이므로 보완도가 높다.
㉯ 차상 정보를 신호기에 반영시킨 것이다.
㉰ 지상 정보가 차상에 전달된다.
㉱ ATS 장치 구간에서는 절대로 충돌 사고가 발생할 수 없다.

KEY POINT

ATS 장치는 불연속 제어 방식이며 지상의 정보를 신호기에 연계시킨 장치이다. 하지만 ATS 장치가 고장시 열차 충돌 사고가 발생할 수 있으므로 완벽한 동작이 되도록 항상 유지한다.

해설 ATS는 신호기 전방에 설치하여 비연속적이며 지상의 신호 정보를 차상에 전달하여 사고를 미연에 방지하는 장치이다.

 **점 제어자식 열차 자동 정지 장치의 효과로 볼 수 없는 것은?**

㉮ 신호 오인으로 인한 사고 방지
㉯ 승무원의 신체적 결함으로 오는 사고 방지
㉰ 기상 조건으로 인한 사고 방지
㉱ 열차 과속 운전으로 인한 사고 방지

KEY POINT

① **점 제어자식 ATS** : 3현시 신호기 및 기계 신호 구간에 설치하여 정지 신호를 무시하고 계속 진행하는 열차를 정지시켜 주는 설비
② **차상 속도 조사식** : 지상에 설비된 신호기의 현시에 따라 다섯가지 공진 주파수의 변조 기능을 기본으로 하여 검지한 정보로 열차 속도를 연속적으로 검지하기 위한 설비

해설 ATS 점 제어자식은 열차의 속도 검지가 불가능하다.

 **다음 중 열차 자동 정지 장치는 무엇인가?**

㉮ A.T.S　　㉯ A.T.C
㉰ A.T.O　　㉱ A.T.P

KEY POINT

① 열차 자동 제어 장치 : ATC
② 열차 자동 운전 장치 : ATO
③ 열차 자동 방호 장치 : ATP

해설 열차 자동 정지 장치 : ATS

정답 : 18.㉰ 19.㉱ 20.㉮

21 ATS 장치에서 지상자의 선택도(Q)가 클 경우 주파수 동작 범위에 대한 설명으로 맞는 것은?

㉮ 주파수의 동작 범위가 커진다.
㉯ 주파수의 동작 범위가 작아진다.
㉰ 주파수의 동작 범위는 변동 없다.
㉱ 주파수의 동작 범위가 커지다 작아진다.

KEY POINT

① 선택도(Q : Quality Factor) : 품질 인수

$$Q=\frac{\omega L}{r}\frac{1}{r}\sqrt{\frac{L}{C}}=\frac{f_0}{f_2-f_1}$$

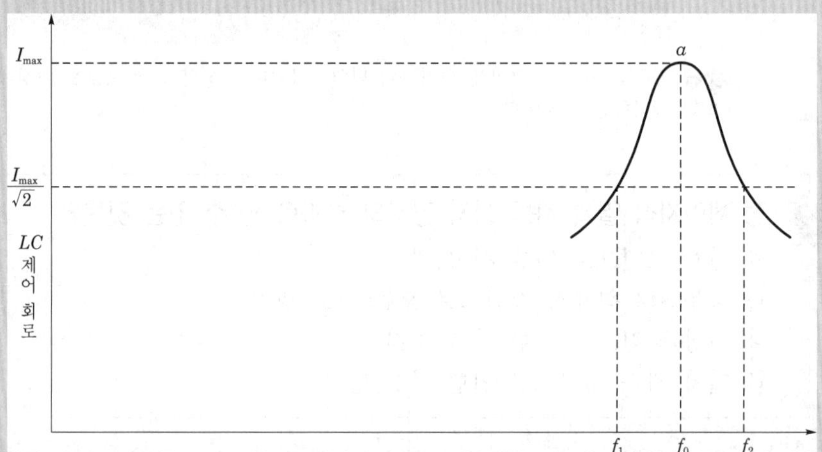

② 공진 회로의 선택도(Q값)는 지상자 제어 계전기 접점을 개방한 상태에서 다음 값을 유지한다.

구 분	공진 주파수	Q치
점 제어식	130[kHz]	50~190
속도 조사식	각 공진 주파수	70 이상

해설 Q가 커진다는 것은 f_0가 크거나 f_2-f_1이 작을 때이므로 첨예도가 높아져 주파수 폭이 작아진다.

22 장내 신호기의 신호 제어 계전기(HR)가 무여자되었다. 이때 열차가 A.T.S 위를 통과할 때 동작 상태로 적당한 것은?

㉮ 지상자의 공진 주파수는 105[kHz]이다.
㉯ 지상자와 차상자는 공진을 하지 않는다.
㉰ 차상자의 발진 주파수는 130[kHz]이다.
㉱ 경보 회로는 개방되어 경보하지 않는다.

정답 : 21.㉯ 22.㉰

KEY POINT

➲ 신호 제어 계전기(HR)가 무여자되었다면 신호 현시는 정지일 때 열차가 지상자 위를 통과한다는 의미

해설

지상자가 130[kHz]로 공진을 하므로 차상자의 발진 주파수는 105[kHz]에서 130[kHz]로 변주한다.

23 ATS-S형 차상자 1차 코일의 권수는 몇 회인가?

㉮ 18 ㉯ 38
㉰ 26 ㉱ 46

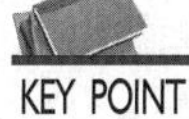
KEY POINT

➲ 차상자의 1차 코일과 2차 코일의 권수는 동일하다.

해설

1차측 : 38회, 2차측 : 38회

24 ATS-S형에서 ATS가 작동 후 몇 초 이내에 확인 취급을 하지 않으면 비상 제동 작용이 이루어지나?

㉮ 2초 ㉯ 3초
㉰ 5초 ㉱ 6초

KEY POINT

➲ ATS 동작 후 확인 취급 시간
① ATS-S형(점 제어자식 : 3현시) : 5초
② ATS-S2형(속도 조사식 : 4현시, 5현시) : 3초

해설

점 제어자식은 5초

25 ATS-S형의 동작 과정을 바르게 표시한 것은?

㉮ 지상자 → 차상자 → 발진기 → 대역 필터(BPF) → 계전기(MR)
㉯ 차상자 → 발진기 → 지상자 → 대역 필터(BPF) → 계전기(MR)
㉰ 지상자 → 발진기 → 차상자 → 대역 필터(BPF) → 계전기(MR)
㉱ 지상자 → 대역 필터(BPF) → 차상자 → 발진기 → 계전기(MR)

정답 : 23.㉯ 24.㉰ 25.㉮

KEY POINT

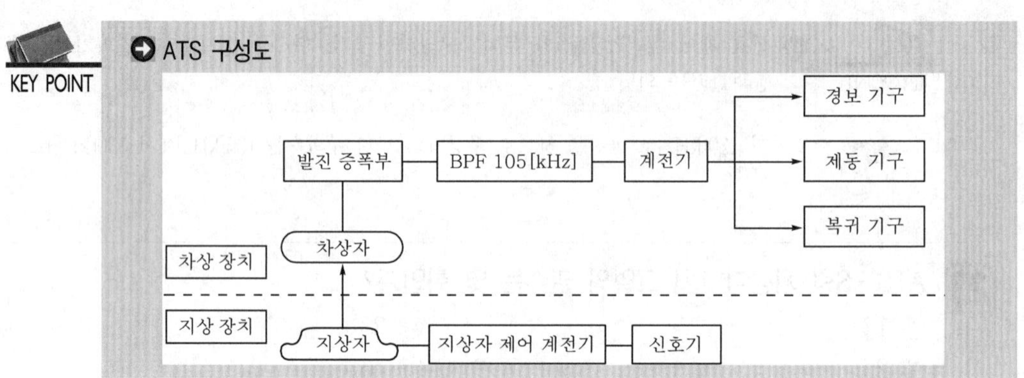

해설 지상자 → 차상자 → 발전기 → 대역 필터(BPF) → 계전기(MR)

제 8 장
고속 철도 열차 제어(TCS)

1 고속 철도 일반

고속 철도의 신호 설비는 신속한 인적·물적 수송 시스템의 구축을 위하여 열차 운전의 안전성과 운행 효율을 증대시키기 위한 설비를 말하며, KTX 열차 제어 장치(TCS ; Train Control System)의 주된 기능으로는 진로 구성에 관한 명령과 제어, 열차 간격을 조정하는 기능, 안전 운행의 확보, 각종 보호 기능 등에 관한 기능을 수행한다.

2 열차 제어 설비의 종류

(1) 신호 시스템(Signalling system)

① **연동 장치(IXL)** : 열차 안전 및 열차 집중 제어 장치(CTC)나 현장 제어 패널(LCP)에서 요구된 제어 기능을 수행한다.

② **ATC 장치** : 열차 검지, 열차 간격, 속도 명령, 차상 속도 제어 및 안전 설비(주변 환경 감지, 차축 발열 검지 등)에 대한 기능을 수행한다.

(2) 열차 집중 제어 장치(C.T.C)

관제실에서 열차를 감시하며 열차의 진로를 자동 설정한다.

3 구성

(1) 중앙 제어실

① **열차 운영 통제** : CTC(열차 집중 제어 장치)

㉮ 열차 운영 스케줄 처리
㉯ 열차 추적 감시

㉰ 열차 운전 정리

㉱ 열차 운영 정보 관리

㉲ 열차 제어 설비 유지 보수

② TIDS(열차 행선 안내 장치)

③ 기타 장치와 정보 교환(기존 CTC, SCADA 등)

(2) 현장 설비

① 역(Station, IEC)

㉮ 자동 열차 제어 장치(ATC), 연동 장치(IXL)로 구성되어 있다.

㉯ 중앙 제어실 장애시 열차 운행을 제어한다.

② **기계역(InEC)** : 자동 열차 제어 장치(ATC)로 구성되어 있다.

(3) 유지 보수 설비(CMS)

중앙 제어실, ATC, IXL 설비로부터 정보 입수하여 수집한 정보를 분석 처리한다.

4 자동 열차 제어 장치(ATC : TVM430)

(1) 개요

선행 열차 위치, 운행 진로, 곡선 등 선로의 제반 조건에 따라 열차 안전 운행에 적합한 속도 정보와 선로 구배, 폐색 구간 거리를 차상 장치에 전송하여 운전실에 허용 속도를 표시하며 열차의 운행 속도가 허용 속도 초과시 자동으로 감속 제어한다.

(2) 구성

① 지상 장치

㉮ 궤도 회로 장치(연속 정보)

㉯ 불연속 정보 전송 장치

㉰ 논리 장치

㉱ 정보 전송 장치

㉲ 계전기 인터페이스

② **차상 장치**

㉮ 수신 안테나

㉯ 차상 논리 장치

㉰ 표시 장치

(3) 기능

① **지상 장치**

㉮ 궤도 회로에 의한 열차 유무를 검지한다.

㉯ 연동 장치로부터 전방 진로의 조건, 개통 방향 등 신호 조건을 파악한다.

㉰ 궤도 회로를 통하여 속도 신호 정보를 차상으로 전송한다.

② **차상 장치**

㉮ 차상 안테나로 지상 정보를 수신하여 허용 속도를 운전실에 표시한다.

㉯ 열차 제동 곡선을 생성한다.

㉰ 속도 초과시 자동으로 제동 장치가 작동한다.

(4) ATC에 의한 정보 전송 원리

① **연속 정보 전송 원리** : 궤도 회로를 통하여 차상으로 정보를 전달하는 것

㉮ 열차 제동 곡선 생성에 필요한 속도 정보

㉯ 폐색 구간의 길이

㉰ 폐색의 구배 정보

㉱ 열차가 운행중인 네트워크

㉲ 신호 변조 방식을 사용 : 27비트로 구성된 저주파로 27[bit] 메시지는 N/P 모드의 5개 워드(words)로 나누어진다.

26	25	24	23	22	21	20	19	18	17	16	15	14	13	12	11	10	9	8	7	6	5	4	3	2	1	0

3[bits]	8[bits]	6[bits]	4[bits]	6[bits]
시스템 주소	속도율	목표 거리	경사도	에러 감시용

② **불연속 정보 전송 원리** : 열차 운행에 필요한 지역적인 특성 또는 운행 상황의 변경 등의 정보를 루프 케이블을 통하여 차상으로 전송한다.

㉮ 선로 변환(양방향 운전)

㉯ 전차선 사구간

㉰ 터널 진출입(차량 기밀 유지)

㉱ 절대 정지 제어 등

5 전자 연동 장치(IXL)

(1) 개요

역 구내 또는 중간 건넘선에서 안전한 열차 운행을 위하여 신호기와 선로 전환기 및 궤도 회로 등을 상호 연쇄 동작하게 하여 사고를 방지하며, 취급자의 착오에 의한 오취급으로부터 열차 안전 운행을 확보한다.

(2) 구성

① 실내 장치

㉮ 연동 처리 장치(SSI ; Solid State Interlocking)

㉯ 정보 전송 장치(FEPOL ; Front End Processor for Operation Level)

㉰ 운영자 콘솔(Operation Consoler)

② 선로변 장치

㉮ 선로 전환기(PM ; Point Machine)

㉯ 신호기

㉰ 선로변 제어 모듈(TFM ; Trackside Functional Module)

(3) 기능

① 진로를 제어하고 그 결과를 표시한다.

② 현장 신호 설비를 제어하고 표시한다.

③ 신호 설비(신호기, 선로 전환기 등)를 상호 쇄정한다.

④ ATC 장치와 CTC 장치간의 정보 교환을 담당한다.

(4) 특징

① 연동 처리 장치(SSI ; Solid State Interlocking)

㉮ 마이크로 프로세서 소프트 제어 방식을 사용한다.

㉯ 계전 연동 장치보다 신뢰성, 안전성, 유지 보수성이 우수하다.

② **다중 프로세스(Multi-Processor)**

㉮ 3조(3중계)로 구성된 마이크로 프로세스를 사용한다.

㉯ 출력을 상호 비교하여 다수결로 출력을 제어(2 out of 3 Voting System)한다.

㉰ 1조 고장시 시스템의 중단없이 고장난 기능을 차단하고, 보수자에게 고장 정보를 전송한다.

③ **선로변 제어 모듈 2중화(Redundancy)** : 제어 모듈 2중계로 고장시 예비계로 자동 절체되어 기능을 계속 유지한다.

④ **자기 진단 기능**

㉮ 모든 장비의 작동 상태와 고장 여부를 실시간으로 감시한다.

㉯ 장비 이상시 경보 메시지(일시, 장비명, 장애 내용 등 상세 내역)를 유지 보수 콘솔로 전송한다.

6 고속 철도의 궤도 회로(UM712)

(1) 개요

전기적 분리 이음매(JES)를 사용한 궤도 회로로서 열차 검지 이외에 운전실에 신호 정보를 안전하게 전송할 수 있도록 구성되어 있다.

(2) 기능 및 특징

① **기능**

㉮ 각 구간에 존재하는 열차를 자동으로 검지한다.

㉯ 지상 설비에서 생성된 신호 정보를 운행중인 열차에 전송한다.

② **특징**

㉮ 레일 절손을 검지한다.

㉯ 전차선 전류를 변전소로 귀선시킨다.

(3) 절연 이음매 설치시 주의 사항

① 레일이 절단된 곳 또는 용접된 긴 레일이 설치되어 선로상에 설치가 곤란한 곳은 피한다.

② 절연이 쉽게 부서지는 곳은 피한다.

③ 궤도에 근접하여 크고 무거운 임피던스 본드를 사용하는 것을 피한다.

(4) 사용 주파수

① **궤도(하선)** : T_1F_1=2,040[Hz], T_1F_2=2,760[Hz]

② **궤도(상선)** : T_2F_1=2,400[Hz], T_2F_2=3,120[Hz]

(5) 동작 상태

① 궤도 회로상에 열차가 없을 경우에 수신기는 레일에서 순환하는 전류를 수신하여 궤도 계전기를 여자시킨다.

② 궤도 회로에 열차가 진입하면 열차의 차축에 의해 궤도 회로를 단락하고 궤도 계전기를 낙하시킨다.

③ 첫 번째 열차의 차축 앞에 설치된 두 개의 센서는 레일에서 순환하는 신호 전류를 검지하고, 변조 신호에 포함되어 있는 신호 정보를 차상 장치로 전송한다.

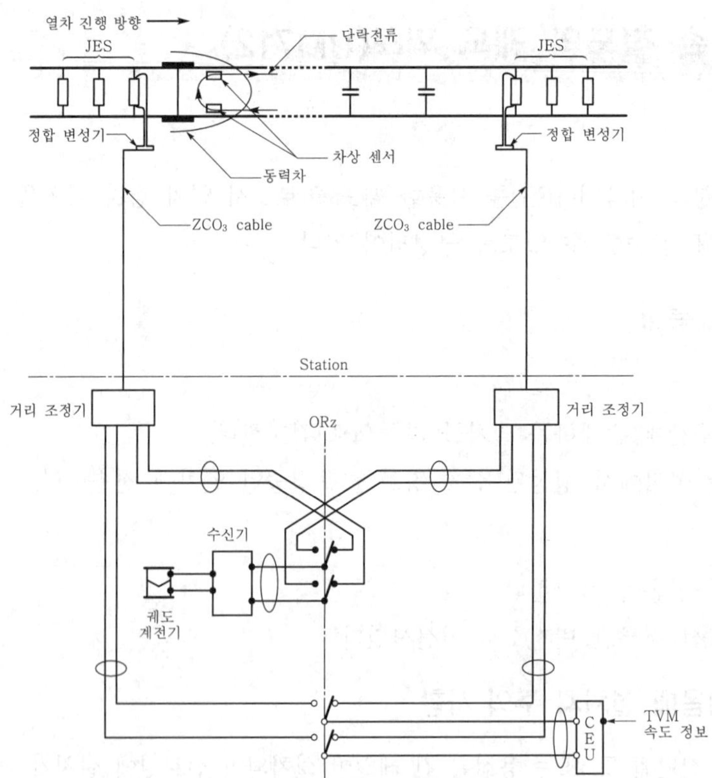

그림 5-71 **UM71C 무절연 궤도 회로의 구성도**

(6) 궤도 회로의 길이

① 양쪽 끝에 전기적 분리 이음매를 사용하는 경우 : 1,500[m]

② 양쪽 끝 가운데 적어도 한 쌍의 절연 이음매를 사용하는 경우 : 1,000[m]

③ 선로 전환기가 포함된 경우 : 1,000[m] 미만

(7) 전기적 분리 이음매(JES)의 종단

① 구성

㉮ 유니버설 동조 유닛(BU)
㉯ 공심 유도자(SVAC)
㉰ 정합 변성기(TAD)

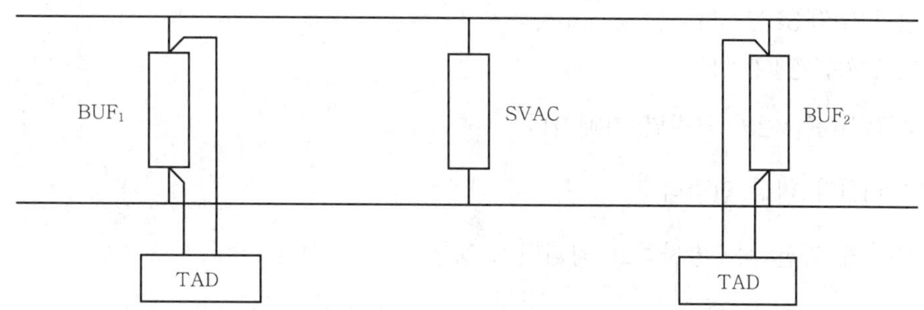

그림 ⬆ 5-72 **전기적 분리 이음매 종단**

② 목적

㉮ 인접한 궤도 회로에 신호가 경계 밖으로 전달되는 것을 방지한다.
㉯ 신호 정보를 전송하거나 수신하는데 충분한 단자 임피던스를 각 주파수별로 제공한다.
㉰ 전차선 귀선 전류를 조성한다.

(8) 절연 이음매(JES)의 종단

① 구성

㉮ 동조 유닛(BA)
㉯ 공심 유도자(SVA)
㉰ 정합 변성기(TAD)

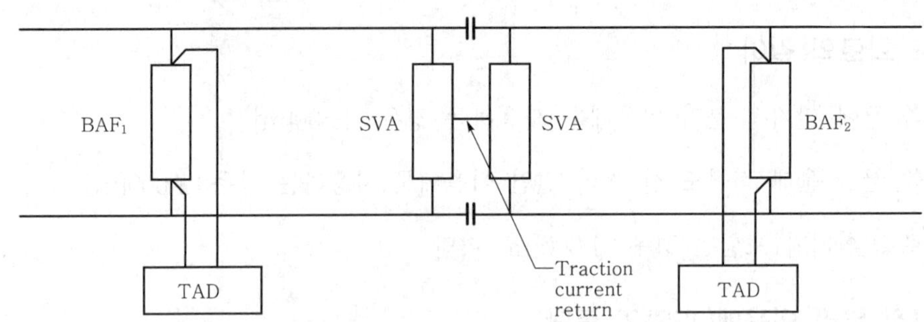

그림 5-73 **절연 이음매 종단**

② 연속적인 전차선 전류의 귀선은 공심 유도자 중심 탭으로 한다.

(9) 정합 트랜스

① 변압 비율

㉮ F2760/3120 : 11

㉯ F2040/2400 : 12

② 4,700[mF]×2의 역병렬 커패시터

③ 4[mH]의 대칭 인덕터

④ 대기의 과전압을 방지하고 임피던스 정합에 사용한다.

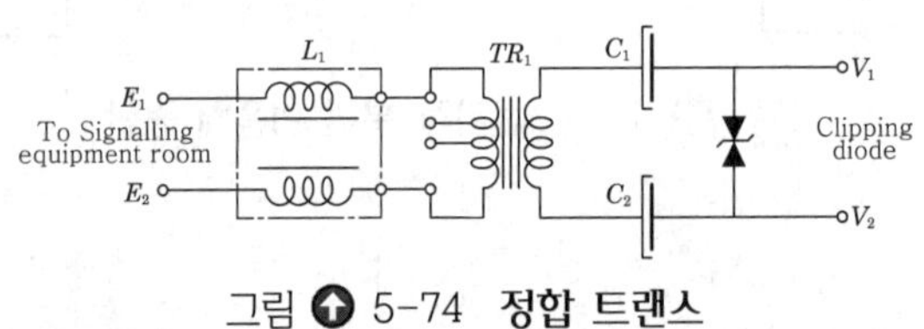

그림 5-74 **정합 트랜스**

(10) 유니버설 동조 유닛(BU)

① 구성

㉮ BU−F_1은 F_2에서 고 용량의 임피던스
F_1에서 저 용량의 임피던스를 나타내는 직렬 공진 회로

㉯ BU−F_2는 F_1에서 고 용량의 임피던스를 얻기 위한 직렬 공진 회로
F_2에서 희망하는 등가 커패시턴스(정전 용량)를 얻기 위한 병렬 커패시터로 구성되어 있다.

② 선로 중심에 설치한다.

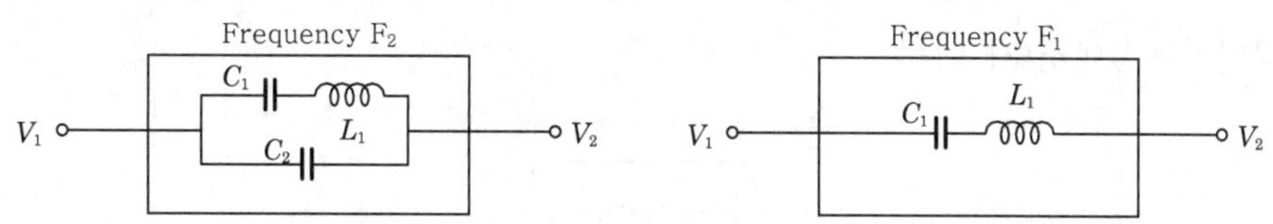

그림 5-75 **유니버설 동조 유닛(BU)**

(11) 동조 유닛(BA)

① 구성

㉮ BA−F_1은 F_2에서 단락 회로로 작용하는 직렬 공진 회로
F_1에서 등가 커패시턴스

㉯ BA−F_2는 F_1에서 단락 회로로 작용
F_2에서 등가 커패시턴스로 작용하는 직렬 공진 회로로 구성되어 있다.

② 폴리프로필렌 커패시터와 결합 인덕턴스로 구성되어 있다.

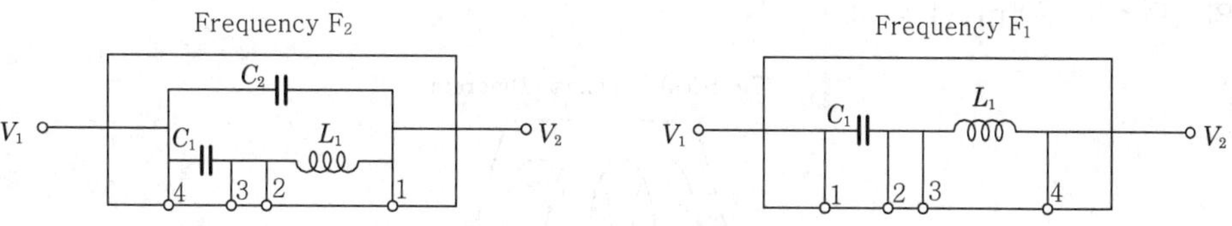

그림 5-76 **동조 유닛**

(12) 보상용 콘덴서

① **기능** : 궤도의 직선 감쇄 현상을 보상하여 궤도 회로의 길이를 증가시키는 콘덴서이다.

② 설치 간격

㉮ F_1(2040, 2400) : 60[m]

㉯ F_2(2760, 3120) : 80[m]

(13) 양극자 블록 장치(DB)

궤도 회로와 관련된 동조 유닛의 단락 기능 고장으로 발생하는 간섭 효과를 제한하는 데 사용한다.

(14) 무절연 공심 유도자(SVAC)

① 중간 단자는 연속적으로 전차선 귀선 전류를 흐르게 하기 위한 것이다.

② 인덕턴스는 33[μH] 이하

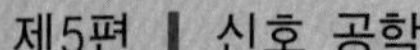

③ 임피던스는 10[mΩ] 이하

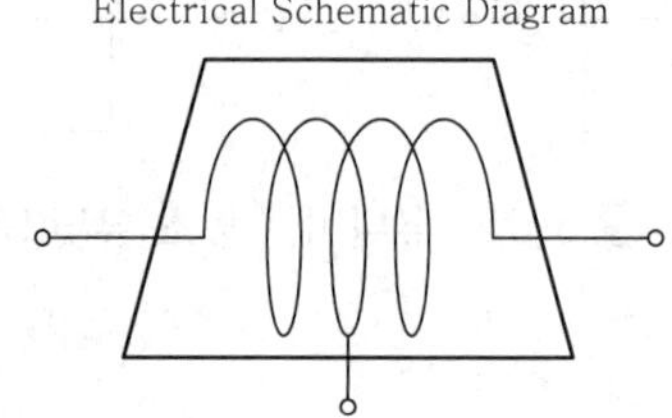

그림 5-77 **공심 유도자(SVAC)**

(15) 유절연 공심 유도자(SVA)

① 중간 단자는 연속적으로 전차선 귀선 전류를 흐르게 하기 위한 것이고 선로와 평행하게 설치한다.

② 인덕턴스는 33[μH] 이하

③ 임피던스는 20[mΩ] 이하

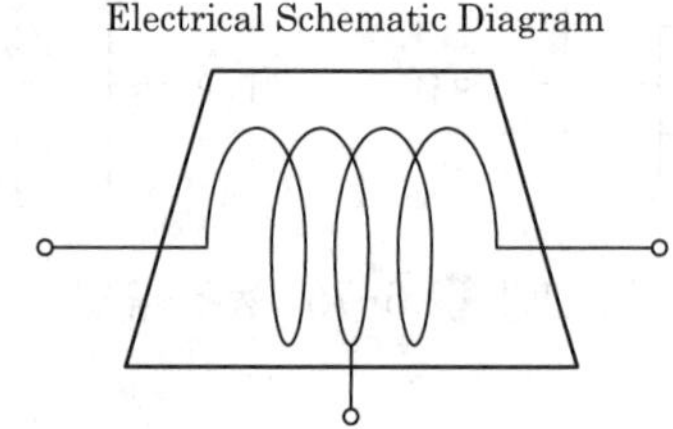

그림 5-78 **공심 유도자(SVA)**

(16) 본드

① 변전소로 전차선 전류를 복귀하도록 하기 위해 설치한다.

② 고속 철도와 기존선 궤도 회로의 연결을 위해 설치한다.

7 안전 설비

천재지변 또는 기타 열차 운행에 지장을 주는 요소를 검지하여 열차를 감속 또는 정지시키거나 운용자 주의를 환기시키는 설비를 말한다.

(1) 차축 온도 검지 장치(HBD ; Hot Box Detector)

① 고속으로 주행하는 열차의 차축 온도를 일정 거리(30[km])마다 측정하여 차축의 과열로 인한 탈선을 사전에 예방하기 위한 장치이다.

② 차축 온도 검지기와 축소 검지기 감시 장치로 구성되며, 모든 열차의 과열된 차축 베어링과 차축 속도 및 수량, 운행 방향을 검지한다.

③ CTC 사령실에 설치되어 경부 고속 철도 전 노선상에 설치되는 축소 검지기를 관리하며, 일반 통신망을 통하여 2개의 정비 보수 센터와 차량 기지에 연결되어 있다.

④ 운영자에 전송되는 알람 표시의 종류

㉮ TCO상의 표시

㉯ 차축 온도, 단순, 위험 경보, 차량 번호, 차축 위치의 출력

⑤ 선로변 장치(HBD)

㉮ 접지대

㉯ 히터

㉰ 220[V]/24[V] 전원 장치

㉱ 분배 회로

㉲ 외부 인출 가능한 판에 고정된 전자 랙

㉳ 3개의 산업용 계전기

㉴ 2개의 절연 변압기(630[VA]와 3.1[kVA])

(2) 지장물 검지 장치(ID ; Intrusion Detector)

고속 철도를 횡단하는 고가 차도(over bridge)나 낙석 또는 토사 붕괴가 우려되는 지역 등에 자동차나 낙석 등이 선로에 침입하는 것을 검지하여 사고를 예방하기 위한 장치이다.

① **설치 장소**

㉮ 고속 철도를 횡단하는 고가 도로(Over Bridge)

㉯ 낙석 또는 토사 붕괴가 우려되는 개소

㉰ 고속 철도와 도로가 인접하여 자동차의 침입이 우려되는 개소

② **운행 제한 방법** : 검지선은 병렬 2개선으로 설치되며, 지장물 침입시 단선되는 검지선의 수에 따라 2가지 정보를 CTC에 전송한다.

㉮ **1선 단선시** : 운행 열차를 자동으로 정지시키지 않으나 CTC에 경보가 전송되어 무선

으로 기관사에게 주의 운전을 유도한다.

㉯ **2선 단선시** : ATC 장치는 자동적으로 상, 하행선 해당 궤로 회로에 정지 신호를 전송하여, 진입하는 열차를 정지시키며 기관사는 지장물 확인 후 지장을 주지 않을 경우 복귀 스위치를 조작하여 운행을 재개한다.

③ **구성**

㉮ **제어기** : 망상 회로(폐회로)에 전류를 공급하고 상태를 감시하며, 검지 정보를 ATC 장치로 전송한다.

㉯ **검지 계전기** : 검지 케이블이 단락되면 계전기가 무여자되어 이상 정보를 제공한다.

(3) 끌림 검지 장치(DD ; Dragging Detector)

차체 하부의 부속품이 이탈되어 매달린 상태로 주행하는 차량으로 인하여 궤도 사이에 부설된 각종 시설물의 파손을 방지하기 위하여 선로 중앙에 설치한다.

※ 기지 출고선, 터널, 교량 입구 등에 60[km] 간격으로 설치한다.

① **열차 운행 제한 조치**

㉮ 끌림 검지기 파손시 ATC 장치는 해당 열차에 정지 신호 속도 코드를 전송하여 열차를 정지시키고 CTC 사령실에 경보를 전송한다.

㉯ 기관사는 열차를 정지시킨 뒤 열차 상태를 확인하고 끌림 물체를 제거한다.

㉰ CTC 사령자에게 보수 완료 통보 후 확인 스위치를 조작하여 정지 신호를 해제시켜 열차 운행을 재개한다.

② **구성**

㉮ **검지기** : 외부 충격시 쉽게 이탈 또는 파손되어 차량 하부의 끌림 물체를 검지할 수 있도록 아연도 주물 재질을 사용한다.

㉠ 궤도상에 수직으로 5개가 설치된다.

㉡ 궤간 사이에 3개가 설치된다.

㉢ 레일 외부 양 측면에 각기 하나씩 2개가 설치된다.

㉯ 검지 계전기

㉰ 기관사용 알람 인식 버튼

㉱ 검지 유닛, 알람 인식 버튼과 TVM 지상 설비간 인터페이스

(4) 레일 온도 검지 장치(RTCP ; Rail Temperature Control Panel)

하절기에 레일 온도의 급격한 상승으로 인한 레일 장출 위험을 방지하기 위하여 레일의 온

도를 감시하고 한계 온도 이상으로 레일의 온도가 상승하면 경보 표시와 함께 적절한 운전 규제 등의 조치를 취해 열차 탈선 등의 대형 사고를 사전에 예방하기 위한 장치이다.

① 동작 원리

㉮ Master 장치

㉠ 보선 사령실에 설치 운영하고 있다.

㉡ 현장 온도를 실시간으로 감시할 수 있다.

㉢ 위험 온도 발생시 경보를 발생한다.

㉣ 일정한 시간(30분)마다 온도를 기록, 저장하며 지나간 기록을 확인 및 프린터로 출력해 볼 수 있다.

㉯ Slave 장치

㉠ 레일 온도 제어함(Slave box) : 레일 측부에 레일 온도 검지기를 설치하여 실시간으로 Master 장치로 레일 온도와 대기 온도를 전송하며, 위험 온도 발생시 경보를 발생하여, 감시자에게 경고를 주어 사전에 조치를 취함으로서 장출에 의한 열차 탈선 사고를 예방하기 위한 설비이다.

㉡ 레일 온도 검지기 : 열 저항계 방식을 사용한다.

ⓐ 부착 위치 : 레일 양쪽 레일 측부에 지지 금구로 설치한다.

ⓑ 동작 원리 회로 : 휘트스톤 브리지 회로

② 구성

㉮ Master 장비

㉠ 감시 모니터

㉡ PSU : 전원 장치

㉢ CPU : 처리 장치

㉣ COMM/D : 통신 장치

㉯ 중계기 장치

㉠ PSU : 전원 장치

㉡ CPU : 처리 장치

㉢ COMM/D : 통신 장치

㉣ 모뎀 : 9,600[BPS]

㉰ Slave 장비

㉠ Box

ⓐ PSU : 전원 장치

ⓑ CPU : 처리 장치

ⓒ I/O : Analoge Input, Output

ⓓ 모뎀 : 9,600[BPS]

㉡ 레일 온도 측정기(RTD)

ⓐ 설치 위치 : 양쪽 레일 측부

ⓑ 설치 방법 : 취부 금구로 레일 하부에 고정

ⓒ 열 저항체 방식

(5) 터널 경보 장치(TACB ; Tunnel Alarm Control Box)

터널 내 작업하는 보수자(순회자)의 안전을 위해 작업 시작 전 경보 장치의 작동 스위치를 동작시키면, 열차가 터널 내에 진입하기 일정 시간 전에 경보하여 작업자가 대피할 수 있도록 설치한 장치이다.

① 제어 거리 산정

㉮ 제어 거리는 터널 입구를 기준점으로 한다.

㉯ 기준 : 열차 속도 170[km/h], 30초

∴ 제어 거리 170×1,000/3,600×30초=1,416≒1,500[m]

② **시스템 구성** : 터널 경보 장치는 기계실에 설치된 Master 설비와 현장 설비로는 터널 입구에 설치된 Slave 제어함, SW Box, 그리고 터널 안에 설치된 경보기, 경광등으로 이루어져 있다.

(6) 안전 스위치

궤도변을 순회하는 보수자(작업자)가 선로의 위험 요소를 발견하였을 때 고속으로 해당 구간으로 진입하는 열차를 정지시키기 위한 장치로 선로변에 약 250~300[m] 간격으로 설치한다.

(7) 보수자 횡단 장치(PSC ; Pedestrain Staff Crossing)

보수자 횡단 장치는 일명 "열차 접근 확인 장치"라고 하는 설비로서 300[km/h] 이상의 고속으로 운행하는 선로를 무단 횡단하는 것은 매우 위험하므로 선로를 횡단해야 할 개소를 선정하여, 열차의 접근 여부를 장치를 통하여 확인한 다음 열차가 안전 구간에 없을 때에만 횡단하여 보수자의 안전을 확인하기 위한 장치이다.

① **동작 원리**

㉮ 평상시 신호등은 소등되어 있다.

㉯ 취급 버튼을 누르면 약 30초간 신호등이 적색 또는 녹색으로 점등한다.
㉠ 열차가 제어 구간 내에 없을 때는 녹색등이 현시
㉡ 열차가 제어 구간 내에 진입할 때는 적색등이 현시

㉰ 취급 버튼을 취급했을 때 신호등이 전혀 점등되지 않을 때에는 전원이 차단되어 있거나 장치가 고장난 상태이므로 무단 횡단해서는 안 된다.

㉱ 횡단할 때는 녹색등이 현시된 것을 확인하고, 지정된 횡단 개소로 한 명씩 신속히 횡단한다.

㉲ 제어 거리는 시속 300[km/h]에서 20초로 설계되어 있다.

v = 300[km/h] = 300×1,000[m]/3,600[sec] = 83[m/sec]

L = 최소 제어 거리 83×20 = 1,660[m]

② **시스템 구성**

㉮ **기계실 설비**
㉠ 열차 접근 확인 장치 계전기 랙
㉡ 정류기(DC 24[V])
㉢ 반응 계전기
㉣ AC 입력 전원
㉤ 현장 제어함 전원 공급
㉥ PSC 전용 전원 장치

㉯ **현장 기구함**
㉠ PR(Push Button Realy ; 압구 반응 계전기) : 압구를 누르면 동작하는 계전기
㉡ PSC 제어 반응 계전기 : 신호 기계실 제어 계전기의 반응 계전기
㉢ 시소 계전기(1~30초) : 신호 현시를 조절할 수 있도록 설치되어 있다.

(8) 분기기 히팅 장치(PHCB ; Point Heater Control Box)

동절기에 많은 눈이나 결빙으로 인하여 선로 전환기가 전환되지 않을 때 설치한다.

① **취급 방식**

㉮ 결빙 상태를 판단 LCP에서 원격으로 취급하는 방법
㉯ 현장 GCP(Group Control Panel)에서 직접 취급하는 방법

② 저온일 경우에도 결빙되지 않을 경우는 동작시키지 않음으로서 많은 전력의 손실을 막는 이점이 있다.

(9) 기상 검지 장치(MD : Meteorlogical Detertor)

집중 호우로 인한 지반 침하 및 침수, 태풍 및 폭설 등 선로변의 급격한 기상 조건 악화는 열차의 안전 운행을 저해하는 요인을 사전에 검지하여 열차를 감속시키거나 정지시켜 사고를 미연에 예방하기 위한 설비이다.

① 기상 설비의 종류

㉮ 강우 검지 장치

㉯ 풍속 검지 장치

㉰ 적설 검지 장치

② 위치 선정

㉮ **강우 및 풍속 검지 장치** : 약 20[km] 간격으로 선로변에 설치

㉯ **적설 검지 장치** : 열차의 영향을 주지 않기 위해 선로에서 10[m] 이상 이격된 위치에 설치

③ 열차 운행을 중지시키는 경우

㉮ 시간당 강우량이 60[mm] 이상 또는 일일 연속 강우량이 250[mm] 이상시

㉯ 풍속이 35[m/s] 이상시

㉰ 적설량 적정 기준치(미정) 이상시

④ **열차를 서행 운전시키는 경우** : 측정값이 경계 수준 이상일 경우 운전자는 제한 속도로 감속시킨 후 기상 상태를 관제사에게 통보하고 해당 지역을 통과할 수 있다.

8 MJ81 선로 전환기

(1) 개요

경부 고속선과 기존선과 고속선을 연결하는 연결선에 사용하는 전기 선로 전환기이다.

(2) 정격 및 제원

① **사용 전원** : 3상 60[Hz] AC 220/380[V]±10%

② **동작 전류** : 220[V](4.0[A]), 380[V](1.5[A])

③ **정격 전류** : 220[V](3.0[A]), 380[V](2.0[A])

④ **전환력** : 200~400[kg], **전환 시간** : 5[sec]

⑤ **구동 방식** : 모터 직접 제어, 마찰 클러치

⑥ **동정[mm]** : 110~260(조절 가능)

⑦ **분기기** : F18.5~F65

단원핵심문제

1 경부 고속 철도에 사용 중인 UM71C형 궤도 회로에 사용되는 보상용 콘덴서의 기능으로 옳은 것은?

㉮ 궤도 회로의 길이 연장
㉯ 궤조 절연
㉰ 정류 개선
㉱ 잔류 전하 방전

KEY POINT

① **보상용 콘덴서** : 선로의 커패시터를 증가시켜 궤도 길이의 인덕턴스를 보상하고, 전송을 개선시킴(100[m] 간격으로 일정하게 설치)
② **동조 유닛(TU ; Turning Unit)**
　㉮ TU의 임피던스는 주파수와 관계되어 커패시터에 의해 결정
　㉯ ACI와 동조 회로를 구성하며 최대 임피던스값을 이용
③ **공심 유도자(ACI ; Air Core Inductor)**
　㉮ LC 공진 회로의 Q값 개선
　㉯ 전차선 귀선 전류 재조정에 사용
④ **MU(Matchinf Unit)** : 궤도와 궤도 송신기, 수신기 사이의 임피던스 정합에 사용

해설 보상용 콘덴서 : 선로의 커패시터를 증가시켜 궤도 길이의 인덕턴스를 보상하여 궤도 길이를 연장시킨다.

2 경부 고속 철도의 운행 최고 속도는 얼마인가?

㉮ 250[km/h]　　㉯ 270[km/h]
㉰ 300[km/h]　　㉱ 320[km/h]

KEY POINT

설계 최고 속도는 330[km/h]이다.

해설 운행 최고 속도는 300[km/h]이다.

정답 : 1.㉮ 2.㉰

경부 고속 철도에서 중앙 제어실, ATC, IXL 설비로부터 정보를 수집, 분석 처리하는 곳의 명칭은?

㉮ ATC ㉯ LCP

㉰ CMS ㉱ TFM

KEY POINT

① ATC(Automatic Train Control) : 열차 자동 제어 장치
② TFM(Trackside Functional Module) : 선로변 제어 모듈
③ LCP(Local Control Panel) : 연동 장치 조작판

해설 유지 보수 설비(CMS) : 중앙 제어실, ATC, IXL 설비로부터 정보를 입수하여 수집한 정보를 분석 처리한다.

경부 고속 철도 ATC 지상 장치의 구성 요소가 아닌 것은?

㉮ 궤도 회로 장치
㉯ 연동 처리 장치(SSI)
㉰ 논리 장치(BTR)
㉱ 정보 전송 장치(BES)

KEY POINT

(1) 지상 장치
① 궤도 회로 장치(연속 정보)
② 불연속 정보 전송 장치
③ 논리 장치(BTR)
④ 정보 전송 장치(BES)
⑤ 계전기 인터페이스
(2) 차상 장치
① 수신 안테나
② 차상 논리 장치
③ 표시 장치

해설 연동 처리 장치(SSI)는 연동 장치(IXL)의 구성 요소이다.

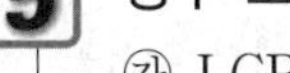
경부 고속 철도 신호 분야에서 현장 설비의 분류에 속하지 않는 것은?

㉮ LCP ㉯ Station

㉰ IEC ㉱ InEC

정답 : 3.㉰ 4.㉯ 5.㉮

KEY POINT

① 역(Station, IEC)
㉮ 자동 열차 제어 장치(ATC), 연동 장치(IXL)로 구성
㉯ 중앙 제어실 장애시 열차 운행을 제어
② **기계역(InEC)** : 자동 열차 제어 장치(ATC)로 구성

LCP는 현장 제어 패널이다.

6 열차 안전 운행에 적합한 속도 정보와 선로 구배, 폐색 구간 거리를 차상 장치로 전송하는 설비는?

㉮ ATC　㉯ IXL
㉰ CTC　㉱ ATO

KEY POINT

① **연동 장치(IXL)** : 열차 안전 및 열차 집중 제어 장치(CTC)나 현장 제어 패널(LCP)에서 요구된 제어 기능을 수행하는 장치
② ATO(Automatic Train Operation ; **열차 자동 운전 장치)** : 역간 열차의 출발, 가속, 주행, 감속 및 정위치 정차, 출입문 제어 등 열차의 자동 운행 기능을 수행하는 장치
③ CTC(Centralized Traffic Control ; **열차 집중 제어 장치)** : 1개소의 관제실에서 수십개의 역을 직접 제어하며 열차의 운전 지시, 감시를 수행하는 장치

ATC(Automatic Train Control ; 열차 자동 제어 장치) : 열차가 현재 점유하고 있는 궤도 회로로부터 속도 정보(ATC 신호)를 수신받아 그 시점에서 그 구간의 주행할 수 있는 최대 지정 속도를 알아내어 열차의 실제 속도가 지정 속도보다 빠르면 허용 속도까지 자동적으로 제동이 걸리는 장치이다.

7 경부 고속 철도 TVM430 연속 정보 전송에서 열차 점유 정보를 포함한 총 비트수는?

㉮ 26[bits]　㉯ 27[bits]
㉰ 28[bits]　㉱ 29[bits]

KEY POINT

26	25	24	23	22	21	20	19	18	17	16	15	14	13	12	11	10	9	8	7	6	5	4	3	2	1	0

3[bits]	8[bits]	6[bits]	4[bits]	6[bits]
시스템 주소	속도율	목표 거리	경사도	에러 감시용

신호 변조 방식을 사용 : 27비트로 구성된 저주파

정답 : 6.㉮ 7.㉯

경부 고속 철도 TVM430 불연속 정보 전송용으로 사용되는 루프 케이블의 길이는?

㉮ 3.5[m], 6.0[m]　　㉯ 4.5[m], 7.0[m]
㉰ 2.5[m], 4[m]　　㉱ 5.5[m], 8[m]

KEY POINT

➲ 불연속 정보 전송용 Loop 케이블의 길이
① 건넘선 구간 : 4.5[m](170[M/H] 이하)
② 나머지 구간 : 7.0[m]

4.5[m]와 7.0[m] 두 가지가 있다.

경부 고속 철도 F_1 궤도 회로(2040, 2400[Hz])에서 보상 콘덴서의 간격은?

㉮ 50[m]　　㉯ 60[m]
㉰ 70[m]　　㉱ 80[m]

KEY POINT

➲ F_2 궤도 회로(2760, 3120[Hz])는 80[m]이다.

F_1 궤도 회로(2040, 2400[Hz])는 60[m]이다.

우리 나라 고속 철도의 ATC 장치의 불연속 정보 전송 장치에 관련된 내용이다. 다음 중 전송 내용이 아닌 것은?

㉮ 전방 진로의 선로 조건, 분기기 개통 방향 정보
㉯ 양방향 운전을 허용하기 위한 운행 방향 변경
㉰ 터널 진·출입시 차량 내 기밀 장치 동작
㉱ ATC 지역 진·출입 여부

KEY POINT

➲ 고속 철도의 ATC에 의한 정보 전송 원리
(1) 연속 정보 전송 원리 : 궤도 회로를 통하여 차상으로 전달
① 열차 제동 곡선 생성에 필요한 속도 정보(V_e, V_c, V_a)
② 폐색 구간의 길이
③ 폐색의 구배 정보
④ 열차가 운행중인 네트워크

정답 : 8.㉯ 9.㉯ 10.㉮

(2) 불연속 정보 전송 원리 : 루프 케이블을 통하여 차상으로 전달
① 선로 변환(양방향 운전)
② 전차선 사구간
③ 터널 진출입(차량 기밀 유지)
④ 절대 정지 제어 등

해설 전방 진로의 선로 조건, 분기기 개통 방향 정보 등은 지상 장치 중 연속 정보 전송 원리에 속한다.

11 다음 중 연동 장치 시스템은?

㉮ ATC　　㉯ IXL
㉰ CTC　　㉱ ATS

KEY POINT
① ATS : 열차 자동 정지 장치
② CTC : 열차 집중 제어 장치
③ ATC : 열차 자동 제어 장치

해설 고속 철도의 연동 장치는 IXL이다.

12 다음 중 고속선 전자 연동 장치의 구성 기기가 아닌 것은?

㉮ 보수자 단말기(TT)
㉯ 현장 유지 보수 장비(LME)
㉰ 선로변 기능 모듈(TFM)
㉱ 컴퓨터 지원 유지 보수 시스템(CAMS)

KEY POINT
고속선의 전자 연동 장치의 구성
① 역 정보 전송 장치(FEPOL)
② 연동 장치반(SSI)
③ 보수자 단말기(TT)
④ 선로변 기능 모듈(TFM)
⑤ 컴퓨터 지원 유지 보수 시스템(CAMS)

해설 LME(Local Maintenance Equipment)는 ATC 장치의 현장 유지 보수 장비이다.

정답 : 11.㉯ 12.㉯

13 MJ81 선로 전환기에 대한 설명 중 옳지 않은 것은?

㉮ 중량 : 91[kg]
㉯ 최대 부하 : 400[kg]
㉰ 사용 주파수 : 50[Hz] 또는 60[Hz]
㉱ 전환 시간 : 6초

KEY POINT

정격 및 제원

① 사용 전원 : 3상 60[Hz] AC 220/380[V]±10[%]
② 동작 전류 : 220[V](4.0[A]), 380[V](1.5[A])
③ 정격 전류 : 220[V](3.0[A]), 380[V](2.0[A])
④ 전환력 : 200~400[kg], 전환 시간 : 5[sec]
⑤ 구동 방식 : 모터 직접 제어, 마찰 클러치
⑥ 동정[mm] : 110~260(조절 가능)
⑦ 분기기 : F18.5~F65

해설 MJ81의 전환 시간 : 5초 이하

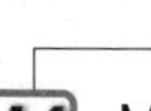

14 MJ81형 선로 전환기의 방향을 확인하기 위해 사용하는 현장 표시 전원의 전압은 얼마인가?

㉮ ±12[V]　　㉯ ±24[V]
㉰ +48[V]　　㉱ +60[V]

KEY POINT

MJ81 선로 전환기의 표시 확인은 ±24[V]에 의하며 현장의 수동키 스위치함(PKS)과 선로 전환기 내부의 회로 제어기, 쇄정 장치(V_{cc} 또는 V_{pm}), 밀착 검지기(Paulve)의 접점을 확인하여 왼쪽이나 오른쪽 방향 계전기를 동작시킨다.

해설 MJ81 선로 전환기의 표시 전원은 ±24[V]이다.

15 다음 설명 중 고속선 전자 연동 장치의 장점에 해당되지 않는 것은?

㉮ 적은 비용으로 다중화 방식의 구성이 쉽다.
㉯ 현장 설비와의 연결은 다량의 제어 케이블에 의한다.
㉰ 자기 진단 기능을 갖고 있어 고장 원인의 파악이 쉽다.
㉱ 설비의 소형화로 역 구내 증설시 설비의 확장이 쉽다.

정답 : 13.㉱ 14.㉯ 15.㉯

KEY POINT

➲ 고속선의 전자 연동 장치의 장점
① 적은 비용으로 다중화할 수 있다.
② 자기 진단 기능을 갖고 있어 고장 원인의 파악이 쉽다.
③ 소형화로 역 구내 증설시 설비의 확장이 쉬우며 하나의 연동 장치로 5~6개의 역을 제어할 수 있다.

현장 설비와는 소량의 통신 케이블을 사용하여 연결한다.

16 고속선에서 취급된 제어 명령의 연동 논리를 처리하는 장치는 무엇인가?

㉮ 역 정보 전송 장치(FEPOL) ㉯ 연동 장치반(SSI)
㉰ 선로변 기능 모듈(TFM) ㉱ 컴퓨터 지원 유지 보수 시스템(CAMS)

KEY POINT

➲ ① 정보 전송 장치(FEPOL ; Front End Processor for Operation Level)
② 선로변 제어 모듈(Trackside Functional Module)
③ 컴퓨터 지원 유지 보수 시스템(CAMS ; Computer Aided Maintenance System)

고속선에서 신호 연동 논리를 처리하는 것은 연동 장치(처리)반(SSI ; Solid State Interlocking)이다.

17 다음 중에서 고속선 역 정보 전송 장치(FEPOL)의 구성 기기에 해당되지 않는 것은?

㉮ 보수자 단말기 ㉯ 전원 공급 랙
㉰ 정보 처리 랙 ㉱ PCOMET 랙

KEY POINT

➲ 역 정보 전송 장치(FEPOL)의 구성
① PCOMET 랙
② 전원 공급 랙
③ 정보 처리 랙
④ 환풍기 등

보수자 단말기는 연동 장치반에 속한다.

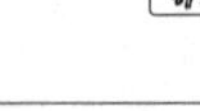
18 고속선에서 사용하는 FEPOL의 기능이 아닌 것은?

㉮ 원격 제어에서 지역 제어로의 강제 절체
㉯ LCP로 그래픽 기호 전송
㉰ 현장으로부터 기상 검지 정보 수신
㉱ TFM의 기능 진단

  정답 : 16.㉯ 17.㉮ 18.㉱

KEY POINT

➲ FEFOL은 역 정보 전송 장치로서 역에서 발생하는 정보를 관제실로 전송하는 기능을 가진다.

TFM(선로변 제어 모듈)의 기능 진단은 SSI(전자 연동 장치)의 진단 모듈(DIA)이 실행한다.

19 고속 철도 안전 설비 중 고속 철도를 횡단하는 고가 차도나 낙석 또는 토사 붕괴가 우려되는 지역 등에 자동차나 낙석 등이 선로에 침입하는 것을 검지하여 사고를 예방하는 장치는?

㉮ 차량 축소 검지 장치 ㉯ 지장물 검지 장치
㉰ 끌림 물체 검지 장치 ㉱ 레일 온도 검지 장치

KEY POINT

➲ ① **차량 축소 검지 장치(HBD ; Hot Box Detector)** : 고속으로 주행하는 열차의 차축 온도를 일정 거리(30[km])마다 측정하여 차축의 과열로 인한 탈선을 사전에 예방하기 위한 장치
② **끌림 물체 검지 장치** : 열차 하부의 부속품이 이탈되어 매달린 상태로 주행하는 차량으로 인하여 궤도 사이에 부설된 각종 시설물의 파손을 방지하기 위하여 선로 중앙에 설치한 장치(기지 출고선, 터널, 교량 입구 등 60[km] 간격 설치)
③ **레일 온도 검지 장치** : 하절기에 레일 온도의 급격한 상승으로 인하여 레일 장출 위험을 방지하기 위하여 레일의 온도를 감시하고 한계 온도 이상으로 레일의 온도가 상승하면 경보 표시와 함께 적절한 운전 규제 등의 조치를 취해 열차 탈선 등의 대형 사고를 사전에 예방하기 위하여 설치

지장물 검지 장치에 대한 설명이다.

20 300[km/h] 이상의 고속으로 운행하는 선로를 보수자가 안전하게 횡단할 수 있도록 설비한 장치는?

㉮ 터널 경보 장치 ㉯ 안전 스위치
㉰ 열차 접근 확인 장치 ㉱ 기상 설비

KEY POINT

➲ ① **터널 경보 장치** : 터널 내에서 작업을 하는 보수자 및 순회자의 안전을 위해 작업 시작 전 경보 장치의 작동 스위치를 ON시키면, 열차가 터널 내에 진입하기 전에 경보하여 작업자가 대피할 수 있도록 한 장치
② **안전 스위치** : 선로를 순회하는 보수자(작업자)가 선로의 위험 요소를 발견하였을 때 고속으로 해당 구간을 진입하는 열차를 정지시키기 위한 장치(선로변 약 250~300[m] 간격으로 설치)
③ **기상 설비** : 집중 호우로 인한 지반 침하 및 침수, 태풍 및 폭설 등 선로변의 급격한 기상 조건 악화는 열차 안전 운행의 저해 요인이 되므로 사전에 이를 검지하여 열차를 감속시키거나 정지시켜 사고를 미연에 예방하기 위한 설비

정답 : 19.㉯ 20.㉰

열차 접근 확인 장치 : 선로를 횡단해야 할 개소에 열차 접근 여부를 장치를 통하여 확인한 다음 열차가 없을 때에만 횡단할 수 있도록 하여 보수자의 안전을 확보하기 위한 장치

21 경부선 고속 철도 시스템 중 중앙 제어실의 구성 요소로 맞는 것은?

㉮ ATC 장치로만 구성
㉯ 수집한 정보를 분석, 처리
㉰ ATC, IXL로 구성
㉱ 열차 운영 통제

KEY POINT

① **InEC(기계역)** : 자동 열차 제어 장치(ATC)로 구성
② **역(Station, IEC)**
㉮ 자동 열차 제어 장치(ATC), 연동 장치(IXL)로 구성
㉯ 중앙 제어실 장애시 열차 운행을 제어
③ **유지 보수 설비(CMS)**
㉮ 중앙 제어실, ATC, IXL 설비로부터 정보 입수
㉯ 수집한 정보를 분석 처리

중앙 제어실
① 열차 운영 통제 : CTC(열차 집중 제어 장치)
② TIDS(열차 행선 안내 장치)
③ 기타 장치와 정보 교환(기존 CTC, SCADA 등)

22 UM71C 궤도 회로에 사용되는 주파수가 아닌 것은?

㉮ 2,040[Hz]　　㉯ 2,740[Hz]
㉰ 2,400[Hz]　　㉱ 3,120[Hz]

KEY POINT

① **궤도(하선)** : T_1F_1=2,040[Hz], T_1F_2=2,760[Hz]
② **궤도(상선)** : T_2F_1=2,400[Hz], T_2F_2=3,120[Hz]

하선에는 2,040[Hz], 2,760[Hz]의 주파수가 사용된다.

23 UM71C 궤도 회로에서 양끝 가운데 한 쌍의 절연 이음매를 사용해야 하는 개소의 궤도 회로의 최대 길이는?

㉮ 1,000[m]　　㉯ 1,300[m]
㉰ 1,500[m]　　㉱ 1,600[m]

정답 : 21.㉱ 22.㉯ 23.㉮

KEY POINT

➜ ① 양쪽 끝에 전기적 분리 이음매를 사용하는 경우 : 1,500[m]
② 양쪽 끝가운데 적어도 한 쌍의 절연 이음매를 사용하는 경우 : 1,000[m]
③ 선로 전환기가 포함된 경우 : 1,000[m] 미만

 절연 이음매가 있는 곳은 1,000[m]이다.

 UM71C 궤도 회로에서 선로 전환기가 포함된 궤도 회로의 길이는 몇 [m]를 초과해서는 안 되는가?

㉮ 500[m] ㉯ 800[m]
㉰ 1,000[m] ㉱ 1,200[m]

KEY POINT

➜ 문제 23번 참조

 선로 전환기가 포함된 경우 1,000[m]를 초과해서는 안 된다.

 고속 철도 안전 설비 중 터널 경보 장치의 제어 거리가 맞는 것은?

㉮ 1,400[m] ㉯ 1,500[m]
㉰ 1,600[m] ㉱ 1,700[m]

KEY POINT

➜ 제어 거리 산정
① 제어 거리는 터널 입구를 기준점으로 한다.
② 열차 속도는 170[km/h], 시간은 30초를 기준으로 한다.

 제어 거리(L)=170×1,000/3,600×30초=1,416≒1,500[m]

 고속 철도 안전 설비 중 열차 접근 경보 장치의 최소 제어 거리가 맞는 것은?

㉮ 1,500[m] ㉯ 1,610[m]
㉰ 1,660[m] ㉱ 1,680[m]

 정답 : 24.㉰ 25.㉯ 26.㉰

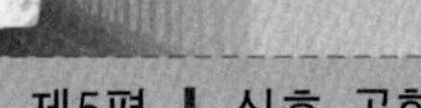

KEY POINT

➲ **최소 제어 거리** : 시속 300[km/h]에서 20초를 기준으로 한다.

최소 제어 거리(L)=300×1,000/3,600×20=1,660[m]

27 고속 철도 절연 이음매를 설치하려고 한다. 피해야 할 곳이 아닌 것은?

㉮ 레일이 직선인 곳
㉯ 레일이 절단된 곳 또는 용접된 긴 레일이 설치되어 선로상에 설치가 곤란한 곳
㉰ 절연이 쉽게 부서지는 곳
㉱ 궤도에 근접하여 크고 무거운 임피던스 본드를 사용하는 곳

KEY POINT

➲ **절연 이음매 설치시 주의 사항**

① 레일이 절단된 곳 또는 용접된 긴 레일이 설치되어 선로상에 설치가 곤란한 곳은 피한다.
② 절연이 쉽게 부서지는 곳은 피한다.
③ 궤도에 근접하여 크고 무거운 임피던스 본드를 사용하는 것을 피한다.

레일이 직선인 곳에 절연 이음매를 설치하여야만 절연 파손을 줄일 수 있다.

28 고속 철도에서 본드의 역할에 대하여 맞는 것은?

㉮ 열차 집중 제어 장치(C.T.C) 연결을 위하여 설치한다.
㉯ 전자 연동 장치(IXL) 연결을 위하여 설치한다.
㉰ 유지 보수 설비(CMS) 연결을 위하여 설치한다.
㉱ 변전소로 전차선 전류를 복귀하도록 하기 위해 설치한다.

KEY POINT

➲ **본드의 역할**

① 변전소로 전차선 전류를 복귀하도록 하기 위해 설치한다.
② 고속 철도와 기존선 궤도 회로의 연결을 위해 설치한다.

본드는 전차선 전류의 귀선을 위해서 설치한다.

29 고속 철도에서 궤도 회로 송신기의 설치 위치는?

㉮ 열차가 출발하는 시발점　　㉯ 열차가 도착하는 종단점
㉰ 열차가 출발하는 종단점　　㉱ 열차가 도착하는 시발점

정답 : 27.㉮ 28.㉱ 29.㉯

KEY POINT

➲ 열차가 궤도 회로에 진입하기 전 열차의 운전 방향에 따라 송·수신 회로(거리 조정기)를 조정하여야 한다. 방향이 잘못된 경우는 정보를 수신하지 못함으로써 비상 제동 등의 위험이 따른다.

레일을 통해 연속적으로 정보를 전송하는 원리는 운행되는 열차의 도착 방향 종단에 항상 궤도 회로 송신기를 설치함으로 이루어진다.

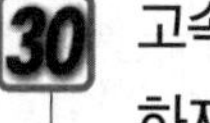
고속 철도에서 동절기에 눈이 많이 오거나 결빙으로 인하여 선로 전환기가 원활히 동작하지 않을 경우 사용하는 안전 설비는?

㉮ 기상 설비　　㉯ 안전 스위치
㉰ 열차 접근 경보 장치　　㉱ 분기기 히팅 장치

KEY POINT

➲ ① **기상 설비** : 집중 호우로 인한 지반 침하 및 침수, 태풍 및 폭설 등 선로변의 급격한 기상 조건 악화는 열차 안전 운행의 저해 요인이 되므로 사전에 이를 검지하여 열차를 감속시키거나 정지시켜 사고를 미연에 예방하기 위한 설비

② **안전 스위치** : 선로를 순회하는 보수자(작업자)가 선로의 위험 요소를 발견하였을 때 고속으로 해당 구간을 진입하는 열차를 정지시키기 위한 스위치(선로변 약 250~300[m] 간격 설치)

③ **열차 접근 확인 장치** : 열차 접근 확인 장치(보수자 횡단 장치)라고 하는 설비로서 300[km/h] 이상의 고속으로 운행하는 선로를 무단 횡단하는 것은 매우 위험하므로 선로를 횡단해야 할 개소를 선정하여, 열차의 접근 여부를 장치를 통하여 확인한 다음 열차가 안전 구간에 없을 때만 횡단하여 보수자의 안전을 확보하기 위한 장치

분위기 히팅 장치

(1) 설치 목적
동절기에 많은 눈이나 결빙으로 인하여 선로 전환기가 전환되지 않을 때 분기기 히터 장치를 설치하여 원활한 동작하도록 한다.

(2) 동작 방법
① LCP에서 원격으로 취급하는 방법
② 현장 GCP(Group Control Panel)에서 직접 취급하는 방법

(3) 장점
저온일 경우에도 결빙되지 않을 경우는 동작하지 않음으로서 전력 손실을 줄일 수 있다.

고속 철도 안전 설비 중 열차 접근 경보 장치의 평상시 신호등의 상태로 맞는 것은?

㉮ 소등　　㉯ 녹색등
㉰ 적색등　　㉱ 녹색등 점멸

정답 : 30.㉱ 31.㉮

KEY POINT

➲ 동작 원리

① 평상시 신호등은 소등
② 열차가 제어 구간 내에 없을 때는 녹색등이 현시
③ 열차가 제어 구간 내에 진입할 때는 적색등이 현시

해설 평상시 소등을 하고 있다가 취급 버튼을 누르면 약 20초간 신호등이 적색 또는 녹색으로 점등한다.

32 고속 철도 안전 설비 중 기상 장치에서 열차가 서행하는 기준은?

㉮ 시간당 강우량이 60[mm] 이상일 때
㉯ 풍속이 35[m/s] 이상일 때
㉰ 측정값이 경계 수준 이상일 때
㉱ 적설량이 적정 기준치 이상일 때

KEY POINT

➲ 열차 운행을 중지시키는 경우

① 시간당 강우량이 60[mm] 이상 또는 일일 연속 강우량이 250[mm] 이상시
② 풍속이 35[m/s] 이상시
③ 적설량이 적정 기준치(미정) 이상시

해설 열차를 서행 운전시키는 경우 : 측정값이 경계 수준 이상일 때 기관사는 제한 속도를 감속시킨 후 기상 상태를 관제사에게 통보하고 해당 지역을 통과

33 고속 철도 안전 설비 중 레일 온도 검지 장치는 몇 분 마다 온도 기록을 하는가?

㉮ 10분 ㉯ 30분
㉰ 1시간 ㉱ 2시간

KEY POINT

➲ 레일 온도 검지 Master 장치

① 시설 사령실에 설치 운영하고 있다.
② 현장 온도를 실시간으로 감시할 수 있다.
③ 위험 온도 발생시 경보를 발생한다.
④ 일정한 시간(30분) 마다 온도를 기록 저장하여 지나간 기록을 확인 및 프린터로 출력해 볼 수 있다.

해설 30분 마다 온도를 기록 저장한다.

34 고속 철도 전자 연동 장치의 다중 프로세서의 특징 중 맞지 않는 것은?

㉮ 1조 고장시 시스템 중단없이 보수자에게 고장 정보를 전송
㉯ 출력을 상호 비교하여 다수결로 출력 제어
㉰ 3조(3중계)로 구성된 마이크로 프로세스
㉱ 제어 모듈 2중계로 고장시 예비계로 자동 절체되어 기능 계속 유지

KEY POINT

다중 프로세스(Multi - Processor)

① 3조(3중계)로 구성된 마이크로 프로세스
② 출력을 상호 비교하여 다수결로 출력 제어(2 out of 3 Voting System)
③ 1조 고장시 시스템 중단없이 고장난 기능을 차단하고, 보수자에게 고장 정보를 전송한다.

해설 선로별 제어 모듈 : 제어 모듈 2중계로 고장시 예비계로 자동 절체되어 기능 계속 유지

35 고속 철도 ATC 지상 장치의 기능 중 맞지 않는 것은?

㉮ 열차 제동 곡선 생성
㉯ 궤도 회로에 의한 열차 유무 검지
㉰ 연동 장치로부터 전방 진로의 조건, 개통 방향 등 신호 조건 파악
㉱ 궤도 회로를 통하여 속도 신호 정보를 차상으로 전송

KEY POINT

(1) ATC 지상 장치의 기능

① 궤도 회로에 의한 열차 유무 검지
② 연동 장치로부터 전방 진로의 조건, 개통 방향 등 신호 조건 파악
③ 궤도 회로를 통하여 속도 신호 정보를 차상으로 전송

(2) ATC 차상 장치의 기능

① 차상 안테나로 지상 정보를 수신하여 허용 속도를 기관실에 표시
② 열차 제동 곡선 생성
③ 속도 초과시 자동으로 제동 장치 작동

해설 열차 제동 곡선 생성은 차상 장치의 기능이다.

정답 : 34.㉱ 35.㉮

제 9 장 건널목 장치

1 개요

건널목이란 레일 위를 차량이나 사람이 통행할 수 있는 곳으로서 최근 열차의 고속화와 열차 운행 횟수의 증가 및 건널목을 통행하는 교통량의 증가로 건널목 사고가 많이 발생하여 열차의 안전·정확·신속성에 많은 지장을 받고 있기 때문에 건널목 보안 장치의 설비를 보완하는 추세에 있다.

그러나 근본적인 건널목 사고 방지는 철도와 건널목을 입체화 하는 것으로 최근에는 기존의 교통량이 많은 건널목과 신설되는 노선에는 입체화를 하고 있다.

건널목에 필요한 보안 장치는 열차가 건널목에 접근할 때 도로 통행자나 차량에게 경고하는 건널목 경보 장치, 열차가 건널목 통과 중에 도로의 통행을 일시적으로 차단하는 건널목 차단기, 그리고 건널목 통행자에게 건널목의 위치를 표시하는 표지가 있고 주변 기기에는 건널목 고장 감시 장치, 건널목 지장물 검지 장치, 건널목 정보 분석 장치, 건널목 정시간 제어기, 출구측 차단간 검지기, 건널목 원격 감시 장치 등이 설치되어 있다.

2 건널목의 종류

(1) 1종 건널목

건널목 경보기, 차단기, 교통 안전 표지를 설치하고 차단기를 주·야간 계속 작동하거나 또는 지정된 시간동안 건널목 관리원이 근무하는 건널목

(2) 2종 건널목

건널목 경보기, 교통 안전 표지판을 설치한 건널목

(3) 3종 건널목

교통 안전 표지만 설치한 건널목

3 건널목 보완 설비의 종류

(1) 경보등 및 경보종

건널목 경보 시분은 구간 최고 속도를 감안하여 30초를 기준으로 하고 최소 20초 이상을 확보하도록 설비한다. 다만, 차단기가 설치되어 있는 개소에서는 차단봉이 하강된 후 열차의 앞부분이 건널목에 도달할 때까지 15초 이상을 확보하여야 한다.

① **경보종의 타종수** : 매분 70~100회(기당)

② **경보종 코일의 전류** : 정격값의 ±10% 이내

③ **경보 음량**(경보등 및 혼 스피커, 음성 안내 장치 포함) : 경보기 1[m] 전방에서 60~130[dB]

④ **경보등의 확인 거리** : 45[m] 이상(특수한 경우는 제외)

⑤ **경보등의 단자 전압** : 정격값의 0.8~0.9(LED형 경보등 : 정격 전압±20%)

⑥ **경보등 점멸 횟수**

㉮ **일반형 및 현수형 경보기의 인도형** : 매분 50±10[회/min] 점멸(등당)

㉯ **현수형 경보기 차도용** : 계속 점등

⑦ 건널목 경보 장치는 열차가 건널목을 통과한 후에는 즉시 경보가 정지되도록 한다. 단, 궤도 회로 방식에서 완동 회로가 삽입된 건널목의 경우에는 설정 시간 이후에 정지되도록 할 수 있다.

(2) 전동 차단기

건널목을 차단하기 위하여 차단봉이 하강하는 시점은 양단에 설치된 차단기의 간격 및 도로의 차단 형태에 따라 정하고 경보가 시작한 후 3초 이상으로 한다.

① 전동 차단기는 건널목 경보 장치가 정지하는 즉시 차단봉이 상승하도록 한다.

② **제어 전압** : 정격값의 0.9~1.2배

③ 정지할 때에는 차단봉에 충격을 주지 않게 회로 제어기를 조정한다.

④ 차단봉이 내려오기(올라가기) 시작하여 동작이 완료되어 정지할 때까지 시간은 정격 전압에서 다음 값 이하로 한다.

㉮ **하강 시간** : 8초±3초

㉯ **상승 시간** : 12초 이하

⑤ **전동기의 슬립 전류** : 5[A] 이하

※ **슬립 전류** : 클러치를 공회전시켜 1분 이상 경과 후의 전류

⑥ 윤활유는 기아의 중간 부분까지 닿을 정도로 유지하여야 한다.

⑦ 차단봉은 전원이 없을 때에는 자체 무게에 의하여 10초 이내에 하강하여 건널목을 차단하여야 한다. 다만, 장대형 전동 차단기 차단봉은 동작되어진 상태를 유지한다.

⑧ **장대형 전동 차단기의 유지 보수**

㉮ **차단봉의 길이** : 14[m] 이하

㉯ **정격 전압** : DC 24[V]

㉰ **기동 전류** : 70[A] 이하

⑨ 와이어 턴버클 각 부분의 너트는 이완되지 않도록 하여야 하며, 와이어는 느슨함이 없도록 조정한다.

⑩ 동작이 원활하도록 내부 스프링과 부싱에는 구리스를 주유한다.

⑪ **전동 차단기의 작동 원리**

㉮ **전동 차단기 회로**

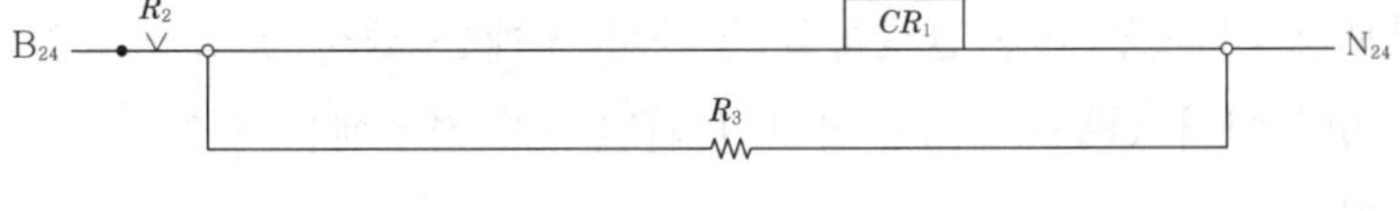

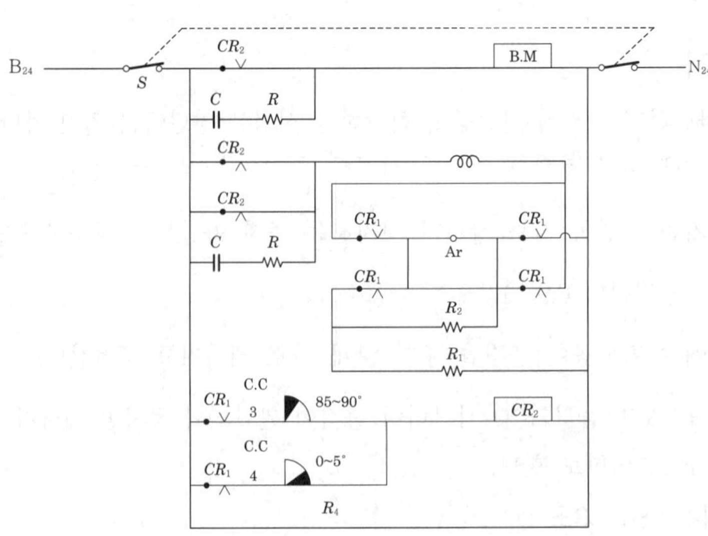

그림 5-79 **전동 차단기 작동 회로도**

㉯ **차단봉 하강시 작동**(열차가 경보 제어 구간을 점유시)

㉠ $R_2\downarrow \Rightarrow CR_1\downarrow \Rightarrow CR_2\downarrow \Rightarrow$ 브레이크(BM)의 제동은 풀어지고 모터 제어 회로의 구성 ⇒ 하강 시각

㉡ R_1 : 전류 제한, 모터에 직렬로 연결

㉢ R_2 : 평형 · 발진 제동, 모터에 병렬로 연결

㉣ 차단봉이 약 5° 정도에 도달하였을 때 ⇒ 회로 제어기의 "R" 접점(0~5°)은 구성 ⇒ $CR_2\uparrow \Rightarrow$ 브레이크(BM) 제동 ⇒ 차단봉은 하강 위치를 유지

㉰ **차단봉 상승시 작동(열차가 경보 제어 구간을 벗어났을 때)**

㉠ $R_2\uparrow \Rightarrow CR_1 \Rightarrow CR_2\downarrow$(회로 제어기 "N" 접점(90°)) ⇒ 브레이크(BM) 제동이 풀어지며 모터 동작 ⇒ 상승 시작

㉡ 차단봉이 약 85° 정도에 도달하였을 때 ⇒ $CR_2\uparrow$(회로 제어기의 "N" 접점은 구성) ⇒ 브레이크(BM) 동작 ⇒ 상승 위치로 유지

㉱ **정전시 작동** : 정전 때문에 제어 회로 및 전동기 회로가 작동하지 않을 경우 차단봉 무게로 인하여 차단봉은 자동적으로 하강

(3) 건널목 보완 장치의 제어 방식

〈건널목 보완 장치의 방식〉

선 별	명 칭	방 식
단선	STB, STI	궤도 회로
	SC	제어자
복선	DTB, DTI	궤도 회로
	DC	제어자
	DDTB, DDTI	궤도 회로 양방향
	DDC	제어자 양방향

① **궤도 회로를 이용하는 방법** : 경보 시점과 경보 종점 사이에 궤도 회로를 만들어 열차 유 · 무에 따라 궤도 계전기가 무여자 또는 여자하는 특성을 이용한 것으로서 구성 방식이 간단하고 연속 제어 방식으로 안전도가 높고 입환 차량에 의한 제어에도 효과적이며 보수가 용이하다.

㉮ 복선 구간의 제어 원리(DT)

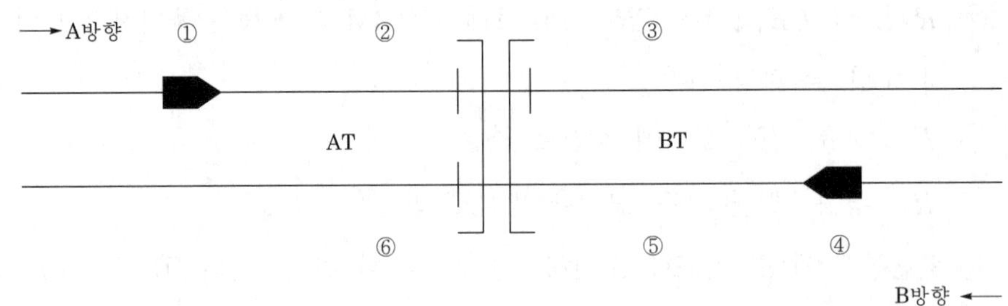

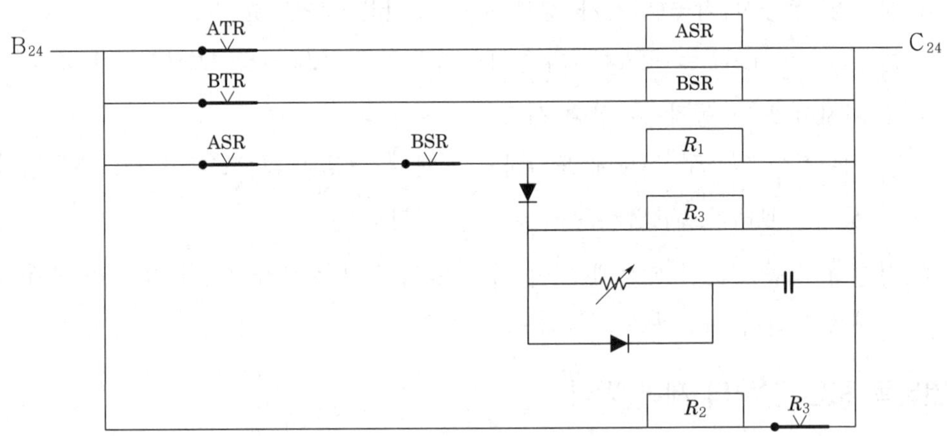

그림 ⬆ 5-80 **경보 제어 회로(복선 궤도 회로식)**

㉠ 평상시(열차가 건널목 경보 구간에 없을 때)

- ASR↑, BSR↑, R_1↑, R_2↑

㉡ 열차가 A방향에서 AT에 진입할 때

- ATR↓, ASR↓되고 ASR↓으로 R_1↓ ⇒ 경보 시작
- R_1 낙하 후 약 10[sec] 뒤 R_2 낙하 ⇒ 차단기 하강

㉢ 열차가 AT 구간을 벗어날 때

- ATR↑, ASR↑, R_1↑, R_2↑ ⇒ 경보 정지, 차단기 상승 ⇒ 평상시 상태로 복귀

㉣ B방향에서 열차가 진입할 때도 같은 원리로 동작

㉯ 단선 구간의 제어 원리(ST)

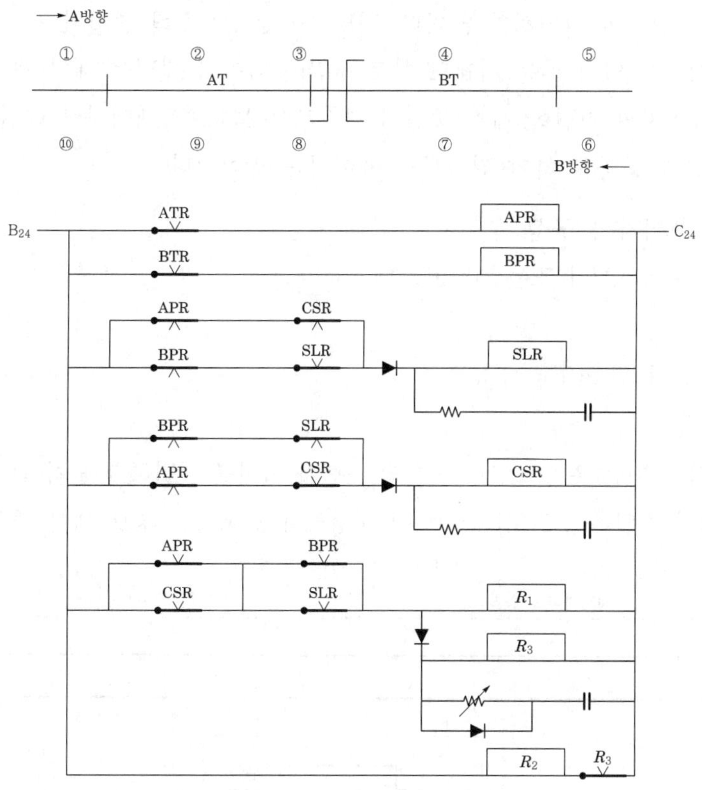

그림 5-81 **경보 제어 회로(ST)**

㉠ 평상시(열차가 건널목 경보 구간에 없을 때)

- APR↑, BPR↑, R_1↑, R_2↑, SLR↓, CSR↓

㉡ 열차가 A방향에서 AT에 진입할 때

- ATR↓, APR↓, CSR↓, R_1↓ ⇒ 경보 시작
- R_2↓ ⇒ 차단기 하강

㉢ APR↓, CSR↓ ⇒ SLR↑

㉣ 열차가 AT 및 BT를 동시에 점유하고 있을 때 : BTR↓, BPR↓

㉤ 열차가 AT를 완전히 지난 후 BT를 점유할 때

- ATR↑, APR↑, BPR↓, SLR↑, R_1↑ ⇒ 경보 종료
- R_2↑ ⇒ 차단기 상승

㉥ 열차가 BT를 완전히 벗어날 때

- BTR↑, SLR↓ ⇒ 평상시 상태를 계속 유지

㉦ 열차가 B방향에서 진입할 때도 같은 원리로 작동

② **건널목 제어자를 이용하는 방법** : 궤도 회로 구간에서 폐색 궤도 회로의 길이가 건널목 제어 구간의 길이와 일치하지 않거나, 건널목이 2, 3개소씩 중첩된 구간과 역간에 궤도 회로가 구성되어 있지 않는 비궤도 회로 구간에 있어서 건널목 제어 개시점에 폐전로식(2420형) 제어자와 건널목 제어 종점에 개전로식(2440형) 제어자를 레일에 접속하고 고주파를 레일에 통하게 하여 건널목을 제어하는 방식이다.

㉮ **건널목 제어자의 구성**

㉠ 발진부(20[kHz] 또는 40[kHz])

㉡ 여파부

㉢ 입·출력 변성기

㉣ 단자반

㉯ 개전로식(2440형)은 입·출력 단자의 −단자 사이를 연결하고 출력 단자 +와 입력 단자 +를 각각 레일에 연결(점퍼선)하여 구성하며 2440형은 경보 제어 종점에 사용한다.

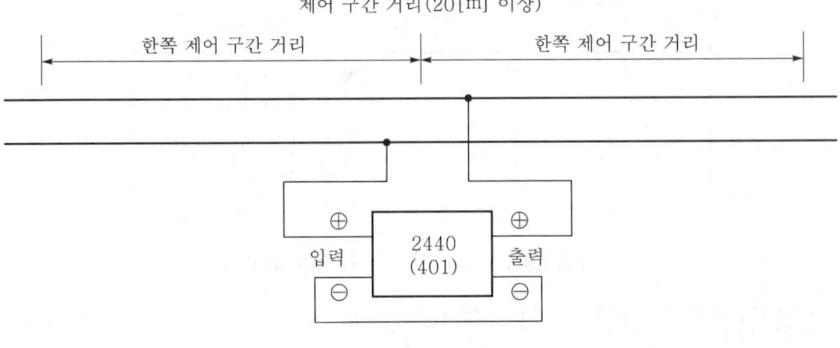

(a) 개전로식(401형)

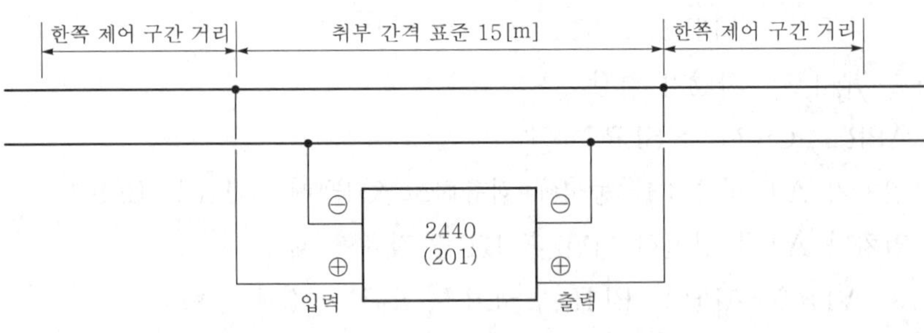

주) 단궤조인 경우 출력 ⊕를 귀선 레일에 접속한다.

(b) 폐전로식(201형)

그림 ➊ 5-82 **건널목 제어자의 레일 접속**

㉰ 복선 구간의 제어 원리(DC)

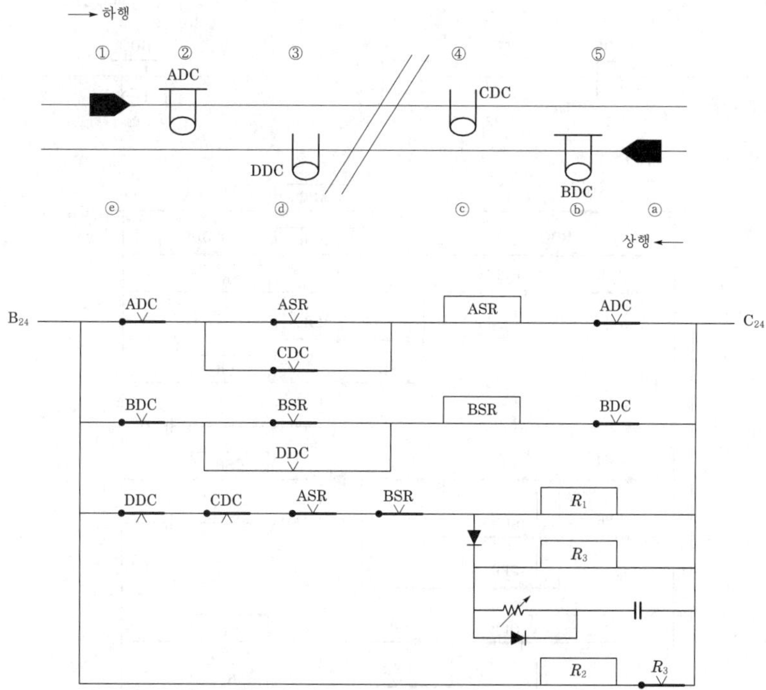

그림 5-83 **경보 제어 회로(DC)**

㉠ 평상시(건널목 경보 구간에 열차가 없을 때)

- ADC↑, BDC↑, CDC↓, DDC↓

㉡ 열차가 하행 방면으로부터 ADC 제어 지점에 진입하였을 때

- ADC↓, ASR↓, R_1↓ ⇒ 경보 시작
  ⇒ 약 10[sec] 후 ⇒ R_2↓ ⇒ 차단기 하강
- ASR 계속 낙하되어 있으므로 경보는 계속함.

㉢ 열차가 ADC 제어 지점을 완전히 벗어날 때

- ASR은 계속 낙하되어 있으므로 경보는 계속함.

㉣ 열차가 CDC 제어 지점에 진입할 때

- CDC↑, ASR↑

㉤ 열차가 CDC 제어 지점을 완전히 벗어날 때

- CDC↓, R_1↑, R_2↑ ⇒ 경보 및 차단기는 평상 상태로 복귀

㉥ B방향에서 열차가 진입할 때에도 같은 원리로 작동

㉣ 단선 구간의 제어 원리(SC)

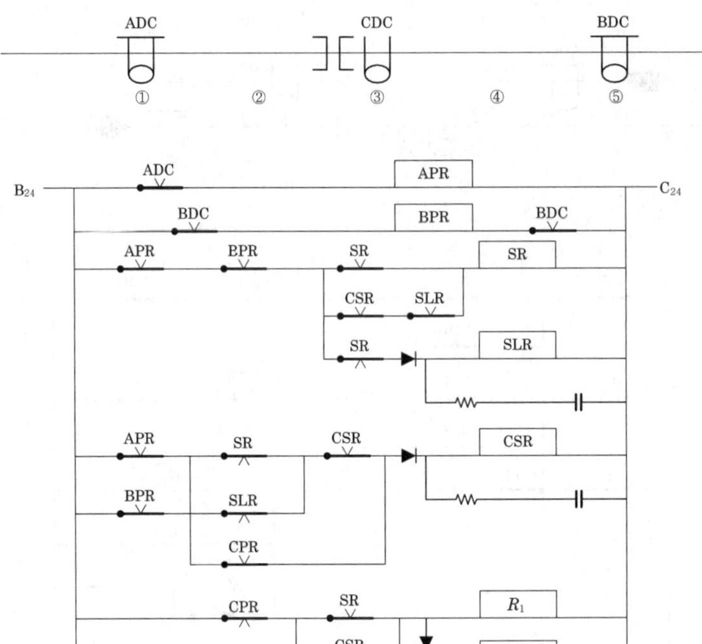

그림 ⬆ 5-84 **단선용 제어기 방식(SC)**

㉠ 열차가 건널목 경보 구간에 없을 때(평상시)

- APR↑, BPR↑, CPR↓, SR↑, CSR↓, SLR↓, R_1↑, R_2↑

㉡ ADC 점유시(2420)

- APR↓, BPR↑, CPR↓, SR↓, CSR↓, SLR↓, R_1↓ ⇒ 경보 시작
- R_1 낙하 후 약 10[sec] 후 R_2 낙하 ⇒ 차단기 하강

㉢ ②지점에 있을 때

- APR↑, BPR↑, CPR↓, SR↓, CSR↓, SLR↑, R_1↓, R_2↓

㉣ ③지점 통과시

- APR↑, BPR↑, CPR↑, SR↑, CSR↑, SLR↑, R_1↓, R_2↓
- CDC↑, CPR↑, CSR↑, CSR의 자기 유지 접점 및 SR↓ 조건으로 자기 유지
- CSR↑, SLR↑으로 SR↑ ⇒ 자기 유지 ⇒ SR↑ 조건으로 SLR↓

㉤ ④지점에 있을 때

- APR↑, BPR↑, CPR↓, SR↑, CSR↑, SLR↓, R_1↑, R_2↑
- CDC↓, CPR↓되고 CPR↓, SR↑, CSR↑ 조건으로 R_1↑⇒ 경보 종료, 차단기 상승

㉥ ⑤지점 통과시(2420)

- APR↑, BPR↓, CPR↓, SR↓, CSR↑, SLR↓, R_1↑, R_2↑
- BDC↓⇒ BPR↓ ⇒ SR↓

㉦ ⑤지점 통과 후

- APR↑, BPR↑, CPR↓, SR↑, CSR↓, SLR↑↓, R_1↑, R_2↑
- BDC↑, BPR↑, SR↓ 조건으로 SLR 순간 여자, SR↑ 복귀 ⇒ CSR↓, SLR↓ ⇒ 평상시 상태 유지

㉧ B방향에서의 열차가 진입할 때도 같은 원리로 작동

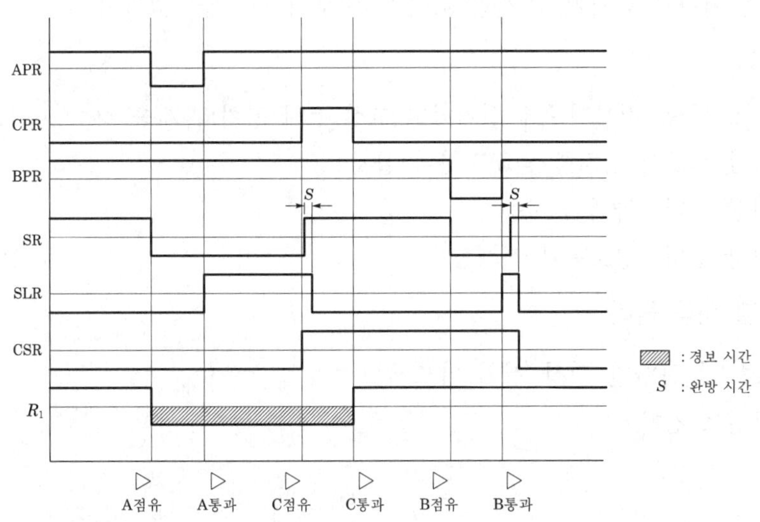

그림 5-85 **타임 차트(완방 계전기를 이용한 단선 제어자식)**

(4) 건널목 고장 감시 장치

역간 산재되어 있는 각 건널목을 고장 검지 장치(자장치)와 고장 감시 장치(모장치)를 통해 분소 또는 역에서 해당 건널목 보안 장치의 고장 상태를 감시할 수 있도록 하는 설비로서 정상 상태에서는 녹색 표시등이 점등되고, 고장이 발생하면 경보음과 함께 적색등이 점등되어 고장을 감시할 수 있는 장치이다.

① 장치의 검지 기능

㉮ 경보종 배선의 단선

㉯ 경보종 제어 카드 발진 회로 고장

㉰ 경보등 배선의 단선

㉱ 무경보

㉲ 계속 경보

㉳ 차단간 검지

㉴ 저전압 검지 : DC 11[V](12[V]용), DC 22[V](24[V]용) 이하시

㉵ 경보 제어 계전기(R1)가 설정 시간(5~20분, 5단계) 이상 낙하되었을 때

㉶ AC 입력 전원 정전시

㉷ 지장물 검지 장치 발진부 고장 및 제어 회선 단선시

㉸ 출구측 차단간 검지기, 정시간 제어기, 정보 분석 장치 고장시

② 기타 기능

㉮ 고장 표시등은 경보기주에 설치하고 고장 검지 장치의 계속 경보 조건으로 작동한다.

㉯ 고장 감시 표시 장치를 역조작반에 설치

㉠ 정상 상태 : 녹색 표시등

㉡ 고장 상태 : 경보음과 적색등

③ 각 카드별 작동 원리

㉮ 무경보 및 차단간 고장 검지 카드

㉠ 무경보 검지

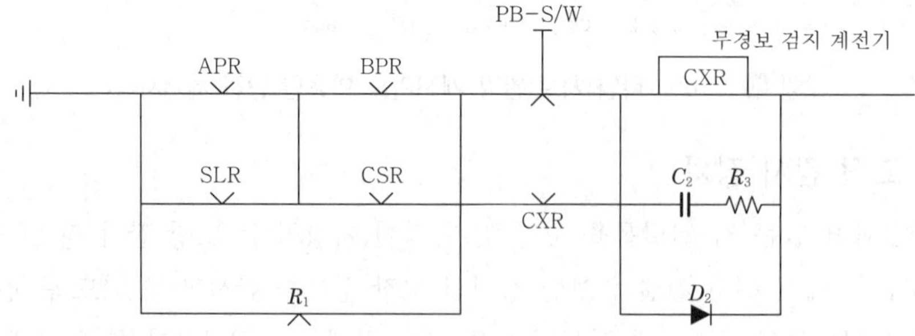

그림 ⬆ 5-86 **무경보 검지 회로**

ⓐ 건널목 제어 구간에 열차가 진입 ⇒ APR↓ 또는 BPR↓ ⇒ R_1↓ 하지 않고 무경보가 발생하였을 때 CXR(무경보 검지 계전기)이 낙하하여 고장임을 표시

ⓑ PB−S/W를 눌렀다 떼어야만 CXR이 작동하여 자기 유지하므로 고장 복구 후 필히 PB−S/W를 눌러야 한다.

㉡ 차단간 고장 검지

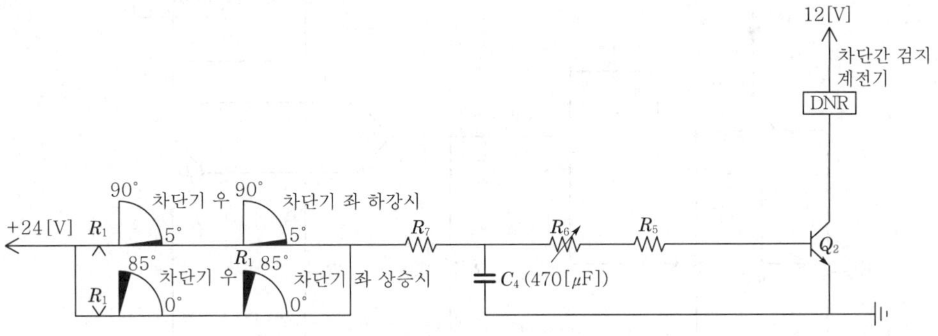

그림 ⊙ 5-87 **차단간 검지 회로**

ⓐ 정상 상태

- R_1↑, 좌·우 차단기의 85～90° 접점⇒ Q_2의 베이스(Base)에 전압 공급 ⇒ DNR이 동작

ⓑ 열차가 진입시

- R_1↓ 경보가 발생 ⇒ 차단기가 작동 ⇒ 약 10[sec] 후에 차단간 0～5°
- R_1의 Break 접점과 좌우 차단기 0～5° 접점으로 다시 Q_2의 베이스(Base)에 전압 공급 ⇒ DNR이 계속 동작
- R_1이 낙하하고 나서 좌·우 차단기가 0～5° 사이로 하강될 때까지 약 20[sec]동안 DNR 동작은 C_4(470[μF]) 콘덴서에 의해 유지한다.

ⓒ 또한 R1이 작동되어 차단기가 상승할 때에도 마찬가지이다.

ⓓ 좌·우 차단기 중 어느 하나라도 85～90° 사이에 위치하지 않으면 그때부터 약 30[sec] 후에 DNR이 낙하하여 차단기 작동 상태가 정상이 아님을 표시

ⓔ 12[V] Line에의 사용

- 카드 내의 저항 R_1(15[Ω]/5[W])의 양단을 단락

㉯ 저전압 및 계속 경보 검지 카드

㉠ 저전압 검지

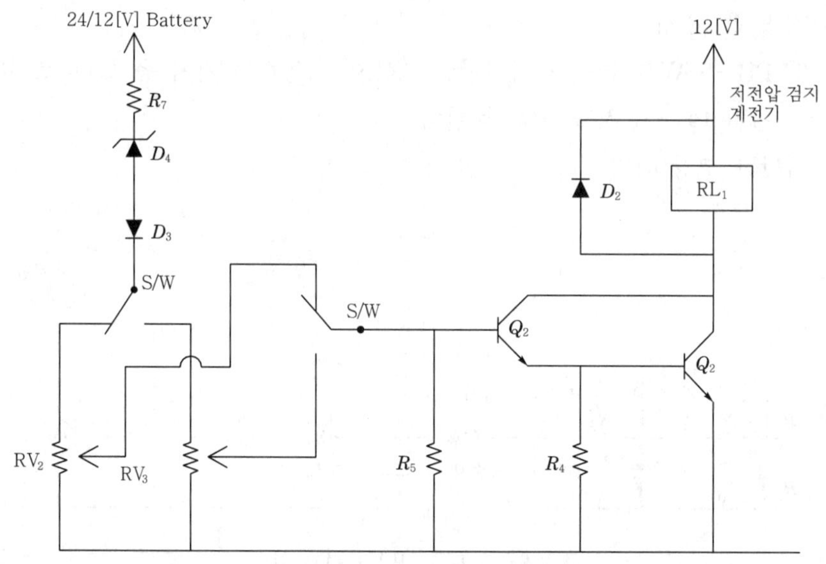

그림 5-88 **저전압 검지 회로**

ⓐ 이 회로는 축전지의 전압을 감시하기 위한 것으로 축전지로부터 귀환(Feedback)된 전압을 달링턴(Darlington) 회로로 접속된 TR Q_3의 베이스(Base) 전압이 되어 계전기가 동작

ⓑ 축전지 전압이 규정치(23[V]/12[Ω]) 이하로 떨어지면 TR Q_2, Q_3에 전원이 차단되어 계전기는 복구

ⓒ RV_2 : 23[V], RV_3 : 11[V]~12[V] Line에서는 2개의 S/W를 RV_3으로 전환 사용

ⓓ 계전기가 복구하면 LED가 점등

㉡ 계속 경보 검지 : 열차가 건널목 구간에 진입하여 건널목을 통과할 때까지의 시간을 측정, 이 시간이 필요 이상으로 길어질 때 경보

ⓐ 발진부에서는 약 3[ms]의 주기로 파형이 발생하고 계수기(Decade Counter) IC 8~3에 의해 카운트되어 1/10 디코더(Decoder) IC_1의 출력에 나타난다. IC_1의 출력이 Q_1에는 5분 후에, Q_2에는 10분 후에, Q_7에는 35분 후에 높은 출력이 나타나고 이것은 TR Q_1을 구동하여 계전기를 복구시킨다.

ⓑ SW_1 : 5분 단위로 설정

ⓒ 계전기가 복구하면 LED D_7(적색)이 점등

ⓓ 12[V] Line에서의 사용 : 카드 내의 저항 R_6(15[Ω]/5[W])의 양단을 단락

㉰ 경보종 및 경보등 단선 검지 카드

㉠ 경보종 고장 검지

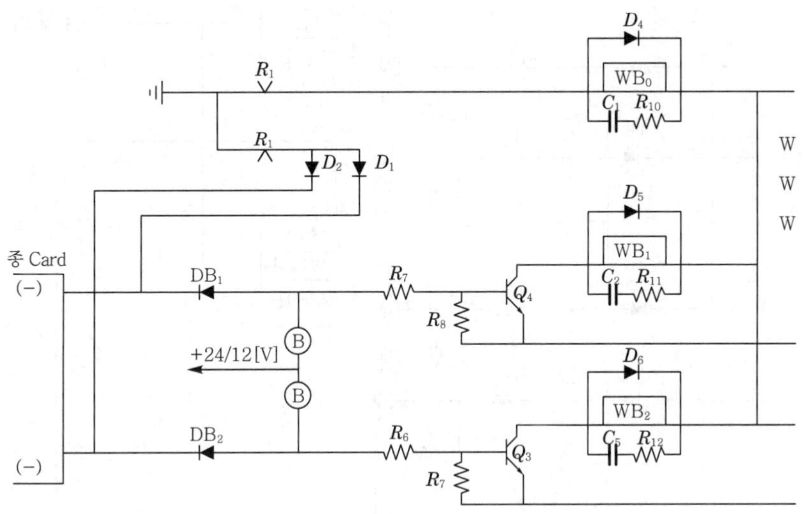

그림 5-89 **경보종 고장 검지 회로**

ⓐ 정상 상태

- R_1↑ ⇒ WB_0↑ ⇒ Q_3, Q_4 Base에 +전압 ⇒ WB_1, WB_2 ↑ ⇒ R_1↓하여 종 Card가 작동 ⇒ 출력에서는 (−)가 교대로 나타남 ⇒ WB_0(발진 검지 계전기) 작동 상태 유지 ⇒ 종 카드가 발진을 정지시 ⇒ 양 출력 단자에는 +만 나타나므로 WB_0↓

ⓑ D_1, D_2 다이오드는 +24가 WB_0로 넘어가는 것을 방지

ⓒ 종 카드의 발진이 정상일 때 Q_3, Q_4 Tr은 종 카드에서 (−)가 나타날 때에만 작동 중지되고 그 기간동안 콘덴서에 의해 WB_1, WB_2는 작동 유지한다.

ⓓ 만약 RC 시정수에 의해 결정된 시간을 초과하여 (−)가 계속되면 WB_1이나 WB_2는 낙하하여 종 카드가 고장임을 표시한다.

ⓔ DB_1, DB_2 다이오드는 다른 출력측에서 +전압이 넘어오는 것을 방지한다. 이 다이오드(규격 번호 : P600G)는 반드시 현장에서 결선되어야 한다.

㉡ 경보등 단선 검지

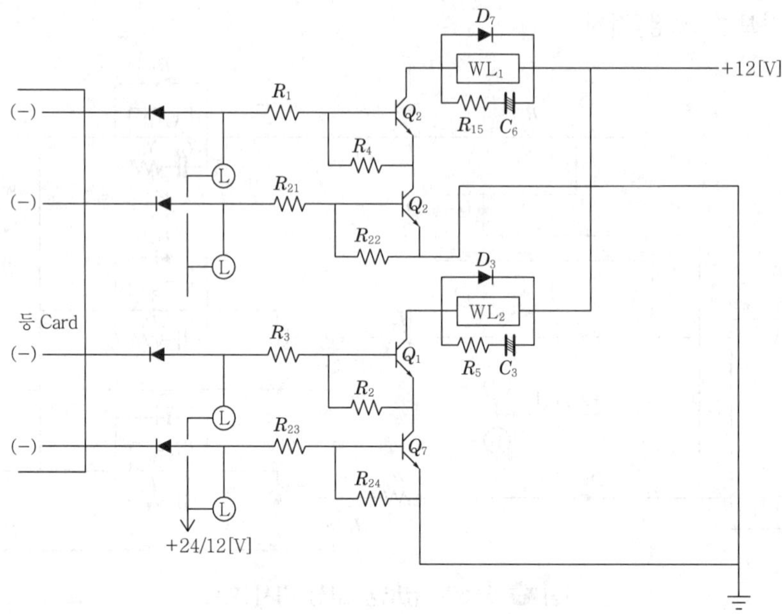

그림 ⬆ 5-90 **경보등 고장 검지 회로**

ⓐ WL_1 : 경보등 검지 계전기 1

ⓑ WL_2 : 경보등 검지 계전기 2

ⓒ 이의 작동은 종검지의 WB_1, WB_2의 동작과 동일

ⓓ 12[V] Line에의 사용 : 카드에의 저항 R_{13}(15[Ω]/5[W])의 양단을 단락

(5) 신호 정보 분석 장치

① **개요** : 열차의 접근과 통과에 따른 건널목 경보 장치 및 차단기의 정상 작동 상태를 검지하여 기록, 보관하며 고장 여부를 검지해 주는 장치

② **입력 정보** : 32정보(상태 검지 16정보, 고장 검지 16점)

③ **전원** : DC 24[V], DC 5[V]

④ **설치 장소**

㉮ **건널목 경보 장치용** : 건널목 제어 유닛함 내부

㉯ **자동 폐색 장치용** : 폐색 제어 유닛함 내부

㉰ **궤도 회로용** : 해당 궤도 설치 구간

⑤ 특징

㉮ 정보 상태 실시간 저장 기억, 프린터 이용 인쇄, 보관

㉯ 계전기 동작 순서와 일치하는지 비교, 판단하여 고장 검지

㉰ Real time clock 내장으로 사고 발생 시간 확인, 저장 내용 인쇄, 보관

㉱ 검지 장치에 기억된 Data는 외부 조작에 의해 변경될 수 없고, 정전 등 전원 공급이 중단되어도 10시간 이상 보존 가능

⑥ 장점

㉮ 고장 사전 예방

㉯ 장애, 사고시 정확한 원인 분석

㉰ 신속 복구, 사고 책임 분쟁 해소

㉱ 동종, 유사 사고 미연 방지

(6) 출구측 차단간 검지 장치

① **개요** : 경보중에 건널목에서 일단 정지를 무시하고 차단기 하강 직전에 진입한 자동차가 출구측 차단기 하강으로 건널목을 빠져 나가지 못하는 경우 센서가 인지하여 출구측 차단간을 Delay시켜 내려주는 장치

② 특징

㉮ 지중에 묻힌 센서로 기상 및 기계적 원인으로 센서의 파손 우려가 없다.

㉯ 주변 레일 등 자성 물체에 대한 영향이 없다.

㉰ 진동 또는 지형 변화에 영향이 없다.

③ 구성

㉮ 제어기

㉯ 지장 검지 센서

㉰ 건널목 영상 촬영

㉱ 차단간 절손 검지

㉲ 건널목 사고 분석 장치

(7) 지장물 검지 장치

① **개요** : 철도 건널목 상에 차량의 고장이나 기타 지장물을 레이저로 검지하여 운행 중인 기관사에게 통보함으로써 사고 예방 및 열차 안전 운행을 확보하기 위한 설비

② **레이저의 특징 및 장점**

㉮ **특징**

㉠ 빛의 전계가 단일 주파수이므로 단일 색상을 갖는 성질

㉡ 빛의 점도가 매우 높으며, 빔이 가늘고, 원거리까지 에너지를 전달할 수 있어 지향성이 매우 강하다.

㉯ **장점**

㉠ 외부 빛에 대한 영향이 없다.

㉡ 전파, 자계, 전계의 영향에 매우 강하다.

㉢ 우박, 안개, 먼지 등의 악조건에서도 수광부에 정확히 전달된다.

③ **발광기와 수광기의 간격** : 40[m] 이하

④ **발광기, 수광기, 반사기, 광선 중심축까지 높이** : 지상에서 745[mm]

⑤ **발광기의 광선 확산 각도는 3° 이하**

〈**광선망 구성 조건**〉

기본 사항	구성 조건
발광기와 수광기 간의 거리	40[m] 이하
광선 중심축 지상 높이	745[mm] 표준
광선간 거리	건널목 종단에서 3.0[m] 이하
발광기, 수광기의 설치 위치	건널목 종단보다 2[m] 이하로, 건축 한계 외방
수광기와 태양광선의 관계(주 1)	일출 또는 일몰시에 수광기 전방 5도 이내에 직사일광이 들어오지 않도록 한다.

(8) 정시간 제어기

① **개요** : 열차의 고속, 저속에 따라 경보 시분이 불규칙함으로 레일에 자기 근접 센서를 설치하여 열차의 접근 검지와 통과 속도에 맞는 정시간 제어(30초 기준)를 하는 장치

② 연동 폐색 또는 통표 폐색 구간 중 경보 시분이 불규칙한 건널목에 설치한다.

③ **특징**

㉮ 정시간 경보

㉯ 장치 고장, 뇌서지, 각종 유도 장애 예방과 무보수화 가능

㉰ 주요 장치 2중계(Hot back system)로 구성, 내부 회로 안전측 동작

㉱ 각종 건널목 제어 장치와 연결이 간단

㉲ 신뢰성을 높이고, 유도 장애를 제거하여 건널목 사고 감소

(9) 건널목 원격 감시 장치

① **개요** : 여러 개의 건널목 동작 및 고장 정보를 통신 회선을 통하여 실시간으로 주재와 분소에서 원격 감시하는 장치

② **구성과 기능**

㉮ 분소 장치

㉯ 주재 장치 : 주재 1개소당 최대 32개 건널목 관리

㉰ 열차 이동, 건널목 동작 상태 및 고장 상태를 다중 전송 장치를 통해 원격 감시하며 실시간 표시, 기록

㉱ 수신 정보를 분석 판단하여 모니터상에 그 대응 정보 표출 및 1년 이상 저장, 타주재 정보는 기록하지 않는다.

㉲ **통신 속도**

분 류	건널목 ⇒ 주재	주재 ⇒ 분소
통신 방식	1 : N(Multi-Drop)	1 : 1 Point to Point
통신 속도	2,400[BPS]	56[kBPS]
통신 회선	1P(반이중 통신)	2P(전이중 통신)

단원핵심문제

1 건널목 전동 차단기의 제어 계전기(CR_1, CR_2)의 접점에 해당되는 것은?

㉮ N_1R_1　　㉯ N_2R_2

㉰ N_3　　㉱ N_3R_3

KEY POINT

➲ 전동 차단기의 제어 계전기 정격은 DC 24[V], 93[mA], N_3R_3이다.

해설 접점은 N_3R_3이다.

2 건널목 사고를 줄이기 위한 대책으로 다음 중 가장 좋은 방법은?

㉮ 경보 장치 설치　　㉯ 지장물 검지 장치 설치

㉰ 전동 차단기 설치　　㉱ 입체 교차 설비

KEY POINT

➲ 건널목 사고를 방지하기 위한 안전 설비의 종류

① 경보 장치
② 전동 차단기
③ 지장물 검지 장치
④ 출구측 차단간 검지 장치
⑤ 정시간 제어기 등

해설 건널목 사고를 줄이기 위한 근본적인 대책은 입체 교차 설비로 건널목을 없애는 것이다.

3 건널목 경보 장치의 구조 및 특성에 관한 설명 중 옳지 않은 것은?

㉮ 구조는 경보종, 경보등, 강관주 등으로 되어 있다.

㉯ 궤도 회로식과 제어자 방식이 있다.

㉰ 동작 전압은 직류이다.

㉱ 전구는 1.5[V], 1[W]로서 2중 필라멘트를 사용한다.

정답 : 1.㉱ 2.㉱ 3.㉱

KEY POINT

경보등의 정격

① 건널목 경보등 LED형 : 24[V], 단심
② 건널목 경보등 전구형 : 24[V], 단심
③ 신호기 LED형 : 50[V], 12[W], 쌍심
④ 신호기 전구형 : 50[V], 25[W], 쌍심

해설

건널목 경보등 전구형은 24[V], 단심형을 사용한다.

4 건널목 2440 제어자의 제어 구간의 길이는 몇 [m] 이상인가?

㉮ 10 ㉯ 15
㉰ 20 ㉱ 25

KEY POINT

① 개전로식 : 제어자 방식의 건널목 2440(401)
② 폐전로식 : 제어자 방식의 건널목 2420(201)

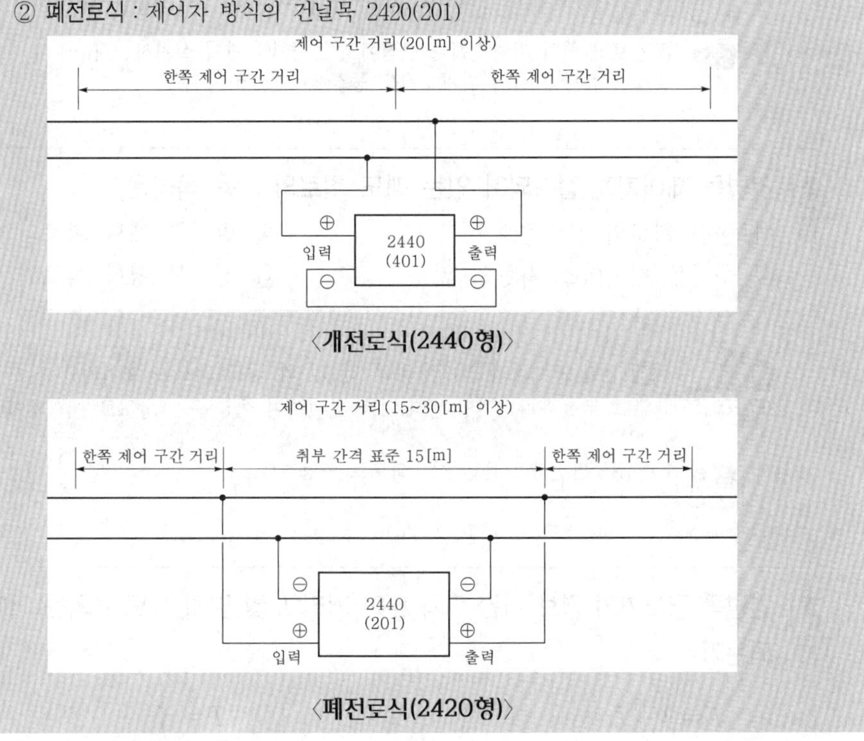

〈개전로식(2440형)〉

〈폐전로식(2420형)〉

해설

① 2440 제어자 : 20[m] 이상
② 2420 제어자 : 15~30[m] 이상

정답 : 4.㉰

5 건널목 전동 차단기를 신설하고자 한다. 건널목 양측에, 궤도 중심으로부터 몇 [m] 위치에 설치하여야 하는가?

㉮ 1.8 ㉯ 2.8
㉰ 3.8 ㉱ 4.8

KEY POINT

➲ 건널목 전동 차단기의 설치 위치

① 도로 우측, 궤도 중심으로부터 차단봉까지 2.8[m]
② 전동 차단기는 도로 전체를 차단하고 차단봉이 하강된 상태에서 차량이 건널목 내로 진입할 수 없도록 한다.(중앙 차선이 없고 건널목상에서 교행 가능 건널목의 차단봉 길이를 2[m]까지 축소 조정할 수 있다.)
③ 건널목을 차단하였을 때 차단봉의 높이는 도로면에서 차단봉 중심까지 일반형은 800±100[mm], 장대형은 1,000±100[mm]
④ 차단봉은 선로와 평행이 되도록 설치한다. 다만, 도로와 선로가 빗각으로 교차할 경우 도로와 직각이 되도록 설치할 수 있다.
⑤ 차단봉은 백색 및 적색으로 번갈아 도색된 반사재로 표시한다.

해설 ① 경보기 설치 위치 : 궤도 중심에서 2.8[m](차단기 설치시 3.5[m])
② 전동 차단기 설치 위치 : 궤도 중심에서 2.8[m]

6 건널목 제어기에 접속되어 있는 궤도 회로의 사용 목적은?

㉮ 공진 회로의 일부 ㉯ 발진부 궤환 회로의 일부
㉰ 증폭부 아이어스 저항의 일부 ㉱ 정류부 평활 회로의 일부

KEY POINT

➲ 건널목 제어자를 사용하는 건널목의 궤도 회로는 제어기에서 주파수를 발생하면 궤도 회로를 거쳐 해당 주파수를 발진하여 돌려주는 회로로 사용한다.

해설 주파수를 발진하여 돌려주는 회로로 사용한다.

7 건널목 경보기의 경보 시간 T와 제어 거리 L 및 열차 속도 V와는 어떠한 관계식이 성립되는가?

㉮ $T=V\times L$ ㉯ $T=\frac{V}{L}$

㉰ $T=\frac{L}{V}$ ㉱ $T=\frac{L}{V\times L}$

 정답 : 5.㉯ 6.㉯ 7.㉰

KEY POINT

➲ 시간=거리/속도

$T = \frac{L}{V}$

8 건널목 경보 시분을 30초로 할 때 120[km/h] 속도의 열차에 대한 경보 제어 거리는 몇 [m]인가?

㉮ 600　　㉯ 800

㉰ 1,000　　㉱ 1,200

KEY POINT

➲ 경보 제어 거리

$L = T \times V_{max}$

① 열차 속도 : V_{max}=120[km/h]= $120 \times \frac{1,000}{3,600}$[m/sec]

② 경보 시분 : T=30[sec]

$\therefore L$=30[sec] $\times 120 \times \frac{1,000}{3,600}$[m/sec]=1,000[m]

9 열차 최고 속도가 80[km/h]인 구간의 건널목 경보 제어 거리는 약 몇 [m]인가?

㉮ 587　　㉯ 627

㉰ 667　　㉱ 707

KEY POINT

➲ 문제 8번 참조

① 열차 속도 : V_{max} = 80[km/h] = $80 \times \frac{1,000}{3,600}$[m/sec]

② 경보 시분 : T = 30[sec]

$\therefore L$ = 30[sec] $\times 80 \times \frac{1,000}{3,600}$[m/sec] = 667[m]

10 건널목 경보기의 투시 거리로 맞는 것은?

㉮ 특수한 경우 이외에는 35[m] 이상　　㉯ 특수한 경우 이외에는 45[m] 이상

㉰ 특수한 경우 이외에는 55[m] 이상　　㉱ 특수한 경우 이외에는 65[m] 이상

정답 : 8.㉰ 9.㉰ 10.㉯

KEY POINT

① **경보종의 타종수 : 기당 매분 70~100회**
② 경보종 코일의 전류는 정격값의 ±10% 이내
③ 경보 음량(경보등 및 혼 스피커, 음성 안내 장치 포함)은 경보기 1[m] 전방에서 60~130[dB]
④ 경보등의 확인 거리는 특수한 경우 이외에는 45[m] 이상
⑤ 경보등의 단자 전압은 정격값의 0.8~0.9배로 하며, LED형 경보등은 정격 전압±20%
⑥ 경보등의 작동은 일반형 및 현수형 경보기의 인도용은 등당 매분 50±10[회/min] 점멸, 현수형 경보기 차도용은 계속 점등
⑦ 점퍼선단에서 0.06[Ω]의 단락선으로 단락시켰을 때 2420형(201형)의 계전기는 낙하되고 2440형(401형)의 계전기는 여자하여야 한다.
<발진 주파수 및 제어 거리>
㉮ 2420(201)형 : 20[kHz]±1[kHz] 이내, 제어 거리 15~30[m]
㉯ 2440(401)형 : 40[kHz]±2[kHz] 이내, 제어 거리 20[m]
⑧ 경보기와 제어 유닛의 절연 저항은 전기 회로와 대지간 1[MΩ] 이상

해설 경보등의 확인(투시) 거리는 특수한 경우 이외에는 45[m] 이상

11 건널목 경보기 및 차단기가 설치되어 24시간 계속 작동하거나 건널목 안내원이 지정 시간 근무하는 건널목은 몇 종 건널목인가?

㉮ 제1종 건널목 ㉯ 제2종 건널목
㉰ 제3종 건널목 ㉱ 제4종 건널목

KEY POINT

① **제2종 건널목** : 경보기와 건널목 교통 안전 표지만을 설치하는 건널목
② **제3종 건널목** : 건널목 교통 안전 표지만 설치하는 건널목

해설 제1종 건널목 : 차단기, 경보기 및 건널목 교통 안전 표지를 설비하고, 그 차단기를 주, 야간 계속 작동하거나 또는 지정된 시간 동안 건널목 안내원이 근무하는 건널목

12 건널목 경보 장치에 건널목 점 제어자 방식을 사용하는 이유는 무엇인가?

㉮ 설치비가 적다.
㉯ 점 제어 방식으로 안전하다.
㉰ 신호 케이블의 소요가 적다.
㉱ 별도의 궤도 회로 구성이 곤란한 곳에 설치한다.

정답 : 11.㉮ 12.㉱

KEY POINT

건널목 점 제어 방식은 궤도 회로 방식보다 보완도는 적으나 자동 폐색 구간처럼 건널목 제어장이 서로 다르거나 2, 3중으로 건널목이 중첩된 곳, 전철 구간 등 별도의 궤도 회로 구성이 곤란한 곳에 많이 사용된다.

별도의 궤도 회로 구성이 곤란한 곳에 설치할 수 있다.

13 건널목 경보 시분은?

㉮ $T=\frac{V}{2L_1+L_2(n-1)L_3}+t[\text{sec}]$

㉯ $T=\frac{2L_1+L_2(n-1)+L_3}{V}+t[\text{sec}]$

㉰ $T=\frac{V}{2L_1+L_2(n-1)+L_3}+1[\text{sec}]$

㉱ $T=\frac{2L_1+L_2(n-1)+L_3}{V}+1[\text{sec}]$

KEY POINT

건널목 경보 시간 계산식

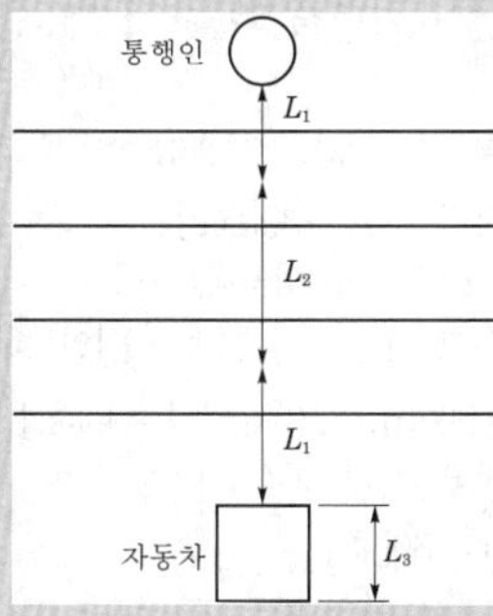

$$T=\frac{2L_1+L_2(n-1)+L_3}{V}+t[\text{sec}]$$

여기서, L_1 : 바깥쪽 궤도의 중심에서 통행의 정지 위치까지의 거리[m]

L_2 : 복선 이상인 때의 선로 간격[m]

L_3 : 자동차 길이[m]

n : 선로의 수

t : 안전 확인에 요하는 시간[sec]

V : 건널목 횡단 속도[m/sec]

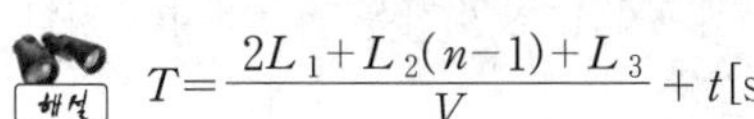

$$T=\frac{2L_1+L_2(n-1)+L_3}{V}+t[\text{sec}]$$

정답 : 13.㉯

14 건널목 경보등이 점등되지 않는 경우는?

㉮ 레일 절손　　㉯ 점퍼선 단선
㉰ 경보등 퓨즈 단선　　㉱ 반도체 점멸 회로 고장

KEY POINT

➲ 레일 절손이나 점퍼선 단선시 경보등은 계속 점멸 동작하고, 반도체 점멸 회로 고장시 경보등은 점등되어 있는 상태가 된다.

해설

경보등 퓨즈가 단선되면 경보등이 소등된다.

15 건널목에서 구간 최고 속도가 108[km/h]인 여객 열차와 36[km/h]인 화물 열차가 운전할 때에 두 열차간의 경보 시분 차는 얼마인가?

㉮ 30초　　㉯ 60초
㉰ 90초　　㉱ 120초

KEY POINT

➲ **건널목 경보 제어 거리**(경보 제어 구간의 길이를 L[m]라 하면)

$L = T \times V_{max}$

여기서, T : 건널목 경보 시간[sec], V_{max} : 열차 최고 속도[m/sec]

해설

① 열차 최고 속도 : $V_{max} = 108$[km/h]
경보 기준 시간 : $T = 30$[sec]
$L = 30[\text{sec}] \times 108[\text{km/h}] = 900[\text{m}]$
② 열차 최고 속도 $V_{max} = 36$[km/h]인 화물 열차가 주행하면
$T = L / V = 900[\text{m}] / 36[\text{km/h}] = 90$[초]
③ 두 열차간 경보 시분 차(T)는?
$T = 90 - 30 = 60$[초]

16 건널목 경보 시분의 기준은 몇 초인가?

㉮ 20초　　㉯ 25초
㉰ 30초　　㉱ 35초

KEY POINT

➲ 건널목 경보 시분은 구간 최고 속도를 감안하여 30초를 기준으로 하고 최소 20초 이상을 확보하도록 설비한다. 다만, 차단기가 설치되어 있는 개소에서는 차단봉이 하강된 후 열차의 앞부분이 건널목에 도달할 때까지 15초 이상을 확보하여야 한다.

해설

30초를 기초로 한다.

  **정답 : 14.㉰ 15.㉯ 16.㉰**

17 건널목 지장물 검지 장치(레이저식)에서 사용되는 레이저에 대한 특징 및 장점에 대한 설명으로 가장 거리가 먼 것은?

㉮ 진동 또는 지형 변화에 영향이 없다.
㉯ 빛의 점도가 매우 높다.
㉰ 외부 빛에 대한 영향이 없다.
㉱ 전파, 자계, 전계의 영향이 매우 적다.

KEY POINT

(1) 레이저의 특징

① 간섭성(coherence)이 우수하다. 일반적인 빛의 간섭 가능한 거리가 수십[cm]인데 비해 훨씬 멀리 떨어져도 간섭한다.
② 지향성이 좋다. 회절 한계로 정해지는 좁은 폭으로 직진한다.
③ 단색성, 즉 스펙트럼 순도가 매우 좋다. 매우 좁은 스펙트럼 폭 속에 많은 수의 광자가 집중되어 있어 휘도(輝度) 온도가 매우 높다.
④ 렌즈로 집광하면 단위 넓이당 통과하는 광 에너지가 매우 크다.

(2) 레이저의 장점

① 외부 빛에 대한 영향이 없다.
② 전파, 자계, 전계의 영향에 매우 강하다.
③ 우박, 안개, 먼지 등의 악조건 하에서도 수광부에 정확히 전달된다.

해설 진동 및 지형 변화가 생기면 레이저 수신이 불량할 수 있다.

18 건널목 지장물 검지 장치의 설치 조건과 거리가 먼 것은?

㉮ 발광기와 수광기간의 거리는 40[m] 이하로 한다.
㉯ 발광기, 수광기의 광선 중심축까지 높이의 표준은 지상에서 945[mm]로 한다.
㉰ 히터 글라스면과 렌즈면은 항상 청결을 유지한다.
㉱ 발광기의 광선 확산 각도는 3° 이하여야 한다.

KEY POINT

① 발광기에서 수광기간의 거리 : 40[m] 이하
② 수광기는 일출 또는 일몰시에 5° 이내에 직사광선이 들어가지 않도록 한다.
③ 발광기의 광선 확산 각도 : 3° 이하

해설 발광기, 수광기의 광선 중심축까지 높이의 표준 : 지상에서 745[mm]

정답 : 17.㉮ 18.㉯

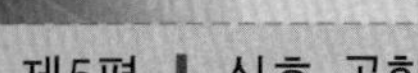
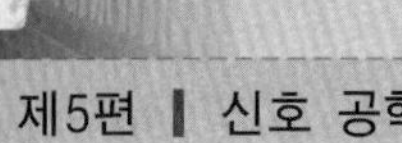

19 단선 비전철 구간에 건널목 경보 장치 제어에 가장 효과적인 것은?

㉮ 제어기를 이용한 점 제어자 방식
㉯ 직류 궤도 회로를 이용한 연속 제어 방식
㉰ 직류 궤도 회로를 이용한 점 제어자 방식
㉱ 제어기를 이용한 연속 제어 방식

KEY POINT

➲ 건널목 보완 장치의 방식

선 별	명 칭	방 식
단 선	STB, ST_1	궤도 회로
	SC	제어자
복 선	DTB, DT_1	궤도 회로
	DC	제어자
	DDTB, DDT_1	궤도 회로 양방향
	DDC	제어자 양방향

해설 점 제어자 건널목 보다는 궤도 회로를 이용하는 방식이 보완도가 높다.

20 건널목 전원 방식으로 사용되는 부동 충전 방식의 특징에 대한 설명 중 옳지 않은 것은?

㉮ 축전지 전해액의 동결 우려가 적다.
㉯ 충전 전류가 적기 때문에 온도 상승도 적고 가스의 발생도 적다.
㉰ 단시간 전원 고장에 대비하여 비교적 양호하다.
㉱ 충전 중에 전류가 일정하게 조절이 안 되는 경우에 사용한다.

KEY POINT

➲ 부동 충전 방식의 특징

① 축전지는 항상 완전한 충전 상태를 가지고 있어 정전의 경우는 언제라도 축전지에 부하의 전류를 공급할 수 있도록 한다.
② 단시간 전원 고장에 대비하여 비교적 양호하다.
③ 충전이 완성된 상태이므로 혹한의 경우에도 전해액이 동결되지 않는다.
④ 충전 전류가 적기 때문에 온도 상승과 가스 발생이 적다.

해설 ㉱ 정전압 충전법

정답 : 19.㉯ 20.㉱

건널목 점 제어자 방식을 사용하는 단선 구간에 평상시 계전기의 상태로 맞는 것은?

㉮ SR 여자, SLR 여자, CSR 무여자　㉯ SR 여자, SLR 무여자, CSR 무여자
㉰ SR 무여자, SLR 여자, CSR 무여자　㉱ SR 무여자, SLR 여자, CSR 여자

KEY POINT

➲ SC 방식 평상시 계전기 상태
① APR, BPR, SR, R_1, R_2는 여자
② CPR, SLR, CSR은 무여자

SR 여자, SLR 무여자, CSR 무여자

건널목 원격 감시 장치의 주재 장치는 1개소당 몇 개의 건널목 관리가 가능한가?

㉮ 30개소　㉯ 32개소
㉰ 34개소　㉱ 36개소

KEY POINT

➲ 주재 장치는 1주재당 최대 32개의 건널목 관리가 가능하다.

32개 건널목

건널목 전동 차단기의 제어 전압으로 맞지 않는 것은?

㉮ 21[V]　㉯ 22[V]
㉰ 23[V]　㉱ 24[V]

KEY POINT

➲ **건널목 전동 차단기의 제어 전압** : 정격값(DC 24[V])의 0.9~1.2배

건널목 전동 차단기의 제어 전압의 범위 : 21.6~28.8

건널목 전동 차단기에서 브레이크를 동작시키는 조건으로 맞는 것은?

㉮ CR_1 여자　㉯ CR_1 무여자
㉰ CR_2 여자　㉱ CR_2 무여자

정답 : 21.㉯ 22.㉯ 23.㉮ 24.㉰

KEY POINT

➲ 건널목 회로도

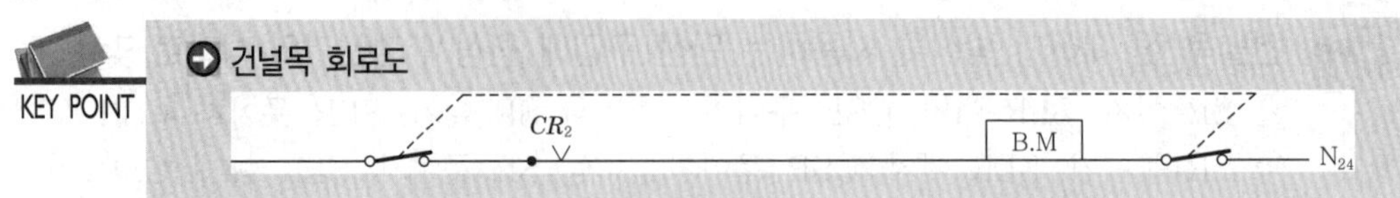

해설 CR_2 여자 접점으로 마그네틱 브레이크가 동작한다.

25 건널목 제어 회로 중 단선 궤도 회로(ST) 방식에서 열차가 평상시 계전기의 동작 상태는?

㉮ APR 여자, BPR 여자, R_1 여자, R_2 여자, SLR 무여자, CSR 무여자
㉯ APR 여자, BPR 여자, R_1 여자, R_2 여자, SLR 여자, CSR 여자
㉰ APR 무여자, BPR 무여자, R_1 여자, R_2 여자, SLR 무여자, CSR 무여자
㉱ APR 여자, BPR 여자, R_1 무여자, R_2 무여자, SLR 무여자, CSR 무여자

KEY POINT

➲ 건널목 단선 궤도 회로 방식 제어 회로도

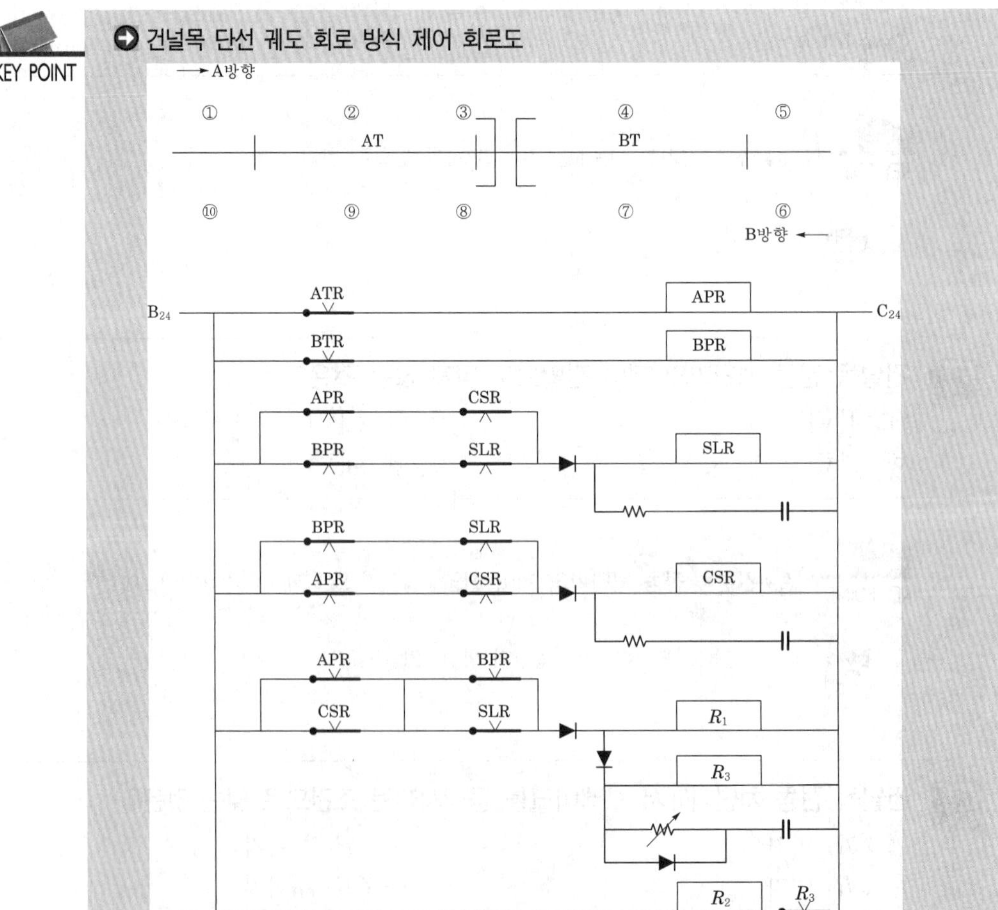

 정답 : 25.㉮

① 평상시(열차가 건널목 경보 구간에 없을 때)
- APR↑, BPR↑, R_1↑, R_2↑, SLR↓, CSR↓

② 열차가 A방향에서 AT에 진입할 때
- ATR↓, APR↓, CSR↓, R_1↓ ⇒ 경보 시작
- R_2↓ ⇒ 차단기 하강

③ APR↓, CSR↓ ⇒ SLR↑

④ 열차가 AT 및 BT를 동시에 점유하고 있을 때 : BTR↓, BPR↓

⑤ 열차가 AT를 완전히 지난 후 BT를 점유할 때
- ATR↑, APR↑, APR↑, SLR↑, R_1↑ ⇒ 경보 종료
- R_2↑ ⇒ 차단기 상승

⑥ 열차가 BT를 완전히 벗어날 때
- BTR↑, SLR↓ ⇒ 평상시 상태를 계속 유지

⑦ 열차가 B방향에서 진입할 때도 같은 원리로 작동

① 구간에 있을 때로 APR 여자, BPR 여자, R_1 여자, R_2 여자, SLR 무여자, CSR 무여자 상태이다.

26 건널목 고장 감시 중 검지할 수 있는 기능이 아닌 것은?

㉮ 경보종 등 단선 검지 ㉯ 무경보 검지
㉰ 지장물 검지 장치 발광등 검지 ㉱ 차단간 검지

KEY POINT

➲ 건널목 고장 감시 장치의 기능

① 경보종 등 배선의 단선
② 경보종 제어 카드 발진 회로 단선
③ 무경보, 계속 경보, 차단간 검지
④ 저전압 검지 : DC 11[V](12[V]용), DC 22[V](24[V]용) 이하시
⑤ 경보 제어 계전기(R1)가 설정 시간(5~20분, 5단계) 이상 낙하되었을 때
⑥ AC 입력 전원 정전시
⑦ 지장물 검지 장치 발진부 고장 및 제어 회선 단선시
⑧ 출구측 차단간 검지기, 정시간 제어기, 정보 분석 장치 고장시

지장물 검지 장치 발진부 고장 및 제어 회선 단선시는 검지가 가능하지만 발광기의 검지는 하지 못한다.

27 건널목 고장 검지 장치 중 무경보 검지 계전기의 명칭은?

㉮ DNR ㉯ CXR
㉰ RL_1 ㉱ WL

정답 : 26.㉰ 27.㉯

KEY POINT

➲ 검지 계전기의 명칭
① DNR : 차단기 검지 계전기
② RL1 : 저전압 검지 계전기
③ WB : 경보종 검지 계전기
④ WL : 경보등 검지 계전기

 CXR : 무경보 검지 계전기

28 열차의 접근과 통과에 따른 건널목 경보 장치 및 차단기의 정상 작동 상태를 검지하여 기록, 보관하며 고장 여부를 검지해 주는 장치는?

㉮ 출구측 차단간 검지기　　㉯ 지장물 검지 장치
㉰ 신호 정보 분석 장치　　㉱ 정시간 제어기

KEY POINT

➲ ① **출구측 차단기 검지기** : 경보중에 건널목에서 일단 정지를 무시하고 차단기 하강 직전에 진입한 자동차가 출구측 차단기 하강으로 건널목을 빠져 나가지 못하는 경우 센서가 인지하여 출구측 차단간을 Delay시켜 내려주는 장치
② **지장물 검지 장치** : 철도 건널목 상에 차량의 고장이나 기타 지장물을 레이저로 검지하여 운행 중인 기관사에게 통보함으로서 사고 예방 및 열차 안전 운행을 확보하기 위한 설비
③ **정시간 제어기** : 열차의 고속, 저속에 따라 경보 시분이 불규칙함으로 레일에 자기 근접 센서를 설치하여 열차의 접근 검지와 통과 속도에 맞는 정시간 제어(30초 기준)를 하는 장치

 ㉰ 신호 정보 분석 장치

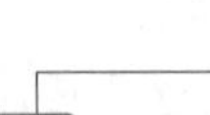

29 건널목 신호 정보 분석 장치의 입력 정보는 총 몇 정보인가?

㉮ 12정보　　㉯ 24정보
㉰ 32정보　　㉱ 42정보

KEY POINT

➲ 입력 정보 : 32정보
① 상태 검지 : 16정보
② 고장 검지 : 16정보

 총 32개의 정보를 가지고 있다.

  정답 : 28.㉰ 29.㉰

제 10 장
기 타

1 열차 번호 인식기

(1) 개요

삼각선 역에서 열차가 이선으로 진입하는 것을 방지하기 위하여 인접 역으로부터 열차의 행선지, 열차 운행 상황 등의 정보를 수신 받아 열차의 이선 진로 현시를 감시하고 이선 진로 현시시 경보를 발생시켜 이선 진로의 진입을 방지하기 위한 설비이다.

(2) 설치 장소

① **송신부** : 인접 역에 설치

② **수신부** : 해당 역에 설치

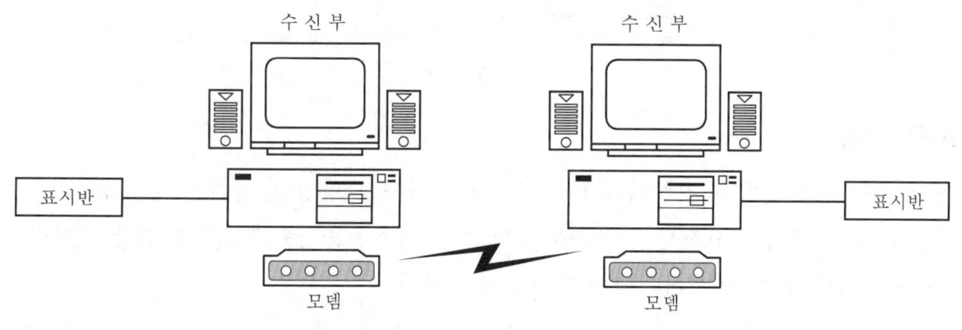

그림 ⬆ 5-91 **시스템 구성도**

2 전차선 절연 구간의 예고 지상 장치(사구간 예고 장치)

(1) 개요

ATS 장치에 의해 교류－직류(AC/DC), 교류－교류(AC/AC) 전차선 절연 구간 예고 신호를 송신하는 예고 장치로서 송신기에서 발생한 예고용 신호를 궤도에 설치된 지상자(송신 코일)에 의하여 ATS 차상 장치로 전송하고 차상에 탑재된 ATS 수신기에 의하여 이 신호를 수신하여 전차선 절연 구간의 위치를 예고하는 장치로서 전차선 절연 구간(사구간) 전방에

설치하여 기관사에게 주의를 환기시켜 적절한 시기에 전원 장치를 변환함으로써 열차의 안전 운행을 확보하는데 그 목적이 있다.

(2) 시스템 구성

전차선 절연 구간 예고 장치는 아래 구성도와 같이 전차선 절연 구간 근접 위치(타행표 위치)에 ATS 지상자와 송신기를 설치하고 송신기의 이상 유무를 검지하기 위해서 신호 취급실 등에 고장 표시반을 설치하여 운영한다.

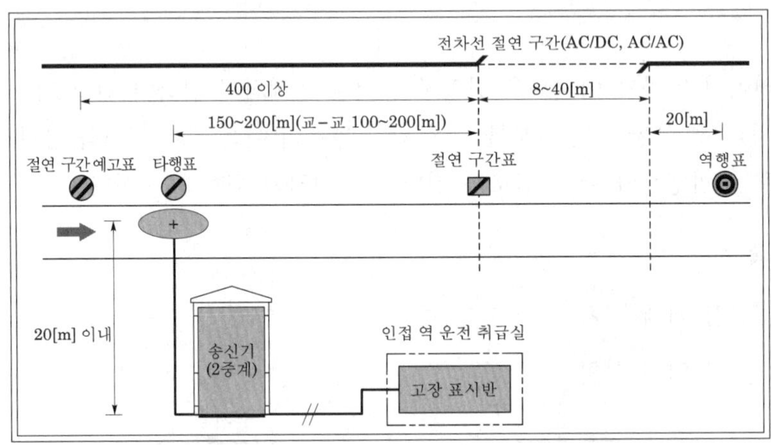

그림 ⬆ 5-92

(3) 동작 원리

송신기는 지상 설비인 지상자에 68[kHz]의 주파수를 항상 송신하는 능동(active) 방식의 역할을 하고 송신기의 고장시 무감응을 대비하여 시스템을 2중계화하고 고장 표시반에서 동작 상태를 확인할 수 있도록 해당 정보를 송신한다.

고장 표시반은 상/하선 송신기 1, 2계의 운용, 동작 상태 및 고장 감시 기능을 하며 각각의 상태에 따라서 해당 LED가 동작하고 고장 발생시에는 음성으로 방송이 나온다.

(4) 송신기와 지상자의 간격 : 20[m] 이내

(5) 특성의 조정 범위

① **송신 주파수** : 68[kHz]±68[Hz]

② **전원 전압** : 입력측 AC 110/220[V]±10[V](60[Hz]) 이하

③ **출력측** : DC 15/24[V]±0.2%

3 전원 장치

(1) 신호용 전원

철도 고압 배전 선로에서 신호용 변압기를 통하여 수전하고 수전 계통은 2중화(상용, 예비) 이상으로 구성한다.

(2) 3중화 예비용 전원의 절체 및 복귀 순서

① **절체 순서** : 철도 N_1 → 철도 N_2 → 한전

② **복귀 순서** : 한전 → 철도 N_1, 한전 → 철도 N_2

(3) 신호용 전원은 무정전 전원을 원칙으로 한다.

교류 단상 220[V] 직류 24[V]를 표준

(4) 장치별 전원

① **연동 장치** : 정전압 정류기 2조와 축전지를 부동 충전식으로 구성

② **전자 연동 장치 및 ATC 구간** : 무정전 전원 장치를 설치

③ **궤도 회로** : 교류 전원

㉮ **ATC 운전 구간의 AF 궤도 회로** : 무정전 전원 장치를 설치

㉯ **수전 계통을 2중화할 수 없는 구간** : 직류 바이어스 궤도 회로는 궤도 정류기(DC 2/4[V]) 및 축전지를 설치

④ **선로 전환기, 신호기, 폐색 장치** : 교류 전원

⑤ **건널목 보안 장치** : 정류기 및 축전지

(5) 변압기의 용량

① **용량의 종류** : 1, 3, 5, 10, 15, 20, 30, 50[kVA]를 기준

② **용량 계산식**

$$L_T \geq (E_1 \cdot i_1 \cdot N_1 + E_2 \cdot i_2 \cdot N_2 + \cdots\cdots + E_n \cdot i_n \cdot N_n) \times 1.25[\text{kVA}]$$

여기서, L_T[kVA] : 변압기 용량

(계산 결과의 수치와 동일한 용량 또는 가장 가까운 상위 용량의 것)

$E_1 \sim E_n$[V] : 부하로 되는 기기의 정격 전압
$i_1 \sim i_n$[A] : 부하로 되는 기기의 최대 계산 전류(역률 감안)
$N_1 \sim N_n$: 상기 $i_1 \sim i_n$에 대응하는 부하의 수량

(6) 변압기의 명칭

신호기용 : STr, 선로 전환기용 : PTr, 궤도 회로용 : TTr, 조작 표시반용 : ITr, 진로 선별등용(문자형) : RTr, 자동 폐색용 : BTr, 원격 제어용 : ETr, 건널목용 : LTr

(7) 배선용 차단기(N.F.B)의 용량

① 회로의 사용 최대 전류가 정격 전류의 80%를 초과하지 않도록 한다.

② **N.F.B의 용량** : 최소 5[A]

③ **회로에 흐르는 최대 사용 전류가 10[A]인 경우** : N.F.B의 용량(X)은 $10[A] \leq 0.8X[A]$로서 X는 12.5[A] 이상되므로 이 경우는 이보다 큰 15[A]로 사용한다.

(8) 정류기의 용량

① **24[V]용** : 20[A], 50[A], 100[A], 200[A]

② **60[V]용** : 30[A], 50[A], 100[A], 200[A]

③ **용량 계산식**

$$R_{fA} \geq (i_1 \cdot N_1 + i_2 \cdot N_2 + \cdots + i_n \cdot N_n) \times 1.25[A]$$

여기서, R_{fA} : 정류기의 용량
(계산 결과의 수치와 같은 용량 또는 가장 가까운 상위 용량)
$i_1 \sim i_n$: 부하의 정격 전류
$N_1 \sim N_n$: 상기 $i_1 \sim i_n$에 대응하는 부하의 수

(9) 전원선의 표시

① **교류 전원선** : (BX)측은 적색, (CX)측은 황색

② **직류 전원선** : (+)측은 적색, (−)측은 청색

③ 비닐 튜브 슬리브는 전원선 이외는 백색을 사용

4 축전지

(1) 연동 장치용 : 연축전지 또는 니켈 카드뮴

(2) 무정전 전원 장치용 : 니켈 카드뮴

(3) 축전지의 설치

① 연축전지는 다른 기기와 동일 기구함 내에 설치하지 않아야 하며 바이어스 궤도 정류기 (DC 2/4[V])용의 경우는 최하단에 설치한다.

② 축전지는 고무판 또는 목재 받침대 위에 극판이 잘 보이도록 설치한다.

③ 축전지를 수용하는 곳에는 필요에 따라 스포이드, 비중계, 증류수 제조기 등을 비치한다.

(4) 축전지의 충방전 전압

<table>
<tr><th>구 분</th><th>연축전지[V]</th><th>무보수 밀폐형[V]</th><th colspan="2">니켈 카드뮴[V]</th></tr>
<tr><td>공칭 전압</td><td>2.0</td><td>2.0</td><td colspan="2">1.2</td></tr>
<tr><td>부동 충전 전압</td><td>2.15~2.17</td><td>2.3~2.35</td><td colspan="2">1.40~1.42</td></tr>
<tr><td rowspan="2">균등 충전 전압</td><td rowspan="2">2.25~2.4</td><td rowspan="2">2.35~2.4</td><td>고율</td><td>1.55~1.65</td></tr>
<tr><td>초고율</td><td>1.52~1.57</td></tr>
</table>

5 접지 공사

(1) 접지극은 타입식 접지봉을 사용하고 지표면에서 750[mm] 이상 땅을 파서 매설한다.

(2) 1개의 접지봉으로 소정의 접지 저항치를 얻을 수 없는 경우는 2개 이상을 연결하여 사용하고 불충분한 경우 접지 저항 저감제 등을 사용한다.

(3) 접지극을 타입하는 장소에는 접지표를 설치한다.

(4) 접지선은 접지동선(GV) 14[mm^2]로 길이는 5~20[m] 범위로 하고 접지극간의 매설 지선은 나동선 22[mm^2] 이상을 사용하여 접지극 부속을 리드선에 직접 접속한다.

(5) 접지선은 지표상 2[m]까지는 폴리에틸렌 16[mm] 전선관으로 보호한다.

(6) 제3종 접지 공사의 접지극은 2개소 이상의 접지에 공용할 수 있다.

(7) 서로 다른 종별의 접지극은 공용해서는 안 된다.

(8) 고압용 기기 및 접지극과 신호용 접지와의 이격 거리 : 5[m] 이상

(9) 접지극과 건물의 그 밖의 구조물(목조는 제외)과의 이격 거리 : 1[m] 이상

(10) 특별 고압의 교류 전철 지지물과 신호용 접지극과의 이격 거리 : 5[m] 이상

(11) 매설 케이블류와 접지극의 이격 거리 : 1[m] 이상

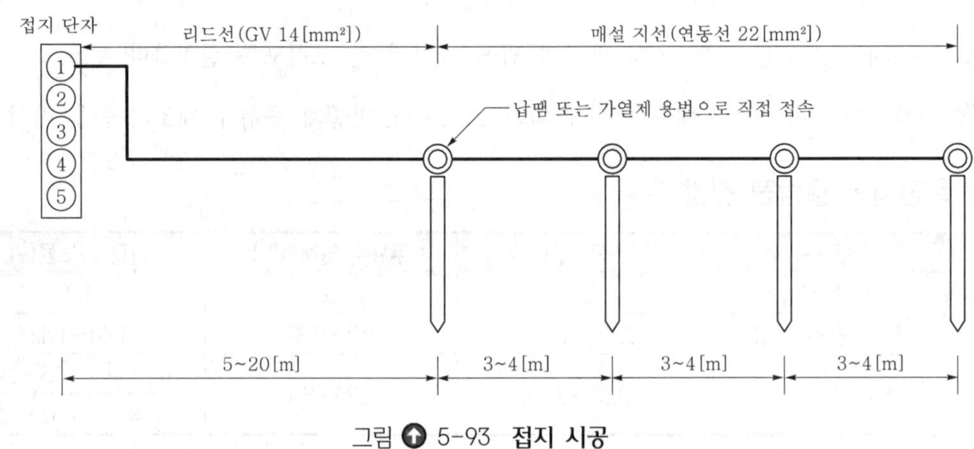

그림 ⬆ 5-93 **접지 시공**

(12) 접지 저항

① **제1종** : 신호 계전기실, 열차 집중 제어 장치 컴퓨터실, 신호 원격 제어 장치 및 건널목의 AC 전원은 10[Ω] 이하

② **제2종** : 전철 구간의 실외 설비로서 전원 기기를 포함한 주요 신호 기기는 50[Ω] 이하

③ **제3종** : 이 외의 신호 기기는 100[Ω] 이하

6 전선로

(1) 트로프 신설의 경우

케이블 점유율이 60% 내외를 수용할 수 있도록 한다.

(2) 시공상의 주의 사항

① 케이블 포설 시의 할증분은 100[m]당 3% 이하의 범위로 계상한다.

② 특히 강도가 필요한 경우 금속 전선관 등으로 약 1.8[m]까지 방호한다.

③ 케이블이 선로 노반 아래를 통과하는 경우는 방호관(흄관, 금속관, PVC관 등)에 수용하고 방호물의 상면이 침목 밑면에서 0.6[m] 이상의 깊이에 매설한다.

④ **매설의 깊이**

㉮ 케이블의 상면에서 0.6[m]에 매설한다.
㉯ 전선관 등으로 방호할 경우에는 방호물 상면에서 0.3[m] 이상에 매설한다.
㉰ 건널목을 횡단하는 경우에는 방호관에 수용하고 케이블의 상면에서 지표면하 0.8[m]의 깊이에 매설한다.
㉱ 방호관의 굵기는 전선 피복의 절연물을 포함한 단면적의 총 합계가 관의 내부 면적 40% 이하로 한다.
㉲ 매설 표지는 직선 구간 500[m]마다 설치한다.

(3) 시설물과 이격 거리

① 교류 전철 지지물과 매설한 신호 전선로와의 이격 거리는 1[m] 이상으로 한다.

② 케이블의 외피에 절연물을 밀착시켜 방호했을 경우는 0.3[m] 이상으로 한다.

(4) 케이블 접속 및 단말 처리

① **케이블의 접속**

㉮ 3[M] 접속법으로 시공한다.
㉯ 건널목 등의 횡단 개소나 곡선부는 피한다.
㉰ 트로프에 수용 또는 트로프 하면에 매설하고 페인트로 트로프 뚜껑에 적색 글씨로 “J”로 표시한다.

② **케이블의 단말 처리** : 케이블의 단말 심선 절연에 손상을 주지 않도록 외피를 벗겨내고 꼬임을 풀고 절취부에서 30[mm] 정도를 비닐테이프로 감는다.

7 기타

(1) 철거되는 기초는 지면 아래 10[cm] 이상 깰 것

(2) 계전기의 결선에 있어서는 회로의 부하를 균등히 하기 위하여 단위 회로를 구성하되 회로별로 2[A]를 초과하지 않도록 배치하고 매 회로에는 2[A] 이하의 퓨즈를 설치할 것

(3) 신호 계전기실 내의 기기 설치 시 고려 사항

① 보수가 용이할 것

② 작업상 지장이 없을 것

③ 기기의 기능에 영향을 주지 않을 것

④ 절연을 고려할 것

⑤ 상, 하층 또는 인접실 등에 신호 기기에 유도의 지장을 줄 설비가 없을 것

⑥ 건물 구조 및 조명, 공기 조화 설비 등과의 관계를 고려할 것

⑦ 개량 계획이 있는 경우에는 그 개량 계획에 적합하도록 배려할 것

(4) 밀착 검지기의 설치 위치

텅레일 첨단 끝에서 350[mm]

(5) 기초의 제거

지표면 아래 10[cm]까지 제거

(6) 되메우기

토사의 1층 두께 300[mm]마다 충분히 다질 것

(7) 콘크리트의 배합

① 시멘트 1 : 모래 3 : 자갈 6

② 물(W), 시멘트(C)의 중량비(W/C)=63%를 표준

8 캔트(Cant)와 슬랙(Slack)

(1) 캔트

열차가 곡선부를 주행할 때 원심력에 의하여 궤도 밖으로 탈선하려고 하며 이것을 막기 위해 곡선부에서 바깥쪽 레일을 높게 하는 고저차를 말한다.

① 캔트량

$$C = \frac{\text{궤간} \times \text{속도}^2}{0.127 \times \text{곡선 반경}} \Rightarrow C = \frac{11.8V^2}{R} - C'$$

여기서, C' : 캔트 조정량(0~100[mm])

② **효과** : 승차감 향상, 궤도 보수량 저감 등

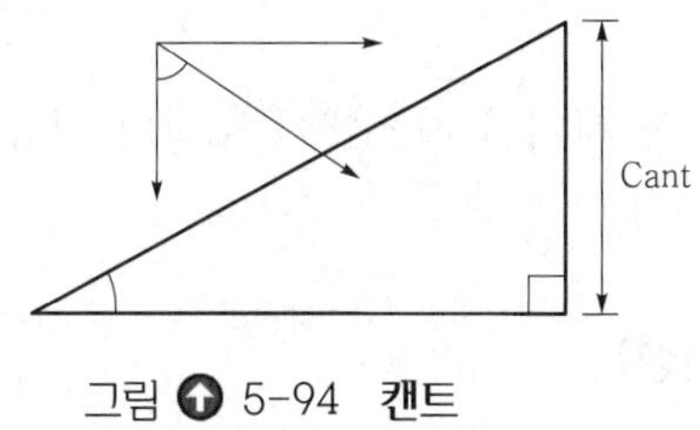

그림 ⬆ 5-94 캔트

(2) 슬랙

대차의 전후측은 레일과 직각이나 곡선부에서는 차륜 플랜지가 레일 측면에 끼워져 때로는 탈선되려고 하므로, 곡선부의 궤간을 직선부보다 조금 넓게 하는 것을 말한다.

① 철도 차량은 자동차와 틀려 고정 차축 구조로 2, 3개 차축을 대차와 결합하므로 차량 통과를 원활히 하기 위해 내측 레일을 외측으로 궤간을 확대한다.

② 마모로 인한 소음 및 탈선을 방지 위하여 설치한다.

③ 슬랙량

$$S = \frac{2,400}{R(\text{곡선 반경[m]})} - S' \text{ (조정 상수 : 0~15[mm])}$$

④ 최대값이 30[mm]이고, 800[mm] 이하 정체 곡선에 설치한다.

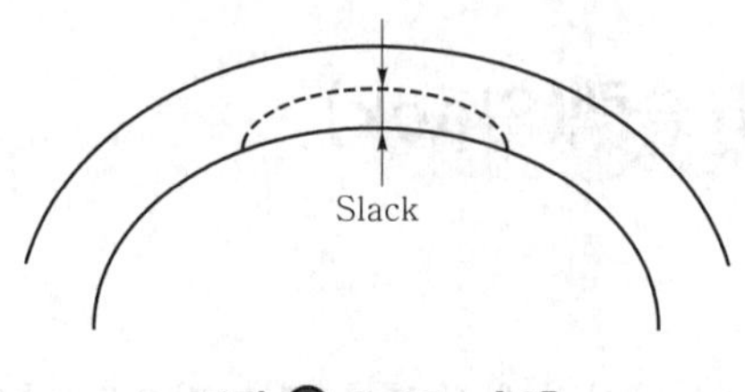

그림 ⬆ 5-95 슬랙

9 RAMS

(1) Reliability(신뢰성)

규정된 조건에서 의도하는 기간 중 규정된 기능을 수행하는 확률을 신뢰도라 하며 신뢰성의 정량적 척도로 사용한다.

(2) Availability(가용성)

어떤 사용 조건에서 특정 시기에 시스템이 소정의 기능을 발휘할 확률로 신뢰도와 보전도의 종합적인 평가 척도이다.

(3) Maintainability(보전성)

고장 발생시 수리 등으로 기능을 정상적으로 하는 것이다.

(4) Safety(안전성)

Fail-Safe, Fool Proof, 조작성, 인간 공학적으로 설계하는 것을 의미한다.

단원핵심문제

1 트랜지스터의 이미터 공통 접속 때의 전류 증폭률 β가 80일 때 베이스 공통 접속 때의 전류 증폭률 α는 얼마인가?

㉮ 0.99　　㉯ 1.05
㉰ 1.10　　㉱ 1.15

KEY POINT

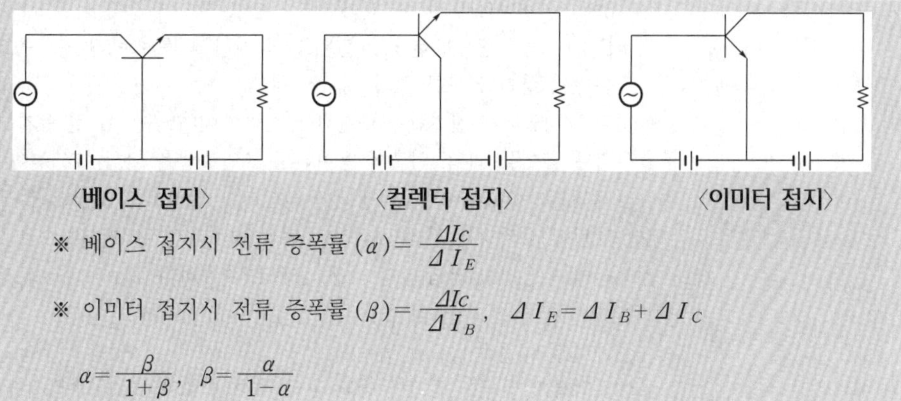

〈베이스 접지〉　〈컬렉터 접지〉　〈이미터 접지〉

※ 베이스 접지시 전류 증폭률 $(\alpha)=\dfrac{\Delta I_C}{\Delta I_E}$

※ 이미터 접지시 전류 증폭률 $(\beta)=\dfrac{\Delta I_C}{\Delta I_B}$, $\Delta I_E=\Delta I_B+\Delta I_C$

$\alpha=\dfrac{\beta}{1+\beta}$, $\beta=\dfrac{\alpha}{1-\alpha}$

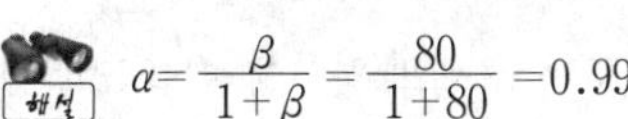

해설 $\alpha=\dfrac{\beta}{1+\beta}=\dfrac{80}{1+80}=0.99$

2 신호 케이블의 매설에 관한 설명으로 틀린 것은?

㉮ 특별한 경우 이외에는 지하 60[cm] 깊이로 매설한다.
㉯ 케이블 매설표를 설치하여야 한다.
㉰ 트로프 뚜껑의 상면과 지표면이 수평이 되어야 한다.
㉱ 케이블의 단말은 테이핑 처리만 하여 둔다.

KEY POINT

(1) 케이블의 포설과 매설

① 케이블은 트로프 또는 케이블 트레이 등 방호물에 수용한다.
② 선로 노반 밑을 통과하는 경우는 방호관(흄관, 금속관, PVC관 등)에 수용하고 방호물의 상면이 침목 밑면에서 0.6[m] 이상의 깊이에 매설한다.
③ 매설의 깊이는 케이블의 상면에서 0.6[m]로 하며 전선관 등으로 방호할 경우 방호물 상면에서 0.3[m] 이상으로 매설한다.

정답 : 1.㉮　2.㉱

④ 건널목을 횡단하는 경우 : 방호관에 수용하고 케이블의 상면에서 지표면하 0.8[m]의 깊이(중량물이 통과하는 건널목에서는 지표면하 1.2[m])로 매설. 다만, 농로와 같이 중량물이 통과하지 않는 건널목은 0.6[m]로 매설한다.

⑤ 방호관의 굵기는 전선 피복의 절연물을 포함한 단면적의 총 합계가 관의 내부 면적 40% 이하가 되도록 한다. 다만, 서로 다른 굵기의 전선을 수용할 경우에는 30% 이하가 되도록 할 수 있다.

⑥ 직매 구간 매설 후 매설표를 설치한다.
  ㉮ 분기 개소 및 궤도 횡단 위치
  ㉯ 직선 구간은 500[m]마다

⑦ 교류 전철 지지물과 매설한 신호 전선로와의 이격 거리는 지지물(기초 포함)에서 1[m] 이상으로 한다. 다만, 케이블의 외피에 절연물을 밀착시켜 방호했을 경우는 0.3[m] 이상으로 할 수 있다.

⑧ C.T.C 회선을 수용한 케이블은 전력 케이블 등과는 긴 구간을 평행시켜 매설 또는 포설하지 않도록 한다.

⑨ 직매 시공되는 전선관은 맨홀간에 굴곡이 없고 수평이 잘 유지되도록 시공하여야 하며 케이블 인입, 인출이 용이하도록 인출선을 삽입시켜 놓아야 한다.

⑩ 케이블 지지구의 간격은 1~2[m]로 하고 견고하게 고정하여 설치한다.

⑪ 교량에 설치하는 신호 케이블은 하프 파이프 또는 전선관으로 지지 금구를 설치하여 수용하고 3[m]마다 고정 금구로 지지한다.

(2) 케이블 접속 및 단말 처리

① 케이블의 접속 : 3[m] 접속

② 케이블의 접속은 건널목 등의 횡단 개소나 케이블이 구부러지는 개소에서 하여서는 안 된다.

③ 케이블의 접속 개소는 트로프에 수용 또는 트로프 하면에 매설하고 페인트로 트로프 뚜껑에 적색 글씨로 "J"로 표시한다.

④ 단말은 비닐 캡 등으로 처리한다.

⑤ 철거되는 케이블의 길이가 긴 것은 드럼에 감고, 짧은 것은 다발로 묶어 각각 공사 번호, 품명, 길이 등을 표시한다.

케이블의 단말은 비닐 캡 등으로 처리한다.

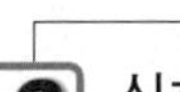

3 **신호 케이블 접속 및 단말 처리 과정에 대한 설명으로 적당하지 않은 것은?**

㉮ 접속 슬리브를 사용하여 접속한다.
㉯ 우산형 접속법으로 사용한다.
㉰ 각 심선은 서로 교차되게 하여 1개소에 접속점이 집중되어서는 아니되도록 한다.
㉱ 케이블의 단말은 압착용 터미널로 처리한다.

  **정답 : 3.㉮**

KEY POINT

➲ 문제 2번 참조

접속 개소에는 3M로 접속한다.

한 선구에서 둘 이상의 선구로 분기되는 지점을 향하여 운행 중인 열차가 정해진 행선지와 다른 방향으로 진입할 우려가 있는 곳에 설치하는 것은?

㉮ 자동 진로 설정 장치
㉯ 자동 폐색 신호기
㉰ 열차 번호 인식기
㉱ 열차 번호 처리 장치

KEY POINT

➲ ① **자동 진로 설정 장치(PRC)** : CTC 장치 관제실에서 정보 처리 장치인 EDP로부터 열차 운행 계획을 Dia를 받아 열차 추적 등 정보를 분석하여 자동 진로 제어 명령을 CTC 장치에 전송하는 기능을 하는 장치이다.

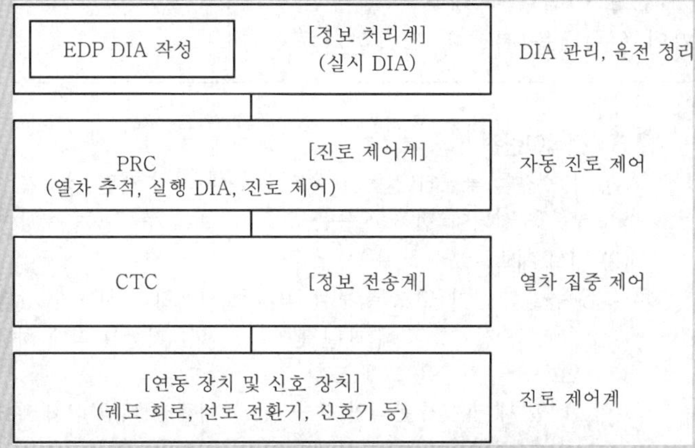

〈열차 운행 관리 시스템〉

② **열차 번호 처리 장치** : 관제실 조작판의 궤도 표시창에 설치하여 열차 번호는 표시하여 처리하는 장치로서 열차의 진행에 따라서 자동으로 이동

③ **자동 폐색 신호기** : 주로 역간의 자동 폐색 구간에 설치되어 열차의 위치에 따라 자동적으로 운전 조건을 지시하는 신호기

열차 번호 인식기 : 2개의 선로 이상으로 분기하는 역에서 행선지에 따라 신호를 착오없이 정확하게 현시할 수 있도록 열차 번호와 행선지를 운전 취급자에게 알려주는 장치

정답 : 4.㉰

 신호용 정류기에서 정류 회로의 무부하 전압이 330[V]이고, 전부하 전압이 320[V]라면 전압 변동률은 약 몇 [%]인가?

㉮ 2.2 ㉯ 2.5

㉰ 2.8 ㉱ 3.1

KEY POINT

➲ 전압 변동률

$$\varepsilon=\frac{V_o-V_n}{V_n}\times 100\%$$

여기서, V_o : 무부하 전압, V_n : 전부하 전압

 해설 $\varepsilon=\frac{330-320}{320}\times 100=3.1$

 직류식 전기 철도에서 지중 매설 금속체의 전식 방지법을 열거한 것이다. 틀린 것은?

㉮ 레일과 근접하여 보조 귀선을 설치한다.

㉯ 절연물에 의한 전기적 차폐를 한다.

㉰ 절연 귀선을 시설하여 레일과 접속한다.

㉱ 발전기의 (+)극을 귀선에 접속한다.

KEY POINT

➲ (1) 전식이란?

직류 전철 구간의 전동차 운전 전류에 의해 레일 전위가 상실되면서 전류가 대지로 일부 누설되어 전해 작용을 일으켜 철이 부식되는 현상이다.

(2) 전식 대책

① 누설 전류가 없도록 누설 저항을 크게하나 한계가 있다.

② 레일측 전위를 작게(레일 본드 등 귀선 저항을 작게 하고 변전소 간격을 줄임) 하고 누설 저항은 크게(도상 건조) 한다.

③ 터널 내에는 근본적인 누수 방지 대책을 마련한다.

④ 선로 전환기 고정 볼트에는 절연물을 삽입한다.

⑤ 차량 기지 부근에는 전철 귀선이 접지 저항이 작은 구조물과 접촉하지 않게 시공한다.

(3) 매설관은 최근 플라스틱관이나 피복으로 전식량이 감소하고 있으나 반면 고압 가스관 등은 높은 전식 기준에 의하여 오히려 엄격히 규제하고 있다.

① 선택 배류법 : 레일 부전위시 방향성을 갖도록 장치를 삽입한다.

② 강제 배류법 : 레일 정전위일 때 레일보다 높은 전압 사용, 시간에 따라 레일 전위가 변하므로 정전류형을 사용한다.

③ 외부 전원 방식 : 외부의 양극에서 대지로 전류를 흘려 매설관으로 유입시키는 경우

④ 기타 : 복선 이상의 경우 상하 크로스 본드가 회생 제동 부전원시 특히 유효하다.

해설 레일측 전위를 작게 하여야 하므로 발전기의 (+)선을 귀선에 접속하는 것은 전식 방치 대책이 될 수 없다.

  정답 : 5.㉱ 6.㉱

7 신호 보완 장치의 접지 공사 시공 방법 중 틀린 것은?

㉮ 제3종 접지 공사의 접지극은 2개소 이상의 접지에 공용할 수 있다.
㉯ 고압용 기기 및 접지극과 신호용 접지와의 이격 거리는 5[m] 이상으로 한다.
㉰ 매설 케이블류와 접지극의 이격 거리는 3[m] 이상으로 한다.
㉱ 접지극은 타입식 접지봉을 사용하고 지표면보다 750[mm] 이상 매설한다.

KEY POINT

① 지표면하 750[mm] 이하
② 접지선 : 접지동선(GV) 14[mm²], 길이는 5~20[m] 범위
③ 접지극간의 매설 지선 : 나동선 22[mm²] 이상, 길이는 5~20[m]
④ 접지선 지표상 2[m]까지 16[mm] 전선관으로 보호
⑤ 3종 접지 2개소 이상 공용할 수 있다.
⑥ 고압용 기기와 신호 기기 접지의 이격 거리 : 5[m] 이상
⑦ 접지극과 건물 구조물의 거리 : 1[m] 이상
⑧ 특고압 교류 전철 지지물과 신호용 접지 : 5[m] 이상
⑨ 매설 케이블류와 접지극의 이격 거리 : 1[m] 이상
⑩ 신호 계전기실, 열차 집중, 컴퓨터실, 신호 원격, 건널목 AC : 10[Ω] 이하
⑪ 전철 구간 실외 설비 중 전원 기기 포함주 신호 기기 : 50[Ω] 이하
⑫ 이 외의 신호 기기 : 100[Ω] 이하

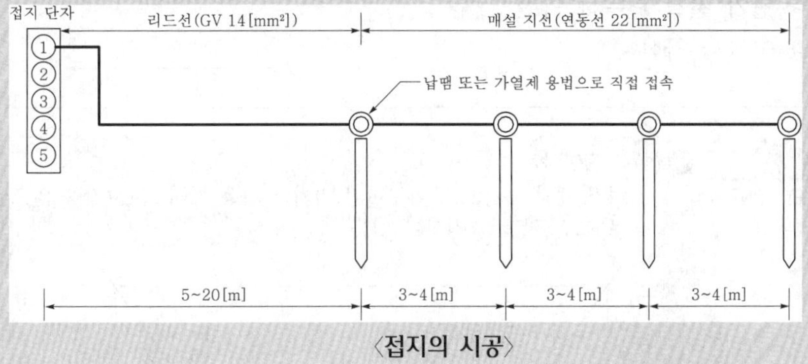

〈접지의 시공〉

해설 매설 케이블류와 접지극의 이격 거리는 1[m] 이상으로 한다.

8 다음은 결함 허용 시스템의 구현에 하드웨어적인 여분을 이용하는 방법으로 능동 하드웨어 여분(Active H/W Redundancy) 중 어느 시스템을 설명한 것이다. 이 시스템은 무엇인가?

"평상시 두 모듈이 동시에 동작을 하고 있고, 주 모듈만 출력을 하고 있다가 주 모듈에 고장이 발생할 경우 결함 검출과 함께 나머지 여분의 모듈이 출력을 수행하는 시스템으로 일반적으로 대기 이중계 시스템이라 한다."

㉮ Duplex system
㉯ Cold-standby sparing system
㉰ Hot-standby sparing system
㉱ Warm-standby sparing system

정답 : 7.㉰ 8.㉰

KEY POINT

(1) Duplex system
① 2조의 컴퓨터 또는 장치로 되어 있어, 한쪽이 정상적인 처리를 하고 있을 때는 다른 쪽이 대기하고 있으면서 다른 처리를 하다가 한쪽의 컴퓨터에 이상이 생기면 이를 대신하여 처리를 계속하는 시스템이다.
② 사용 개소 : 은행 온라인 시스템 등에 널리 사용된다.
(2) Cold-standby sparing system : 이중화 시스템에서 현재 사용하고 있는 시스템에 장애가 발생했을 때 운용자가 예비 시스템의 전원을 넣어 초기 프로그램 처리를 진행하면서 현재 사용 중인 시스템의 운용을 계속하는 방식이다.
(3) Warm-standby sparing system : 예비 장치를 즉시 동작시키는 데 필요한 에너지의 일부를 공급받고 있다가 전환될 때 전체 에너지를 공급받아 동작할 수 있는 방식이다.

해설 Hot-standby sparing system : 예비 장치를 항상 동작 상태로 해 놓고 언제든지 즉시 대치할 수 있도록 한 것

9 그림의 곡선은 어느 것에 속하는가?

㉮ 유도 전압 곡선
㉯ 신뢰성 곡선
㉰ 전기 전철기 부하 곡선
㉱ 고장률 곡선

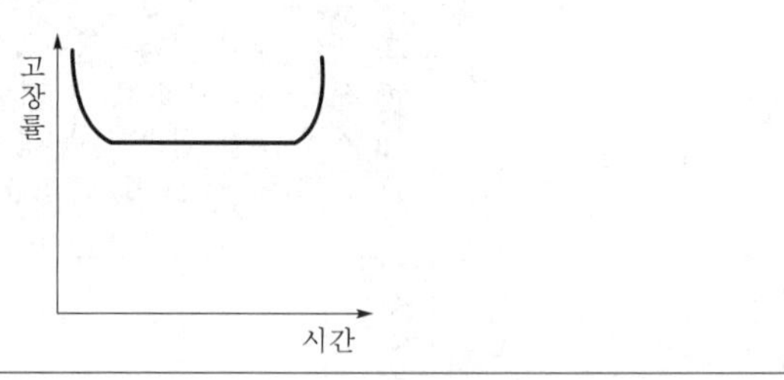

KEY POINT

(1) 고장이란?
여러 개의 부품으로 이루어진 기기가 사용 개시 후 고장을 일으키는 것을 시간적으로 보면 일정한 경향이 있다.

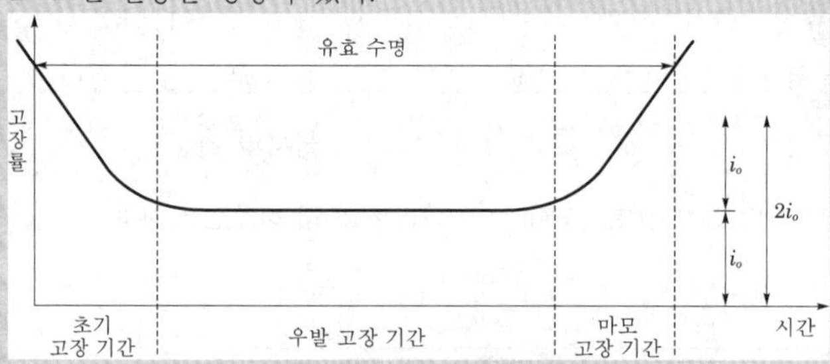

〈고장률 곡선(Bethtub Curve)〉

(2) 고장의 종류
① 초기 고장 : 기기가 제작되어 사용률 초기에 비교적 많이 일어나는 고장
② 우발 고장 : 초기 고장은 제작 단계에서 충분한 노력과 예방 활동에 의하여 어느 수준 이하로 줄일 수 있으나, 통제 안 되는 외부 환경 등에 의하여 일어나는 고장
③ 마모 고장
㉮ 일반적으로 물질의 마모나 변화 혹은 파손과 같이 특성 저하 진행 중에 발생
㉯ 마모 고장은 고장 확률이 급속히 진행되어 나중에 신뢰도가 급격히 저하

해설 시간에 따른 고장률을 나타내는 것은 고장률 곡선이다.

정답 : 9.㉱

10 신호용 전원에 관한 설명으로 틀린 것은?

㉮ 열차 운행 중 타 분야 설비용 전원의 불안정이 신호 장치에 영향을 줄 수 있으므로 독립된 전원을 사용한다.
㉯ 신호 장치는 선로상 열차 위치 파악을 기본으로 하여 제어하므로 모든 전원이 차단되어도 최소한의 열차 위치 파악과 진로 제어가 이루어지도록 전원을 유지하도록 한다.
㉰ 신호 전원의 차단은 열차 운전을 저해하는 등의 예측치 못한 사고를 유발할 수 있다.
㉱ 신호 전원은 24시간 계속 부하로 신호 장치의 보수와 공사를 위하여는 보수용 전동기 등을 접지와 상관없이 사용하여도 무방하다.

KEY POINT

① 신호용 전원은 철도 고압 배전 선로에서 신호용 변압기를 통하여 수전하고 수전 계통은 2중화(상용, 예비) 이상으로 구성한다.
② 수전 계통을 2중화 이상으로 할 수 없거나 신호 전용 배전 선로를 상용으로 할 수 없는 경우에는 예비 전원 장치를 설비하며 예비 전원 장치는 축전지와 그에 의한 변환 장치로 설치한다.
③ 무정전 전원을 원칙으로 하고 교류 단상 220[V] 직류 24[V]를 표준으로 한다.
④ 신호 설비 이외의 다른 계통에 공급하지 않도록 하여야 한다. 다만, 열차 운전에 관계있는 설비로서 필요하다고 인정되는 경우에는 신호 설비에 영향을 주지 않도록 하여야 한다.

해설 신호 전원은 단독으로 사용하여야 한다.

11 궤도의 곡선부를 열차가 달리고 있을 때 원심력에 의해서 열차를 곡선의 외측으로 비상시켜 벗어나게 하는 힘이 작용한다. 이것을 수직 방향 힘으로 풀어주기 위해 곡선의 내측 레일보다 외측 레일을 조금 높게 한다. 이 고저차를 무엇이라고 하는가?

㉮ 슬랙 ㉯ 캔트
㉰ 궤간차 ㉱ 곡선 반경

KEY POINT

(1) 캔트
① 열차가 곡선부를 주행할 때 원심력에 의하여 궤도 밖으로 탈선하려고 하며 이것을 막기 위해 곡선부에서 바깥쪽 레일을 높게 하는 고저차
② 효과 : 승차감 향상, 궤도 보수량 저감 등

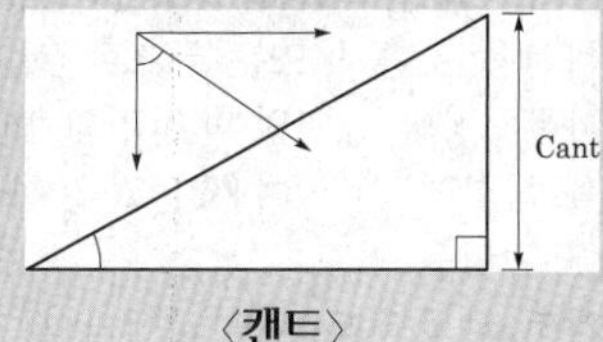

〈캔트〉

(2) 슬랙

① 대차의 전후측은 레일과 직각이나 곡선부에서는 차륜 플랜지가 레일 측면에 끼워져 때로는 탈선되려고 하므로, 곡선부의 궤간을 직선부 보다 조금 넓게 하는 것

② 효과 : 마모로 인한 소음 및 탈선을 방지

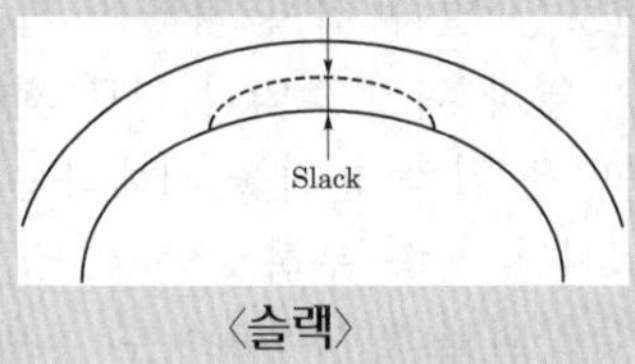

〈슬랙〉

캔트 : 열차가 곡선부를 주행할 때 원심력에 의하여 궤도 밖으로 탈선하려고 할 때 이것을 막기 위해 곡선부에서 바깥쪽 레일을 높게 하는 고저차

12 축전지가 방전하면 비중은?

㉮ 높아진다. ㉯ 낮아진다.
㉰ 불변이다. ㉱ 낮아졌다 높아진다.

KEY POINT

연축전지

① 평상시 : 비중 1.25 정도, 기전력은 2[V]

② 방전시 : 비중 1.15 정도, 기전력은 1.8[V]

③ 충전시 : 평상시 상태로 돌아감

해설 충전을 시키면 황산의 농도가 높아지고, 방전을 시키면 물이 증가하면서 비중이 낮아진다.

13 신호 시설물의 관리를 할 때 금지하지 않아도 되는 사항은?

㉮ 계전기, 회로 제어기 등의 접점에 코드 기타 방법으로 접속하는 일

㉯ 퓨즈 대신 다른 도체로 대용하는 일

㉰ 취급자가 지정되어 있는 것을 무단히 취급하는 일

㉱ 사용이 정지된 경우 계전기를 전도시키는 일

KEY POINT

(1) 금지 사항

① 사용중인 계전기, 회로 제어기, 전자 카드 등의 접점과 부품에 코드선이나 기타의 방법으로 접속하여 회로를 구성하는 일

② 배선용 차단기 또는 퓨즈에 정격 재료가 아닌 다른 도체로 대용하는 일

③ 사무소장의 승인없이 장치의 변경(결선 변경을 포함한다)을 하는 일. 다만, 승인을 득할 시간적 여유가 없을 때에는 관계처와 협의하여 시행한 후 최단 시일 내에 승인을 얻도록 한다.

④ 지정된 종별의 계전기 이외의 것으로 대용하는 일

정답 : 12.㉯ 13.㉱

⑤ 취급자가 정하여져 하는 것을 허락 없이 취급하는 일
⑥ AF 궤도 회로의 정하여진 주파수나 지시 속도 코드비를 변경하는 일

(2) 기기의 사용을 중지한 경우 외에 하여서는 안 되는 것
① 계전기를 인위적으로 작동시키는 일
② 계전기 또는 기타의 전기기를 정당한 조건 없이 타 전원으로 작동시키는 일
③ 기계 신호기를 리버에 의하지 않고 동작시키는 일
④ 계전기의 봉인을 임의로 훼손하는 일
⑤ 선로 전환기를 임의로 전환하는 일
⑥ 소정의 취급에 의하지 않고 통표를 인출하는 일

해설 사용중인 계전기의 전도는 금지 사항이나 사용 중지중인 계전기는 관계가 없다.

14 교류 전철 구간에서는 위험을 방지하기 위하여 각종 신호기에 몇 종 접지 공사를 하여야 하는가?

㉮ 제1종　　㉯ 제2종
㉰ 제3종　　㉱ 제4종

KEY POINT

① **제1종** : 신호 계전기실, 열차 집중 제어 장치, 컴퓨터실, 신호 원격 제어 장치, 건널목 AC 전원부 : 10[Ω]
② **제2종** : 전철 구간 실외 설비 중 전원 기기 포함 주요 신호 기기 : 50[Ω] 이하
③ **제3종** : 그 외 100[Ω] 이하

해설 신호기는 그 외의 설비에 해당하기 때문에 3종 접지를 시행한다.

15 특별히 지정되지 않은 신호 기기 상호간의 절연 저항은?

㉮ 100[MΩ] 이하　　㉯ 1[MΩ] 이하
㉰ 100[MΩ] 이상　　㉱ 1[MΩ] 이상

KEY POINT

절연 저항
① 신호 기기의 도체 부분과 기구 사이 : 5[MΩ] 이상
② 전기 선로 전환기의 코일 바깥 상자 및 도체 부분 사이 : 5[MΩ] 이상
③ 연동기 조작판의 도체 부분과 다른 금속 사이 : 1[MΩ] 이상
④ 소형 변압기의 코일 상호간 및 도체 부분과 금속 사이 : 1[MΩ] 이상
⑤ 심선 상호간 : 1[MΩ] 이상
⑥ 전원 장치의 도체와 금속 사이 : 3[MΩ] 이상
⑦ 신호 기기(각종) 도체 상호간의 도체와 외함 사이 : 1[MΩ] 이상

정답 : 14.㉰ 15.㉱

특별히 지정되지 않은 신호 기기 상호간의 절연 저항은 1[MΩ] 이상으로 한다.

16 정류기로부터 축전지와 부하를 병렬로 접속하여 그 회로 전압을 축전지의 전압보다 약간 높게 유지시켜 사용하는 충전 방식은?

㉮ 초 충전 ㉯ 균등 충전
㉰ 부동 충전 ㉱ 세류 충전

KEY POINT

① **초 충전** : 조립한 축전지를 처음으로 충전할 때 사용하는 방법
② **균등 충전** : 직렬로 접속된 축전지를 부동 상태로 사용하면 개개의 축전지에 비중이나 전압의 분리가 발생하는데 이것을 균일화하기 위해 사용하는 충전 방법(정전압 충전)
③ **세류 충전** : 자기가 방전한 양 만큼만 충전하는 방식

평상시 부하와 병렬로 접속하여 계속 충전하는 방식은 부동 충전이다.

17 신호 설비에 고장이 발생하여도 위험한 출력을 하지 않도록 하는 것을 무엇이라 하는가?

㉮ Fail-safe ㉯ Fool-proof
㉰ Fail-soft ㉱ Dual system

KEY POINT

① Fail-safe
㉮ 신호 설비에 고장이 발생하여도 위험한 출력을 하지 않도록 하는 것
㉯ 건널목 차단간 전원 고장시 자체 무게로 하강
㉰ 궤도 회로 폐전로식 등
② Fool-proof
㉮ 실수로 조작하여도 사고로부터 안전하게 회로를 구성
㉯ 차량 점유시 분기부 선로 전환기 전환 방지
㉰ 연동 장치 제어반 압구 쇄정 등
③ Fail-soft
㉮ 설비의 일부 고장시 전체 기능이 정지되지 않도록 하는 것
㉯ 계전기의 카본 접점 사용
④ Dual system
㉮ 동일하고 같은 종류, 기능의 장치를 다중 설비하여 선택적, 나열적으로 사용하는 방법
㉯ 신호 전구 필라멘트 2중계, 신호 입력 전원 2중계 등
⑤ Back-up system
㉮ 주요 기능의 기기를 예비로 대기하여 시스템 고장시 그 기능을 대행하는 설비
㉯ 대용 폐색, 대용 수신호, ATS는 기관사의 Back-up system 등

정답 : 16.㉰ 17.㉮

⑥ **정격 여유**
㉮ 전기적, 기계적으로 정격값보다 낮은 수치 적용
㉯ 신호 전구 정격 전압의 0.8~0.9배 사용, 기기 정격 전압 이하 사용 등
⑦ **고장 진단 회복 기능**
㉮ 고장 발생시 자동 진단하여 보수에 효율성을 기함
㉯ 신호 전구의 단심 검지기, Computer system의 자가 진단 등

신호 설비를 설비함에 있어 가장 중요시 하는 것 중의 하나이다.

EMI 대책으로 옳지 않은 것은?
㉮ 주 변압기 1, 2차에 병렬로 필터를 삽입하여 고조파 감쇄
㉯ 신호 처리 과정을 Analog화하여 불규칙 잡음에 대한 오동작 방지
㉰ 대역 통과 필터(Band Pass Filter)를 사용
㉱ 궤도 회로의 완동, 완방 기능 부여로 순간적 오동작 방지

KEY POINT

① EMI(Electro Magnetic Interference) : 전자파, 전자기의 간섭과 방해
② **EMI 대책**
㉮ 잡음 발생원의 절대치 감소
㉠ 전차선 전원의 왜곡을 감소하기 위해 열차에 PWM 방식을 채용하여 내부에서 발생하는 고조파를 상쇄시킨다.
㉡ 주 변압기의 1, 2차에 병렬로 필터를 삽입하여 고조파를 감쇄시킨다.
㉯ 전달 경로 차단
㉠ 도전성 잡음 : 대역 통과 필터(Band Pass Filter) 채용, 차폐 트랜스 및 서지 흡수 장치 설치 등
㉡ 방사성 잡음 : 정전 차폐, 전자 차폐 및 접지
㉰ 잡음 대상(Recepter)의 전자파 잡음에 대한 면역성 강화(EMS)
㉠ ATC 장치 전원을 전차선 전원과 동조시킨 전위 동기 방식 채용
㉡ ATC 반송파를 2개의 주파수로 조합시킨 주파 조합 방식(AF-SSB2)과 대역 여파기(BPF)의 선택도 개선
㉢ 신호 처리 과정을 Digital화하여 불규칙 잡음에 대한 오동작 방지
㉣ 궤도 회로의 완동, 완방 기능 부여로 순간적 오동작 방지 등

EMI는 전자기파의 간섭과 방해로 이것에 대한 대책으로 신호 처리 과정을 디지털화하여 잡음에 대한 오동작을 방지한다.

정답 : 18.㉯

전차선 절연 예고 장치의 송신 주파수는?

㉮ 58[kHz] ㉯ 68[kHz]
㉰ 78[kHz] ㉱ 88[kHz]

KEY POINT

① 송신기와 지상자의 간격 : 20[m] 이내
② 전원 전압 : 입력측 AC 110/220[V]±10[V], 60[Hz] 이하
③ 출력 전압 : DC 15/24[V]±1.2%

해설 전차선 절연 예고 장치의 송신 주파수는 68[kHz]±68[Hz]이다.

다음 중 신호변압기의 명칭 중 틀린 것은?

㉮ 신호기용 : TTr ㉯ 선로 전환기용 : PTr
㉰ 조작 표시반용 : ITr ㉱ 건널목용 : LTr

KEY POINT

① 선로 전환기용 : PTr
② 궤도 회로용 : TTr
③ 조작 표시반용 : ITr
④ 진로선별용 : RTr
⑤ 자동 폐색용 : BTr
⑥ 원격 제어용 : ETr
⑦ 건널목용 : LTr

해설 신호기용은 STr이라 한다.

정답 : 19.㉯ 20.㉮

부 록

과년도 출제문제

철도신호기사

2016. 3. 6

제1과목 전자공학

01 진폭이 12[V]인 교류의 단상 전파 정류된 전압 평균값은 약 몇 [V]인가?

① 3.82 ② 7.64
③ 18.84 ④ 37.7

해설

순시 전압 $v = V_m \sin\omega t$[V]

평균 전압 $V_{dc} = \frac{2V_m}{\pi}$

$\therefore V_{dc} = \frac{2 \times 12}{\pi} = 7.64$[V]

02 그림과 같은 회로에서 동작점을 안정화시키기 위한 소자는?

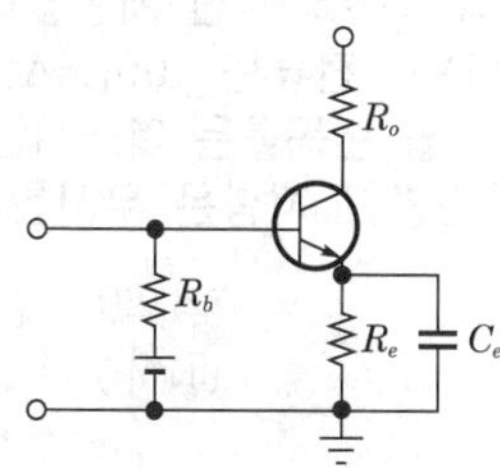

① R_o ② R_b
③ R_e ④ C_e

해설

동작점

- 무신호 시에 출력 전압과 출력 전류에 의해 정해지는 증폭기의 DC 동작점
- 교류 입력 신호의 증폭 동작은 이 점을 중심으로 이루어짐
- Q점은 절대적으로 안정되어야 함

〈변동 요인〉

① I_{co}의 온도 변화
② V_{BE}의 온도 변화
③ TR 품질 불균일
④ 회로 bias 저항값 변화

03 검파 효율이 90[%]인 직선 검파 회로에 반송파의 진폭이 10[V]이고 AM 변조도가 50[%]인 피변조파를 인가하는 경우 출력에 나타나는 신호파의 진폭은 몇 [V]인가?

① 4.5 ② 2.5
③ 9.5 ④ 5.2

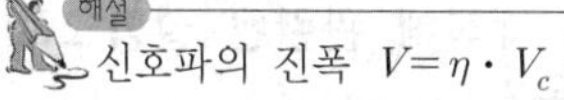

해설

신호파의 진폭 $V = \eta \cdot V_c \cdot m$
$= 0.9 \times 10 \times 0.5$
$= 4.5$[V]

여기서, η : 검파 효율
V_c : 반송파 진폭
m : 변조도

04 디엠퍼시스(de-emphasis) 회로에 대한 설명으로 틀린 것은?

① FM 수신기에 이용된다.
② 일종의 적분 회로이다.
③ 높은 주파수의 출력을 감소시킨다.
④ 반송파를 억제하고 양측 파대를 통과시킨다.

해설

디엠퍼시스(de-emphasis) 회로

송신측에서 강조되어 들어온 고역 신호를 원상태로 낮추기 위한 회로

- 적분 회로

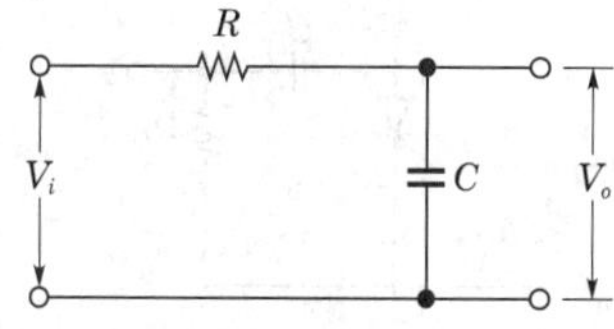

- FM 수신기에 이용
- S/N비 개선

정답 : 1.② 2.③ 3.① 4.④

05 이상적인 연산 증폭기가 갖추어야 할 조건으로 옳은 것은?

① 입력 임피던스 $Z_{in} \rightarrow 0$

② 출력 임피던스 $Z_{out} \rightarrow \infty$

③ CMRR → 0

④ 대역폭 $BW \rightarrow \infty$

해설

OP-Amp 특징

- 입력 임피던스 $Z_{in} \rightarrow \infty$
- 출력 임피던스 $Z_{out} \rightarrow 0$
- 전압 이득 $A_v \rightarrow \infty$
- 주파수 대역폭 $BW \rightarrow \infty$
- 동상 신호 제거비(CMRR) → ∞
- 온도 드리프트 특성이 거의 없다.

06 집적 회로(IC)의 제작에 관련된 설명으로 적합하지 않은 것은?

① 웨이퍼 제작을 위해서는 먼저 다결정을 고순도의 단결정으로 만들어야 한다.

② 원하는 부분만을 불순물을 확산시키기 위해서 SiO_2 산화막 등을 사용한다.

③ 웨이퍼 제작을 위해서 주로 Si나 Ge 단결정을 사용한다.

④ 불순물의 농도 차이에 의해 Si 웨이퍼 속에 불순물을 넣는 방법을 확산법이라 한다.

해설

실리콘 웨이퍼(Silicon wafer)는 다 결정의 실리콘(Si)을 원재료로 하여 만들어진 단결정 실리콘 박판을 말한다.

07 다음과 같은 회로는 무슨 회로인가?

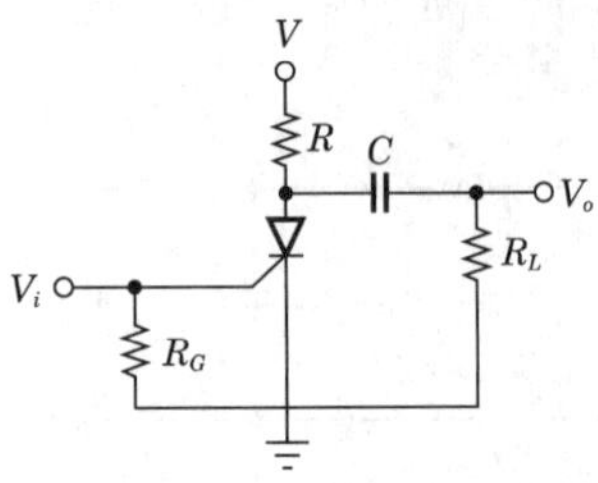

① 비교 회로

② 쌍안정 회로

③ 펄스 발생 회로

④ 톱날파형 발생 회로

08 그림과 같은 연산 증폭기 회로의 출력 $V_0(t)$는?

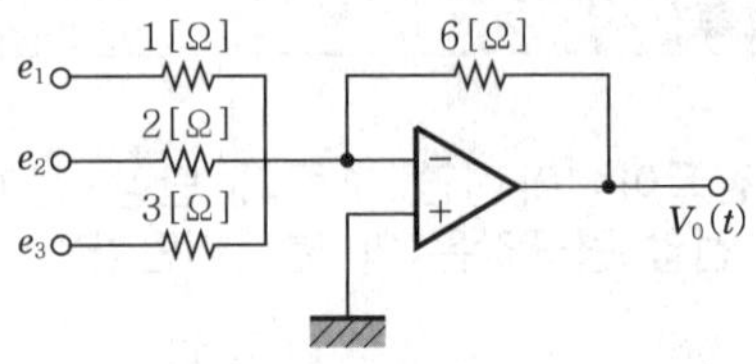

① $-6e_1 - 3e_2 - 2e_3$

② $7e_1 + 4e_2 + 3e_3$

③ $e_1 + 2e_2 + 3e_3$

④ $6e_1 + 3e_2 + 2e_3$

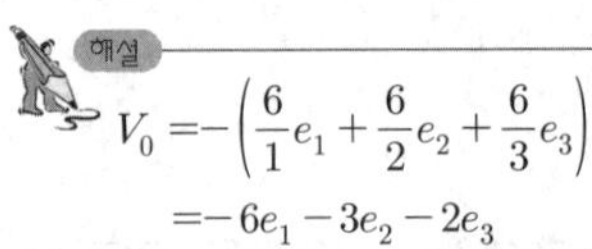

해설

$$V_0 = -\left(\frac{6}{1}e_1 + \frac{6}{2}e_2 + \frac{6}{3}e_3\right)$$
$$= -6e_1 - 3e_2 - 2e_3$$

09 변압기의 2차측 권선 저항값이 2[Ω]이고 전압은 12[V], 전류는 100[mA]의 전원이라고 할 때 전압 변동률은 몇 [%]인가? (단, 다이오드의 순방향 저항은 무시한다.)

① 10 ② 20

③ 30 ④ 40

해설

- 변압기 2차측 저항 : 2[Ω]
- 전압 12[V] → 무부하 전압[V]
- 2차측 2[Ω]에 흐르는 전류 : 100[mA]
- 2[Ω]에 걸리는 전압 $V_2 = IR$
$$= 100 \times 10^{-3} \times 2$$
$$= 0.2[V]$$
- 2[Ω]에 의한 전압 변동 $V_0 = 12[V] - 0.2[V]$
$$= 11.8[V]$$

$$\therefore \text{ 전압 변동률 } \varepsilon = \frac{V - V_0}{V_0} \times 100$$
$$= \frac{12 - 11.8}{11.8} \times 100$$
$$= 1.69[\%]$$

정답 : 5.④ 6.③ 7.③ 8.① 9.정답 없음

10 전력 증폭기에 대한 설명 중 틀린 것은?

① A급 증폭기의 출력 전류는 입력 전압의 전 주기(full cycle)에서 흐른다.
② B급 증폭기는 전주기(full cycle) 동작을 위해 Push-pull 방식으로 사용된다.
③ AB급 증폭기는 저주파 증폭기로 사용된다.
④ C급 증폭기는 $\pi < \theta < 2\pi$ 사이에서 컬렉터 전류가 흐른다.

해설

전력 증폭기의 특성 비교

구 분	A급	B급	AB급	C급
동작점 Q	전달 특성 곡선의 중앙점	전달 특성 곡선의 차단점	중앙~ 차단점	전달 특성 곡선의 차단점 밖
유통각 (동작 주기)	$\theta = 2\pi$ (1주기)	$\theta = \pi$ $\left(\frac{1}{2}\text{주기}\right)$	$\pi < \theta < 2\pi$ $\left(\frac{1}{2}\text{~ 1주기}\right)$	$\theta < \pi$ $\left(\frac{1}{2}\text{주기 미만}\right)$
파형	전파	반파	반파~ 전파	반파 미만
왜곡	거의 없음	반파 정도 왜곡	약간 왜곡	반파 이상 왜곡
전력 손실	크다.	작다.	약간 있다.	거의 없다.
전력 효율	50[%] 이하	78.5[%] 이하	50[%] 이상	78.5[%] 이상

11 PN 접합 다이오드의 전류-전압 특성에 관한 설명 중 틀린 것은?

① PN 접합 다이오드에 흐르는 전류는 역포화 전류와 관계가 있다.
② 역포화 전류는 온도 상승에 따라 급격히 상승한다.
③ 양의 전압이 커질수록 전류는 증가한다.
④ 다이오드에 흐르는 전류는 다이오드 내부 저항의 제곱에 비례하여 증가한다.

12 10진수 583을 BCD코드로 변환하면?

① 0101 1000 1100
② 1010 1000 0011
③ 0101 1010 0011
④ 0101 1000 0011

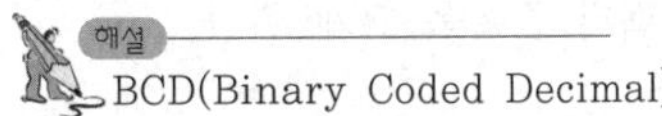
해설

BCD(Binary Coded Decimal)

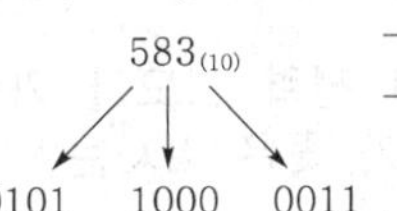

→ 2진화 10진수
→ 10진수 1자리를 2진수 4자리로 나타낸다.
→ 010110000011(BCD)

13 다음과 같은 다이오드 응용 논리 회로에서 출력 전압(V_0)의 크기는 몇 [V]인가?

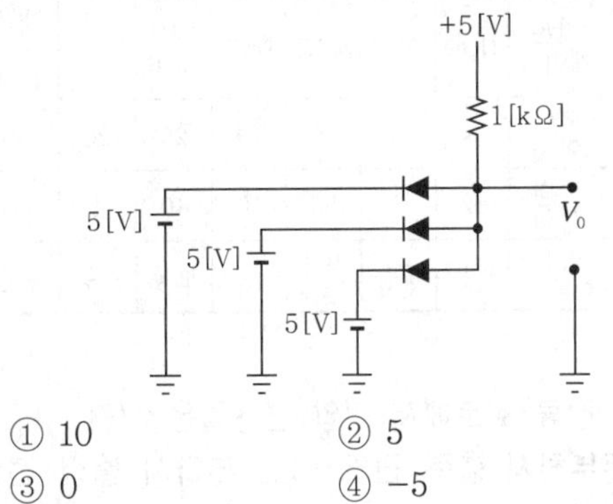

① 10 ② 5
③ 0 ④ −5

해설

3개의 다이오드 N형측에 5[V]의 전압이 걸려 있고 P형측에 5[V]가 걸려 있으므로 다이오드는 차단 상태가 된다. 따라서 출력 V_0은 5[V]가 나타난다.

14 지연 특성을 가지며, 채터링(chattering) 현상을 방지하기 위해 사용하는 플립 플롭은?

① T 플립 플롭 ② JK 플립 플롭
③ D 플립 플롭 ④ RS 플립 플롭

해설

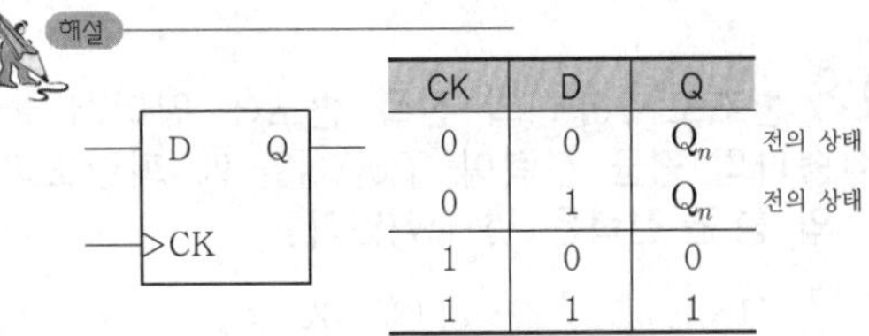

CK	D	Q
0	0	Q_n 전의 상태
0	1	Q_n 전의 상태
1	0	0
1	1	1

정답 : 10.④ 11.④ 12.④ 13.② 14.③

15 트랜지스터에서 주파수 특성을 좋게 하기 위한 것은?

① 베이스 폭을 얇게 한다.
② 컬렉터 폭을 얇게 한다.
③ 이미터 폭을 크게 한다.
④ 이미터와 컬렉터의 폭을 크게 한다.

16 논리 소자 중에서 전력 소모가 가장 적으면서 잡음 여유도가 좋은 소자는?

① CMOS ② DTL
③ ECL ④ TTL

구 분	RT2	DTL	HTL	TTL	EC2	MOS	CMOS
기본 게이트	NOR	NAND	NAND	NAND	OR/NOR	NAND	NOR 또는 NAND
팬 아웃	5	8	10	10	25	20	50
소비 전력	12	8	55	10	40	1	0.01
잡음 여유도	보통	좋음	매우 좋음	좋음	보통	보통	좋음

17 정류 회로에서 전압 변동률은? (단, V_o : 무부하시 출력 전압, V_i : 부하시 출력 전압이다.)

① $\varDelta VE=\dfrac{V_i-V_o}{V_i}\times 100$

② $\varDelta V=\dfrac{V_o-V_i}{V_i}\times 100$

③ $\varDelta V=\dfrac{V_i-V_o}{V_o}\times 100$

④ $\varDelta V=\dfrac{V_o-V_i}{V_o}\times 100$

18 변조도 80[%]의 진폭 변조에 있어서 반송파의 평균 전력이 100[W]일 때 피변조파의 평균 전력은 몇 [W]인가?

① 118 ② 132
③ 140 ④ 160

$$P_m=P_c\left(1+\frac{m^2}{2}\right)=100\times\left(1+\frac{0.8^2}{2}\right)=132$$

여기서, P_m : 피변조파 전력
P_c : 반송파 전력
m : 변조도

19 BJT에 대한 FET의 특징이 아닌 것은?

① 열에 대하여 동작이 안정하다.
② 입력 저항이 작다.
③ 게이트 전압으로 드레인 전류를 제어한다.
④ 잡음이 적다.

FET와 TR의 비교

FET	TR
• 단극성(unipolar) 소자이다. • 게이트 전압의 가변으로 드레인 전류를 제어한다. • 전력 소비가 적다. • 입력 임피던스(저항)가 높다. • 잡음이 적다. • 수명이 길다. • 이득-대역폭이 크다.	• 양극성(bipolar) 소자이다. • 베이스 전류의 흐름으로 컬렉터 전류의 제어가 이루어진다. • 전력 소비가 적다. • 입력 임피던스(저항)가 낮다. • 대체로 잡음이 크다. • 수명이 길다. • 이득-대역폭이 작다.

※ FET는 TR에 비해 속도가 느리며 이득-대역폭이 작아서 고주파에서는 이득이 떨어져 특성이 나쁘고, 온도가 상승하면 캐리어 이동도가 감소하기 때문에 I_{DS}는 부온도 계수를 갖는다.

20 다음 중 잡음 지수의 설명으로 틀린 것은?

① 무잡음 이상 증폭기의 잡음 지수는 1이다.
② 실제의 증폭기 잡음 지수 NF는 1보다 크다.
③ 시스템의 성능을 평가하는 지수이다.
④ 다단 증폭기의 종합 지수는 각 단의 잡음 지수의 합이다.

다단 증폭기 잡음 지수

$$NF_0=NF_1+\frac{NF_2-1}{G_1}+\frac{NF_3-1}{G_1\cdot G_2}\cdots\cdots$$

- 전체 잡음 지수는 주로 첫단의 잡음 지수에 의해 결정된다.
- 잡음 지수 NF는 항상 1보다 크거나 같다. 즉, 잡음 발생이 많을수록 NF는 1보다 커진다.

정답 : 15.① 16.① 17.② 18.② 19.② 20.④

제2과목 회로이론 및 제어공학

21 평형 3상 △결선 회로에서 선간 전압(E_l)과 상전압(E_p)의 관계로 옳은 것은?

① $E_l = \sqrt{3}\,E_p$
② $E_l = 3E_p$
③ $E_l = E_p$
④ $E_l = \dfrac{1}{\sqrt{3}}E_p$

해설
△결선(환상 결선)의 선간 전압, 선전류, 상전압, 상전류의 관계
- 선간 전압(E_l)= 상전압(E_p)[V]
- 선전류(I_l) = $\sqrt{3}$상 전류(I_p)$\angle -\dfrac{\pi}{6}$[A]

22 정격 전압에서 1[kW]의 전력을 소비하는 저항에 정격의 80[%] 전압을 가할 때의 전력[W]은?

① 320 ② 540
③ 640 ④ 860

해설
전력 $P = \dfrac{V^2}{R} = 1[\text{kW}] = 1{,}000[\text{W}]$

$\therefore\ P' = \dfrac{(0.8V)^2}{R} = 0.64 \times \dfrac{V^2}{R}$
$= 0.64 \times 1{,}000 = 640[\text{W}]$

23 그림에서 $t = 0$에서 스위치 S를 닫았다. 콘덴서에 충전된 초기 전압 $V_C(0)$가 1[V]였다면 전류 $i(t)$를 변환한 값 $I(s)$는?

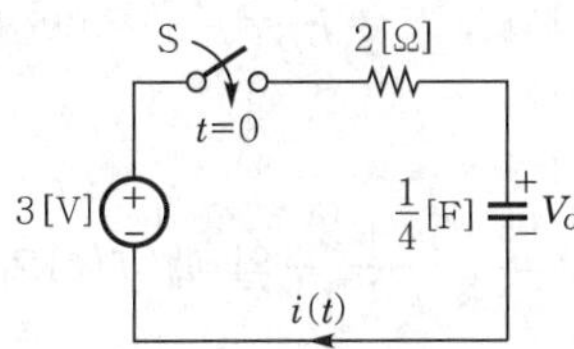

① $\dfrac{3}{2s+4}$ ② $\dfrac{3}{s(2s+4)}$
③ $\dfrac{2}{s(s+2)}$ ④ $\dfrac{1}{s+2}$

해설
콘덴서에 초기 전압 $V_C(0)$가 있는 경우이므로

전류 $i(t) = \dfrac{E - V_C(0)}{E}e^{-\frac{1}{RC}t}$

$\therefore\ i(t) = \dfrac{3-1}{2}e^{-\frac{1}{2\times\frac{1}{4}}t} = e^{-2t}$

$\because\ I(s) = \mathcal{L}^{-1}[i(t)] = \dfrac{1}{s+2}$

24 그림과 같은 회로에서 i_x는 몇 [A]인가?

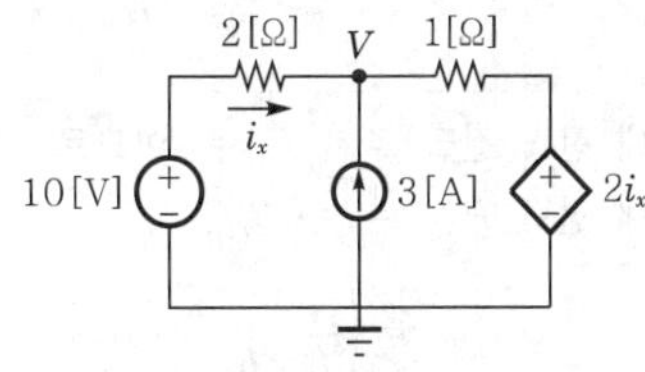

① 3.2 ② 2.6
③ 2.0 ④ 1.4

해설
중첩의 정리에 의해 전류원 개방시 2[Ω]에 흐르는 전류 i'

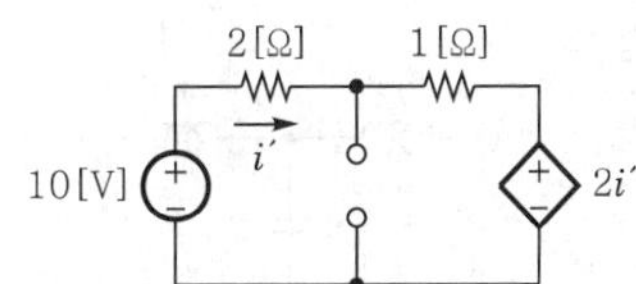

$\dfrac{10-2i'}{3} = i'$

$\therefore\ i' = 2[\text{A}]$

전압원 단락시 각 부의 전류를 정하면

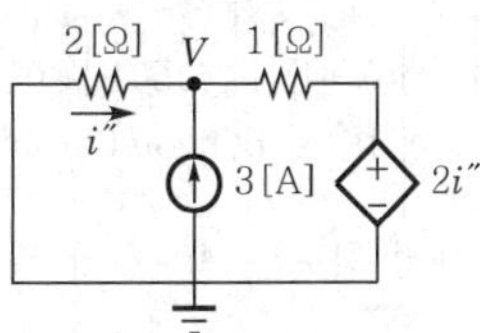

$i'' = -\dfrac{V}{2}$

$V = -2i''$

$i'' + 3 = \dfrac{V - 2i''}{1}$

$\therefore\ i'' = -0.6[\text{A}]$
$i_x = i' + i'' = 2 - 0.6 = 1.4[\text{A}]$

25 그림과 같이 전압 V와 저항 R로 구성되는 회로 단자 A-B 간에 적당한 저항 R_L을 접속하여 R_L에서 소비되는 전력을 최대로 하게 했다. 이때 R_L에서 소비되는 전력 P는?

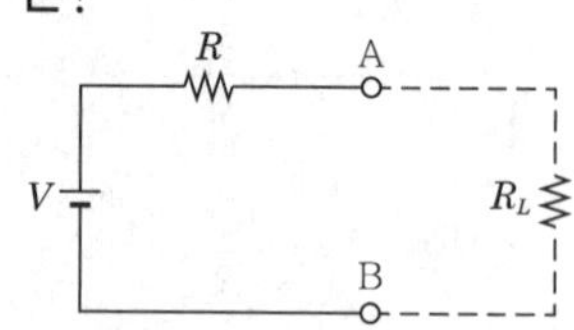

① $\dfrac{V^2}{4R}$　② $\dfrac{V^2}{2R}$
③ R　④ $2R$

해설
최대 전력 전달 조건 $R_L = R$이므로
최대 전력 $P_{\max} = I^2 \cdot R_L\big|_{R_L=R}$

$$= \left(\frac{V}{R+R_L}\right)^2 \cdot R_L\bigg|_{R_L=R}$$

$$= \frac{V^2}{4R}\,[\mathrm{W}]$$

26 다음의 T형 4단자망 회로에서 $ABCD$ 파라미터 사이의 성질 중 성립되는 대칭 조건은?

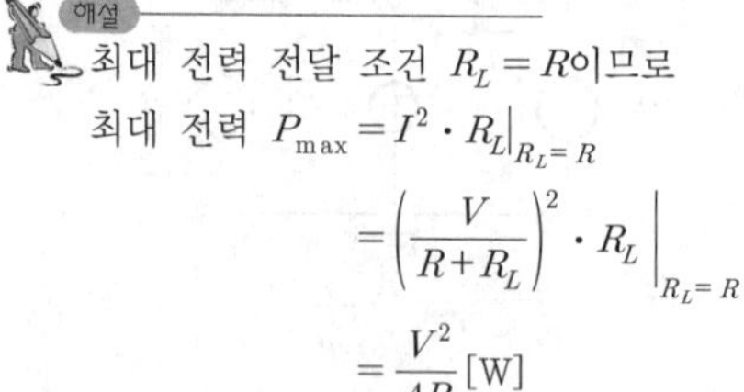

① $A = D$　② $A = C$
③ $B = C$　④ $B = A$

해설

$$\begin{bmatrix} A & B \\ C & D \end{bmatrix} = \begin{bmatrix} 1 & j\omega L \\ 0 & 1 \end{bmatrix}\begin{bmatrix} 1 & 0 \\ j\omega C & 1 \end{bmatrix}\begin{bmatrix} 1 & j\omega L \\ 0 & 1 \end{bmatrix}$$

$$= \begin{bmatrix} 1-\omega^2 LC & j\omega L(2-\omega^2 LC) \\ j\omega C & 1-\omega^2 LC \end{bmatrix}$$

∴ T형 대칭 회로는 $A=D$가 된다.

27 분포 정수 회로에서 선로의 특성 임피던스를 Z_0, 전파 정수를 γ라 할 때 무한장 선로에 있어서 송전단에서 본 직렬 임피던스는?

① $\dfrac{Z_0}{\gamma}$　② $\sqrt{\gamma Z_0}$
③ γZ_0　④ $\dfrac{\gamma}{Z_0}$

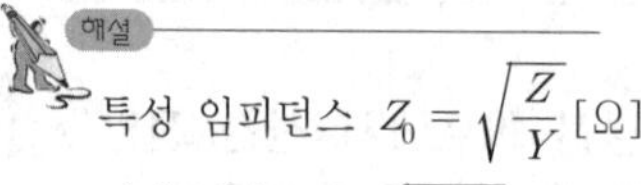

특성 임피던스 $Z_0 = \sqrt{\dfrac{Z}{Y}}\,[\Omega]$

전파 정수 $\gamma = \sqrt{Z \cdot Y}$

$\therefore\ \gamma \cdot Z_0 = \sqrt{Z \cdot Y} \cdot \sqrt{\dfrac{Z}{Y}} = Z$

$\because$ 직렬 임피던스 $Z = \gamma \cdot Z_0$

28 그림의 RLC 직·병렬 회로를 등가 병렬 회로로 바꿀 경우, 저항과 리액턴스는 각각 몇 [Ω]인가?

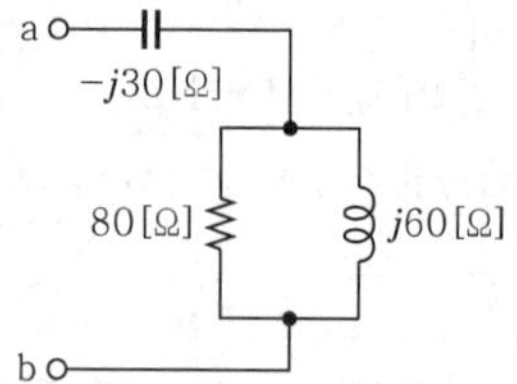

① 46.23, j87.67　② 46.23, j107.15
③ 31.25, j87.67　④ 31.25, j107.15

해설
합성 임피던스 $Z = j30 + \dfrac{80 \times j60}{80 + j60} = 28.8 + j8.4\,[\Omega]$

등가 병렬 회로로 바꾸기 위해 어드미턴스를 구하면

$$Y = \frac{1}{Z} = \frac{1}{28.8+j8.4} = \frac{28.8-j8.4}{(28.8+j8.4)(28.8-j8.4)}$$

$$= \frac{4}{125} - j\frac{7}{750}\,[\mho]$$

∴ RL 병렬 회로

컨덕턴스 $G = \dfrac{4}{125}\,[\mho]$

$\because$ 저항 $R = \dfrac{1}{G} = \dfrac{125}{4} = 31.25\,[\Omega]$

유도 서셉턴스 $B = -j\dfrac{7}{750}\,[\mho]$

$\because$ 리액턴스 $X_L = j\dfrac{1}{B} = j\dfrac{750}{7} \fallingdotseq j107.14\,[\Omega]$

29 $F(s) = \dfrac{5s+3}{s(s+1)}$일 때 $f(t)$의 정상값은?

① 5　② 3
③ 1　④ 0

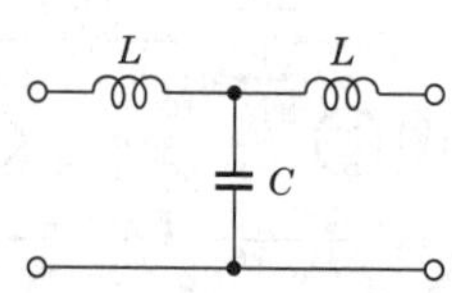

정답 : 25.① 26.① 27.③ 28.④ 29.②

정상값은 최종값과 같으므로 최종값 정리에 의해

$$\lim_{s\to 0} s\cdot F(s)=\lim_{s\to 0} s\frac{5s+3}{s(s+1)}=3$$

30 선간 전압이 200[V], 선전류가 $10\sqrt{3}$[A], 부하 역률이 80[%]인 평형 3상 회로의 무효 전력[Var]은?

① 3,600 ② 3,000
③ 2,400 ④ 1,800

무효 전력 $P_r=\sqrt{3}\,VI\sin\theta$[Var]

여기서, 무효율 $\sin\theta=\sqrt{1-\cos\theta}=\sqrt{1-0.8^2}=0.6$ 이므로

$\therefore\ P_r=\sqrt{3}\times 200\times 10\sqrt{3}\times 0.6=3{,}600$[Var]

31 제어 오차가 검출될 때 오차가 변화하는 속도에 비례하여 조작량을 조절하는 동작으로 오차가 커지는 것을 사전에 방지하는 제어 동작은?

① 미분 동작 제어
② 비례 동작 제어
③ 적분 동작 제어
④ 온-오프(on-off) 제어

미분 동작 제어

레이트 동작 또는 단순히 D동작이라 하며 단독으로 쓰이지 않고 비례 또는 비례+적분 동작과 함께 쓰인다.

미분 동작은 오차(편차)의 증가 속도에 비례하여 제어 신호를 만들어 오차가 커지는 것을 미리 방지하는 효과를 가지고 있다.

32 다음과 같은 상태 방정식으로 표현되는 제어계에 대한 설명으로 틀린 것은?

$$\dot{x}=\begin{bmatrix}0 & 1\\ -2 & -3\end{bmatrix}x+\begin{bmatrix}1 & 1\\ 0 & -2\end{bmatrix}u$$

① 2차 제어계이다.
② x는 (2×1)의 벡터이다.
③ 특성 방정식은 $(s+1)(s+2)=0$이다.
④ 제어계는 부족 제동(under damped)된 상태에 있다.

특성 방정식 : $|sI-A|=0$

$$\left|\begin{bmatrix}s & 0\\ 0 & s\end{bmatrix}-\begin{bmatrix}0 & 1\\ -2 & -3\end{bmatrix}\right|=0$$

$$\begin{vmatrix}s & -1\\ 2 & s+3\end{vmatrix}=0$$

$\therefore\ s(s+3)+2=0$

$s^2+3s+2=0$

$(s+1)(s+2)=0$

$2\delta\omega_n=3$에서 $\delta=\dfrac{3}{2\sqrt{2}}=1.06$이므로 이 제어계는 과제동 상태에 있다.

33 벡터 궤적이 다음과 같이 표시되는 요소는?

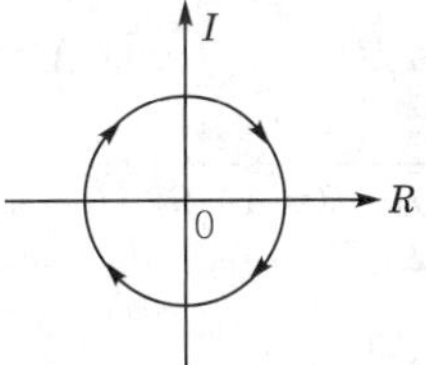

① 비례 요소 ② 1차 지연 요소
③ 2차 지연 요소 ④ 부동작 시간 요소

부동작 시간 요소의 전달 함수

$G(j\omega)=e^{-j\omega L}=\cos\omega L-j\sin\omega L$

크기 $|G(j\omega)|=\sqrt{(\cos\omega L)^2+(\sin\omega L)^2}=1$

∴ 반지름 1인 원

34 그림과 같은 이산 치계의 z변환 전달 함수 $\dfrac{C(z)}{R(z)}$를 구하면? $\left(단,\ Z\left[\dfrac{1}{s+a}\right]=\dfrac{z}{z-e^{-aT}}\right)$

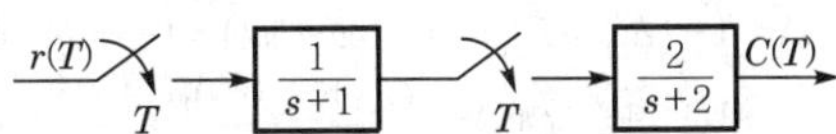

① $\dfrac{2z}{z-e^{-T}}-\dfrac{2z}{z-e^{-2T}}$

② $\dfrac{2z^2}{(z-e^{-T})(z-e^{-2T})}$

③ $\dfrac{2z}{z-e^{-2T}}-\dfrac{2z}{z-e^{-T}}$

④ $\dfrac{2z}{(z-e^{-T})(z-e^{-2T})}$

정답 : 30.① 31.① 32.④ 33.④ 34.②

해설

$C(z)=G_1(z)G_2(z)R(z)$

$\therefore\ G(z)=\dfrac{C(z)}{R(z)}$

$=G_1(z)G_2(z)=Z\left[\dfrac{1}{s+1}\right]\cdot Z\left[\dfrac{1}{s+2}\right]$

$=\dfrac{2z^2}{(z-e^{-T})(z-e^{-2T})}$

35 다음의 논리 회로를 간단히 하면?

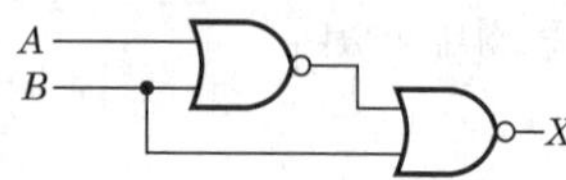

① $X=AB$　② $X=A\overline{B}$
③ $X=\overline{A}B$　④ $X=\overline{AB}$

해설

$X=\overline{\overline{A+B}+B}=\overline{\overline{A+B}}\cdot\overline{B}=(A+B)\overline{B}$
$=A\overline{B}+B\overline{B}=A\overline{B}$

36 그림과 같은 신호 흐름 선도에서 $\dfrac{C(s)}{R(s)}$의 값은?

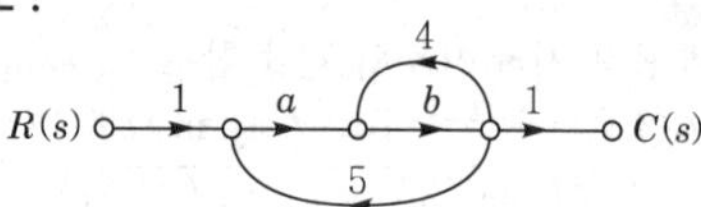

① $\dfrac{ab}{1-4b-5ab}$　② $\dfrac{ab}{1+4b-5ab}$
③ $\dfrac{ab}{1-4b+5ab}$　④ $\dfrac{ab}{1+4b+5ab}$

해설

$1\cdot a\cdot b\cdot 1=ab$

$\Delta_1=1$

$\Delta=1-(L_{11}+L_{21})=1-(4b+5ab)=1-4b-5ab$

$\therefore$ 전달 함수 $G(s)=\dfrac{C(s)}{R(s)}=\dfrac{G_1\Delta_1}{\Delta}=\dfrac{ab}{1-4b-5ab}$

37 단위 계단 입력에 대한 응답 특성이 $c(t)=1-e^{-\frac{1}{T}t}$로 나타나는 제어계는?

① 비례 제어계
② 적분 제어계
③ 1차 지연 제어계
④ 2차 지연 제어계

해설

단위 계단 입력이므로 $r(t)=u(t)$, $R(s)=\dfrac{1}{s}$

응답, 즉 출력은

$c(t)=1-e^{-\frac{1}{T}t}$이므로

$C(s)=\dfrac{1}{s}-\dfrac{1}{s+\frac{1}{T}}$

$\therefore$ 전달 함수 $G(s)=\dfrac{C(s)}{R(s)}=\dfrac{\frac{1}{s}-\frac{1}{s+\frac{1}{T}}}{\frac{1}{s}}$

$=\dfrac{1}{Ts+1}$

$\because$ 1차 지연 제어계이다.

38 $G(s)H(s)=\dfrac{K(s+1)}{s^2(s+2)(s+3)}$에서 근궤적의 수는?

① 1　② 2
③ 3　④ 4

해설

근궤적의 개수는 z와 p 중 큰 것과 일치한다.
영점의 개수 $z=1$, 극점의 개수 $p=4$이다.
$\therefore$ 근궤적의 개수는 극점의 개수인 4개이다.

39 주파수 응답에 의한 위치 제어계의 설계에서 계통의 안정도 척도와 관계가 적은 것은?

① 공진치　② 위상 여유
③ 이득 여유　④ 고유 주파수

해설

위상 여유 $\phi_m>0$, 이득 여유 $g_m>0$, 위상 교점 주파수 $\omega_\pi>$이득 교점 주파수 ω_1의 조건이 만족되어 있으면 제어계는 안정이다. 또한, 공진 정점이 너무 커지면 과도 응답시 오버 슈트가 커지므로 불안정하게 된다. 하지만 고유 주파수$\left(\omega_m=\dfrac{1}{\sqrt{LC}}\right)$는 안정도와는 무관하다.

40 나이퀴스트(Nyquist) 선도에서의 임계점 (-1, $j0$)에 대응하는 보드 선도에서의 이득과 위상은?

① 1[dB], 0°　② 0[dB], -90°
③ 0[dB], 90°　④ 0[dB], -180°

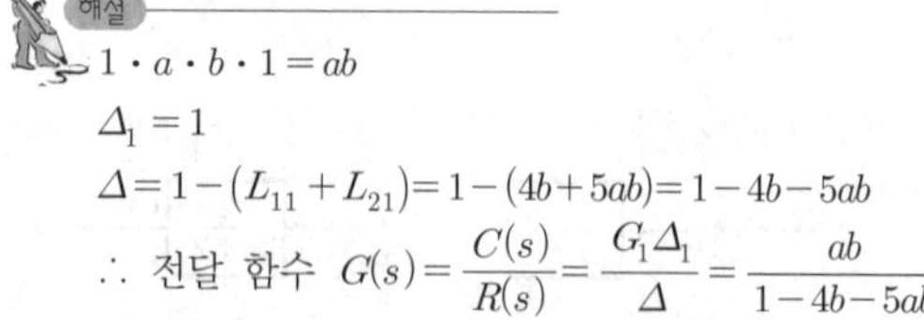
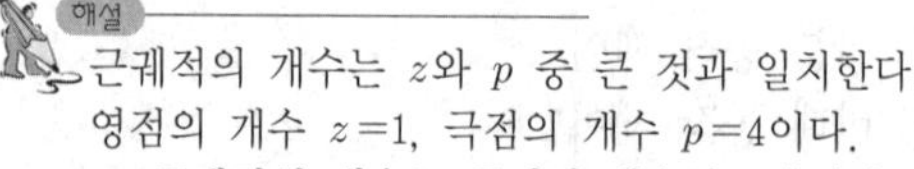

정답 : 35.② 36.① 37.③ 38.④ 39.④ 40.④

- 이득 $g = 20\log_{10}|G| = 20\log 1 = 0[\text{dB}]$
- 위상 : 180° 또는 −180°

제3과목 신호기기

41 220[V], 3상 유도 전동기의 전부하 슬립이 4[%]이다. 공급 전압이 10[%] 저하된 경우의 전부하 슬립은?

① 4[%] ② 5[%]
③ 6[%] ④ 7[%]

동기 좌표로 표시한 토크(T_s)

$$T_s = \frac{V_1^2 \cdot \dfrac{r_2}{s}}{\left(r_1 + \dfrac{r_2}{s}\right)^2 + (x_1 + x_2')^2} \text{에서}$$

슬립 $s \propto \dfrac{1}{V_1^2}$

$$s : s' = \frac{1}{V_1^2} : \frac{1}{V_1'^2}$$

$$s' = s\left(\frac{V_1}{V_1'}\right)^2$$

$$= 0.04 \times \left(\frac{V_1}{0.9V_1}\right)^2$$

$$= 0.04 \times \frac{1}{0.9^2} \fallingdotseq 0.05 = 5[\%]$$

42 전기 선로 전환기의 전동기 특성 곡선에서 전동기가 기동한 후 전류가 감소함에 따라 전동기의 회전수는 어떻게 변화하는가?

① 정지한다.
② 일정하다.
③ 감소한다.
④ 증가된다.

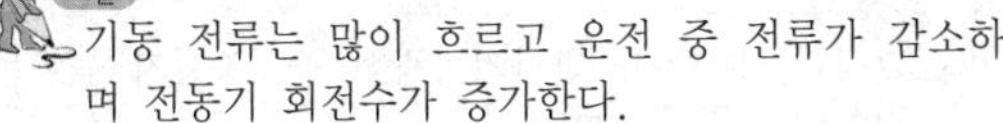
기동 전류는 많이 흐르고 운전 중 전류가 감소하며 전동기 회전수가 증가한다.

43 8극 60[Hz], 500[kW] 3상 유도 전동기의 전부하 슬립이 2.5[%]라 한다. 이때의 회전수[rps]는?

① 11.6
② 14.6
③ 877
④ 900

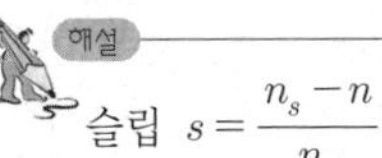
슬립 $s = \dfrac{n_s - n}{n_s} \times 100$

$$n_s = \frac{2f}{p} = \frac{2 \times 60}{8} = 15[\text{rps}]$$

$$n = n_s(1-s) = 15(1-0.025)$$

$$= 14.625[\text{rps}]$$

44 건널목 제어자 2440형을 궤도에 연결하고자 한다. 연결 방법으로 옳은 것은?

① 입력측 ⊖와 출력측 ⊖는 궤도에, 나머지는 직결
② 입력측 ⊕와 출력측 ⊖는 궤도에, 나머지는 직결
③ 입력측 ⊖와 출력측 ⊕는 궤도에, 나머지는 직결
④ 입력측 ⊕와 출력측 ⊕는 궤도에, 나머지는 직결

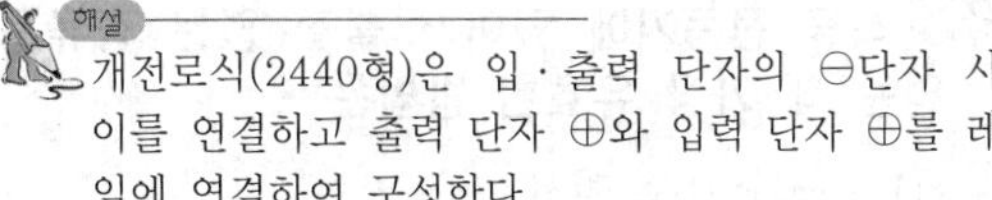
개전로식(2440형)은 입·출력 단자의 ⊖단자 사이를 연결하고 출력 단자 ⊕와 입력 단자 ⊕를 레일에 연결하여 구성한다.

45 변압기의 부하가 증가할 때의 현상으로 틀린 것은?

① 동손이 증가한다.
② 온도가 상승한다.
③ 철손이 증가한다.
④ 여자 전류는 변함이 없다.

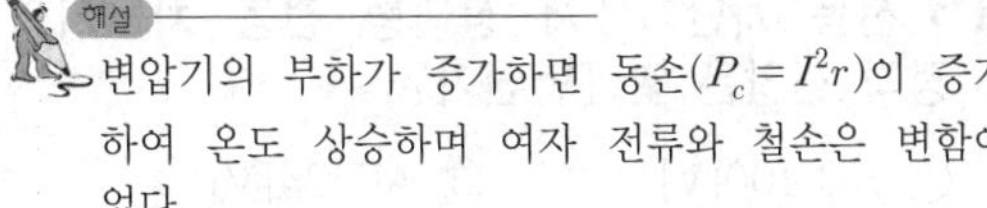
변압기의 부하가 증가하면 동손($P_c = I^2 r$)이 증가하여 온도 상승하며 여자 전류와 철손은 변함이 없다.

정답 : 41.② 42.④ 43.② 44.④ 45.③

46 신호용 무극 선조 계전기가 여자되었다가 15.6[V]에서 무여자되었다. 이 계전기의 저항은 몇 [Ω]인가? (단, 이때 여자 전류는 0.12[A]이고, 무여자 전압은 여자 전압의 65[%]이다.)

① 500　　② 300
③ 200　　④ 100

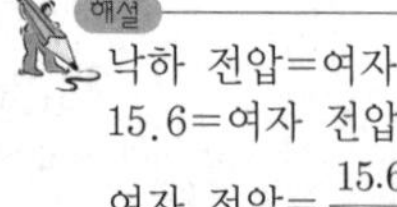

해설
낙하 전압=여자 전압×0.65
15.6=여자 전압×0.65

$$\text{여자 전압}=\frac{15.6}{0.65}=24$$

$$R=\frac{V}{I}=\frac{24}{0.12}=200$$

47 다음 ㉠~㉢에 들어갈 내용이 아닌 것은?

> 3상 유도 전동기 기동 보상기의 탭 전압은 일반적으로 정격 전압의 (㉠)[%], (㉡)[%], (㉢)[%]가 표준이다.

① 35　　② 50
③ 65　　④ 80

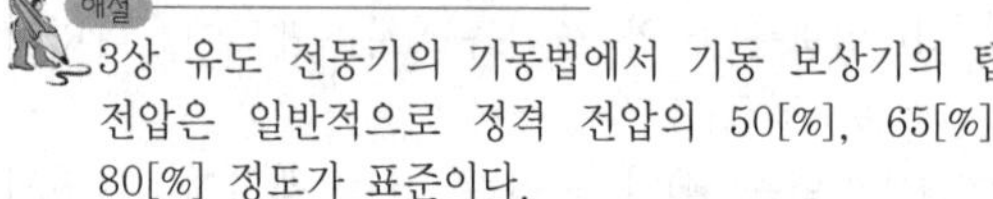

해설
3상 유도 전동기의 기동법에서 기동 보상기의 탭 전압은 일반적으로 정격 전압의 50[%], 65[%], 80[%] 정도가 표준이다.

48 직류 전동기에 있어서 불꽃 없는 정류를 얻는 데 가장 유효한 방법은?

① 보극과 보상 권선
② 보극과 탄소 브러시
③ 탄소 브러시와 보상 권선
④ 자기 포화와 브러시의 이동

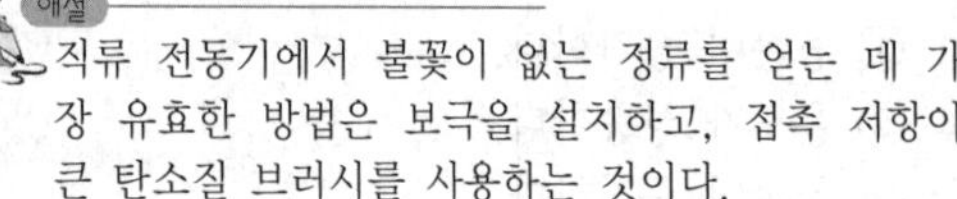

해설
직류 전동기에서 불꽃이 없는 정류를 얻는 데 가장 유효한 방법은 보극을 설치하고, 접촉 저항이 큰 탄소질 브러시를 사용하는 것이다.

49 전동 차단기에서 장대형 전동 차단기의 정격 전압은 몇 [V]인가?

① AC 100[V]　　② AC 24[V]
③ DC 12[V]　　④ DC 24[V]

해설
정격 전압은 DC 24[V]이다.

50 단권 변압기에 관한 설명으로 틀린 것은?

① 소형에 적합하다.
② 누설 자속이 적다.
③ 손실이 적고 효율이 좋다.
④ 재료가 절약되어 경제적이다.

해설
단권 변압기는 1, 2차(코일) 권선이 하나로 되어 있어 동손이 작고 효율이 좋다. 누설 자속과 누설 임피던스가 작아 전압 변동률이 적으며 매우 경제적이다. 따라서 소형에서 송전 계통의 대전력용으로 넓게 사용된다.

51 직권 계자 권선 저항 0.2[Ω], 전기자 저항 0.3[Ω]의 직권 전동기에 200[V]를 가하였더니, 부하 전류가 20[A]였다. 이때 전동기의 속도[rpm]는? (단, 기계 정수는 3.0이다.)

① 1,140　　② 1,150
③ 1,930　　④ 1,710

해설
직권 전동기의 회전 속도 $N=k\frac{V-I_a(R_a+r_f)}{\phi}$에서 기계 정수($k$=3.0)를 주면, $I=I_a=I_f$(직권)

$$N=k\frac{V-I_a(R_a+r_f)}{I_f}\times 60$$

$$=3\times\frac{200-20(0.3+0.2)}{20}\times 60$$

$$=1{,}710[\text{rpm}]$$

52 건널목 지장물 검지 장치의 발광기와 수광기를 이용한 광선망의 설치시 광선 중심축의 지상 높이는 건널목 도로면에서 몇 [mm]를 표준으로 하는가?

① 645　　② 710
③ 745　　④ 780

해설
발광기, 수광기, 반사기, 광선 중심축까지 높이는 지상에서 745[mm]이다.

정답 : 46.③ 47.① 48.② 49.④ 50.① 51.④ 52.③

53 NS형 전기 선로 전환기의 마찰 클러치 조정 주기로 옳은 것은?

① 연 1회 ② 연 2회
③ 연 4회 ④ 연 8회

온도 변화의 차가 큰 여름과 겨울에 대비하여 늦은 봄과 가을에 조정한다. 여름에는 전환력이 약해져 클러치를 조였다가 겨울에는 풀어주어야 한다.

54 운전 중에 역률이 가장 좋은 전동기는?

① 동기 전동기
② 농형 유도 전동기
③ 반발 기동 전동기
④ 교류 정류자 전동기

동기 전동기
동기 속도로 회전하는 교류 전동기로 계자 전류, 즉 여자 전류를 조정하면 역률 1로 운전할 수 있다.

55 3상 전파 정류 회로의 평균 출력 전압이 200[V]이면, 3상 전원의 선간 전압은 약 몇 [V]인가?

① 86 ② 120
③ 148 ④ 254

3상 전파 정류에서 출력(직류) 전압의 평균값

$$E_d = \frac{3\sqrt{2} \cdot E}{\pi} \times \sqrt{3} = 1.35V[\text{V}]$$

(여기서, E : 상전압, V : 선간 전압)

$$V = \frac{E_d}{1.35} = \frac{200}{1.35} = 148.148[\text{V}]$$

56 60[Hz]의 변압기에 50[Hz]의 동일 전압을 가했을 때의 자속 밀도는 60[Hz]일 때보다 어떻게 되는가?

① $\frac{5}{6}$로 된다. ② $\frac{6}{5}$으로 된다.
③ $\left(\frac{5}{6}\right)^{1.6}$으로 된다. ④ $\left(\frac{6}{5}\right)^{2}$으로 된다.

변압기의 유기 기전력 $E_1 ≒ V_1 = 4.44fN\phi_m = 4.44fNB_m s$이므로 공급 전압이 일정하면 자속 밀도는 주파수에 반비례한다. 따라서, 주파수가 $\frac{5}{6}$로 감소하면 자속 밀도는 $\frac{6}{5}$배로 증가한다.

57 신호용 계전기의 규격에서 접점수가 NR_2인 계전기는?

① 직류 단속 계전기
② 직류 무극 궤도 계전기
③ 삽입형 자기 유지 계전기
④ 삽입형 직류 완방 계전기

- 직류 무극 궤도 계전기 : NR_4 N_4 R_4
- 삽입형 자기 유지 계전기 : NR_4 N_2 R_2
- 삽입형 직류 완방 계전기 : NR_6

58 공급 전압을 일정하게 하였을 때 변압기의 와전류손은?

① 주파수의 제곱에 비례한다.
② 주파수에 반비례한다.
③ 주파수에 비례한다.
④ 주파수와 관계없다.

변압기의 공급 전압 $V_1 = 4.44fNB_m S$[V]이고, 와전류손 $P_e = \sigma_e(tkf \cdot fB_m)^2[\text{W/m}^2]$이므로 와전류손은 공급 전압이 일정하면 주파수와 무관하게 된다.

59 다음에서 설명하는 계전기는?

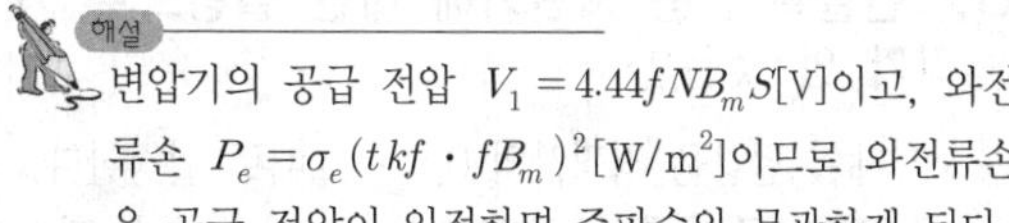

무여자일 때 상시 R접점은 On, N접점은 Off이며 여자 전류를 흘리면 흐른 순간부터 접점이 반전할 때까지 미리 설정한 시간 요소(15초, 60초 등)를 갖는다. 반대로 여자 전류를 끊으면 곧바로 접점이 무여자의 상태로 돌아온다.

① 완동 계전기 ② 완방 계전기
③ 시소 계전기 ④ 유극 계전기

정답 : 53.② 54.① 55.③ 56.② 57.① 58.④ 59.③

해설

여자 전류가 흐르면 일정 시간 후에 N접점이 접촉되는 것은 완동 계전기와 동일하지만 완동 계전기의 완동 시간이 100[ms] 이하인데 반하여 시소 계전기는 수초에서 수백 초까지 임의로 시간 설정이 가능하다.

60 **건널목 경보기에 관한 사항이다. 틀린 것은?**

① 경보등의 확인 거리는 45[m] 이상으로 하여야 한다.
② 경보등의 점멸 횟수는 등당 50±10[회/min] 이내로 하여야 한다.
③ 경보 음량은 경보기 1[m] 전방에서 80~150[dB] 이내로 하여야 한다.
④ 발진 주파수는 2420형은 20[kHz]±2[kHz] 이내, 2440형은 40[kHz]±2[kHz] 이내로 하여야 한다.

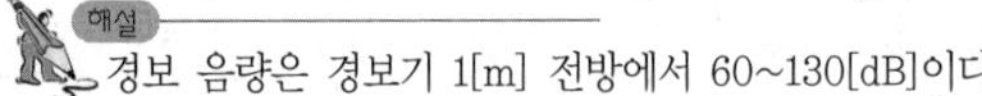

해설

경보 음량은 경보기 1[m] 전방에서 60~130[dB]이다.

제4과목 신호공학

61 **건널목 전동 차단기에 대한 설명으로 거리가 먼 것은?**

① 제어 전압은 정격값의 0.9~1.2배로 설정한다.
② 궤도 중심에서 차단봉으로 3.9[m]가 되도록 설치한다.
③ 가공 전선등과 차단봉간의 이격 거리는 교류 귀전선(교류 전차 선로 가압 부분을 포함)의 경우 2[m] 이상으로 한다.
④ 전동 차단기는 열차가 건널목을 통과하는 즉시 차단봉이 상승하도록 한다.

해설

전동 차단기는 도로 우측에 설치하고 궤도 중심으로부터 차단봉까지 2.8[m]가 되도록 설치한다.

62 **고속 철도 TVM430 불연속 정보 메시지가 아닌 것은?**

① ATC 지역 진·출입 여부
② 열차 유·무 검지
③ 차량 기밀 장치 동작/해제
④ 전차선 절연 구간 예고/실행

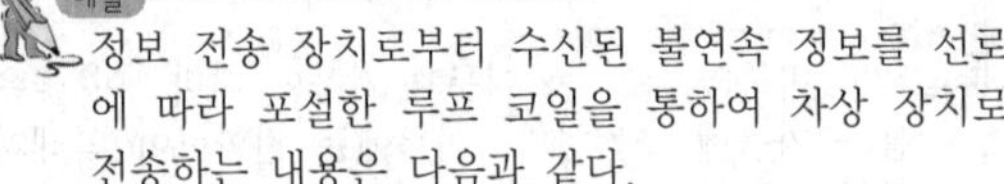

해설

정보 전송 장치로부터 수신된 불연속 정보를 선로에 따라 포설한 루프 코일을 통하여 차상 장치로 전송하는 내용은 다음과 같다.

- ATC 지역 진·출입 여부
- 양방향 운전을 허용하기 위한 운행 방향 변경
- 터널 진·출입시 차량 내 기밀 장치 동작
- 절대 정지 구간 제어 및 전차선 절연 구간 정보 제공

63 **단선 구간 양쪽 정거장에 설치된 폐색 전화기를 이용하여 폐색 수속을 한 후 지도표를 발행하여 기관사에게 휴대토록하여 운전하는 대용 폐색 방법은?**

① 격시법　　② 지도 통신식
③ 지도식　　④ 전령식

해설

대용 폐색 방식 중 단선 운전을 할 때 지도 통신식과 지도식을 사용하며 지도식은 현장과 가까운 정거장 간을 1폐색 구간으로 열차 운전하는 경우이다.

64 **3위식 신호기의 5현시 방법으로 옳은 것은?**

① R, RY, Y, YG, G
② R, YY, Y, YG, G
③ R, YY, Y, RG, G
④ R, WY, Y, WG, G

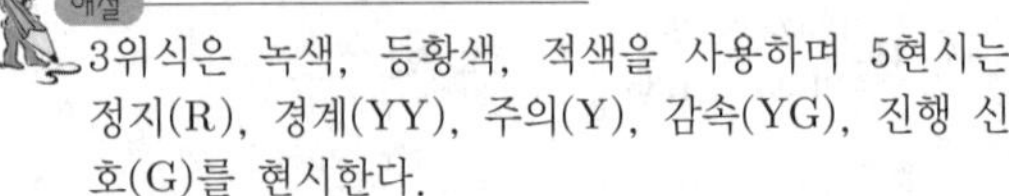

해설

3위식은 녹색, 등황색, 적색을 사용하며 5현시는 정지(R), 경계(YY), 주의(Y), 감속(YG), 진행 신호(G)를 현시한다.

65 **NS형 전기 선로 전환기의 밀착도는 기본 레일이 움직이지 않는 상태에서 1[mm]를 벌리는데 정위, 반위는 균등하게 몇 [kg]을 기준으로 하는가?**

① 50　　② 100
③ 180　　④ 200

정답 : 60.③ 61.② 62.② 63.② 64.② 65.②

기본 레일이 움직이지 않는 상태에서 1[mm]를 벌리는데 정위, 반위는 균등하게 100[kg]을 기준으로 한다.

66 **어느 구간의 궤도 회로에 4[V], 1[A]의 전원을 공급하였을때 수전 전압의 측정치가 3.95[V]이면 이 궤도 회로의 저항[Ω]은?**

① 0.01 ② 0.03
③ 0.05 ④ 0.08

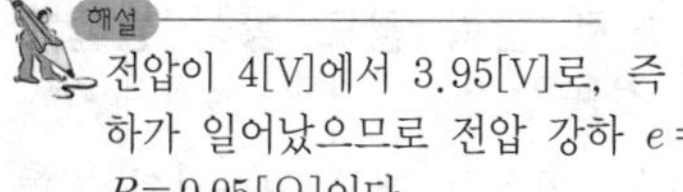
전압이 4[V]에서 3.95[V]로, 즉 0.05[V]의 전압 강하가 일어났으므로 전압 강하 $e = IR$, $0.05 = 1 \cdot R$, $R = 0.05$[Ω]이다.

67 **어느 역간 열차 평균 운전 시분이 5분이고 폐색 취급 시분이 3분일 경우 선로 이용률이 80[%]인 단선 구간의 선로 용량은?**

① 104회 ② 124회
③ 144회 ④ 164회

선로 용량 $N = \frac{1,440}{T+C} \cdot f = \frac{1,440}{5+3} \cdot 0.8 = 144$회

68 **고전압 임펄스 궤도 회로에서 한쪽 궤조 절연을 단락하고 다른 쪽 궤조 절연간의 전압 E_2와 송전 전압 E_1을 측정하여 극성을 알아보려할 때 동극성은?**

① $E_1 = E_2$ ② $E_1 \leq E_2$
③ $E_1 > E_2$ ④ $E_1 < E_2$

전압계에 의한 극성 시험법
한쪽 궤조 절연을 단락하고 다른 쪽 궤조 절연 간의 전압 E_2와 송전 전압 E_1을 측정하여 극성을 알 수 있다. $E_1 > E_2$이면 동극성이고, $E_1 < E_2$이면 이극성이다.

69 **장내 신호기 설치 위치에 대한 설명으로 거리가 먼 것은?**

① 가장 바깥쪽 선로 전환기가 열차에 대하여 대향이 되는 경우, 그 첨단 레일의 선단에서 100[m] 이상 거리를 확보한다.
② 장내 신호기 안쪽에 안전측 선이 설비된 경우 200[m] 이내로 할 수 있다.
③ 가장 바깥쪽 선로 전환기가 열차에 대하여 배향이 되는 경우 또는 선로의 교차가 있을 때 이에 부대하는 차량 접촉 한계 표지에서 60[m] 이상의 간격을 두어야 한다.
④ 시속 180[km/h] 이상의 고속화 구간에서 장내 신호기 설치 위치는 차량 성능, 속도 및 선구에 따라 가장 바깥쪽 선로 전환기로부터 시스템이 요구하는 적정 거리 이상 확보하여야 한다.

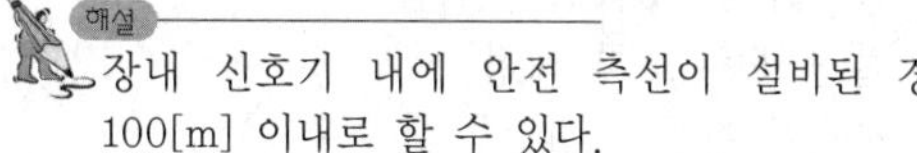
장내 신호기 내에 안전 측선이 설비된 경우는 100[m] 이내로 할 수 있다.

70 **고압 임펄스 궤도 회로 장치의 구성 기기가 아닌 것은?**

① 임피던스 본드
② 전압 안정기
③ 수신기
④ 동조 유니트

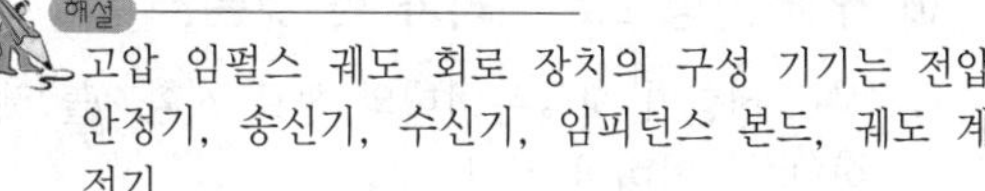
고압 임펄스 궤도 회로 장치의 구성 기기는 전압 안정기, 송신기, 수신기, 임피던스 본드, 궤도 계전기

71 **고속 철도 신호 안전 설비 차축 온도 검지 장치에 대한 설명으로 거리가 먼 것은?**

① 차축 온도 검지 장치 설치 간격은 40[km]로 한다.
② 차축 검지기는 레일의 내측에 설치한다.
③ 차축 온도 측정용 센서는 레일의 외측에 설치한다.
④ 전자랙은 궤도의 방향에 따라 주소를 정확히 설정한다.

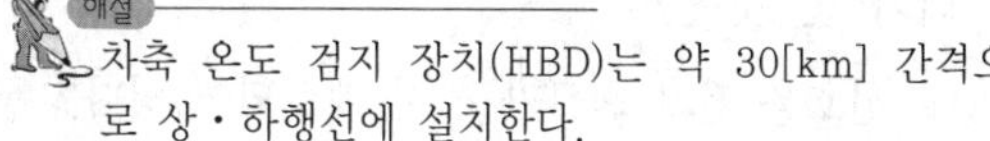
차축 온도 검지 장치(HBD)는 약 30[km] 간격으로 상·하행선에 설치한다.

정답 : 66.③ 67.③ 68.③ 69.② 70.④ 71.①

72 다음 중 첨단 밀착이 불량할 경우 열차가 탈선될 우려가 있는 선로 전환기는?

① 탈선 선로 전환기
② 대향 선로 전환기
③ 배향 선로 전환기
④ 대향 및 배향 선로 전환기

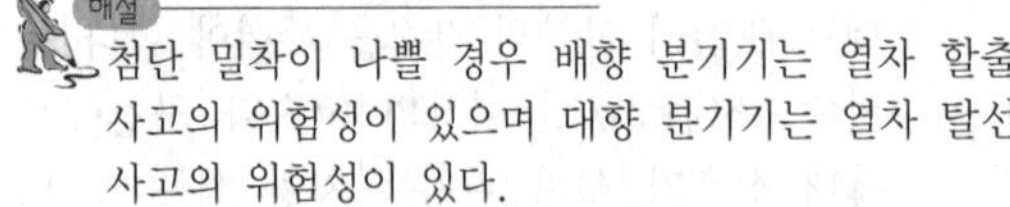

해설 첨단 밀착이 나쁠 경우 배향 분기기는 열차 할출 사고의 위험성이 있으며 대향 분기기는 열차 탈선 사고의 위험성이 있다.

73 연동 도표 기재 사항으로 거리가 먼 것은?

① 출발점 및 도착점의 취급 버튼
② 접근 또는 보류 쇄정
③ 신호기 명칭
④ 전원 공급 장치의 종류

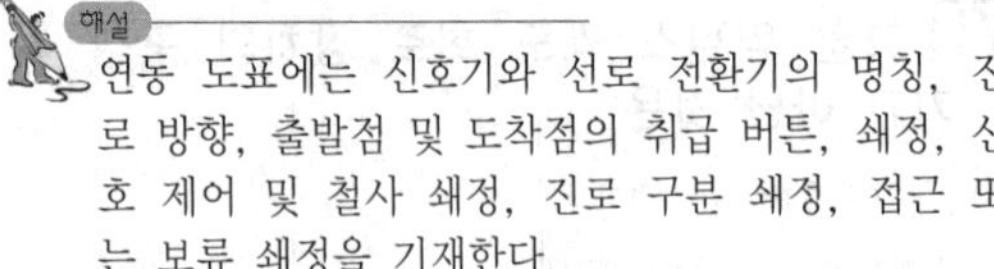

해설 연동 도표에는 신호기와 선로 전환기의 명칭, 진로 방향, 출발점 및 도착점의 취급 버튼, 쇄정, 신호 제어 및 철사 쇄정, 진로 구분 쇄정, 접근 또는 보류 쇄정을 기재한다.

74 전자 연동 장치의 선로변 기능 모듈(TFM)에 대한 설명으로 거리가 먼 것은?

① 선로 전환기 모듈은 4대의 선로 전환기를 제어할 수 있어야 한다.
② 모듈용 입력 전압은 DC 48[V]로 한다.
③ 모듈 단위로 이중화하여 주계 고장시에도 부계로 즉시 동작되도록 하여야 한다.
④ 선로 전환기 모듈과 선로 전환기 간의 최대 거리는 500[m]로 한다.

해설 TFM은 현장 설비를 직접 제어하며 선로 전환기 모듈과 선로 전환기 간의 최대 거리는 2,000[m]로 한다.

75 폐전로식 궤도 회로에 대한 설명으로 거리가 먼 것은?

① 신호용 전기 회로가 상시 폐로되어 있다.
② 전기 회로가 상시 개방되어 전류가 흐르지 않는다.
③ 차량이 그 구간에 들어오면 계전기는 무여자 된다.
④ 전원 고장시는 계전기가 무여자로 되어 안전하다.

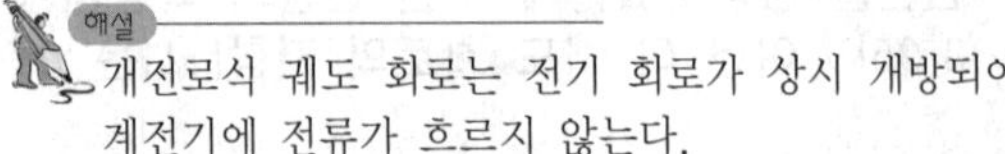

해설 개전로식 궤도 회로는 전기 회로가 상시 개방되어 계전기에 전류가 흐르지 않는다.

76 직류 궤도 회로 단락 감도 향상 방법으로 거리가 먼 것은?

① 송전 전압을 증가하고 궤도 저항자의 저항치를 많게 한다.
② 레일을 용접, 장대 레일화하여 전압 강하를 최소화한다.
③ 단궤조식 궤도 회로로 구성한다.
④ 궤도 계전기에 직렬로 저항을 삽입하고 반위 접점으로 단락한다.

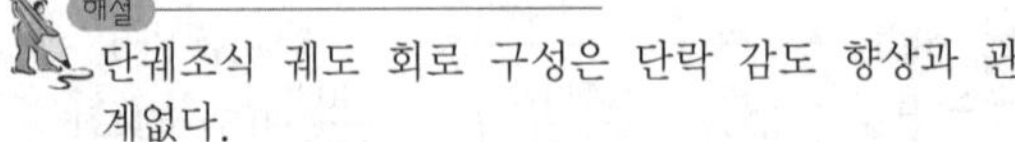

해설 단궤조식 궤도 회로 구성은 단락 감도 향상과 관계없다.

77 궤도 회로의 단락 감도 측정 위치가 아닌 것은?

① 직류 궤도 회로는 송전단 레일 위
② 교류 궤도 회로는 착전단 레일 위
③ 병렬 궤도 회로는 병렬 부분의 끝 레일 위
④ 임피던스 본드 사용 궤도 회로는 송전단 레일 위

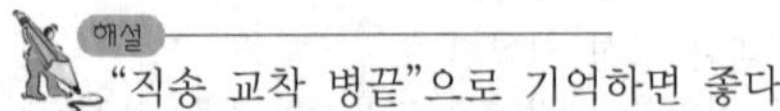

해설 "직송 교착 병끝"으로 기억하면 좋다.

78 어느 궤도 계전기가 여자하였다가 0.23[V]에 무여자되었다. 이 계전기의 저항은 약 몇 [Ω]인가? (단, 이때 여자 전류는 0.038[A]이고 무여자 전압은 여자 전압의 68[%]이다.)

① 8.9 ② 10
③ 8.5 ④ 7

정답 : 72.② 73.④ 74.④ 75.② 76.③ 77.④ 78.①

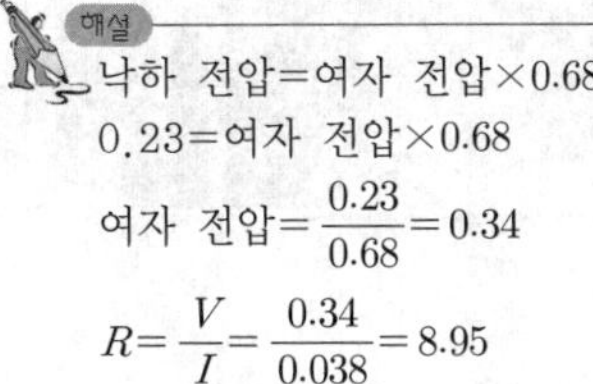

해설

낙하 전압=여자 전압×0.68

0.23=여자 전압×0.68

여자 전압$=\frac{0.23}{0.68}=0.34$

$R=\frac{V}{I}=\frac{0.34}{0.038}=8.95$

79 **MJ81형 선로 전환기에서 기본 레일과 텅 레일의 밀착 간격은 몇 [mm] 이하로 유지해야 하는가?**

① 1 ② 2
③ 3 ④ 4

해설

MJ81 선로 전환기에서 기본 레일과 텅레일의 밀착 간격은 1[mm] 이하로 유지해야 한다.

80 **보수자 선로 횡단 장치에서 300[km/h]로 운행 중인 고속 철도 구간 선로를 횡단하는 보수자가 20초 이내에 횡단하기 위하여 열차 검지 구간을 약 얼마 정도 확보해야 하는가?**

① 500[m]
② 950[m]
③ 1,700[m]
④ 3,400[m]

해설

$v=300[\text{km/h}]=300\times 1{,}000[\text{m}/3{,}600\text{s}]$
$=83[\text{m/s}]$

L(최소 제어 거리)$=V\cdot T$
$=83[\text{m}]\cdot 2[\text{s}]$
$=1{,}660[\text{m}]$

철도신호기사

2016. 10. 1

제1과목 전자공학

01 진폭 변조도를 m이라 할 때 $m>1$이 되면 변조 일그러짐이 일어나는데 이를 무엇이라 하는가?

① 양변조 ② 음변조
③ 과변조 ④ 고전력 변조

해설

변조도(m) : 변조의 정도를 나타내는 것

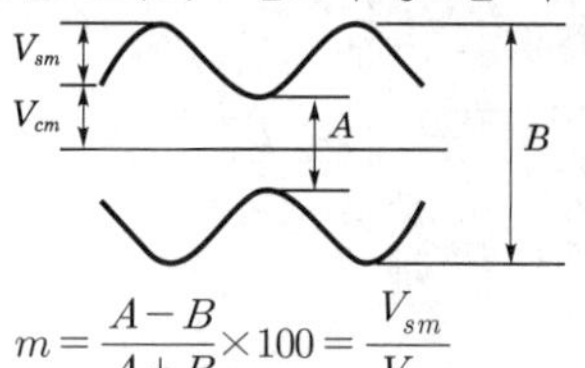

$$m=\frac{A-B}{A+B}\times 100=\frac{V_{sm}}{V_{cm}}$$

$m<1$ 이상 없음

$m=1$ 100[%] 변조

$m>1$ 과변조(위상 반전, 일그러짐이 생김)

02 다음 논리 회로의 출력(Y)은?

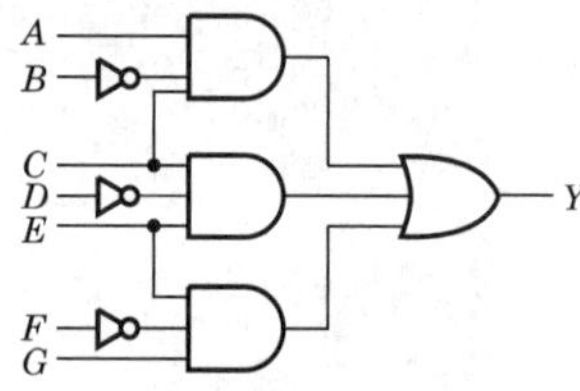

① $Y=A\overline{B}C+C\overline{D}E+E\overline{F}G$

② $Y=A\overline{B}C+AB\overline{C}+\overline{A}\,\overline{B}\,\overline{C}$

③ $Y=A+B+C+D+E+F+G$

④ $Y=ABCDEFG$

03 주파수 변조(FM)에서 신호대 잡음비(S/N)를 향상시키기 위한 방법으로 거리가 먼 것은?

① 디엠퍼시스(de-emphasis) 회로를 사용한다.

② 주파수 대역폭을 넓힌다.

③ 주파수 변조 지수 mf를 크게 한다.

④ 증폭도를 크게 높인다.

해설

신호대 잡음비(S/N) 개선

- 디엠퍼시스 회로
- 프리 엠퍼시스 회로
- 리미터 회로
- 스켈치 회로
- 주파수 대역폭을 넓힌다.
- 변조 지수 mf를 크게 한다.

04 다음 그림과 같은 회로의 용도는?

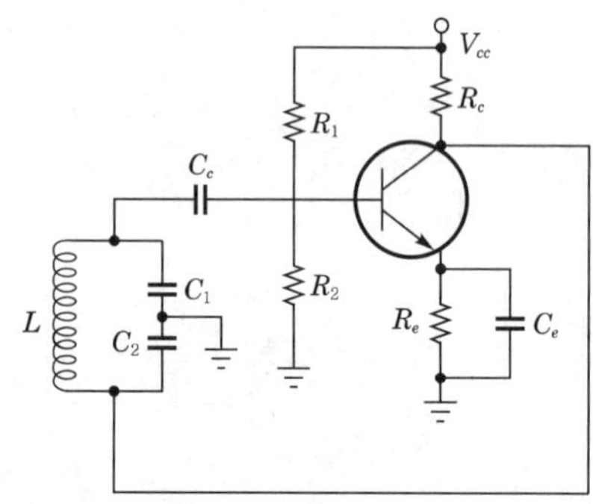

① 동조형 고주파 증폭기

② 하틀리 발진기

③ 콜피츠 발진기

④ 부궤환 증폭기

해설

- 콜피츠 발전기

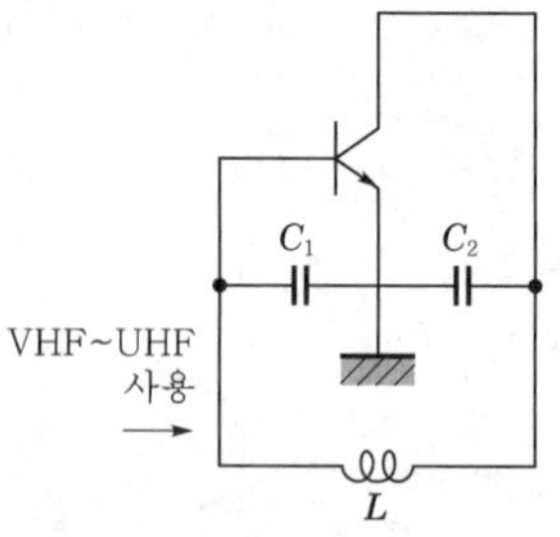

정답 : 1.③ 2.① 3.④ 4.③

• 하틀리 발진기

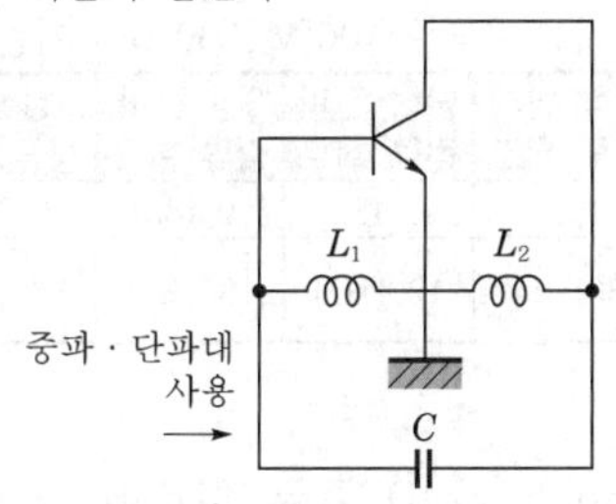

콜피츠 발진 주파수 $f_c = \dfrac{1}{2\pi\sqrt{L\left(\dfrac{C_i \cdot C_2}{C_1 + C_2}\right)}}$ [Hz]

하틀리 발진 주파수 $f_c = \dfrac{1}{2\pi\sqrt{(L_1 + L_2 + 2M)C}}$ [Hz]

05 LC 발진 회로의 주파수 안정도를 높이기 위한 방법으로 적합한 것은?

① 바이어스를 걸어준다.
② 동조 회로의 선택도 Q를 높인다.
③ 동조 회로의 공진 주파수를 높인다.
④ 동조 회로의 R성분을 키운다.

해설

LC 발진 회로 주파수 변동 원인과 대책

- 전원 전압 변동 → 정전압 회로
- 온도 변화 → 항온조
- 부하 변동, 진동, 충격 → 완충 증폭기
- 발진기의 동조 회로 → Q가 높은 부품 선정
- 부품 불량 → 교체(발진기와 코일과 콘덴서의 온도 계수를 상쇄하도록 부품 선택)
- 동조점 불안정 → 동조점을 약간 벗어나게 한다.

06 다음 카르노 맵을 간략화한 결과는?

AB \ CD	00	01	11	10
00	0	1	1	1
01	0	0	0	1
11	1	1	0	1
10	1	1	0	1

① $\overline{A}\overline{B}\overline{D}+AC+C\overline{D}$
② $\overline{A}\overline{B}\overline{D}+A\overline{C}+CD$
③ $\overline{A}\overline{B}D+A\overline{C}+C\overline{D}$
④ $\overline{A}\overline{B}D+AC+CD$

해설

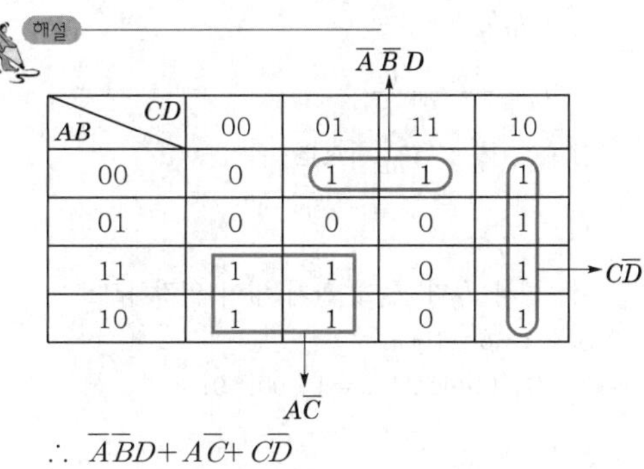

AB \ CD	00	01	11	10
00	0	1	1	1
01	0	0	0	1
11	1	1	0	1
10	1	1	0	1

$\therefore\ \overline{A}\overline{B}D+A\overline{C}+C\overline{D}$

07 다음 회로의 안정 계수를 구하면? (단, $+V_{cc}=10$[V], $R_1=3$[kΩ], $R_2=2$[kΩ], $\beta=100$, $R_e=3$[kΩ], $R_c=2$[kΩ]이다.)

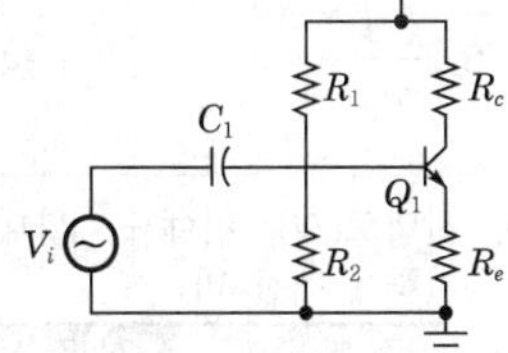

① 10
② 1.4
③ 2.45
④ 101

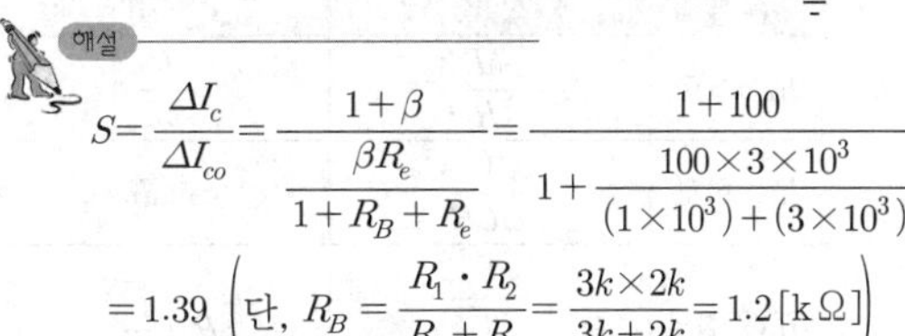

$$S=\frac{\Delta I_c}{\Delta I_{co}}=\frac{1+\beta}{1+\dfrac{\beta R_e}{R_B+R_e}}=\frac{1+100}{1+\dfrac{100\times3\times10^3}{(1\times10^3)+(3\times10^3)}}$$

$$=1.39\left(\text{단, } R_B=\frac{R_1 \cdot R_2}{R_1+R_2}=\frac{3k\times2k}{3k+2k}=1.2\,[\text{k}\Omega]\right)$$

08 고정 바이어스 회로에서 베이스 저항이 420[kΩ], 콜렉터 저항이 2[kΩ], β가 90일 때 안정 계수[S]는?

① 12 ② 25
③ 50 ④ 91

해설

고정 바이어스 회로

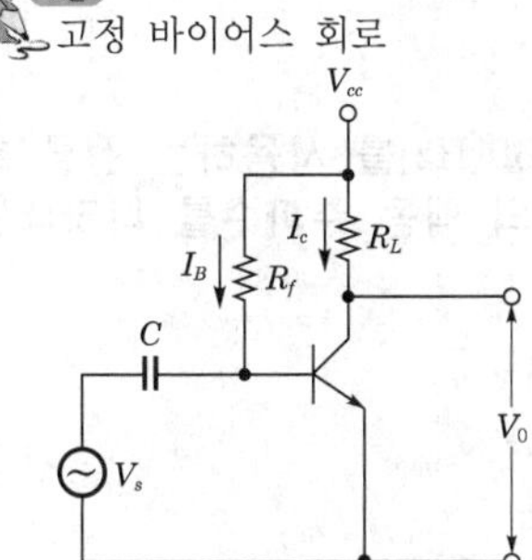

$V_{cc} - I_B R_f - V_{BE} = 0$

$\therefore\ I_B = \dfrac{V_{cc} - V_{BE}}{R_f}$

실제로 $V_{cc} \gg V_{BE}$이므로

$I_B = \dfrac{V_{cc}}{R_f}$

회로에서 I_B가 I_{co}에 관계 없이 일정하므로

$S_1 = 1 + \beta = 1 + h_{fe}$

$\therefore\ \beta$가 90이므로 $s = 1 + 90 = 91$

09 다음 중 RLC 직렬 공진 회로의 선택도(Q)는? (단, ω_r는 공진 각주파수이다.)

① $\dfrac{L}{CR}$　② $\dfrac{\omega_r L}{R}$

③ $\dfrac{1}{\omega_r C}$　④ $\sqrt{\dfrac{C}{L}}$

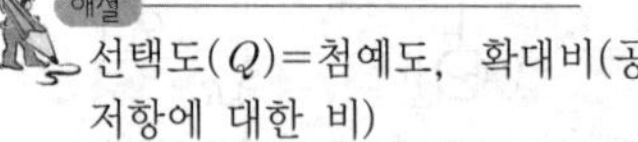

선택도(Q)=첨예도, 확대비(공진시의 리액턴스의 저항에 대한 비)

구 분	직 렬	병 렬
RL 회로	$\dfrac{\omega L}{R}$	$\dfrac{R}{\omega L}$
RC 회로	$\dfrac{1}{\omega CR}$	ωCR
RLC 회로	$\dfrac{1}{R\sqrt{\dfrac{L}{C}}}$	$R\sqrt{\dfrac{C}{L}}$

- 코일의 경우 $Q = \dfrac{\omega L}{R}$
- 콘덴서의 경우 $Q = \dfrac{1}{\omega CR}$

Q가 클수록 공진 곡선의 폭이 좁아지고 선택도 향상, 즉 직렬 공진시 Q가 클수록 공진 곡선이 첨예해지고 대역폭 $\Delta\omega$가 좁아진다. 따라서 선택도가 향상된다.

10 전원 주파수 60[Hz]를 사용하는 정류 회로에서 120[Hz]의 맥동 주파수를 나타내는 회로 방식은?

① 단상 반파 정류

② 단상 전파 정류

③ 3상 반파 정류

④ 3상 전파 정류

맥동률 및 맥동 주파수(100[V], 60[Hz] 기준)

구 분	단상 반파 정류 회로	단상 전파 정류 회로	3상 반파 정류 회로	3상 전파 정류 회로
맥동률	1.21	0.482	0.183	0.042
맥동 주파수	60[Hz]	120[Hz]	180[Hz]	360[Hz]

11 푸시풀(push pull) 증폭 회로에 대한 설명으로 거리가 먼 것은?

① 비교적 출력이 크다.

② 전원 전압에 포함된 험(hum)이 상쇄된다.

③ 출력 전력이 주어진 경우 일그러짐이 커진다.

④ 우수차의 고조파는 서로 상쇄되어 출력에 나타나지 않는다.

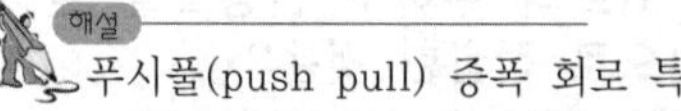

푸시풀(push pull) 증폭 회로 특징

- B급으로 동작하므로 직류 바이어스 전류가 적어도 된다.
- 입력이 없을 때의 컬렉터 손실이 작은 큰 출력을 낼 수 있다.
- 짝수(우수) 고조파 성분은 서로 상쇄되어 일그러짐이 없는 출력단에 적합하다.
- B급 증폭기 특유의 크로스 오버 일그러짐이 없다.

12 맥류에서 교류 성분은 제거하고 직류 성분만 선택하는 회로는?

① 평활 회로　② 정류 회로

③ 맥류 회로　④ 증폭 회로

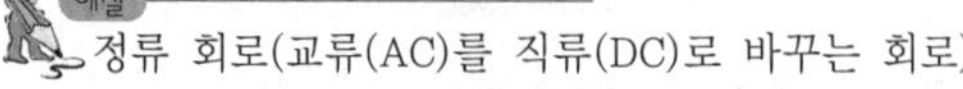

정류 회로(교류(AC)를 직류(DC)로 바꾸는 회로)

- 변압 회로 : 변압기의 1, 2차측 권선비를 조정하여 설계에 적합한 교류 전압을 생성한다.
- 정류 회로 : 교류의 양방향 전압을 한쪽 방향으로만 흐르도록 한다.
- 평활 회로 : 맥류 속의 교류 성분을 제거하여 평활한 직류 성분만을 출력한다.
- 전압 안정화 회로 : 외부 조건에 관계 없이 출력 전압을 일정하게 유지하는 회로이다.

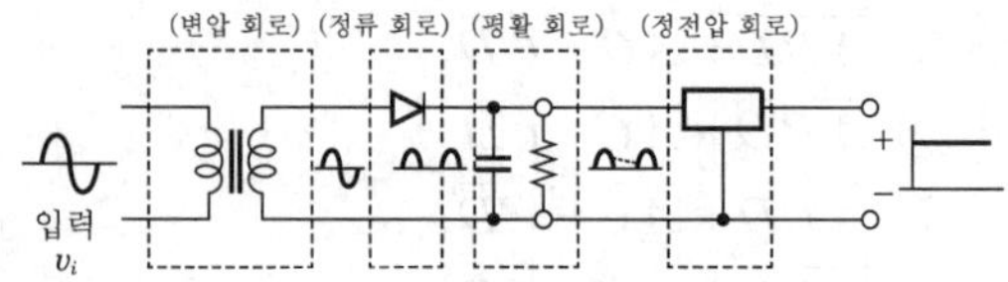

정답 : 9.② 10.② 11.③ 12.①

13 수정 발진기에서 안정된 발진을 계속하기 위한 수정의 임피던스는 어떻게 되어야 하는가?

① 용량성이어야 한다.
② 저항성이어야 한다.
③ 유도성이어야 한다.
④ 저항성과 용량성이어야 한다.

수정 진동자 주파수 특성

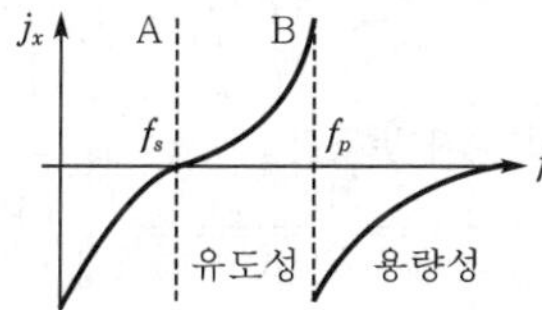

영역 A : $\omega L < \frac{1}{\omega C}$(용량성)

영역 B : $\omega L > \frac{1}{\omega C}$(유도성) → 안정 발진 영역

- 수정 발진 회로의 발진 주파수는 수정 진동자의 공진 주파수(고유 주파수)로 결정된다.
- 수정 발진 회로의 발진 주파수가 매우 안정한다.
  → 수정 진동자가 발진 소자로 사용되는 이유는 리액턴스가 유도성이 되는 범위, 즉 $f_s \leq f < f_p$는 주파수 범위가 좁아 수정 발진기의 발진 주파수가 매우 안정한다.
- 수정 진동자의 Q가 높다($Q = 10^4 \sim 10^6$).
- 주파수 안정도(s)가 좋다(10^{-6} 정도).

14 그림과 같은 연산 회로의 명칭으로 옳은 것은?

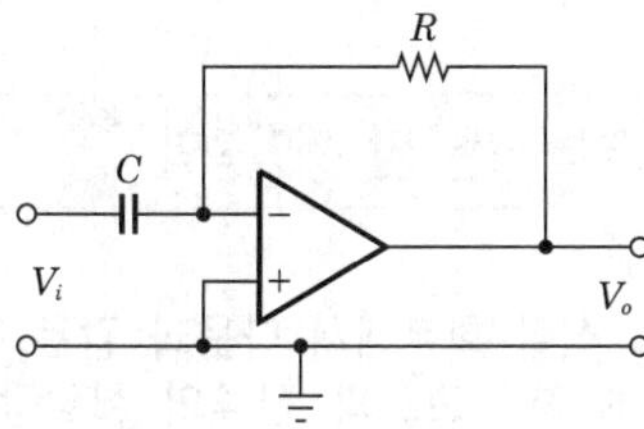

① 이상기
② 적분기
③ 미분기
④ 가산기

해설

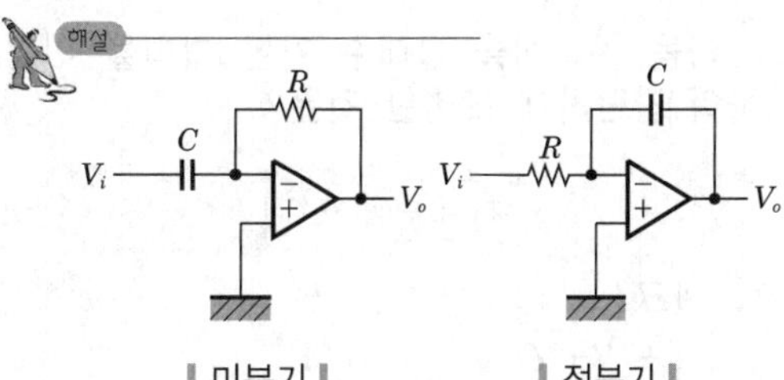

| 미분기 | | 적분기 |

15 변조 신호 주파수 400[Hz], 전압 3[V]로 주파수를 변조하였을 때 변조 지수가 50이었다. 이때 최대 주파수 편이는 몇 [kHz]인가?

① 20 ② 50
③ 120 ④ 300

최대 주파수 편이

(여기서, mf : 변조 지수, Δf : 주파수 편이, f_s : 신호 주파수)

$$mf = \frac{\Delta f}{f_s}, \quad \Delta f = mf \cdot f_s$$

$$= 50 \times 400 = 20,000[\text{Hz}]$$

$$= 20[\text{kHz}]$$

16 그림과 같은 회로의 논리 게이트는?

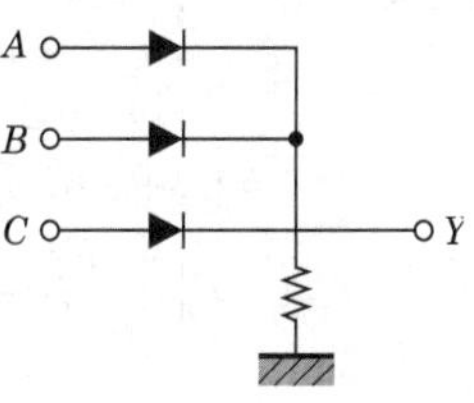

① AND ② NAND
③ NOR ④ OR

해설

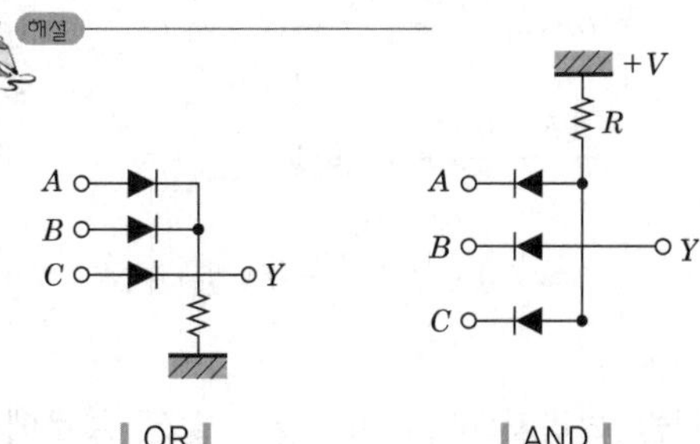

| OR | | AND |

17 다음 논리식을 불대수 기본 법칙을 이용하여 간단하게 표현한 것은?

$$A(A+B+C)$$

① AB　　② B
③ $A+B+C$　　④ A

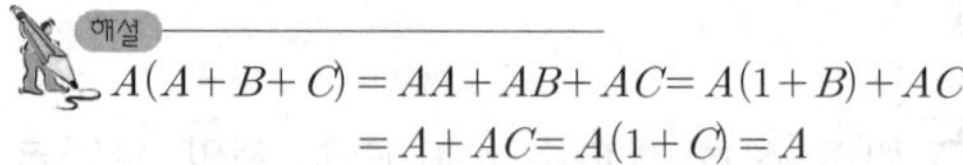
해설
$A(A+B+C)=AA+AB+AC=A(1+B)+AC$
$=A+AC=A(1+C)=A$

18 진폭 변조파의 전압이 $e=(100+20\sin 2\pi 200t)\sin^2\pi 10^5 t$[V]로 표시되었을 때 점유 주파수 대역폭[Hz]은?

① 100　　② 200
③ 300　　④ 400

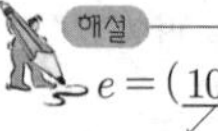
해설
$e=(\underset{(반송파\ 전압)}{100}+\underset{(신호파\ 전압)}{20}\sin 2\pi \underset{(신호파\ 주파수)}{200t})\sin 2\pi 10^5 t$[V]

$\therefore BW=2f_s=2\times 200=400$

반송파 $e_c=E_c\cos\omega_c t$
신호파 $e_s=E_s\cos\omega_s t$

$\omega_c=2\pi f_c$ (f_c : 반송파 주파수)
$\omega_s=2\pi f_s$ (f_s : 신호파 주파수)

AM 피변조파 $e_m=(E_c+e_s)\cos\omega_c t$
→ 반송파 진폭 E_c에 신호파가 실린다.

$=(E_c+E_s\cos\omega_s t)\cos\omega_c t$

$=E_c\left(1+\dfrac{E_s}{E_c}\cos\omega_s t\right)\cos\omega_c t$

$e_m=E_c(1+m_a\cos\omega_s t)\cos\omega_c t\left(m_a=\dfrac{E_s}{E_c}\right)$

$=E_c\cos\omega_c t+E_c m_a\cos\omega_s t\cdot\cos\omega_c t$

$=E_c\cos\omega_c t+\dfrac{E_c\cdot m_a}{2}\cos(\omega_c+\omega_s)t$ (상측파대)

$+\dfrac{E_c\cdot m_a}{2}\cos(\omega_c-\omega_s)t$ (하측파대)

$\therefore$ 대역폭 $BW=(f_c+f_s)-(f_c-f_s)=2f_s$

19 윈 브리지(Wien bridge) 발진 회로에서 발진 주파수[Hz]는?

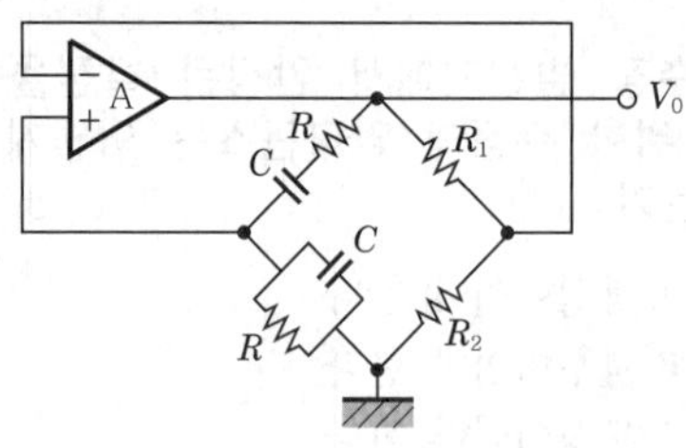

① $\dfrac{RC}{2\pi^2}$　　② $\dfrac{1}{\pi RC}$
③ $\dfrac{1}{\pi R^2}$　　④ $\dfrac{1}{\pi RC}$

해설
전압 궤환형 윈 브리지 발진기
발진 주파수 $f=\dfrac{1}{2\pi\sqrt{R_1\cdot R_2\cdot C_1\cdot C_2}}$
($R_1=R_2=R$, $C_1=C_2=C$일 때)
$\therefore f=\dfrac{1}{2\pi RC}$

20 전력 증폭기의 출력측 기본파 전압이 50[V], 제2 및 제3 고조파 전압이 각각 4[V], 3[V]일 때 왜율[%]은?

① 10　　② 20
③ 30　　④ 40

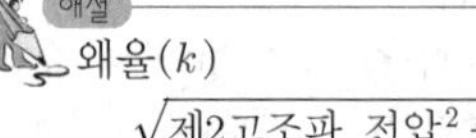
해설
왜율(k)
$=\dfrac{\sqrt{제2고조파\ 전압^2+제3조파\ 전압^2}}{기본파\ 전압}\times 100$

$=\dfrac{\sqrt{3^2+4^2}}{50}\times 100=10$

제2과목 회로이론 및 제어공학

21 RL 직렬 회로에서 다음과 같은 전압을 인가할 때 제3 고조파 전류의 실효값은 약 몇 [A]인가? (단, $R=3[\Omega]$, $\omega L=4[\Omega]$이다.)

$$v=50+40\sqrt{2}\sin\omega t+100\sqrt{2}\sin(3\omega t+30°)\,[\text{V}]$$

① 2　　② 4
③ 8　　④ 10

정답 : 17.④ 18.④ 19.정답 없음 20.① 21.③

해설

$I_3 = \frac{V_3}{Z_3} = \frac{V_3}{\sqrt{R^2+(3\omega L)^2}} = \frac{100}{\sqrt{3^2+(3\times 4)^2}}$

$= 8.08 \fallingdotseq 8[\text{A}]$

22 각 상의 전류가 다음과 같을 때 영상 대칭분 전류[A]는?

$i_a = 30\sin\omega t[\text{A}]$
$i_b = 30\sin(\omega t - 90°)[\text{A}]$
$i_c = 30\sin(\omega t + 90°)[\text{A}]$

① $10\sin\omega t$
② $30\sin\omega t$
③ $10\sin\frac{\omega t}{3}$
④ $\frac{30}{\sqrt{3}}\sin(\omega t + 45°)$

해설

$i_0 = \frac{1}{3}(i_a + i_b + i_c)$

$= \frac{1}{3}\{30\sin\omega t + 30\sin(\omega t - 90°) + 30\sin(\omega t + 90°)\}$

$= \frac{30}{3}\{\sin\omega t + (\sin\omega t\cos 90° - \cos\omega t\sin 90°)$
$+ (\sin\omega t\cos 90° + \cos\omega t\sin 90°)\}$

$= 10\sin\omega t[\text{A}]$

23 정상 상태에서 $t=0$인 순간 스위치 S를 열면 이 회로에 흐르는 전류 $i(t)$는?

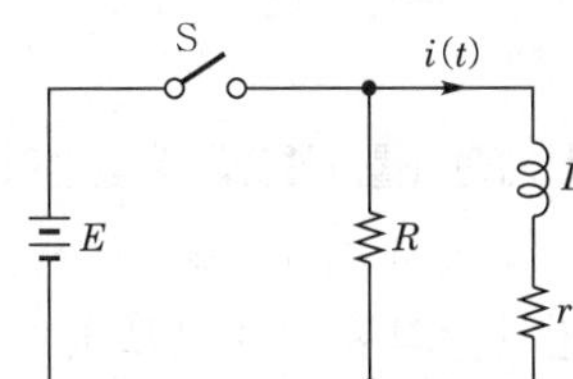

① $\frac{E}{R}e^{-\frac{R+r}{L}t}$　② $\frac{E}{r}e^{-\frac{R+r}{L}t}$

③ $\frac{E}{R}e^{-\frac{L}{R+r}t}$　④ $\frac{E}{r}e^{-\frac{L}{R+r}t}$

해설

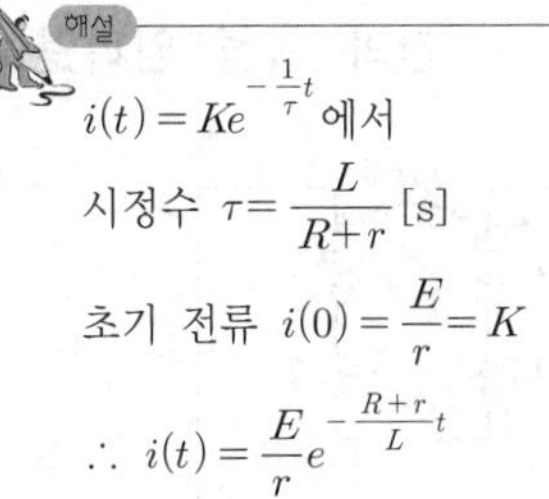

$i(t) = Ke^{-\frac{1}{\tau}t}$에서

시정수 $\tau = \frac{L}{R+r}[\text{s}]$

초기 전류 $i(0) = \frac{E}{r} = K$

$\therefore\ i(t) = \frac{E}{r}e^{-\frac{R+r}{L}t}$

24 다음 회로에서 a-b 사이의 단자 전압 V_{ab}[V]는?

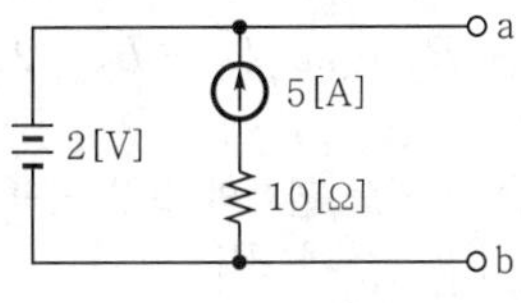

① 2　② −2
③ 5　④ −5

해설

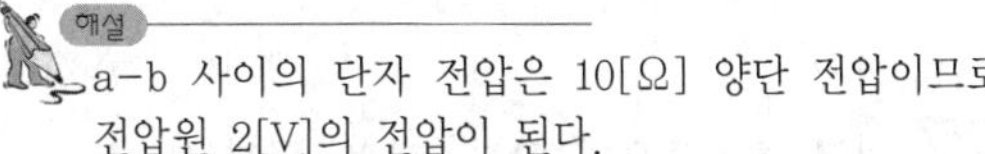

a-b 사이의 단자 전압은 10[Ω] 양단 전압이므로 전압원 2[V]의 전압이 된다.

25 3개의 같은 저항 R[Ω]을 그림과 같이 △ 결선하고, 기전력 V[V], 내부 저항 r[Ω]인 전지를 n개 직렬 접속했다. 이때 전지 내에 흐르는 전류가 I[A]라면 저항 R[Ω]은?

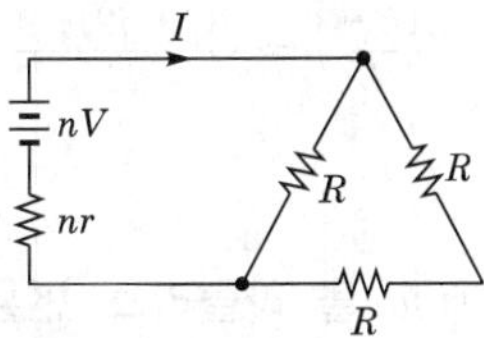

① $\frac{3}{2}n\left(\frac{V}{I}+r\right)$　② $\frac{2}{3}n\left(\frac{V}{I}+r\right)$

③ $\frac{3}{2}n\left(\frac{V}{I}-r\right)$　④ $\frac{2}{3}n\left(\frac{V}{I}-r\right)$

해설

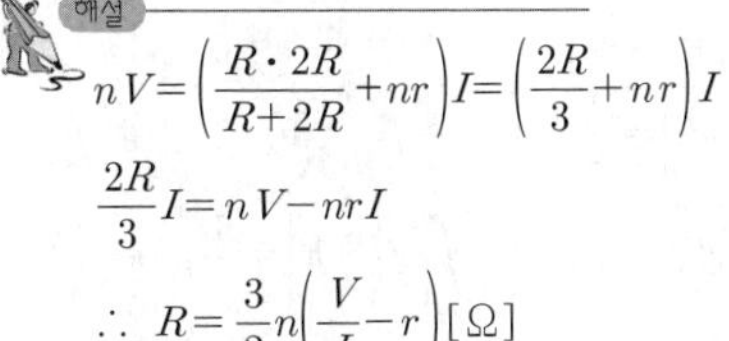

$nV = \left(\frac{R\cdot 2R}{R+2R}+nr\right)I = \left(\frac{2R}{3}+nr\right)I$

$\frac{2R}{3}I = nV - nrI$

$\therefore\ R = \frac{3}{2}n\left(\frac{V}{I}-r\right)[\Omega]$

정답 : 22.① 23.② 24.① 25.③

26 다음 회로의 A-B 간의 합성 임피던스 Z_0는?

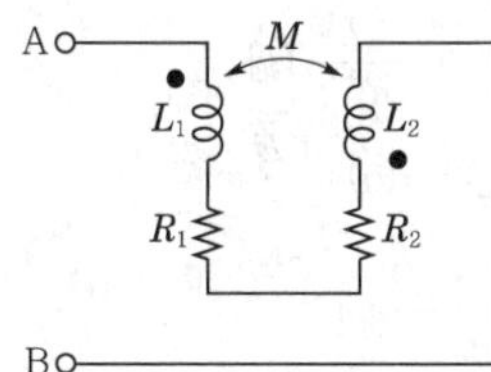

① $R_1+R_2+j\omega M$
② $R_1+R_2-j\omega M$
③ $R_1+R_2+j\omega(L_1+L_2+2M)$
④ $R_1+R_2+j\omega(L_1+L_2-2M)$

해설

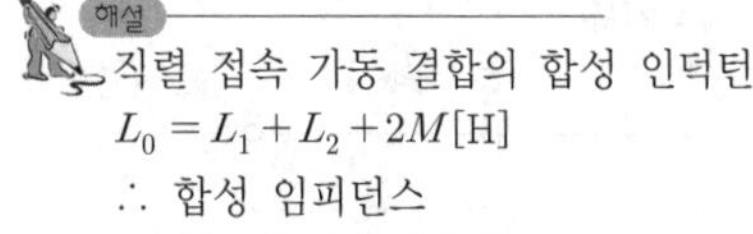

직렬 접속 가동 결합의 합성 인덕턴스
$L_0=L_1+L_2+2M$[H]
∴ 합성 임피던스
$Z_0=R_1+R_2+j\omega L_0$
$=R_1+R_2+j\omega(L_1+L_2+2M)[\Omega]$

27 어떤 회로망의 4단자 정수 중에서 $A=8$, $B=j2$, $D=3+j2$이면, 이 회로망의 C는?

① $24+j14$ ② $8-j11.5$
③ $4+j6$ ④ $3-j4$

해설

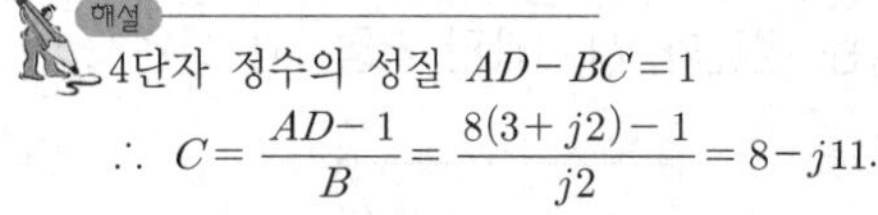

4단자 정수의 성질 $AD-BC=1$
$\therefore C=\dfrac{AD-1}{B}=\dfrac{8(3+j2)-1}{j2}=8-j11.5$

28 $\displaystyle\int_0^t f(t)dt$을 라플라스 변환하면?

① $s^2F(s)$ ② $sF(s)$
③ $\dfrac{1}{s}F(s)$ ④ $\dfrac{1}{s^2}F(s)$

해설

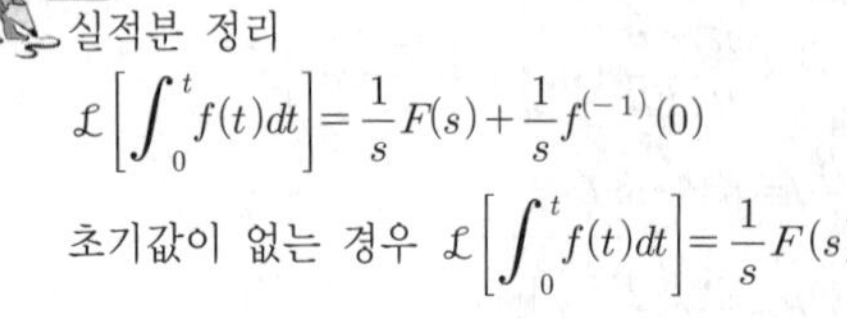

실적분 정리
$\mathcal{L}\left[\displaystyle\int_0^t f(t)dt\right]=\dfrac{1}{s}F(s)+\dfrac{1}{s}f^{(-1)}(0)$
초기값이 없는 경우 $\mathcal{L}\left[\displaystyle\int_0^t f(t)dt\right]=\dfrac{1}{s}F(s)$

29 선로의 임피던스 $Z=R+j\omega L[\Omega]$, 병렬 어드미턴스가 $Y=G+j\omega C$[℧]일 때 선로의 저항 R과 컨덕턴스 G가 동시에 0이 되었을 때 전파 정수는?

① $\sqrt{j\omega LC}$ ② $j\omega\sqrt{LC}$
③ $j\omega\sqrt{\dfrac{C}{L}}$ ④ $j\omega\sqrt{\dfrac{L}{C}}$

해설

무손실 선로의 전파 정수는 $R=0$, $G=0$이므로
$r=\sqrt{Z\cdot Y}=\sqrt{(R+j\omega L)(G+j\omega C)}=j\omega\sqrt{LC}$

30 대칭 12상 교류 성형(Y) 결선에서 상전압이 50[V]일 때 선간 전압은 약 몇 [V]인가?

① 86.6 ② 43.3
③ 28.8 ④ 25.9

해설

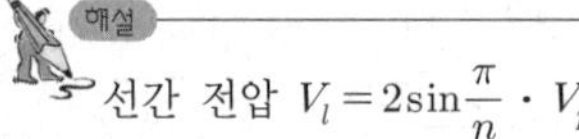

선간 전압 $V_l=2\sin\dfrac{\pi}{n}\cdot V_p$
$\therefore V_l=2\sin\dfrac{\pi}{12}\times 50=25.9$[V]

31 $G(s)=e^{-Ls}$에서 $\omega=100$[rad/s]일 때 이득[dB]은?

① 0 ② 20
③ 30 ④ 40

해설

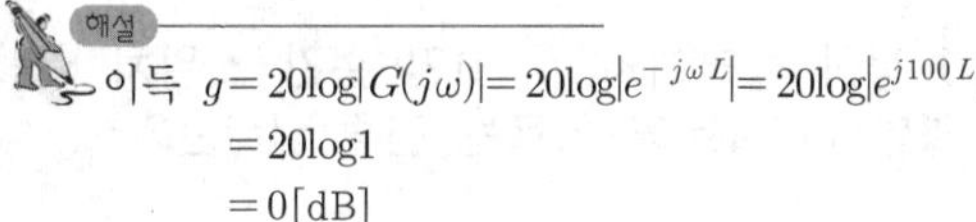

이득 $g=20\log|G(j\omega)|=20\log|e^{-j\omega L}|=20\log|e^{j100L}|$
$=20\log 1$
$=0$[dB]

32 전자 계전기를 사용할 때 장점이 아닌 것은?

① 온도 특성이 양호하다.
② 접점의 동작 속도가 빠르다.
③ 과부하에 견디는 힘이 크다.
④ 동작 상태의 확인이 용이하다.

해설

전자 계전기는 아무리 고속 제품이라도 기계적으로 작동하는 한계가 있어 수[ms]의 동작 시간을 필요로 한다.

정답 : 26.③ 27.② 28.③ 29.② 30.④ 31.① 32.②

33 그림과 등가인 논리 회로는?

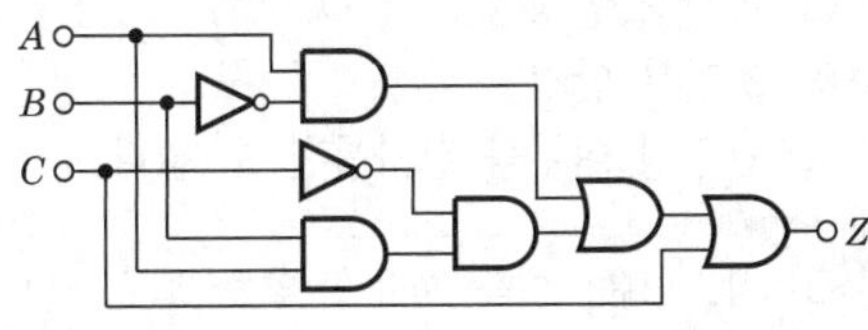

① 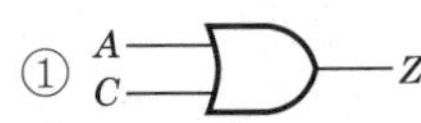

②

③

④

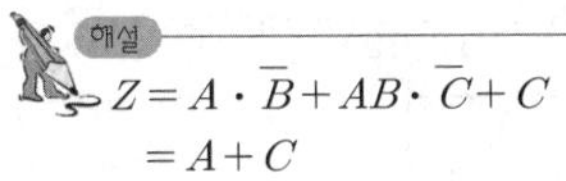

해설

$Z = A \cdot \overline{B} + AB \cdot \overline{C} + C$
$= A + C$

34 주어진 계통의 특성 방정식이 $s^4 + 6s^3 + 11s^2 + 6s + K = 0$이다. 안정하기 위한 K의 범위는?

① $K < 20$
② $0 < K < 20$
③ $0 < K < 10$
④ $K < 0,\ K > 20$

해설

라우스의 표

s^4	1	11
s^3	6	6
s^2	10	K
s^1	$\frac{60-6K}{10}$	0
s^0	K	

제1열의 부호 변화가 없으려면 $\frac{60-6K}{10} > 0$

$\therefore\ K < 10,\ K > 0$
$\therefore\ 0 < K < 10$

35 제어량을 어떤 일정한 목표값으로 유지하는 것을 목적으로 하는 제어법은?

① 추종 제어 ② 비율 제어
③ 정치 제어 ④ 프로그램 제어

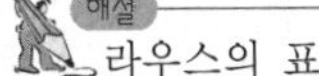

해설

목표값의 성질에 의한 자동 제어의 분류

- 정치 제어 : 목표값이 시간적으로 변화하지 않고 일정값일 때의 제어이며, 프로세스 제어, 자동 조정의 전부가 이에 해당한다.
- 추종 제어 : 목표값이 시간적으로 임의로 변하는 경우의 제어로서, 서보 기구가 모두 여기에 속한다.
- 프로그램 제어 : 목표값의 변화가 미리 정해져 있어 그 정하여진 대로 변화하는 것을 말한다.

36 $\frac{d^3}{dt^3}c(t) + 8\frac{d^2}{dt^2}c(t) + 19\frac{d}{dt}c(t) + 12c(t) = 6u(t)$의 미분 방정식을 상태 방정식 $\frac{dx(t)}{dt} = A \cdot x(t) + B \cdot u(t)$로 표현할 때 옳은 것은?

① $A = \begin{bmatrix} 0 & 1 & 0 \\ 0 & 0 & 1 \\ -12 & -19 & -8 \end{bmatrix},\ B = \begin{bmatrix} 0 \\ 0 \\ 6 \end{bmatrix}$

② $A = \begin{bmatrix} 0 & 1 & 0 \\ 0 & 0 & 1 \\ -8 & -19 & -12 \end{bmatrix},\ B = \begin{bmatrix} 0 \\ 0 \\ 6 \end{bmatrix}$

③ $A = \begin{bmatrix} 0 & 1 & 0 \\ 0 & 0 & 1 \\ -12 & -19 & -8 \end{bmatrix},\ B = \begin{bmatrix} 6 \\ 0 \\ 0 \end{bmatrix}$

④ $A = \begin{bmatrix} 0 & 1 & 0 \\ 0 & 0 & 1 \\ -8 & -19 & -12 \end{bmatrix},\ B = \begin{bmatrix} 6 \\ 0 \\ 0 \end{bmatrix}$

해설

상태 변수

$x_1 = c(t)$

$x_2 = \frac{dx_1}{dt} = \frac{dc(t)}{dt}$

$x_3 = \frac{dx_2}{dt} = \frac{d^2c(t)}{dt^2}$

이들 상태 변수는 원래의 식에 대입하면

$\frac{dx_3}{dt} + 8x_3 + 19x_2 + 12x_1 = 6u(t)$

따라서 상태 방정식

$\frac{dx_1}{dt} = x_2$

$\frac{dx_2}{dt} = x_3$

$\frac{dx_3}{dt} = -12x_1 - 19x_2 - 8x_3 + 2u(t)$

정답 : 33.① 34.③ 35.③ 36.①

$$\therefore \begin{bmatrix} \frac{dx_1}{dt} \\ \frac{dx_2}{dt} \\ \frac{dx_3}{dt} \end{bmatrix} = \begin{bmatrix} 0 & 1 & 0 \\ 0 & 0 & 1 \\ -12 & -19 & -8 \end{bmatrix} \begin{bmatrix} x_1 \\ x_2 \\ x_3 \end{bmatrix} + \begin{bmatrix} 0 \\ 0 \\ 6 \end{bmatrix} u(t)$$

37 그림과 같은 신호 흐름 선도의 전달 함수는?

$E_1(s)$, $E_2(s)$, 1, $\frac{1}{s}$, 1, -4, $\frac{1}{s}$, 2, 1

① $\dfrac{E_2(s)}{E_1(s)} = \dfrac{s-4}{s(s-2)}$

② $\dfrac{E_2(s)}{E_1(s)} = \dfrac{s-2}{s(s-4)}$

③ $\dfrac{E_2(s)}{E_1(s)} = \dfrac{s+4}{s(s+2)}$

④ $\dfrac{E_2(s)}{E_1(s)} = \dfrac{s+2}{s(s+4)}$

해설

$G_1 = 1 \times \frac{1}{s} \times \frac{1}{s} \times 2 \times 1 = \frac{2}{s^2}$

$\Delta_1 = 1$

$G_2 = 1 \times \frac{1}{s} \times 1 \times 1 = \frac{1}{s}$

$\Delta_2 = 1$

$\Delta = 1 - L_{11} = 1 - \left(-\frac{4}{s}\right) = \frac{s+4}{s}$

$\therefore$ 전달 함수 $\dfrac{E_2(s)}{E_1(s)} = \dfrac{G_1\Delta_1 + G_2\Delta_2}{\Delta}$

$= \dfrac{\frac{2}{s^2} + \frac{1}{s}}{\frac{s+4}{s}}$

$= \dfrac{s+2}{s(s+4)}$

38 보드 선도에서 이득 곡선이 0[dB]인 선을 지날 때의 주파수에서 양의 위상 여유가 생기고, 위상 곡선이 −180도를 지날 때 양의 이득 여유가 생긴다면 이 폐루프 시스템의 안정도는 어떻게 되겠는가?

① 항상 안정
② 항상 불안정
③ 조건부 안정
④ 안정성 여부를 판가름할 수 없다.

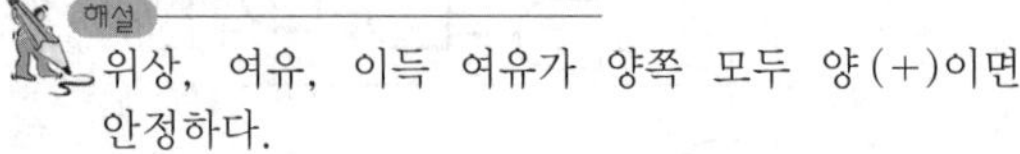

위상, 여유, 이득 여유가 양쪽 모두 양(+)이면 안정하다.

39 그림과 같은 보드 선도를 갖는 계의 전달 함수는?

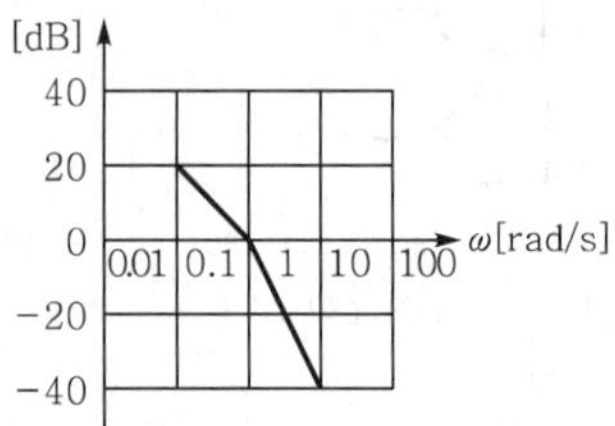

① $G(s) = \dfrac{10}{(s+1)(s+10)}$

② $G(s) = \dfrac{20}{(s+1)(5s+1)}$

③ $G(s) = \dfrac{5}{(s+1)(10s+1)}$

④ $G(s) = \dfrac{10}{(s+1)(10s+1)}$

해설

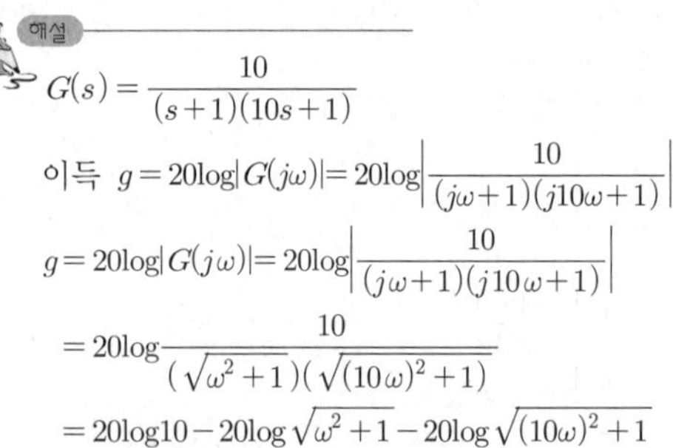

$G(s) = \dfrac{10}{(s+1)(10s+1)}$

이득 $g = 20\log|G(j\omega)| = 20\log\left|\dfrac{10}{(j\omega+1)(j10\omega+1)}\right|$

$g = 20\log|G(j\omega)| = 20\log\left|\dfrac{10}{(j\omega+1)(j10\omega+1)}\right|$

$= 20\log\dfrac{10}{(\sqrt{\omega^2+1})(\sqrt{(10\omega)^2+1})}$

$= 20\log 10 - 20\log\sqrt{\omega^2+1} - 20\log\sqrt{(10\omega)^2+1}$

- $\omega<0.1$일 때
  $g = 20 - 20\log 1 - 20\log 1 = 20[\text{dB}]$
- $0.1<\omega<1$일 때
  $g = 20 - 20\log 1 - 20\log 10\omega = 20 - 20\log 10 - 20\log\omega$
  $= -20\log\omega = -20[\text{dB/dec}]$
- $\omega<1$일 때
  $g = 20 - 20\log\omega - 20\log 10\omega$
  $= 20 - 20\log\omega - 20\log 10 - 20\log\omega$
  $= -40\log\omega = -40[\text{dB/dec}]$

정답 : 37.④ 38.① 39.④

40 $\dfrac{1}{s-\alpha}$을 z변환하면?

① $\dfrac{1}{1-ze^{\alpha T}}$　② $\dfrac{1}{1+ze^{\alpha T}}$

③ $\dfrac{1}{1-z^{-1}e^{\alpha T}}$　④ $\dfrac{1}{1-z^{-1}e^{-\alpha T}}$

해설

$F(s) = \dfrac{1}{s-\alpha}$

$\therefore f(t) = \mathcal{L}^{-1}\left(\dfrac{1}{s-\alpha}\right) = e^{\alpha T}$

$\because e^{\alpha T}$의 z변환은

$\dfrac{z}{z-e^{\alpha T}} = \dfrac{1}{1-z^{-1}e^{\alpha T}}$

제3과목 신호기기

41 직류 전동기의 속도 제어법이 아닌 것은?

① 2차 여자법　② 계자 제어법

③ 전압 제어법　④ 저항 제어법

해설

직류 전동기의 회전 속도 $N = k\dfrac{V - I_a R_a}{\phi}$[rpm]이므로 속도 제어법은 다음과 같다.

- 계자 제어법
- 저항 제어법
- 전압 제어법
- 직·병렬 제어법

42 변압기의 내부 고장 보호에 쓰이는 계전기는?

① 접지 계전기

② 역상 계전기

③ 과전압 계전기

④ 비율 차동 계전기

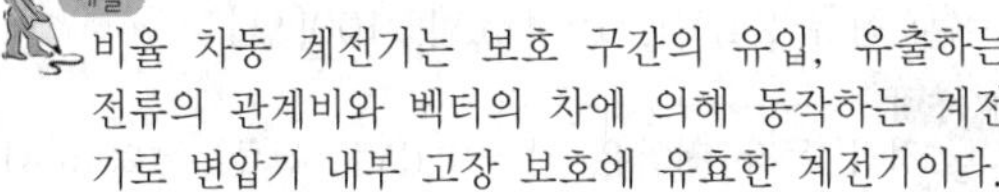

해설

비율 차동 계전기는 보호 구간의 유입, 유출하는 전류의 관계비와 벡터의 차에 의해 동작하는 계전기로 변압기 내부 고장 보호에 유효한 계전기이다.

43 유도 전동기의 기동법에서 농형 유도 전동기 기동법이 아닌 것은?

① Y－Δ 기동

② 리액터 기동

③ 직입 기동 방식

④ 2차 임피던스 기동

해설

농형 유도 전동기의 기동법

- 직입(전전압) 기동($p=5$[HP] 이하)
- Y－Δ 기동($p=5\sim15$[kW])
- 리액터 기동($p=20$[kW] 이상)
- 기동 보상기 기동($p=20$[kW] 이상)법이 있으며 2차 임피던스 기동은 권선형 유도 전동기의 기동법이다.

44 SCR에 대한 설명으로 옳은 것은?

① PNPN 구조를 갖는 4층 반도체 소자

② 제어 기능을 갖는 쌍방향성의 3단자 소자

③ 스위칭 기능을 갖는 쌍방향성의 3단자 소자

④ 증폭 기능을 갖는 단일 방향성의 3단자 소자

해설

SCR(Silicon Controlled Rectifier)은 PNPN 4층 구조의 반도체 소자이며 정류, 제어 및 스위칭 기능을 갖는 단일 방향성 3단자 소자이다.

45 3상 유도 전동기에서 2차측 저항을 2배로 하면 최대 토크는 어떻게 변하는가?

① 2배 증가　② $\dfrac{1}{2}$로 감소

③ $\sqrt{2}$배 증가　④ 변하지 않음

해설

3상 유도 전동기의 최대 토크

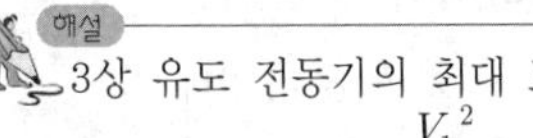

$T_{sm} = \dfrac{V_1^{\,2}}{2\left\{r_1 + \sqrt{r_1^{\,2} + (x_1 + x_2{'})^2}\right\}} \neq r_2$

유도 전동기의 최대 토크는 2차 저항과 무관하다.

46 계전기의 접점에 대한 설명으로 틀린 것은?

① C는 공통 접점이다.

② N은 가동 접점, C는 고정 접점이다.

③ N은 정위 또는 여자, 동작 접점이다.

④ R은 반위 또는 무여자, 낙하 접점이다.

정답 : 40.③ 41.① 42.④ 43.④ 44.① 45.④ 46.②

해설
- N : 정위 접점, 여자 접점, 고정 접점
- R : 반위 접점, 무여자 접점, 고정 접점
- C : 공통 접점, 가동 접점

47 **전기 선로 전환기 설치 위치 중 적당한 것은?**

① 기본 레일과 선로 전환기 중심 거리는 1.4[m]이다.
② 쇄정용 밀착 조정관과 레일 밑과의 여유 거리는 20[m] 이상이다.
③ 레일 내측에서 선로 전환기 중심까지 1,000[mm] 이상이다.
④ 레일 내측에서 선로 전환기 중심까지 1,200[mm] 이상이다.

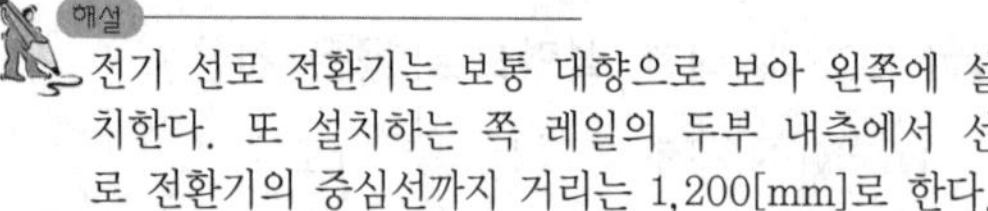

해설
전기 선로 전환기는 보통 대향으로 보아 왼쪽에 설치한다. 또 설치하는 쪽 레일의 두부 내측에서 선로 전환기의 중심선까지 거리는 1,200[mm]로 한다.

48 **전동 차단기의 동작 전원이 정전되었을 때에는 차단기가 열린 위치에서 중력에 의해 약 몇 초 이내에 수평 위치까지 닫혀야 되는가?**

① 5초 ② 8초
③ 10초 ④ 12초

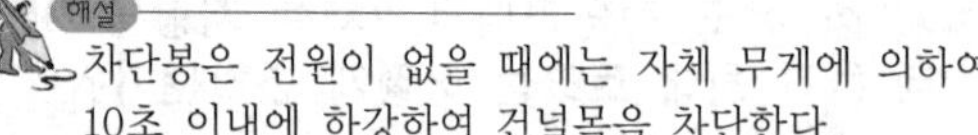

해설
차단봉은 전원이 없을 때에는 자체 무게에 의하여 10초 이내에 하강하여 건널목을 차단한다.

49 **건널목 전동 차단기의 제어 전압은 정격값의 몇 배로 유지하여야 하는가?**

① 0.8~1.0배 ② 0.8~1.3배
③ 0.9~1.2배 ④ 1.0~1.3배

해설
제어 전압은 정격값의 0.9~1.2배이다.

50 **신호용 정류기의 무부하 전압 120[V], 전부하 전압 95[V]일 때의 전압 변동률은 몇 [%]인가?**

① 21 ② 25
③ 26 ④ 32

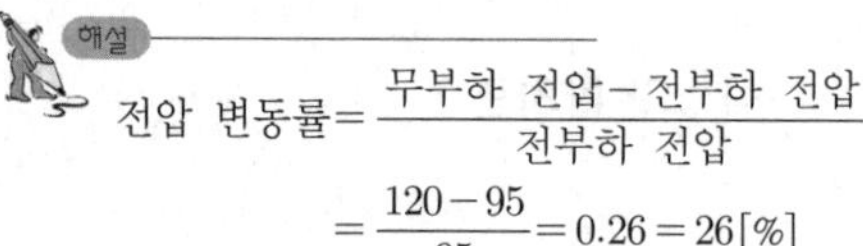

해설

$$\text{전압 변동률} = \frac{\text{무부하 전압} - \text{전부하 전압}}{\text{전부하 전압}} = \frac{120-95}{95} = 0.26 = 26[\%]$$

51 **직류 분권 전동기의 기동시 계자 저항기의 저항값은 어떻게 하여야 하는가?**

① 떼어 놓는다. ② 0으로 놓는다.
③ 최대로 놓는다. ④ 중으로 놓는다.

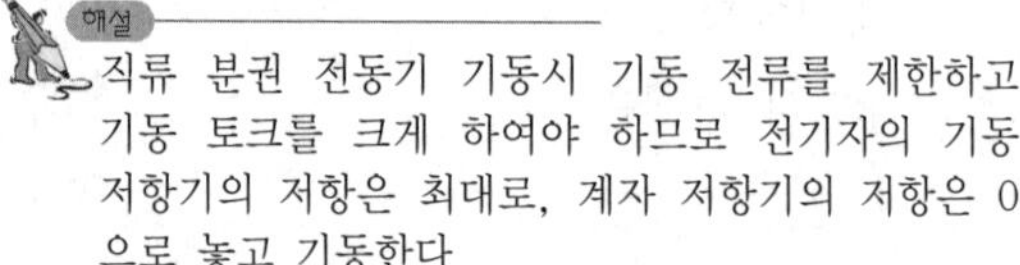

해설
직류 분권 전동기 기동시 기동 전류를 제한하고 기동 토크를 크게 하여야 하므로 전기자의 기동 저항기의 저항은 최대로, 계자 저항기의 저항은 0으로 놓고 기동한다.

52 **전기 선로 전환기의 제어 계전기에 사용되는 계전기는?**

① 완동 계전기 ② 완방 계전기
③ 무극 선조 계전기 ④ 자기 유지 계전기

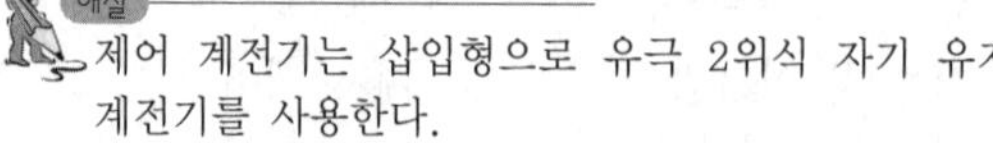

해설
제어 계전기는 삽입형으로 유극 2위식 자기 유지 계전기를 사용한다.

53 **건널목 제어자 401형의 출력 조정용 가변 인덕턴스의 탭(tap)은 몇 단계로 되어 있는가?**

① 5 ② 10
③ 15 ④ 20

해설
건널목 제어자 결선도에 401형은 1~10단계로 되어 있으며 출력 단자(+)에 연결된다.

54 **NS형 선로 전환기에 사용되는 삽입형 제어 계전기로서 유극 2위식 자기 유지형 계전기의 정격으로 알맞은 것은?**

① 직류 12[V], 20[mA], 200[Ω]
② 직류 24[V], 120[mA], 200[Ω]
③ 직류 12[V], 20[mA], 100[Ω]
④ 직류 24[V], 120[mA], 100[Ω]

해설
정격 동작 전압은 직류 24[V], 전류는 120[mA]이고 코일 저항은 200[Ω]이다.

정답 : 47.④ 48.③ 49.③ 50.③ 51.② 52.④ 53.② 54.②

55 **변압기 시험 중 정수 측정에 필요 없는 것은?**

① 단락 시험
② 무부하 시험
③ 절연 내력 시험
④ 저항 측정 시험

해설
변압기의 등가 회로 작성시 정수 측정에 필요한 시험은 무부하 시험, 단락 시험 및 1, 2차 권선의 저항 측정 시험이다.

56 **단상 50[kVA], 1차 3,300[V], 2차 220[V], 60[Hz] 변압기가 있다. 1차 권수 600회, 철심의 유효 단면적 160[cm²]의 변압기 철심의 자속 밀도는 약 몇 [Wb/m²]인가?**

① 1.3 ② 1.7
③ 2.3 ④ 2.7

해설
변압기의 1차 전압 $V_1 \fallingdotseq 4.44fN_1B_mS$에서

최대 자속 밀도 $B_m = \dfrac{V_1}{4.44fN_1S}$

$= \dfrac{3{,}300}{4.44 \times 60 \times 600 \times 160 \times 10^{-4}}$

$= 1.290[\mathrm{Wb/m^2}]$

57 **WLR 계전기는 어떤 계전기를 쇄정해 주는가?**

① 궤도 계전기
② 전철 제어 계전기
③ 전철 선별 계전기
④ 진로 조사 계전기

해설
WLR 계전기는 선로 전환기 전환 조작 때 강상하여 전철 제어 계전기에 제어 전원을 공급하고 조작하지 않을 때는 낙하하여 제어 전원을 차단한다.

58 **3상 유도 전동기의 회전자 철손이 작은 이유는?**

① 2차 주파수가 낮기 때문
② 2차가 권선형이기 때문
③ 효율, 역률이 나쁘기 때문
④ 성층 철심을 사용하기 때문

해설
철손 $P_i = P_h + P_e$
- 히스테리시스손 $P_h = \sigma_h f B_m^{\,1 \cdot \sigma} \propto f$
- 와전류손 $P_e = \sigma_e (tk_f \cdot fB_m)^2 \propto f^2$

유도 전동기가 슬립(s)으로 운전시 2차 주파수 $f_{2s} = sf_1$로 매우 작다. 따라서 회전자 철손이 작은 이유는 2차 주파수가 낮기 때문이다.

59 **단상 유도 전동기의 기동 방법 중 기동 토크가 가장 큰 것은?**

① 분상 기동형
② 반발 기동형
③ 반발 유도형
④ 콘덴서 기동형

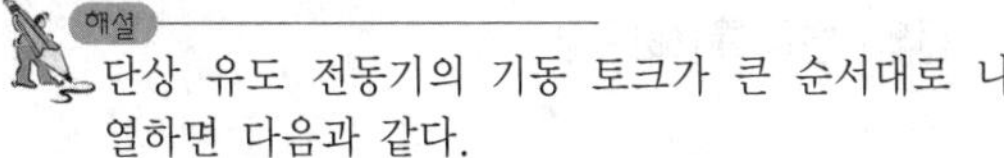
해설
단상 유도 전동기의 기동 토크가 큰 순서대로 나열하면 다음과 같다.
- 반발 기동형
- 반발 유도형
- 콘덴서 기동형
- 분상 기동형
- 셰이딩 코일형

60 **어떤 변압기의 1차 환산 임피던스 $Z_{12} = 400[\Omega]$이고, 이것을 2차로 환산하면 $Z_{21} = 1[\Omega]$이 된다. 2차 전압이 300[V]이면 1차 전압[V]은?**

① 4,500
② 6,000
③ 7,500
④ 8,000

해설
변압기의 1차측 임피던스(Z_{12})를 2차로 환산하면

$Z_{21} = \dfrac{Z_{12}}{a^2}$에서 권수비 $a = \sqrt{\dfrac{Z_{12}}{Z_{21}}} = \sqrt{400} = 20 = \dfrac{V_1}{V_2}$

이므로

1차 전압 $V_1 = aV_2 = 20 \times 300 = 6{,}000[\mathrm{V}]$

정답 : 55.③ 56.① 57.② 58.① 59.② 60.②

제4과목 신호공학

61 차상 선로 전환기에 대한 설명으로 거리가 먼 것은?

① 동작 시분은 2초 이내이다.
② 첨단의 텅레일이 5[mm] 이내로 벌어지면 적색등이 점멸한다.
③ 수동 리버로 전환 시험을 한다.
④ 외함과 내부 배선과의 절연 저항은 10[MΩ] 이상이다.

해설
외함과 내부 배선과의 절연 저항은 5[MΩ] 이상이다.

62 신호용 정류기의 정류 회로 무부하 전압이 260[V]이고, 전부하 전압이 250[V]일 때 전압 변동률[%]은?

① 2 ② 4
③ 6 ④ 8

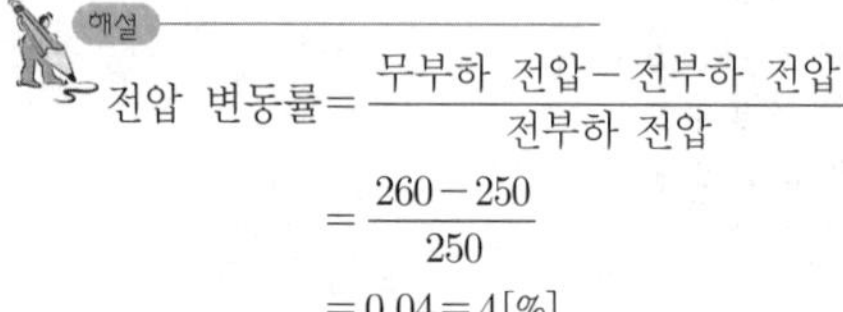
해설

$$\text{전압 변동률} = \frac{\text{무부하 전압} - \text{전부하 전압}}{\text{전부하 전압}} = \frac{260-250}{250} = 0.04 = 4[\%]$$

63 고속 철도 구간 보수자 선로 횡단 장치 시소 기준은?

① 15초 ② 20초
③ 25초 ④ 30초

해설
제어 거리는 시속 300[km/h]에서 20초로 설계되어 있다.

64 분기기의 크로싱 각과 분기기 번호 및 열차 제한 속도와의 관계에 대한 설명으로 맞는 것은?

① 분기기 번호가 작을수록 크로싱 각이 크게 되어 열차의 제한 속도가 높아진다.
② 분기기 번호가 클수록 크로싱 각이 작게 되어 열차의 제한 속도가 높아진다.
③ 분기기 번호가 작을수록 크로싱 각이 작게 되어 열차의 제한 속도가 낮아진다.
④ 분기기 번호가 클수록 크로싱 각이 크게 되어 열차의 제한 속도가 낮아진다.

해설
크로싱 번호에 따라 열차 속도가 영향을 받는다.

65 교류 궤도 회로의 단락 감도 향상 방법으로 거리가 먼 것은?

① 궤도 계전기에 직렬로 저항 또는 리액터를 삽입한다.
② 레일을 용접 또는 장대 레일화하여 전압 강하를 최소화한다.
③ 위상을 적당히 하여 열차 단락시의 회전 역률을 최대 회전 역률에서 이동시킨다.
④ 송전 전압을 낮추고 저항 또는 리액턴스값을 최소화한다.

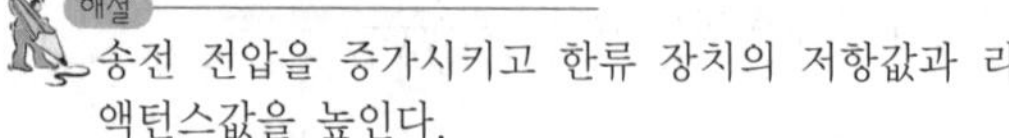
해설
송전 전압을 증가시키고 한류 장치의 저항값과 리액턴스값을 높인다.

66 선로 전환기의 정 · 반위 결정에 관한 내용 중 정위 방향 결정 방법으로 틀린 것은?

① 본선과 본선 또는 측선과 측선의 경우 주요한 방향
② 탈선 선로 전환기를 탈선시키는 방향
③ 본선 또는 측선과 안전 측선의 경우에는 안전 측선의 방향
④ 본선과 측선과의 경우에는 측선의 방향

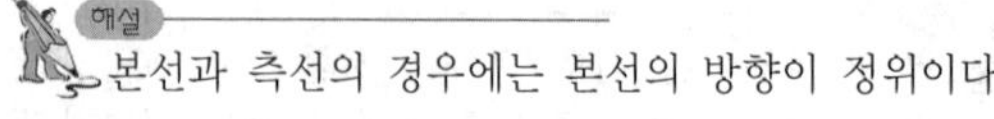
해설
본선과 측선의 경우에는 본선의 방향이 정위이다.

67 폐색 방식 중 대용 폐색 방식이 아닌 것은?

① 지도 통신식 ② 지도식
③ 통신식 ④ 통표식

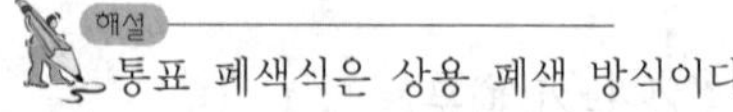
해설
통표 폐색식은 상용 폐색 방식이다.

정답 : 61.④ 62.② 63.② 64.② 65.④ 66.④ 67.④

68 **경부 고속 철도 LCP 제어 KEY로 취급할 수 있는 기능이 아닌 것은?**

① 진로 제어
② 쇄정 취소
③ 선로 전환기 제어
④ 차축 온도 검지 장치 제어

차축 온도 검지 장치(HBD)는 CTC 사령실에 설치되어 있다.

69 **경부 고속 철도 열차 제어를 위하여 CTC 및 LCP에서 취급된 제어 명령을 SSI를 통해 현장으로 전송하고 제어 확인된 표시 정보를 수신하여 CTC나 LCP로 전송하는 기능을 수행하는 기기는?**

① TFM ② TVM
③ CAMZ ④ FEPOL

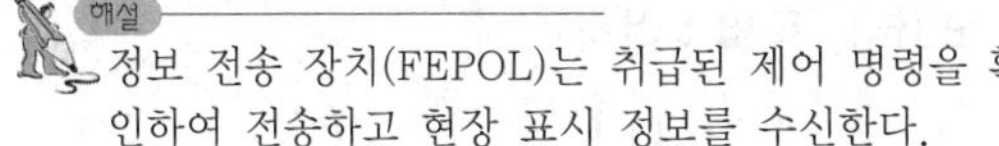

정보 전송 장치(FEPOL)는 취급된 제어 명령을 확인하여 전송하고 현장 표시 정보를 수신한다.

70 **고속 철도 ATC 장치의 불연속 정보 내용이 아닌 것은?**

① 전방 진로의 선로 조건, 분기기 개통 방향 정보
② 전차선 절연 구간 정보
③ 터널 진 · 출입시 차량 내 기밀 장치 동작
④ ATC 지역 진 · 출입 여부

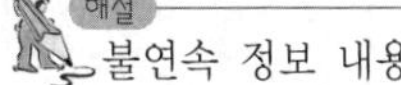

불연속 정보 내용
- ATC 지역 진 · 출입 여부
- 양방향 운전을 허용하기 위한 운행 방향 변경
- 터널 진 · 출입시 차량 내 기밀 장치 동작
- 절대 정지 구간 제어 및 전차선 절연 구간 정보 제공

71 **10/1,000 이상의 상구배에 설치된 폐색 신호기가 정지 신호를 현시할 경우 열차가 정지하지 않고 일정 속도로 진입할 수 있도록 지시하는 것은?**

① 유도 신호기
② 자동 폐색 식별 표지
③ 서행 허용 표지
④ 원방 신호 기기

열차가 정지하였을 때 열차의 출발이 어려운 장소의 폐색 신호기에 서행 허용 표지를 설치한다.

72 **선로 이용률을 최대한 높이기 위한 열차 최소 운전 시격 단축 방안으로 거리가 먼 것은?**

① 중계 신호기 설치
② 구내 폐색 신호기 설치
③ 도착선의 상호 사용
④ 유도 신호기 사용

운전 시격 단축 방안
- 도착선 상호 사용
- 유도 신호기의 사용
- 구내에 폐색 신호기 설치
- 타임 시그널 방식

73 **경부 고속 철도 구간 전자 연동 장치에서 1개의 선로 전환기 모듈(PM)이 최대로 제어할 수 있는 전기 선로 전환기 수는?**

① 4대 ② 7대
③ 10대 ④ 12대

하나의 선로 전환기용 모듈로 최대 4대의 선로 전환기를 제어할 수 있다.

74 **끌림 검지 장치에 대한 설명으로 거리가 먼 것은?**

① 기지나 기존선에서 고속선으로 진입하는 개소에 설치한다.
② 검지기의 접속함은 레일 내측으로부터 2.3[m] 이상 이격한다.
③ 검지기는 궤간 사이와 레일 외부 양측에 설치하여 서로 전기적으로 연결한다.
④ 레일 사이에 설치되는 검지기는 레일 밑면으로부터 상부까지는 4~7[mm]를 이격한다.

정답 : 68.④ 69.④ 70.① 71.③ 72.① 73.① 74.④

해설
레일 사이에 설치되는 검지기는 레일 밑면으로부터 상부까지는 25~30[mm]를, 레일 상부 내측으로부터 60~70[m]를 이격시키고 검지기 사이는 4~6.5[mm] 이격시킨다.

75 **경부 고속선에 사용 중인 MJ81형 전기 선로 전환기의 전환력으로 맞는 것은?**

① 2,000~4,000[N] ② 200~400[N]
③ 200~4,000[kgf] ④ 200~400[kgf]

해설
MJ81 선로 전환기의 전환력 200~400[kgf], 전환 시간 5[s]

76 **접근 쇄정의 해정 시분은 고속 철도인 경우 얼마로 설정하는가?**

① 3분 ② 5분
③ 7분 ④ 9분

해설
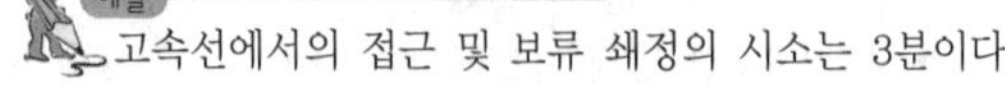
고속선에서의 접근 및 보류 쇄정의 시소는 3분이다.

77 **궤도 회로의 단락 감도는 그 궤도 회로를 통과하는 열차에 대하여 임피던스 본드 및 AF 궤도 회로 구간은 맑은 날 몇 [Ω] 이상을 확보하여야 하는가?**

① 0.06 ② 0.16
③ 0.01 ④ 0.1

해설
단락 감도 기준
임피던스 본드 및 AF 궤도 회로 사용 구간은 맑은 날 0.06[Ω] 이상, 기타 구간 맑은 날 0.1[Ω] 이상

78 **5현시 자동 구간에서 정거장 주본선에 정지하는 경우 장내 신호기의 현시 상태는?**

① YG ② Y
③ YY ④ 제한

해설
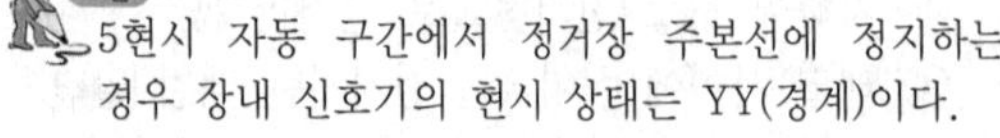
5현시 자동 구간에서 정거장 주본선에 정지하는 경우 장내 신호기의 현시 상태는 YY(경계)이다.

79 **신호 기기 부품의 고장률 산출식으로 옳은 것은?**

① 고장률$=\dfrac{\text{1개월의 장애 건수}}{\text{24시간}\times\text{365일}}$

② 고장률$=\dfrac{\text{설비수}\times\text{24시간}\times\text{365일}}{\text{1개월의 장애 건수}}$

③ 고장률$=\dfrac{\text{1년간의 장애 건수}}{\text{설비수}\times\text{24시간}\times\text{365일}}$

④ 고장률$=\dfrac{\text{설비수}\times\text{24시간}\times\text{365일}}{\text{1년간의 장애 건수}}$

해설
장치의 고장률은 설비된 장치의 고장 통계를 기초로 하여 산출되며 신호 보안 장치의 신뢰도에 영향을 미친다.

80 **ATS 지상자 경보 지점 계산식으로 옳은 것은? (단, V : 폐색 구간 운행 속도의 최대값[km/h], l : 신호기에서 경보 지점까지의 거리[m], 종별 : 여객)**

① $l=\dfrac{V}{15}+\dfrac{11V}{3.6}$

② $l=\dfrac{V^2}{20}+\dfrac{8V}{3.6}$

③ $l=\dfrac{0.7V^2}{20}+\dfrac{8V}{3.6}$

④ $l=\dfrac{0.5V^2}{15}+\dfrac{11V}{3.6}$

해설
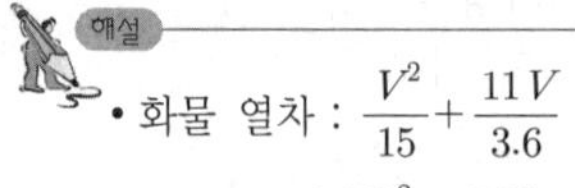
- 화물 열차 : $\dfrac{V^2}{15}+\dfrac{11V}{3.6}$
- 전동차 : $\dfrac{0.7V^2}{20}+\dfrac{7V}{3.6}$

정답 : 75.④ 76.① 77.① 78.③ 79.③ 80.②

철도신호
기사·산업기사

2007. 3. 30. 초 판 1쇄 발행
2025. 1. 8. 2차 개정증보 2판 8쇄 발행

검인

지은이 | 철도자격시험연구회
펴낸이 | 이종춘
펴낸곳 | BM (주)도서출판 성안당
주소 | 04032 서울시 마포구 양화로 127 첨단빌딩 3층(출판기획 R&D 센터)
10881 경기도 파주시 문발로 112 파주 출판 문화도시(제작 및 물류)
전화 | 02) 3142-0036
031) 950-6300
팩스 | 031) 955-0510
등록 | 1973. 2. 1. 제406-2005-000046호
출판사 홈페이지 | **www.cyber.co.kr**
ISBN | 978-89-315-1366-0 (13560)
정가 | 54,000원

이 책을 만든 사람들
기획 | 최옥현
진행 | 박경희
교정·교열 | 김혜린
전산편집 | 이지연
표지 디자인 | 박현정
홍보 | 김계향, 임진성, 김주승, 최정민
국제부 | 이선민, 조혜란
마케팅 | 구본철, 차정욱, 나진호, 이동후, 강호묵
마케팅 지원 | 장상범
제작 | 김유석